本书部分案例

本书部分案例

树木抽出新芽，录得那么清香，那么鲜嫩，那么可爱

YANIV-X PRESENTS
23 JULY
SUMMER
BASH
DJ ONE
DAVID.S
DJ TWO
DJ CHOOP
BIGGEST EVENT OF THE SUMMER
PAPAYA BEACH PARTY - FREE ENTRY
FOR MORE INFO - WWW.SUMMER-BASH.NET

BO'WEISI
珀维丝
缤纷色彩
无限幻想
韩国第一化妆品公司维也莉旗下销量最大品牌

Lose的眼睛

温暖的开始
Warm star

好礼相送
下单有好礼
下单 包邮!
活动规则
RULE
活动期间，下单即可免费获得
1.免费包邮服务
2.KATE猫布偶第一只（5CM高）
3.20元产品抵用券
3重好礼

Spring
2008
春之物语

>>>学电脑从入门到精通

中文版Premiere Pro CC影视制作从入门到精通（全彩版）

九州书源 编著

清華大学出版社
北 京

内容简介

Premiere Pro CC是用于制作视频的编辑软件，是视频编辑爱好者和专业人士必不可少的工具。全书共21章，主要包括Premiere Pro CC新增功能、Premiere Pro CC的功能和特点、Premiere Pro CC的制作流程、Premiere Pro CC程序设置、视频和音频的采集与导入、视频的过渡效果、添加视频特效、编辑音频、字幕和图像、运动特效制作、影片的输出、Adobe Media Encoder 编码、影视特效、制作相册和视频合成与抠像技术等内容。

本书知识讲解由浅入深，将所有内容有效地分布在入门篇、实战篇和精通篇中，书中有大量的实例操作及知识解析，配合光盘的视频演示，让学习变得更加轻松。

本书适合广大Premiere Pro初学者和办公人员，以及有一定Premiere Pro使用经验的读者。另外，还可作为高等院校相关专业的学生和培训机构学员的参考用书，同时也可供读者自学使用。

图书在版编目（CIP）数据

中文版 Premiere Pro CC 影视制作从入门到精通：全彩版 / 九州书源编著．—北京：清华大学出版社，2016（2019.7重印）
（学电脑从入门到精通）
ISBN 978-7-302-41973-0

I．①中…　II．①九…　III．①视频编辑软件　IV．①TN94

中国版本图书馆 CIP 数据核字（2015）第 263132 号

责任编辑：朱英彪
封面设计：刘洪利
版式设计：郑　坤
责任校对：赵丽杰
责任印制：刘祎淼

出版发行：清华大学出版社
　　网　　址：http://www.tup.com.cn，http://www.wqbook.com
　　地　　址：北京清华大学学研大厦A座　　**邮　　编：**100084
　　社 总 机：010-62770175　　**邮　　购：**010-62786544
　　投稿与读者服务：010-62776969，c-service@tup.tsinghua.edu.cn
　　质量反馈：010-62772015，zhiliang@tup.tsinghua.edu.cn
印 刷 者：北京鑫丰华彩印有限公司
装 订 者：三河市溧源装订厂
经　　销：全国新华书店
开　　本：203mm×260mm　**印　　张：**31.5　**插　　页：**2　**字　　数：**916千字
　　（附DVD光盘1张）
版　　次：2016年10月第1版　**印　　次：**2019年7月第7次印刷
定　　价：99.80元

产品编号：059200-01

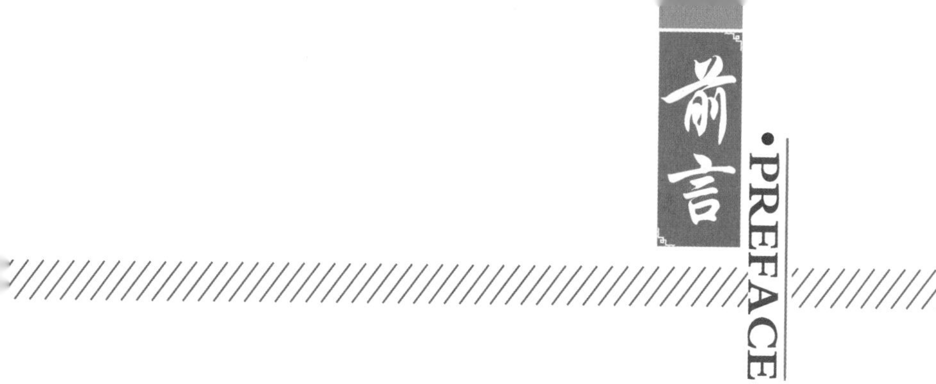

认识Premiere Pro CC

随着科技的发展，制作数字视频已经不仅仅是专业人士的专利，通过视频编辑软件，普通用户也可实现数字视频的制作。Premiere是视频制作最常用的软件之一，它是由Adobe公司提供的，简称为Pr，其操作界面简单，具有强大的视频和音频编辑能力。使用该软件，可直接在计算机中创建数字视频、纪录片和音乐视频等。此外，用户制作的数字视频还可输出到录像带、Web或DVD中，也可将其整合到其他程序项目中。

本书的内容和特点

本书将所有Premiere Pro CC的相关知识分布到入门篇、实战篇和精通篇中。每篇内容安排及结构设计切实考虑读者的需要，所以最终读者会发现本书的特点是极其朴实，用3个词进行总结就是实用，实用，还是实用。

{ 入门篇 }

入门篇中讲解了与Premiere Pro CC相关的所有基础知识，包含Premiere Pro CC的工具、菜单命令、程序设置、视频过渡、视频效果、音频的剪辑和影片输出等。通过本篇的学习，可让读者对Premiere Pro CC的功能有一个整体认识，并可制作出有一定水平的图片效果。为帮助读者更好地学习，本篇知识讲解灵活，或以正文描述，或以实例操作，或以项目列举，并穿插了“操作解谜”“技巧秒杀”“答疑解惑”等小栏目，不仅丰富了版面，还让知识更加全面。

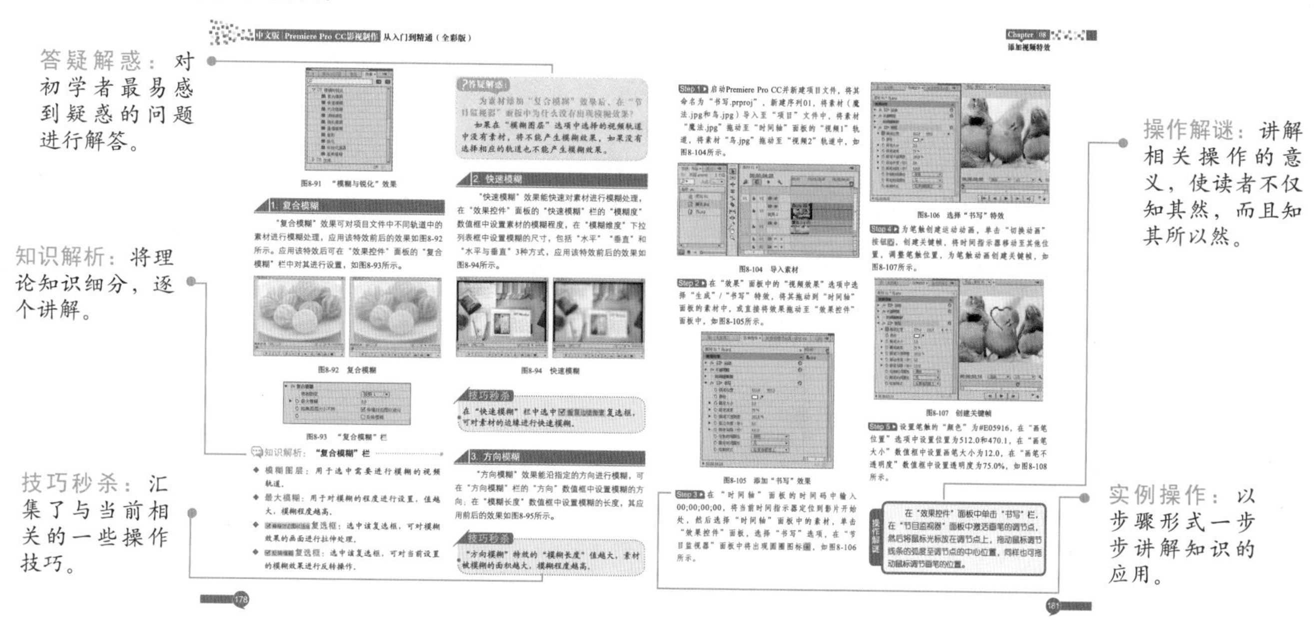

{ 实战篇 }

实战篇分为4章，是入门篇知识的灵活运用，每章均为一个实战主题，每个主题下又包含多个实例，从而立体地将Premiere Pro CC与生活和工作结合起来，制作出需要的数字视频效果。有需要的读者只需稍加修改即可将这些实用的例子应用到现实生活中。实战篇中的实例多样，配以“操作解谜”等小栏目，使读者不仅知道了所讲知识的操作方法，更明白了其操作的含义，以及该效果的多种实现方式，以达到提升和综合应用的目的。

{ 精通篇 }

精通篇中汇合了视频颜色校正、视频合成与抠像技术和视频背景与声音的编辑技巧等，以及借助Photoshop、Audition和Illustrator等Adobe公司的软件进行编辑的知识，使读者掌握使用Premiere Pro CC的一些高级技巧，从而感知到Premiere Pro CC的强大功能，为后期的再次提升找到方向。

本书的配套光盘

本书含配套多媒体光盘，书、盘结合，使学习更加容易。配套光盘中包括如下内容。

- 视频演示：本书所有的实例操作均在光盘中提供了视频演示，并在书中指出了相对应的路径和视频文件名称，打开视频文件即可学习。
- 交互式练习：配套光盘中提供了交互式练习功能，光盘不仅可以“看”，还可以实时操作，查看自己的学习成果。
- 超值设计素材：配套光盘中不仅提供了图书实例需要的素材、效果，还附送了多种类型的笔刷、图案、样式等库文件，以及经常使用的设计素材。

为了更好地使用光盘中的内容，保证光盘内容不丢失，读者最好将光盘中的内容复制到硬盘中，然后从硬盘中运行。

本书的作者和服务

本书由九州书源组织编写，参加本书编写、排版和校对的工作人员有廖宵、向萍、彭小霞、何晓琴、李星、刘霞、陈晓颖、蔡雪梅、罗勤、包金凤、张良军、曾福全、徐林涛、贺丽娟、简超、张良瑜、朱非、张娟、杨强、王君、付琦、羊清忠、王春蓉、丛威、任亚炫、周洪熙、冯绍柏、杨怡、张丽丽、李洪、林科炯、廖彬宇。

如果您在学习的过程中遇到什么困难或疑惑，可以联系我们，我们会尽快为您解答，联系方式为：

- QQ群：122144955、120241301（注：选择一个QQ群加入即可，不要重复加入多个群）。
- 网址：http://www.jzbooks.com。

由于作者水平有限，书中疏漏和不足之处在所难免，欢迎读者不吝赐教。

九州书源

目录 CONTENTS

Introductory 入门篇…

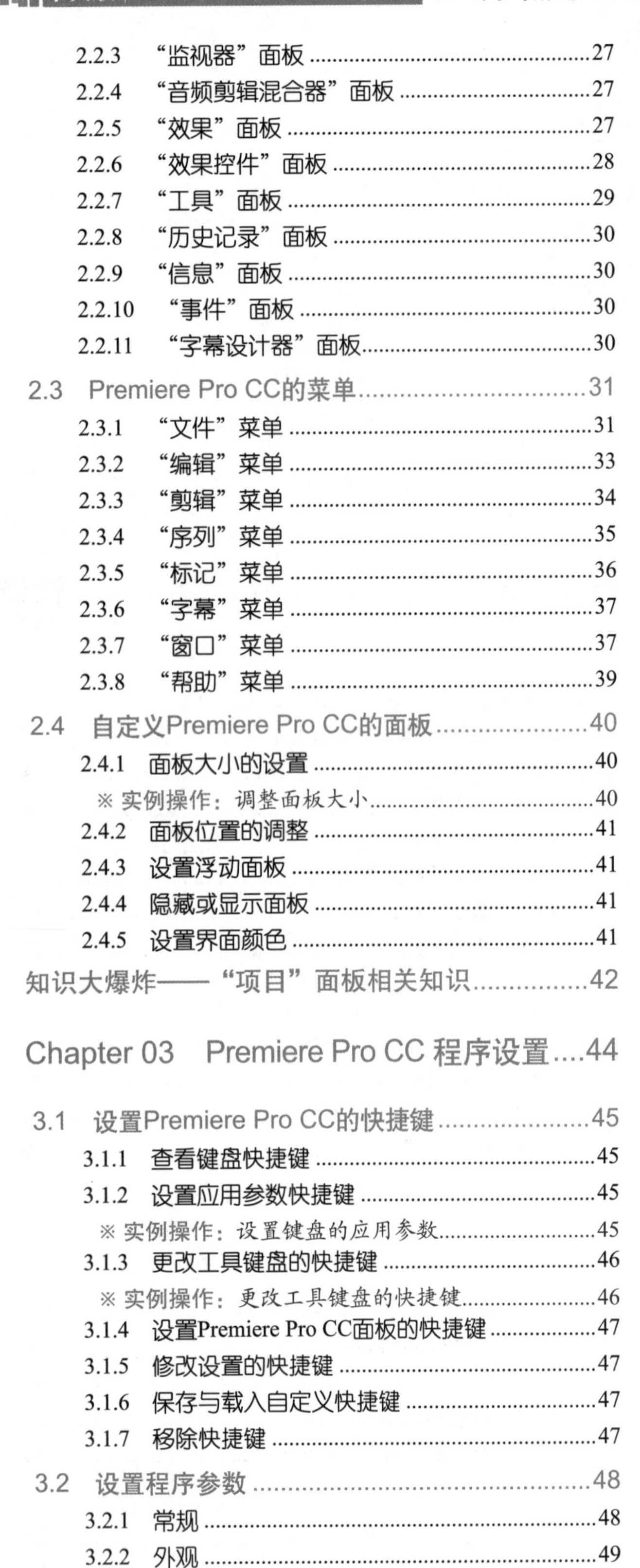

Instance 实战篇…

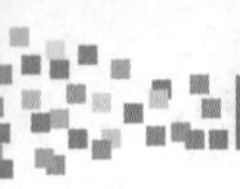

Proficient 精通篇…

入门篇 Introductory

Premiere Pro是Adobe公司旗下创建数字视频的软件之一，其涉及方面很广泛，包括图片、视频、音频和字幕等。在本篇中讲述了Premiere Pro CC的工具、菜单命令、程序设置、视频过渡、视频效果、音频的剪辑和影片输出等知识。通过它们可分别对不同的图像做各种变换，如放大、缩小、旋转、倾斜、镜像、透视等，也可为视频、音频或图像等素材添加效果。通过学习本篇讲解的知识，能够轻松地完成相应的操作。

>>>

01 02 03 04 05 06 07 08 09 10 11 12 13 14 ......

Premiere Pro CC 入门

本章导读

Premiere Pro CC是影视制作中最为常用的软件之一，具有强大的视频和音频编辑能力，可以直接在计算机中创建影片、纪录片或音乐视频等。本章将具体对Premiere Pro CC的应用领域、数码视频的基础知识、视频编辑的必备知识和Premiere Pro CC的安装及卸载知识进行讲解，让读者对Premiere Pro CC的功能有一个基本的了解。

1.1 影视制作的基础

在进行Premiere Pro CC学习之前，需要对影视制作的基础知识做一个基本的了解，以熟悉影视制作的原理和制作过程中遇到的专业问题，如非线性编辑、时间码、分辨率和像素宽高比、数字视频和音频等。

1.1.1 非线性编辑

非线性编辑是针对传统的以时间顺序进行线性编辑而言的，是指应用计算机图形和图像技术，在计算机中对各种影视素材进行编辑，并将最终结果输出到计算机硬盘、光盘等记录设备中的一系列操作。它借助计算机进行数字化操作，几乎所有的工作都能通过计算机来完成，不再需要太多的外部设备，大大节省了设备和人力资源，提高了工作效率。非线性编辑需要结合软件（如动画软件、图像处理软件、视频处理软件和音频处理软件等）和硬件（如计算机、视频卡或IEEE 1394卡、声卡、高速AV硬盘、专用板卡以及外围设备等），它们构成了一个非线性编辑的系统。随着非线性编辑系统的发展和计算机硬件性能的提高，视频编辑的操作也变得更加简单，如可以自由地在影片中进行插入、删除和重组等操作。经过多年的发展，现有的非线性编辑系统已经完全实现了数字化以及与模拟视频信号的高度兼容，并广泛应用在电影、电视、广播和网络等传播领域。

1.1.2 分辨率、屏幕/像素宽高比

分辨率和像素决定了视频的清晰度和大小，不管是电视机还是计算机屏幕，都是由一个个像素点组成的，但像素的比例与屏幕的比例并不一定是相同的，因为屏幕比例是视频画面的宽高比例；而像素比例则是影片画面中每个像素的长宽比。下面分别对分辨率、屏幕宽高比和像素宽高比进行详细介绍。

1. 分辨率

分辨率主要用于控制屏幕图像的精密度，是指单位长度内包含的像素点的数量。通常以每英寸的像素数（PPI）来衡量。其计算方法是：横向的像素点数量×纵向的像素点数量，如1024×768就表示每一条水平线上包含1024个像素点，共有768条线。分辨率的表示方法有很多，其含义也各不相同。不同的视频显示设备，其支持的分辨率不同，如普通的标清电视机可支持720×576的分辨率；而高清电视机能支持1920×1080的分辨率。目前最为常用的输出视频分辨率主要有352×288、176×144、640×480和1024×768。

2. 屏幕宽高比

屏幕宽高比就是影片画面的长宽比，根据不同的显示设备，主要分为4:3和16:9两种格式。标准清晰度电视机采用的宽高比为4:3，但随着高清晰度电视机的出现，宽高比为16:9的格式被定为高清晰度电视机的显示标准。下面分别对4:3和16:9两种格式进行介绍。

- 4:3：即视频画面的纵向和横向的比例为4:3，也可表示为1.33，通常是计算机、数据信号和普通电视信号最常见的比例，如图1-1所示。

图1-1 4:3的屏幕宽高比

- 16:9：即视频画面的纵向和横向的比例为16:9，也可表示为1.78，是电影、DVD和高清晰度电视机最常用的比例，如图1-2所示。

图1-2　16:9的屏幕宽高比

技巧秒杀

16:9的图像也可在4:3的屏幕上显示，其方法有3种，第一种是在水平充满的情况下，垂直拉长画面；第二种是保持16:9的图像不失真，但在屏幕上下各留下一条黑条；第三种是在水平方向两侧各超出屏幕一部分，使图像的宽高比为16:9。

3. 像素宽高比

像素宽高比是指影片画面中每个像素的长宽比，像素在计算机和电视机中的显示并不相同，通常在计算机中为正方形像素，在电视机中为矩形像素，即使用矩形像素创建的图形和在计算机中显示的效果不同。

1.1.3 数字视频压缩

数字视频压缩是指通过特定的压缩技术，将视频中冗余的数据进行压缩，以减少文件的大小，节省磁盘空间并避免视频质量受到损失。由于信号源及其存储和传播的媒介不同，视频的压缩方式主要分为无损压缩和有损压缩，下面分别进行介绍。

1. 无损压缩

无损压缩是指利用数据的统计冗余进行压缩，将相同或相似的数据特征归类，用较少的数据量描述原始数据，以减少数据量。无损压缩能够完全恢复原始数据而不引起任何失真，但压缩率受到数据统计冗余度的限制，因此不能用于对图像和数字视频进行压缩。

2. 有损压缩

有损压缩是指利用视觉和听觉的特性，通过简化不重要的信息来减少数据。有损压缩又分为空间压缩和时间压缩。

- **空间压缩**：空间压缩也叫帧内压缩，是指通过分析图像中的像素，保存一种模拟整个图像的模式。该压缩方法只对单个帧起作用，而不处理其他帧。
- **时间压缩**：时间压缩又叫临时压缩或插帧压缩（Interframe Compression），是指分析视频帧中相邻帧之间的相关性，描述视频帧与帧之间变化的部分，并将相对不变的成分作为背景，从而减少不必要的帧信息，达到压缩的目的。

1.1.4 时间码

由于视频图像记录的画面很多（每秒25幅图像），因此采用时间码来记录摄像机拍摄的图像信号，对每一幅图像的时间编码都进行了记录。通过为视频中的每个帧分配一个数字，用以表示小时、分钟、秒钟和帧数。其格式为xxHxxMxxSxxF，其中的xx代表数字，也就是以“小时;分钟;秒;帧”的形式确定每一帧的地址。这样只要知道某一幅画面的时间码，就可以轻松地在视频中找到它。如在Premiere Pro CC工作界面中的“时间轴”面板中即可看到，如图1-3所示。

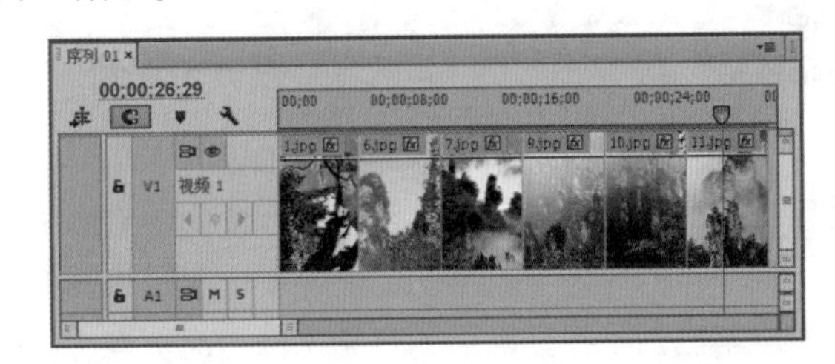

图1-3　“时间轴”面板上的时间码

技巧秒杀

选择“编辑”/“首选项”/“媒体”命令，在“时间码”下拉菜单中可对“时间码”进行设置。

1.2 Premiere Pro CC应用领域

Premiere Pro CC是一款很强大的软件，不仅可对应用的图片和序列图片进行编辑，还可进行视频剪辑、制作视频效果和音频效果。下面就对Premiere Pro CC的应用领域知识进行讲解。

Premiere Pro CC可对导入的单个图片素材和序列图片素材进行编辑，还可通过各种工具对视频素材进行剪辑、创建片头动画、纪录片、电子相册和艺术活动等。

可通过Premiere Pro CC完成的制作有：将数字视频制作为完整的视频作品；从摄像设备中进行视频的采集；从录音设备中采集音频；添加数字图形、视频素材和音频等至素材库；还可创建字幕和字幕特效。

总体来说，Premiere Pro CC可以应用在所有涉及视频、音频处理的工作领域，如电视节目的制作、多媒体的制作、三维动画的后期编辑、网络中的应用、广告后期编辑、MTV合成制作、电子相册的制作等。

1.3 Premiere Pro CC新增功能

Premiere相继推出了系列版本，Premiere Pro CC是现在最新的版本，新的版本增加了一些新的功能和编辑技巧，使学习和操作更加方便，下面就对Premiere Pro CC新增的功能进行讲解。

1.3.1 同步设置

多台计算机使用Premiere Pro CC时，可使用Adobe Creative Cloud的在线存储功能，进行计算机之间管理和同步首选项、预设和库的操作。Premiere Pro CC新增的“同步设置”功能可让用户将常规首选项、键盘快捷键、预设和库同步到Creative Cloud。使用“同步设置”功能可保持多台计算机的设置同步。Premiere Pro CC在进行某个项目自动保存时，Creative Cloud将在在线存储空间中创建一个名为auto-save的目录，将所有备份的项目存储在auto-save目录中。

同步是通过Adobe Creative Cloud账户实现的，将同步内容上传至Creative Cloud账户，然后可下载至其他计算机中进行应用。

技巧秒杀

在进行同步设置后，如要再次使用同步功能，则需要用户进行手动启动，否则将无法进行同步操作。

1.3.2 重新链接脱机媒体

若用户对素材文件进行移动或重命名操作，或将素材文件转换为其他格式，Premiere Pro CC新增的链接媒体将对该素材文件进行查找并重新链接，在打开的“链接媒体”对话框中可实现该操作，如图1-4所示。

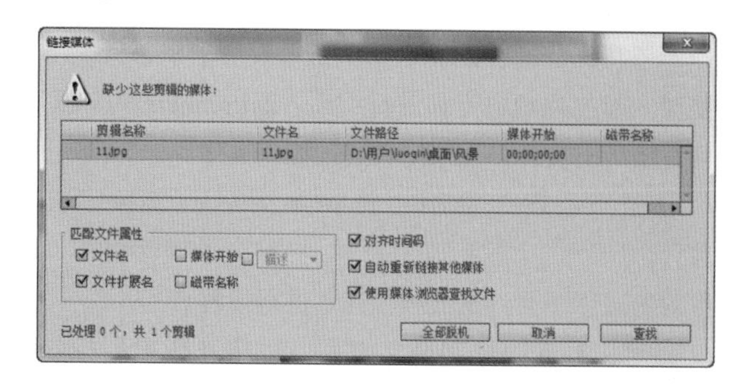

图1-4 “链接媒体”对话框

1.3.3 重复帧检测

Premiere Pro CC新增的重复帧检测功能可通过显

示重复的帧标记，将对某一序列中在“时间轴”面板上使用多次的剪辑进行标记。重复帧标记为一个彩色条纹指示器，位于重复帧的剪辑的底部。Premiere Pro CC会为存在重复剪辑的主剪辑设置一种颜色，最多可设置10种不同的颜色。在颜色全部被使用完后，将对第10种颜色进行重复使用。

单击“时间轴显示设置”按钮🔧，在打开的菜单中选择“显示重复帧标记”命令，即可进行重复帧检测，如图1-5所示。

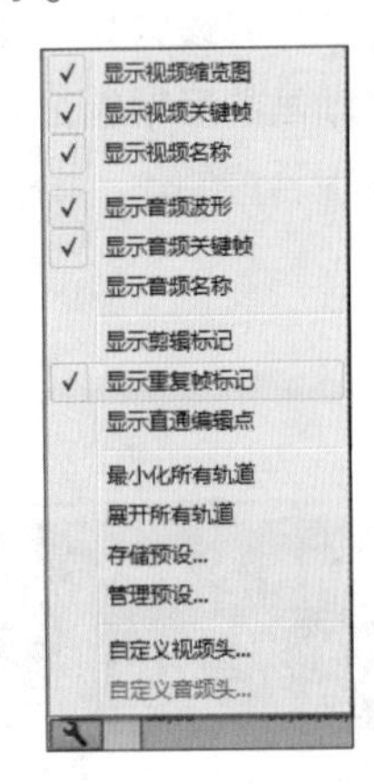

图1-5　显示重复帧标记

技巧秒杀

重复帧标记适用于视频素材，不适用于静止图像和时间重映射。

1.3.4 隐藏字幕

在Premiere Pro CC之前的版本中导出字幕时，需要对一起的视频或音频进行编码，而Premiere Pro CC可直接导出文件，无须对其进行编码操作。

在“项目”面板中选择序列后，选择“文件”/“导出”/“字幕”命令，在打开的对话框中，可对隐藏字幕文件格式和帧速率进行设置。

用户导入隐藏字幕文本后，可将其链接到相应的剪辑文本中，并在“时间轴”面板中设置其持续时间。制作完成后，将序列与嵌入的隐藏字幕一起导出至磁带或Adobe Media Encoder，也可以将序列导出为单独的Sidecar文件。

1.3.5 编辑技巧的增强

在Premiere Pro CC中还对一些编辑等操作技巧进行了加强。

1. 自动同步多个摄像机角度

“多机位”模式可在“节目监视器”面板中显示多机位编辑界面。用户可从特定场景的不同镜头中创建可编辑的序列。选择“剪辑”/“创建多机位源序列”命令，将具有通用入点/出点或重叠时间码的剪辑合并为一个多机位序列。

2. 使用音频波形自动同步剪辑

在Premiere Pro CC中用户可同另一个源录制的音频进行自动同步，并使用音频波形创建多机位和合并的剪辑。

3. 源修补和轨道目标定位

源修补和轨道目标定位进行了新的设计后使编辑更加快速和有效。通过一次单击操作，即可完成源修补或轨道目标定位。

技巧秒杀

用户可为常用的修补方案进行预设，可通过一个命令对时间轴重新配置。

4. 将非嵌套序列编辑到目标序列中

用户可以将源序列编辑至其他序列中，同时还可以保持原始源剪辑和轨道的布局完整，该功能与复制/粘贴功能类似，用户可使用包含单个源剪辑、编辑点、过渡和效果等其他序列的片段。

5. 通过编辑连接

用户可使用新增的“通过编辑连接”功能，连接剪辑中的编辑点。在“时间轴”面板中选择需要连接的编辑点，按住Ctrl键选择编辑点，右击，在弹出的快捷菜单中选择“通过编辑连接”命令即可，如图1-6所示。

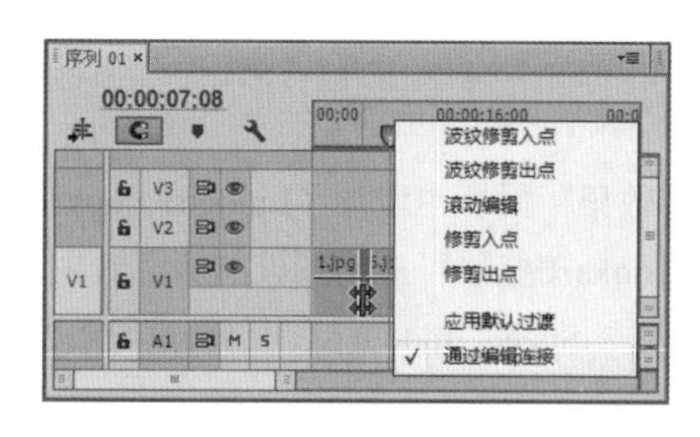

图1-6　通过编辑连接

6. 时间指示器在波纹删除之后移至编辑点

在“时间轴”面板中对剪辑进行波纹删除后，时间指示器将自动移到编辑点。用户可以立即替换编辑，而无须重新对时间指示器进行定位。

7. 增强的粘贴属性

用户可通过“粘贴属性”命令进行多个剪辑之间的添加、移动音频和视觉效果的操作。

8. 缩放为帧大小

使用“缩放为帧大小”命令，可将图像缩放至序列帧大小，无须将图像进行栅格化。使用该命令，可保留原有的像素分辨率，用户可查看到放大图像时的最大分辨率。

1.3.6 音频增强效果

与之前的版本相比，Premiere Pro CC的音频功能更加强大。

1. 重命名的“调音台”面板

在Premiere Pro CC中将“调音台”面板重命名为“音轨混合器”面板。新的更改有助于区分“音轨混合器”面板和新的“音频剪辑混合器”面板，如图1-7所示。

技巧秒杀

“音轨混合器”面板中的菜单命令已重新进行设计，采用分类子文件夹的形式显示音频增效工具，可对其更快地进行选择。

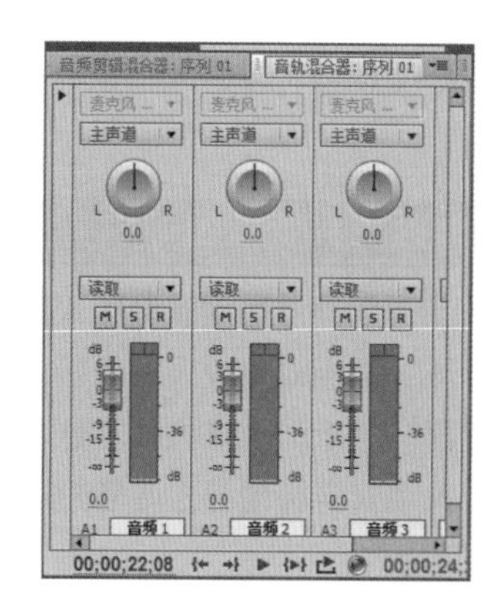

图1-7　“音轨混合器”面板

2. 为多声道主音频轨道的多立体声分配

用户可为多声道主剪辑的多个声道添加一条单声道或标准轨道。在声像器分配对话框中，可对分配给轨道的立体声声道进行设置。

3. 新增“音频剪辑混合器”面板

当“源监视器”面板为活动面板时，用户可通过“音频剪辑混合器”面板对序列中剪辑的音量和声像进行监视并调整。当“源监视器”面板不是活动面板时，用户可以通过“音频剪辑混合器”面板对“源监视器”面板中的剪辑进行监视，如图1-8所示。

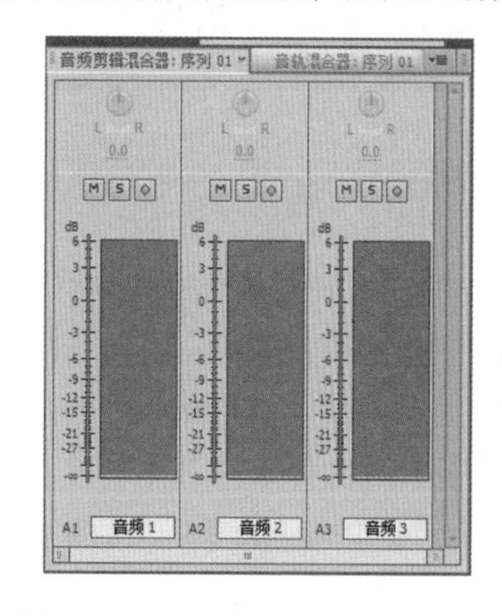

图1-8　“音频剪辑混合器”面板

4. 操纵面支持

在Premiere Pro CC中用户可使用EUCON和Mackie协议的常用控制器，也可以使用支持该协议的第三方平板控制器。选择“编辑”/“首选项”/“操纵面”

命令，在打开的对话框中可将控制器连接到Premiere Pro CC。

5. 音频增效工具管理器

音频增效工具管理器可对音频效果进行处理，可从“音轨混合器”面板或“效果”面板中选择“音频增效工具管理器”命令，也可在“首选项”对话框中选择“音频”选项对音频增效工具管理器进行操作，如图1-9所示。

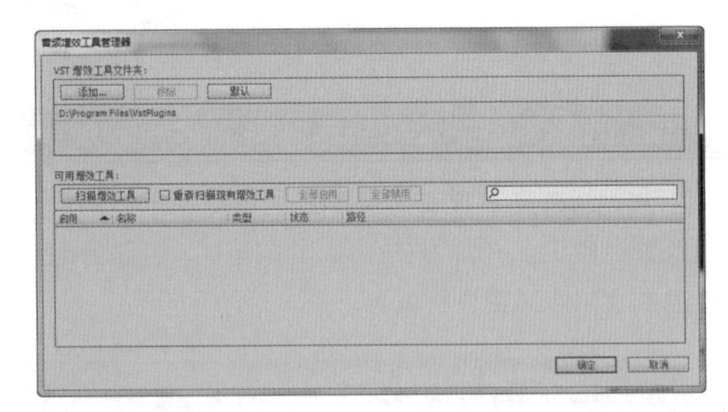

图1-9 “音频增效工具管理器”对话框

1.3.7 颜色增强功能

在“效果”面板中增加了Lumetri Looks文件夹，Lumetri Looks浏览器可应用预设的颜色效果，或从来自其他系统的SpeedGrade或LUT中查找导出的.looks，如图1-10所示。

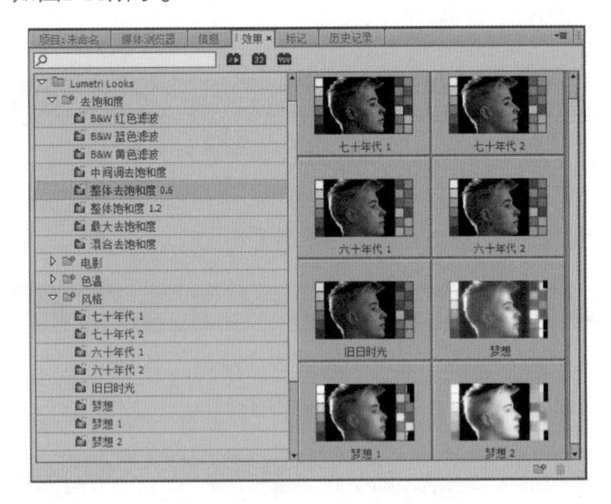

图1-10 Lumetri浏览器

1.4 Premiere Pro CC的功能和特点

Premiere Pro CC是Premiere的最新版本，对相应的功能进行了加强，且新增了部分功能，在1.3节中介绍了Premiere Pro CC的新增功能，本节将具体介绍其功能和特点。

1.4.1 Premiere Pro CC的功能

Premiere Pro CC是一款视频编辑软件，具有强大的功能，下面分别进行介绍。

- **素材的捕捉及管理：**在Premiere Pro CC中可直接将视频设备中的素材采集到软件中，并且能对采集的素材和导入Premiere项目中的素材进行裁剪、粘贴、移动、分离和群组等操作，如图1-11所示即为捕捉素材的界面。

技巧秒杀

Premiere Pro CC是Adobe公司的一款影视制作软件，其历史版本有Premiere Pro CS6、Premiere 6.5、Premiere 7.0、Premiere Pro 1.5、Premiere Pro 2.0、Premiere CS3、Premiere CS4、Premiere CS5和Premiere CS5.5。

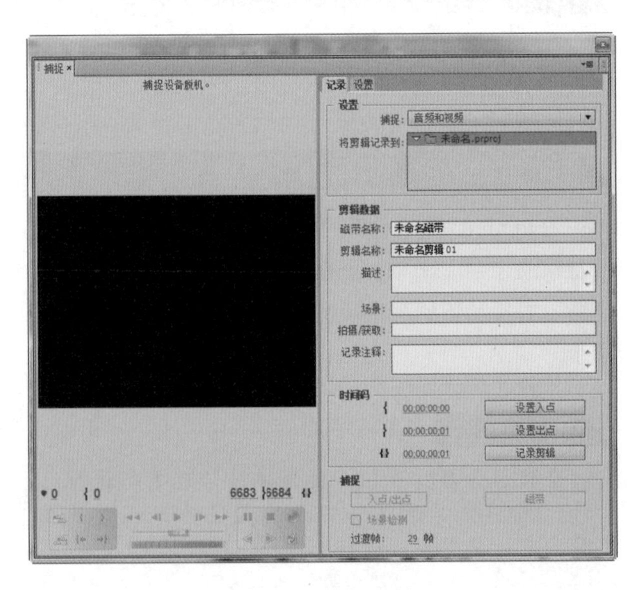

图1-11 捕捉素材

◆ 素材效果处理：Premiere Pro CC提供了强大的视频特技处理效果，主要包括变换、图像控制、扭曲、时间、杂波与颗粒、模糊与锐化、生成、视频、调整、过渡、透视、通道、键控、颜色校正和风格化，用户可将这些视频特技混合使用到视频素材中，从而产生各种特殊、美观的视觉效果，如图1-12所示。

图1-12 素材效果处理

◆ 视频过渡效果：在观看电视或电影时，经常会发现，当影片从一个镜头切换到另一个镜头时，屏幕上会出现一瞬间的特殊效果（如交叉溶解、百叶窗等），被称为过渡效果。在Premiere Pro CC中便可使用镜头的切换产生某种特殊效果，如3D运动、伸缩、擦除、溶解和页面剥落等，如图1-13所示。

图1-13 视频过渡效果

◆ 创建字幕文件：Premiere Pro CC提供了功能强大的字幕窗口，用户可以在其中创建静态字幕、动态字幕，也可以创建各种图形标志，定义文本和图形的格式，制作更加美观、个性的视频文件，如图1-14所示。

技巧秒杀

Premiere Pro CC的功能十分强大，这里只是介绍了其最为常用的基本功能，其他的功能将在后面的章节中进行详细介绍。

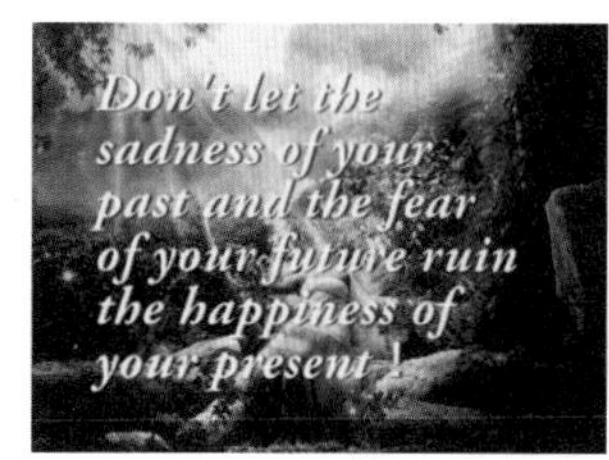

与1-14 创建字幕文件

◆ 视频剪辑处理：在Premiere Pro CC中，可以对已经制作好的视频文件进行各种操作，如进行裁剪视频、拼接视频和叠加视频等操作，通过这些操作可以更方便地对视频进行编辑，如图1-15所示。

图1-15 视频剪辑处理

◆ 运动特效处理：在Premiere Pro CC中可以通过运动效果对素材进行编辑，达到动画的效果，使视频作品的视觉效果更加丰富绚丽。如片段的移动、旋转、放大、延迟和变形等操作，如图1-16所示。

图1-16 运动特效处理

◆ 音频编辑处理：在Premiere Pro CC中可以为视频配音，对导入的音频文件进行编辑，如调整音频文件的声音、长短和声道等，或通过Premiere Pro CC提供的音频特效快速设置效果，如图1-17所示。

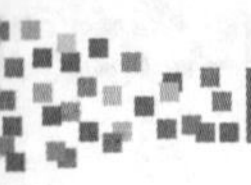

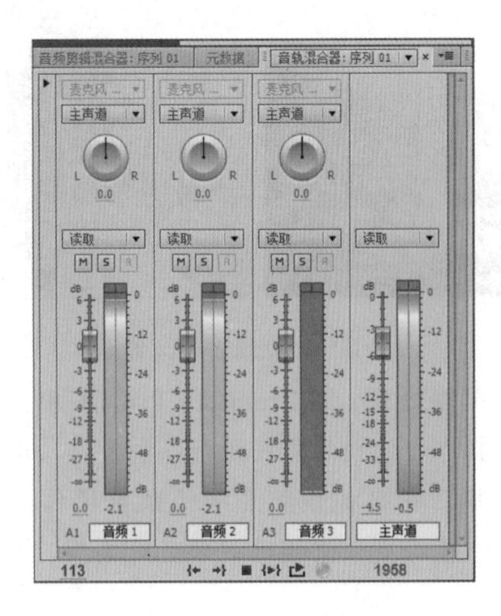

图1-17　音频编辑

◆ **视频文件的输出格式**：在Premiere Pro CC中可以输出各种格式，如AVI、MPEG、Web格式和静帧图像等，如图1-18所示。

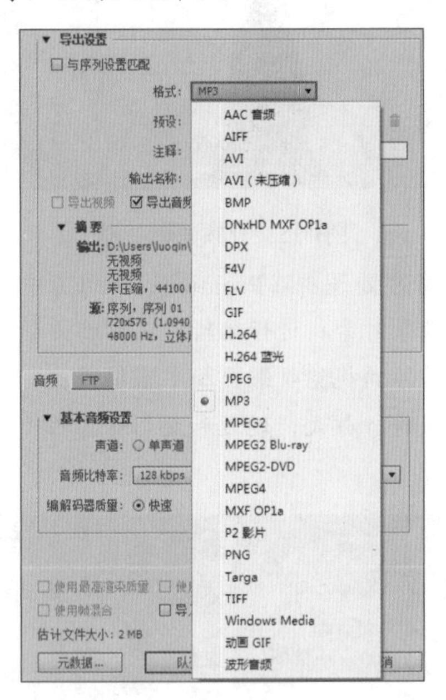

图1-18　视频压缩和输出

1.4.2 Premiere Pro CC的特点

除以上介绍的功能外，Premiere Pro CC还拥有更多独特的新特点，下面分别进行介绍。

◆ **良好的兼容性**：Premiere Pro CC支持插件过滤器，如颜色平衡、亮度与对比度控制、模糊、变形、形态及其他过滤器。也能与其他的Adobe产品联合使用，如可以直接导入PSD格式的图形文件，在Audition中编辑声音，在After Effect中编辑视频等。Premiere与Adobe其他产品的快捷键和一些应用设置的方法相同，非常便于用户操作。

◆ **广泛的硬件支持**：Premiere Pro CC支持Sony、Canon等品牌的数码相机、数码摄像机、数码摄影机等设备；也支持各种视频采集卡、压缩卡和编辑卡，用户可直接对素材进行采集和输出操作。

◆ **直观的用户界面**：Premiere Pro CC提供了直观的编辑界面，可以在其中直接看到效果控件、项目、监视器、时间轴等面板，并且可以进行调整、打开或关闭面板、自定义软件的界面等，为用户提供了更为便捷的操作方法，如图1-19所示。

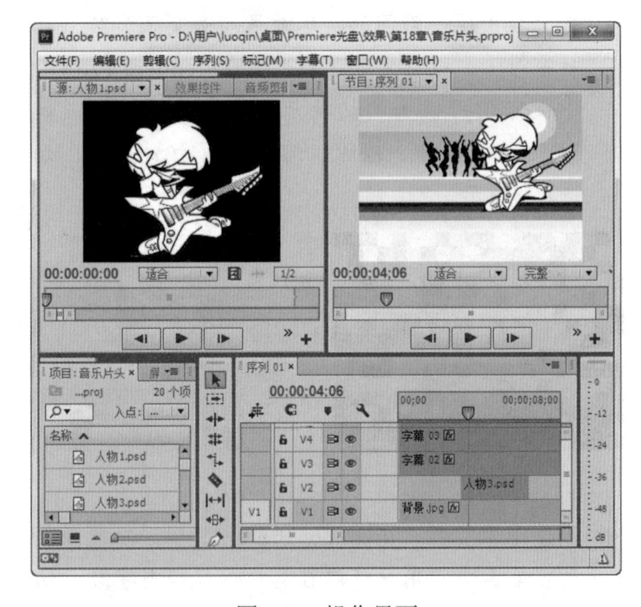

图1-19　操作界面

◆ **个性化的键盘快捷键设置**：在Premiere Pro CC中提供了很多键盘的快捷键，在“键盘快捷键”对话框中将键盘快捷键显示为可编辑的按钮，用户可以通过快捷键快速打开各种面板，执行各种操作，还可以对快捷键进行自定义设置，删除不需要的快捷键，添加需要的快捷键，以及修改常用的快捷键等，如图1-20所示。

图1-20　键盘快捷键设置

◆ 管理素材更方便：在Premiere Pro CC中采集或导入的素材都被存放在“项目”面板中，并可按列表或图标的方式进行排列，还能直接搜索、查看或排序素材，或新建文件夹对素材进行归类整理，方便用户的管理。

◆ 强大的编辑能力：可通过“时间轴”面板、“监视器”面板进行编辑，然后以幻灯片的样式进行实时播放，如对其效果不满意可停止编辑，进行再次修改。

◆ 丰富的字幕功能：Premiere Pro CC提供的字幕工具允许用户根据需要创建任何字幕，并且能直接在Premiere Pro CC中对文字添加特效，如阴影、透明度、光泽、动态字幕等。除此之外，Premiere Pro CC还为用户提供了字幕模板功能，只要将模板加载到其中就能直接使用，非常方便，如图1-21所示。

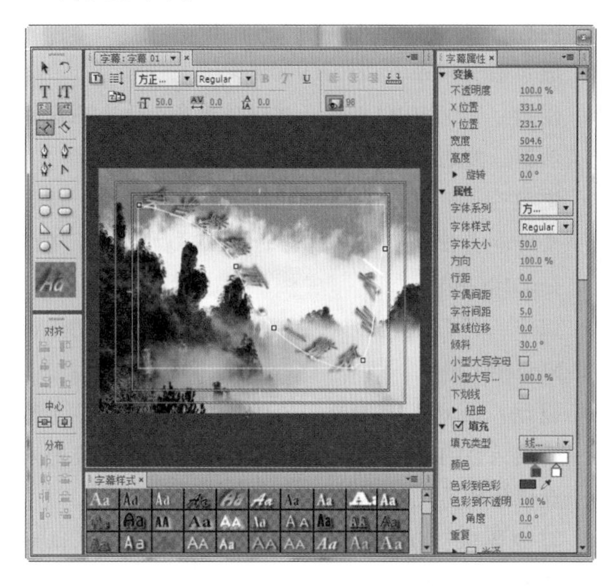

图1-21　“字幕”面板

◆ 丰富的特殊效果：Premiere Pro CC添加了更多的特殊效果，可直接在“效果”面板中进行设置或通过运动控制使静止或移动的图像根据需要进行运动，并具有扭转、变焦、旋转和变形等效果。还可创建自定义效果文件夹，并为其添加特殊效果。

1.5 安装与卸载Premiere Pro CC

对影视制作的基础知识和Premiere Pro CC的功能和特点进行了解后，就可对Premiere Pro CC的其他操作进行学习了。下面就对Premiere Pro CC系统配置、安装和卸载等知识进行讲解。

1.5.1 Premiere Pro CC系统配置

Premiere是一个集视频、音频编辑功能为一体的多媒体编辑软件，随着Premiere Pro CC软件版本的不断更新，在其功能逐渐完善的同时，其需要的系统资源也在增加。为了使用户能更完美地体验Premiere Pro CC的功能，安装该软件时还需要满足一定的配置要求。需注意的是，Premiere Pro CC只能安装在64位的操作系统中，下面对其具体配置分别进行介绍。

◆ 操作系统：支持64位的Microsoft Windows 7 Enterprise、Microsoft Windows 7 Ultimate、Microsoft Windows 7 Professional和Microsoft

Windows 7 Home Premium及Vista操作系统。

◆ 浏览器：Internet Explorer 7.0或更高版本。

◆ 处理器：需要支持64位的Intel® Core™2 Duo或AMD Phenom® II处理器。

◆ 内存：4GB RAM（推荐使用8GB）。

◆ 显示器分辨率：1280×900像素。

◆ 硬盘：7200 RPM 硬盘（建议使用多个快速磁盘驱动器，首选配置了RAID 0的硬盘）。

◆ 磁盘空间：用于安装的4GB可用硬盘空间，预览文件和其他工作文件所需的其他磁盘空间（建议分配10GB）。

◆ 声卡：符合ASIO协议或Microsoft Windows Driver Model的声卡。

◆ 驱动：与双层DVD兼容的DVD-ROM驱动器（用于刻录DVD的DVD+/R刻录机和用于创建蓝光光盘媒体的蓝光刻录机）。

◆ 其他要求：QuickTime 7.6.6软件和Adobe认证的GPU卡。

1.5.2 安装Premiere Pro CC

在进行Premiere Pro CC学习之前需要对其进行安装，下面就对其安装方法进行讲解。

实例操作：安装Premiere Pro CC

● 光盘\实例演示\第1章\安装Premiere Pro CC

本例将Premiere Pro CC安装光盘放入光驱，并在Windows 7中安装Premiere Pro CC。

Step 1 ▶ 将Premiere Pro CC安装光盘放入光驱，在光盘的根目录中双击Setup.exe文件，运行安装程序，开始初始化，如图1-22所示。

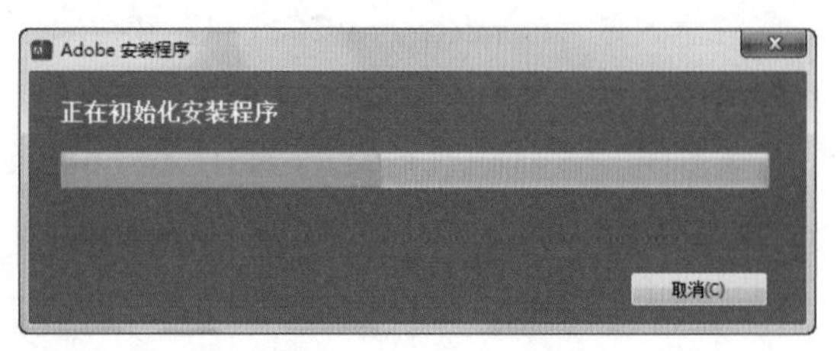

图1-22 初始化安装程序

Step 2 ▶ 在打开的“欢迎”窗口中，选择“安装”选项，如图1-23所示。

图1-23 选择安装

Step 3 ▶ 在打开的“需要登录”窗口中，单击 登录 按钮，如图1-24所示。

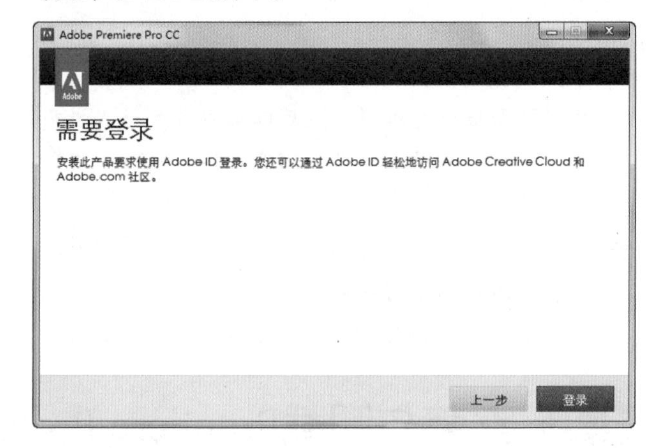

图1-24 登录

读书笔记

Step 4 ▶ 在打开的“Adobe软件许可协议”窗口中，单击 接受 按钮，如图1-25所示。

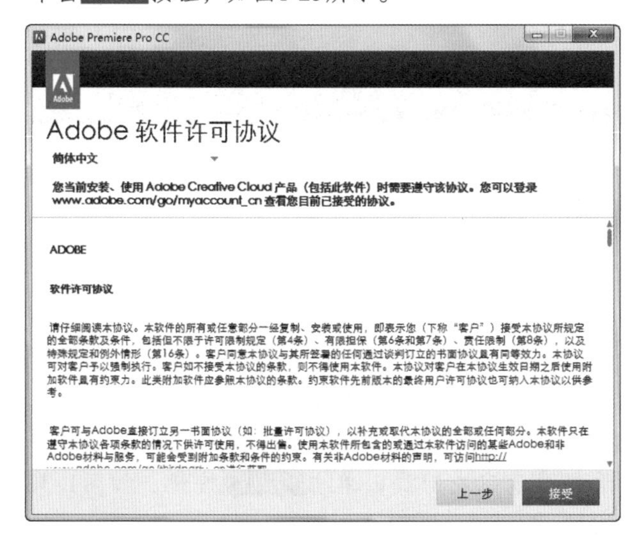

图1-25 接受协议

Step 5 ▶ 打开“序列号”窗口，输入序列号，单击 下一步 按钮，如图1-26所示。

图1-26 输入序列号

Step 6 ▶ 打开“选项”窗口，在“语言”下拉列表框中选择“简体中文”选项。单击按钮，在打开的对话框中设置程序的保存位置。单击 安装 按钮，如图1-27所示。

技巧秒杀

序列号可以在Premiere Pro CC的包装盒上找到。若用户是在Adobe的官方网站上下载的试用版，则可通过官方网站购买序列号。

图1-27 设置语言和安装位置

Step 7 ▶ 此时Premiere Pro CC将会在“安装”对话框中显示安装进度，如图1-28所示。

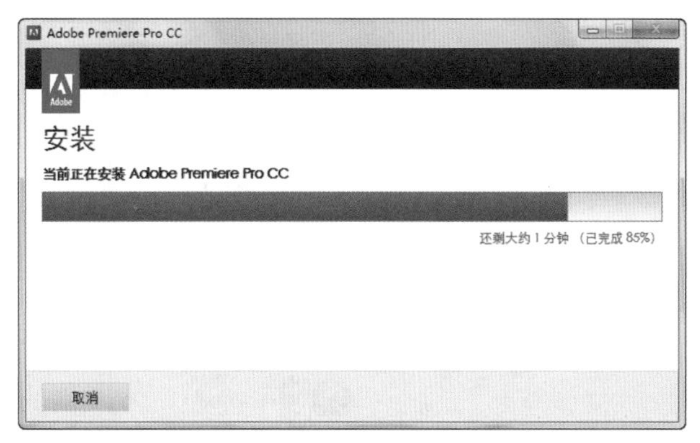

图1-28 安装

Step 8 ▶ 安装完成后，显示“安装完成”窗口，单击 立即启动 按钮，如图1-29所示。

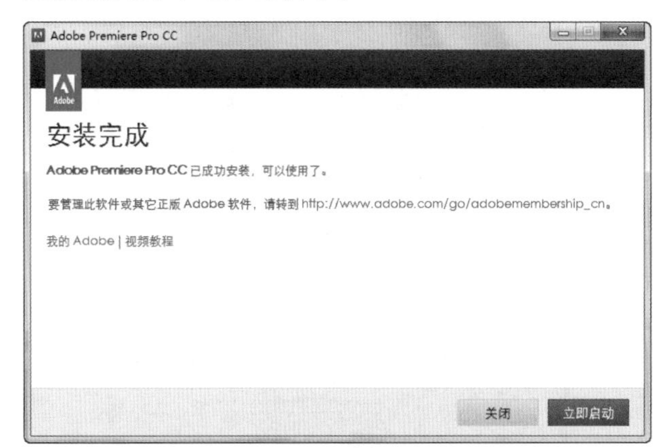

图1-29 完成安装

1.5.3 卸载Premiere Pro CC

当用户的Premiere Pro CC文件损坏需要重新安装或不再需要Premiere Pro CC软件时，可以将Premiere Pro CC卸载。卸载Premiere Pro CC的方法比安装Premiere Pro CC的方法简单很多。

实例操作：卸载Premiere Pro CC

● 光盘\实例演示\第1章\卸载Premiere Pro CC

本例将通过Windows控制面板删除已安装的Premiere Pro CC。

Step 1 ▶ 打开Windows控制面板，单击“卸载程序”超链接，如图1-30所示。

图1-30　打开控制面板

Step 2 ▶ 在打开的软件列表中选择Adobe Premiere Pro CC选项，单击卸载按钮，如图1-31所示。

图1-31　选择卸载软件

Step 3 ▶ 在打开的Adobe Premiere Pro CC窗口中，选中☑ 删除首选项 ⓘ 复选框，再单击卸载按钮，如图1-32所示。

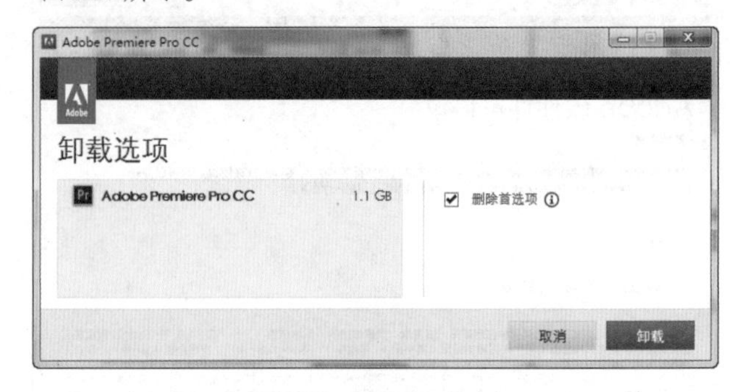

图1-32　卸载软件

Step 4 ▶ 系统将开始卸载Photoshop CC，卸载完毕后将显示完成卸载，单击关闭按钮，如图1-33所示。

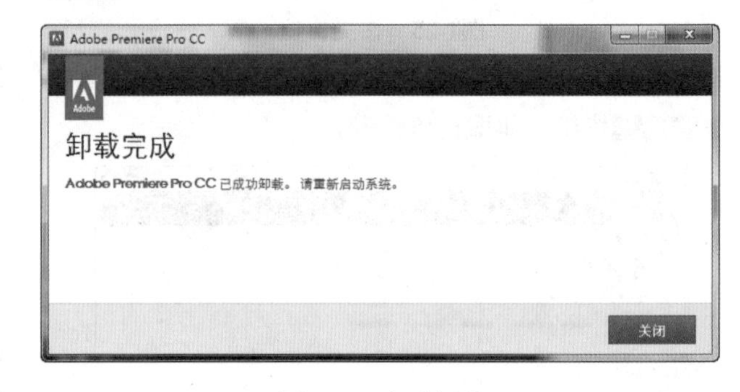

图1-33　完成卸载

?答疑解惑：

苹果用户该如何卸载Premiere Pro CC?

Mac OS用户在卸载Premiere Pro CC时，可双击“应用程序”/“实用程序”/Adobe Installers中的产品安装程序，或双击该应用程序文件夹中相应的卸载别名。选择“删除首选项”，然后以管理员身份进行验证，并按屏幕上的说明进行操作。

读书笔记

1.6 Premiere Pro CC的制作流程

了解了影视制作的基本知识和Premiere Pro CC的功能与特点等知识后，下面讲解使用Premiere Pro CC进行影视制作的流程，让用户对制作的过程一目了然，有利于学习其他视频作品的制作。

1.6.1 制作视频前的准备工作

制作视频并非一件容易的事，在使用Premiere Pro CC进行视频制作前，应该将准备工作做好，以提高工作效率。制作视频的准备工作主要有两项，分别是剧本的策划与素材的准备，下面分别对其进行介绍。

1. 剧本的策划

剧本是制作影视作品的基础，用户需要对制作视频的原因、方法和用途等知识进行了解，才能制作出更加优秀的作品。在编写剧本时，用户可以先拟定一个提纲，然后根据拟定的提纲尽量补充细节，使剧本尽量保持完整。这样不管是前期的准备，还是在后期的制作过程中，都可以通过剧本进行协助，更方便地对制作过程进行控制，提高制作的速度和质量。

2. 准备素材

素材是视频的组成部分，在Premiere Pro CC中制作视频时，就是将一个个素材组合成一个连贯完整的整体。Premiere中的素材可以是使用DV摄像机拍摄的影片、数码相机拍摄的照片、音频设备录制的声音及网络中的图片或影片等，Premiere所支持的素材格式有以下几种。

- 数字视频：由视频采集卡采集的数字视频AVI文件。
- AVI和MOV文件：由Premiere软件或其他视频编辑软件生成的AVI和MOV文件。
- 音频文件：WAV格式和MP3格式的音频数据文件。
- 图片文件：各种格式的静态图像，包括BMP、JPG、PCX、TIF等。
- 字幕文件：Premiere的字幕（Titles）文件。
- FLC或FLI文件：无伴音的FLC或FLI格式文件。
- 胶片文件：FLM格式的胶片（Filmstrip）文件。

1.6.2 创建项目

完成了前期准备后，就可以在Premiere Pro CC中进行视频文件的制作了。在制作时，第一步是要创建一个Premiere项目，确定项目文件的存储位置、名称、画面大小和序列名称等信息，为视频制作提供一个场所。

启动Premiere Pro CC软件，双击桌面上的Adobe Premiere Pro图标，将打开欢迎界面，单击“新建项目”按钮，进行项目的创建，如图1-34所示。

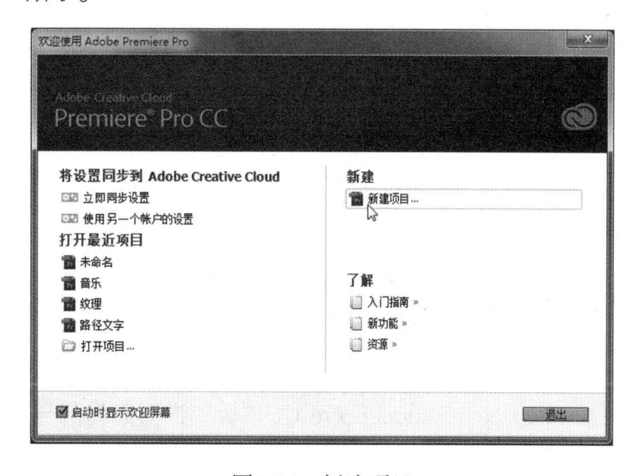

图1-34 创建项目

技巧秒杀

在已经载入Premiere Pro CC的情况下，用户可通过选择“文件”/“新建”/“项目”命令的方式进行项目的创建。

在进行素材的导入前，需要对视频和音频进行设置，单击“新建项目”按钮后，打开“新建项目”对话框，如图1-35所示。在该对话框中可对音频、视频和位置等进行设置。

图1-35 “新建项目”对话框

1.6.3 导入素材

创建项目后，需要在其中导入素材才能进行视频的制作。Premiere Pro CC中可导入的素材有多种，如PSD格式的图层文件、静态图片、影片素材和音频素材等。同时，用户也可通过视频采集卡来采集DV摄像机中的素材。

在打开Premiere Pro CC面板后，可对各种素材进行导入操作，以进行视频作品的制作。

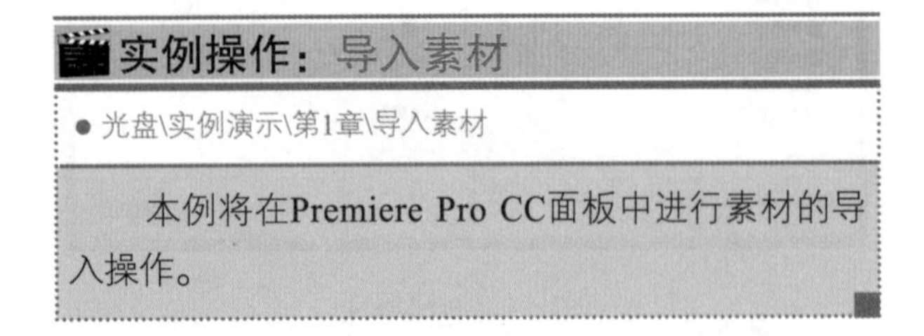

实例操作：导入素材

● 光盘\实例演示\第1章\导入素材

本例将在Premiere Pro CC面板中进行素材的导入操作。

Step 1 ▸ 导入多个素材至一个项目中时，可先创建文件夹，使所有素材包含在这个文件夹中，单击“新建素材箱”按钮，创建素材箱，如图1-36所示。

图1-36 新建素材箱

Step 2 ▸ 选择“文件”/“导入”命令，或按Ctrl+I快捷键，打开“导入”对话框，在打开的对话框中选择需要导入的素材，单击打开(O)按钮，如图1-37所示。

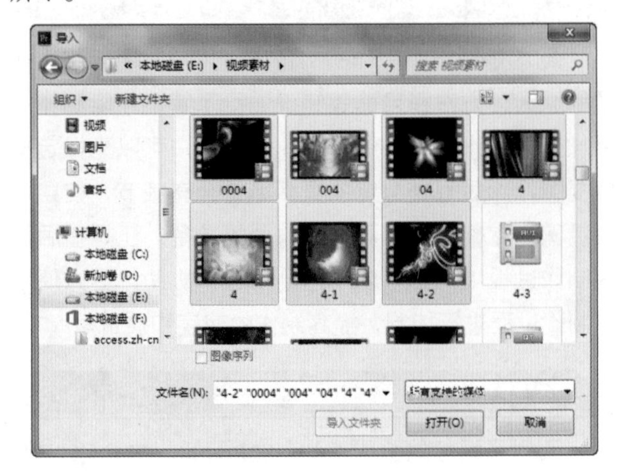

图1-37 “导入”对话框

Step 3 ▸ 在新建的“素材箱01”文件夹中将导入选择的素材，如图1-38所示。

图1-38 导入素材

1.6.4 排列素材元素

导入素材元素后，需要将素材放置在“时间轴”面板的序列中，才可对其进行编辑，关于“时间轴”面板等知识将在第2章进行详细讲解。

将素材添加至“时间轴”面板中，只需单击“项目”文件中的素材，将其拖动至“时间轴”面板的一个轨道上，此时素材将在轨道上显示为一个图标，如图1-39所示。

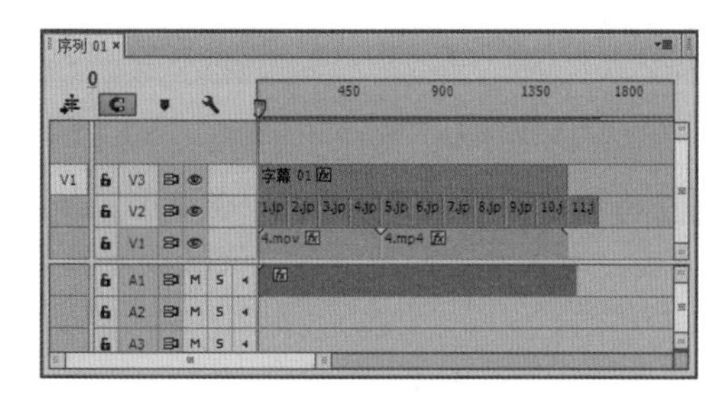

图1-39　排列素材元素

技巧秒杀

将素材拖动至“时间轴”面板后，其持续时间由时间轴中素材的长度表示。

1.6.5 编辑素材

导入素材后，为了达到视频的要求，需要对素材进行编辑，主要包括添加、更改、剪辑和切割素材、插入和覆盖素材、提升和提取素材、分离和链接素材以及创建新的素材元素等，如图1-40所示，可通过选择菜单命令“速度/持续时间”，对素材的速度/持续时间进行编辑。

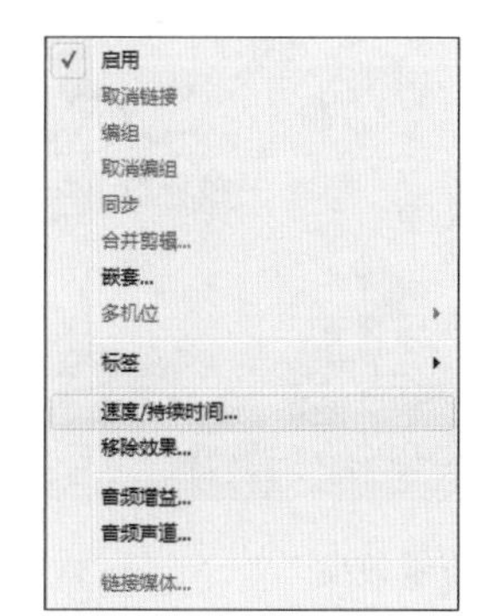

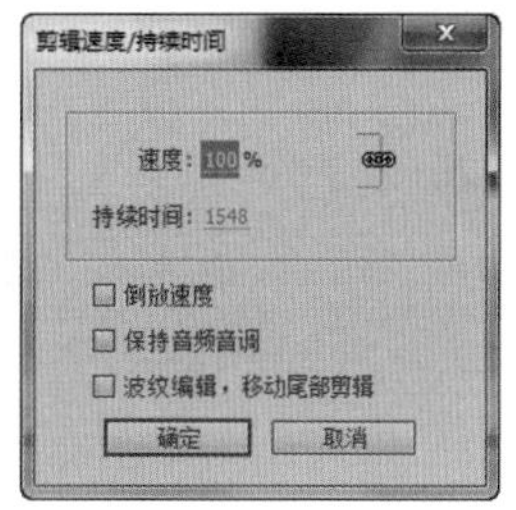

图1-40　编辑素材

1.6.6 添加效果

在编辑素材的过程中，经常会为素材添加效果，使视频效果更加绚丽、美观。Premiere Pro CC中可以为素材添加的特效种类很多，主要有视频效果、视频过渡和运动特效等，其中前两种特效是Premiere Pro CC自带的效果，可直接应用到素材中，而运动特效则是通过与关键帧的结合使用，使素材产生动态运动的效果。

1. 应用视频效果

视频效果是Premiere Pro CC自带的一个重要的功能，应用该效果可使视频作品的视觉效果更加丰富多彩。

实例操作：应用视频效果

- 光盘\素材\第1章\镜头光晕.prproj
- 光盘\效果\第1章\镜头光晕.prproj
- 光盘\实例演示\第1章\应用视频效果

本例将在“镜头光晕.prproj”项目文件中添加“镜头光晕”视频效果。

Step 1 选择“文件”/“打开项目”命令，在打开的对话框中选择“镜头光晕.prproj”项目文件，将其打开，在“效果”面板中单击“视频效果”文件夹前的三角形按钮▷将其展开，再单击“生成”文件夹前的三角形按钮▷，在展开的选项中选择“镜头光晕”效果，如图1-41所示。

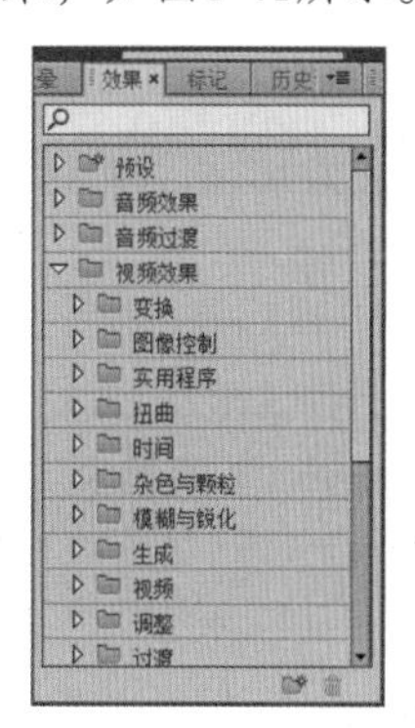

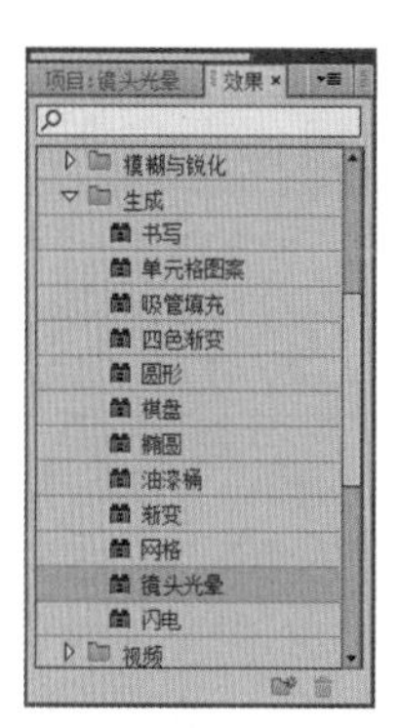

图1-41　选择效果

Step 2 将效果拖动至素材上，在“效果控件”面板中设置其参数，如图1-42所示。

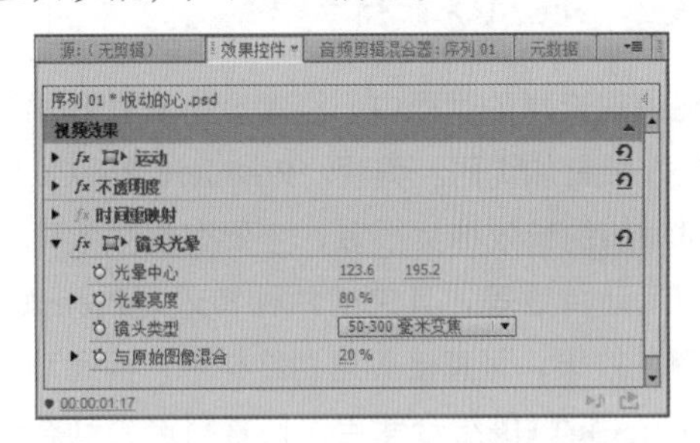

图1-42　设置参数

Step 3 ▶ 在“节目监视器”面板中可对添加的视频效果进行预览，如图1-43所示。

图1-43　效果预览

2. 应用视频过渡

视频过渡效果可使素材之间的连接更自然，应用该效果的方法与应用视频效果的方法类似，都只需将效果拖动至素材上即可。

实例操作：应用视频过渡

- 光盘\素材\第1章\油漆飞溅.prproj、jia.jpg
- 光盘\效果\第1章\油漆飞溅.prproj
- 光盘\实例演示\第1章\应用视频过渡

本例将在“油漆飞溅.prproj”项目文件中为素材添加“油漆飞溅”视频过渡效果。

Step 1 ▶ 打开“油漆飞溅.prproj”项目文件，在“效果”面板中单击“视频过渡”文件夹前的三角形按钮▷，将其展开，再单击“擦除”文件夹前的三角形按钮▷，在展开的选项中选择“油漆飞溅”效果，如图1-44所示。

图1-44　选择过渡效果

Step 2 ▶ 将“油漆飞溅”效果拖动至素材jia.jpg开始的位置处，为素材之间添加油漆飞溅的过渡效果，如图1-45所示。

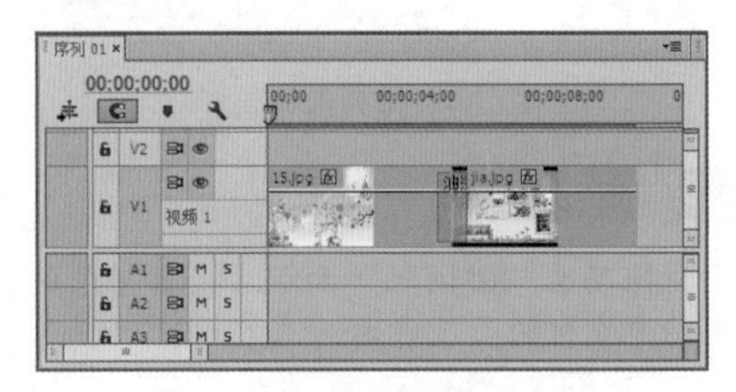

图1-45　添加过渡效果

Step 3 ▶ 在“节目监视器”面板中单击“播放/停止切换”按钮▶，对添加的视频过渡效果进行查看，如图1-46所示。

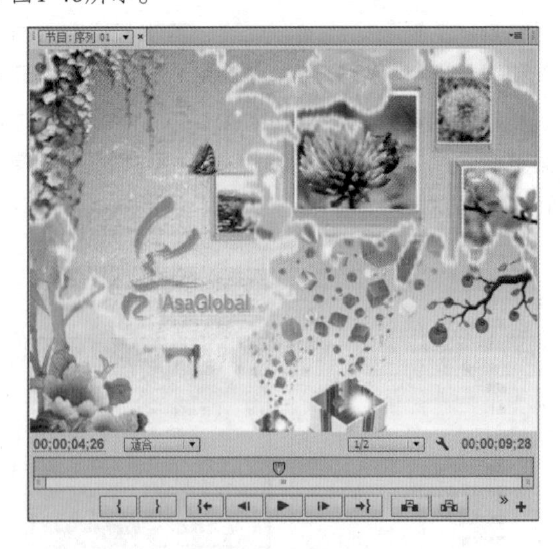

图1-46　查看效果

操作解谜

这里需要在“效果控件”面板中设置“边框宽度”为0.1，“边框颜色”为#F6F7CD，“消除锯齿品质”为“高”，才能得到其效果。

3. 用于运动效果

通过结合关键帧的使用，可为静态的图像素材添加运动效果，在“效果控件”面板中对“运动”栏中的参数进行设置即可。

实例操作：应用运动效果

- 光盘\素材\第1章\缩放运动.prproj
- 光盘\效果\第1章\缩放运动.prproj
- 光盘\实例演示\第1章\应用运动效果

本例将在“缩放运动.prproj”项目文件中通过关键帧的使用为其添加运动效果。

Step 1 ▶ 打开“缩放运动.prproj”项目文件，在“效果控件”面板中单击“运动”栏前的三角形按钮▶，将其展开，如图1-47所示。

图1-47 “效果控件”面板

Step 2 ▶ 选择“视频2”轨道上的素材，将时间指示器移动至开始的位置，单击“缩放”前的“切换动画”按钮，为素材添加关键帧，在其后的数值框中输入40，进行素材大小的改变，将时间指示器移动至结束的位置，在数值框中输入100，系统将自动创建关键帧，如图1-48所示。

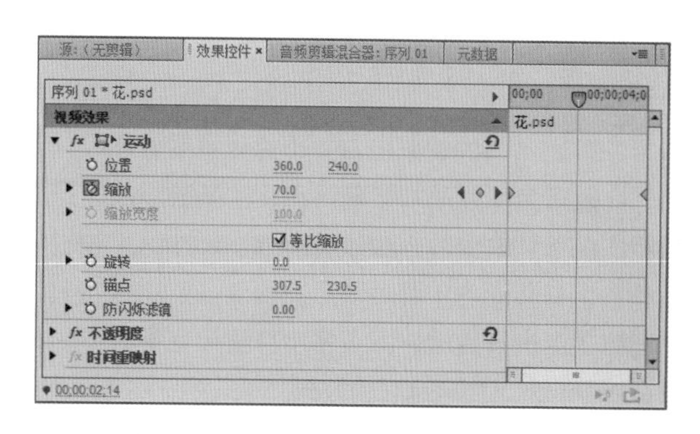

图1-48 创建关键帧

Step 3 ▶ 在“节目监视器”面板中单击“播放/停止切换”按钮▶，对添加的运动效果的素材进行查看，如图1-49所示。

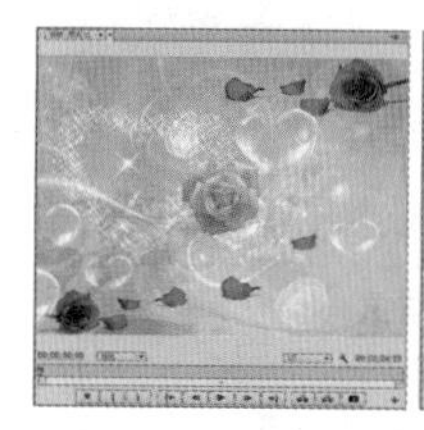

图1-49 运动效果查看

技巧秒杀

在“效果控件”面板中还可添加其他参数的运动效果，如位置、旋转和锚点等运动效果。

1.6.7 编辑音频

在Premiere Pro CC中进行编辑时，不仅可以对视频的画面进行美化操作，还可以对音频文件进行编辑，主要包括对音频的声道进行设置、调节音量的大小、为音频文件添加特效和录制音频等，如图1-50所示为音频效果和音频过渡文件夹。

图1-50 音频效果和音频过渡文件夹

1.6.8 添加字幕

在只有画面的视频中，并不能让观看者体会其含义，此时可为视频添加字幕，因此字幕的添加也是视频制作中不可缺少的一部分。Premiere Pro CC中提供了静态字幕和动态字幕可供用户创建，然后再将其添加到轨道中进行编辑，即可将字幕显示在视频中，如图1-51所示为添加字幕后的效果。

图1-51　添加字幕

1.6.9 输出视频

完成以上的操作后，一个完整的视频基本上就制作完成了，此时，可通过Premiere Pro CC的导出功能将影片打包输出，使影片能通过可移动设备进行传播，并能通过视频播放器进行播放，让其他用户也能轻松观看视频的效果。

技巧秒杀

在Premiere Pro CC中输出的视频，还可以通过其他软件进行编辑，如转换视频的格式、剪辑视频等。

读书笔记

知识大爆炸——视频扫描格式和场的顺序

1. 视频扫描格式

视频扫描格式是视频制作标准中最基本的参数之一，主要包括图像在时间和空间上的抽样参数，即每行的像素数、每秒的帧数以及隔行扫描或逐行扫描，在数字视频领域经常用水平、垂直像素数和帧率来表示扫描格式，NTSC制式的场频准确数值是59.94005994Hz，行频是5734.26573Hz；PAL制式的场频是50Hz，行频是15625Hz。其中行频是指每秒钟重复绘制显示画面的次数，即重绘率，以Hz为单位。也可以用水平扫描频率来进行表示，其单位为kHz，指电子枪每秒钟在屏幕上从左到右扫描的次数，该值越大，显示器可以提供的分辨率越高，稳定性越好。场频叫做帧频或刷新频率，即显示器的垂直扫描频率，指显示器每秒所能显示的图像次数，单位为赫兹（Hz）。场频越大，图像刷新的次数越多，图像显示的闪烁就越小，画面质量越高，反之其画面质量越低。在数字视频领域，其扫描格式经常用水平、垂直像素数和帧率进行表示，例如720×576×25、720×480×29.97。

每帧画面以交错的方式分两次扫描，将光信号转换为电信号的扫描时，扫描将从图像的左上角开始进行，水平向前扫描，同时扫描点也向下移动且速率较慢。当扫描点到达图像右侧边缘时，扫描点将快速返回至图像的左侧，以相同的方法在第一行的起点下面进行第二行扫描，将行与行之间的返回过程称为水平消隐。一帧是指一幅完整的图像扫描信号，水平消隐间隔分开的行信号序列。扫描点在一帧扫描完后，将从图像的右下角返回到图像的左上角进行新一帧的扫描，其时间间隔称为垂直消隐。PAL制式信号是采用每帧625行扫描，NTSC制式信号则是采用每帧525行扫描。

2. 场的顺序

交错扫描场是指采用两个交换显示的垂直扫描场构成每一帧画面，大部分的广播视频采用该方式。交错视频的帧是由两个场组成的，一个是奇场，是扫描帧的全部奇数场，或称为上场；另一个是偶场，扫描帧的全部偶数场，或称为下场。场是隔行保存帧的内容，以水平分隔线的方式进行。显示时将先显示第一个场的交错间隔内容，再显示第二个场，其作用是填充第一个场留下的缝隙。

用户在使用视频编辑软件时，经常会进行奇场或上场优先，还是偶场或下场优先的设置，该设置对制作的作品的输出质量有很大的影响。该设置其实很简单，在使用视频编辑卡对原始素材进行采集时，就已经设置好了优先顺序。不同的视频编辑卡，其优先顺序不一样。将采集的视频内容导入至视频编辑软件中，对其属性进行查看，即可知道其优先顺序。

读书笔记

01 02 03 04 05 06 07 08 09 10 11 12 13 14 ……

Premiere Pro CC基础知识

本章导读

了解了视频的制作流程和安装Premiere Pro CC的方法后，下面就学习一些Premiere Pro CC的基础知识，以及Premiere Pro CC的基本操作。本章将对Premiere Pro CC的界面操作、功能面板、菜单和自定义工作界面等知识及操作进行讲解。

2.1 Premiere Pro CC的界面操作

学习Premiere Pro CC剪辑视频之前，首先应该认识其操作界面，了解其功能面板，以便在后期的学习中能更快地掌握和运用知识，制作出理想的视频作品。下面对Premiere Pro CC的启动和工作界面等知识进行详细介绍。

2.1.1 启动Premiere Pro CC

认识Premiere Pro CC操作界面之前，需要先启动Premiere Pro CC，下面就介绍其启动方法。

实例操作：启动Premiere Pro CC

● 光盘\实例演示\第2章\启动Premiere Pro CC

在启动Premiere Pro CC时，首先会打开欢迎界面，单击“新建项目”按钮，需要在弹出的“新建项目”对话框中进行设置，根据用户制作视频格式的需要，设置不同的参数。

Step 1 ▶ 选择“开始”/“所有程序”/Adobe/Adobe Premiere Pro CC命令，启动Premiere Pro CC，打开“欢迎使用Adobe Premiere Pro”对话框，如图2-1所示。

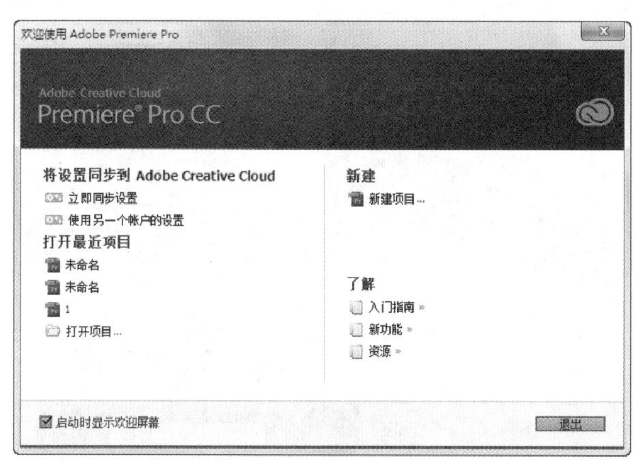

图2-1　欢迎界面

Step 2 ▶ 在欢迎界面中，单击“新建项目”按钮，在打开的对话框中保持默认设置不变，单击确定按钮，如图2-2所示。

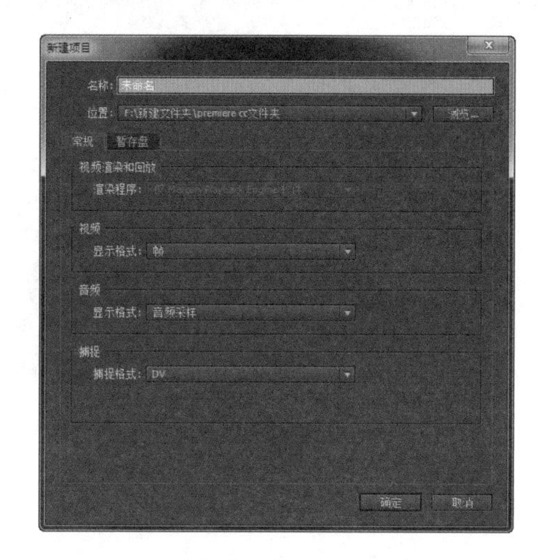

图2-2　新建项目

Step 3 ▶ 在打开的Premiere Pro CC工作界面中，选择“文件”/“新建”/“序列”命令，打开“新建序列”对话框，设置参数如图2-3所示。

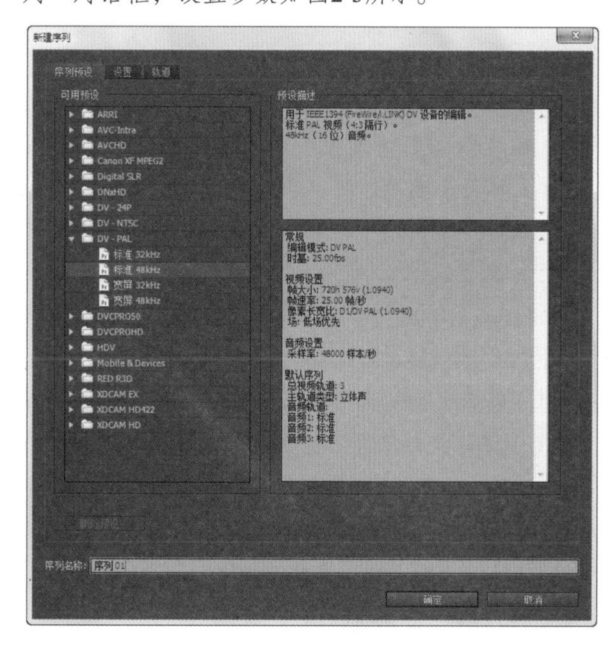

图2-3　新建序列

Step 4 ▶ 设置好参数后，单击[确定]按钮，即可进入Premiere Pro CC工作界面，如图2-4所示。

图2-4 Premiere Pro CC工作界面

技巧秒杀

除了上述方法可以启动Premiere Pro CC，还有两种方法可以启动，一种是双击桌面上的Premiere Pro CC快捷图标；另一种是双击计算机中后缀名为.prproj的文件。

知识解析：欢迎界面

- **将设置同步到Adobe Creative Cloud**：在该栏中有“立即同步设置”和“使用另一个账户的设置”两个选项，“立即同步设置”是与Adobe Creative Cloud安全地同步Premiere Pro CC的首选项和设置。“使用另一个账户的设置”是指在Creative Cloud中选择另一个用户账户，并将这些设置用于Premiere Pro CC。
- **打开最近项目**：如用户之前有使用过Premiere Pro CC，该栏将会记录已有的5个项目文件，选择其中一个选项，可打开计算机中已有的一个项目文件。
- **新建**：单击“新建项目”按钮，可创建一个新的项目文件，从而进行视频的编辑。
- **了解**：该栏有“入门指南”“新功能”“资源”选项，选择这些选项，可打开软件的帮助系统、新增知识点和查阅需要的说明知识。
- **☑启动时显示欢迎屏幕**：选中该复选框，将在每次启动Premiere Pro CC时显示欢迎界面。若取消选中该复选框，系统将跳过欢迎界面，直接打开最近操作的项目；若取消选中该复选框后，选择“编辑”/“首选项”命令进行设置，即可恢复初始状态。
- **[退出]**：单击该按钮，退出并关闭Premiere Pro CC。

2.1.2 退出Premiere Pro CC

退出Premiere Pro CC软件，其方法主要有3种：第一种是单击Premiere Pro CC工作界面中标题栏右侧的[×]按钮；第二种是在Premiere Pro CC中选择“文件”/“退出”命令；第三种是按Ctrl+Q快捷键或Alt+F4快捷键即可退出该软件。

2.1.3 Premiere Pro CC工作界面

启动Premiere Pro CC后，会自动出现工作界面，它主要由标题栏、菜单栏、“项目”面板、“源监视器”面板、“节目监视器”面板、“效果控件”面板、“时间轴”面板、“音频剪辑混合器”面板、工具栏和“调音台”面板组成，如图2-5所示。

图2-5 Premiere Pro CC工作界面

知识解析：Premiere Pro CC工作界面

- **标题栏**：包含了Premiere Pro CC的软件图标、项目文件所在的保存位置以及窗口控制按钮。其中单击按钮，可在弹出的菜单中对窗口进行最小化、最大化和关闭等操作；单击右侧的按钮可最小化窗口，单击按钮可还原窗口，单击按钮可关闭窗口。

◆ **菜单栏**：包含了Premiere Pro CC中所有的菜单命令，选择需要的菜单项，在弹出的子菜单中选择需要执行的命令即可。

◆ **“项目”面板**：该面板用于素材的存放，在“项目”面板中，可查看所有的素材和素材信息。

◆ **“源监视器”面板**：该面板显示还未放入时间轴的视频序列中的源影片。

◆ **“节目监视器”面板**：可对“时间轴”面板的视频进行查看，也可移除影片，只需单击“提升”和“提取”按钮即可。

◆ **“效果控件”面板**：可对视频和音频快速地应用特效和转场效果。

◆ **“时间轴”面板**：可用于素材的查看，也可进行交互，该面板可对视频、特效、字幕和临时图形进行总体预览。

◆ **“音频剪辑混合器”面板**：该面板主要是对音频进行操作，制作出音频特效和进行音频的录制。

◆ **工具栏**：包含了一些编辑工具，这些工具用于在“时间轴”面板中对素材进行编辑。

◆ **“调音台”面板**：该面板位于界面的右下方，用来控制音量的大小，其下方还有用来控制其独奏声道的按钮。

技巧秒杀

Premiere Pro CC的工作界面主要由面板组成，这些面板中有很多功能都是集成在一个面板组中。如要对不同的面板进行切换，方法也很简单，只要单击面板的名称即可。

2.2 Premiere Pro CC的功能面板

Premiere Pro CC是目前较为流行的视频编辑软件，从其问世以来，一直在不断更新和完善。通过功能面板，用户可了解Premiere Pro CC的用途，方便地使用，发挥软件的最大功能。下面主要对Premiere Pro CC的功能面板进行介绍。

2.2.1 “项目”面板

“项目”面板主要用于存放采集和导入的素材，并将其显示在面板中，以方便用户在“时间轴”面板中进行编辑。“项目”面板下方有10个功能按钮，从左到右分别为“列表视图”按钮、“图标视图”按钮、“缩小”按钮、“放大”按钮、“排序图标”按钮、“自动匹配序列”按钮、“查找”按钮、“新建素材箱”按钮、“新建项”按钮和“清除”按钮，如图2-6所示。

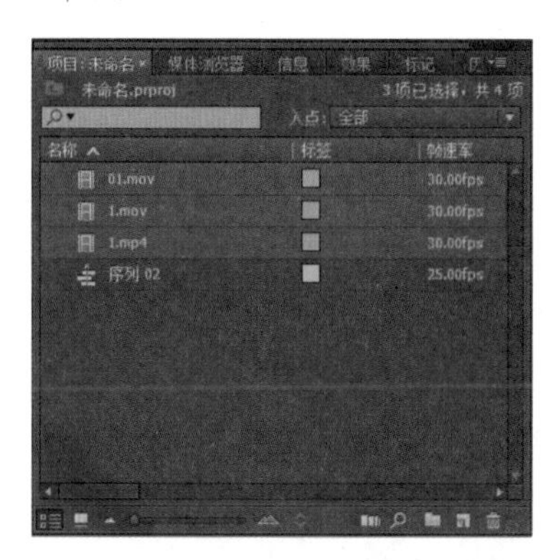

图2-6 “项目”面板

知识解析：“项目”面板

◆ **“列表视图”按钮**：单击该按钮或按Ctrl+Page Up快捷键可以列表的形式显示素材，在其中可查看素材的名称、入点、出点和持续时间等信息，如图2-7所示。

图2-7 列表视图

◆ “图标视图”按钮：单击该按钮或按Ctrl+Page Down快捷键可以缩略图的形式显示素材，查看素材效果，如图2-8所示。

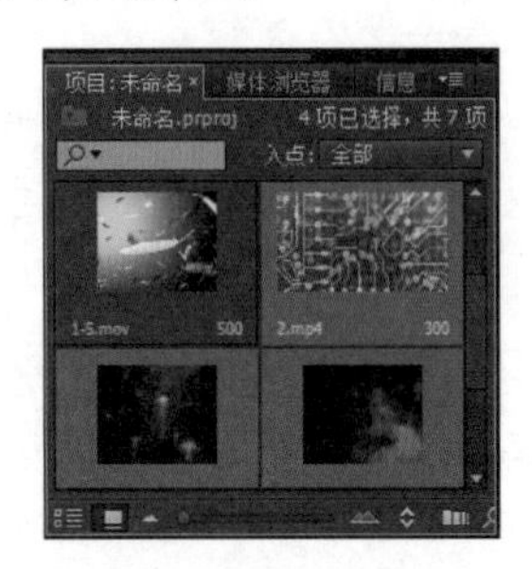

图2-8　图标视图

◆ “缩小”按钮：单击该按钮，或向左拖动滑块可缩小面板中素材的显示效果。

◆ “放大”按钮：单击该按钮，或向右拖动滑块可放大面板中素材的显示效果。

◆ “排序图标”按钮：单击该按钮，将弹出列表框，用户可选择不同的选项对项目图标进行排序。

◆ “自动匹配序列”按钮：单击该按钮，可在打开的对话框中自动将素材调整到“时间轴”面板中。

◆ “查找”按钮：单击该按钮，在打开的对话框中可通过素材名称、标签、标记或出入点等信息快速查找素材。

◆ “新建素材箱”按钮：单击该按钮可新建文件夹，将素材添加到其中进行管理。

◆ “新建项”按钮：单击该按钮可为素材文件添加分类，以便进行管理。

◆ “清除”按钮：选择不需要的素材文件再单击该按钮，可将其删除。

技巧秒杀

在“项目”面板上方的“搜索”文本框中直接输入需要搜索的信息，然后按Enter键可查找相应的信息。

2.2.2 “时间轴”面板

使用Premiere Pro CC进行影视制作时，大部分的工作都是在“时间轴”面板中进行的。用户可以在其中轻松地实现对素材的剪辑、插入、复制、粘贴和修整等操作，也可以在其中对素材添加各种特效。“时间轴”面板主要由“节目标签”“时间码”“时间标尺”“视频轨道”“音频轨道”组成，如图2-9所示。

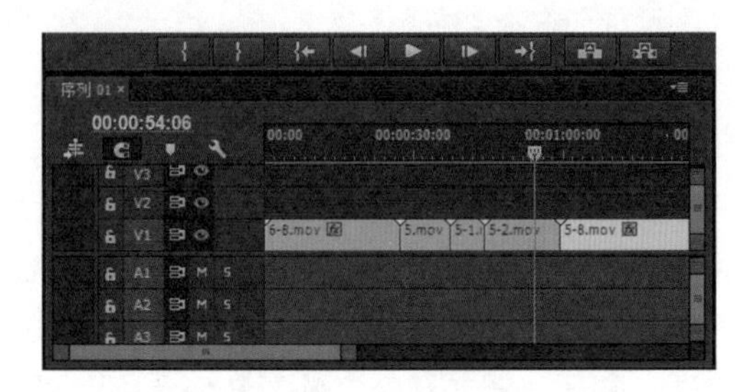

图2-9　“时间轴”面板

知识解析：“时间轴”面板

◆ 节目标签：用于显示当前正在进行编辑的节目，如果项目中有多个节目，可选择相应标签进行切换。

◆ 时间码：用于显示当前素材所在的帧。

◆ 时间标尺：用于对素材进行定位。

◆ 视频轨道：用于进行影片编辑的轨道，默认有3个，可进行添加。

◆ 音频轨道：用于进行音频编辑的轨道，默认有3个，可进行添加。

◆ “将序列作为嵌套或个别剪辑插入并覆盖”按钮：该按钮默认状态下为，单击该按钮则变为，此时，轨道前方的轨道序列号将被隐藏。

◆ “对齐”按钮：该按钮默认为选中状态，此时将启动吸附功能，如果在“时间轴”面板中拖动素材，则素材会自动粘合到邻近的素材边缘。

◆ “添加标记”按钮：单击该按钮，将在当前帧处添加一个无编号的标记。

◆ “当前时间指示器”滑块：拖动滑块，可指定影片当前帧的位置。

◆ “切换轨道输出”按钮：在视频轨道中单击对应轨道前的该按钮，可设置是否在“节目监视器”面板中显示素材。

◆ “切换同步锁定”按钮：单击该按钮可与“轨道锁定”操作进行同步。

- “切换轨道锁定”按钮：位于“同步锁定开关”按钮之后，默认状态下呈显示，当单击该按钮时，变为状态，此时轨道处于锁定状态，不能进行编辑。
- “添加/移除关键帧”按钮：在当前时间指示器所在的位置上，在轨道中选择素材后，可单击该按钮，在该位置添加或删除关键帧。
- “转到下一关键帧”按钮：单击该按钮可跳转到轨道中的下一个关键帧上。
- “转到上一关键帧”按钮：单击该按钮可跳转到轨道中的上一个关键帧上。

2.2.3 “监视器”面板

“监视器”面板的作用是对作品创建时进行预览，在Premiere Pro CC的工作界面中可看到两个“监视器”面板，即“源监视器”和“节目监视器”面板。在“项目”面板或“时间轴”面板中双击素材即可在“源监视器”面板中打开素材，在其中可以查看并编辑素材，如图2-10所示，单击“播放/停止切换”按钮可以预览作品。“节目监视器”面板则用于显示当前时间指示器所处位置帧的影片，可用于预览和编辑影片，如图2-11所示。

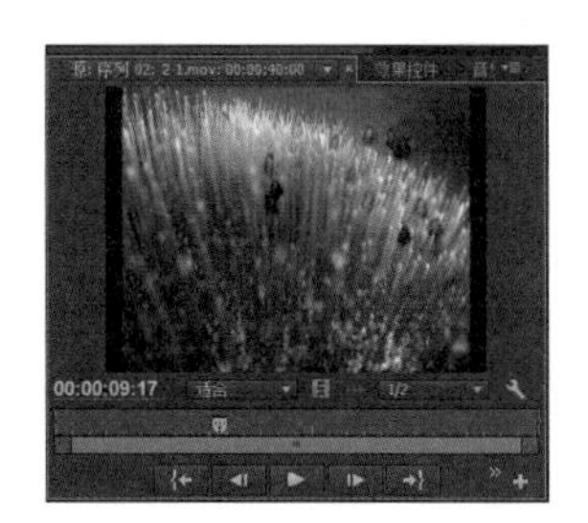

图2-10 “源监视器”面板 图2-11 “节目监视器”面板

技巧秒杀

在软件工作界面中选择“窗口”/“参考监视器”命令，可显示“参考监视器”面板。该面板与“节目监视器”面板类似，可用于显示影片，帮助用户预览和进行编辑。

2.2.4 “音频剪辑混合器”面板

“音频剪辑混合器”面板主要用于对音频进行编辑和控制，制作混合不同的音频轨道、创建音频特效和录制音频材料等，如图2-12所示。

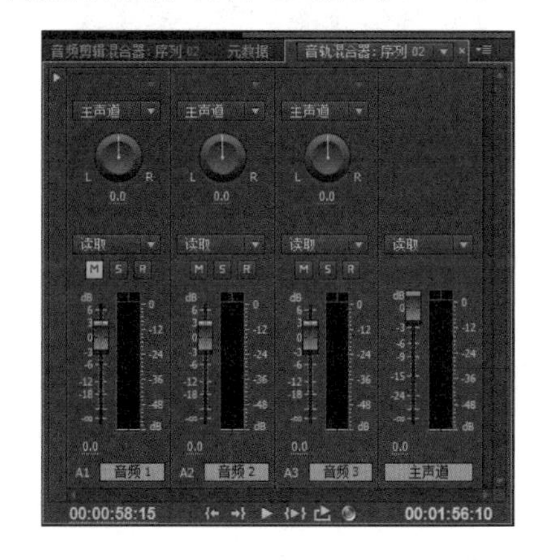

图2-12 “音频剪辑混合器”面板

单击并拖动音量衰减器控件可调整轨道的音频级别。圆形旋钮控件可调整音频，单击并拖动旋钮可进行设置，平衡控件下方的按钮可播放所有轨道的音频。

2.2.5 “效果”面板

“效果”面板用于存放Premiere Pro CC自带的各种视频/音频特效和预设的特效等。在“效果”面板中包含了预设、音频效果、音频过渡、视频效果、视频过渡、自定义素材箱01和Lumetri Looks文件夹，在相应的文件夹中包含了视频和音频的效果，如图2-13所示。

图2-13 “效果”面板1

单击类别左侧的按钮可展开指定的效果文件

夹，如图2-14所示。

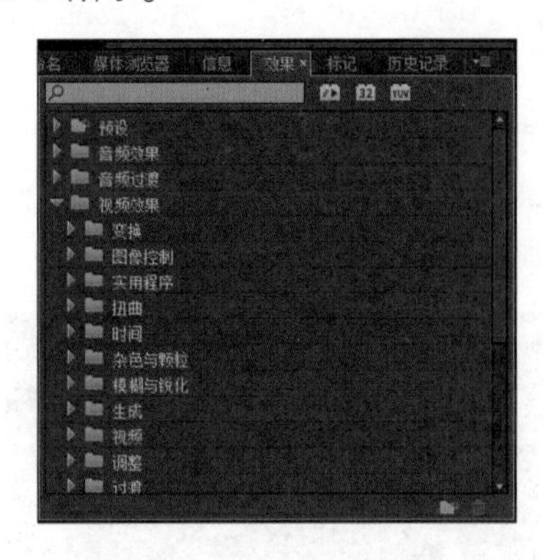

图2-14 “效果”面板2

单击特效并将特效拖动到时间轴中的素材上，即可对素材应用特效。用户也可创建自己的文件夹并将特效移入其中，以便快速查找在项目中使用的特效。

技巧秒杀

在“效果控件”面板中选择不同的选项，所呈现的效果将不同，用户可对素材的位置、缩放和旋转等参数进行设置，时间重映射可设置其播放速度。

知识解析：“效果”面板

- **预设**：该文件夹中包含了预设的一些视频效果。
- **音频效果**：包含了音频的效果。
- **音频过渡**：可用于对音频过渡的效果，如音频的淡入和淡出。
- **视频效果**：该文件夹中包含了视频特效。
- **视频过渡**：该文件夹中包含了视频过渡的效果。
- **自定义素材箱01**：可对素材进行管理。
- **Lumetri Looks**：该文件夹中包含了颜色的特殊效果。

2.2.6 “效果控件”面板

“效果控件”面板默认选项主要用于控制对象的运动、不透明度和时间重映射。在“效果”面板中选择要设置的特效，将其拖动至时间轴中的素材上或将其拖动至“效果控件”面板中，即可为素材添加特效。为素材添加特效后，可在该面板中对其进行设置，如图2-15所示为默认状态和添加效果的对比。

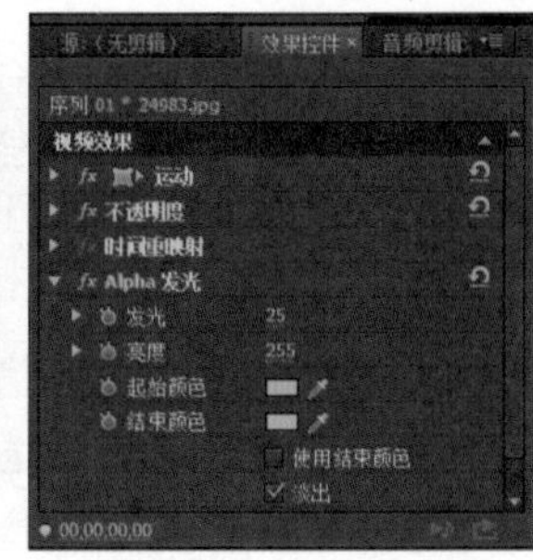

图2-15 “效果控件”面板对比

对素材应用视频特效后，可在“效果控件”面板中对该特效进行设置，单击左侧的▶按钮，可将其子菜单栏展开，如图2-16所示。

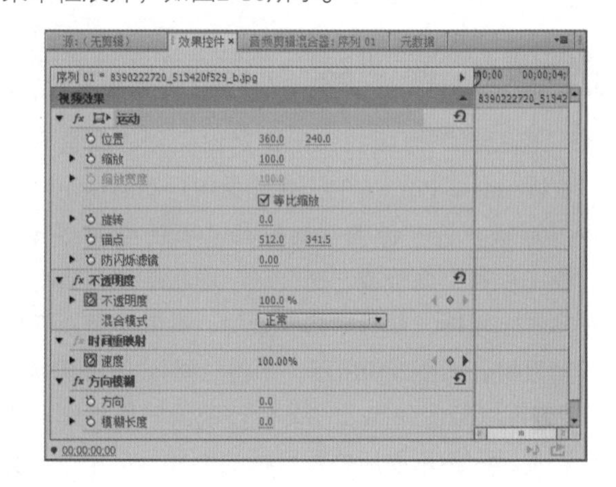

图2-16 “效果控件”面板

知识解析：“效果控件”面板

- **运动**：包括多种属性，用于位置、旋转和缩放宽度，调整剪辑的防闪烁滤镜，或将这些剪辑与其他剪辑进行合成。
- **不透明度**：允许降低剪辑的不透明度，可进行混合模式设置，如叠加、淡化和溶解等之类的特殊效果。
- **时间重映射**：可对剪辑的任何部分进行减速、加速、倒放或者将帧冻结的操作。通过对其进行调整，使视频变化加速或减速。
- **方向模糊**：添加到素材上的特效名称，根据应用效果的不同而发生变化。这里应用的特效为“方向模糊”，所以显示为该名称。
- **“显示/隐藏视频效果”按钮**▲：单击该按钮，将在“视频效果”栏显示所有效果信息。

◆ **“显示/隐藏时间轴视图”按钮**：单击该按钮，可显示或隐藏“效果控件”面板右侧的时间轴视图。

◆ **“切换效果开关”按钮**：按钮显示为状态时，效果为可用状态，若按钮变为灰色，此时效果则不可用。

◆ **“切换动画”按钮**：单击该按钮，可快速添加关键帧，当按钮变为状态时，则添加关键帧成功，再次单击该按钮，可删除该选项中所有的关键帧。

◆ **“重置”按钮**：单击该按钮，可对该栏的操作进行取消重置，使其恢复至初始状态。

◆ **“添加/移除关键帧”按钮**：单击该按钮，可进行添加或移除关键帧的操作。

◆ **“转到上一关键帧”按钮**：单击该按钮，可以将时间指示器移动到当前时间指示器之前的一个关键帧的位置。

◆ **“转到下一关键帧”按钮**：单击该按钮，可以将时间指示器移动到当前时间指示器之后的一个关键帧的位置。

◆ **按钮**：单击“效果控件”面板右上角的按钮，可打开面板菜单，选择不同的命令，可进行相应的操作，如图2-17所示。

图2-17　“效果控件”面板菜单

2.2.7 “工具”面板

为了更方便地对素材进行编辑，Premiere Pro CC为用户提供了各种工具，并将其放置在“工具”面板中，这些工具主要用于时间轴中素材的编辑，在“工具”面板中单击需要的工具即可将其激活。“工具”面板主要包括“选择工具”、“轨道选择工具”、“波纹编辑工具”、“滚动编辑工具”、“比率拉伸工具”、“剃刀工具”、“外滑工具”、“内滑工具”、“钢笔工具”、“手形工具”和“缩放工具”，如图2-18所示。

图2-18　“工具”面板

知识解析：“工具”面板

◆ **“选择工具”**：单击该按钮，可对素材进行选择和移动，并可以调节素材的关键帧，为素材设置入点和出点。

◆ **“轨道选择工具”**：单击该按钮，可选择某一轨道上的所有素材。

◆ **“波纹编辑工具”**：单击该按钮，可拖动素材的出点来改变素材的长度，而相邻两素材的长度则不变，项目的总长度发生改变。

◆ **“滚动编辑工具”**：单击该按钮，拖动需要剪辑素材的边缘，可将增加到该素材的帧数从相邻的素材中减去，即项目的总长度不发生改变。

◆ **“比率拉伸工具”**：单击该按钮，可对素材的速度进行相应的调整，来改变素材的长度。

◆ **“剃刀工具”**：单击该按钮，可对素材进行分割，选择该工具后，单击素材，就可将素材分割为两段，产生新的入点和出点。

◆ **“外滑工具”**：单击该按钮，可对素材的入点和出点进行调整，保持项目总长度不变，且不影响相邻的其他素材。

◆ **“内滑工具”**：单击该按钮，可保持要剪辑的素材的入点和出点不变，通过改变相邻的素材的入点和出点，来改变其在序列窗口的位置，项目片段时间长度不变。

◆ **“钢笔工具”**：单击该按钮，可对素材的关键帧进行设置。

◆ **“手形工具”**：单击该按钮，可改变序列窗口的可视区域，有助于对一些较长的素材进行编辑。

◆ “缩放工具”：单击该按钮，可调整“时间轴”面板显示的单位比例。按Alt键，可对放大和缩小进行切换。

2.2.8 “历史记录”面板

“历史记录”面板主要用于记录用户在Premiere Pro CC中进行的所有操作，当操作错误后，可在该面板中无限制地进行撤销操作，如图2-19所示。

当单击撤销并重新开始工作后，返回“历史记录”面板所有后续步骤都将被新步骤取代。单击面板右侧的按钮，在弹出的下拉菜单中选择“清除历史记录”命令，可将历史记录面板中的所有历史清除，如图2-20所示。选中某个历史状态，单击“删除可重做的操作”按钮，可将某个历史状态删除。

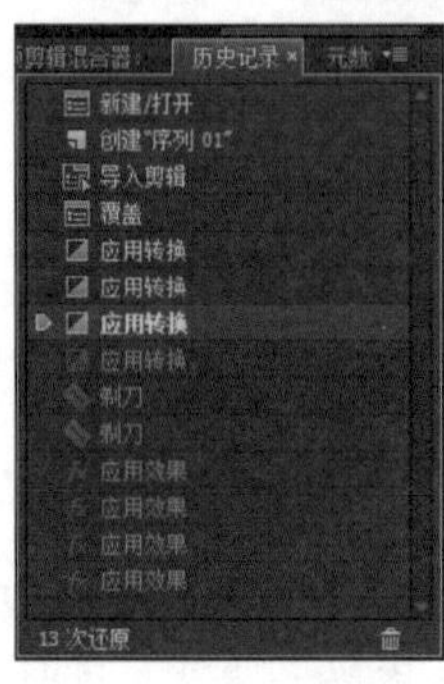

图2-19 “历史记录”面板

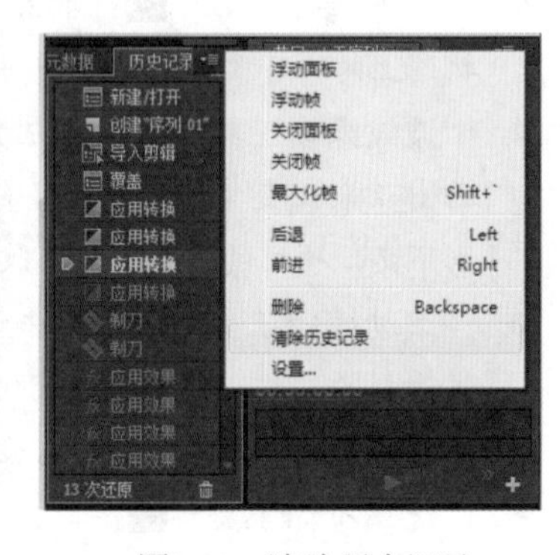

图2-20 清除历史记录

技巧秒杀

在“历史记录”面板中单击某个历史状态进行某个动作的撤销，然后继续工作，那么单击状态之后的所有步骤都将从整个项目中移除。

2.2.9 “信息”面板

“信息”面板主要用于显示当前选择的素材对象和序列的各项信息，如素材的名称、类型、帧速率、入点、出点、持续时间、光标位置以及序列中当前帧的位置、包含的视频轨道和音频轨道等。“信息”面板将显示素材或空白间隙的大小，如图2-21所示。

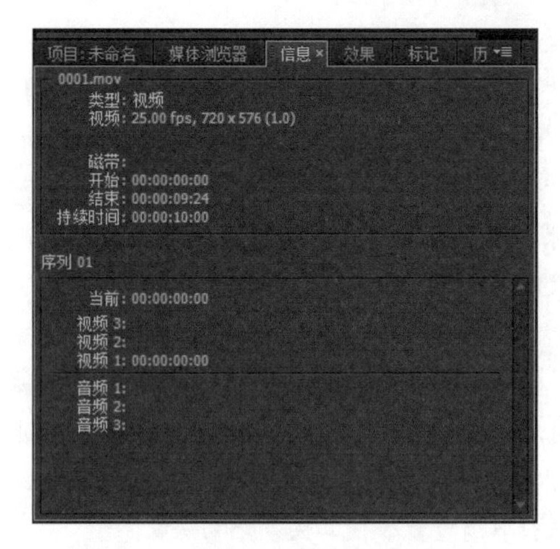

图2-21 “信息”面板

技巧秒杀

在进行视频编辑时，“信息”面板将会显示进行编辑的素材的起点和终点，对素材编辑来说非常有用。

2.2.10 “事件”面板

“事件”面板将记录在使用第三方视频和音频插件的时候可能出现的错误，在“事件”面板中选择错误的信息，单击按钮，可查看更多特定的错误信息，如图2-22所示。

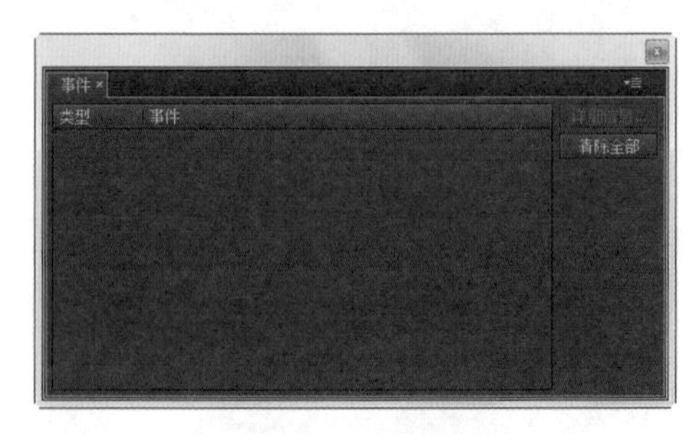

图2-22 “事件”面板

2.2.11 “字幕设计器”面板

使用Premiere Pro CC的“字幕设计器”面板可以快速地为视频创建字幕，也可以创建动画字幕效果，在创建字幕时可以在字幕后显示视频，如图2-23所示。

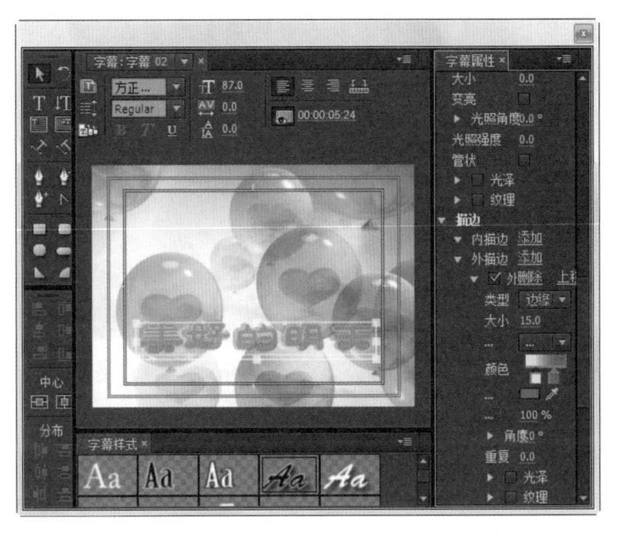

图2-23 “字幕设计器”面板

技巧秒杀

选择“文件”/“新建”/“字幕”命令，可以打开“字幕设计器”面板。如果想编辑时间轴中已经存在的字幕，双击该字幕也可打开“字幕设计器”面板，并且对字幕内容进行编辑。

读书笔记

2.3 Premiere Pro CC的菜单

Premiere Pro CC的菜单栏中包含了8个菜单命令，分别是文件、编辑、剪辑、序列、标记、字幕、窗口和帮助。选择需要的菜单命令，可在弹出的子菜单中选择需要执行的命令。下面将对各个菜单进行详细讲解。

2.3.1 “文件”菜单

“文件”菜单包含了Windows的标准命令，如新建、打开项目、关闭、保存、另存为和退出等命令，“文件”菜单还包含载入影片素材和文件夹的命令，选择“文件”/“新建”/“序列”命令，即可将时间轴添加到项目中，该菜单还包含了对项目进行设置及项目管理的操作，还可对视频进行导入和导出操作，如图2-24所示。

读书笔记

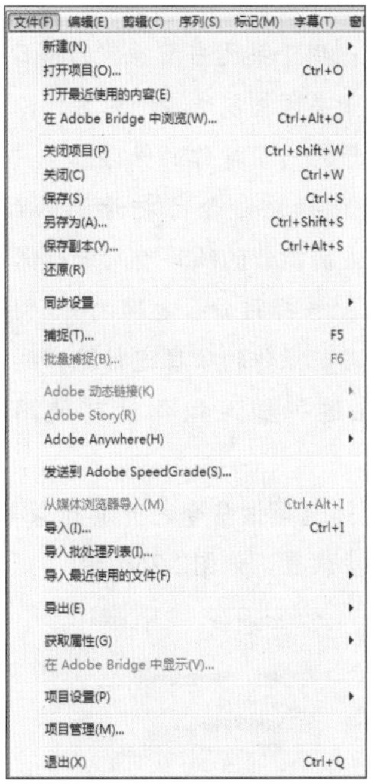

文件(F) 编辑(E) 剪辑(C) 序列(S) 标记(M) 字幕(T)
新建(N)
打开项目(O)... Ctrl+O
打开最近使用的内容(E)
在 Adobe Bridge 中浏览(W)... Ctrl+Alt+O
关闭项目(P) Ctrl+Shift+W
关闭(C) Ctrl+W
保存(S) Ctrl+S
另存为(A)... Ctrl+Shift+S
保存副本(Y)... Ctrl+Alt+S
还原(R)
同步设置
捕捉(T)... F5
批量捕捉(B)... F6
Adobe 动态链接(K)
Adobe Story(R)
Adobe Anywhere(H)
发送到 Adobe SpeedGrade(S)...
从媒体浏览器导入(M) Ctrl+Alt+I
导入(I)... Ctrl+I
导入批处理列表(I)...
导入最近使用的文件(F)
导出(E)
获取属性(G)
在 Adobe Bridge 中显示(V)...
项目设置(P)
项目管理(M)...
退出(X) Ctrl+Q

图2-24 “文件”菜单

知识解析："文件"菜单命令

◆ **新建**：选择该命令可打开其子菜单，在其中可快速新建项目、序列、字幕、彩条、黑场视频、隐藏字幕、颜色遮罩、通用倒计时片头和透明视频等，如图2-25所示。

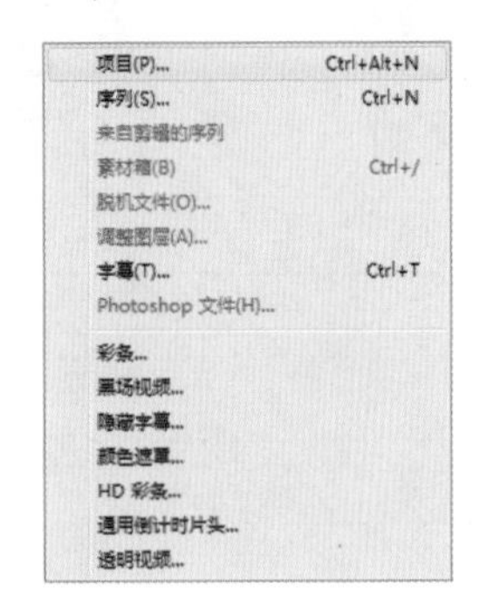

图2-25 "新建"子菜单

◆ **打开项目**：选择该命令可打开"打开项目"对话框，选择需要打开的素材，单击打开(O)按钮，即可打开项目。

◆ **打开最近使用的内容**：选择该命令，可打开最近操作的项目，选择需要打开的内容可可打开该内容。

◆ **在Adobe Bridge中浏览**：打开Adobe Bridge窗口并对素材进行浏览。

◆ **关闭项目**：用于关闭当前操作的项目。

◆ **关闭**：用于关闭当前选择的内容。

◆ **保存**：用于对当前操作的保存。

◆ **另存为**：选择该命令可打开"保存项目"对话框，可对当前操作的项目重新进行保存。

◆ **保存副本**：选择该命令也可打开"保存项目"对话框，对当前操作的项目进行保存副本操作。

◆ **还原**：在进行错误操作时可使用该命令进行还原。

◆ **同步设置**：选择该命令打开其子菜单，可对其项目进行同步设置，如图2-26所示。

图2-26 "同步设置"子菜单

◆ **捕捉**：从外部音频和视频源采集需要的视频、音频文件素材。

◆ **批量捕捉**：从外部音频和视频源批量采集需要的视频、音频文件素材。

◆ **Adobe 动态链接**：在Premiere Pro CC创建动态链接，就像导入其他类型的资源，动态链接的合成会以统一的图标和标签颜色显示，从而帮助用户方便地进行识别。

◆ **Adobe Story**：打开该命令的子菜单，可进行附加脚本文件盒清除脚本数据操作。

◆ **Adobe Anywhere**：选择该命令，可进行登录操作，将打开"Adobe Anywhere登录"对话框，如图2-27所示。

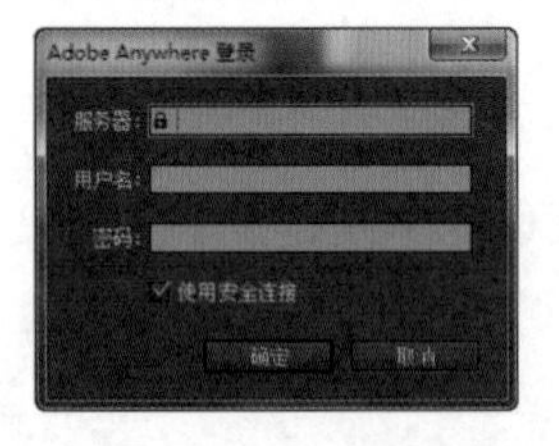

图2-27 "Adobe Anywhere登录"对话框

◆ **发送到Adobe SpeedGrade**：选择该命令可打开"发送到Adobe SpeedGrade"对话框，单击保存(S)按钮，即可将项目发送到Adobe SpeedGrade，如图2-28所示。

图2-28 "发送到Adobe SpeedGrade"对话框

◆ **从媒体浏览器导入**：在当前的项目中从媒体浏览器中将视频素材、音频素材和图片导入其中。

◆ **导入**：在当前的项目中将视频素材、音频素材和图片导入其中。

- **导入批处理列表**：选择该命令，将打开“导入批处理列表”对话框，选择需要的批处理列表文件，单击打开(O)按钮即可。
- **导入最近使用的文件**：将最近使用的文件导入到当前操作的项目中。
- **导出**：选择该命令，打开其子菜单，可将项目导出为不同的格式，也可导出不同的素材，如图2-29所示。

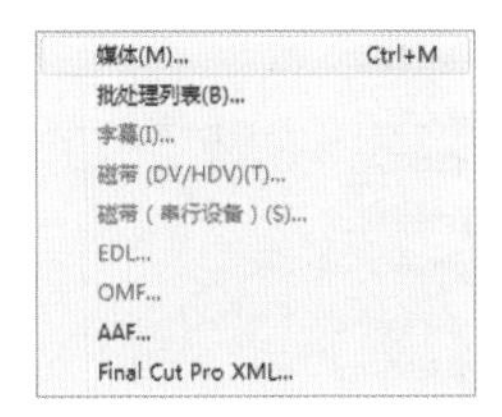

图2-29 “导出”子菜单

- **获取属性**：表示提供项目面板中文件的大小、分辨率和其他数字信息。
- **在Adobe Bridge中显示**：在Adobe Bridge窗口中显示素材。
- **项目设置**：选择该命令可对项目常规参数和暂存盘进行设置。
- **项目管理**：选择该命令将打开“项目管理器”对话框，可对其生成项目和项目目标等参数进行设置，如图2-30所示。

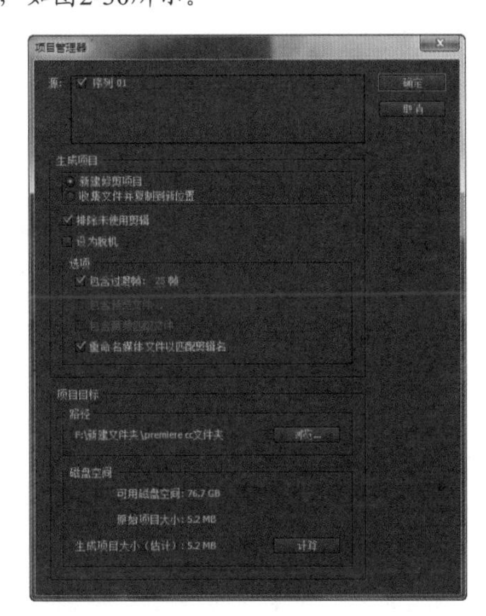

图2-30 “项目管理器”对话框

- **退出**：选择该命令可退出Premiere Pro CC。

2.3.2 “编辑”菜单

Premiere Pro CC的“编辑”菜单包含了复制、粘贴和撤销等在程序中使用的标准命令，如图2-31所示。

图2-31 “编辑”菜单

“编辑”菜单还提供了与其他软件结合使用的命令，可打开一个音频直接在Adobe Audition中编辑，也可将图片文件在Photoshop中编辑，为工作带来了很多便利。

知识解析：“编辑”菜单命令

- **撤销**：撤销对文件项目当前步骤的操作，返回上一步骤的编辑状态。
- **重做**：重复上一步骤的操作。
- **剪切**：从屏幕上剪切选定内容，将其置于剪贴板中。
- **复制**：将选定内容复制到剪贴板中。
- **粘贴**：将剪切或复制在剪贴板中的内容粘贴到目标位置。
- **粘贴插入**：将复制的素材粘贴到一段整体素材的内部。
- **粘贴属性**：将一段素材的属性粘贴到另一段中。
- **清除**：将“时间轴”面板中选定的素材删除，素材原本所占用的位置不保留。

◆ 波纹删除：删除选定素材而不在时间轴中留下空白间隙。

◆ 重复：在“项目”面板中复制选定元素，但复制的素材不占用剪贴板空间。

◆ 全选：在“项目”面板中选择所有元素。

◆ 选择所有匹配项：对项目所有匹配的素材进行选择。

◆ 取消全选：在“项目”面板中取消对所有元素的选择。

◆ 查找：在项目打开的状态下，在“项目”面板中查找元素。

◆ 查找脸部：在“项目”面板中查找多个元素。

◆ 标签：给指定的标签更改颜色。

◆ 移除未使用资源：在“项目”面板中将不使用的元素移除。

◆ 编辑原始：从磁盘的原始应用程序中载入选定素材或图形。

◆ 在Adobe Audition中编辑：将音频文件在Adobe Audition中打开进行编辑。

◆ 在Adobe Photoshop中编辑：将图形文件在Adobe Photoshop中打开进行编辑。

◆ 快捷键：指定键盘的快捷键。

◆ 首选项：选择任一子命令可访问多种设置参数，如外观、音频、捕捉、操纵面、内存和字幕等，如图2-32所示。

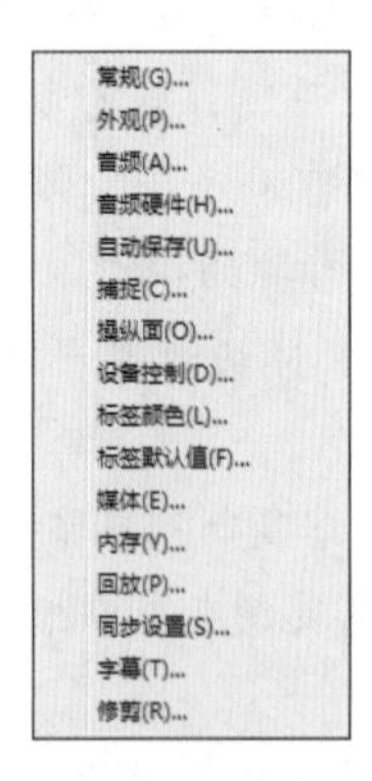

图2-32 “首选项”子菜单

2.3.3 “剪辑”菜单

“剪辑”菜单中包含了对视频和音频编辑的命令，也包含在时间轴中，对素材编辑的功能。在其中可进行对素材的修改、替换和嵌套等操作，如图2-33所示。

图2-33 “剪辑”菜单

知识解析：“剪辑”菜单命令

◆ 重命名：对选定的素材重新进行命名。

◆ 制作子剪辑：根据在素材源监视器中编辑的素材创建附加素材。

◆ 编辑子剪辑：允许编辑附加素材的入点和出点。

◆ 编辑脱机：进行脱机编辑素材。

◆ 源设置：对素材源对象进行设置。

◆ 修改：可对音频声道、素材信息和时间码进行修改编辑。

◆ 视频选项：可对帧定格、场选项、帧混合和画面大小的缩放进行设置。

◆ 音频选项：可对音频的级别、声道拆解单声道、音频渲染和提取进行编辑。

◆ 分析内容：在打开的“分析内容”对话框中，对素材的质量等信息进行分析。

◆ 速度/持续时间：对素材的播放速度或持续时间进行设置。

◆ **移除效果**：将对素材所做的所有效果清除，使其恢复初始状态。

◆ **捕捉设置**：对从外部捕获的素材进行设置。

◆ **插入**：在“时间轴”面板或“监视器”面板中插入一段素材。

◆ **覆盖**：用一段新的素材覆盖“时间轴”面板或“监视器”面板中原有的素材。

◆ **链接媒体**：使用磁盘上采集的文件替换时间轴中的脱机文件。

◆ **造成脱机**：使素材成为脱机状态，使其在项目中不可用。

◆ **替换素材**：替换“项目”面板中的素材。

◆ **替换为剪辑**：用来自素材监视器的素材替换选定的素材。

◆ **自动匹配序列**：选择“剪辑”/“自动匹配序列”命令，在打开的“序列自动化”对话框中，对放置、方法和转换等进行设置，如图2-34所示。

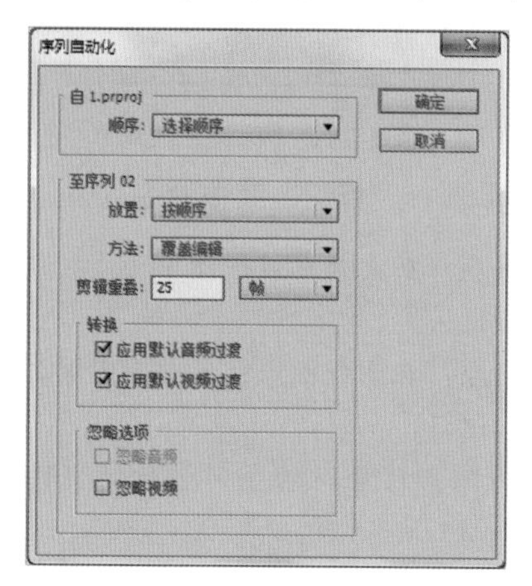

图2-34 “序列自动化”对话框

◆ **启用**：允许激活或禁用时间轴中的素材，禁用的素材不会显示在节目监视器中，也不能被导出。

◆ **链接**：将视频和音频素材进行链接。

◆ **编组**：将时间轴中的素材放在一组中以便整体操作。

◆ **取消编组**：取消素材编组。

◆ **同步**：根据素材的起点、终点或时间码在时间轴上排列素材。

◆ **合并剪辑**：将所有素材合并到一起进行剪辑。

◆ **嵌套**：在素材中添加其他的素材。

◆ **创建多机位源序列**：创建多机位监视器序列，即在一个监视器中可同时查看多个素材的序列。

◆ **多机位**：将多机位剪辑中创建的影片替换为来自不同机位的影片。

2.3.4 “序列”菜单

“序列”菜单中的命令可在“时间轴”面板中进行素材的预览，对视频和音频出现的轨道数也可进行更改，如图2-35所示。

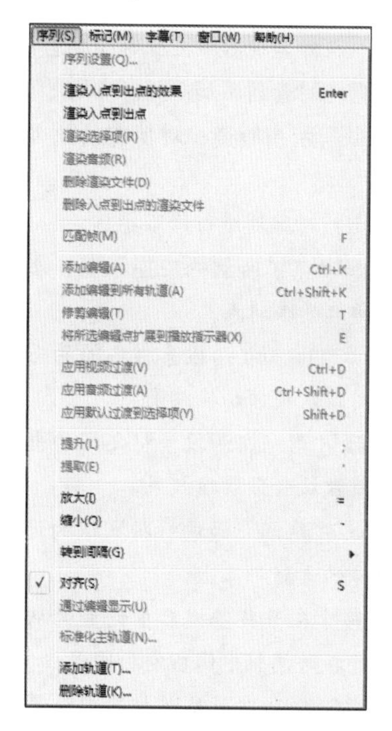

图2-35 “序列”菜单

在“序列”菜单中，还可对视频或音频应用过渡效果，对时间轴上的关键帧进行放大和缩小处理，让预览和操作更方便。在“序列”菜单中，还可实现对轨道的添加和删除，序列和轨道的跳转，对所有轨道添加编辑，使操作过程更加快捷。

知识解析：“序列”菜单命令

◆ **序列设置**：选择“序列”/“序列设置”命令，打开“序列设置”对话框，在打开的对话框中对序列参数进行设置。

- 渲染入点到出点的效果：渲染工作区域内的效果，创建工作区预览，并将预览文件存储在磁盘上。
- 渲染入点到出点：渲染完整工作区域，为整个项目创建完成的渲染效果，并将预览文件存储在磁盘上。
- 渲染选择项：对选择的项目进行渲染。
- 渲染音频：只对音频进行渲染。
- 删除渲染文件：从磁盘中将渲染的文件删除。
- 删除入点到出点的渲染文件：只删除工作区域内的渲染文件。
- 匹配帧：在源监视器中匹配时间轴当前的帧。
- 添加编辑：对素材添加编辑。
- 添加编辑到所有轨道：对所有的轨道进行添加编辑操作。
- 修剪编辑：对编辑进行修剪操作。
- 将所选编辑点扩展到播放指示器：在播放指示器上显示所选的编辑点。
- 应用视频过渡：在两段素材之间的当前时间指示器处应用默认视频切换效果。
- 应用音频过渡：在两段素材之间的当前时间指示器处应用默认音频切换效果。
- 应用默认过渡到选择项：将默认的过渡效果应用到所选择的素材对象上。
- 提升：移除在节目监视器中设置的从入点到出点的帧，并在时间轴中保留空白间隙。
- 提取：移除序列在节目监视器中设置的从入点到出点的帧，而不在时间轴中保留空白间隙。
- 放大：将时间轴放大。
- 缩小：将时间轴缩小。
- 转到间隔：跳转到序列或轨道的前一段或后一段对象上。
- 对齐：将素材自动粘合到邻近的素材边缘。
- 通过编辑显示：将项目通过编辑方式显示。
- 标准化主轨道：对主轨道进行标准化设置。
- 添加轨道：在时间轴中添加轨道。
- 删除轨道：从时间轴中删除轨道。

2.3.5 “标记”菜单

Premiere Pro CC的“标记”菜单包含了用于创建和编辑素材、序列标记的命令，如图2-36所示。标记表示为类似五边形形状，位于时间轴中素材内或时间轴标尺下方，其作用是快速跳转到时间轴的特定区域或素材中的特定帧。

图2-36 “标记”菜单

知识解析：“标记”菜单命令

- 标记入点：在素材源监视器中为素材的入点设置一个标记。
- 标记出点：在素材源监视器中为素材的出点设置一个标记。
- 标记剪辑：对素材的序列进行的剪辑设置一个标记。
- 标记选择项：对选择的素材设置一个标记。
- 标记拆分：对素材拆分进行标记设置。
- 转到入点：跳转到素材的入点。
- 转到出点：跳转到素材的出点。
- 转到拆分：跳转到素材拆分位置。
- 清除入点：清除素材的入点。
- 清除出点：清除素材的出点。
- 清除入点和出点：清除素材的入点和出点。
- 添加标记：在子菜单的指定处设置一个标记。
- 转到下一标记：跳转到素材的下一个标记。
- 转到上一标记：跳转到素材的上一个标记。

- **清除当前标记**：清除在素材中指定的标记。
- **清除所有标记**：清除在素材中所有的标记。
- **编辑标记**：对素材中指定的标记进行编辑。
- **添加章节标记**：在当前时间标示点处创建一个章节标记。
- **添加Flash提示标记**：在当前时间标示点处创建一个Flash提示标记。

2.3.6 “字幕”菜单

“字幕”菜单有创建字幕的作用，还可设置字体的大小、方向和对齐方式，如图2-37所示。

图2-37 “字幕”菜单

知识解析：“字幕”菜单命令

- **新建字幕**：选择“字幕”/“新建字幕”命令，在弹出的子菜单中可进行对各种字幕的创建，如静态字幕、滚动字幕、游动字幕和模板等。
- **字体**：选择“字幕”/“字体”命令，在弹出的子菜单中可选择需要的字体。
- **大小**：选择“字幕”/“大小”命令，在弹出的子菜单中可对字体的大小进行设置。
- **文字对齐**：提供了文字的对齐方式，如左对齐、居中对齐和右对齐。
- **方向**：控制对象的横向或纵向方向。
- **自动换行**：打开或关闭文字自动换行。
- **制表位**：在文本框中设置跳格。
- **模板**：允许使用和创建字幕模板。
- **滚动/游动选项**：允许创建和控制动画字幕。
- **图形**：允许将图形导入字幕中。
- **变换**：提供视觉转换命令，如位置、比例、旋转和不透明度。
- **选择**：在子菜单中提供了选择对象的多个命令。
- **排列**：在子菜单中提供了向前或向后移动对象的命令。
- **位置**：在子菜单中提供了将选定分类放置在屏幕上的命令。
- **对齐对象**：在子菜单中提供了排列未选定对象的命令。
- **分布对象**：在子菜单中提供了在屏幕上分布或分散选定对象的命令。
- **视图**：在子菜单中提供了安全字幕边距、安全动作边距、文本基线和显示视频等命令。

2.3.7 “窗口”菜单

在“窗口”菜单中可以打开Premiere Pro CC的各个面板，选择想要打开的面板命令，即可打开相应面板，打开面板后，在“窗口”菜单下的命令前方会显示一个复选标记，如图2-38所示。“窗口”菜单还可在已打开的几个不同面板中进行切换或设置当前面板的显示状态。

技巧秒杀

为了方便当前命令的操作，在“窗口”菜单中选择不同的命令会有不同的操作界面。

读书笔记

选择“窗口”/“工作区”下不同的命令，如图2-39所示，将会得到不一样的面板模式，各种面板模式主要是为了方便操作。

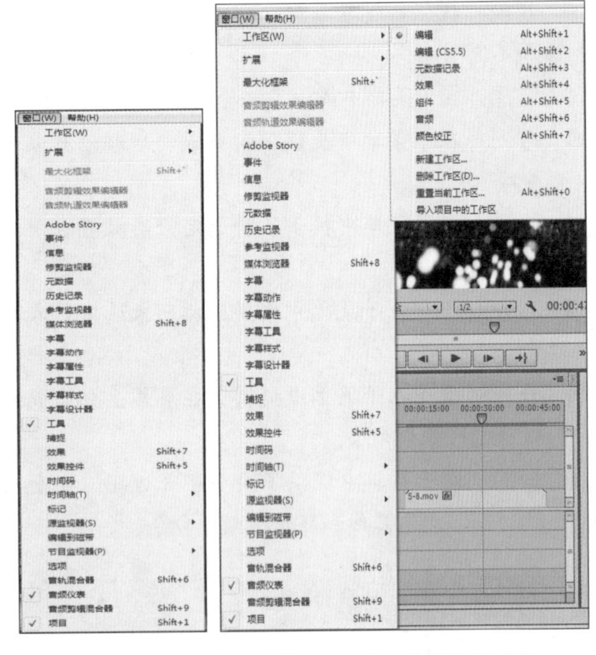

图2-38 “窗口”菜单　　图2-39 “工作区”子菜单

知识解析：“工作区”子菜单

◆ 编辑：选择“窗口”/“工作区”/“编辑”命令，得到如图2-40所示的面板效果，在其中可方便地对素材进行编辑。

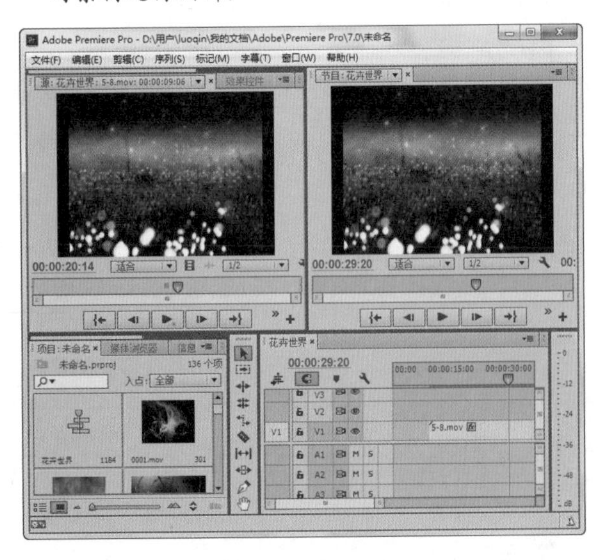

图2-40 编辑面板

◆ 效果：选择“窗口”/“工作区”/“效果”命令，得到如图2-41所示的“效果”面板，在其中可快速地对素材添加特效。

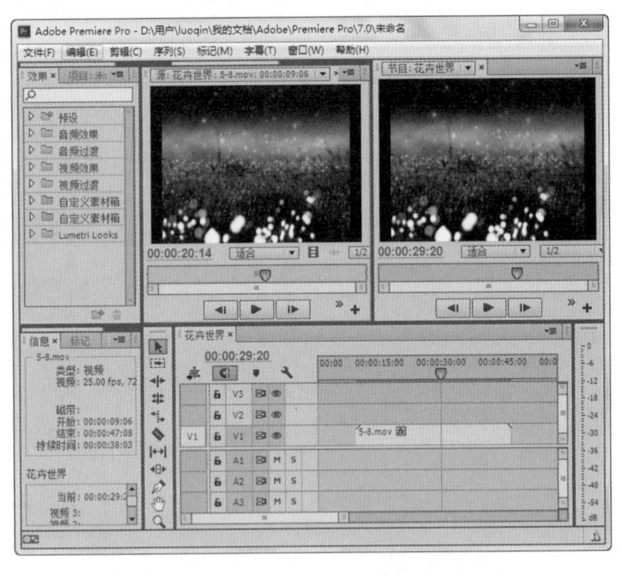

图2-41 “效果”面板

◆ 组件：选择“窗口”/“工作区”/“组件”命令，得到如图2-42所示的面板效果，在其中可直观地查看“项目”面板中的所有素材。

图2-42 “组件”面板

◆ 音频：选择“窗口”/“工作区”/“音频”命令，得到如图2-43所示的面板效果，在其中可快速地对音频添加特效和过渡效果。

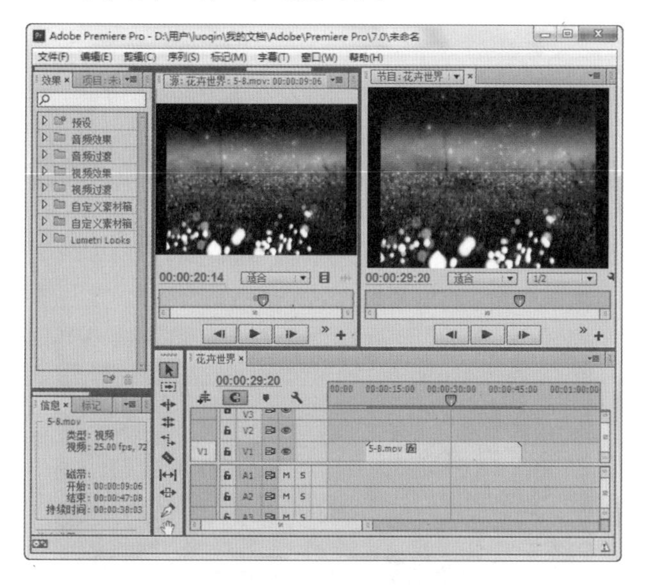

图2-43 “音频”面板

◆ 颜色校正：选择“窗口”/“工作区”/“颜色校正”命令，得到如图2-44所示的面板效果，在其中可快速对素材进行视频过渡查找。

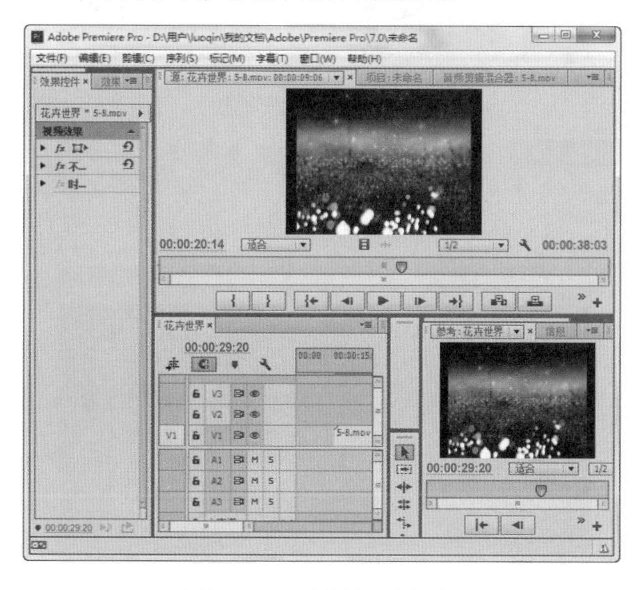

图2-44 “颜色校正”面板

◆ 新建工作区：选择“窗口”/“工作区”/“新建工作区”命令，得到如图2-45所示的“新建工作区”对话框，在其中可对新建工作区进行命名，在其“名称”文本框中输入名称即可。

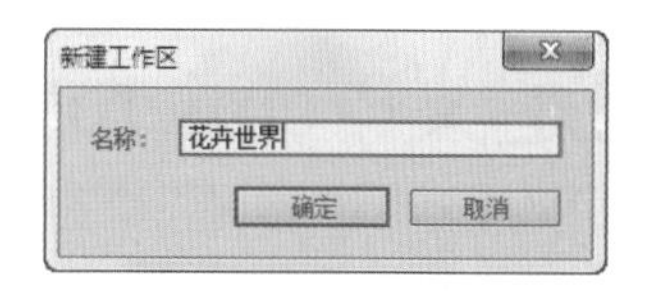

图2-45 “新建工作区”对话框

◆ 删除工作区：选择“窗口”/“工作区”/“删除工作区”命令，可对指定的工作区进行删除。

◆ 重置当前工作区：要将当前工作区恢复到原始设置，选择“窗口”/“工作区”/“重置当前工作区”命令，可将当前调整后的工作区恢复到原始设置。

◆ 导入项目中的工作区：默认情况下，Premiere Pro CC是在当前工作区中打开项目。但用户可选择该命令，将其改为在上次使用的工作区中打开项目。

2.3.8 “帮助”菜单

Premiere Pro CC的“帮助”菜单为用户提供多种形式的联机帮助，以及支持中心和产品改进计划等命令，如图2-46所示。

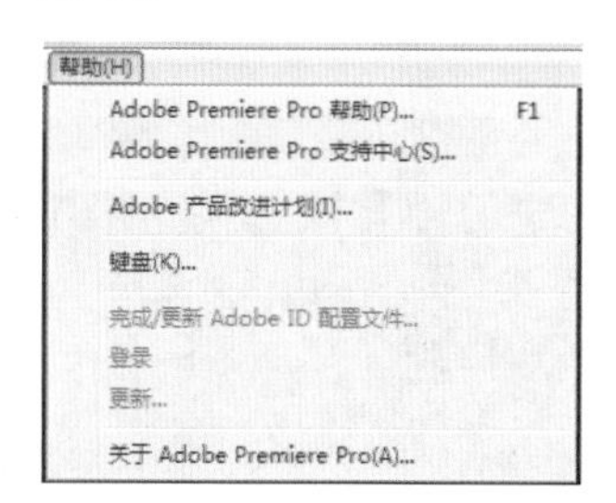

图2-46 “帮助”菜单

用户在使用软件的过程中遇到问题，可在“帮助”菜单提供的信息面板中找到答案。选择“帮助”/“Adobe Premiere Pro帮助”命令，即可载入帮助屏幕，在其中选择某个主题后查看帮助信息。

技巧秒杀

若要更有效地搜索，可以为搜索短语加上引号，如搜索“Timecode”（时间码）将会生成与时间码相关的列表。如果输入没有加引号的Timecode，则搜索结果的列表中将会包含所有与时间码或时间码相关的内容。

2.4 自定义Premiere Pro CC的面板

Premiere Pro CC的工作界面中几乎包括了进行影视制作的所有面板，用户如果对工作界面中面板的分布不满意，可对其进行设置，如调整面板的大小、隐藏或显示面板、设置浮动面板和设置软件界面的颜色等。

2.4.1 面板大小的设置

Premiere Pro CC中每个面板的大小并不是固定不变的，用户可根据需要自行调整，其方法也比较简单，主要分为左右调整和上下调整。

实例操作：调整面板大小

● 光盘\实例演示\第2章\调整面板大小

面板大小的调整有利于用户的操作，本例就将操作面板调整至用户习惯的界面。

Step 1 ▶ 打开未调整的工作界面，将鼠标光标放在“项目”面板名称上，按住鼠标左键不放并向上拖动，当工作界面左侧出现一条绿色的色条时释放鼠标，如图2-47所示。

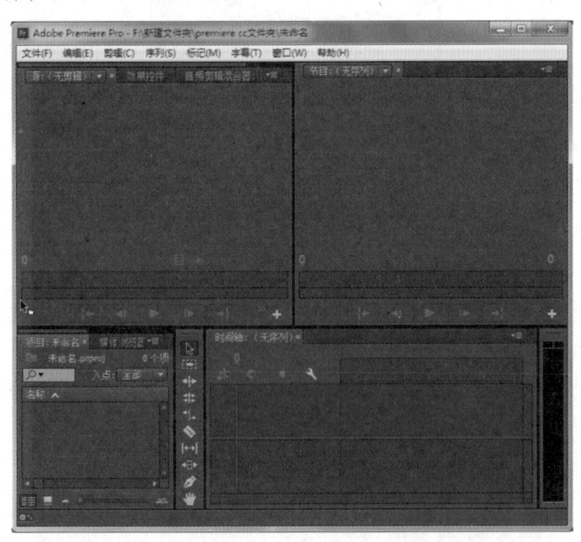

图2-47　调整“项目”面板位置

Step 2 ▶ 调整后“项目”面板将在左侧单独显示。将鼠标光标放在“项目”面板与其他面板的分割线处，当光标变为▮形状时，左右拖动鼠标，调整面板的大小，如图2-48所示。然后使用相同的方法，调整其他面板的大小。

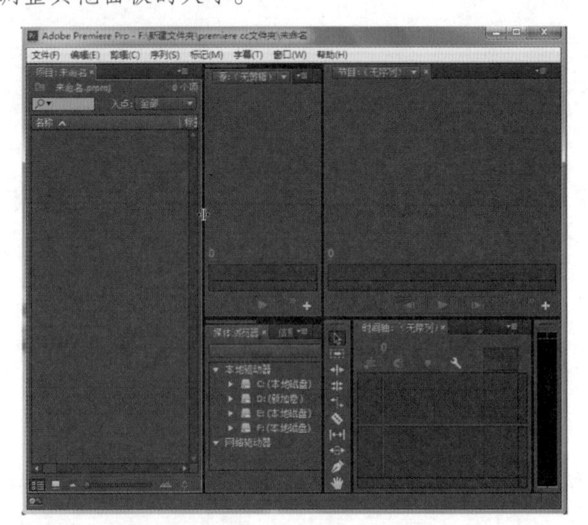

图2-48　左右调节面板

Step 3 ▶ 完成后将鼠标光标放在界面中间的分割线上，当光标变为▮形状时，上下拖动鼠标调整效果，即可完成面板的调整，如图2-49所示。

图2-49　上下调节面板

2.4.2 面板位置的调整

面板的位置也是可以进行调节的，用户可根据自己的需要对面板位置进行调整。

单击想调节的面板，按住鼠标左键，将其拖动到目标面板的顶部、底部、左侧或右侧位置，在面板出现暗色预览后释放鼠标，如图2-50所示。

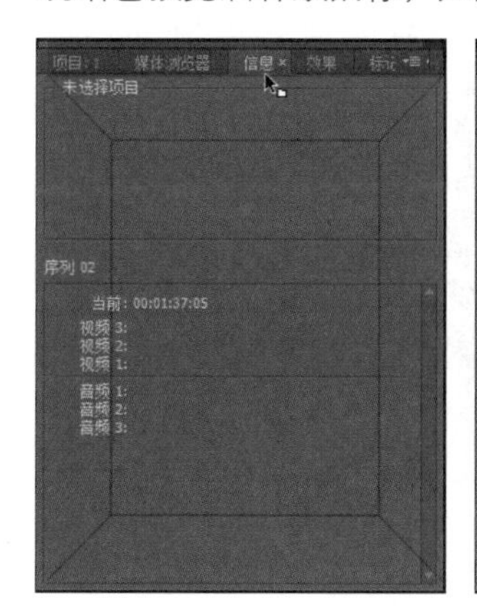

图2-50　调整面板位置

2.4.3 设置浮动面板

为了更好地对素材进行编辑，用户可设置Premiere Pro CC中的面板浮动显示，使其为独立的窗口浮动在软件界面的上方，保持置顶的效果。其方法是：单击面板右上方的▾≡按钮，在弹出的下拉菜单中选择“浮动面板”命令即可，如图2-51所示。

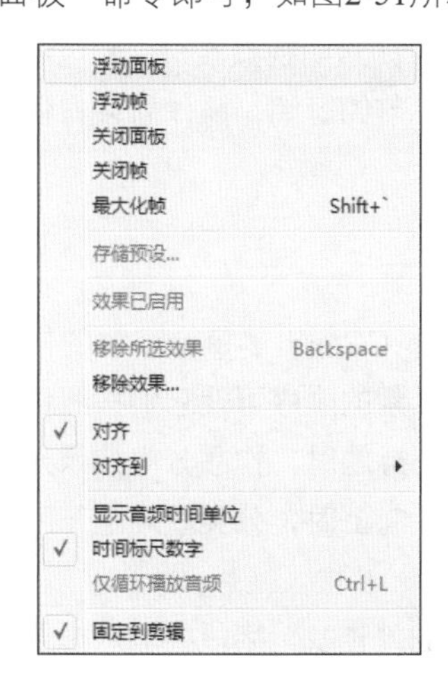

图2-51　选择“浮动面板”命令

在设置浮动面板后，也可将其恢复至停靠状态，其方法也很简单，选择“窗口”/“工作区”/“重置当前工作区”命令即可。

2.4.4 隐藏或显示面板

Premiere Pro CC默认的界面中打开了很多面板，如果用户不需要使用某个面板，可将其隐藏，其方法是：单击面板右上方的▾≡按钮，在弹出的下拉菜单中选择“关闭面板”命令，如图2-52所示。如果要再次显示被关闭的面板，则可选择“窗口”主菜单命令，在弹出的子菜单中选择需要显示的面板名称对应的命令即可，如图2-53所示。

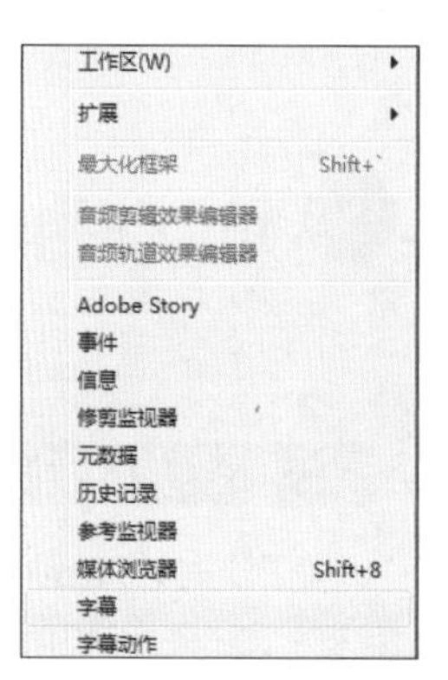

图2-52　选择“关闭面板”命令 图2-53　“窗口”子菜单

2.4.5 设置界面颜色

Premiere Pro CC的软件界面默认以黑底白字显示，如果用户对该颜色不习惯，可对其进行更改。其方法是：选择“编辑”/“首选项”/“外观”命令，打开“首选项”对话框，在“亮度”栏中拖动滑块进行设置，颜色达到用户满意的程度以后单击［确定］按钮即可，如图2-54所示。

读书笔记

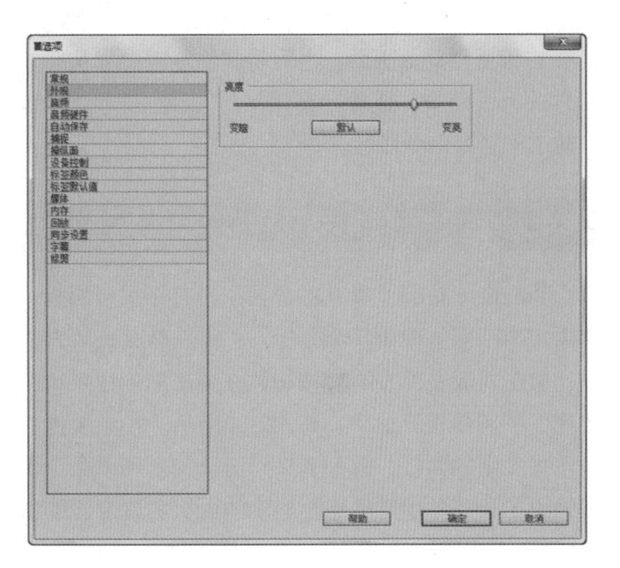

图2-54　界面颜色设置

技巧秒杀

当用户设置界面颜色后，如想恢复为默认颜色，可在“首选项”对话框中选择“外观”选项，在其中单击默认按钮，可使软件界面恢复到默认的黑底白字显示状态。

?答疑解惑：

在本章中经常出现项目文件、“项目”面板、序列和轨道，它们之间是什么关系呢？

它们之间的关系很简单，项目文件中包含一个或多个序列，序列中则包含一个或多个轨道，而“项目”面板则显示项目文件中的所有内容，包括素材文件和序列文件，它们之间的关系是包含与被包含的关系。

知识大爆炸——“项目”面板相关知识

1. 创建素材箱

在工作时，Premiere Pro CC自动将各分类加载到“项目”面板中；在导入素材时，视频和音频素材会自动加载到“项目”面板中。如导入一个素材文件夹，那么Premiere Pro CC将为素材创建一个新文件夹，并使用源文件夹的名称。采集声音或视频时，在关闭素材之前可快速将所采集的媒体添加到一个“项目”面板文件夹中。

用户还可单击“新建素材箱”按钮，在“项目”面板中新建一个素材箱，用于分类存放导入的素材。

2. 新建项

单击“新建项”按钮，可以快速地创建新字幕或其他作品元素，如透明视频素材、彩色蒙版、彩条、序列、脱机文件、黑场、通用倒计时片头和字幕，在进行视频制作时可节约时间，操作起来方便快捷，并可提高工作效率。

3. 查看素材信息

单击按钮并拖动面板边界扩展项目面板，即可看到Premiere Pro CC列出了每个素材的信息。在“项目”面板中，作品元素是根据当前分类的顺序编组的，因此改变作品元素的顺序可使它们按照任一列的标题排序。要以某列的类别进行排序，只需单击此类别即可。第一次单击列标题时，作品分类按照升序排列；再次单击列标题即可按照降序排列。分类顺序由一个小三角表示，当箭头向上时，分类顺序是升序；当箭头向下时，分类顺序是降序。

要在“项目”面板中查找某个作品分类，只需单击“项目”面板的“查找”字段并输入想要查找的内容即可，然后在“入点”下拉菜单中选择想要搜索的类别。找到分类之后，单击“查找”字段中出现的☒图标即可使“项目”面板视图返回到正常状态。

要组织好作品元素，可以创建文件夹存放相似的元素。如可以创建一个文件夹存放所有的声音文件，或创建一个文件夹存放所采集的素材。如文件夹已满，从默认的缩略图视图切换到列表视图可以一次查看更多的元素，列表视图将列出每个分类，但不显示缩略图图像。

如果要节省空间并隐藏项目窗口的缩略图监视器，可以在“项目”面板菜单中选择“视图”/“预览区域”命令，此时要显示素材效果，可以切换到源监视器中进行预览。

读书笔记

Premiere Pro CC 程序设置

本章导读

如何提高工作效率是所有用户最关心的事，而Premiere Pro CC可对键盘和程序进行自定义设置，以提高用户的工作效率。本章将对Premiere Pro CC的快捷键、程序参数、项目和轨道的常规设置等知识进行讲解。

3.1 设置Premiere Pro CC的快捷键

Premiere Pro CC的功能很强大，理所当然的操作也较多。用户可以对其快捷键进行设置，也可将默认的快捷键设置为常用的热键，使重复的工作更加轻松，也可提高制作视频的速度。

3.1.1 查看键盘快捷键

在Premiere Pro CC中查看键盘快捷键的方法很简单，选择“编辑”/“快捷键”命令，即可打开“键盘快捷键”对话框，如图3-1所示。

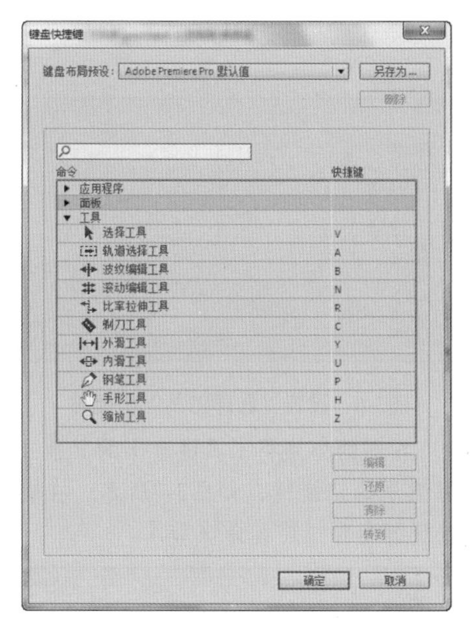

图3-1 “键盘快捷键”对话框

知识解析：“命令”栏

- 应用程序：该选项中包括了Premiere Pro CC中的文件、编辑、剪辑、序列、标记、字幕、窗口和帮助8个菜单命令，以及修剪、切换到摄像机、切换到音频和工作区等操作的快捷键设置。
- 面板：该选项中包含了Premiere Pro CC中所有可显示的面板操作的快捷键设置，如“音频剪辑混合器”面板、“捕捉”面板、“效果控件”面板、“效果”面板和“历史记录”面板等。
- 工具：该选项主要用于设置“工具”面板中各工具切换的快捷键。

3.1.2 设置应用参数快捷键

通过菜单命令的方式来进行各种操作，是用户刚接触Premiere Pro CC的基本操作方法。这种方法较为简单，也容易掌握，但在制作视频时，经常会执行一些相同的操作，重复执行菜单命令将影响工作效率，此时，采用快捷键的方式进行操作，可减少重复性操作，为工作带来更多便捷。

实例操作：设置键盘的应用参数

● 光盘\实例演示\第3章\设置键盘的应用参数

在“键盘快捷键”对话框中，可进行快捷键的设置，本例将为“默认静态字幕”操作新建一个快捷键，并指定其快捷键为Ctrl+B。

Step 1 选择“编辑”/“快捷键”命令，打开“键盘快捷键”对话框。在“命令”栏中的“应用程序”选项下，连续单击“字幕”和“新建字幕”选项前的三角形按钮▶，展开其下级列表，选择“默认静态字幕”选项，如图3-2所示。

图3-2 选择“默认静态字幕”选项

Step 2 双击该选项所对应的“快捷键”栏，直接按Ctrl+B快捷键，为该命令设置快捷键，如图3-3所示。

应用程序
文件(F)
编辑(E)
剪辑(C)
序列(S)
标记(M)
字幕(T)
新建字幕(E)
默认静态字幕(S)...
Ctrl+B
默认滚动字幕(R)...
默认游动字幕(C)...
基于当前字幕(T)...
基于模板(E)...
字体(F)
大小(S)
文字对齐(A)
方向(O)

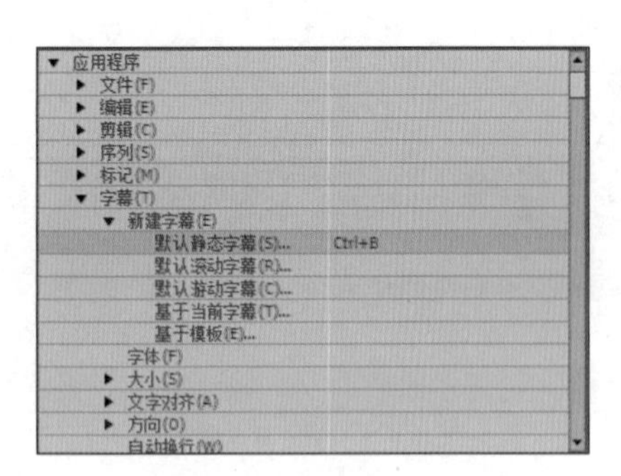

图3-3　设置快捷键

Step 3 ▶ 单击 确定 按钮，返回Premiere Pro CC工作界面，按Ctrl+B快捷键即可打开“新建字幕”对话框，如图3-4所示。

新建字幕
视频设置
宽度：720
高度：576
时基：25.00fps
像素长宽比：D1/DV PAL (1.0940)
名称：字幕 01
确定
取消

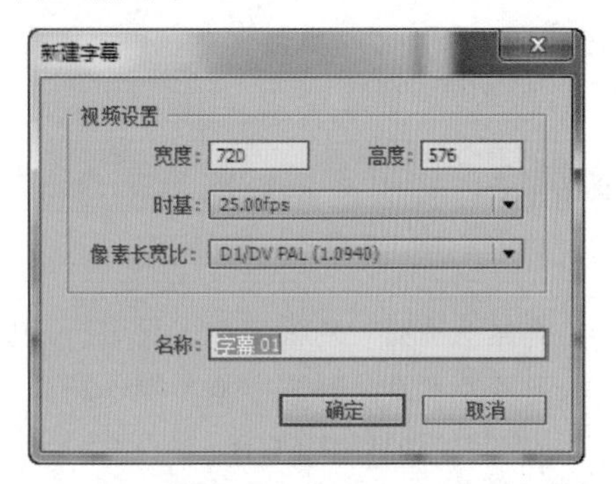

图3-4　应用快捷键打开对话框

3.1.3 更改工具键盘的快捷键

在Premiere Pro CC中也可以对工具键盘进行设置，将其设置为用户习惯用的快捷键，以快速地进行操作。下面就对工具键盘的设置进行讲解。

实例操作：更改工具键盘的快捷键

● 光盘\实例演示\第3章\更改工具键盘的快捷键

本例将在“键盘快捷键”对话框中对工具键盘进行设置，将默认的工具快捷键设置为用户常用的快捷键。

Step 1 ▶ 选择“编辑”/“快捷键”命令，打开“键盘快捷键”对话框。在“命令”栏中选择“工具”选项，如图3-5所示。

应用程序
面板
工具
选择工具 V
轨道选择工具 A
波纹编辑工具 B
滚动编辑工具 N
比率拉伸工具 R
剃刀工具 C
外滑工具 Y
内滑工具 U
钢笔工具 P
手形工具 H
缩放工具 Z

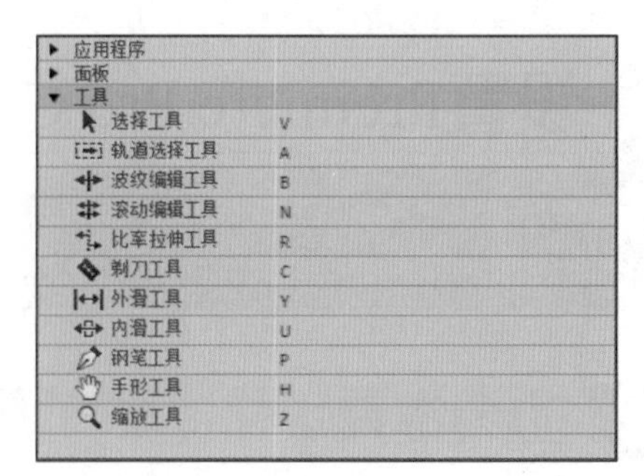

图3-5　选择“工具”选项

Step 2 ▶ 在展开的列表中选择“选择工具”选项，双击该选项所对应的“快捷键”栏，直接按键盘上的Q键，将“选择工具”快捷键设置为Q键，如图3-6所示。

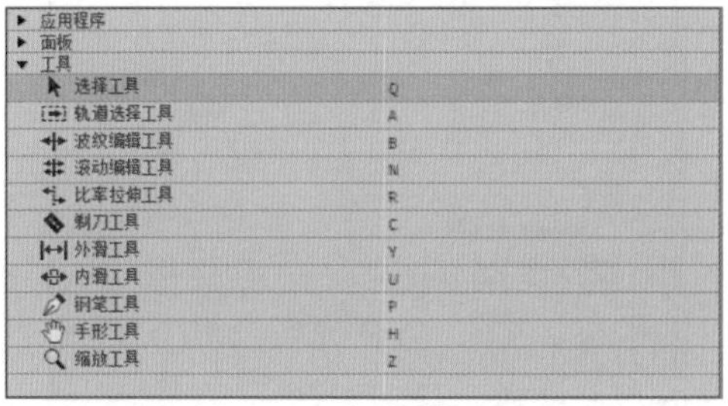
应用程序
面板
工具
选择工具 Q
轨道选择工具 A
波纹编辑工具 B
滚动编辑工具 N
比率拉伸工具 R
剃刀工具 C
外滑工具 Y
内滑工具 U
钢笔工具 P
手形工具 H
缩放工具 Z

图3-6　设置“选择工具”快捷键

Step 3 ▶ 以相同的方法将工具键盘上的其他工具设置为用户习惯用的快捷键，如图3-7所示。在键盘上按相应的快捷键即可快速选择该工具。

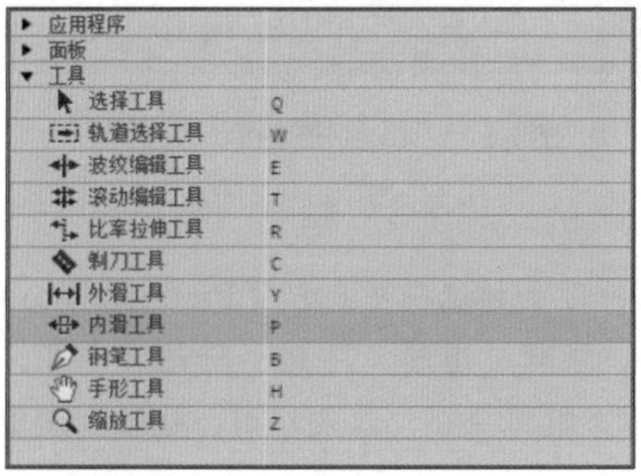
应用程序
面板
工具
选择工具 Q
轨道选择工具 W
波纹编辑工具 E
滚动编辑工具 T
比率拉伸工具 R
剃刀工具 C
外滑工具 Y
内滑工具 P
钢笔工具 B
手形工具 H
缩放工具 Z

图3-7　设置其他工具快捷键

技巧秒杀

用户如果对设置的快捷键不满意，可单击 还原 按钮还原软件的默认快捷键，但该方法对自定义的快捷键无效。

3.1.4 设置Premiere Pro CC面板的快捷键

使用Premiere Pro CC对面板命令进行自定义也应用得比较广泛。打开“键盘快捷键”对话框即可在其中对面板命令快捷键进行设置，可有效地提高工作效率。

选择“编辑”/“快捷键”命令，打开“键盘快捷键”对话框，在“命令”栏中选择“面板”选项，选择需要设置快捷键的选项，双击对应的“快捷键”栏，直接按键盘上预设的键即可，如图3-8为面板命令快捷键的设置。

图3-8　面板快捷键的设置

技巧秒杀

在新建或编辑快捷键命令时，若自定义的快捷键已经被软件其他的命令应用，则不能被自定义。

3.1.5 修改设置的快捷键

在Premiere Pro CC默认状态下，打开的“键盘快捷键”对话框中显示了所有的快捷键，如果对设置的快捷键不满意，可对其进行修改。

选择“编辑”/“快捷键”命令，打开“键盘快捷键”对话框，在其中直接修改快捷键即可。如在“应用程序”选项下，连续单击“窗口”和“工作区”选项前的三角形按钮▶，展开其下级列表，选择“重置当前工作区”选项，双击其对应的“快捷键”栏，将默认的Alt+Shift+0组合键修改为Ctrl+Shift+Y组合键，如图3-9所示。

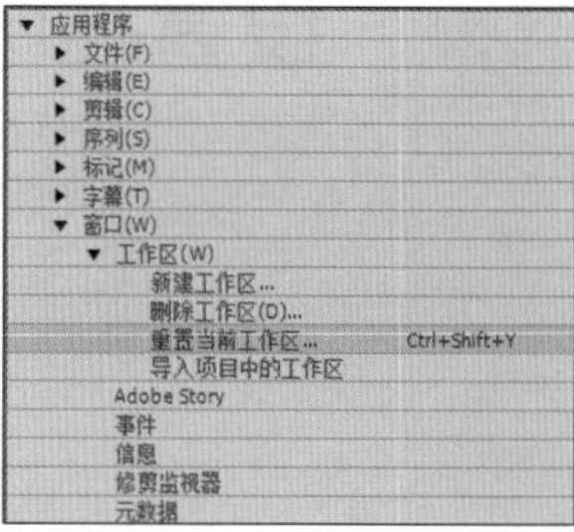

图3-9　修改快捷键

3.1.6 保存与载入自定义快捷键

新建或更改键盘快捷键命令后，Premiere Pro CC将自动在“键盘预设布局”下拉列表框中添加新的自定义设置，可避免修改Premiere Pro CC的出场默认设置。对其进行保存操作，即可将该快捷键命令保存在新的键盘命令中。

其保存方法很简单，在新建或修改快捷键命令后，单击对话框中的另存为...按钮，打开“键盘布局设置”对话框，在“键盘布局预设名称”文本框中输入名称，再单击保存按钮即可，如图3-10所示。在进行快捷键保存重设置后，可在“键盘预设布局”下拉列表框中查找并应用自定义的快捷键。

图3-10　保存快捷键

3.1.7 移除快捷键

在“键盘快捷键”对话框中保存快捷键设置后，如果不需要该快捷键，也可将其删除。

删除快捷键的方法也比较简单，只需在Premiere Pro CC中选择“编辑”/“快捷键”命令，打开“键盘快捷键”对话框，在“键盘布局预设”下拉列表框中选择需要删除的选项，单击其下方的删除按钮，在打开的提示对话框中单击确定按钮即可。

3.2 设置程序参数

在Premiere Pro CC中，每次打开项目时所载入的各种设置都是由程序设置所控制的，在项目中可对这些参数进行设置。在设置这些参数之前，需要打开或创建一个项目才可以将其激活，然后进行设置。下面就对Premiere Pro CC提供的一些默认设置进行讲解。

3.2.1 常规

选择“编辑”/“首选项”/“常规”命令，打开“首选项”对话框，在其中将显示“常规”的参数内容，其中显示了Premiere Pro CC默认的参数设置，如图3-11所示。

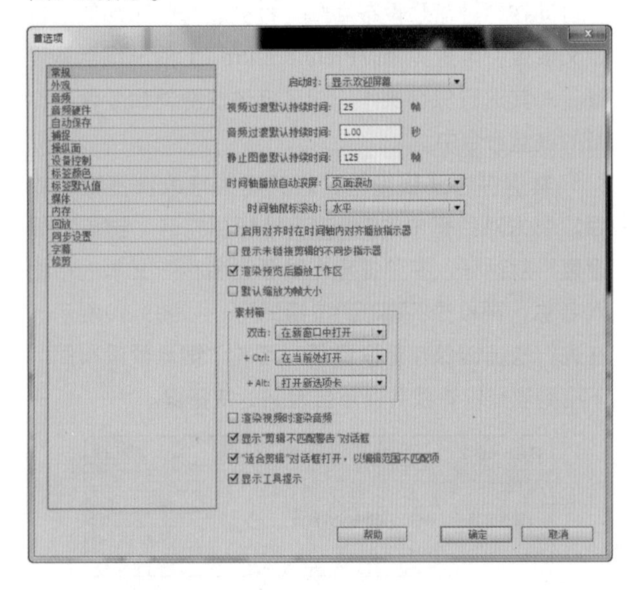

图3-11　“首选项”对话框

知识解析：“常规”选项

◆ 启动时：在该下拉列表框中，可设置在启动软件时是否显示欢迎屏幕。默认状态下为显示欢迎屏幕，若在其下拉列表框中选择“打开最近使用的项目”选项，则在启动Premiere Pro CC时将不显示欢迎屏幕，而直接打开最近使用的项目。

◆ 视频过渡默认持续时间：在首次应用切换效果时，此设置用于控制其持续时间。默认情况下，此字段设置为25帧，大约1秒钟。

◆ 音频过渡默认持续时间：在首次应用音频切换效果时，其设置用于控制音频持续时间。默认情况下为1秒钟。

◆ 静止图像默认持续时间：在首次将静帧图像放置在时间轴上时，该设置用于控制图像的持续时间，默认设置为125帧（5秒钟），25帧/秒。

◆ 时间轴播放自动滚屏：在其下拉列表框中，可选择播放时“时间轴”面板是否滚动的设置。使用默认的滚动方式可在中断播放时停止在时间轴某一特定点上，并且可在播放期间反映时间轴编辑。还可在下拉列表框中将时间轴设置为播放时按页面滚动、平滑滚动或不滚动，如图3-12所示。

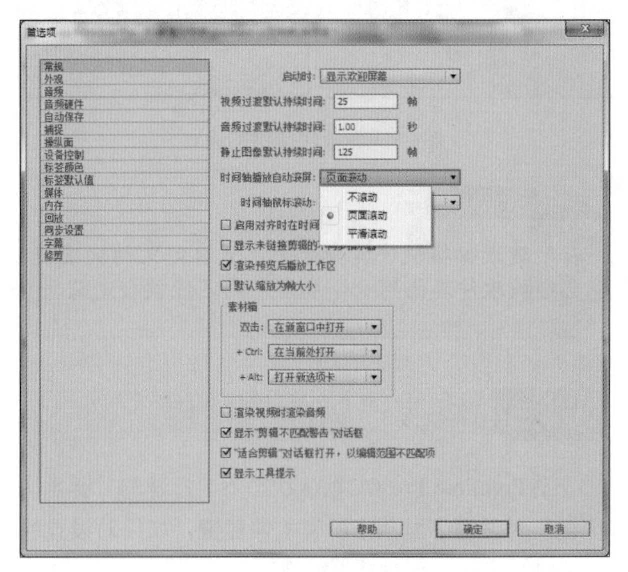

图3-12　时间轴播放滚屏选择

◆ 时间轴鼠标滚动：用于设置“时间轴”面板中鼠标的滚动方式，在其右侧的下拉列表框中可选择“水平”和“垂直”两种方式。

◆ ☑启用对齐时在时间轴内对齐播放指示器 复选框：选中此复选框，可打开对齐功能。打开对齐功能，可让播放指示器在时间轴中移动，使播放指示器直接对齐或跳转至某个编辑处。按键盘上的S键，可打开/

关闭对齐功能。

◆ ☑显示未链接剪辑的不同步指示器 复选框：当音频和视频断开链接并变为不同步状态时，显示不同步指示器。

◆ ☑渲染预览后播放工作区 复选框：默认情况下，Premiere Pro CC在渲染后播放工作区。若不想在渲染后播放工作区，则可取消选中该复选框。

◆ ☑默认缩放为帧大小 复选框：默认情况下，Premiere Pro CC不会放大或缩小至项目画幅不匹配的影片。若想让Premiere Pro CC自动缩放导入的影片，则选中该复选框。如选择让Premiere Pro CC缩放画幅大小，那么不是按项目画幅大小创建的导入图像则可能会出现扭曲。

◆ 素材箱：使用素材箱可以在“项目”面板中管理影片。在每个选项的下拉列表框中可选择是在新窗口打开、在当前处打开，还是打开新选项卡，如图3-13所示。

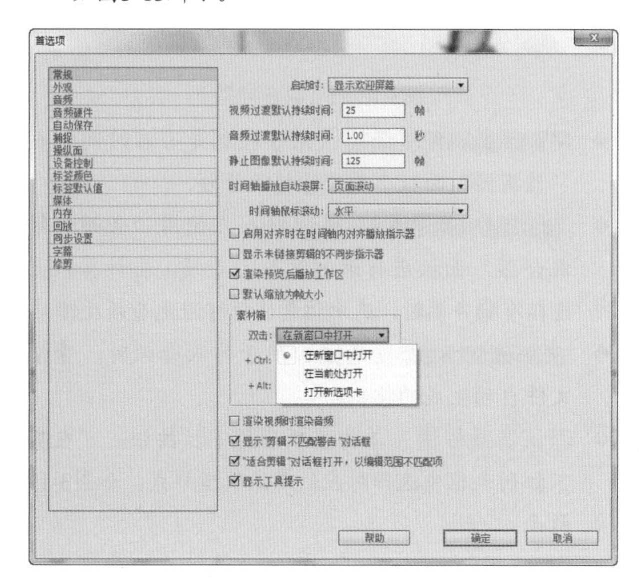

图3-13　选择素材箱打开方式

◆ ☑渲染视频时渲染音频 复选框：默认情况下，渲染视频时将不渲染音频，若想渲染视频的同时渲染音频，选中该复选框即可。

◆ ☑显示“剪辑不匹配警告”对话框 复选框：用于剪辑时，素材与项目序列设置大小不匹配时显示警告。默认情况下，若素材与项目不匹配将打开警告提示对话框，提示是保持现有设置，还是更改序列设置，如图3-14所示。

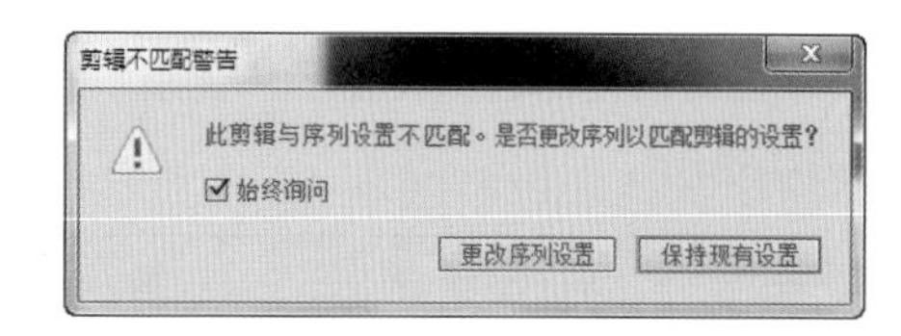

图3-14　“剪辑不匹配警告”对话框

◆ ☑“适合剪辑”对话框打开，以编辑范围不匹配项 复选框：在编辑素材时，打开“适合剪辑”对话框，以对范围不匹配项进行编辑。

◆ ☑显示工具提示 复选框：用于提示工具的名称，将鼠标光标移动至工具上，将显示工具的名称。

> **操作解谜**
>
> 在不同制式下，视频过渡默认持续时间和静帧图像默认持续时间不同。如DV-PAL的视频过渡默认持续时间为25帧，DV-NTSC下的视频过渡默认持续时间为30帧。

3.2.2 外观

选择“编辑”/“首选项”/“外观”命令，打开“首选项”对话框，在对话框右侧将显示“外观”参数设置，可对界面的亮度进行调整，拖动“亮度”滑块，则可调整界面的亮度，将滑块向右拖动，界面增亮，反之则变暗，如图3-15所示。单击 默认 按钮，可将界面恢复至默认状态。

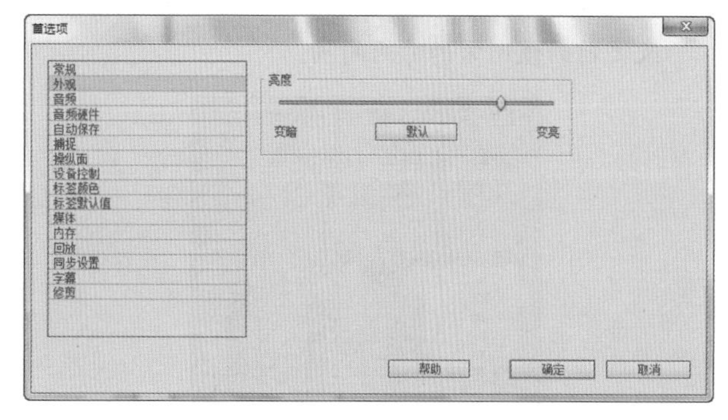

图3-15　“外观”设置

3.2.3 音频

打开“首选项”对话框，在左侧列表中选择“音频”选项，在对话框的右侧将显示“音频”的设置参数，如图3-16所示。

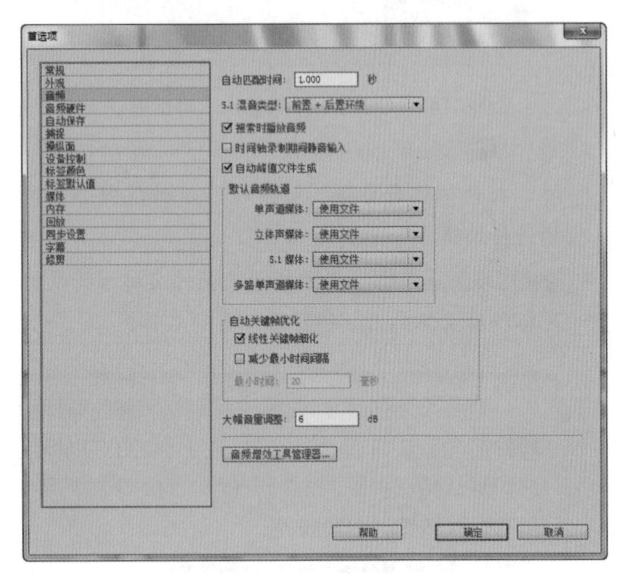

图3-16 “音频”设置

知识解析：“音频”选项

◆ 自动匹配时间：此设置需要与“音频剪辑混合器”面板中的“触动”选项结合使用，如图3-17所示。在“音频剪辑混合器”面板中选择“触动”选项后，Premiere Pro CC将返回到更改以前的值，但仅在指定的秒数后。如在调音时更改了音频1的音频级别，那么在更改之后，此级别将返回到以前的设置，即记录更改之前的设置。自动匹配设置用于控制Premiere Pro CC返回到音频更改之前的值所需的时间间隔。

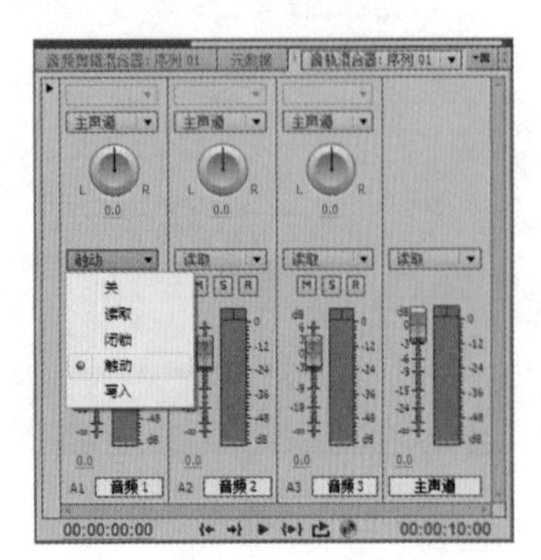

图3-17 “音频剪辑混合器”面板

◆ 5.1混音类型：用于对5.1环绕音轨混合的控制。5.1音频由5个声道（左声道、中声道、右声道、左后声道和右后声道）和1个低频声道（LFE）组成。选择“5.1混音类型”下拉列表框选项可更改混合声道时的设置，降低声道的数目，如图3-18所示。

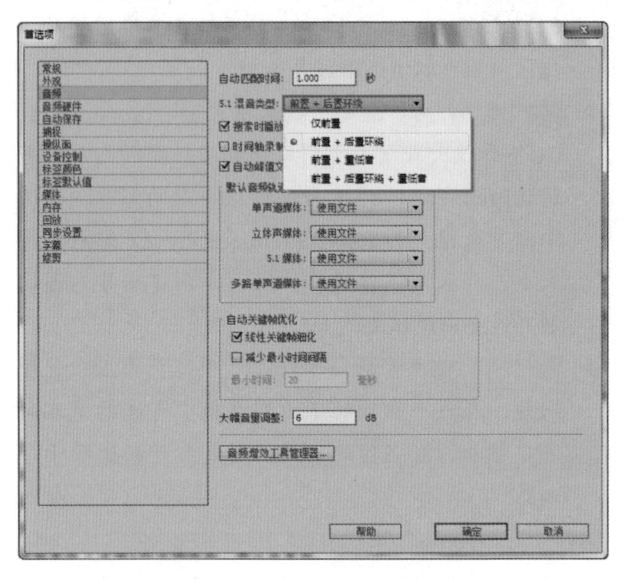

图3-18 5.1混音类型

◆ ☑搜索时播放音频 复选框：用于控制是否在时间轴或“监视器”面板中搜索时播放音频。

◆ ☑时间轴录制期间静音输入 复选框：在使用“音频剪辑混合器”面板进行录制时关闭音频。当计算机上连接有扬声器时，选中该复选框可避免音频反馈。

◆ ☑自动峰值文件生成 复选框：用于导入音频时，峰值文件自动生成的控制。

◆ 默认音频轨道：单击各项后的下拉按钮，可在其下拉列表框中选择对应的默认轨道样式，如图3-19所示。

◆ ☑线性关键帧细化 复选框：用于在直线末端创建关键帧，如指示音量改变的一段斜线在每端有一个关键帧。

◆ ☑减少最小时间间隔 复选框：可对关键帧之间的最小时间进行控制。若选中该复选框，可激活“最小时间”数值框，即将时间间隔设置为20微秒（为默认值，可根据情况进行修改），则在20微秒后才会创建关键帧。

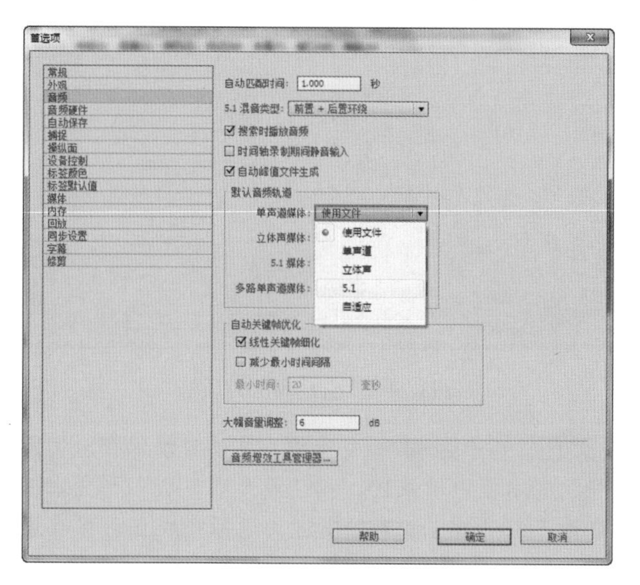

图3-19 选择“默认音频轨道”样式

◆ 大幅音量调整：用于音量大小的控制，在其文本框中输入想设置的音量即可。

◆ 音频增效工具管理器...按钮：单击该按钮可打开“音频增效工具管理器”对话框，如图3-20所示。其中有VST增效工具文件夹和可用增效工具栏。

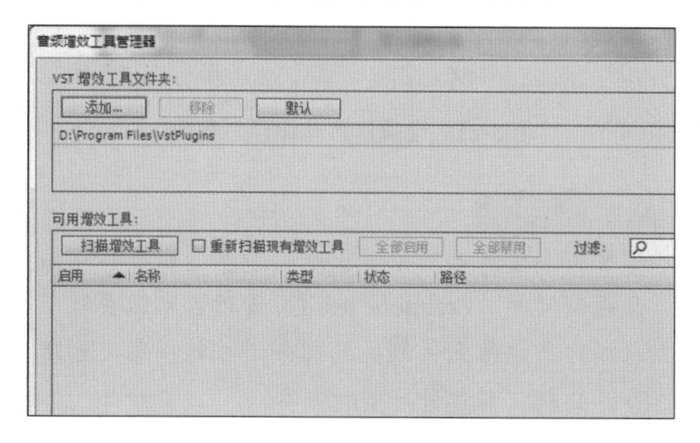

图3-20 “音频增效工具管理器”对话框

3.2.4 音频硬件

在“首选项”对话框左侧列表框中选择“音频硬件”选项，在对话框右侧则显示“音频硬件”的设置参数，在“Adobe桌面音频”下拉列表框中可选择音频硬件的默认设置。

实例操作：设置输入和输出音频硬件

● 光盘\实例演示\第3章\设置输入和输出音频硬件

在“首选项”对话框中选择音频硬件选项，然后单击ASIO 设置按钮对输入和输出设备进行设置。

Step 1 ▶ 选择“编辑”/“首选项”/“音频硬件”命令，打开“首选项”对话框，在其中将显示“音频硬件”参数设置，如图3-21所示。

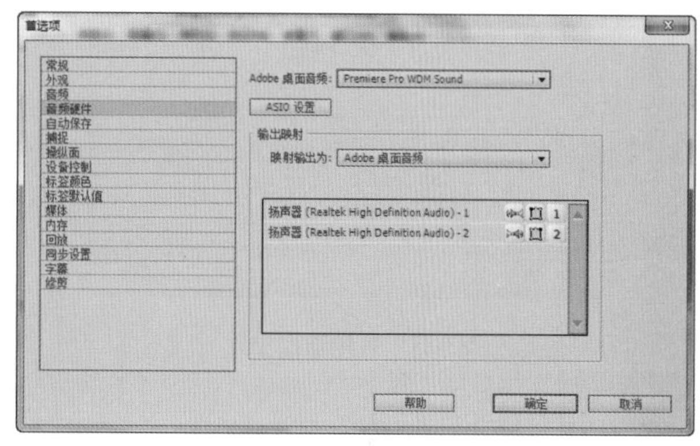

图3-21 “音频硬件”设置

Step 2 ▶ 单击ASIO 设置按钮，打开“音频硬件设置”对话框，选择“输入”选项卡，在其中可设置音频输入的硬件设备，还可对音频输入的缓存大小采样进行设置，如图3-22所示。

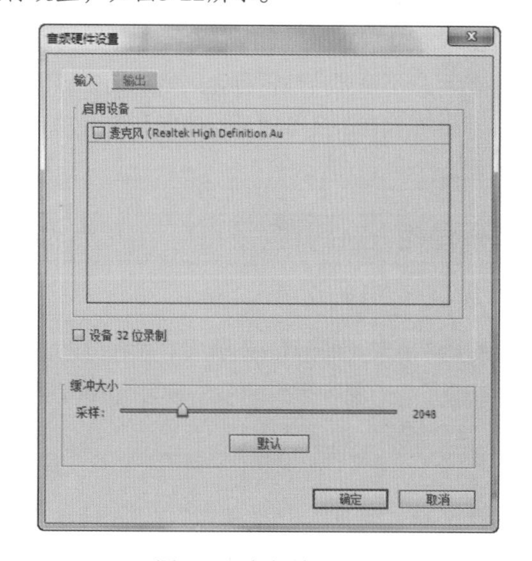

图3-22 音频输入设置

Step 3 ▶ 在“音频硬件设置”对话框中选择“输出”选项卡，可设置音频输出的硬件设备，还可对音频输出的缓存大小采样进行设置，如图3-23所示。

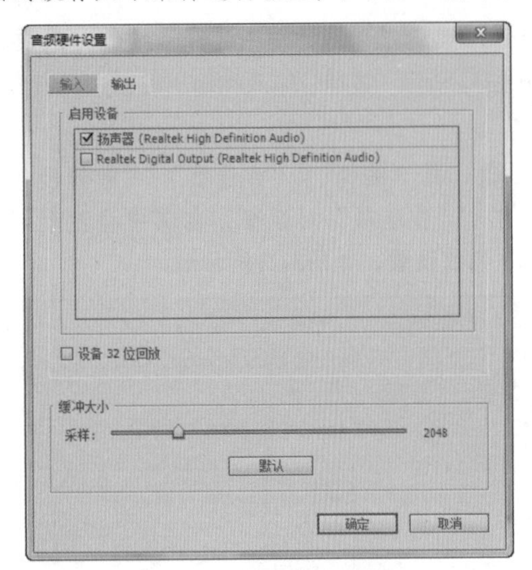

图3-23 音频输出设置

3.2.5 自动保存

用户在用Premiere Pro CC工作时不用担心忘记保存项目，给制作带来不便，因为Premiere Pro CC可设置自动保存的参数。在“首选项”对话框中选择“自动保存”选项，在其右侧选中☑自动保存项目复选框即可进行设置。

默认情况下，Premiere Pro CC已选中☑自动保存项目复选框，若用户不需要自动保存，则取消选中该复选框即可，另外在保存时还可对保存时间和最大项目版本进行设置。

实例操作：自动保存设置

●光盘\实例演示\第3章\自动保存设置

本例将讲解对Premiere Pro CC进行自动保存设置，将其“自动保存时间间隔”设置为10分钟，将“最大项目版本”设置为50。

Step 1 ▶ 选择“编辑”/“首选项”/“自动保存”命令，打开“首选项”对话框，如图3-24所示。

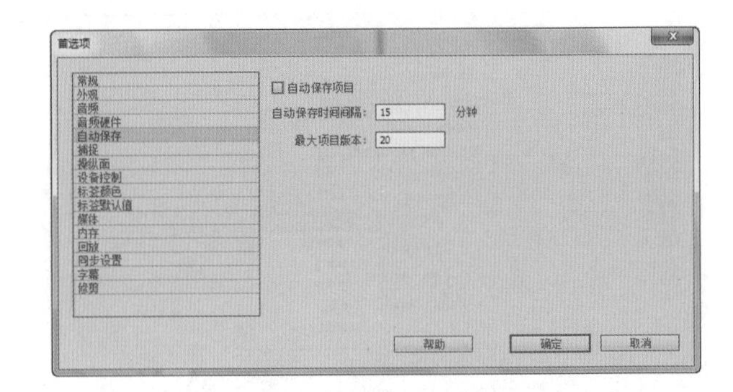

图3-24 “首选项”对话框

Step 2 ▶ 选中☑自动保存项目复选框，在“自动保存时间间隔”文本框中输入10，在“最大项目版本”文本框中输入50，单击 确定 按钮，即可完成自动保存设置，如图3-25所示。

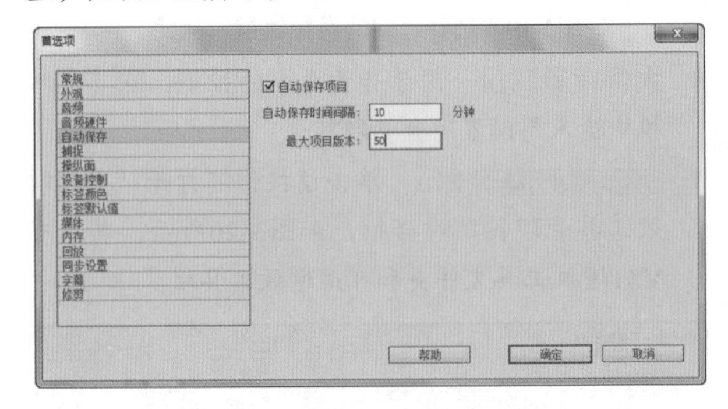

图3-25 设置“自动保存”参数

技巧秒杀

设置自动保存后，用户不必担心会消耗大量的硬盘存储空间。Premiere Pro CC进行自动保存时，只保存与媒体文件相关的部分，并非将每次创建作品的新版本都进行重新保存。

3.2.6 捕捉

在打开的“首选项”对话框左侧列表中选择“捕捉”选项，在其右侧将显示“捕捉”的相关设置，如图3-26所示。

在默认情况下，Premiere Pro CC的“捕捉”设置提供了用于视频和音频捕捉的选项。选中☑丢帧时中止捕捉复选框，可在丢帧时中断捕捉操作；选中☑报告丢帧复选框，在有帧丢失的情况下，Premiere Pro CC将进行丢帧的报告；选中☑仅在未成功完成时生成批处理日志文件复选框，可在硬盘中保存日志文件，列出未能成功批量捕捉时的结果；选中☑使用设备控制时间码复选框，将设置控制时间码。

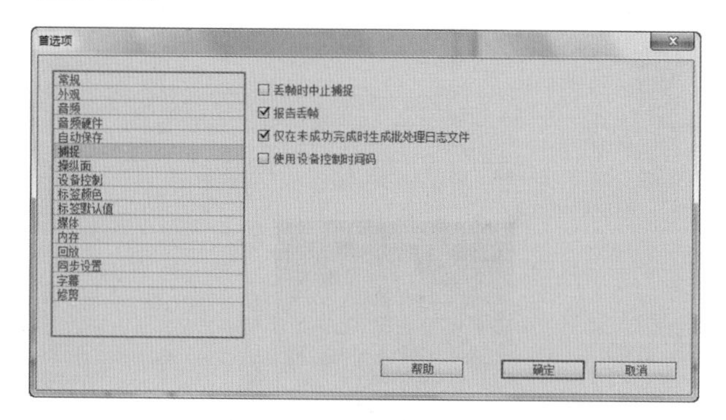

图3-26　“捕捉”设置

3.2.7 操纵面

在打开的“首选项”对话框左侧列表中选择“操纵面”选项，在对话框右侧可进行操纵面的添加操作，单击添加按钮，可打开“添加操纵面”对话框，在“设备类型”下拉列表框中可对设备类型进行选择，如图3-27所示。

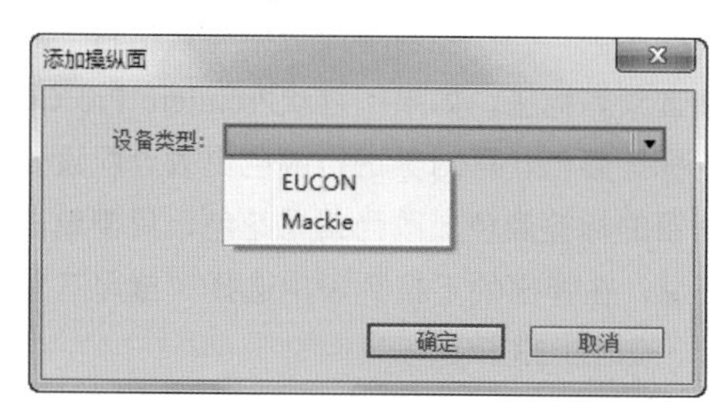

图3-27　“添加操纵面”对话框

3.2.8 设备控制

在“首选项”对话框的左侧列表中选择“设备控制”选项，在其右侧将显示“设备控制”的参数设置，单击右侧的选项...按钮，将打开“DV/HDV设备控制设置”对话框，如图3-28所示。

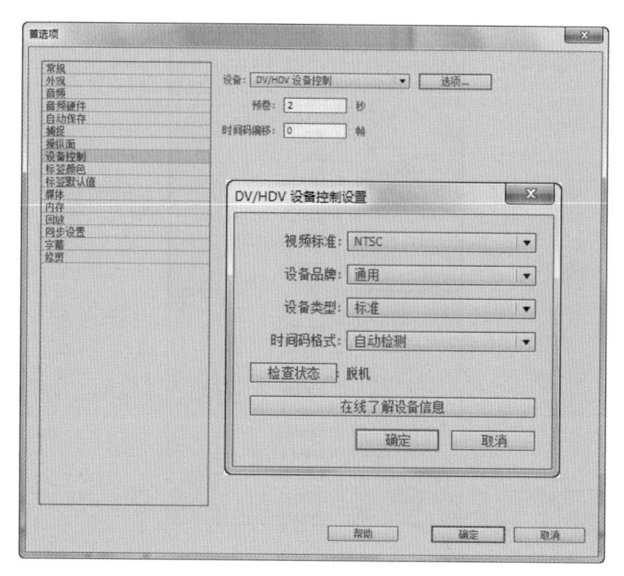

图3-28　“设备控制”参数设置

知识解析：“设备控制”选项及“DV/HDV设备控制设置”对话框选项

- **设备：**在该下拉列表框中可选择设备控制选项。
- **选项...按钮：**单击该按钮，可打开DV/HDV设备控制设置”对话框，在其中可选择捕捉的视频格式、设备品牌和时间码格式，还可检查设备是在线或脱机状态等。
- **预卷：**该设置可对磁盘卷动时间和捕捉开始时间的间隔进行设置，可使录像机或VCR在捕捉之前达到应有的速度。
- **时间码偏移：**该选项可指定四分之一帧的时间间隔，以补偿捕捉素材和实际磁盘的时间码之间的偏差。该选项可设置捕捉视频的时间码以匹配录像带上的帧。
- **视频标准：**可选择视频的格式，有NTSC和PAL格式。
- **设备品牌：**在其下拉列表框中可对设备品牌进行设置，如图3-29所示。

读书笔记

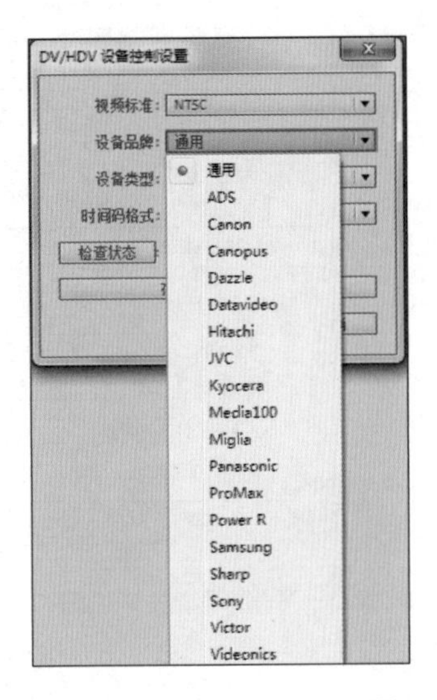

图3-29　“设备品牌”设置

- ◆ 设备类型：在其下拉列表框中可进行设备类型的选择，如图3-30所示。
- ◆ 时间码格式：打开下拉列表框，有“非丢帧”“丢帧”“自动检测”3个选项，可对时间码格式进行设置，如图3-31所示。

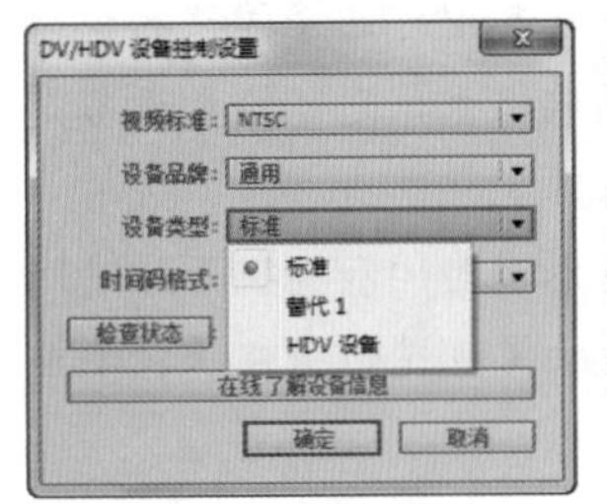

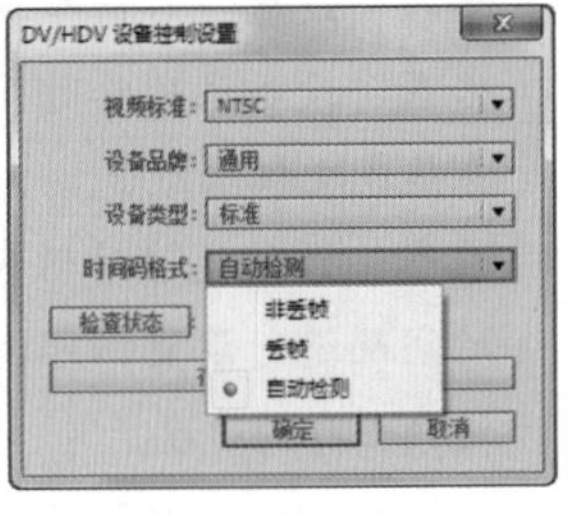

图3-30　“设备类型”设置　图3-31　“时间码格式”设置

- ◆ 检查状态按钮：单击该按钮，可检查设备是否处于脱机状态。
- ◆ 在线了解设备信息按钮：单击该按钮，可在线了解设备信息。

3.2.9 标签颜色

在打开的“首选项”对话框的左侧列表中选择“标签颜色”选项，可在右侧的参数设置中更改参数的标签颜色。可为不同媒体的项目面板指定特定的颜色，其方法是：单击彩色标签样本，打开“拾色器”对话框，在左侧颜色矩形框内单击，并拖动鼠标滑块进行颜色更改，更改颜色后，可在“首选项”对话框的右侧标签颜色部分编辑颜色名称，如图3-32所示。

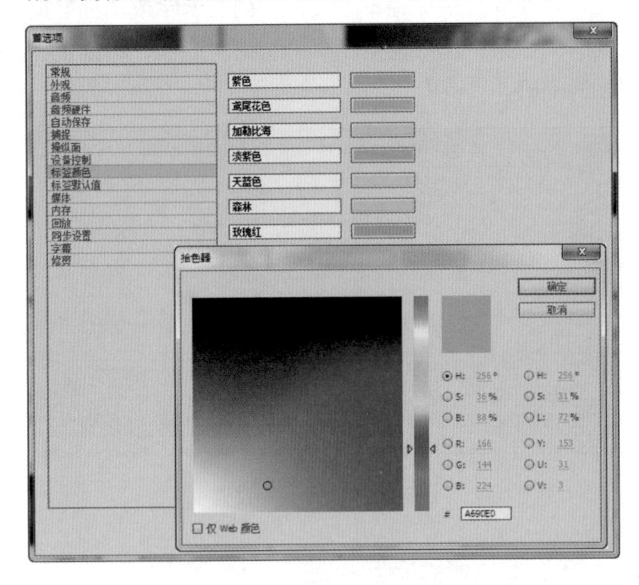

图3-32　“标签颜色”设置

3.2.10 标签默认值

在打开的“首选项”对话框的左侧列表中选择“标签默认值”选项，可在右侧的参数设置中更改指定的标签颜色，在“项目”面板中有素材箱、序列、视频和音频等标签，如果不喜欢Premiere Pro CC默认指定的标签颜色，可对其进行颜色更改分配设置，如将素材箱的标签颜色更改为鸢尾花色，只需单击其下拉按钮，在弹出的下拉列表中选择“鸢尾花色”选项即可，如图3-33所示。

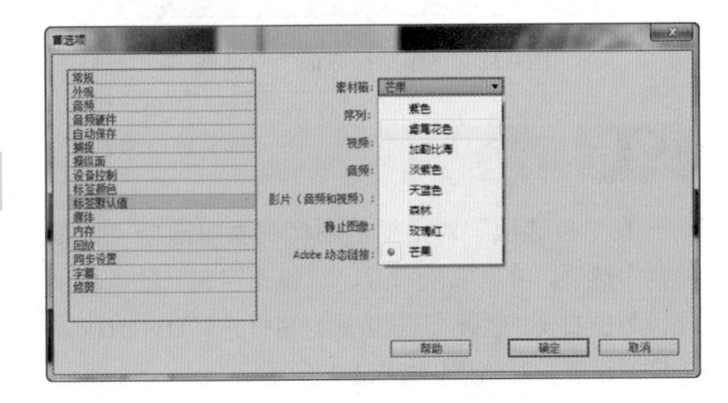

图3-33　更改标签颜色

3.2.11 媒体

在“首选项”左侧的列表中选择“媒体”选项，可以在右侧设置媒体缓存文件的位置、媒体缓存数据的位置和生成文件间隔时间，如图3-34所示。

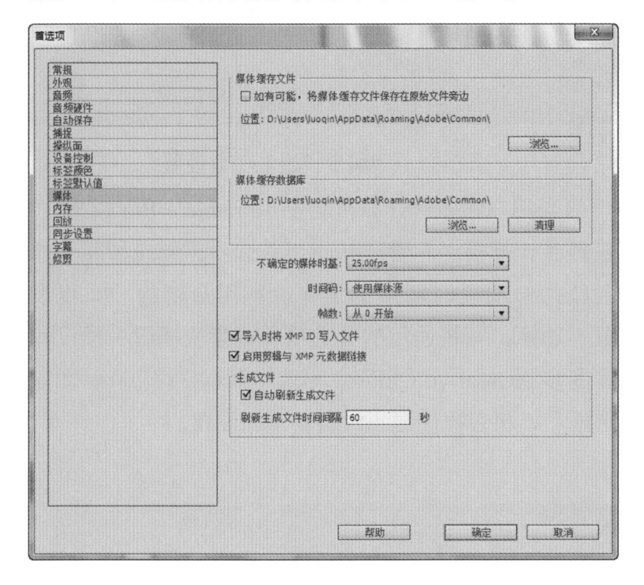

图3-34 “媒体”参数设置

知识解析：“媒体”选项

- 媒体缓存文件：选中 ☑如有可能，将媒体缓存文件保存在原始文件旁边 复选框，则将媒体缓存文件保存在原始文件旁边，可单击 浏览... 按钮，对存储文件的位置进行设置。
- 媒体缓存数据库：用于跟踪作品中所使用的缓存媒体，以便计算机使用缓存时可以快速访问最近使用的数据。Premiere Pro CC可识别的缓存数据文件有.pek（Peak音频文件）、.cfa（统一音频文件）和MPEG视频索引文件。单击 清理 按钮后，Premiere Pro CC将审查原始文件，将它们与缓存文件比较，然后移除不必要的文件。
- 不确定的媒体时基：指定所导入静止图像序列的帧速率。
- 时间码：指定Premiere Pro CC是显示所导入剪辑的原始时间码，还是为其分配新时间码（从00:00:00 开始）。
- 帧数：Premiere Pro CC是为所导入剪辑的第一帧分配0或1，还是按时间码转换分配编号。
- ☑导入时将 XMP ID 写入文件 复选框：选中该复选框，会将ID信息写入XMP元数据字段。
- ☑启用剪辑与 XMP 元数据链接 复选框：选中该复选框，会将剪辑元数据链接到XMP元数据，这样其中一项发生更改时另一项也会随之更改。
- 生成文件：Premiere Pro CC支持OP1A MXF文件的生成文件。通过此首选项，用户可以选择Premiere Pro CC是否在文件生成期间自动刷新，选中 ☑自动刷新生成文件 复选框，可设置为生成文件时自动刷新，在“刷新生成文件时间间隔”文本框中输入间隔的时间即可。

3.2.12 内存

在“首选项”左侧的列表中选择“内存”选项，可在对话框右侧查看计算机安装的内存信息和可用内存信息，还可对优化渲染的对象进行设置，如图3-35所示。

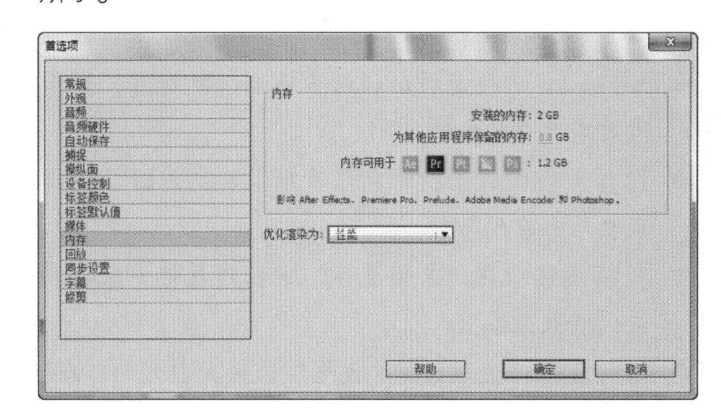

图3-35 “内存”优化设置

有一些序列（如包含高分辨率源视频或静止图像的序列）需要大量内存来同时渲染多个帧。这些资源可能会强制Premiere Pro CC取消渲染并发出“低内存警告”警报。在这些情况下，可以通过将“优化渲染为”首选项从“性能”更改为“内存”即可最大程度地提高可用内存。当渲染不再需要内存优化时，将此首选项改回“性能”即可。

3.2.13 回放

在“首选项”左侧的列表中选择“回放”选项，可在对话框右侧选择默认的播放器和音频设备，如图3-36所示。

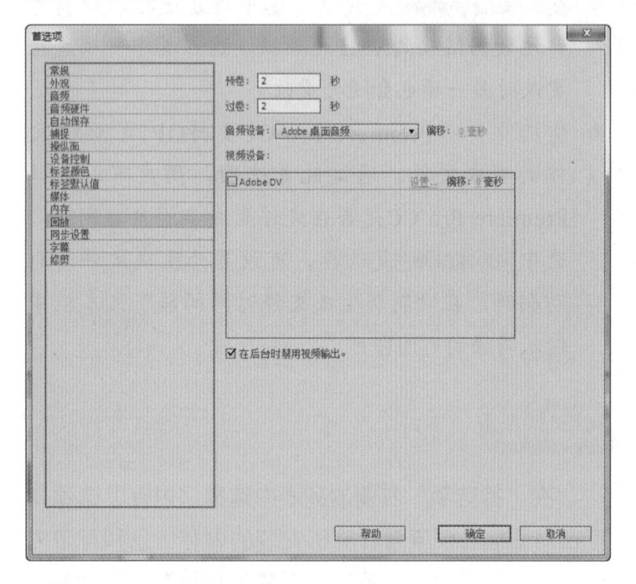

图3-36　“回放”音频设置

知识解析：“回放”选项

- 预卷：当回放素材以利用多项编辑功能时，编辑点之前存在的秒数。
- 过卷：当回放素材以利用多项编辑功能时，编辑点之后存在的秒数。
- 音频设备：在“音频设备”下拉列表框中选择相应的音频设备。
- 视频设备：通过选择“设置”选项，打开“DV设置”对话框，可在其中进行输出DV设置和第三方设备。
- ☑在后台时禁用视频输出。复选框：选中该复选框，可在后台运行时禁用视频输出。

3.2.14 同步设置

在“首选项”对话框左侧的列表中选择“同步设置”选项，可在对话框右侧进行相关设置，如图3-37所示。

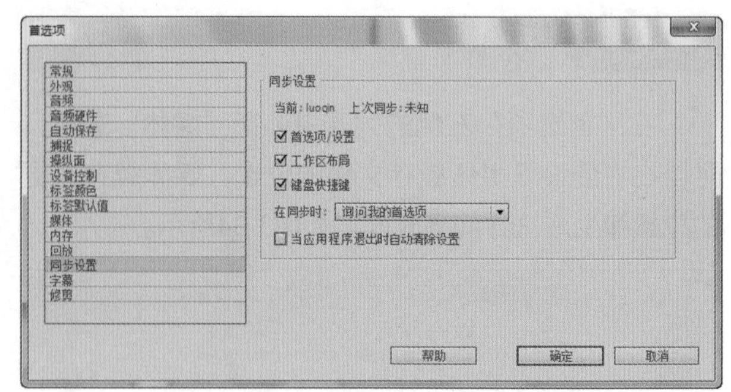

图3-37　“同步设置”参数设置

当用户在多台计算机上使用Premiere Pro CC时，在多台计算机之间管理和同步首选项、预设和库可能会成为一项耗时复杂的工作。利用全新的“同步设置”功能，可将通用的首选项、键盘快捷键、预设和库同步到Creative Cloud。当选中☑当应用程序退出时自动清除设置复选框后，将在程序退出时自动清除设置。

3.2.15 字幕

在“首选项”对话框的左侧列表中选择“字幕”选项，可在右侧对样式色板和字体浏览器进行设置，如图3-38所示。

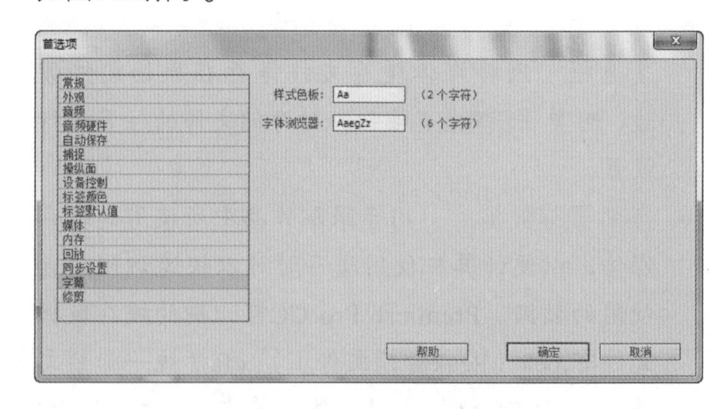

图3-38　“字幕”参数设置

选择“文件”/“新建”/“字幕”命令，可打开“新建字幕”对话框，如图3-39所示，在“视频设置”栏可对视频的“宽度”“高度”“时基”“像素长宽比”进行设置，在“名称”文本框中输入名称，单击 确定 按钮可打开字幕窗口，如图3-40所示。

图3-39 “新建字幕”对话框

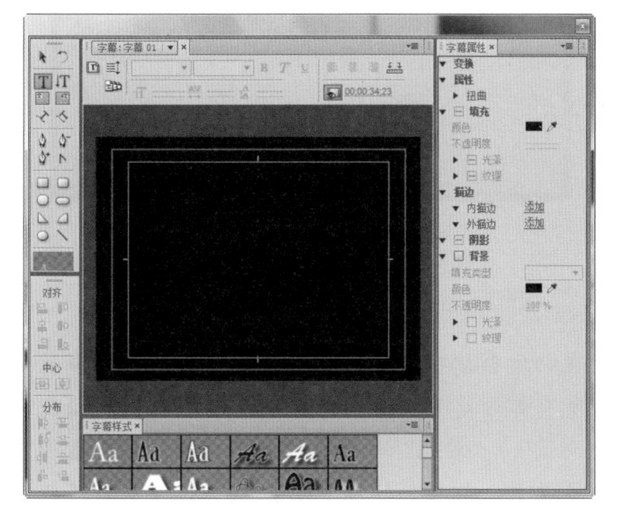

图3-40 “字幕”窗口

3.2.16 修剪

在“首选项”对话框的左侧列表中选择“修剪”选项，在右侧可对其参数进行设置，如图3-41所示。

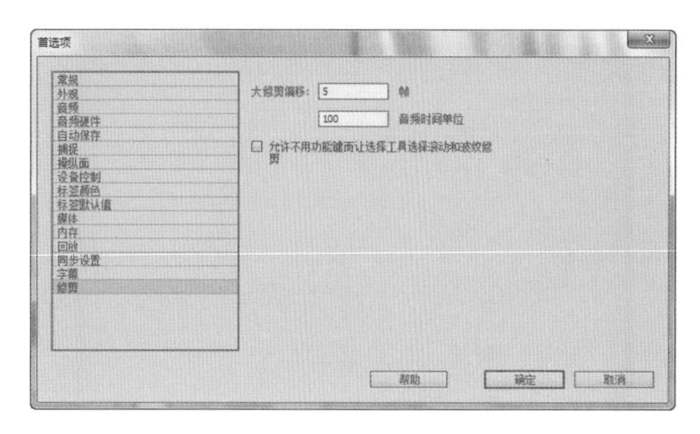

图3-41 “修剪”参数设置

知识解析：“修剪”选项

◆ 大修剪偏移：在“节目监视器”面板处于修剪监视器视图中时，在“大修剪偏移”文本框中输入设置偏移的帧数，可更改“监视器”面板中出现的最大修剪偏移，在默认情况下，最大修剪偏移设置为5帧。如果对修剪偏移进行了更改，在下次创建项目时，此值在“监视器”面板中显示为一个按钮。

◆ 允许不用功能键而让选择工具选择滚动和波纹修剪复选框：选中该复选框，可使用选择工具选择滚动和波纹修剪，而不需用功能键来选择。

技巧秒杀

若用户对“首选项”下的各选项用途和意义不了解，可单击 帮助 按钮，对相关的知识进行学习。

3.3 项目、序列和轨道的常规设置

在对Premiere Pro CC进行了快捷键和程序参数的常规设置后，就可以对项目、序列和轨道进行常规设置了，它们是制作视频必不可少的。对项目、序列和轨道进行设置后即可创建项目和序列，并对其进行操作，即进行视频的制作。

3.3.1 项目常规设置

启动Premiere Pro CC后，将进入欢迎界面，单击“新建项目”按钮，打开“新建项目”对话框，在其中可对默认选择的“常规”选项卡进行设置，如图3-42所示。

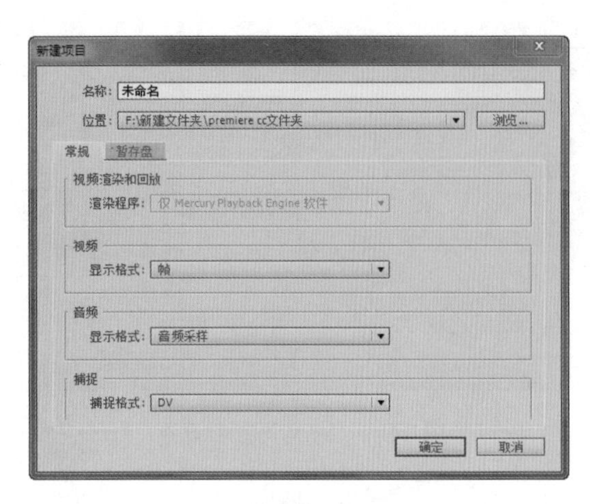

图3-42 “新建项目”对话框

知识解析：“新建项目”对话框

- 名称：在该文本框中可对新建项目进行命名。
- 位置：选择项目文件存储的位置，单击浏览...按钮，在打开的“请选择新项目的目标路径”对话框中可指定文件的存储路径。
- 视频渲染和回放：可对渲染程序进行选择。
- 视频：可对其显示格式进行设置，有“帧”“英尺+帧16毫米”“英尺+帧35毫米”“时间码”4个选项。该设置用于帧在时间轴中播放时，Premiere Pro CC所使用的帧数目，以及是否使用丢帧或不丢帧时间码。在Premiere Pro CC中，用于视频项目的时间显示在时间轴和其他面板中，使用的是电影电视工程协会（SMPTE）视频时间读数，称为时间码。若所工作的影片项目是24帧/秒，则可选择“英尺+帧16毫米”或“英尺+帧35毫米”选项。
- 音频：可对音频显示格式进行设置，即更改“时间轴”面板和“节目监视器”面板中的音频显示，可设置为音频采样和毫秒显示。
- 捕捉：可对音频和视频采集时的捕捉方式进行设置，可设置为DV或HDV格式。
- 暂存盘：选择“暂存盘”选项卡，在其中可对捕捉音频、捕捉视频、视频预览、音频预览和项目自动保存的路径进行查看，也可单击浏览...按钮，对其路径进行设置，如图3-43所示。

图3-43 “暂存盘”选项卡

技巧秒杀

在初次创建项目时，“新建项目”对话框中的所有部分是可以设置的。选择“文件”/“项目设置”/“常规”命令，可在创建项目后查看项目设置。但在创建项目后，大多数设置将不能修改。

3.3.2 序列预设

在“新建项目”对话框中对各项参数进行设置后，单击确定按钮，进入Premiere Pro CC操作界面，在“项目”面板中单击“新建项”按钮，选择“序列”命令，可打开“新建序列”对话框，在其中对用于满足制作视频和音频的需要序列进行设置。

选择“文件”/“新建”/“序列”命令，也可打开“新建序列”对话框，在“可用预设”列表中选择一个所需的预设即可，如图3-44所示。

技巧秒杀

Premiere Pro CC新建的序列文件会以选项卡的形式显示在“时间轴”面板中，只要选择需要查看的选项卡，即可在不同的序列之间进行切换。

图3-44　“新建序列”对话框

3.3.3 序列常规设置

选择“文件”/“新建”/“序列”命令，打开“新建序列”对话框，选择“设置”选项卡，为了与制作的视频相匹配，可对其参数进行设置，如图3-45所示。

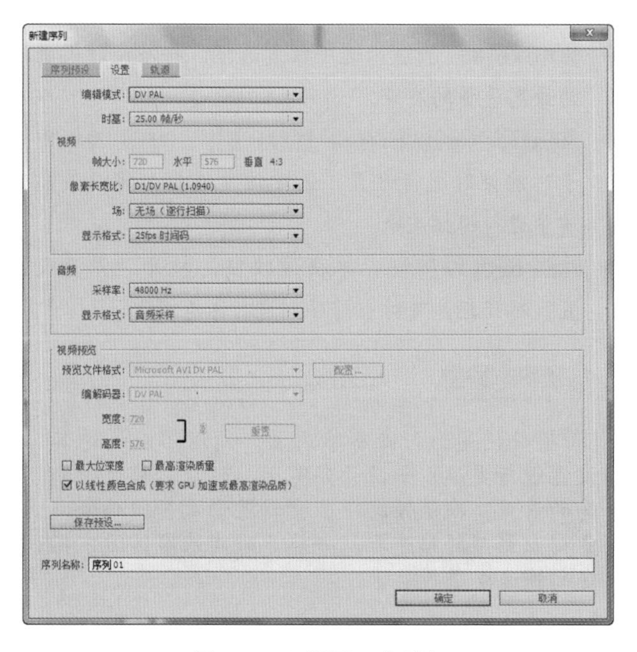

图3-45　“设置”选项卡

知识解析：“设置”选项卡

◆ 编辑模式：编辑模式是由“设置”选项卡中选定的预设所决定的，在其下拉列表中可对编辑模式进行设置，如图3-46所示。

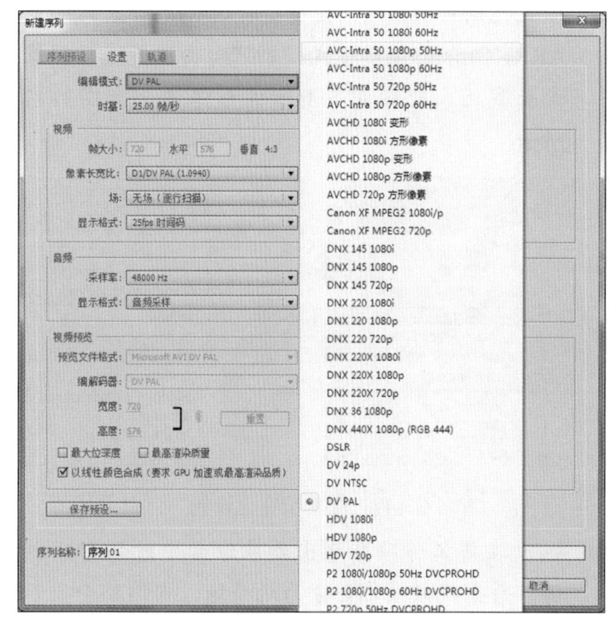

图3-46　编辑模式选项

◆ 时基：时基就是时间基准，其主要决定Premiere划分每秒的视频帧。在大多数项目中，时间基准应该匹配影片的帧速率。一般来说，DV的时间基准应设置为29.97且不能更改；PAL项目则应设置为25；影片项目设置为24；移动设备设置为15。时基设置也决定了“显示格式”中哪个选项可用。“时基”和“显示格式”选项决定了“时间轴”面板中的标尺和标记的位置。

◆ 帧大小：项目的帧大小是以像素为单位的宽度和高度。第一个文本框中的数值代表画面宽度，第二个文本框中的数值代表画面的高度。如果选择了DV预览，则画面大小设置为DV默认值（720×480）。如果使用DV编辑模式，则不能更改项目画面大小。若是使用桌面编辑模式创建的项目，则可以更改画面大小。如果是Web或光盘创建的项目，那么在导出项目时可以降低其画面大小。

◆ 像素长宽比：该设置应用于匹配图像像素的形状，即图像中一个像素的宽与高的比值。在其下拉列表框中，可选择标准屏或宽屏幕，若在“编辑模式”下拉列表框中选择的是DV NTSC编辑模式，则可在0.9和1.2中进行选择。若选择的是ARRI Cinema编辑模式，则可自由进行选择器像素长宽比，此模式多用于方形像素，如图3-47所示。

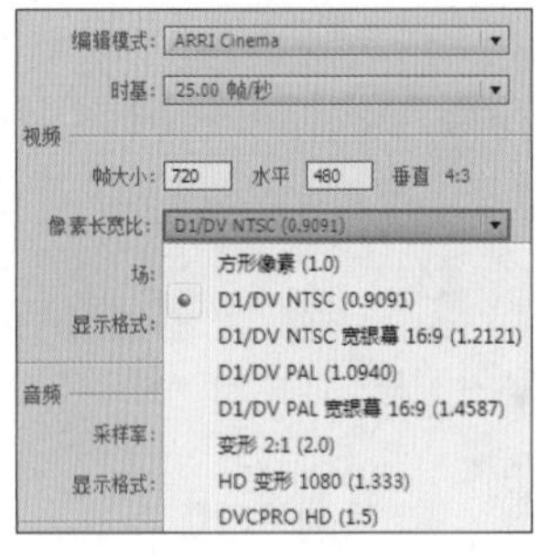

图3-47 像素长宽比设置

◆ 场：在将工作项目导出到录像带中时将会用到场。每个视频帧都会分为两个场，它们都会显示1/60秒。在PAL标准中，每个场会显示1/50秒，在其下拉列表框中可对场进行选择，有“高场优先”和“低场优先”选项，取决于系统期望的场。

◆ 显示格式：在其下拉列表框中可对其显示格式进行设置，有帧、英尺+帧16毫米、英尺+帧35毫米和时间码4种选择。

◆ 采样率：音频采样率决定了音频的品质，采样率越高，其音频品质越高，打开其下拉列表框中可对其需要的音频采样率进行设置，如图3-48所示。

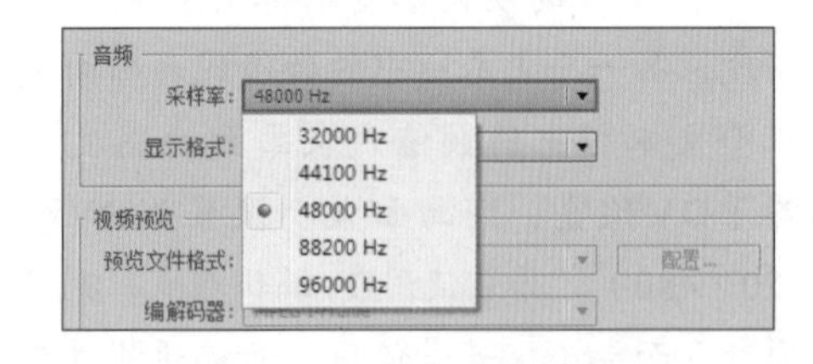

图3-48 选择音频采样率

◆ 视频预览：用于对使用Premiere Pro CC预览时的方式进行设置。该设置中的大多数选项是根据项目编辑模式决定的，因此不可更改。例如，对DV而言，其任何选项都不可更改。如果在“编辑模式”下拉列表框中选择“自定义”编辑模式，则可选择一种文件格式，如图3-49所示。

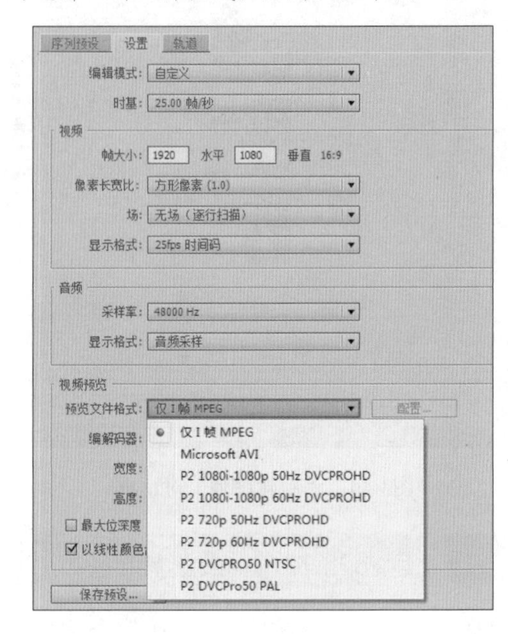

图3-49 预览文件格式设置

◆ 最大位深度 复选框：选中该复选框，可在视频渲染时以最大位深度渲染，但该设置适用于高性能系统。

◆ 最高渲染质量 复选框：选中该复选框，将渲染时设置为最高质量的渲染。

◆ 以线性颜色合成（要求 GPU 加速或最高渲染品质） 复选框：该复选框用于对渲染时进行设置，选中该复选框，将以最高质量进行视频渲染。

◆ 保存预设... 按钮：单击该按钮，打开“保存设置”对话框，可对当前序列进行保存。

技巧秒杀

DV项目使用为行业标准设置，所以不应该对其设置进行更改，如像素高宽比、时基、帧大小和场的设置。默认情况下，素材源影片时间码使用素材源影片的帧速率，并非在时间基准区域中指定的帧速率进行显示。

3.3.4 序列轨道预设

在“新建序列”对话框中，选择“轨道”选项卡，即可对序列轨道进行设置，如视频轨道的数量、音频的声道数量等。在“视频”栏的数值框中可重新对序列的视频轨道数量进行设置；在“音频”栏的“主”音轨下拉列表框中可选择主音轨的类型，单击其下方的“添加轨道”按钮⊞则可增加默认的音频轨道数量，在音频轨道的“轨道名称”文本框中可对轨道进行命名，在“轨道类型”下拉列表框中可以选择音频的类型，在“声像/平衡”栏中拖动滑块或直接在右侧的数值框中输入数值进行音频设置，如图3-50所示。

技巧秒杀

在“轨道”选项卡中对其设置进行更改并不会改变当前时间轴，若是选择“文件”/“新建”/“序列”命令的方式新建序列，则添加到项目中的下一个时间轴将会显示新设置。

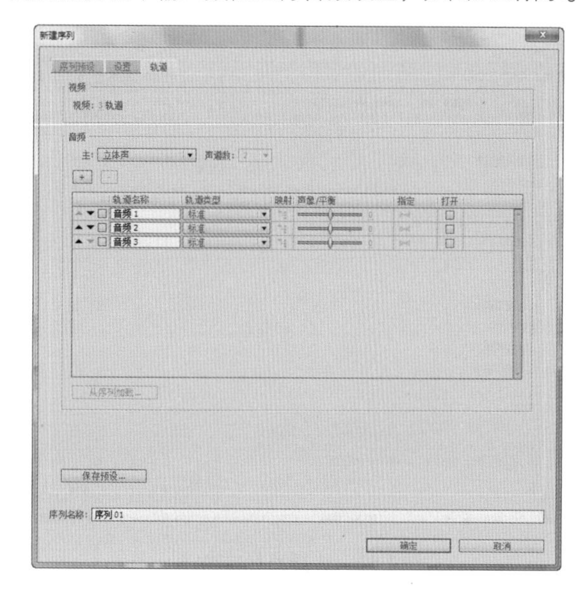

图3-50 序列轨道设置

3.4 项目文件操作

使用Premiere Pro CC制作视频，对项目文件操作的学习是很重要的。在操作中都是通过项目的形式进行视频文件的编辑，视频中所有的文件，如图片、影片、音频和字幕等都包含在项目文件中，因此本节就对项目文件进行讲解。

3.4.1 创建项目文件

在Premiere Pro CC中视频作品都被称为项目，所以制作视频的前提就是创建项目，创建项目文件是必不可少的。启动Premiere Pro CC后，在打开的欢迎界面中单击“新建项目”按钮，即可进行新建项目的操作。

实例操作：新建项目

●光盘\实例演示\第3章\新建项目

本例将通过欢迎屏幕来新建一个“风景”项目，将序列模式设置为“DV-PAL/标准48kHz”，序列名称为“风景01”。

Step 1 ▶ 启动Premiere Pro CC，打开“欢迎使用Adobe Premiere Pro”对话框，单击“新建项目”按钮，打开“新建项目”对话框，如图3-51所示。单击“位置”文本框后的浏览...按钮。

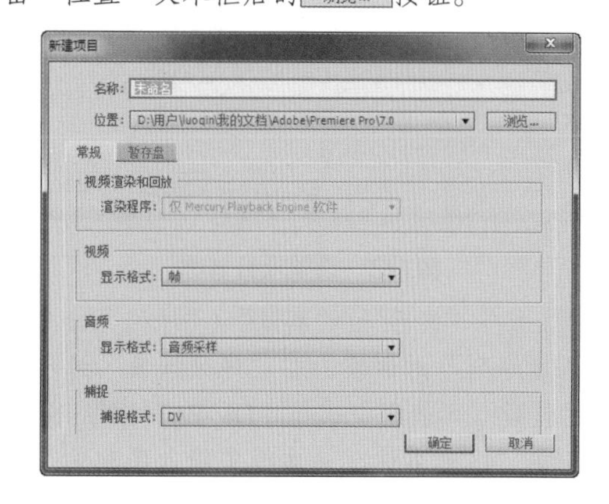

图3-51 “新建项目”对话框

Step 2 在打开的“请选择新项目的目标路径”对话框中选择项目文件的保存位置，完成后单击 选择文件夹 按钮，如图3-52所示。

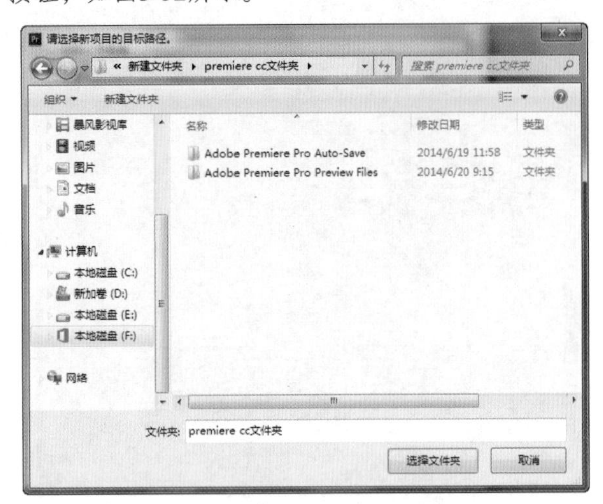

图3-52 选择路径文件夹

Step 3 返回“新建项目”对话框，在“名称”文本框中输入项目的名称为“风景”，单击 确定 按钮，如图3-53所示。

图3-53 设置项目名称

Step 4 选择“文件”/“新建”/“序列”命令，打开“新建序列”对话框，在“序列预设”选项卡的“可用预设”列表框中选择“DV-PAL/标准48kHz”选项，在“序列名称”文本框中输入序列的名称为“风景01”，单击 确定 按钮即可，如图3-54所示。

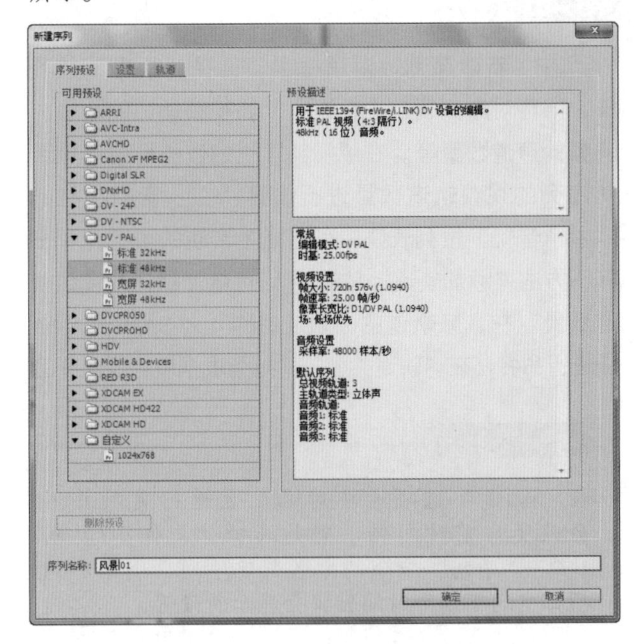

图3-54 设置序列模式和名称

> **技巧秒杀**
> 在Premiere Pro CC中，选择“文件”/“新建”/“项目”命令，也可新建项目文件。

3.4.2 检查项目设置

创建项目后，使用项目设置都将应用于整个项目中。项目创建完成后，其大多数设置将无法进行更改，因此需要对项目进行检查，以免在视频制作时发生错误。

用户在进行项目设置后，可检查更改项目，但只能更改几项设置，可选择“文件”/“项目设置”/“常规”命令，或选择“文件”/“项目设置”/“暂存盘”命令，对其项目进行查看，对需要更改的设置进行更改后单击 确定 按钮即可。

3.4.3 打开项目文件

在Premiere Pro CC中，打开项目的方式有3种，下面就对其打开方式进行讲解。

◆ 双击已存在的文件打开：双击已存在的Premiere Pro项目文件，系统会自动与软件进行关联，并打开该项目文件。

◆ 通过欢迎界面打开：启动Premiere Pro CC后，在打开的欢迎界面中单击“打开项目”按钮，在打开的“打开项目”对话框中选择需要打开的项目即可。

◆ 通过菜单命令打开：启动Premiere Pro CC后，选择“文件”/“打开项目”命令或按Ctrl+O快捷键，在打开“打开项目”的对话框中选择需要的项目文件，如图3-55所示。

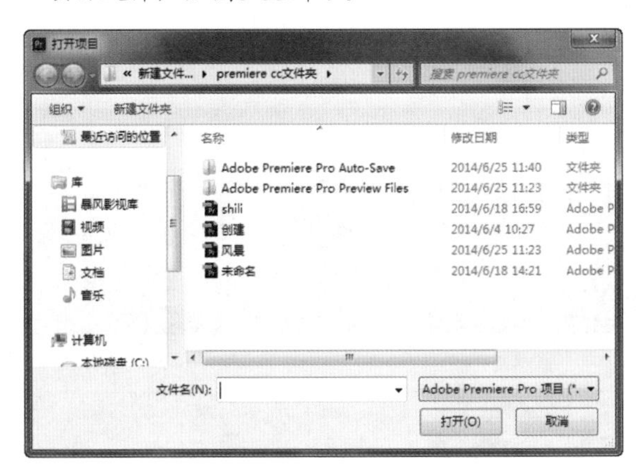

图3-55　打开项目文件

3.4.4 保存项目文件

在Premiere Pro CC中制作和编辑视频后，必须要对项目文件进行保存，便于以后再次进行操作，保存项目文件的方法有以下3种，下面就对其进行讲解。

◆ 通过菜单命令保存：选择“文件”/“存储”命令或按Ctrl+S快捷键可直接保存文件。

◆ 选择“另存为”命令保存：选择“文件”/“另存为”命令，在打开的“保存项目”对话框中选择文件保存的位置，单击 保存(S) 按钮即可。

◆ 选择“保存副本”命令保存：选择“文件”/“保存副本”命令，打开“保存项目”对话框，在其中设置文件保存的位置和名称后，单击 保存(S) 按钮可将文件以副本形式保存，如图3-56所示。

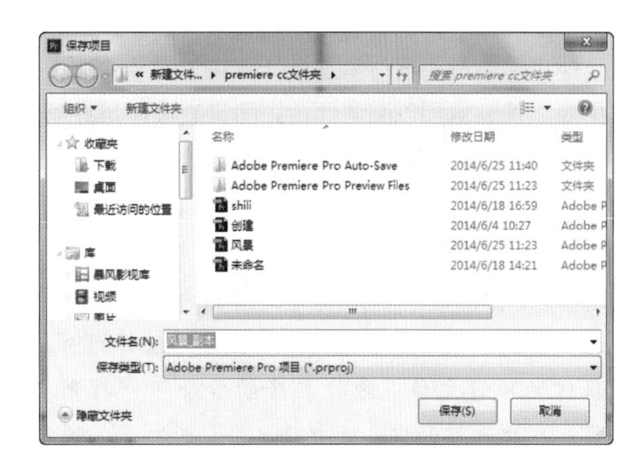

图3-56　保存项目文件

技巧秒杀

Premiere Pro项目文件所占的系统资源较大，用户需要制作或编辑较大的项目文件时，一定要及时保存项目，以免软件出现故障而造成损失。

3.4.5 撤销与重做操作

在制作视频过程中，用户不小心操作错误时，也不用担心，Premiere Pro CC提供了“撤销”与“重做”命令。

在进行视频或音频编辑时，若用户进行了错误的操作或对其操作不满意，选择“编辑”/“撤销”命令或按Ctrl+Z快捷键，可将当前操作撤销。如果连续选择此命令，则可连续撤销之前进行的多步操作。

若用户想取消撤销操作，可选择“编辑”/“重做”命令或按Ctrl+Y快捷键，如撤销将一个素材的删除操作，选择“编辑”/“撤销”命令或按Ctrl+Z快捷键撤销其删除操作，若用户还想将其素材删除，则只需选择“编辑”/“重做”命令或按Ctrl+Y快捷键即可。

3.4.6 将项目移至其他计算机

要将项目移至另一台计算机以继续进行编辑，需要将项目的所有资源的副本以及项目文件移至另一台计算机上。资源应保留其文件名和文件夹位置，以便Premiere Pro CC能自动找到它们并将其重新链接到项

目的相应剪辑中，同时确保用户在第一台计算机上对项目使用的编解码器与第二台计算机上安装的编解码器相同。保证达到以上条件后，即可直接使用复制与粘贴文件的方法对项目文件进行移动。

技巧秒杀

选择“文件”/“打开最近使用的内容”命令，在弹出的子菜单中可看到用户最近一段时间内编辑过的项目文件，选择相应的命令即可打开项目。在欢迎界面中也可直接单击最近打开的项目进行操作。

3.4.7 关闭项目文件

视频制作完后，若需要将该项目关闭，但是又并不关闭软件，可直接选择“文件”/“关闭项目”命令，如图3-57所示。

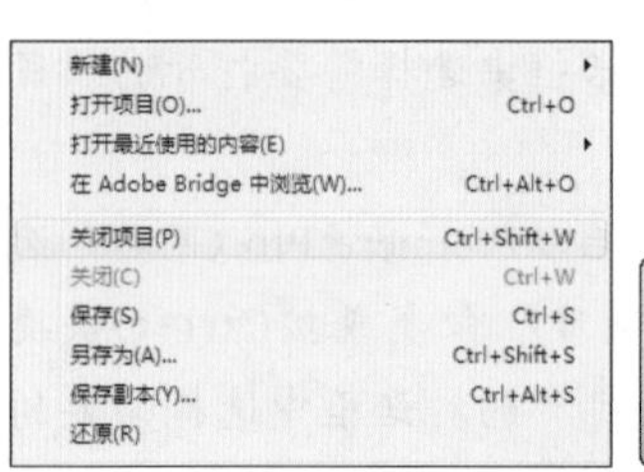

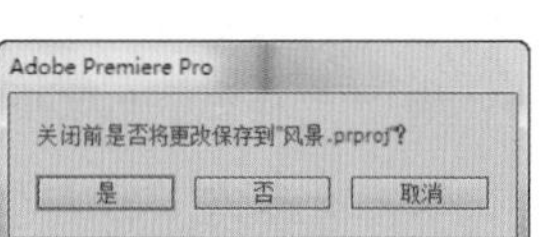

图3-57　关闭项目文件

3.5 序列和轨道的操作

序列也是项目文件的一部分，在项目文件中可以包含一个或多个序列，而序列中包含的内容则是用户最终输出的影片。“时间轴”面板中包含了多个序列面板，而序列则是由轨道组成轨道，用户在编辑视频时，需要将素材拖动到相应的轨道中才能进行操作，因此熟练掌握轨道的操作是至关重要的。

3.5.1 创建序列

在新建项目文件时，系统会默认新建一个序列，如果在视频编辑的过程中需要多个序列，再进行添加即可。选择“文件”/“新建”/“序列”命令，打开“新建序列”对话框，在其中选择序列预设并设置序列的名称后单击 确定 按钮即可。

实例操作：新建并保存序列预设

● 光盘\实例演示\第3章\新建并保存序列预设

本例将在“新建序列”对话框中新建一个序列，在其中选择序列预设并设置序列的名称，并将其保存。

Step 1 在Premiere Pro CC中选择“文件”/“新建”/“序列”命令，打开“新建序列”对话框，如图3-58所示。

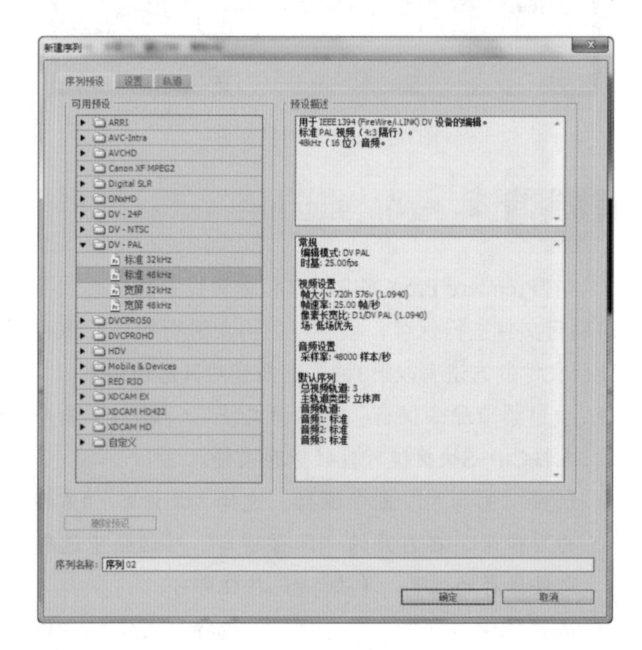

图3-58　“新建序列”对话框

Step 2 选择“设置”选项卡，在“编辑模式”下拉列表框中选择“自定义”选项，在“视频”栏的“帧大小”和“水平”文本框中输入自定义的画面大小，在“像素长宽比”下拉列表框中选择像素的宽高比，然后在“场”下拉列表框中选择“无场（逐行扫描）”选项。在“音频”栏的“采样率”和“显示格式”下拉列表框中进行设置，并对视频预览的格式进行设置，如图3-59所示。

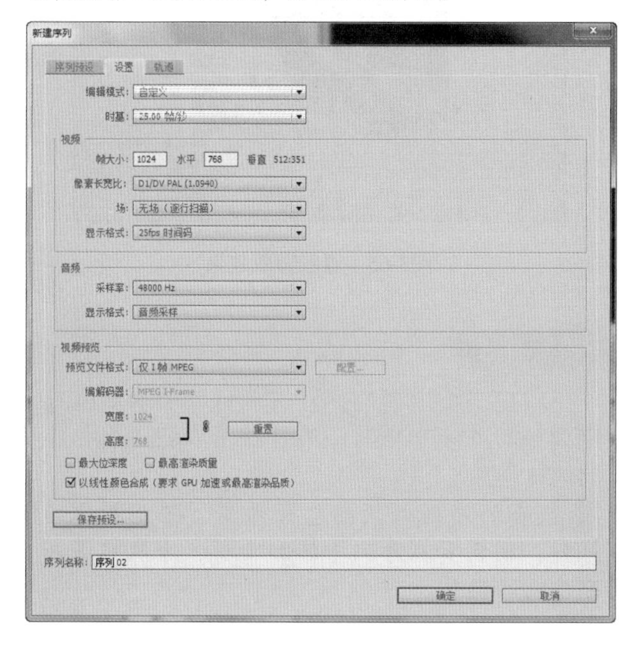

图3-59　设置新建序列

Step 3 ▶ 单击 保存预设... 按钮，打开“保存设置”对话框，在“名称”文本框中输入序列预设的名称，在“描述”文本框中输入对应的描述，如图3-60所示。

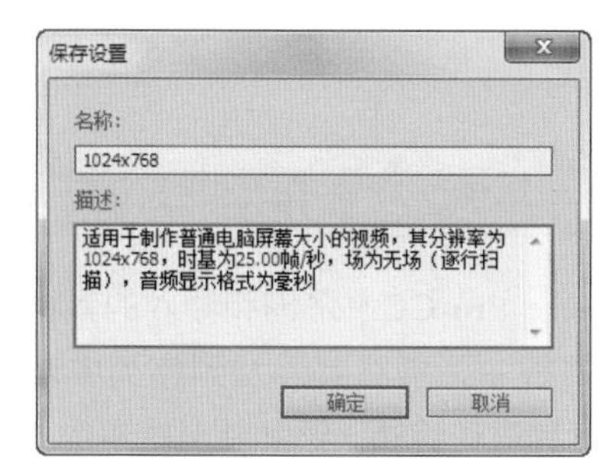

图3-60　保存序列预设

Step 4 ▶ 单击 确定 按钮，返回“新建序列”对话框，选择“序列预设”选项卡，在“可用预设”列表框的“自定义”选项中可对新建的预设进行查看，如图3-61所示。选择用户自定义的选项，在对话框下单击 删除预设 按钮可删除自定义的预设。

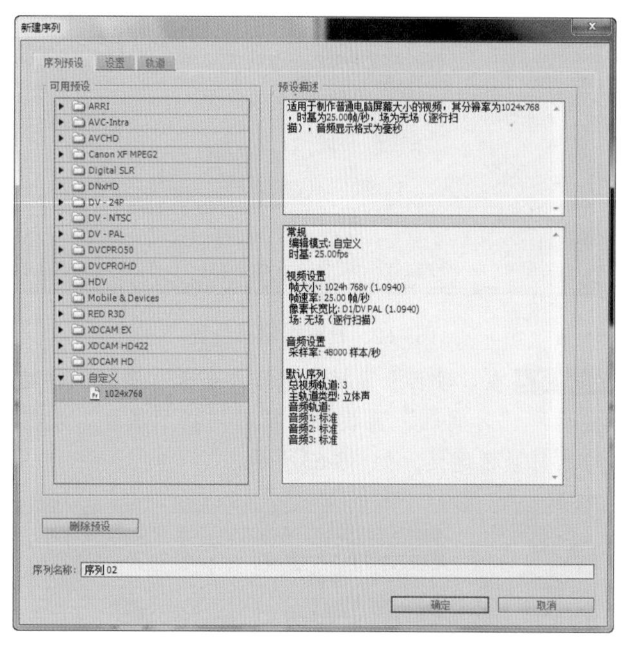

图3-61　查看新建序列

3.5.2 嵌套序列

用户在制作视频时会遇到内容较多且项目中包含较多素材的情况，此时可通过嵌套序列的方法来制作，便于对序列进行重复使用。在“时间轴”面板中将一个序列与另一个序列进行嵌套时，前一个序列可以使用嵌套序列中的所有素材和效果，也可以对其进行修整并更改时间轴中对其应用的切换效果。

实例操作：序列的嵌套

- 光盘\素材\第3章\繁星点点.prproj
- 光盘\实例演示\第3章\序列的嵌套

本例将打开“繁星点点.prproj”项目，将其中的“星空”序列嵌套到“陨落”序列中，并对序列添加“旋转”特效。

Step 1 ▶ 双击“繁星点点.prproj”项目，启动Premiere Pro CC并打开项目文件。在“项目”面板中选择“星空”序列，将其拖动至“时间轴”面板中，选择“星空”选项卡，打开该序列，然后将当前时间指示器拖动到素材的结尾处，如图3-62所示。

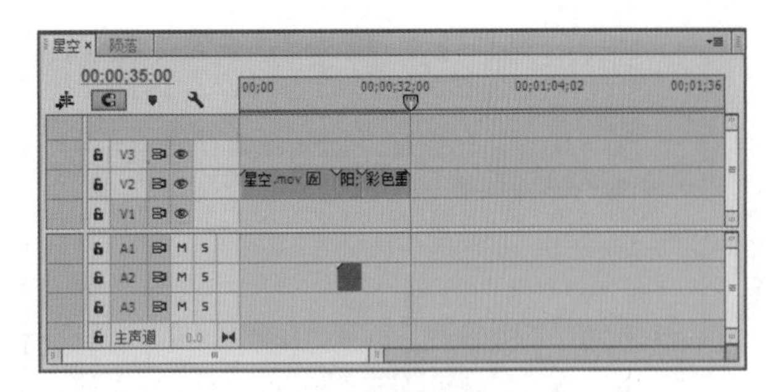

图3-62 设置指示器位置

Step 2 ▶ 在“项目”面板中选择“陨落”序列，将其拖动到“时间轴”面板的当前时间指示器处，使其与素材紧密连接，如图3-63所示。

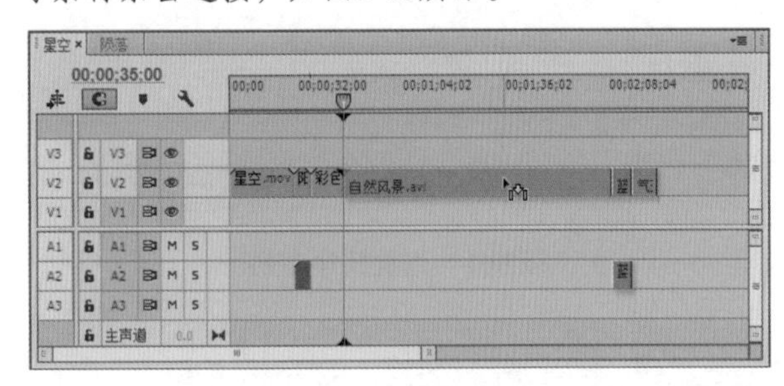

图3-63 嵌套序列

Step 3 ▶ 此时“陨落”序列被嵌套在“星空”之后，然后在“效果”面板中依次展开“视频过渡”“3D运动”前的三角形按钮▷，选择“旋转”切换效果，将其拖动到“星空”与“陨落”序列之间，如图3-64所示。

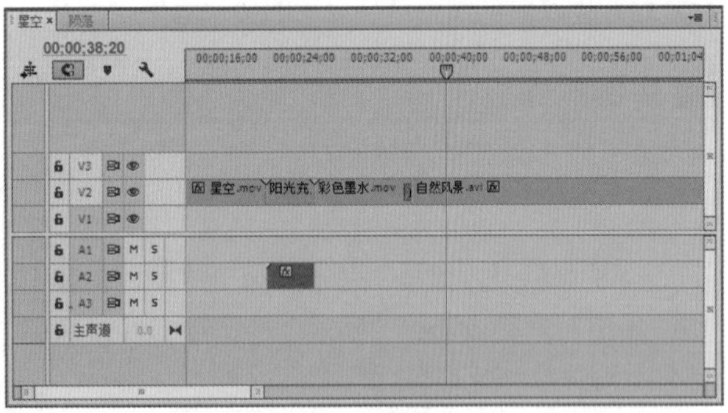

图3-64 添加特效

Step 4 ▶ 添加特效后，将当前时间指示器定位到影片开始处，按空格键即可在“节目监视器”面板中查看嵌套序列后的效果，如图3-65所示。

图3-65 查看特效效果

?答疑解惑：

新建一个序列后，在“项目”面板中拖动序列到其他序列中时，为什么不能完成嵌套序列的操作呢？

嵌套的序列必须要包含内容，若是新建的序列，则需要在序列中添加素材，才能完成嵌套序列的操作。

技巧秒杀

在项目文件中可以嵌套多个序列，嵌套后可以对源序列进行编辑或修改操作，当对源序列进行编辑或修改后，嵌套的序列将会同步进行修改。

3.5.3 将素材添加到轨道

Premiere Pro CC中采集和导入的素材都将置于“项目”面板中，需将其添加到序列中对应的轨道上，才可对其进行编辑。添加其至轨道的方法是：在“项目”面板中选择需要添加的素材，按住鼠标不放，直接将其拖动到需要添加的轨道上，当鼠标光标变为形状时释放鼠标即可，如图3-66所示。当用户添加了需要的素材至轨道后，可按空格键播放当前序列中所有轨道的内容。

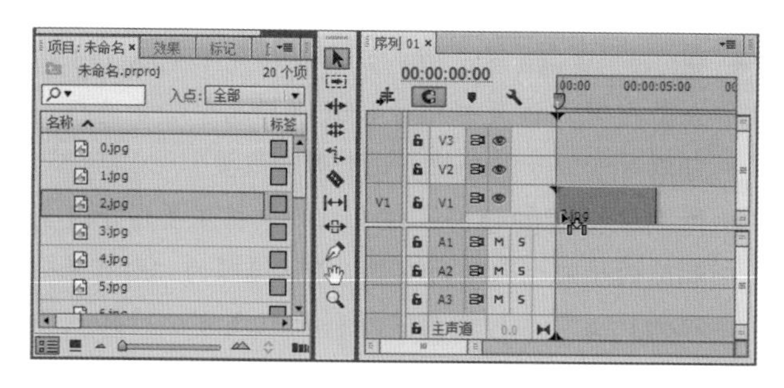

图3-66　将素材添加到轨道

3.5.4 添加轨道的数量

在序列中系统默认存在3个视频轨道、3个音频轨道和1个主音频轨道，但在视频制作的过程中，可能会出现轨道不够用的情况，因此可根据需要进行轨道的添加。

实例操作：添加视频和音频轨道

● 光盘\实例演示\第3章\添加视频和音频轨道

本例将讲解在Premiere Pro CC中添加视频和音频轨道的数量，使其包含6条视频轨道和4条音频轨道以及1条主音频轨道。

Step 1 ▶ 新建或打开一个Premiere Pro CC项目文件，在“时间轴”面板的轨道名称前的空白处右击，在弹出的快捷菜单中选择“添加轨道”命令，如图3-67所示。

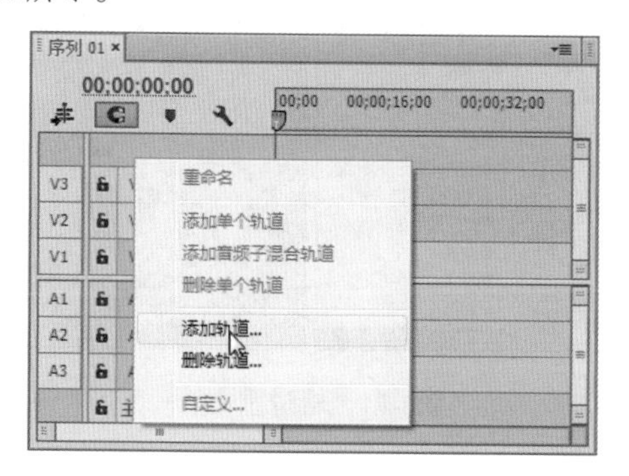

图3-67　选择“添加轨道”命令

Step 2 ▶ 打开“添加轨道”对话框，在“视频轨道”栏的“添加”数值框中输入需要添加的轨道数量3，在“音频轨道”栏的“添加”数值框中输入需要添加的轨道数量1，然后在“放置”下拉列表框中选择“音频1之后”选项，在“轨道类型”下拉列表框中选择“单声道”选项，如图3-68所示。

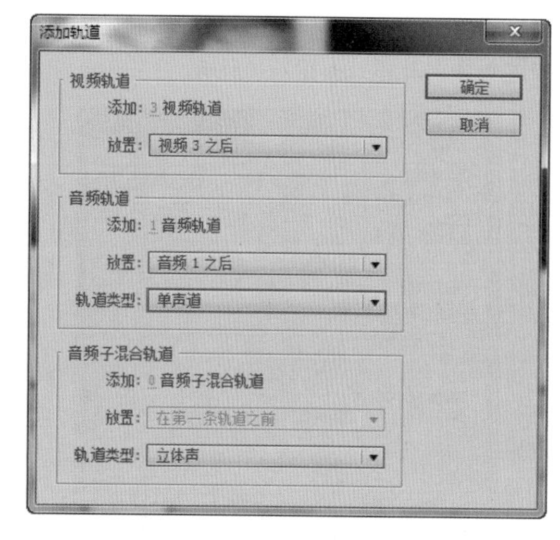

图3-68　添加音频和视频轨道

Step 3 ▶ 单击 确定 按钮，返回Premiere Pro CC的工作界面，即可查看添加的视频和音频轨道的前后效果，如图3-69所示。

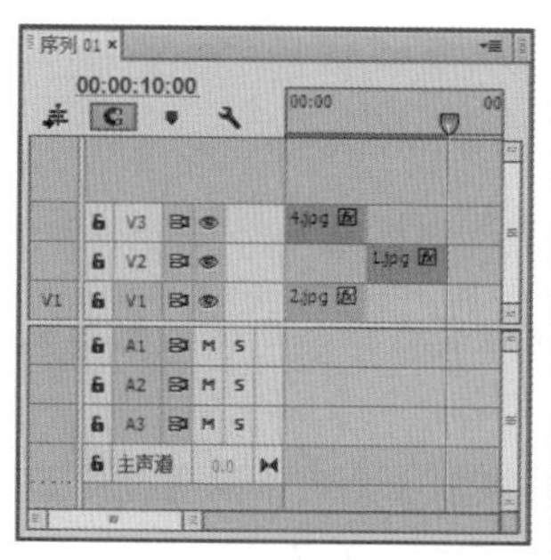

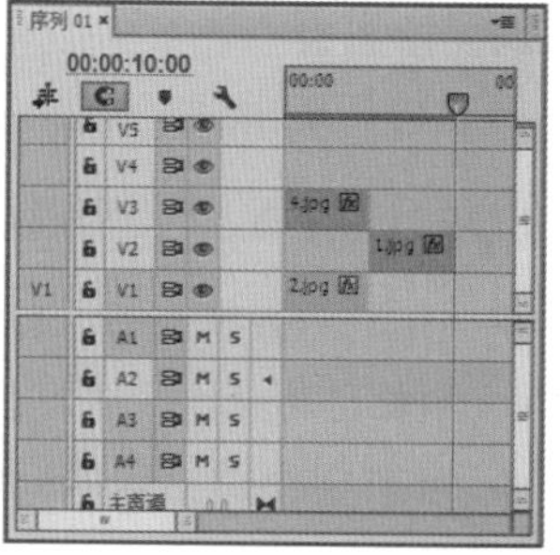

图3-69　添加视频和音频前后效果

3.5.5 删除轨道

在项目文件中制作视频时，若轨道中有较多的空白轨道，可将空白轨道删除，以减少项目文件的大小，避免引起错误的操作。删除轨道有两种方法：一种是删除当前选择的轨道；另一种是选择需要删除的轨道。下面就对其进行详细的讲解。

◆ **删除当前选择轨道的方法：**在需要删除的轨道

名称前的空白处右击，在弹出的快捷菜单中选择“删除单个轨道”命令即可。

◆ 选择需要删除的轨道的方法：在任意轨道名称的空白处右击，在弹出的快捷菜单中选择“删除轨道”命令，打开“删除轨道”对话框，在其中可设置删除的轨道，如图3-70所示。

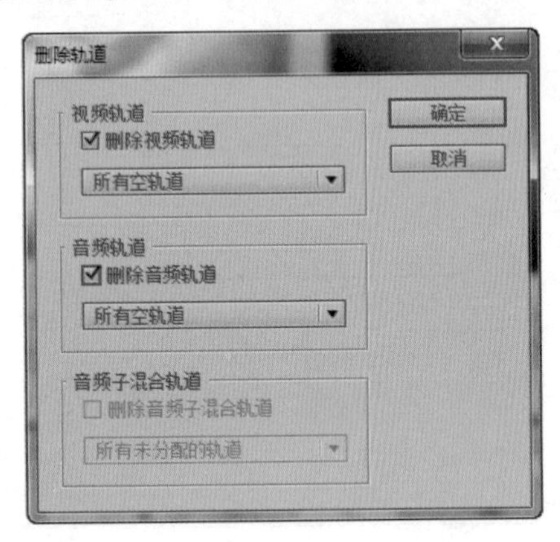

图3-70 “删除轨道”对话框

技巧秒杀

在Premiere Pro CC的菜单栏中选择“序列”/“添加轨道”命令可进行轨道的添加，最多可添加999条轨道。

知识解析：“删除轨道”对话框

◆ 删除视频轨道复选框：选中该复选框，可进行删除视频轨道的操作。

◆ 所有空轨道：该下拉列表框主要用于设置删除的视频轨道的类型，默认选项为“所有空轨道”，打开其下拉列表框，还可选择序列中包含的其他轨道选项，如“轨道1”“轨道2”“轨道3”等。

◆ 删除音频轨道复选框：选中该复选框，可进行删除音频轨道的设置。

技巧秒杀

选择“序列”/“删除轨道”命令同样可以进行删除轨道的操作。另外在“时间轴”面板中删除轨道时，要保证项目文件中至少有一条视频轨道和一条音频轨道。

◆ 删除音频子混合轨道复选框：只有在序列中包括了子混合轨道时，该复选框才被激活。选中该复选框，可以对音频子混合轨道进行删除设置。

◆ 所有未分配的轨道：该下拉列表框主要用于设置删除的子混合轨道的类型，默认选项为“所有未分配的轨道”，打开其下拉列表框还可选择序列中包含的选项，如“子混合1”“子混合2”等。

技巧秒杀

在“删除轨道”对话框中选中删除视频轨道和删除音频轨道复选框，并且保持“所有空轨道”的下拉列表框中都选择“所有空轨道”选项，单击确定按钮可一次删除所有的空白轨道。

3.5.6 重命名轨道

“时间轴”面板中的轨道名称都是系统默认的，在视频制作过程中，为了方便用户进行查看，可根据需要设置为符合的名称。

为轨道重命名的方法是：选择需要重命名的轨道，在名称前的空白处右击，在弹出的快捷菜单中选择“重命名”命令，轨道名称变为可编辑状态，重新输入新的名称后按Enter键即可，如图3-71所示。

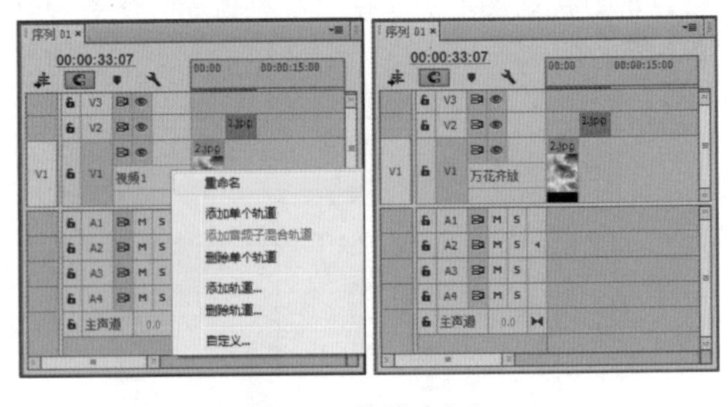

图3-71 轨道重命名

读书笔记

技巧秒杀

在“时间轴”面板中右击不同的位置，也可选择并执行相应的一些命令，如图3-72所示为右击不同位置而弹出不同的命令。

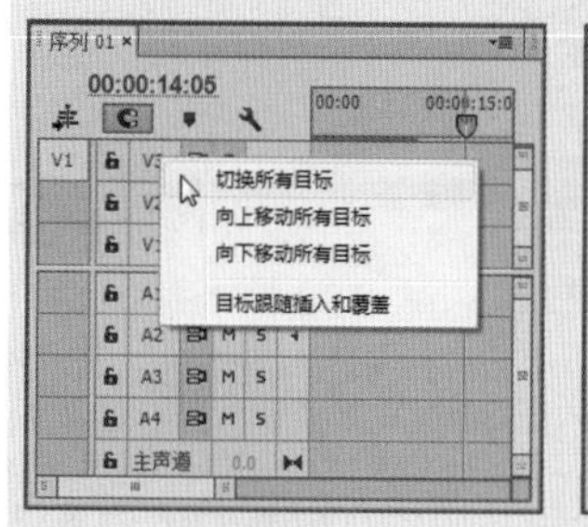

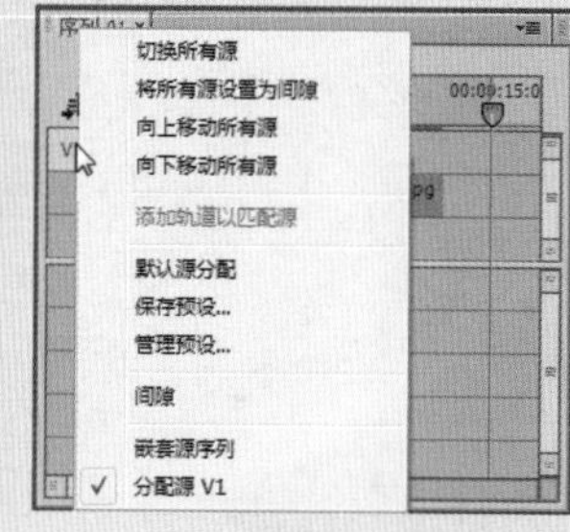

图3-72　右击不同位置弹出的命令

3.5.7 锁定与解锁轨道

在制作视频时，可对当前不需要进行操作的轨道进行锁定操作，可避免轨道选择错误而导致视频制作错误，当需要进行操作时将其解锁，有利于工作效率的提高。

锁定轨道的方法很简单，选择需要锁定的轨道，单击前方的“切换轨道锁定”按钮，此时按钮变成状态，表示轨道将被锁定而无法进行操作，如图3-73所示。

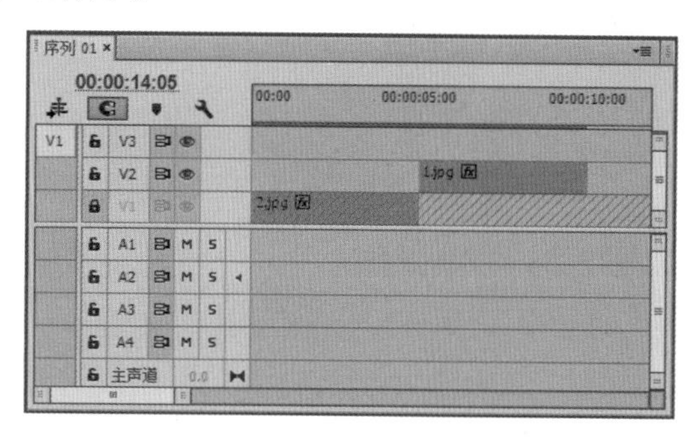

图3-73　锁定轨道

锁定轨道后，在需要进行操作时，将其解锁即可，解锁的方法也很简单，再次单击“切换轨道锁定”按钮，轨道将被解锁，变为可编辑的状态，此时该按钮又恢复至初始状态。

知识大爆炸——视频制作的方法

在Premiere Pro CC中进行视频编辑时，需要将视频、音频、序列图片和静态影片导入“项目”面板，然后再将其拖到“时间轴”面板的不同轨道中进行编辑。如果正在制作的是一个很大的项目，其中包含了许多元素，可以先对制作的方案进行规划（如项目的位置、项目中包含的元素和编辑的方法等），然后再进行制作，这样可缩短制作的时间。对于刚开始学习使用Premiere Pro CC制作视频的用户来说，则可以在Premiere Pro CC中导入一些较为短小的素材进行练习，以掌握Premiere Pro CC的操作方法为主。待操作熟练后，就可以按照视频制作的流程进行视频的制作。

读书笔记

01 02 03 04 05 06 07 08 09 10 11 12 13 14 ……

视频和音频的采集

本章导读

素材是制作视频最基本的元素，对视频的质量也是影响最大的。Premiere Pro CC中的素材来源于两方面，一方面是采集素材，另一方面是导入素材。本章就对素材采集的基础知识、采集时需要注意的问题和采集的方式等知识进行讲解。

4.1 素材采集的基础知识

在进行素材采集前，应该意识到影片的品质取决于数字化设备的复杂程度和采集素材所使用的硬盘驱动速度。还应对Premiere Pro CC支持的音频采样率、使用压缩音频的格式和采集前该做的准备工作有所了解。

4.1.1 使用压缩音频格式

在采集或导入音频素材时，首先应该认识到，不同的数字音频设置一般采用不同的音频文件格式，常见的音频格式有WAV、MP3、WMA和RealAudio等格式。

- WAV格式：WAV是微软公司开发的一种多媒体音频格式，通过采样位数、采样频率和声道数来表示声音，其采样频率一般有11025Hz、22050Hz和44100Hz这3种；声道则分为单声道和立体声。WAV格式的音质出色，但文件体积较大，其容量计算方法为：（采样频率×采样位数×声道）×时间/8（1字节=8bit）。
- MP3格式：MP3（Moving Picture Experts Group Audio Layer III）的全称是动态影像专家压缩标准音频层面3，是一种音频压缩技术，它主要用于降低音频数据量，将音乐以1:10或1:12 的压缩率压缩为容量较小的文件，并且尽量保持音乐文件的音质没有明显降低，具有音质好、文件尺寸小的特点。
- WMA格式：WMA（Windows Media Audio）是微软公司开发的一种用于网络的音频格式。WMA格式的压缩比（一般可达到1:18）和音质都比MP3和RealAudio好，能在减少数据流量的同时保持音质的效果，即使在较低的采样频率下也能拥有较好的音质。
- RealAudio：RealAudio（即时播音系统）是一种新型流式音频（Streaming Audio）文件格式，主要适用于网络上的在线播放。其文件格式主要有RA（RealAudio）、RM（RealMedia、RealAudio G2）和RMX（RealAudio Secured）3种。

4.1.2 支持的音频采样率

在数字声音中，采样率决定着数字波形的频率，大多数摄像机在录制声音时都使用32kHz的采样率，每秒录制32000个样本。采样率越高，声音的再现频率范围也就越大。

需要进行再现特定频率，通常应该使用双倍频率的采样率进行声音采样。若要再现人们可以听到的20000kHz的最高频率，所需要的采样率至少为每秒录制40000个样本（CD是以44100Hz的采样率进行录制的）。

声音的位深越大，其采样率越高，声音文件也会越大。若声音文件非常大，用户就应该对声音的大小进行估算，可通过位深乘以采样率来估算声音文件的大小。如采样率为44100Hz的16位单声道音轨（16bit×44100），每秒钟生成705600位（每秒88200个字节），即每分钟5MB多。立体声素材的大小为此大小的两倍。

在Premiere Pro CC中进行音频处理时，应结合应用程序Adobe Audition。而用户可以使用Premiere Pro CC的一些音频特效改变声音或微调声音的特定频率范围，如图4-1所示为Adobe Audition录制的一个频谱。

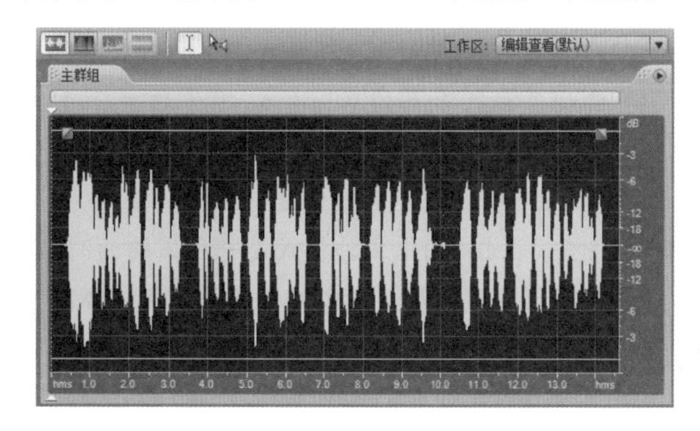

图4-1 Adobe Audition频谱

4.1.3 支持的常见图片格式

图片是Premiere Pro CC中使用得较为频繁的素材之一，适用于任何项目中。在Premiere Pro CC中支持的图片格式主要有PSD、TIFF、BMP、GIF、PNG和AI等格式，下面分别进行介绍。

- PSD格式：PSD图像文件格式是Photoshop软件的专用格式，其后缀名为.psd和.pdd。这种格式能支持全部图像的颜色模式，能保存图像中的图层、通道和蒙版等数据信息。在Premiere中也会经常导入Photoshop格式的图像文件，更便于创建动态效果。但这种图像文件在存储时，容量特别大，会占用较多的磁盘空间，如图4-2所示。

图4-2 PSD图层文件

- TIFF格式：TIFF图像文件格式是一种灵活的位图图像格式，几乎所有的绘画、图像编辑和页面排版应用程序都支持该格式。其后缀名通常包括.tif和.tiff。TIFF图像文件格式能支持RGB、CMYK、Lab、位图和灰度等多种色彩模式，还能支持Alpha通道的使用，使用范围十分广泛，但其兼容性较差。
- BMP格式：BMP图像文件格式是DOS和Windows兼容计算机上的标准Windows图像格式，支持RGB、索引颜色、灰度和位图颜色模式，常用于视频输出和演示，存储时可进行无损压缩。
- GIF格式：GIF图像文件格式是一种压缩的8位图像文件，多用于显示超文本标记语言（HTML）文档中的索引颜色图形和图像，是一种使用LZW压缩的格式。常用于网络传输，可指定透明的区域，以使图像与页面背景进行融合。GIF也是目前最为常用的一种动态图像的格式，在Premiere中既可以导入静态的GIF图像，也能导入动态的GIF图像，如图4-3所示。
- PNG格式：PNG图像文件格式是一种便携网络图形格式，是作为GIF的无专利替代品开发的，常用于无损压缩和显示Web上的图像。与GIF不同的是，PNG图像文件格式支持24位图像并能产生无锯齿状边缘的背景透明度，如图4-4所示。

图4-3 GIF图像文件格式　　图4-4 PNG图像文件格式

- AI格式：AI（Adobe Illustrator）图像文件格式是Adobe公司的Illustrator软件的输出格式，它是一种矢量图形文件，与PSD图像文件格式相同的是，AI也是一种分层文件，每个对象都是独立的，具有各自的属性（如大小、形状、轮廓、颜色和位置等）。AI图像文件格式可以在任何尺寸大小下按最高分辨率输出，其兼容性高，可以在CorelDRAW中打开，也可以将CDR格式的文件导出为AI格式。

4.1.4 支持的常见视频格式

目前的视频格式多种多样，只要在计算机中安装了各种视频格式的解码器，能正常读取视频文件，都可以在Premiere Pro CC中使用。目前较为常用的视频格式有AVI、MPEG、FLV、WMV和QuickTime等，下面分别进行介绍。

- AVI格式：AVI（Audio Video Interleave）格式是一种专门为微软Windows环境设计的数字视频文件格式，其扩展名为avi。可以将视频和音频编码混合在一起进行存储，具有兼容性好、图像质量高和调用方便等特点，但其占用的空间较大。

◆ MPEG格式：MPEG（Moving Picture Experts Group）格式是一个国际标准化组织（ISO）认可的媒体封装形式，其存储方式多样，可以适应不同的应用环境。包括MPEG-1、MPEG-2和MPEG-4这3种格式。

◆ FLV格式：FLV（Flash Video）视频文件格式，是一种流行的网络视频封装格式，具有文件小、加载速度快、CPU占有率低、视频质量好等特点，是目前增长最快、最为广泛的网络视频传播格式。

◆ WMV格式：WMV（Windows Media Video）视频文件格式是微软公司开发的一组数字视频编解码格式的统称，在同等视频质量下，WMV格式的文件可以边下载边播放，很适合在网上播放和传输。该文件一般同时包含视频和音频部分，视频部分使用Windows Media Video编码，音频部分则使用Windows Media Audio编码。

◆ QuickTime格式：QuickTime（MOV）格式是苹果公司开发的一种视频格式，能够处理许多数字视频、媒体段落、音效、文字、动画和音乐格式，在图像质量和文件尺寸的处理上具有很好的平衡性。QuickTime文件格式支持25位彩色，具有跨平台、存储空间小等特点，无论是在本地还是在网络中播放都非常合适。

技巧秒杀

虽然Premiere Pro CC支持大部分的主流视频文件格式，但RMV和RMVB格式的视频文件是无法导入Premiere Pro CC中的。

4.1.5 其他支持的格式

除了以上常见的一些图片和视频文件格式外，还有一些使用较少的格式。下面分别进行介绍。

◆ PCX格式：PCX格式是ZSOFT公司开发的Paintbrush图像处理软件所支持的图像格式，是基于PC绘图程序的专用位图格式。PCX支持24位色彩（但不支持CMYK或HSI颜色模式），图像大小可达64K×64K像素。

◆ PIC格式：PIC格式是用于Macintosh Quick Draw图片的格式，其全称为QuickDraw Picture Format。原本是运行在苹果机上的，将其使用在PC机上后，能与其他软件进行兼容。

◆ FLM格式：FLM格式是Premiere Pro CC的一种输出格式，能将视频片段输出成一个长的竖条，竖条由独立方格组成，每一格即为一帧。每帧的左下角为时间编码，右下角为帧的编号。可以在Photoshop中对其进行处理，但是不能改变FLM文件的尺寸大小，否则将不能保存为FLM格式以被Premiere Pro CC使用。

◆ FLC格式：FLC格式是Autodesk公司的动画文件格式，是一个8位动画文件，其尺寸大小可任意设定。该格式的每一帧都是一个GIF图像，但所有的图像都共用同一个调色板。

◆ ASF格式：是微软公司开发的一种可以直接在网络中观看视频的流媒体文件压缩格式，可实现一边下载，一边播放的效果。采用MPEG-4的压缩技术，其压缩率和图像质量都相当不错。

◆ DIVX格式：是一种新型视频压缩格式，采用MPEG-4的压缩技术，可以在对文件尺寸进行高度压缩的同时，保持清晰的图像质量，使用该技术来制作VCD，能得到与DVD画质相似的视频效果。

◆ MP4格式：是美国网络技术公司（GMO）和RAA联合发布的一种音乐格式，采用了保护版权的编码技术，只有特定用户能进行播放。

◆ MIDI格式：其全称为Musical Instrument Digital Interface，是数字音乐电子合成乐器的国际统一标准。其又称为乐器数字接口，规定了不同厂商的电子乐器与计算机连接的线缆、硬件和设备数据传输的协议，可以模拟多种乐器的声音。

◆ MOD格式：是一种类似波表的音乐格式，其结构类似于MIDI，使用真实采样，体积很小，可以包含很多音轨，而且格式众多，如S3M、NST、669、MTM、XM、IT、XT和RT等。

4.1.6 采集前的准备工作

在进行采集前，要先对计算机进行清理，保证系统有足够的空间进行采集，以及对时间码的校正，保证视频顺畅，没有间断。

1. 释放系统资源

Premiere Pro CC自身所占的内存空间是比较大的，在连接视频设备进行采集时，占用的内存空间将更多，此时就需要释放系统中的资源，为采集提供更多的空间，释放系统资源的方法有3种。

- **关闭闲置程序**：关闭任务栏中不需使用的应用程序，如图像处理软件、杀毒程序、Office软件等。
- **关闭未在系统任务栏运行的程序**：在“Windows任务管理器”窗口中查看正在运行的程序，关闭没有在系统任务栏中显示的程序，尽量减少正在运行的程序。除了运行系统必要的程序外，最好只保留Premiere Pro CC和Windows任务管理器。
- **重启计算机**：重新启动计算机释放资源。

2. 释放磁盘空间

在采集前，可将不常用的资料和文件备份到其他光盘或存储设备中，以对磁盘进行清理，释放磁盘占用的空间，对磁盘性能进行优化，可保证采集视频时有足够大的磁盘空间。

在“开始”菜单中选择“开始”/“所有程序”/“附件”/“系统工具”/“磁盘清理”命令，打开“磁盘清理:驱动器选择”对话框，在“驱动器”下拉列表框中选择需要清理的磁盘为本地磁盘（C:），单击 确定 按钮，如图4-5所示。

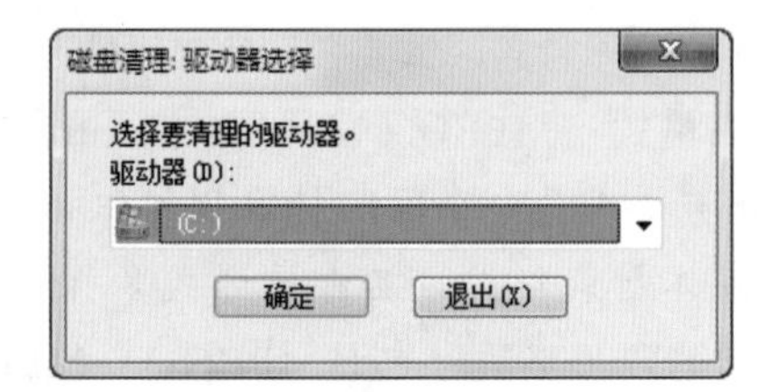

图4-5 “磁盘清理:驱动器选择”对话框

系统将自动扫描选择的磁盘空间，并打开“(C:)的磁盘清理”对话框，在“要删除的文件”栏中选中需要清理的项目文件前的复选框，单击 确定 按钮，在打开的提示对话框中单击 删除文件 按钮，系统将自动进行清理并关闭对话框，如图4-6所示。

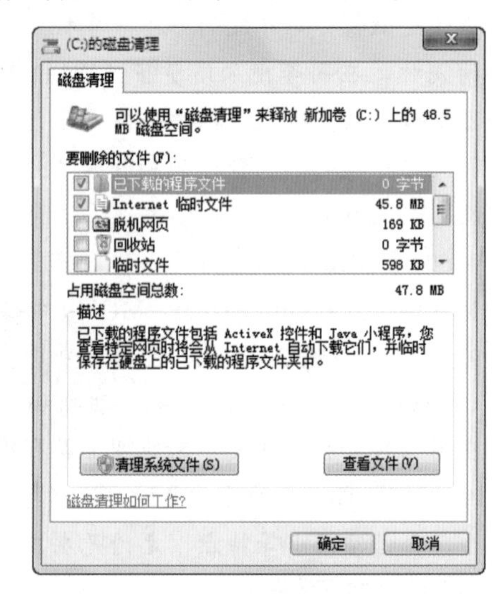

图4-6 选择清理的文件

技巧秒杀

进行采集前，还可以选择“开始”/“所有程序”/“附件”/“系统工具”/“磁盘碎片整理程序”命令，在打开的对话框中按提示对磁盘碎片进行整理，以提高硬盘的运行速度。

3. 优化系统

采集素材的操作是一项很耗费空间的工作，因此用户还可利用一些软件对系统进行优化，如360安全卫士、优化大师等，提高计算机的运行速度和工作效率，保证采集过程中能空间充沛。

4. 校正时间码

为了更好地采集影片并控制采集设备，可以对影片的时间码进行校正，查看影片的长短、清晰度和大小，便于对采集进行规划。校正时间码的方法是：在DV摄像机中使用标准的播放模式进行从头到尾的不间断录制，然后查看即可。

5. 关闭屏幕保护程序

进行素材的采集之前用户还需要注意，在屏幕保护程序启动的情况下，可能会将正在采集的工作终止，会使采集工作前功尽弃，所以在进行素材采集时，一定要将屏幕保护程序关闭，以免采集时被强制终止，给工作带来不便。

4.2 正确连接采集设备

视频采集卡根据不同的用户需求主要可分为3种，即模拟/数字采集卡、IEEE 1394采集卡、带有SDI输入的HD或SD采集卡。采集前需要确保采集卡正确连接到计算机中，下面分别介绍模拟/数字采集卡和IEEE 1394采集卡的连接方法。

4.2.1 视频采集卡

视频采集卡（Video Capture Card）是将模拟摄像机、录像机、电视机输出的视频信号或音频信号等从机器中上传到计算机中，转换成计算机能识别的数字信息并存储在计算机中，通过相关的视频编辑软件，对采集后的视频进行后期编辑处理，如剪辑画面、添加字幕、音效、转场效果和其他各种视频特效等，最后将编辑完成的视频信号转换成标准的VCD、DVD以及网上流媒体等格式进行输出，方便视频的传播。

视频采集卡根据不同的用户需求主要可分为3种，即模拟/数字采集卡、IEEE 1394采集卡、带有SDI输入的HD或SD采集卡，下面分别进行介绍。

1. 模拟/数字采集卡

视频采集卡按照视频信号源，可以分为模拟采集卡和数字采集卡，下面分别对其进行介绍。

- **模拟采集卡**：通过AV或S端子将模拟视频信号采集到计算机中，将模拟信号转化为数字信号，其视频信号来源于模拟摄像机、电视信号和模拟录像机等。
- **数字采集卡**：通过IEEE 1394数字接口，将数字视频信号无损地采集到计算机中，其视频信号源主要来自DV（数码摄像机）及其他一些数字化设备。

2. IEEE 1394采集卡

根据视频信号输入/输出接口的不同，可以将采集卡分为1394采集卡、USB采集卡、HDMI采集卡、VGA视频采集卡、PCI视频卡和PCI-E视频采集卡等，其中IEEE 1394采集卡则是用于数字视频裁剪的主要接口。

IEEE 1394接口也叫FireWire火线接口，是一种常见的数字串联接口，是由苹果公司开发的一种串行标准，有6针和4针两种类型。该接口支持外设热插拔，可为外设提供电源，省去了外设自带的电源，能连接多个不同的设备，支持同步数据传输，如图4-7所示。

图4-7　IEEE 1394采集卡

技巧秒杀

要确保高品质采集，硬盘驱动必须能够维持3.6MB/s（DV数据速率）的数据速率。

?答疑解惑：

视频是RMVB格式，Premiere Pro CC并不支持，该怎么办呢？

别担心，只要使用视频格式转换工具将RMVB格式转换为Premiere支持的视频格式就可以了，如AVI、MPEG等。常用的视频格式转换工具有格式工厂和3G转换器等。

4.2.2 IEEE 1394/FireWire的连接

连接IEEE 1394采集卡的方法也非常简单，只需将IEEE 1394线缆插入DV或HDV摄像机的入/出插孔，然后将另一端插进计算机的IEEE 1394插孔。此操作虽然简单，但也要保证连接不发生错误。如只有将外部电源接入到DV或HDV摄像机中，连接才会有作用，反之传送则不会起作用。

技巧秒杀

用于台式电脑和笔记本电脑的IEEE 1394线缆通常都不相同，它们不能交换使用。此时将外部的FireWire硬盘驱动连接到计算机的IEEE 1394线缆，也许与计算机连接到摄像机的IEEE 1394线缆不同，所以在购买IEEE 1394线缆之前，需要确认它是否适合计算机。

4.2.3 连接模拟/数字采集卡

大多数模拟/数字采集卡使用复式视频或S视频系统，下面对其连接的方法进行介绍。

- 复式视频系统：连接复式视频系统，只需将摄像机或录音机的视频和声音输出插孔连接到计算机采集卡的视频和声音输入插孔即可，在这个过程中需要用到3个RCA插孔的线缆。
- S视频系统：连接S视频系统的方法很简单，因为系统提供了从摄像机到采集卡的视频输出，只需要将1根线缆从摄像机或录音机的S视频输出插孔连接到计算机的S视频输入插孔即可。

4.2.4 串行设备控制

使用Premiere Pro CC可以通过计算机的串行通信（COM）端口控制专业的录像带录制设备。计算机的串行端口的作用是调制解调器通信和打印。串行控制允许通过计算机的串行端口传输与发送对时间码的信息。使用串行设备控制可以实现采集重放和录制视频的功能，但是串行控制只是导出时间码和传输信息，所以采集视频和音频时需要一张硬盘采集卡将其信号发送至磁盘。Premiere Pro CC支持的标准有九针串行端口、Sony RS-422、Sony RS-232、Sony RS-422 UVB、Panasonic RS-422、Panasonic RS-232和JVC-232。

4.3 采集的方式

在进行素材的采集时，其采集方式是不同的，如可在“捕捉”对话框中采集素材、使用设备控制采集素材、可手动创建批量捕捉列表和批列表捕捉等方式，用户可根据自己的需要使用不同的采集方式。

4.3.1 “捕捉”对话框中采集素材

在系统不允许用户控制的情况下，用户可打开录音机或摄像机并在捕捉窗口中查看影片以采集素材，手动的方式可进行摄像机或录音机的停止和播放操作，可对素材源材料进行预览。

在所有电缆正确连接时，选择“文件”/“捕捉”命令，打开“捕捉”对话框，在其中可进行视频和音频的捕捉操作。

如果只想采集音频或视频素材，可在“记录”

选项卡中的“捕捉”下拉列表中选择“视频”或“音频”选项进行设置。将摄像机或录音机设置为“播放”模式，在播放磁带时，可以在捕捉窗口中浏览到源素材，在需要录制的前5~7秒处，单击“录制”按钮，则可在捕捉屏幕的顶部查看采集的过程和是否丢帧的情况。

停止录制可按Esc键，录制暂停时，将打开“文件名”对话框，为采集的素材命名后，单击确定按钮，采集的素材将出现在“项目”面板中，单击“停止”按钮，停止素材的采集，在“项目”面板中选择素材后右击，在弹出的快捷菜单中选择“属性”命令，可对素材进行查看，如图4-8所示。

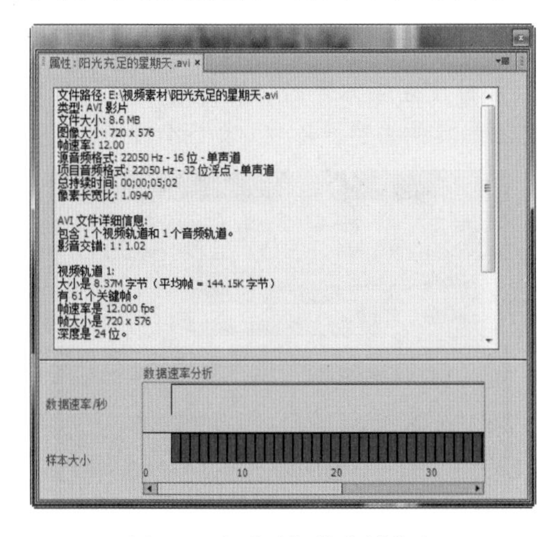

图4-8 查看采集的素材信息

?答疑解惑：

已采集了视频和音频，为什么听不到音频呢？

可能需要等待Premiere Pro CC为已采集的素材片段创建对应的音频文件。当创建AVI视频文件时，音频与视频是交织在一起的。创建单独对应的高品质音频文件，Premiere Pro CC则可在编辑过程中快速地使用和处理音频。

4.3.2 使用设备控制采集素材

在连接IEEE 1394并且正在从摄像机中进行采集时，最好使用设备控制。使用设备控制，则需要一张支持设备控制的采集卡和精确帧录音机。下面就对使用设备控制采集的方法进行讲解。

打开“捕捉”对话框，选择“设置”选项卡，在“设备控制”栏中的“设备”下拉列表中选择“DV/HDV设备控制”选项，单击选项...按钮，在打开的“DV/HDV设备控制设置”对话框中对播放设备的状态进行检测，如图4-9所示。

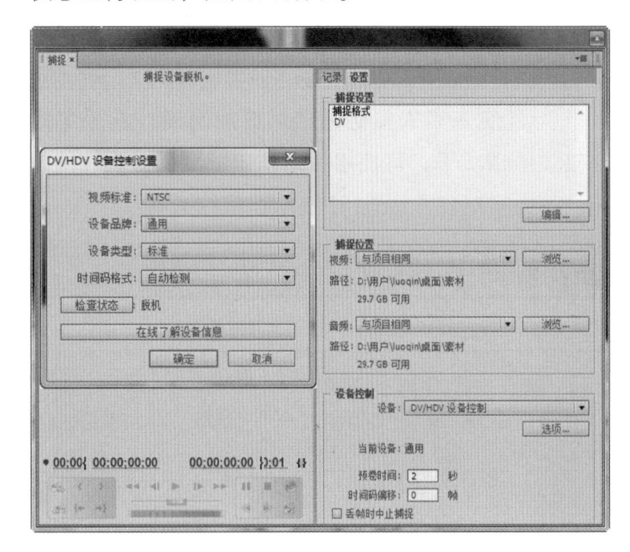

图4-9 检测播放设备的状态

在“捕捉设置”栏中单击编辑...按钮，打开“捕捉设置”对话框，在其中可对捕捉格式进行设置。在“捕捉位置”栏，可对捕捉的位置进行设置。单击“场景检测”按钮，可打开“场景检测”选项。单击屏幕上的控件，以便移动到开始采集视频的点，单击设置入点按钮。单击屏幕上的控件，以便移动到停止采集视频的点，单击设置出点按钮，即可开始素材的出点设置。

开始采集可在采集区域单击“入点/出点”按钮入点/出点，Premiere Pro CC开始预卷，预卷后视频将出现在“捕捉”对话框中，Premiere Pro CC在入点开始采集，在出点结束。出现“文件名”对话框时，为采集的素材命名后，采集的素材将出现在“项目”面板中。

技巧秒杀

如果打开了场景检测，那么Premiere Pro CC会在特定的入点和出点之间对素材进行分割操作。

4.3.3 批量捕捉

选择“文件”/“批量捕捉”命令，列表中将出现一系列使用入点和出点的脱机素材。创建批量捕捉列表后，可以选择想要采集的素材，然后在一段时间里让Premiere Pro CC自动采集每个素材，也可以手动创建批量捕捉列表。

1. 手动创建批量捕捉列表

为了使采集的素材标志得更加明确，在采集素材较少的情况下，可使用手动创建批量捕捉列表的方法，下面将对该方法进行讲解。

实例操作：手动创建批量捕捉列表

● 光盘\实例演示\第4章\手动创建批量捕捉列表

本例将为素材手动创建批量捕捉列表，选择“文件”/“新建”/“脱机文件”命令，在打开的对话框中进行设置。

Step 1 选择“文件”/“新建”/“脱机文件”命令，打开“新建脱机文件”对话框，如图4-10所示。

图4-10 “新建脱机文件”对话框

技巧秒杀

在进行手动创建批量捕捉列表前，可先在“项目”面板中单击“新建素材箱”按钮新建素材箱，批量捕捉列表将会出现在新建素材箱文件夹中。

Step 2 在打开的对话框中进行画面设置、时基、像素长宽比和音频采样率等参数设置，如图4-11所示。

图4-11 “新建脱机文件”对话框

Step 3 单击 确定 按钮，打开“脱机文件”对话框，为素材设置媒体开始、媒体结束时间码和文件名，并添加其他描述性备注，如图4-12所示。

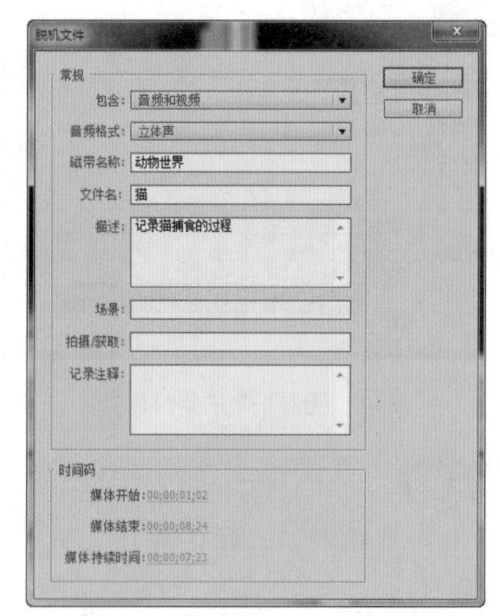

图4-12 “脱机文件”对话框

Step 4 单击 确定 按钮，素材的信息将添加到“项目”面板中，如图4-13所示。若想对很多素材进行采集，重复步骤1至步骤3的操作即可。

读书笔记

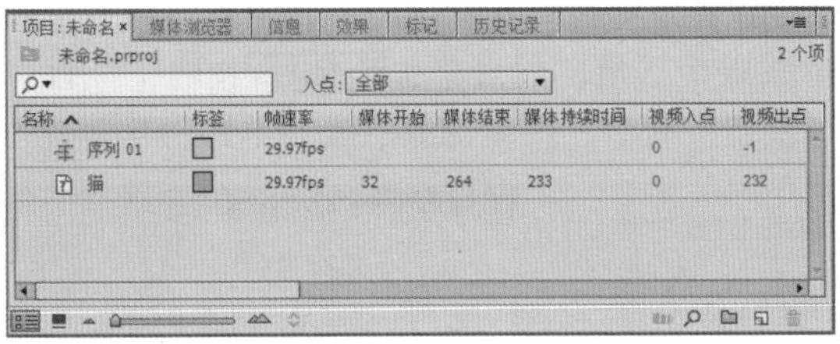

图4-13　在“项目”面板中查看捕捉列表

技巧秒杀

在“项目”面板中需要编辑脱机文件的入点和出点，其方法很简单，单击特定素材的“视频入点”和“视频出点”栏，再更改时间码读数，如图4-14所示。

图4-14　编辑脱机文件入点和出点

2. 使用设备控制创建批量捕捉列表

若想在创建批量捕捉列表时不为所有的素材输入入点和出点，Premiere Pro CC可以通过“捕捉”对话框来实现。

选择“文件”/“捕捉”命令，打开“捕捉”对话框，选择“记录”选项卡，在“剪辑数据”栏的“磁带名称”和“剪辑名称”等文本框中输入想在“项目”面板中显示的信息，如图4-15所示。

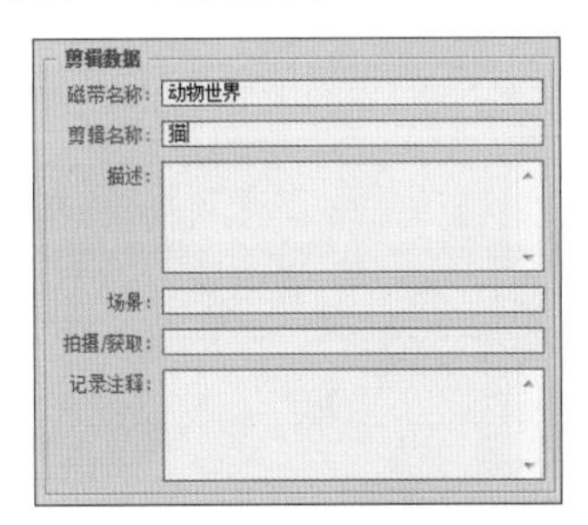

图4-15　输入名称等信息

使用捕捉控制图标定位录像带中包含采集素材的部分，单击“设置入点”按钮，入点将出现在“记录”选项卡的入点区，使用捕捉控制图标定位素材的出点，单击“设置出点”按钮，出点将出现在“记录”选项卡的出点区，在“时间码”栏单击 记录剪辑 按钮，为素材输入文件名后，单击 确定 按钮即可完成操作。

若想将批量捕捉列表保存到磁盘中，可选择“文件”/“导出”/“批处理列表”命令，再选择“文件”/“导入批处理列表”命令，重新载入列表采集过程。

技巧秒杀

在录制过程中，如果不想为录制过程设置入点和出点，可以单击“捕捉”面板下方的“播放”按钮，再单击“录制”按钮，仅采集出现在“捕捉”窗口中的序列。

读书笔记

3. 使用批量捕捉采集

在创建需要采集素材的批量列表后，可使Premiere Pro CC自动采集“项目”面板列表中的素材。若脱机文件批量列表已经保存但未导入“项目”面板中，可选择“文件”/“导入批处理列表”命令进行操作。

实例操作：使用批量捕捉采集

● 光盘\实例演示\第4章\使用批量捕捉采集

本例将通过选择“文件”/“批量捕捉”命令，对素材进行采集。

Step 1 选择“文件”/“批量捕捉”命令，打开“导入批处理列表”对话框，选择选项后，单击打开(O)按钮打开“批处理列表设置”对话框，单击确定按钮，如图4-16所示。

图4-16 “批处理列表设置”对话框

Step 2 在“项目”面板中将出现该列表，需要指定采集素材，在“项目”面板中单击第一个素材，按住Shift键并单击扩展选择，选中其他的脱机素材，如图4-17所示。

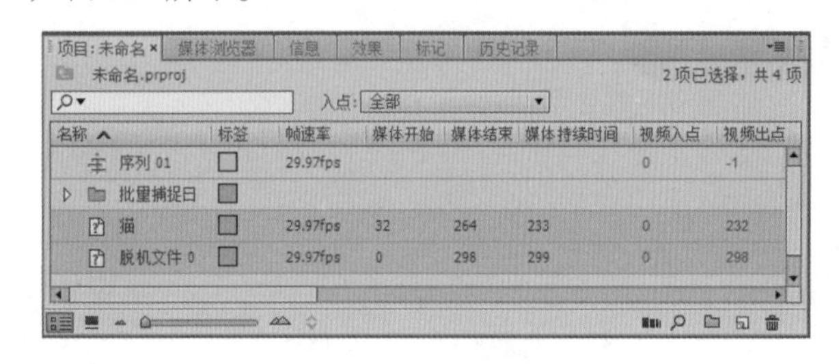

图4-17 选中脱机素材

Step 3 选择“文件”/“批量捕捉”命令，打开“批量捕捉”对话框，在该对话框中可对批量捕捉进行设置，若需要使用手动采集，可选中☑覆盖捕捉设置复选框，单击确定按钮，如图4-18所示。

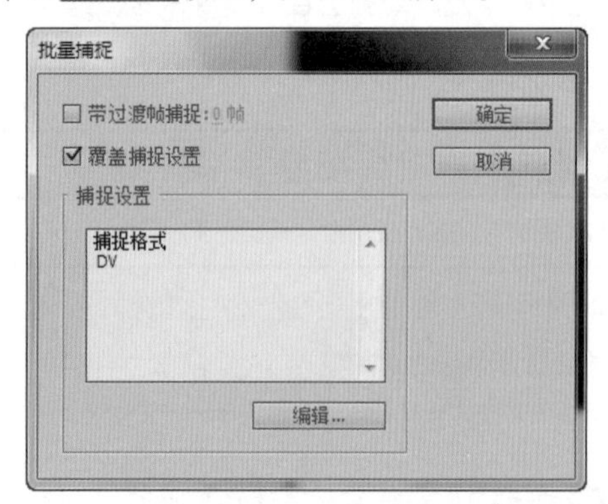

图4-18 “批量捕捉”对话框

Step 4 在出现“插入磁带”对话框时，确保摄像机或重放磁带正确，然后单击确定按钮，此时将打开“捕捉”窗口，开始采集，如图4-19所示。

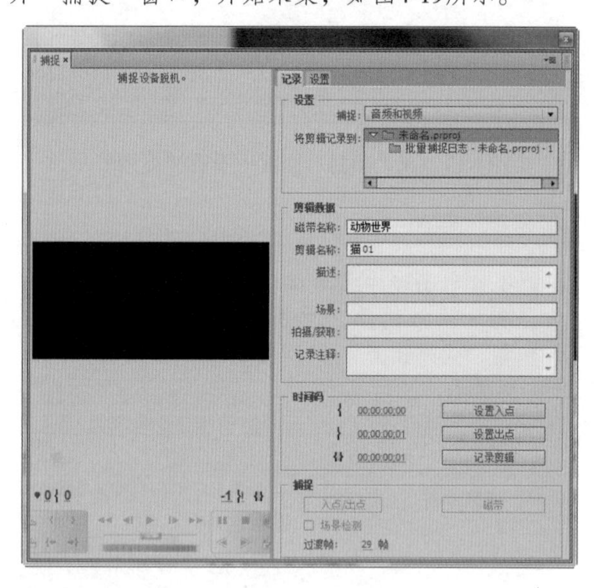

图4-19 采集素材

技巧秒杀

若在“项目”面板已经有脱机文件，需要将其连接到已采集的文件时，只需选中素材后右击，在弹出的快捷菜单中选择“链接媒体”命令，然后将素材导航到硬盘的素材上即可。

读书笔记

4.4 采集素材

在介绍了素材采集方式后，就可以在Premiere Pro CC中进行素材的采集了。该过程包括设置暂存盘的位置、采集参数和采集视频等，下面将对其进行介绍。

4.4.1 设置暂存盘位置

暂存盘是用于执行采集的磁盘，因此要确保暂存盘是连接到计算机的最快磁盘，并且拥有最大的可用空间。在Premiere Pro CC中设置暂存盘的方法是：选择“文件”/“项目设置”/“暂存盘”命令，打开“项目设置”对话框，在“捕捉的视频”下拉列表框中选择“与项目相同”选项后单击 确定 按钮，在打开的对话框中可选择采集视频存放的位置，如图4-20所示。

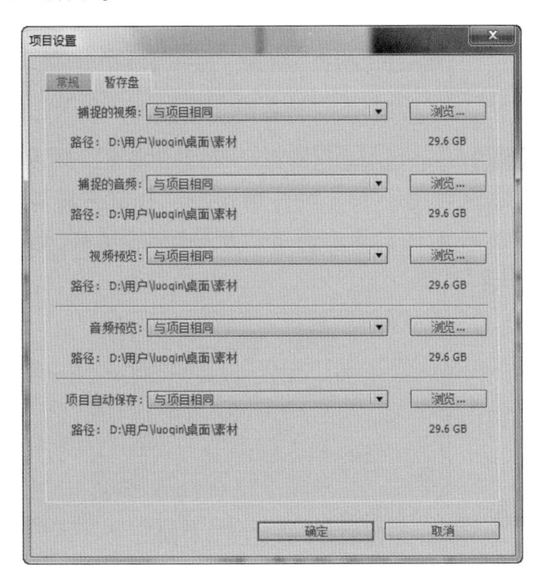

图4-20　设置暂存盘位置

4.4.2 设置捕捉参数

在Premiere Pro CC中可以通过设置采集参数来控制采集的进度，如是否因丢帧而中断采集、报告丢帧或在失败时生成批量日志文件以及使用设备控制时间码等。其设置方法是：选择“编辑”/“首选项”/“捕捉”命令，在打开对话框的左侧选择“捕捉”选项，在其右侧选中需要设置的复选框，单击 确定 按钮即可，如图4-21所示。

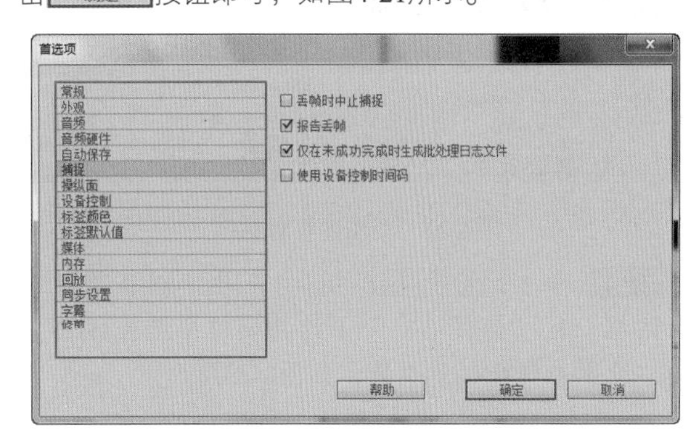

图4-21　设置捕捉参数

4.4.3 采集视频

在Premiere Pro CC中进行视频采集时，系统会先将视频数据临时存储在硬盘的一个临时文件中，采集完成后，用户需要将其存储为.avi视频文件，否则数据将在下一个采集过程中被重写。

实例操作：视频的采集

- 光盘\实例演示\第4章\视频的采集

本例将通过Premiere Pro CC的“捕捉”功能进行视频的采集，然后对视频的压缩质量、设备控制器和时间码等进行设置。

Step 1 正确连接设备后，启动Premiere Pro CC，选择“文件”/“捕捉”命令或按F5键，打开“捕捉”对话框。选择“设置”选项卡，在打开面板的“捕捉设置”栏中将显示当前可用的采集设备，如图4-22所示。

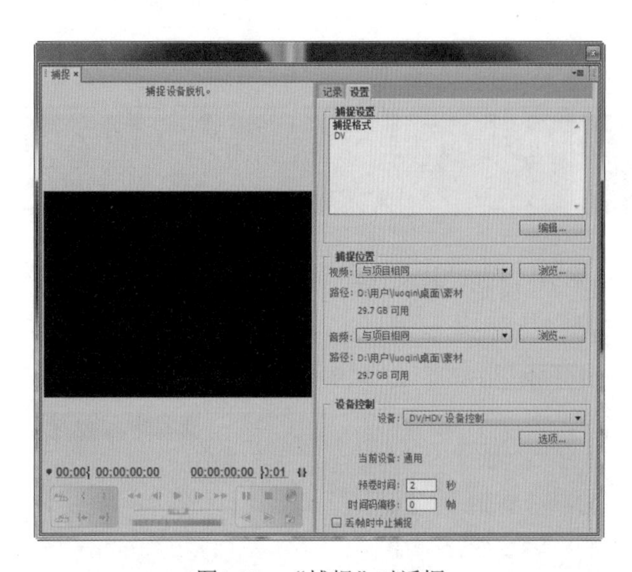

图4-22 “捕捉”对话框

Step 2 单击 编辑... 按钮，打开“捕捉设置”对话框，在“捕捉格式”下拉列表框中选择HDV选项，设置采集视频的质量，如图4-23所示。

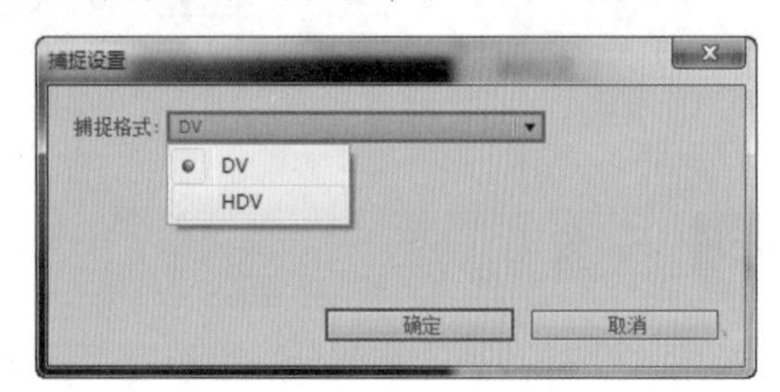

图4-23 设置捕捉格式

Step 3 单击 确定 按钮，返回“捕捉”对话框，在“捕捉位置”栏中分别单击“视频”和“音频”选项后的 浏览... 按钮，设置采集的视频和音频的存放位置，如图4-24所示。

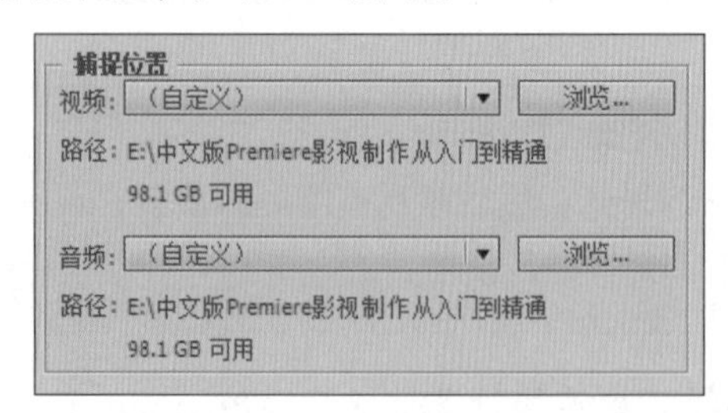

图4-24 设置捕捉位置

Step 4 在“设备控制”栏中的“设备”下拉列表框中设置采集时所使用的设备遥控器，如图4-25所示。

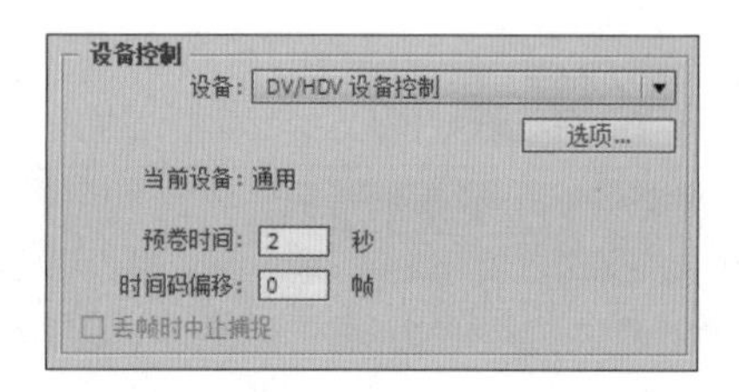

图4-25 设置设备遥控器

Step 5 单击 选项... 按钮，打开“DV/HDV设备控制设置”对话框，在其中对“视频标准”“设备品牌”“设备类型”“时间码格式”进行设置，如图4-26所示。

图4-26 设备控制器设置

Step 6 单击 确定 按钮，返回“捕捉”对话框，在“预卷时间”和“时间码偏移”数值中对影片播放的时间进行设置，然后选中☑丢帧时中止捕捉复选框，如图4-27所示。

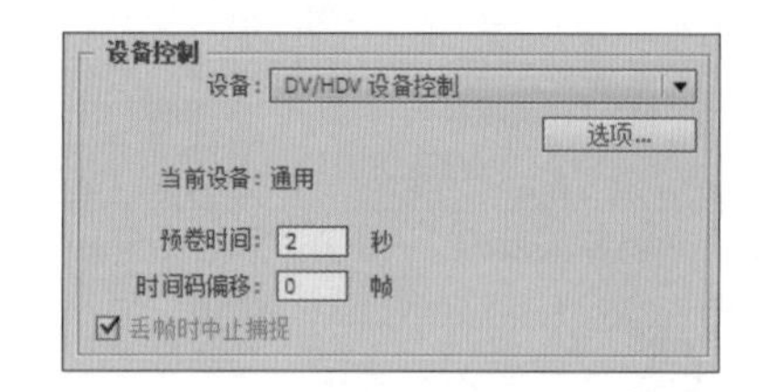

图4-27 设置播放时间

Step 7 选择“记录”选项卡，在“剪辑数据”栏中输入采集素材磁带名称、剪辑名称、描述和场景等信息，如图4-28所示。

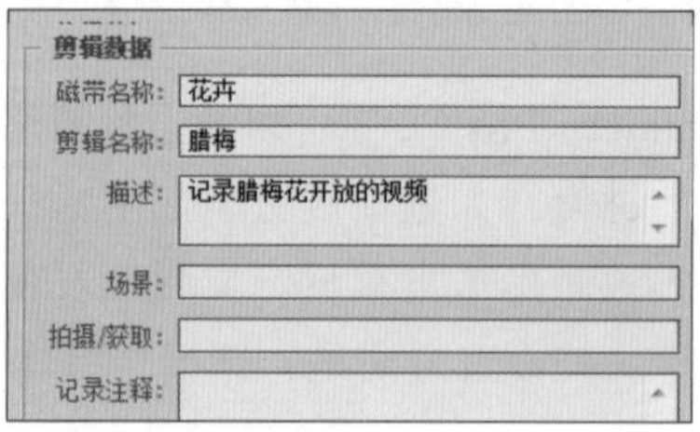

图4-28 输入素材信息

Step 8 ▶ 在“捕捉”栏中单击[磁带]按钮进行采集，或在“时间码”栏中设置采集素材的入点和出点，然后单击“捕捉”栏中的[入点/出点]按钮进行采集，如图4-29所示。

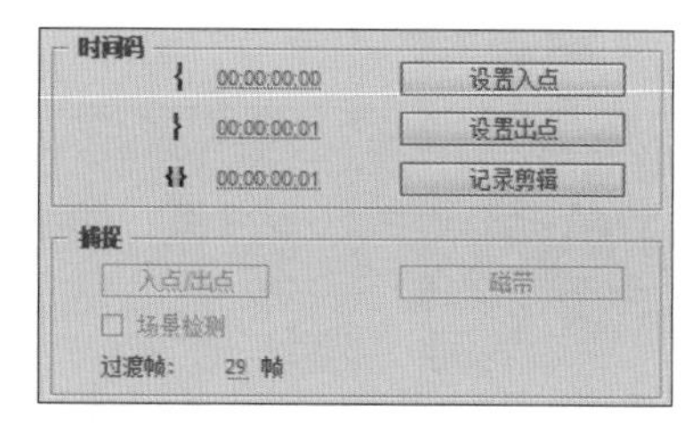

图4-29 设置素材的入点和出点

Step 9 ▶ 完成后，返回Premiere Pro CC工作界面，可在“项目”面板中采集素材，如图4-30所示。

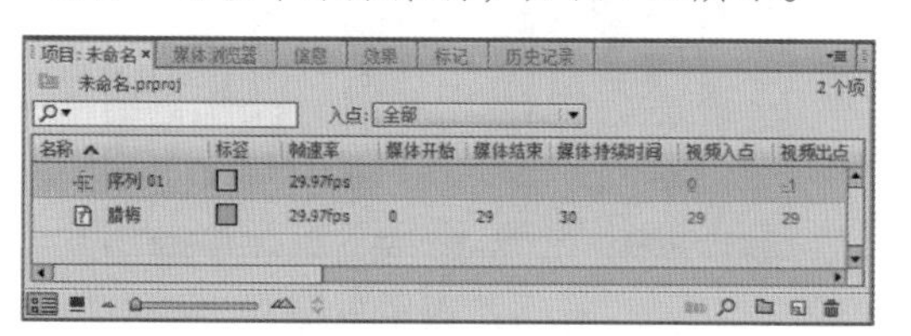

图4-30 “项目”面板中查看采集的素材

?答疑解惑：

采集素材时丢帧与不丢帧是怎么区分的？什么时候该选择丢帧，什么时候选择不丢帧呢？

时间码用来在编辑视频时，精确指定素材的入点和出点，其显示格式为“小时:分钟:秒钟:帧数”或“小时;分钟;秒钟;帧数”。在Premiere Pro CC的“时间轴”面板中可以使用30帧/秒的方式来显示时间码，如00:01:59:29的后一帧是00:02:00:00，则表示不丢帧，而NTSC制式的视频帧速率是29.97帧/秒，通过一段时间的累积后，30与29.97之间的差别（0.03）就开始累加，将导致记录次数不精确。为了解决这个问题，在清除SMPTE不丢帧时，每分钟将会跳过两帧（第10分钟除外），在丢帧时间码中，时间码之间用分号（;）表示，如00;01;59;29的下一帧为00;02;00;02。

在选择采用何种方式进行采集时，可根据采集的视频精确程度来决定。如果不需要精确的时间，则不需要使用丢帧时间码。而不丢帧是专门为NTFS视频创建的，不能将其用于PAL和SECAM视频（它们的帧速率都是25帧/秒）。

4.4.4 “音频混合器”采集音频

使用Premiere Pro CC的“音频混合器”面板可以单独采集音频而不采集视频。使用音频混合器可直接从麦克风或录音机这样的设备将音频源录制到Premiere Pro CC中，也可以在“节目监视器”面板查看视频的同时录制素材。在进行音频采集时，其品质是由音频硬件设置的取样率和位数深度决定的。

需要对音频硬件的设置进行查看，可选择“编辑”/“首选项”/“音频硬件”命令，打开“首选项”对话框，如图4-31所示。

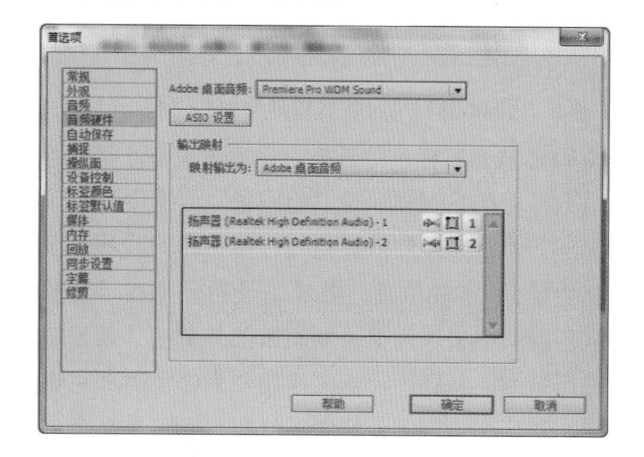

图4-31 “首选项”对话框

单击[ASIO 设置]按钮，在打开的“音频硬件设置”对话框中对音频硬件进行查看和设置，如图4-32所示。

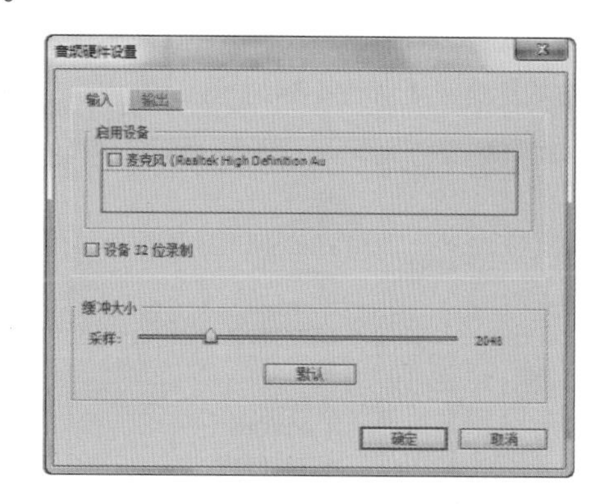

图4-32 “音频硬件设置”对话框

音频硬件通常包含的是关于音频取样率和位数深度的信息。取样率是每秒采集样本的数量，位数深度是指实际数字化音频中每个样本的位数。多数音频编解码器的最小位数深度为16。

选择“窗口”/“音频混合器”命令，打开“音频剪辑混合器”面板，如图4-33所示。

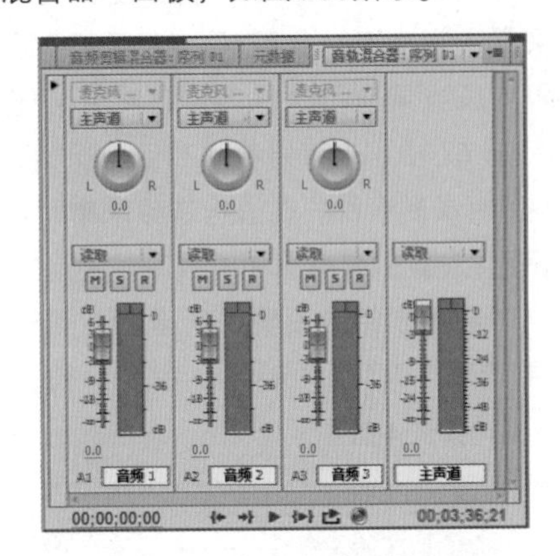

图4-33 “音频剪辑混合器”面板

单击轨道名称，轨道变为可编辑状态，此时可对轨道进行重命名操作。在“时间轴”面板中有视频的情况下，为视频录制叙述材料，可将时间线移动至音频开始前5秒钟的位置。要准备录制，可在“音频剪辑混合器”面板中需要录制轨道部分单击“启用轨道以进行录制”按钮，当该按钮变为红色时即可进行录制。若正在录制画外音叙述材料，则可在轨道中单击“独奏轨道”按钮，此时该按钮则变为黄色，使来自其他轨道的输出变为静音。

单击“音频剪辑混合器”面板下方的“录制”按钮，“录制”按钮开始闪动。单击“音频混合器”右上角的按钮，在打开的下拉菜单中选择“仅计量器输入”选项，如图4-34所示。

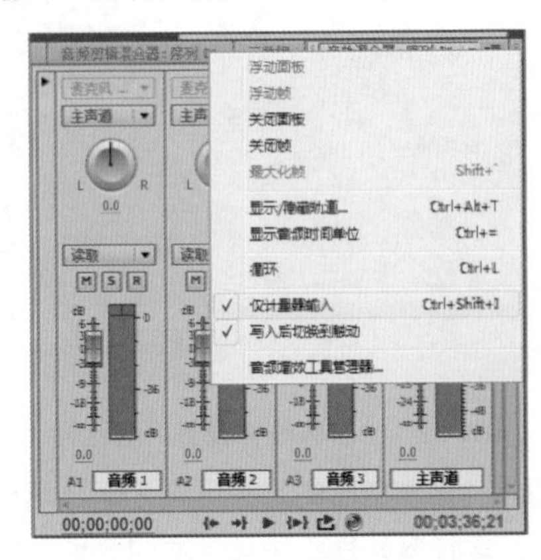

图4-34 选择“仅计量器输入”选项

此时音量控制将被VU指示器代替，显示录制轨道的硬件输入，激活“仅计量器输入”后还是可以查看未录制轨道的轨道音量。

对着麦克风讲话，声音音量为0dB而不进入红色区域较好，如图4-35所示。

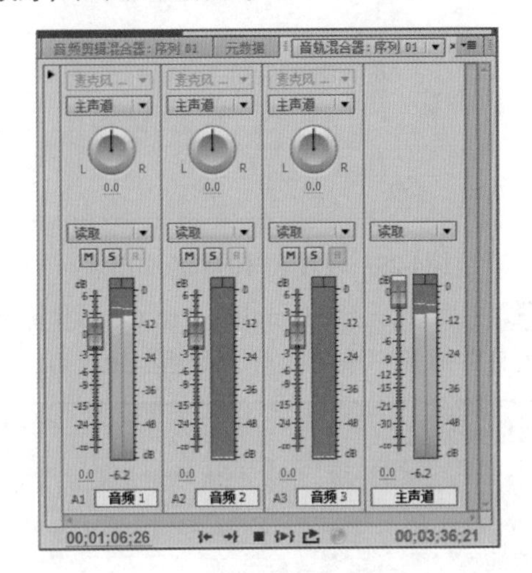

图4-35 录制音量

麦克风或录制输入设备的音量是可以进行调节的，将麦克风连接到计算机，选择“开始”/“控制面板”/“声音和音频设备属性”命令，在弹出的“声音和音频设备属性”对话框中选择“音频”选项卡，在其中可对录制的级别进行设置。

开始录制时，单击“音频混合器”面板下方的“播放/停止切换”按钮，播放录音机或对着麦克风讲话来进行叙述材料的录制，在叙述或音频结束后，可单击“音频混合器”面板下方的“录制”按钮结束录制，系统将自动为其命名为“音频1.wav”，并将其添加至“时间轴”面板的当前轨道中，如图4-36所示。

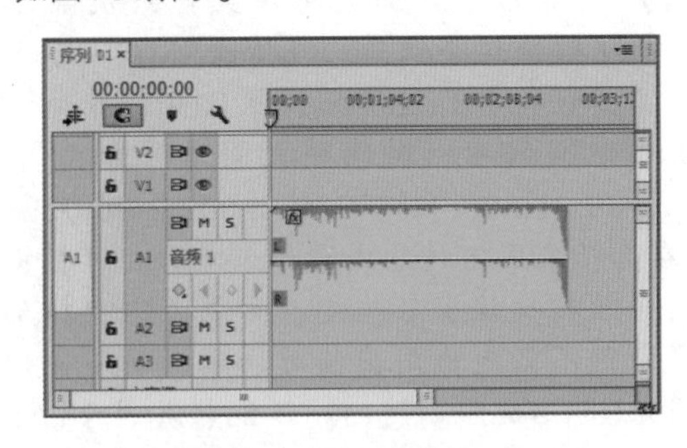

图4-36 添加音频素材

知识大爆炸——选择采集设置

当Premiere Pro CC从批量捕捉列表中进行素材采集时，它会使当前项目设置实现自动采集。很多时候会使用当前项目的画面大小，以及其他的设置来实现批量捕捉素材的操作，但也可以在“项目”面板中选择一个要采集的素材，然后选择“剪辑”/“捕捉设置”/“设置捕捉设置”命令，打开“编辑覆盖捕捉设置”对话框，在其中可将捕捉格式设置为DV或HDV格式，若需要将其捕捉采集设置删除，选择“剪辑”/“捕捉设置”/“清除捕捉设置”命令即可。

用户可在“项目”面板中选择一个脱机素材，右击，在弹出的快捷菜单中选择“批量捕捉”命令，打开“批量捕捉”对话框，此时选中☑覆盖捕捉设置复选框，然后选择一种采集格式，单击确定按钮即可，如图4-37所示。

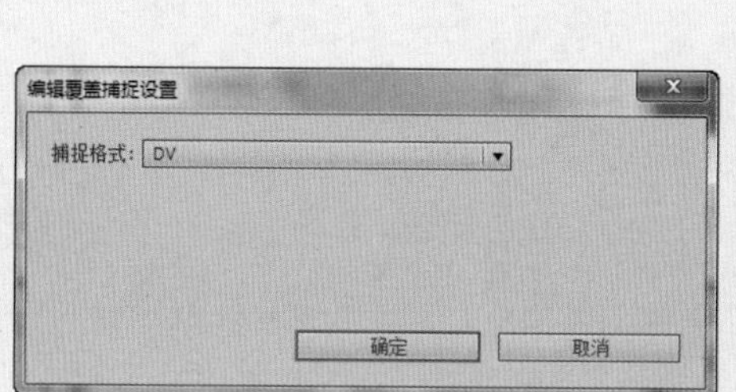

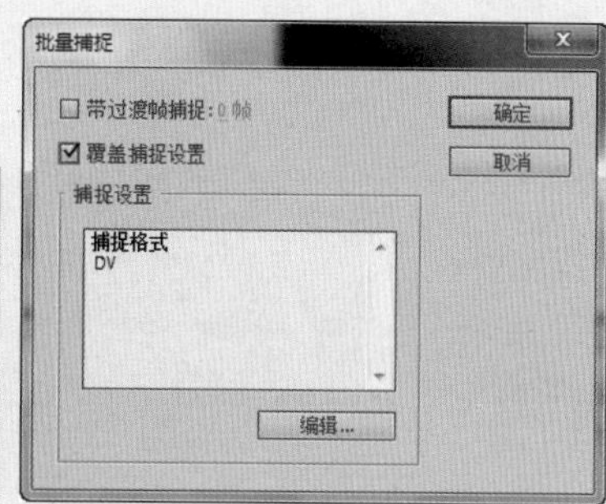

图4-37　设置批量捕捉

读书笔记

01 02 03 04 05 06 07 08 09 10 11 12 13 14 ……

管理和编辑素材项目

本章导读

在Premiere Pro CC中进行素材编辑前，可先了解素材项目管理知识和编辑技巧。将素材从“项目”面板拖动至“时间轴”面板之前，用户可对素材进行管理和编辑，本章将对素材项目的查看、设置素材的入点和出点、在“时间轴”面板中编辑素材等知识进行讲解。

5.1 素材项目的查看

在Premiere Pro CC中制作视频时，需要对素材的属性进行查看。下面就对在“源监视器”面板中查看素材、在“轨道”面板中查看素材、在“项目”面板中查看素材和在Adobe Bridge中查看素材等知识进行介绍。

5.1.1 在“源监视器”面板中查看素材

将素材导入至“项目”面板中时，双击鼠标，在“源监视器”面板中可显示当前帧素材，单击“播放/停止切换”按钮，即可对当前素材进行播放查看，如图5-1所示。

图5-1 在“源监视器”面板中查看素材

5.1.2 在“时间轴”面板中查看素材

在“时间轴”面板中也可以查看素材，在该面板中的轨道上可查看包含的素材，包括图片、视频、音频和字幕等，如图5-2所示。这些内容组合在一起，就是一个完整的经过编辑的项目文件。

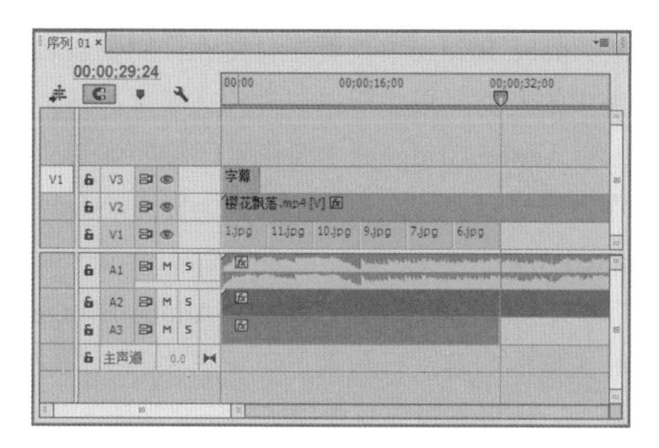

图5-2 在“时间轴”面板中查看素材

5.1.3 在“项目”面板中查看素材

在“项目”面板查看素材的方法也很简单，选择素材后右击，在弹出的快捷菜单中选择“属性”命令，在打开的“属性”对话框中有素材的基本属性，包括文件路径、类型、文件大小、图像大小、帧速率和帧大小等信息，如图5-3所示。

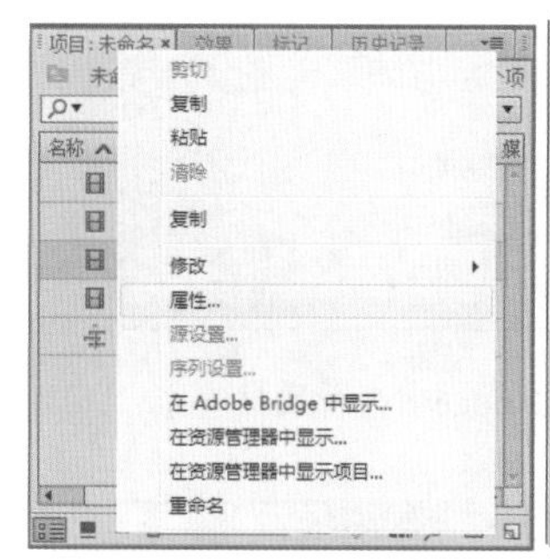

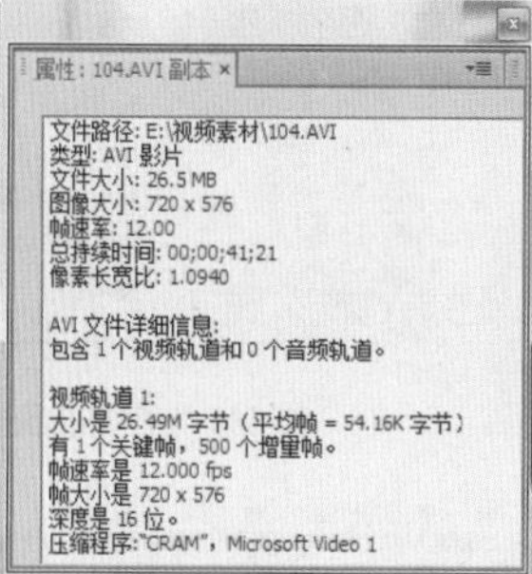

图5-3 在“项目”面板中查看单个素材

在“项目”面板中还可以通过单击其底部的“列表视图”按钮进行素材的查看，将素材显示模式设置为列表模式，将“项目”面板展开，即可在该面板中查看所有素材的信息，包括帧速率、媒体结束、媒体持续时间、视频入点、视频出点、视频持续时间、视频信息和音频信息等信息，如图5-4所示。

项目：未命名 × 效果 标记 历史记录
未命名.prproj
入点：全部

名称	标签	帧速率	媒体开始	媒体结束	媒体持续时间	视频入点	视频出点	视频持续时间	视频信息	音频信息
2-4.mov		30.00fps	0	600	601	0	600	601	720 x 576 (1.0)	
2-6.mov		25.00fps	0	374	375	0	374	375	720 x 576 (1.0)	
2-7.mp4		30.00fps	0	349	350	0	349	350	1920 x 1080 (1.0)	
3-4.mov		25.00fps	0	749	750	0	749	750	720 x 576 (1.0)	
042.AVI		12.00fps	0	500	501	0	600	501	720 x 576 (1.0940)	
113.AVI		12.00fps	0	500	501	0	500	501	720 x 576 (1.0940)	
序列 01		25.00fps				0	1042	1043	720 x 576 (1.0940)	48000

图5-4 在“项目”面板中查看全部素材

5.1.4 在Adobe Bridge中查看素材

在Adobe Bridge中显示素材有两种方法：一种是在“项目”面板中选择素材后右击，在弹出的快捷菜单中选择“在Adobe Bridge中显示”命令，如图5-5所示；另一种是在Premiere Pro CC中选择“文件”/“在Adobe Bridge中浏览”命令，可实现在Adobe Bridge中查看素材，如图5-6所示为Adobe Bridge界面。

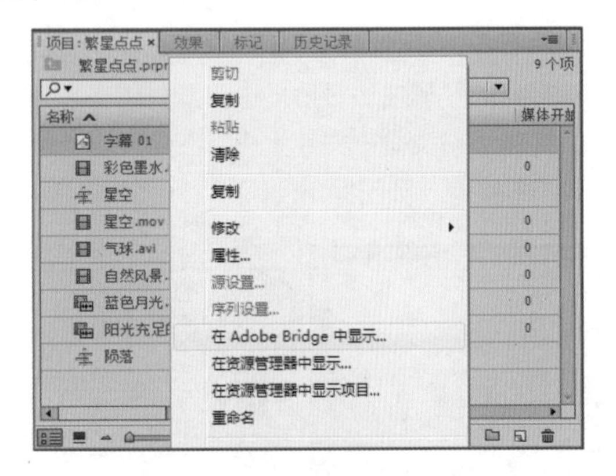

图5-5　在Adobe Bridge中查看素材

图5-6　Adobe Bridge界面

1. 认识Adobe Bridge

Adobe Bridge是一个可从Premiere Pro CC中直接访问文件和进行资源管理的应用程序。可使用Adobe Bridge组织项目文件、添加元数据和审阅视频文件，下面对Adobe Bridge包含的面板进行介绍。

◆ 收藏夹：该面板将显示常用的文件夹以及文件，将文件或文件夹拖动至该面板中，则可将其添加到收藏夹列表中。
◆ 文件夹：该面板将显示常用的文件夹。
◆ 预览：在该面板中可对选择的素材进行播放预览。
◆ 内容：在该面板中可对所有的素材进行查看。
◆ 元数据：在该面板中可对素材添加元数据，在其他程序应用时，元数据可提供关于文件的描述信息。
◆ 关键字：该面板可用于查看关键字并将其添加到文件中。
◆ 收藏集：该面板将显示所收藏的素材。
◆ 过滤器：在选择素材时，可在该面板对选择的素材进行过滤，将只显示用户选择范围的素材。

2. 查看文件

Premiere Pro CC创建项目文件不一定使用Adobe Bridge，但在创建项目文件之前组织媒体时Adobe Bridge很有用。可将元数据添加到需要在项目中使用的所有文件中，还可以在Adobe Bridge中对这些文件进行快速搜索。搜索到文件后，可以将其放到Adobe Bridge的一个收藏集中，单击Adobe Bridge收藏集图标可对收藏集中的文件进行访问，也可以直接将文件从Adobe Bridge中导入到Premiere Pro CC中，双击文件或将其拖动至Premiere Pro CC的“项目”面板中即可。

在Adobe Bridge中查看素材文件，需要查看某个文件夹中的素材。只需双击该文件夹即可打开，进行双击时，Adobe Bridge的主要查看区域将会对文件夹的内容进行显示。如双击某个文件，即可将其导入到Premiere Pro CC中。

用户在进行查看时，若需要将Adobe Bridge的主要查看区域的内容进行放大，可单击底部的滑块即能拖动放大，也可在窗口菜单中选择一个视图。

用户在进行素材查看时，需要快速跳转至另一个文件夹，可单击Adobe Bridge顶部的下拉列表，该列表中将显示在工作时所使用过的文件夹，如图5-7所示。

图5-7　跳转文件夹

用户在访问Adobe Bridge时，为了同时使用Premiere Pro CC和Adobe Bridge，可将Adobe Bridge面板缩小，如图5-8所示。

技巧秒杀

在工作过程中，用户所使用的文件夹将会自动添加至Adobe Bridge的下拉列表中。

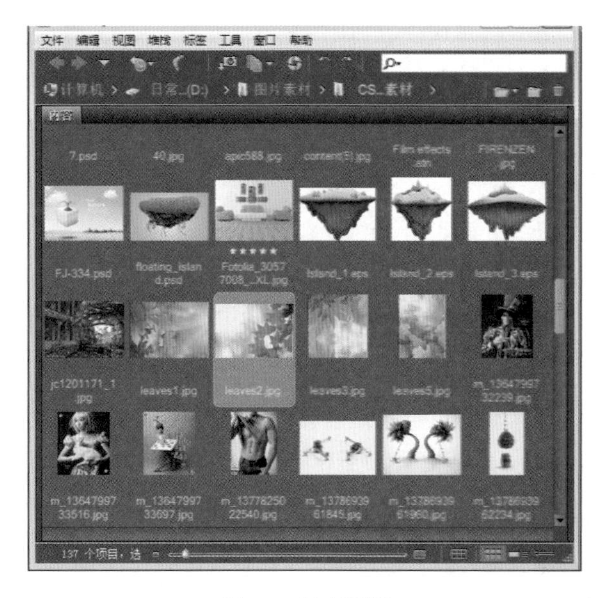

图5-8　缩小面板

5.2 在“项目”面板中分类管理素材

在Premiere Pro CC中制作视频时，可能遇到素材很多的情况，此时需要对素材进行分类管理并删除无关素材，以便查找。使用项目管理以减小项目文件的大小，节省磁盘空间，下面就介绍在“项目”面板中重命名、移动、复制、删除素材等知识。

5.2.1 使用项目管理素材

Premiere Pro CC项目管理是通过创建新的工作修整版本进行磁盘空间的释放。要使用项目管理，只需选择“文件”/“项目管理”命令，打开“项目管理器”对话框，如图5-9所示。

读书笔记

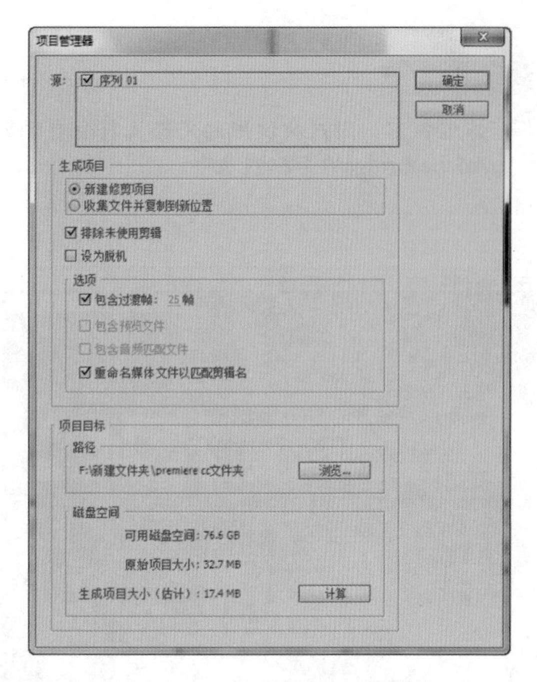

图5-9 “项目管理器”对话框

知识解析：“项目管理器”对话框

- **源**：在该列表框中将显示所有的序列。
- **生成项目**：可对 新建修剪项目 或 收集文件并复制到新位置 单选按钮进行选中，默认状态选中 新建修剪项目 单选按钮，将生成项目设置为新建的修剪项目，选中 收集文件并复制到新位置 单选按钮，则将其设置为收集文件且复制到新的位置。
- **排除未使用剪辑 复选框**：选中该复选框，将新项目中未使用的项目删除。
- **设为脱机 复选框**：选中该复选框，将项目素材设置为脱机状态，以便使用Premiere Pro CC批量捕捉命令重新采集它们。若使用的影片为低分辨率，则此设置很有用。
- **包含过渡帧 复选框**：该复选框用于选择项目的入点前和出点后的额外帧数。
- **包含预览文件 复选框**：在选中 收集文件并复制到新位置 单选按钮后，才能激活该复选框。其用于在新项目中包含渲染影片的预览文件。若选中该复选框，则会创建一个更小的项目，但需要重新渲染效果以查看新项目中的效果。
- **包含音频匹配文件 复选框**：该复选框用于在新项目中保存匹配的音频文件。在选中 收集文件并复制到新位置 单选按钮后，才能激活该复选框。若选中该复选框，新项目将会占用更少的磁盘空间，但Premiere Pro CC必须在新项目中匹配文件。
- **重命名媒体文件以匹配剪辑名 复选框**：若对“项目”面板中的素材进行重命名操作，选中该复选框可在新项目中保留重命名。若重命名素材后将其设置为脱机状态，则原始的文件名将会保留。
- **项目目标**：在该栏中可对修整项目素材的项目文件夹进行设置，单击 浏览... 按钮，可选择新的位置。
- **磁盘空间**：在该栏中将原始项目的文件大小与新的修整项目进行比较。单击 计算 按钮，可更新文件大小。

技巧秒杀

选择“编辑”/“移除未使用资源”命令，也可将项目中未使用的项目删除。

5.2.2 新建分类素材箱

在Premiere Pro CC中对素材进行分类管理的方法是：单击“项目”面板中的“新建素材箱”按钮，其默认命名为“素材箱01”的文件夹，用户对其进行重命名后，将需要分类的素材拖动到文件夹中即可，如图5-10所示。

图5-10 新建素材箱管理素材

5.2.3 重命名素材

将素材导入到“项目”面板后，为了便于区分，用户可根据需要对素材的名称进行重命名。其方法很简单，选中素材后右击，在弹出的快捷菜单中选择“重命名”命令，输入重命名的名称后，按Enter键即可；还可在“项目”面板中选择需要重命名的素材，再单击素材的名称，素材名称此时为编辑状态，输入重命名的名称后，按Enter键即可，如图5-11所示。

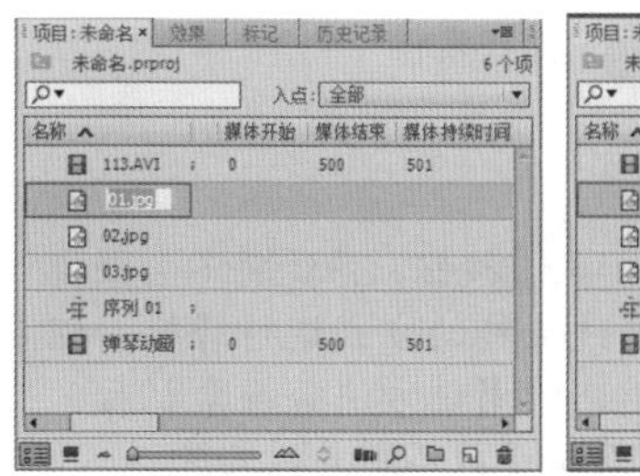
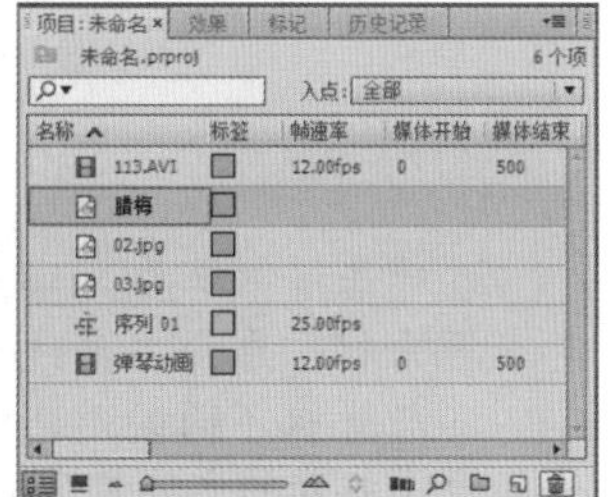

图5-11 重命名素材

5.2.4 复制素材

在制作视频时，可对素材进行复制操作，将素材合理循环地利用。复制素材的方法有3种，下面分别进行介绍。

◆ **菜单命令复制：** 选择“编辑”/“重复”命令，素材的一个副本将出现在“项目”面板中，其名称为原始素材名称之后加上“副本”两个字，如图5-12所示。

图5-12 菜单命令复制素材

技巧秒杀

在“项目”面板中选中素材，选择“编辑”/“复制”命令，再选择“编辑”/“粘贴”命令，也可对素材进行复制，其名称与原始素材一致。

◆ **快捷菜单复制：** 在“项目”面板中选中需要复制的素材，右击，在弹出的快捷菜单中选择第二个“复制”命令，即可将素材进行复制，其名称与原始名称一致，如图5-13所示。

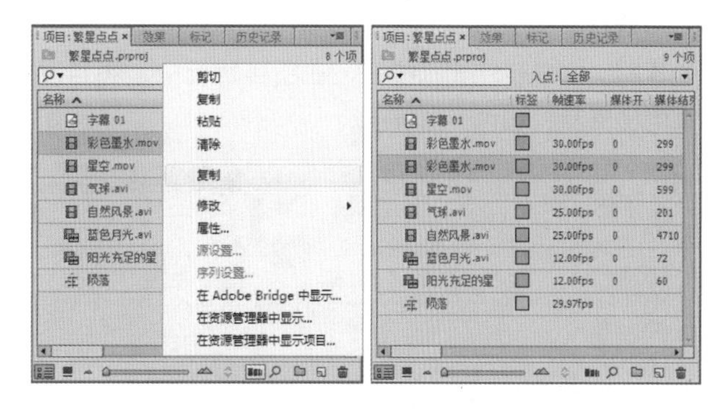

图5-13 快捷菜单复制素材

◆ **键盘快捷键复制：** 按Ctrl+C快捷键可对素材进行复制，按Ctrl+V快捷键复制的素材将出现在“项目”面板中，其名称与原始名称一致。

技巧秒杀

选中需要复制的素材，右击，在弹出的快捷菜单中选择第一个“复制”命令，按相同的方法再选择“粘贴”命令，也可进行复制，其名称与原始名称一致。

5.2.5 查找素材

Premiere Pro CC提供了素材查找的功能，用户可以快速地进行素材的查找，可提高工作效率。查找素材的方法很简单，在“过滤素材箱内容”文本框中输入需要查找的内容即可进行查找，如图5-14所示。

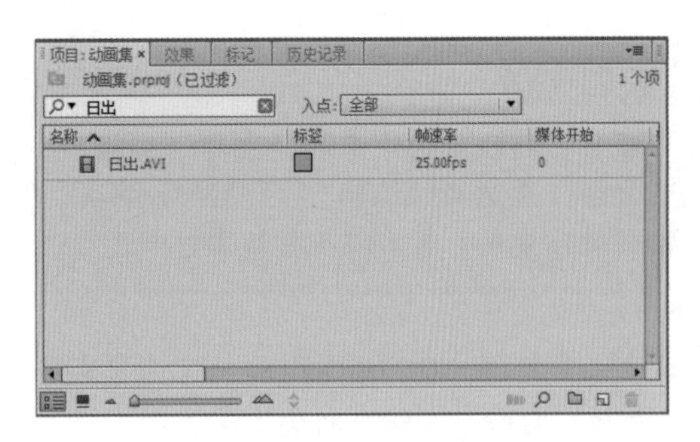

图5-14 查找素材

选择“编辑”/“查找”命令，可打开“查找”对话框，在“查找目标”文本框中输入需要进行查找的素材，单击查找按钮，在项目目标中，将自动选中该素材，如图5-15所示。

图5-15 “查找”对话框

5.2.6 离线素材

在Premiere Pro CC中打开项目文件时，若打开如图5-16所示的对话框，则表明存储位置发生了改变或源文件名称被修改，此时可在磁盘上找到源素材，单击选择按钮重新定位，也可以单击脱机按钮建立离线文件进行代替。

读书笔记

图5-16 离线素材

技巧秒杀

在对话框中单击跳过按钮，系统将不会链接源素材，也会以离线文件的方式进行替换，但其与脱机不同的是，使用该方法替换素材后，每次打开的文件都会提示找不到素材文件。

5.2.7 删除素材

如果用户想要在“项目”面板或“时间轴”面板中删除素材，有两种方法，下面将对删除素材的方法进行介绍。

- **快捷键删除**：选中需要删除的素材，按Delete键，即可将其删除。
- **菜单命令删除**：选中需要删除的素材，选择“编辑”/“清除”命令，或右击，在弹出的快捷菜单中选择“清除”命令，将其删除。

技巧秒杀

选择“编辑”/“剪切”命令也可将素材删除，但“剪切”命令会将素材放在剪贴板中，这样可以将其再次放入Premiere Pro CC中。

5.3 设置素材的入点和出点

素材的入点和出点是指其起始位置和结束位置，通过设置入点和出点，可以决定素材在视频中显示的时间。在Premiere Pro CC中设置入点和出点的方法很多，通常可以在“源监视器”面板和“时间轴”面板中进行设置。

5.3.1 更改素材的时间码

时间码是为录像提供一个很精准的帧读数，用户可根据时间码跳转到特定位置，为素材设置入点和出点。

实例操作：更改素材的时间码

- 光盘\素材\第5章\自然风景.avi
- 光盘\实例演示\第5章\更改素材的时间码

本例将对素材的时间码进行更改操作，在打开的“修改剪辑”对话框中选择“时间码”选项卡，在其中进行时间码的设置。

Step 1 在“项目”面板中选择素材，双击图标在“源监视器”面板中打开，如图5-17所示。

图5-17 打开素材图标

Step 2 在“源监视器”面板中将时间指示器移动至想启动时间码的帧处，如图5-18所示。

图5-18 设置时间线位置

Step 3 选择“编辑”/“修改”/“时间码”命令，打开“修改剪辑”对话框，选择“时间码”选项卡，在“时间码”栏中输入想要设置的起始时间码，然后选中设置于当前帧单选按钮，单击确定按钮完成操作，如图5-19所示。

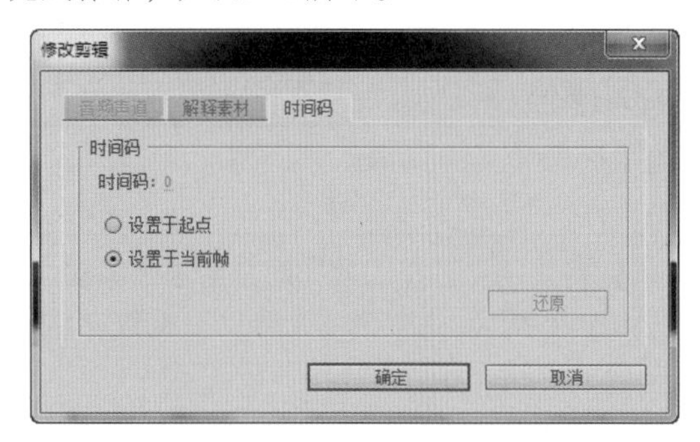

图5-19 设置时间码开始位置

技巧秒杀

为了方便影片的检查，可以使用时间码视频特效覆盖影片中的时间码。“时间码”视频特效位于“效果”面板的“视频效果”文件夹的“视频”文件夹中。

5.3.2 工具设置素材入点和出点

在Premiere Pro CC中单击“转到入点”按钮可对入点进行查看，单击“转到出点”按钮可对出点进行查看。若用户已经将素材添加到“时间轴”面板中，在编辑过程中需要重新设置素材的入点和出点，则可通过“选择工具”来快速设置。在“时间轴”面板中进行调整时，用户还可通过“放大工具”放大“时间轴”面板或通过拖动面板左下方的滑块来放大或缩小“时间线”面板，以使素材的入点和出点设置得更为准确。

使用“滚动编辑工具”、“波纹编辑工具”、“外滑工具”、“内滑工具”和“剃刀工具”也可设置素材的入点和出点。

1. “选择工具”设置入点和出点

使用“选择工具”在“时间轴”面板中编辑素材以设置素材的入点和出点是最简单也是最基本的方法，下面就介绍使用“选择工具”设置入点和出点的基本操作。

实例操作：工具设置素材的入点和出点

- 光盘\素材\第5章\落日余晖.prproj
- 光盘\实例演示\第5章\工具设置素材的入点和出点.prproj

本例将使用“选择工具”对素材进行编辑。下面为“落日余晖.prproj”项目中的“自然风景.avi”影片设置入点和出点。

Step 1 打开“落日余晖.prproj”项目文件，单击“工具”面板的“选择工具”，将鼠标光标放在素材的起始点位置，当光标变为形状时，向右拖动鼠标即可调整素材的入点，此时在素材上还将显示一个时间码来表示素材的更改，如图5-20所示。

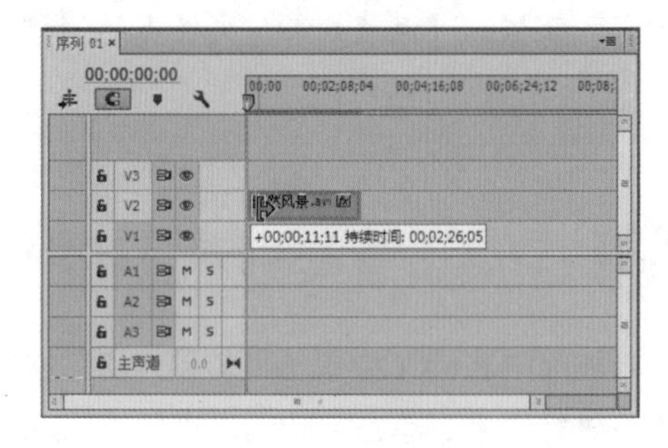

图5-20　设置素材的入点

Step 2 将鼠标光标放在素材结束点的位置，当光标变为形状时，向左拖动鼠标即可调整素材的出点，如图5-21所示。

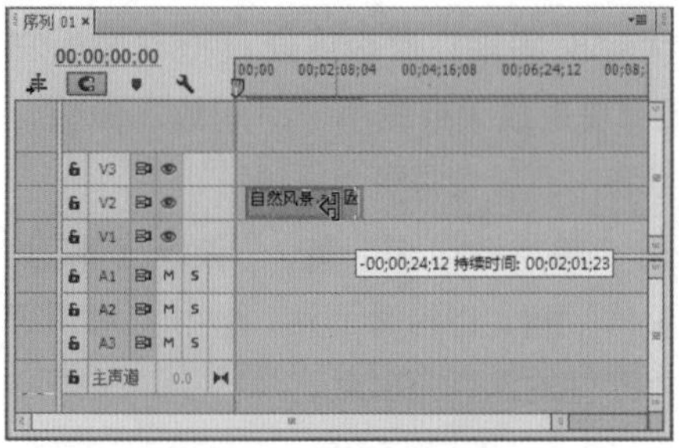

图5-21　设置素材的出点

Step 3 完成设置后，可以直接在“时间轴”面板中查看到素材的入点和出点及持续时间，如图5-22所示。

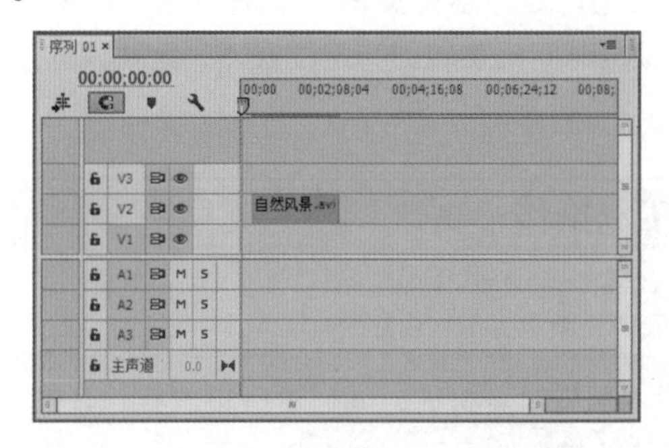

图5-22　查看素材

2. “滚动编辑工具”设置入点和出点

通过“源监视器”面板和“选择工具”是编辑素材入点与出点最常用的方法，除此之外，用户还可通过其他工具进行编辑，如“滚动编辑工具”，该工具的使用方法与“选择工具”相似，都是将鼠标光标放在两个相邻素材的边缘，当光标变为对应的形状时，拖动鼠标即可进行设置，下面主要对该工具在素材入点和出点设置的方法进行介绍。

使用“滚动编辑工具”编辑素材的入点和出点时，将不会改变整个节目的持续时间。当设置一个素材的入点和出点后，下一个素材的持续时间会根据前一个素材的变动而自动调整，如前一个素材减少了5帧，后一个素材就会增加5帧，如图5-23所示。

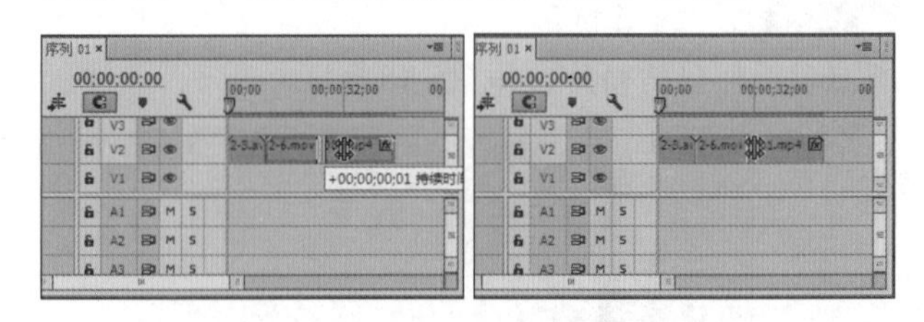

图5-23　使用“滚动编辑工具”编辑素材的入点和出点

3. “波纹编辑工具”设置入点和出点

使用“波纹编辑工具”编辑素材的入点和出点时，只会改变被编辑素材的持续时间，因此节目的持续时间会跟随素材的持续时间而改变，如图5-24所示。

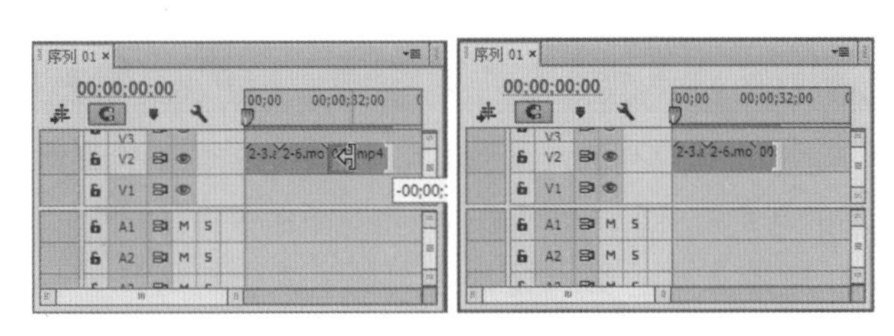

图5-24　使用“波纹编辑工具”编辑素材的入点和出点

4. “外滑工具”设置入点和出点

使用“外滑工具”可以改变两个素材之间的入点和出点，并且能保持中间素材持续时间的不同。

5. “内滑工具”设置入点和出点

“内滑工具”与“外滑工具”的作用类似，都可用于编辑两个素材之间的其他素材，不同的是，“内滑工具”会保持中间素材的入点和出点不变，而改变相邻素材的持续时间，如图5-25所示。

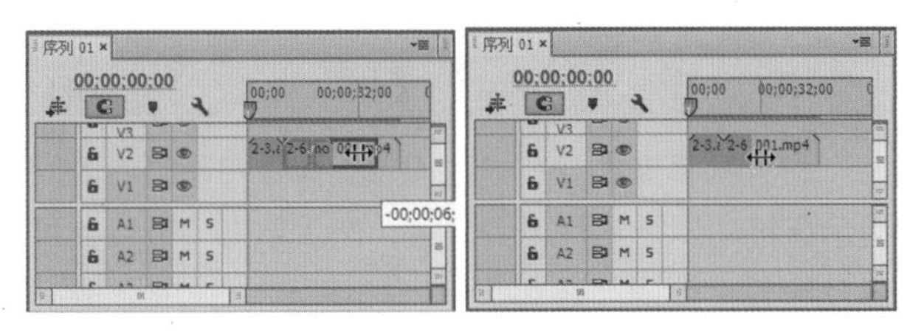

图5-25　使用“内滑工具”编辑素材的入点和出点

6. “剃刀工具”设置入点和出点

使用“剃刀工具”将素材切割成两片，也可快速创建素材的入点和出点。将时间指示器移动到想切割的帧上，在“工具”面板中选择“剃刀工具”，单击该帧，即可为素材设置新的入点和出点，如图5-26所示。如果用户要同时进行分割几个或所有轨道上的素材，可在按住Shift键的同时再选择“剃刀工具”即可。

技巧秒杀

在Premiere Pro CC中用于编辑素材入点和出点的工具，其使用方法都较为类似，只需选择工具后，在素材上进行左右拖动即可。

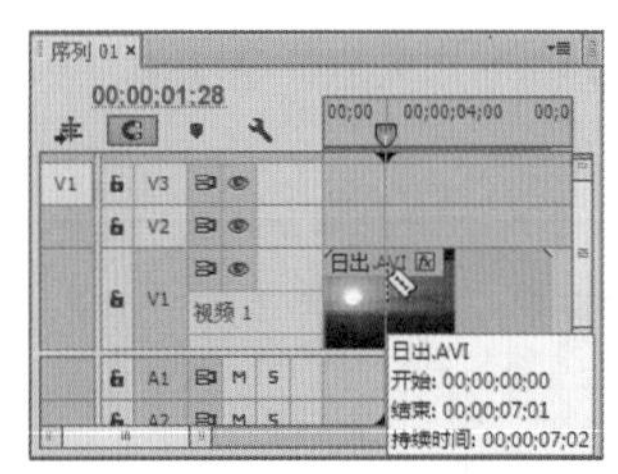

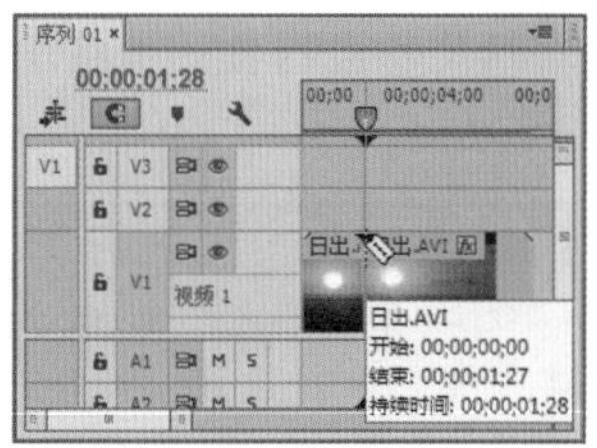

图5-26　使用“剃刀工具”编辑素材的入点和出点

5.3.3 为序列设置入点和出点

在Premiere Pro CC中也可以为序列设置入点和出点。选择“标记”/“标记入点”命令和“标记”/“标记出点”命令对序列进行设置，用于在“时间轴”面板起点和终点的入点和出点。

1. 添加入点和出点

在导入素材后，可添加入点和出点，以便进行素材的管理和操作。

实例操作：为当前序列设置入点和出点

● 光盘\实例演示\第5章\为当前序列设置入点和出点

本例将介绍为当前序列设置入点和出点的操作。为序列设置入点和出点，有利于素材的移动和素材的管理。

Step 1 在“项目”面板中导入素材，将素材拖动至“时间轴”面板中，将当前时间指示器拖动至00:00:11:07位置处，即序列入点的位置，如图5-27所示。

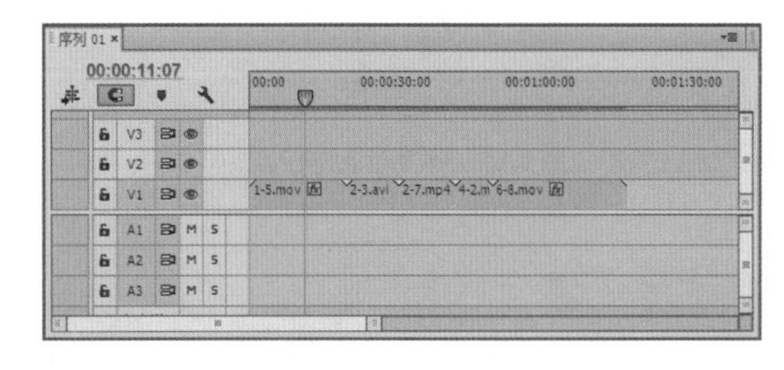

图5-27　将时间指示器拖动至序列入点位置

Step 2 选择“标记”/“标记入点”命令，在时间轴标尺相应的位置上将出现一个“入点”图标，如图5-28所示。

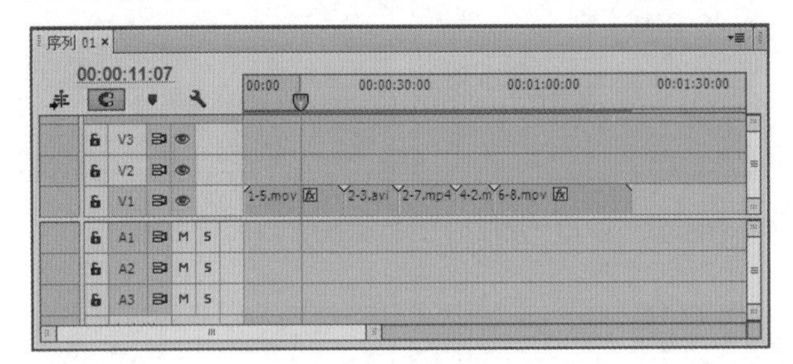

图5-28 设置序列的入点

Step 3 ▶ 将当前时间指示器拖动至要设置为序列出点的位置00:00:46:20处，选择“标记”/“标记出点”命令，在时间轴标尺上相应的位置将出现一个“出点”图标，如图5-29所示。

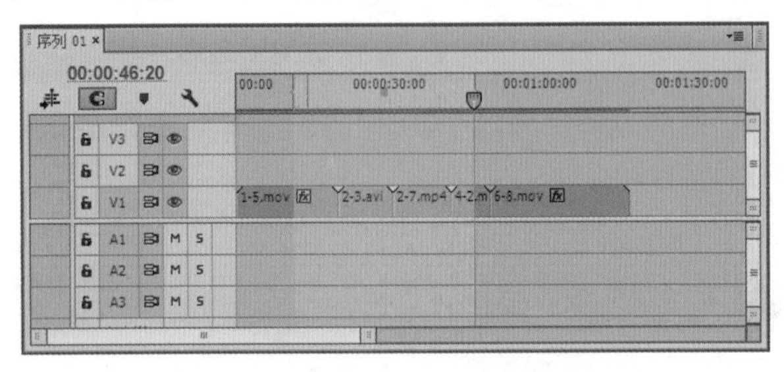

图5-29 设置序列的出点

Step 4 ▶ 设置好当前序列的入点和出点后，就可通过在“时间轴”面板中单击并拖动来移动它们，如图5-30所示。

图5-30 移动序列的入点

技巧秒杀

单击“节目监视器”面板中的“标记入点”按钮{和“标记出点”按钮}，也可为当前序列设置入点和出点。

2. 删除入点和出点

在进行序列的入点和出点设置后，若想删除设置后的入点和出点，也可通过以下菜单命令将其删除。

- **删除入点：** 若只清除序列的入点，则选择“标记”/“清除入点”命令即可。
- **删除出点：** 若只清除序列的出点，则选择“标记”/“清除出点”命令即可。
- **删除入点和出点：** 若要同时清除入点和出点，则选择“标记”/“清除入点和出点”命令即可。

5.3.4 添加并管理素材标记

在Premiere Pro CC中可以为素材添加标记，以标识重要的内容或查看素材的帧与帧之间是否对齐，下面将介绍与标记相关的知识。可以为素材添加默认的标记，并对其进行设置，如重命名标记的名称、类型和编号等。

1. 添加素材标记

打开项目文件，在“时间轴”面板中将当前时间指示器移动到需要标记的位置，然后单击“节目监视器”面板左侧的“添加标记”按钮，此时，时间标记停放处将被添加标记，如图5-31所示。

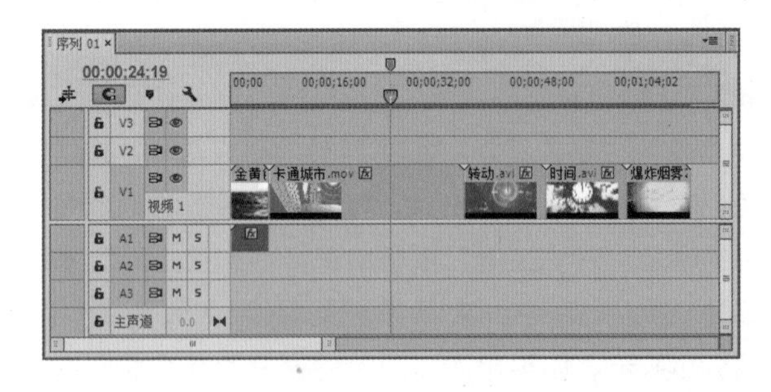

图5-31 添加标记

双击“时间轴”面板中添加的标记，在打开的“标记”对话框的“名称”文本框中输入标记名称01，在“持续时间”数值框中输入00;00;00;15，在“注释”文本框中输入需要注释的内容，然后在“选项”栏中选中注释标记单选按钮，单击确定按钮，将鼠标光标放在标记上，将弹出一个提示框显示设置的内容，如图5-32所示。

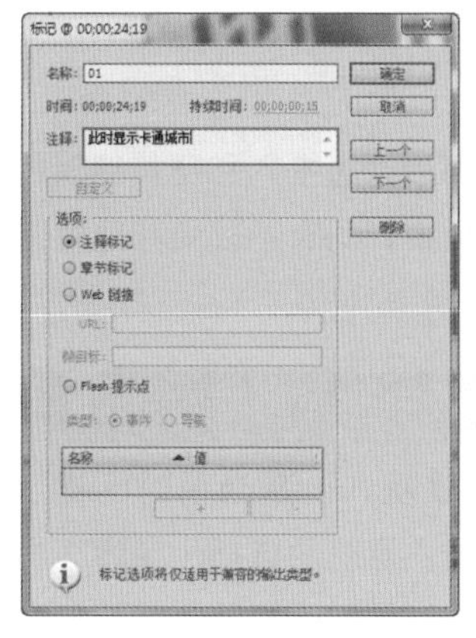
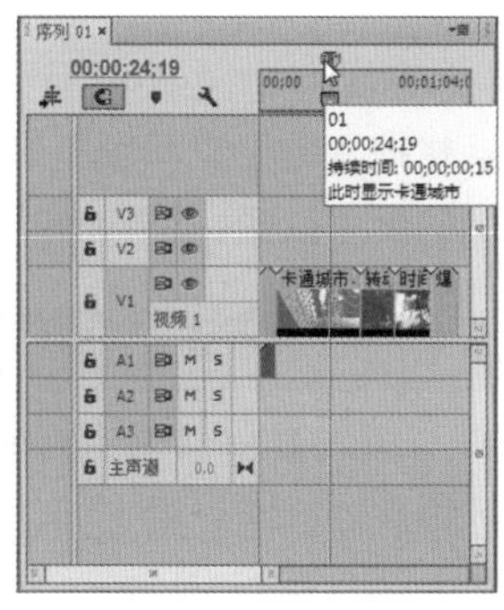

图5-32　注释标记

2. 查找素材标记

当“时间轴”面板中存在多个标记时，用户还可在其中进行查找，其方法主要有以下两种。

◆ **快捷菜单查看：**在标记上右击，在弹出的快捷菜单中选择“转到上一个标记”命令将自动跳转到上一个标记；选择“转到下一个标记”命令将跳转到下一个标记。

◆ **菜单命令查看：**在菜单栏中选择“标记”/“转到上一标记”命令将自动跳转到上一个标记；选择“标记”/“转到下一标记”命令将跳转到下一个标记。

3. 删除素材标记

如果不需要素材中的标记，可进行删除操作，方法主要有以下两种。

◆ **删除当前标记：**在“时间轴”面板的标尺上右击，在弹出的快捷菜单中选择“清除当前标记”命令即可。

◆ **删除全部标记：**在“时间轴”面板的标尺上右击，在弹出的快捷菜单中选择“清除所有标记”命令即可。

5.4 在“时间轴”面板中编辑素材

在“时间轴”面板中编辑素材时，可以对素材进行插入和覆盖、替换、分离和链接、设置持续时间、提升和提取等操作，以满足制作过程中的不同需要，下面就对其进行详细讲解。

5.4.1 提升和提取编辑标记

在创建序列标记后，可对其进行“提升”和“提取”编辑入点和出点，但该编辑将会在“时间轴”面板中移除一些帧。在进行“提升”编辑时，Premiere Pro CC将从时间轴提升出一个片段，然后在已删除素材的位置留一个空白区域。在进行“提取”编辑时，Premiere Pro CC将移除素材的一部分，然后将剩余部分的素材帧汇集到一起。

实例操作：提升和提取序列标记

● 光盘\实例演示\第5章\提升和提取序列标记

本例将使用序列标记进行“提升”和“提取”编辑操作。

Step 1 在需要删除的区域上设置入点和出点序列标记，如图5-33所示。

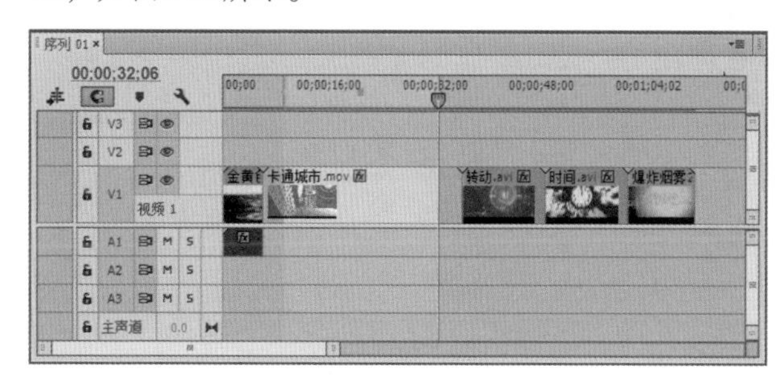

图5-33　设置序列入点和出点

Step 2 选择“序列”/“提升”命令，或在“节目监视器”面板中单击“提升”按钮，即可完成“提升”编辑操作，此时Premiere Pro CC将移除由入点标记和出点标记划分出的区域，并在时间轴中留

下一个空白区域，如图5-34所示。

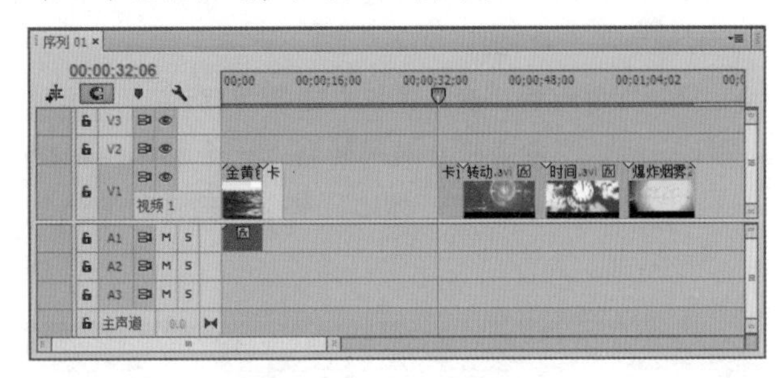

图5-34 提升后的效果

Step 3 ▶ 选择“编辑”/“撤销”命令，或按Ctrl+Z快捷键，撤销“提升”编辑操作，使素材回到“提升”编辑前的状态，如图5-35所示。

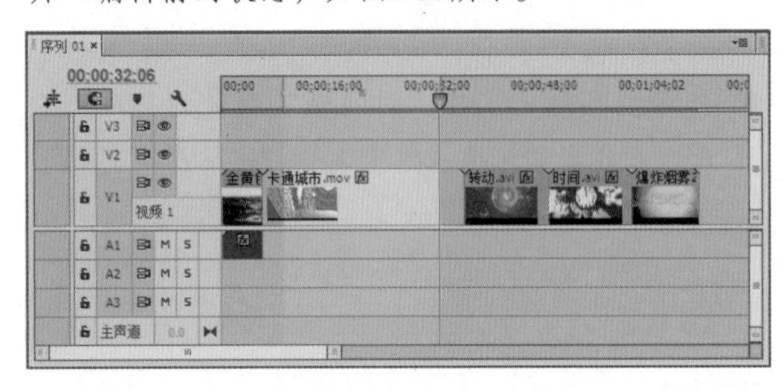

图5-35 取消“提升”编辑操作

Step 4 ▶ 选择“序列”/“提取”命令，或在“节目监视器”面板中单击“提取”按钮，即可完成“提取”编辑操作，此时Premiere Pro CC将移除由入点标记和出点标记划分出的区域，并将已编辑的部分连接在一起，如图5-36所示。

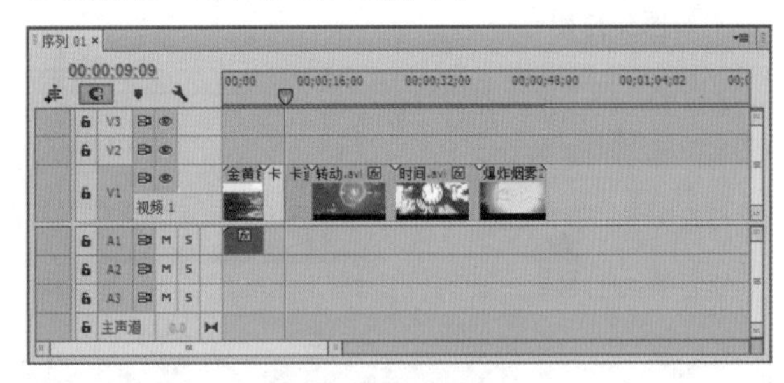

图5-36 提取后的效果

读书笔记

5.4.2 创建插入和覆盖编辑

在Premiere Pro CC中可以通过插入和覆盖编辑将素材插入到“时间轴”面板中，同时不改变其他轨道中的素材位置。

1. 在“时间轴”面板中插入素材

插入素材通常有两种情况，一是当前时间指示器移动到两素材之间，插入素材后该指示器之后的素材都将向后推移；二是当前时间指示器放置在素材之上，则插入的新素材会将原素材分为两段。

实例操作：插入素材

- 光盘\素材\第5章\阳光璀璨.prproj
- 光盘\实例演示\第5章\插入素材

本例将介绍在时间轴上插入素材，打开“阳光璀璨.prproj”项目，在“时间.avi”素材上插入“转动.avi”素材。

Step 1 ▶ 打开“阳光璀璨.prproj”项目，在“项目”面板中双击“转动.avi”素材“标签”栏中对应的图标，使素材在“源监视器”面板中进行显示。在“时间轴”面板中将当前时间指示器拖动到需要插入素材的位置为00;00;40;18，然后单击“源监视器面板中的“插入”按钮，如图5-37所示。

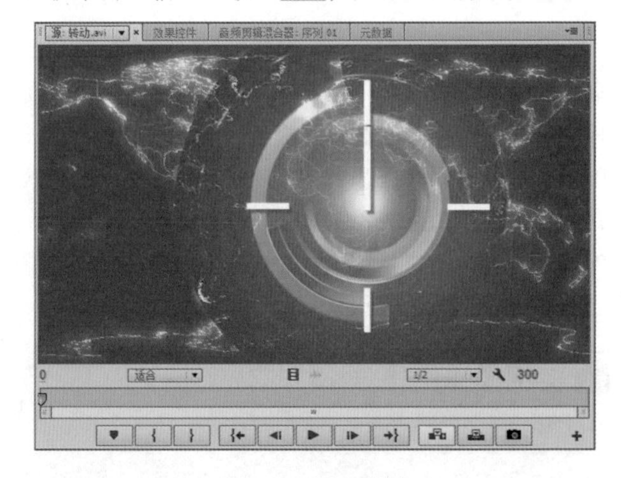

图5-37 插入素材

Step 2 ▶ 此时素材“转动.avi”被插入到“时间轴”

面板中，并且素材“时间.avi”被分割为两部分，如图5-38所示。

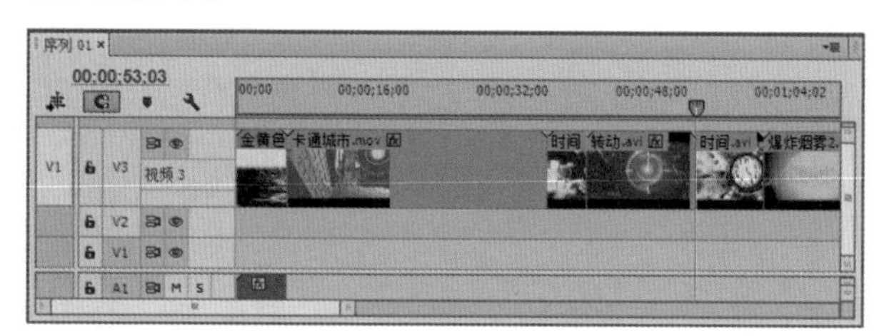

图5-38　插入素材后的效果

技巧秒杀

插入和覆盖素材时，都是从当前时间指示器之后的位置开始进行的。

2. 在“时间轴”面板中覆盖素材

覆盖素材的操作与替换素材的操作基本相同，都是将添加到“时间轴”面板中的素材替换为其他的素材，不同的是，覆盖素材时会根据当前时间指示器的位置向后推移项目。

打开“阳光璀璨.prproj”项目，在“源监视器”面板中显示了“转动.avi”素材，并设置其入点和出点。在“时间轴”面板中将当前时间指示器拖动到需要覆盖素材的位置，这里设置为00;00;42;12，单击“源监视器”面板中的“覆盖”按钮，将在“时间轴”面板中的当前时间指示器处加入素材，并将指示器后的素材覆盖，如图5-39所示。

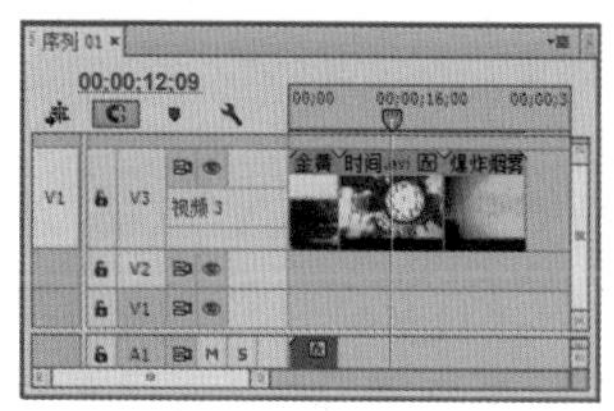

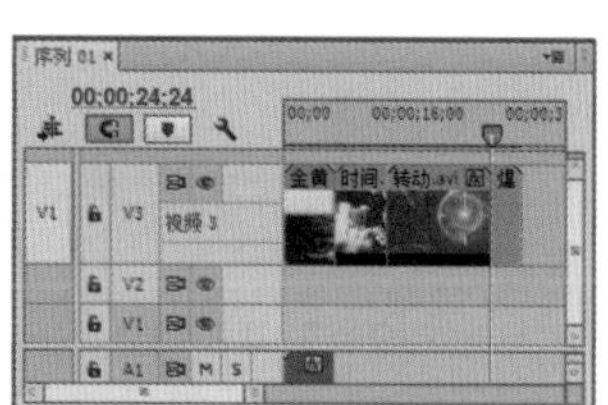

图5-39　覆盖素材后的效果

3. 手动创建插入或覆盖编辑

用户除了可以在“时间轴”面板上插入和覆盖素材，还可以直接将素材拖动至“时间轴”面板来创建插入和覆盖编辑。

实例操作：手动插入素材或覆盖素材编辑

- 光盘\素材\第5章\127.AVI、104.AVI
- 光盘\实例演示\第5章\手动插入素材或覆盖素材编辑

本例将介绍在时间轴上用鼠标进行插入素材，将一个素材导入至“时间轴”面板中，再将另一个素材在“源监视器”面板中设置入点和出点，然后将其拖动至“时间轴”面板中进行插入和覆盖操作。

Step 1 导入一个素材（127.AVI）至“项目”面板中，并将其添加到“时间轴”面板中，再导入另一个素材（104.AVI）至“项目”面板中，并使其在“源监视器”面板中显示，如图5-40所示。

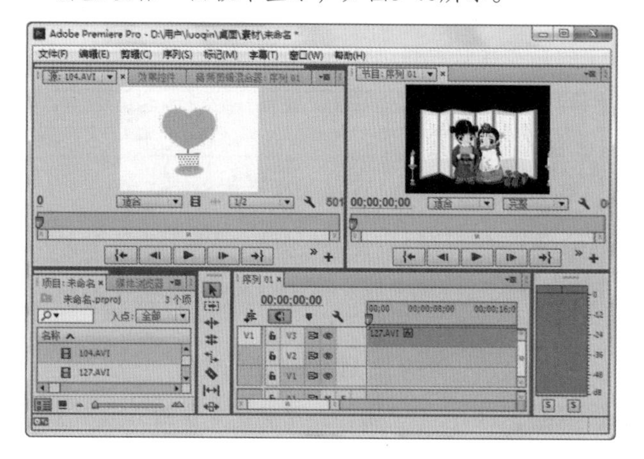

图5-40　导入素材

Step 2 在“源监视器”面板中，为素材（104.AVI）设置入点和出点，如图5-41所示。

图5-41　设置入点和出点

Step 3 ▶ 在“时间轴”面板中将时间指示器拖动至插入素材的位置，按住Ctrl键的同时，单击素材（104.AVI），并将其从“源监视器”面板中拖动至时间轴上，如图5-42所示。

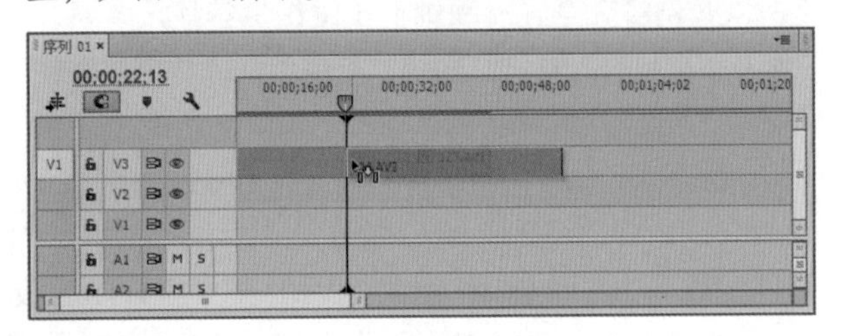

图5-42　拖动素材至时间轴

Step 4 ▶ 释放鼠标，然后释放Ctrl键，Premiere Pro CC会将新素材插入“时间轴”面板中，并将插入点上的影片推向右侧，如图5-43所示。

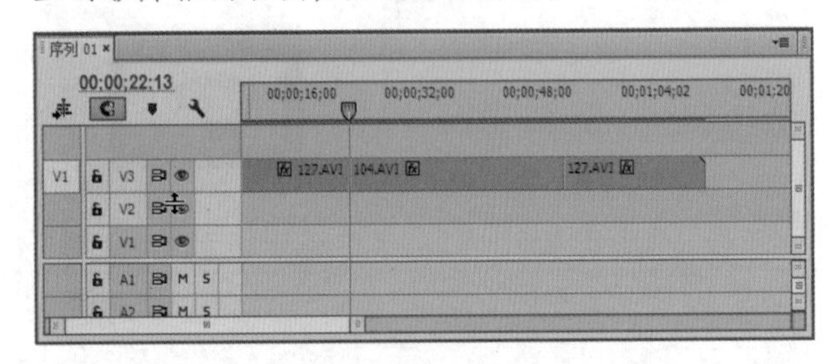

图5-43　插入素材后的效果

Step 5 ▶ 按Ctrl+Z快捷键，使其恢复至插入素材前的状态，单击覆盖的素材，并将其从“源监视器”面板拖动至“时间轴”面板中的素材上，如图5-44所示。

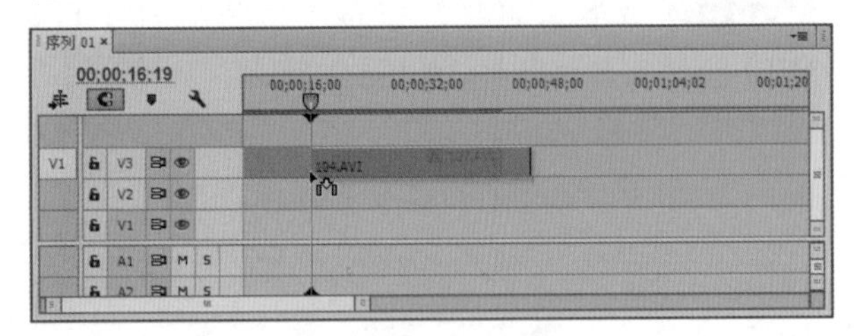

图5-44　拖动素材至“时间轴”面板

读书笔记

Step 6 ▶ 释放鼠标后，Premiere Pro CC将覆盖的素材放置在源素材上，并将底层的素材移除，如图5-45所示。

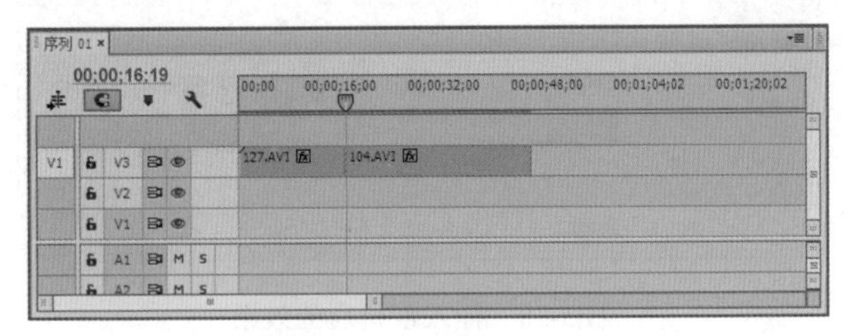

图5-45　覆盖素材后的效果

5.4.3 分离和链接素材

在Premiere Pro CC中还可以对视频和音频文件进行链接和分离操作，下面分别进行介绍。

- 链接素材：在“时间轴”面板中选择需要进行链接的视频、音频素材，右击，在弹出的快捷菜单中选择“链接”命令即可。
- 分离素材：分离素材用于已存在链接的视频、音频。其方法是：在“时间轴”面板中选择链接的视频、音频素材，右击，在弹出的快捷菜单中选择“取消链接”命令即可。

5.4.4 替换素材

如果项目中已有的素材不符合制作的需要，可对其进行替换操作。替换素材可在“项目”面板或“源监视器”面板中操作，下面分别对其方法进行介绍。

1. 在“项目”面板中替换素材

在Premiere Pro CC中编辑完素材并将其拖动到“时间轴”面板中后，如果需要使用另一个素材来替换该素材，可替换“项目”面板中的原始素材并让其自动编辑替换，以使项目的持续时间不发生变化，其方法有以下两种。

- 拖动替换：选择用于替换的素材，按住Alt键，然后将该素材从“项目”面板中拖动到“时间轴”面板中需要替换的素材上即可。

- **快捷菜单替换**：在“项目”面板中选择被替换的素材，然后在“时间轴”面板中选择需要替换的素材，右击，在弹出的快捷菜单中选择“使用剪辑替换”/“从源监视器”命令，即可直接使用“项目”面板中的素材替换“时间轴”面板中的素材而不改变素材的属性。

2. 在“源监视器”面板中替换素材

使用“源监视器”面板替换“时间轴”面板中的素材，可使素材从“源监视器”面板中选择的帧处进行替换。

实例操作：在“源监视器”面板中替换素材

- 光盘\素材\第5章\彩色光芒.prproj、08.avi
- 光盘\实例演示\第5章\在“源监视器”面板中替换素材

本例将在“源监视器”面板中进行素材的替换，下面将把“彩色光芒.prproj”项目中的01.mov素材替换为08.avi素材。

Step 1 打开“彩色光芒.prproj”项目文件，在“项目”面板中双击08.avi素材，使其显示在“源监视器”面板中。在“源监视器”面板中将当前时间指示器移动到起始替换的帧上（如33帧），如图5-46所示。

图5-46 设置替换的位置

Step 2 在“时间轴”面板中选择需要替换的素材，然后选择“剪辑”/“替换为剪辑”/“从源监视器”命令，在弹出的子菜单中选择“从源监视器”命令进行切换即可，如图5-47所示为替换素材的效果。

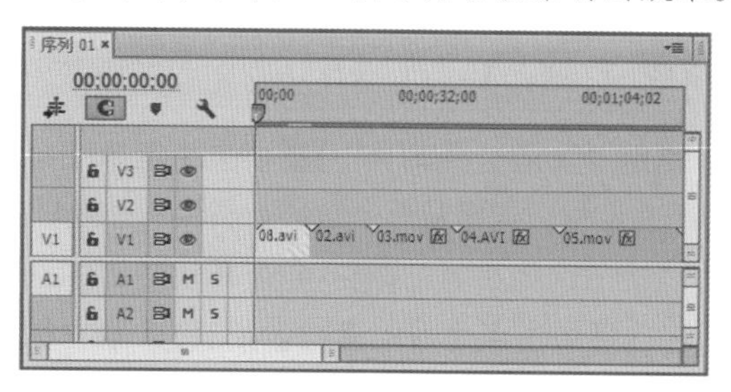

图5-47 查看替换素材的结果

5.4.5 选择和移动素材

将素材放置到“时间轴”面板后，进行编辑的过程中还可能需要对其进行重新布置。用户可选择一次移动或者同时移动多个素材的方法进行素材的移动。若要单独移动一个素材中的视频或音频，则需要先断开素材的音频和视频的链接。

1. 使用“选择工具”

移动单个素材最简单的方法是：使用“选择工具”在“时间轴”面板中单击该素材并移动它。下面对选择素材的方法分别进行介绍。

- **选择单个素材**：可选择“选择工具”，并单击需要选择的素材。
- **选择多个素材**：可按住Shift键单击需要选择的素材，或者通过单击并拖动鼠标创建一个包围所选素材的选取框，在释放鼠标后，选取框中的素材将被选中（此方法可选择不同轨道上的素材）。
- **选择素材的视频部分（不选择音频部分）**：需要选择素材的视频部分（不选择音频部分），或选择音频部分（不选择视频部分）时，可按住Alt键并单击视频或音频所在的轨道。
- **添加或删除一个素材或素材的某个部分**：可按住Shift键单击并拖动环绕素材的选取框。

如果想让该素材吸附在另一个素材的边缘，可选择“序列”/“对齐”命令，也可在“时间轴”面板中单击“对齐”按钮。在选中素材后就可单击和拖动来移动它们的位置。按Delete键可将选择的素材从序列中删除。

2. 使用“轨道选择工具”

使用“轨道选择工具”可快速选择一个轨道上的所有素材，或者从一个轨道上删除一些素材。

“轨道选择工具”不会选择轨道上的所有素材，它选择单击点之后的素材。如将5个素材放置在“时间轴”面板上并且想选择后两个素材，可单击第四个素材，后两个素材将被选中，如图5-48所示。

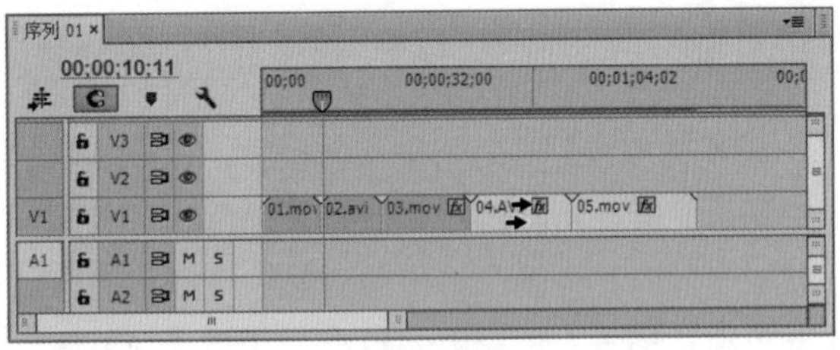

图5-48 使用“轨道选择工具”选取单个素材

使用“轨道选择工具”还可快速地选择不同时间轴轨道上的多个素材，使用“轨道选择工具”单击一个轨道，这样可选择从第一个单击点开始的所有轨道上的全部素材。在按住Shift键的同时，光标将变为单箭头状态，将选择从第一个单击点开始的一个轨道的全部素材，如图5-49所示。

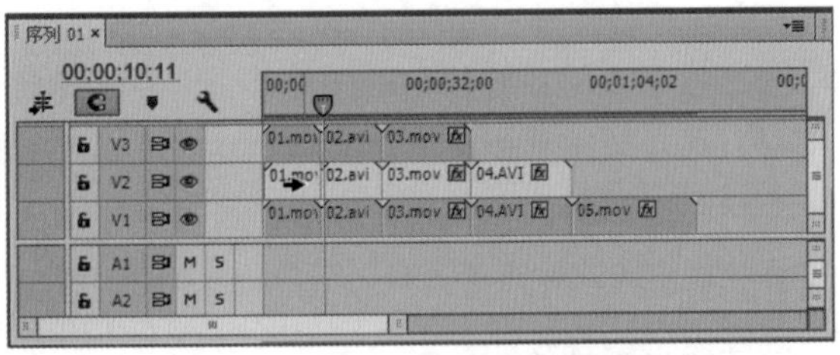

图5-49 使用“轨道选择工具”选取整个轨道素材

使用“轨道选择工具”选择素材后，还可移动素材，按住鼠标左键不放左右移动，移动至合适的位置后释放鼠标；按住鼠标左键不放进行上下移动，可改变素材的轨道。

5.4.6 改变素材的速度/持续时间

素材的速度和持续时间决定了影片播放的快慢和显示的时间长短，可以通过选择“剪辑”/“速度/持续时间”命令，或在需要设置的素材上右击，在弹出的快捷菜单中选择“速度/持续时间”命令，打开“剪辑速度/持续时间”对话框，在其中重新输入素材显示的时间后，单击确定按钮即可改变素材的显示时间，如图5-50所示。

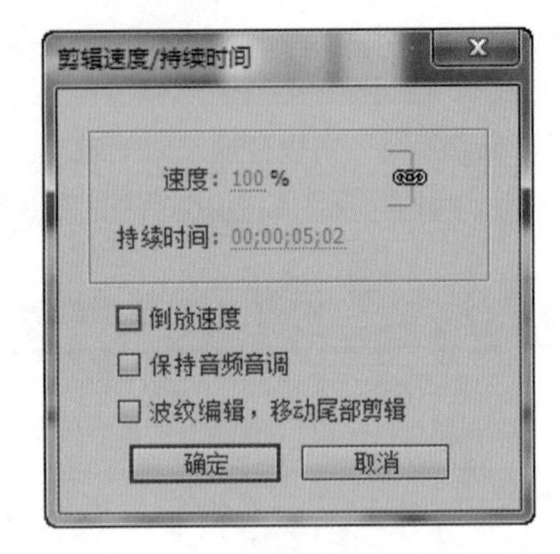

图5-50 “剪辑速度/持续时间”对话框

知识解析：“剪辑速度/持续时间”对话框

- “速度”数值框：用于设置影片播放速度的百分比。
- “持续时间”数值框：用于设置素材显示时间的长短，其值越大，播放速度越慢；其值越小，播放速度越快。
- 倒放速度复选框：选中该复选框，可反向播放影片。
- 保持音频音调复选框：当影片中包含音频时，可选中该复选框，使音频的播放速度保持不变。
- 波纹编辑，移动尾部剪辑复选框：选中该复选框，可以对素材进行波纹编辑。

读书笔记

5.4.7 修改素材的属性

在Premiere Pro CC中可以通过“解释素材”功能修改素材的属性，在“项目”面板中选择素材后，右击，在弹出的快捷菜单中选择“修改”/“解释素材”命令，在打开的“修改剪辑”对话框中对素材的帧速率、像素长宽比、场序和Alpha通道进行设置即可，如图5-51所示。

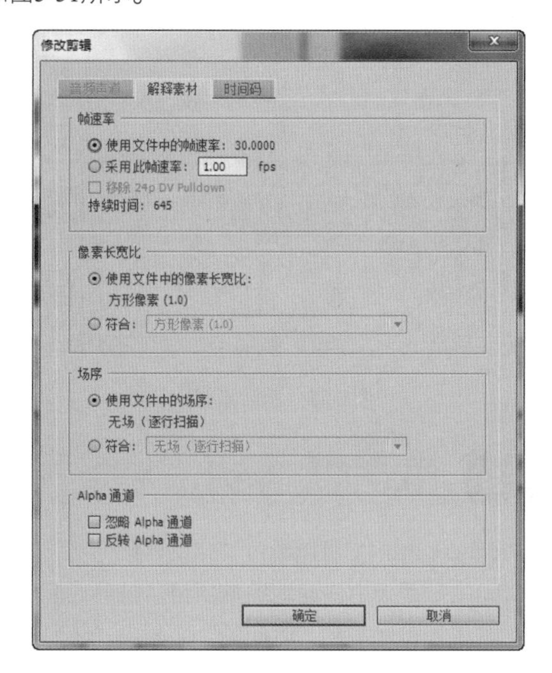

图5-51 “修改剪辑”对话框

知识解析：“修改剪辑”对话框

◆ 帧速率：选中 使用文件中的帧速率：30.0000 单选按钮，则使用默认的文件帧速率。选中 采用此帧速率： 单选按钮，在后方的数值框中可自定义素材的帧速率。

读书笔记

◆ 像素长宽比：选中 使用文件中的像素长宽比： 单选按钮，则使用默认的文件像素长宽比。选中 符合： 单选按钮，在后面的下拉列表框中重新指定素材的像素长宽比，如图5-52所示。

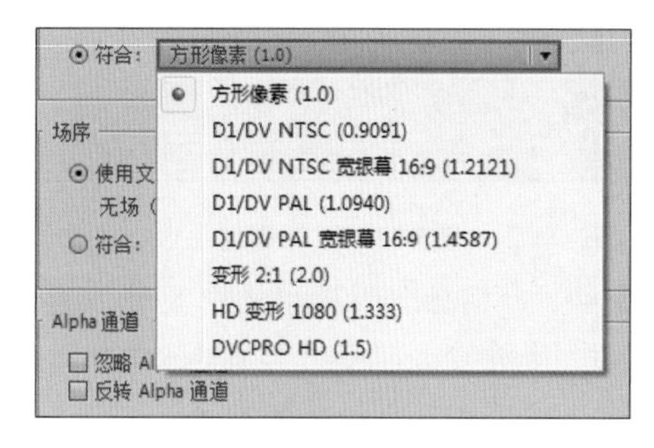

图5-52 选择像素长宽比

◆ 场序：选中 使用文件中的场序： 单选按钮，将使用文件中默认的场序。选中 符合： 单选按钮，在后面的下拉列表框中可重新设定视频的场序。

◆ Alpha通道：选中 反转 Alpha 通道 复选框，将忽略Premiere Pro CC项目文件中的透明通道。选中 忽略 Alpha 通道 复选框，将在保存透明通道中信息的同时，也保存可见的RGB通道中相同的信息。

5.4.8 激活和禁用素材

在进行视频制作过程中，在“节目监视器”面板中对项目进行播放时，对不需要查看的素材视频，可将其禁用而无须删除素材，这样还可避免将其导出。

实例操作：激活和禁用素材

- 光盘\素材\第5章\桃花.AVI
- 光盘\实例演示\第5章\激活和禁用素材

本例将介绍在时间轴上对素材进行激活和禁用操作，选择“剪辑”/“启用”命令，对素材进行禁用和激活操作。

Step 1 ▶ 在“项目”面板中导入一个素材，将该素材添加到“时间轴”面板的视频轨道中，如图5-53所示。

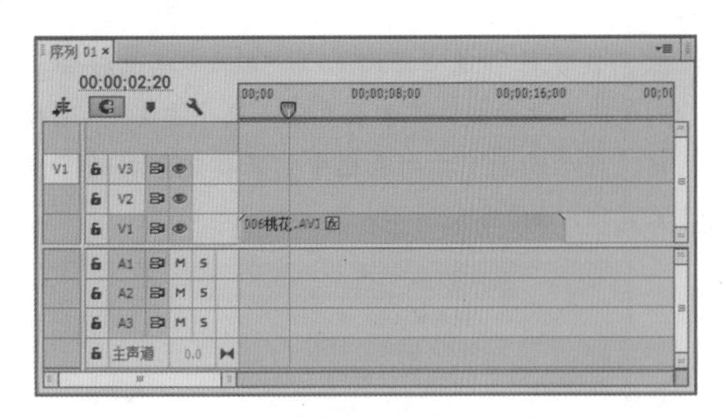

图5-53　添加素材

Step 2 ▶ 在“时间轴”面板中选中素材，选择“剪辑”/“启用”命令，“启用”菜单上的复选框标记将被移除，此时素材将被设置为禁用状态，禁用的素材将显示为灰色，并且该素材在“节目监视器”面板中不能显示，如图5-54所示。

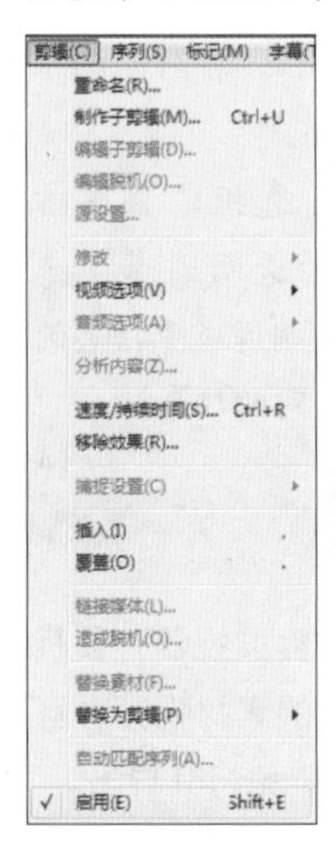

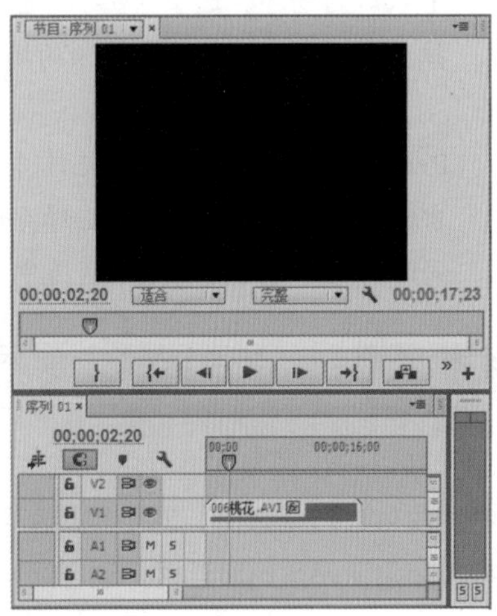

图5-54　禁用素材

读书笔记

Step 3 ▶ 再次选择“剪辑”/“启用”命令，将素材设置为激活状态，素材将在“节目监视器”面板中显示，此时素材被重新激活，如图5-55所示。

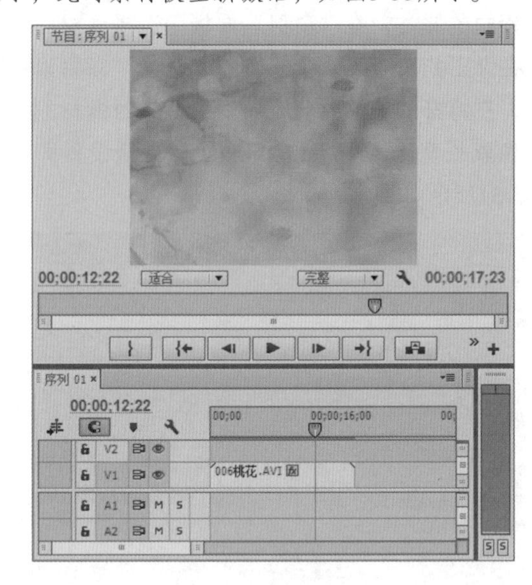

图5-55　激活素材

5.4.9 自动匹配序列

Premiere Pro CC可以通过“自动匹配序列”功能在“时间轴”面板中快速地编排项目。自动匹配序列不仅可以将素材添加到“时间轴”面板中，还可以在素材之间添加默认转场效果。因此，可以将该命令视为创建快速粗剪的方法。若“项目”面板中包含了太多与影片无关的素材，那么选择“自动匹配序列”命令之前先修整“源监视器”面板中的素材较好。

实例操作：自动匹配序列

● 光盘\实例演示\第5章\自动匹配序列

本例将通过选择“剪辑”/“自动匹配序列”命令，在打开的“序列自动化”对话框中进行参数设置，完成对素材进行自动匹配序列的操作。

Step 1 ▶ 将素材导入到“项目”面板中，将部分素材添加到“时间轴”面板中，并将当前时间指示器移动至想要设置开始位置的地方，如图5-56所示。

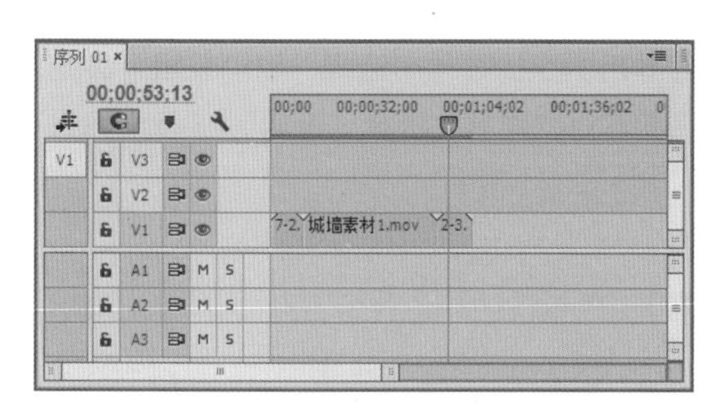

图5-56　将素材导入“时间轴”面板

Step 2 在“项目”面板中选择需要自动匹配到“时间轴”面板中的素材，选择“剪辑”/“自动匹配序列”命令，或单击“项目”面板中的“自动匹配序列”按钮，如图5-57所示。

图5-57　选择需要自动匹配的素材

Step 3 打开“序列自动化”对话框，选择控制素材放置在时间轴的方式，单击确定按钮，完成操作，即可在“节目监视器”面板中查看自动匹配序列后的效果，如图5-58所示。

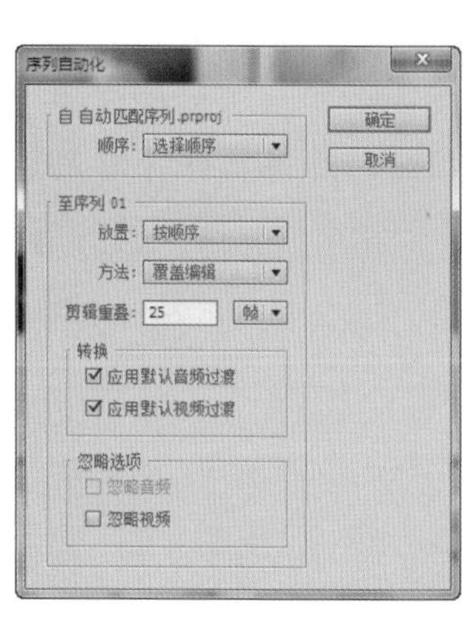

图5-58　自动匹配后的效果

知识解析：“序列自动化”对话框

◆ 顺序：在其下拉列表中可选择素材的排序，可选择素材在“项目”面板中的排列顺序，或根据在“项目”面板中选择的素材进行顺序排列。

◆ 放置：选择按顺序对素材进行排序，或者选择按时间轴中的每个未编号标记序列。若选择“未编号标记”选项，那么Premiere Pro CC将禁用该对话框的“转换”选项。

◆ 方法：在其下拉列表框中有“插入编辑”或“覆盖编辑”选项。若选择“插入编辑”选项，则已经在“时间轴”面板中的素材将向右推移。若选择“覆盖编辑”选项，则“项目”面板中的素材将替换“时间轴”面板中的素材。

◆ 剪辑重叠：在该文本框中可输入设置默认转场的时间。在30帧长的转场中，15帧将覆盖来自两个相邻素材的帧。

◆ 应用默认音频过渡复选框：选中该复选框，将对当前已设置好的素材添加默认的视频切换转场。

◆ 应用默认视频过渡复选框：选中该复选框，将对当前已设置好的素材添加默认的音频切换转场。

◆ 忽略音频复选框：选中该复选框，Premiere Pro CC不会将素材的音频放置在时间轴中。

◆ 忽略视频复选框：选中该复选框，Premiere Pro CC不会将视频放置在时间轴中。

技巧秒杀

可以将“项目”面板中选择的素材按顺序放置在时间轴中。先需要对“项目”面板中的素材进行排序，以便使其在“时间轴”面板中以用户想要的顺序出现。按住Shift键并单击素材，在“项目”面板中选择多个素材，将其拖入“时间轴”面板中，此时素材的顺序与“项目”面板中的顺序相同。

读书笔记

5.4.10 素材编组与取消编组

在使用Premiere Pro CC进行视频编辑的过程中，如果需要对多个素材进行整体操作，可通过群组命令将这些素材组合为一个整体再进行操作，可减少工作的重复性。在对素材进行编组后，可通过单击任意组的编号对该组的每个素材进行选择。还可通过选择该组的任意素材，按Delete键将该组的所有素材进行删除。

在“时间轴”面板中选择需要进行群组的多个素材，然后右击，在弹出的快捷菜单中选择“编组”命令，或选择“剪辑”/“编组”命令即可对其进行编组操作，如图5-59所示。

图5-59 素材编组

对素材进行编组操作后，可对其进行取消编组操作。取消编组的方法很简单，在需要解组的对象上右击，在弹出的快捷菜单中选择“取消编组”命令，或选中需要解组的对象，选择“剪辑”/“取消编组”命令即可。

?答疑解惑：

在“时间轴”面板中放大轨道后，为什么可以看到素材中显示有“透明度”等字样呢？

这是素材自带的“透明度”特效，该特效在放大轨道后即可看到，用户可以在“特效控制台”面板中查看其对应的属性，也可以单击该选项选择其他的进行显示。

?答疑解惑：

在Premiere Pro CC中打开项目后，已经将素材导入到项目中，此时发现还需要对素材进行编辑，能在不退出Premiere Pro CC的情况下，对源素材进行编辑吗？

当然可以，Premiere Pro CC提供了在其他软件中打开素材的功能，可通过该功能在其他兼容软件中打开素材进行查看和编辑。如使用Photoshop打开并编辑图片，使用Quick Time观看MOV影片等。其方法是：在“时间轴”面板中选择需要进行编辑的素材，右击，在弹出的快捷菜单中选择“编辑原始资料”命令，将打开素材默认的编辑软件，在其中对素材进行编辑并保存后，返回Premiere Pro CC中即可自动更新当前素材。但需要注意的是，必须保证计算机中安装了编辑素材相应的应用软件并有足够的内存来运行该程序。

知识大爆炸——三点编辑和四点编辑

1. 三点编辑

三点编辑可将部分节目影片使用源素材进行覆盖或替换操作。在进行三点编辑时，需要对三个重要的点进行指定，这3个点分别为源素材的入点、节目影片的一个入点和节目影片的一个出点。下面分别介绍三点编辑的3个点。

◆ **源素材的入点**：该点是指在视频中看到的源素材的第一帧。

◆ **节目影片的一个入点**：该点是指源素材替换节目影片的第一帧。

◆ **节目影片的一个出点**：该点是指源素材替换节目影片的结束位置的帧。

在以下的情况下，用户可使用三点编辑。在“时间轴”面板中放置了动作素材，且需要替换2秒的切换镜头，要完成该操作，需要在“源监视器”面板中打开作为切换镜头的素材，并对其设置入点，然后在“节目监视器”面板中为动作素材设置入点和出点。选择三点编辑时，切换镜头的素材将会出现动作素材的入点和出点。

指定3个点后，选择“序列”/“提升”命令，Premiere Pro CC将自动计算被替换的部分素材，在“节目监视器”面板中可对编辑后的效果进行预览。

2. 四点编辑

与三点编辑相比，四点编辑的应用更加复杂。进行三点编辑时，只需要对3个点进行指定，而进行四点编辑时，则需要对4个点进行指定，即源素材的入点、源素材的出点、节目素材的入点和节目素材的出点。

四点编辑的操作与三点编辑的操作方法基本相同，在进行四点编辑之前，需要先对目标轨道进行设置，若没有选择轨道，需要在“时间轴”面板的素材轨道中进行选择。进行四点编辑时，用户需要在“源监视器”面板中对素材的入点和素材的出点进行设置。若源素材的入点和源素材的出点的持续时间与节目素材的入点和节目素材的出点之间的持续时间不匹配，可选择修整源素材，或选择素材，右击，在弹出的快捷菜单中选择“速度/持续时间”命令，对源素材的速度进行设置。

读书笔记

01 02 03 04 05 06 07 08 09 10 11 12 13 14 ……

视频元素与剪辑操作

本章导读

视频元素和剪辑操作是制作视频必不可少的。在Premiere Pro CC中可使用创建新元素的方法来创建素材，可在“项目”面板中查看序列源和剪辑素材。本章将讲解如何使用Premiere Pro CC创建新元素、修剪剪辑等知识。

6.1 获取影视素材

视频是以素材为基础制作的，在制作视频时，可先获取影视素材。获取影视素材的方法有很多，如用户进行自由拍摄、购买他人拥有的素材、网上下载素材或数字视频捕捉等，下面对获取影视素材的知识进行详细介绍。

6.1.1 实地拍摄

获取影视素材的方法有很多，最常用的是使用实地拍摄的方法。

在进行实地拍摄之前应该做好准备工作，检查电池电量是否充足；检查DV带是否准备充足，若需要进行长时间拍摄，还应该安装好三脚架。

拍摄之前，应该计划好拍摄的主题，还应该对实地现场的大小、灯光情况和主场景的位置进行考察，以便确定好拍摄的内容。

做好了准备工作后，就可以进行实地拍摄，获取需要的影视素材了。

6.1.2 视频素材采集

在完成素材拍摄后，可以在DV机中回放所拍摄的素材，还可以将其S端子或AV输出与电视机连接，在电视机上进行浏览。

如果需要对拍摄的素材进行编辑，则需要将DV带里的存储视频素材传输到计算机中，该操作被称为视频素材的采集。

6.1.3 模拟信号捕捉

通过视频采集卡可以将视频输入端的模拟视频信号传输至计算机中，采集该信号，量化成数字信号，再压缩编码成数字视频。将模拟音频转化成数字音频的过程称为采样，其过程所用到的主要硬件设置是模拟/数字转换器（Analog to Digital Converter，ADC），计算机的声卡中集成了模拟/数字转换芯片，其功能与模拟/数字转换器的功能大致相同。采样的过程实际是将通常的模拟音频信号的电信号转换成被称为“比特（Bit）”的二进制码0和1，数字音频文件则是由这些0和1构成的。

模拟视频输入端可以提供不间断的信息源，需要使用视频采集卡对模拟视频序列中的每帧图像进行采集，并在对下一帧图像采集之前将这些采集的数据传入计算机系统，所以实现采集的关键是每一帧所需的处理时间。若处理每帧视频图像所用的时间超过相邻两帧之间的相隔时间，则会出现丢帧的情况。

采集卡是先对获取的视频序列进行压缩处理，然后存入硬盘，将视频序列的获取和压缩一起进行操作。

6.1.4 购买他人拥有的素材

购买他人拥有的素材也是获取素材的方法之一，购买他人的素材比较方便和快捷。目前市面上有很多素材光盘销售，此方法也是多数用户比较喜欢并且实用的方法。

6.1.5 网上进行下载

现今是网络发达的时代，在网络中也提供了大量的素材下载网，如素材网（http://www.sucai.com）和昵图网（http://www.nipic.com）等，用户可直接在这些网站中进行下载。

技巧秒杀

在获取素材时，需要注意版权的问题，尤其是在网上搜索下载素材时，一定要确保素材是可以使用的，可征求素材拥有者的同意后下载。

6.2 导入素材

进行影视作品制作时，首先需要将视频导入Premiere Pro CC中才可以进行编辑。Premiere Pro CC适合很多格式的素材，所以可以导入音频、图片和序列图片，导入After Effects合成文件和RED R3D源文件，还可以使用Adobe Bridge导入素材，下面对在Premiere Pro CC中导入各种素材的方法进行详细讲解。

6.2.1 导入PSD图层文件

在Premiere Pro CC中可以导入由Photoshop制作的PSD图层文件，只需选择“文件”/“导入”命令，或按Ctrl+I快捷键，用户还可双击“项目”面板中的空白处，都可打开“导入”对话框，在其中选择需要导入的PSD素材，单击 打开(O) 按钮，将打开“导入分层文件”对话框，在打开的对话框中进行相应的设置即可。

实例操作：导入图层文件

- 光盘\素材\第6章\宣传字体.psd
- 光盘\实例演示\第6章\导入图层文件

本例将在Premiere Pro CC中导入“宣传字体.psd”文件中除“背景 拷贝”图层外的所有图层。

Step 1 ▶ 启动Premiere Pro CC，新建“宣传字体.prproj”项目文件，选择“文件”/“导入”命令，或在“项目”面板中右击，在弹出的快捷菜单中选择“导入”命令，打开“导入”对话框，在其中的列表框中选择需要导入的“宣传字体.psd”文件，如图6-1所示。

图6-1　选择文件

Step 2 ▶ 单击 打开(O) 按钮，打开“导入分层文件：宣传字体”对话框，在“导入为”下拉列表框中选择“各个图层”选项，在下方的列表框中取消选中 □ 背景 拷贝 复选框，如图6-2所示。

图6-2　取消选择图层

读书笔记

Step 3 ▶ 单击 确定 按钮，返回Premiere Pro CC即可在“项目”面板中看到导入的效果，如图6-3所示。

图6-3 设置参数

技巧秒杀

在“项目”面板的空白处双击，可快速打开“导入”对话框，在其中选择需要导入的文件后，单击 打开(O) 按钮即可。

知识解析：“导入分层文件”对话框

- 导入为：单击右侧的下拉按钮▾，在弹出的下拉列表中可选择导入图层的方式，包括“合并所有图层”“合并的图层”“各个图层”“序列”4个选项。当选择“各个图层”选项时，可激活其下方的列表框，在其中可选择需要导入的图层，如图6-4所示。

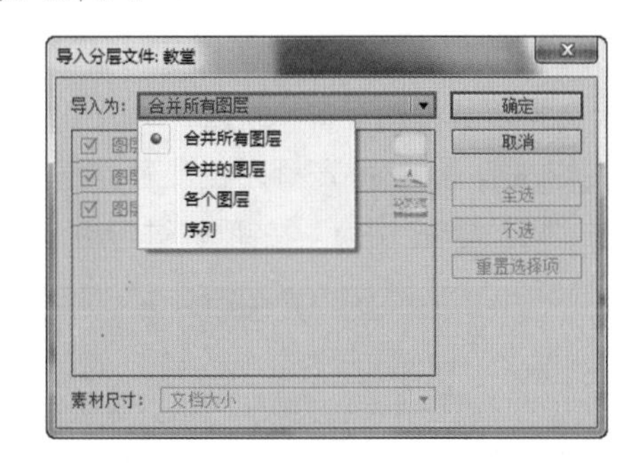

图6-4 “导入为”下拉列表框选项

- 素材尺寸：单击右侧的下拉按钮▾，在弹出的下拉列表中可设置素材的尺寸大小。
- 全选 按钮：单击该按钮，可将“导入分层文件”对话框中的所有图层选中。

技巧秒杀

只有在“导入为”下拉列表框中选择“各个图层”选项时， 全选 按钮、 不选 按钮和 重置选择项 按钮才会被激活。

- 不选 按钮：单击该按钮，可将“导入分层文件”对话框中的所有图层取消选中。
- 重置选择项 按钮：单击该按钮，可将“导入分层文件”对话框中的所有图层的选择情况恢复至初始状态。

6.2.2 导入素材图像

图片是制作视频时的重要素材，在Premiere Pro CC中导入图片素材的方法很简单，只需选择“文件”/“导入”命令，打开“导入”对话框，在其中选择需要导入的图片后，单击 打开(O) 按钮即可，如图6-5所示。

图6-5 “导入”对话框

6.2.3 导入图片序列

如果需要导入的图片素材很多，用户可以使用图片序列的方式进行导入，使其由多幅以序列排列的图片组成，其中每幅图片在视频中代表1帧。但进行图片导入时，必须保证图像的名称是连续的序列，且每个图像名称之间的数值差为1，如1、2、3或01、02、03等。

实例操作：导入图片序列

- 光盘\素材\第6章\唯美风景\
- 光盘\实例演示\第6章\导入图片序列

本例将在Premiere Pro CC中以图片序列的方式导入“唯美风景”文件夹中的图片。

Step 1 ▶ 启动Premiere Pro CC，新建“导入图片序列”项目文件，选择“文件”/“导入”命令，或在“项目”面板中右击，在弹出的快捷菜单中选择“导入”命令，在打开的对话框中打开“唯美风景”文件夹，在其中选择图像01，然后选中下方的☑图像序列复选框，如图6-6所示。

图6-6 “导入”对话框

Step 2 ▶ 单击 打开(O) 按钮，系统将自动从选择的图像开始导入序列图像的最后一个文件，并将其以第一个图像的名称显示在“项目”面板中，如图6-7所示。

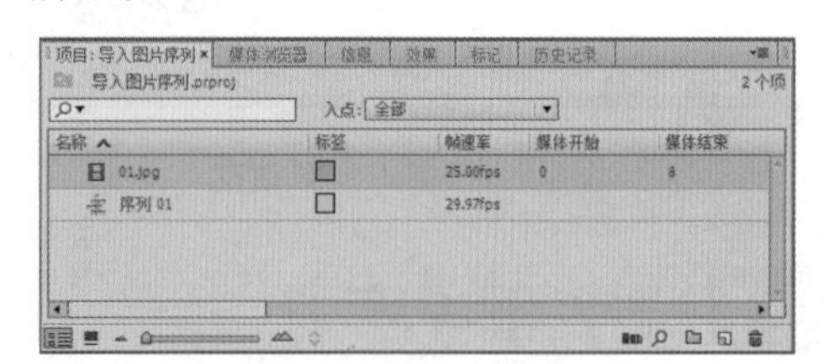

图6-7 导入的图片序列

技巧秒杀

在“导入”对话框中选择需要导入的文件所包含的文件夹，单击 导入文件夹 按钮可以以文件夹的方式导入素材。

6.2.4 导入影片素材

在制作视频时，一些影片也是制作视频的素材。导入这些影片素材的方法很简单，打开“导入”对话框，在其中的“所有支持的媒体”下拉列表框中显示了所有支持Premiere Pro CC的视频格式，选择需要导入的影片，再单击 打开(O) 按钮即可将视频导入到“项目”面板中，如图6-8所示。

图6-8 Premiere Pro CC支持的影片素材

6.2.5 导入音频素材

在视频中导入音频可使制作的效果更加丰富。如果要制作一个带声音的影片，则可以在其中导入音频。在Premiere Pro CC中导入音频的方法与导入影片的方法类似，只需在打开的“导入”对话框中选择需要的音频素材，然后单击 打开(O) 按钮即可将其导入至“项目”面板中，如图6-9所示。需要对导入的音频进行检测时，可将其拖动至音频轨道，单击“播放/停止切换”按钮▶，或双击素材，在“源监视器”面板中，单击“播放/停止切换”按钮▶进行检测。

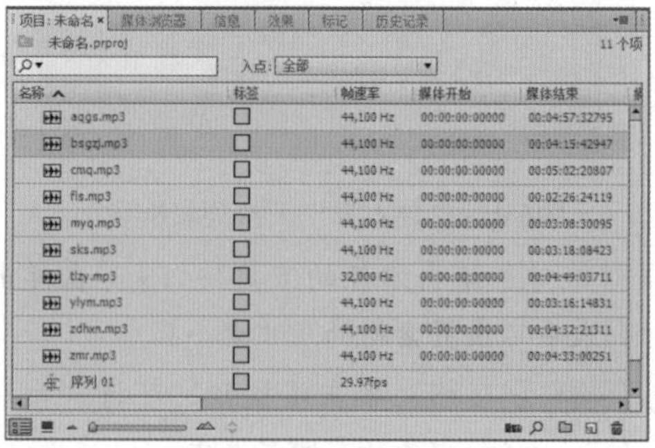

图6-9 查看导入的音频素材

6.2.6 导入Adobe Illustrator文件

Premiere Pro CC支持的文件格式很多，用户还可以通过相同的方法将其导入至“项目”面板中，如图6-10所示。在“源监视器”面板或“节目监视器”面板中可对其进行查看，如图6-11所示。

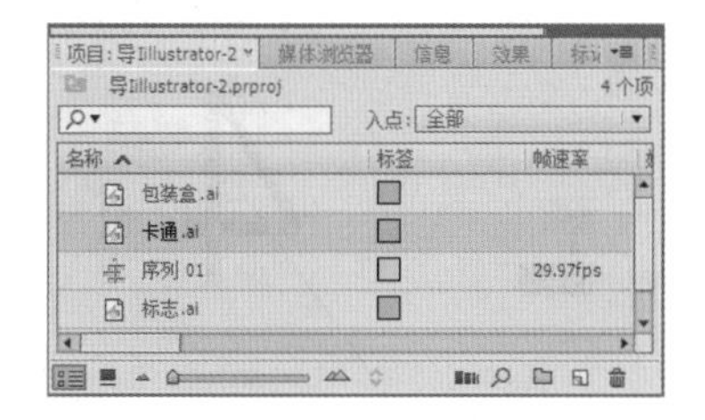

图6-10 导入素材

图6-11 在“节目监视器”面板中查看素材

6.2.7 导入项目文件

在制作视频时，可能会与其他的项目文件结合使用，使效果更加丰富，而将项目文件导入的方法也很简单，选择“文件”/“导入”命令，打开“导入”对话框，在“所有支持的媒体”下拉列表框中选择“Adobe Premiere Pro项目”选项，选择需要导入的项目文件，单击打开(O)按钮即可，如图6-12所示。

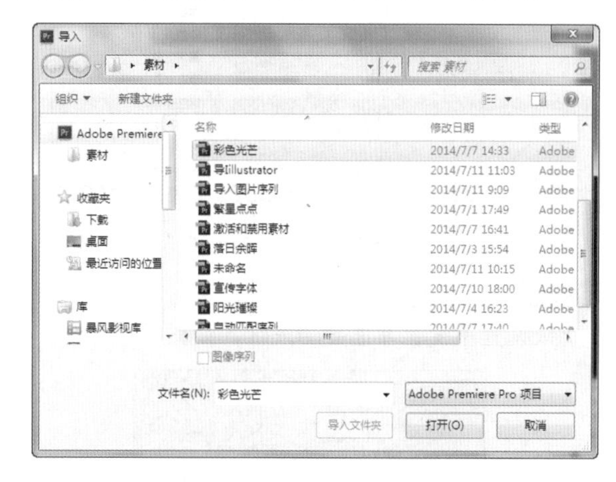

图6-12 “导入”对话框

技巧秒杀

使用Adobe Bridge将素材导入Premiere Pro CC的方法比较简单，可直接将其拖动至Premiere Pro CC的“项目”面板中，或双击文件，即可在Premiere Pro CC中打开。

6.3 使用Premiere Pro CC创建新元素

在Premiere Pro CC中不仅可以使用采集和导入的方法为项目添加新元素，还可以通过创建新元素的方法来创建素材，以满足用户的特殊需求，如通用倒计时片头、黑场视频、颜色遮罩、HD彩条、隐藏字幕和透明视频等。

6.3.1 通用倒计时片头

在影片开始时都有一个倒计时的效果，在Premiere Pro CC中可以快速、方便地创建一个标准的倒计时素材，并可对其参数进行设置，使其效果更加美观。

实例操作：创建通用倒计时片头

- 光盘\效果\第6章\通用倒计时片头.prproj
- 光盘\实例演示\第6章\创建通用倒计时片头

本例将使用Premiere Pro CC新建一个项目并创建通用倒计时片头，然后对其属性进行设置。

Step 1 ▶ 新建一个项目，将其命名为“通用倒计时片头”，选择“文件”/“新建”/“序列”命令，在打开的对话框中直接单击 确定 按钮新建序列，在“项目”面板中单击“新建项”按钮，在弹出的列表中选择“通用倒计时片头”选项，如图6-13所示。

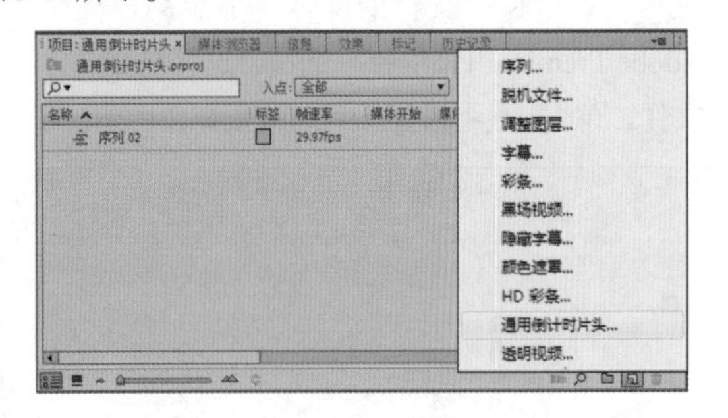

图6-13 选择“通用倒计时片头”选项

Step 2 ▶ 打开“新建通用倒计时片头”对话框，保持其默认设置不变，单击 确定 按钮，如图6-14所示。

图6-14 “新建通用倒计时片头”对话框

Step 3 ▶ 打开“通用倒计时设置”对话框，在“擦除颜色”栏中单击色块，打开“拾色器”对话框，在其中设置擦除色的颜色为#BEEC08，如图6-15所示。

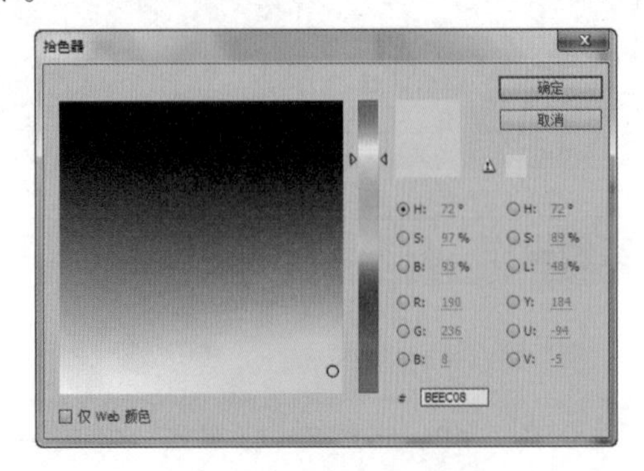

图6-15 设置擦除色的颜色

Step 4 ▶ 使用相同的方法设置“背景颜色”为#F5F759，“线条颜色”为白色，“目标颜色”为红色，“数字颜色”为黑色，然后单击 确定 按钮，如图6-16所示。

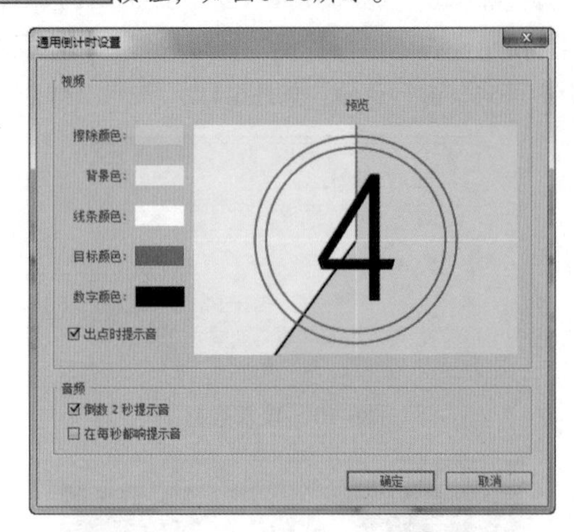

图6-16 设置倒计时其他颜色

Step 5 ▶ 返回Premiere Pro CC工作界面，在“项目”面板中即可看到新建的素材，如图6-17所示。

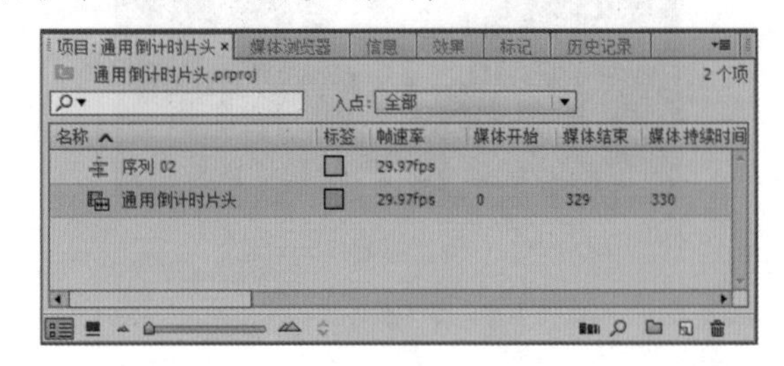

图6-17 查看新建素材

知识解析：“通用倒计时设置”对话框

- **擦除颜色**：是指播放倒计时影片指示线转动方向之后的颜色。
- **背景色**：是指指示线转动方向之前的颜色。
- **线条颜色**：是指固定的十字和转动的指示线的颜色。
- **目标颜色**：是指倒计时影片中圆圈的颜色。
- **数字颜色**：是指倒计时影片中数字的颜色。
- **出点时提示音复选框**：选中该复选框，表示在倒计时结束时显示标志图形。
- **倒数 2 秒提示音复选框**：选中该复选框，表示当倒计时中的数字显示到2时发出提示音。

◆ ☑在每秒都响提示音 复选框：选中该复选框，表示在每一秒开始时都要发出提示音。

技巧秒杀

选择“文件”/“新建”/“通用倒计时片头”命令，也可打开“通用倒计时片头”对话框。

6.3.2 黑场视频

除了通用倒计时可以作为影片的片头，还可通过设置一段黑场来作为影片的片头，达到一种过渡和循序渐进的效果。

在“项目”面板中单击“新建项”按钮，在弹出的列表中选择“黑场”选项，或选择“文件”/“新建”/“黑场视频”命令，打开“新建黑场视频”对话框，在其中进行视频的宽度、高度、时基、像素长宽比设置后，单击 确定 按钮，如图6-18所示。

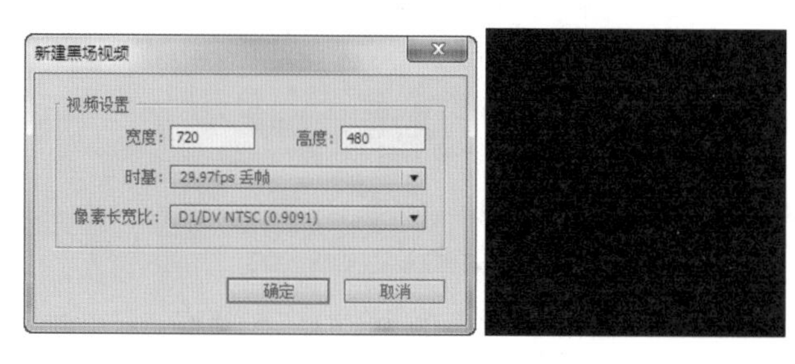

图6-18 新建黑场视频

6.3.3 颜色遮罩

在Premiere Pro CC中还提供了颜色遮罩素材，用户可以新建该素材，将其作为视频的背景使用，或通过“效果控件”面板中的“不透明度”选项来设置透明度效果。

新建颜色遮罩的方法比较简单，可通过菜单命令来创建，选择“文件”/“新建”/“颜色遮罩”命令，打开“新建颜色遮罩”对话框，在其中进行设置即可。

实例操作：创建颜色遮罩

● 光盘\实例演示\第6章\创建颜色遮罩

本例将使用Premiere Pro CC新建一个项目并创建颜色遮罩，然后将颜色设置为红色，并将其命名为“颜色遮罩”。

Step 1 新建一个名为“颜色遮罩”的项目文件，选择“文件”/“新建”/“序列”命令，新建序列，在“项目”面板中单击“新建项”按钮，在弹出的列表中选择“颜色遮罩”选项，打开“新建颜色遮罩”对话框，保持其默认设置不变，单击 确定 按钮，如图6-19所示。

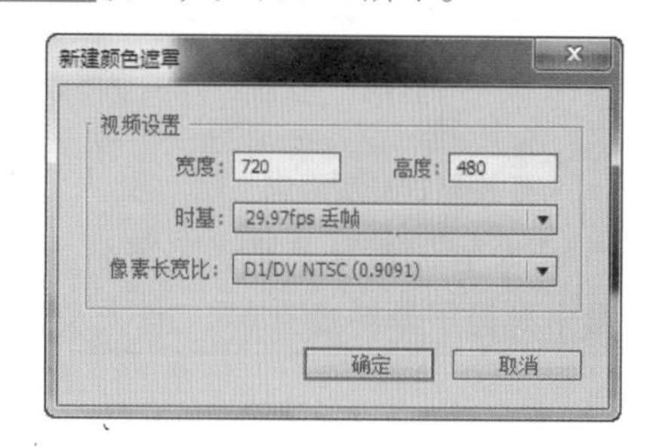

图6-19 “新建颜色遮罩”对话框

Step 2 打开“拾色器”对话框，设置蒙版的颜色为红色（#FF0000），单击 确定 按钮，如图6-20所示。

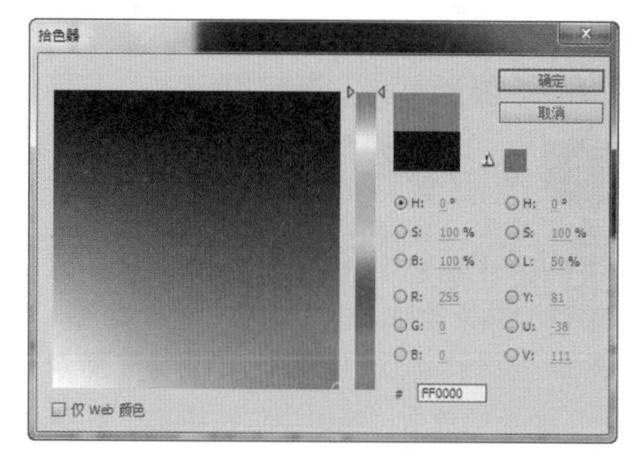

图6-20 “拾色器”对话框

读书笔记

Step 3 ▶ 打开“选择名称”对话框，在其中输入彩色蒙版的名称，单击确定按钮，如图6-21所示。

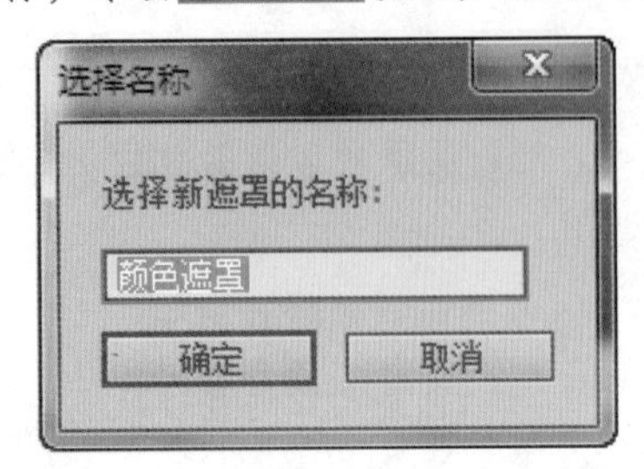

图6-21 “选择名称”对话框

Step 4 ▶ 返回“项目”面板中即可看到新建的颜色遮罩，如图6-22所示。

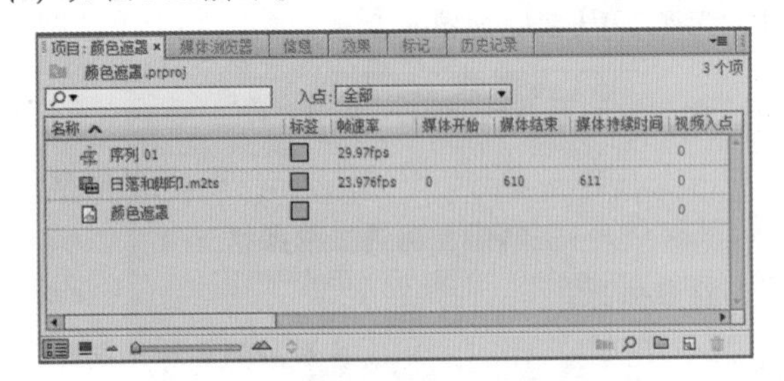

图6-22 查看新建的颜色遮罩

技巧秒杀

在“项目”面板或“时间轴”面板中双击创建的颜色遮罩，将打开“拾色器”对话框，可以在其中修改颜色遮罩的颜色。

6.3.4 HD彩条

Premiere Pro CC自带的可创建素材的功能，可快速地创建HD彩条素材。

选择“文件”/“新建”/“HD彩条”命令，或在“项目”面板中单击“新建项”按钮，在弹出的列表中选择“HD彩条”选项，打开“新建HD彩条”对话框，在其中设置视频的宽度、高度、时基、像素长宽比和音频采样率后，单击确定按钮，将新建的HD彩条拖动至“时间轴”面板中，即可对HD彩条进行查看，如图6-23所示。

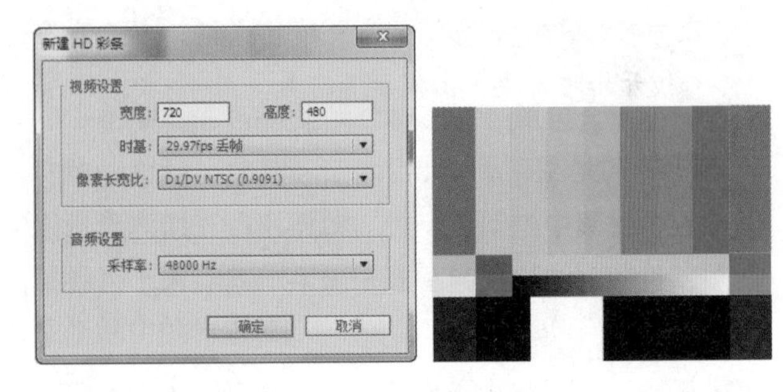

图6-23 新建HD彩条

6.3.5 隐藏字幕

在“项目”面板中单击“新建项”按钮，在弹出的列表中选择“隐藏字幕”选项，或选择“文件”/“新建”/“隐藏字幕”命令，打开“新建隐藏字幕”对话框，在其中设置视频的宽度、高度、时基和像素长宽比后，单击确定按钮，如图6-24所示。

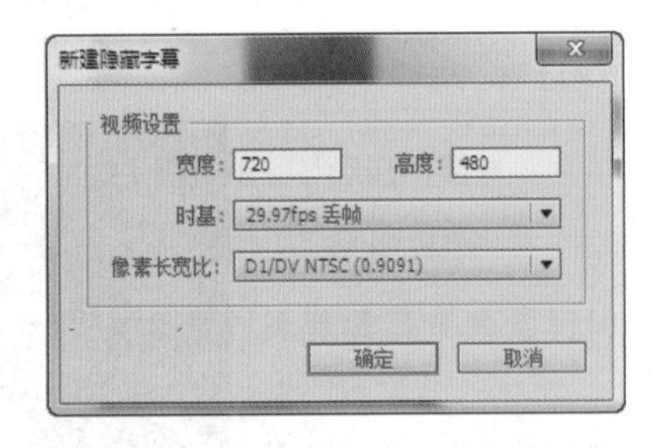

图6-24 “新建隐藏字幕”对话框

在打开的对话框中对其隐藏字幕进行设置，在“标准”下拉列表框中可对其“标准”格式进行设置，在“流”下拉列表框中可选择相应的选项，如图6-25所示。

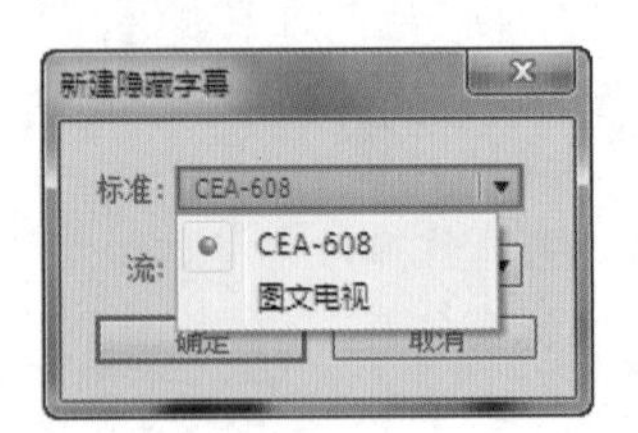

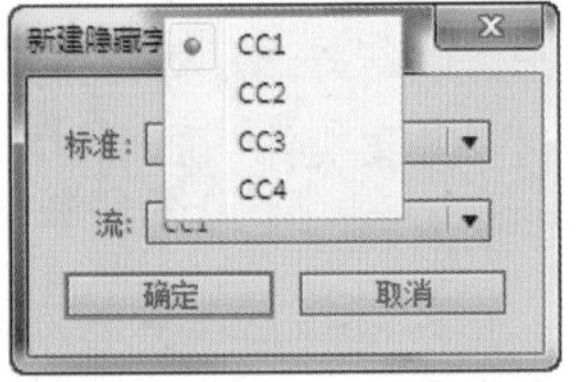

图6-25 参数设置

6.3.6 透明视频

如果要在Premiere Pro CC中将一个特效应用到多

个影片片段中时，可以为项目创建透明视频，然后将特效应用到透明视频轨道中，特效结果将自动显示在下面的视频轨道中。

创建透明视频的方法与创建HD彩条和黑场视频的方法相似，只要在“项目”面板中单击“新建项”按钮，在弹出的列表中选择“透明视频”选项，然后按提示进行操作即可。

6.4 音频的操作

音频也是影片的一部分。对音频有了一定的认知和了解后，就可以在Premiere Pro CC中进行音频操作，如音频的添加、音频的轨道、音频的长短、音频的单位以及音频与视频的分离等，下面分别进行介绍。

6.4.1 音频的添加

音频也是Premiere Pro CC中支持的一种素材格式。将音频文件导入Premiere Pro CC中后，可以采用与添加图片和视频相同的方法，将音频文件拖动到“时间轴”面板中的音频轨道中，如图6-26所示为将音频文件添加到“音频 1”轨道中的效果。

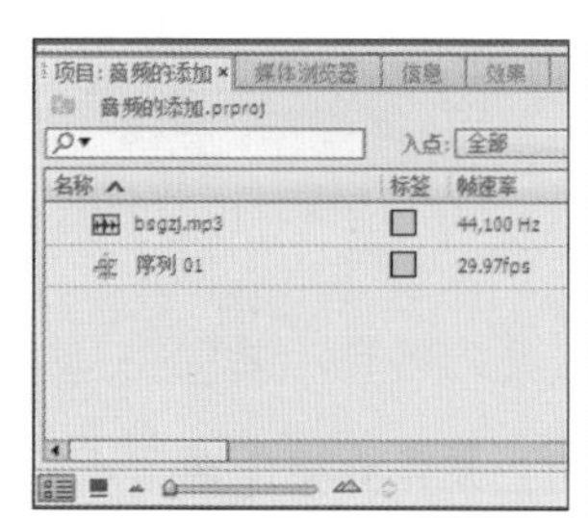

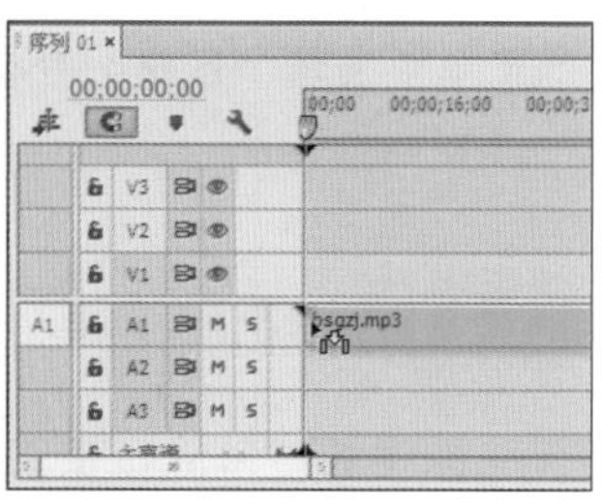

图6-26　添加音频

6.4.2 音频轨道设置

在Premiere Pro CC中将音频添加到“时间轴”面板中后，可以对音频轨道进行设置，使音频显示更加清晰。在音频轨道中可进行的操作有以下两种。

- 设置音频的入点和出点：音频文件的入点和出点的设置方法与视频轨道中素材的设置方法相同，最普遍的方法就是使用“选择工具”直接拖动或用“剃刀工具”进行裁剪。
- 设置音频音量的显示与隐藏：在音频轨道中单击“显示关键帧”按钮，在弹出的下拉列表中可选择“显示素材音量”选项显示素材音量，选择“显示轨道音量”选项来显示轨道的音量。

6.4.3 音频声道设置

在Premiere Pro CC中处理音频时，如果视频素材中包含的音频声道为单声道，系统会将该单声道放在一个新建的音频轨道中。为了使音频更加符合制作要求，可对音频的声道进行设置，其方法是：在“项目”面板中选择需要修改的音频文件，选择“剪辑”/“修改”/“音频声道”命令，打开“修改剪辑”对话框，选择“音频声道”选项卡，在“声道格式”下拉列表框中进行选择即可，如图6-27所示。

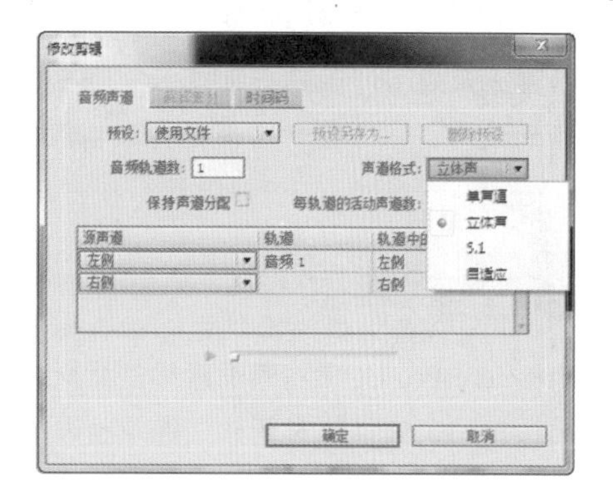

图6-27　音频声道设置

6.4.4 设置音频的单位

Premiere Pro CC中默认的标准测量单位是视频帧，如果要对音频进行更为精确的控制，可以对音频的显示单位进行设置，下面对设置音频单位的方法进行介绍。

- **菜单命令设置：**选择“项目”/“项目设置”/“常规”命令，打开“项目设置”对话框，在“音频”栏中的“显示格式”下拉列表框中选择“音频采样”或“毫秒”选项作为音频的单位，如图6-28所示。

图6-28　设置音频单位

- **“监视器”面板按钮设置：**在“源监视器”或“节目监视器”面板中单击右上角的按钮，在弹出的下拉列表中选择“显示音频时间单位”选项显示音频单位。
- **“时间轴”面板按钮设置：**在“时间轴”面板中单击右上角的按钮，在弹出的下拉列表中选择“显示音频时间单位”选项显示音频单位。

技巧秒杀

在“源监视器”面板中预览视频时，可单击面板右上角的按钮，在弹出的下拉列表中选择“音频波形”选项，使“源监视器”面板中显示出音频的波形，以方便对音频进行编辑。

6.4.5 音频编组

在Premiere Pro CC中将带有音频的素材放到“时间轴”面板中后，如果要对音频文件单独进行操作，可以在素材上右击，在弹出的快捷菜单中选择“取消链接”命令，如图6-29所示。而如果正在处理与视频同时播放的多个音频时，可以将音频文件编组在一起，其方法是：按住Shift键选择不同轨道中需要编组的多个音频文件，选择“剪辑”/“编组”命令即可将选择的音频文件进行编组链接，以便同时对这些音频文件进行操作，如图6-30所示。

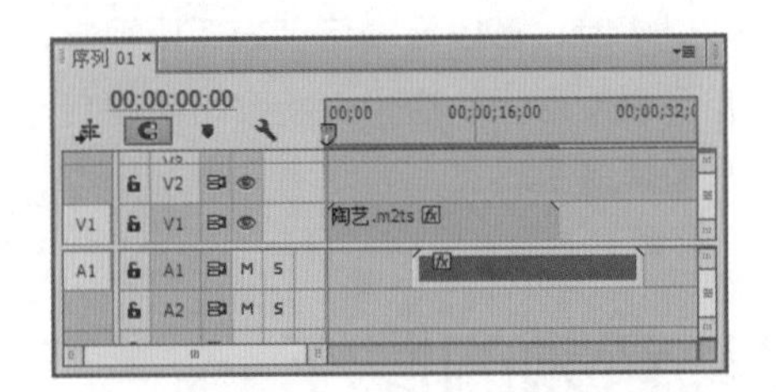

图6-29　取消音频和视频的链接

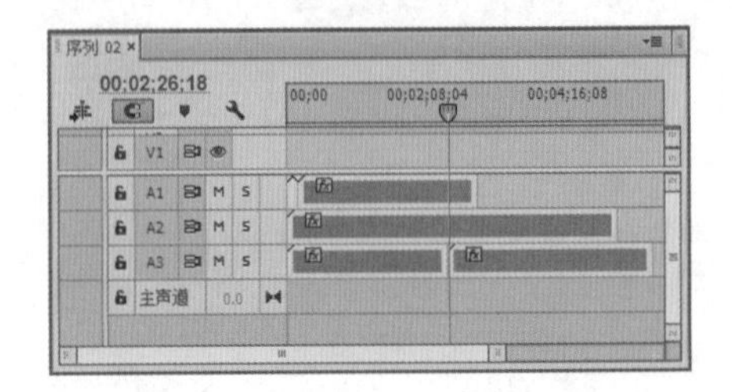

图6-30　编组音频和视频

技巧秒杀

进行素材链接，也可按住Shift键选择不同轨道中需要链接的多个音频文件，右击，在弹出的快捷菜单中选择“链接”命令即可。

6.4.6 提取音频

除了通过解除链接的方法来单独操作音频外，还可将视频中的音频文件提取出来，使其不与视频一起被添加到轨道中，而是作为一个独立的音频文件素材。其方法是：在“项目”面板中选择包含了音频的视频素材，选择“剪辑”/“音频选项”/“提取音频”命令，视频中的音频文件会自动被提取到“项目”面板中，并显示出“音频已提取”的字样，如图6-31所示。

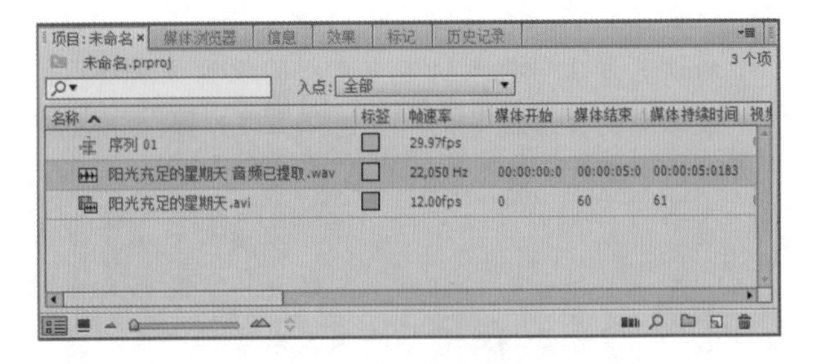

图6-31　提取音频

?答疑解惑:

在执行提取声道的命令时，子菜单中有一个“拆解为单声道”的命令，这个命令是做什么的呢?

该命令可以将立体声轨道拆分为单声道轨道，在“项目”面板中选择需要拆分的音频文件，然后选择“素材”/“音频选项”/“拆解为单声道”命令就可以将拆解后的音频文件添加到面板中。

读书笔记

6.5 修剪剪辑

制作视频时，需要对导入的素材进行修剪才能达到预期的效果。因此，视频的剪辑非常重要。下面就对剪辑的知识进行介绍。

6.5.1 主剪辑和子剪辑

主剪辑和子剪辑是可以同时运用于一个项目中的，它们是父子级别的关系，子剪辑隶属于父级主剪辑，因此还需要了解它们与原始源影片的关系。

1. 认识主剪辑和子剪辑

下面介绍主剪辑和子剪辑的含义，以及在某个素材脱机时，主剪辑和子剪辑将会出现的变化。

- **主剪辑**：当将素材文件首次导入“项目”面板中时，将作为“项目”面板中的主剪辑，不会对原始的硬盘文件有所影响。
- **子剪辑**：子剪辑则是独立于主剪辑，是一个比主剪辑更短的、经过编辑的版本。如采集一个较长的素材，可以根据不同的主题将其划分为多个主剪辑，并且可在“项目”面板中对它们进行快速的访问。在进行编辑时，与在“时间轴”面板中处理更长的素材相比，处理更短的素材的实例效率更高。若从项目中将主剪辑删除，其子剪辑将保留在项目中不变，可使用批量捕捉从“项目”面板中重新进行子剪辑的采集。
- **一个主剪辑脱机**：若将一个主剪辑脱机，或者将其从“项目”面板中删除，该情况下并未从磁盘中将素材文件进行删除，主剪辑和子剪辑仍是联机的。
- **一个素材脱机**：若将一个素材脱机，并从磁盘中将素材文件进行删除，则子剪辑及其主剪辑将会脱机。
- **从项目中删除子剪辑**：若将子剪辑从项目中删除，这样的情况下主剪辑将不会受到影响。
- **一个子剪辑脱机**：如果将一个子剪辑设为脱机，则在“时间轴”面板中的实例也将会变为脱机状态，但是其副本将保持联机状态不变，基于主剪辑的其他子剪辑也将保持联机状态不变。
- **重新采集子剪辑**：若重新采集一个子剪辑，该子剪辑将会变为主剪辑。子剪辑在序列的实例将不再与旧的子剪辑链接，而链接到新的子剪辑电源胶片中。

2. 使用主剪辑和子剪辑

在了解了主剪辑和子剪辑后，就可在“项目”面板中进行主剪辑的使用。通过Premiere Pro CC的菜单

命令即可实现子剪辑的操作。

实例操作：创建子剪辑

- 光盘\素材\第6章\02.mov
- 光盘\光盘\实例演示\第6章\创建子剪辑

本例将使用Premiere Pro CC的菜单命令创建子剪辑，选择“剪辑”/“制作子剪辑”命令即可进行子剪辑的创建。

Step 1 在“项目”面板中单击“新建素材箱”按钮新建一个素材箱，将素材（02.mov）即主剪辑导入素材箱，如图6-32所示。

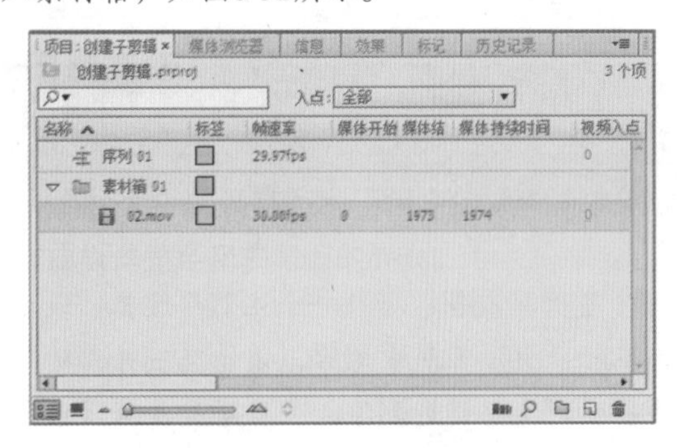

图6-32　将素材导入素材箱

Step 2 双击素材文件02.mov的图标（即主剪辑图标），或将素材拖动至源监视器中，将在“源监视器”面板中打开该素材，如图6-33所示。

图6-33　在“源监视器”面板中打开素材

Step 3 将素材源监视器的当前时间指示器移动到期望的帧上，然后单击“标记入点”按钮，将时间指示器移动至期望的出点上，单击“标记出点”按钮，如图6-34所示。

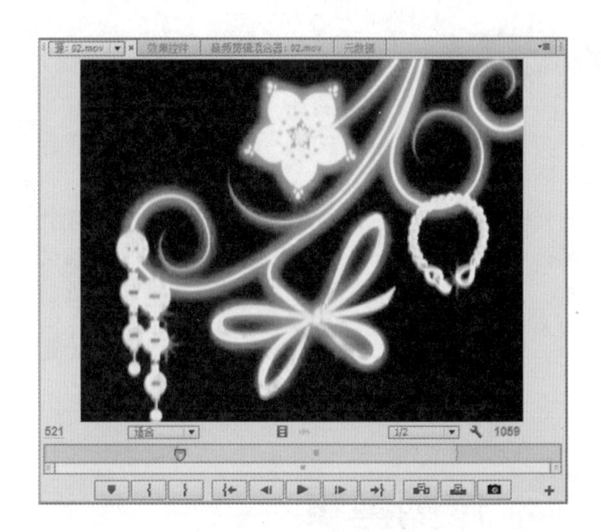

图6-34　标记入点和出点

Step 4 选择“编辑”/“制作子剪辑”命令，打开“制作子剪辑”对话框，在“名称”文本框中可为子剪辑输入一个名称，如图6-35所示。

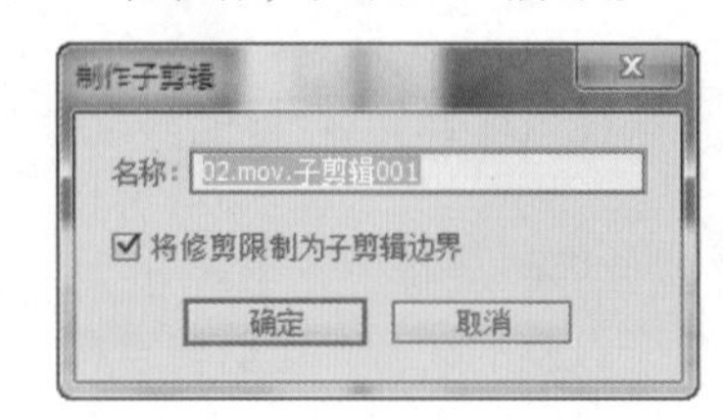

图6-35　“制作子剪辑”对话框

Step 5 单击确定按钮，即可在“项目”面板中创建一个新的子剪辑，如图6-36所示。

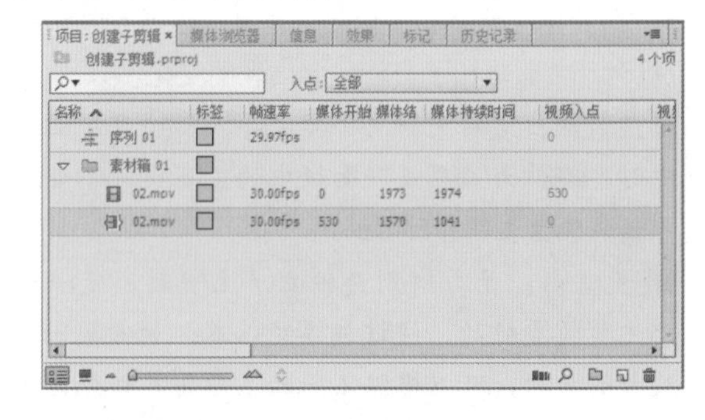

图6-36　查看创建的子剪辑

3. 编辑子剪辑的入点和出点

制作子剪辑后，还可对子剪辑进行编辑，如对其入点和出点等进行编辑。

实例操作：编辑子剪辑的入点和出点

- 光盘\实例演示\第6章\编辑子剪辑的入点和出点

本例将对创建的子剪辑进行入点和出点的编辑。通过选择“剪辑”/“编辑子剪辑”命令对子剪辑进行编辑。

Step 1 ▶ 选择创建的子剪辑，及该子剪辑的媒体开始点和媒体结束点，如图6-37所示。

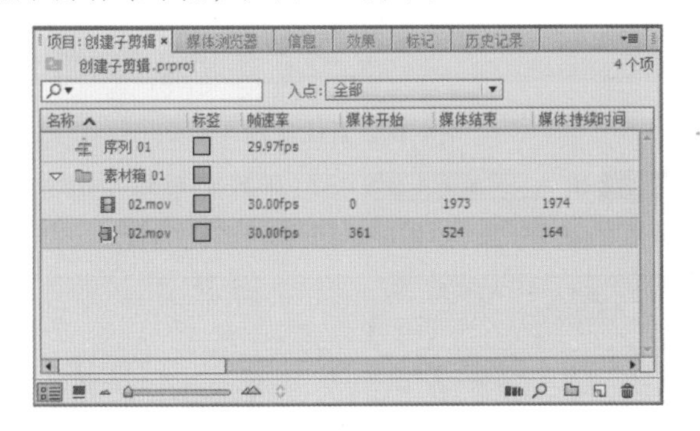

图6-37 选择子剪辑

Step 2 ▶ 选择“剪辑”/“编辑子剪辑”命令，打开“编辑子剪辑”对话框，然后在子剪辑的开始和结束文本框中输入重新设置开始和结束的时间，如图6-38所示。

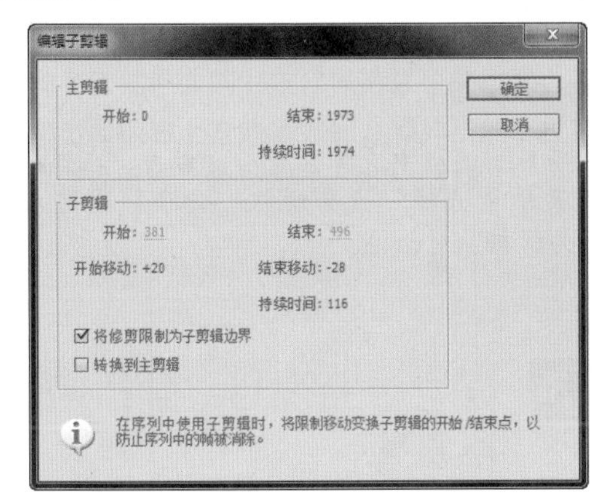

图6-38 重新设置开始和结束点

读书笔记

Step 3 ▶ 单击 确定 按钮，即可完成子剪辑的入点和出点的编辑，在“项目”面板中即可查看到编辑后的开始点和结束点，如图6-39所示。

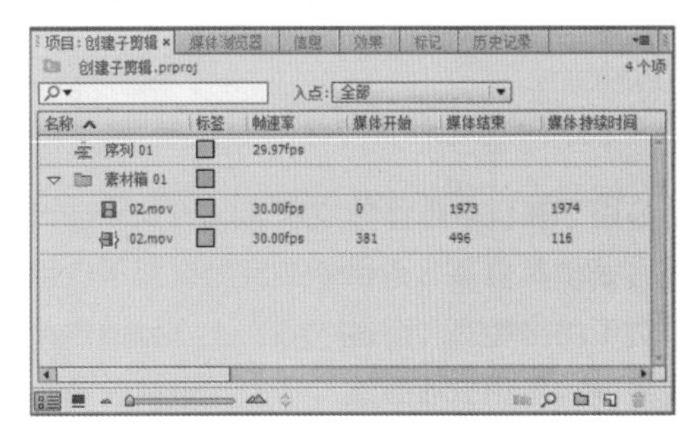

图6-39 编辑后的子剪辑

技巧秒杀

选择“剪辑”/“编辑子剪辑”命令，在打开的“编辑子剪辑”对话框中选中 ☑转换到主剪辑 复选框，单击 确定 按钮，即可将子剪辑转换为主剪辑。在“项目”面板中可查看其图标变为主剪辑的图标。

6.5.2 素材脱机和联机

进行素材处理时，如果素材的名称被更改，或者素材的位置发生变化，将会出现素材脱机的状态，即Premiere Pro CC将对“项目”面板中从素材到磁盘的文件链接进行删除。用户可通过删除该链接，对素材进行脱机修改。

实例操作：素材的脱机和联机

- 光盘\素材\第6章\01.mov、02.mov
- 光盘\实例演示\第6章\素材的脱机和联机

本例将通过选择“剪辑”/“造成脱机”命令，以及选择“剪辑”/“链接媒体”命令，对素材进行脱机和联机的操作。

Step 1 在“项目”面板中导入素材01.mov和02.mov，选择“剪辑”/“造成脱机”命令，如图6-40所示。

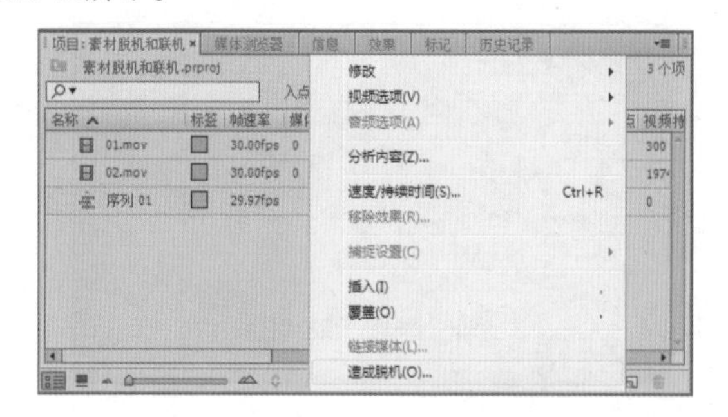

图6-40 选择“造成脱机”命令

Step 2 打开“设为脱机”对话框，在“媒体选项”栏中选中 在磁盘上保留媒体文件 单选按钮，单击 确定 按钮，如图6-41所示。

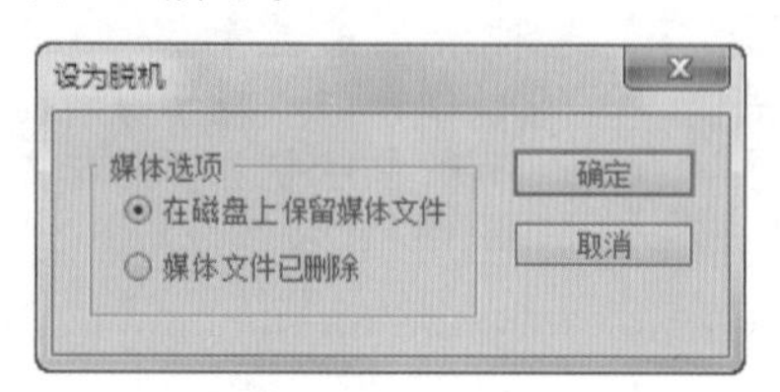

图6-41 “设为脱机”对话框

Step 3 在“项目”面板中可查看设为脱机状态的素材，此时素材图标将变为问号图标，如图6-42所示。

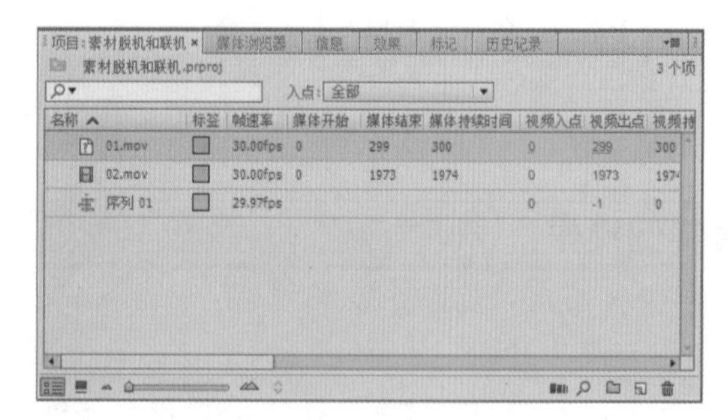

图6-42 查看脱机状态的素材

Step 4 若需要将脱机的文件连接到另一个文件处，可选择“剪辑”/“链接媒体”命令，或右击，在弹出的快捷菜单中选择“链接媒体”命令，打开“链接媒体”对话框。单击 查找 按钮，即可打开“查找文件”对话框，在该对话框中指定到想要连接的文件，如图6-43所示。

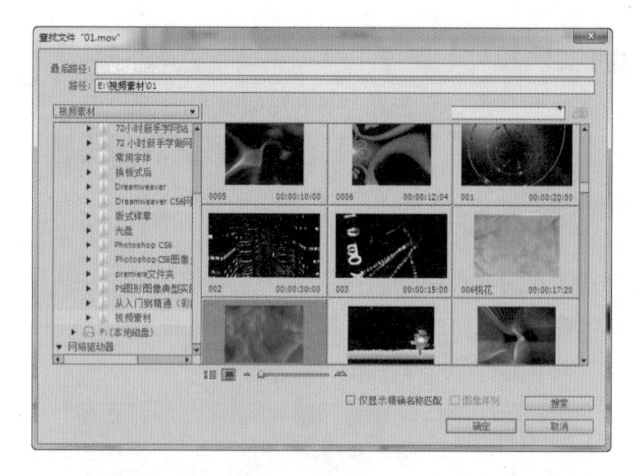

图6-43 查找文件

Step 5 单击 查找 按钮，即可将脱机文件连接到指定的文件处，如图6-44所示。

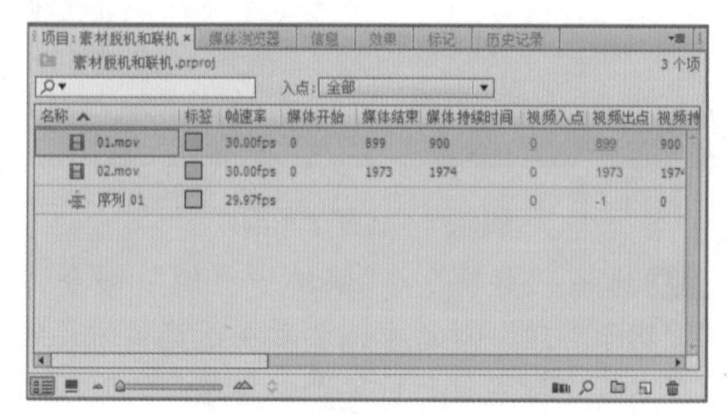

图6-44 查看连接后的素材

技巧秒杀

在“项目”面板中选择素材后，右击，在弹出的快捷菜单中选择“设为脱机”命令，也可打开“设为脱机”对话框。

6.5.3 在“源监视器”面板中选择素材

在使用“源监视器”面板中的素材后，可以返回到之前使用的素材中。初次使用“源监视器”面板中的素材时，该素材的名称将会在“源监视器”面板顶部的选项卡中出现。若想要返回至“源监视器”面板之前的素材，可单击该选项卡的▼按钮，在弹出的下拉列表中，选择之前使用过的素材，该素材将会出现在“源监视器”面板中，如图6-45所示。

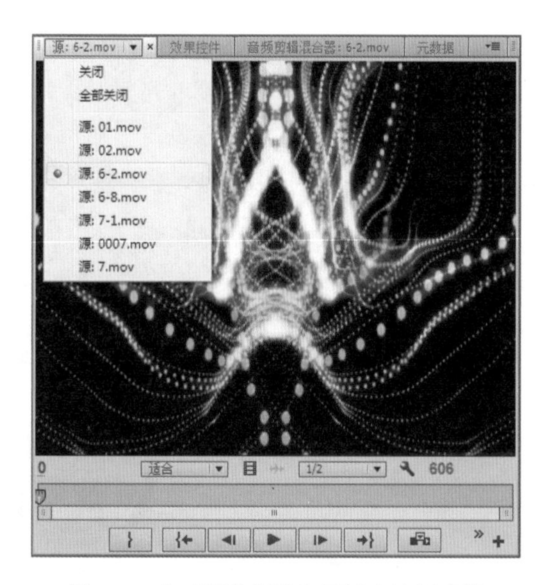

图6-45　在“源监视器”面板中选择素材

读书笔记

知识大爆炸——音频文件的基础知识

1. 音频文件的大小

音频文件的大小主要由声音的位深和频率来决定。由于声音的位深越大，其采样率就越高，因此音频文件的大小也就越大。用户可以根据位深×采样率的方法来计算声音文件的大小。如采样率为44100Hz的16位立体声音轨，每秒钟生成44100×16×2=1411200位，即每秒钟1411200÷8=176400个字节，也就是说，该音频每分钟的大小为（176400÷16）÷1024=10.77MB。

2. 音频单位

音频频率的单位为赫兹（Hz），即每秒钟有多少个采样周期（采样周期=1/采样率）。采样周期一般用位（bit）表示。如果每秒共有44000个采样周期，每个周期用16bit表示，则一秒内总共有：44000（个）×16（位）×1（声道数，单声道为1，双声道为2）=704000位，即每秒传输704000位（bit），这是每秒数据传输率。因此，采样频率×量化位数×声道数=数据传输率/位传输率/位速。单位为bps（Bit per second），直译为每秒的位数。

读书笔记

视频的过渡效果

本章导读

在Premiere Pro CC中进行素材的导入、添加等操作后，还可以为素材应用视频切换效果，将一个场景切换到另一个场景可以有多种视频的转场效果，从而使制作的视频具有强烈的视觉冲击感。本章将具体讲解视频转场效果、转场特技设置和高级转场特技等知识。

7.1 了解并应用视频过渡效果

视频过渡效果是视频制作过程中不可缺少的一部分，它在实现场景转换的同时，还能实现一些特殊的效果。在Premiere Pro CC中提供了很多种不同的视频过渡效果，下面先对应用视频过渡效果的方法进行讲解。

7.1.1 “视频过渡”效果

在“视频过渡”文件夹中包含了“3D运动”“伸缩”“划像”“擦除”“映射”“溶解”“滑动”“特殊效果”“缩放”选项，如图7-1所示。选择不同的选项，可实现两个素材场景的转换，如图7-2所示为应用“筋斗过渡”和“划像形状”视频过渡效果。

图7-1 “视频过渡”效果

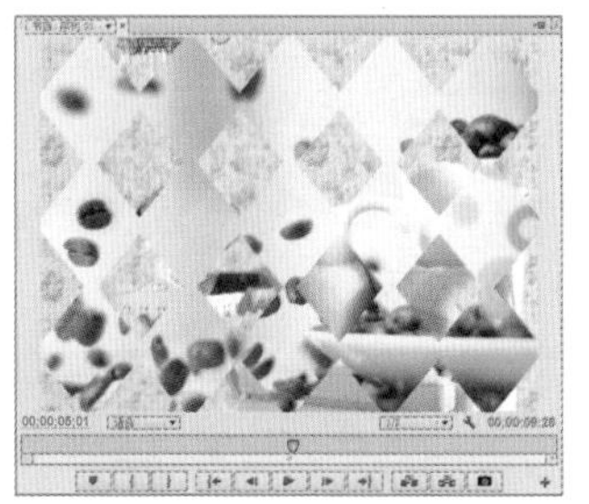

图7-2 效果预览

知识解析：“效果”面板按钮

- “新建自定义素材箱”按钮：单击该按钮，可创建一个自定义素材箱。
- “删除自定义项目”按钮：单击该按钮，可将选择的自定义项目删除。
- 查找：在“查找”栏中输入需要查找的特效名称，Premiere Pro CC将自动进行查找，如图7-3所示。

图7-3 查找特效

- “加速效果”按钮：单击该按钮，将在“效果”面板中显现有加速效果的效果。
- “32位颜色”按钮：单击该按钮，将在“效果”面板中出现其后面显示32位颜色图标的效果。
- “YUV效果”按钮：单击该按钮，将在“效果”面板中出现其后面显示YUV效果图标的效果，如图7-4所示。

图7-4 图标查找效果

7.1.2 管理“视频过渡”效果

在“效果”面板中提供了很多过渡效果，并且用户可以有序地对这些过渡效果进行管理。

需要对某个过渡效果进行查找，在“效果”面板中的🔍栏中输入过渡效果的名称即可，如图7-5所示。

图7-5　查找过渡效果

用户可根据需要创建自定义素材箱，单击“新建自定义素材箱”按钮，或单击该面板右上角的按钮，在弹出的下拉列表中选择“新建自定义素材箱”选项即可进行创建。可将常用的过渡效果保存到该素材箱中，以方便使用。

双击该素材箱，当其变为可编辑状态时，可输入名称对素材箱进行重命名操作。

需要将新建的素材箱删除时，可选中需要删除的素材箱，单击“删除自定义项目”按钮，或单击该面板右上角的按钮，在弹出的下拉列表中选择“删除自定义项目”选项，打开“删除项目”对话框，单击 确定 按钮，即可删除选中的素材箱，如图7-6所示。

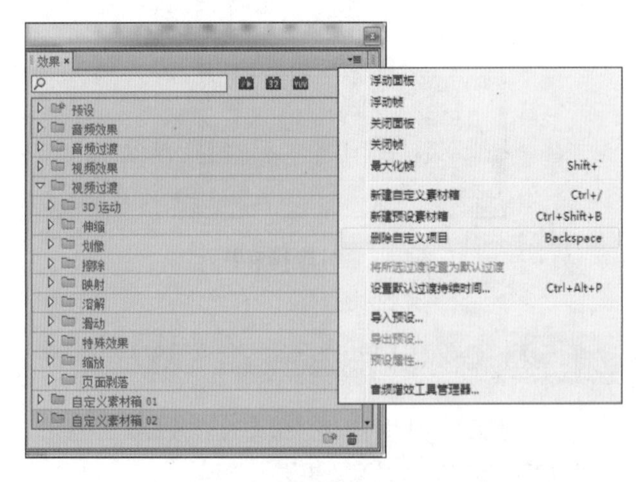

图7-6　删除素材箱

技巧秒杀

管理效果不仅能对“视频过渡”效果进行管理，还可以对其他效果进行管理，其管理的方法与对“视频过渡”效果的管理方法相同。

7.1.3 为相邻素材应用过渡效果

在Premiere Pro CC中通常都是为轨道相邻的素材应用过渡效果，用于实现场景转换。虽然在Premiere Pro CC中提供了多种视频过渡效果，但所有的过渡效果的添加方法都是相同的，只要将需要应用的过渡效果拖动至“时间轴”面板中两个相邻素材的中间即可。

实例操作：为相邻素材应用过渡效果

- 光盘\素材\第7章\生态环境\
- 光盘\效果\第7章\生态环境.prproj
- 光盘\实例演示\第7章\为相邻素材应用过渡效果

下面将在“生态环境.prproj”项目中相邻的素材中分别添加“向上折叠”“划像形状”“交叉溶解”“油漆飞溅”等视频切换效果。

Step 1 新建“生态环境.prproj”项目文件，将“生态环境”文件夹中的素材导入“项目”面板中，并将其拖动到“时间轴”面板的“视频1”轨道中，如图7-7所示。

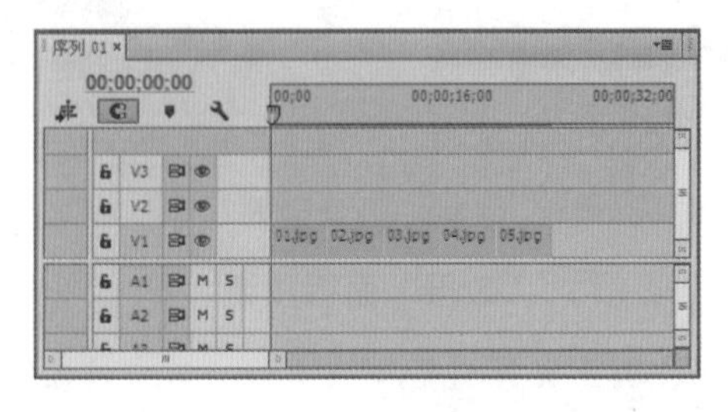

图7-7　添加素材

Step 2 在“效果”面板中，依次展开“视频过渡”“3D运动”前的▷按钮，选择“向上折叠”选项，如图7-8所示。

图7-8　选择“向上折叠”效果

Step 3 ▶ 按住鼠标左键不放，将其拖动至“时间轴”面板中的素材01.jpg与02.jpg之间，如图7-9所示。

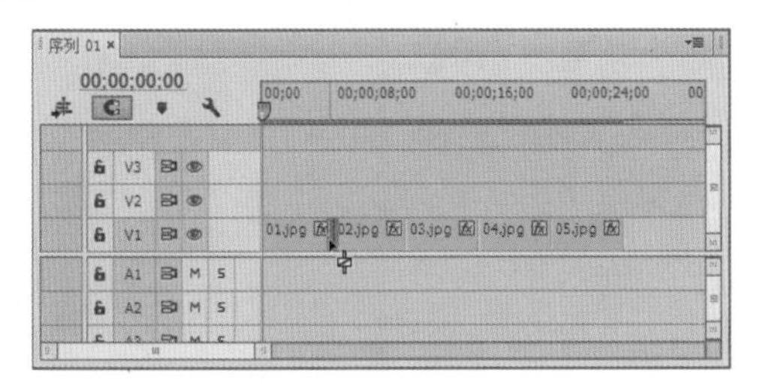

图7-9　应用过渡效果

Step 4 ▶ 将当前时间指示器拖动至素材01.jpg与02.jpg之间，在“节目监视器”面板中即可查看到应用视频过渡后的效果，如图7-10所示。

图7-10　查看效果

Step 5 ▶ 使用相同的方法在素材02.jpg与03.jpg之间添加“划像形状”效果，在03.jpg与04.jpg之间添加“交叉溶解”效果，在04.jpg与05.jpg之间添加“油漆飞溅”效果。完成后在“节目监视器”面板中进行预览，其效果如图7-11所示。

图7-11　最终效果预览

7.1.4 为单个素材应用过渡效果

除了在轨道相邻的素材间应用过渡效果外，用户也可为某个单独素材的入点或出点应用切换效果，其方法很简单，只需将需要应用的切换效果拖动到素材的入点或出点处即可，如图7-12所示，图7-13所示为应用过渡的最终效果。

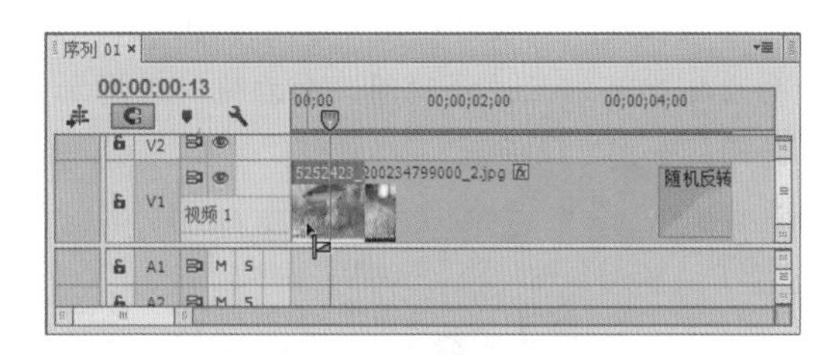

图7-12　为单个素材应用过渡效果

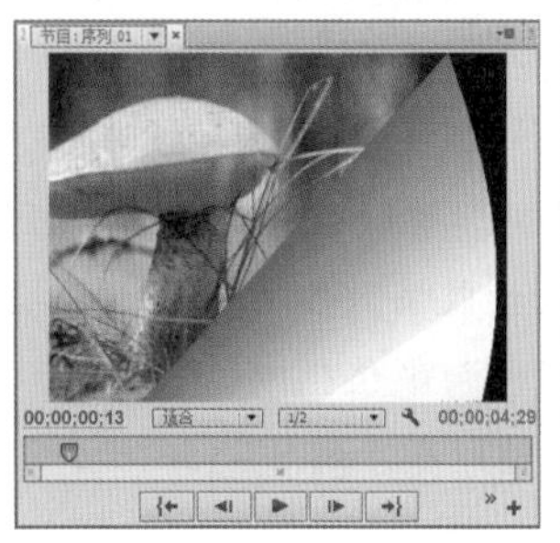
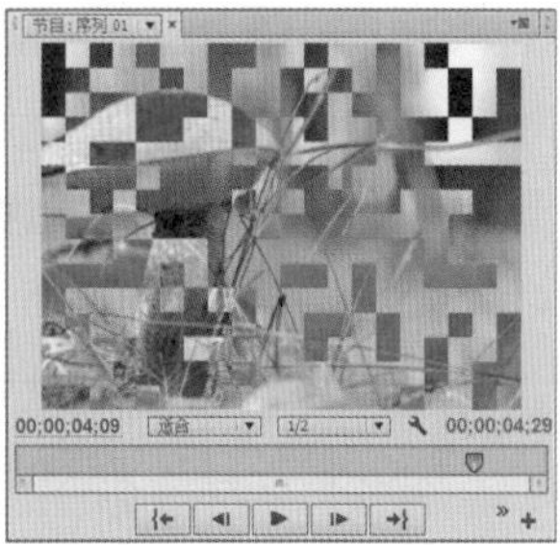

图7-13　效果预览

技巧秒杀

为单个素材应用过渡效果时，素材将与下方的轨道进行过渡，但其下方的轨道只是作为背景来使用，并不被过渡所控制。

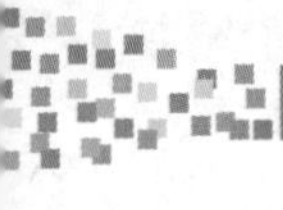

7.2 编辑“视频过渡”效果

用户可以为素材添加“视频过渡”效果，根据用户的不同需求，还可以对添加的“视频过渡”效果进行编辑，主要包括设置切换效果的持续时间、对齐方式、替换和删除以及设置等，进行编辑时，需要在“时间轴”面板中选中该效果然后编辑。下面分别对这些知识进行介绍。

7.2.1 调整过渡效果的持续时间

Premiere Pro CC视频过渡的默认持续时间是25帧，用户可根据需要增加或缩短过渡效果的持续时间，下面将对其方法进行介绍。

- **在“时间轴”面板中调整：** 在“时间轴”面板中选择需要调整的过渡效果，将鼠标光标放在过渡效果的左侧，当光标变为形状时，向左拖动可增加过渡时间，向右拖动可缩短过渡时间。将鼠标光标放在过渡效果的右侧，当光标变为形状时，向左拖动可缩短过渡时间，向右拖动可增加过渡时间，如图7-14所示。

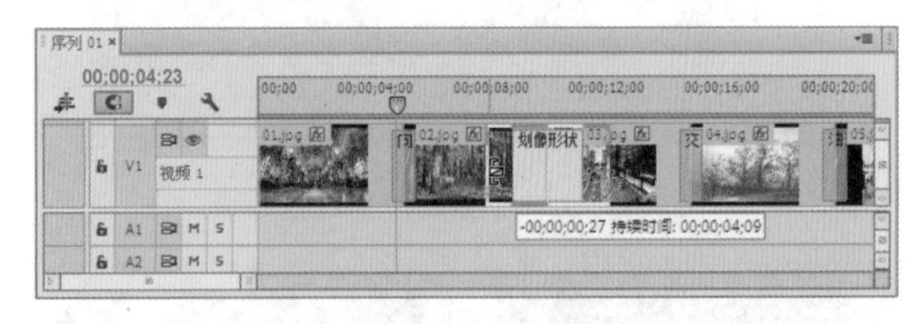

图7-14 在“时间轴”面板中调整过渡效果持续时间

- **在“效果控件”面板中调整：** 在“时间轴”面板中选择需要调整的切换效果，然后在“效果控件”面板中的“持续时间”数值框中输入切换效果的时间段后，按Enter键即可，如图7-15所示。

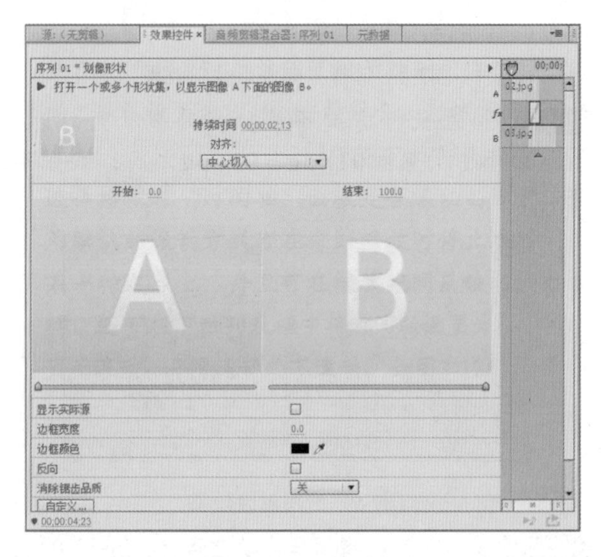

图7-15 在“效果控件”面板中调整过渡效果持续时间

技巧秒杀

双击过渡效果，或选择效果后右击，在弹出的快捷菜单中选择“设置过渡持续时间”命令，打开“设置过渡持续时间”对话框，在对话框的“持续时间”文本框中输入设置的时间也可对过渡持续时间进行设置。

?答疑解惑：

在进行过渡效果边缘的移动时，有时会不小心将素材的边缘也一起拖动，怎样才能在拖动过渡效果边缘时不影响素材呢？

其方法很简单，只要在单击并拖动过渡效果边缘的同时，按住Ctrl键不放即可。

7.2.2 调整过渡效果的对齐方式

默认情况下，Premiere Pro CC过渡效果对齐方式是居中素材切点（即两个素材的分割点）的方式进行对齐的，此时过渡效果在前一个素材中显示的时间与在后一个素材中显示的时间是相同的。如果需要设置其他的效果，则可以通过设置其对齐方式来进行。其方法是：选择需要调整的过渡效果，在“效果控件”面板的“对齐”下拉列表框中选择“起点切入”选项，则切换效果位于第二个素材的开头；选择“结束切入”选项，则切换效果在第一个素材的末尾处结束。如果通过在“时间轴”面板中手动调整其持续时间，则该选项的值自动变为“自定义起点”，如图7-16所示。

图7-16 “效果控件”面板调整

用户还可以在“时间轴”面板中，通过拖动的方式对过渡效果的对齐方式进行调整，选中过渡效果后，可向左或向右拖动进行调整。

读书笔记

向左拖动鼠标，可将过渡效果与编辑点的结束位置对齐；向右拖动鼠标，可将过渡效果与编辑点的开始位置进行对齐。如用户想将过渡效果居中对齐时，可将切换效果放置在编辑位置范围的中心位置，如图7-17所示。

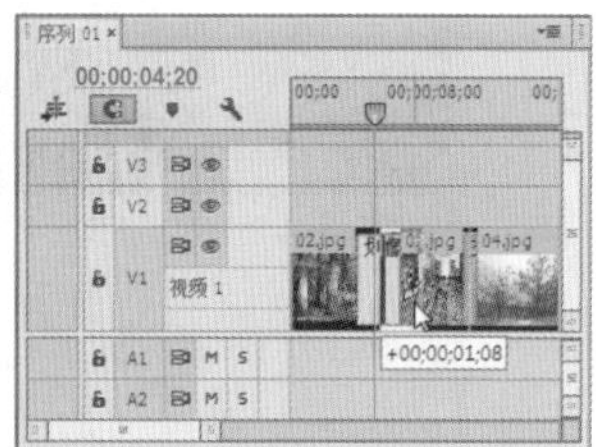

图7-17 “时间轴”面板调整

7.2.3 调整过渡效果的设置

在进行过渡效果设置后，可在“效果控件”面板中进行其他操作，如反向设置过渡效果、预览过渡效果、调整过渡效果的边缘、设置过渡效果的边框颜色等。

1. 反向设置过渡效果

在进行过渡效果设置后，可在“效果控件”面板的底部进行设置，下面对选中反向☑复选框过渡效果的设置进行简单讲解。

在应用过渡效果后，默认情况下是从A到B，即从第一个素材过渡到第二个素材，可在“效果控件”面板下方选中反向☑复选框后，即将从素材B过渡到素材A。

大多数的过渡效果都可以反向使用，如“3D运动”下的“帘式”过渡效果，通常是将素材A以窗帘的方式打开，然后逐渐显示素材B。若选中反向☑复选框，则是以关闭窗帘的方式显示素材B。

2. 预览过渡效果

需要对过渡效果进行预览查看时，可拖动“开始”或“结束”滑块，选中显示实际源☑复选框后，可进行过渡效果预览，如图7-18所示。

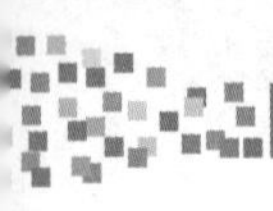

图7-18 预览效果

3. 调整过渡效果的边缘

过渡效果的应用除了可使效果更加流畅外，还可以达到柔化边缘的效果。在“效果控件”面板的“消除锯齿品质”下拉列表中可对锯齿的品质进行选择，达到柔化边缘的效果，如图7-19所示。

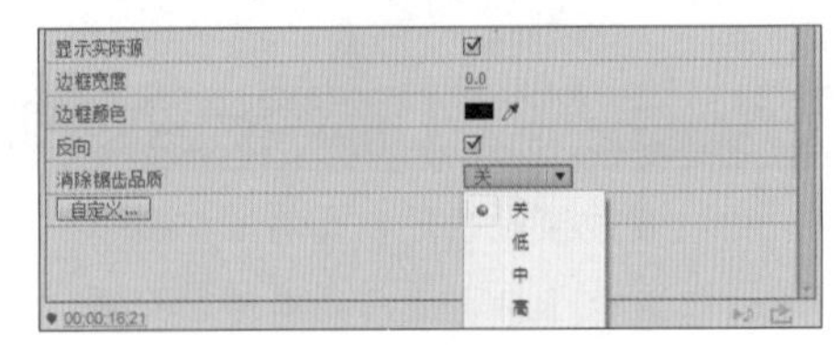

图7-19 设置锯齿品质

4. 设置过渡效果的边框颜色

在“边框颜色”的选色区或单击滴管工具，可进行边框的颜色选择，然后为过渡效果添加边框颜色，在“边框宽度”数值框中可设置边框的宽度。

7.2.4 替换和删除过渡效果

在添加轨道效果后，如果发现添加的过渡效果并没有产生预期的效果，可以对其进行替换和删除操作，下面对其方法进行介绍。

- **替换过渡效果**：在“效果”面板中选择需要替换的过渡效果，将其拖动到“时间轴”面板中需要进行替换的效果上，即可使用新的效果替换原来的效果。
- **删除过渡效果**：选择需要删除的过渡效果，按Delete键或右击，在弹出的快捷菜单中选择“清除”命令即可。

7.2.5 设置和应用默认过渡效果

在制作视频的过程中需要应用大量的素材片段，并且需要为素材添加相同的过渡效果时，可以设置默认过渡效果。设置完成之后，就可以在“时间轴”面板中为素材快速地应用过渡效果，提高工作效率。

实例操作：设置默认过渡效果

- 光盘\素材\第7章\风景如画\
- 光盘\效果\第7章\设置默认过渡效果.prproj
- 光盘\实例演示\第7章\设置默认过渡效果

本例将默认过渡效果设置为“中心剥落”过渡效果，并为项目中相邻的两个素材应用该过渡效果。

Step 1 新建“设置默认过渡效果”项目文件，将素材文件导入到“时间轴”面板的“视频1”轨道，如图7-20所示。

图7-20 导入素材

Step 2 ▶ 在“效果”面板中依次单击“视频过渡”/“页面剥落”选项前的▷按钮，在展开的列表中选择“中心剥落”选项，在其上右击，在弹出的快捷菜单中选择“将所选过渡设置为默认过渡”命令，如图7-21所示。

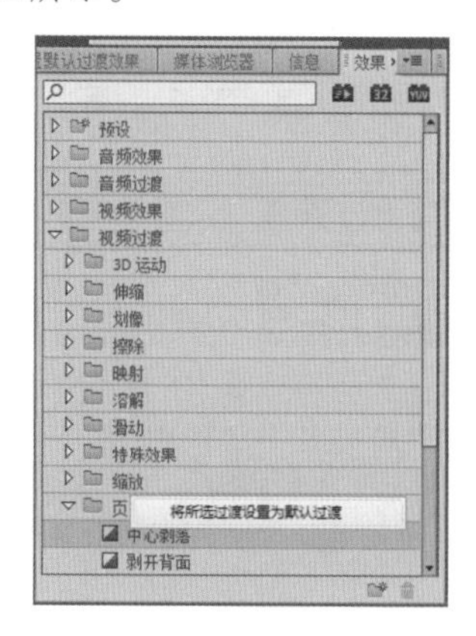

图7-21　设置默认过渡效果

Step 3 ▶ 单击“轨道选择工具”按钮，选择“视频1”轨道的所有素材，在素材上右击，在弹出的快捷菜单中选择“速度/持续时间”命令，在打开的对话框中设置“持续时间”为00;00;02;08，单击 确定 按钮，如图7-22所示。

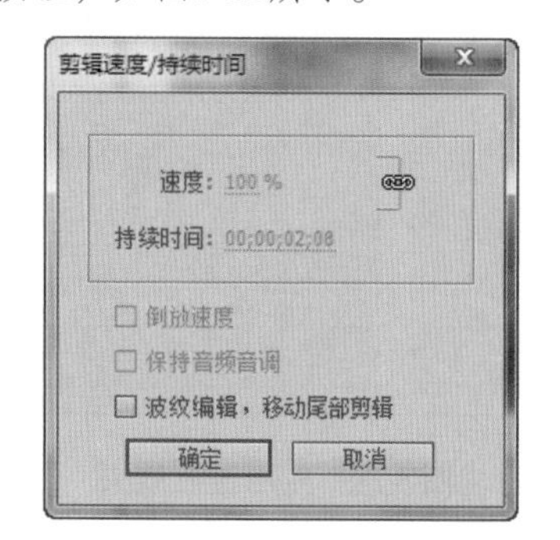

图7-22　设置持续时间

Step 4 ▶ 设置完成后，拖动素材使其前后连接在一起，如图7-23所示。

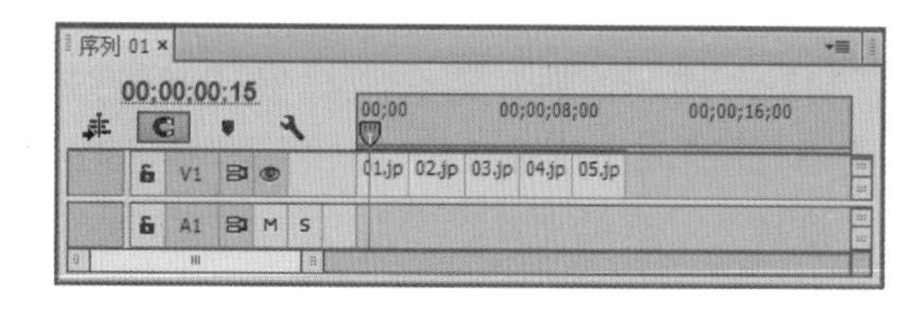

图7-23　选择全部素材

Step 5 ▶ 选择“序列”/“应用默认过渡到选择项”命令，或按Ctrl+D快捷键为素材应用默认过渡效果，如图7-24所示。

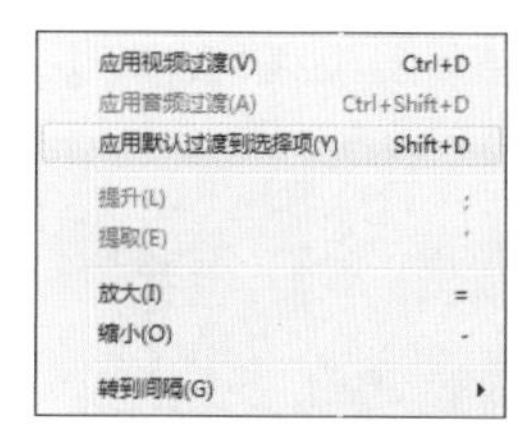

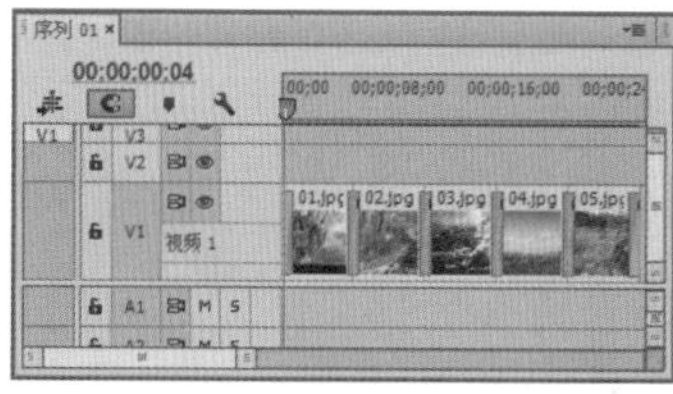

图7-24　应用默认过渡效果

Step 6 ▶ 应用默认过渡效果后，可单击“播放/停止切换”按钮在“节目监视器”面板中播放并查看效果，如图7-25所示。

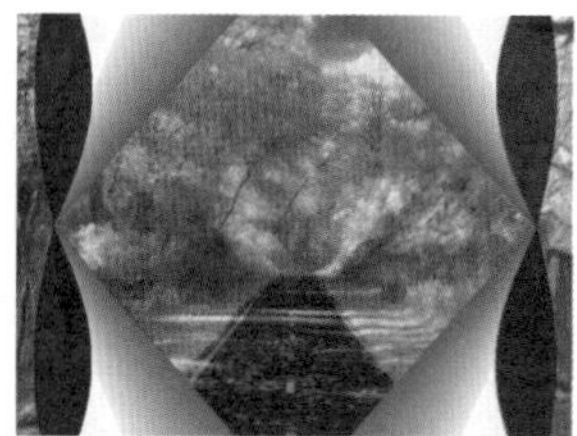

图7-25　查看应用后的效果

技巧秒杀

添加过渡效果后，用户可以在“效果控件”面板中对过渡效果进行调整。需要注意的是，不同的过渡效果可以调整的属性不同，除了以上介绍的知识外，还能对一些过渡效果的方向、边框等进行设置，如摆入、旋转等。

7.3 高级过渡效果

Premiere Pro CC提供了10种类型的视频过渡效果，分别为“3D运动”“伸缩”“划像”“擦除”“映射”“溶解”“滑动”“特殊效果”“缩放”“页面剥落”。每种类型下又包含了多个效果，下面对它们进行详细介绍。

7.3.1 3D运动

“3D运动”效果文件夹中提供了10种过渡效果，分别是“向上折叠”“帘式”“摆入”“摆出”“旋转”“旋转离开”“立方体旋转”“筋斗过渡”“翻转”“门”。在应用这些过渡效果时，都能实现3D场景的效果，下面分别进行介绍。

1. 向上折叠

应用该过渡效果，可实现如同纸张向上折叠的效果，素材A向上折叠然后逐渐显示素材B，如图7-26所示。

图7-26 向上折叠

2. 帘式

该效果主要是模仿窗帘拉开的过渡效果，通过打开窗帘素材A来显示被遮盖的素材B，其效果如图7-27所示。

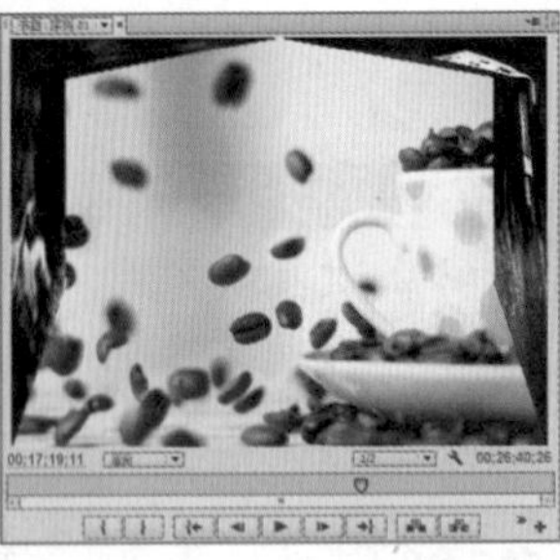

图7-27 帘式

技巧秒杀

用户为素材应用“帘式”过渡效果后，画面会逐渐被拉开，通常适用于开场画面，以揭示后面的内容。

3. 摆入

该过渡效果可以实现素材B从左边摆动出现在屏幕上，就如同一扇门逐渐关闭一样，为素材添加摆入过渡效果后，还可以在“效果控件”面板中设置素材B摆动的方向，如自北向南、自南向北、自西向东（该方向为默认方向）或自东向西等。

实例操作：添加并设置“摆入”效果

- 光盘\素材\第7章\摆入.prproj
- 光盘\效果\第7章\摆入.prproj
- 光盘\实例演示\第7章\添加并设置“摆入”效果

本例将在“摆入.prproj”项目文件中为素材添加“摆入”过渡效果，并设置素材B的摆入方向为自东向西。

Step 1 打开“摆入.prproj”项目文件，在“效果”面板中选择“摆入”选项，并拖动该效果到“时间轴”面板中素材的分割处，为其添加“摆入”切换效果，然后选择该效果，如图7-28所示。

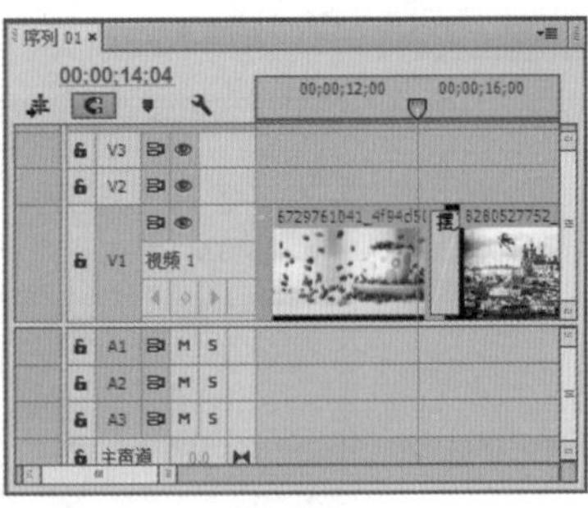

图7-28 应用过渡效果

读书笔记

Step 2 ▶ 在“效果控件”面板中选中显示实际源☑复选框，在该面板中显示出过渡效果的素材，然后单击“播放过渡”按钮▶进行播放。在下方的缩略图中观看转场的效果，然后单击缩略图右侧的“自东向西”按钮◀，设置摆出的方向，如图7-29所示。

图7-29 设置过渡效果

Step 3 ▶ 完成设置后，可在“节目监视器”面板中按空格键进行最终效果播放预览，如图7-30所示。

图7-30 效果预览

4. 摆出

应用该过渡效果使素材B从左边摆动出现在屏幕上，逐渐覆盖素材A，产生关门的效果，如图7-31所示。

> **技巧秒杀**
>
> “摆出”和之后的“旋转”及“筋斗过渡”等过渡效果都可以在“效果控件”面板中设置切换的方向、边宽和边色等属性。

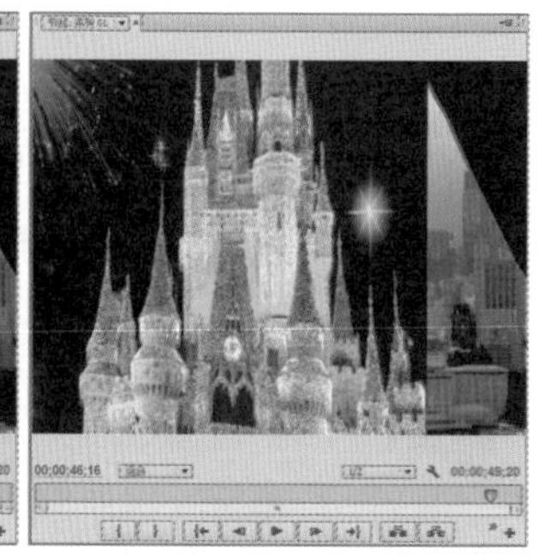

图7-31 摆出

5. 旋转

该效果使素材B从素材A中心开始逐渐展开，最终覆盖素材A，如图7-32所示。

图7-32 旋转

6. 旋转离开

此过渡效果使素材B从素材A中心旋转出现，效果如图7-33所示。

图7-33 旋转离开

7. 立方体旋转

该效果使用旋转的立方体来过渡从素材A到素材

B的切换效果。在“效果控件”面板中选中显示实际源☑复选框，在该面板中显示出过渡效果的素材，然后单击“播放过渡”按钮▶进行播放。在下方的缩略图中观看转场的效果，然后单击缩略图右侧的“自南向北”按钮⏶，效果如图7-34所示。

图7-34　立方体旋转

8. 筋斗过渡

该效果使素材A像筋斗一样旋转翻出并逐渐缩小，显示出素材B，如图7-35所示。

图7-35　筋斗过渡

9. 翻转

该效果将沿垂直轴翻转素材A来显示素材B，并且还可在“效果控件”面板中对它的条带数量和填充颜色进行设置。

实例操作：添加并设置“翻转”效果

- 光盘\素材\第7章\翻转.prproj
- 光盘\效果\第7章\翻转.prproj
- 光盘\实例演示\第7章\添加并设置“翻转”效果

下面将在“翻转.prproj”项目文件中添加“翻转”效果，并在“效果控件”面板中设置“翻转”过渡效果的属性。

Step 1 打开“翻转.prproj”项目文件，在“效果”面板中选择“翻转”选项，并将其拖动到“时间轴”面板中素材的分割处，如图7-36所示。

图7-36　添加“翻转”过渡效果

Step 2 选择“翻转”过渡效果，在“效果控件”面板中选中显示实际源☑复选框，显示实际的素材。单击“播放过渡”按钮▶，在下方的小视图中预览默认的效果，然后单击其下方的“自南向北”按钮⏶，切换其翻转的方向，再单击面板下方的自定义...按钮，如图7-37所示。

图7-37　设置翻转方向

Step 3 打开“翻转设置”对话框，在“带”数值框中输入条带的数量6，单击“填充颜色”色块，在打开的“拾色器”对话框中设置颜色为#DCFF98，然后返回“翻转设置”对话框，单击确定按钮，如图7-38所示。

图7-38　翻转设置

Step 4 ▶ 返回Premiere Pro CC的工作界面，按空格键在“节目监视器”面板中预览切换效果，如图7-39所示。

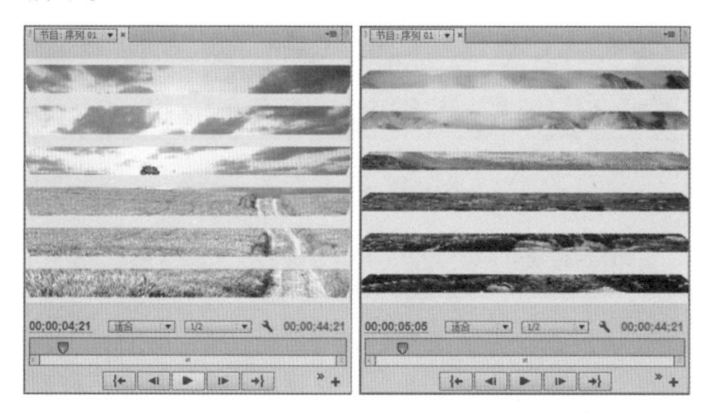

图7-39　查看效果

技巧秒杀

“翻转”过渡效果中的条带数量是指分割素材的色条数量；填充颜色则是指色条的背景颜色。

10. 门

该效果使素材B像门一样打开，覆盖素材A，在“效果控件”面板中可以对其切换的方向、边宽和边色等进行设置，如图7-40所示。

图7-40　门

7.3.2 伸缩

“伸缩”效果文件夹中提供了4种过渡效果，分别是“交叉伸展”“伸展”“伸展覆盖”“伸展进入”，其中至少有一个效果会进行拉伸，下面分别进行介绍。

1. 交叉伸展

该效果通过平行挤压并覆盖素材A来显示素材B的方式进行过渡，如图7-41所示。也可以在“效果控件”面板中对切换的方向、边宽和边色等进行设置。

图7-41　交叉伸展

2. 伸展

该效果通过先压缩素材B，然后逐渐伸展到整个画面来覆盖素材A的方式进行切换，其效果如图7-42所示。

图7-42　伸展

3. 伸展覆盖

该效果通过拉伸素材B来逐渐覆盖素材A，其效果如图7-43所示。

图7-43　伸展覆盖

4. 伸展进入

该效果使素材B在素材A上方横向伸展，直至覆盖素材A，效果如图7-44所示。

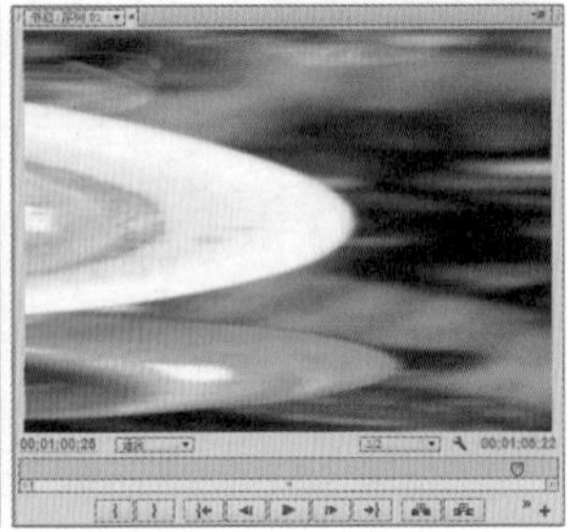

图7-44　伸展进入

7.3.3 划像

“划像”过渡效果文件夹提供了7种过渡效果，即“划像交叉”“划像形状”“圆划像”“星形划像”“点划像”“盒形划像”“菱形划像”。“划像”过渡效果的开始是从屏幕的中心进行的，下面分别进行介绍。

读书笔记

1. 划像交叉

该过渡效果将使素材A以十字形的方式从素材B的中心消退，直到完全显示素材B，其效果如果7-45所示。

图7-45　划像交叉

2. 划像形状

该过渡效果能使素材B产生多个规则的形状（如矩形、椭圆或菱形等），从素材A上逐渐展开，直到覆盖素材A。用户可在“特效控制台”面板中设置形状的类型和数量等。

实例操作：添加设置“划像形状”效果

- 光盘\素材\第7章\划像形状.prproj
- 光盘\效果\第7章\划像形状.prproj
- 光盘\实例演示\第7章\添加设置“划像形状”效果

下面将在“划像形状.prproj”项目文件中添加“划像形状”切换效果，并设置划像形状的类型为菱形，数量为5，高度为3。

Step 1 打开“划像形状.prproj”项目文件，将素材图片拖动至“时间轴”面板，在“效果”面板中选择“划像形状”选项，将其拖动到“时间轴”面板中图像素材的交接处。选择“划像形状”过渡效果，在“效果控件”面板中选中 显示实际源 ☑ 复选框，显示实际的素材，然后单击面板下方的 自定义... 按钮，如图7-46所示。

图7-46 设置“划线形状”过渡效果

Step 2 ▶ 打开“划像形状设置”对话框，拖动“形状数量”栏中“宽”选项的滑块至5处，拖动“高”选项的滑块至3处，在“形状类型”栏中选中◉ 菱形单选按钮，单击 确定 按钮，如图7-47所示。

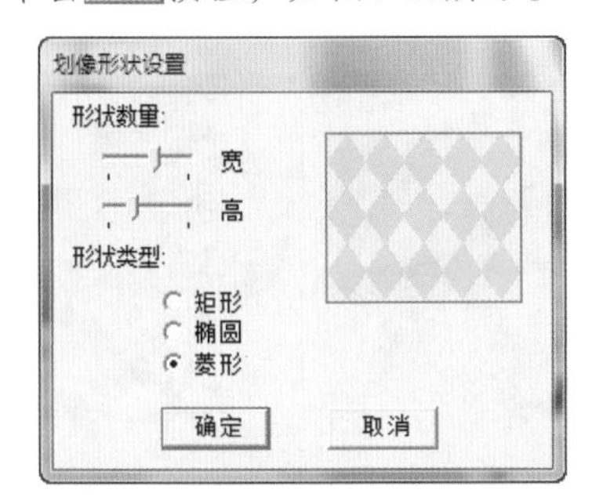

图7-47 设置划像形状的属性

Step 3 ▶ 返回Premiere Pro CC的“节目监视器”面板中进行预览，如图7-48所示。

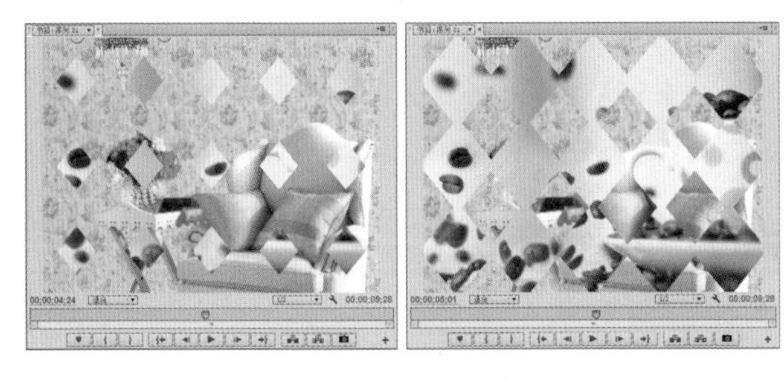

图7-48 效果预览

3. 圆划像

应用该过渡效果，使素材B逐渐出现圆形，且慢慢变大，直到圆形占据整个画面并显现素材B，其效果如图7-49所示。

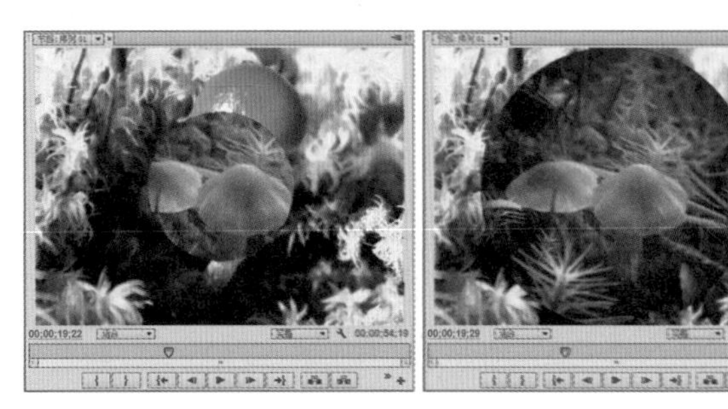

图7-49 圆划像

4. 星形划像

应用该过渡效果，素材B以五角星的方式展开，直到完全覆盖素材A，其效果如图7-50所示。

图7-50 星形划像

5. 点划像

该效果能使素材B以倾斜角度的十字形在素材A上展开，其效果如图7-51所示。

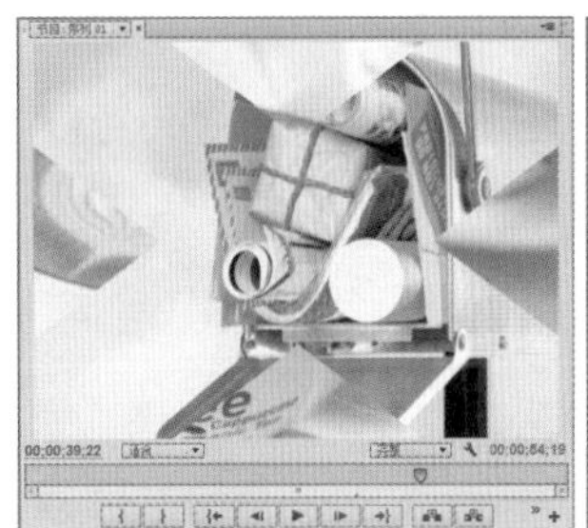

图7-51 点划像

6. 盒形划像

应用该过渡效果，素材B以矩形的方式从素材A的中心展开，该矩形会逐渐占据整个画面，其效果如

图7-52所示。

图7-52　盒形划像

7. 菱形划像

该效果能使素材B以菱形的方式从素材A上展开，其效果如图7-53所示。

图7-53　菱形划像

技巧秒杀

应用“划像”过渡效果中的任何一种效果后，都可以在“效果控件”面板的“开始”栏中拖动其中的小圆圈图标◙，改变划像形状在画面中的位置。

7.3.4 擦除

“擦除”效果文件夹包括17种效果，分别是“划出”“双侧平推门”“带状擦除”“径向擦除”“插入”“时钟式擦除”“棋盘”“棋盘擦除”“楔形擦除”“水波块”“油漆飞溅”“渐变擦除”“百叶窗”“螺旋框”“随机块”“随机擦除”“风车”。“擦除”过渡效果将通过擦除素材A的不同部分来显示素材B，下面分别进行介绍。

1. 划出

该过渡效果是素材B通过从左至右擦除素材A的方式来显现，效果如图7-54所示。

图7-54　划出

2. 双侧平推门

该过渡效果是素材A通过展开和关门的方式过渡到素材B，其效果如图7-55所示。

图7-55　双侧平推门

3. 带状擦除

该效果使素材B以条状方式从水平方向进入场景并覆盖素材A，在“效果控件”面板中还可以对擦除的方向和数量进行设置。

实例操作：添加设置“带状擦除”效果

- 光盘\素材\第7章\带状擦除.prproj
- 光盘\效果\第7章\带状擦除.prproj
- 光盘\实例演示\第7章\添加设置“带状擦除”效果

下面将在“带状擦除.prproj”项目文件中，应用“带状擦除”过渡效果，设置其方向为自南向北，并设置条带的数量为9。

Step 1 ▶ 打开“带状擦除.prproj”项目文件，将素材拖动至“时间轴”面板，在“效果”面板中选择“带状擦除”选项，将其拖动到“时间轴”面板中素材的交接处。选择“带状擦除”过渡效果，如图7-56所示。

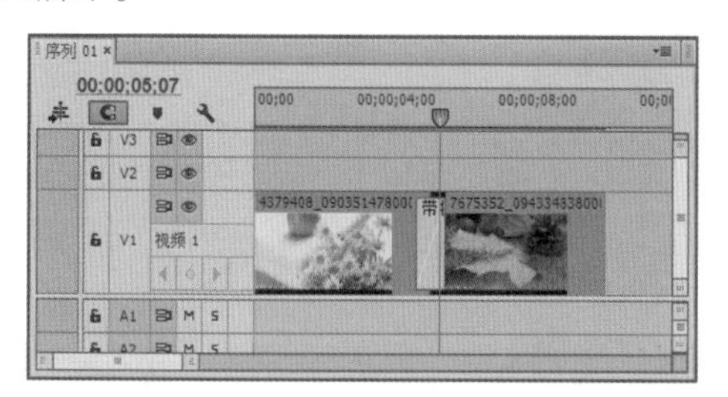

图7-56 应用“带状擦除”过渡效果

Step 2 ▶ 在“效果控件”面板中选中 显示实际源 复选框，显示实际的素材，单击其下方的“自南向北”按钮，然后单击面板下方的 自定义... 按钮，如图7-57所示。

图7-57 设置方向

Step 3 ▶ 打开“带状擦除设置”对话框，在“带数量”数值框中输入条带的数量9，单击 确定 按钮，如图7-58所示。

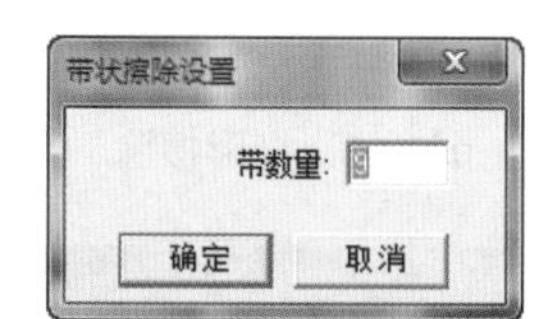

图7-58 设置带数量

Step 4 ▶ 返回Premiere Pro CC界面中，可在“节目监视器”面板中进行预览，如图7-59所示。

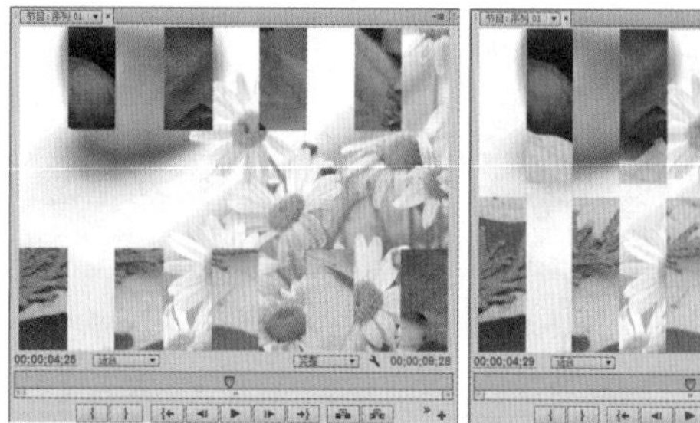

图7-59 效果预览

4. 径向擦除

该效果是素材B以左上角为中心，从场景右上角开始顺时针擦过画面，覆盖素材A，其效果如图7-60所示。

图7-60 径向擦除

技巧秒杀

应用“径向擦除”过渡效果后，可在“效果控件”面板中设置擦除的方向，有“自西北向西南”“自东北向西南”“自东南向西北”“自西南向东北”4个方向。

5. 插入

该过渡效果是素材B以矩形方框的形式进入场景，最后覆盖素材A，其效果如图7-61所示。

读书笔记

图7-61　插入

6. 时钟式擦除

应用该过渡效果，素材B逐渐以圆周的顺时针方向擦入场景，直至代替素材A，其效果如图7-62所示。

图7-62　时钟式擦除

7. 棋盘

应用该过渡效果，素材A以棋盘的方式消失，逐渐显示出素材B，其效果如图7-63所示。

图7-63　棋盘

8. 棋盘擦除

应用该过渡效果，素材B以切片的棋盘方块图案从左侧逐渐延伸到右侧，直至完全覆盖素材A，如图7-64所示。

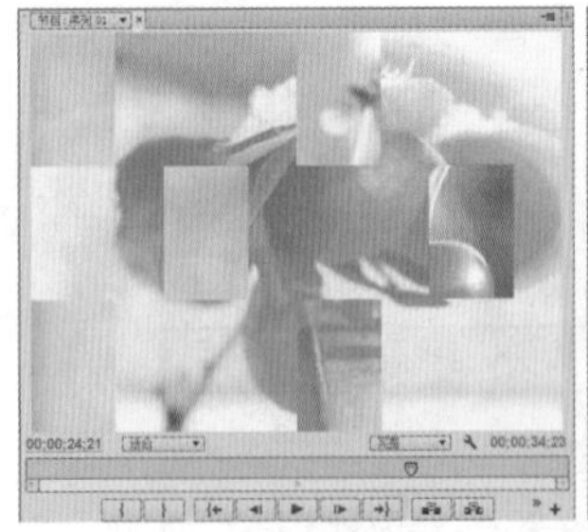
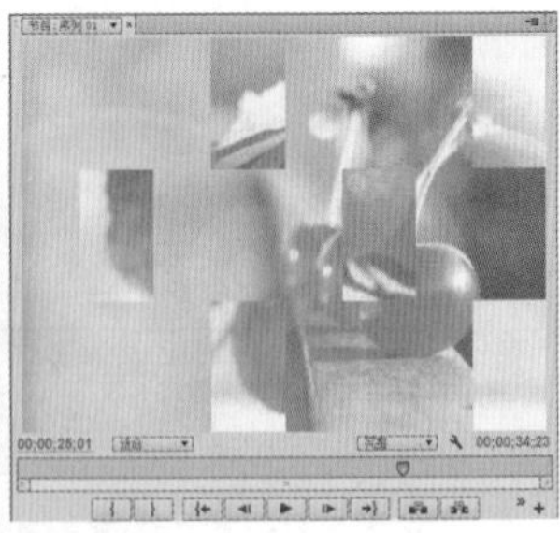

图7-64　棋盘擦除

技巧秒杀

在应用“棋盘”和“棋盘擦除”过渡效果后，可在“效果控件”面板中单击 自定义... 按钮，在打开的对话框中对“水平切片”和“垂直切片”的数量进行设置，如图7-65所示。

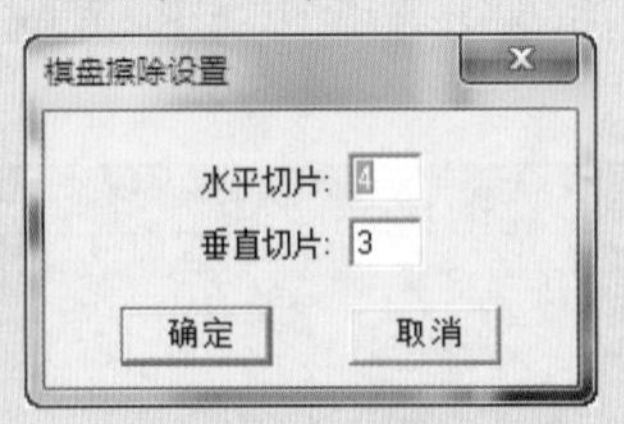

图7-65　设置切片数量

9. 楔形擦除

应用该过渡效果，素材B以饼式楔形的方式从场景中往下逐渐变大过渡覆盖素材A，如图7-66所示。

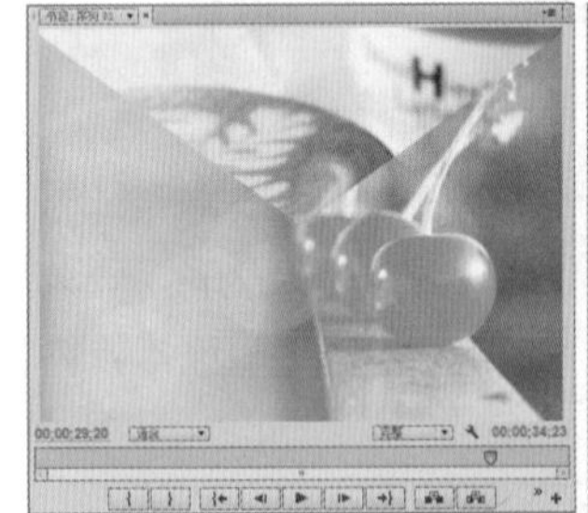

图7-66　楔形擦除

10. 水波块

应用该过渡效果，素材B沿Z字形交错扫过素材

A，可在“效果控件”面板单击[自定义...]按钮，在打开的对话框中对水波块水平和垂直方向的数量进行设置，其效果如图7-67所示。

图7-67 水波块

11. 油漆飞溅

该效果能使素材B以墨点的方式逐渐覆盖素材A，其效果如图7-68所示。

图7-68 油漆飞溅

技巧秒杀

“擦除”过渡效果中的大多数过渡效果都可以在“效果控件”面板中进行擦除方向设置，如“棋盘擦除”和“楔形擦除”等，而“水波块”和“油漆飞溅”效果则不能。

12. 渐变擦除

该效果能使用一张灰度图像制作渐变切换，可使素材A充满灰度图像的黑色区域，然后素材B逐渐擦过屏幕。将该效果拖动至“时间轴”面板中的素材之间时，将打开“渐变擦除设置”对话框，在其中单击[选择图像...]按钮可选择作为灰度图像的图片，在“柔和度”数值框中可输入需要过渡边缘的羽化程度，如图7-69所示。

图7-69 “渐变擦除设置”对话框

为素材应用“渐变擦除”的效果如图7-70所示。

图7-70 渐变擦除

13. 百叶窗

应用该过渡效果，可使素材B以逐渐打开百叶窗的方式来打开，以显现完整的素材B画面，如图7-71所示。

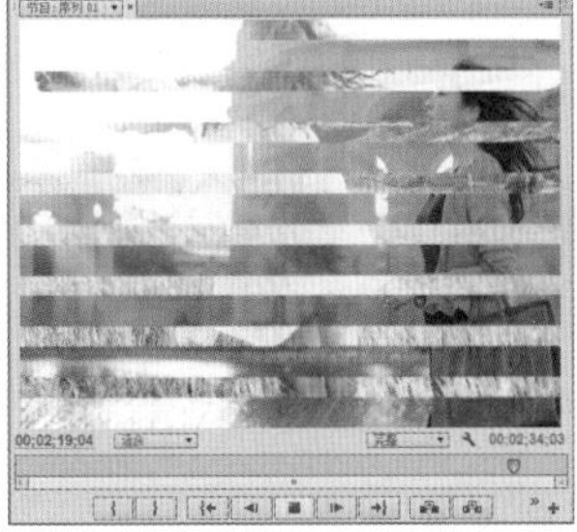

图7-71 百叶窗

技巧秒杀

应用“百叶窗”过渡效果后，可以在“效果控件”面板中设置“带数量”参数，数量越多，其色条越细。

14. 螺旋框

该效果能使素材B以矩形方框形式围绕画面移动，就像一个螺旋的条纹，可以在“效果控件”面板中单击 自定义... 按钮，在打开的对话框中对矩形方框在水平和垂直方向上的数量进行设置，效果如图7-72所示。

图7-72　螺旋框

15. 随机块

该效果能使素材B以矩形方块逐渐遍布在整个屏幕上，其效果如图7-73所示。

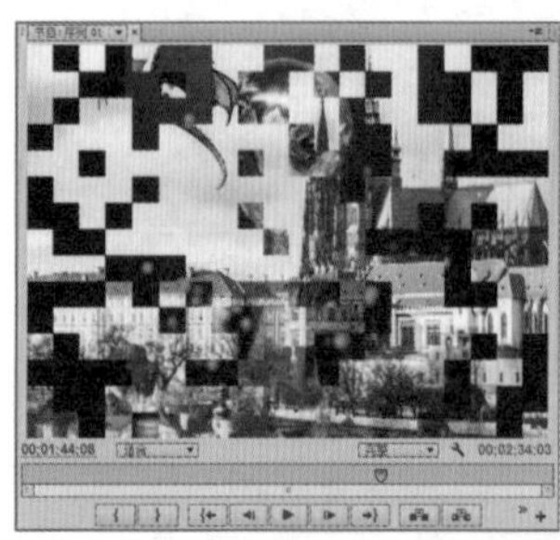
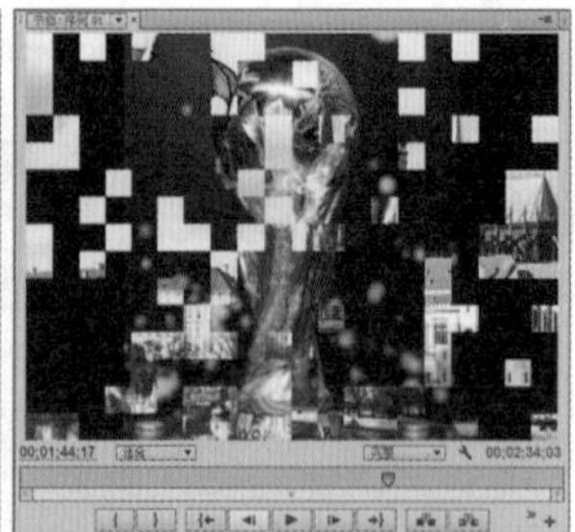

图7-73　随机块

16. 随机擦除

该效果使素材B从屏幕上方以逐渐增多的小方块形式覆盖素材A，其效果如图7-74所示。

图7-74　随机擦除

17. 风车

该效果能使素材B以旋转变大的风车形状出现，逐渐覆盖素材A，如图7-75所示。

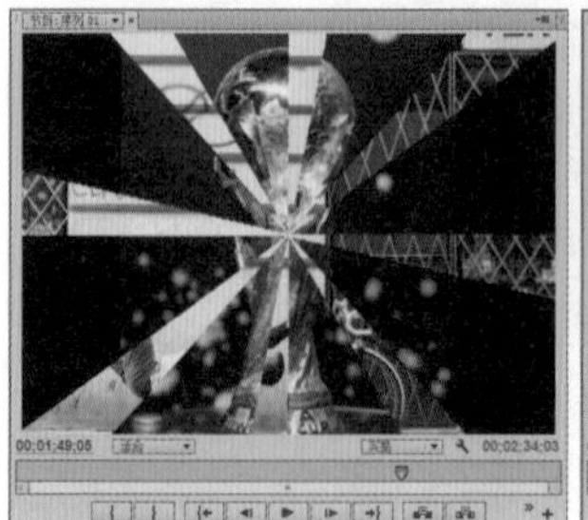
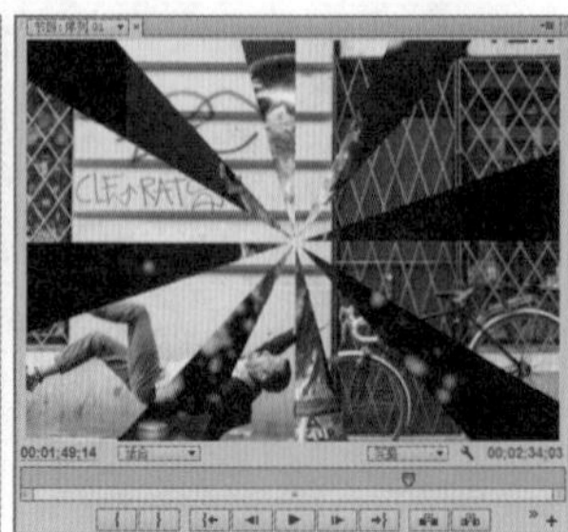

图7-75　风车

技巧秒杀

在应用“风车”过渡效果后，可以在“效果控件”面板中设置“楔形数量”，楔形的数量越多，风车的扇叶也越多。

7.3.5 映射

“映射”过渡效果文件夹中包括两种过渡类型，即“通道映射”和“明亮度映射”，“映射”效果可在进行过渡时重新映射颜色，下面分别进行介绍。

1. 通道映射

将该过渡效果拖动至“时间轴”面板的素材中间时，将打开“通道映射设置”对话框，在其中可选择需要进行通道映射的通道，如图7-76所示。

图7-76　“通道映射设置”对话框

为素材应用“通道映射”的效果如图7-77所示。

图7-77　通道映射

2. 明亮度映射

该效果将素材A的明亮度映射到素材B，其效果如图7-78所示。

图7-78　明亮度映射

7.3.6 溶解

"溶解"过渡效果包括8种过渡类型，即"交叉溶解""叠加溶解""抖动溶解""渐隐为白色""渐隐为黑色""胶片溶解""随机反转""非叠加溶解"。"溶解"过渡效果可实现一个素材的逐渐淡入而显现另一个素材的效果，下面分别进行介绍。

读书笔记

1. 交叉溶解

应用该过渡效果，将淡化素材A，使素材B逐渐淡入，其效果如图7-79所示。

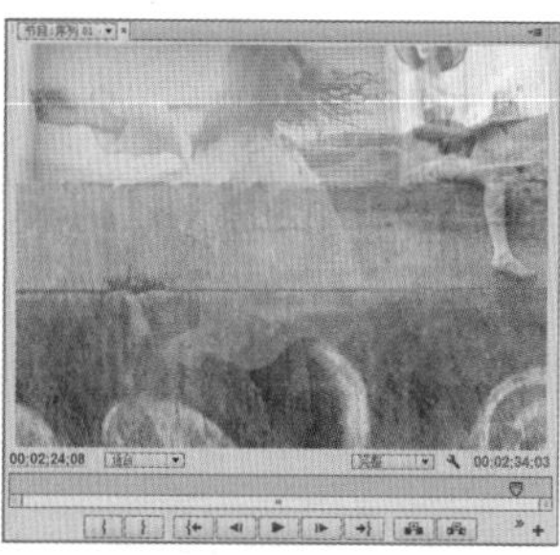

图7-79　交叉溶解

2. 叠加溶解

应用该过渡效果，将通过颜色叠加的方式对素材A进行淡化，使素材B逐渐淡入，其效果如图7-80所示。

图7-80　叠加溶解

3. 抖动溶解

应用该效果使素材A以许多小点进行淡化，再使素材B通过许多小点进行淡入，其效果如图7-81所示。

图7-81　抖动溶解

4. 渐隐为白色

该效果将素材A淡化为白色，然后逐渐淡入素材B，其效果如图7-82所示。

图7-82 渐隐为白色

5. 渐隐为黑色

该效果使素材A逐渐淡化为黑色，然后逐渐淡入素材B，其效果如图7-83所示。

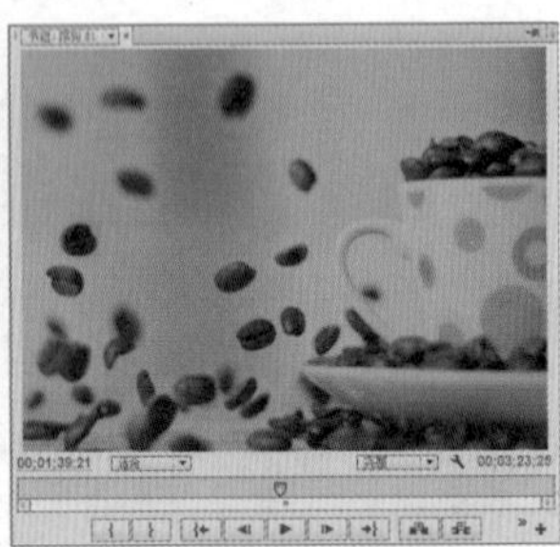

图7-83 渐隐为黑色

6. 胶片溶解

该效果将使素材A类似于胶片渐隐于素材B，其效果如图7-84所示。

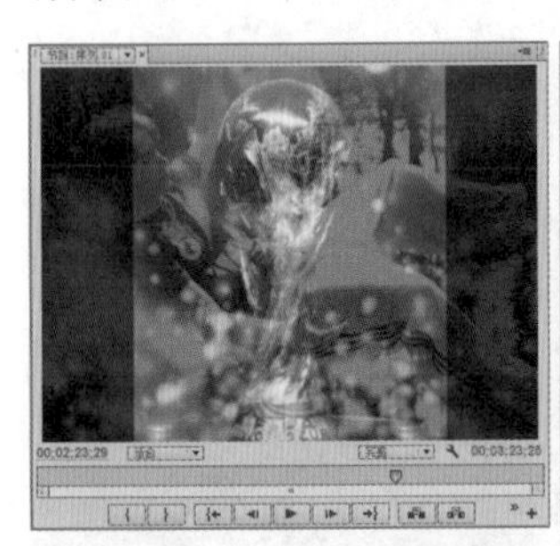

图7-84 胶片溶解

技巧秒杀

"交叉溶解""抖动溶解""渐隐为白色""胶片溶解"的过渡效果都比较类似，不同的是素材A过渡到素材B的溶解程度不同。

7. 随机反转

该效果能使素材B以方块的方式逐渐替换素材A，并能对方块的宽、高、反转源和反转目标等进行设置。

实例操作：添加设置"随机反转"效果

- 光盘\素材\第7章\随机反转.prproj
- 光盘\效果\第7章\随机反转.prproj
- 光盘\实例演示\第7章\添加设置"随机反转"效果

下面将在"随机反转.prproj"项目文件中添加"随机反转"过渡效果，并设置反转方框的宽为30、高为20，然后设置显示素材A的反色效果。

Step 1 打开"随机反转.prproj"项目文件，将素材拖动至"时间轴"面板，在"效果"面板中选择"随机反转"选项，将其拖动到"时间轴"面板中素材的交接处。选择"随机反转"过渡效果，在"效果控件"面板中选中显示实际源复选框，显示实际的素材，然后单击面板下方的自定义...按钮，如图7-85所示。

图7-85 应用"随机反转"效果

Step 2 打开"随机反转设置"对话框，在"宽"

数值框中输入30，在“高”数值框中输入20，选中◉反转目标单选按钮，然后单击确定按钮，如图7-86所示。

图7-86　“随机反转设置”对话框

Step 3 ▶ 返回Premiere Pro CC的界面，可在“节目监视器”面板中进行预览，效果如图7-87所示。

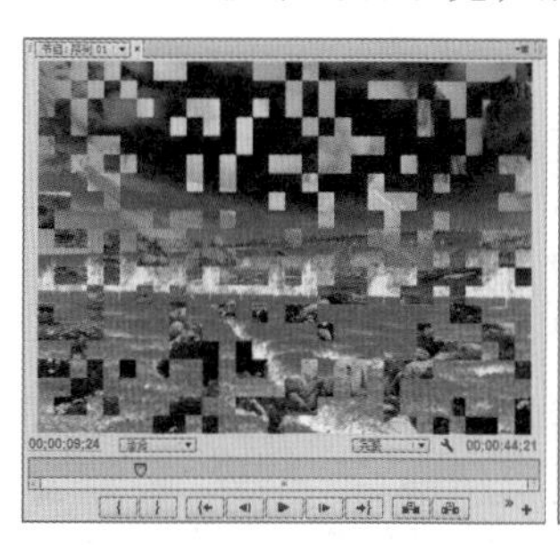
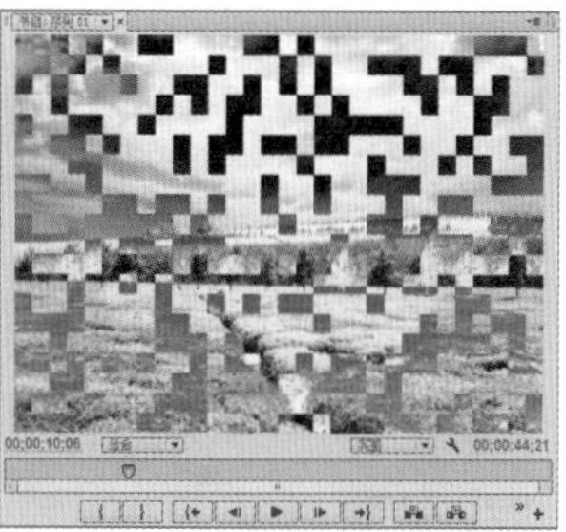

图7-87　效果预览

技巧秒杀

选中◉反转源单选按钮，将对上一个素材进行反转，如图7-88所示；选中◉反转目标单选按钮，将对后一个素材进行反转，如图7-89所示。

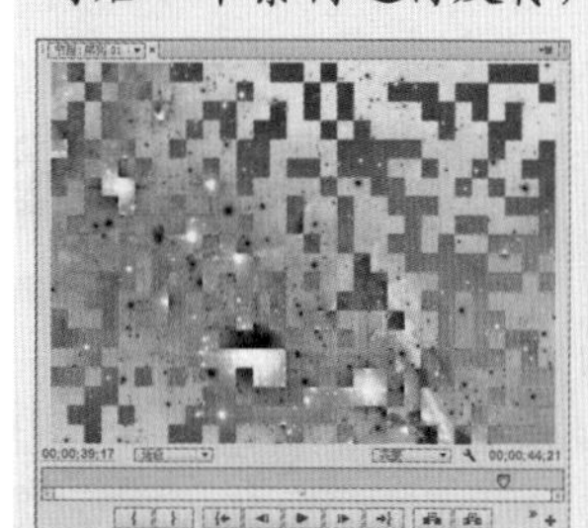
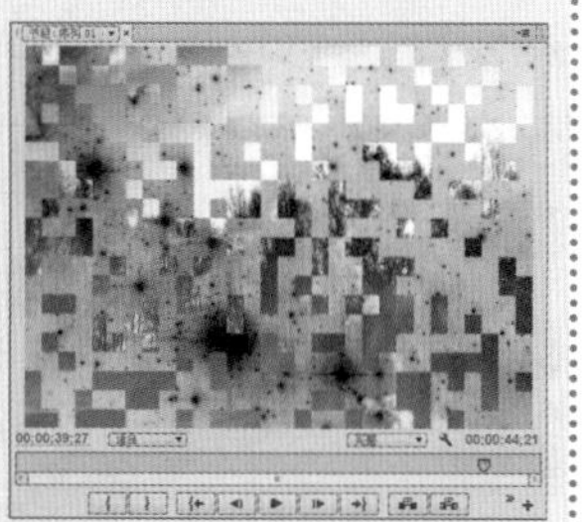

图7-88　“反转源”效果

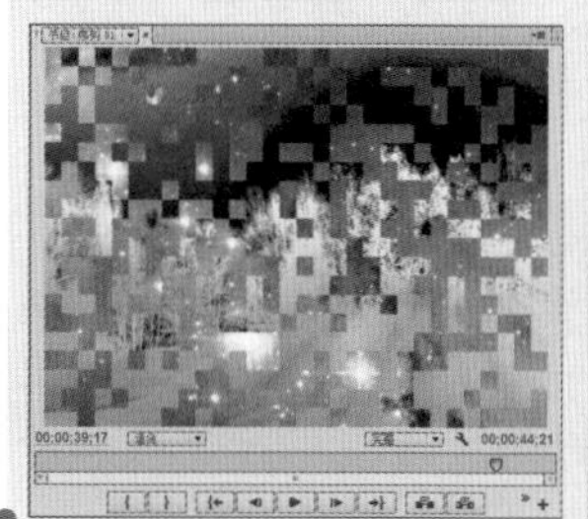
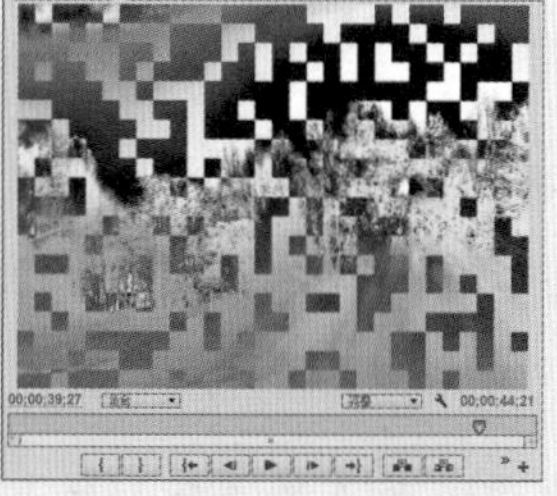

图7-89　“反转目标”效果

8. 非叠加溶解

应用该过渡效果，素材B与素材A的亮度叠加溶解，素材B将逐渐出现在素材A的彩色区域内，如图7-90所示。

图7-90　非叠加溶解

7.3.7 滑动

“滑动”效果文件夹中包括12种过渡类型，分别是“中心合并”“中心拆分”“互换”“多旋转”“带状滑动”“拆分”“推”“斜线滑动”“旋绕”“滑动”“滑动带”“滑动框”。“滑动”效果通过素材滑入和滑出的方式实现素材的过渡，下面分别进行介绍。

1. 中心合并

该效果能使素材A分成4部分，并逐渐收缩到场景中心，最终素材B将完全取代素材A，效果如图7-91所示。

图7-91　中心合并

2. 中心拆分

该效果将素材A分为4部分，并逐渐由中心向四个顶角移动，移动到角落以显示素材B，其效果如图7-92所示。

图7-92　中心拆分

3. 互换

应用该效果，素材A和素材B将交替放置，它们都移动到场景的两边，然后返回中心交换显示，其效果如7-93所示。

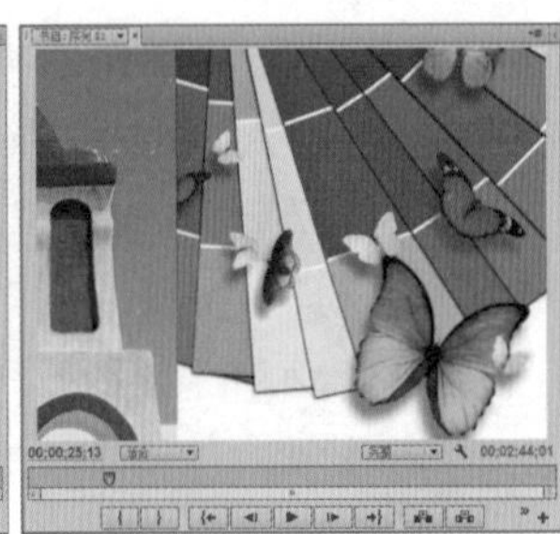

图7-93　互换

4. 多旋转

该效果使素材B以多个旋转矩形的方式出现。在“效果控件”面板中单击自定义...按钮，在打开的“多旋转设置”对话框中可对旋转矩形在水平和垂直方向上的数量进行设置，将“水平”设置为5，“垂直”设置为4，如图7-94所示，应用“多旋转”的效果如图7-95所示。

图7-94　设置参数

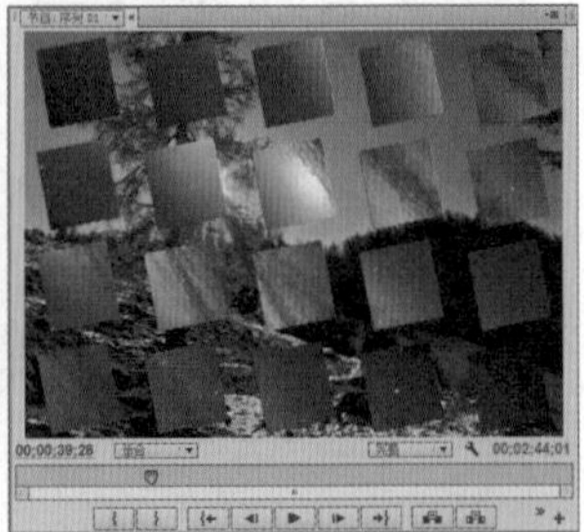

图7-95　多旋转

5. 带状滑动

该效果使素材B在水平、垂直或对角线方向上以条形滑入，逐渐覆盖素材A，其效果如图7-96所示。

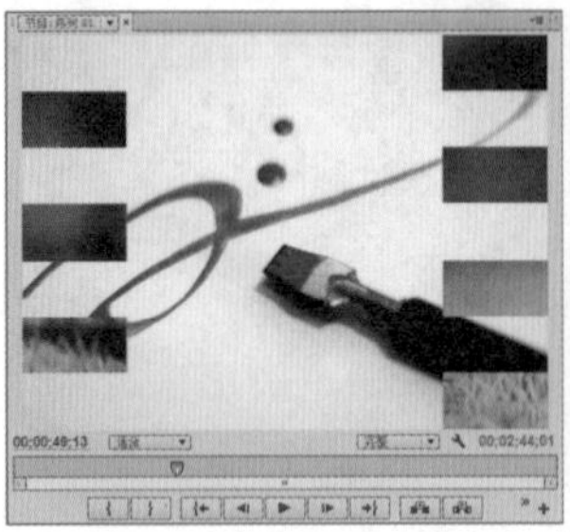

图7-96　带状滑动

技巧秒杀

在“效果控件”面板中可对“互换”和“带状滑动”效果的滑动方向进行设置，还可单击自定义...按钮，在打开的对话框中对“带状滑动”的带数量进行设置。

6. 拆分

应用该过渡效果，素材A将从中间被拆分并滑动到两边，类似于两扇门打开的方法显示出素材B，效果如图7-97所示。

图7-97　拆分

7. 推

该效果会使素材B将素材A从场景的左侧推到一边，可在“效果控件”面板中对推动方向进行设置，有“自西向东”“自东向西”“自南向北”“自北向南”，其效果如图7-98所示。

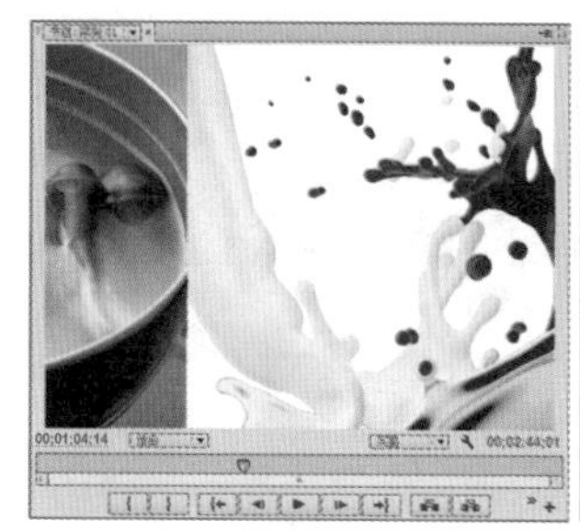
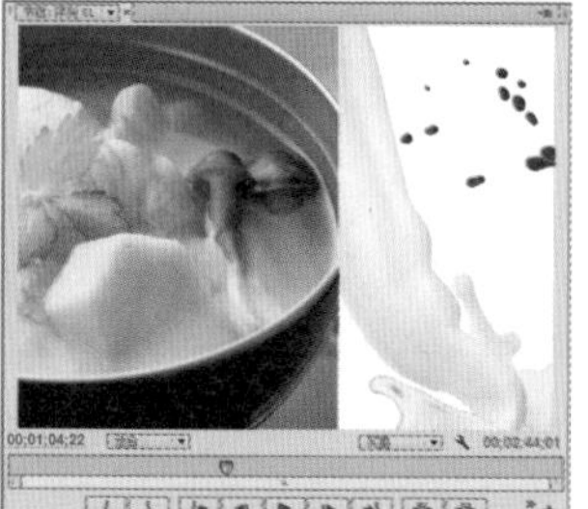

图7-98　推

8. 斜线滑动

该效果使素材B被分割成很多独立的部分，并滑动到素材A的上方。在“效果控件”面板中单击自定义...按钮，可在打开的“斜线滑动设置”对话框中对切片数量进行设置，效果如图7-99所示。

读书笔记

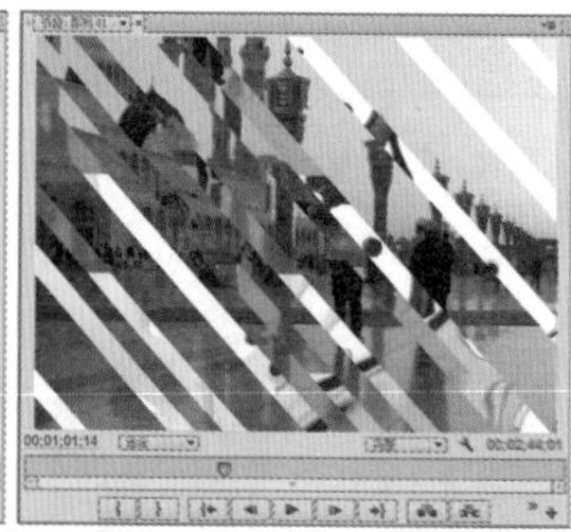

图7-99　斜线滑动

9. 旋绕

该效果将使素材B从很多旋涡矩形中旋转代替素材A进入场景，在“效果控件”面板中单击自定义...按钮，在打开的对话框中可对旋绕水平或垂直方向上的数量和转动的速率进行设置，效果如图7-100所示。

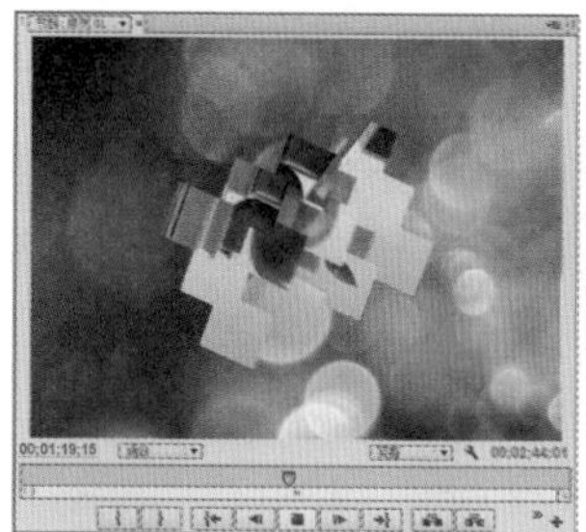

图7-100　旋绕

技巧秒杀

“旋绕”过渡效果的“水平”和“垂直”方向上的方框的乘积，就是画面中素材B显示的总方框数量。

10. 滑动

该效果使素材B滑动到素材A的上面，其效果如图7-101所示。

图7-101　滑动

11. 滑动带

该效果通过水平或垂直的条带，将素材B从素材A下面显示出来，其效果如图7-102所示。

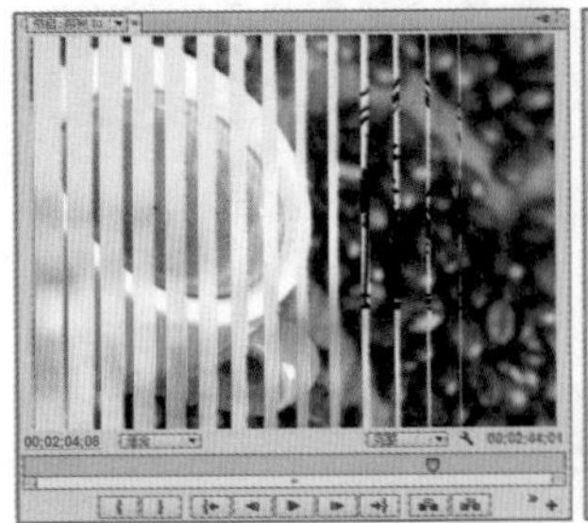

图7-102　滑动带

12. 滑动框

该效果以条带移动的方式将素材B滑动到素材A上方。在“效果控件”面板中可调整条带移动的方向，也可单击 自定义... 按钮，在打开的“滑动框设置”对话框中对条带的数量进行设置，如图7-103所示。

图7-103　滑动框

技巧秒杀

添加“滑动框”效果后，条带的数量越多，素材B被划分得越多。

7.3.8 特殊效果

“特殊效果”能对一个场景进行特殊处理，可以改变素材颜色和扭曲图像，它包括3种过渡类型，即“三维”“纹理化”“置换”，下面分别进行介绍。

1. 三维

该过渡效果将源素材映射到红色和蓝色输出通道中，其效果如图7-104所示。

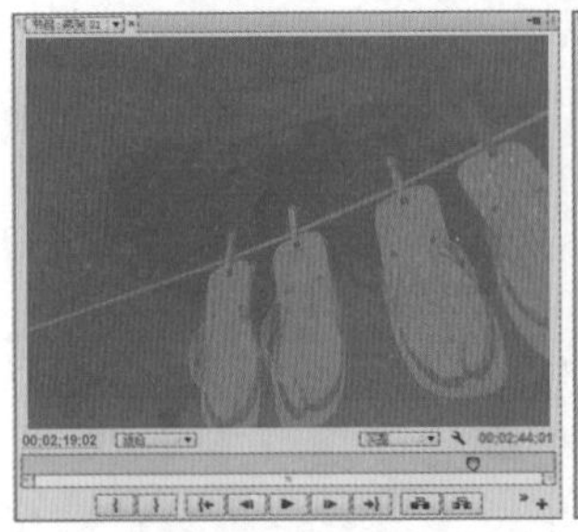

图7-104　三维

2. 纹理化

该过渡效果能使颜色值从素材B映射到素材A中，通过两个素材混合来创建纹理的效果，其效果如图7-105所示。

图7-105　纹理化

3. 置换

该效果能使素材A的RGB通道置换素材B的像素，其效果如图7-106所示。

图7-106　置换

7.3.9 缩放

“缩放”效果包括4种过渡类型，即“交叉缩放”“缩放”“缩放框”“缩放轨迹”，“缩放”过渡效果可通过放大或缩小素材的形式来实现素材的过渡，下面分别进行介绍。

1. 交叉缩放

应用该效果，将先对素材A进行放大，然后再缩小素材B，其效果如图7-107所示。

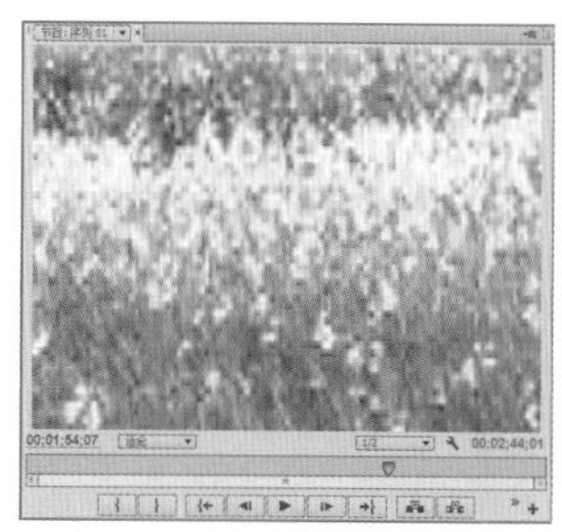

图7-107 交叉缩放

技巧秒杀

应用“交叉缩放”过渡效果后，可在“效果控件”面板的“开始”栏中拖动其中的小圆圈图标，调整缩放的角度。

2. 缩放

应用该过渡效果，素材B由中心点出现逐渐变大，直至占据整个画面覆盖素材A，其效果如图7-108所示。

图7-108 缩放

3. 缩放框

应用该效果使素材B放大成多个方框，逐渐放大直至覆盖素材A。在“效果控件”面板中单击自定义...按钮，可在打开的“缩放框设置”对话框中对缩放框形状数量的宽和高进行设置，其效果如图7-109所示。

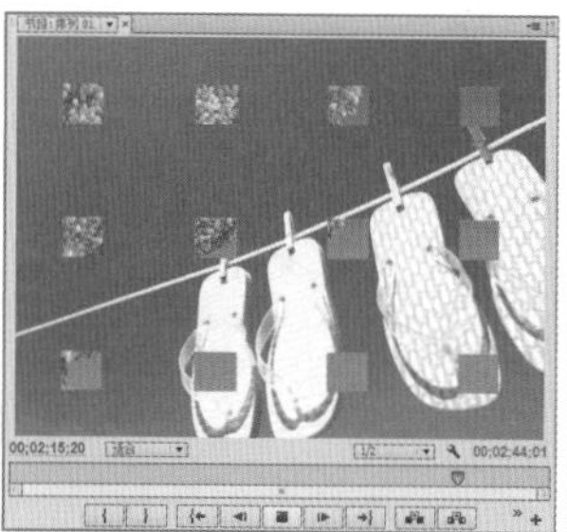
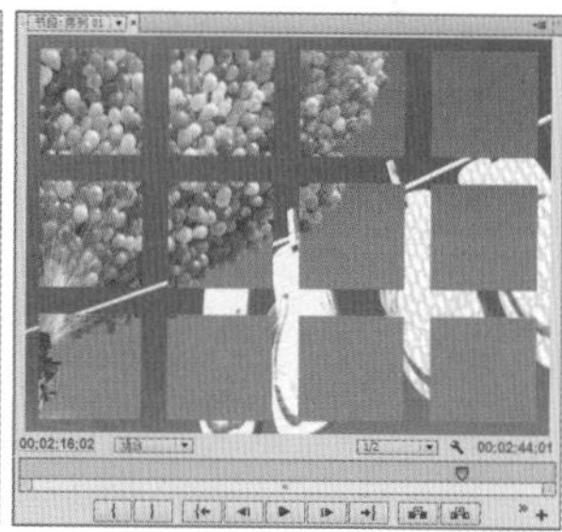

图7-109 缩放框

4. 缩放轨迹

该效果能使素材A带着轨迹逐渐缩小，以显示素材B，可在“效果控件”面板中单击自定义...按钮，在打开的“缩放轨迹设置”对话框中对轨迹数量进行设置，其效果如图7-110所示。

图7-110 缩放轨迹

7.3.10 页面剥落

“页面剥落”文件夹中包含了5种过渡类型，即“中心剥落”“剥开背面”“卷走”“翻页”“页面剥落”。“页面剥落”效果是模仿翻转显示下一页的书页效果，素材A页面翻转至素材B页面，下面分别进行介绍。

1. 中心剥落

应用该效果，通过在素材A的中心创建4个翻页点，然后向外翻开逐渐显示素材B，其效果如图7-111所示。

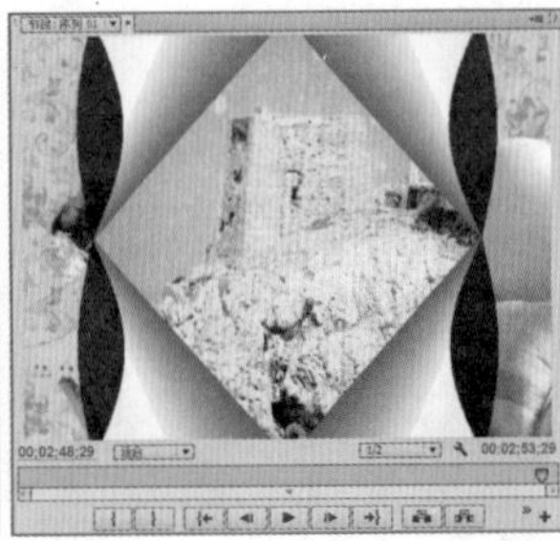

图7-111　中心剥落

2. 剥开背面

应用该效果，将通过在素材A的中心创建4个翻页，然后以左上、右上、右下和左下的顺序翻开素材A，逐渐显示出素材B，其效果如图7-112所示。

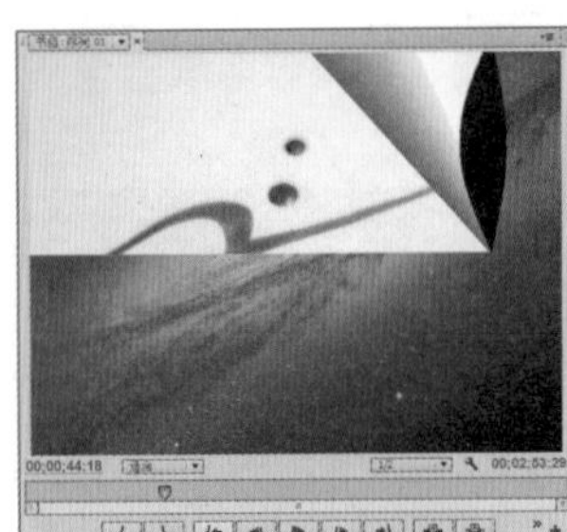

图7-112　剥开背面

3. 卷走

应用该效果，使素材A从左边开始以卷轴的方式卷起页面，逐渐显示出素材B，其效果如图7-113所示。

读书笔记

图7-113　卷走

4. 翻页

该效果使素材A从左上角开始翻开页面，显示出素材B，其效果如图7-114所示。

图7-114　翻页

5. 页面剥落

该效果能使素材A从页面左上角滚动到右下角来显示素材B，其效果如图7-115所示。

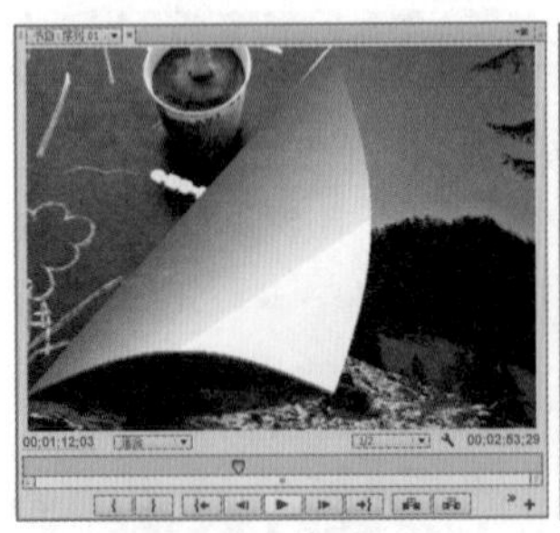
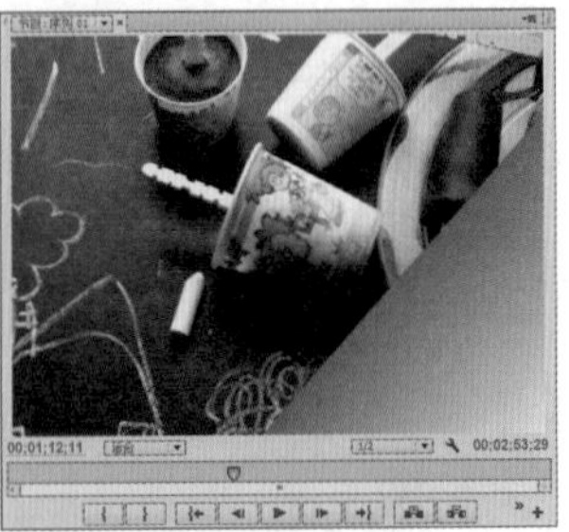

图7-115　页面剥落

技巧秒杀

对于“卷走”“翻页”“页面剥落”，可在“效果控件”面板中单击 自定义... 按钮，在打开的对话框中对其过渡方向进行设置。而“中心剥落”和“剥开背面”效果的过渡方向都是从画面中心开始的，不能进行修改。

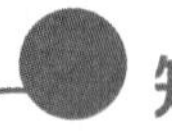

知识大爆炸——设置视频的额外帧

默认情况下，应用过渡效果的方法是可以直接将视频过渡效果拖动到需要应用的两个素材之间，但如果素材本身的持续时间较短，添加过渡效果后，将缩短素材原本的持续时间，此时可以为素材设置额外的帧，使素材能够保持适当的时间。设置额外帧时，应保证前一个素材有一些超出素材出点的额外帧，后一个素材有一些超出素材入点的额外帧，用户可通过“选择工具”按钮、“源监视器”面板或“节目监视器”面板进行调整。

单击“选择工具”按钮，并选择素材，当鼠标光标变为或形状时，按住鼠标左键不放，向左右拖动来设置素材的额外帧。在“源监视器”面板中，将鼠标光标放到入点和出点图标处，当光标变为形状时向右拖动鼠标，当光标变为形状时向左拖动鼠标，即可对素材进行额外帧的设置，以相同的方法，也可在“节目监视器”面板中进行调整。

读书笔记

01 02 03 04 05 06 07 08 09 10 11 12 13 14 ......

添加视频特效

本章导读

在Premiere Pro CC中提供了很多种视频特效，应用视频特效，可使枯燥乏味的视频作品变得生动有趣。本章将对视频特效效果的设置方法和各类视频特效效果的应用，以及常用视频特效等知识进行介绍。

8.1 认识视频效果

在Premiere Pro CC的“效果”面板中不仅提供了“视频过渡”文件夹，还提供了“视频效果”“音频效果”“音频过渡”文件夹，在对应用“视频效果”的方法进行讲解之前，应先了解视频效果等知识。

8.1.1 “视频效果”效果

在“视频效果”文件夹中包含了“变换”“图像控制”“实用程序”“扭曲”“时间”“杂色与颗粒”“模糊与锐化”“生成”“视频”“调整”“过渡”“透视”“通道”“键控”“颜色校正”“风格化”选项，如图8-1所示。在不同的文件夹中可单击每个选项前的▷按钮，在其中选择不同的选项，可实现不同的效果，如图8-2所示为应用“位移”效果后的效果。

图8-1 “视频效果”文件夹

图8-2 效果展示

8.1.2 “效果控件”面板下拉列表

单击“效果控件”面板右上角的按钮，弹出“效果控件”面板下拉列表，在其中选择不同的选项，可进行相应的操作，如图8-3所示。

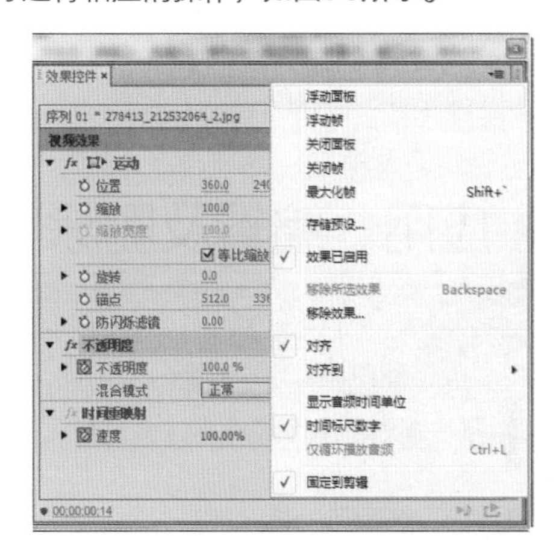

图8-3 “效果控件”面板下拉列表

知识解析：“效果控件”面板下拉列表

◆ 存储预设：选择一个效果后再选择该选项，将打开“保存预设”对话框，在打开的对话框中可对效果进行存储预设操作，如图8-4所示。

图8-4 存储预设

◆ 效果已启动：默认情况下，该项为选中状态，选择该选项，可对效果进行禁用和激活操作。

◆ 移除所选效果：选择该选项，可对素材中添加的效果全部删除。

◆ 移除效果：选择该选项，可将选择的效果进行删除。

- **对齐**：选择该选项，可进行对齐操作。
- **对齐到**：在其子菜单中可选择一个选项，将其对齐到所选项，如对齐视频关键帧、序列标记和播放指示器等，如图8-5所示。

如图8-5 “对齐到”子菜单

- **显示音频时间单位**：选择该选项，可激活与禁用显示音频时间单位。
- **仅循环播放音频**：选择该选项，可对音频素材进行循环播放操作，而不循环播放视频素材。
- **固定到剪辑**：选择该选项，可将其固定到剪辑。

技巧秒杀

在“效果控件”面板中单击“切换效果开关”按钮，可进行效果的禁用，再次单击可将效果激活。

8.2 应用、编辑及删除特效

Premiere Pro CC提供了多种视频特效，应用方法都是相同的，在“效果”面板中选择需要添加的特效，将其拖动至“时间轴”面板中的素材上，即可为视频添加特效。因此只要掌握了其基本的操作方法，就可以在视频制作的过程中灵活使用，下面就对应用视频特效的知识进行讲解。

8.2.1 应用视频效果

对视频应用特效，可对素材的色彩进行修改，另外还可对素材进行模糊或扭曲等处理，只要在“效果”面板中选择需要应用的视频特效，然后将其拖动到“时间轴”面板中需要应用该效果的素材上即可应用该视频特效。

实例操作：为素材应用特效

- 光盘\素材\第8章\夕阳.jpg
- 光盘\效果\第8章\添加效果.prproj
- 光盘\实例演示\第8章\为素材应用特效

下面将在“效果”面板中选择“RGB曲线”视频效果，将其添加至素材上，并在“效果控件”面板中对添加的视频特效进行查看。

Step 1 新建项目，将其命名为“添加效果”，将素材“夕阳.jpg”导入至“项目”面板中，并将素材拖动至“时间轴”面板的“视频1”轨道中，选择“窗口”/“效果”命令，依次单击“视频效果”/“颜色校正”前的三角形按钮，然后选择“RGB曲线”选项，如图8-6所示。

图8-6 选择特效

Step 2 在“时间轴”面板中选中素材，将“锐化”效果从“效果”面板拖到素材上，或将其拖动至“效果控件”面板中，如图8-7所示。

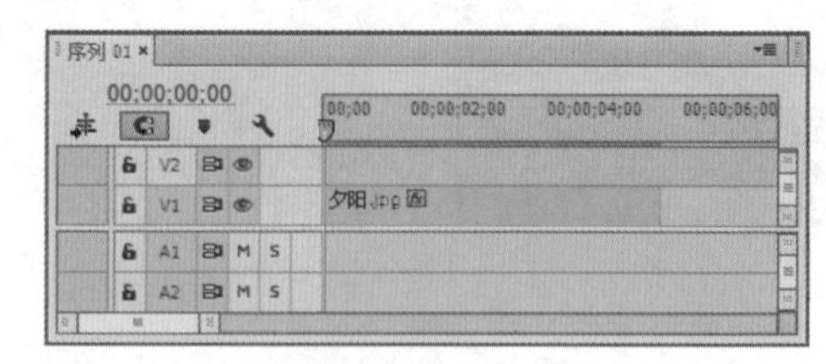

图8-7 添加特效

Step 3 在“效果控件”面板中可查看添加的特效，可在“RGB曲线”栏中输入数值，对“主要”“红色”“绿色”“蓝色”曲线进行设置，如图8-8所示。可在“节目监视器”面板中对前后效果进行查看。

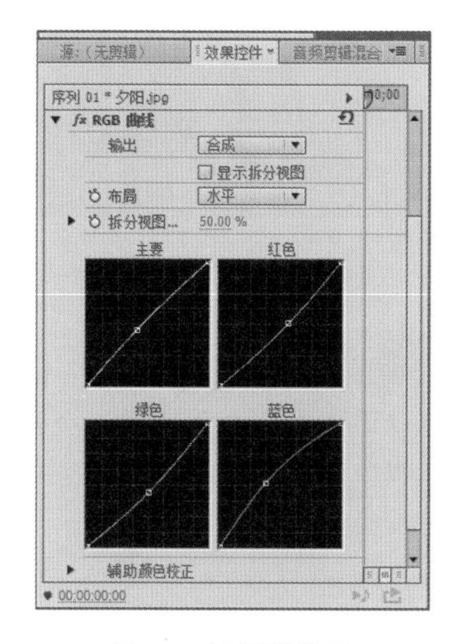

图8-8　设置锐化量

Step 4 ▶ 设置完成后，选择“文件”/“新建”/“序列”命令，创建序列，然后在“节目监视器”面板中对前后效果进行查看，如图8-9所示。

图8-9　效果查看

8.2.2 结合标记应用视频效果

在Premiere Pro CC中可对素材设置标记，利于视频效果的添加，进行标记设置后，可在“效果控件”面板中对其进行编辑和查看。

实例操作：标记应用视频效果

- 光盘\素材\第8章\自然风景.avi
- 光盘\实例演示\第8章\标记应用视频效果

本例将使用标记的方式为素材添加视频效果，并在“效果控件”面板中进行查看，然后为其添加关键帧。

Step 1 ▶ 新建项目文件，将素材导入至“项目”面板中，并将其拖动至“时间轴”面板的“视频1”轨道上，如图8-10所示。

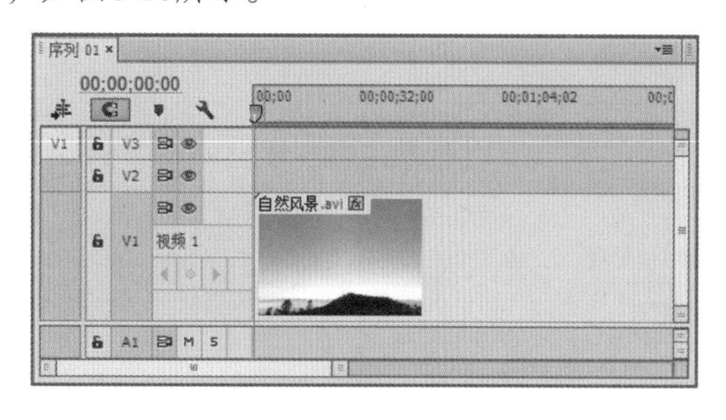

图8-10　添加素材

Step 2 ▶ 在“时间轴”面板中将时间指示器移动至想要设置标记的位置，右击“时间轴”面板的时间轴标尺，在弹出的快捷菜单中选择“添加标记”命令，如图8-11所示。

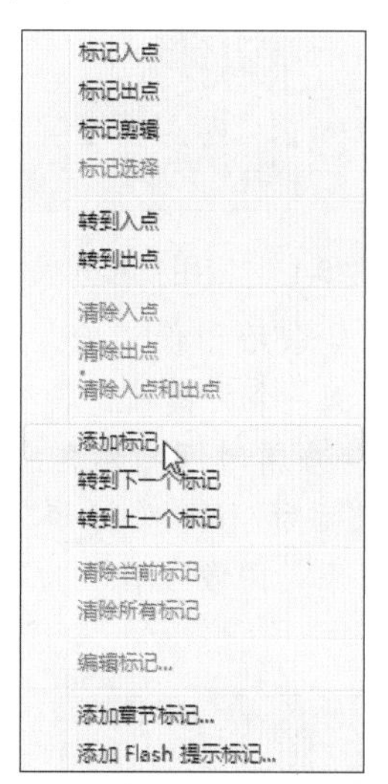

图8-11　选择“添加标记”命令

Step 3 ▶ 使用相同的方法为素材添加标记，在添加标记的位置将出现图标，如图8-12所示。

图8-12　添加多个标记

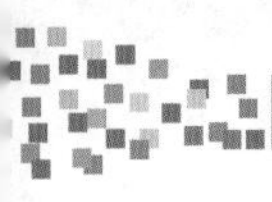

Step 4 选择第一个标记，在“效果”面板中选择一个视频效果，将其拖动至“效果控件”面板中，如选择“风格化”文件夹中的“查找边缘”效果，如图8-13所示。

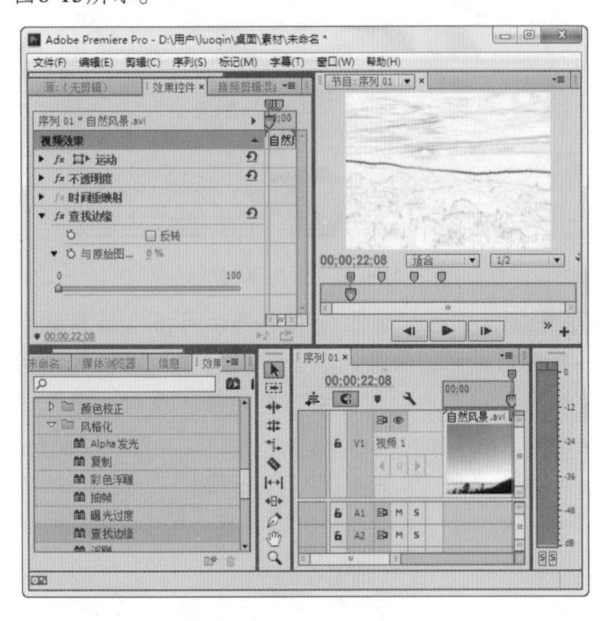

图8-13 应用视频效果

Step 5 单击“与原始图像混合”前的“切换动画”按钮，添加一个关键帧，设置“与原始图像混合”为0%，将当前时间指示器移动至下一个标记处，并单击“添加/移除关键帧”按钮，添加标记，设置“与原始图像混合”为75%，如图8-14所示。

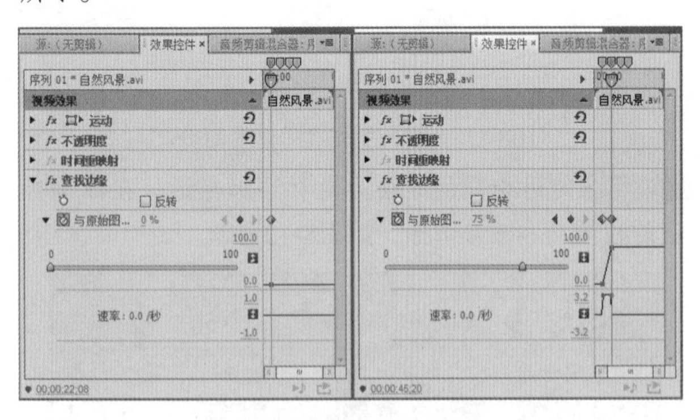

图8-14 添加关键帧

Step 6 在“节目监视器”面板中单击“播放/停止切换”按钮，可对应用的效果进行查看，如图8-15所示。

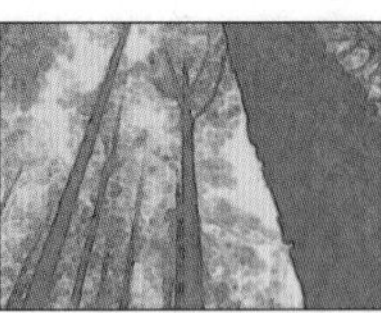

图8-15 效果预览

技巧秒杀

一个素材可以添加多个效果，同一个素材可以添加不同设置的同一效果。

读书笔记

8.2.3 编辑视频效果

为素材添加视频效果后，素材中添加的效果为系统默认的状态。为了使效果更符合用户的需要，可以在“效果控件”面板中对其进行编辑，但并不是所有的效果都能进行编辑操作，如垂直翻转、水平翻转等不可进行编辑操作。

实例操作：编辑视频效果

- 光盘\素材\第8章\糖果.jpg
- 光盘\效果\第8章\糖果甜心.prproj
- 光盘\实例演示\第8章\编辑视频效果

下面将新建“糖果甜心.prproj”项目文件，为其中的素材添加镜像和裁剪效果，并设置素材的透明度和缩放大小。

Step 1 新建项目文件，将其命名为“糖果甜心”，将“糖果.jpg”文件夹的素材导入“项目”面板，并将其素材拖动至“时间轴”面板的“视频1”轨道中，然后在“效果”面板中选择“视频效果”/“扭曲”里的“镜像”效果，如图8-16所示。

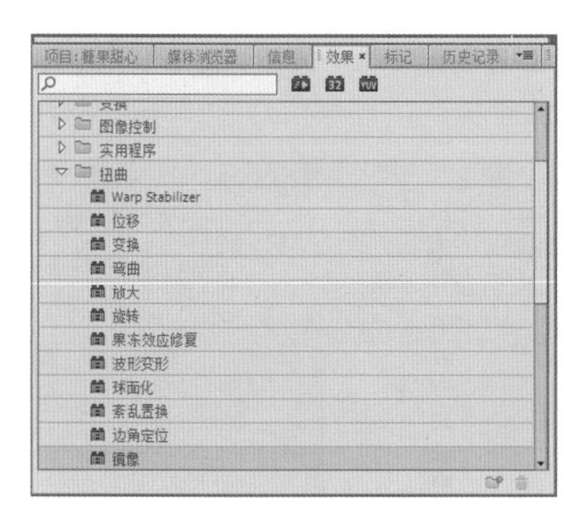

图8-16　选择视频效果

Step 2 ▶ 将选择的视频效果拖动到“时间轴”面板中的素材上，当鼠标光标变为▢形状时释放鼠标，如图8-17所示。

图8-17　应用视频效果

Step 3 ▶ 选择“糖果.jpg”素材，单击“效果控件”面板中“运动”栏前的▶按钮，在其下方的列表中设置“缩放”选项的值为120.0，然后在“镜像”栏中设置“反射中心”的值为572.0和473.0，“反射角度”的值为125.0°，如图8-18所示。

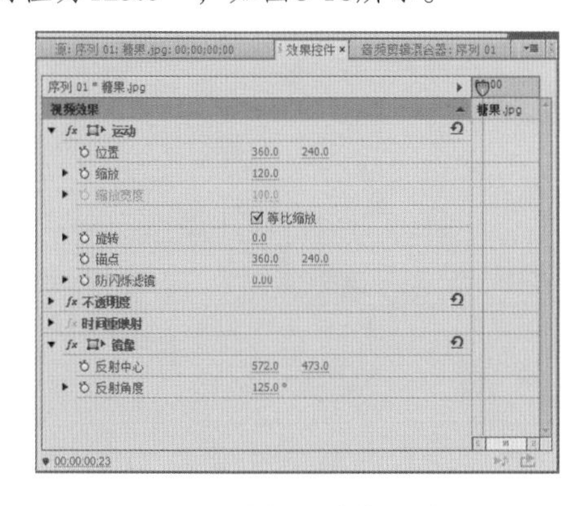

图8-18　编辑“镜像”效果

Step 4 ▶ 完成设置后，在“节目监视器”面板中单击“播放/停止切换”按钮▶，可预览编辑“镜像”特效后的效果，如图8-19所示。

图8-19　预览效果

Step 5 ▶ 将02.jpg素材拖动到“时间轴”面板中的“视频2”轨道中，然后在“效果”面板中选择“裁剪”效果，将其拖动至该素材上。在“时间轴”面板中选择02.jpg素材，在“效果控件”面板中设置“运动”栏中“位置”的值为389.0和197.0，然后在“不透明度”栏中设置素材的不透明度为75%，在“裁剪”栏中设置“顶部”的值为26.0%，其余参数保持不变，如图8-20所示。

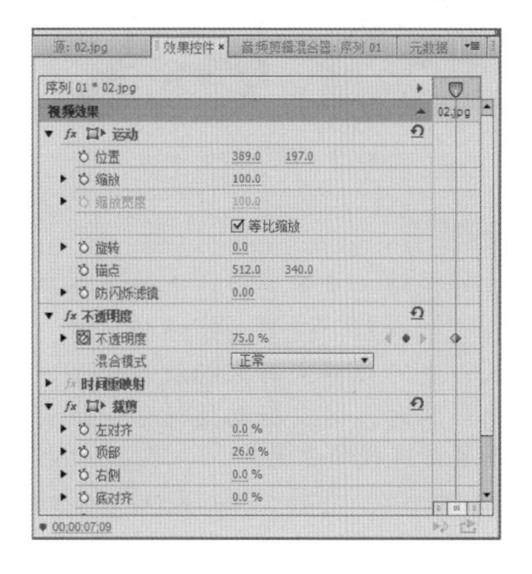

图8-20　设置“裁剪”效果

Step 6 ▶ 使用相同的方法，为02.jpg素材添加“画笔描边”效果，然后在“效果控件”面板中设置“描边角度”为220.0°，“画笔大小”的值为1.6，“描边长度”的值为5，“描边浓度”的值为分别为2和0.4，在“绘画表面”后的下拉列表框中选择“在黑色上绘画”选项，如图8-21所示。

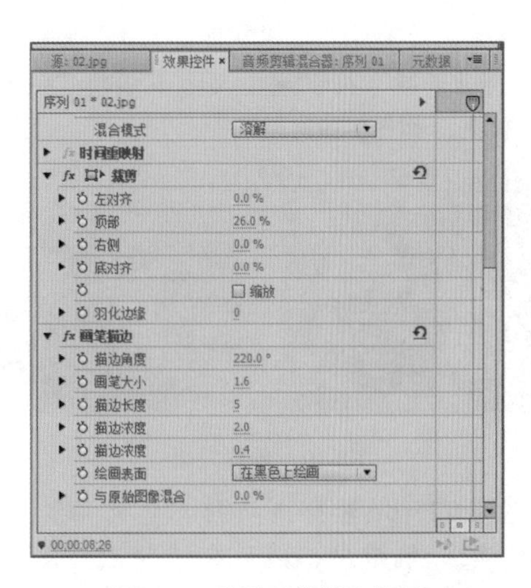

图8-21　设置画笔描边效果

Step 7 ▶ 完成设置后，可在“节目监视器”面板中进行预览，如图8-22所示。

图8-22　最终效果预览

技巧秒杀

“位置”选项主要用来定位素材在画面中的水平和垂直的坐标。设置该选项的值时，可以直接输入，也可以将鼠标光标放在上面，当光标变为形状时，向左拖动鼠标可使值变小；向右拖动鼠标可使值变大。

8.2.4 删除视频效果

对素材添加视频效果后，如果视频效果不能达到预期的效果，可将其删除，下面对其删除方法进行介绍。

◆ **快捷键删除**：选择需要删除的视频效果，直接按Delete键或按Backspace键即可。

◆ **“效果控件”面板快捷菜单删除**：在“效果控件”面板中选择需要删除的效果，然后右击，在弹出的快捷菜单中选择“清除”命令即可，如图8-23所示。

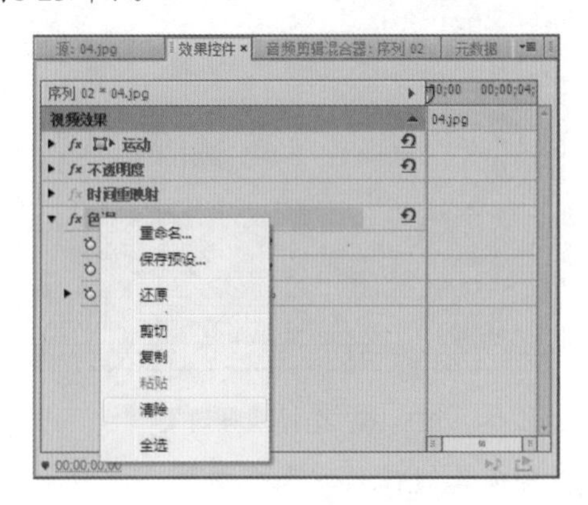

图8-23　“效果控件”面板快捷菜单

◆ **“时间轴”面板快捷菜单删除**：在“时间轴”面板中选择需要删除视频特效的素材，然后右击，在弹出的快捷菜单中选择“移除效果”命令即可，如图8-24所示。

图8-24　“时间轴”面板快捷菜单

读书笔记

8.3 使用关键帧控制效果

在应用视频特效时，经常需要与关键帧结合使用，达到某种特殊的效果，因此要掌握关键帧的使用，则要熟悉关键帧的基本操作、通过关键帧控制视频特效和修改关键帧的属性等，下面分别进行介绍。

8.3.1 关键帧的基本操作

关键帧主要可用于设置视频特效随时间而发生的改变。当创建关键帧后，可以设置特效在此时的状态，若同时为多个关键帧设置不同的值，可使素材获得一连串的特殊效果。关键帧主要存在于“效果控件”面板和“时间轴”面板的轨道中，下面分别介绍在这两个面板中关键帧的基本操作。

1. 在“效果控件”面板中设置关键帧

“效果控件”面板主要用于设置素材所包含的一些特殊效果，如运动、不透明度、时间重影射、视频切换效果和视频特效等。在每一个效果选项中，都可以为其添加关键帧，以控制特效的效果，达到更丰富多变的特效。在“效果控件”面板中主要可以对关键帧进行激活和添加、删除和跳转等操作，下面分别进行介绍。

◆ 激活并添加关键帧：默认状态下，项目文件中是没有包含关键帧的，此时就需要先激活关键帧，并进行添加。激活并添加关键帧的方法很简单，只需选择需要添加关键帧的素材，然后将当前时间指示器定位到需要添加关键帧的位置，在“效果控件”面板中需要添加关键帧的选项前单击“切换动画”按钮即可，完成后“切换动画”按钮将变为形状，表示已经存在关键帧，此时将激活“添加/移除关键帧”按钮，将当前时间指示器拖动到需要添加关键帧的位置，设置选项的值或单击“添加/移除关键帧”按钮即可再次添加关键帧，如图8-25所示。

技巧秒杀

在“效果控件”面板中激活关键帧后，直接在需要的位置处设置选项的值，可以自动创建关键帧。

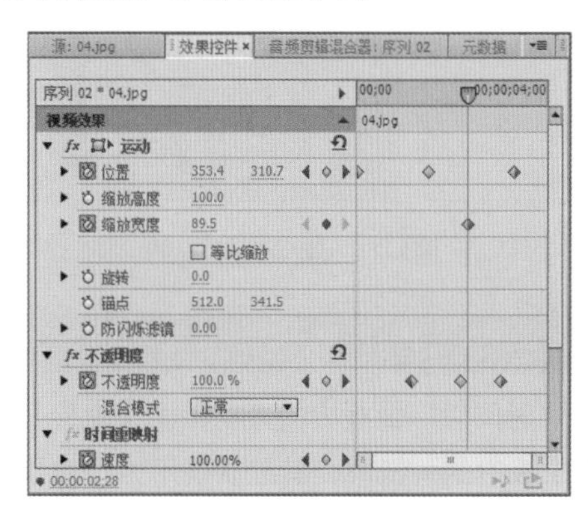

图8-25　激活关键帧

◆ 跳转关键帧：当“效果”面板中的某个选项包含多个关键帧时，“转到上一关键帧”按钮和“转到下一关键帧”按钮将被激活，此时可以单击这两个按钮，在不同的关键帧之间进行切换，且当前时间指示器将自动跳转到对应的位置，如图8-26所示。

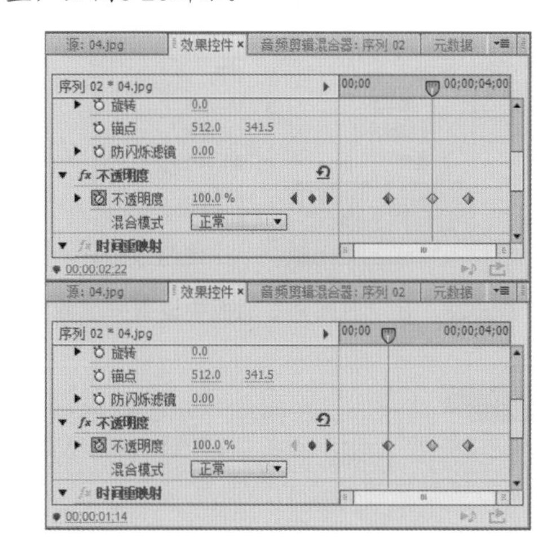

图8-26　跳转关键帧

◆ 删除关键帧：如果需要删除某个指定的关键帧，只需要在“效果控件”面板中选择需要删除的关键帧，右击，在弹出的快捷菜单中选择“清除”

命令即可。如果要删除某个选项中的所有关键帧，则直接单击该选项前的“切换动画”按钮，在打开的“警告”对话框中单击确定按钮即可，如图8-27所示。

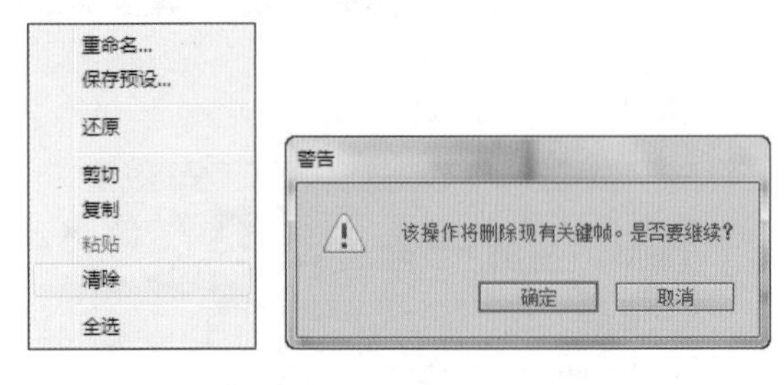

图8-27　删除视频效果

2. 在“时间轴”面板中设置关键帧

在“时间轴”面板中的素材上同步对应了“效果控件”面板中的关键帧，其默认显示为“效果控件”面板“运动”栏中的“运动”选项。在“时间轴”面板中单击素材中的按钮，在弹出的下拉列表中可选择需要显示的特效选项，如图8-28所示。在“时间线”面板的轨道中可以使用相同的方法对关键帧进行设置，如单击“添加/移除关键帧”按钮则可添加或删除当前时间指示器处的关键帧，如图8-29所示为“时间轴”面板的关键帧与“效果控件”面板中的关键帧对应的效果。

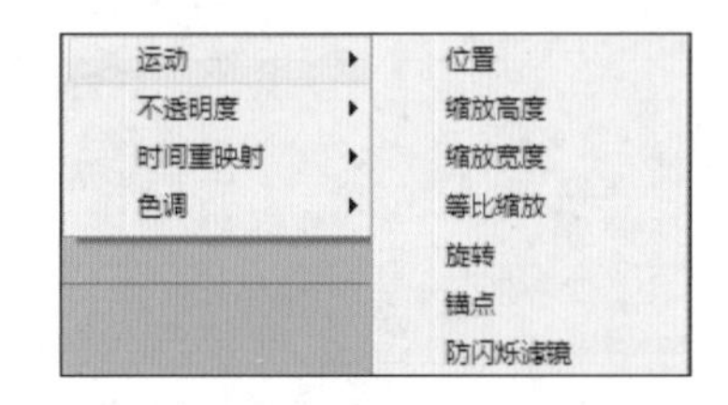

图8-28　在“时间轴”面板中设置关键帧

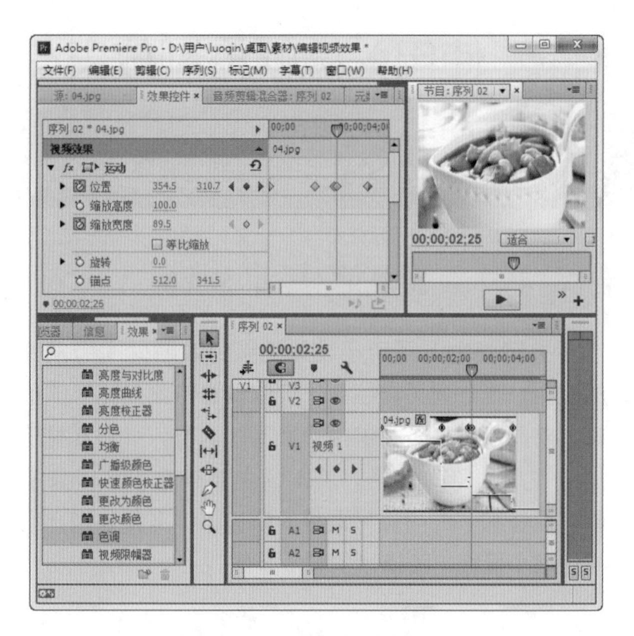

图8-29　查看设置的关键帧

8.3.2 使用关键帧应用视频特效

当素材应用视频效果后，其效果可以通过关键帧来控制。可在不同的时间段为素材添加关键帧，可以在该时间段内创建与Flash中类似的补间动画效果，即系统会自动根据两个关键帧的素材值自动补充中间的动作。

实例操作：使用关键帧控制光晕效果

- 光盘\素材\第8章\建筑物.jpg
- 光盘\效果\第8章\镜头光晕.prproj
- 光盘\实例演示\第8章\使用关键帧控制光晕效果

本例将在“镜头光晕.prproj”项目文件中，为素材添加“镜头光晕”视频特效，并通过关键帧来控制光晕的位置，使光晕随着时间的变化从画面下方移动到顶部。

Step 1 新建“镜头光晕.prproj”项目文件，新建序列01，按Ctrl+I快捷键，在打开的“导入”对话框中选择“建筑物.jpg”，单击打开(O)按钮，将其导入至“项目”面板中。在“项目”面板中双击素材，在“源监视器”面板中查看素材的效果，然后将素材拖动到“时间轴”面板的“视频1”轨道中。在“效果”面板中依次单击“视频效果”/“生成”选项前的▷按钮，在展开的列表中选择“镜头光晕”视频效果，如图8-30所示。

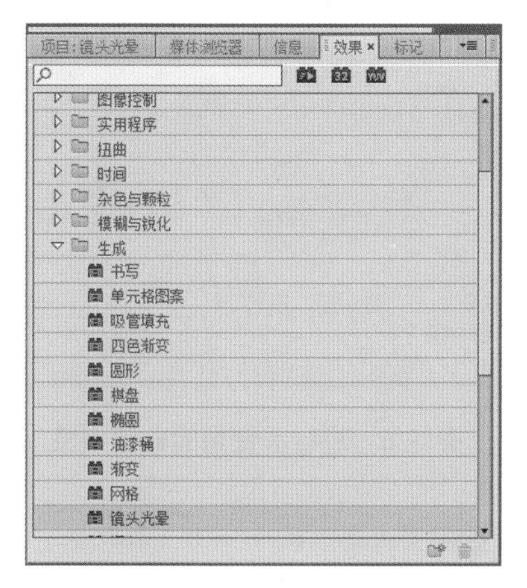

图8-30　选择视频效果

Step 2 ▶ 将效果拖动至“时间轴”面板中的素材上，在“时间轴”面板中选择素材，并将当前时间指示器定位在00;00;00;00处。在“效果控件”面板中的“镜头光晕”栏中单击“光晕中心”选项前的“动画切换”按钮，添加一个关键帧，并设置“光晕中心”的值为261.0和152.0，如图8-31所示。

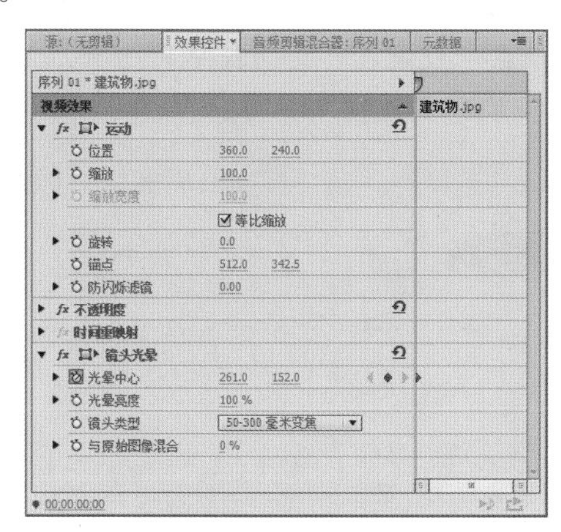

图8-31　添加关键帧

Step 3 ▶ 在“效果控件”面板底部的时间码中输入00;00;01;28，按Enter键将当前时间指示器定位到此处，然后将“光晕中心”的值设置为500.0和277.0，此时将自动在该处添加一个关键帧，如图8-32所示。

图8-32　设置光晕中心的值并添加关键帧

Step 4 ▶ 设置完成后，在“节目监视器”面板中进行预览即可看到从00;00;00;00到00:00;01;28时间段的镜头光晕中心的位置发生了变化，逐渐往下方移动。然后使用相同的方法，设置当前时间指示器的位置为00;00;04;09，设置“光晕中心”的值为710.0和396.0，添加一个关键帧，如图8-33所示。

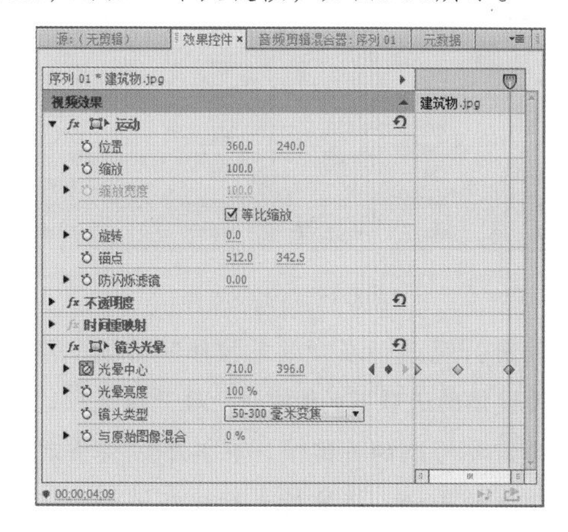

图8-33　设置关键帧

Step 5 ▶ 设置完成后，可在“节目监视器”面板中进行预览，效果如图8-34所示。

图8-34　预览设置关键帧后的效果

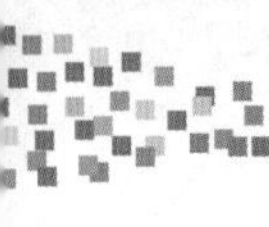

技巧秒杀

在“效果控件”中的“时间码”中输入时间与在“时间轴”面板中的“时间码”中输入时间的效果是相同的，都可以将当前时间指示器定位到需要的位置。

8.3.3 修改关键帧的属性值

系统默认关键帧的属性值为“临时插值/线性”和“空间插值/自动贝塞尔曲线”，用户可根据需要对其进行修改，如改变动作的变化曲线，下面对其修改的方法进行介绍。

- 通过菜单命令修改：选择需要修改的关键帧，在其上右击，在弹出的快捷菜单中选择“临时插值”或“空间插值”命令，在弹出的子菜单中选择需要的命令即可进行修改，如图8-35所示。

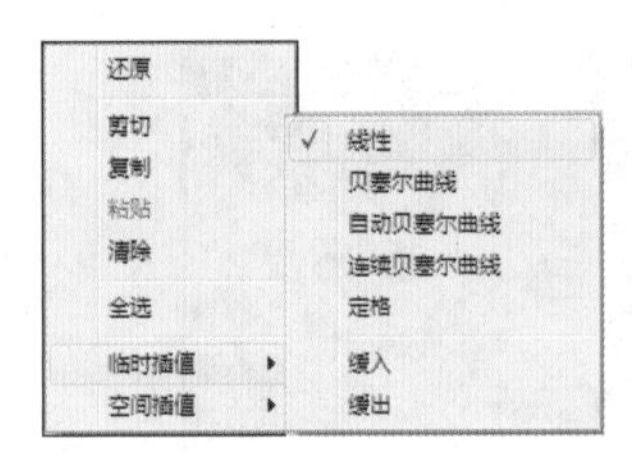

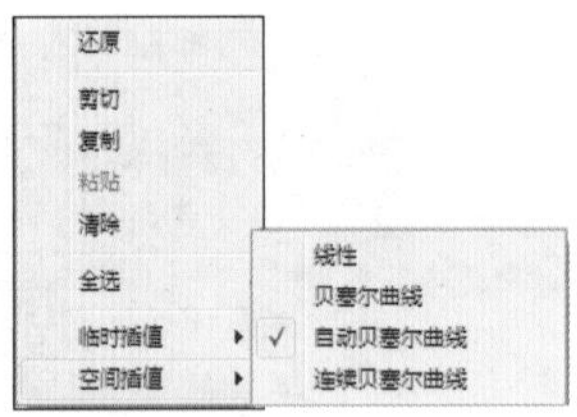

图8-35 命令选择

- 手动进行修改：在“效果控件”面板中单击添加了关键帧的选项前的▶按钮，展开该选项，在右侧选择需要修改的关键帧，在其下方将出现可以调整曲线的手柄，将鼠标光标放在调整手柄上，当光标变为▶形状时，拖动鼠标即可改变动作的变化曲线，此时关键帧图标将变为⧗形状（即变化为曲线），如图8-36所示。

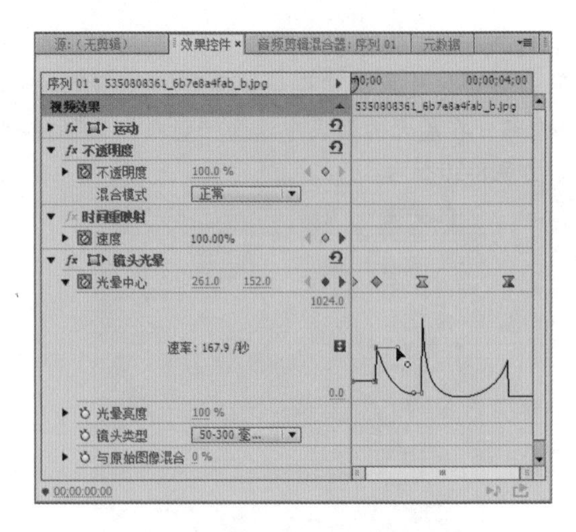

图8-36 进行关键帧的曲线调整

技巧秒杀

在“效果控件”面板中选择关键帧后，直接使用鼠标左右拖动关键帧，可移动关键帧的位置，调整关键帧所在的时间。

?答疑解惑：

关键帧只能应用在视频效果中吗？对其他的选项可以进行控制吗？

关键帧并不是仅应用于视频效果中，只要是显示在“效果控件”面板中的选项，都可以通过关键帧进行控制，使其达到动态运动的目的。

读书笔记

8.4 常见视频特效介绍

Premiere Pro CC提供了多种类型的视频特效，这些视频效果分布在很多文件夹中，主要包括变换、图像控制、实用程序、扭曲、时间、杂色与颗粒、模糊与锐化、生成、视频、调整、过渡、透视、通道和风格化，下面分别对这些效果进行介绍。

8.4.1 变换

“变换”效果可以实现素材的翻转、裁剪及滚动，该文件夹中包含了多种效果，如垂直翻转、水平翻转和摄像机视图等，如图8-37所示。

图8-37 “变换”效果

1. 垂直定格

“垂直定格”特效能使画面被黑色条带分割，并垂直在屏幕上进行滚动。该效果不包含任何选项，直接拖动到素材上即可使用，如图8-38所示为应用“垂直定格”特效前后的效果。

图8-38 垂直定格

2. 垂直翻转

“垂直翻转”特效能将原始素材上下翻转，使画面倒立，如图8-39所示为应用垂直翻转前后特效的对比效果。

图8-39 垂直翻转

3. 摄像机视图

“摄像机视图”特效能模拟摄像机从不同角度拍摄的效果，也可在“效果控件”面板的“摄像机视图”栏中对特效进行设置，如图8-40所示为“效果控件”面板和应用不同角度的效果。

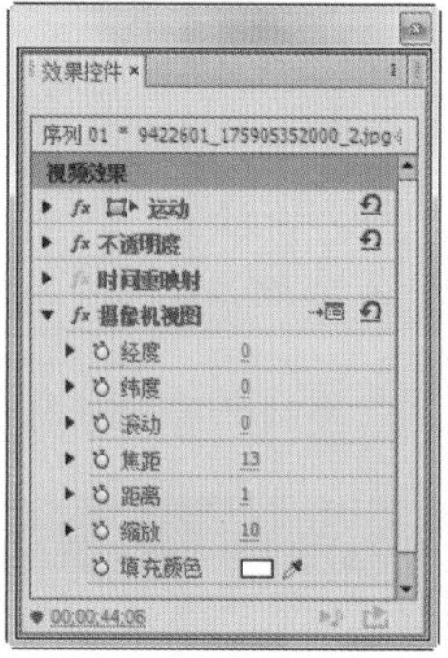

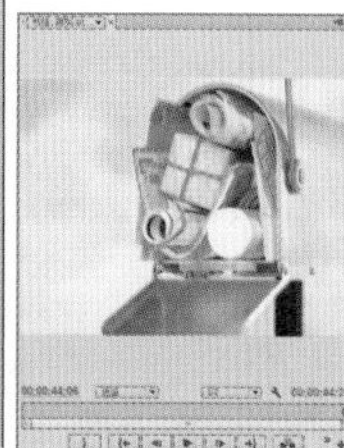
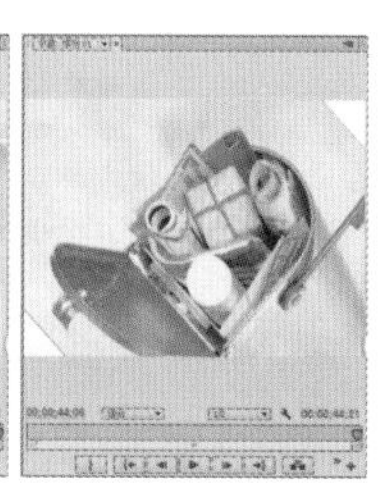

图8-40 摄像机视图

技巧秒杀

对素材应用“摄像机视图”特效后，在素材小于画面的大小时，系统将会对空白的场景填充默认的白色。

知识解析：“摄像机视图”栏

- 经度：在该栏的数值框中输入数值或拖动滑块可以水平翻转素材。
- 纬度：拖动该选项滑块可以垂直翻转素材。
- 滚动：拖动该选项滑块可以通过选择素材的方式实现滚动摄像机的效果。
- 焦距：拖动该选项滑块可以调整视野，既可以将视野变宽广，也可以将其变得狭小。
- 距离：拖动该选项滑块可以模拟更改摄像机与素材的距离。
- 缩放：拖动该选项滑块可以放大或缩小模拟摄像机的镜头。
- 填充颜色：单击颜色样本，在打开的“拾色器”对话框中可选择合适的颜色用于创建背景填充色。
- “设置”按钮：单击该按钮，打开“摄像机视图设置”对话框，在其中可进行参数的设置，选中 ☑ 填充 Alpha 通道 复选框可将包括Alpha通道素材的背景设置为透明，如图8-41所示。

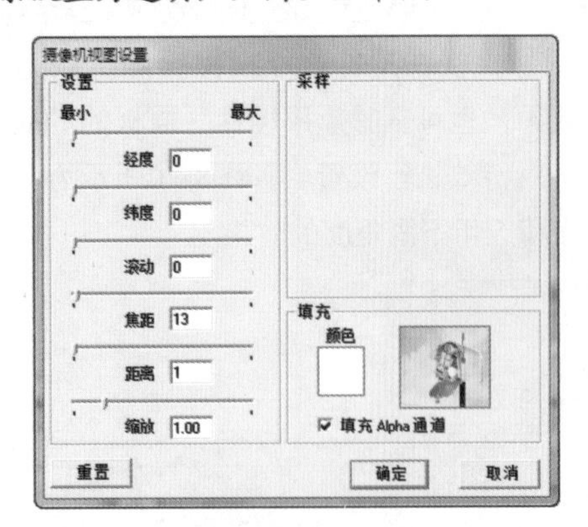

图8-41 “摄像机视图设置”对话框

4. 水平定格

“水平定格”特效能模拟水平控制旋钮产生的效果，可通过拖动“水平定格”栏中的“偏移”数值框来设置素材的相位差，如图8-42所示为应用特效前后的效果。

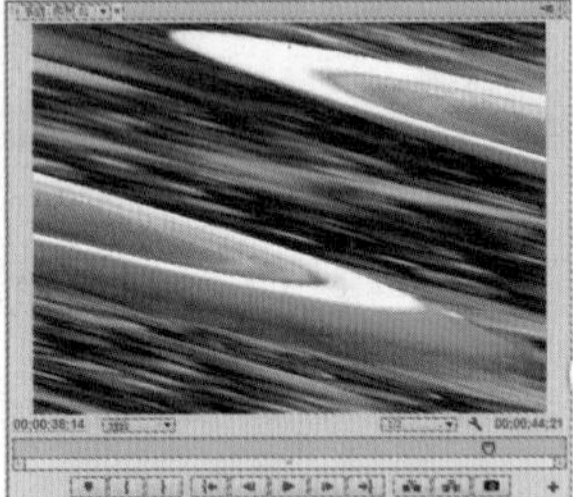

图8-42 水平定格

5. 水平翻转

对素材添加“水平翻转”特效后，可将素材画面进行左右翻转，如图8-43所示为应用特效前后的效果。

图8-43 水平翻转

6. 羽化边缘

“羽化边缘”特效能对素材的边缘创建三维羽化特效，在“效果控件”面板中的“羽化边缘”栏中的“数量”数值框中可设置羽化的程度，数量值越大，羽化效果越好，如图8-44所示为应用特效前后的效果。

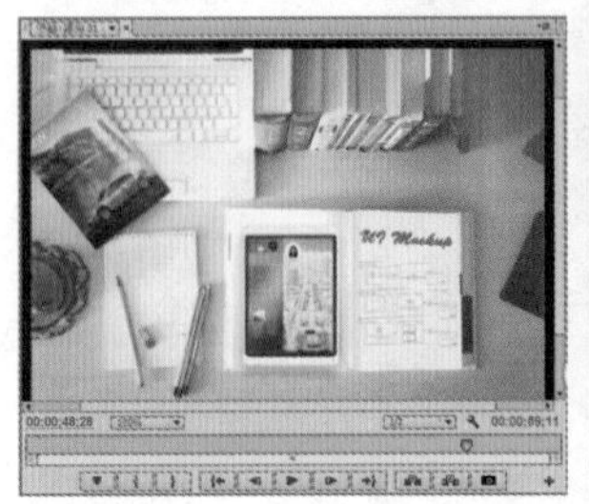

图8-44 羽化边缘

7. 裁剪

“裁剪”特效能对素材的上、下、左、右进行裁剪，在“效果控件”面板中的“裁剪”栏可进行设置，如图8-45所示为应用特效前后的效果。

图8-45 裁剪

技巧秒杀

添加特效后，在对特效的参数进行设置时，可在“效果控件”面板的该栏下，单击其前方的▶按钮，打开滑块中可对设置数值的区间进行查看。

8.4.2 图像控制

“图像控制”效果文件夹包含了5种色彩效果，即灰度系数校正、颜色平衡、颜色替换、颜色过滤和黑白，如图8-46所示。

图8-46 “图像控制”效果

1. 灰度系数校正

应用“灰度系数校正”特效，可对素材的中间色进行调整。在“效果控件”面板中的“灰度系数校正”栏中进行“灰度系数”设置，若数值减小，中间色将变亮，若数值增大，则中间色将变暗，如图8-47所示为应用特效前后的效果。

图8-47 灰度系数校正

2. 颜色平衡

“颜色平衡”特效将对素材中的红色、绿色和蓝色进行增加或减少设置，在“效果控件”面板中单击颜色下的滑块可进行设置，向左拖动滑块将会减少颜色的数量，向右拖动滑块将会增加该颜色，如图8-48所示为应用特效前后的效果。

读书笔记

图8-48 颜色平衡

3. 颜色替换

应用“颜色替换”特效，可将一种颜色或某一范围内的颜色替换为其他不同的颜色。应用该特效后，可在“效果控件”面板中进行设置，如图8-49所示。如图8-50所示为应用特效前后的效果。

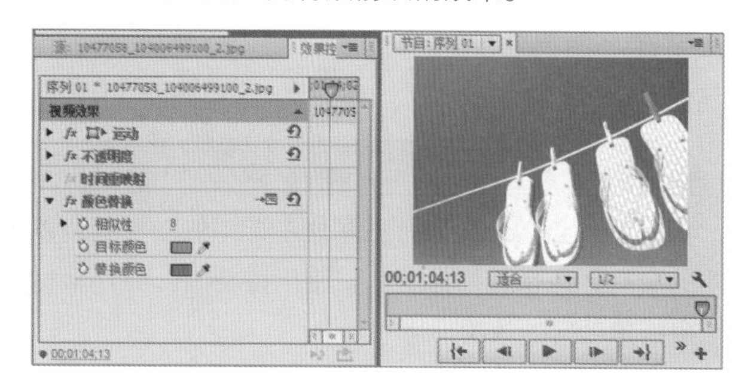

图8-49 “效果控件”面板

图8-50 颜色替换

知识解析：“颜色替换”栏

- **相似性**：该选项可对颜色的范围进行设置，数值越大，其颜色范围越大。
- **目标颜色**：单击“目标颜色”拾色块，在打开的对话框中选择一种目标颜色，或使用吸管工具在素材中选择一种颜色，作为被替换的颜色。
- **替换颜色**：单击“替换颜色”拾色块，在打开的对话框中选择一种目标颜色，或使用吸管工具在素材中选择一种颜色，作为替换的颜色。

◆ "设置"按钮：单击该按钮，可打开"颜色替换设置"对话框，若将替换方式设置为纯色替换，只需在该对话框中选中纯色(O)复选框，如图8-51所示。

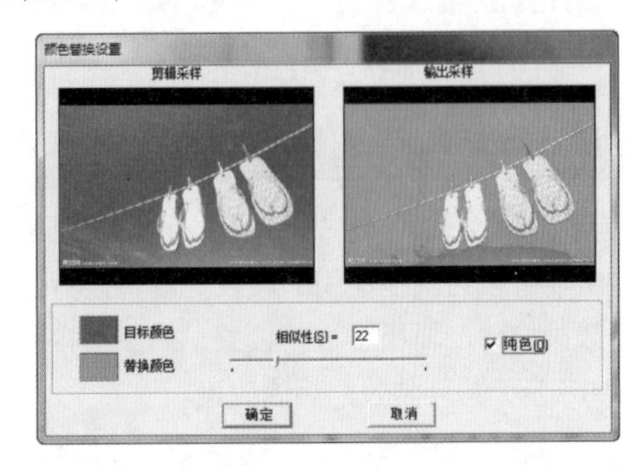

图8-51 "替换颜色设置"对话框

4. 颜色过滤

"颜色过滤"特效可将素材中选中的一种颜色以外的所有颜色都转换为灰色，使用该特效，将对素材产生指定项目的效果。

实例操作：颜色过滤

- 光盘\素材\第8章\girl.jpg
- 光盘\效果\第8章\颜色过滤.prproj
- 光盘\实例演示\第8章\颜色过滤

本例将为素材添加"颜色过渡"视频效果，并在"效果控件"面板中对其进行设置。

Step 1 ▶ 启动Premiere Pro CC，新建"颜色过滤.prproj"项目文件，新建序列01，选择"文件"/"导入"命令，在打开的"导入"对话框中选择girl.jpg素材，单击打开(O)按钮，将素材导入"项目"面板中。选择girl.jpg素材，将其拖动至"时间轴"面板中的"视频1"轨道上。选择girl.jpg素材，在"效果控件"面板中的"运动"栏中设置"位置"为375.5和420.0，"缩放"为103.2，如图8-52所示。

图8-52 设置参数

Step 2 ▶ 在"效果"面板中选择"颜色过滤"效果，将"颜色过滤"效果拖动至素材上，如图8-53所示。

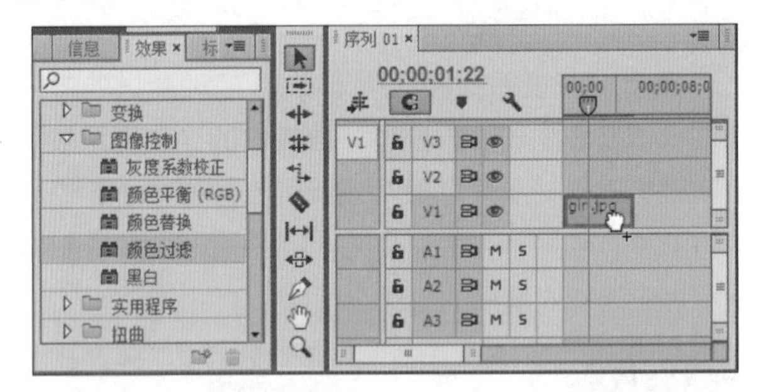

图8-53 添加"颜色过滤"效果

Step 3 ▶ 在"效果控件"面板中单击"设置"按钮，打开"颜色过滤设置"对话框，在其中选择需要保留的颜色，如图8-54所示。

图8-54 设置保留颜色

读书笔记

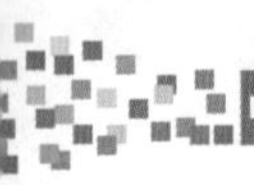

Step 4 ▶ 拖动“相似性”滑块，或在“相似性”数值框中输入20，增加颜色范围，如图8-55所示。

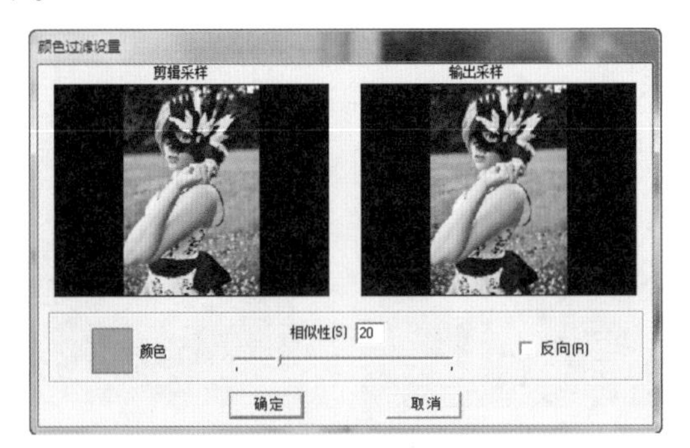

图8-55　设置颜色范围

Step 5 ▶ 选中☑反向(R)复选框，将选择的颜色转换为灰色，如图8-56所示。

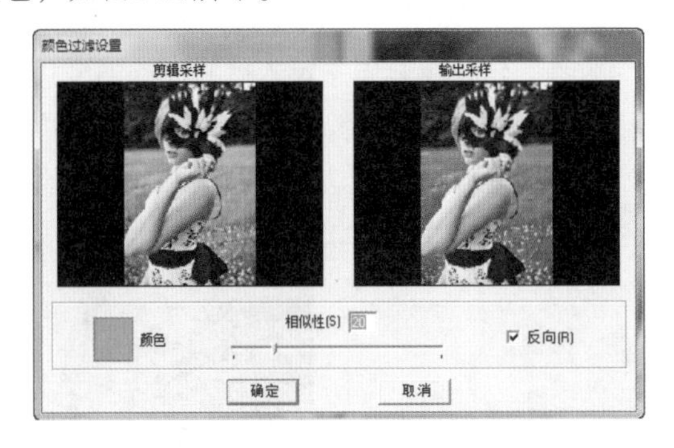

图8-56　颜色反向

Step 6 ▶ 设置完成后，单击 确定 按钮，可在“节目监视器”面板中查看应用该效果的前后效果，如图8-57所示。

图8-57　查看效果

技巧秒杀

在“时间轴”面板中选择素材后，在“效果”面板中选择需要添加的效果后，双击该效果，可为素材快速地添加该效果。

5. 黑白

“黑白”效果可将素材的颜色更改为灰度颜色，应用该效果的前后效果如图8-58所示。

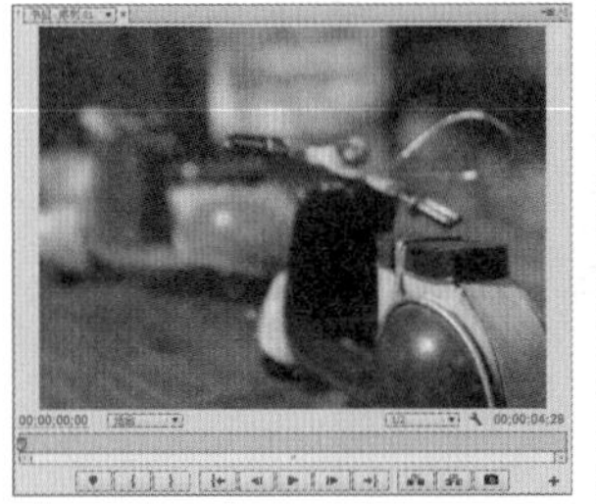

图8-58　黑白

8.4.3 实用程序

在该文件夹中有“Cineon转换器”特效，该特效将转换Cineon文件中的颜色，应用“Cineon转换器”特效的前后效果如图8-59所示。

图8-59　Cineon转换器

8.4.4 扭曲

“扭曲”特效主要用于对素材进行旋转、缩放或扭曲等操作，该文件夹中主要包括Warp Stabilizer、“位移”、“变换”、“弯曲”、“放大”、“旋转”、“镜像”和“镜头扭曲”等效果，如图8-60所示。

读书笔记

图8-60　“扭曲”效果文件夹

1. Warp Stabilizer特效

使用Warp Stabilizer视频特效，可对视频抖动情况进行修复。方法是先进行后台分析，再开始稳定化，然后进行设置修复，如图8-61所示。

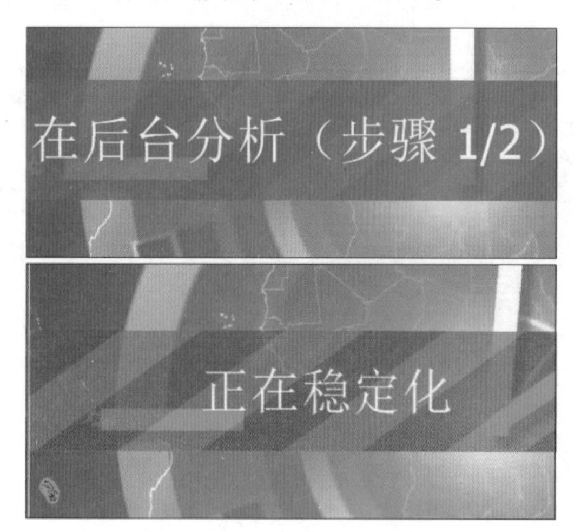

图8-61　Warp Stabilizer特效

技巧秒杀

在应用Warp Stabilizer特效时，需要注意的是，只有在剪辑尺寸与序列尺寸匹配的情况下才可使用。

2. 位移

“位移”特效能在水平或垂直方向上将素材分割为几个部分，每个部分用于显示不同角度的画面。在“效果控件”面板中“位移”栏的“将中心移位至”选项中设置水平和垂直方向上的偏移位置，在“与原始图像混合”选项中可设置特效效果与原素材的透明度值，如图8-62所示为应用该特效的前后效果。

图8-62　位移

3. 变换

“变换”特效主要用于对素材的位置、尺寸、透明度和倾斜角度等属性进行设置，应用该特效前后的效果如图8-63所示。可在“效果控件”面板中的“变换”栏中对其进行设置，如图8-64所示。

图8-63　变换

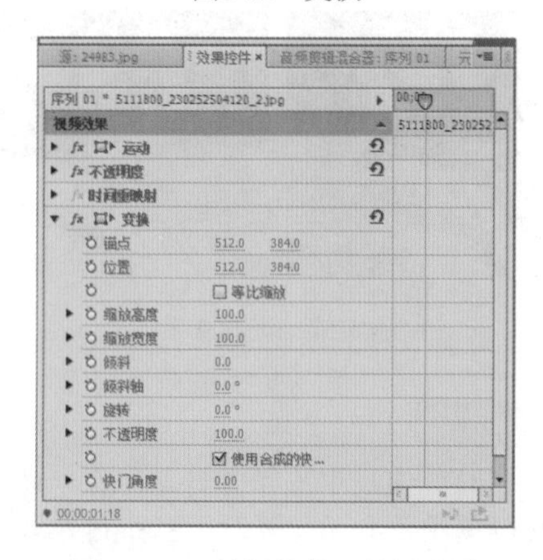

图8-64　“效果控件”效果设置

知识解析：“变换”栏

◆ 锚点：该选项用于设置定位点的水平和垂直方向上的坐标位置。

◆ 位置：该选项用于设置素材在画面中的水平和垂直坐标位置。

◆ ☑等比缩放复选框：选中该复选框，“缩放高度”和“缩放宽度”选项将不能使用，并变为“缩放”数值框，可在其中设置等比缩放的比例。

◆ 缩放高度：该选项用于设置素材的缩放高度，在未选中☐等比缩放复选框时才可使用。

◆ 缩放宽度：该选项用于设置素材的缩放宽度，在未选中☐等比缩放复选框时才可使用。

◆ 倾斜：该选项用于设置素材的倾斜程度，值越大，向右边倾斜的程度越大。

◆ 倾斜轴：该选项用于调整素材倾斜的角度，值越大，倾斜的角度越大。

◆ 旋转：该选项用于设置素材放置的角度，值越大，放置的角度越大。

◆ 不透明度：该选项用于设置素材的透明度，值越大，不透明度越高。

◆ ☑使用合成的快门角度复选框：选中该复选框，可对快门角度以合成的方式实现。

◆ 快门角度：该选项用于设置素材的遮挡角度，值越大，遮挡的角度越大。

4. 弯曲

“弯曲”特效能产生类似于水面波纹的效果，应用该特效后，可在“效果控件”面板中对弯曲的水平强度、水平速率、水平宽度、垂直强度、垂直速率和垂直宽度进行设置，如图8-65所示。

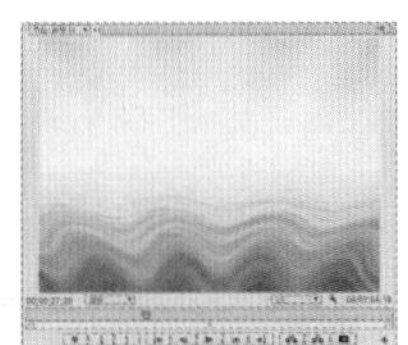

图8-65　弯曲

知识解析：“弯曲”栏

◆ 水平强度：该选项用于设置素材在水平方向上的弯曲程度。

◆ 水平速率：该选项用于设置素材在水平方向上弯曲的比例。

◆ 水平宽度：该选项用于设置素材在水平方向上弯曲的宽度。

◆ 垂直强度：该选项用于设置素材在垂直方向上弯曲的程度。

◆ 垂直速率：该选项用于设置素材在垂直方向上弯曲的比例。

◆ 垂直宽度：该选项用于设置素材在垂直方向上弯曲的宽度。

◆ “设置”按钮：单击该按钮，可打开“弯曲设置”对话框，在该对话框也可对各个选项进行设置，如图8-66所示。

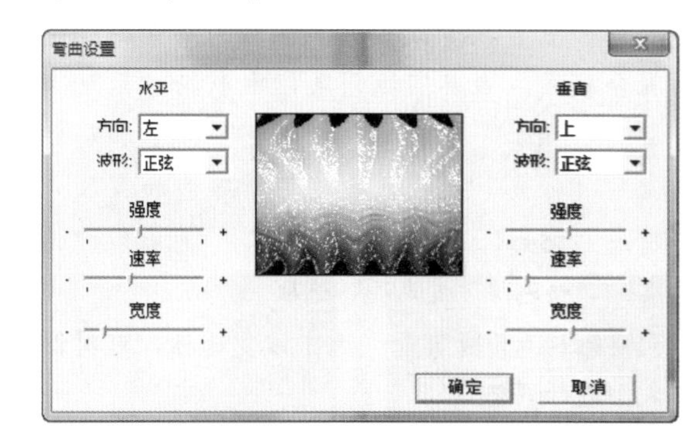

图8-66　“弯曲设置”对话框

5. 放大

“放大”特效能放大素材的某一部分，使其突出显示，不仅便于内容的查看，更能吸引观众的目光。可在“效果控件”面板中的“放大”栏中对放大的形状、大小、羽化、不透明度和混合模式等进行设置，如图8-67所示。

图8-67　放大

知识解析：“放大”栏

- **形状**：用于设置放大区域的形状，可以选择圆形和方形。
- **中央**：用于设置放大区域所在画面的水平和垂直点的坐标。
- **放大率**：用于设置被放大区域的放大倍数。
- **链接**：用于选择放大区域的模式，在其下拉列表框中有“无”“大小至放大率”“大小和羽化至放大率”3个选项。
- **大小**：用于设置放大区域的尺寸。
- **羽化**：用于设置放大区域的羽化值。
- **不透明度**：用于设置放大区域的透明度。
- **缩放**：用于设置缩放的类型，在其下拉列表框中可选择“标准”“柔和”“扩散”3个选项。
- **混合模式**：用于设置放大区域与原素材颜色的混合模式，在其下拉列表框中包括“无”“正常”“相加”“相乘”“滤色”“叠加”“柔光”“强光”“颜色减淡”“颜色加深”“变暗”“变亮”“差值”“排除”“色相”“饱和度”“颜色”“发光度”选项。
- **☑调整图层大小复选框**：选中该复选框，可对图层大小进行调整。

6. 旋转

“旋转”特效能使素材产生沿中心轴旋转的效果，可在“效果控件”面板的“旋转”栏中设置扭曲的旋转角度、半径和中心等，应用特效前后的效果如图8-68所示。

图8-68 旋转

7. 果冻效应修复

应用“果冻效应修复”特效，可对素材像果冻一样的变形和颜色进行修复，在“效果控件”面板中可对其参数进行设置，如图8-69所示。

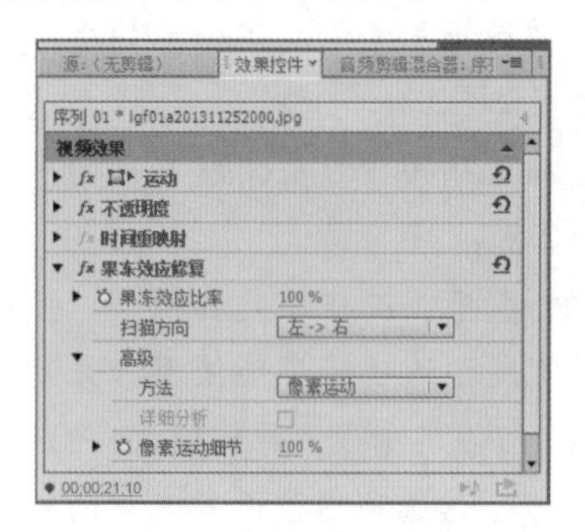

图8-69 果冻效应修复

知识解析：“果冻效应修复”栏

- **果冻效应比率**：在该栏中可设置指定帧速率（扫描时间）的百分比。调整“果冻效应比率”，直至扭曲的线变为竖直。
- **扫描方向**：在打开的下拉列表中，可对果冻效应扫描的方向进行设置。有“从上至下”“从下至上”“从左至右”“从右至左”选项，不同的拍摄设备操作不同，需要不同的扫描方向。
- **方法**：在该下拉列表框中可对修复的方式进行设置，有变形和像素运动修复。
- **详细分析**：在变形中执行更为详细的点分析。该选项在使用“变形”方法时才可用。
- **像素运动细节**：在使用“像素运动”方法时才可使用，指定光流矢量场计算的详细程度。

8. 波形变形

“波形变形”特效能产生类似于波纹的效果，其应用该特效前后的效果如图8-70所示。可在“效果控件”面板的“波形变形”栏中对波形的类型、高度、宽度及方向等进行设置，如图8-71所示。

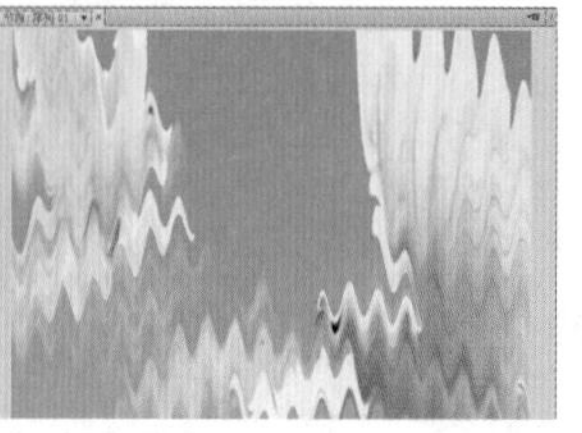

图8-70 波形变形

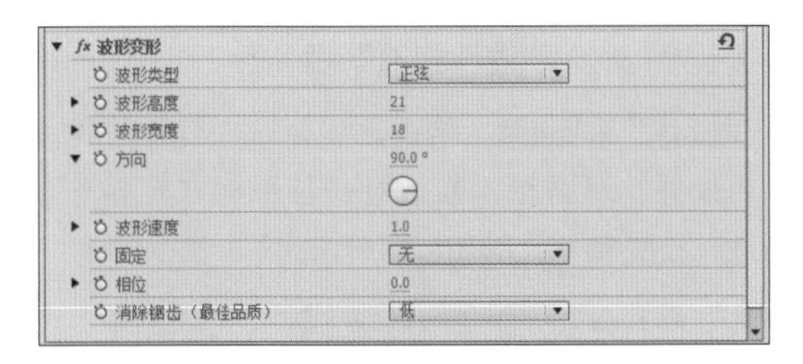

图8-71 “波形变形”效果设置

知识解析：**“波形变形”栏**

- 波形类型：用于设置波形的类型，在其下拉列表框中包括“正弦”“三角形”“锯齿”“圆形”等选项，如图8-72所示。
- 波形高度：在该数值框中输入数值即可设置波形的振幅，即波形的高度。
- 波形宽度：用于设置波形的波长，即波形的宽度。
- 方向：用于设置波形旋转的角度。
- 波形速度：用于设置波形运动的速度。
- 固定：用于设置波形的面积模式，在其下拉列表框中包括“无”“所有边缘”“中心”“左边”“右边”等选项，如图8-73所示。

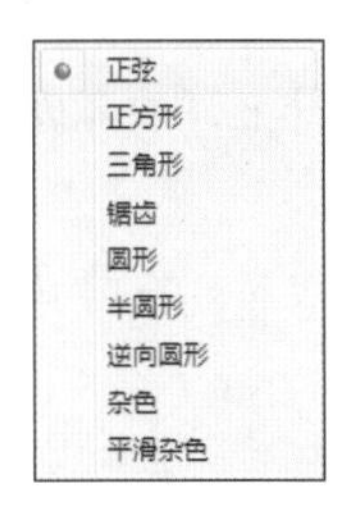

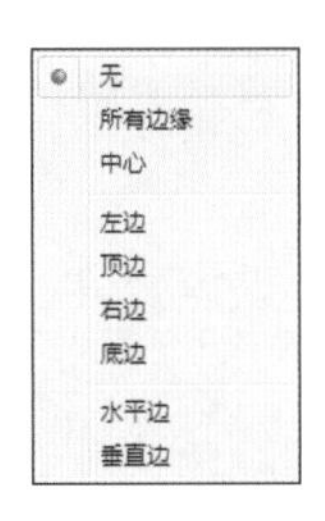

图8-72 “波形类型”选项　图8-73 “固定”选项

- 相位：用于设置波形的角度。
- 消除锯齿（最佳品质）：用于选择波形的质量，在该下拉列表框中可选择“低”“中”“高”3个选项。

9. 球面化

“球面化”特效可以将平面的画面变为球面图像效果，在“效果控件”面板的“球面化”栏中设置“半径”数值框的值，可以改变球面的半径，在“球面中心”选项中可以设置产生球面效果的中心位置，应用该特效前后的效果如图8-74所示。

图8-74 球面化

10. 紊乱置换

“紊乱置换”特效能产生类似于波纹、信号和旗帜飘动等效果，可在“效果控件”面板的“紊乱置换”栏的“置换”下拉列表框中对置换的类型进行设置，在“数量”数值框中设置置换的数量，在“偏移（湍流）”数值框中设置置换的偏移位置，在“复杂度”数值框中设置置换的程度，在“演化”数值框中设置置换的变化程度，应用该特效前后的效果如图8-75所示。

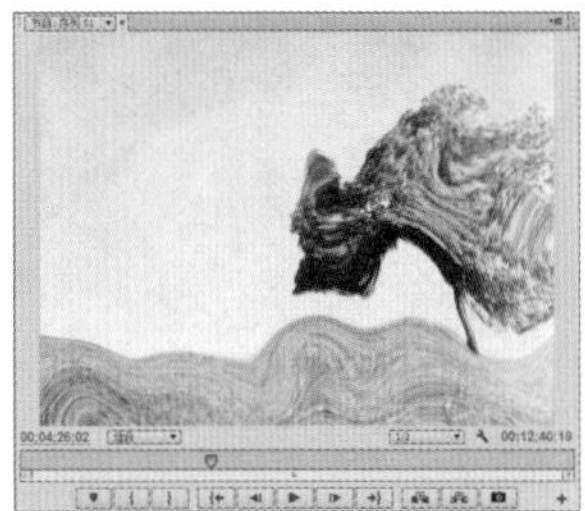

图8-75 紊乱置换

11. 边角定位

“边角定位”特效用于改变素材4个边角的坐标位置，使图像变形，可在“效果控件”面板的“边角定位”栏中自定义边角的位置，应用该特效前后的效果如图8-76所示。

技巧秒杀

在添加“边角定位”特效后，在其参数中对4个边角的位置进行设置，可将图像变为不规则的形状。

图8-76 边角定位

12. 镜像

“镜像”特效能将素材分割为两部分，并制作出镜像的效果。在“效果控件”面板“镜像”栏的“反射中心”选项中可设置镜像的坐标位置，在“反射角度”数值框中可设置镜像的方向，其中0°表示从左边反射到右边；90°表示从上方反射到下方；180°表示从右边反射到左边；270°表示从下方反射到上方。应用该特效的前后效果如图8-77所示。

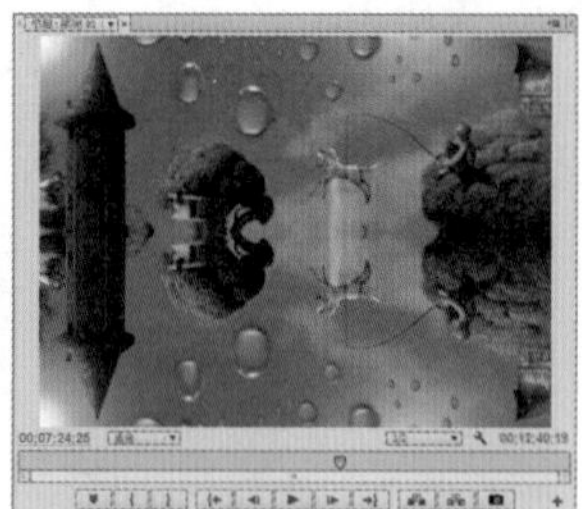

图8-77 镜像

13. 镜头扭曲

“镜头扭曲”特效可使素材产生变形透视的效果，可在“效果控件”面板的“镜头扭曲”栏中设置镜头扭曲的程度，如图8-78所示。

图8-78 镜头扭曲

知识解析：“镜头扭曲”栏

- “设置”按钮：单击该按钮，可打开“镜头扭曲设置”对话框，在该对话框中也可对各个选项进行设置预览，如图8-79所示。

图8-79 “镜头扭曲设置”对话框

- 弯度：用于设置素材的弯曲程度，当值<0时，将放大素材；当值>0时，将缩小素材。
- 垂直偏移：用于设置素材弯曲中心点在垂直方向上的位置。
- 水平偏移：用于设置素材弯曲中心点在水平方向上的位置。
- 垂直棱镜效果：用于设置素材上、下两边棱角的弧度。
- 水平棱镜效果：用于设置素材左、右两边棱角的弧度。
- 填充颜色：用于设置扭曲素材后，素材空白部分的背景颜色。

8.4.5 时间

“时间”效果文件夹中提供了两个视频效果，即“抽帧时间”和“残影”效果，“时间”效果是对选择的素材帧设置的相关特效。

1. 抽帧时间

“抽帧时间”特效主要用于对素材的帧速率进行设置，应用该特效后，可在“效果控件”面板的“抽帧时间”栏中对帧速率进行修改，如图8-80所示。

图8-80　抽帧时间

2. 残影

“残影”特效能对素材中的帧进行重复播放，使素材达到重影的效果，但该特效只能在运动的素材中才起作用，应用“残影”特效后可在“效果控件”面板的“残影”栏中对效果的时间和强度等进行设置，如图8-81所示。

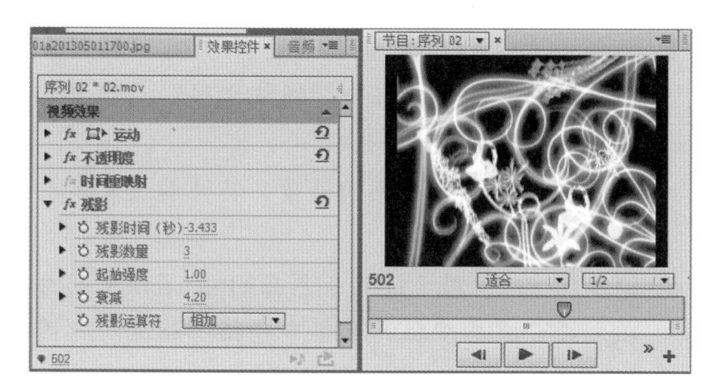

图8-81　残影

知识解析：“残影”栏

- 残影时间（秒）：用于设置重影时间的间隔。
- 残影数量：用于设置该特效同时显示的帧数量。
- 起始强度：用于设置第一帧的强度。当值为1时，强度最大。
- 衰减：用于设置重影消散的速度。
- 残影运算符：用于通过组合残影的像素值来创建特效，选择“相加”选项，表示像素值进行相加；选择“最大值”选项，表示使用最大像素值；选择“最小值”选项，表示使用最小像素值；选择“滤色”选项，表示添加像素值，但不易产生白色条纹；选择“从后至前组合”选项，表示使用Alpha通道在后退时开始合成；选择“从前至后组合”选项，表示使用Alpha通道在前进时开始合成，选择“混合”选项，将以混合的方式进行重影的运算。

技巧秒杀

“残影数量”越多，画面中的帧被重复得越多，其效果越模糊，将“残影”特效和“运动”设置结合使用，将创建虚拟的素材并将特效应用于该虚拟素材。

8.4.6 杂色与颗粒

“杂色与颗粒”特效可为素材添加杂色，该文件夹包括“中间值”“杂色”“杂色Alpha”“杂色HLS”“杂色HLS自动”“蒙尘与划痕”6种效果，如图8-82所示。

图8-82　“杂色与颗粒”效果

1. 中间值

“中间值”效果可以获取素材邻近像素中的中间像素，以减少图像中的杂色。在“效果控件”面板的“中间值”栏中设置“半径”数值，可以控制中间值的大小，当值较大时，图像的颜色就越趋近于整个画面的色值，其效果类似于颜料画。选中☑在 Alpha 通道上运算复选框，则可将特效应用到图像的Alpha通道中，如图8-83所示为应用“中间值”特效前后的效果。

图8-83　中间值

2. 杂色

“杂色”效果能添加类似噪点的效果，可在“效果控件”面板的“杂色”栏中对杂色的数量、类型等进行设置，如图8-84所示。

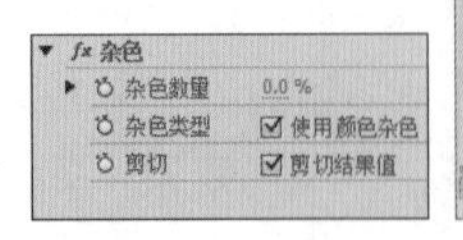

图8-84　杂色

知识解析：“杂色”栏

- 杂色数量：用于设置杂色的数量，数值越大，其杂色数量越多。
- 杂色类型：用于设置杂色的类型，选中☑使用颜色杂色复选框，可修改图像中的像素；取消选中该复选框，可在红、蓝、绿通道中添加相同数量的杂色。
- 剪切：用于防止产生的杂色多于设定值，若选中☑剪切结果值复选框，当杂色值达到某个点时，会以较小的值开始增加；若取消选中该复选框，可使图像完全消失在杂色中。

3. 杂色Alpha

“杂色Alpha”效果可为素材的通道添加统一或方形的杂色，应用该特效前后的效果如图8-85所示。应用“杂色Alpha”特效后，可在“效果控件”面板中对杂色Alpha选项的各项参数进行设置，如图8-86所示。

图8-85　杂色Alpha

fx 杂色 Alpha
杂色　均匀随机
数量　30.0 %
原始 Alpha　固定
溢出　反绕
随机植入　38.0 °
杂色选项（动画）
☐ 循环杂色
循环（旋转次数）　1

图8-86　“杂色Alpha”效果设置

知识解析：“杂色Alpha”栏

- 杂色：用于设置杂波的类型，在其下拉列表框中包括“均匀随机”“随机方形”“均匀动画”“方形动画”4个选项。
- 数量：用于设置杂色的数量，其值越大，杂色越多。
- 原始Alpha：用于设置杂色在Alpha通道中的存在方式，在其下拉列表框中包括“相加”“固定”“比例”“边缘”4个选项。
- 溢出：用于设置杂色溢出的方式，可在对应的下拉列表框中进行选择，包括“剪切”“反绕”“回绕”3种选项。
- 随机植入：用于设置杂色植入角度。
- 杂色选项（动画）：选中该选项中的☑循环杂色复选框，可在下方的“循环”选项中设置杂色循环的数量，但该选项只有在动态画面中才起作用。

4. 杂色HLS

“杂色HLS”效果能根据素材的色相、亮度和饱和度来添加噪点，应用该特效前后的效果如图8-87所示。应用“杂色HLS”特效后，可在“效果控件”面板中对其进行设置，如图8-88所示。

图8-87　杂色HLS

fx 杂色 HLS
杂色　均匀
色相　0.0 %
亮度　0.0 %
0.0　100.0
饱和度　0.0 %
颗粒大小　1.00
杂色相位　0.0

图8-88　“杂色HLS”效果设置

知识解析：“杂色HLS”栏

- 杂色：用于设置噪点的类型，在其下拉列表框中有“均匀”“方形”“颗粒”3个选项。
- 色相：用于设置色相通道产生噪点的强度，其值越大，噪点越多。
- 亮度：用于设置亮度的方式产生噪点的强度，其值越大，噪点越多。
- 饱和度：用于设置饱和度通道产生噪点的强度，其值越大，噪点越多。
- 颗粒大小：用于设置添加的噪点颗粒的大小，其值越大，颗粒越大，杂色的类型选择为“颗粒”时才能将其激活。
- 杂色相位：用于设置噪点的方向和角度。

技巧秒杀

HSL是一种工业色彩模式标准，其中H代表色调；S代表饱和度；L代表亮度。通过对这3种颜色通道的属性进行设置，可改变素材颜色的变化。

5. 杂色HLS自动

“杂色HLS自动”效果能为素材添加杂色，制作杂色动画的效果，可在“效果控件”面板的“杂色HLS自动”栏中设置素材的杂色、色相、亮度、饱和度、颗粒大小和杂色动画速度，应用该特效前后的效果如图8-89所示。

图8-89　杂色HLS自动

6. 蒙尘与划痕

“蒙尘与划痕”效果能修改图像中不相似的像素并创建杂色，可在“效果控件”面板的“蒙尘与划痕”栏的“半径”数值框中设置效果的作用范围；在“阈值”数值框中设置效果的作用程度，阈值越大，其模糊程度越大。当选中 ☑在 Alpha 通道上运算 复选框时，则可将其应用到Alpha通道中，应用该特效前后的效果如图8-90所示。

图8-90　蒙尘与划痕

8.4.7 模糊与锐化

“模糊与锐化”效果能对画面进行锐化和模糊处理，还可创建动画效果。该文件夹中包括“复合模糊”“快速模糊”“方向模糊”“消除锯齿”“相机模糊”“通道模糊”“重影”“锐化”“非锐化遮罩”“高斯模糊”10种效果，如图8-91所示。

图8-91　“模糊与锐化”效果

1. 复合模糊

“复合模糊”效果可对项目文件中不同轨道中的素材进行模糊处理，应用该特效前后的效果如图8-92所示。应用该特效后可在“效果控件”面板的“复合模糊”栏中对其进行设置，如图8-93所示。

图8-92　复合模糊

fx 复合模糊
模糊图层　视频 1
最大模糊　0.0
如果图层大小不同　☑ 伸缩对应图以适合
☐ 反转模糊

图8-93　“复合模糊”栏

知识解析：“复合模糊”栏

- 模糊图层：用于选中需要进行模糊的视频轨道。
- 最大模糊：用于对模糊的程度进行设置，值越大，模糊程度越高。
- ☑伸缩对应图以适合复选框：选中该复选框，可对模糊效果的画面进行拉伸处理。
- ☑反转模糊复选框：选中该复选框，可对当前设置的模糊效果进行反转操作。

?答疑解惑：

为素材添加“复合模糊”效果后，在“节目监视器”面板中为什么没有出现模糊效果？

如果在“模糊图层”选项中选择的视频轨道中没有素材，将不能产生模糊效果，如果没有选择相应的轨道也不能产生模糊效果。

2. 快速模糊

“快速模糊”效果能快速对素材进行模糊处理，在“效果控件”面板的“快速模糊”栏的“模糊度”数值框中设置素材的模糊程度，在“模糊维度”下拉列表框中设置模糊的尺寸，包括“水平”“垂直”“水平与垂直”3种方式，应用该特效前后的效果如图8-94所示。

图8-94　快速模糊

技巧秒杀

在“快速模糊”栏中选中☑重复边缘像素复选框，可对素材的边缘进行快速模糊。

3. 方向模糊

“方向模糊”效果能沿指定的方向进行模糊，可在“方向模糊”栏的“方向”数值框中设置模糊的方向；在“模糊长度”数值框中设置模糊的长度，其应用前后的效果如图8-95所示。

技巧秒杀

“方向模糊”特效的“模糊长度”值越大，素材被模糊的面积越大，模糊程度越高。

图8-95　方向模糊

4. 消除锯齿

应用“消除锯齿”效果后，将通过混合对比度的颜色来减少图像边缘的锯齿，产生平滑、柔化的边缘。该特效没有任何参数，应用该特效前后的效果如图8-96所示。

图8-96　消除锯齿

5. 相机模糊

“相机模糊”效果能产生相机没有对准焦距的效果，可在“效果控件”面板的“相机模糊”栏的“百分比模糊”数值框中设置模糊的程度，其百分比值越大，画面就越模糊，应用该特效前后的效果如图8-97所示。

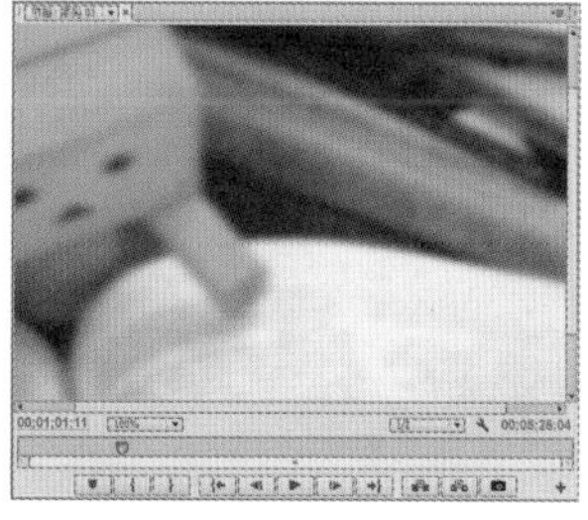

图8-97　相机模糊

6. 通道模糊

“通道模糊”效果可对素材的红、蓝、绿和Alpha通道进行模糊，可在“效果控件”面板的“通道模糊”栏中的“红色模糊度”“绿色模糊度”“蓝色模糊度”“Alpha模糊度”等数值框中设置各个通道的模糊程度，应用该特效前后的效果如图8-98所示。

图8-98　通道模糊

7. 重影

“重影”效果可使素材整体变得柔和，该特效没有任何参数，将其直接拖到素材上即可，效果如图8-99所示。

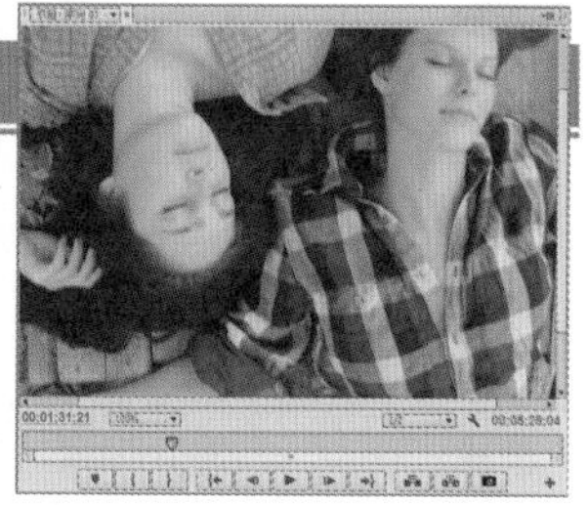

图8-99　重影

8. 锐化

“锐化”效果能通过增加相邻像素间的对比度使图像变得清晰，可在“锐化”栏的“锐化数量”数值框中设置锐化的程度，应用该特效前后的效果如图8-100所示。

技巧秒杀

应用“锐化”特效后，如果将“锐化数量”的值设置得太大，将使图像失帧，应尽量保持其值在0~100的范围内。

图8-100　锐化

9. 非锐化遮罩

"非锐化遮罩"效果能通过增加颜色间的锐化程度来增加图像的细节，使图像变得清晰，可在"效果控件"面板的"非锐化遮罩"栏的"数量"数值框中设置颜色边缘的差别值大小；在"半径"数值框中设置颜色边缘产生差别的范围；在"阈值"数值框中设置颜色边缘之间允许的差别范围，其值越小，效果越明显。应用该特效前后的效果如图8-101所示。

图8-101　非锐化遮罩

10. 高斯模糊

"高斯模糊"效果能对素材进行更大程度的模糊，使素材产生虚化的效果，应用该特效前后的效果如图8-102所示。

图8-102　高斯模糊

8.4.8 生成

"生成"特效中包括了一些特殊的效果，通过对效果进行设置，可使素材效果更加丰富，主要包括"书写""单元格图案""吸管填充""四色渐变""圆形""棋盘""椭圆""油漆桶""渐变""网格""镜头光晕""闪电"，如图8-103所示。

图8-103　"生成"效果

1. 书写

"书写"效果能在素材中添加彩色笔触，通过结合关键帧的使用则可创建出笔触动画，还能对笔触的轨迹进行调整，创建出符合需要的效果。

实例操作：应用书写效果

- 光盘\素材\第8章\魔法.jpg、鸟.jpg
- 光盘\效果\第8章\书写.prproj
- 光盘\实例演示\第8章\应用书写效果

本例将在新建的项目文件中为素材添加"书写"特效，并通过关键帧绘制一个图形，然后再调整图形的形状，使其动态绘制一个心形的轨迹，并进行设置。

读书笔记

Step 1 ▶ 启动Premiere Pro CC并新建项目文件，将其命名为“书写.prproj”，新建序列01，将素材（魔法.jpg和鸟.jpg）导入至“项目”文件中，将素材“魔法.jpg”拖动至“时间轴”面板的“视频1”轨道，将素材“鸟.jpg”拖动至“视频2”轨道中，如图8-104所示。

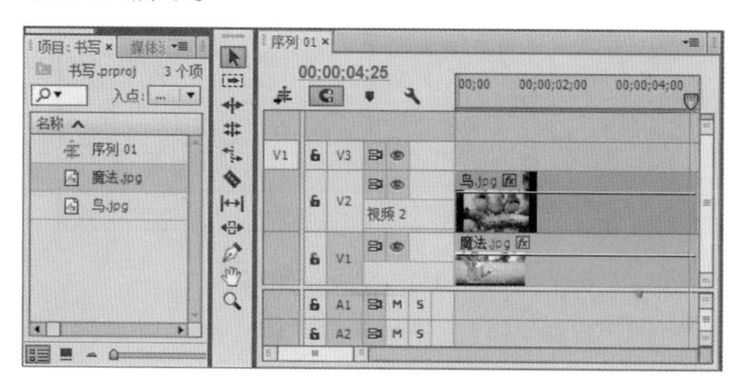

图8-104　导入素材

Step 2 ▶ 在“效果”面板中的“视频效果”选项中选择“生成”/“书写”特效，将其拖动到“时间轴”面板的素材中，或直接将效果拖动至“效果控件”面板中，如图8-105所示。

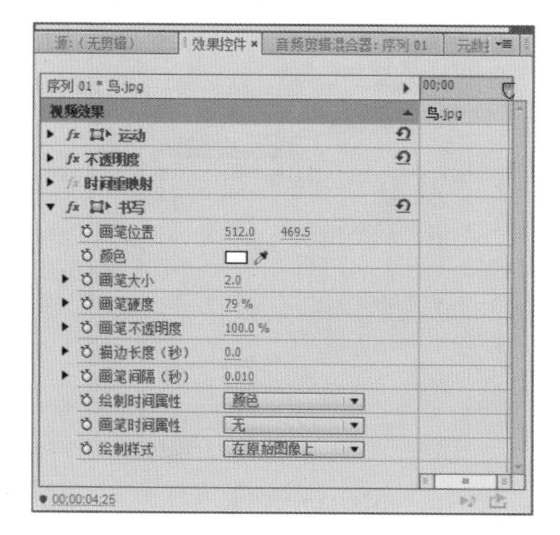

图8-105　添加“书写”效果

Step 3 ▶ 在“时间轴”面板的时间码中输入00;00;00;00，将当前时间指示器定位到影片开始处，然后选择“时间轴”面板中的素材，单击“效果控件”面板，选择“书写”选项，在“节目监视器”面板中将出现圆圈图标，如图8-106所示。

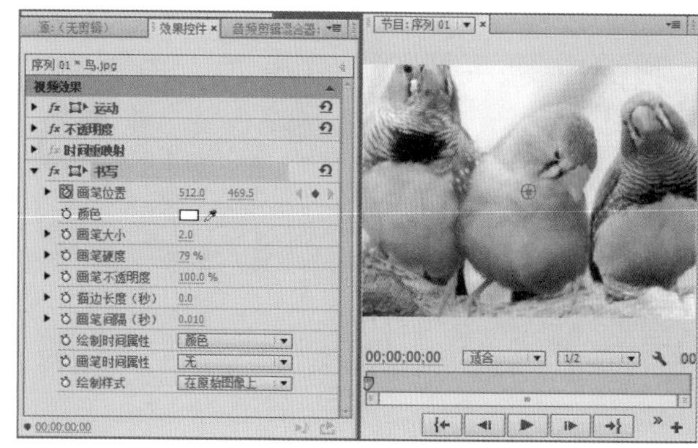

图8-106　选择“书写”特效

Step 4 ▶ 为笔触创建运动动画，单击“切换动画”按钮，创建关键帧，将时间指示器移动至其他位置，调整笔触位置，为笔触动画创建关键帧，如图8-107所示。

图8-107　创建关键帧

Step 5 ▶ 设置笔触的“颜色”为#E05916，在“画笔位置”选项中设置位置为512.0和470.1，在“画笔大小”数值框中设置画笔大小为12.0，在“画笔不透明度”数值框中设置透明度为75.0%，如图8-108所示。

操作解谜

在“效果控件”面板中单击“书写”栏，在“节目监视器”面板中激活画笔的调节点，然后将鼠标光标放在调节点上，拖动鼠标调节线条的弧度至调节点的中心位置，同样也可拖动鼠标调节画笔的位置。

图8-108 设置画笔属性

Step 6 完成后单击“节目监视器”面板中的“播放/停止切换”按钮▶，对创建的动画进行预览，如图8-109所示。

图8-109 效果预览

Step 7 在“绘制样式”下拉列表框中选择“显示原始图像”选项，将呈现以“视频2”轨道作为笔触，在视频1轨道上绘制的效果，如图8-110所示。

图8-110 查看最终效果

技巧秒杀

在“节目监视器”面板中出现⊕图标时，使用鼠标拖动该图标，可移动素材在画面中的位置。该方法同样适用于其他特效。

2. 单元格图案

“单元格图案”效果主要作用在蒙版、黑场视频中，可作为一种特殊的背景使用，在“效果控件”面板中可对图案的样式和大小等进行设置，如图8-111所示。

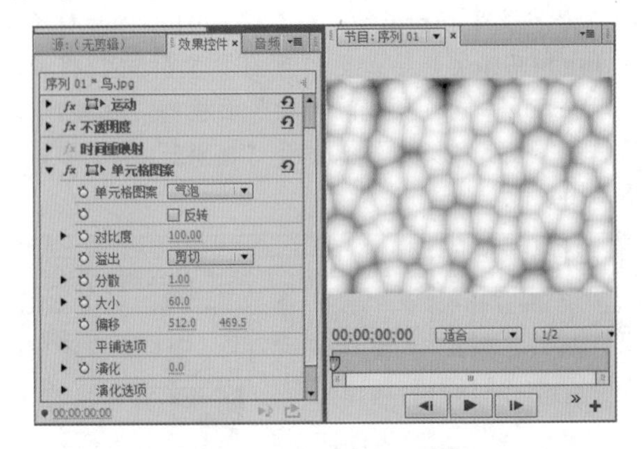

图8-111 单元格图案

知识解析：“单元格图案”栏

- 单元格图案：用于设置蜂巢图案的类型，在其下拉列表框中可以选择“气泡”“晶体”“印板”“枕状”“管状”等选项，如图8-112所示。

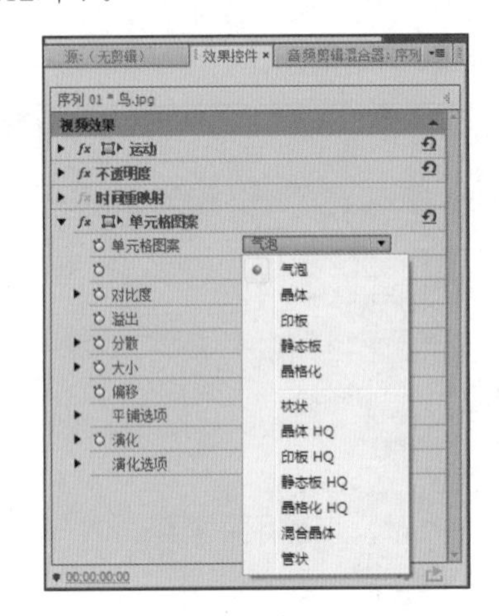

图8-112 图案类型

- ☑反转复选框：选中该复选框，可将图案进行颜色的反转操作。
- 对比度：在该数值框中可设置对图案的对比度，对比度越大，其明暗对比越强。
- 溢出：可对图案的排列方式进行设置，在其下拉列表框中有“剪切”“柔和固定”“反绕”3个选项。
- 分散：用于设置每个图案之间的密集程度，值越小，图案越密集。

- **大小**：用于设置图案的大小。
- **偏移**：用于设置图案进行左右、上下位置的移动。
- **平铺选项**：在下方选中☑启用平铺复选框，启用拼贴功能，可使图案在水平和垂直方向上进行拼贴，在其下方的“水平单元格”和“垂直单元格”选项中设置水平和垂直方向上单元格的数量。
- **演化**：用于改变图案的运动轨迹，可与关键帧结合使用，使其达到动态运动的目的。
- **演化选项**：在下方选中☑循环演化复选框，在下方的“循环（旋转次数）”和“随机植入”选项中可设置演化的程度，其效果与“演化”选项类似。

3. 吸管填充

“吸管填充”效果通过从素材中选取一种颜色来填充画面，可在“吸管填充”栏的“采样点”选项中设置吸管的颜色；在“采样半径”数值框中设置吸管的取色范围；在“与原始图像混合”下拉列表框中设置原始素材与填充色彩的透明度，应用该特效前后的效果如图8-113所示。

图8-113　吸管填充

4. 四色渐变

“四色渐变”特效能在素材上创建一个四个颜色的渐变效果，可在“效果控件”面板的“四色渐变”栏中的“点1”选项中设置第一个颜色的位置，在“颜色1”色块中设置第一个颜色的值，以相同的方法设置其他3个颜色的位置和颜色值，然后在“不透明度”数值框中设置颜色的透明度，在“混合模式”下拉列表框中设置素材的混合模式，应用该特效前后的效果如图8-114所示。

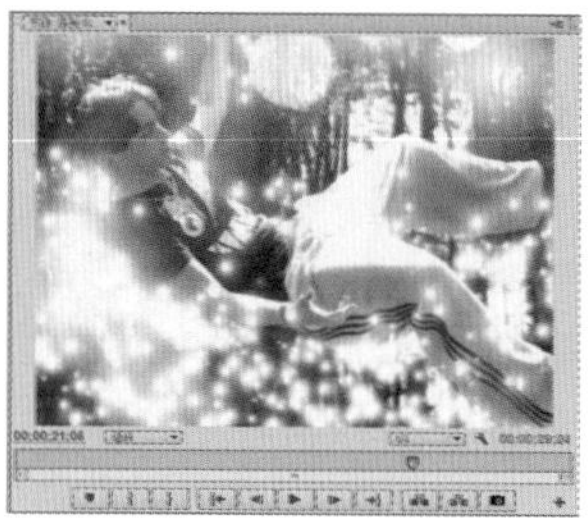

图8-114　四色渐变

5. 圆形

“圆形”特效能在素材中创建一个黑底白色填充的正圆形，在“效果控件”面板的“圆形”栏中可对圆的“半径”“边缘”“羽化”“颜色”“不透明度”“混合模式”等参数进行设置，如图8-115所示。

图8-115　圆形

知识解析：“圆形”栏

- **中心**：可对圆的中心位置进行设置。
- **半径**：用于设置圆的大小。
- **边缘**：可对圆的类型进行设置，在其下拉列表框中包括“无”“边缘半径”“厚度”“厚度*半径”“厚度和羽化*半径”5个选项。
- **未使用**：当“边缘”选择“无”时，该栏将不会被激活；当“边缘”选项中选择了与厚度有关的

选项时，通过设置该选项，可使正圆变为圆环；当“边缘”选项中选择了“边缘半径”选项时，则变为“边缘半径”选项。

- 羽化：用于羽化圆的外部边缘和内部边缘。
- ☑反转圆形 复选框：选中该复选框，只会显示圆形中的图像，圆形以外的部分将被“颜色”选项中的颜色覆盖。
- 颜色：可设置圆形的颜色。
- 不透明度：对圆形的透明度进行设置。
- 混合模式：用于设置圆形与原素材颜色的混合模式，在其下拉列表框中包括“无”“正常”“模板Alpha”“相加”“相乘”“滤色”“叠加”“柔光”“强光”“颜色减淡”“颜色加深”“变暗”“变亮”“差值”“排除”“色相”“饱和度”“颜色”“发光度”选项。

6. 棋盘

“棋盘”效果可以在画面中创建一个黑白的棋盘背景，可在“效果控件”面板的“棋盘”栏中对棋盘的位置、大小和混合模式等进行设置，应用该特效前后的效果如图8-116所示。

图8-116 棋盘

7. 椭圆

应用“椭圆”效果可在画面中创建圆、圆环或椭圆等，可通过“效果控件”面板的“椭圆”栏中的“中心”选项来设置圆的位置；通过“宽度”“高度”数值框来设置圆的大小；通过“厚度”数值框设置圆的厚度；通过“柔和度”数值框设置圆的边缘柔化程度；通过“内部颜色”和“外部颜色”色块进行圆内侧边和外侧边颜色的设置，选中☑在原始图像上合成复选框，即可使圆环融合到原始素材中，如图8-117所示。

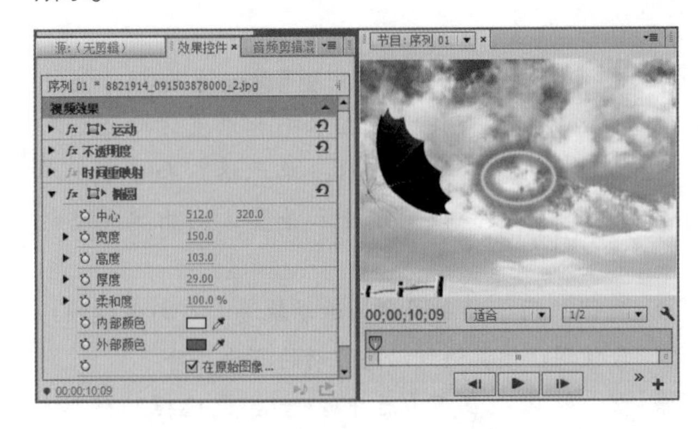

图8-117 椭圆

技巧秒杀

当“椭圆”效果中的“宽”和“高”选项的值相同时，椭圆将变为圆形。

8. 油漆桶

“油漆桶”效果可以为图像的某个区域进行着色或应用纯色，可通过“油漆桶”栏进行详细的设置，如图8-118所示。

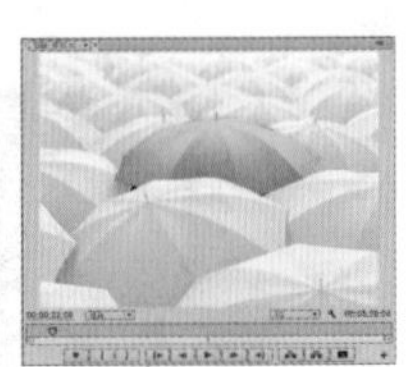

图8-118 油漆桶

知识解析：“油漆桶”栏

- 填充点：用于指定油漆桶填充的中心位置。
- 填充选择器：用于指定油漆桶填充的颜色特效区域，在该下拉列表框中有“颜色和Alpha”“直接颜色”“透明度”“不透明度”“Alpha通道”5个选项。
- 容差：用于设置应用于图像的颜色范围。

- ☑查看阈值复选框：选中该复选框，可在黑白状态下预览填充的效果。
- 描边：用于设置颜色边缘的描边方式，包括“消除锯齿”“羽化”“扩展”“阻塞”“描边”5种方式。
- 颜色：可对油漆桶填充的颜色进行设置。
- 不透明度：用于设置油漆桶填充的透明度。
- 混合模式：在其下拉列表框中选择填充颜色与原素材颜色的混合模式。

9. 渐变

“渐变”效果能在素材中创建线性渐变和放射渐变，可在“效果控件”面板的“渐变”栏中对渐变的起点、起始颜色、渐变终点、结束颜色、渐变形状、渐变扩散和原始图像混合等参数进行设置，应用该特效前后的效果如图8-119所示。

图8-119　渐变

10. 网格

“网格”效果能在素材中创建网格，以作为蒙版来使用，可在“效果控件”面板中对网格的锚点、边角、边框、羽化、颜色、不透明度和图像混合模式等参数进行设置，如图8-120所示。

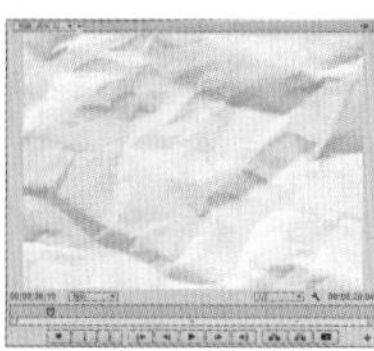

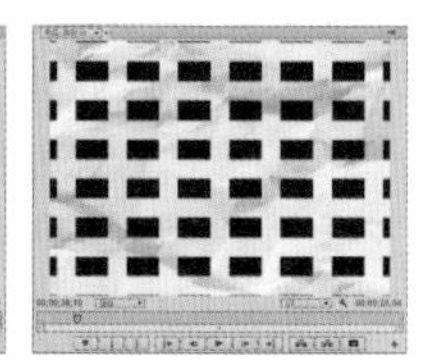

图8-120　网格

技巧秒杀

“网格”特效中“边角”选项的值决定了网格的大小，其值越大，画面中的网格越少，每个网格的面积越大；反之网格越多，面积越小。

11. 镜头光晕

“镜头光晕”效果能在画面中产生闪光灯的效果，在“效果控件”面板中可以对镜头光晕的光晕中心、光晕亮度、镜头类型及与原始图像混合等参数进行设置，应用该特效前后的效果如图8-121所示。

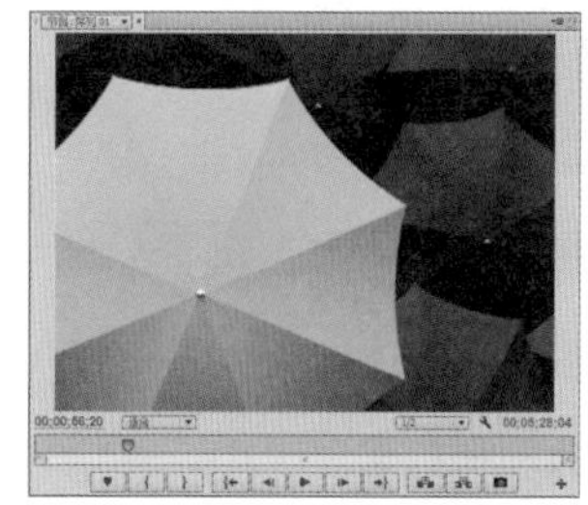

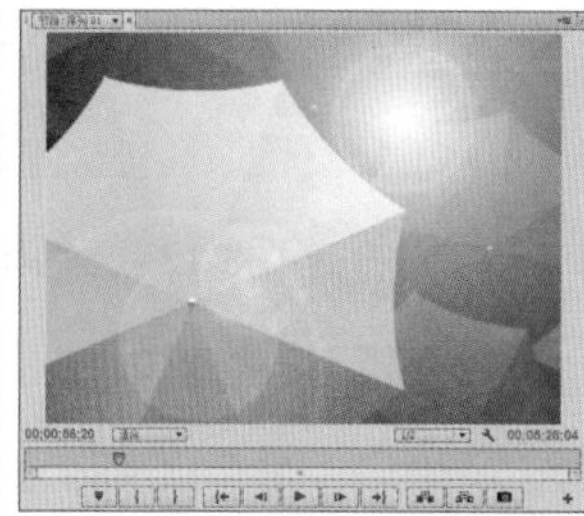

图8-121　镜头光晕

12. 闪电

“闪电”效果能在画面中产生闪电的动画效果，应用该特效前后的效果如图8-122所示。应用效果后，还可在“效果控件”面板的“闪电”栏中对其参数进行设置，如图8-123所示。

图8-122　闪电

读书笔记

闪电		
起始点	651.0	24.0
结束点	632.0	408.0
分段	13	
振幅	3.000	
细节级别	2	
细节振幅	0.300	
分支	0.200	
再分支	0.100	
分支角度	20.000	
分支段长度	0.500	
分支段	24	
分支宽度	0.700	
速度	10	
稳定性	0.000	
固定端点	☑固定端点	
宽度	10.000	
宽度变化	0.000	
核心宽度	0.400	
外部颜色		
内部颜色		
拉力	27.000	
拖拉方向	7.0°	
随机植入	1	
混合模式	相加	
模拟	☑在每一帧处重新运行	

图8-123 “闪电”效果设置

知识解析：“闪电”栏

- **起始点**：用于设置闪电的起始位置。
- **结束点**：用于设置闪电的结束位置。
- **分段**：用于设置闪电中的线条数量。
- **振幅**：用于设置闪电的波动幅度，其值越大，闪电的波纹越多。
- **细节级别**：用于设置闪电的细节，其值越大，闪电越明亮。
- **细节振幅**：用于设置闪电细节的波幅。
- **分支**：用于设置闪电的分支。
- **再分支**：用于设置闪电分支后的分支。
- **分支角度**：用于设置分支之间的角度。
- **分支段长度**：用于设置分支线段的长度。
- **分支段**：用于设置分支线段的数量。
- **分支宽度**：用于设置分支线段的宽度。
- **速度**：用于设置抖动的速度。
- **稳定性**：进行闪电振幅稳定性的设置，数值越大，稳定性越小。
- **☑固定端点复选框**：选中该复选框，可对端点进行固定。
- **宽度**：用于设置闪电的内部宽度。
- **宽度变化**：用于设置宽度进行随机变化的值。
- **核心宽度**：进行对闪电主干的宽度设置。
- **外部颜色**：用于设置闪电外侧的颜色。
- **内部颜色**：用于设置闪电内部的颜色。
- **拉力**：用于设置闪电的拉扯力度。
- **拖拉方向**：用于设置闪电拉力的方向。
- **随机植入**：进行对其随机的概率进行设置。
- **混合模式**：对其模式进行设置，在其下拉列表框中有“正常”“相加”“滤色”3个选项。
- **☑在每一帧处重新运行复选框**：选中该复选框，可将在每一帧重新运行闪电。

8.4.9 视频

“视频”特效中只包含了“剪辑名称”和“时间码”特效，主要用于在视频中显示剪辑名称和时间码，下面将分别对其进行介绍。

1. 剪辑名称

“剪辑名称”效果可在视频中显示剪辑的名称，在“效果控件”面板中可对其位置、大小和不透明度等参数进行设置，应用该特效前后的效果如图8-124所示。

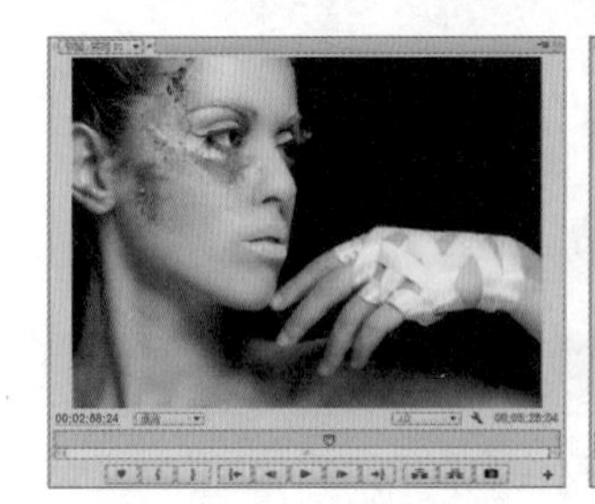
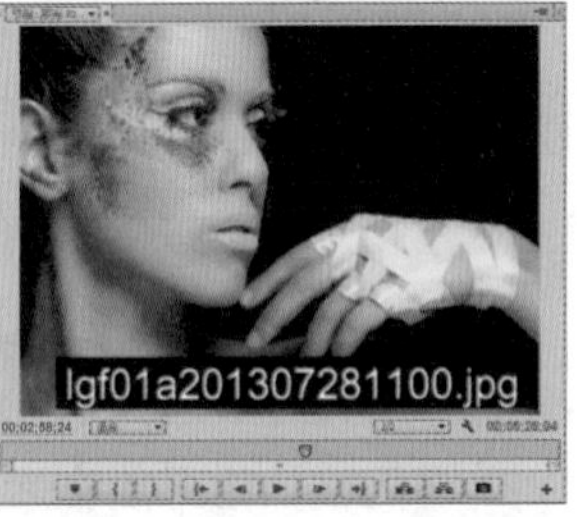

图8-124 剪辑名称

技巧秒杀

“位置”选项主要用来定位素材在画面中的水平和垂直的坐标。设置该选项的值时，可以直接输入，也可以将鼠标光标放在上面，当光标变为形状时，向左拖动鼠标可使值变小；向右拖动鼠标可使值变大。

2. 时间码

“时间码”效果可在视频中显示剪辑的时间码，

如图8-125所示是应用该效果前后的效果。

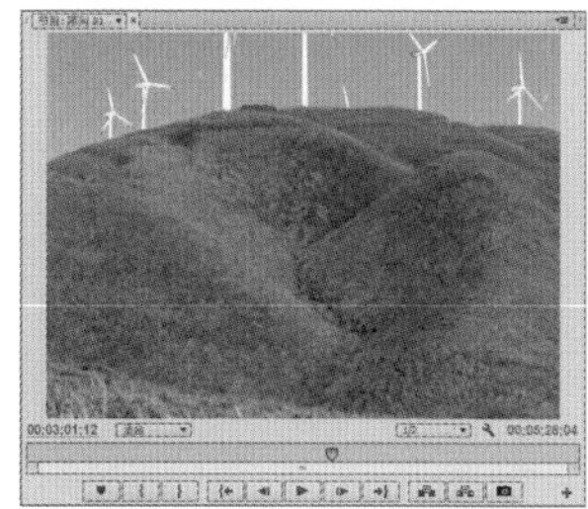

图8-125　时间码

8.4.10 调整

“调整”效果可对选中的素材进行颜色属性的设置，在“调整”文件夹中包含了ProcAmp、“光照效果”、“卷积内核”、“提取”、“自动对比度”、“自动色阶”、“自动颜色”、“色阶”和“阴影/高光”效果，如图8-126所示。

图8-126　“调整”效果

1. ProcAmp特效

ProcAmp可对素材的亮度、对比度、色相和饱和度进行设置，在“效果控件”面板中可对其参数进行设置，应用该特效前后的效果如图8-127所示。

图8-127　ProcAmp

2. 光照效果

应用“光照效果”效果后，可使素材产生光照的效果，在“效果控件”面板中可对光照颜色、表面光泽、曝光等参数进行设置，应用该效果前后的效果如图8-128所示。

图8-128　光照效果

3. 卷积内核

“卷积内核”效果可使用数学回旋的方式对素材的亮度进行改变，可使图像的边缘锐化程度增加，应用该特效前后的效果如图8-129所示。

图 8-129　卷积内核

4. 提取

“提取”效果可将素材中的颜色消除，产生黑白的效果，可在“效果控件”面板中对输入黑色阶、输入白色阶和柔和度进行设置，应用该特效前后的效果如图8-130所示。

技巧秒杀

“提取”效果中的“输入黑色阶”和“输入白色阶”是指图像中受影响的区域。

图8-130　提取

5. 自动对比度

“自动对比度”效果可对素材的阴影、高光以及整体颜色进行调整，应用该特效前后的效果如图8-131所示。

图8-131　自动对比度

6. 自动色阶

“自动色阶”效果可调整素材的阴影和高光，应用该特效前后的效果如图8-132所示。

图8-132　自动色阶

7. 自动颜色

“自动颜色”效果可对素材的色彩进行设置，可在“效果控件”面板中进行设置，选中 对齐中性中间调 ☑ 复选框，可对素材调整的中间色进行查找，应用该特效前后的效果如图8-133所示。

图8-133　自动颜色

8. 色阶

“色阶”效果可对素材中的高光、中间色和阴影进行设置，在“色阶”栏可进行参数设置，单击“设置”按钮，可打开如图8-134所示的“色阶设置”对话框，在其中可拖动滑块进行调整色阶值，另外在其下拉列表框中选择“RGB通道”选项，应用该特效前后的效果如图8-135所示。

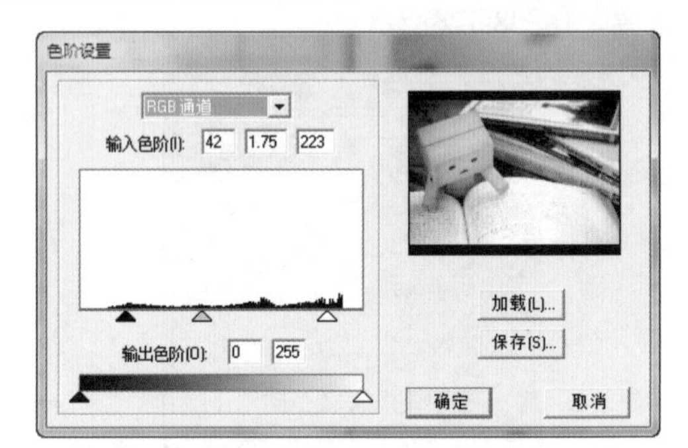

图8-134　“色阶设置”对话框

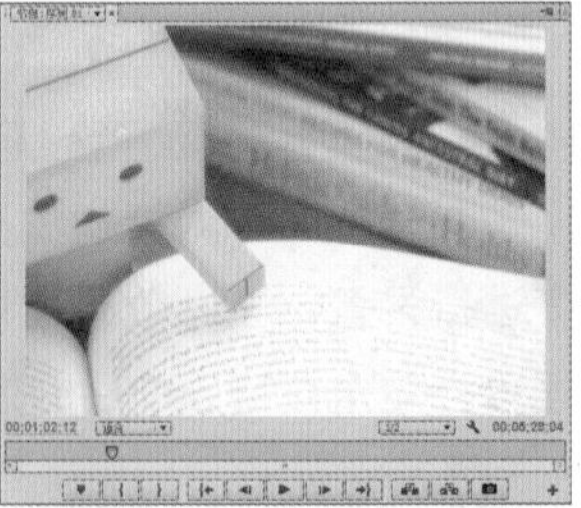

图8-135　色阶

9. 阴影/高光

“阴影/高光”效果可对逆光的素材进行调整，该特效可使高光变暗，使阴影变亮，在“效果控件”面板的“阴影/高光”栏中可对“阴影数量”和“高光数量”等参数进行调整，应用该特效前后的效果如图8-136所示。

图8-136　阴影/高光

8.4.11 过渡

“过渡”效果与视频过渡的效果类似，在该文件夹中包括了“块溶解”“径向擦除”“渐变擦除”“百叶窗”“线性擦除”5种特效，下面分别进行介绍。

1. 块溶解

“块溶解”效果可以通过随机产生的像素块对图像进行溶解，在“效果控件”面板中可以对随机块的宽度、高度、羽化值和柔化效果进行设置，应用该特效前后的效果如图8-137所示。

图8-137　块溶解

技巧秒杀

应用“块溶解”特效后，通过设置其“过渡完成”数值框的值，可调节过渡的溶解程度。

2. 径向擦除

“径向擦除”效果通过在指定的位置以顺时针或逆时针的方向来擦除素材，以显示其下方的场景，在“效果控件”面板中可以对擦除的过渡完成、起始角度、擦除中心和羽化参数等进行设置，在“擦除”下拉列表框中可对擦除的方向进行设置，包括“顺时针”“逆时针”“两者兼有”3个选项，应用该特效前后的效果如图8-138所示。

图8-138　径向擦除

3. 渐变擦除

“渐变擦除”效果通过指定层（渐变效果层）与原图层（渐变层下方的图层）之间的亮度值来进行过渡，应用该特效前后的效果如图8-139所示。

图8-139　渐变擦除

4. 百叶窗

“百叶窗”效果能以条纹的形式显示素材，在“效果控件”面板的“过渡完成”数值框中可设置百叶窗的过渡进度，在“方向”数值框中可设置擦除的方向，在“宽度”数值框中可设置百叶窗的宽度，应用该特效前后的效果如图8-140所示。

读书笔记

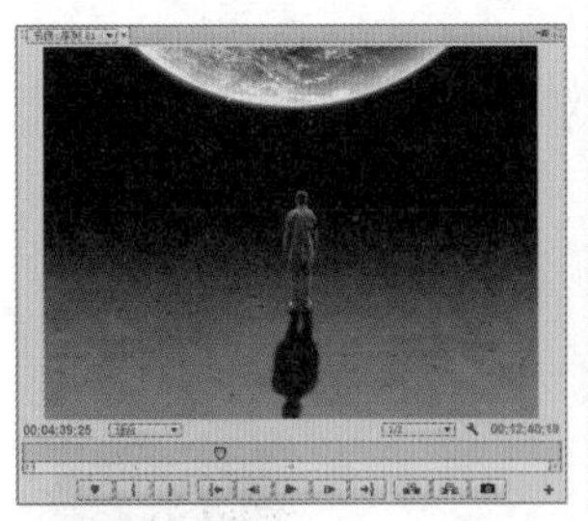
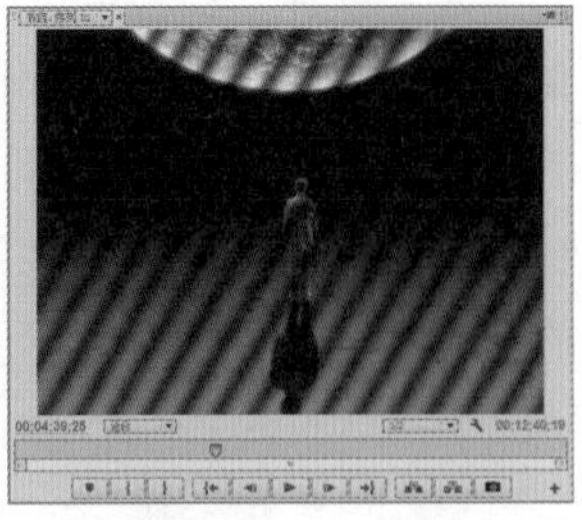

图8-140　百叶窗

5. 线性擦除

“线性擦除”效果能从画面左侧逐渐擦除素材，以显示下方的画面，在“效果控件”面板中设置“过渡完成”选项的值后即可进行擦除，还可对擦除角度和羽化程度进行设置，应用该特效前后的效果如图8-141所示。

图8-141　线性擦除

技巧秒杀

应用“百叶窗”和“线性擦除”特效后，若“过渡完成”选项的值为0%，将只会显示当前应用特效的素材；当值为100%时，将显示素材下方的轨道内容。

8.4.12 透视

“透视”效果能制作三维透视效果，使素材产生立体空间感，它包括“基本3D”“投影”“放射阴影”“斜角边”“斜面 Alpha”5种特效，下面将对其进行详细介绍。

1. 基本3D

“基本3D”效果可以对素材进行旋转和倾斜操作，模拟图像在三维空间中的效果，应用该特效前后的效果如图8-142所示。

图8-142　基本3D

2. 投影

应用“投影”效果后，可为带Alpha通道的素材添加投影，在“效果控件”面板中可对投影的“颜色”“透明度”“方向”“距离”“柔和度”等进行设置，应用该特效前后的效果如图8-143所示。

图8-143　投影

3. 放射阴影

“放射阴影”效果可以在带Alpha通道的素材上创建一个阴影，在“效果控件”面板中可以对阴影的颜色、透明度、光源、投影距离和柔和度等进行设置，应用该特效前后的效果如图8-144所示。

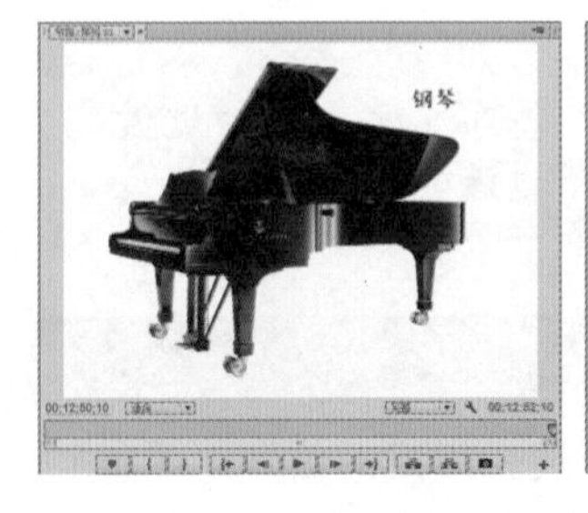

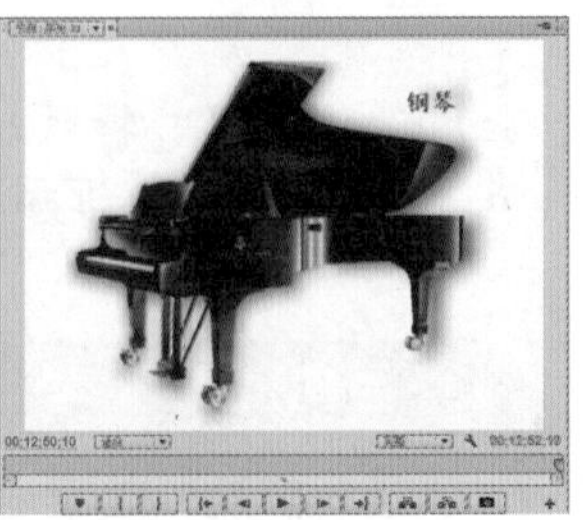

图8-144　放射阴影

技巧秒杀

应用“投影”和“放射阴影”特效后，在“效果控件”面板中选中☑仅阴影复选框，将只显示阴影内容，不显示带Alpha通道的素材。

4. 斜角边

应用“斜角边”效果，可倾斜素材，并在素材边缘产生一个高亮的三维效果。在“效果控件”面板中可以对斜角边的“厚度”“角度”“照明颜色”“照明强度”进行设置，应用该特效前后的效果如图8-145所示。

图8-145　斜角边

5. 斜面Alpha

“斜面Alpha”效果能为素材创建倒角的边，使图像的Alpha通道变亮，以使素材产生三维效果。在“效果控件”面板中可以对斜面的边缘厚度、照明角度、照明颜色和照明强度进行设置，应用该特效前后的效果如图8-146所示。

图8-146　斜面Alpha

8.4.13 通道

“通道”效果可以对素材的通道进行处理，使素材的亮度和色彩发生改变，“通道”文件夹中包含“反转”“复合运算”“混合”“算术”“纯色合成”“计算”“设置遮罩”特效，下面分别进行介绍。

1. 反转

应用“反转”效果，可使图像的颜色进行反转，使原图像中的颜色都变为对应的互补色。在“效果控件”面板的“声道”下拉列表框中选择图像的颜色模式，在其中有RGB、“红色”、“蓝色”、“绿色”、HLS、“色相”、“亮度”、“饱和度”、YIQ、“明亮度”、“相内彩色度”、“正交色度”和Alpha这13个选项，在“与原始图像混合”数值框中输入数值，可以调整反转后的图像与原图像之间的混合程度，应用该特效前后的效果如图8-147所示。

图8-147　反转

技巧秒杀

在“声道”下拉列表框中的YIQ是NTSC制式的颜色模式，其中Y代表亮度，I代表相位色度，Q代表正交色度。

2. 复合运算

“复合运算”效果能将两个重叠的素材颜色混合在一起，在其“效果控件”面板中可对其参数进行设置，应用该特效前后的效果如图8-148所示。

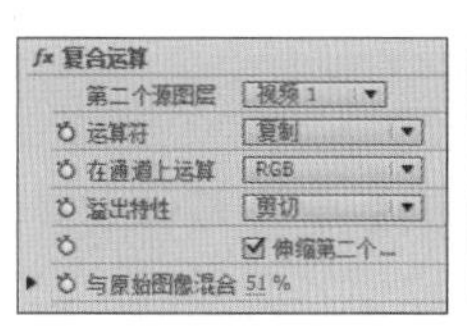

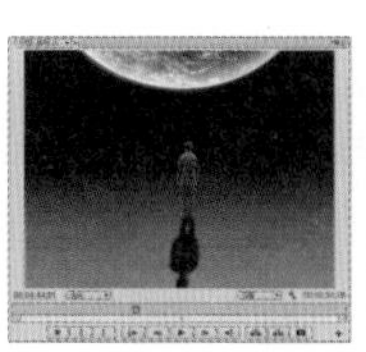

图8-148　复合运算

知识解析：“复合运算”栏

- 第二个源图层：在其下拉列表框中可选择当前操作的图层。
- 运算符：用于设置两个素材的混合模式，如复制、相加、与、或、差值、叠加等。
- 在通道上运算：用于设置进行混合操作的通道，包括RGB、ARGB和Alpha。
- 溢出特性：用于设置两个素材混合后颜色允许的范围。
- 伸缩第二个源以适合复选框：选中该复选框，当素材与混合素材的大小相同时，可使素材对齐重合。
- 与原始图像混合：用于设置混合后素材的透明度。

3. 混合

应用“混合”效果，可通过不同的模式进行视频轨道中的素材混合。在“效果控件”面板中的“混合”栏中可以对各选项参数进行设置，效果如图8-149所示。

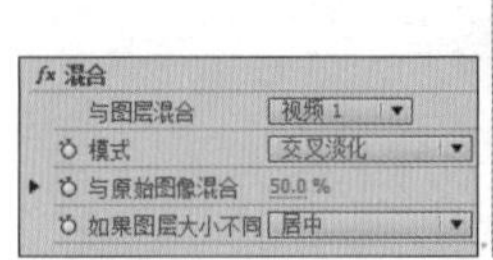

图8-149 混合

知识解析：“混合”栏

- 与图层混合：在下拉列表框中可选择重叠对象所在的视频轨道。
- 模式：在下拉列表框中可选择素材混合的部分。
- 与原始图像混合：设置应用效果的素材与原始素材的混合值。值越小，效果越明显。
- 如果图层大小不同：在其下拉列表框中可选择设置图层的对齐方式。

4. 算术

“算术”效果可以通过不同的数学运算修改素材的红、绿、蓝色值，在“效果控件”面板的“运算符”选项中可以选择计算颜色的方式；在“红色值”“绿色值”“蓝色值”选项中可以设置要进行计算的颜色值；在“剪切结果值”选项中可以设置计算出的数值，用于创建有限的范围彩色数值，应用该特效前后的效果如图8-150所示。

图8-150 算术

5. 纯色合成

“纯色合成”效果能够在基于选择的混合模式基础上，将纯色覆盖在素材上，在“效果控件”面板中的“源不透明度”数值框中可以对源图像的透明度进行设置；在“颜色”色块中可以对固态合成的颜色进行设置；在“不透明度”数值框中可以对固态合成颜色的透明度进行设置；在“混合模式”下拉列表框中可以设置颜色与图像的混合模式，应用该特效前后的效果如图8-151所示。

图8-151 纯色合成

6. 计算

应用“计算”效果，可以通过不同的混合模式将不同轨道上的素材重叠在一起，在“效果控件”面板中的“计算”栏可以对该特效进行设置，应用该特效前后的效果如图8-152所示。

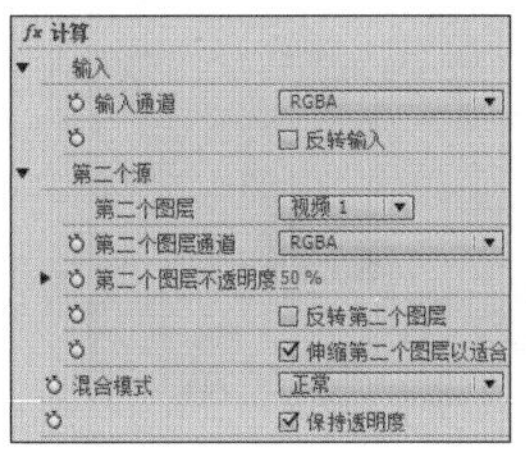

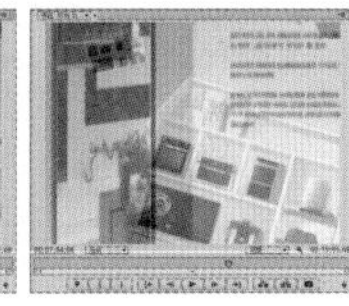

图8-152　计算

知识解析：“计算”栏

- 输入通道：在其下拉列表框中可选择需要显示的通道，其中RGBA表示输入所有通道；“灰色”表示用灰色显示原来的RGBA图像的亮度；“红色”、“绿色”、“蓝色”和Alpha表示图像对应的通道。
- ☑反转输入复选框：选中该复选框，可将选择的通道反向显示。
- 第二个图层：在其下拉列表框中可选择与原素材混合的素材所在的视频轨道。
- 第二个图层通道：在其下拉列表框中可选择与原素材叠加显示的通道，其中的选项与“输入通道”选项相同。
- 第二个图层不透明度：用于设置叠加素材的透明度。
- ☑反转第二个图层复选框：选中该复选框，可反向显示叠加素材。
- ☑伸缩第二个图层以适合复选框：选中该复选框，当叠加素材小于原素材时，将放大叠加素材。
- 混合模式：用于设置原素材与叠加素材的混合模式。
- ☑保持透明度复选框：选中该复选框，将不改变被影响的素材的透明度。

7. 设置遮罩

“设置遮罩”效果能用当前素材的Alpha通道替代指定层的Alpha通道，使其产生移动蒙版的效果，在“效果控件”面板中的“设置遮罩”栏可设置遮罩的效果，应用该特效前后的效果如图8-153所示。

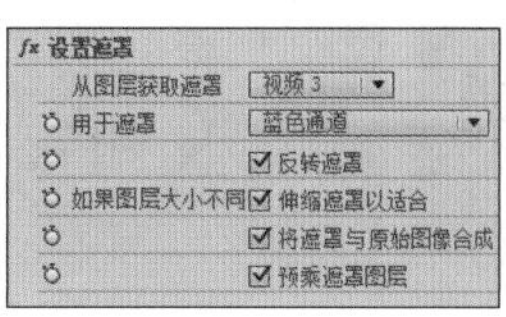

图8-153　设置遮罩

知识解析：“设置遮罩”栏

- 从图层获取遮罩：在其下拉列表框中可选择作为蒙版的图层。
- 用于遮罩：在其下拉列表框中可选择指定蒙版层用于效果处理的通道。
- ☑反转遮罩复选框：选中该复选框，可反转蒙版层的透明度。
- ☑伸缩遮罩以适合复选框：选中该复选框，可使其与当前层的尺寸配合。
- ☑将遮罩与原始图像合成复选框：选中该复选框，可使当前层成为新的蒙版，与原始素材层进行替换。
- ☑预乘遮罩图层复选框：选中该复选框，可柔化蒙版层素材的边缘。

8.4.14 风格化

“风格化”效果主要对素材进行美术处理，可使素材效果更加美观、丰富。“风格化”文件夹中包括“Alpha发光”“复制”“彩色浮雕”“抽帧”“曝光过度”“查找边缘”“浮雕”“画笔描边”“粗糙边缘”“纹理化”“闪光灯”“阈值”“马赛克”，下面分别进行介绍。

1. Alpha发光

“Alpha发光”效果能在带Alpha通道的素材边缘添加辉光，在“效果控件”面板中的“发光”选项中可设置辉光从Alpha通道向外扩散的距离；在“亮度”数值框中可设置辉光的强度，值越大，辉光越强；在“起始颜色”和“结束颜色”中设置辉光内部和外部的颜色，应用该特效前后的效果如图8-154所示。

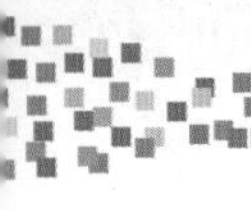

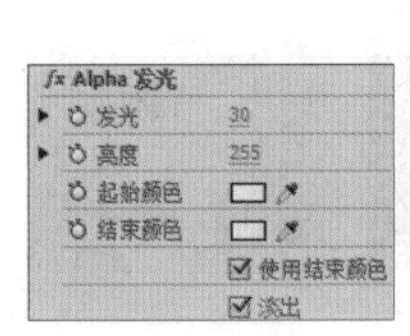

图8-154　Alpha发光

知识解析：“Alpha发光”栏

- 发光：设置辉光从Alpha通道向外延伸的距离。
- 亮度：设置辉光的亮度。
- 起始颜色：单击色块可选择颜色，将其设置为发光的起始颜色。
- 结束颜色：设置添加至发光边缘额外的颜色。
- ☑使用结束颜色复选框：选中该复选框，将创建使用结束颜色。
- ☑淡出复选框：选中该复选框，将淡出起始颜色。

2. 复制

“复制”特效能将素材复制为指定的数量，在“效果控件”面板的“计数”数值框中输入计数的个数后，可以在画面中划分出水平计数×垂直计数的网格，即当计数为2时，就能在画面中划分出2×2=4个网格，将图像复制为4个。

实例操作：应用复制效果

- 光盘\素材\第8章\水母.mov
- 光盘\效果\第8章\多画面电视墙.prproj
- 光盘\实例演示\第8章\应用复制效果

下面将新建“多画面电视墙.prproj”项目文件，为其中的素材添加“复制”特效，并在“效果控件”面板中对“计数”进行设置。

Step 1 新建项目并将其命名为“多画面电视墙”，将素材“水母.mov”导入至“项目”面板中，将素材“水母.mov”拖动至“时间轴”面板中，如图8-155所示。

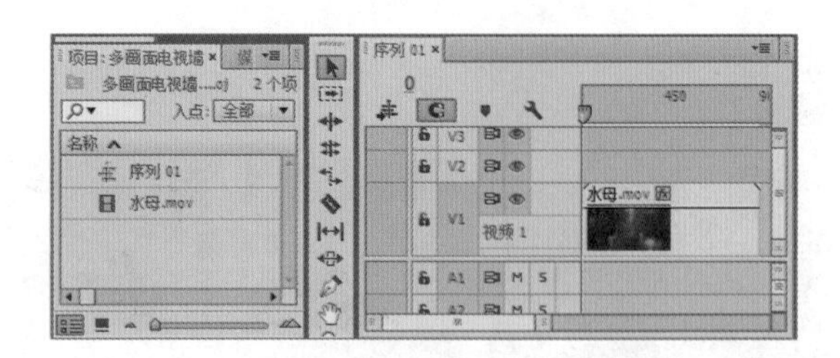

图8-155　导入素材

Step 2 在“效果控件”面板中，依次单击“视频效果”/“风格化”前的▶按钮，选择“复制”视频效果，将“复制”视频效果拖动至“时间轴”面板中的“水母.mov”素材上，如图8-156所示。

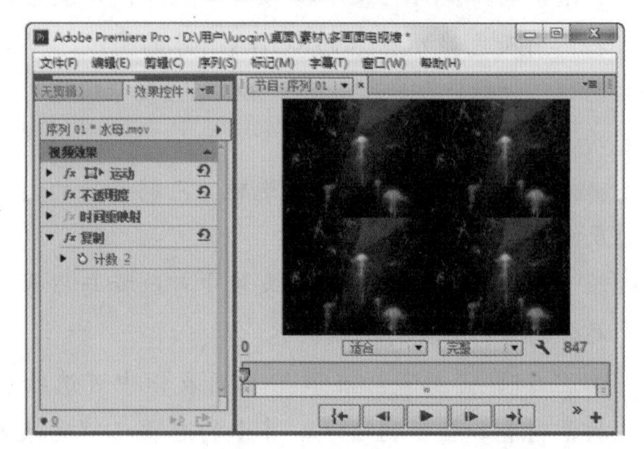

图8-156　添加“复制”视频效果

Step 3 在“效果控件”面板中，在0帧时单击“计数”前的“切换动画”按钮，为素材创建关键帧；将时间指示器移动至77帧时，单击“计数”选项后的“添加/移除关键帧”按钮，为该时间位置添加关键帧，在“计数”数值框中输入3；将时间指示器移动至183帧时，单击“计数”选项后的“添加/移除关键帧”按钮，为该时间位置添加关键帧，在“计数”数值框中输入4，如图8-157所示。

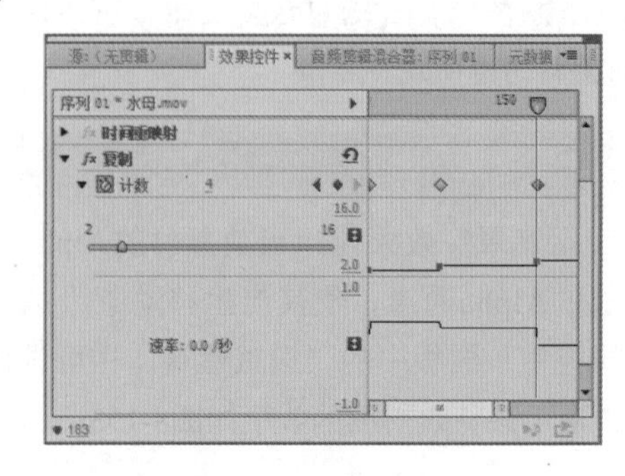

图8-157　添加关键帧

Step 4 ▶ 在“节目监视器”面板中单击“播放/停止切换”按钮▶，可查看“复制”效果创建的多画面电视墙效果，如图8-158所示。

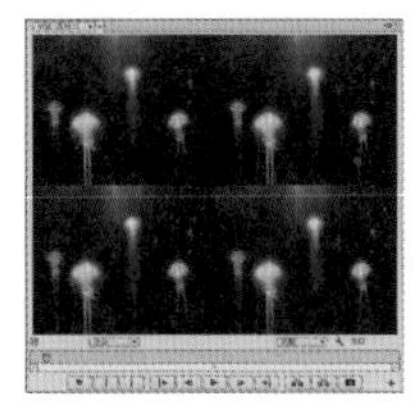
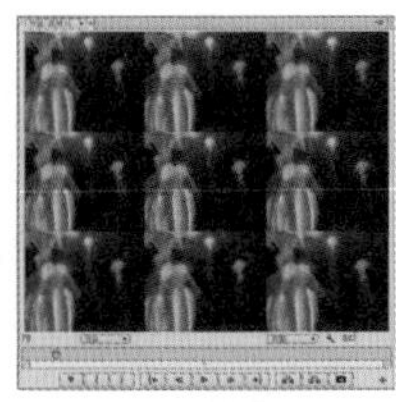
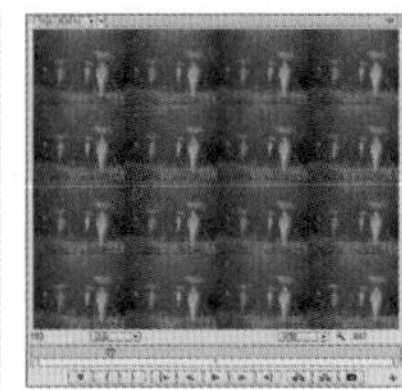

图8-158　效果预览

3. 彩色浮雕

“彩色浮雕”效果能使素材的轮廓锐化，产生彩色的浮雕，在“效果控件”面板中可设置浮雕的属性，应用该特效前后的效果如图8-159所示。

fx 彩色浮雕	
▶ 方向	45.0 °
▶ 起伏	1.00
▶ 对比度	200
▶ 与原始图像混合	0 %

图8-159　彩色浮雕

知识解析：“彩色浮雕”栏

- ◆ 方向：用于设置浮雕的方向。
- ◆ 起伏：用于设置浮雕边缘的最大加亮宽度。
- ◆ 对比度：用于设置图像内容的边缘锐利程度，值越大，加亮区更亮。
- ◆ 与原始图像混合：用于设置应用效果的素材与原始素材的混合值。

4. 抽帧

“抽帧”效果可以制作出具有空间停顿感的运动画面，在“效果控件”面板中可设置抽帧的级别，应用该效果前后的效果如图8-160所示。

图8-160　抽帧

5. 曝光过度

“曝光过度”特效能产生图像边缘变暗的亮化现象，在“效果控件”面板的“曝光过度”栏中的“阈值”数值框中可设置曝光的强度，应用该特效前后的效果如图8-161所示。

图8-161　曝光过度

技巧秒杀

在“曝光过度”特效中，“阈值”选项的值越大，图像曝光的强度越强，色彩差异越大。

6. 查找边缘

“查找边缘”效果能强化素材中物体的边缘，使素材产生类似于底片或铅笔素描的效果，在“效果控件”面板中可以通过选中☑反转复选框来反向显示素材，在“与原始图像混合”数值框中设置与原素材的混合程度，应用该特效前后的效果如图8-162所示。

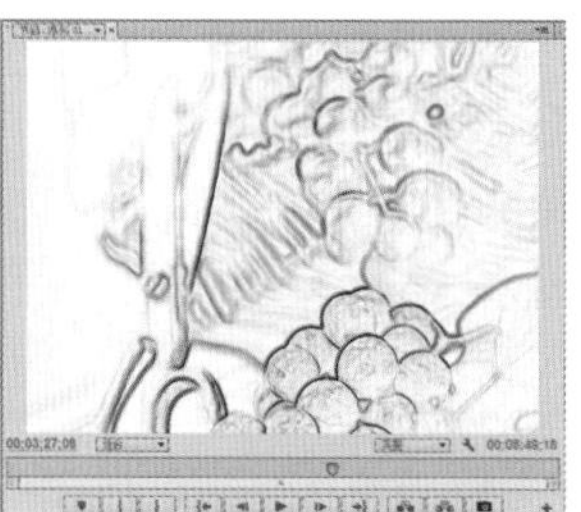

图8-162　查找边缘

7. 浮雕

“浮雕”效果通过锐化物体轮廓来产生浮雕的效果，“浮雕”特效没有彩色，应用该特效前后的效果如图8-163所示。

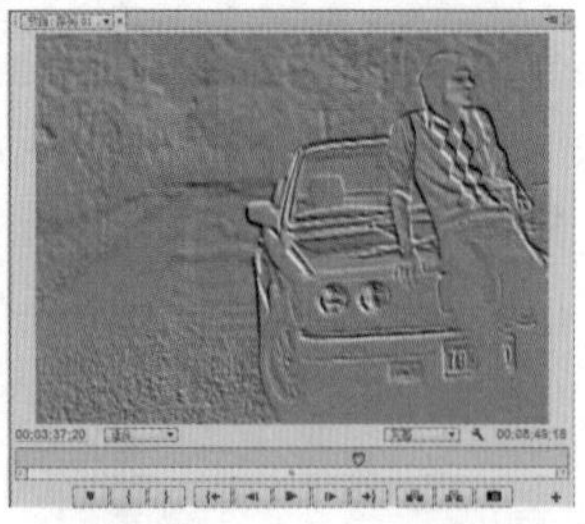

图8-163　浮雕

8. 画笔描边

“画笔描边”效果能模拟美术画笔绘画的效果，在“效果控件”面板中可以设置描边的角度、画笔大小、描边长度和描边浓度等属性，应用该特效前后的效果如图8-164所示。

图8-164　画笔描边

9. 粗糙边缘

“粗糙边缘”效果能使素材的Alpha通道边缘粗糙化，在“效果控件”面板中可以对“粗糙边缘”特效的各选项进行设置，应用该特效前后的效果如图8-165所示。

图8-165　粗糙边缘

知识解析：“粗糙边缘”栏

◆ 边缘类型：在其下拉列表框中可选择边缘粗糙的类型，包括“粗糙”“粗糙色”“切割”“尖刺”“锈蚀”“锈蚀色”“影印”“影印色”8种选项。
◆ 边缘颜色：当在“边缘类型”下拉列表框中选择了带颜色的类型后，可在该选项中设置边缘的颜色。
◆ 边框：用于设置自定义粗糙的边框。
◆ 边缘锐度：可设置粗糙边缘的锐化和柔化程度。
◆ 不规则影响：用于设置不规则计算的碎片数量。
◆ 比例：用于设置创建粗糙边缘的碎片大小。
◆ 伸展宽度或高度：可设置粗糙边缘的宽度和高度。
◆ 偏移、复杂度和演化：结合这几个选项，可为粗糙边缘创建动画效果。

10. 纹理化

“纹理化”效果将不同轨道上的素材的纹理在该素材上显示，应用该特效前后的效果如图8-166所示。

图8-166　纹理化

11. 闪光灯

“闪光灯”效果能在一定周期或随机地创建闪光灯效果，在“效果控件”面板中可以对闪光灯进行设置，应用该特效前后的效果如图8-167所示。

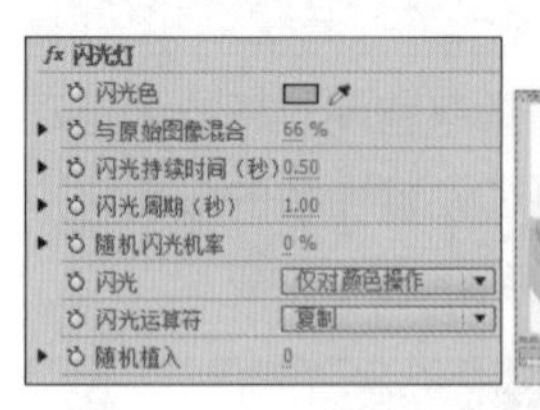

图8-167　闪光灯

知识解析：“闪光灯”栏

◆ 闪光色：用于选择闪光灯的颜色。
◆ 闪光持续时间（秒）：用于设置闪光的持续时间。

- **闪光周期（秒）**：用于设置闪光从上一次闪动开始时，到闪动结束时的时间，即闪光周期。只有当其值大于“明暗闪动持续时间”才能出现闪频效果。
- **随机闪动机率**：用于创建随机闪光灯效果，其值越大，闪光效果的随机度越高。
- **闪光**：在其下拉列表框中可选择闪光灯特效的类型。
- **闪光运算符**：在其下拉列表框中可选择闪光灯特效的运算方法。

12. 阈值

“阈值”效果能将素材变为灰度模式，在“效果控件”面板中的“阈值”栏下的“级别”数值框中可以对图像的黑、白颜色进行调节，其值越大，黑色越多；其值越小，白色越多，应用该特效前后的效果如图8-168所示。

图8-168　阈值

13. 马赛克

“马赛克”效果能在素材中产生马赛克，以遮盖素材，在“效果控件”面板中的“马赛克”栏中，可通过“水平块”数值框设置水平方向上的分割色块的数量；通过“垂直块”数值框设置垂直方向上分割色块的数量；还可选中☑锐化颜色复选框锐化马赛克，应用该特效前后的效果如图8-169所示。

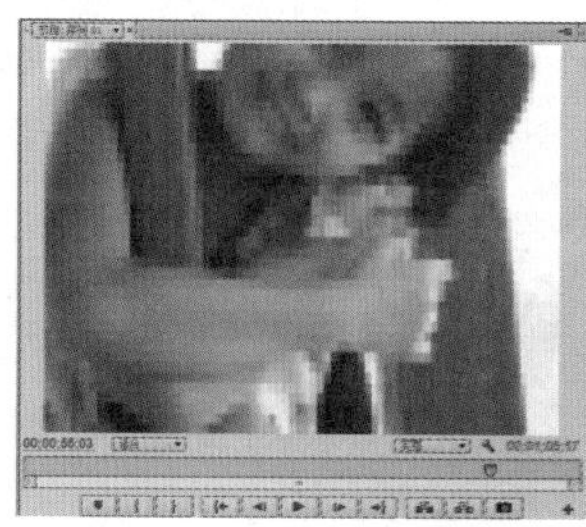

图8-169　马赛克

读书笔记

知识大爆炸——复制与粘贴特效

在Premiere Pro CC中可能为不同的素材添加相同的特效，若依次为每个素材添加相同的特效会增加很多工作量。此时可以将一个素材中的特效粘贴到另一个素材中，以实现在不同素材间的调用效果。其操作方法很简单，只要在“效果控件”面板中想要复制的特效上右击，在弹出的快捷菜单中选择“复制”命令，或者直接按Ctrl+C快捷键，然后在“时间轴”面板中选择需要粘贴的素材，右击，在弹出的快捷菜单中选择“粘贴”命令，或直接按Ctrl+V快捷键即可。

在进行复制特效时，按住Shift键并单击特效，可选择多个特效，通过菜单命令也可实现特效的复制和粘贴，选择“编辑”/“复制”命令，在“时间轴”面板中选择需要应用该特效的素材，选择“编辑”/“粘贴”命令即可完成操作。

编辑音频

本章导读

在了解了图像和影片的编辑方法后，本章将介绍在Premiere Pro CC中应用音频的方法。Premiere Pro CC为用户提供了强大的音频编辑功能，能在制作的影片中添加并编辑音频，让影片的效果更加丰富。编辑音频主要包括音频的音量调整、使用时间轴合成音频、添加音频过渡和音频效果等知识。

9.1 调节音频的音量

在Premiere Pro CC中，调节音频的音量有多种方法，如调整音量的级别、使用“钢笔工具”编辑音量、设置音量的淡入淡出效果、使用关键帧控制音量和声像器调节立体声等，下面分别进行讲解。

9.1.1 调节音量的级别

在Premiere Pro CC中编辑音频时，音频文件的音量可能不符合制作的要求，音频音量可能太小或太大，此时可对其进行调整。在Premiere Pro CC中一般用dB（即分贝）来表示音频的音量，当dB大于0时，则可听到声音；dB小于0时，将无法听到声音。

实例操作：增大音频音量

- 光盘\素材\第9章\环球片头动画.mp4
- 光盘\实例演示\第9章\增大音频音量

下面将新建项目，并将其命名为“增加音量.prproj”，然后导入视频文件并对其中的音频文件进行放大音量的操作。

Step 1 ▶ 新建项目并命名为“增加音量.prproj”，将“环球片头动画.mp4”素材文件导入到“项目”面板中，并将其添加到“视频1”轨道中，此时可以看到与视频链接的音频文件也被添加到了“音频1”轨道中，如图9-1所示。

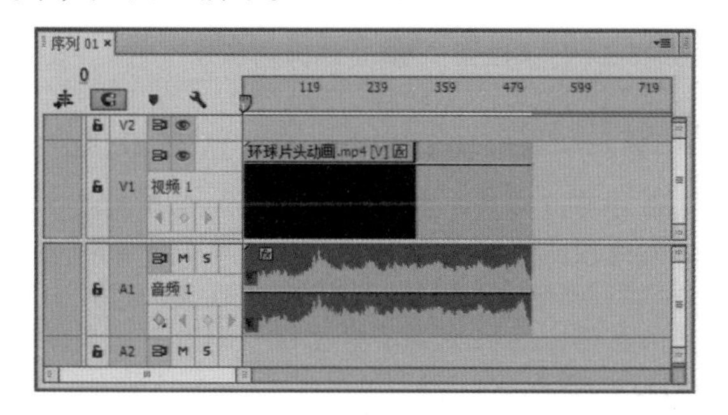

图9-1 导入素材

Step 2 ▶ 在“视频1”轨道上的素材上右击，在弹出的快捷菜单中选择“取消链接”命令，可避免同步操作引起的操作失误。选择“音频1”轨道上的音频文件，然后选择“剪辑”/“音频选项”/“音频增益”命令，在打开的“音频增益”对话框中选中“将增益设置为:”单选按钮，并在其后的数值框中输入需要增益的值2，如图9-2所示。

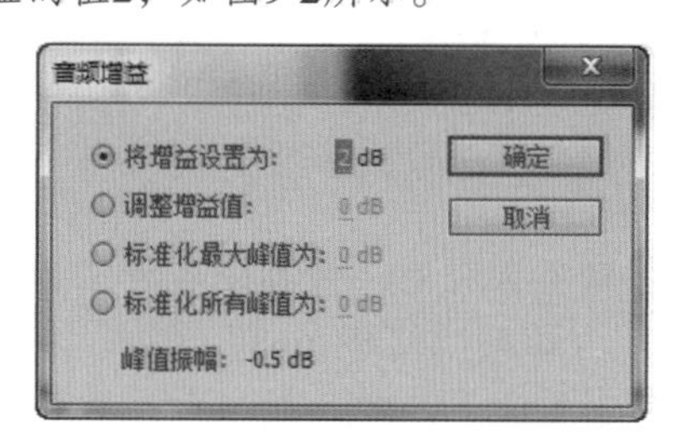

图9-2 “音频增益”对话框

Step 3 ▶ 单击“确定”按钮，返回Premiere Pro CC操作界面，按空格键播放音频文件，试听增益后的效果，在“时间轴”面板右侧的“音量”栏可查看音频的音波，如图9-3所示。

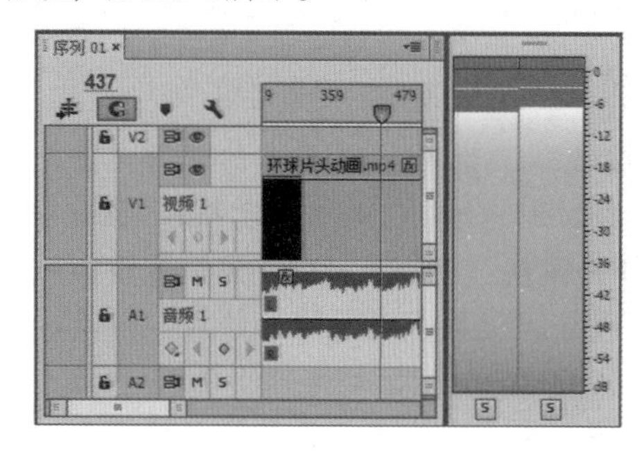

图9-3 试听音量

技巧秒杀

在“时间轴”面板中选择音频文件，右击，在弹出的快捷菜单中选择“音频增益”命令，也可打开“音频增益”对话框，在其中选中“标准化最大峰值为:”或“标准化所有峰值为:”单选按钮，并设置其值后，Premiere Pro CC将会在不失真的情况下进行最大可能增益设置。

9.1.2 设置音频的淡入淡出效果

用户在听音乐时可能会发现，一些音乐中会出现音量逐渐变小，又逐渐变大的情况，这被称为音量的淡入和淡出。在Premiere Pro CC中可以通过关键帧轻松地实现音量的淡入淡出效果，以增加音量的多样性。

实例操作：音频淡入淡出

- 光盘\素材\第9章\钢琴.mp3
- 光盘\实例演示\第9章\音频淡入淡出

本例将在“音频淡入淡出.prproj”项目文件中通过添加关键帧来实现音量的淡入与淡出效果。

Step 1 新建项目文件，将其命名为“音频淡入淡出.prproj”，导入“钢琴.mp3”素材，将其拖动至“时间轴”面板的“音频1”轨道中，如图9-4所示。

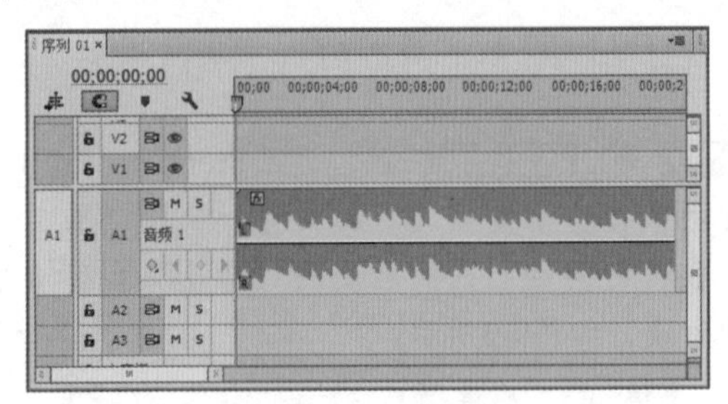

图9-4 导入音频

Step 2 选择“音频1”轨道中的音频文件，将时间指示器移动到起始点，单击“音频1”轨道中的“添加/移除关键帧”按钮，在当前位置添加一个关键帧，设置该关键帧为淡入的开始点，将时间指示器移动到00;00;07;04处，单击“音频1”轨道中的“添加/移除关键帧”按钮，设置该关键帧为淡入的结束点，如图9-5所示。

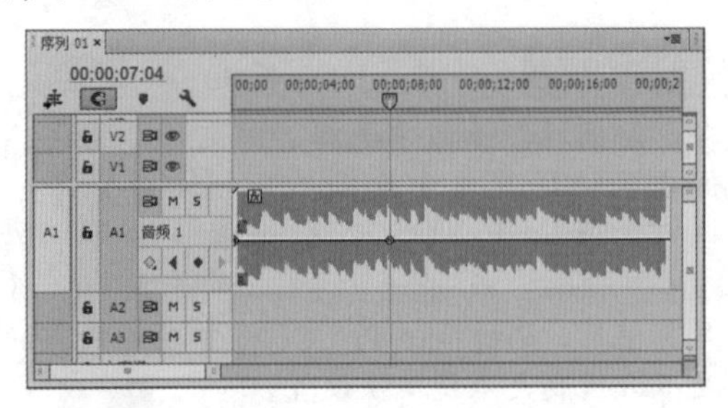

图9-5 添加关键帧

Step 3 将鼠标光标放在淡入开始点的关键帧上，当光标变为形状时，向下拖动鼠标，使音量淡入，逐渐增加音量的级别，如图9-6所示。

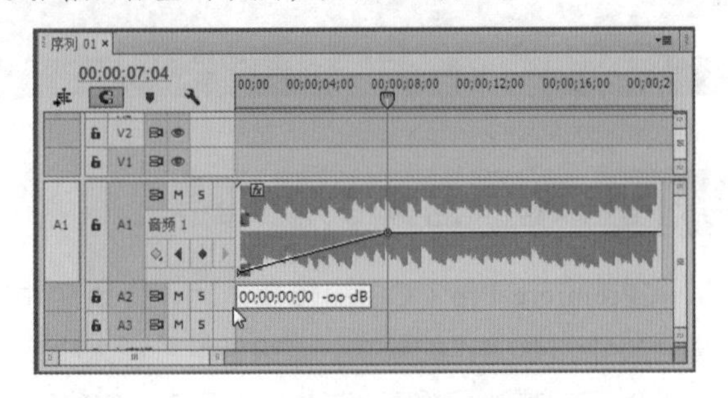

图9-6 设置音频淡入效果

Step 4 将时间指示器移动到00;00;13;28处，单击“音频1”轨道中的“添加/移除关键帧”按钮，设置该关键帧为淡出的开始点，将时间指示器移动到音频的结尾处，单击“添加/移除关键帧”按钮，设置该关键帧为淡出的结束点。将鼠标光标放在淡出结束点的关键帧上，当光标变为形状时，向下拖动鼠标，使音量产生淡出效果，逐渐降低音量的级别，如图9-7所示。完成设置后，试听音频效果。

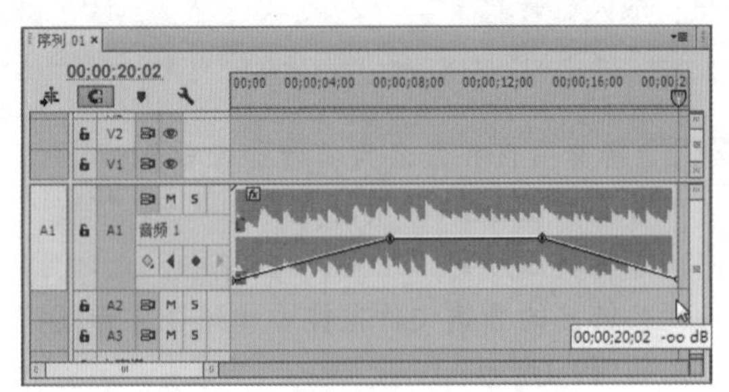

图9-7 设置音频淡出效果

技巧秒杀

在添加关键帧后，若需要删除添加在音频文件中的关键帧，可在选择关键帧后，单击音频轨道中的“添加/移除关键帧”按钮；或在关键帧上右击，在弹出的快捷菜单中选择“删除”命令；或按Delete键删除。

9.1.3 使用“钢笔工具”编辑

在设置音频的淡入和淡出效果时可以发现，音频文件中设置音量的淡入或淡出是以两个关键帧之间的对角线方式来实现的，而通过“钢笔工具”按钮可以在创建关键帧的同时，进行弯曲淡化曲线操作，使音量淡化的时间更快，减少在较低声音级别上花费的时间，避免噪声的产生。

实例操作：对音频进行弯曲淡化处理

- 光盘\素材\第9章\音乐01.MP3
  光盘\实例演示\第9章\对音频进行弯曲淡化处理.prproj

本例将使用“钢笔工具”按钮在音频文件中添加关键帧，并通过它来设置弯曲的淡化线。

Step 1 新建项目文件，将素材导入至“项目”面板中，将需要编辑的音频文件拖动到“时间轴”面板中的“音频1”轨道中，如图9-8所示。

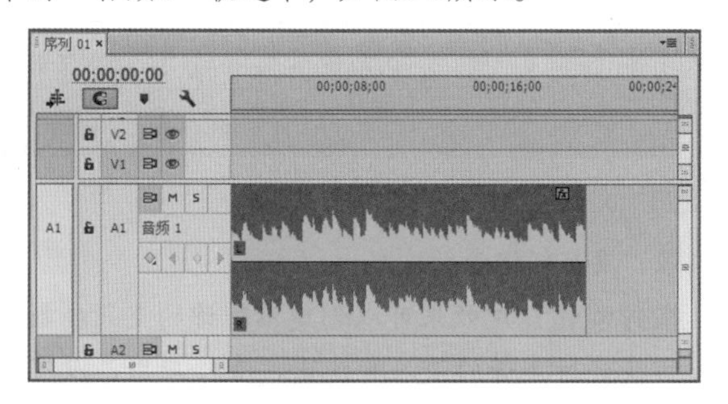

图9-8　添加素材

Step 2 然后在“工具”面板中单击“钢笔工具”按钮，将其放在音频文件中需要添加关键帧的位置，当光标变为形状时单击，在此处添加一个关键帧，如图9-9所示。

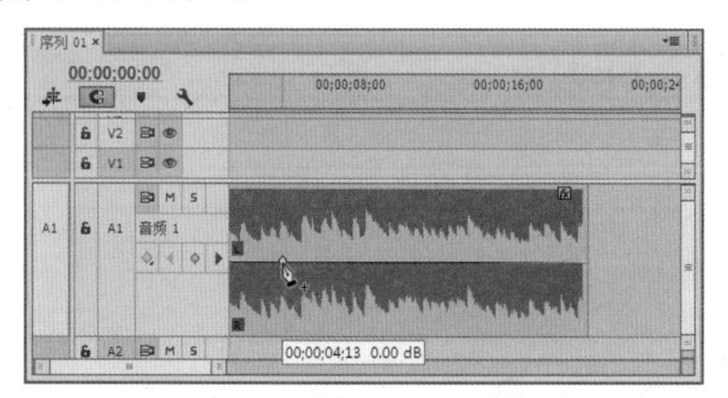

图9-9　使用“钢笔工具”添加关键帧

Step 3 使用相同的方法在音频文件中其他需要的地方创建关键帧，然后将鼠标光标放在第一个关键帧上，按Ctrl键，此时光标变为形状，同时单击鼠标，在关键帧上将出现一个蓝色的控制柄，如图9-10所示。

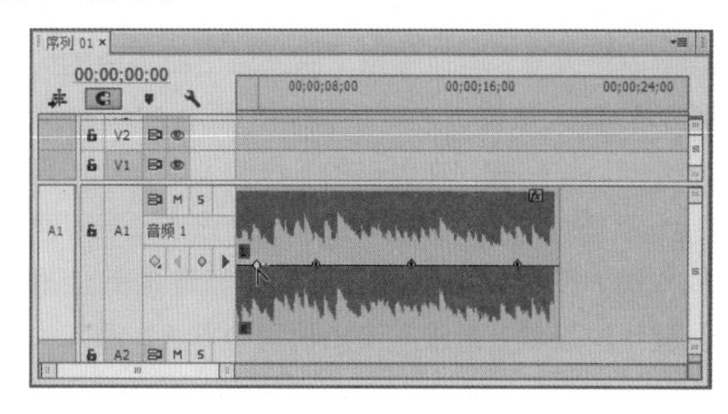

图9-10　控制关键帧

Step 4 单击并拖动控制柄，在相邻的两个关键帧之间就会形成一条弯曲的淡化线，如图9-11所示。

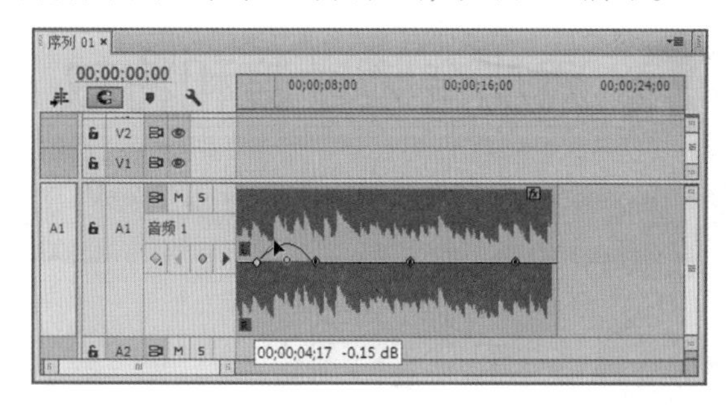

图9-11　创建弯曲淡化线

Step 5 使用相同的方法可以在其他关键帧之间创建弯曲淡化线，如图9-12所示，完成后试听音频效果。

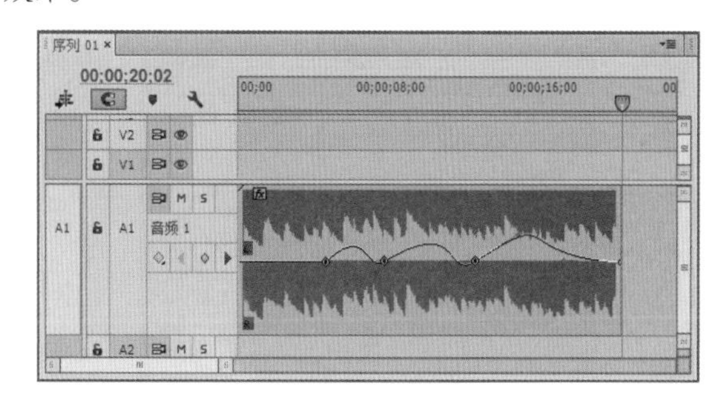

图9-12　创建其他弯曲淡化线

技巧秒杀

在“时间轴”面板的音频轨道中按住Ctrl键的同时单击关键帧，可以移除关键帧之间的曲线，使其变为直线。

9.1.4 声像器调节立体声

立体声包括左声道和右声道，要对立体声的声道音量进行调节，可以使用“时间轴”面板中的“声像器”。其方法是：在“时间轴”面板中单击“音量：级别”按钮，在弹出的下拉列表中选择“声像器”/“平衡”选项，如图9-13所示。该选项表示立体声的平衡，此时左声道和右声道的音量是完全相同的。使用与设置音量淡入淡出相同的方法，添加关键帧并设置关键帧之间的淡化线，当关键帧位于淡化线的下方时，右声道中的音量增大，左声道中的音量减小；反之左声道中的音量增大，右声道中的音量减小。

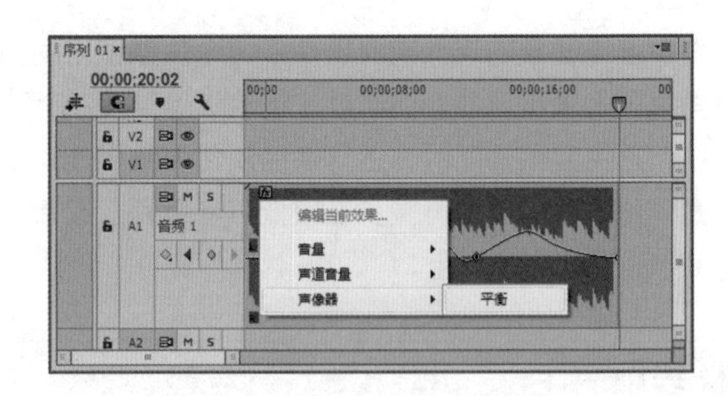

图9-13 使用“声像器”调节立体声

读书笔记

9.2 添加音频过渡和特效

为图像或影片应用视频切换或视频特效，可丰富影片的效果。同样，音频文件也有其对应的过渡和特效，下面进行详细介绍。

9.2.1 应用“音频过渡”效果

在“效果”面板中展开“音频过渡”文件夹，可在展开的列表中看到“交叉淡化”选项，该选项包含了“恒定功率”“恒定增益”“指数淡化”3种效果，如图9-14所示。

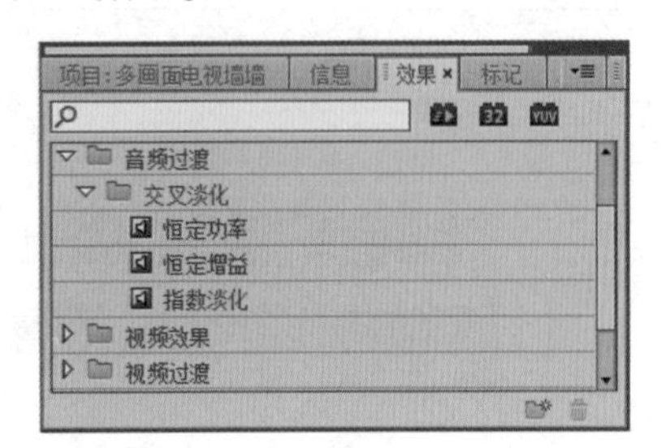

图9-14 “音频过渡”文件夹

知识解析：“音频过渡”文件夹

- **恒定功率**：该效果是默认的音频过渡效果，它可产生一种听起来像是淡入和淡出的效果，没有任何参数。
- **恒定增益**：该效果可以创建精确的淡入淡出效果，没有任何参数。
- **指数淡化**：该效果可以创建不对称的交叉指数型曲线进行声音的淡入和淡出，直接应用，没有任何参数。

在Premiere Pro CC中“交叉淡化”效果可用于创建两个音频素材间的流畅切换，也可放在音频素材之前，用于创建淡入的效果，或放在音频素材之后创建淡出的效果。

实例操作：添加“恒定增益”效果

- 光盘\素材\第9章\音乐01.mp3、音乐02.mp3
- 光盘\实例演示\第9章\添加“恒定增益”效果

本例将在两个音频文件中添加“恒定增益”效果，并对其进行设置。

Step 1 新建项目文件，新建“序列01”，将两个音频（音乐01.mp3和音乐02.mp3）素材导入至“项目”面板中，将素材添加到“时间轴”面板的“视频1”轨道上，使两个素材相邻，如图9-15所示。

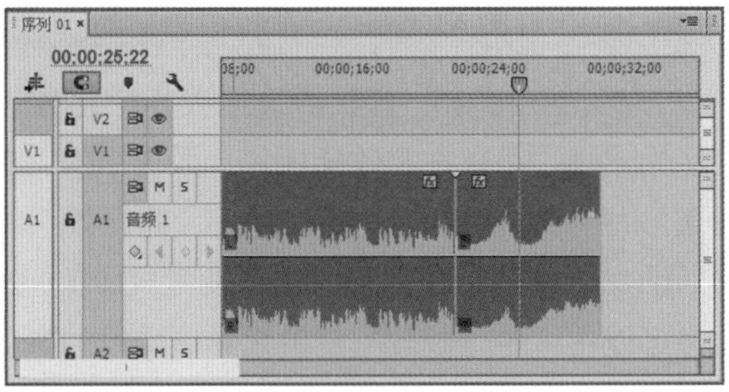

图9-15　导入音频素材

Step 2 ▶ 在“效果”面板中选择“恒定增益”效果，将其拖动至两个素材之间，如图9-16所示。

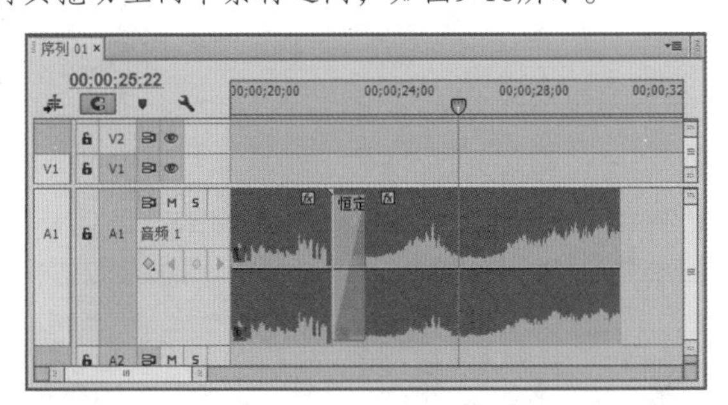

图9-16　添加音频效果

Step 3 ▶ 选择“恒定增益”效果，在“效果控件”面板中单击“显示/隐藏时间轴视图”按钮，显示时间轴视图，如图9-17所示。

图9-17　“效果控件”面板

Step 4 ▶ 更改过渡效果的持续时间，可在“效果控件”面板的“持续时间”上单击并输入需要设置的持续时间，也可在“效果控件”面板中向左右拖动以更改其持续时间，如图9-18所示。

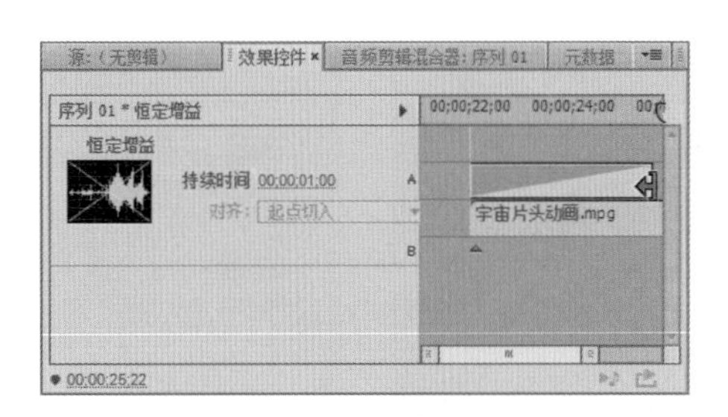

图9-18　设置效果持续时间

技巧秒杀

修改“音频过渡”的默认时间，可选择“编辑”/“首选项”/“常规”命令，在打开的对话框中修改“音频过渡默认持续时间”数值框中的值即可，如图9-19所示。

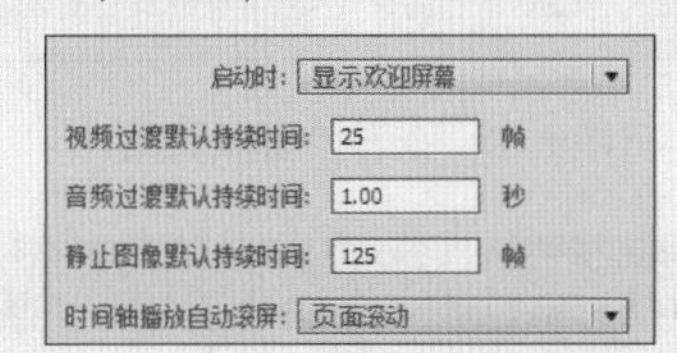

图9-19　更改默认音频过渡持续时间

9.2.2 应用“音频效果”

除了为音频应用“音频过渡”以外，还可以为音频添加特效，其应用方法与“音频过渡”的方法类似，在“效果”面板中选择需要应用的音频特效，将其拖动到音频轨道上需要应用效果的音频文件上即可。添加“音频效果”后，可以采用与设置“视频效果”相同的方法编辑“音频效果”，如使用关键帧控制效果、设置特效的参数等。

在“效果”面板中展开“音频特效”选项，在展开的列表中可看到系统提供的很多种“音频效果”，如图9-20所示，下面对常见效果进行介绍。

读书笔记

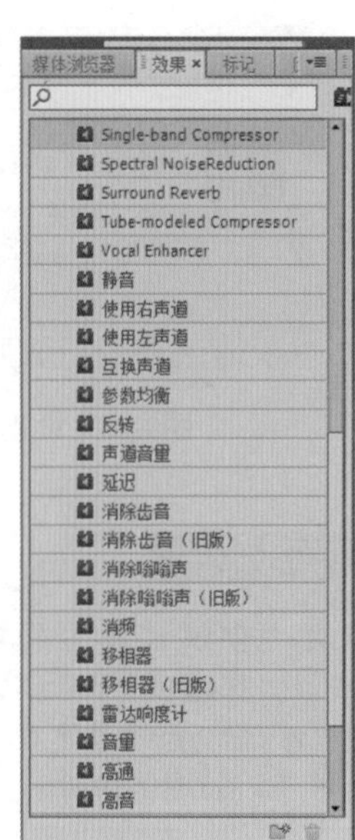

图9-20　查看“音频效果”

1. 多功能延迟

“多功能延迟”音频效果可以对音频文件添加最多4个回声，在“效果控件”面板中可以对回声进行设置，如图9-21所示。

fx 多功能延迟	
旁路	☐
延迟 1	0.500 秒
反馈 1	0.0 %
级别 1	-6.0 db
延迟 2	0.800 秒
反馈 2	0.0 %
级别 2	-6.0 db
延迟 3	1.200 秒
反馈 3	0.0 %
级别 4	-6.0 db
延迟 4	1.500 秒
反馈 4	0.0 %
级别 4	-6.0 db
混合	50.0 %

图9-21　“多功能延迟”效果

知识解析：“多功能延迟”栏

- 延迟1~4：用于设置原始声音的延长时间，其值在0~2秒之间。
- 反馈1~4：用于设置延时声音被反馈到原始声音中的百分比。
- 级别1~4：用于控制每一个回声的音量。
- 混合：用于设置延迟与非延迟的回声的比例。

2. 多频段压缩器

“多频段压缩器”音频效果主要用于设置较柔和的音频效果，可以在“效果控件”面板中的“自定义设置”栏中单击编辑...按钮，打开“剪辑效果编辑器”对话框，在其中可进行自定义设置，如图9-22所示。也可以在“各个参数”栏中设置该特效的参数，如图9-23所示。

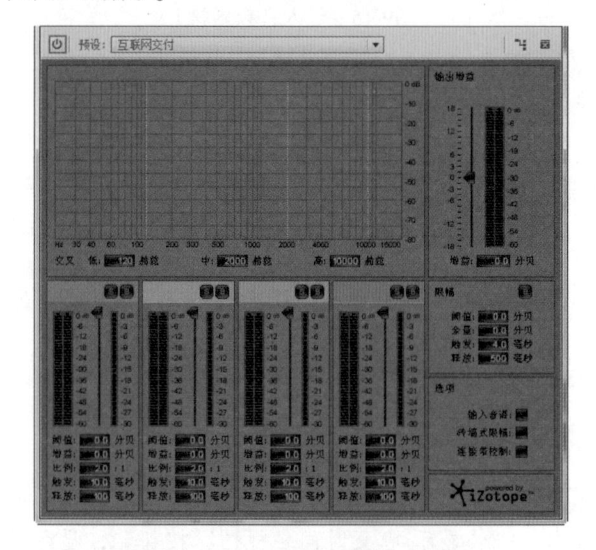

图9-22　“剪辑效果编辑器”对话框

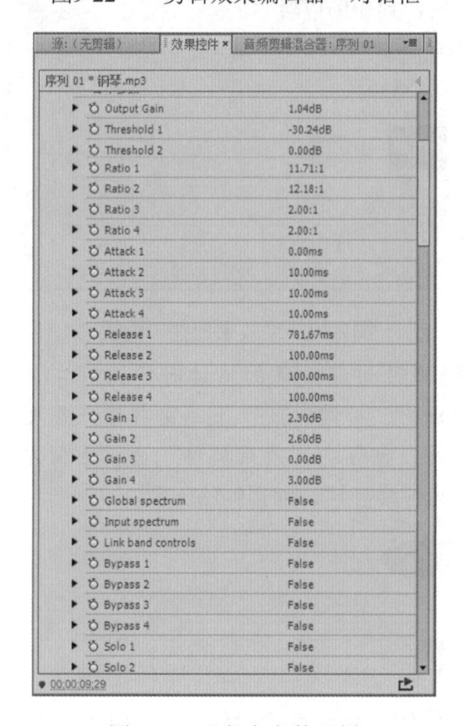

图9-23　“各个参数”栏

知识解析：“各个参数”栏

- Output Gain：用于设置输出音频增益的音量的大小，其值在-18~18dB之间。
- Threshold：用于设置音频的阈值，即指定输入信号调用压缩要超过的电平，其值在-60~0dB之间。
- Ratio：用于设置指定压缩率，其最大值为30:1。
- Attack：用于设置触发时间，即指定压缩对信号超过界限做出反应需要的时间。
- Release：用于设置音频释放时间，即指定当信号回落低于界限时增益返回原始电平需要的时间。
- Input spectrum：可设置是否输入音谱。
- Link band controls：可设置是否链接带控制。
- Solo：用于设置是否只播放激活的波段。

3. 带通

“带通”音频效果可移除音频中的噪声，可在“中心”数值框中设置移除的频率，同时可在Q数值框中设置频率的带宽，如图9-24所示。

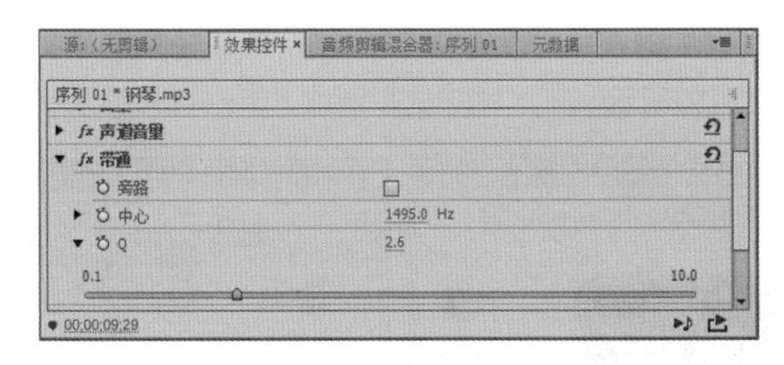

图9-24 “带通”效果

4. Analog Delay（模拟延迟）

Analog Delay音频效果可模拟不同样式的回声，在“效果控件”面板中单击编辑...按钮，在打开的对话框中可进行自定义设置，也可在“各个参数”栏中进行参数设置，如图9-25所示。

读书笔记

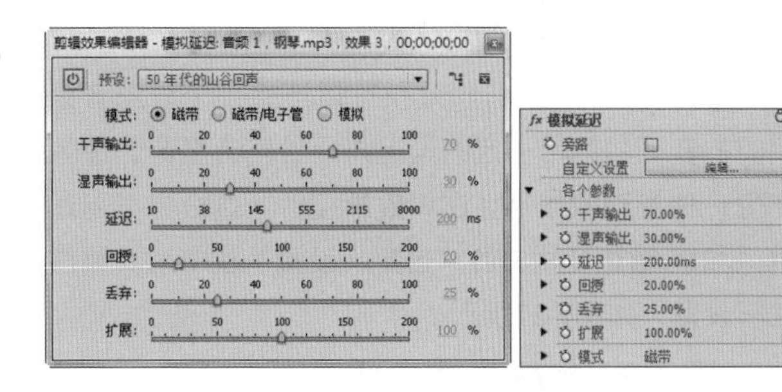

图9-25 Analog Delay效果

知识解析：Analog Delay栏

- 预设：在弹出的下拉列表中可对回声的环境进行选择，如图9-26所示。

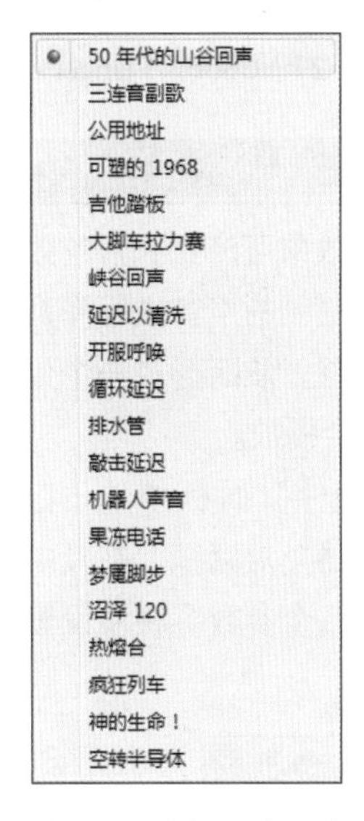

图9-26 选择回声环境

- 干声输出：用于设置其干声的输出百分比，值越大，音量越大。
- 湿声输出：用于设置音频的湿声输出百分比，值越大，音量越大。
- 延迟：用于设置回声开始的时间。
- 回授：该值越大，其回声越失真。
- 丢弃：用于设置模拟延迟回声显示的百分比，值越大，延迟越明显。
- 扩展：用于对延迟音量进行设置。
- 模式：可对延迟的模式进行设置，其中包括◉磁带、◉磁带/电子管和◉模拟3个单选按钮。

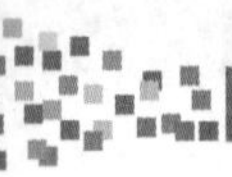

5. Chorus/Flanger（和声/镶边）

Chorus/Flanger音频效果可以产生一个与原音频相同的音频，并带一定的延迟与原始声音混合，使其产生一种推动的作用。在“效果控件”面板中可以通过“和声/镶边”栏中的“自定义设置”栏中对其属性进行设置，如图9-27所示。

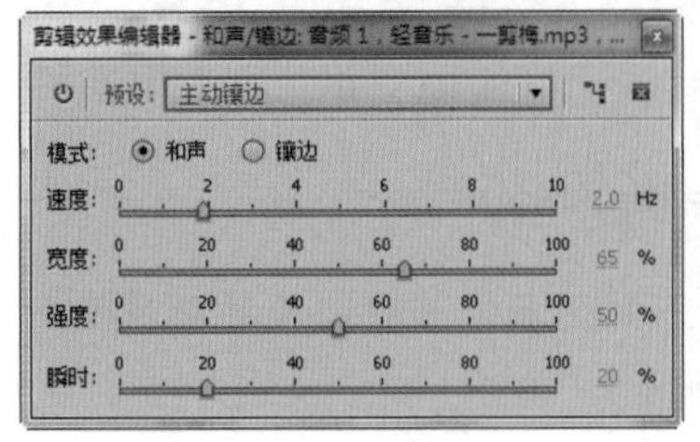

各个参数	
Speed	2.00Hz
Width	65.00%
Intensity	50.00%
Transience	20.00%
Mode	Chorus

图9-27　Chorus/Flanger效果

6. Chorus

Chorus音频效果可产生和声的效果，它将原始的声音复制，并对复制的声音进行降调处理，或对其音频的频率进行偏移，从而形成一个效果声，再将效果声和原始声音混合播放。

在“效果控件”面板中单击[编辑...]按钮，打开“剪辑效果编辑器”对话框，在其中可进行自定义设置，也可以在“各个参数”栏中设置该特效的参数，如图9-28所示。

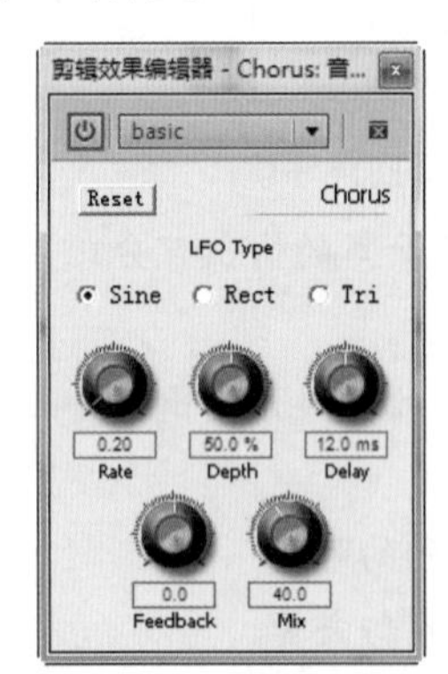

各个参数	
LfoType	Sin
Rate	0.20
Depth	50.00%
Mix	40.00
FeedBack	0.00
Delay	12.00ms

图9-28　Chorus效果

7. Convolution Reverb（卷积混响）

Convolution Reverb音频效果可设置混响的效果，在“效果控件”面板中可对其参数进行设置，如图9-29所示。

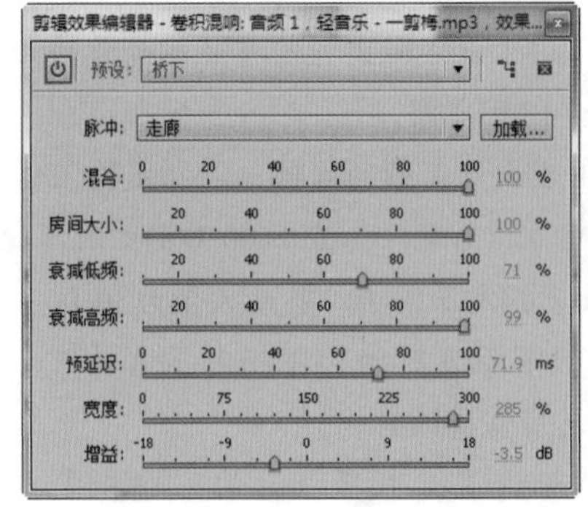

各个参数	
Mix	100.00%
Room Size	100.00%
Damping LF	70.52%
Damping HF	99.00%
Pre-Delay	71.90ms
Width	285.00%
Gain	-3.50dB
Impulse	Gallery

图9-29　Convolution Reverb效果

8. DeClicker

DeClicker音频效果可对各种噪声进行降低或消除处理，其中20Hz以下的音频将会被消除。

9. DeCrackler

DeCrackler音频效果可对音频的爆炸噪声进行移除，在“效果控件”面板中单击[编辑...]按钮，打开“剪辑效果编辑器”对话框，在其中可进行自定义设置，也可以在“各个参数”栏中设置该特效的参数，如图9-30所示。

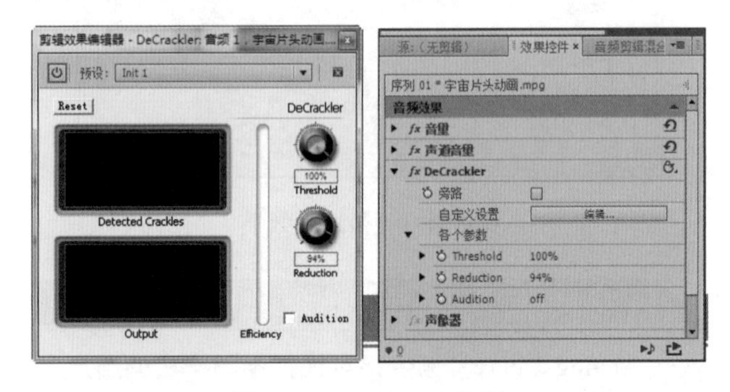

图9-30　DeCrackler效果

10. DeNoiser

DeNoiser音频效果可将音频中的噪声自动移除，在“效果控件”面板中可进行自定义调整，也可在“各个参数”栏中进行参数设置，如图9-31所示。

图9-31 DeNoiser效果

知识解析：DeNoiser栏

- Noisefloor：用于对指示器播放素材时噪声基底进行设置（其单位为分贝）。
- Reduction：通过单击并拖动滑块的方式来设置需要移除噪声的多少，其范围为-20~0dB。
- Offset：用于对偏移量和消除噪声的范围进行设置，其范围为Noisefloor和-10~+10dB之间。
- Freeze：选中☑ Freeze复选框，在Noisefloor的分贝级别上将停止Noisefloor读数。

11. Distortion（失真）

Distortion音频效果可对音频进行失真处理，在“效果控件”面板中的“自定义设置”栏中单击[编辑...]按钮，在打开的对话框的“预设”下拉列表框中可选择失真的效果，如图9-32所示。

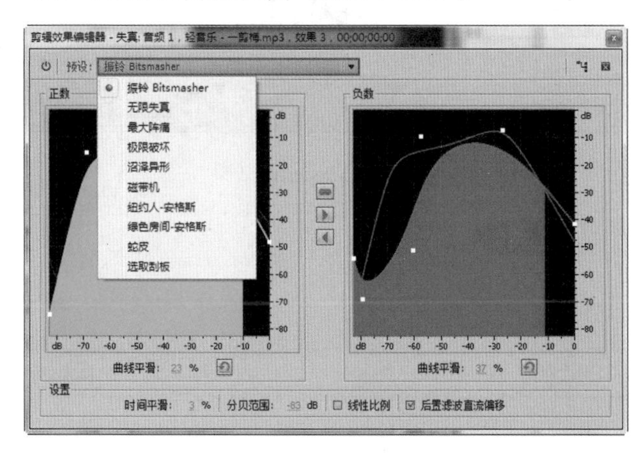

图9-32 Distortion效果

12. Dynamics

Dynamics音频效果可用于调整音频的不同选项集，在“效果控件”面板中单击[编辑...]按钮，打开“剪辑效果编辑器”对话框，在其中可进行自定义设置，也可以在“各个参数”栏中设置该特效的参数，如图9-33所示。

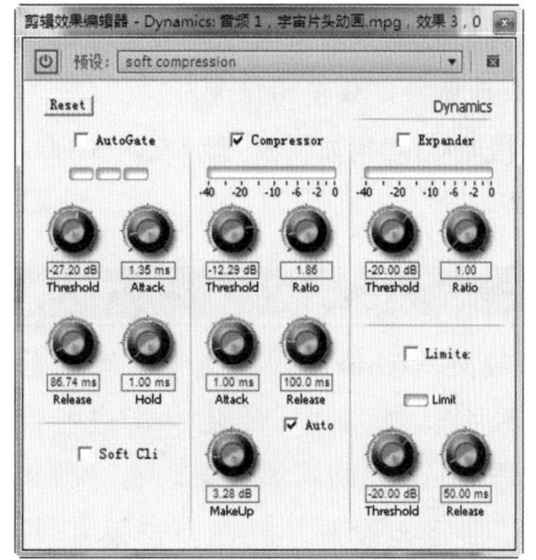

图9-33 Dynamics效果

13. EQ

EQ音频效果类似于变量均衡器，可以用于控制频率、带宽和低、中、高的不同频率带的级别。在“效果控件”面板中所对应的参数如图9-34所示。

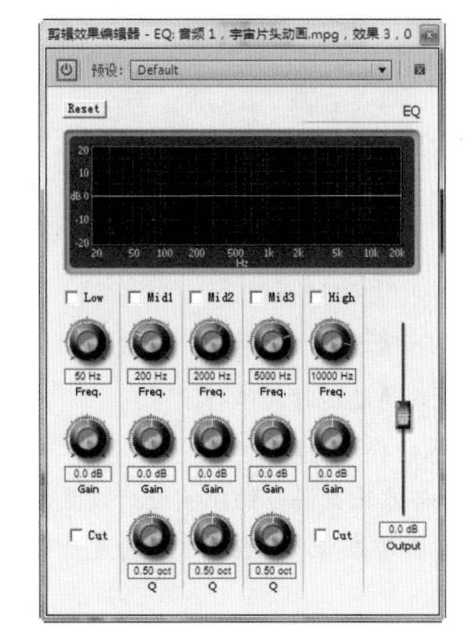

图9-34 EQ效果

知识解析：EQ栏

- Freq：用于提高或降低波段的频率，其值在20~2000Hz之间。

- Gain：用于设置增益的值，其值在-20~20dB之间。
- Q：用于设置过滤器的宽度，即EQ调整的频谱范围，其值在0.05~5.0之间。
- ☑ Cut 复选框：用于在高频率带与低频率带之间切换，可以提高或降低特定频率的信号。
- Output：用于指定对EQ输出增益增加或减少频段补偿的增益量。

14. Flanger

Flanger音频效果与Chorus效果类似，可将原始音频中的中心频率反向，并与原始声音进行混合，让其声音发挥一种推波助澜的效果。在“效果控件”面板中的“自定义设置”栏中单击 编辑... 按钮，在打开的对话框中可进行自定义设置，在“各个参数”栏中可对各个参数进行设置，如图9-35所示。

图9-35　Flanger效果

知识解析：Flanger栏

- Depth：对音频效果的延迟时间进行设置。
- Rate：对音频效果的循环速度进行设置。
- Mix：对原始声音与效果声混合的比例进行设置，其中Dry对应的是原始声音，Effect对应的是音频效果声音。

15. Guitar Suite（吉他套件）

Guitar Suite音频效果可模拟吉他套件的效果，在“效果控件”面板中的“自定义设置”栏中单击 编辑... 按钮，在打开的对话框中可进行自定义设置，如图9-36所示。

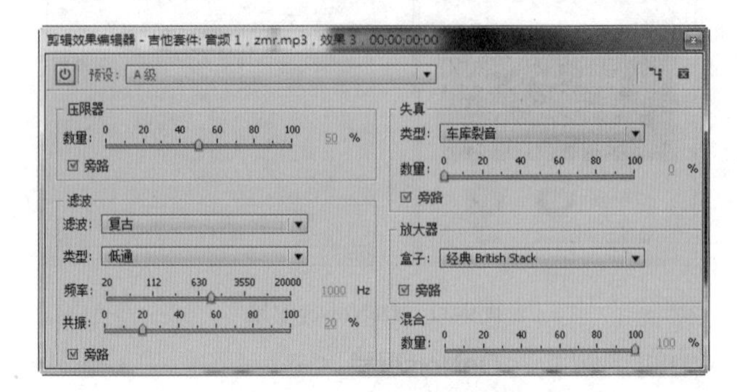

图9-36　Guitar Suite效果

16. Mastering（母带处理）

Mastering音频效果可模拟各种声音场景，在“效果控件”面板中的“自定义设置”栏中单击 编辑... 按钮，在打开的对话框中可进行自定义设置，在“预设”下拉列表框中提供了10个选项，可选择需要的选项作为音频的效果，如图9-37所示。

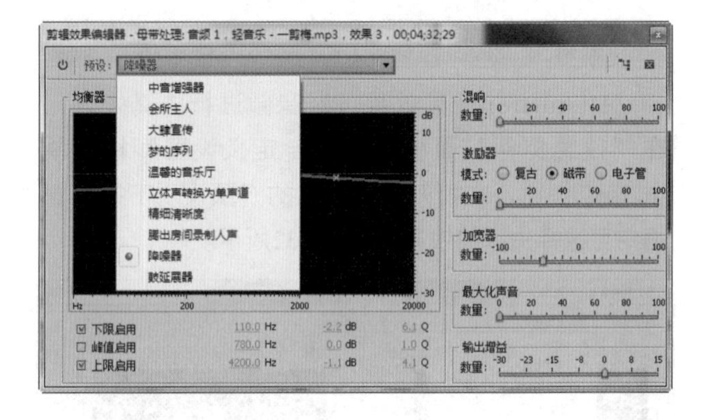

图9-37　Mastering效果

读书笔记

17. 低通

“低通”音频效果用于移除高于指定频率以下的频率。可以在“效果控件”面板中对应的“屏蔽度”栏中设置频率的值，如图9-38所示。

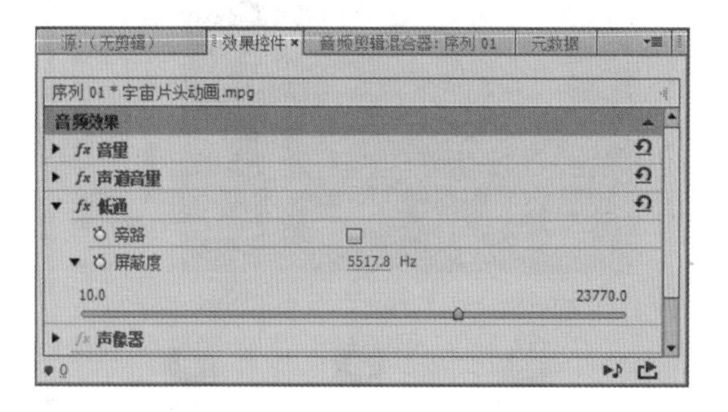

图9-38　“低通”效果

18. 低音

“低音”音频效果可用于调整音频文件中的重音部分，可在“效果控件”面板中对应的“提升”栏中设置增加或降低的分贝。

19. PitchShifter

PitchShifter音频效果可对声音在变化时的音调进行设置，还可使音调产生听起来像来自太空的效果。在“效果控件”面板中的“自定义设置”栏中单击[编辑...]按钮，在打开的对话框中可进行自定义设置，在“各个参数”栏中可对各个参数进行设置，如图9-39所示。

图9-39　PitchShifter效果

知识解析：PitchShifter栏

- Pitch：对声音的音频进行设置，以半音程为单位。
- FineTune：用于设置音频效果的调控。
- FormantPreserve：该选项用以阻止PitchShifter更改共振峰来调整其音调，使其音效听起来类似于卡通人物。

20. Reverb

Reverb音频效果可产生类似于房间内的声音和音响效果，可在电子声音中加入充满人性的氛围声音，该效果设置如图9-40所示。

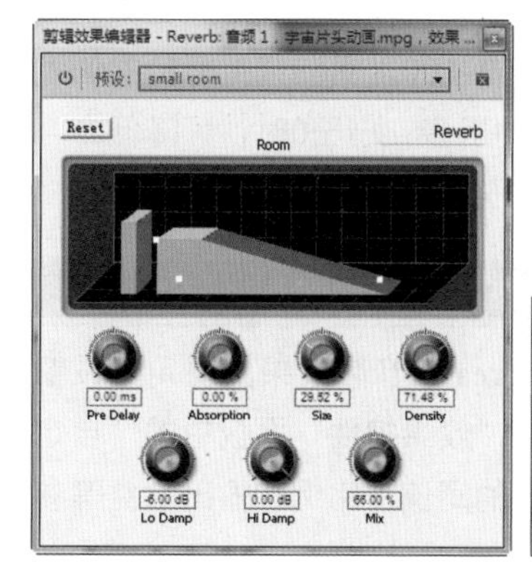

图9-40　Reverb效果

知识解析：Reverb栏

- 预设：在该下拉列表框中可对音频的特定环境进行设置，如图9-41所示。

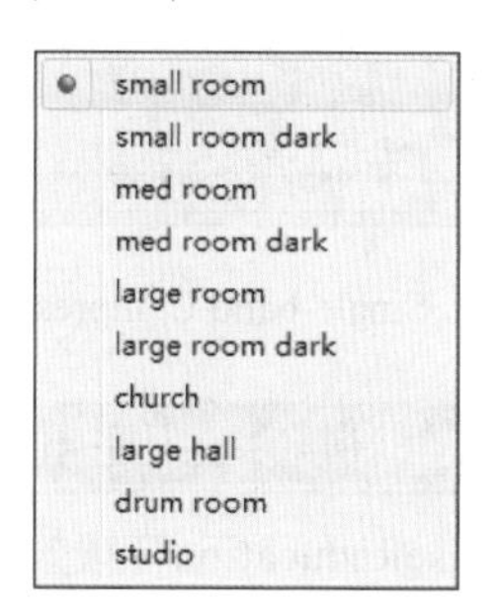

图9-41　“预设”下拉列表框

- [Reset]按钮：单击该按钮，可对显示范围内的图像进行调整，控制其效果。
- Pre Delay：可用于模拟声音打击墙壁并且返回到听众耳朵所需要的时间。
- Absorption：该效果可模仿吸收声音的房间的感觉。
- Size：用于设置房间大小的比例，其比例越大，房间就越大。

◆ Density：可对混响“末端”的大小或密度进行设置。

◆ Lo Damp：可对低频隔音进行设置。

◆ Hi Damp：可对高频隔音进行设置。

◆ Mix：可在声音中添加混响效果。

21. 平衡

“平衡”音频效果可用于设置立体声中左、右声道的音量平衡，通过“效果控件”面板中“平衡”选项进行设置，其值为-100~100之间。“平衡”的值大于0时，可提高右声道的声音；小于0时，可降低右声道的声音。

22. Single-band Compressor

Single-band Compressor音频效果主要用于设置较柔和的声音，可以在“效果控件”面板中的“自定义设置”栏中调整波段的阈值、比例和输出增益等参数，如图9-42所示。

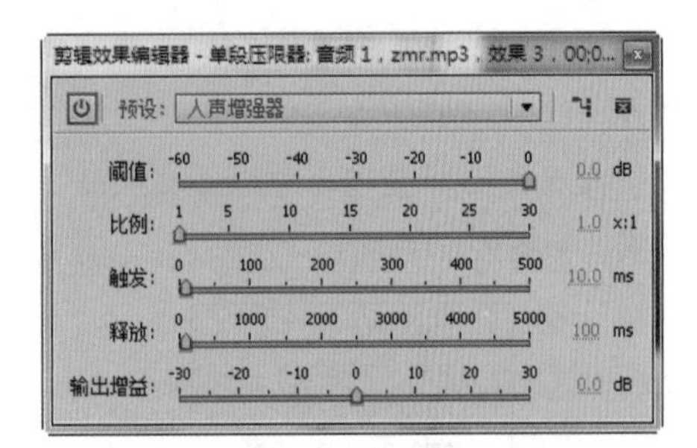

图9-42 Single-band Compressor效果

23. Spectral NoiseReducation

Spectral NoiseReducation音频效果可在减少声音中的嗡嗡声和噪声时提供音频显示，在“效果控件”面板中单击[编辑...]按钮，在打开的对话框中可进行自定义设置，在“各个参数”栏中可对各个参数进行设置，如图9-43所示。

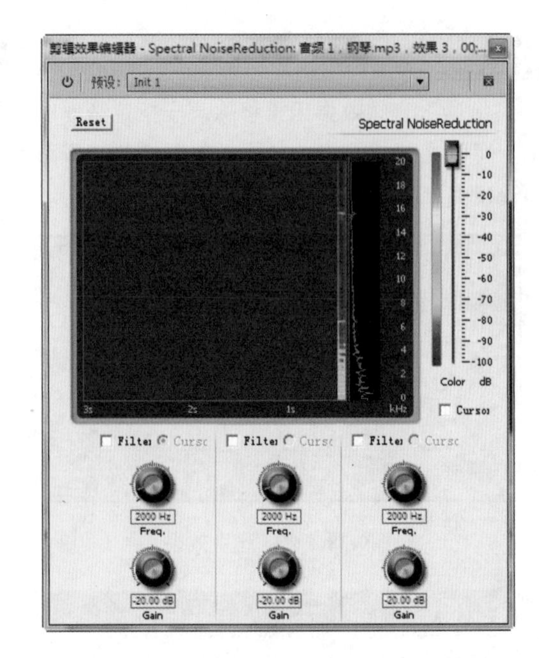

图9-43 Spectral NoiseReducation效果

24. Surround Reverb（环绕声混响）

Surround Reverb音频效果可模仿室内的声音和音响效果，增加音频素材的气氛，在“效果控件”面板中单击[编辑...]按钮，在打开的对话框中可进行自定义设置，在“预设”下拉列表框中可对声音环绕的环境进行选择，如图9-44所示。

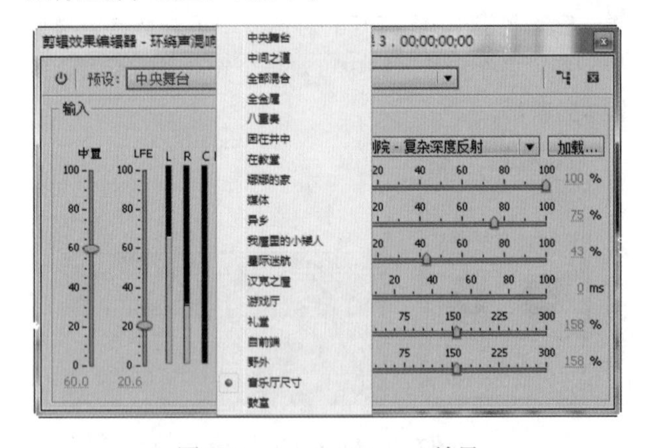

图9-44 Surround Reverb效果

读书笔记

25. Tube-modeled Compressor

Tube-modeled Compressor音频效果为电子管压缩器，与“多频段压缩器”效果相同的是都将通过调整阈值、增益、比例、触发和释放的值来达到理想的声音效果，在“各个参数”选项中可对各个参数进行设置，如图9-45所示。

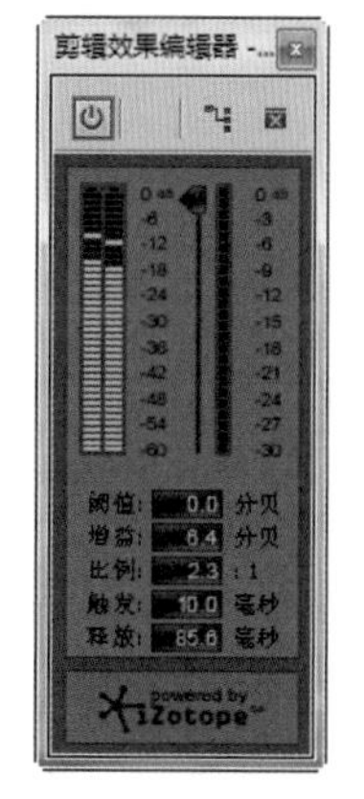

各个参数	
Gain	6.40dB
Threshold	0.00dB
Ratio	2.30:1
Attack	10.00ms
Release	85.64ms

图9-45　Tube-modeled Compressor效果

26. Vocal Enhancer（人声增强）

Vocal Enhancer音频效果可对声音进行增强设置，在“各个参数”选项的Mode中可设置其增强声音的类型，有Male（男性）、Female（女性）和Music（音乐）3个选项。

27. 静音

“静音”音频效果可用于对音频文件进行静音设置，在“信号控件”面板中的“静音”选项中可设置静音的强度，其值在0~1之间。

28. 使用右声道

“使用右声道”音频效果主要用于使声音回放在右声道中进行，即使用右声道来代替左声道中的声音，从而删除左声道的信息。

29. 使用左声道

“使用左声道”音频效果与“使用右声道”音频效果正好相反，可以使声音回放在左声道中进行，即使用左声道来代替右声道中的声音，从而删除右声道的信息。

技巧秒杀

“互换声道”效果只能应用在立体声和5.1环绕声道中，单声道是没有任何效果的。

30. 互换声道

“互换声道”音频效果主要用于进行立体声轨道中的左声道和右声道的交换。

31. 参数均衡

“参数均衡”音频效果可增大或减小与指定中心频率接近的频率，在“效果控件”面板中可对其参数进行设置，如图9-46所示。

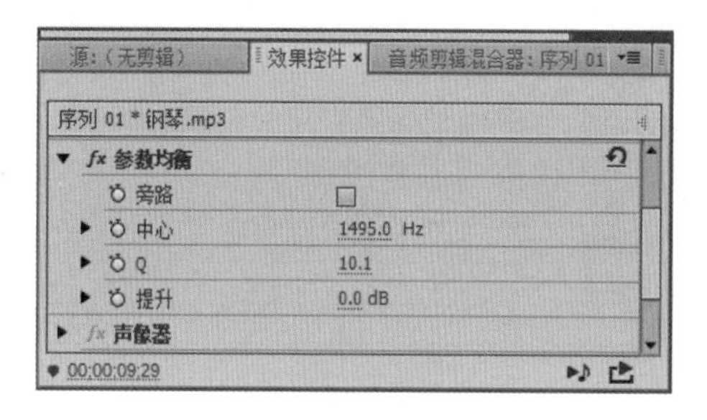

图9-46　“参数均衡”效果

知识解析：“参数均衡”栏

- 中心：用于设置频带需要保持的中心。
- Q：用于设置需要保留的频带的范围。若需要大范围地保留频率，则将该值设置得较小，反之，要保留小频率，则需要将该值设置得较大。
- 提升：用于设置增大或缩小的范围。

32. 反转

“反转”音频效果可对每个声道的音频相位进行反转设置，该效果没有任何参数，将该效果应用于音频素材可自动进行反转操作。

33. 声道音量

“声道音量”音频效果可对声道的音量进行调整，如立体声、5.1素材或其他轨道的声道音量。声道音量可独立于其他声道进行调整，在“效果控件”面板中可对左、右声道的音量进行调整，如图9-47所示。

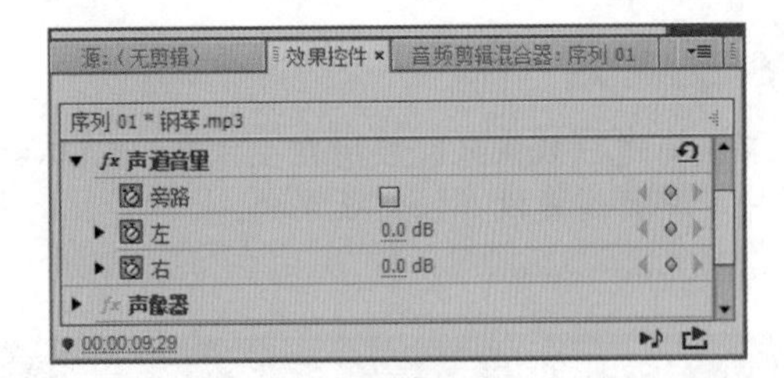

图9-47 “声道音量”效果

34. 延迟

“延迟”音频效果可以为音频添加回声效果，可在“效果控件”面板中对其参数进行设置，如图9-48所示。

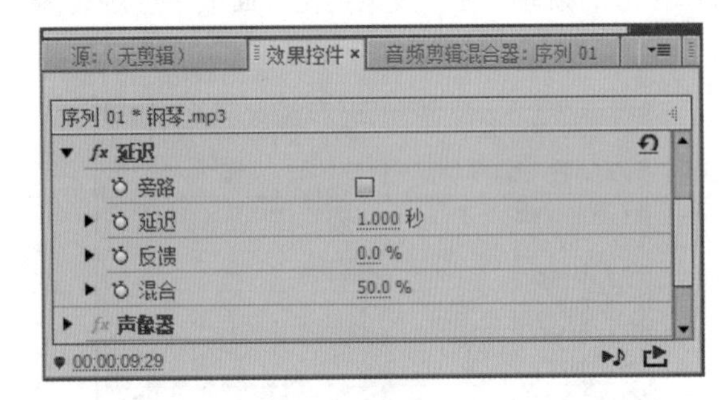

图9-48 “延迟”效果

知识解析：“延迟”栏

- 延迟：该选项可用于设置回声延迟的时间；延迟开始的时间为“延迟”数值框中输入的时间之后。
- 反馈：可用于设置延迟音频反馈叠加的百分比，该效果可创建一系列的延迟回声。
- 混合：可用于设置发生回声的次数。

读书笔记

35. 消除齿音

“消除齿音”音频效果可消除音频文件中的咝咝声，在“效果控件”面板中可对其参数进行设置，如图9-49所示。

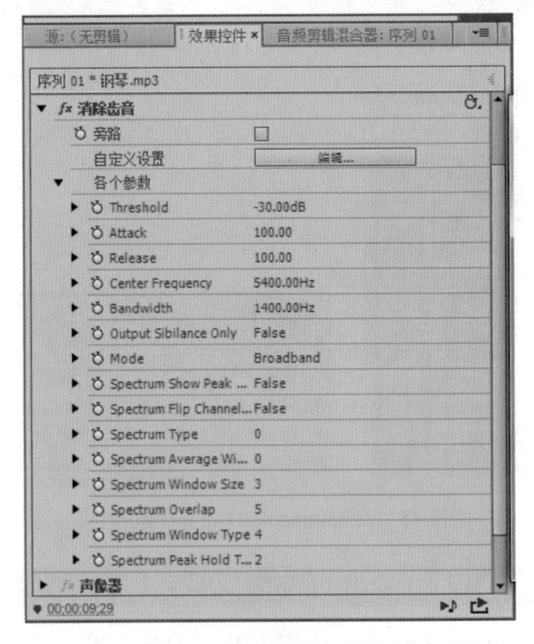

图9-49 “消除齿音”效果

知识解析：“消除齿音”栏

- Threshold：用于设置阈值的大小，其值为-80~0之间。
- Center Frequency：用于在“剪辑效果编辑器”中对中置频率的大小进行设置。
- Bandwidth：可设置在“剪辑效果编辑器”中带宽的大小。
- Mode：用于对音频的模式进行选择，可选择多频或宽频。
- Output Sibilance Only：该项可设置是否仅输出齿音。单击 编辑... 按钮，在打开的对话框中选中或取消选中 仅输出齿音 复选框也可实现。
- 预设：单击 编辑... 按钮，在打开的对话框中的“预设”下拉列表框中可选择需要消除的声音选项，如图9-50所示。

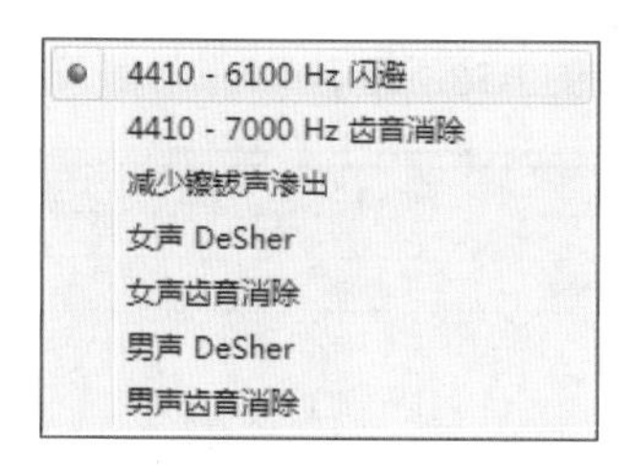

图9-50　消除齿音预设

36. 消除嗡嗡声

“消除嗡嗡声”音频效果可消除音频某一范围内的嗡嗡声，在“效果控件”面板中单击[编辑...]按钮，在打开的对话框中的“预设”下拉列表框中可选择消除音频的范围，如图9-51所示。

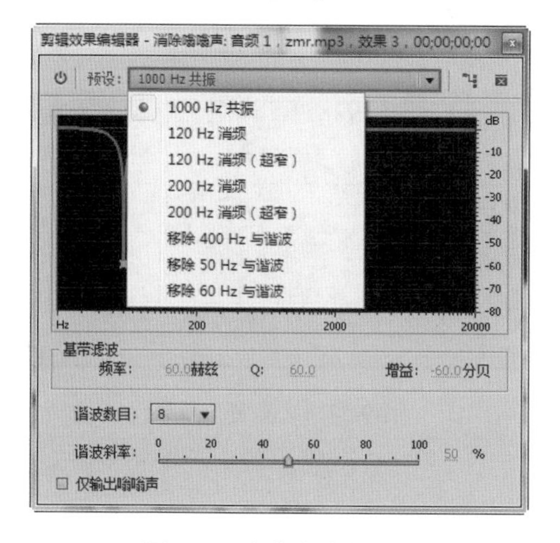

图9-51　消除嗡嗡声预设

37. 消频

“消频”音频效果可用于移除平带以外的频率，该效果设置如图9-52所示。

fx 消频
旁路
中心　1495.0 Hz
Q　2.6

图9-52　“消频”效果

38. 移相器

“移相器”音频效果可对音频中的一部分频率进行相位反转操作，并与原音频混合，在“效果控件”面板中单击[编辑...]按钮，在打开的对话框中的“预设”下拉列表框中可选择不同模式的声音，如图9-53所示。

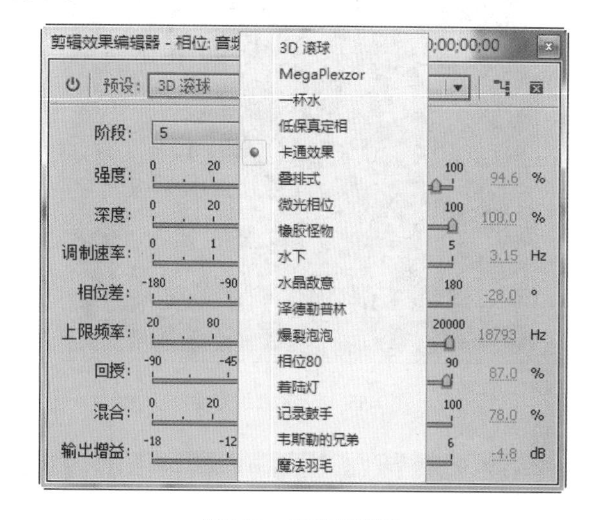

图9-53　移相器预设

39. 雷达响度计

“雷达响度计”音频效果可以雷达的方式显示音量的大小，在“效果控件”面板中单击[编辑...]按钮，在打开的对话框中可选择“雷达”选项卡，查看音量大小，如图9-54所示。选择“设置”选项卡，可对其参数进行设置，包括“目标响度”“雷达速度”“雷达分辨率”“瞬时范围”“低电平下限”“响度单位”“响度标准”“峰值指示器”选项，如图9-55所示。

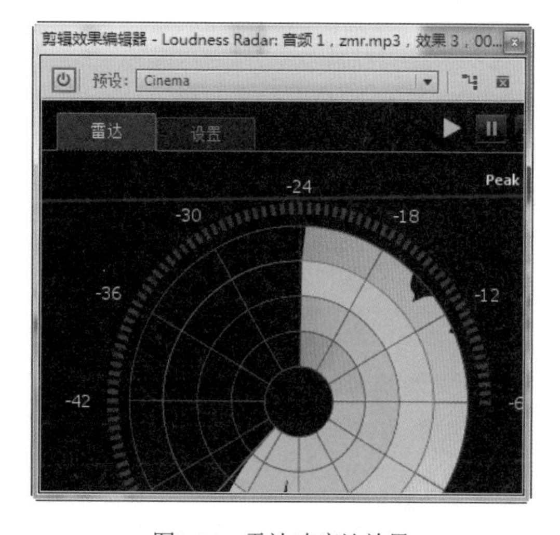

图9-54　雷达响度计效果

图9-55　设置雷达参数

40. 音量

“音量”音频效果用于设置音频的音量。默认值为0dB，可通过参数面板中的“级别”选项进行设置。需要注意的是，“级别”选项的最大值为6dB。

41. 高通

“高通”音频效果能清除截止频率以上的频率，其频率的值可在其参数面板中的“屏蔽度”数值框中进行设置，如图9-56所示。

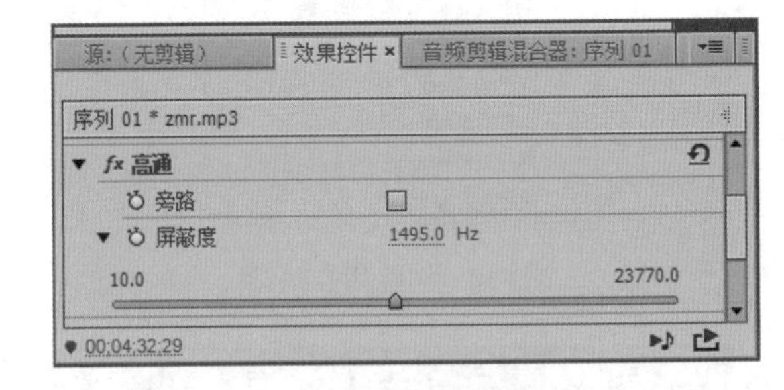

图9-56　“高通”效果

42. 高音

“高音”音频效果可用于调整4000Hz及更高的频率，可在其参数面板中的“提升”数值框中设置调整的效果，如图9-57所示。

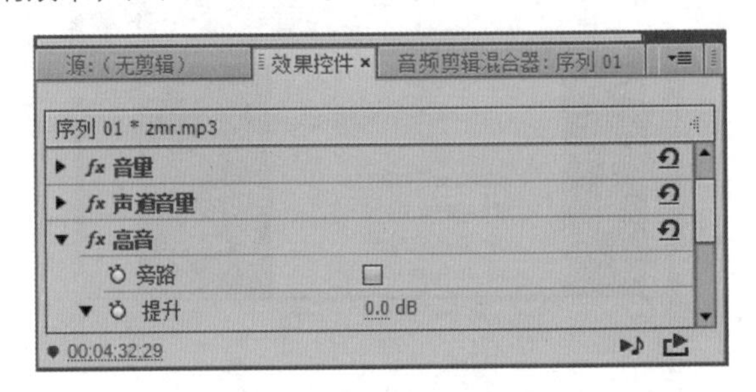

图9-57　“高音”效果

知识大爆炸——旧版音频效果

1. 多频段压缩器（旧版）

该效果主要用于设置较柔和的音频，可以在“效果控件”面板中的“自定义设置”栏中单击编辑...按钮，在打开的对话框中通过调整增益和频率的控制柄来调整Low（低）、Mid（中）、High（高）3个波段的增益，也可以在“各个参数”栏中设置该效果的参数。

2. 消除齿音（旧版）

该效果能消除音频文件中的嗞嗞声，如唱歌声或旁白等文件。在“效果控件”面板的Gain选项中可以设置嗞嗞声的降低级别。在Gender选项中可进行剩余设置，有Male（男性）和Female（女性）两个选项。

3. 消除嗡嗡声（旧版）

该效果能消除音频中50~60Hz范围内的嗡嗡声。可以在“效果控件”面板的Reduction栏中设置嗡嗡声减少的级别，其值在0~30dB之间。通过Frequency栏设置嗡嗡声频率的范围，其范围在0~70Hz之间。

4. 移相器（旧版）

该效果可将音频中的部分频率的相位进行反转操作，然后与原始音频进行混合，在“各个参数”栏中可对其参数进行设置。

读书笔记

01 02 03 04 05 06 07 08 09 10 11 12 13 14 ……

使用音轨混合器编辑音频

本章导读

讲解了在“效果控件”面板中设置音频的方法后，本章将介绍在“音轨混合器”面板中设置音频的方法。“音轨混合器”面板能够对音频的级别、淡入淡出、立体声平衡和效果设置等进行操作。本章将主要对“音轨混合器”面板的组成、制作混合音频、音频处理顺序和导出音频文件等知识进行讲解。

10.1 认识音轨混合器

在Premiere Pro CC中使用音轨混合器可对多个轨道的音频文件进行混合，还可录制声音和分离音频等，其功能十分全面、强大，只有熟练地掌握它的所有控件的功能，才可有效地对其进行使用。

10.1.1 认识“音轨混合器”面板

选择“窗口”/“音轨混合器”命令，可打开“音轨混合器”面板，如图10-1所示。使用鼠标在面板的上、下、左、右边缘进行拖动可扩展面板的大小。

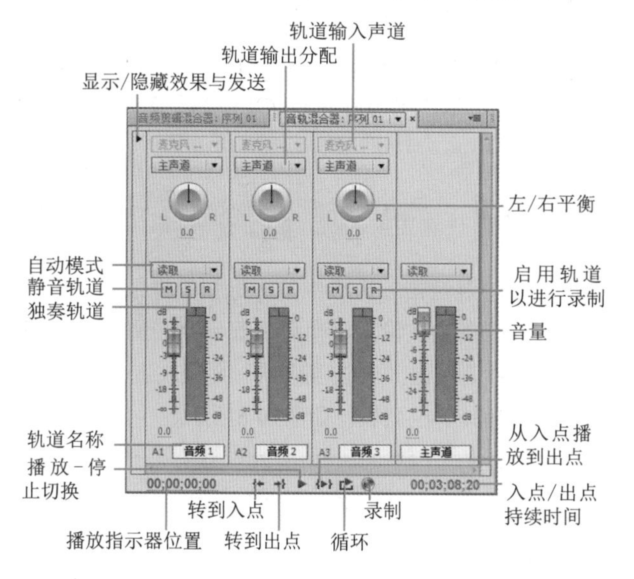

图10-1 “音轨混合器”面板

知识解析：“音轨混合器”面板

- 轨道输入声道：用于控制轨道输入的声道。
- 轨道输出分配：主要用于控制轨道的输出。
- 自动模式：主要用于选择控制的方法，在其下拉列表框中有“关”“读取”“闭锁”“触动”“写入”5个选项，如图10-2所示。选择“关”选项，将音频设置为该模式，在重放音频时，将无法听到音频的原始调整。选择“读取”选项，该模式可以在重放音频时，播放每个轨道的自动模式设置。如果在读取期间，对音频进行了设置（如调整音频的音量等），将在轨道的“音频仪表”面板中听到和看到已做的更改，但整个轨道仍然处于原来的级别。选择“闭锁”选项，该模式可以保存对音频的调整，并在“时间轴”面板中创建关键帧，但只有在开始调整后，自动化才会开始。选择“触动”选项，该模式可以在“时间轴”面板的轨道中创建关键帧，并在更改音频时进行调整。选择“写入”选项，该模式可以将对音频所做的设置立即保存到轨道，并在“时间轴”面板的轨道中创建关键帧。需要注意的是，“写入”模式在重放音频时就开始写入，因此如果更改音频设置后，对音频进行重放时，即使没有执行其他的调整，轨道的开始处也会创建一个关键帧。

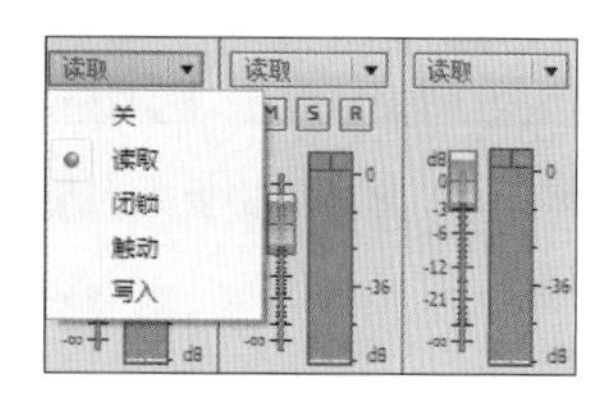

图10-2 自动模式

- “左/右平衡”旋钮：该旋钮可控制单声道轨道的级别，也可在其下方的读数上单击并拖动进行平衡参数的调整。声音调节滑轮中将显示出L和R，将滑轮向左拖动，可将声音输出到左声道，增加左声道的音量；将滑轮向右拖动，可将声音输出到右声道，增加右声道的音量。
- “静音轨道”按钮M：单击该按钮，可使该轨道的素材不被使用。
- “独奏轨道”按钮S：单击该按钮，将只使用该轨道上的素材。
- “启用轨道以进行录制”按钮R：单击该按钮，将激活该轨道的录制工作。要录制音频，需要单击“录制”按钮，然后再单击“播放/停止切换”按钮方可完成。

- “转到入点”按钮：单击该按钮，将时间指示器移动至入点的位置。
- “转到出点”按钮：单击该按钮，将时间指示器移动至出点的位置。
- “播放/停止切换”按钮：单击该按钮，可对当前音频素材进行播放。
- “从入点播放到出点”按钮：单击该按钮，将播放从入点到出点之间的音频素材。
- “循环”按钮：单击该按钮，将对音频素材进行循环播放。
- “录制”按钮：单击该按钮，将对音频设备输入的信号进行录制。
- “显示/隐藏效果与发送”按钮：单击该按钮，将显示“效果设置”面板，如图10-3所示。

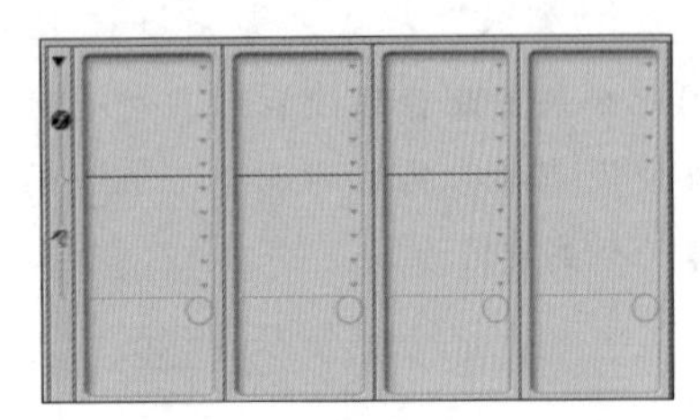

图10-3 “效果设置”面板

技巧秒杀

在“效果设置”面板中单击“效果选择”按钮，在弹出的下拉列表中可选择为音频素材添加的效果，如图10-4所示。单击“发送分配选择”按钮，在打开的下拉列表中可选择选项，将部分轨道信号发送至子混合轨道，如图10-5所示。

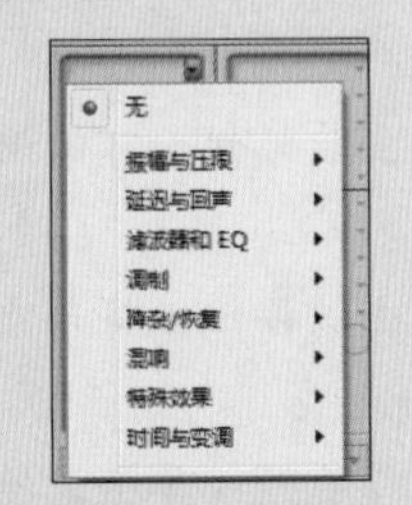

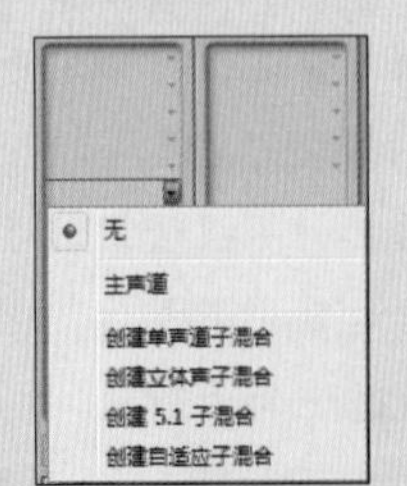

图10-4 添加效果列表 图10-5 发送效果列表

- 音量：音量调节滑块可用于调节当前轨道中音频对象的音量，在滑块下方将实时显示出当前轨道的音量，其单位为dB。使用鼠标向上拖动音量调节滑块，将增大轨道的音量；向下拖动音量调节滑块，将减小轨道的音量。
- 入点/出点持续时间：用于显示音频素材从入点到出点的持续时间。
- 轨道名称：主要显示音频轨道的名称。
- 播放指示器位置：用于显示当前播放时间指示器的位置。

技巧秒杀

在“音轨混合器”面板中单击“静音轨道”按钮，目标轨道中的所有音频文件都会变为静音。

10.1.2 “音轨混合器”面板菜单

“音轨混合器”面板中的图标和控件很多，用户可对其进行自定义设置，也可只显示用户需要的按钮图标和控件。单击“音轨混合器”面板右上角的按钮，可打开其下拉列表，如图10-6所示。

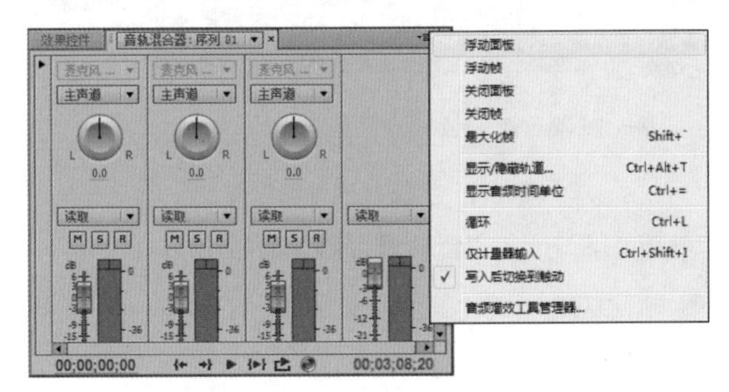

图10-6 “音轨混合器”面板下拉列表

知识解析：“音轨混合器”面板下拉列表

- 浮动面板：选择该选项，将该面板设置为浮动面板。
- 浮动帧：选择该选项，可将左上方的所有面板一起设置为浮动状态。
- 关闭面板：选择该选项，可关闭该面板。
- 关闭帧：选择该选项，可将左上方的所有面板一起关闭。
- 最大化帧：选择该选项，可将“音轨混合器”面板铺满Premiere Pro CC整个面板。

- 显示/隐藏轨道：选择该选项，可显示或隐藏某些轨道。
- 显示音频时间单位：将显示设置的音频单位。选择“项目”/“项目设置”/“常规”命令，在打开的“项目设置”面板中可对其显示方式进行设置。
- 循环：选择该选项，将循环播放音频素材的内容。
- 仅计量器输入：在录制时显示硬件输入级别，选择该选项，同样可监视Premiere Pro CC中没有录制的轨道的音频。
- 写入后切换到触动：在选择“写入”自动模式后，可将自动模式从“写入”切换为“触动”模式。
- 音频增效工具管理器：选择该选项，将打开“音频增效工具管理器”对话框，在其中可进行设置。

技巧秒杀

在“音轨混合器”面板菜单中进行设置后，选择“窗口”/“工作区”/“重置当前工作区”命令，可使窗口恢复至原始状态，选择“窗口”/“音轨混合器”命令，可将“音轨混合器”面板设置为初始状态。

10.2 制作混合音频

混合音频是将轨道中的所有音频进行混合，使多个音频混合为一个音频的效果。在Premiere Pro CC的“音轨混合器”面板中可以轻松完成该操作，但在进行操作前，还需要了解混合音频等知识。

10.2.1 混合音频

对音频的模式了解后，就可进行音频的混合操作。需要注意的是，混合音频时，需要将“时间轴”面板中的音频轨道默认的“显示关键帧”显示为“轨道关键帧”。

实例操作：创建混合音频

- 光盘\素材\第10章\钢琴.mp3、钢琴曲.mp3
- 光盘\实例演示\第10章\创建混合音频

本例将对“钢琴.mp3”和“钢琴曲.mp3”音频文件进行混合，使混合后的音频中能同时听到这两种声音。

读书笔记

Step 1 新建一个项目文件，将其命名为“混合音频.prproj”，将“钢琴.mp3”和“钢琴曲.mp3”音频素材导入到“项目”面板中，将“钢琴曲.mp3”音频素材拖动到“时间轴”面板的“音频1”轨道中，将“钢琴.mp3”音频素材拖动到“时间轴”面板的“音频2”轨道中，如图10-7所示。

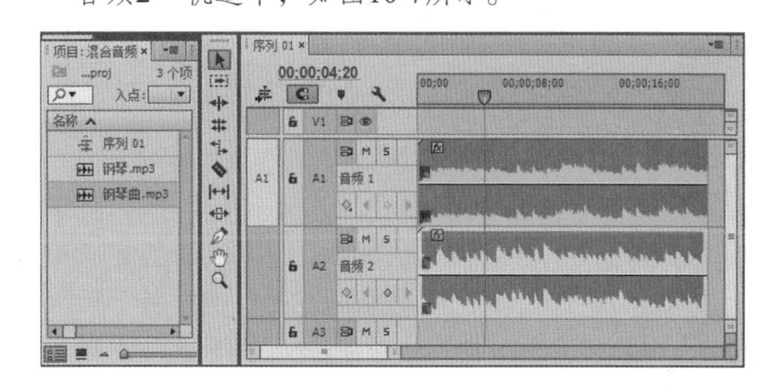

图10-7　导入素材

Step 2 分别单击“音频1”和“音频2”轨道中的“显示关键帧”按钮，在打开的下拉列表中选择“轨道关键帧”选项，使两个音频轨道中都显示出轨道的关键帧，如图10-8所示。

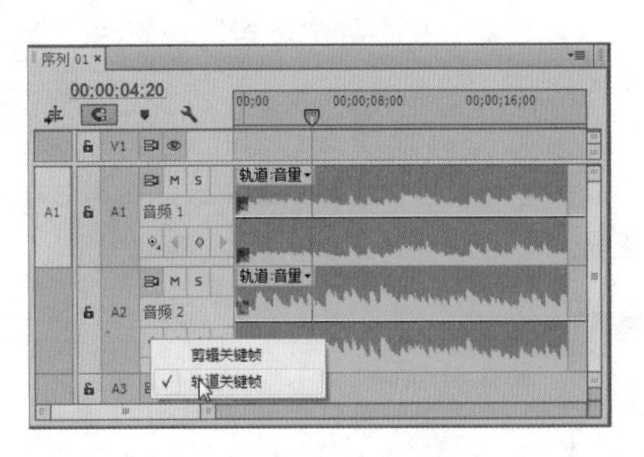

图10-8　设置显示关键帧

Step 3 按空格键试听音频文件的效果，此时发现“音频2”轨道中的音频文件在00;00;08;18处时音量较大，听不到“音频1”轨道中的声音，将当前时间指示器定位到00;00;08;18处，即开始进行混合的地方。在“音轨混合器”面板的“音频2”轨道所对应的“自动模式”下拉列表框中选择“写入”选项，然后单击“播放/停止切换”按钮▶，在播放期间拖动“音轨混合器”面板中“音频2”轨道中的音量调节滑块，如图10-9所示。

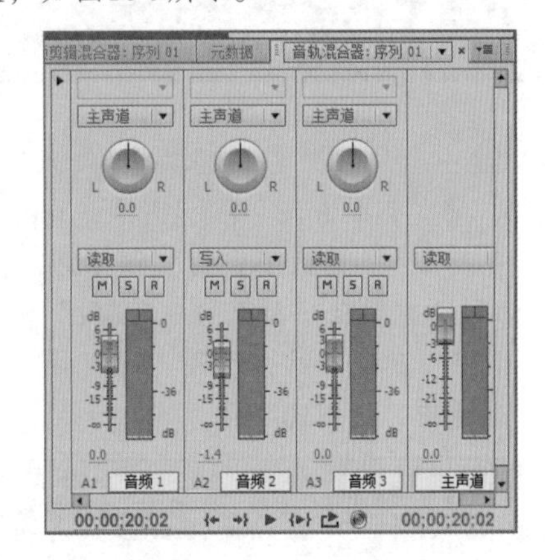

图10-9　调节音量

Step 4 待音频播放完成后，系统会自动根据对音量的调节，在轨道中的00;00;08;18处开始创建关键帧，如图10-10所示。再次单击“音轨混合器”面板中的“播放/停止切换”按钮▶进行试听，可发现混合后的音频效果更加融洽。

读书笔记

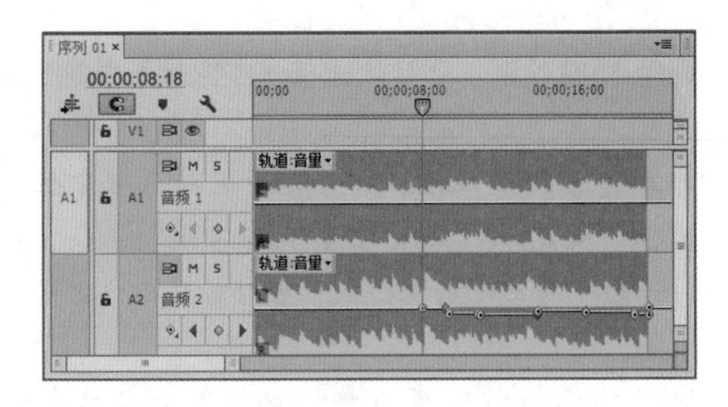

图10-10　查看轨道关键帧

10.2.2 创建子混合轨道

在Premiere Pro CC中不仅可以将其他轨道的音频混合到主音频中，还可以将不同轨道的音频组合到子混合轨道中，以便同时对多个轨道进行相同的操作，提高制作效率。用户可以先创建子混合轨道，再将需要的轨道发送到子混合轨道中，然后再为子混合轨道运用其他轨道所需要的效果，并对其进行编辑操作。

选择“序列”/“添加轨道”命令，打开“添加轨道”对话框，在“视频轨道”和“音频轨道”栏的“添加”数值框中输入0，在“音频子混合轨道”栏的“添加”数值框中输入1，在“轨道类型”下拉列表框中选择“立体声”选项，单击 确定 按钮，返回Premiere Pro CC的“时间轴”面板中即可看到已添加的“子混合1”轨道，如图10-11所示。

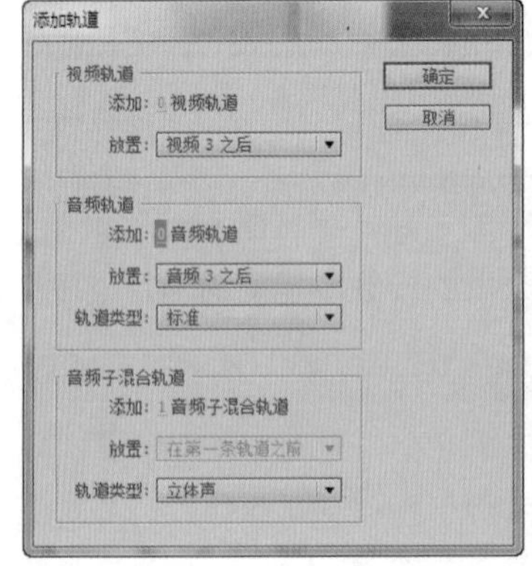

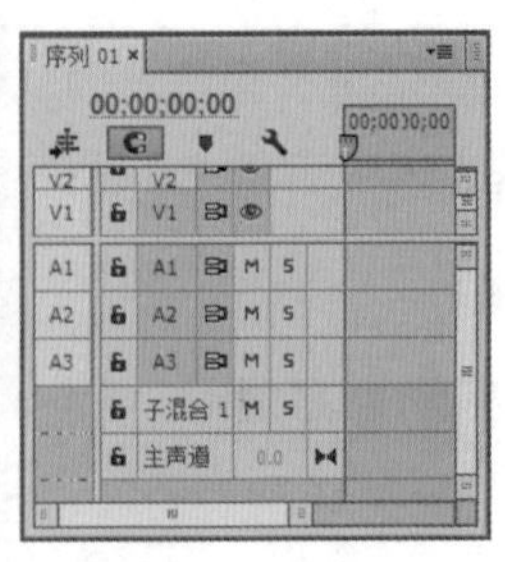

图10-11　创建子混合轨道

10.2.3 创建发送效果

Premiere Pro CC的“音轨混合器”面板中可实现将部分轨道信息发送至子混合轨道，下面就对其方法进行讲解。

实例操作：创建发送效果

- 光盘\素材\第10章\01.mp3、02.mp3
- 光盘\实例演示\第10章\创建发送效果

本例将把“音频1”和“音频2”轨道发送到创建的子混合轨道中。

Step 1 新建一个项目文件，将其命名为“发送至子混合轨道.prproj”，将01.mp3和02.mp3音频素材导入到“项目”面板中，将01.mp3音频素材拖动到“时间轴”面板的“音频1”轨道中，将02.mp3音频素材拖动到“时间轴”面板的“音频2”轨道中，选择“序列”/“添加轨道”命令，打开“添加轨道”对话框，在“视频轨道”和“音频轨道”栏中的“添加”数值框中输入0，在“音频子混合轨道”栏中的“添加”数值框中输入1，在“轨道类型”下拉列表框中选择“立体声”选项，单击 确定 按钮，创建子混合轨道，如图10-12所示。

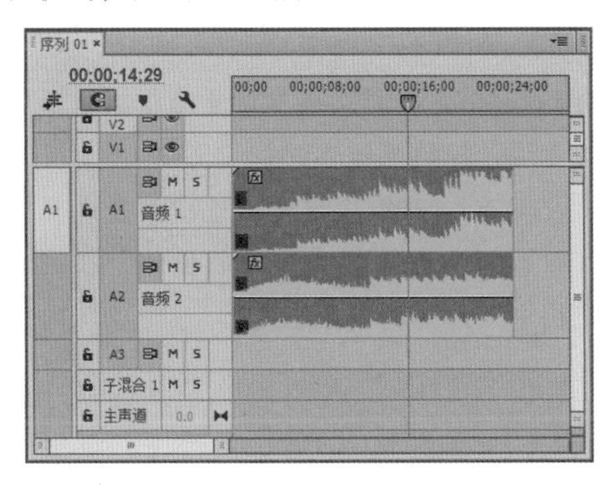

图10-12 创建子混合轨道

Step 2 在“音轨混合器”面板中单击“显示/隐藏效果与发送”按钮，然后在“音频1”和“音频 2”轨道对应的区域中单击“发送分配选择”按钮，在弹出的下拉列表中选择创建的“子混合1”选项，如图10-13所示。

图10-13 发送轨道到子轨道

Step 3 此时系统将自动为“音频 1”和“音频 2”轨道创建一个发送效果，然后在“子混合1”轨道中单击“效果选择”按钮，选择“滤波器和EQ”/“低音”命令，并在其对应的参数区中设置左声道的音量为-5dB，如图10-14所示。单击“音轨混合器”面板中的“播放/停止切换”按钮播放音频，并试听创建了子混合轨道后的效果，此时可发现“音频1”和“音频2”轨道中的左声道音量都同时减小了。

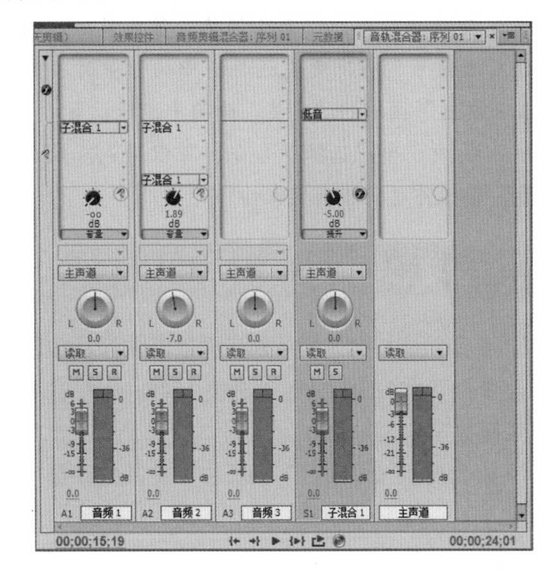

图10-14 设置子轨道特效

技巧秒杀

在“音轨混合器”面板中应用特效后，在其下方的区域中可以对特效的参数进行设置。如果特效没有参数，则表示该区域没有任何内容。

在创建的子轨道的选项上右击，在弹出的快捷菜单中选择发送的命令也可创建发送效果。在选择发送的轨道后，有前置衰减器、后置衰减器和写入期间安全3个发送的命令，如图10-15所示。

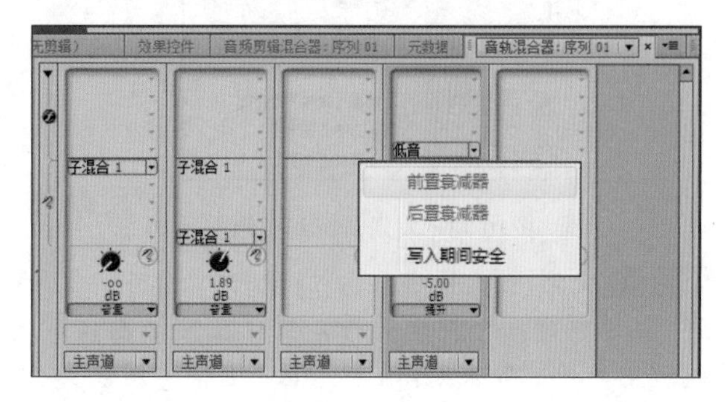

图10-15　发送命令

知识解析：“发送命令”栏

◆ **前置衰减器**：用于控制在调整音量衰减前，从轨道发送信号，当增加或降低发送轨道的音量后，将不会影响信号的输出。

◆ **后置衰减器**：用于控制在调整音量衰减后，从轨道发送信号，当改变发送轨道中的音量时，需要在“发送”区域的“音量”选项中进行设置。

◆ **写入期间安全**：选择该命令，可以避免修改“音量”等操作对轨道产生影响。

10.2.4 设置音频播放速度

调整音频素材的速度可对音频的音调和播放时间进行改变，下面将介绍通过“速度/持续时间”命令设置音频播放速度的方法。

将素材导入至“项目”面板中，将其拖动至“时间轴”面板中，选择素材文件，右击，在弹出的快捷菜单中选择“速度/持续时间”命令，打开“剪辑速度/持续时间”对话框，在其中即可进行参数设置，如图10-16所示。

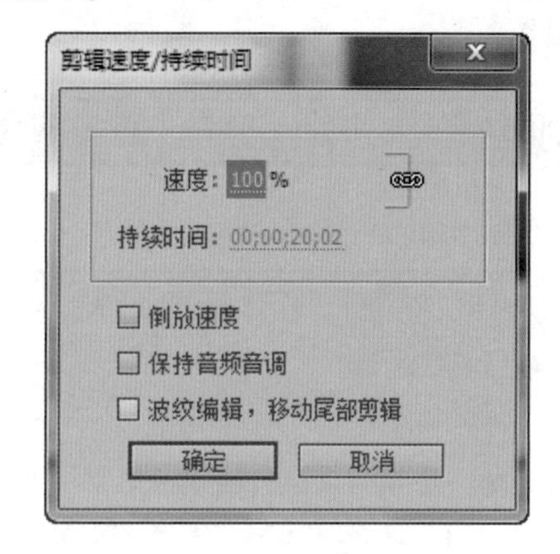

图10-16　设置播放速度

知识解析：“剪辑速度/持续时间”对话框

◆ **速度**：用于设置音频播放的速度。

◆ **持续时间**：显示播放全部素材所需要的时间，通过单击并拖动其读数，可设置播放素材的时间，时间越短，播放速度越快，时间越长，播放速度越慢。

◆ ☑倒放速度**复选框**：选中该复选框，可设置素材倒放速度。

◆ ☑保持音频音调**复选框**：选中该复选框，将不改变音频的音调，保持原始音调。

◆ ☑波纹编辑，移动尾部剪辑**复选框**：选中该复选框，可实现波纹编辑，移除尾部剪辑的操作，在“速度”数值框中可设置其播放速度。

10.3 在音轨混合器中设置音频效果

为音频添加“音频效果”的方法不仅在“时间轴”面板中可实现，在“音轨混合器”面板中同样可以实现，如设置音频的淡入淡出，添加过渡和特效等。下面将讲解在“音轨混合器”面板中设置音频效果的方法。

10.3.1 应用轨道音频效果

在“音轨混合器”面板中用户可根据需要为轨道应用音频特效，但最多只能添加5个音频特效。这些音频特效与“效果”面板的“音频效果”选项中的特效完全相同，不同的是在“音轨混合器”面板中是应用在轨道中，而不是应用在轨道中的某个音频对象上。

实例操作：在音轨混合器中应用效果

- 光盘\素材\第10章\音乐.mp3
- 光盘\实例演示\第10章\在音轨混合器中应用效果

本例将在新建的“延迟.prproj”项目文件中导入音频素材“音乐.mp3”，为“音频1”轨道应用“互换声道”轨道特效。

Step 1 新建项目文件并将其命名为“延迟.prproj”，将“音乐.mp3”素材导入到项目中，并将其添加至“时间轴”面板的“音频1”轨道中。在“音轨混合器”面板中单击“显示/隐藏效果与发送”按钮▶，单击“效果选择”按钮，在弹出的下拉列表中选择“延迟与回声”/“延迟”选项，如图10-17所示。

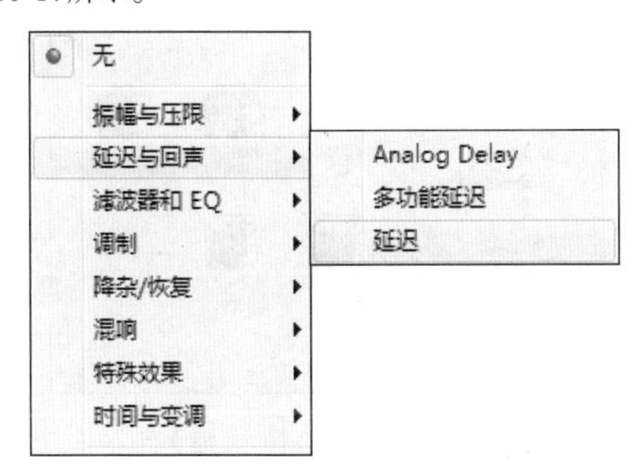

图10-17 选择音频效果

Step 2 此时在“效果设置”区域中将显示出选择的音频效果，然后单击“音轨混合器”面板底部的“播放/停止切换”按钮▶播放音频，使设置生效并试听，如图10-18所示。

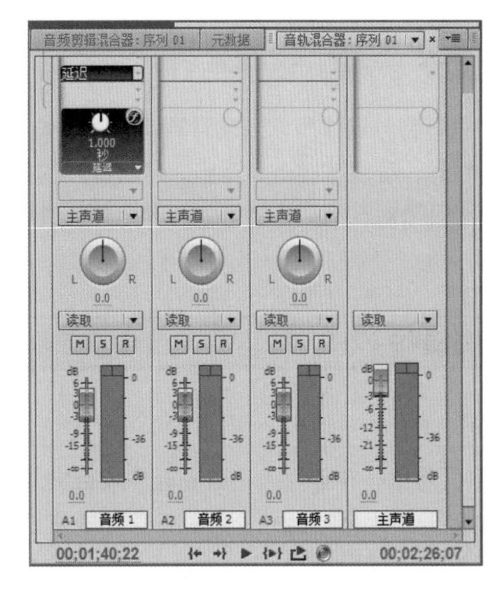

图10-18 查看效果

?答疑解惑：

在“音轨混合器”面板中可以对轨道应用特效，这里的轨道特效与“效果”面板中的“音频特效”选项有什么关系吗？

“音轨混合器”面板中的轨道特效与“效果”面板中的“音频特效”选项基本上完全相同。不同的是，“音轨混合器”面板中的轨道特效比音频特效少了几个选项，其中共同的部分含义完全相同。

10.3.2 屏蔽或清除轨道效果

创建发送效果后，可对其发送属性进行更改。单击“静音轨道”按钮M，可屏蔽发送效果；单击“旁路”按钮，可对轨道上的效果进行关闭或屏蔽。单击“旁路”按钮后，在该图标上将显示一条斜线，表示已屏蔽效果，要将该效果重新打开，只需再次单击“旁路”按钮。

在“音轨混合器”面板中应用了轨道特效和发送效果后，如果不再需要设置的效果，可将其清除。其清除方法很简单，单击“效果选择”按钮，在弹出的下拉列表中选择“无”选项即可。

10.3.3 导出音频文件

在进行音频操作后，当只需要保留项目文件中的音频文件时，可将其导出为音频。导出音频的方法比较简单，只需对音频文件的格式和其他参数进行设置即可。

实例操作：导出项目中的音频文件

- 光盘\素材\第10章\宇宙片头动画.mpg
- 光盘\实例演示\第10章\导出项目中的音频文件

下面将把“宇宙片头动画.mpg”项目文件中的音频文件导出为MP3格式，并对其保存的位置和名称进行设置。

Step 1 ▶ 新建项目文件并将其命名为“导出为MP3.prproj”，将“宇宙片头动画.mpg”素材导入到“项目”面板中，并将其拖动至“时间轴”面板中，选择“文件”/“导出”/“媒体”命令，如图10-19所示。

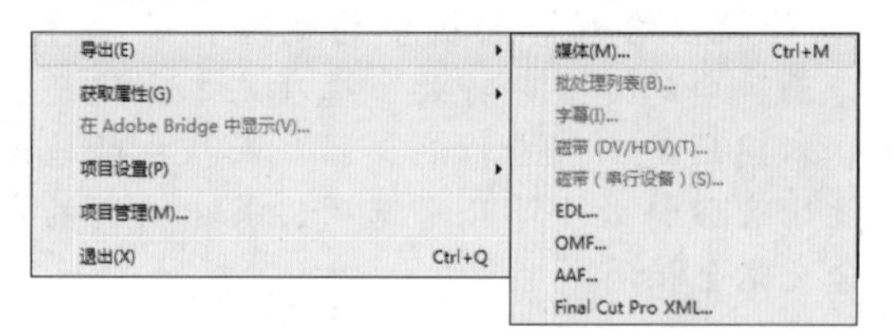

图10-19 选择命令

Step 2 ▶ 打开“导出设置”对话框，在“导出设置”栏中的“格式”下拉列表框中选择MP3选项，选中 ☑导出音频 复选框，单击“输出名称”超链接中的内容，对输出名称进行修改，这里保存默认值“序列01.mp3”，如图10-20所示。

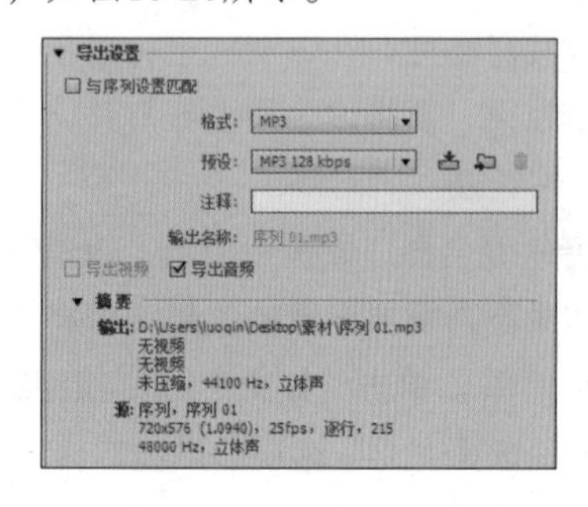

图10-20 音频导出设置

Step 3 ▶ 打开“另存为”对话框，在“文件名”文本框中输入“背景音乐”，在其中设置音频的保存路径为“桌面\素材\效果\”，单击 保存(S) 按钮保存设置，如图10-21所示。

图10-21 导出位置名称设置

Step 4 ▶ 返回“导出设置”对话框，然后单击 导出 按钮，系统自动开始对音频文件进行导出，并显示出其导出的进度和剩余时间。稍等片刻即可完成导出操作，此时打开保存音频文件的文件夹，可看到导出的音频文件，如图10-22所示。

图10-22 查看导出的音频文件

> **技巧秒杀**
>
> 在“导出设置”对话框中选择不同的格式进行导出时，其具体的参数也不同，但其操作方法基本相同。

知识大爆炸
——关键帧的时间间隔和音频处理顺序

选择“编辑”/“首选项”/“音频”命令，打开“首选项”对话框，在打开的对话框中选择“音频”选项卡，在“默认音频轨”栏中可以对轨道的音频类型进行设置，在将音频的模式设置为“触动”时，音频返回的默认时间是1秒，其速度由“自动匹配时间”来控制，用户可以在打开的对话框中的“自动匹配时间”文本框中进行修改，输入需要设置的数值即可。在“自动关键帧优化”栏中选中☑减少最小时间间隔复选框，在其下方的“最小时间”数值框中还可以输入设置自动关键帧的间隔时间，其默认值为20毫秒。

处理音频的控件很多，用户可能不了解音频的处理顺序，如素材效果的处理应该在轨道效果之前还是之后，下面就对音频处理的顺序简单地讲解一下，其顺序如下。

第一步：选择“剪辑”/“音频选项”/“音频增益”命令，进行音频增益设置。

第二步：使用素材效果。

第三步：进行轨道效果的设置，如“前置衰减器”“后置衰减器”“写入期间安全”“声像/平衡”等效果。

第四步：在“音轨混合器”面板中进行轨道音量的调整，以及创建子轨道并发送到主轨道的效果。

读书笔记

01 02 03 04 05 06 07 08 09 10 11 12 13 14 ......

字幕和图像

本章导读

字幕是视频中不可缺少的一种元素，通常可用来作为视频作品的标题、人物或场景的介绍、不同片段之间的衔接及结束语等，达到营造气氛、传达信息和表达主题等目的。用户可直接创建字幕对象，在其中输入需要的文本，并对文本进行编辑和修饰，使其达到自己的要求。本章将对创建文字对象、修饰字幕文字对象、绘制图形插入标志和制作动态字幕等知识进行讲解。

11.1 了解“字幕”面板

“字幕”面板是Premiere Pro CC中用于创建视频文字和图形及编辑字幕的场所，打开该面板需要创建项目。选择“文件”/“新建”/“字幕”命令，即可打开“字幕”面板，如图11-1所示。在创建字幕时绘图区域的大小与项目画幅的大小需要保持一致。

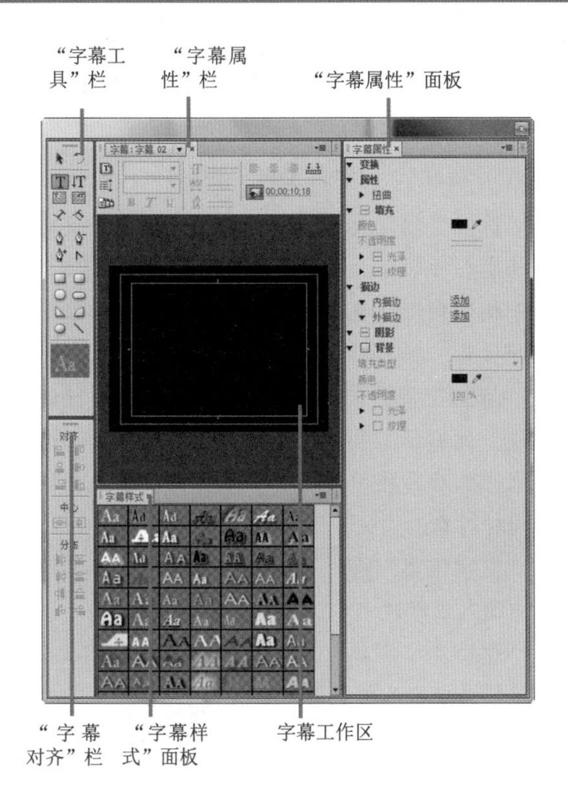

图11-1　“字幕”面板

11.1.1 “字幕属性”栏

“字幕属性”栏主要用于设置字幕的字体、粗体、斜体、下划线和对齐方式等，如图11-2所示。

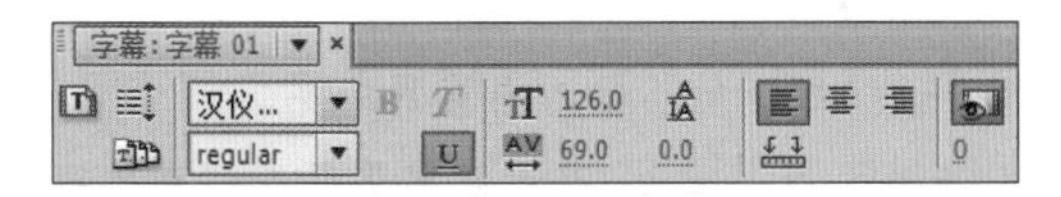

图11-2　“字幕属性”栏

知识解析：**“字幕属性”栏**

- “字幕”下拉列表框：在创建多个字幕时，可进行字幕窗口之间的选择切换。
- “基于当前字幕新建字幕”按钮：单击该按钮，将打开“新建字幕”对话框，可在当前字幕对象的基础上新建一个字幕对象，如图11-3所示。

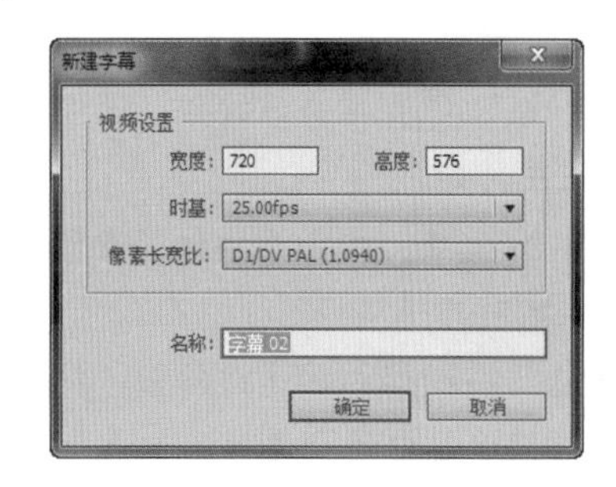

图11-3　“新建字幕”对话框

- “滚动/游动选项”按钮：单击该按钮，将打开“滚动/游动选项”对话框，在其中可以设置字幕的运动类型，如图11-4所示。

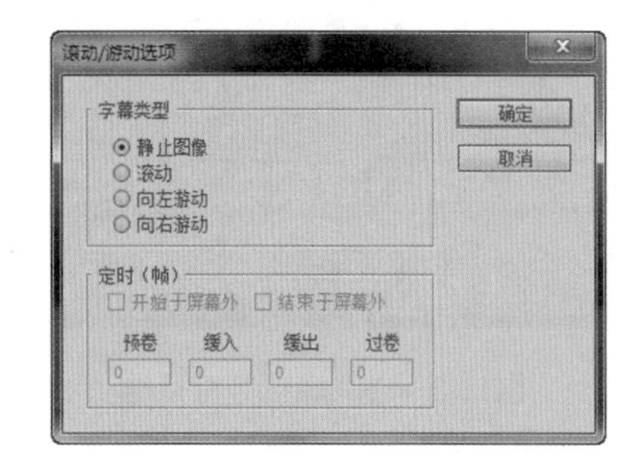

图11-4　“滚动/游动选项”对话框

- “模板”按钮：单击该按钮，可在打开的“模板”对话框中选择Premiere Pro CC自带的多种字幕模板进行创建。
- “字体”下拉列表框：用于设置字幕的字体。
- “字形”下拉列表框：用于设置字幕的字形。
- “粗体”按钮：单击该按钮，可对当前选择的文字进行加粗操作。

- “斜体”按钮：单击该按钮，可对当前选择的文字进行斜体操作。
- “下划线”按钮：单击该按钮，可为当前选择的文字添加下划线。
- “大小”按钮：用于设置字体的大小。
- “字偶间距”按钮：用于设置字体的字偶间距。
- “行距”按钮：用于设置字体的行距。
- “靠左”按钮：单击该按钮，设置文字的对齐方式为靠左对齐。
- “居中”按钮：单击该按钮，设置文字的对齐方式为居中对齐。
- “右侧”按钮：单击该按钮，设置文字的对齐方式为靠右对齐。
- “制表位”按钮：单击该按钮，将打开“制表位”对话框，其中的“左对齐制表位”按钮用于设置制表符后的字符为左对齐；“居中对齐制表位”按钮用于设置制表符后的字符为居中对齐；“右对齐制表位”按钮用于设置制表符后的字符为右对齐，如图11-5所示。

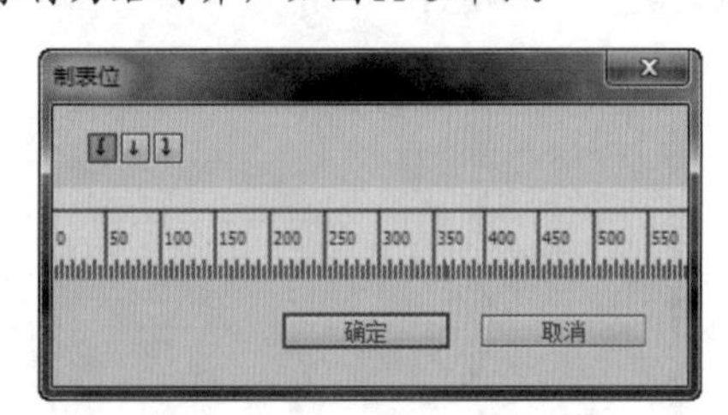

图11-5　“制表位”对话框

- “显示背景视频”按钮：用于设置是否显示视频的背景，默认为选中状态。

技巧秒杀

在“字幕”面板中有两个“字幕属性”编辑的区域，即“字幕属性”栏和“字幕属性”面板，在其中都可以对字幕的属性进行编辑，不同的是，“字幕属性”栏是对字幕文件的基本操作居多，而“字幕属性”面板则主要用于对字幕对象的变换、属性、填充、描边、阴影和背景属性进行编辑。

11.1.2 “字幕工具”栏

“字幕工具”栏中提供了制作文字与图形的常用工具，通过这些工具，可以对影片进行添加标题及文本、绘制几何图形及定义文本样式等操作，如图11-6所示。

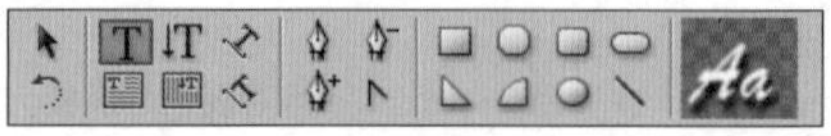

图11-6　“字幕工具”栏

知识解析：“字幕工具”栏

- “选择工具”：用于选择某个对象或文字。选择某个对象后，在对象的周围会出现带有8个控制手柄的矩形，拖曳控制手柄可以调整对象的大小和位置。
- “旋转工具”：用于对所选对象进行旋转操作。使用该工具时，必须先使用选择工具选择对象，然后再使用该工具，单击并按住鼠标拖曳来旋转对象。
- “文字工具”：使用该工具，可在字幕编辑区中输入或修改文本。
- “垂直文字工具”：使用该工具，可以在字幕编辑区中输入垂直文字。
- “区域文字工具”：使用该工具，在字幕编辑区中可以创建文本框。
- “垂直区域文字工具”：使用该工具，可在字幕编辑区中创建垂直文本框。
- “路径文字工具”：使用该工具，可先绘制一条路径，然后输入文字，可使文字沿路径进行输入和显示。
- “垂直路径文字工具”：使用该工具，可先绘制一条路径，然后输入垂直的文字。
- “钢笔工具”：用于创建路径或调整路径。将钢笔工具置于路径的定位点或手柄上，可以调整定位点的位置和路径的形状。
- “删除锚点工具”：用于在已创建的路径上删除定位点。
- “添加锚点工具”：用于在已创建的路径上添加定位点。

- “转换锚点工具”：用于调整路径的形状，将平滑定位点转换为角定位点，或将角定位点转换为平滑定位点。
- “矩形工具”：使用该工具可以绘制矩形。
- “圆角矩形工具”：使用该工具可以绘制圆角矩形。
- “切角矩形工具”：使用该工具可以绘制切角矩形。
- “圆矩形工具”：使用该工具可以绘制圆矩形。
- “楔形工具”：使用该工具可以绘制三角形。
- “弧形工具”：使用该工具可以绘制圆弧，即扇形。
- “椭圆工具”：使用该工具可以绘制椭圆形。
- “直线工具”：使用该工具可以绘制直线。

技巧秒杀

在“字幕工具”栏中选择相应的工具，就可以在字幕编辑区中进行字幕对象的创建和编辑。

11.1.3 “字幕对齐”栏

“字幕对齐”栏主要用于设置字幕或图形的对齐方式，其中包括“对齐”“中心”“分布”3个选项，如图11-7所示。

对齐 中心 分布

图11-7 “字幕对齐”栏

知识解析：**“字幕对齐”栏**

- **对齐**：主要是以选择的文字或图形为基准进行对齐，要想使用该类别中的按钮，必须至少选择两个对象。
- **中心**：用于设置选择的文字或图形的对齐方式为屏幕水平居中或屏幕垂直居中。
- **分布**：单击其中对应的按钮，可在选择的文字或图形的基础上，以对应的方式来分布文字或图形。但使用“分布”时，最少需要包含3个对象。

11.1.4 “字幕属性”面板

“字幕属性”面板可对字幕的变换、属性、填充、描边、阴影和背景等属性进行修改，如图11-8所示。

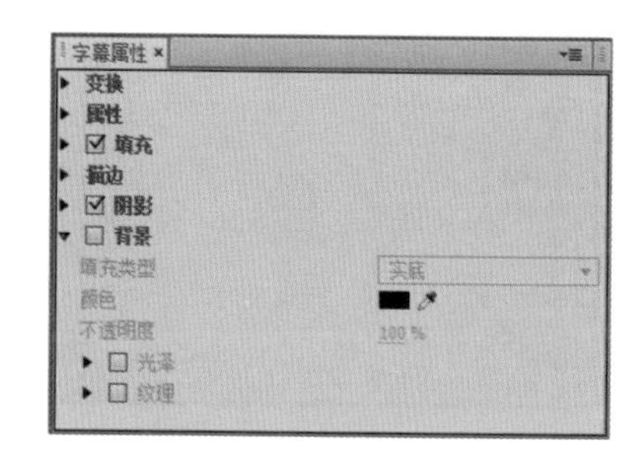

图11-8 “字幕属性”面板

1. 变换

“变换”栏主要用于对不透明度、高度、宽度和位置进行设置，如图11-9所示。

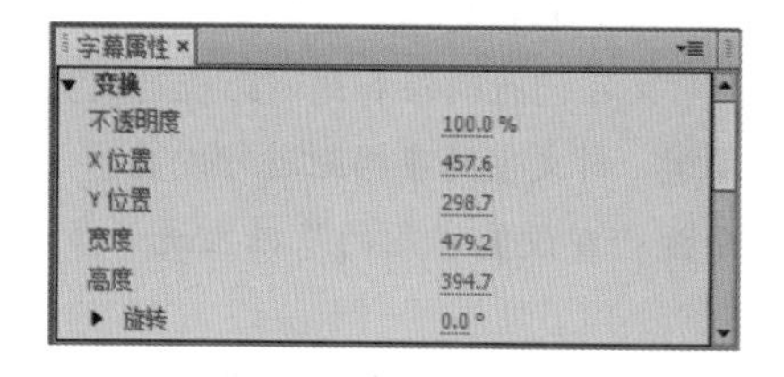

图11-9 “变换”栏

知识解析：**“变换”栏**

- **不透明度**：用于对选择对象的不透明度进行设置。
- **X位置**：用于设置对象在X轴上的位置。
- **Y位置**：用于设置对象在Y轴上的位置。
- **宽度**：用于设置选择对象的水平宽度。
- **高度**：用于设置选择对象的垂直高度。
- **旋转**：用于设置选择对象的旋转度数。

读书笔记

2. 属性

“属性”栏主要用于对字体的大小、间距、倾斜和扭曲等参数进行设置，如图11-10所示。

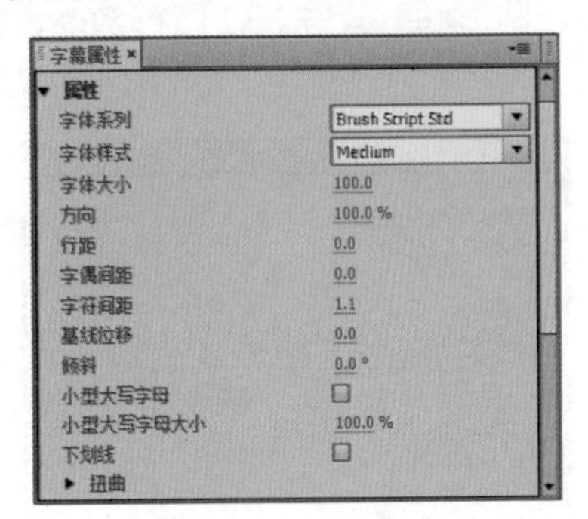

图11-10 “属性”栏

知识解析：“属性”栏

- **字体系列**：对当前所选文字的字体进行设置。
- **字体样式**：对当前所选文字的样式进行设置。
- **字体大小**：对当前所选文字的大小进行设置。
- **方向**：对文字的长宽比进行设置。
- **行距**：对文字的行间距和列间距进行设置。
- **字偶间距**：对文字的字间距进行设置。
- **字符间距**：在设置字距的基础上进一步对字距进行设置。
- **基线位移**：对文字的基线位置进行设置。
- **倾斜**：对文字的倾斜度进行设置。
- **小型大写字母**：对英文字母进行设置。
- **小型大写字母大小**：对大写字母的大小进行设置。
- **下划线**：为所选的文字添加下划线。
- **扭曲**：对文字X轴或Y轴上的扭曲变形进行设置。

3. 填充

“填充”栏主要用于对所选对象进行填充操作，如图11-11所示。

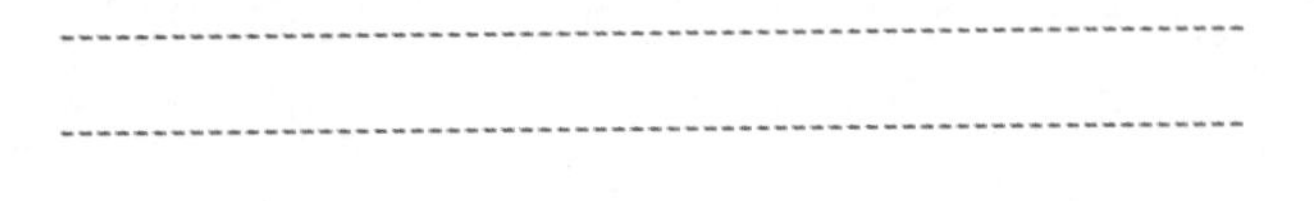

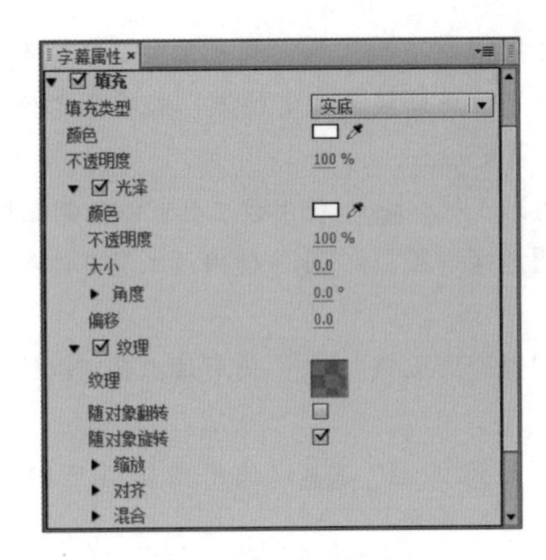

图11-11 “填充”栏

知识解析：“填充”栏

- **填充类型**：打开其下拉列表框，可对填充的类型进行设置，有“实底”“线性渐变”“径向渐变”“四色渐变”“斜面”“消除”“重影”7个选项，如图11-12所示。

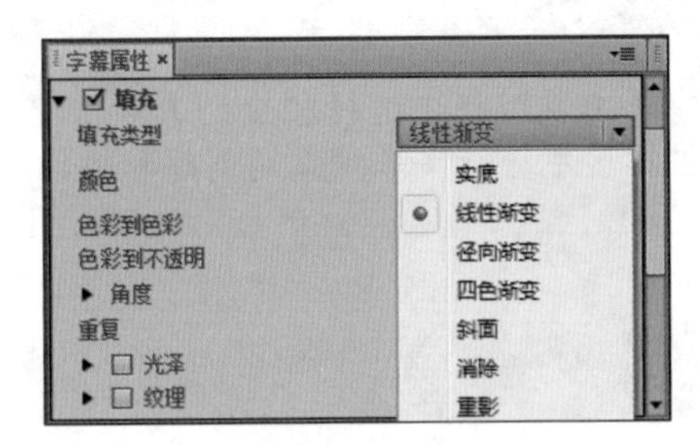

图11-12 填充类型

- **颜色**：对字体的颜色进行设置。
- **不透明度**：对文字光泽透明度进行设置。
- **光泽**：为文字添加光泽效果。
- **大小**：对文字光泽大小进行设置。
- **角度**：对文字光泽的旋转角度进行设置。
- **偏移**：设置文字光泽的位置。
- **纹理**：对文字添加纹理效果。
- **随对象翻转**：将填充的图案跟随对象一起翻转。
- **随对象旋转**：将填充的图案跟随对象一起旋转。
- **缩放**：设置文字在X轴和Y轴的水平或垂直缩放。
- **对齐**：设置文字在X轴和Y轴的位置的移动，可通过偏移或对齐的方式对图案的位置进行调整。
- **混合**：可对填充色或纹理进行混合操作。

4. 描边

“描边”栏主要用于设置文本或图形对象的边缘，使其边缘与文本或图形主体呈现不同的颜色，如图11-13所示。

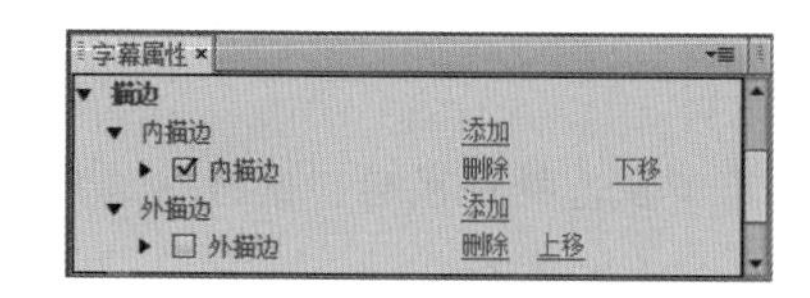

图11-13 “描边”栏

知识解析：“描边”栏

- ◆ 内描边：为文字的内侧添加描边效果。
- ◆ 外描边：为文字的外侧添加描边效果。

5. 阴影

“阴影”栏主要用于为文本或图形对象设置各种阴影，使文字更加美观，如图11-14所示。

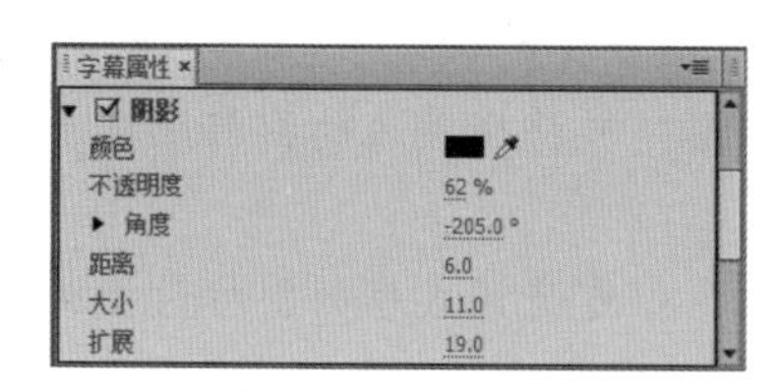

图11-14 “阴影”栏

知识解析：“阴影”栏

- ◆ 颜色：用于对阴影颜色进行设置。
- ◆ 不透明度：用于进行阴影透明度的设置。
- ◆ 角度：用于对阴影的角度进行设置。
- ◆ 距离：用于设置阴影与文字素材之间的距离。
- ◆ 大小：用于对阴影大小进行设置。
- ◆ 扩展：用于对阴影扩展程度进行设置。

6. 背景

“背景”栏主要用于设置字幕的背景，可以为纯色、渐变色或图像，如图11-15所示。

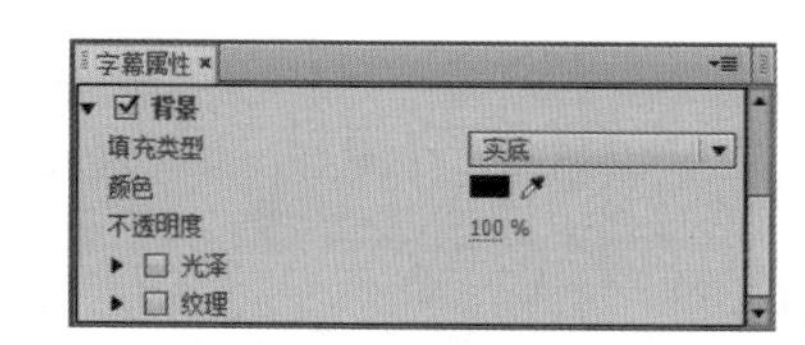

图11-15 “背景”栏

知识解析：“背景”栏

- ◆ 填充类型：在打开的下拉列表框中可选择背景填充类型选项。
- ◆ 颜色：设置背景填充的颜色。
- ◆ 不透明度：设置背景填充颜色的透明度。

11.1.5 字幕工作区

字幕工作区位于“字幕”面板的中心，主要用于制作字幕和绘制图形。字幕工作区在默认情况下会显示两个白色的矩形框，其中内框是字幕安全框，外框是字幕活动安全框。

用户在创建字幕时，最好将文字和图像都放置在安全框之内，如果是放置在动作安全框之外，则部分内容可能不会被显示出来。

技巧秒杀

在字幕编辑区以外的内容不会在画面中显示。

11.1.6 “字幕样式”面板

“字幕样式”面板位于“字幕”面板的底部，它包含了Premiere Pro CC预设的各种文字效果和字体效果，其样式美观、操作简便，如图11-16所示。应用字幕样式只需在字幕编辑区中选择需要应用样式的文本，然后在“字幕样式”面板中单击需要应用的样式即可。

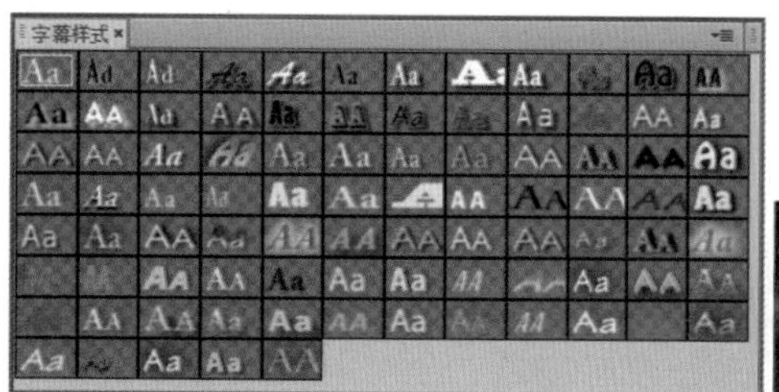

图11-16 “字幕样式”面板

11.1.7 “字幕”面板下拉列表

单击▾≡按钮，将弹出“字幕”面板下拉列表，在其中可对新建样式、保存样式库、替换样式库和文本等进行操作，如图11-17所示。

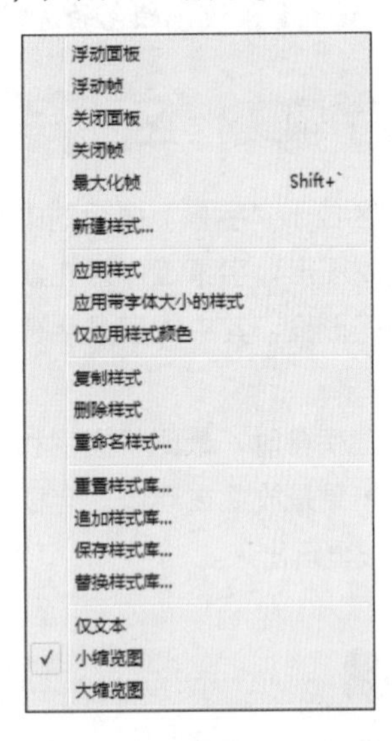

图11-17 “字幕”面板下拉列表

知识解析：“字幕”面板下拉列表

- **新建样式**：选择该选项，将打开“新建样式”对话框，可在“名称”文本框中输入新建样式的名称，并新建样式，如图11-18所示。

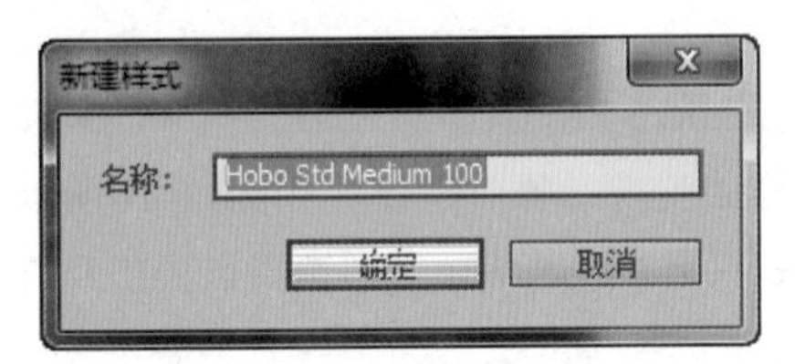

图11-18 “新建样式”对话框

- **应用样式**：可对设置好的样式进行应用。
- **应用带字体大小的样式**：在应用文字样式的同时，对该样式的全部属性进行应用。
- **仅应用样式颜色**：在应用文字样式时，仅应用该样式的颜色效果。
- **复制样式**：在选择样式后，选择该选项，可对样式进行复制。
- **删除样式**：在选择样式后，选择该选项，可对不需要的样式进行删除。
- **重命名样式**：对样式进行重命名操作。
- **重置样式库**：对样式库进行还原操作。
- **追加样式库**：可添加样式类型，选择需要添加的样式单击并打开即可。
- **保存样式库**：对样式库进行命名操作后并将其保存。
- **替换样式库**：可在打开的样式库与原来的样式库之间进行替换操作。
- **仅文本**：可让样式库仅显示文字样式的名称。
- **小缩览图**：可将样式库的图标设置为小缩览图显示。
- **大缩览图**：可将样式库的图标设置为大缩览图显示。

读书笔记

11.2 创建文字对象

在Premiere Pro CC中可创建的字幕类型比较多，如水平或垂直文字、段落文字和路径文字等，创建字幕的方法因字幕的类型不同而不相同。在创建字幕后，还要掌握设置文字属性的方法，使文字更加符合需求。

11.2.1 创建水平和垂直排列文字

Premiere Pro CC中最基本的两种文字类型是水平和垂直文字，其创建的方法大致相同，只需在“字幕工具”栏中选择“文字工具”T或“垂直文字工具”IT，然后直接在字幕工作区域中单击，即可创建。

实例操作：创建垂直文本

- 光盘\素材\第11章\青山.jpg
- 光盘\效果\第11章\青山.prproj
- 光盘\实例演示\第11章\创建垂直文本

本例将在Premiere Pro CC中新建一个字幕对象，并创建垂直的文本，使原素材内容更加生动丰富。

Step 1 新建项目文件并将其命名为“青山.prproj”，新建“字幕01”，将素材文件“青山.jpg”导入至“项目”面板中。选择“青山.jpg”素材，将其拖动至“时间轴”面板中的“视频1”轨道中。选择“文件”/“新建”/“字幕”命令，打开“新建字幕”对话框，在打开的对话框的“名称”文本框中输入字幕的名称“青山”，完成后单击确定按钮，如图11-19所示。

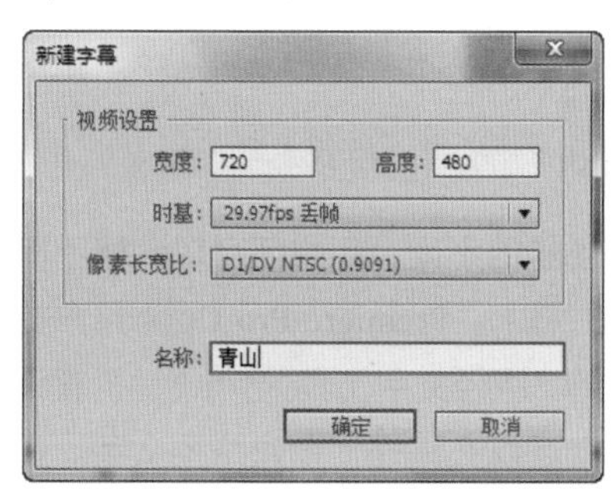

图11-19 “新建字幕”对话框

Step 2 打开“字幕”面板，在“字幕工具”栏中选择“垂直文字工具”IT，在字幕工作区输入文字，在“字幕属性”栏中选择文字的字体，然后在编辑区中单击，定位插入点，输入需要的文本，如图11-20所示。

图11-20 输入文本

Step 3 单击“字幕”面板右上角的“关闭”按钮，关闭面板，即可在“项目”面板中查看新建的“青山”字幕，如图11-21所示。将字幕文件拖动到“时间轴”面板中需要的位置，即可将其应用到影片中。

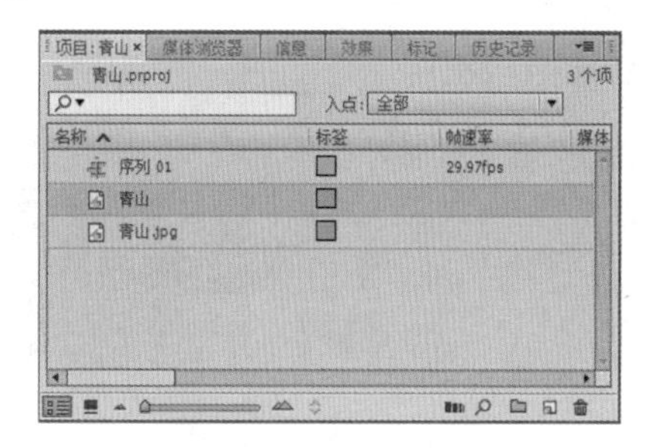

图11-21 查看字幕文件

> **技巧秒杀**
>
> 在使用“文字工具”T和“垂直文字工具”IT进行文本的输入时，可以通过按Enter键的方法进行强制换行。

11.2.2 创建段落字幕文字

用户可以使用“区域文字工具”和“垂直区域文字工具”创建水平或垂直段落的文字，这两种工具可根据文本框的大小自动换行。

实例操作：创建水平段落文字

- 光盘\素材\第11章\田园.prproj
- 光盘\效果\第11章\田园.prproj
- 光盘\实例演示\第11章\创建水平段落文字

本例将在“田园.prproj”项目文件中新建一个字幕对象，并使用“区域文字工具”输入水平的段落文本。

Step 1 打开“田园.prproj”项目文件，选择“文件”/“新建”/“字幕”命令，打开“新建字幕”对话框，保持默认设置不变，单击确定按钮新建一个字幕文件。打开“字幕”面板，在“字幕工具”栏中选择“区域文字工具”，然后在字幕工作区中拖动鼠标绘制文本框，如图11-22所示。

图11-22　绘制文本框

Step 2 在“字幕属性”栏中选择“华文隶书”字体，设置“字体大小”为30.0，然后将光标定位到文本框中，在其中输入需要的文字即可，效果如图11-23所示。

图11-23　输入水平段落文字

Step 3 在“字幕属性”面板中对其参数进行设置，单击“字幕”面板右上角的“关闭”按钮，关闭面板，返回“项目”面板中，将新建的“字幕01”素材拖动到“时间轴”面板的“视频2”轨道中，即可将字幕应用到影片中，如图11-24所示。

图11-24　查看最终效果

技巧秒杀

创建字幕时，可以在“新建字幕”对话框中对字幕文件的大小，如宽度、高度、时基和像素长宽比等进行设置，但一般情况下保持默认设置即可，以使字幕与影片的属性相匹配。

11.2.3 创建路径文字

根据场景的不同，用户还可以创建不同的字幕以满足不同的需求。Premiere Pro CC为用户提供了路径文字，选择“路径文字工具”或“垂直路径文字工具”，就可以在路径上创建路径文字。在创建路径文字之前需要在字幕工作区中绘制一条路径，然后选择任意一种文字或文本框工具，沿着路径输入文字，就可以创建路径文字对象。

实例操作：创建路径文字

- 光盘\素材\第11章\路径文字.prproj
- 光盘\效果\第11章\路径文字.prproj
- 光盘\实例演示\第11章\创建路径文字

本例将在“路径文字.prproj”项目文件中使用“路径文字工具”新建一个路径字幕对象，并输入文本。

Step 1 打开“路径文字.prproj”项目文件，选择“文件”/“新建”/“字幕”命令，打开“新建字幕”对话框，保持默认设置不变，单击确定按钮新建一个字幕文件。打开“字幕”面板，在“字幕工具”栏中选择“路径文字工具”，将鼠标光标放在字幕工作区中，此时光标变为形状，使用鼠标在编辑区中的左侧单击添加一个锚点，然后在该锚点左上方单击再添加一个锚点，并拖动锚点，激活锚点的控制柄，如图11-25所示。

图11-25　新建锚点

Step 2 将鼠标光标放在锚点的控制柄上，当光标变为形状时，拖动鼠标调节控制柄，使路径向下弯曲，变为一条弧线，如图11-26所示。

图11-26　调整路径

Step 3 在“字幕工具”栏中选择“文字工具”，在路径的起始点上单击，定位文本输入点，然后输入需要的文字，如图11-27所示。

图11-27　输入文字

Step 4 单击“字幕”面板右上角的“关闭”按钮，关闭面板，返回“项目”面板中，将新建的“字幕01”素材拖动到“时间轴”面板的“视频2”轨道中，即可将字幕应用到影片中，如图11-28所示。

图11-28　最终效果预览

技巧秒杀

绘制完路径后，如果对创建的路径不满意，还可以选择“钢笔工具”，然后将光标放在路径的锚点上，通过拖动锚点和调节控制柄来修改路径。

11.3 修饰字幕文字对象

在创建字幕后，其默认输入的文字字体、大小和颜色等属性可能与用户创建字幕的需要不符合，此时就可在“字幕”面板中对字幕进行修饰，改变其文字的基本属性，还可对文字的透明度、填充和描边等效果进行设置。

11.3.1 设置字幕属性

在创建文字的过程中，如果遇到文字字体、大小、间距等不符合需要的情况，可以在“字幕属性”面板中的“属性”栏中对文字的属性进行设置。

实例操作：创建并设置字幕属性

- 光盘\素材\第11章\葡萄.jpg
- 光盘\效果\第11章\属性设置.prproj
- 光盘\实例演示\第11章\创建并设置字幕属性

本例将在新建的“属性设置.prproj”项目文件中新建一个水平段落的文字，然后修改文本的字体、大小、间距和颜色。

Step 1 ▶ 新建“属性设置.prproj”项目文件，新建序列，按Ctrl+I快捷键，将“葡萄.jpg”素材导入“项目”面板中，并拖动至“视频1”轨道。新建一个字幕文件，然后在“字幕工具”栏中选择“区域文字工具”，在字幕工作区的下方绘制一个文本框，并输入一段文本，如图11-29所示。

图11-29 输入文本

Step 2 ▶ 此时可看到文本框中的文字字体和大小并不符合需要，在“字幕属性”面板中的“属性”栏中的“字体大小”数值框中输入36.0，在“字体系列”下拉列表框中选择“汉仪黑咪体简”选项。在“行距”数值框中输入10.0，调整文本行之间的间距，在“字符间距”数值框输入5.0，调整文本的字符间距。完成后，在“填充”栏中的“填充类型”下拉列表框中选择“实底”选项，在下方单击“颜色”色块，设置文本的颜色为#B5F3E5，如图11-30所示。

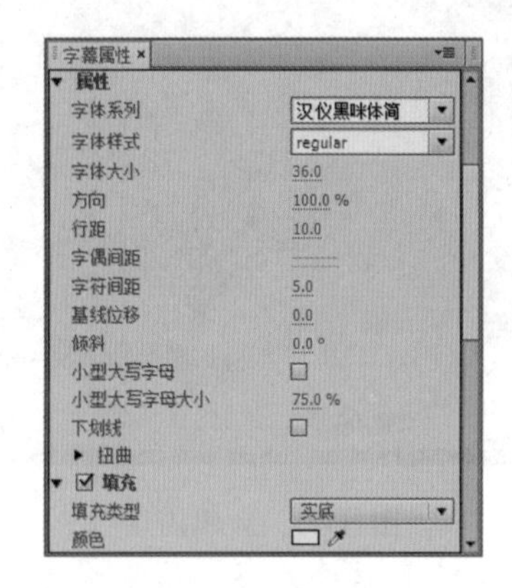

图11-30 文字属性设置

Step 3 ▶ 完成设置后，单击“字幕”面板右上角的“关闭”按钮，关闭面板，返回“项目”面板中，将新建的“字幕01”素材拖动到“时间轴”面板的“视频2”轨道中，即可将字幕应用到影片中，如图11-31所示。

图11-31 最终效果预览

?答疑解惑：

字幕工作区中的字幕安全框和活动安全框有时会影响预览效果，可以将它们隐藏吗？

可以，单击“字幕”面板工作区右上角的 按钮，在弹出的下拉列表中可以看到“安全字母边距”和“安全动作边距”选项默认是被选中状态，表示在字幕编辑区中显示它们，再次选择这两个选项，此时安全框被隐藏。如果需要再次显示安全框，则执行相同的操作即可。

11.3.2 字幕渐变填充设置

在“字幕属性”面板的“填充”栏中除了通过“实底”选项来填充文字的颜色，还可设置更为丰富的填充效果，如线性渐变、径向渐变和四色渐变等。

实例操作：设置字幕渐变填充

- 光盘\素材\第11章\树.jpg
- 光盘\效果\第11章\渐变填充.prproj
- 光盘\实例演示\第11章\设置字幕渐变填充

本例将在新建的项目文件中新建字幕，创建文字，然后对文字的样式进行设置，并将填充类型设置为四色渐变。

Step 1 新建“渐变填充.prproj”项目文件，新建“序列01”，按Ctrl+I快捷键，将“树.jpg”素材导入“项目”面板中并拖动至“视频1”轨道上。选择“文件”/“新建”/“字幕”命令，打开“新建字幕”对话框，保持默认设置不变，单击 确定 按钮，打开“字幕”面板，如图11-32所示。

读书笔记

图11-32 打开“字幕”面板

Step 2 在“字幕工具”栏中选择“文字工具” T，在字幕工作区输入文字sky，在“字幕样式”栏中选择CaslonPro Gold Gradient 65样式，在“字幕属性”栏中设置“字体大小”为120.0，如图11-33所示。

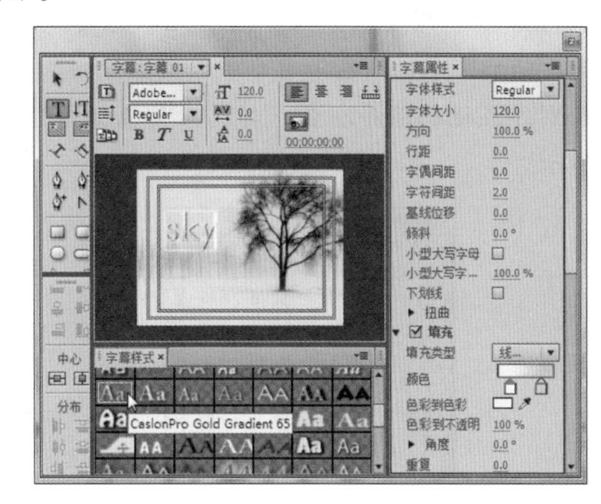

图11-33 设置字体样式

Step 3 在“字幕属性”面板的“填充”栏中的“填充类型”下拉列表框中选择“四色渐变”选项，设置左上、右上、右下和左下的填充颜色分别为#FFFFAA、#FDECC8、#D98FF8和#A3F7F8，如图11-34所示。

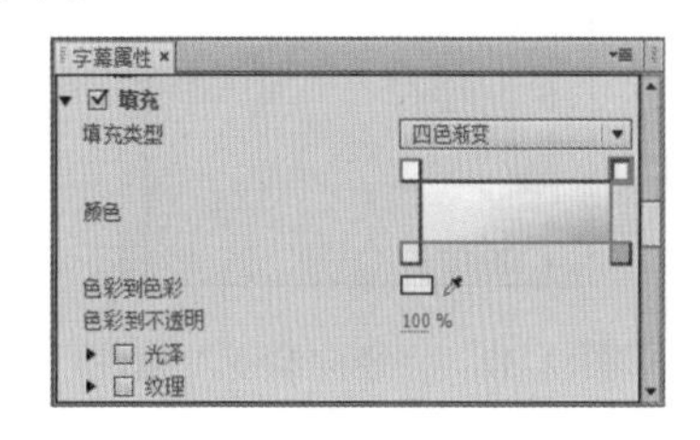

图11-34 设置填充颜色

Step 4 ▶ 完成设置后，单击“字幕”面板右上角的“关闭”按钮，关闭面板，返回“项目”面板。将新建的“字幕01”素材拖动到“时间轴”面板的“视频2”轨道中，即可将字幕应用到影片中，如图11-35所示。

图11-35 查看效果

知识解析：“渐变填充”栏

◆ 线性渐变：用于设置文本的填充颜色为线性渐变，能使文本的颜色沿着水平或垂直方向，从起点到终点进行顺序渐变，其属性面板如图11-36所示。

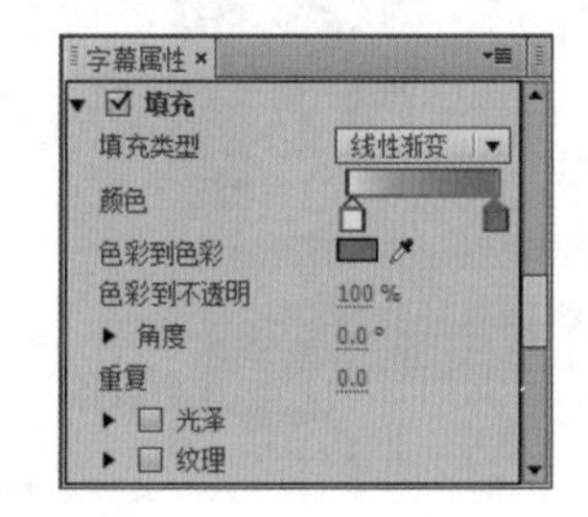

图11-36 “线性渐变”属性

◆ 径向渐变：用于设置文本的填充颜色为径向渐变，能使文本的颜色沿着中心向外进行渐变，其属性面板如图11-37所示。

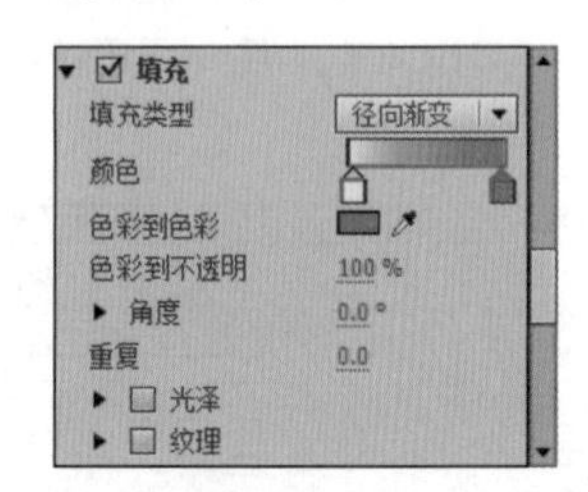

图11-37 “径向渐变”属性

◆ 四色渐变：用于设置文本的填充颜色为四色渐变，其效果与线性渐变类似，不同的是它可以设置4种颜色，其属性面板如图11-38所示。

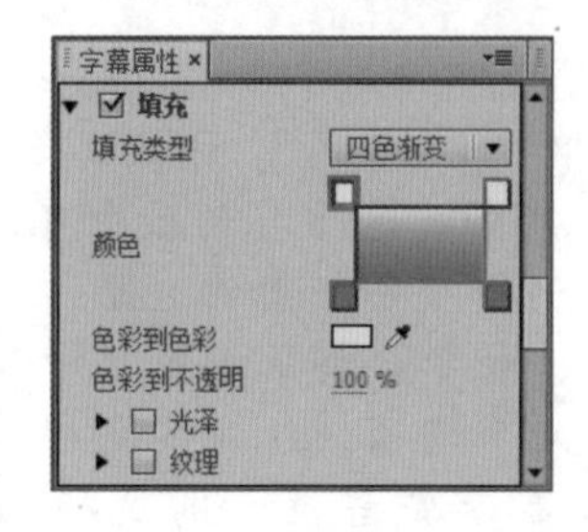

图11-38 “四色渐变”属性

◆ 颜色：用于设置渐变色的颜色，线性渐变和放射渐变都有两个颜色样本，拖动色条上的颜色样本块的位置可以调整该颜色样本所在比例和位置；双击颜色样本块则可以在打开的对话框中设置颜色的值。在四色渐变中有4个颜色样本，分别为4个角。

◆ 色彩到色彩：用于设置当前选择的色彩样本的颜色。

◆ 色彩到不透明：用于设置当前选择的色彩样本的透明度。

◆ 角度：用于设置渐变的旋转角度，只适用于线性渐变和放射渐变。

◆ 重复：用于设置渐变的重复次数，只适用于线性渐变和放射渐变。

为文本应用线性渐变和径向渐变的效果分别如图11-39和图11-40所示。

图11-39 线性渐变

图11-40 径向渐变

11.3.3 字幕光泽设置

在“填充”栏中选择了填充的选项后，在其下方还可通过“光泽”选项来设置文本的样式，使文本中间出现不同的颜色，使图片色彩更为丰富。

实例操作：设置文字光泽效果

- 光盘\素材\第11章\海洋.jpg
- 光盘\效果\第11章\光泽效果.prproj
- 光盘\实例演示\第11章\设置文字光泽效果

本例将在新建的“渐变填充.prproj”项目文件中新建字幕对象，并在“字幕属性”面板中设置光泽效果。

Step 1 ▶ 新建“渐变填充.prproj”项目文件，新建“序列01”，按Ctrl+I快捷键，将“海洋.jpg”素材导入“项目”面板中，将其拖动至“视频1”轨道上，如图11-41所示。

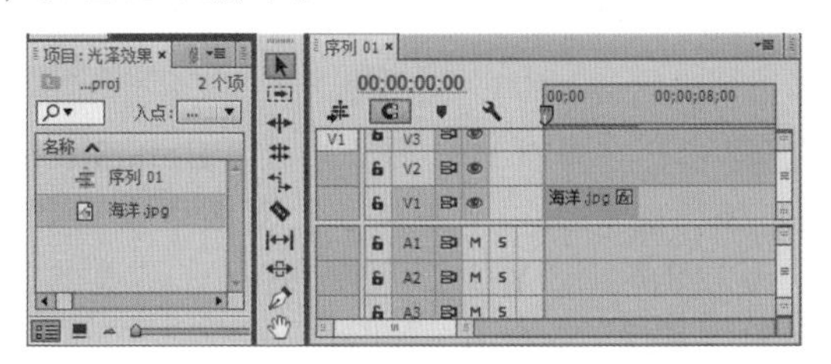

图11-41　导入素材

Step 2 ▶ 选择“文件”/“新建”/“字幕”命令，打开“新建字幕”对话框，保持默认设置不变，单击 确定 按钮，打开字幕窗口，在字幕工作区输入文字，如图11-42所示。

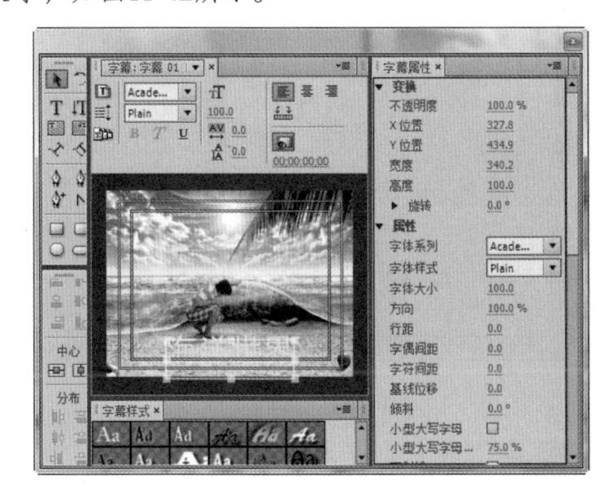

图11-42　输入文字

Step 3 ▶ 在“字幕属性”栏中设置“X位置”为326.8，“Y位置”为422.9，“宽度”为500.0，“高度”为90.0，“字体系列”为“方正卡通简体”，在“填充类型”下拉列表框中选择“线性渐变”选项，填充颜色分别为#4174DD和#6637BF，如图11-43所示。

图11-43　设置字体参数

Step 4 ▶ 选中 光泽 复选框，激活光泽选项，设置“大小”为76.2，“偏移”为3.0，如图11-44所示。

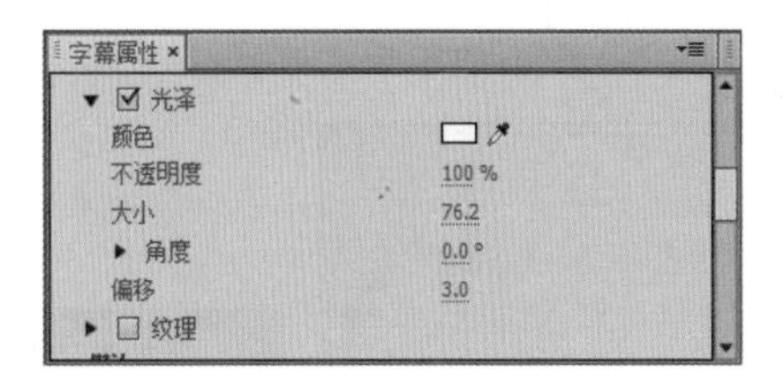

图11-44　设置参数

Step 5 ▶ 完成设置后，单击“字幕”面板右上角的“关闭”按钮，关闭面板，返回“项目”面板，将新建的“字幕01”素材拖动到“时间轴”面板的“视频2”轨道中，即可将字幕应用到影片中，如图11-45所示。

图11-45　查看效果

11.3.4 字幕纹理设置

在“字幕属性”面板中的“填充”栏中选中☑纹理复选框，可以为当前选择的对象添加纹理，使字幕效果更加理想。

实例操作：设置纹理效果

- 光盘\素材\第11章\心.jpg、填充.jpg
- 光盘\效果\第11章\纹理效果.prproj
- 光盘\实例演示\第11章\设置纹理效果

本例将在新建的项目文件中新建“字幕01”，并输入文本，然后在“字幕属性”面板中设置文字图片纹理效果。

Step 1 新建项目文件，将其命名为“纹理效果.prproj”，新建“序列01”，按Ctrl+I快捷键，将“心.jpg”素材导入“项目”面板中，将其拖动至“视频1”轨道上，在“效果控件”面板中设置“缩放”为84.2，如图11-46所示。

图11-46 设置参数

Step 2 选择“文件”/“新建”/“字幕”命令，打开“新建字幕”对话框，保持默认设置不变，单击 确定 按钮，打开字幕窗口，在字幕工作区输入文字love，如图11-47所示。

读书笔记

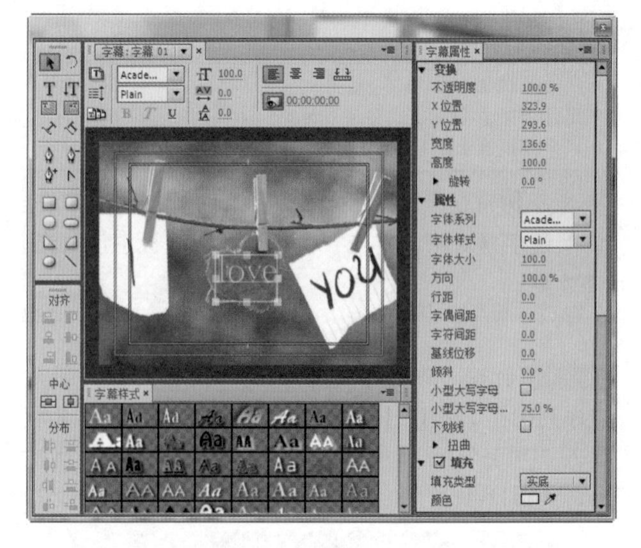

图11-47 输入文字

Step 3 在“字幕样式”面板中选择HoboStd Slant Gold 80样式，在“字幕属性”面板中设置“X位置”为318.6，“Y位置”为290.6，“宽度”为154.1，“高度”为66.0，如图11-48所示。

图11-48 设置参数

Step 4 在“填充”栏中选中☑纹理复选框，单击纹理缩略图，在打开的“选择纹理图像”对话框中选择“填充.jpg”素材，单击 打开(O) 按钮，如图11-49所示。

图11-49　选择纹理填充图像

Step 5 完成设置后，单击“字幕”面板右上角的“关闭”按钮，关闭面板，返回“项目”面板，将新建的“字幕01”素材拖动到“时间轴”面板的“视频2”轨道中，即可将字幕应用到影片中，如图11-50所示。

图11-50　查看效果

技巧秒杀

内侧边和外侧边的属性基本一致，其描边类型有3种，即深度、边缘和凹进，也可以对描边的“光泽”和“纹理”属性进行设置，其操作方法与填充相同。

11.3.5 字幕斜面设置

在“填充”栏中的“填充类型”下拉列表框中选择“斜面”选项，可为字幕文字对象实现三维的效果。

实例操作：设置三维文字效果

- 光盘\素材\第11章\斜面.prproj
- 光盘\效果\第11章\斜面.prproj
- 光盘\实例演示\第11章\设置三维文字效果

本例将在“斜面.prproj”项目文件中新建字幕对象，设置输入文本的填充类型为“斜面”，并通过设置其参数，使文字呈现三维的效果。

Step 1 打开“斜面.prproj”项目文件，新建一个字幕文件，并在其中输入文本Sweet，然后在“字幕属性”面板中设置文字的字体为Hobo Std。在“填充”栏的“填充类型”下拉列表框中选择“斜面”选项，在“高光颜色”和“阴影颜色”色块中设置其颜色分别为#F8F8F8和#FF0FA2。在“大小”数值框中设置斜面的尺寸为40.0。选中变亮☑复选框，增加斜面的效果，设置“光照角度”为28.0°，设置“亮度”为80.0，选中管状☑复选框，如图11-51所示。

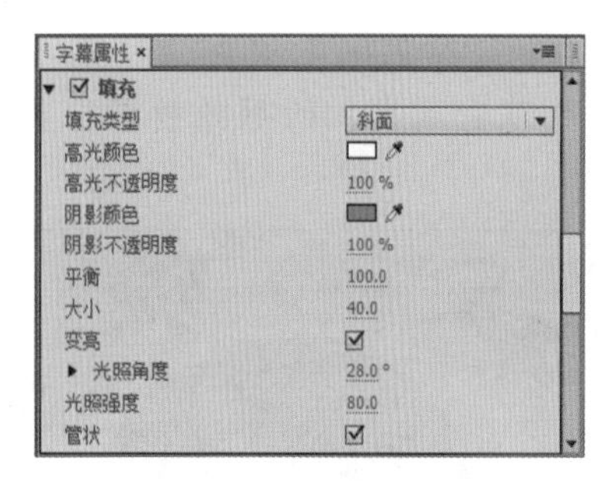

图11-51　斜面属性设置

Step 2 在字幕编辑区中查看文本的效果，即可发现文本变得更加立体，如图11-52所示。

图11-52　查看效果

11.3.6 字幕描边设置

为文本添加描边可以对文本内容与背景进行区分。在Premiere Pro CC中选择需要描边的对象后，在“字幕属性”面板中单击“描边”栏前的三角形按钮▼，展开“描边”栏，单击“内描边”选项和“外描边”选项后的“添加”超链接，即可为对象添加内侧边或外侧边效果。

实例操作：设置描边效果

- 光盘\素材\第11章\描边.prproj
- 光盘\效果\第11章\描边.prproj
- 光盘\实例演示\第11章\设置描边效果

本例将在“描边.prproj”项目文件中为“字幕01”对象中的文本添加一个内描边和两个外描边效果，使字幕与背景区分得更明显。

Step 1 打开“描边.prproj”项目文件，双击“项目”面板中的“字幕01”对象，打开“字幕”面板，在其中可看到文本的原始效果，如图11-53所示。

图11-53　原始效果

Step 2 展开“描边”栏，在“内描边”选项中单击“添加”超链接，系统自动添加一个黑色的描边，效果如图11-54所示。

图11-54　默认内描边效果

Step 3 在“类型”下拉列表框中选择“边缘”选项，在“大小”数值框中设置描边大小为8.0，在“填充类型”下拉列表框中选择“实底”选项，在“颜色”色块中设置描边的颜色为#F50C9A，如图11-55所示。

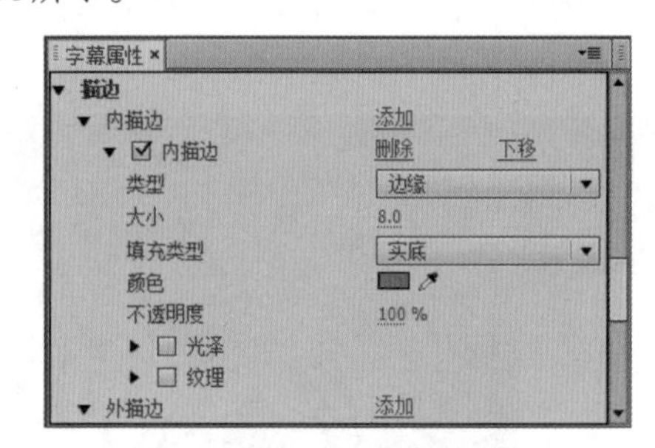

图11-55　内描边参数设置

Step 4 设置完成后，在字幕工作区中可看到添加内描边的效果，如图11-56所示。

图11-56　查看内描边的效果

Step 5 在“外描边”选项中单击“添加”超链接，系统自动添加一个黑色的描边，然后在“类型”下拉列表框中选择“深度”选项，在“大小”数值框中设置描边的值为10.0，在“填充类型”下拉列表框中选择“线性渐变”选项。设置“颜色”选项的两个色标颜色分别为#B4D6FD和#FF00C6，设置“角度”数值框的值为5.0°，如图11-57所示。

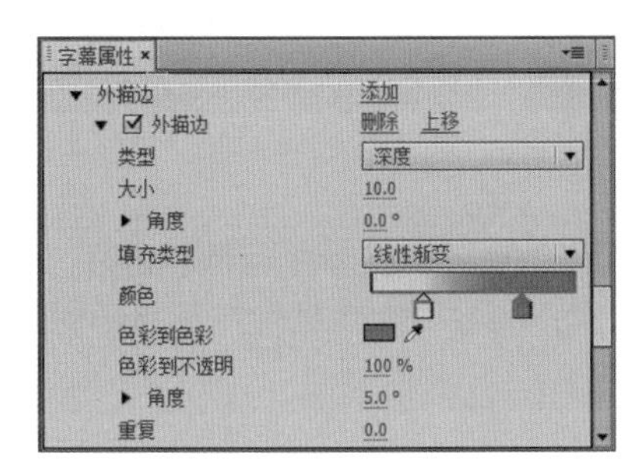

图11-57　外描边参数设置

Step 6 ▶ 设置完成后，在字幕工作区中可看到添加外描边的效果，如图11-58所示。

图11-58　查看外描边效果

Step 7 ▶ 再次单击“外描边”选项中的“添加”超链接，添加一个外侧边，然后在“类型”下拉列表框中选择“边缘”选项，在“大小”数值框中设置描边的值为5.0，在“填充类型”下拉列表框中选择“线性渐变”选项。然后设置“颜色”选项的两个色标颜色分别为#00FF54和#9600FF，如图11-59所示。

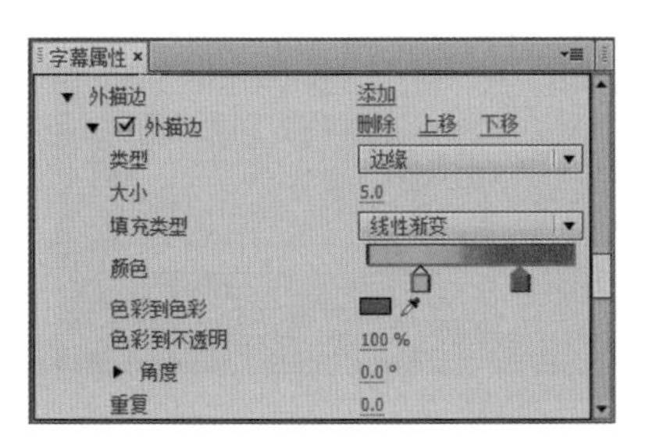

图11-59　设置边缘外描边参数

Step 8 ▶ 设置完成后，在字幕工作区中可看到添加了所有描边后的效果，如图11-60所示。

图11-60　查看最终效果

11.3.7 字幕阴影设置

在Premiere Pro CC中还可以为字幕对象添加阴影，使字幕效果更加逼真。在“字幕”面板中选择需要添加阴影的文字，在“字幕属性”面板中选中☑阴影复选框，在其下方进行设置即可，如图11-61所示为设置阴影前后的效果。

图11-61　应用阴影前后的效果

读书笔记

11.4 在“字幕”面板中绘制图形插入标志

在Premiere Pro CC中不仅可以创建文字字幕，还可以创建简单的几何对象图像或不规则的贝塞尔图形，并能对这些图形对象的形状进行转换，下面就对绘制图形、绘制贝塞尔曲线和插入标志等知识进行详细讲解。

11.4.1 绘制规则图形

绘制基本几何图形的方法很简单，只需在“字幕工具”栏中选择相应的几何图形工具，如“矩形工具”▢、“圆角矩形工具”▢、“切角矩形工具”▢、“圆矩形工具”▢和“椭圆工具”▢等，然后在编辑区中拖动鼠标即可绘制。在绘制时，按住Shift键不放，可使绘制的图形以等比例绘制，即可以绘制正圆、矩形等图形。如图11-62所示为绘制的切角矩形；图11-63所示为绘制的正圆。

图11-62 绘制切角矩形

图11-63 绘制正圆

11.4.2 编辑图形

在Premiere Pro CC中绘制好几何图形之后，在“字幕属性”面板中还可以对“变换”“属性”“填充”“描边”“阴影”“背景”等属性进行设置，其方法与设置文字字幕对象的方法完全相同，与字幕不同的是，在图形的“属性”栏中只能对“图形类型”进行选择，可使创建的图形快速更换为目标图形。

实例操作：对图形进行编辑

- 光盘\素材\第11章\图形编辑\
- 光盘\效果\第11章\图形编辑.prproj
- 光盘\实例演示\第11章\对图形进行编辑

本例将在新建的“图形编辑.prproj”项目文件中绘制图形，并在“字幕属性”面板中对图形进行编辑。

Step 1 新建项目文件，并将其命名为“图形编辑.prproj”，新建“序列01”，按Ctrl+I快捷键，在打开的“导入”对话框中选择“素材4.jpg”，将其导入至“项目”面板中，并将其拖动至“视频1”轨道上，在“效果控件”面板中设置“缩放”为70.5，如图11-64所示。

图11-64 设置参数

Step 2 选择“文件”/“新建”/“字幕”命令，打开“新建字幕”对话框，在“名称”文本框中输入字幕的名称“图形”，完成后单击 确定 按钮，如图11-65所示。

图11-65 新建字幕

Step 3 分别选择“矩形工具”▢、“圆角矩形工具”、“切角矩形工具”、“弧形工具”和“椭圆工具”，在字幕工作区绘制图形，如图11-66所示。

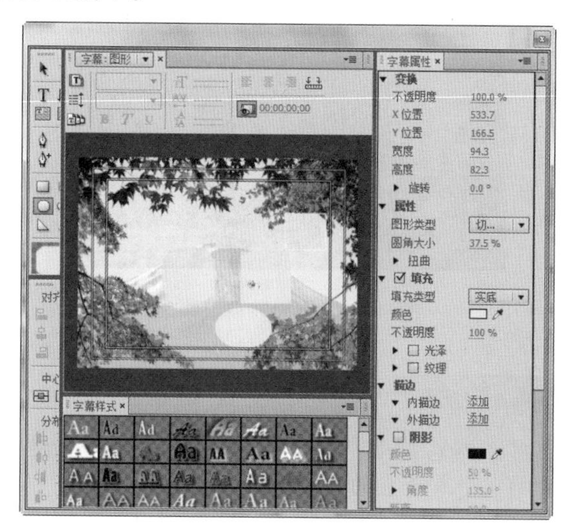

图11-66　绘制图形

Step 4 在“字幕属性”面板中对创建的图形进行设置，如图11-67所示。

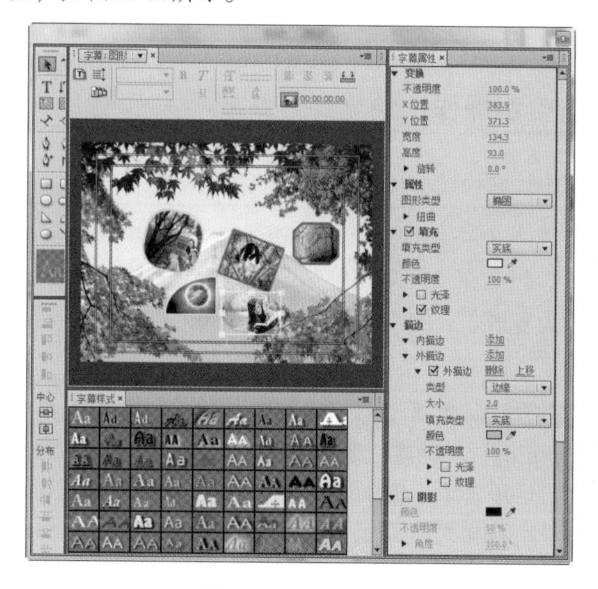

图11-67　设置图形

操作解谜

选择“圆角矩形工具”绘制几何图形，再对图形的“外描边”和“纹理”等属性进行设置，可以将其他的图片填充到图形中，达到插入图像的目的。

Step 5 在“字幕属性”面板的“属性”栏中修改图形的形状，关闭字幕窗口，将“图形”字幕拖动至“视频2”轨道上，在“节目监视器”面板中可查看其效果，如图11-68所示。

图11-68　查看效果

11.4.3 绘制不规则图形

在Premiere Pro CC中不仅可以绘制规则图形，还可绘制不规则的图形，即贝塞尔图形。在“字幕”面板中选择“钢笔工具”来绘制基本的形状，然后结合“添加锚点工具”、“删除锚点工具”，以及“转换锚点工具”对图形进行编辑，以绘制出任意形状的贝塞尔曲线。

1. 绘制连接的线段

在“字幕”面板中选择“钢笔工具”，可绘制出线段图形，通过与“添加锚点工具”的结合使用，可将连接的线段编辑为用户需要的图形。

实例操作：绘制月亮图形

- 光盘\素材\第11章\贝塞尔曲线.prproj
- 光盘\效果\第11章\贝塞尔曲线.prproj
- 光盘\实例演示\第11章\绘制月亮图形

本例将在“贝塞尔曲线.prproj”项目文件中绘制两条直线，并通过“添加锚点工具”将直线变为曲线，使绘制的图形看起来像一个月亮。

Step 1 打开“贝塞尔曲线.prproj”项目文件，新建字幕对象，在“字幕工具”栏中选择“钢笔工具”，在字幕工作区的左上方单击3次，绘制两条直线，如图11-69所示。

图11-69　绘制直线

Step 2 ▶ 选择“添加锚点工具”，在第一条直线的中间单击添加一个锚点，并向左拖动锚点，使直线变为弧线，如图11-70所示。

图11-70　添加并调整锚点

Step 3 ▶ 选择“钢笔工具”，将鼠标光标放在第二条直线末尾的锚点上，将其拖动到与线条开始处相同的位置，如图11-71所示。

图11-71　移动锚点

Step 4 ▶ 选择“添加锚点工具”，在第二条直线上添加一个锚点并向左拖动，使两条弧线之间隔一段距离，组成月亮形状，如图11-72所示。

图11-72　添加并调整锚点

技巧秒杀

使用“钢笔工具”绘制图形时，按住Shift键可绘制水平或垂直的直线段。

2. 绘制矩形并转换为菱形

在“字幕”面板中绘制图形后，还可将其转换为其他形状。

实例操作：绘制矩形并转换为菱形

- 光盘\效果\第11章\转换菱形.prproj
- 光盘\实例演示\第11章\绘制矩形并转换为菱形

本例将新建一个项目文件，并在其中绘制矩形，然后在“字幕属性”面板设置其属性，将其转换为菱形。

Step 1 ▶ 新建项目文件，将其命名为“转换菱形.prproj”，新建“序列01”，在“字幕”面板中选择“矩形工具”，在字幕工作区绘制一个矩形，在“字幕样式”面板中为该矩形应用HoboStd Slant Gold 80样式，如图11-73所示。

读书笔记

图11-73　绘制矩形并应用样式

Step 2 ▶ 在矩形区内添加文字，使用“文字工具”T进行输入，按Enter键进行换行，输入完成后，为文字应用与矩形相同的样式，并调整其大小，如图11-74所示。

图11-74　添加文字

Step 3 ▶ 选择矩形，在“字幕属性”面板中的“图形类型”下拉列表框中选择“填充贝塞尔曲线”选项，选择“钢笔工具”，此时矩形四个角将出现4个锚点，如图11-75所示。

图11-75　设置图形类型

Step 4 ▶ 使用“钢笔工具”单击拖动锚点，使矩形变为菱形，在拖动锚点时可按住Shift键以便水平和垂直变化图形，最终效果如图11-76所示。

图11-76　最终效果预览

3. 将尖角转换为圆角

在绘制图形时，会遇到尖角的图形形状，用户可根据需求，将尖角形状转换为圆角，其方法很简单，使用“转换锚点工具”即可对锚点进行转换，如图11-77所示为将尖角转换为圆角的前后效果。

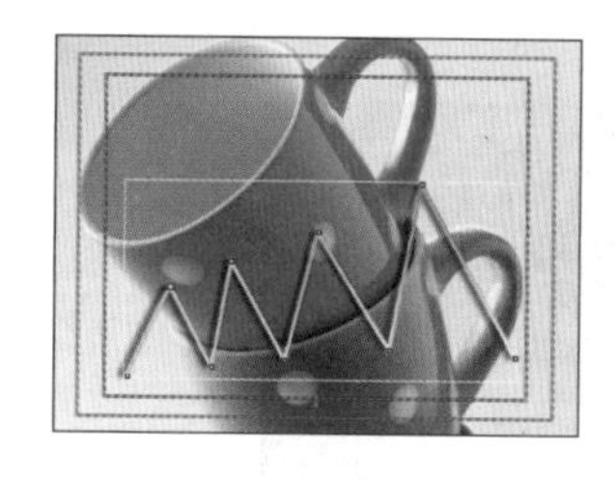
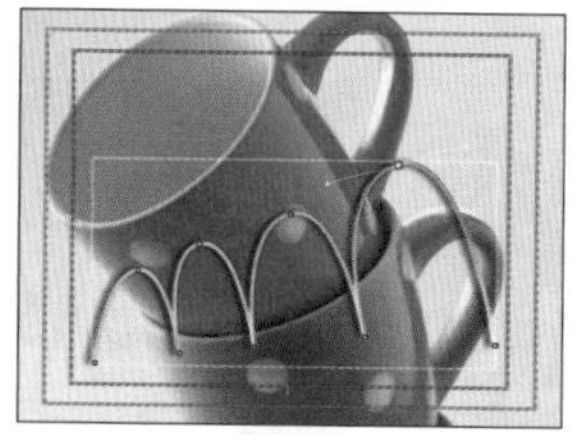

图11-77　将尖角转换为圆角的前后效果

11.4.4 创建图形标记

在Premiere Pro CC中不仅可导入其他软件创建的标记，还可自定义创建标记，其标记可导入字幕中进行使用，以丰富字幕内容。下面就对创建图形标记的知识进行讲解。

实例操作：图形标记

- 光盘\效果\第11章\创建标记.prproj
- 光盘\实例演示\第11章\图形标记

本例将使用“矩形工具”、“文字工具”T、“圆矩形工具”、“椭圆工具”和“旋转工具”等工具创建按钮标记。

Step 1 ▶ 新建“创建标记.prproj”项目文件，打开“字幕”面板，选择“圆矩形工具”，在字幕工作区绘制一个圆角矩形，在“填充类型”下拉列表框中选择“四色渐变”选项，其四种颜色分别为白色、#5B930C、#C0D161和#2F752D，效果如图11-78所示。

图11-78　创建圆角矩形

Step 2 ▶ 选择绘制的圆角矩形，依次按Ctrl+C快捷键和Ctrl+V快捷键，复制圆角矩形，按住Alt键缩小复制的矩形，其渐变颜色分别为#79BA3A、#D7FBD6、#51800E和#9ABF38，效果如图11-79所示。

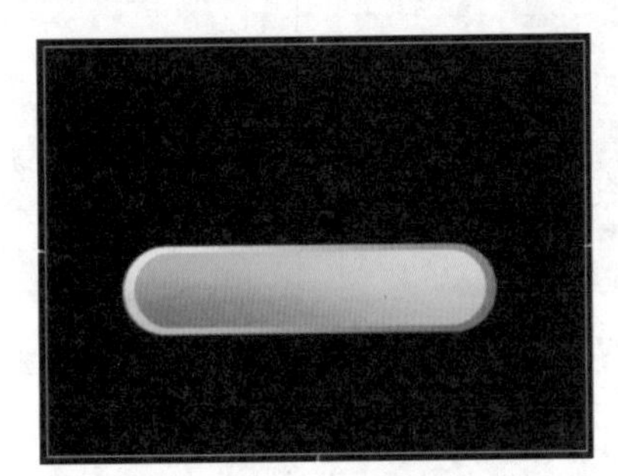

图11-79　复制圆角矩形

Step 3 ▶ 选择“矩形工具”，在绘制的图形中心绘制矩形，设置其“填充类型”为“线性渐变”，其渐变颜色为#F3F8CD和#DDFAB0，为该矩形添加“内描边”效果，设置其“大小”为3，内描边颜色为#4C0813，效果如图11-80所示。

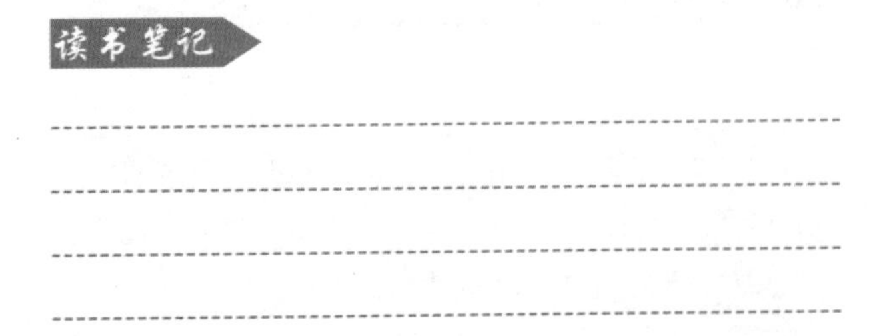

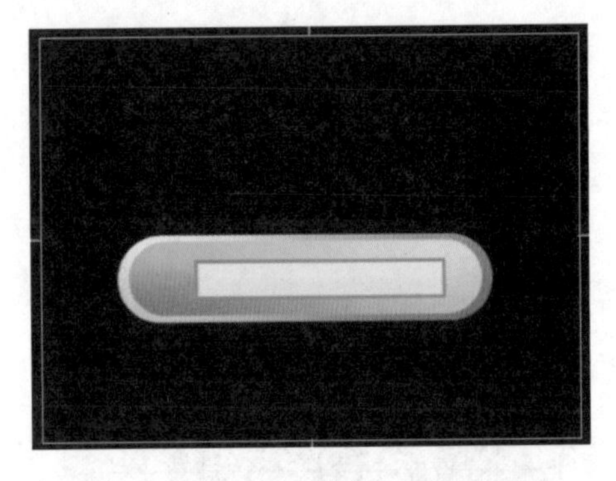

图11-80　绘制矩形

Step 4 ▶ 使用“椭圆工具”，按住Shift键，绘制正圆，设置其“填充类型”为“径向渐变”，其渐变颜色为#52840C和#274512，为该矩形添加“内描边”效果，设置其“大小”为3，内描边颜色为#646F34，效果如图11-81所示。

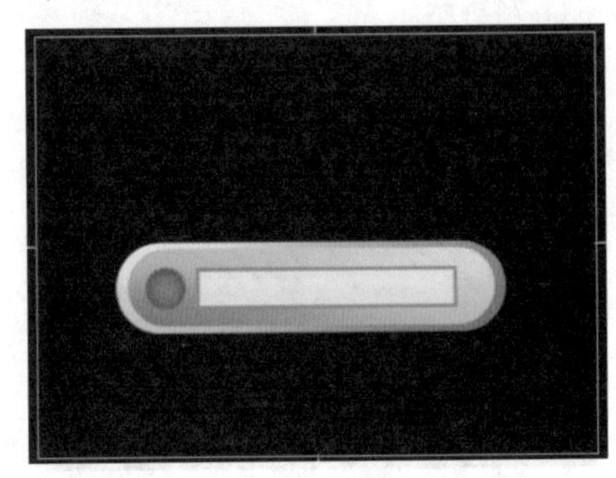

图11-81　绘制圆形

Step 5 ▶ 选择“楔形工具”绘制黑色的三角形，使用“旋转工具”，按住Shift键对其进行旋转，选择“文字工具”输入“爱护环境”文本，其属性如图11-82所示。

字幕属性 ×

▼ 属性	
字体系列	方正兰亭粗黑_GBK
字体样式	Regular
字体大小	25.0
方向	139.7 %
行距	0.0
字偶间距	7.0
字符间距	8.0
基线位移	0.0
倾斜	0.0 °
小型大写字母	☑
小型大写字母大小	100.0 %
下划线	☐
▶ 扭曲	
▼ ☑ 填充	
填充类型	实底
颜色	
不透明度	100 %

图11-82　文本输入设置

技巧秒杀

在“字幕工具”栏中选择“旋转工具”，将鼠标光标移动至字幕对象上，当光标变为形状时，直接拖动鼠标也可以对字幕对象进行旋转操作。

Step 6 设置完成后，即可预览最终效果，如图11-83所示。

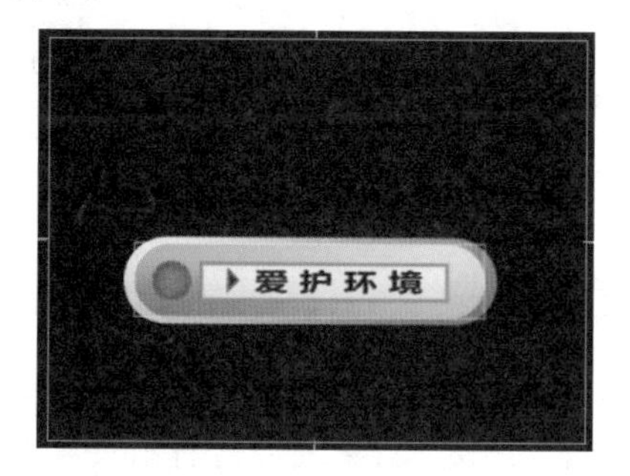

图11-83　预览最终效果

技巧秒杀

在文字中插入图像时，需要先将鼠标光标定位到需要插入的位置。

11.4.5 插入标记

在进行文字输入的过程中，可以在文字中插入图形标记，以丰富文本的内容，也可以直接在字幕对象中插入一张图形作为标记，其方法是：选择“字幕”/“图形”/“插入图形”命令，打开“导入图形”对话框，在其中选择需要的图像文件，然后单击按钮即可导入图像，如图11-84所示为插入图形前后的效果。

图11-84　插入图形前后的效果

技巧秒杀

将鼠标光标定位到动态字幕中，选择“字幕”/“图形”/“将图形插入到文本中”命令，可以在动态字幕中插入图形标记。

11.5 编辑字幕和图形对象

在字幕中添加文本或插入图形后，若它们不符合影片的需求，还可对其对象进行编辑，使其更符合影片的需要，如移动、缩放、旋转和排列等操作，下面对这些知识进行介绍。

11.5.1 移动字幕和图形对象

在字幕工作区中创建好字幕对象后，可以根据需要将字幕移动到需要的位置，移动字幕的方法有多种，主要包括通过“字幕属性”面板移动、鼠标拖动和通过菜单命令移动等方法。

1. 通过“字幕属性”面板移动字幕

在“字幕”面板中选择需要移动的对象，在“字幕属性”面板的“变换”栏中的“X位置”和“Y位置”的数值框中输入字幕对象的坐标位置，即可对其进行移动操作，如图11-85所示为在“字幕属性”面板中进行字幕移动前后的效果。

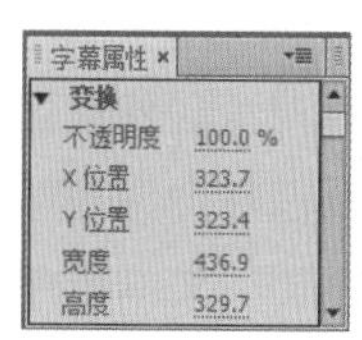

图11-85　通过“字幕属性”面板移动字幕

2. 通过拖动鼠标移动字幕

移动字幕最简单的方法是使用鼠标拖动字幕，该方法的缺点是不能准确知道字幕对象所在的坐标位置。可以在字幕工作区中选择需要进行移动的字幕对象，直接将其拖动到目标位置后释放鼠标即可。

3. 通过菜单命令移动字幕

在字幕工作区中选择需要移动的对象，在菜单栏中选择“字幕”/“变换”/“位置”命令，在打开的“位置”对话框中的“X位置”和“Y位置”文本框中输入新的坐标位置，然后单击确定按钮即可，如图11-86所示。

图11-86　通过菜单命令移动字幕

11.5.2 缩放字幕和图形对象

如果要对创建的字幕对象的大小进行设置，可以在“字幕属性”面板的“宽度”和“高度”数值框中输入对象的宽、高值进行定义。如果需要对对象进行缩放操作，则可以使用以下两种方法。

1. 通过拖动鼠标缩放字幕

选择需要缩放的对象，然后将鼠标光标移动到对象四周的8个控制点上，拖动鼠标即可对字幕对象进行缩放操作，在拖动过程中可按住Shift键进行等比例缩放。

2. 通过菜单命令缩放字幕

在字幕工作区中选择要缩放的字幕对象，然后选择“字幕”/“变换”/“缩放”命令，打开“缩放”对话框，选中⊙一致单选按钮，在“缩放”文本框中输入放大或缩小的比例，然后单击确定按钮即可等比例缩放对象。选中⊙不一致单选按钮，则可分别在“水平”和“垂直”文本框中输入水平和垂直的缩放比例，然后单击确定按钮进行非等比例缩放，如图11-87所示。

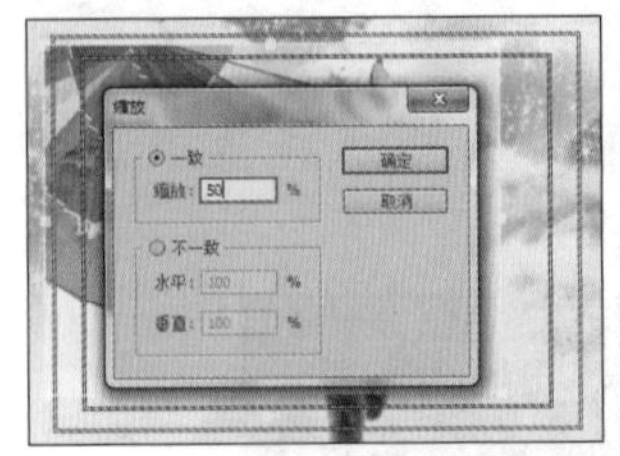

图11-87　通过菜单命令缩放字幕对象

技巧秒杀

如果是对通过“文字工具”T或“垂直文字工具”IT输入的文本字幕对象进行缩放操作，则应尽量避免使用缩放文本框的方法来缩放字幕，因为这样很容易使文字变形。

11.5.3 旋转字幕和图形对象

在添加字幕对象后，可能会对其进行旋转操作，使字幕对象与视频更加融洽和谐。旋转字幕也可通过拖动鼠标和菜单命令两种方法来实现，下面分别进行讲解。

- **拖动鼠标进行旋转：**选择需要旋转的对象，将鼠标光标移动到对象4个角的外侧，当光标变为带箭头的弧线形状时（如形状），拖动鼠标即可旋转对象，如图11-88所示。

图11-88　拖动鼠标旋转对象

◆ 菜单命令旋转：在字幕工作区中选择需要旋转的对象，选择"字幕"/"变换"/"旋转"命令，打开"旋转"对话框，在"角度"数值框中输入角度值，单击 确定 按钮即可，如图11-89所示。

图11-89　通过菜单命令旋转对象

11.5.4 排列字幕和图形对象

如果一个字幕文件中包含多个字幕对象，且字幕对象有部分重叠时，用户可以对其排放位置进行调整，使其整齐有序，其方法是：选择需要进行排列的字幕，选择"字幕"/"排列"命令，在弹出的子菜单中选择需要排列的命令即可，如图11-90所示，其排列后的效果如图11-91所示。

图11-90　"排列"子菜单

图11-91　排列图形

读书笔记

11.6 制作动态字幕

在Premiere Pro CC中不仅可创建静态的文本，为了使文本更加生动，还可创建动态文本。用户可根据自己的需要创建滚动字幕或游动字幕，下面讲解制作滚动字幕、游动字幕和编辑动态字幕等知识。

11.6.1 制作滚动字幕

在影片开始或结束时，可使用滚动字幕使文字在屏幕上滚动。在工作界面中选择"字幕"/"新建字幕"/"默认滚动字幕"命令即可进行创建。

实例操作：创建滚动字幕

- 光盘\素材\第11章\滚动字幕.prproj
- 光盘\效果\第11章\滚动字幕.prproj
- 光盘\实例演示\第11章\创建滚动字幕

本例将在“滚动字幕.prproj”动态字幕中输入滚动字幕文本，并返回“节目监视器”面板中预览字幕的播放效果。

Step 1 ▶ 打开“滚动字幕.prproj”项目文件，选择“字幕”/“新建字幕”/“默认滚动字幕”命令，打开“新建字幕”对话框，在“名称”文本框中为新字幕命名，单击 确定 按钮创建新字幕，如图11-92所示。

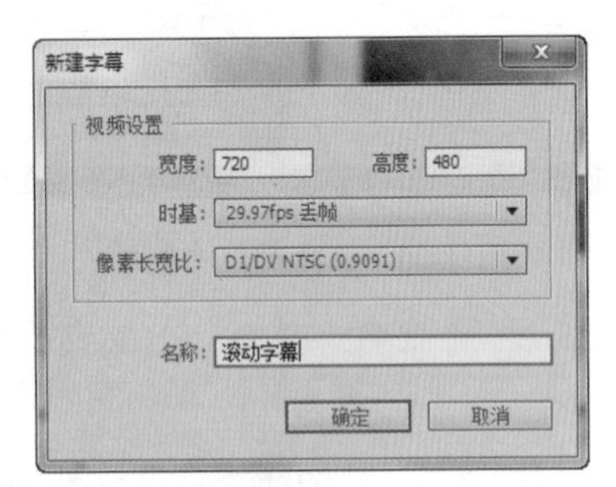

图11-92 “新建字幕”对话框

Step 2 ▶ 打开“字幕”面板，选择一个文本工具，输入文本，调整文本框的大小并移动其位置，然后对输入的文字属性进行设置，其效果如图11-93所示。

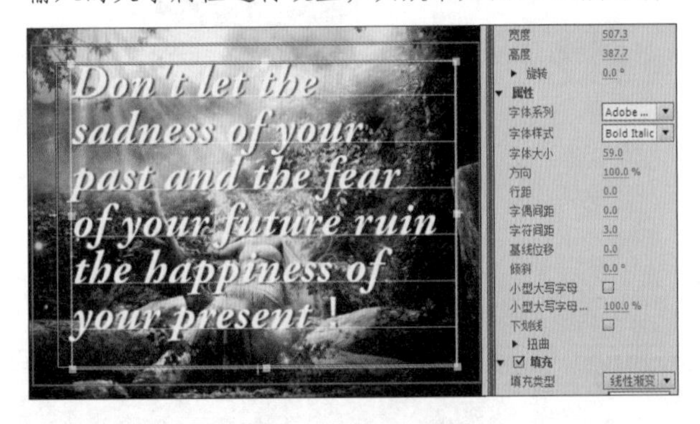

图11-93 输入文本

Step 3 ▶ 单击“滚动/游动选项”按钮，打开“滚动/游动选项”对话框，选中 向右游动 单选按钮，并选中 开始于屏幕外 复选框，在“过卷”数值框中输入40，单击 确定 按钮关闭对话框，如图11-94所示。

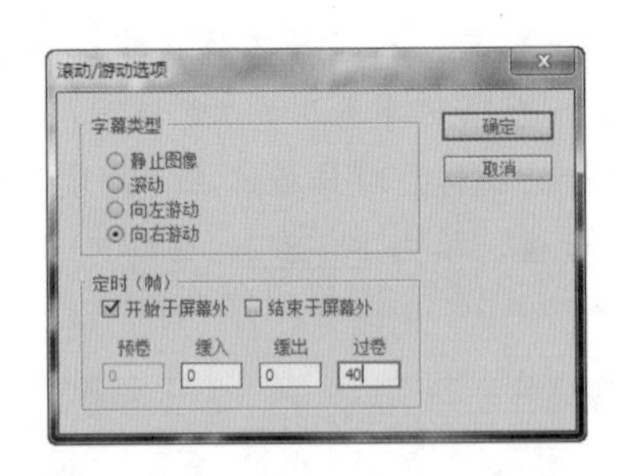

图11-94 “滚动/游动选项”对话框

Step 4 ▶ 关闭“字幕”面板，在“项目”面板中将看到创建的滚动字幕，将其拖动至“时间轴”面板中的“视频2”轨道中，如图11-95所示。

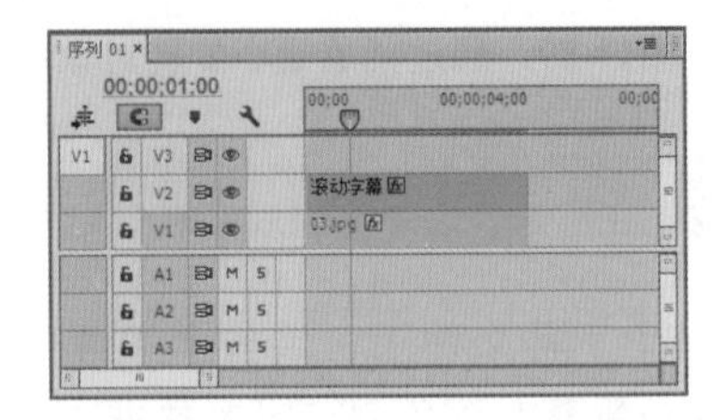

图11-95 拖动至“时间轴”面板

Step 5 ▶ 在“节目监视器”面板中单击“播放/停止切换”按钮 ▶ 对项目文件进行播放预览，效果如图11-96所示。

图11-96 最终效果预览

技巧秒杀

创建静态字幕后，可以在“字幕”面板中单击“滚动/游动选项”按钮，在打开的对话框中选中 滚动、 向左游动 或 向右游动 单选按钮，快速将静态字幕转换为动态字幕。

11.6.2 制作游动字幕

制作游动字幕的方法和制作滚动字幕的方法相

同，只需选择“字幕”/“新建字幕”/“默认游动字幕”命令即可，其效果如图11-97所示。

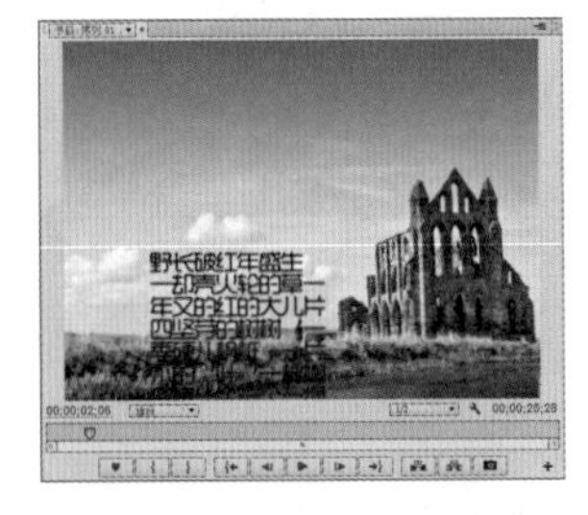
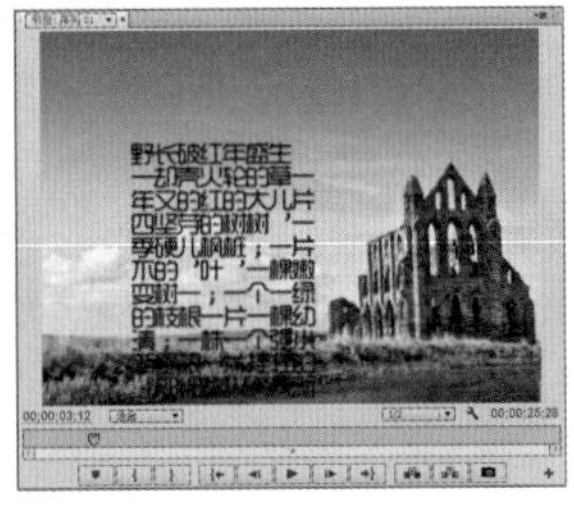

图11-97 预览游动字幕

11.6.3 编辑动态字幕

创建默认的动态字幕后，如果字幕运动的速度和结束的位置不符合需要，可对字幕进行编辑，只需在“字幕”面板中单击“滚动/游动选项”按钮，打开“滚动/游动选项”对话框，在其中更改设置即可，如图11-98所示。

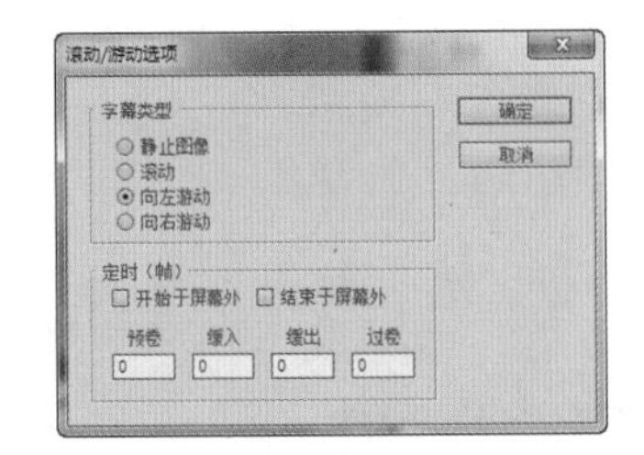

图11-98 “滚动/游动选项”对话框

知识解析：“滚动/游动选项”对话框

- 静止图像单选按钮：选中该单选按钮，可将字幕转换为静态字幕。
- 滚动单选按钮：选中该单选按钮，可将字幕转换为滚动字幕。
- 向左游动单选按钮：选中该单选按钮，可将字幕转换为从右向左的游动字幕。
- 向右游动单选按钮：选中该单选按钮，可将字幕转换为从左向右的游动字幕。
- 开始于屏幕外复选框：选中该复选框，可以使滚动或游动效果从屏幕外开始。
- 结束于屏幕外复选框：选中该复选框，可以使滚动或游动效果到屏幕外结束。
- 预卷：用于设置在动作开始之前使字幕静止不动的帧数。
- 缓入：用于设置字幕滚动或游动的速度逐渐增加到正常播放速度时，在该数值框中输入加速过渡的帧数。
- 缓出：用于设置字幕滚动或游动的速度逐渐减小到直至静止不动时，在该数值框中输入减速过程中的帧数。
- 过卷：如果用户希望在动作结束后文字静止不动，可在该数值框中输入数值，用于设置文字在动作结束之后静止不动的帧数。

知识大爆炸——载入管理字幕样式

在Premiere Pro CC中还可应用硬盘上的字幕样式，但应用该字幕样式之前，需要将字幕样式先载入字幕样式库。

在“字幕样式”面板中单击右上角的按钮，在弹出的下拉列表中选择“追加样式库”选项，打开“打开样式库”对话框，选择需要载入的样式后，单击打开(O)按钮，即可将选择的样式载入样式库，在“字幕样式”面板中可查看载入的样式，单击即可应用该样式。

在“字幕样式”面板中还可对字幕样式进行管理，如将不再使用的样式进行删除，对样式进行复制或重命名操作，还可对样式的显示方式等进行修改。

在“字幕样式”面板中选择需要进行操作的样式，单击右上角的按钮，在弹出的下拉选项中选择需要的选项，即可对字幕样式进行相应的操作。选择“编辑”/“首选项”/“字幕”命令，在打开的对话框的“样式色板”栏中可设置样式中字符的显示方式。

运动特效制作

本章导读

在Premiere Pro CC中还可添加运动效果，使作品看起来更具活力。制作运动效果可通过“效果控件”面板上的“运动”控件来完成。本章将对使用关键帧控制特效、创建运动效果和应用运动控件等知识进行讲解。

12.1 创建运动效果

前面的内容中讲解了“运动”特效的部分操作，如缩小素材、移动素材在画面中的位置等知识，本节将对“运动”特效中的各种参数设置、创建动画效果等知识进行详细讲解。

12.1.1 认识运动效果

运动效果是Premiere Pro CC中每个素材都具备的属性，用户可在素材对应的“效果控件”面板中对参数进行查看和设置，如图12-1所示。当单击“运动”栏前的▶按钮时，可在展开的列表中查看到运动效果所包含的各项参数。

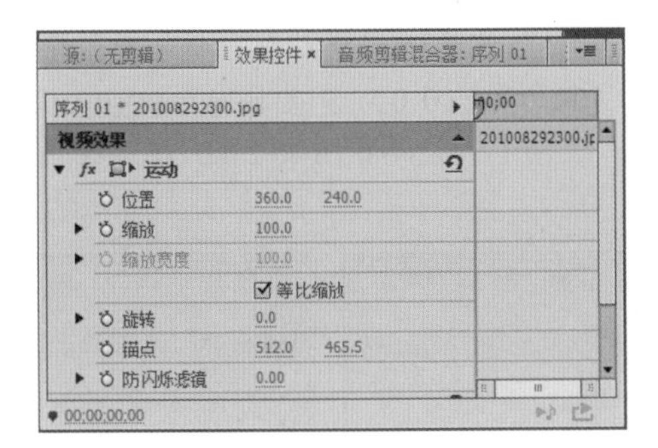

图12-1　“运动”栏参数

1. 位置

“位置”栏用于设置素材在画面中的位置，其有两个值，分别用于定位素材在画面中的水平和垂直坐标。

实例操作：制作位置运动效果

- 光盘\素材\第12章\森林.jpg、fly.gif
- 光盘\效果\第12章\位置运动.prproj
- 光盘\实例演示\第12章\制作位置运动效果

本例将在“位置运动.prproj”项目中通过对位置的关键帧进行设置，创建出位置运动的效果。

Step 1 新建“位置运动.prproj”项目文件，并新建“序列01”，按Ctrl+I快捷键，在打开的“导入”对话框中选择“森林.jpg”、fly.gif素材，将素材导入至“项目”面板中，将“森林.jpg”素材拖动至“视频1”轨道上，将fly.gif素材拖动至“视频2”轨道上，如图12-2所示。

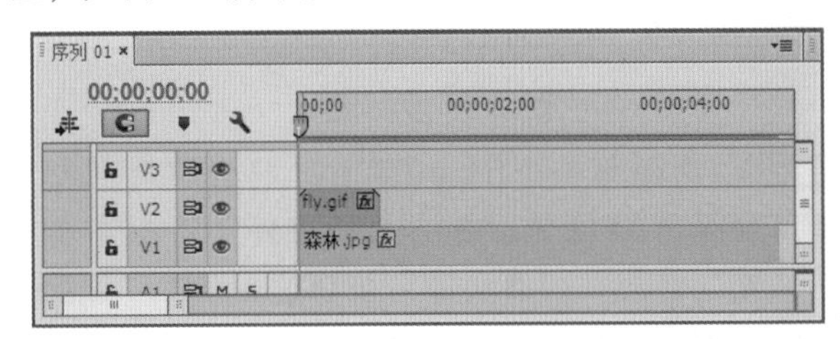

图12-2　导入素材

Step 2 选择“森林.jpg”素材，在“效果控件”面板中设置“位置”为311.4和252.0，“缩放”为73.0，如图12-3所示。

图12-3　设置参数

Step 3 选择fly.gif素材，在“效果控件”面板中设置“缩放”为150.0，如图12-4所示。

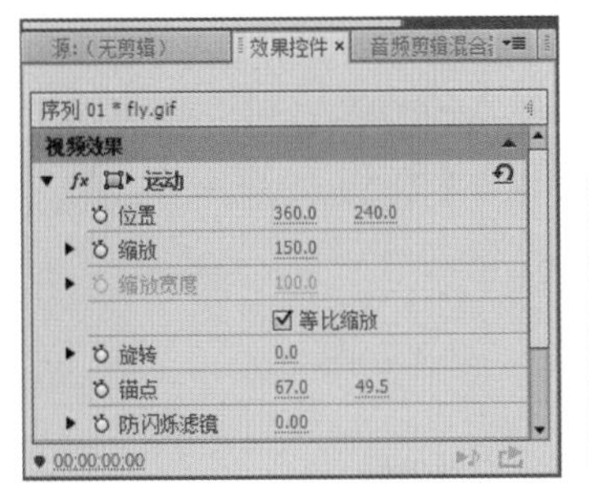

图12-4　设置参数

Step 4 选择fly.gif素材，按住Alt键向后拖动进行复制，并使其与fly.gif素材相邻，进行3次复制，并拖动“森林.jpg”素材，使其与复制的fly.gif素材结尾处对齐，如图12-5所示。

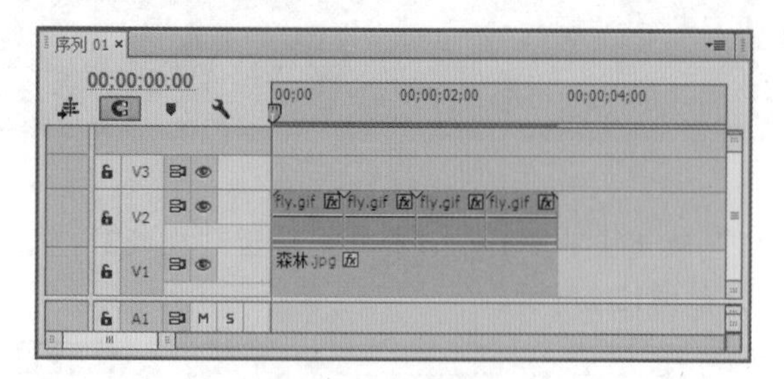

图12-5　复制素材

Step 5 选择第一个fly.gif素材，将当前时间指示器移动至开始位置，在“效果控件”面板中单击“位置”前的“切换动画”按钮，设置“位置”为100.0和240.0，设置时间为00;00;00;25，设置“位置”为200.0和230.0，如图12-6所示。

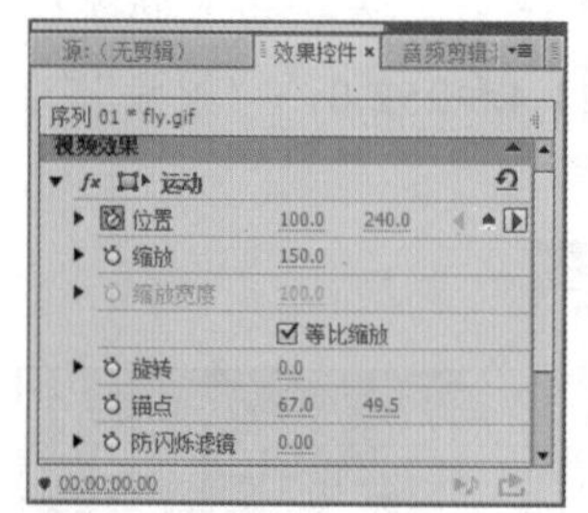

图12-6　设置参数

Step 6 选择第二个fly.gif素材，将当前时间指示器移动至00;00;00;26位置，在“效果控件”面板中单击“位置”前的“切换动画”按钮，设置“位置”为200.0和230.0，设置时间为00;00;01;21，设置“位置”为300.0和220.0，如图12-7所示。

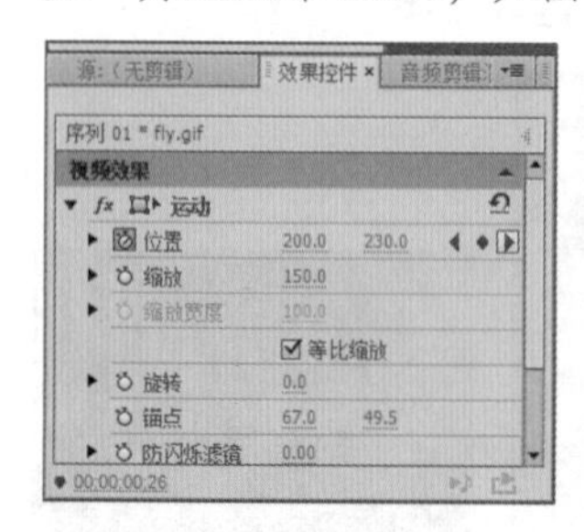

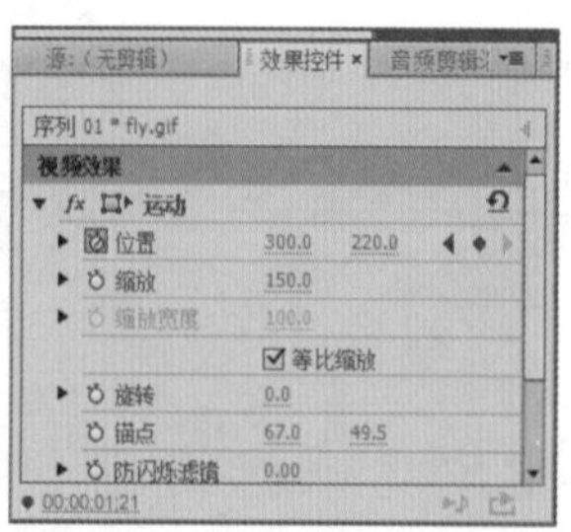

图12-7　设置参数

Step 7 选择第三个fly.gif素材，将当前时间指示器移动至00;00;01;22位置，在“效果控件”面板中单击“位置”前的“切换动画”按钮，设置“位置”为300.0和220.0，设置时间为00;00;02;16，设置“位置”为400.0和210.0，如图12-8所示。

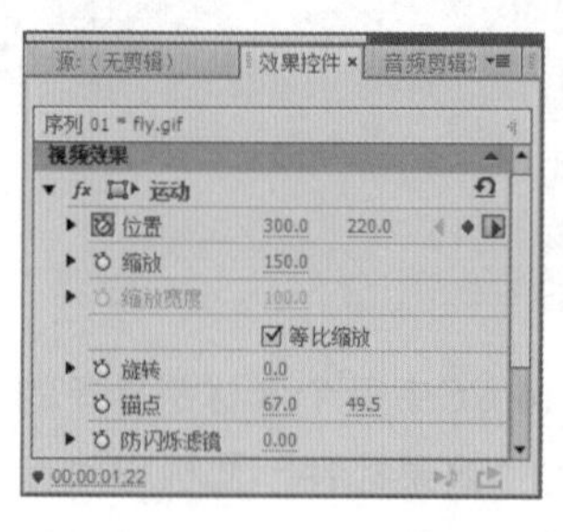

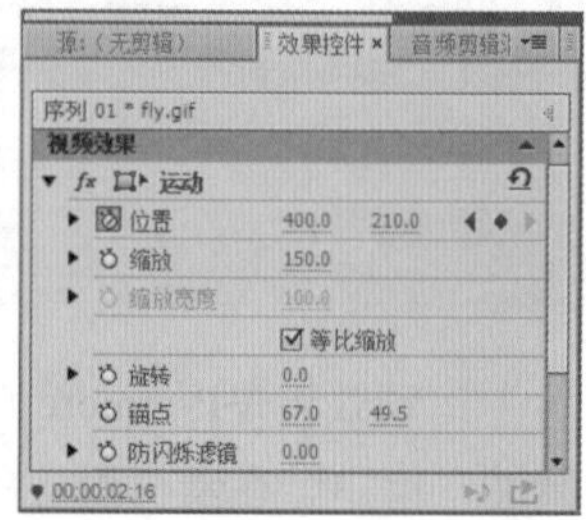

图12-8　设置参数

Step 8 选择第一个fly.gif素材，将当前时间指示器移动至00;00;02;17位置，在“效果控件”面板中单击“位置”前的“切换动画”按钮，设置“位置”为400.0和210.0，设置时间为00;00;03;12，设置“位置”为500.0和200.0，如图12-9所示。

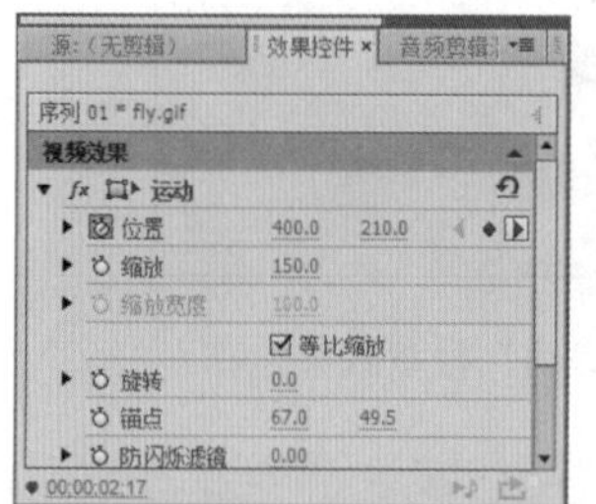

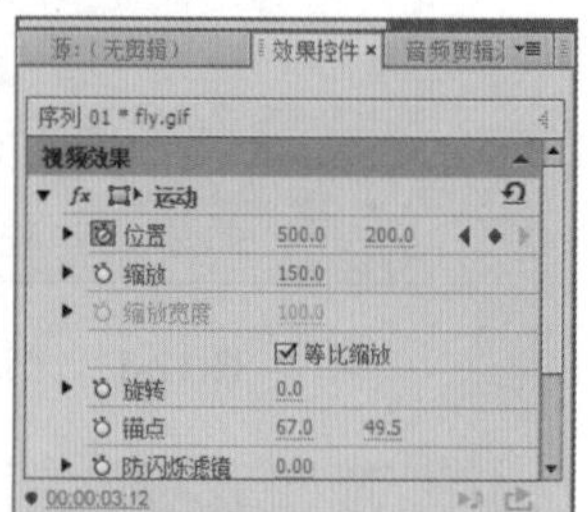

图12-9　设置参数

Step 9 设置完成后，在“节目监视器”面板中单击“播放/停止切换”按钮，可对位置运动效果进行查看，如图12-10所示。

图12-10　效果查看

2. 缩放

“缩放”栏可用于设置素材在画面中显示的大小，只需选中☑等比缩放复选框，在“缩放”数值框中输入缩放的大小即可，默认状态下为100。当取消选中其下方的□等比缩放复选框时，可分别对素材的宽度和高度的比例进行设置。

实例操作：制作缩放运动效果

- 光盘\素材\第12章\缩放运动.prproj
- 光盘\效果\第12章\缩放运动.prproj
- 光盘\实例演示\第12章\制作缩放运动效果

本例将在“缩放运动.prproj”项目中通过对素材缩放的关键帧进行设置，创建出缩放运动的效果。

Step 1 ▶ 打开“缩放运动.prproj”项目文件，此时在“时间轴”面板的“视频1”和“视频2”轨道上已导入素材，如图12-11所示。

图12-11　打开项目文件

Step 2 ▶ 选择“视频2”轨道上的“熊.psd”素材，将当前时间指示器移动至开始位置，在“效果控件”面板中单击“缩放”前的“切换动画”按钮，创建关键帧，设置“缩放”为90.0，如图12-12所示。

图12-12　创建关键帧

Step 3 ▶ 将当前时间指示器移动至结尾位置处，在“效果控件”面板中设置“缩放”为170.0，如图12-13所示。

图12-13　创建关键帧

Step 4 ▶ 设置完成后，在“节目监视器”面板中单击“播放/停止切换”按钮▶，可对缩放运动效果进行查看，如图12-14所示。

图12-14　效果查看

3. 旋转

“旋转”栏可用于对素材在画面中旋转的角度进行设置。

实例操作：制作旋转运动效果

- 光盘\素材\第12章\旋转运动.prproj
- 光盘\效果\第12章\旋转运动.prproj
- 光盘\实例演示\第12章\制作旋转运动效果

本例将在“旋转运动.prproj”项目中通过对素材旋转的关键帧进行设置，创建出旋转运动的效果。

Step 1 ▶ 打开“旋转运动.prproj”项目文件，此时在“项目”面板中已经导入素材“背景.jpg”和“花.psd”，如图12-15所示。

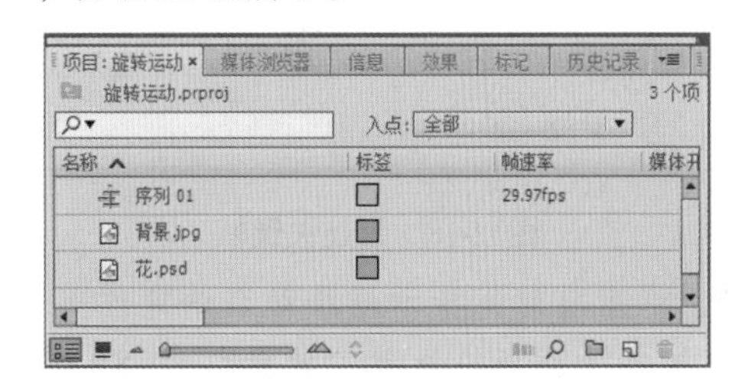

图12-15　打开项目文件

Step 2 将“背景.jpg”素材拖动至“时间轴”面板的“视频1”轨道，在“效果控件”面板中设置“缩放”为107.0，如图12-16所示。

图12-16　设置参数

Step 3 将“花.psd”素材拖动至“时间轴”面板的“视频1”轨道，在“效果控件”面板中设置“缩放”为50.0，如图12-17所示。

图12-17　设置参数

Step 4 选择“视频2”轨道的“花.psd”素材，将当前时间指示器移动至开始位置，在“效果控件”面板中单击“旋转”前的“切换动画”按钮，创建关键帧，设置“缩放”为50.0，如图12-18所示。

图12-18　创建关键帧

Step 5 将当前时间指示器移动至结尾位置处，在“效果控件”面板中设置“旋转”为180.0°，如图12-19所示。

图12-19　设置旋转参数

Step 6 设置完成后，在“节目监视器”面板中单击“播放/停止切换”按钮，可对旋转运动效果进行查看，如图12-20所示。

图12-20　效果查看

> **技巧秒杀**
>
> “锚点”栏可用于设置素材旋转的中心点。“防闪烁滤镜”栏可用于设置因过度曝光而影响作品的效果。它们都可通过“效果控件”面板设置关键帧，其设置方法与设置“位置”和“缩放”的方法相同。

12.1.2 创建关键帧动画效果

为素材或字幕制作动画后，可为其添加一些特效，如修改透明度，使其成为透明状态，或对对象的播放速度进行调整等，使视频达到更加满意的效果。

1. 设置素材的透明度

在“效果控件”面板中还包含了“不透明度”控件和“时间重映射”控件。

单击“不透明度”栏前的按钮，展开其各项参数，在“不透明度”数值框输入数值，可对素材的透明度进行设置，在“混合模式”下拉列表框中可对素材的混合模式进行设置。

（1）在“效果控件”面板中设置透明度关键帧

将素材导入至“时间轴”面板中，将当前时间指示器移动至素材的起点处，单击“不透明度”栏的“切换动画”按钮，创建第一个关键帧，此时设置不透明度为100，将时间指示器移动至素材的结束处，此时设置不透明度为0，创建第二个关键帧，在“节目监视器”面板中对其效果进行预览，如图12-21所示。

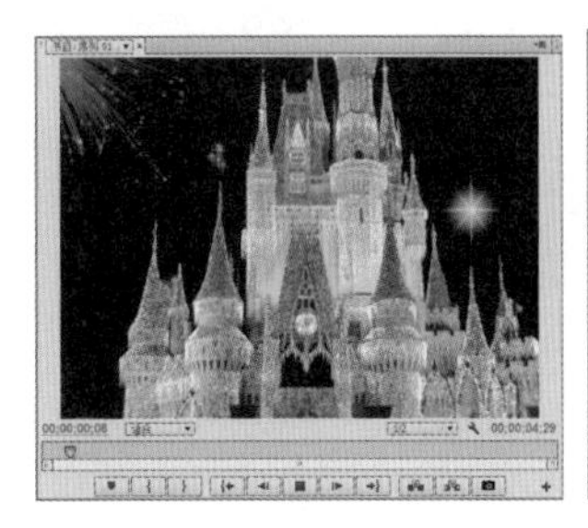
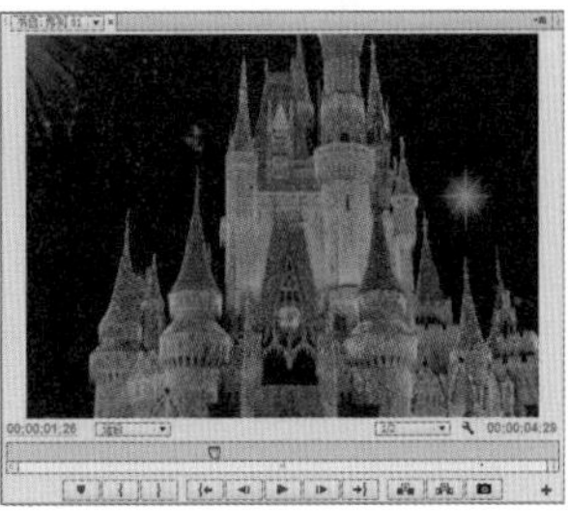

图12-21　通过“效果控件”面板设置透明度

（2）在“时间轴”面板中设置透明度关键帧

在“时间轴”面板中也可对透明度的关键帧进行设置。将当前时间指示器移动至素材的起点处，单击“添加/移除关键帧”按钮，创建第一个关键帧，将时间指示器移动至素材的结束处，单击“添加/移除关键帧”按钮，创建第二个关键帧。

选择“选择工具”上下拖动“时间轴”面板中的关键帧，对素材透明度进行调整，向上拖动关键帧可使素材的透明度增加，反之，向下拖动关键帧可使素材的透明度降低，如图12-22所示。

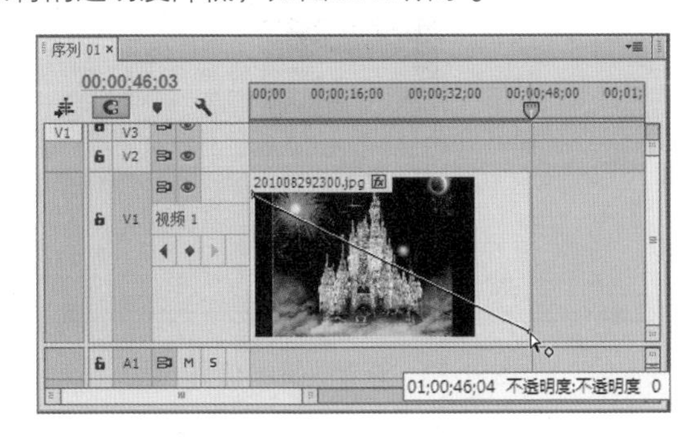

图12-22　通过“时间轴”面板设置透明度

技巧秒杀

在选择关键帧时，按住Shift键可同时选择多个关键帧。

2. 重映射素材的时间

“时间重映射”控件可设置素材的播放速度。设置素材的播放速度包括通过关键帧设置其加速或减速效果，还可实现倒放和静帧等效果。

实例操作：设置播放速度

- 光盘\素材\第12章\设置播放速度.prproj
- 光盘\效果\第12章\设置播放速度.prproj
- 光盘\实例演示\第12章\设置播放速度

本例将在“设置播放速度.prproj”项目中设置素材的播放速度。

Step 1 ▶ 打开“设置播放速度.prproj”项目文件，此时在“时间轴”面板的“视频1”轨道上已经添加好素材文件，在“效果控件”面板中单击“添加/移除关键帧”按钮，为素材添加关键帧，如图12-23所示。

图12-23　创建关键帧

读书笔记

Step 2 ▶ 单击“速度”前的▶按钮，展开“速度”选项，在速率线控件上调整素材的速度，如图12-24所示。

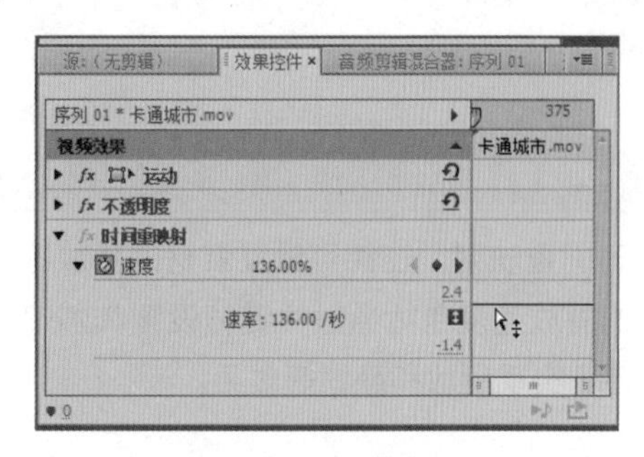

图12-24　调整速度

Step 3 ▶ 将时间指示器移动至想要调整速度的位置，单击“添加/移除关键帧”按钮◆，为素材添加第二个关键帧，在“效果控件”面板中拖动速率线，对播放速度进行调整，如图12-25所示。

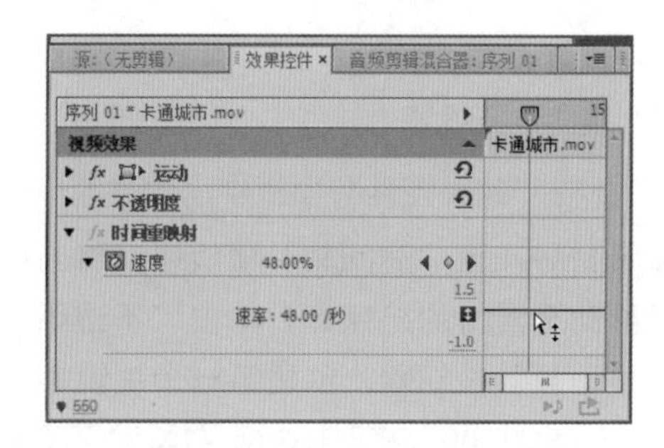

图12-25　添加第二个关键帧

Step 4 ▶ 在“节目监视器”面板中对设置速度后的效果进行查看，如图12-26所示。

图12-26　效果预览

12.2 使用关键帧控制特效

在视频制作过程中，可通过对关键帧的操作创建更多运动的效果，如移动、添加、复制、粘贴或删除关键帧，还可通过对关键帧的操作创建运动路径。下面将对移动关键帧、复制与粘贴关键帧和指定关键帧的插入方法等知识进行讲解。

12.2.1 移动关键帧

在添加了关键帧后，可对该关键帧进行移动操作，移动关键帧主要通过“效果控件”面板或“时间轴”面板进行，在“节目监视器”面板中还可对其移动运动路径进行查看。

实例操作：移动关键帧的位置

- 光盘\素材\第12章\飞舞.prproj
- 光盘\效果\第12章\飞舞.prproj
- 光盘\实例演示\第12章\移动关键帧的位置

本例将在“飞舞.prproj”项目中移动关键帧的位置，并在“节目监视器”面板中查看其移动路径。

Step 1 ▶ 打开“飞舞.prproj”项目文件，将鼠标光标放在想要移动的关键帧上，光标会显示其在时间轴上的位置，如图12-27所示。

图12-27　查看关键帧信息

Step 2 ▶ 单击关键帧，将其拖动至新的位置，如图12-28所示。

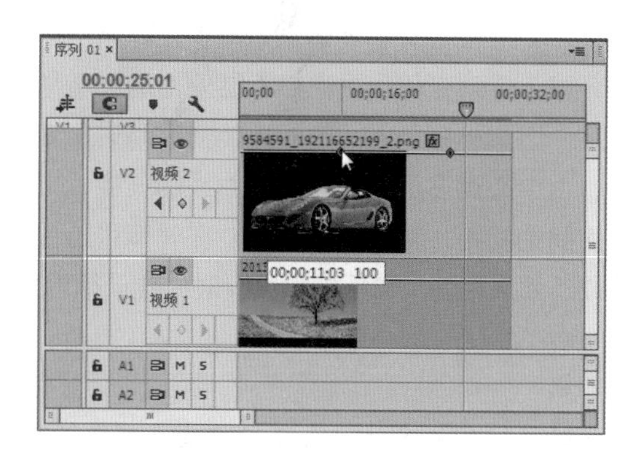

图12-28　移动关键帧

Step 3 ▶ 在“节目监视器”面板中查看运动路径，如图12-29所示。

图12-29　查看运动路径

技巧秒杀

如果移动关键帧的运动路径是以每一个像素的方式，可按键盘上的方向箭头键。如果移动关键帧的运动路径是以每5个像素的方式，可按住Shift键并按键盘上的方向箭头键。

12.2.2 复制与粘贴关键帧

用户不仅可对关键帧进行移动操作，还可复制与粘贴关键帧，将其复制到时间轴中的另一个位置。

选择一个关键帧，选择“编辑”/“复制”命令，将时间指示器移动至新的位置，选择“编辑”/“粘贴”命令，即可将关键帧粘贴到新的时间指示器处，如图12-30所示。

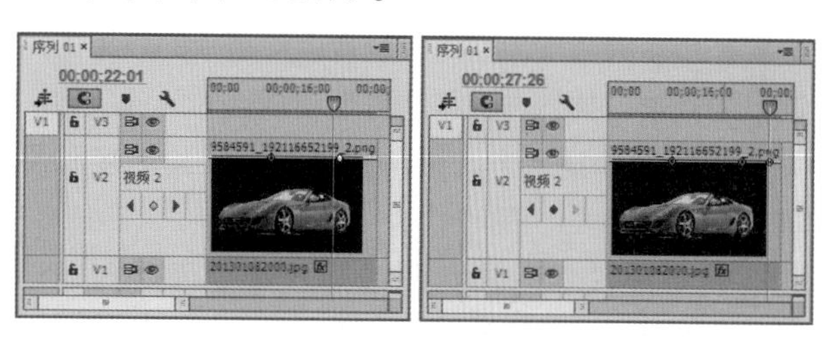

图12-30　复制关键帧

12.2.3 指定关键帧的插入方法

在两个关键帧之间可使用不同的插入方法，插入的方法不同，运动效果的显示方式也不同。对插入方法进行修改，可对其速度、平滑度和运动路径的形状进行更改。选择“时间轴”面板中的关键帧，右击，在弹出的快捷菜单中选择一种插入方式即可，如图12-31所示。

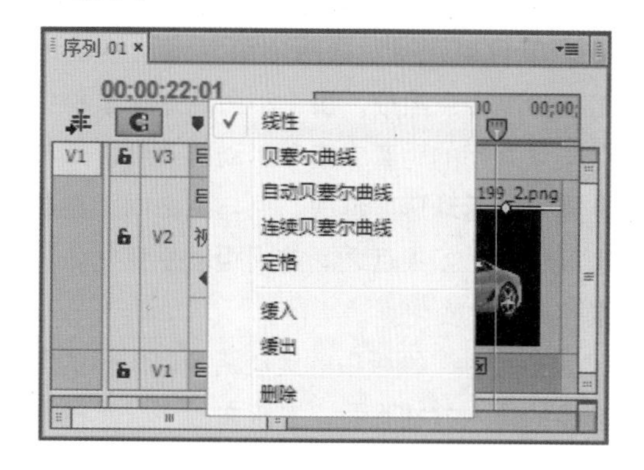

图12-31　选择插入方式

知识解析：“插入方式”菜单

- 线性：选择该插入方法，可插入均匀的运动变化。
- 贝塞尔曲线、自动贝塞尔曲线、连续贝塞尔曲线：该插入方式可创建平滑的运动变化效果。
- 定格：该插入方式可用于创建闸门的效果，还可创建突变的运动变化效果。
- 缓入：该插入方式可创建缓慢的运动变化效果。
- 缓出：该插入方式可创建急速的运动变化效果。
- 删除：可将选择的关键帧进行删除。

1. 线性插入和曲线插入

使用“效果控件”面板中的“位置”控件所得的效果是由多种因素决定的，位置运动路径的效果由关键帧的数量、插入方法和位置运动路径的形状决定。关键帧数量和插入方法影响着运动路径的速度和平滑度。

使用线性插入法和曲线插入法都可插入运动路径，如图12-32所示为使用线性插入法插入的V行路径，如图12-33所示为使用曲线插入法插入的U行路径。

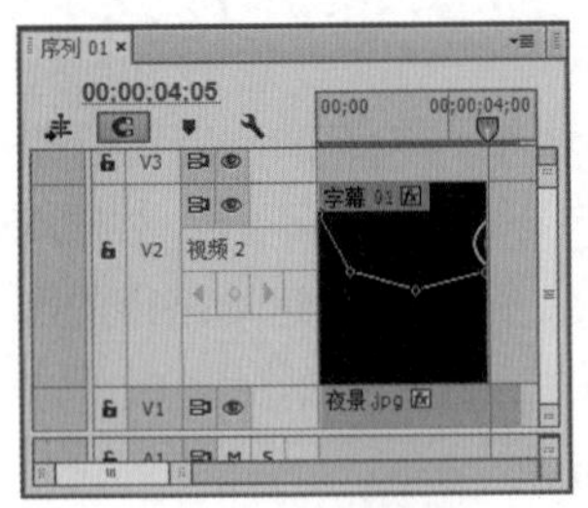

图12-32　线性插入

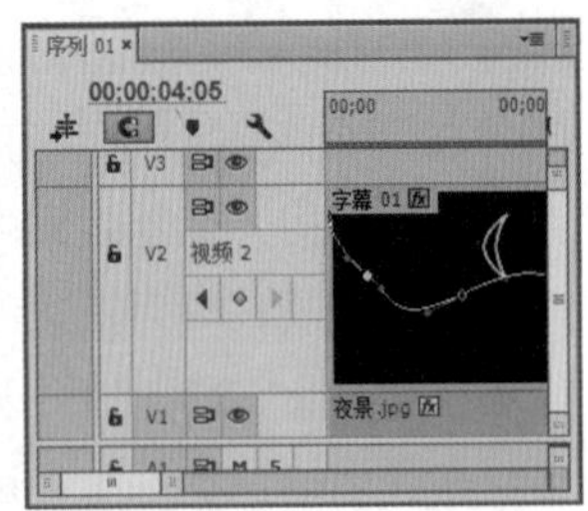

图12-33　曲线插入

在“节目监视器”面板中可对运动路径进行查看。路径由小白点组成，每个小白点是指素材中的一帧。点与点之间的距离决定着运动的速度，点与点之间距离越大，运动速度越快，点与点之间距离越小，运动速度越慢。如果点之间的间距发生变化，其速度也会跟随其发生变化。

“效果控件”面板中的运动路径以图标的形式显示，选择的插入方式不同，在该面板中显示的图标也不同。

2. 使用曲线插入法调整运动路径平滑度

选择曲线插入法后，将出现带手柄的控制曲线，通过调整该曲线可对曲线的平滑度进行调整，如图12-34所示。

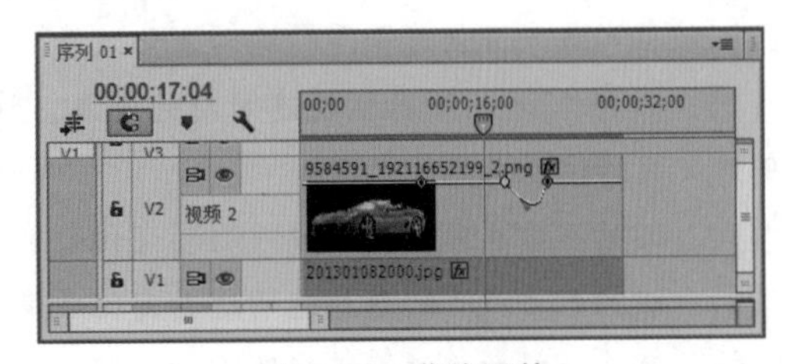

图12-34　曲线调整

向上调整曲线，会使运动急速变化，向下调整曲线，会减小运动变化。由中心点往外拖动可增加曲线的长度，增加小白点之间的间距，使运动速度变快，反之，由中心点往里拖动可缩短曲线的长度，减小小白点之间的间距，减慢运动速度。在“节目监视器”面板或“效果控件”面板中都可以对曲线进行调整。

技巧秒杀

需要对关键帧插入的方式进行更改，可在“时间轴”面板中单击关键帧的同时按住Ctrl键，此时就自动从一种插入法转换为另一种插入法。

3. 使用插入法

通过对插入法的使用，可使用户更加直观地了解插入的工作原理。

实例操作：使用插入法添加路径

- 光盘\素材\第12章\飞翔.prproj
- 光盘\效果\第12章\飞翔.prproj
- 光盘\实例演示\第12章\使用插入法添加路径

本例将在“飞翔.prproj”项目中使用插入法，在“效果控件”面板中对“位置”“缩放”“旋转”等控件进行设置。

Step 1 ▶ 打开“飞翔.prproj”项目文件，选择“视频2”轨道中的素材，将当前时间指示器移动至素材起始位置，在“效果控件”面板中单击“位置”前的“切换动画”按钮，创建一个关键帧，如图12-35所示。

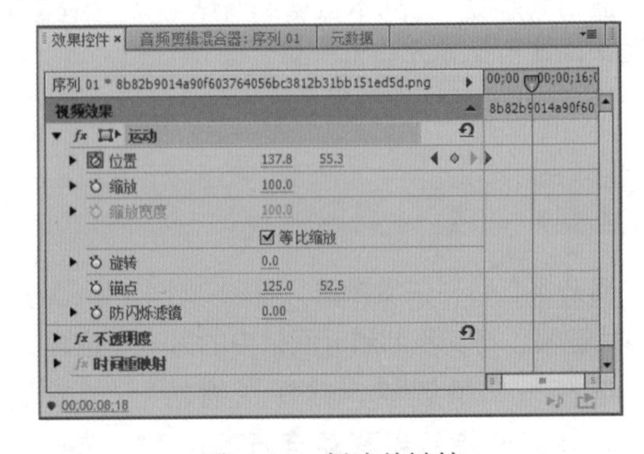

图12-35　创建关键帧

Step 2 ▶ 将当前时间指示器移动至00;00;08;18处，在“节目监视器”面板中将素材移动至面板中下方的位置，创建第二个关键帧，如图12-36所示。

图12-36 创建第二个关键帧

Step 3 ▶ 将当前时间指示器移动至结尾处，在“节目监视器”面板中移动素材至右上角，创建第三个关键帧，如图12-37所示。

图12-37 再次创建关键帧

Step 4 ▶ 在“效果控件”面板中单击“位置”前的▶按钮，显示其位置曲线，选择第二个关键帧，将其插入方式设置为“自动贝塞尔曲线”，如图12-38所示。

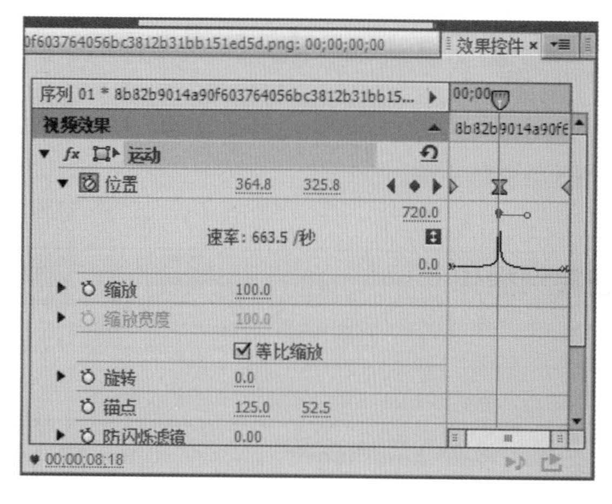

图12-38 查看插入效果

读书笔记

12.3 使用带Alpha通道的素材

在Premiere Pro CC中还可导入带Alpha通道的素材，Premiere Pro CC会将其转换为不同的透明层。对带Alpha通道的素材添加关键帧时，与情景相结合使用，可创建奇妙的效果，下面就对Alpha通道知识进行详细讲解。

12.3.1 认识Alpha通道

Alpha通道用于定义图形或字幕的透明区域，可将标记或字幕与背景相结合。

对Alpha通道文字进行查看时，它看起来可能会像是黑色背景上显示着纯白的文字的感觉。Premiere

Pro CC使用Alpha通道创建透明的效果，可将背景放置在黑色区域，将彩色文字放置在Alpha通道的白色区域。

12.3.2 Alpha通道素材应用效果

对Alpha通道的文字应用运动效果，可使制作的作品效果更加完美。

实例操作：为Photoshop文字应用运动特效

- 光盘\素材\第12章\导入Alpha通道素材.prproj、飞机.psd
- 光盘\效果\第12章\导入Alpha通道素材.prproj
- 光盘\实例演示\第12章\为Photoshop文字应用运动特效

本例将在Photoshop中制作文字图形，然后在Premiere Pro CC中为其应用运动效果。

Step 1 启动Photoshop，选择"文件"/"新建"命令，打开"新建"对话框，将其"背景内容"设置为"透明"，单击 确定 按钮，如图12-39所示。

图12-39 "新建"对话框

Step 2 选择"自定形状工具"，在"形状"下拉列表框中选择"思索2"形状，设置颜色为白色，如图12-40所示。

图12-40 选择绘图形状

Step 3 在图像操作窗口中拖动鼠标绘制图形，如图12-41所示。

图12-41 绘制图形

Step 4 选择"图层"/"图层样式"/"投影"命令，对绘制的形状的"投影""斜面和浮雕""描边"效果进行设置，如图12-42所示。

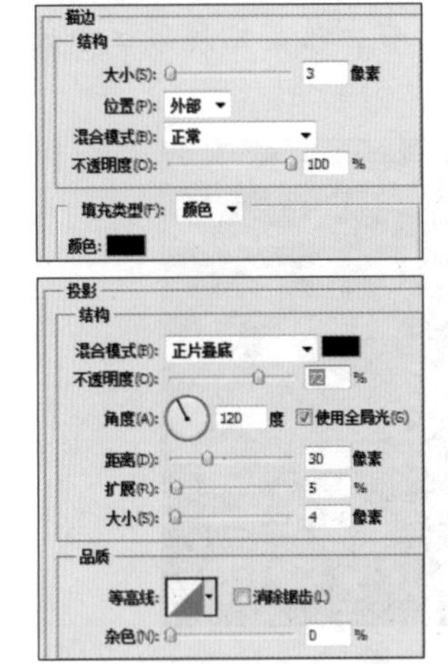

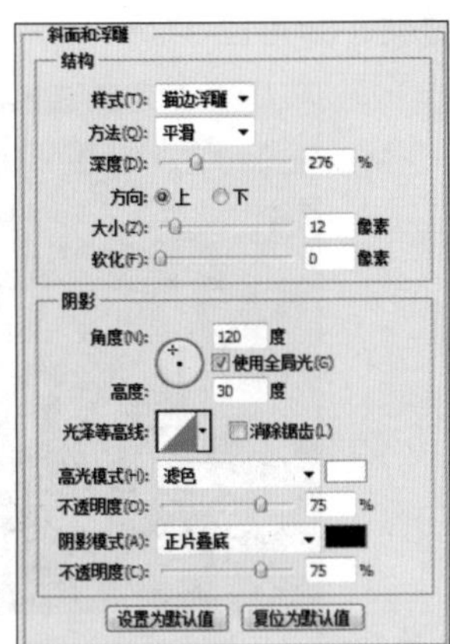

图12-42 设置形状效果

Step 5 选择"横排文字工具" T，在绘制的形状上输入文字，设置"字体"大小为30，将"字体"设置为Hobo Std，文字颜色设置为#a51919，其效果如图12-43所示。

图12-43 输入文字

Step 6 选择“图层”/“图层样式”命令，在弹出的“图层样式”对话框中选中“斜面和浮雕”复选框，为文字添加“斜面和浮雕”效果，如图12-44所示。

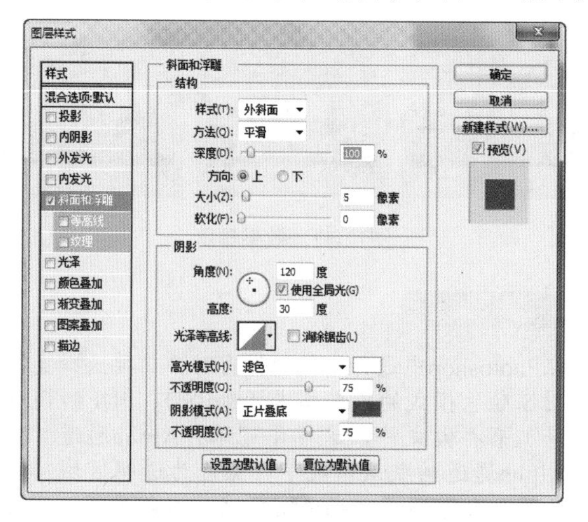

图12-44　设置“斜面和浮雕”效果

Step 7 设置完成后，单击 确定 按钮，效果如图12-45所示，选择“文件”/“存储”命令，对其进行存储操作。

图12-45　最终效果预览

Step 8 打开“导入Alpha通道素材.prproj”项目文件，按Ctrl+I快捷键，将制作的文字导入至“项目”文件，如图12-46所示。

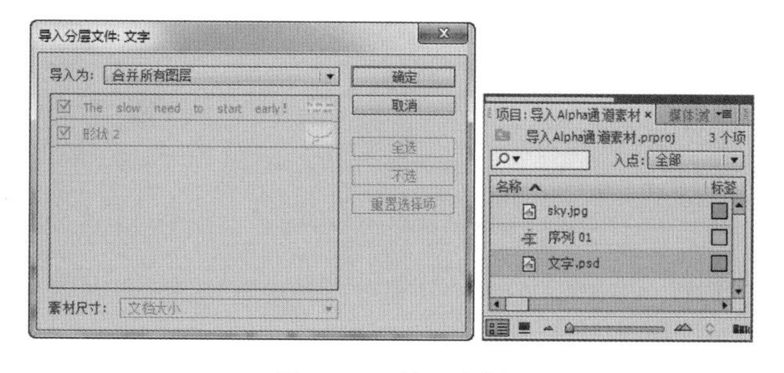

图12-46　导入素材

Step 9 将文字文件拖动至“时间轴”面板的“视频3”轨道中，在“效果控件”面板中将“缩放”设置为15，并在“节目监视器”面板中将文字文件拖动至左下角，如图12-47所示。

图12-47　调整文字大小和位置

Step 10 单击“位置”前的“切换动画”按钮，为文字添加一个关键帧，展开“不透明度”控件，设置其“不透明度”为10.0%，如图12-48所示。

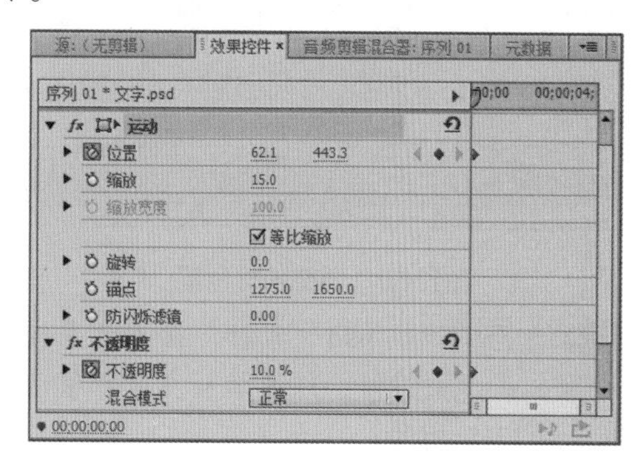

图12-48　添加关键帧

Step 11 将当前时间指示器移动至素材的结束位置，在“节目监视器”面板中将素材移动至右上角位置，并设置“不透明度”为100，使素材完全显现，创建第二个不透明度关键帧，如图12-49所示。

读书笔记

图12-49　创建第二个关键帧

Step 12 在“时间轴”面板中对“视频2”轨道和“视频3”轨道中的素材位置进行互换，可使运动的“飞机”素材从文字上飞过，将“视频2”轨道中的素材向右拖动，将“视频3”轨道的素材拖动至“视频2”轨道，再将移开的素材拖动至“视频3”轨道，如图12-50所示。

序列 01 ×					
00;00;04;28				00;00	00;00;02;00 　00;00;04;00
	🔒	V3	👁	j.psd	
	🔒	V2	👁	文字.psd	
V1	🔒	V1	👁	sky.jpg	
	🔒	A1	M S		

图12-50　调整素材位置

Step 13 选择“飞机.psd”素材，在“效果控件”面板中为其添加关键帧，以添加从左至右移动的运动效果，图12-51所示。

图12-51　创建飞机运动效果

Step 14 在“节目监视器”面板中单击“播放/停止切换”按钮，可对运动效果进行预览，如图12-52所示。

图12-52　效果预览

技巧秒杀

在Photoshop中进行图像的保存时，需要选择支持图像颜色模式的文件格式（如PSD、PDF和TIFF等）来存储文件，这样才可保存Alpha通道。在Alpha通道的默认情况下，黑色为透明区域，灰色为部分透明，即半透明区域，白色为不透明区域，如图12-53所示。

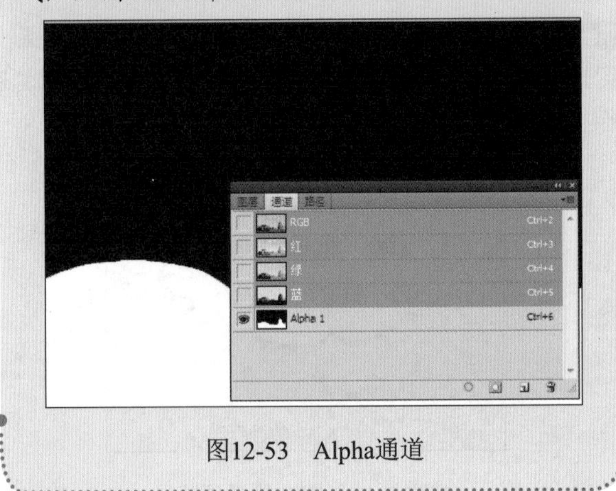

图12-53　Alpha通道

读书笔记

12.3.3 创建运动遮罩效果

运动遮罩效果是将运动和蒙版相结合的效果。通常情况下，蒙版是在屏幕上移动的状态，在蒙版的外部为背景图像，其内部为另一图像。在创建蒙版时，可在Photoshop中绘制自定义形状。

实例操作：创建运动遮罩

- 光盘\素材\第12章\运动遮罩.prproj
- 光盘\效果\第12章\运动遮罩.prproj
- 光盘\实例演示\第12章\创建运动遮罩

本例将创建运动遮罩的效果，首先在Photoshop中创建蒙版，再在Premiere Pro CC中为创建的蒙版应用运动效果。

Step 1 ▶ 启动Photoshop，选择“文件”/“新建”命令，打开“新建”对话框，将其“背景内容”设置为“透明”，单击 确定 按钮，选择“自定形状工具”，在“形状”下拉列表框中选择“三叶草”形状，并在图像操作窗口中拖动鼠标绘制图形，如图12-54所示。

图12-54 绘制形状

Step 2 ▶ 设置其颜色为黑色，选择“图层”/“图层样式”命令，在打开的“图层样式”对话框中选中“斜面和浮雕”复选框，在右侧对其参数进行设置后，单击 确定 按钮，如图12-55所示。设置浮雕效果后，选择“文件”/“存储为”命令，打开“存储为”对话框，为其命名后，单击 保存(S) 按钮。

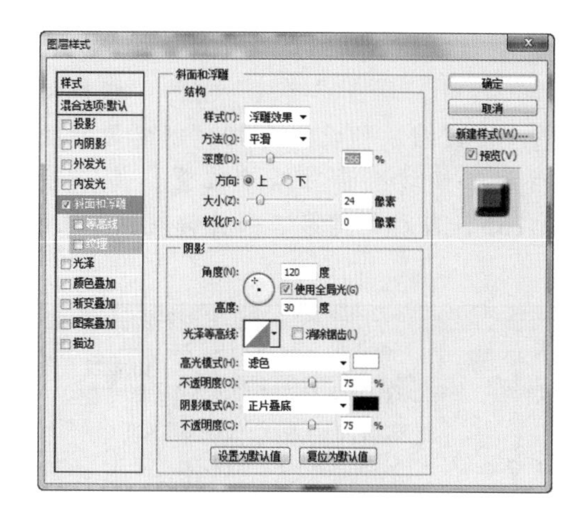

图12-55 设置浮雕效果

Step 3 ▶ 打开“运动遮罩.prproj”项目文件，在“时间轴”面板的“视频1”和“视频2”轨道上已有两个视频素材，将制作的图形导入至“项目”面板中，并将其拖动至“时间轴”面板的“视频3”轨道中，如图12-56所示。

图12-56 导入形状

Step 4 ▶ 在“效果控件”面板中，依次单击“视频效果”/“键控”前的▷按钮，选择“轨道蒙版键”效果，将其拖动至“视频2”轨道中的素材上，在“效果控件”面板中的“遮罩”下拉列表框中选择“视频3”选项，在“合成方式”下拉列表框中选择“Alpha遮罩”选项，如图12-57所示。

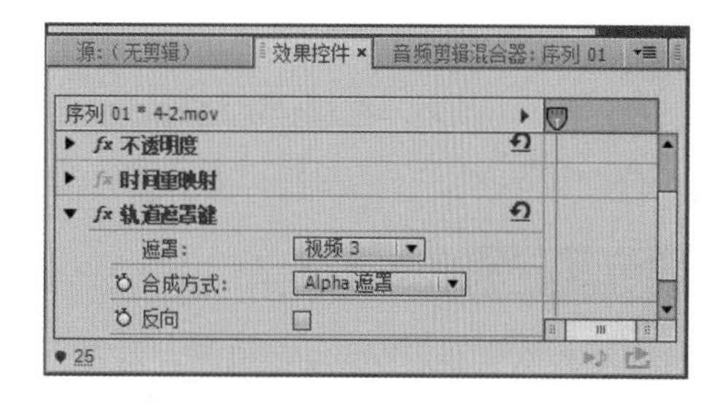

图12-57 应用效果

Step 5 ▶ 将时间指示器移动至素材开始位置，选择“蒙版”素材，单击“缩放”前的“切换动画”按钮，将“缩放”设置为80，创建关键帧，将时间指示器移动至素材结束位置，将“缩放”设置为165，自动创建第二个关键帧，如图12-58所示。

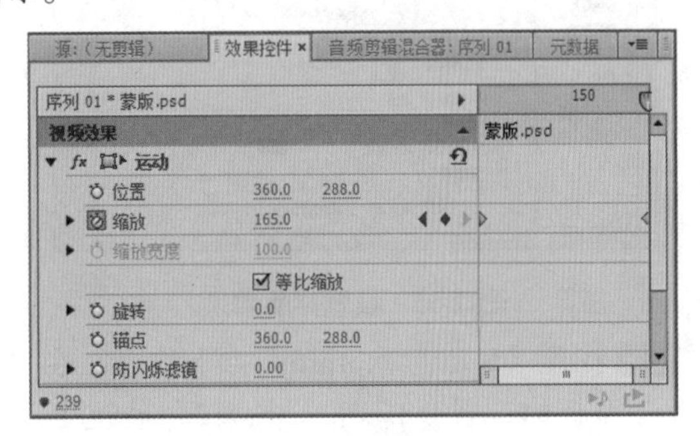

图12-58 创建蒙版运动效果

Step 6 ▶ 在“节目监视器”面板中单击“播放/停止切换”按钮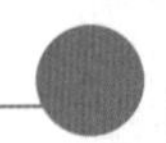，可对运动蒙版效果进行预览，如图12-59所示。

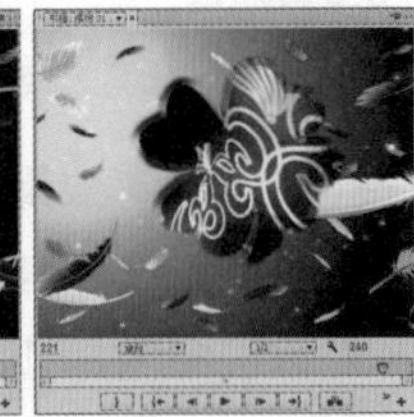

图12-59 效果预览

技巧秒杀

在“轨道遮罩键”栏中选中 反向 ☑ 复选框，可对创建的图像与背景图像进行反转，其效果如图12-60所示。

图12-60 反向效果

知识大爆炸

——其他常用软件在Premiere Pro CC中的使用

Premiere Pro CC能够支持的格式很多，除了以上介绍的Photoshop软件外，还能与Illustrator、Soundbooth、Flash和Encore等Adobe公司的软件结合使用，Adobe Illustrator的功能与Photoshop类似，能够制作并绘制图形，还可绘制图形蒙版；Soundbooth则能对声音进行编辑；Adobe Encore则用于制作DVD；Flash可创建动画效果。通过这些软件，可以使Premiere Pro CC制作的效果更加丰富。

1. 使用Soundbooth

Premiere Pro CC可将音频轨道发送至Adobe Soundbooth进行编辑，在编辑结束后，对其进行的更改将在Premiere Pro CC中显示。Soundbooth是一款为Premiere Pro CC和Flash用户设计的音频编辑程序，用于对音频进行编辑和修正。Adobe Soundbooth可快速编辑音频文件和素材，也可创建淡入和淡出的效果，还可对音频的品质进行提升。此外，在音频编辑时可使用Adobe Soundbooth提供的视频监视器通道进行查看，在其中使用AutoConpose Score命令，可对自定义乐谱进行创建。

2. 使用Flash

Flash是一款交互式Web动画程序，可用于创建Web上的所有动态效果。Flash可在Web上进行视频播放，Flash的脚本语言ActionScript支持交互性，Premiere Pro CC可充分利用Flash的Web交互性。使用ActionScript可进行浏览和交互式按钮编程操作，还可使用Premiere Pro标记触发事件。如图12-61所示即为在Flash CC中制作的动画效果。

图12-61　动画

3. 使用CorelDRAW

CorelDRAW是常用的矢量图形创建和编辑软件，通过该软件，可以绘制用户需要应用到视频文件中的各个部分，并通过Premiere Pro CC的导入文件功能，将.cdr文件导入到其中。如图12-62所示即为使用CorelDRAW绘制的卡通图形，以及它在CorelDRAW中的“对象管理器”泊坞窗中显示的效果。

图12-62　CorelRAW绘制的图形

4. 使用 Adobe Illustrator

Adobe Illustrator与CorelDRAW的功能类似，也可进行矢量图形的绘制与编辑，它的图层功能比CorelDRAW更加强大，能够更方便地管理图形中的各个部分，为Premiere Pro CC视频制作提供更丰富的图像素材。在Premiere Pro CC中导入Adobe Illustrator文件，与导入Photoshop文件的操作类似，可以根据需要选择图层或合并图像。

01 02 03 04 05 06 07 08 09 10 11 12 13 14 ......

影片的输出

本章导读

在Premiere Pro CC中进行影片的编辑后，最后一步工作便是生成影视文件。在Premiere Pro CC中制作的影片格式为.prproj，该格式只能通过Premiere Pro CC打开，若需要在其他计算机上查看影片，就必须对其进行输出，将其以方便观看的格式进行保存。本章将对影片输出的基本设置、影片预览和导出各种格式文件等知识进行讲解。

13.1 Premiere Pro CC支持的输出类型

在Premiere Pro CC中可以导入的视频、音频和图形格式较多，但并非每一种格式都是Premiere Pro CC支持的输出类型。下面将对Premiere Pro CC支持输出的视频类型、音频类型和图形类型等知识进行讲解。

13.1.1 视频类型

在Premiere Pro CC中选择“文件”/“导出”/“媒体”命令，在打开的“导出设置”对话框的“格式”下拉列表框中可对Premiere Pro CC支持的视频、音频和图形格式进行查看，如图13-1所示。Premiere Pro CC中支持很多视频类型的输出，常用的视频输出格式有AVI、QuickTime、GIF、WAV、DVD和DV等。

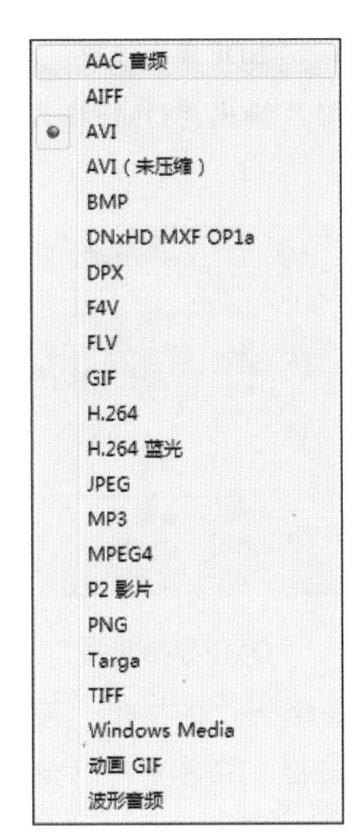

图13-1　支持输出的格式

- AVI：用于作为基于Windows操作系统的数字电影时，可将其输出为AVI格式。
- QuickTime：当作为基于Mac OS操作系统的数字电影，用于网络上传或下载时，可输出为该格式。
- GIF：即Animated GIF，表示动画文件格式，GIF格式视频输出的文件中通过连续存储视频中的每一帧，使其以动画的形式显示，但不支持声音文件。
- WAV：当需要WAV格式的影片声音文件时，可输出为该格式。
- DVD：当需要将影片刻录到光盘中时，可选择将影片输出为该格式。
- DV：全称为Digital Video，当需要将影片刻录到录像带中时，可输出为该格式。

13.1.2 音频类型

Premiere Pro CC支持的音频输出类型中常用的有MP3、WAV、MPEG等。

- MP3：如果要求音频具有高音质、容量小等特点，可将其输出为MP3格式。
- WAV：如果要求音频在较低采样率下压缩出相当于CD音乐的质量，可将音频文件输出为WAV格式。
- MPEG：如果要将音频专门设置为与CD相同的标准，可将其输出为该格式。

13.1.3 图形类型

Premiere Pro CC支持的图形文件类型很多，根据图形的特点，将分为两种类型，分别是静帧图像格式和序列图像格式。

- 静帧图像格式：即静态图片，主要包括JPEG、TIFF、BMP和PNG这4种。
- 序列图像格式：即动态图片，主要包括GIF、Targa和BMP这3种。

13.2 输出的基本设置

在介绍过Premiere Pro CC支持的最常用的几种类型的输出格式后，下面将对Premiere Pro CC输出影片的基本设置进行介绍，如导出设置、滤镜设置、视频设置、音频设置和FTP设置等。

13.2.1 “导出”子菜单

选择“文件”/“导出”命令，将打开其子菜单，该菜单中包含了“媒体”、“批处理列表”、“字幕”、“磁带”、EDL、OMF、AAF和Final Cut Pro XML等命令，如图13-2所示。

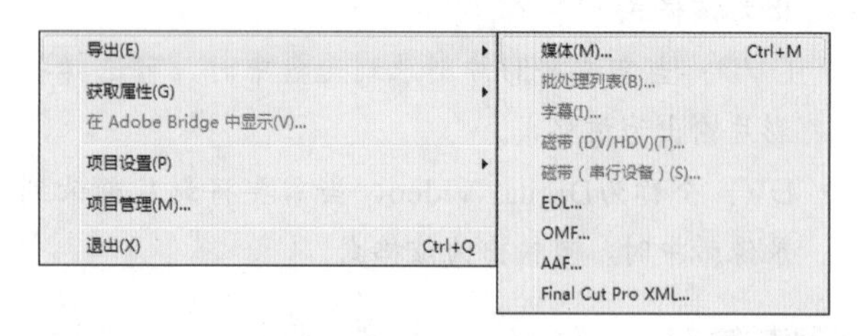

图13-2 “导出”子菜单

知识解析：“导出”子菜单

- 媒体：该命令为核心的输出方式，可用于各种不同的编码视频、音频文件和图片等文件的输出。
- 批处理列表：可用于对*.csv、*.txt等文件的批处理列表进行输出。
- 字幕：可用于对PTRL格式的独立字幕文件进行输出。
- 磁带：可将影片直接输出至磁带中。
- EDL：可将影片保存为编辑表，其他设备也可以使用，如图13-3所示。

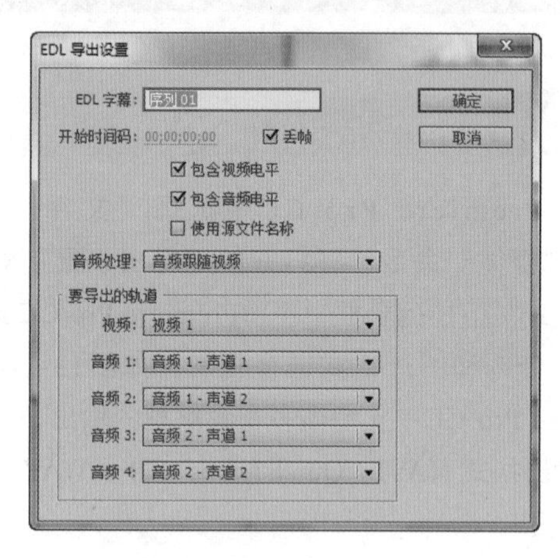

图13-3 “EDL导出设置”对话框

- OMF：可将影片输出为OMF格式文档，如图13-4所示。

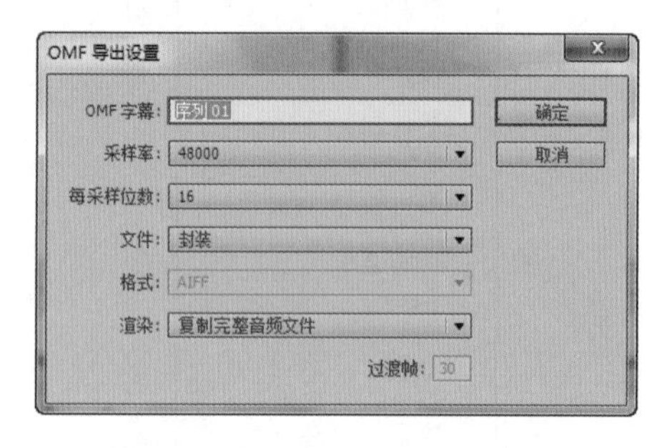

图13-4 “OMF导出设置”对话框

- AAF：选择该命令，将打开“将转换的序列另存为-AAF”对话框，在其中对存储路径和文件名进行设置后，单击 保存(S) 按钮，将弹出“AAF导出设置”对话框，如图13-5所示。

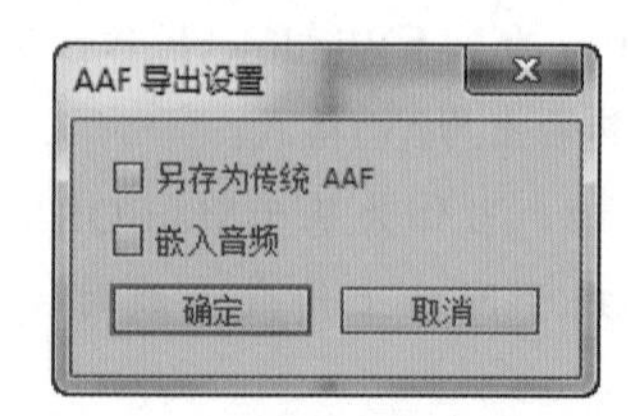

图13-5 “AAF导出设置”对话框

读书笔记

◆ Final Cut Pro XML：可将影片输出为XML格式的文档。

13.2.2 导出设置

在进行影片的输出时，可选择“文件”/“导出”/“媒体”命令，或按Ctrl+M快捷键，打开“导出设置”对话框，在其中对影片的基本信息，如类型、保存路径、保存名称、是否输入音频等进行设置，如图13-6所示为“导出设置”栏。

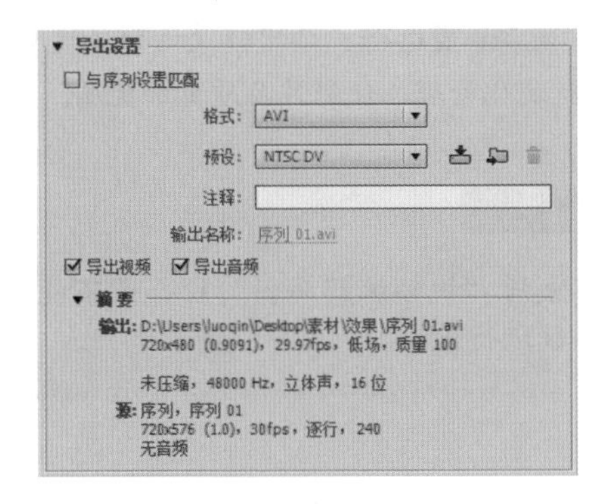

图13-6 “导出设置”栏

知识解析：“导出设置”栏

◆ 与序列设置匹配复选框：选中该复选框，系统会自动对输出影片的属性与序列进行匹配，且“导出设置”栏中所有的选项都变为灰色状态，不能对其进行自定义设置。

◆ 格式：用于对Premiere Pro CC支持的各种文件格式进行选择。

◆ 预设：用于设置影片的序列预设，及影片的画面大小。

◆ 注释：在该文本框中可输入对影片的注释文本。

◆ 输出名称：单击该超链接的内容，将打开“另存为”对话框，在其中可以对影片的保存路径和文件名进行自定义设置。

◆ 导出视频复选框：选中该复选框，可输出选择的影片；取消选中该复选框，将不会输出视频文件。

◆ 导出音频复选框：选中该复选框，可输出影片中的音频文件；取消选中该复选框，将不会输出音频文件。

技巧秒杀

在“预设”下拉列表框右侧有“保存预设”按钮、“导入预设”按钮和“删除预设”按钮。单击“导入预设”按钮，将打开“导入预设”对话框，在其中可以导入已有的预设；单击“保存预设”按钮，可对导入的预设进行保存；单击“删除预设”按钮，可删除选择的预设。

13.2.3 滤镜设置

在打开的“导出设置”对话框中选择“滤镜”选项卡，可以通过滤镜对影片的画面进行模糊，如图13-7所示。

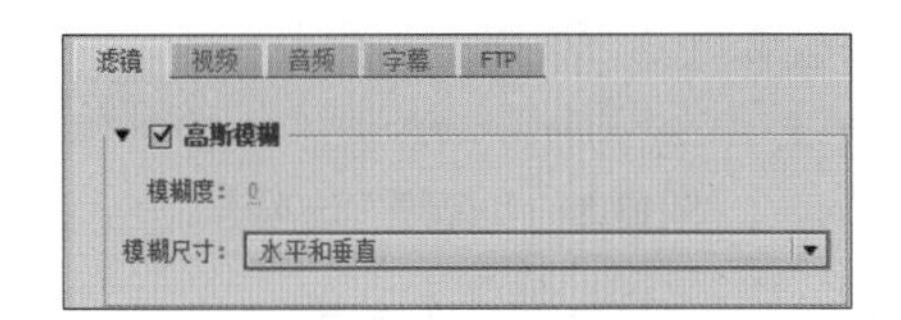

图13-7 “滤镜”选项卡

知识解析：“滤镜”选项卡

◆ 高斯模糊复选框：选中该复选框，可激活滤镜设置。

◆ 模糊度：用于设置模糊的数量，即画面的模糊程度。

◆ 模糊尺寸：用于设置模糊的方向，在其下拉列表框中包括“水平和垂直”“水平”“垂直”3个选项。

读书笔记

13.2.4 视频设置

在打开的“导出设置”对话框中选择“视频”选项卡，可在其中对视频的格式、品质及影片尺寸等进行设置，如图13-8所示。

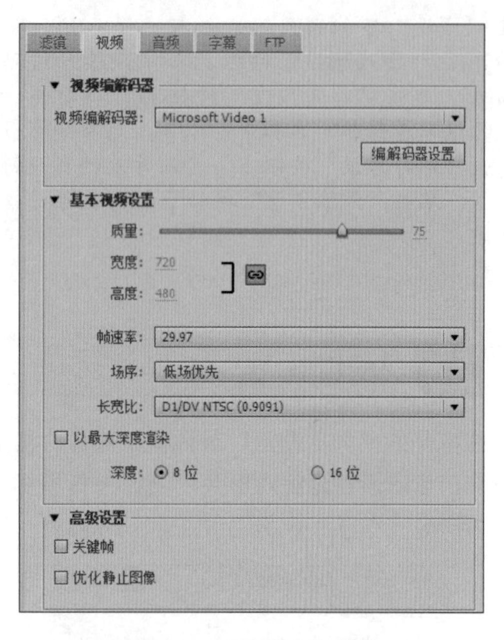

图13-8 “视频”选项卡

知识解析：“视频”选项卡

◆ 视频编解码器：在其下拉列表框中可选择用于设置视频的压缩方式，当视频文件的容量很大时，可在其中进行设置，以减少文件所占用的磁盘空间。

◆ 质量：用于设置视频的压缩品质，其值越大，质量越好。可通过在数值框中输入数值或拖动滑块进行设置。

◆ 宽度、高度：在数值框中输入数值可对视频的尺寸进行设置。默认情况下，单击]按钮，视频的尺寸将呈等比例缩放；单击🔗按钮，将会取消视频宽度与高度之间的链接，可分别对视频的宽度和高度进行设置，但该操作可能引起视频画面变形。

◆ 帧速率：在其下拉列表框中可设置每秒播放画面的帧数，其值越大，视频播放越流畅。

◆ 场序：用于设置影片的场扫描方式，在其下拉列表框中包括“逐行”“高场优先”“低场优先”3个选项。

◆ 长宽比：在其下拉列表框中可选择设置视频画面的比例。

◆ ☑以最大深度渲染复选框：选中该复选框，可以最大深度对影片进行渲染，但会增加影片导出的时间。

◆ ☑关键帧复选框：选中该复选框，可以对关键帧之间的间隔进行设置。

◆ ☑优化静止图像复选框：选中该复选框，可对静帧图片进行优化处理，使影片品质更加优质。

技巧秒杀

若没有激活“视频编解码器”栏，则不能对其下方的参数进行设置。

13.2.5 音频设置

在打开的“导出设置”对话框中选择“音频”选项卡，可以对影片的音频文件输出格式进行设置，如图13-9所示。

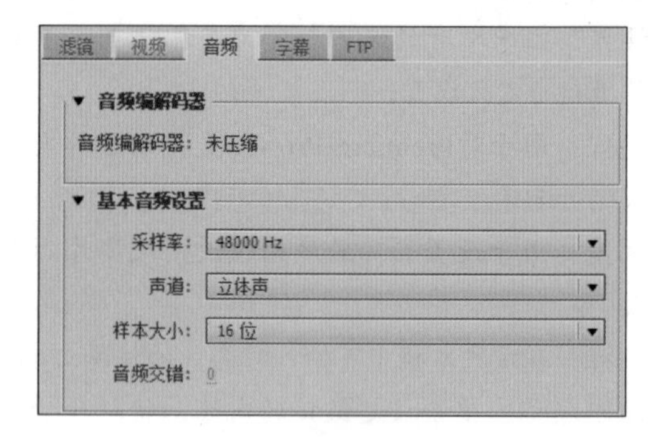

图13-9 “音频”选项卡

知识解析：“音频”选项卡

◆ 音频编解码器：用于设置音频文件的压缩方式，在Premiere Pro CC中默认为“未压缩”方式。

◆ 采样率：在其下拉列表框中可选择用于设置输出节目音频时采样率的选项，其值越大，音频的播放质量越好，但其所占用的磁盘空间越大。

◆ 声道：用于设置音频的声道，包括“单声道”、“立体声”和5.1这3个选项。

◆ 样本大小：在其下拉列表框中可选择用于设置输出音频时所使用的声音量化倍数的选项，其值越大，音频的质量越好。

技巧秒杀

在“导出设置”对话框的“格式”下拉列表框中选择不同的输出格式，其“音频”选项卡下的参数则不同，如图13-10和图13-11所示分别为选择MP3和FLV选项时“音频”选项卡的参数。

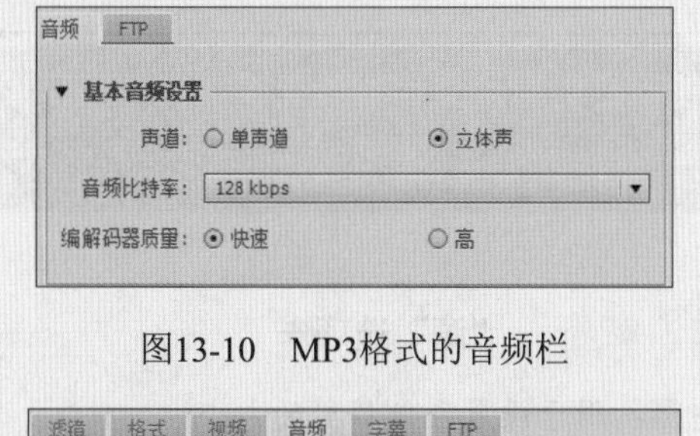

图13-10　MP3格式的音频栏

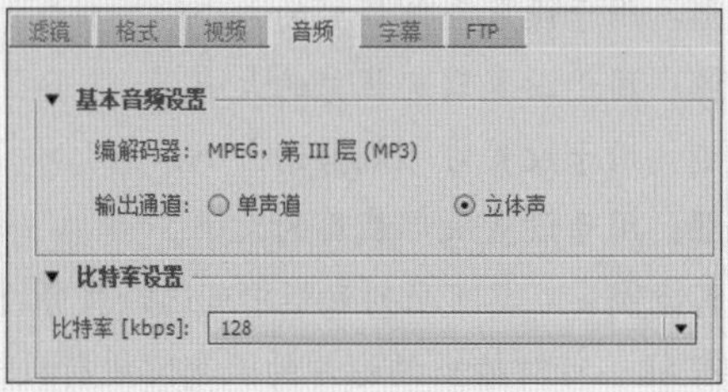

图13-11　FLV格式的音频栏

13.2.6 字幕设置

在打开的“导出设置”对话框中选择“字幕”选项卡，可对影片的字幕文件进行设置，如图13-12所示。

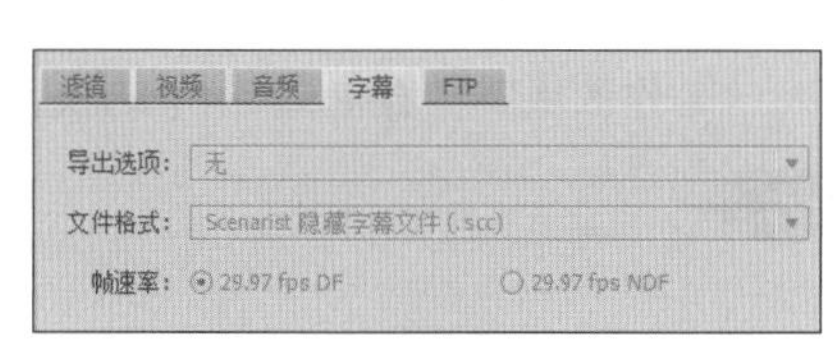

图13-12　“字幕”选项卡

知识解析：“字幕”选项卡

◆ 导出选项：对导出字幕的选项进行设置。

◆ 文件格式：对导出字幕的格式进行设置。

◆ 帧速率：对导出字幕的帧速率进行设置。

技巧秒杀

在“导出设置”对话框的“格式”下拉列表框中选择不同的输出格式，其选项卡也有所不同。例如，选择FLV格式时，将会有“格式”选项卡，如图13-13所示；选择H.264格式时，则包含“多路复用器”选项卡，如图13-14所示。

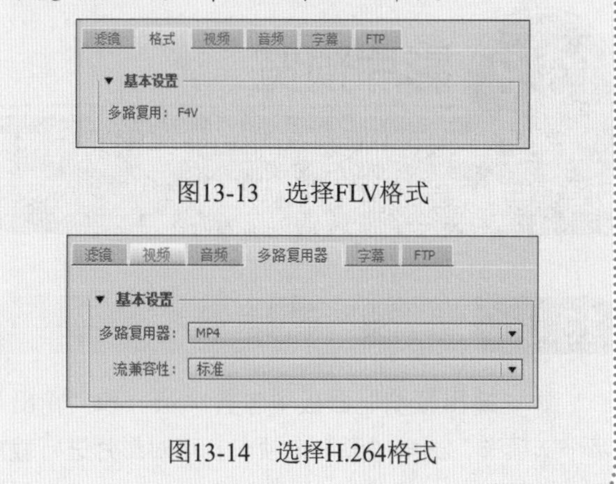

图13-13　选择FLV格式

图13-14　选择H.264格式

13.2.7 FTP设置

在打开的“导出设置”对话框中选择FTP选项卡，可以对FTP进行设置，使影片输出完成后可上传到服务器中，如图13-15所示。

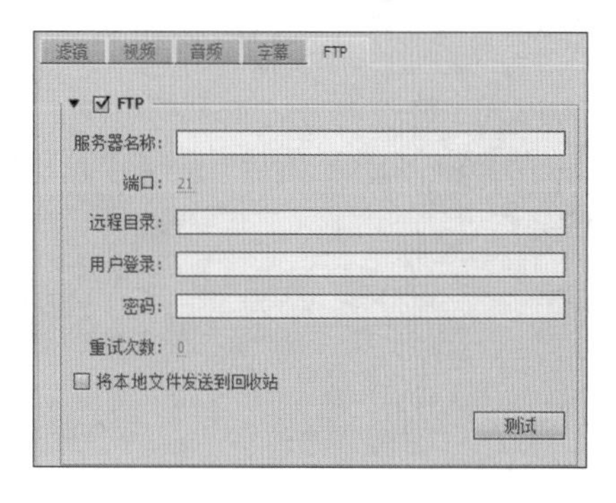

图13-15　FTP选项卡

知识解析：FTP选项卡

◆ ☑FTP复选框：选中该复选框，可以激活FTP服务器设置；取消选中该复选框，则不能进行设置。

◆ 服务器名称：在该文本框中可填写FTP服务器的名称。

◆ 端口：在该数值框中可对FTP服务器的端口号进行设置。

◆ 远程目录：在该文本框中可设置FTP服务器的远程目录地址。

◆ 用户登录：在该文本框中可填写FTP服务器的用户登录账户。

◆ 密码：在该文本框中可输入FTP服务器的用户登录密码。

◆ 重试次数：用于设置FTP服务器连接失败后，重新连接的次数。

◆ ☑将本地文件发送到回收站复选框：选中该复选框，可将本地文件发送至回收站。

◆ 测试按钮：单击该按钮，可以测试FTP服务器能否连接成功。

13.3 影片预览

在进行影片输出之前，用户可对影片进行预览检查，以使输出的影片文件准确无误。在“项目设置”对话框中即可完成影片的预览操作。

13.3.1 “源”选项卡

在“输出预览”面板中包含“源”和“输出”两个选项卡，选择“源”选项卡，可对影片进行裁剪操作，还可对“左侧”“顶部”“右侧”“底部”的位置进行设置，以及对裁剪的比例进行设置，如图13-16所示。

图13-16　“源”选项卡

知识解析：“源”选项卡

◆ 左侧：用于设置左侧裁剪的大小。

◆ 顶部：用于设置顶部裁剪的大小。

◆ 右侧：用于设置右侧裁剪的大小。

◆ 底部：用于设置底部裁剪的大小。

◆ 裁剪比例：在其下拉列表框中可选择裁剪的比例。

◆ 按钮：可对输出的影片的长宽比进行校正。

◆ “设置入点”按钮：单击该按钮，可将当前时间指示器的位置设置为影片输出的起始时间点。

◆ “设置出点”按钮：单击该按钮，可将当前时间指示器的位置设置为影片输出的结束时间点。

◆ “选择缩放级别”下拉列表框 适合：打开该下拉列表框，可对影片在该窗口显示的比例进行设置。

◆ 源范围：用于对输出影片的范围进行设置，在其下拉列表框中包含“整个序列”“序列切入/序列切出”“工作区域”“自定义”4个选项。

读书笔记

13.3.2 “输出”选项卡

选择“输出”选项卡，可对输出时文件的填充方式进行设置，在“源缩放”下拉列表框中包含了“缩放以适合”“缩放以填充”“拉伸以填充”“缩放以适合黑色边框”“更改输出大小以匹配源”5个选项，如图13-17所示。

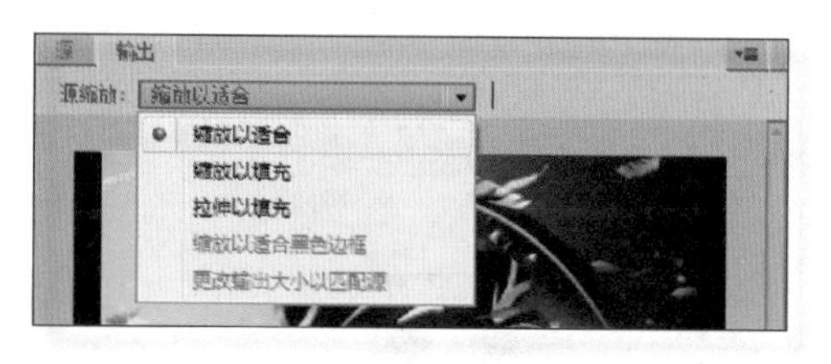

图13-17 源缩放设置

技巧秒杀

在“输出预览”面板中对影片进行设置后，还可在“导出设置”栏下的“摘要”选项中对影片的输出信息进行查看，如图13-18所示。

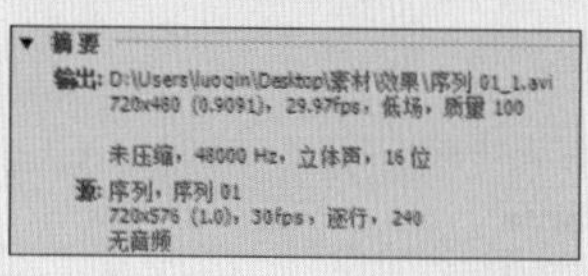

图13-18 查看输出信息

13.4 导出各种格式文件

在学会了输出的设置方法后，就可以将项目文件导出为需要的格式。下面将介绍Premiere Pro CC中最为常用的几种格式的导出方法，如导出为视频、导出为音频、导出序列图片和导出到磁盘等。

13.4.1 导出为视频

在Premiere Pro CC中将编辑的项目导出为视频文件是最常用的导出方法。用户不仅可以通过视频文件更直观地观看编辑的效果，也能将其发送至可移动设备中，在其他的地方进行观看，十分方便，下面对导出视频的方法进行讲解。

实例操作：导出视频

- 光盘\素材\第13章\风景.prproj
- 光盘\效果\第13章\美丽风景.avi
- 光盘\实例演示\第13章\导出视频

本例将对“美丽风景.prproj”项目文件进行导出，将其命名为“美丽风景”，设置格式为AVI，并设置其保存路径。

Step 1 打开“风景.prproj”项目文件，在“时间轴”面板中选择需要输出的视频序列，如“序列01”，如图13-19所示。

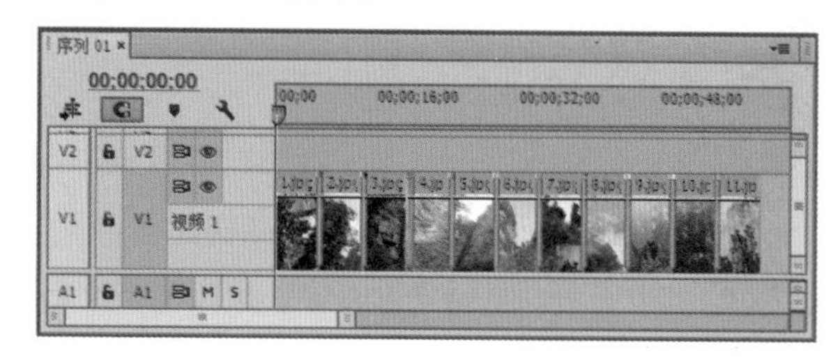

图13-19 选择导出的序列

Step 2 选择“文件”/“导出”/“媒体”命令，或按Ctrl+M快捷键，打开“导出设置”对话框。在“导出设置”栏的“格式”下拉列表框中选择AVI选项，单击“输出名称”超链接中的内容，打开“另存为”对话框。在其中设置视频的保存路径，然后在“文件名”文本框中输入“美丽风景”文本，单

击 保存(S) 按钮，如图13-20所示。

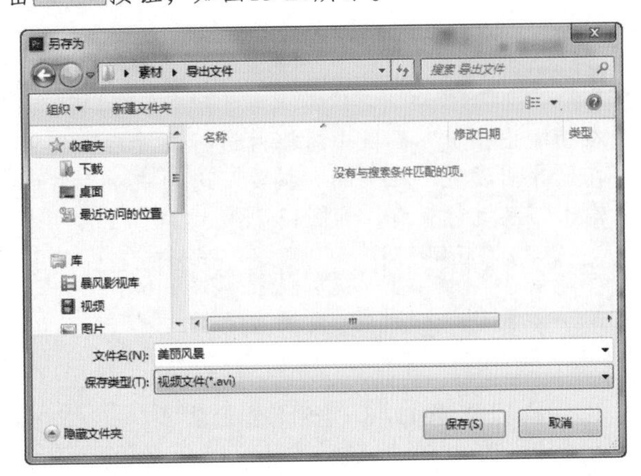

图13-20 设置视频的保存路径和名称

Step 3 ▸ 返回“导出设置”对话框，保持其他设置不变，然后在“输出”选项卡左侧的面板中拖动当前指示器的位置，预览影片的导出效果，完成后单击 导出 按钮，如图13-21所示。

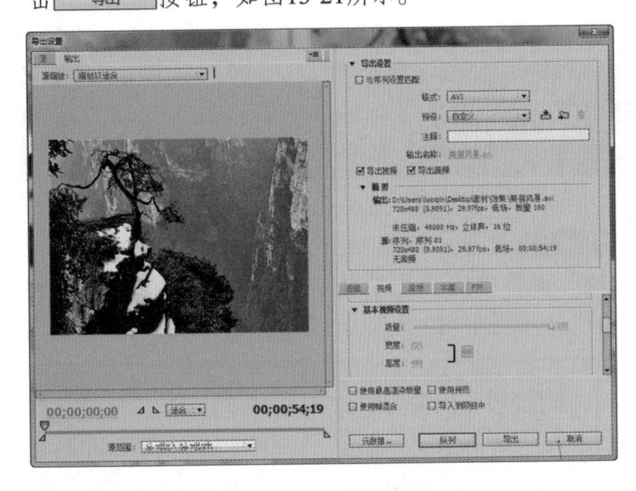

图13-21 “导出设置”对话框

Step 4 ▸ 此时系统将根据设置的输出参数对视频进行输出，同时在打开的“编码序列01”对话框中将显示输出进度和所需时间，如图13-22所示。

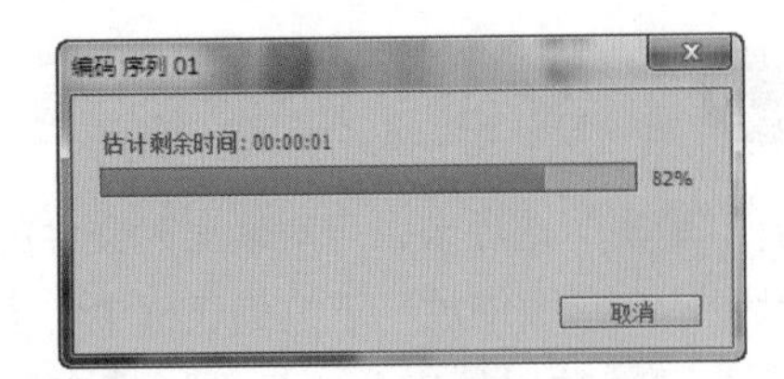

图13-22 视频输出进度

Step 5 ▸ 输出完成后打开设置的保存文件夹，便可看到输出的“美丽风景.avi”文件，如图13-23所示。

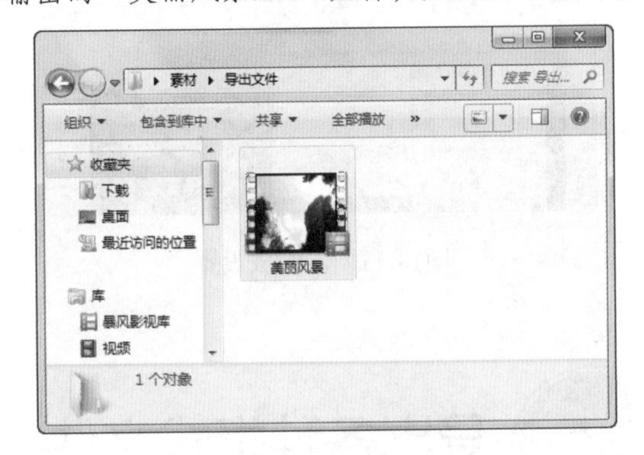

图13-23 查看输出视频

Step 6 ▸ 双击便可使用计算机中安装的播放器软件播放影片。这里在其上右击，在弹出的快捷菜单中选择“使用Windows Media Player播放”命令进行播放。如图13-24所示即为播放的效果。

图13-24 播放输出的视频

技巧秒杀

在“导出设置”对话框中选中 ☑使用最高渲染质量 复选框，可以对影片进行渲染，提高影片的质量，但其导出的时间也会相应增加。

技巧秒杀

输出影片需要的时间由计算机的硬件配置决定，配置越高，导出的速度越快。相同配置的计算机，当输出视频参数设置不一样时，所需的时间也不相同。

? 答疑解惑：

如何改善视频输出时间太长的问题？

一般来说，计算机的配置与影片导出的时间有着直接的关系，可考虑买一块视频压缩卡来改善。如果没有资金购买视频压缩卡，又想改善影片导出的时间，则需要保证输出的视频文件的画面尺寸不能太大，否则将影响输出的速度；其次可以减少项目中占用轨道的数量，以减少输出时间。在Premiere Pro CC中导出速度最快的格式为BMP静止图片。

读书笔记

13.4.2 导出为音频

当只需要保留项目文件中的音频文件时，可将其导出为音频。导出音频的方法与导出视频的方法类似，只需设置音频文件的格式和其他参数即可。

实例操作：导出音频

- 光盘\素材\第13章\音乐.prproj
- 光盘\效果\第13章\背景音乐.mp3
- 光盘\实例演示\第13章\导出音频

本例将把“音乐.prproj”项目文件中的音频文件导出为MP3格式，并对其保存的位置和名称进行设置。

Step 1 ▶ 打开“音乐.prproj”项目文件，在“时间轴”面板中选择需要输出的序列文件，然后选择“文件”/“导出”/“媒体”命令，打开“导出设置”对话框。在“导出设置”栏中的“格式”下拉列表框中选择MP3选项，单击“输出名称”超链接中的内容（默认为“序列 01.mp3”），如图13-25所示。

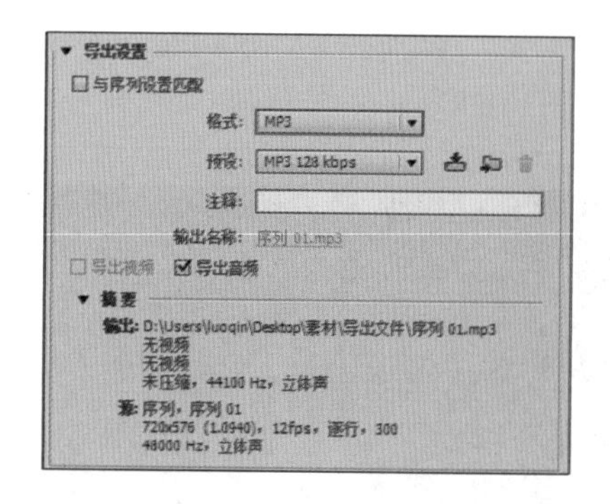

图13-25　音频导出设置

Step 2 ▶ 打开“另存为”对话框，在其中设置音频的保存路径，然后在“文件名”文本框中输入“音乐背景”，单击 保存(S) 按钮保存设置，如图13-26所示。

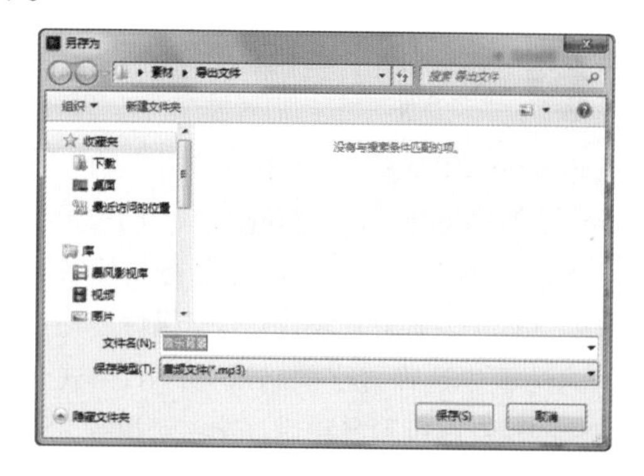

图13-26　设置音频保存路径和名称

Step 3 ▶ 返回“导出设置”对话框，单击 导出 按钮，系统自动开始对音频文件进行导出，并显示导出的进度和剩余时间。一段时间后即可完成导出操作，此时打开保存音频文件的文件夹，可看到导出的音频文件，如图13-27所示。

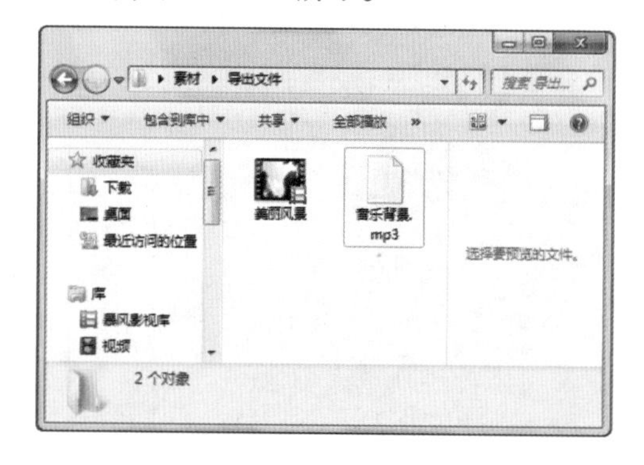

图13-27　查看导出的音频文件

Step 4 ▶ 在音频文件上右击，在弹出的快捷菜单中选择“打开方式”/Windows Media Player命令，可播放音频，如图13-28所示。

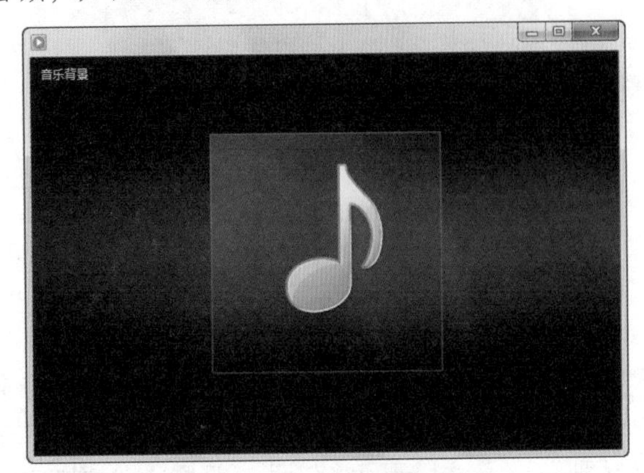

图13-28 播放音频

13.4.3 导出为序列图片

在Premiere Pro CC中可以将项目中的内容导出为一张一张的序列图片，即将视频画面的每一帧都导出为一张静态图片。其方法与导出视频和音频等类似，只要选择“文件”/“导出”/“媒体”命令，在打开的对话框中选择导出的格式为PNG格式，然后设置图片的保存路径和名称后，选中“视频”选项卡中的☑导出为序列复选框，单击 导出 按钮即可，如图13-29所示。完成后打开文件的保存路径，即可看到导出的所有序列图片，如图13-30所示。

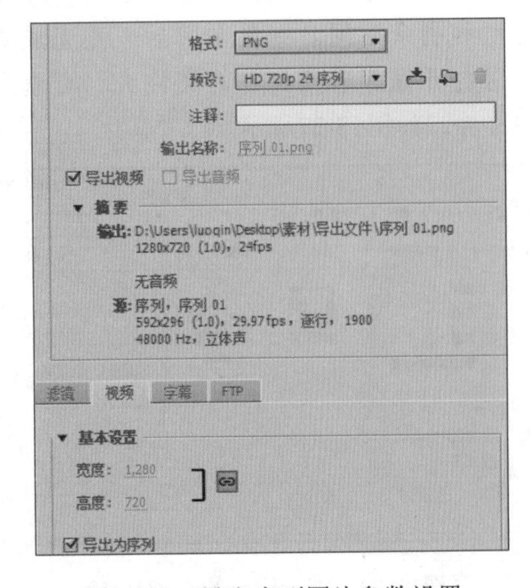

图13-29 导出序列图片参数设置

图13-30 查看序列图片

13.4.4 导出为单帧图片

如果需要将项目文件中当前时间指示器所处位置的影片的播放效果导出为一张图片，可以使用“导出设置”对话框和“节目监视器”面板两种方法来实现。

1. 通过“导出设置”对话框进行导出

通过“导出设置”对话框也能够将图片以单帧的形式进行导出，其方法是：将当前时间指示器定位到需要导出的位置，选择“文件”/“导出”/“媒体”命令，在打开的对话框中选择一种图片的格式，然后取消选中☐导出为序列复选框，单击 导出 按钮即可。

2. 通过“节目监视器”面板进行导出

除了在“导出设置”对话框中进行单帧图片的导出，用户还可以直接通过“节目监视器”面板对单帧图片进行导出操作，该操作方法更加方便快捷。

实例操作：导出单帧图片

- 光盘\素材\第13章\导出单帧图片.prproj
- 光盘\效果\第13章\中秋.jpg
- 光盘\实例演示\第13章\导出单帧图片

本例将把“导出单帧图片.prproj”项目文件中时间轴指示器位于00;00;03;17处的播放效果导出为JPEG图片，并将其命名为“中秋”。

Step 1 打开“导出单帧图片.prproj”项目文件，在“时间轴”面板中将当前时间指示器移动到需要导出单帧图片的位置，这里为00;00;03;17。在“节目监视器”面板中单击“导出帧”按钮，如图13-31所示。

图13-31　设置导出位置

Step 2 打开“导出帧”对话框，在“名称”文本框中输入图片的名称“中秋”，在“格式”下拉列表框中选择JPEG选项，然后单击 浏览... 按钮，在打开的对话框中对文件保存的路径进行设置，这里设置为“E:\premiere文件夹”，如图13-32所示。

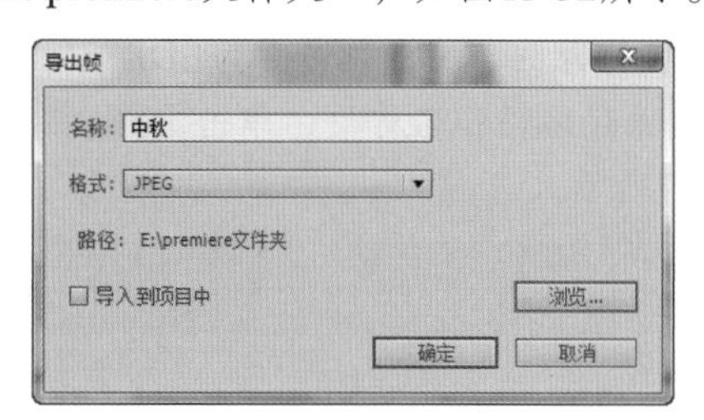

图13-32　“导出帧”对话框

Step 3 单击 选择文件夹 按钮返回“导出帧”对话框，单击 确定 按钮完成操作。打开图片的保存路径，在文件夹中可看到导出的图片，如图13-33所示。

> **技巧秒杀**
>
> 在进行导出前，还可在“序列设置”对话框中对回放等参数进行设置。

图13-33　查看导出的文件

Step 4 双击图片即可看到其效果与在Premiere Pro CC的“节目监视器”面板中所看到的画面一致，如图13-34所示。

图13-34　预览图片效果

13.4.5 导出至磁盘

除了视频、音频、单帧图片等常用格式外，还可将项目导出到磁带、录像带或胶卷中，但其操作流程较为复杂，并且需要Premiere Pro CC支持设备控制功能或安装采集卡。

在项目中为视频添加黑场的过渡，可使视频有一段缓冲的时间。添加完成场景的过渡后可对序列的设置进行检查，选择“序列”/“序列设置”命令，打开“序列设置”对话框，在其中将影片渲染的品质设置为最佳。

进行序列设置检查后，选择“编辑”/“首选项”/“设备控制”命令，在打开的“首选项”对话框中对“视频标准”“设备品牌”“设备类型”“时间码格式”等进行设置，确定系统支持设备控制的运行。

选择“文件”/“导出”/“磁盘”命令，在打开的“导出设置”对话框中将录制设备进行激活后，即可将影片导出至磁盘中。

13.4.6 导出为EDL

如果用户希望将项目中的内容导出为包含剪辑名称、卷场、转场、所有编辑的入点和出点信息的EDL文件（Edit Decision List，编辑决策表），并将其应用到其他的软件中，如CMD等，也可以通过Premiere Pro CC完成。

实例操作：导出EDL

- 光盘\素材\第13章\团圆.prproj
- 光盘\效果\第13章\家.edl
- 光盘\实例演示\第13章\导出EDL

本例将对“团圆.prproj”项目文件进行操作，将其导出为EDL文件，并命名为“家”。

Step 1 打开“团圆.prproj”项目文件，在“时间轴”面板中选择需要导出的视频序列为“序列 01”，选择“文件”/“导出”/EDL命令，如图13-35所示。

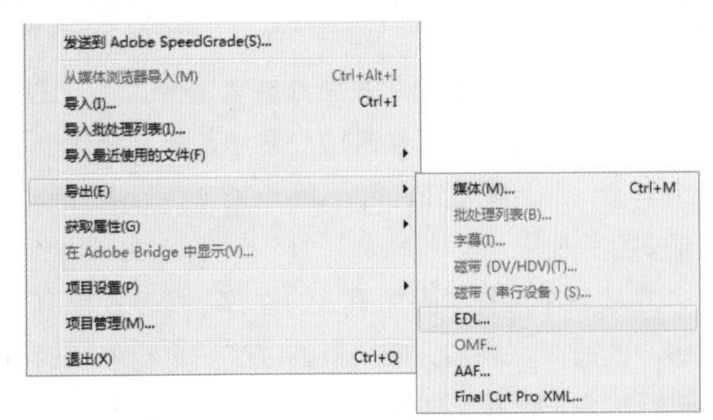

图13-35 选择导出命令

Step 2 打开“EDL导出设置”对话框，在“EDL字幕”文本框中输入标题“家”，在“开始时间码”数值框中设置开始时间00;00;00;00，在“音频处理”下拉列表框中选择音频的处理方式，这里选择“音频跟随视频”选项，然后在“要导出的轨道”栏中设置需要输出到EDL文件中的轨道，单击 确定 按钮，如图13-36所示。

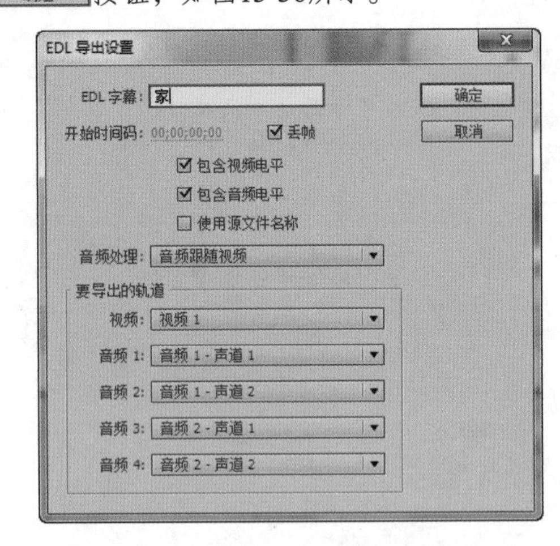

图13-36 “EDL导出设置”对话框

技巧秒杀

在“音频处理”下拉列表框中可对音频的效果进行设置，其中包含“音频跟随视频”“分离音频”“结尾音频”3个选项。

Step 3 在打开的“将序列另存为EDL”对话框中设置文件的保存路径和名称后，单击 保存(S) 按钮即可，如图13-37所示。

图13-37 保存EDL文件

Step 4 打开文件的保存路径，在其中即可看到导出的EDL文件，如图13-38所示。

图13-38　查看输出的效果

13.4.7 导出为AAF

AAF是一种标准的行业格式，能支持多种高端视频系统，因此如果需要在另一个视频系统中重新创建一个Premiere项目，就可以将项目导出为AAF格式文件。

实例操作：导出AAF

- 光盘\素材\第13章\凋零的花.prproj
- 光盘\效果\第13章\樱花.aff
- 光盘\实例演示\第13章\导出AAF

本例将把“凋零的花.prproj”项目文件导出为AAF文件，并将其命名为“樱花.aaf”。

Step 1 打开“凋零的花.prproj”项目文件，在“时间轴”面板中选择需要导出的视频序列为“序列 01”，选择“文件”/“导出”/AAF命令，如图13-39所示。

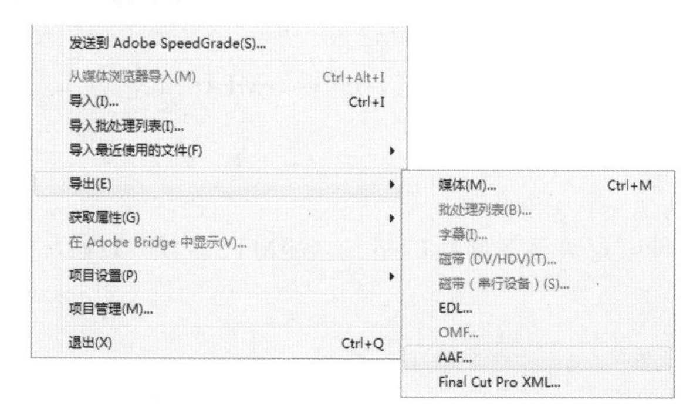

图13-39　选择导出命令

Step 2 在打开的“将转换的项目另存为-AAF”对话框中对文件的保存路径进行设置，并在“文件名”文本框中输入“樱花”，单击 保存(S) 按钮，如图13-40所示。

图13-40　存储AAF文件

Step 3 打开“AAF导出设置”对话框，在其中指定文件存储为传统AAF或嵌入音频，这里选中 ☑另存为传统 AAF 复选框，然后单击 确定 按钮，如图13-41所示。

图13-41　“AAF导出设置”对话框

Step 4 系统自动将项目导出为AAF文件，完成后打开文件的保存路径查看其效果，如图13-42所示。

图13-42　查看输出的效果

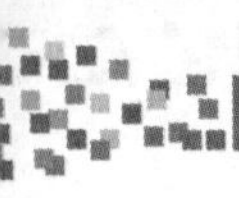

读书笔记

技巧秒杀

在“AAF导出设置”对话框中选中复选框，将只导出音频信息，不会导出视频内容。

知识大爆炸——素材格式转换

如果Premiere Pro CC所支持的各种格式并不能满足用户的需要，可先在Premiere Pro CC中将影片转换为Premiere Pro CC支持的格式，然后再通过格式转换工具进行转换，以便制作视频过程中随时进行素材格式的转换操作，提高工作效率。如“格式工厂”软件就能够对视频、音频和图片格式进行转换，并且它几乎支持所有的视频、音频和图片格式，应用范围十分广泛。用户可以在网上搜索常用的格式转换软件，然后选择一款适合自己需要的即可。

1. 音频格式转换

音频格式的转换方式可分为直接和间接两种，间接方式最常见的音频格式是WAV格式，所以用户只需完成各种格式与WAV格式之间的转换。其次是使用音频编辑软件进行直接转换，这些软件大都支持多种音频格式，如Blaze Media Pro，它几乎支持所有的音频、视频格式。

2. 视频格式转换

用户可通过一些软件将视频的格式进行互相转化，使其达到用户的需求。视频格式文件不同，其需要的播放器则不同，MOV格式文件需要使用QuickTime播放，RM格式的文件需要使用RealPlayer播放。若计算机上只装有RealPlayer播放器，而视频格式是MOV格式文件，则需要对视频格式进行转换。

3. 转换模式

为了满足用户的不同需求，有时需要对素材的格式进行转换。下面将对常见转换模式进行讲解。

（1）RMVB转MP4

视频的压缩率非常高，而RMVB可得到更小的体积且不影响画面质量，因此这是一种网络上很流行的格式。MP4格式是用于索尼、苹果等公司出品的手持移动设备的视频格式。将RMVB转换为MP4格式，可满足在网络上下载的视频资源在手机、PSP、iPhone等移动设备中进行观看的需要。

（2）MTS转DVD

MTS是一种分辨率为1080p的高清格式，该格式为一种索尼高清摄像机的格式。将MTS转换为DVD格式，可使高清摄像机录制的视频在家庭影碟机上播放。

（3）AVI转MPEG

AVI和MPEG格式为常见的视频格式，可对其进行转换的软件也较多。将AVI转换为MPEG格式，可以实现在任何VCD播放器上进行播放。

（4）MPEG转ASF

将MPEG转换为ASF格式，需要运用的软件工具有Sonic Foundry Stream Anywhere、Windows Media Toolkit等。因为需要ASF压缩编码驱动库的支持，转换前需安装Windows Media Toolkit，再运行Sonic Foundry Stream Anywhere软件，打开MPEG文件，将其另存为ASF文件即可。此时将生成ASF的参数设置为320×240和30帧/秒为最佳状态。

（5）MOV转MPEG

MOV格式是使用Apple的Quick Time 4.0制作的视频格式，将MOV转换为MPEG格式，需要运用的软件有Adobe Premiere Pro、Panasonic MPEG。安装Adobe Premiere Pro和Panasonic MPEG程序，启动Adobe Premiere Pro，新建一个项目文件，先导入一个MOV文件，再将之导出为MPEG文件即可。

（6）VCD转MPEG4

将VCD转换为MPEG4格式，其好处是进行压缩后的影片仅占原来影片1/3的容量，且不影响其影片的质量。

若用户有专门的视频编辑软件（如Ulead Media Studio Pro、MainActor等），也可将它当作格式转换软件。若该格式能在视频编辑软件中打开，则可将其另存为其所支持的其他格式，该方法为一种方便快捷的方法。如MainActor为一款极好的动画视频格式转换和编辑剪辑软件，可对AVI、MPEG、MOV等格式进行互相转换的操作。

读书笔记

01 02 03 04 05 06 07 08 09 10 11 12 13 14

Adobe Media Encoder 编码

本章导读

Adobe Media Encoder是Premiere Pro CC中自带的一款视频和音频编码应用程序，它可自动创建源文件、Adobe Premiere Pro 序列和Adobe After Effects构图。其操作界面简单、直观，通过后台编码和简便的预设功能即可帮助用户快速地在任何屏幕中输出。本章将对Adobe Media Encoder软件的工作界面、设置方法和输出方法进行介绍。

14.1 了解Adobe Media Encoder

使用Adobe Media Encoder对视频进行编码，可以将视频导出到类似YouTube和Vimeo的视频共享网站、各种从专业录音底座到DVD播放机的设备，以及移动电话和高清电视中，使视频的播放效果更加清晰、流畅。

14.1.1 启动Adobe Media Encoder

由于Adobe Media Encoder是集成在Premiere Pro CC中的，因此当用户成功安装Premiere Pro CC后，Adobe Media Encoder也将自动安装，此时即可启动Adobe Media Encoder来对视频进行编码。其启动方法主要有以下两种。

- 在“开始”菜单中选择“所有程序”/Adobe Media Encoder CC命令，如图14-1所示。
- 在Premiere Pro CC中打开“导出设置”对话框，设置好导出的参数后，单击对话框底部的 队列 按钮，如图14-2所示。此时被导出的剪辑将自动被添加到Adobe Media Encoder的“队列”面板中。

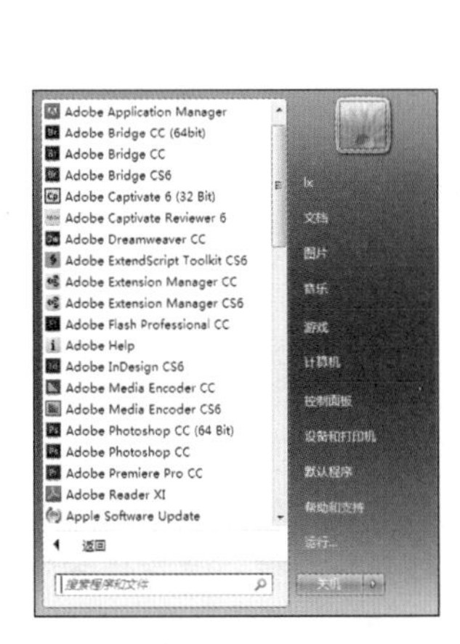

图14-1 在“开始”菜单中启动

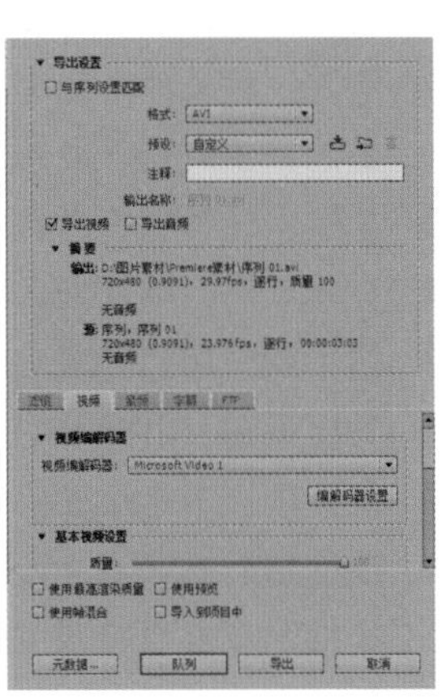

图14-2 在Premiere Pro CC中打开

14.1.2 导出流程

打开Adobe Media Encoder后，要想将视频或音频文件导出为需要的编码格式，还需要熟悉其操作流程。在Adobe Media Encoder中导出的步骤如下。

- 第一步：启动Adobe Media Encoder，并将项目添加到要编码的项目队列。
- 第二步：确定导出的方式，即预设或自定义编码方式。
- 第三步：选择最适合的输出视频、音频或静止图像格式。
- 第四步：设置编码文件的输出路径、文件名称。
- 第五步：开始进行编码，并监视编码进度。最后预览编码效果。

14.1.3 认识工作界面

启动Adobe Media Encoder后，即可看到其工作界面十分简单，由菜单栏、“队列”面板、“编码”面板、“预设浏览器”面板和“监视文件夹”面板组成，如图14-3所示。

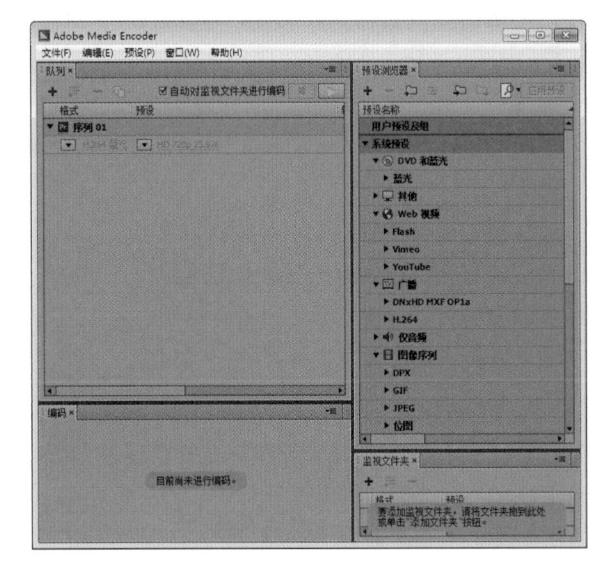

图14-3 Adobe Media Encoder的工作界面

1. 菜单栏

Adobe Media Encoder的菜单栏包括文件、编辑、

预设、窗口和帮助5个菜单。下面主要对文件、编辑和预设3个菜单进行介绍。

（1）“文件”菜单

“文件”菜单主要用来进行文件的添加、停止和退出等操作，如图14-4所示。

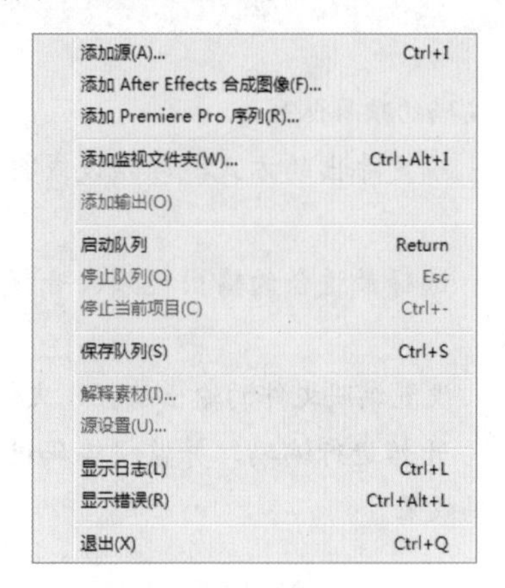

图14-4　“文件”菜单

知识解析：“文件”菜单

- 添加源：选择该命令，可打开要编码转换的影音源文件。
- 添加After Effects合成图像：用于添加After Effects的合成图像工程文件，以在Adobe Media Encoder中进行渲染输出。
- 添加Premiere Pro序列：用于添加Premiere Pro序列文件，以在Adobe Media Encoder中进行渲染输出。
- 添加监视文件夹：用于添加监视目录。
- 添加输出：用于添加一个输出文件。
- 启动队列：开始渲染指定输出的文件。
- 停止队列：停止渲染文件。
- 停止当前项目：停止当前正在渲染的项目。
- 保存队列：将待编码渲染的文件存为一个文档，方便以后打开继续渲染输出。
- 解释素材：解释素材文件的属性。
- 源设置：源素材设置。
- 显示日志：显示以往渲染文件的日志信息。
- 显示错误：显示以往渲染文件的错误信息。
- 退出：退出Adobe Media Encoder。

（2）“编辑”菜单

“编辑”菜单主要用于对素材进行编辑操作，其菜单如图14-5所示。

图14-5　“编辑”菜单

知识解析：“编辑”菜单

- 还原：取消前一步操作，恢复到前一步的状态。
- 重做：重复之前一步的命令。
- 剪切：对文件进行剪切。
- 复制：对文件进行复制。
- 粘贴：对文件进行粘贴。
- 清除：对文件进行清除。
- 重制：重新制作文件。
- 全选：选择项目中的所有文件。
- 重置状态：恢复默认设置。
- 跳过所选项目：跳过指定的命令。
- 导出设置：打开Adobe媒体编码参数设置窗口。
- 首选项：用于设置软件的输出参数。
- 快捷键：选择该命令，将打开“键盘快捷键”对话框，在其中可设置软件的快捷键，其操作方法与Premiere Pro CC相同，如图14-6所示。

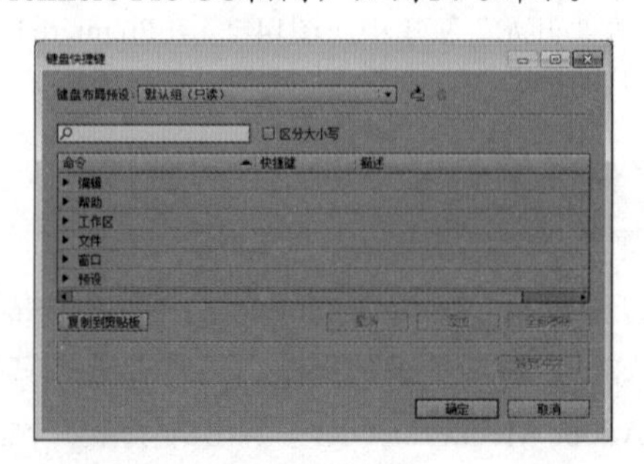

图14-6　“键盘快捷键”对话框

（3）“预设”菜单

用于设置Adobe Media Encoder的编码预设，其菜单命令如图14-7所示。

图14-7 “预设”菜单

知识解析：“预设”菜单

- 设置：在“预设浏览器”面板中选择一种预设模式，选择该命令，可打开“预设设置”对话框，在其中可以对预设进行编辑，如图14-8所示。

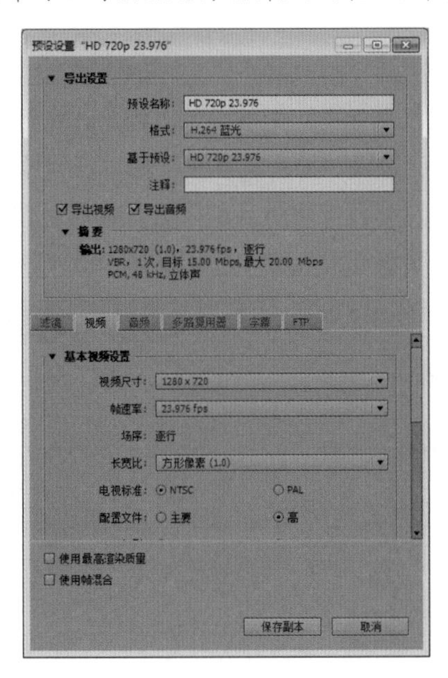

图14-8 设置预设

- 应用到队列：选择需要应用的队列，选择该命令即可将预设应用到其中。
- 应用到监视文件夹：用于将预设应用到监视文件夹。
- 创建预设：选择该命令，可打开“预设设置‘新建预设’”对话框，在其中可自定义创建预设，如图14-9所示。

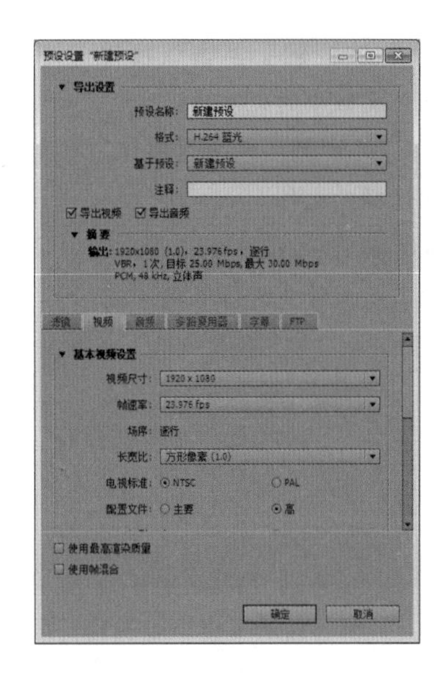

图14-9 创建预设

- 创建组：用于创建预设组。
- 创建别名：用于复制一个相同的预设。
- 重命名：用于修改用户自定义的预设名称。
- 删除：用于删除用户自定义的预设。
- 导入：用于导入预设。
- 导出：用于导出当前软件中的预设。

2. “队列”面板

“队列”面板用于添加需要进行编码的文件，可以将源视频或音频文件、Adobe Premiere Pro 序列和Adobe After Effects 合成添加到要编码的项目队列中。如图14-10所示。

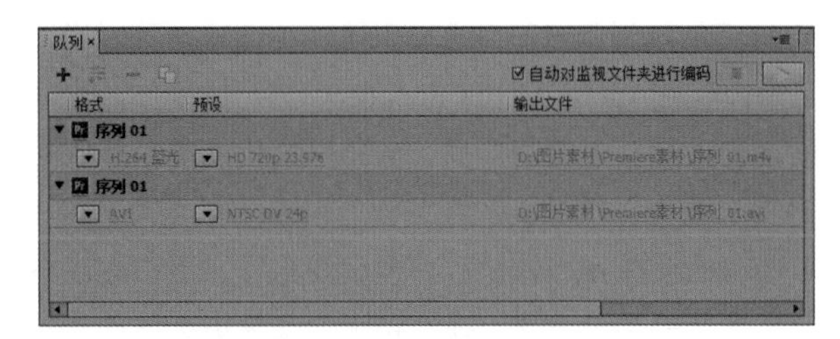

图14-10 “队列”面板

知识解析：“队列”面板

- “添加源”按钮：单击该按钮，可添加文件到“队列”面板中。
- “添加输出”按钮：单击该按钮，可为队列添加输出内容。

◆ “移除”按钮▬：单击该按钮，可删除添加到“队列”面板中的文件。

◆ “重制”按钮⧉：单击该按钮，可复制“队列”面板中选择的文件。

◆ ☑自动对监视文件夹进行编码复选框：选中该复选框，可自动对监视文件夹进行编码。

◆ “开启队列”按钮▶：单击该按钮，开始进行编码。

◆ “停止队列”按钮■：单击该按钮，可停止编码过程。

3. “编码”面板

“编码”面板显示了每个编码项目的状态信息。当同时对多个文件进行队列操作时，“编码”面板将显示每个文件的编码输出的缩略图预览、进度条和完成时间估算等信息，如图14-11所示。

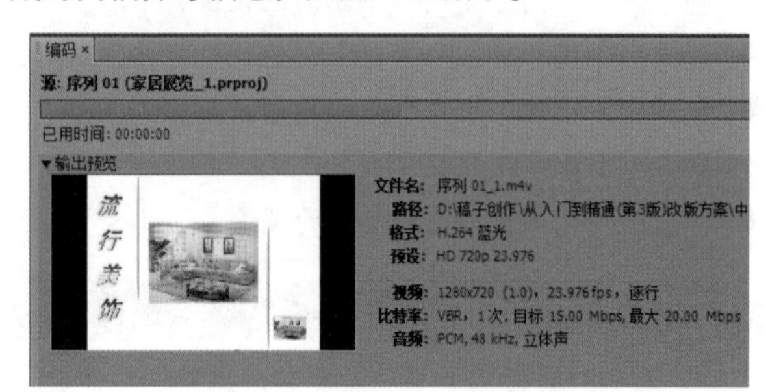

图14-11 “编码”面板

4. “预设浏览器”面板

“预设浏览器”面板提供了各种选项，可以帮助用户简化在Adobe Media Encoder中进行的操作。这些预设选项是基于使用广播、Web视频和设备目标（如DVD、蓝光、摄像头、绘图板）来进行分类的。在其中还有一个栏目叫做“用户预设及组”，用户可以自定义需要的预设选项。在“预设”菜单中选择相应的预设命令，或单击“预设浏览器”面板顶部对应的按钮，还可对预设进行添加、删除、导入、导出或搜索等操作，如图14-12所示。

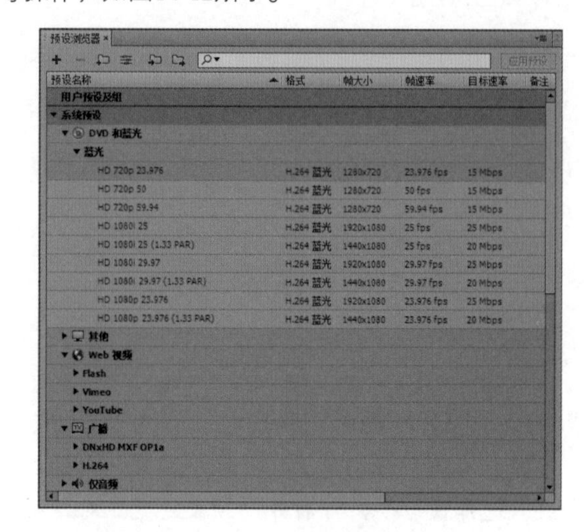

图14-12 “预设浏览器”面板

5. “监视文件夹”面板

“监视文件夹”面板中可以指定计算机中的任何文件夹，当选择“监视文件夹”后，任何添加到该文件夹的文件都将使用所选预设进行编码。如图14-13所示为选择某个文件夹后的效果。

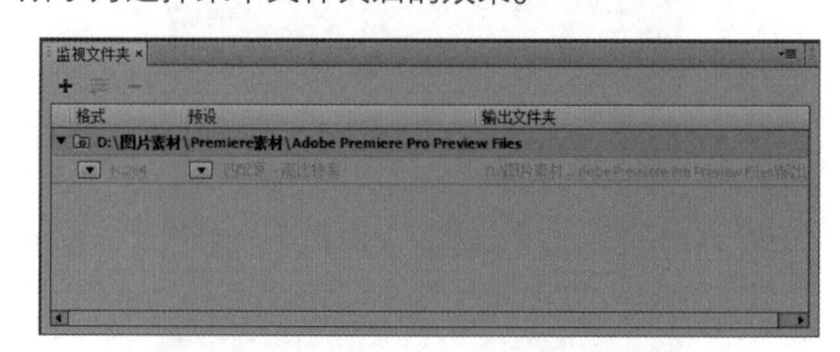

图14-13 “监视文件夹”面板

技巧秒杀

Adobe Media Encoder在Adobe Premiere Pro、Adobe After Effects和Adobe Prelude软件中都可通用，其设置和使用方法完全一致。

14.2 添加并编辑队列

了解了Adobe Media Encoder的工作原理及其工作界面后，就可以开始进行文件的编码了。在编码之前还需要先将文件添加到队列中。添加队列的方法有多种，下面将分别进行介绍。添加队列后，用户还可根据实际需要对其进行设置。

14.2.1 导入支持的文件格式

在Adobe Media Encoder中添加队列，需要先了解其支持的导入格式。这些文件格式共包括几种类别，分别是视频和动画格式、音频格式、静止图像格式和项目文件格式，下面分别进行介绍。

1. 视频和动画格式

Adobe Media Encoder支持导入的视频和动画格式如下。

- 3GP：3G流媒体的视频编码格式，主要是为了配合3G网络的高传输速度而开发的，也是手机中的一种视频格式。
- GIF动画：后缀名为.gif（仅限Windows操作系统）。
- DV：在MOV或AVI容器中，或者作为无容器DV流。
- FLV和F4V：FLV和F4V格式是容器格式，其中每种格式都与一组视频和音频格式相关联。F4V文件通常包含使用 H.264 视频编解码器和 AAC 音频编解码器编码的视频数据。FLV 文件通常包含使用 On2 VP6 或 Sorenson Spark 编解码器编码的视频数据或使用 MP3 音频编解码器编码的音频数据。但是，Adobe Media Encoder 可以使用 On2 VP6 视频编解码器（而非 Sorenson Spark 编解码器）对 FLV 文件进行导入。
- QuickTime影片：后缀名为.MOV，在 Windows 上，需要 QuickTime 播放器才能支持编码。
- MPEG-1、MPEG-2和MPEG-4格式：包括 MPEG、MPE、MPG、M2V、MPA、MP2、M2A、MPV、M2P、M2T、MTS、AC3、MP4、M4V、M4A、VOB、3GP、AVC 和 H.264。

技巧秒杀

与特定现代摄像机相关的某些格式使用MPEG-4编码。如XDCAM EX 格式使用MP4文件，AVCHD格式使用MTS文件。

- 媒体交换格式 (MXF)：包括MXF OP1a和P2 影片 (MXF)。MXF是一种容器格式，Adobe Media Encoder 只能导入 MXF 文件中包含的某些类型的数据。Adobe Media Encoder 可以使用DV、DVCPRO、DVCPRO50、DVCPRO HD 和 AVC-Intra 编解码器导入 Panasonic 摄像机使用的 Op-Atom 各种类型，以将其记录到Panasonic P2 媒体中。Adobe Media Encoder 也可以导入 MXF 格式的 XDCAM HD 文件。
- Netshow（ASF，仅限Windows操作系统）：是 Advanced Streaming Format（高级串流格式）的缩写，是一种数据格式。音频、视频、图像以及控制命令脚本等多媒体信息通过这种格式，以网络数据包的形式传输，实现流式多媒体内容发布。
- RED Raw：后缀名为.r3d。如果要进行final剪辑，则需要在red官网下载redcine导出相应格式进行剪辑。
- Video for Windows：包括AVI、WAV等格式，且在Mac OS 上需要 QuickTime 播放器。
- Windows Media：包括WMV、WMA、ASF格式，且只能在Windows操作系统中。

?答疑解惑：

什么叫容器文件格式？

使用不同的视频文件格式将视频和音频放在一个文件中，即在同一个容器格式文件里面包裹着不同的轨道，而不是特定的音频、视频或图像数据格式。容器是用来区分不同文件的数据类型的，而编码格式则由音频/视频文件的压缩算法决定。对于一种容器格式文件，可以包含不同的编码格式和视频。如常见的AVI（.avi）、MPEG（.mpg，.mpeg）、QuickTime（.mov）、RealMedia（.rm）和MP4（.mp4）等都是容器格式。Adobe Media Encoder 可以导入这些容器文件，但是否能导入其中包含的数据，要视安装的编解码器（尤其是解码器）而定。

2. 音频格式

Adobe Media Encoder支持导入的音频文件格式包

括Adobe Sound Document（后缀名为.asnd，多声道文件导入时将合并成单声道）、高级音频编码（AAC、M4A）、音频交换文件格式（AIF、AIFF）、QuickTime（MOV）、MP3（MP3、MPEG、MPG、MPA、MPE）、Video for Windows（AVI、WAV）、Windows Media Audio（WMA，只能在Windows操作系统中）和Waveform（WAV）。

3. 静止图像格式

Adobe Media Encoder支持导入的静止图像格式包括Adobe Illustrator（AI、EPS）、Photoshop（PSD）、位图（DIB、RLE，仅限Windows操作系统）、位图（BMP）、Cineon/DPX（CIN、DPX）、GIF、图标文件（ICO，仅限Windows操作系统）、JPEG（JPE、JPG、JPEG、JFIF）、PICT（PIC、PCT）、可移植网络图形 （PNG）、Targa（TGA、ICB、VDA、VST）和TIFF（TIF）。

4. 项目文件格式

Adobe Media Encoder支持导入的项目文件格式包括Adobe Premiere Pro（PRPROJ）和After Effects（AEP、AEPX），它们分别是Premiere Pro和After Effects的项目文件。

14.2.2 添加到队列

要在Adobe Media Encoder中进行编码，需要先将编码的文件添加到“队列”面板中。添加的方法有多种，下面分别进行介绍。

1. 添加源

启动Adobe Media Encoder，在“队列”面板中可以通过添加源的方法将需要的编码文件添加到队列中。

实例操作：添加编码源文件

- 光盘\素材\第14章\城墙素材1.mov、城墙素材2.mov、卡通城市.mov、日出.mov
- 光盘\实例演示\第14章\添加编码源文件

本例将启动Adobe Media Encoder，并在“队列”面板中以添加QuickTime影片为例，介绍添加编码源文件的方法。

Step 1 在“开始”菜单中选择“所有程序”/Adobe Media Encoder命令，启动Adobe Media Encoder。在“队列”面板中单击“添加源”按钮，如图14-14所示。

图14-14 单击“添加源”按钮

Step 2 打开“打开”对话框，在其中选择一个Adobe Media Encoder所支持的需要添加的源文件格式，这里选择“城墙素材1.mov”素材，如图14-15所示。

图14-15 选择需要添加的文件

技巧秒杀

直接双击“队列”面板中的空白区域，也可打开“打开”对话框，在其中可以选择多个需要打开的文件进行添加。

Step 3 ▶ 单击 打开(O) 按钮，即可将选择的视频文件添加到“队列”面板中。可使用相同的方法，多添加几个QuickTime影片，此时“队列”面板中将显示所添加的所有QuickTime影片，其效果如图14-16所示。

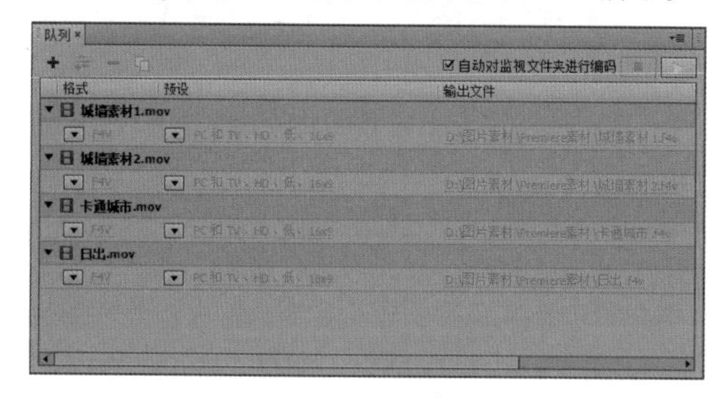

图14-16 查看效果

2. 添加Premiere Pro序列

在Adobe Media Encoder中可以直接添加Premiere Pro中的序列文件，以对其进行编码，并导出需要的文件格式。需要注意的是，在添加的过程中，Adobe Media Encoder会要求用户选择添加的序列。

实例操作：添加Premiere Pro 序列文件

- 光盘\素材\第14章\动物世界.prproj
- 光盘\实例演示\第14章\添加Premiere Pro 序列文件

本例在Adobe Media Encoder中添加“动物世界.prproj”项目文件中的“序列01”和“序列02”，完成后，“队列”面板中将显示添加的两条信息。

Step 1 ▶ 启动Adobe Media Encoder，选择“文件”/“添加Premiere Pro序列”命令，如图14-17所示。

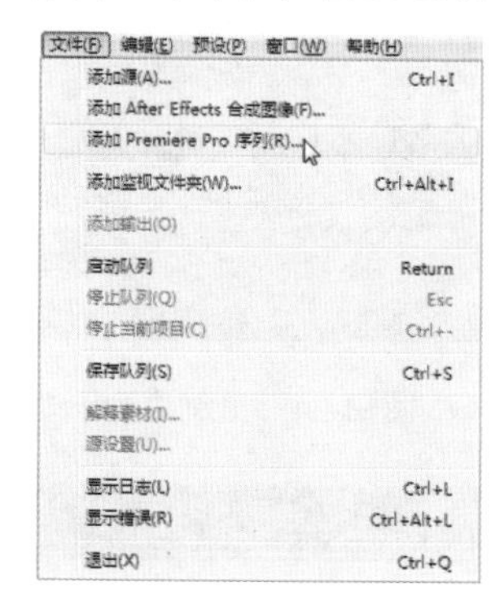

图14-17 选择“添加Premiere Pro 序列”命令

Step 2 ▶ 打开“导入Premiere Pro 序列”对话框，在“项目”列表框中选择需要导入的Premiere项目文件，这里选择“动物世界.prproj”选项，此时Adobe Media Encoder将自动链接文件，并在“序列”列表框中显示链接成功后的序列文件，选择需要导入的序列，这里选择“序列01”选项，如图14-18所示。

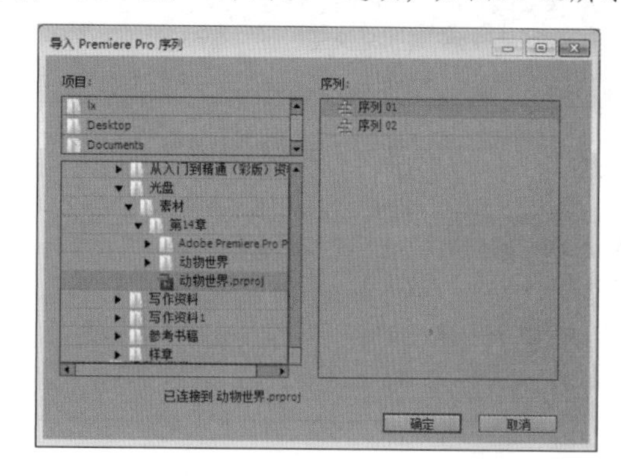

图14-18 选择需要导入的序列

Step 3 ▶ 单击 确定 按钮，Adobe Media Encoder将自动将其添加到“队列”面板中，如图14-19所示。

图14-19 导入“序列01”

Step 4 ▶ 再次选择“文件”/“添加Premiere Pro序列”命令，打开“导入Premiere Pro 序列”对话框，选择“动物世界.prproj”项目文件中的“序列 02”选项，如图14-20所示。

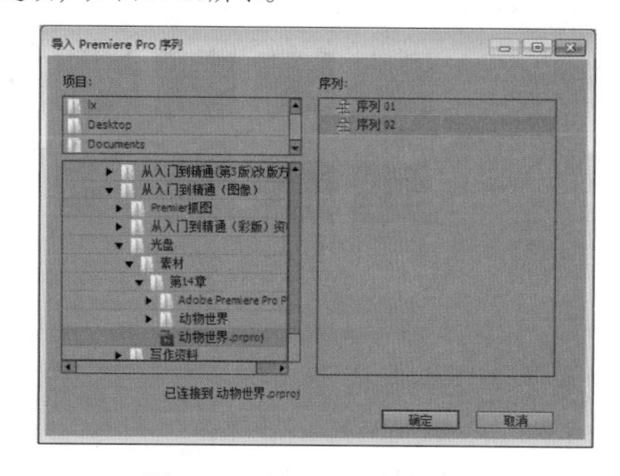

图14-20 选择“序列 02”选项

Step 5 ▶ 单击 确定 按钮，在Adobe Media Encoder的“队列”面板中将看到导入的“序列02”，如图14-21所示。

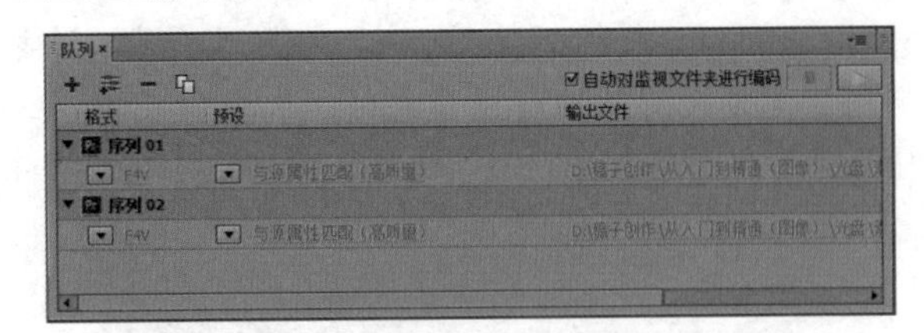

图14-21 导入“序列02”

技巧秒杀

选择“文件”/“添加After Effects合成图像”命令，可以将Effects项目文件添加到“队列”面板中，其方法与添加Premiere项目文件相同。

3. 添加图像序列

在Adobe Media Encoder中也可以添加图像序列，其方法与在Premiere Pro CC中添加图像序列类似。双击“队列”面板中的空白区域，打开“打开”对话框，选择需要导入的图像序列的第一个文件，此时对话框下方将激活所选择文件类型的复选框，如图14-22所示为选择JPEG文件后，激活并选中 JPEG 文件序列 复选框，单击 打开(O) 按钮将其导入。如图14-23所示为导入后的效果，此时“队列”面板中的队列将以文件的图片名称的范围进行命名。

图14-22 添加图像序列

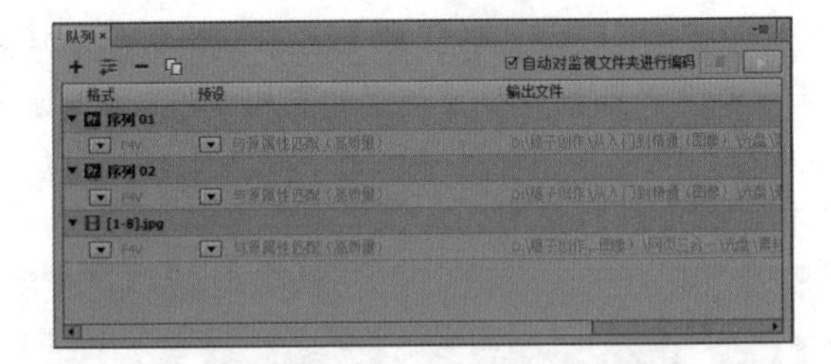

图14-23 查看导入图像序列后的效果

技巧秒杀

除了以上介绍的方法外，用户还可直接打开需要添加的文件所在的文件夹，直接使用鼠标将其拖动到Adobe Media Encoder“队列”面板中。

14.2.3 编辑队列

添加队列后，用户还可以根据需要对队列进行编辑，主要包括重制队列、移除队列和添加输出。下面分别进行介绍。

1. 重制队列

如果要将某个文件导出为不同类型的文件，可以先将文件添加到“队列”面板中，然后重制队列操作，此时即可复制一个完全相同的队列，并根据实际需要对队列进行操作。重制队列的方法是：在“队列”面板中选择需要进行重制的队列，单击“重制”按钮，即可自动复制所选择的队列。如图14-24所示即为选择“序列01”进行重制后的效果，此时“序列01”队列被复制。

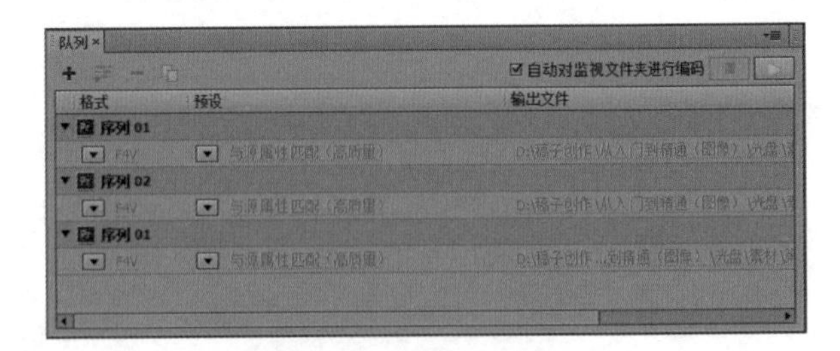

图14-24 重制序列

2. 移除队列

当不需要某个队列时，可将其删除。其方法是：

选择需要删除的队列，单击“队列”面板中的“移除”按钮，在打开的提示对话框中单击 是 按钮确认操作即可，如图14-25所示。

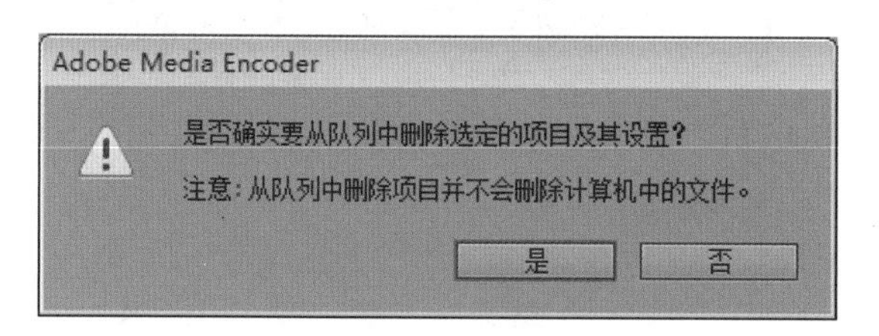

图14-25 移除队列

3. 添加输出

添加输出与重制队列的作用类似，都可以方便用户对同一个队列中的内容进行不同的操作。不同的是，添加输出后，队列中将存在该文件的多个输出设置，而不是对队列进行复制。添加输出的方法是：在“队列”中选择需要添加输出的文件，单击面板上方的“添加输出”按钮即可。如图14-26所示为对“序列01”添加输出操作后的效果，此时“序列01”队列中包含了两个输出文件。

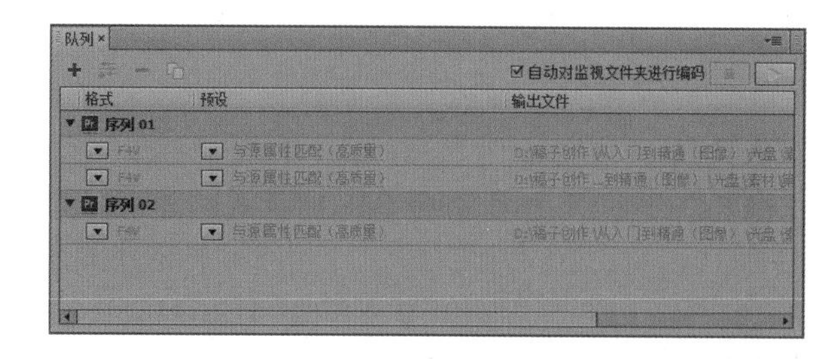

图14-26 添加输出

技巧秒杀

使用重制队列的方法也可进行添加输出的操作。用户可选择队列中已有的输出文件，然后再单击“重制”按钮，此时将只复制输出，而不重制队列。

读书笔记

14.3 自定义并应用预设

Adobe Media Encoder中的“预设浏览器”面板中包含了很多系统预设的输出设置，用户也可以根据实际需要进行自定义，以快速进行视频的编码操作。定义好预设后，添加到“队列”面板中的文件将自动应用系统默认的预设，此时就需要用户手动进行应用。下面将分别进行介绍。

14.3.1 创建和保存自定义预设

Adobe Media Encoder为了方便用户进行编码，根据源项目的特征估算选择需要的最佳预设，如果用户实际需要的与其不相符，可进行自定义设置。

实例操作：设置自定义预设

● 光盘\实例演示\第14章\设置自定义预设

本例将在Adobe Media Encoder中新建一个自定义预设并进行保存，便于以后使用。

Step 1 启动Adobe Media Encoder，在“预设浏览器”面板中单击“新建预设”按钮，如图14-27所示。

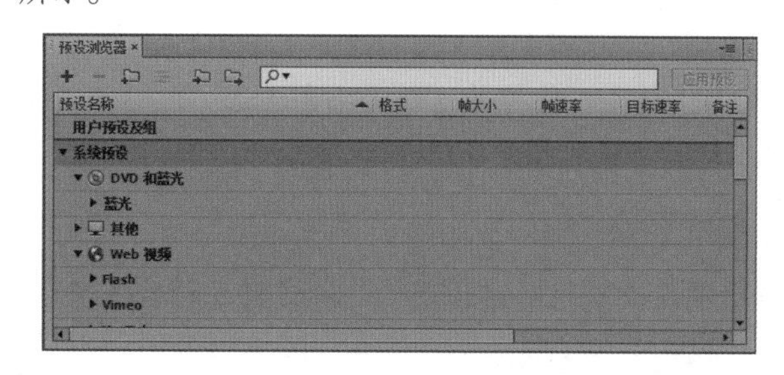

图14-27 新建预设

Step 2 ▶ 打开“预设设置‘新建预设’”对话框，在“导出设置”栏中的“预设名称”文本框中输入自定义的名称，这里输入“手机视频”，在“格式”下拉列表框中选择一种格式，这里选择MPEG4选项，在“基于预设”下拉列表框中选择预设格式，这里选择3GPP 176×144 H.263选项，保持☑导出视频和☑导出音频复选框的选中状态，如图14-28所示。

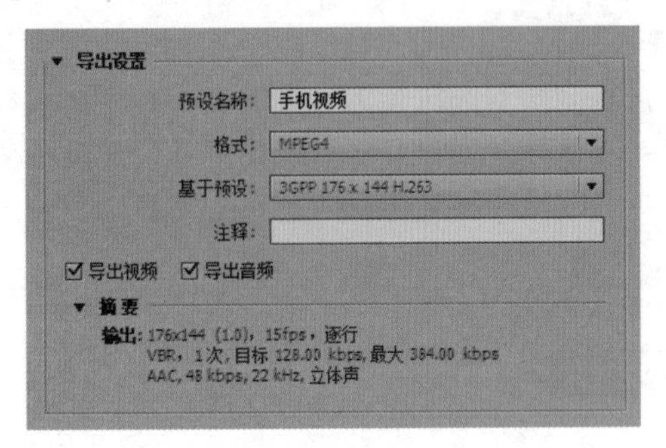

图14-28　导出设置

Step 3 ▶ 选择“视频”选项卡，在“基本视频设置”栏中进行设置，这里设置帧速率为29.97，长宽比为“D1/DV NTSC宽银幕 16:9（1.2121）”，电视标准为NTSC，如图14-29所示。

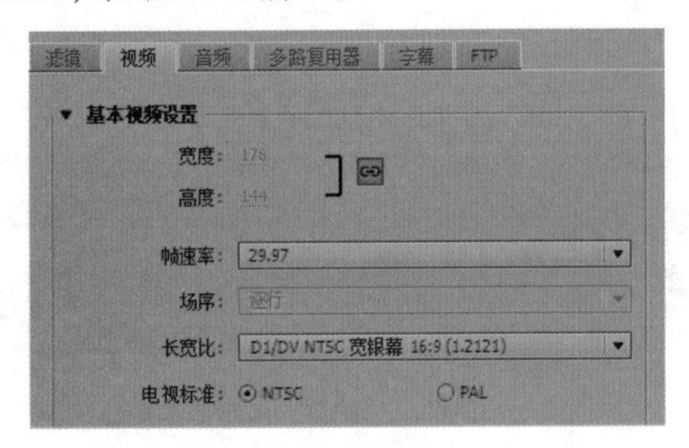

图14-29　基本视频设置

Step 4 ▶ 选择“字幕”选项卡，在“导出选项”下拉列表框中选择“创建Sidecar文件”选项，在“文件格式”下拉列表框中选择“Scenarist隐藏字幕文件(.scc)”选项，保持其他设置不变，选中对话框底部的☑使用最高渲染质量复选框，如图14-30所示。

技巧秒杀

“预设设置‘新建预设’”对话框中的各选项，与Premiere中的“导出设置”对话框类似，用户可按照视频导出设置的方法进行设置。

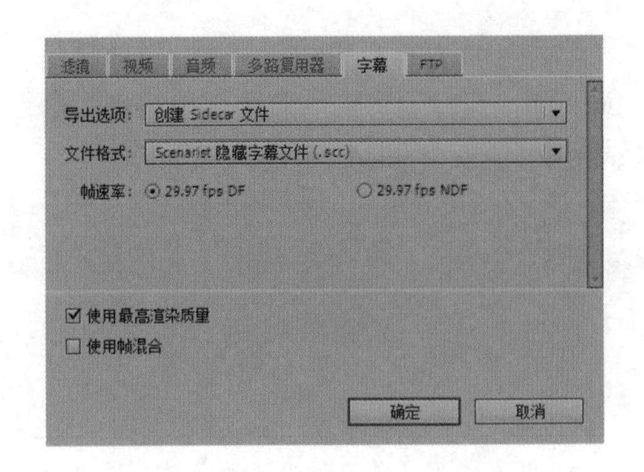

图14-30　设置字幕选项

Step 5 ▶ 单击 确定 按钮，Adobe Media Encoder将保存用户创建的自定义预设，且可在“预设浏览器”面板中的“用户预设及组”栏中查看，如图14-31所示。

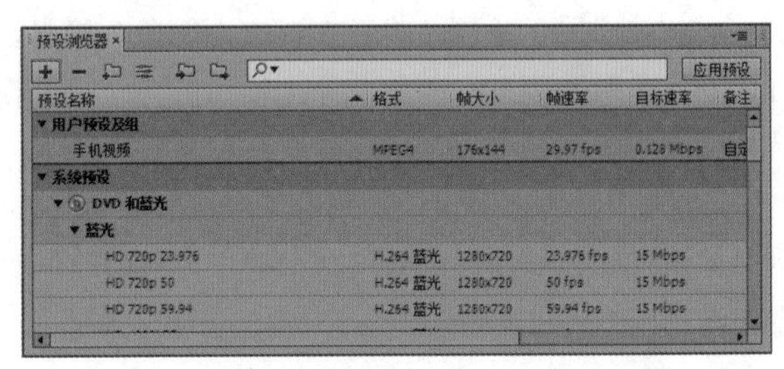

图14-31　查看自定义的预设

14.3.2 应用预设

添加队列后，队列默认的预设格式若不符合用户的实际需要，可对其进行修改，即重新应用预设。其方法是：在“预设浏览器”面板中选择需要应用的预设（可以为系统预设或自定义预设），在“队列”面板中选择需要应用的队列，选择“预设”/“应用到队列”命令即可，如图14-32所示即为为“序列01”应用自定义的“手机视频”预设的效果，此时将新增一个与应用的预设相同的输出文件。

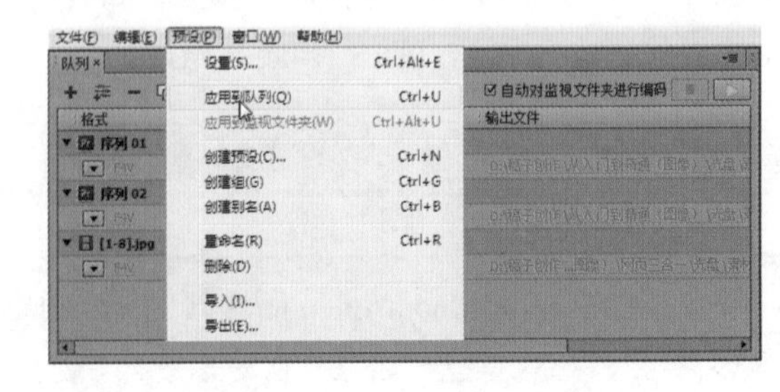

图14-32　应用预设到队列

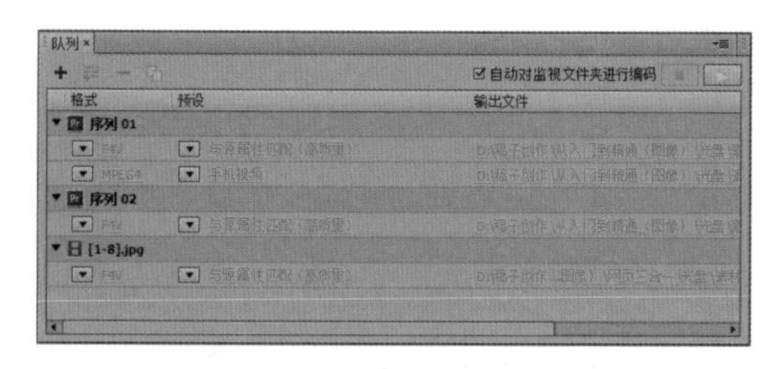

图14-32　应用预设到队列（续）

技巧秒杀

选择要应用预设的队列后，“预设浏览器”面板上方的应用预设按钮将被激活，单击该按钮，也可将预设应用到队列。

14.3.3 导入预设

若用户在网上下载了更多的视频预设，还可将其导入Adobe Media Encoder中，方便用户使用。

实例操作：导入视频预设

- 光盘\素材\第14章\高清宽屏.epr
- 光盘\实例演示\第14章\导入视频预设

本例将以在Adobe Media Encoder中导入一个视频预设为例，讲解导入预设的操作方法。

Step 1 在Adobe Media Encoder中的“预设浏览器”面板中单击“导入预设”按钮，如图14-33所示。

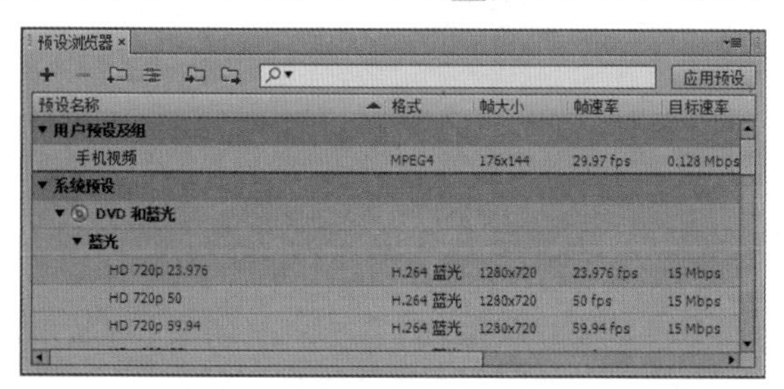

图14-33　准备导入预设

读书笔记

Step 2 打开“导入预设”对话框，在其中选择需要导入的预设文件，其后缀名为.epr。这里选择“高清宽屏.epr”文件，如图14-34所示。

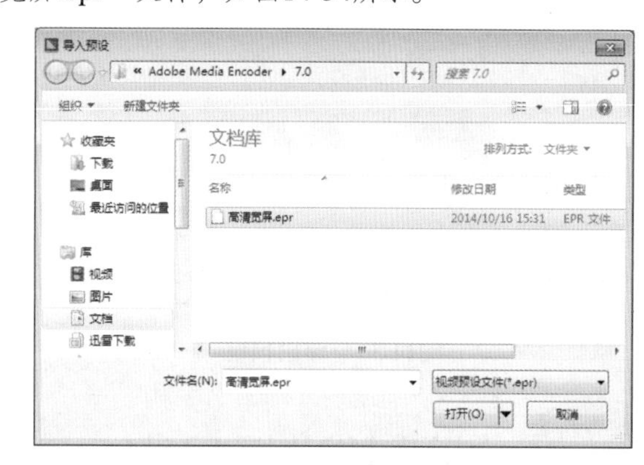

图14-34　选择预设文件

Step 3 单击打开(O)按钮，视频预设被导入到“预设浏览器”面板中的“用户预设及组”栏中，如图14-35所示。

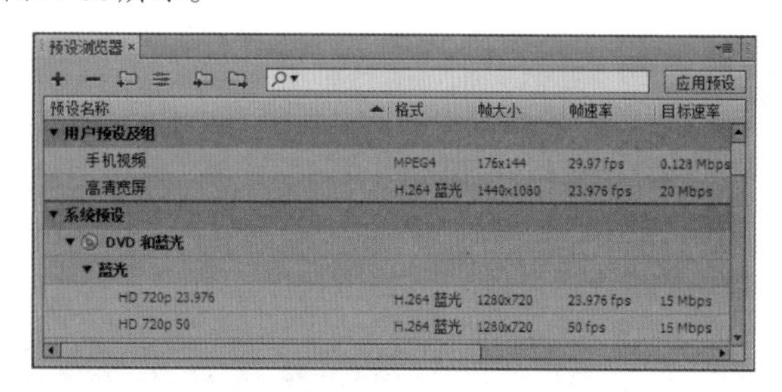

图14-35　查看导入效果

14.3.4 导出预设

用户也可将预设导出到计算机磁盘中，以对其进行备份。其方法是：选择需要导出的预设，单击“预设浏览器”面板中的“导出预设”按钮，打开“导出预设”对话框，选择预设的保存位置，单击保存(S)按钮即可，如图14-36所示。

技巧秒杀

在菜单栏中选择“预设”/“导入”命令，可以打开“导入预设”对话框；选择“预设”/“导出”命令，可以打开“导出预设”对话框。

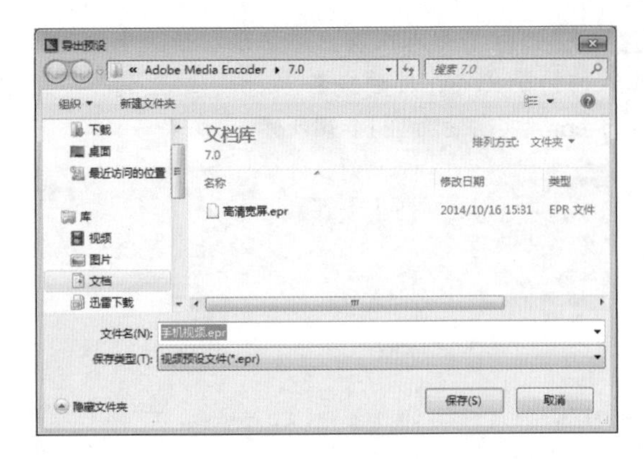

图14-36 导出预设

14.3.5 删除自定义预设

如果不再需要已经添加的自定义预设，可将其删除。其方法是：在“预设浏览器”面板中的“用户预设及组”栏中选择需要删除的预设（可按住Ctrl键再单击其他预设，可同时选择多个需要删除的自定义预设），单击“删除预设”按钮▬或选择“预设”/“删除”命令即可。

14.4 编码并进行导出

了解并掌握了以上介绍的知识后，就可以开始进行文件的编码和导出操作了。下面将对进行编码需要注意的事项和导出的操作进行介绍。

14.4.1 编码压缩的注意事项

在进行编码时，视频和音频文件都会被压缩。为了更好地选择适合的导出格式，用户需要了解视频和音频压缩的注意事项，下面分别进行介绍。

1. 视频压缩

每次使用有损编码器压缩视频时，就会降低视频的品质。为了尽可能使视频导出的效果更清晰，需要注意以下几点：

- 使用可用的毛片或压缩最少的镜头。
- 修剪视频的开头和结尾，并对视频进行编辑，删除不需要的内容。
- 如果压缩视频后的效果不错，可通过更改设置来降低文件大小。
- 测试画面并修改压缩设置，直至为正在压缩的视频找到最佳设置。
- 每个视频都需要针对自身的设置来进行调试，以实现最佳的效果。
- 如果要限制文件的大小，则应尽量少使用移动。可以使用 After Effects 中的动画稳定功能来删除无关的动作。
- 源图像中的杂音和颗粒会增加已编码文件的大小。可使用 Adobe Premiere Pro 或 After Effects 中的实用工具来减少杂音和颗粒。还可以使用 Adobe Media Encoder 中的高斯模糊滤镜来减少杂音，但这样会损失图像品质。

技巧秒杀

已编码并压缩的视频可能会产生杂音和干扰，这样会使下次编码和压缩步骤需要更长的时间，或者产生更大的文件。

2. 音频压缩

为了使音频效果更好，应注意以下事项。

- 必须使用没有失真并且没有人为干扰的音频文件。
- 如果音频文件来自CD，可使用直接数字传输来录制文件，而不需使用声卡进行模拟输入。这是因为声卡会引入不必要的数字到模拟和模拟到数字的转换，从而在传输音频中产生杂点。
- 如果源音频文件为单声道，最好使用单声道对其进行编码，以便与Flash结合使用。若要用Adobe Media Encoder进行编码，并要使用编码预设，需要检查预设编码是立体声还是单声道，然后根据需要选择单声道。

14.4.2 裁剪和修整源

了解编码压缩的注意事项后，就可以进行编码和导出操作了。最先开始的就是对源素材进行裁剪和修整，以保证导出文件的效果。

1. 裁剪源

在Adobe Media Encoder中的“队列”面板中单击添加队列所对应的“预设”栏中的选项，打开“导出设置”对话框，在“源”选项卡中单击按钮，此时将激活“左侧”“顶部”“右侧”“底部”4个数值框和“比例”下拉列表框。使用鼠标拖动视频预览区中的裁剪框可以对视频进行裁剪，如图14-37所示。也可在“比例”下拉列表框中选择需要裁剪的比例，如图14-38所示。

图14-37 裁剪视频

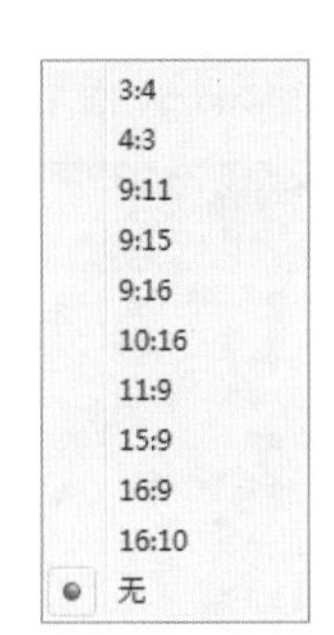

图14-38 选择裁剪比例

2. 修整源范围

在“导出设置”对话框中的“源范围”下拉列表框中，可以对要导出文件的源范围进行调整，包括“整个序列”“序列切入/序列切出”“工作区域”“自定义”4个选项，如图14-39所示。其含义分别介绍如下。

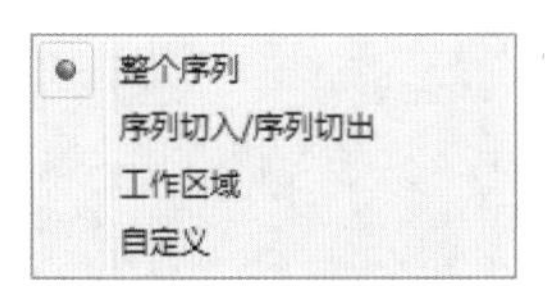

图14-39 源范围

- 整个序列：使用剪辑或序列的整个持续时间。
- 序列切入/序列切出：修剪在 Premiere Pro 和 After Effects 生成的剪辑或序列上设置的入点和出点标记。
- 工作区域：修剪在Premiere Pro 和 After Effects 项目中指定的工作区域。
- 自定义：修剪在 AME 中设置的入点和出点标记。

3. 源缩放

裁剪源后，还需要在“输出”选项卡中对“源缩放”进行设置，以保证输出的视频效果。“源缩放”包括“缩放以适合”“缩放以填充”“拉伸以填充”“缩放以适合黑色边框”“更改输出大小以匹配源”5个选项，如图14-40所示。

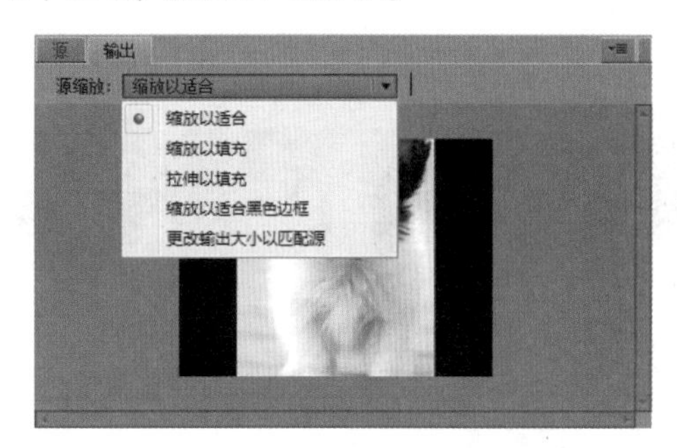

图14-40 “源缩放”选项

- 缩放以适合：在保持源的像素长宽比的同时，缩放源帧以适合输出帧的范围。必要时，在输出帧中，源帧将显示为上下黑块或左右黑块，如图14-40所示。如果对视频进行了裁剪，则裁剪视频的尺寸应调整为适合在“视频”选项卡中指定的帧宽度和帧高度范围。如果由那些值所定义的长宽比与裁剪视频的长宽比不匹配，那么在编码素材上会出现黑条。
- 缩放以填充：在裁剪源帧的同时，缩放源帧以完全填充输出帧，以保持源帧的像素长宽比，如图14-41所示。
- 拉伸以填充：改变源帧的尺寸以完全填充输出帧。系统不会保持源的像素长宽比，因此，如果输出帧与源的长宽比不同，则可能会发生扭曲，如图14-42所示。

图14-41 缩放以填充　　图14-42 拉伸以填充

- **缩放以适合黑色边框**：缩放包括裁剪区域在内的源帧以适合输出帧。若视频长宽比不匹配，会通过黑色边框来保持像素长宽比，即使目标视频的尺寸小于源视频，如图14-43所示。
- **更改输出大小以匹配源**：自动将输出的高度和宽度设置为裁剪的帧的高度和宽度，覆盖输出帧大小设置。如果要使导出的内容适用于Web应用程序而不产生上下或左右黑色边框，可以选择此设置，如图14-44所示。

图14-43 缩放以适合黑色边框　图14-44 更改输出大小

14.4.3 输出设置

开始输出文件前，还需要进行文件输出设置，以确保输出的内容与实际需要相符合，如修改输出文件的格式、预设和输出文件路径等。

实例操作：输出文件设置

● 光盘\实例演示\第14章\输出文件设置

本例将对前面导入到“队列”面板中的输出文件进行设置，通过修改其格式、预设和文件名等操作进行讲解。

Step 1 在“队列”面板中添加需要设置的输出文件，这里为“序列02”队列。单击“格式”栏中“序列02”队列中的输出文件所对应的下拉按钮，在弹出的下拉列表中选择“H.264蓝光”选项，如图14-45所示。在“预设”栏中单击对应的下拉按钮，在弹出的下拉列表中选择HD 1080p 23.976(1.33 PAR)选项，如图14-46所示。

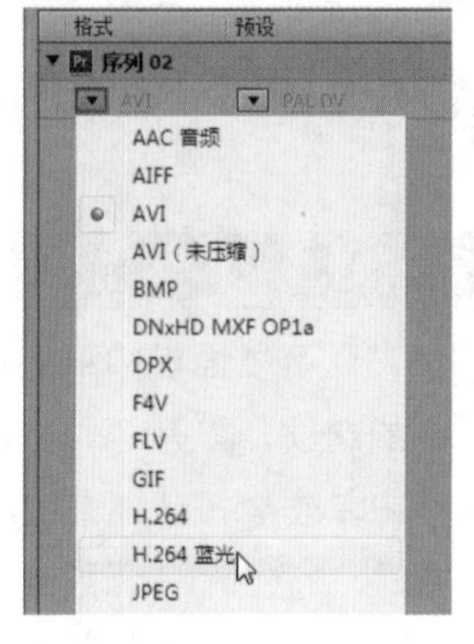

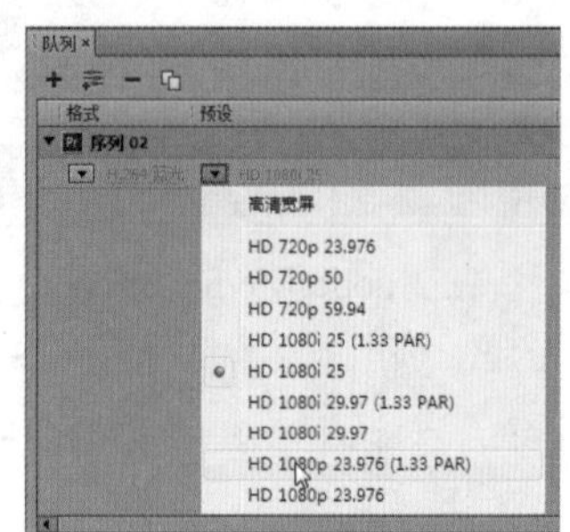

图14-45 修改格式　　图14-46 修改预设

Step 2 单击“输出文件”栏中的文件路径，打开“另存为”对话框，在其中选择输出文件的路径，这里选择“库”/“视频”文件夹。在“文件名”文本框中修改文件名称为“动物”，如图14-47所示。

图14-47 设置文件输出

Step 3 单击 保存(S) 按钮，返回“队列”面板即可看到修改后的输出文件的信息，如图14-48所示。

图14-48 查看设置后的文件信息

14.4.4 编码并导出

设置好输出文件后，即可启动队列，将文件输出为需要的内容。其方法是：在“队列”面板中单击“启动队列”按钮或选择“文件”/“启动队列”命令。此时“编码”面板将显示出输出文件的信息，如图14-49所示。此时“队列”面板中的“格式”和“预设”栏将变为灰色，不能再进行编辑，只能单击“输出文件”对应的选项，打开输出文件所在的文件夹查看导出的效果，如图14-50所示。

读书笔记

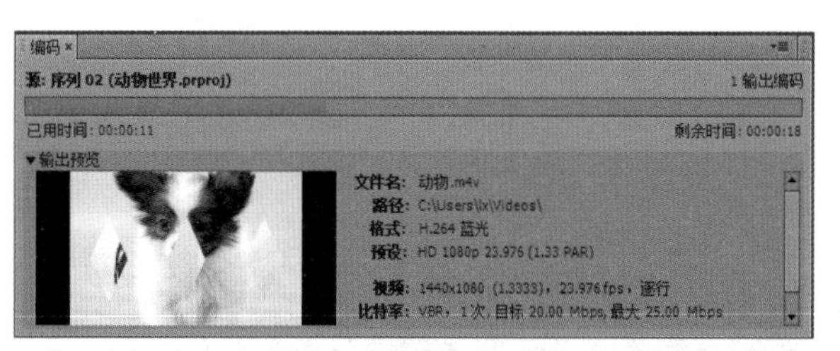

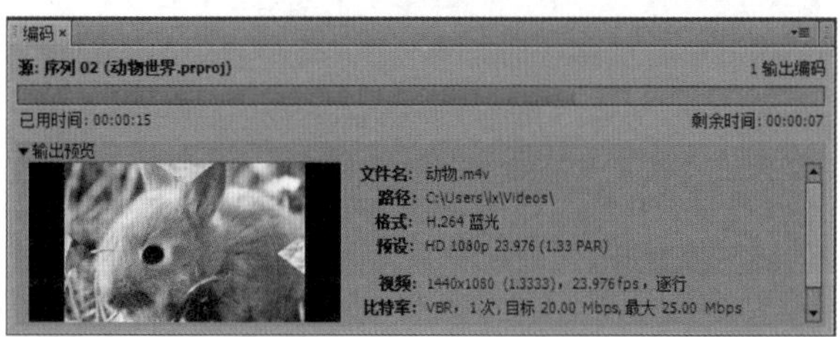

图14-49 “编码”面板中的输出信息

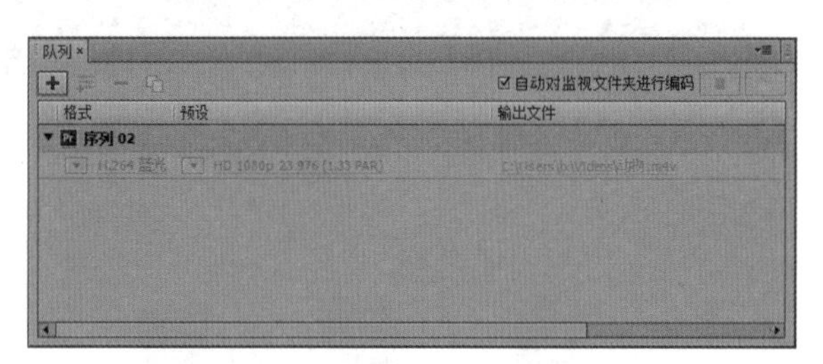

图14-50 查看导出后的面板

知识大爆炸——DVD刻录

1. Adobe Encore CS6应用程序

Adobe Encore CS6是一种制作DVD的应用程序，通过它可以创建带有交互式按钮的DVD菜单，还能将影片内容刻录到DVD中。在最新版的Premiere Pro CC中，没有对Encore进行升级，因此Adobe Encore CS6是目前最新的一个版本。Premiere Pro与Encore都是Adobe公司的软件，其兼容性十分好，因此可以直接通过Adobe Encore CS6来创建DVD。

（1）Adobe Encore CS6创建DVD的流程

要通过Adobe Encore CS6创建DVD，需要先了解其创建的流程，介绍如下。

- 导入资源到Encore中：在Adobe Encore CS6中创建光盘需要先新建Encore项目文件，并导入需要的视频或音频资源。
- 创建DVD菜单：DVD菜单是光盘的主体，通过菜单可以连接到具体的内容。
- 将资源添加到“时间线”面板：将需要的资源添加到“时间线”面板中，可以对视频、音频或字幕等文件进行合成，以达到完美的效果。
- 链接菜单和光盘内容：在DVD中创建菜单后，要使其能链接到具体的内容，需要对菜单按钮产生的动作

进行链接。

◆ 转换格式：如果导入的视频或音频格式与DVD的格式并不兼容，应在烧录前先进行转码，以免产生错误。

◆ 预览刻录效果：开始刻录前，先预览一下最终的效果，查看是否存在需要修改的地方。

◆ 刻录光盘：完成以上操作后，就可以在DVD刻录机中插入一张空白光盘进行刻录。

（2）新建Encore项目

在“开始”菜单中选择“所有程序”/Adobe/Adobe Encore CS6命令，启动Abobe Encore CS6软件，打开欢迎屏幕。在其中选择New Project选项，打开New Project对话框，设置项目文件的名称、存储路径和制式后单击 OK 按钮即可，如图14-51所示。

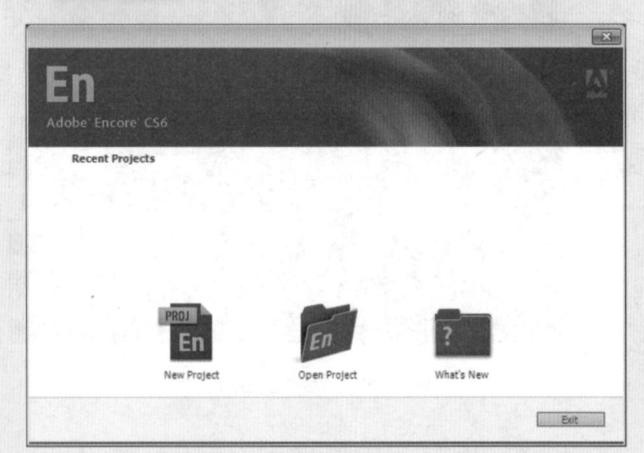

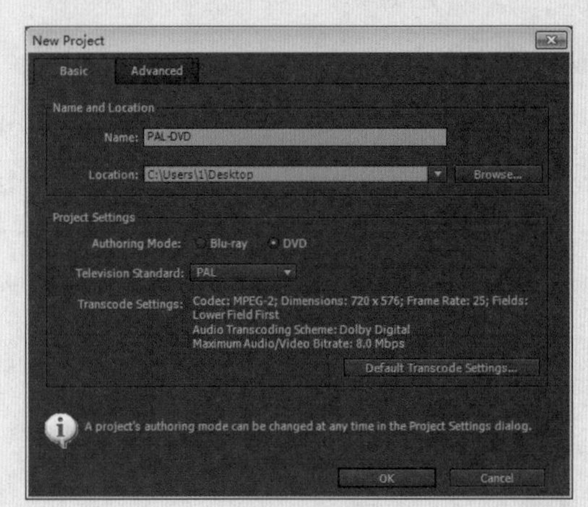

图14-51　新建Encore项目

（3）导入资源

新建后的Encore CS6项目文件中没有任何东西，需要将源素材导入到Encore项目文件中，才能进行下一步的操作。在Adobe Encore CS6中不仅可以导入视频、音频或图片等资源，还可以导入菜单、时间线和幻灯演示等。其方法是：选择File/Import As/Asset命令，打开Import As Asset对话框，在其中选择需要导入的文件即可。

（4）菜单按钮

菜单按钮用于对DVD中的内容进行链接，以方便快速地在不同的内容之间进行切换。在Adobe Encore CS6中可以新建菜单，其方法是：启动Adobe Encore CS6并新建项目文件后，选择Menus/New Menus命令，此时将在Menus面板中新建一个与当前项目的画面大小相匹配的菜单，此菜单是透明背景的PSD文件，双击该文件，可在打开的面板中，通过工具栏中的工具创建菜单按钮。也可以在其中右击，在弹出的快捷菜单中选择Edit Menu in Photoshop命令，启动Photoshop软件，并在其中创建和编辑菜单。

（5）链接“时间线”面板与菜单按钮

“时间线”面板用于显示Adobe Encore CS6中所有的时间线，当项目中存在时间线时，可在该面板中双击需要打开的时间线，此时可打开对应的“时间线”面板，该面板与Premiere Pro CC中的“时间轴”面板类似，包含了不同的轨道，在其中可以对素材进行编辑。在Project面板中选择需要添加到“时间线”面板的资源，在该资源上右击，在弹出的快捷菜单中选择New/Timeline命令，将资源添加到其中，然后在Timeline面板中选择需要链接的选项，拖动到对应的菜单查看器上即可进行链接。

（6）预览和刻录DVD

完成DVD的制作后，可以在Adobe Encore CS6中选择File/Preview命令，打开Project Preview对话框，切换到DVD预览模式，此时即可预览DVD的播放效果，单击菜单按钮，查看链接是否有效。预览后没有任何问题，将DVD刻录机连接到计算机上，然后在刻录机中插入一张空白的DVD光盘，在Encore中选择Window/Build命令，打开Build面板，在其中设置刻录参数即可，如图14-52所示。

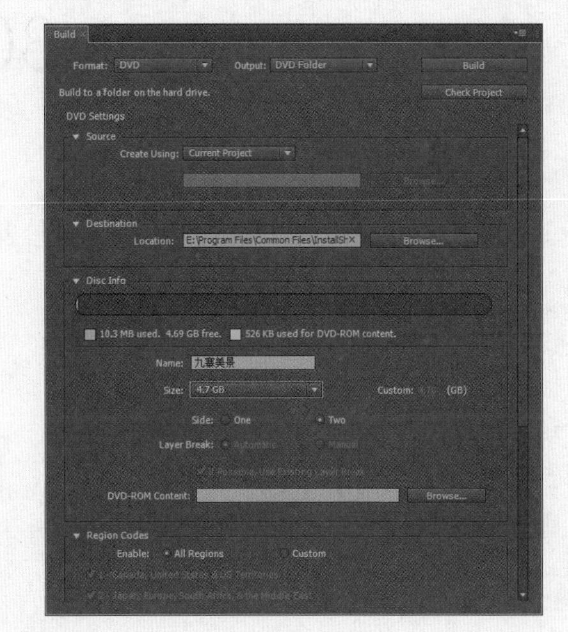

图14-52　预览和刻录DVD

2. 刻录软件——Nero

除了通过 Adobe 自带的 Encore 进行 DVD 刻录外，还可通过刻录软件来进行，如目前最流行的Nero。Nero 是一款专业的刻录软件，利用它可以轻松将计算机中的数据刻录到光盘中以便保存、备份和使用，可在其官方网站（http://www.nero.com）上进行下载。

使用 Nero 刻录 DVD 的方法是：安装好 Nero 之后，将空白光盘放至光驱中。然后双击桌面上自动创建的Nero 快捷启动图标启动该软件，进入Nero 工作界面。在左侧的列表中选择“数据记录”选项，打开“选项”对话框，在其中设置刻录速度和验证等信息，如图 14-53 所示。单击 确定 按钮，返回 Nero 工作界面，单击 添加 按钮，在打开的对话框中选择要刻录的文件，然后在 Nero 工作界面的下方单击 刻录 按钮即可开始刻录光盘，如图 14-54 所示。

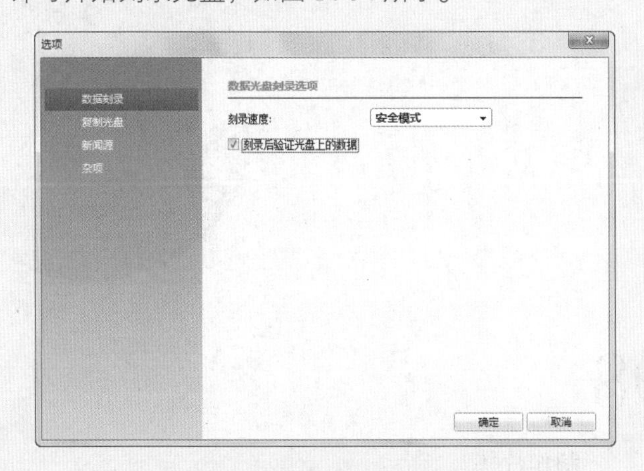

图14-53　设置刻录信息

图14-54　开始刻录光盘

在本篇中，通过实例的方式对前面所学的知识进行巩固与运用，以使读者熟练掌握视频制作的流程和剪辑的方法。在Premiere Pro中可以制作出各种各样的视频效果，还可制作出电子相册、片头、广告等影片。只要掌握了Premiere Pro的操作方法，将其运用到视频制作过程中，就可制作出所需的效果。通过本篇实例的学习，读者可根据实例中的制作方法举一反三，进行其他类型的影片制作。

>>>

15 16 17 18

影视特效

本章导读

在Premiere Pro CC中制作特效可使视频的画面效果更具视觉冲击力，根据用户的需求，可制作很多不同的效果，如怀旧老电影效果、底片效果、视频画中画和电视放映效果等。本章将对制作各种不同效果的操作步骤进行讲解。

15.1 灰度系数校正的应用 RGB曲线的应用 黑白效果的应用 制作怀旧老照片

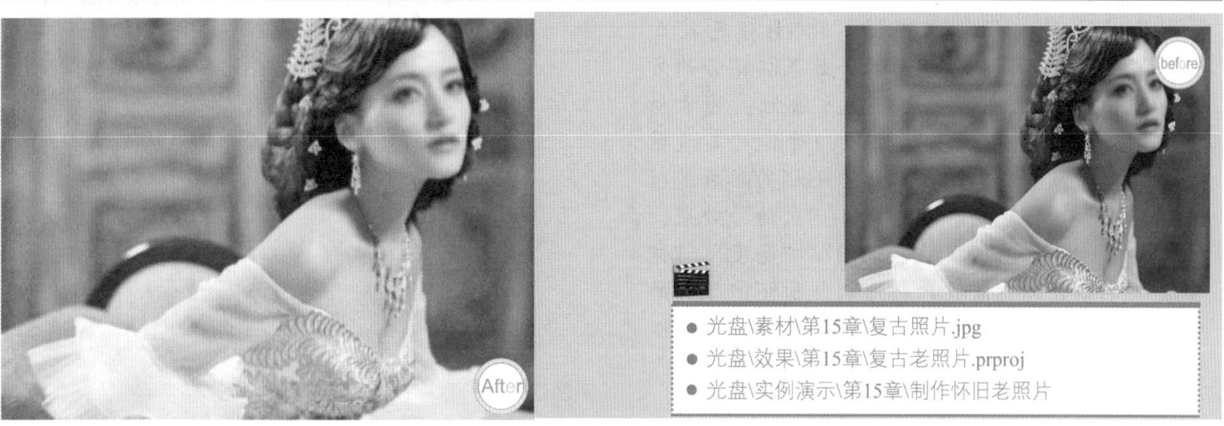

在Premiere Pro CC中可根据需要为素材应用各种效果，使其具有复古的效果，下面将对制作怀旧老照片的方法进行讲解。

Step 1 ▶ 启动Premiere Pro CC，新建“项目”并命名为“怀旧老照片.prproj”，新建序列，将素材“复古照片.jpg”导入“项目”面板，并将其拖动至“时间轴”面板，如图15-1所示。

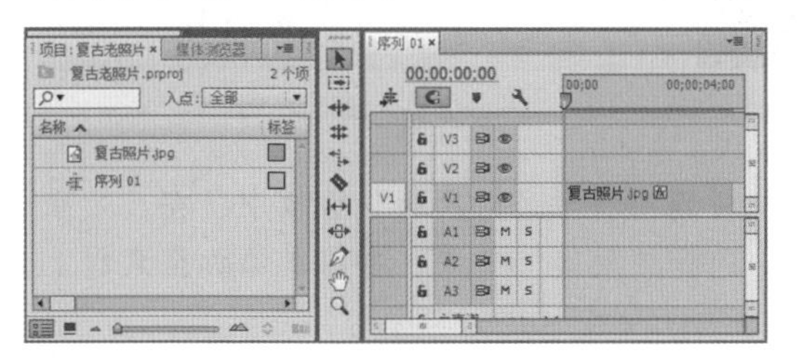

图15-1　导入素材

Step 2 ▶ 在“效果”面板中选择“灰度系数校正”效果，将其拖动至素材上，在“效果控件”面板中的“运动”栏中设置“缩放”为91.4，在“灰度系数校正”栏中设置“灰度系数”为8，如图15-2所示。

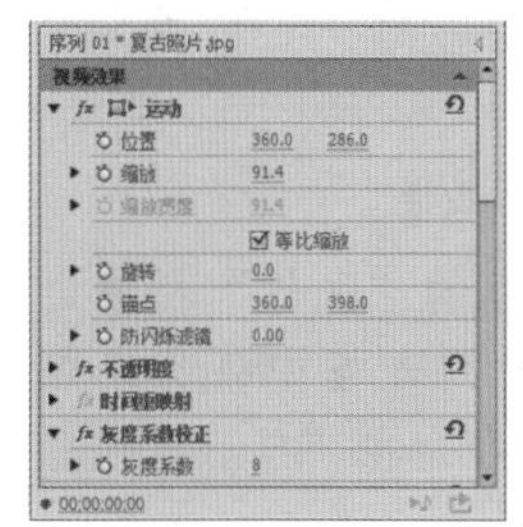

图15-2　设置特效参数

Step 3 ▶ 再为素材添加“黑白”和“RGB曲线”效果，对其“主要”“红色”“绿色”“蓝色”曲线进行调整，如图15-3所示。

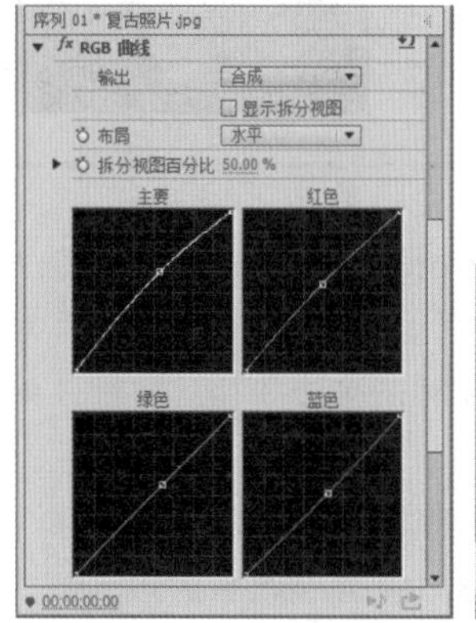

图15-3　添加“黑白”等效果

Step 4 ▶ 添加“杂色HLS自动”效果，对其参数进行设置，设置完成后，保存项目并在“节目监视器”面板中对效果进行查看，如图15-4所示。

图15-4　查看效果

还可以这样做?

除此之外，还可以通过“RGB颜色校正器”“黑白”“杂色HLS自动”效果相结合的方法制作出怀旧照片的效果。其方法为：为素材添加“RGB颜色校正器”效果，对其“灰度系数”、“基值”、“增益”和RGB栏的参数进行设置，添加“黑色”和“杂色HLS自动”效果，对“杂色HLS自动”栏的“色相”“亮度”“饱和度”等参数进行设置，即可制作出怀旧照片的效果。

读书笔记

15.2 制作底片效果

矩形的绘制　关键帧的创建　与原始图像混合程度

本例将使用反转效果为素材制作底片效果，使图像更具神秘感。

- 光盘\素材\第15章\动物.jpg
- 光盘\效果\第15章\底片效果.prproj
- 光盘\实例演示\第15章\制作底片效果

Step 1 ▶ 新建“底片效果.prproj”项目文件，新建序列，选择“新建”/“导入”命令，打开“导入”对话框，选择“动物.jpg”素材，单击 打开(O) 按钮，如图15-5所示。

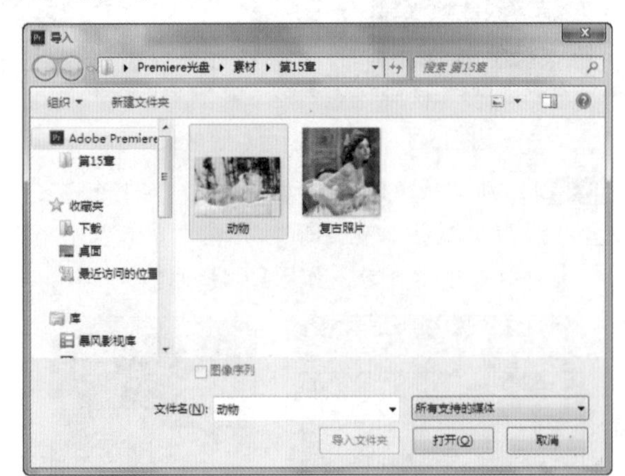

图15-5　导入素材

Step 2 ▶ “动物”素材将被导入至“项目”面板中，将其拖动至“时间轴”面板中，在“效果”面板中选择“反转”效果，并将其添加至素材上，如图15-6所示。

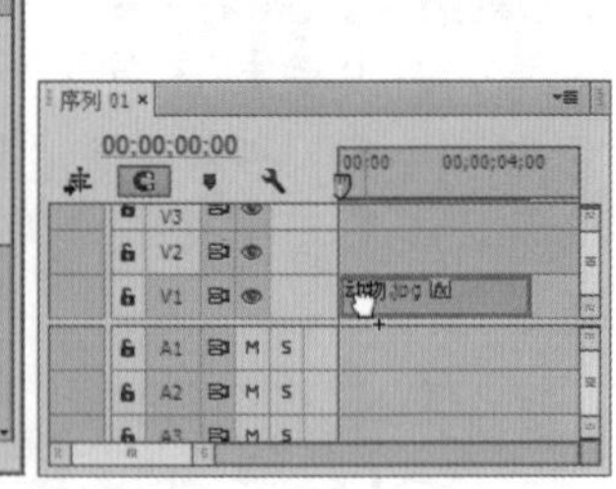

图15-6　添加效果

Step 3 ▶ 在“效果控件”面板的“反转”栏中进行参数设置，在“声道”下拉列表框中将其设置为RGB，设置完成后将项目保存，在“节目监视器”面板查看效果，如图15-7所示。

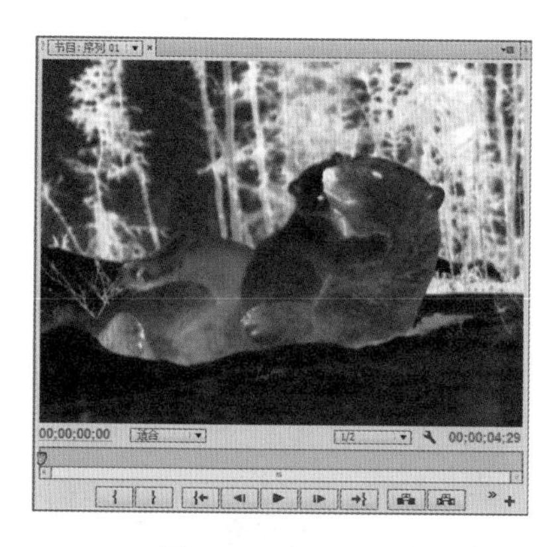

图15-7　查看效果

读书笔记

15.3 制作画面望远镜效果

矩形的绘制　关键帧的创建　与原始图像混合程度

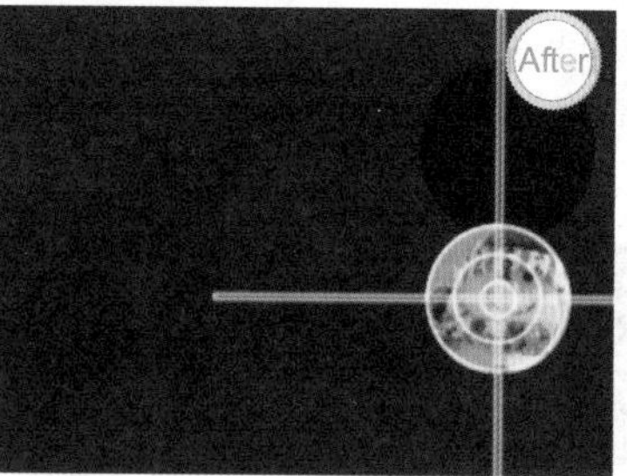

本例将使用“亮度”和“运动”关键帧为素材创建画面望眼镜的效果。

- 光盘\素材\第15章\夕阳.jpg、雪人.jpg
- 光盘\效果\第15章\望远镜效果.prproj
- 光盘\实例演示\第15章\制作画面望远镜效果

Step 1 新建“望远镜效果.prproj”项目文件，新建序列，将素材“夕阳.jpg”和“雪人.jpg”导入至“项目”面板，按Ctrl+T快捷键，打开“新建字幕”对话框，保持默认设置不变，单击[确定]按钮，如图15-8所示。

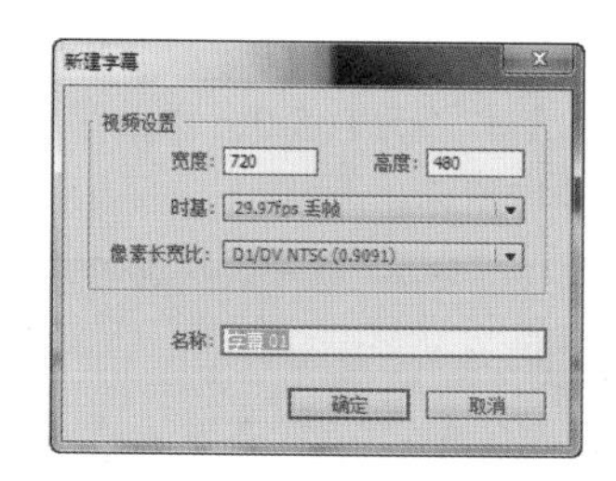

图15-8　“新建字幕”对话框

Step 2 打开“字幕”面板，选择“矩形工具”，在字幕工作区绘制一个矩形，在“字幕属性”栏设置“图形类型”为“开放贝塞尔曲线”，“线宽”为1.5，“X位置”为336.2，“Y位置”为243.7，“宽度”为308.7，“高度”为4.3，填充颜色为白色，如图15-9所示。

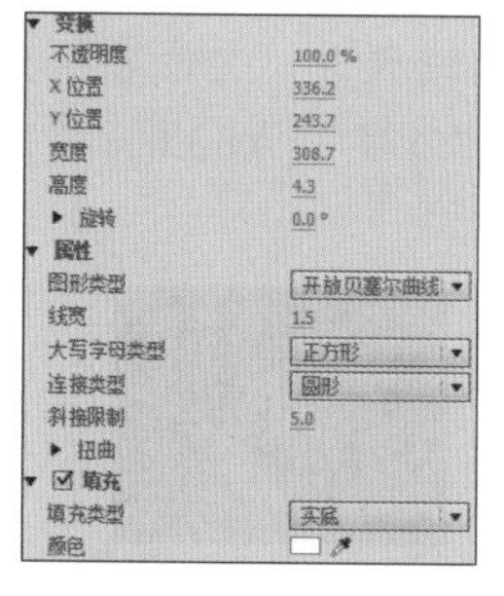

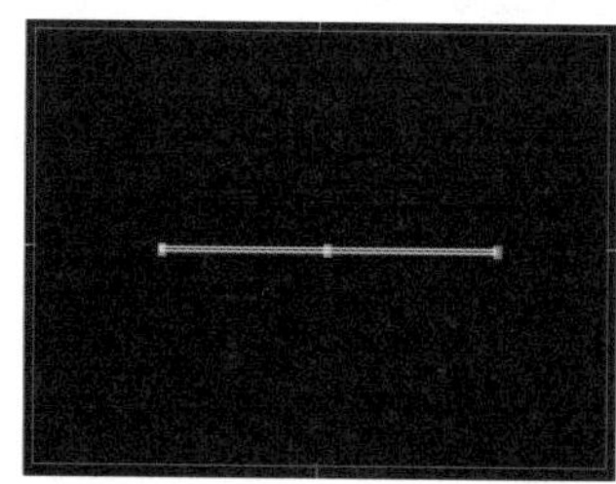

图15-9　绘制矩形

Step 3 选择绘制的矩形，按Ctrl+C快捷键进行复制，再按Ctrl+V快捷键粘贴矩形，将复制的矩形的“X位置”设置为340.2，“Y位置”设置为242.1，宽度和高度保持不变，“旋转”设置为90.0°，如图15-10所示。

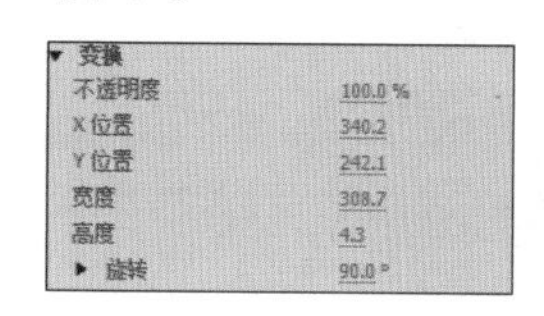

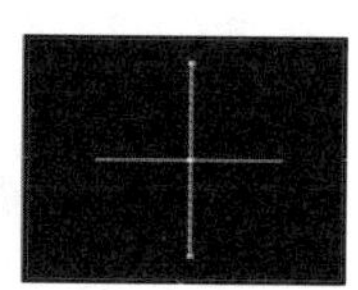

图15-10　复制矩形

Step 4 ▶ 选择“椭圆工具”，在字幕工作区绘制椭圆，在“字幕属性”栏设置“图形类型”为“闭合贝塞尔曲线”，“线宽”为2.0，“X位置”为340.0，“Y位置”为244.5，“宽度”为20.0，“高度”为20.0，填充颜色为白色，如图15-11所示。

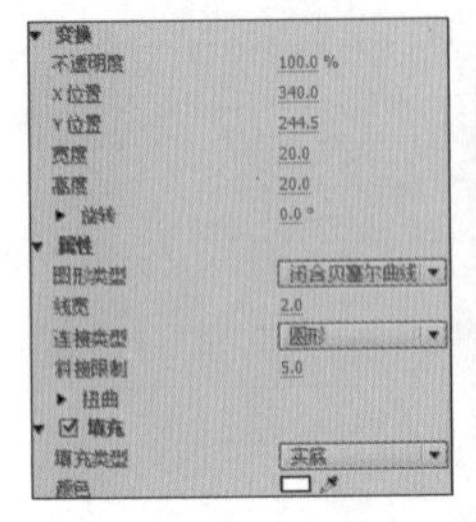
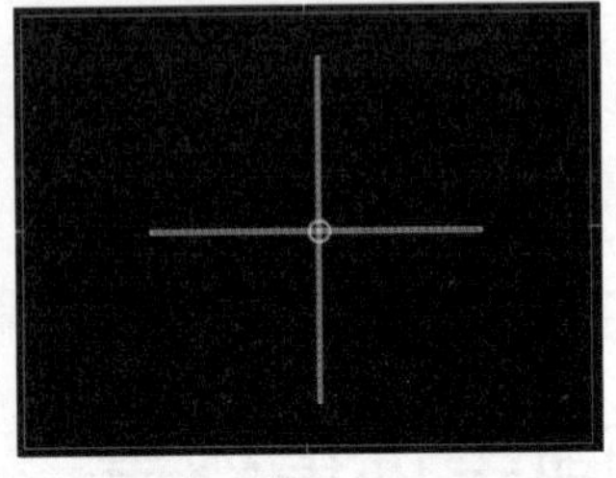

图15-11 绘制椭圆

Step 5 ▶ 复制绘制的圆，设置其“X位置”为340.0，“Y位置”为242.5，“宽度”为50.0，“高度”为50.0，如图15-12所示。

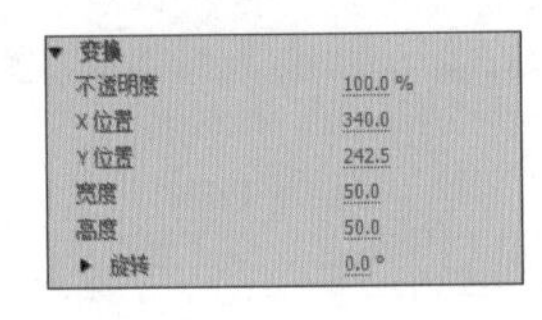
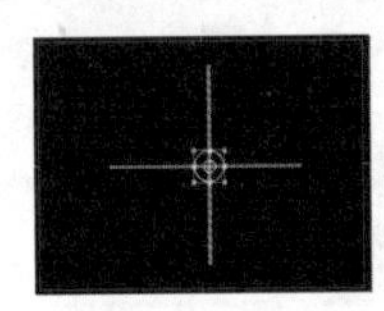

图15-12 复制圆

Step 6 ▶ 再次复制绘制的圆，设置其“X位置”为340.0，“Y位置”为243.5，“宽度”为80.0，“高度”为80.0，如图15-13所示。

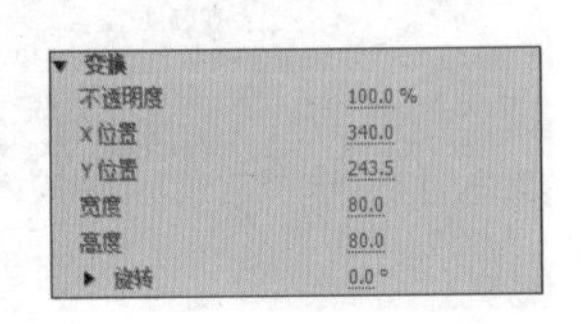
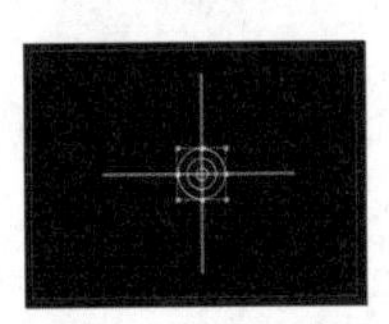

图15-13 再次复制圆

Step 7 ▶ 关闭“字幕”面板，将素材“雪人.jpg”拖动至“时间轴”面板的“视频1”轨道，将素材“夕阳.jpg”拖动至“时间轴”面板的“视频2”轨道，将“字幕01”拖动至“视频3”轨道，并设置其持续时间为00;00;04;28，如图15-14所示。

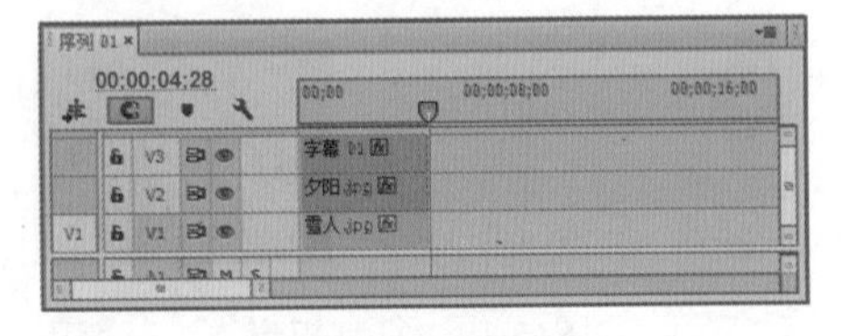

图15-14 拖入素材

Step 8 ▶ 选择“雪人.jpg”素材，在“效果”面板中选择“放大”效果，将其拖动至素材上，在“效果控件”面板中设置“形状”为“圆形”，将当前时间指示器移动至开始位置，单击“中央”前的“动画切换”按钮，设置其位置为643.0和251.5，为其创建关键帧，单击“放大率”前的“动画切换”按钮，设置放大率为100.0，如图15-15所示。

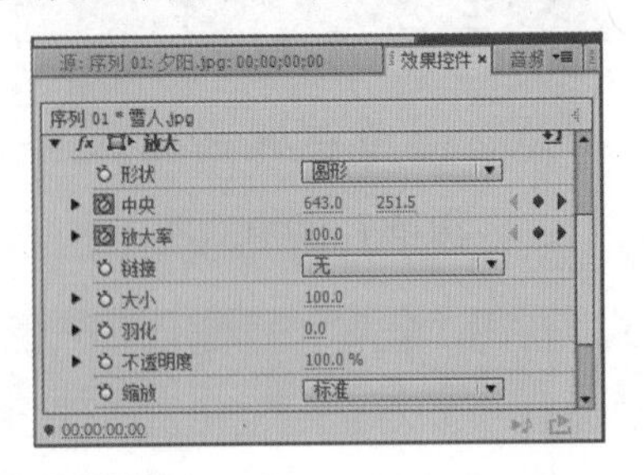

图15-15 创建“雪人”关键帧

Step 9 ▶ 将当前时间指示器移动至00;00;01;16位置处，设置“中央”位置为261.0和226.5，将当前时间指示器移动至00;00;02;25位置处，设置“中央”位置为302.0和144.5，添加“中央”位置的关键帧，如图15-16所示。

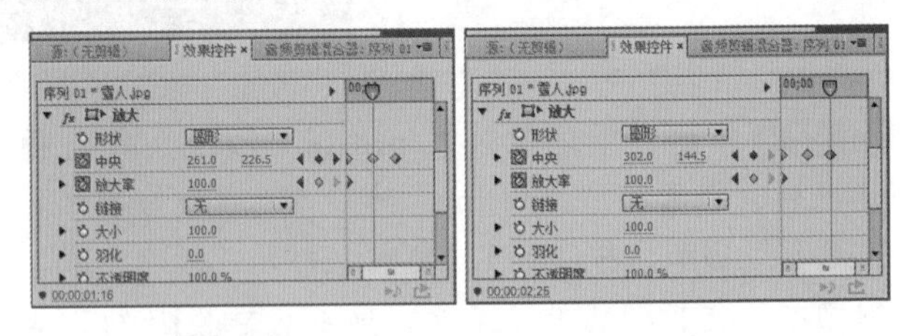

图15-16 添加“中央”位置关键帧

Step 10 ▶ 将当前时间指示器移动至00;00;02;03位置处，设置“放大率”为165.0，添加“放大率”的关键帧，如图15-17所示。

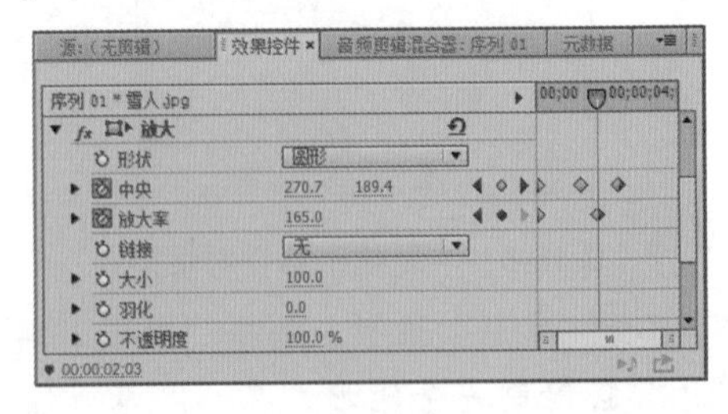

图15-17 添加“放大率”关键帧

Step 11 ▶ 在“效果”面板中选择“亮度键”效果，将其应用至素材“夕阳.jpg”上，在“效果控件”面板的“亮度键”栏中设置“阈值”为1.0，“屏蔽

度”为100.0，如图15-18所示。

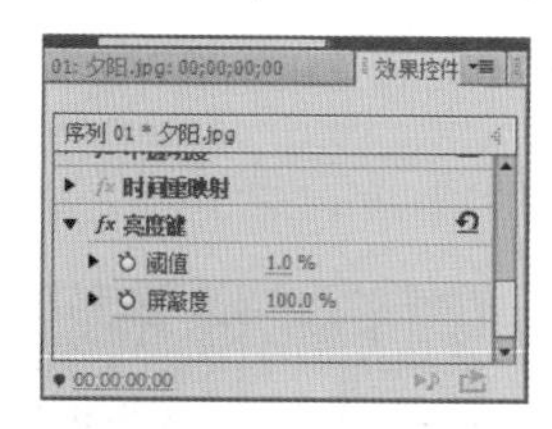
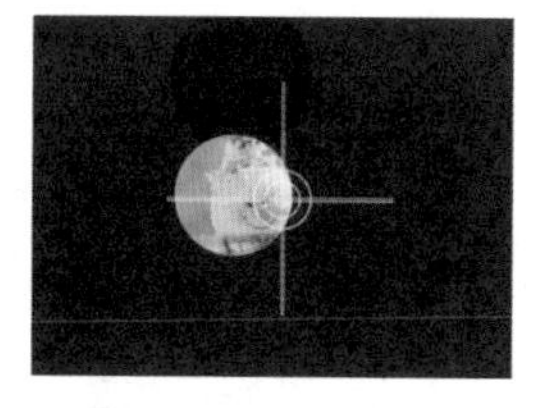

图15-18　添加“亮度键”效果

Step 12▶ 将当前时间指示器移动至开始的位置处，单击“位置”前的“动画切换”按钮，设置“位置”为643.0和300.0，创建“位置”关键帧，如图15-19所示。

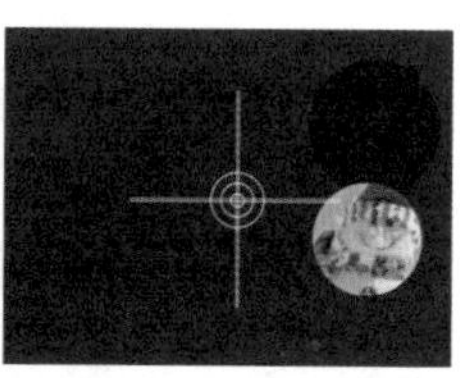

图15-19　创建“位置”关键帧

Step 13▶ 将当前时间指示器移动至00;00;01;16位置处，设置“位置”为313.0和196.0，“缩放”为41.5，如图15-20所示。

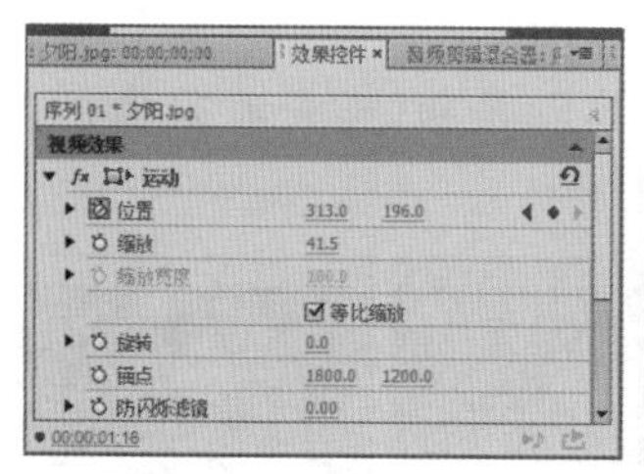
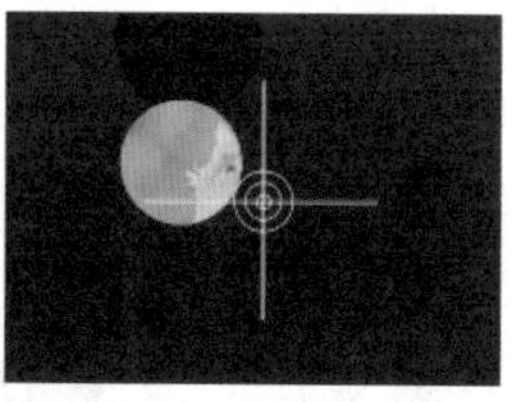

图15-20　设置“夕阳”参数1

Step 14▶ 将当前时间指示器移动至00;00;02;25位置处，设置“位置”为360.0和149.0，如图15-21所示。

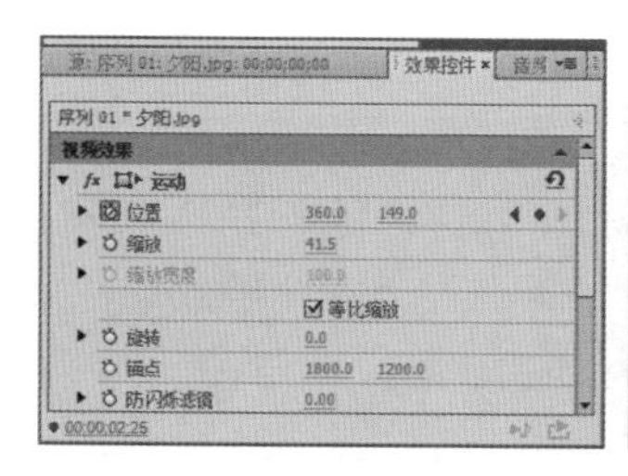
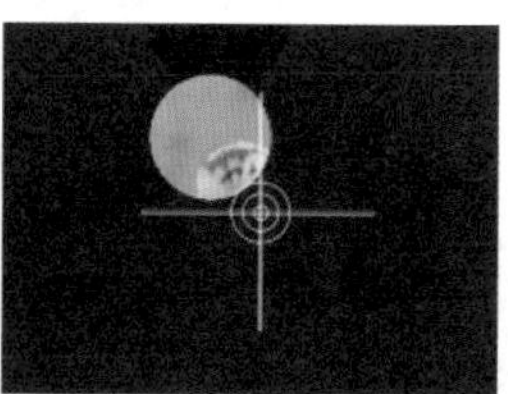

图15-21　设置“夕阳”参数2

Step 15▶ 将当前时间指示器移动至00;00;00;24位置处，单击“缩放”前的“动画切换”按钮，设置“缩放”为40.0，如图15-22所示。

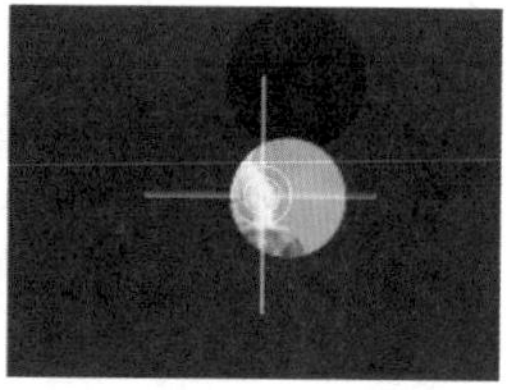

图15-22　创建“夕阳”关键帧

Step 16▶ 将当前时间指示器移动至00;00;02;10位置处，设置“缩放”为26.5，如图15-23所示。

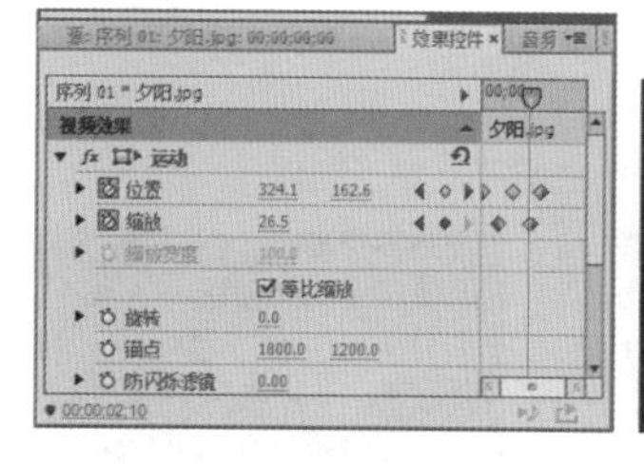
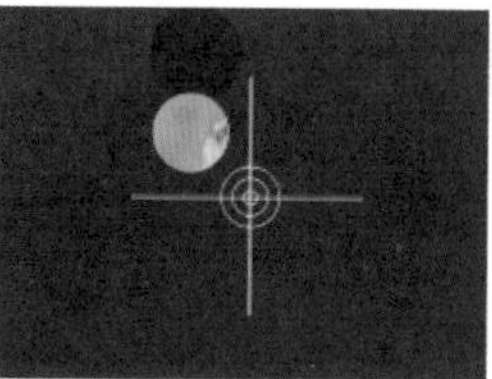

图15-23　设置“夕阳”参数

Step 17▶ 选择“字幕01”，将当前时间指示器移动至开始位置处，单击“位置”和“缩放”前的“动画切换”按钮，设置“位置”为559.0和290.0，“缩放”为190.0，如图15-24所示。

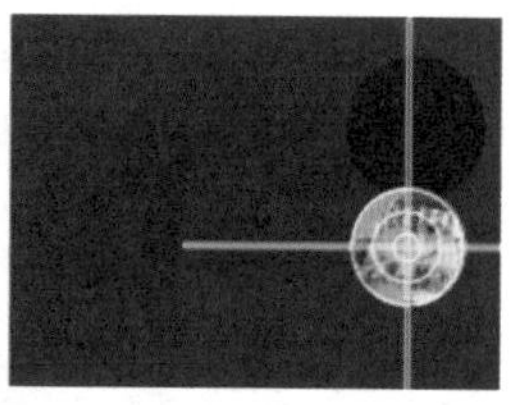

图15-24　创建“字幕01”关键帧

Step 18▶ 将当前时间指示器移动至00;00;01;07位置处，设置“位置”为297.0和210.0，“缩放”为180.0，如图15-25所示。

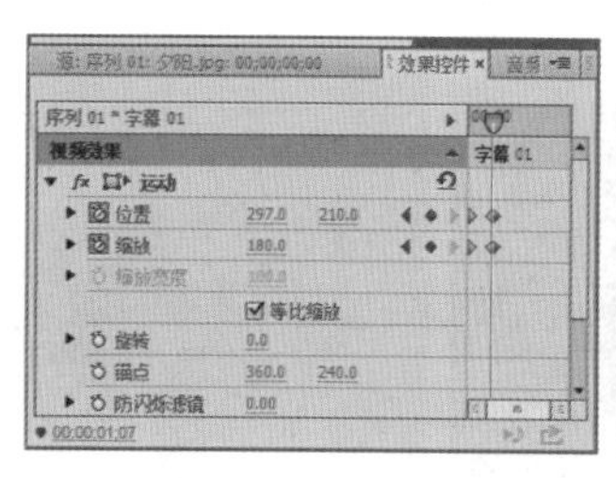
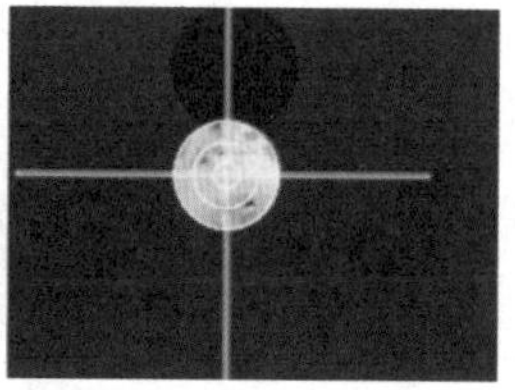

图15-25　设置“字幕01”参数1

Step 19 将当前时间指示器移动至00;00;01;16位置处，设置“位置”为241.3和186.8，“缩放”为169.0，如图15-26所示。

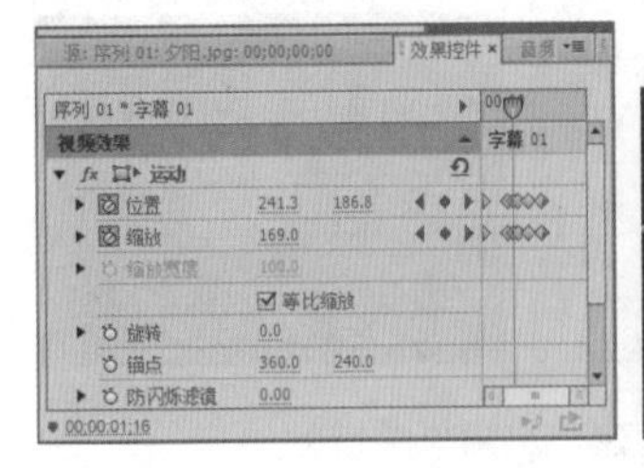
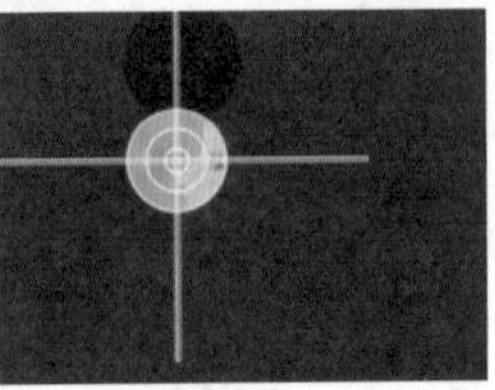

图15-26 设置“字幕01”参数2

Step 20 将当前时间指示器移动至00;00;01;21位置处，设置“位置”为234.4和182.0，“缩放”为163.0，如图15-27所示。

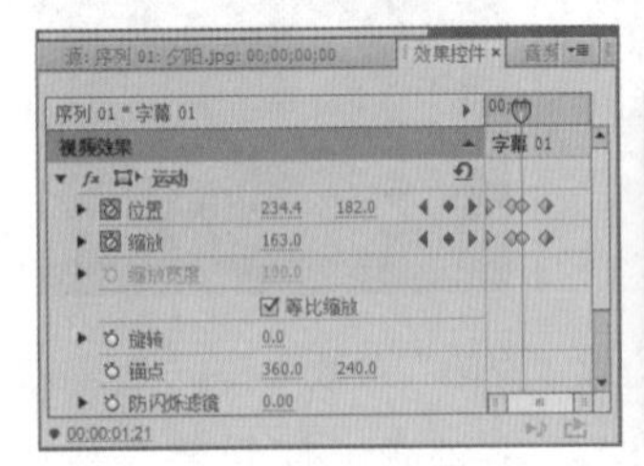
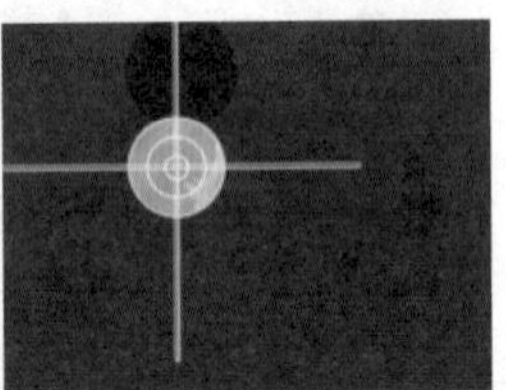

图15-27 设置“字幕01”参数3

Step 21 将当前时间指示器移动至00;00;02;00位置处，设置“位置”为239.8和167.6，“缩放”为148.0，如图15-28所示。

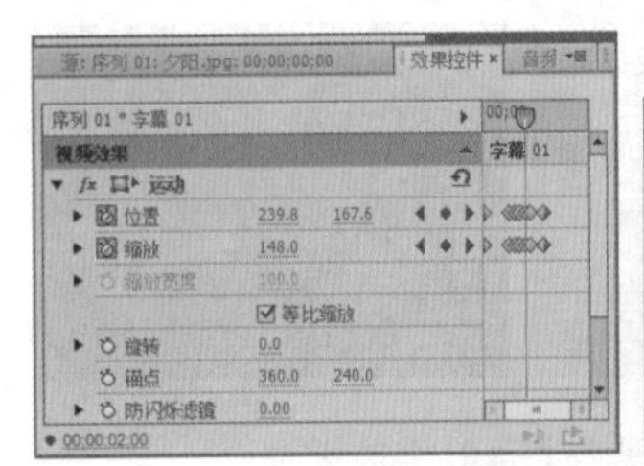
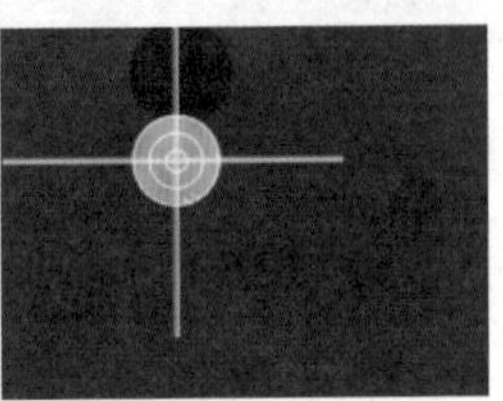

图15-28 设置“字幕01”参数4

Step 22 将当前时间指示器移动至00;00;02;07位置处，设置“位置”为258.0和158.0，“缩放”为139.0，如图15-29所示。

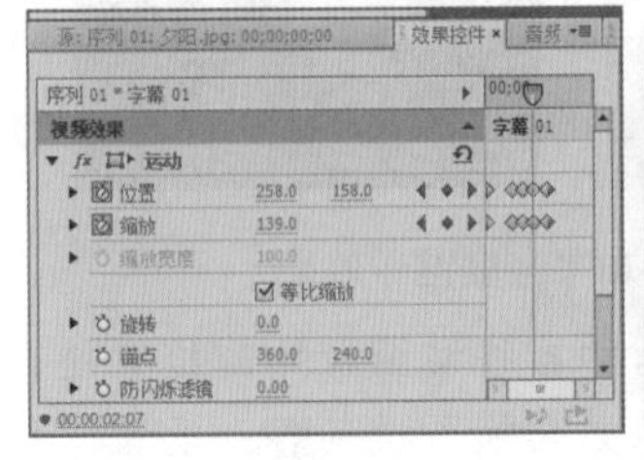
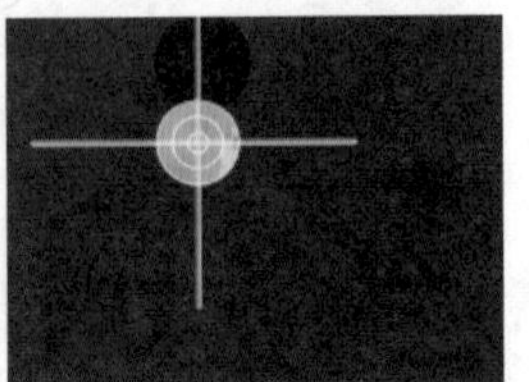

图15-29 设置“字幕01”参数5

Step 23 将当前时间指示器移动至00;00;02;25位置处，设置“位置”为305.0和142.0，“缩放”为130.0，如图15-30所示。

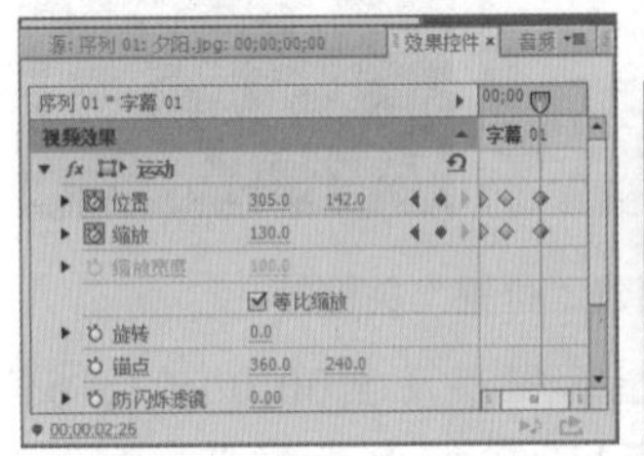
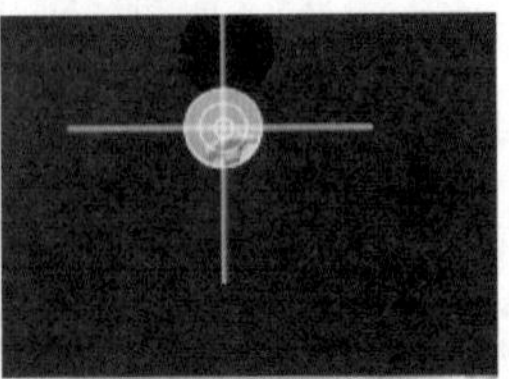

图15-30 设置“字幕01”参数6

Step 24 设置完成后，可在“节目监视器”面板中单击“播放/停止切换”按钮▶查看效果，如图15-31所示。

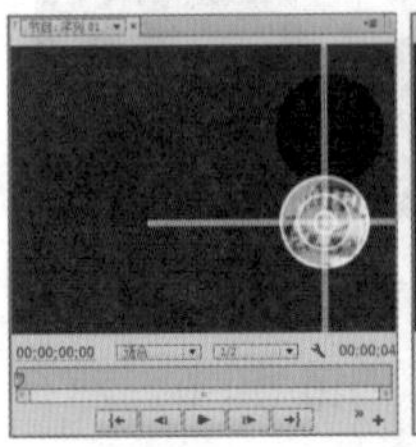
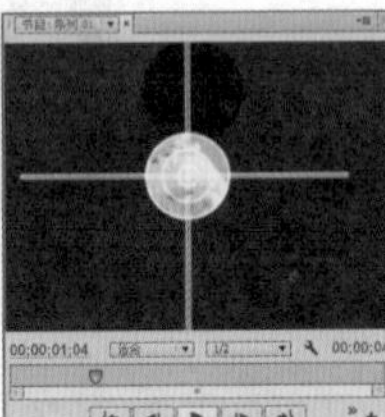
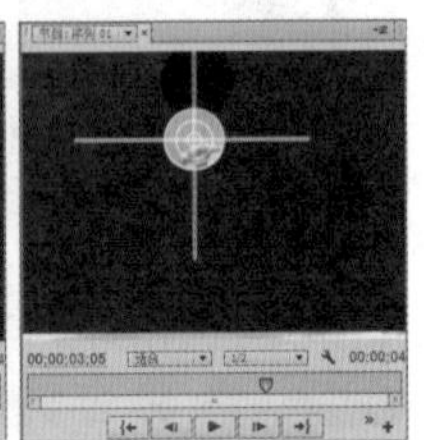

图15-31 查看最终效果

15.4 制作电视放映效果

裁剪效果的应用 键控效果的应用 杂色效果的应用

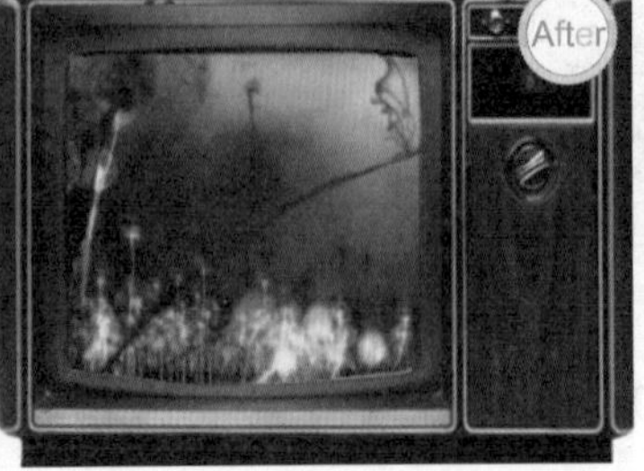

本例将结合使用“裁剪”“杂色”“8点无用信号遮罩”等效果，创建电视放映的效果。

- 光盘\素材\第15章\电视.jpg、放映素材.mov
- 光盘\效果\第15章\电视放映.prproj
- 光盘\实例演示\第15章\制作电视放映效果

Step 1 ▶ 新建“电视放映.prproj”项目文件，新建序列，选择“新建”/“导入”命令，打开“导入”对话框，选择“电视.jpg”和“放映素材.mov”素材，单击 打开(O) 按钮，导入素材，如图15-32所示。

图15-32 导入素材

Step 2 ▶ 将“电视.jpg”素材拖动至“时间轴”面板的“视频1”轨道上，将“放映素材.mov”素材拖动至“视频2”轨道上，设置素材“电视.jpg”的持续时间与“放映素材.mov”素材一致，如图15-33所示。

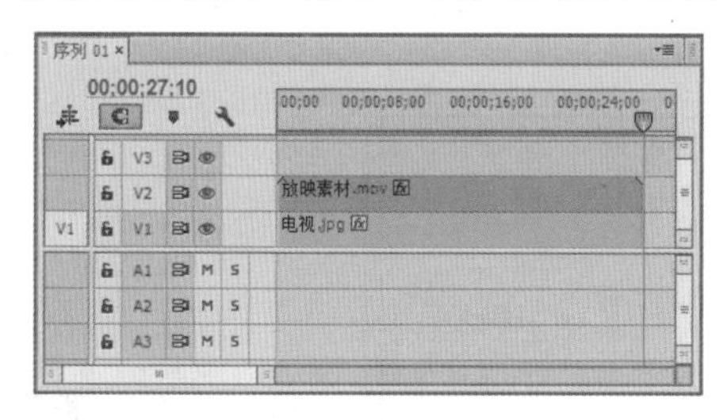

图15-33 设置持续时间

Step 3 ▶ 选择“放映素材.mov”素材，在“效果”面板中选择“裁剪”效果，将其拖动至素材上，在“效果控件”面板的“裁剪”栏中设置其参数，如图15-34所示。

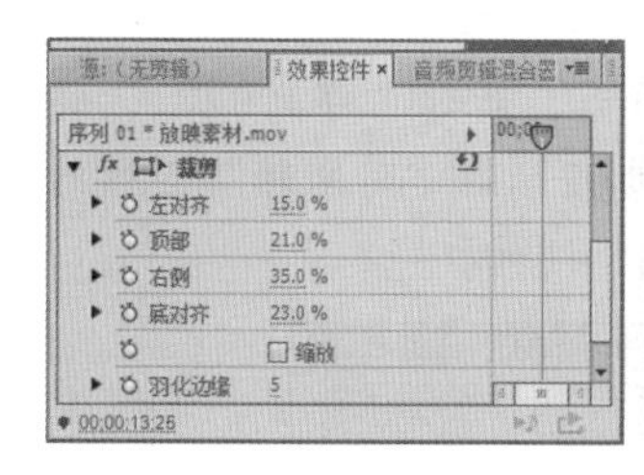

图15-34 应用“裁剪”效果

Step 4 ▶ 在“效果”面板中选择“8点无用信号遮罩”效果，将其拖动至素材上，在“效果控件”面板中设置其参数，再为素材添加“羽化边缘”效果，设置羽化“数量”为40，如图15-35所示。

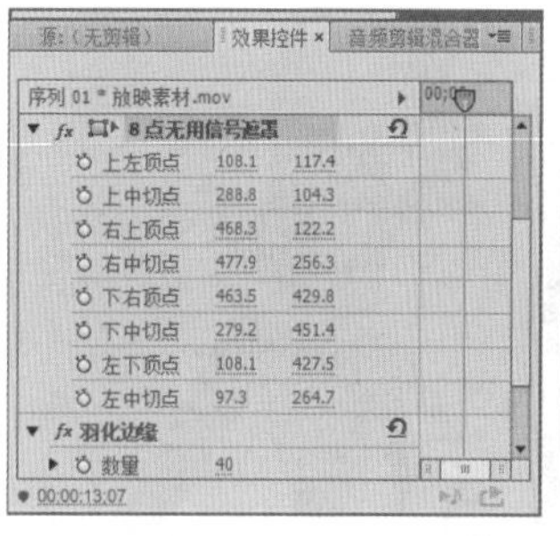

图15-35 应用效果

Step 5 ▶ 再为素材添加“杂色”和“杂色Alpha”，在“效果控件”面板中设置其参数，如图15-36所示。

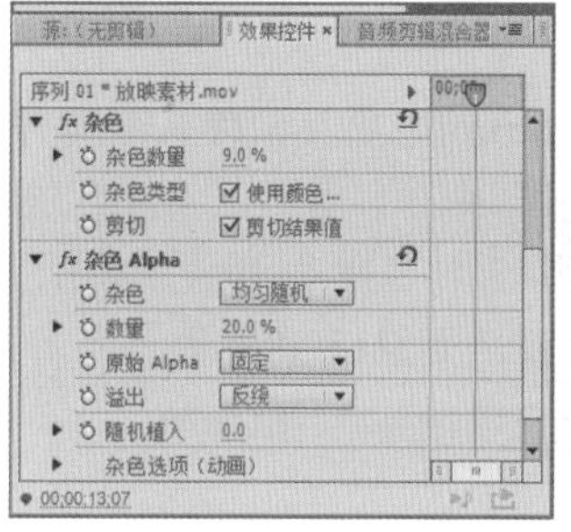

图15-36 应用“杂色”和“杂色Alpha”效果

Step 6 ▶ 设置完成后，保存项目，可在“节目监视器”面板中单击“播放/停止切换”按钮 ▶ 查看效果，如图15-37所示。

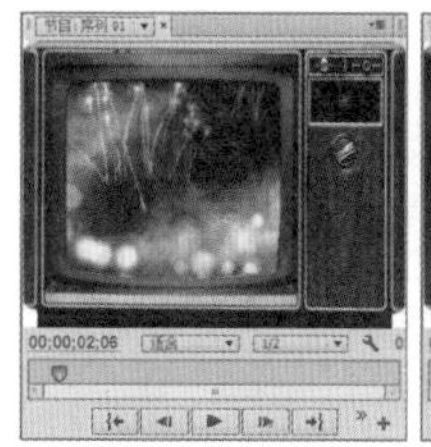

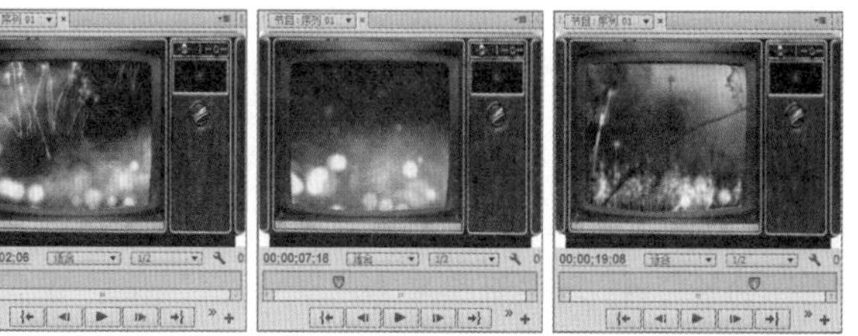

图15-37 查看效果

操作解谜

这里添加“杂色”效果，设置“杂色数量”为9，是为了使素材有因信号不好而出现的小噪波，以制作更加真实的老电视放映的效果。

15.5 制作手写文字效果

字体效果的设置 键控效果的应用 时间线的嵌套操作

本例将进行文字的创建，再使用“4点无用信号遮罩”效果，并结合时间线的嵌套操作，创建手写文字的效果。

Step 1 新建“手写文字.prproj”项目文件，新建序列，选择“新建”/“导入”命令，打开“导入”对话框，选择“背景画.jpg”素材，单击打开(O)按钮，将素材导入至“项目”面板，如图15-38所示。

图15-38 导入素材

Step 2 选择“字幕”/“新建字幕”/“默认静态字幕”命令，打开“新建字幕”对话框，保持默认设置不变，单击确定按钮，如图15-39所示。

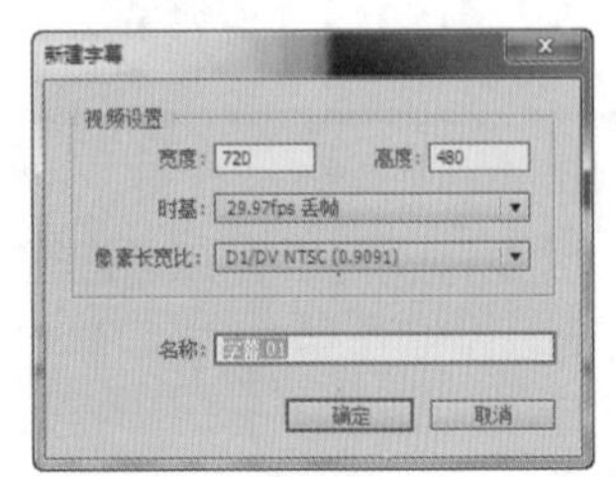

图15-39 “新建字幕”对话框

Step 3 打开“字幕”面板，选择“文字工具”T，在字幕工作区输入“梦”，在“字幕属性”栏设置“字体大小”为130.0，“X位置”为142.1，“Y位置”为293.2，“颜色”为#B10777，如图15-40所示。

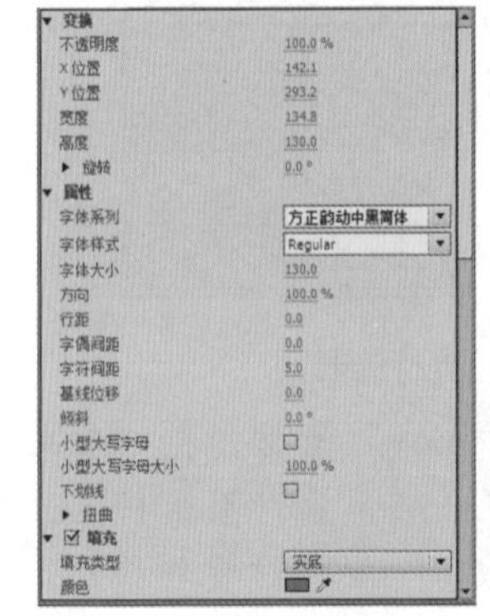

图15-40 文字设置

Step 4 关闭“字幕”面板，新建“序列02”，将“字幕01”拖动至“序列02”的“时间轴”面板的“视频1”轨道上，如图15-41所示。

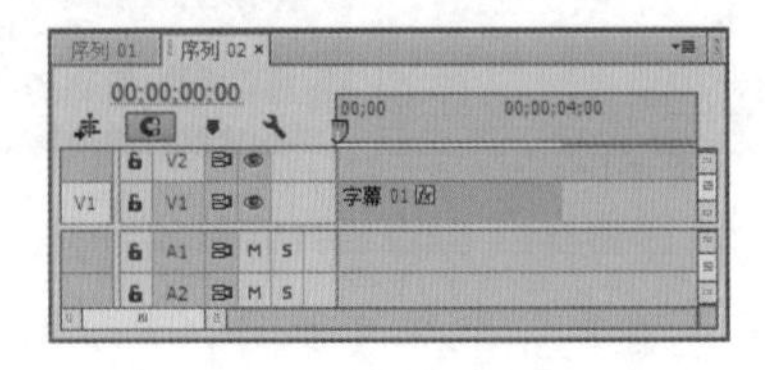

图15-41 导入字幕

Step 5 ▶ 为素材添加“4点无用信号遮罩”效果，将当前时间指示器移动至00;00;00;06位置处，分别单击“上左”“上右”“下右”“下左”前的“动画切换”按钮，设置“上左”位置为79.0和228.6，“上右”位置为98.7和227.8，“下右”位置为98.7和250.0，“下左”位置为88.5和248.5，创建遮罩关键帧，如图15-42所示。

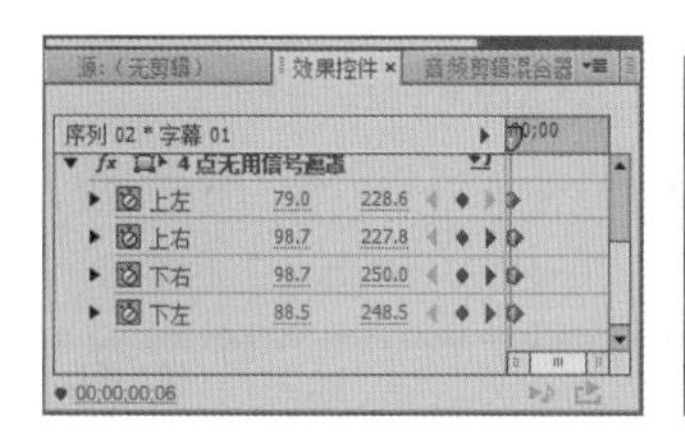

图15-42 创建“字幕01”关键帧

Step 6 ▶ 将当前时间指示器移动至00;00;00;10位置处，设置“上左”位置为79.0和228.6，“上右”位置为149.2和231.3，“下右”位置为148.9和246.8，“下左”位置为87.1和246.5，如图15-43所示。

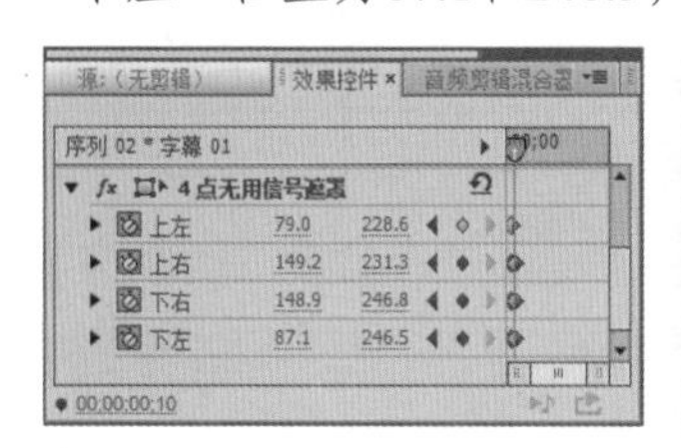

图15-43 添加关键帧

Step 7 ▶ 将当前时间指示器移动至00;00;00;10位置处，将“字幕01”拖动至“时间轴”面板的“视频2”轨道上，与时间指示器线对齐，并为素材添加“4点无用信号遮罩”效果，如图15-44所示。

图15-44 导入字幕

Step 8 ▶ 分别单击“上左”“上右”“下右”“下左”前的“动画切换”按钮，设置“上左”位置为113.8和216.5，“上右”位置为132.5和218.5，“下右”位置为131.9和227.0，“下左”位置为113.2和227.3，如图15-45所示。

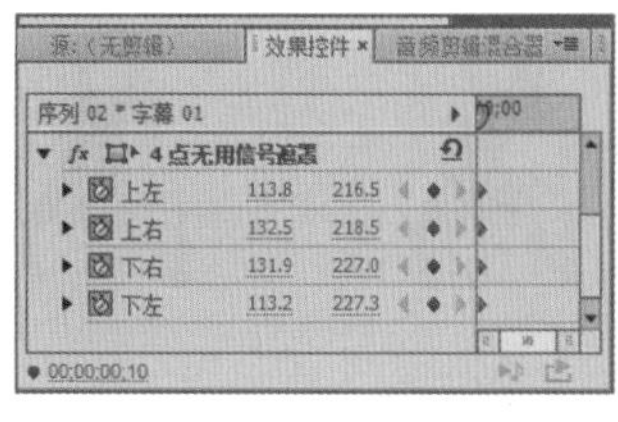
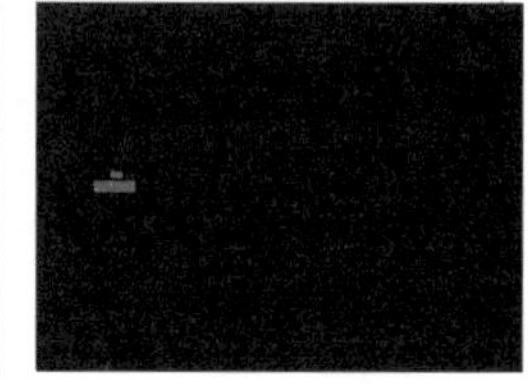

图15-45 创建“字幕01”关键帧

Step 9 ▶ 使用相同的方法，对其他笔画进行绘制，并将所有字幕的持续时间设置为00;00;04;04，如图15-46所示。

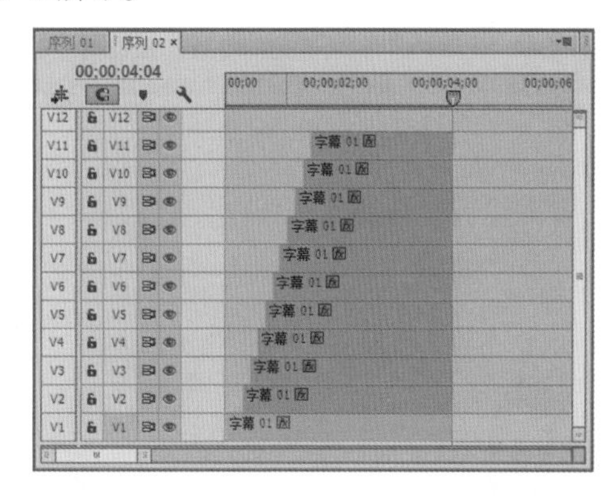

图15-46 绘制其他笔画

Step 10 ▶ 选择“序列01”，将“背景画.jpg”素材拖动至“时间轴”面板中的“视频1”轨道；将“序列02”拖动至“序列01”的“时间轴”面板中的“视频2”轨道上，并将素材“背景画.jpg”的持续时间设置为00;00;04;04，如图15-47所示。

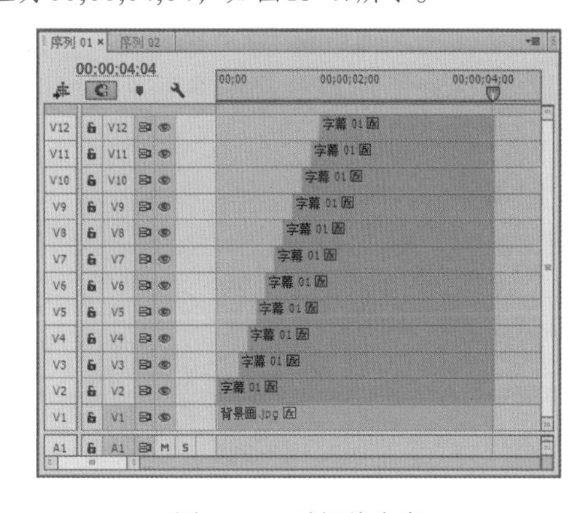

图15-47 时间线嵌套

Step 11 ▶ 设置完成后，保存项目，可在“节目监视器”面板中单击“播放/停止切换”按钮查看效果，如图15-48所示。

图15-48　查看效果

操作解谜

进行文字笔画绘制时，需要进行轨道的添加，选择“序列”/“添加轨道”命令，在打开的“添加轨道”对话框的“视频轨道”栏下的“添加”数值框内输入9，将添加9条视频轨道。对转折较多的笔画可对其应用“8点无用信号遮罩”效果。

15.6 制作3D空间效果

颜色遮罩的创建　基本3D效果的应用　放射阴影效果的应用

本例将制作3D空间的效果，通过颜色遮罩的创建，结合使用“基本3D”和“边角定位”效果，制作出3D空间的效果。

- 光盘\素材\第15章\3D效果\
- 光盘\效果\第15章\3D空间.prproj
- 光盘\实例演示\第15章\制作3D空间效果

Step 1 ▶ 新建“3D空间.prproj”项目文件，新建“序列01”，选择“新建”/“导入”命令，打开“导入”对话框，在其中选择需要导入的素材，单击 打开(O) 按钮，将素材导入至“项目”面板，如图15-49所示。

图15-49　导入素材

Step 2 ▶ 单击“新建项”按钮，在打开的下拉列表中选择“颜色遮罩”选项，单击 确定 按钮，在打开的“拾色器”对话框中设置颜色为白色，单击 确定 按钮，打开“选择名称”对话框，设置名称为“颜色遮罩1”，如图15-50所示。

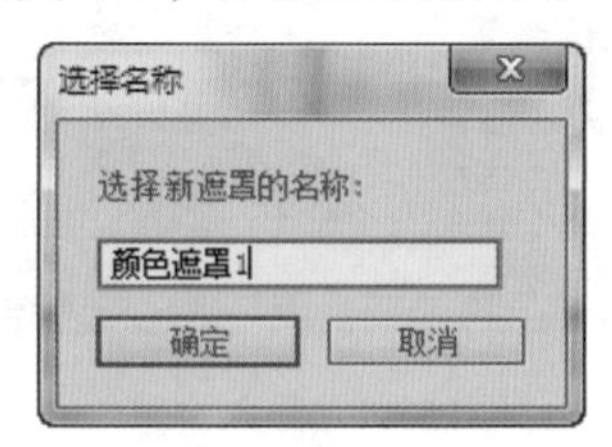

图15-50　“选择名称”对话框

Step 3 ▶ 新建“颜色遮罩2”，在打开的“拾色器”对话框中设置颜色为#FCE4CB，如图15-51所示。

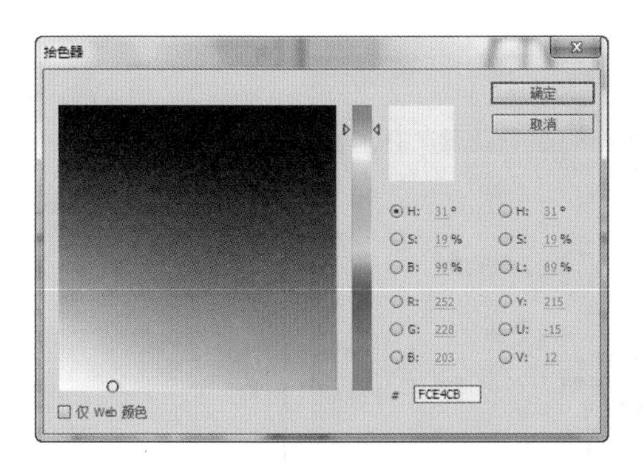

图15-51 新建“颜色遮罩2”

Step 4 ▶ 新建“颜色遮罩3”和“颜色遮罩4”，在打开的“拾色器”对话框中设置颜色为#E7E7E7，如图15-52所示。

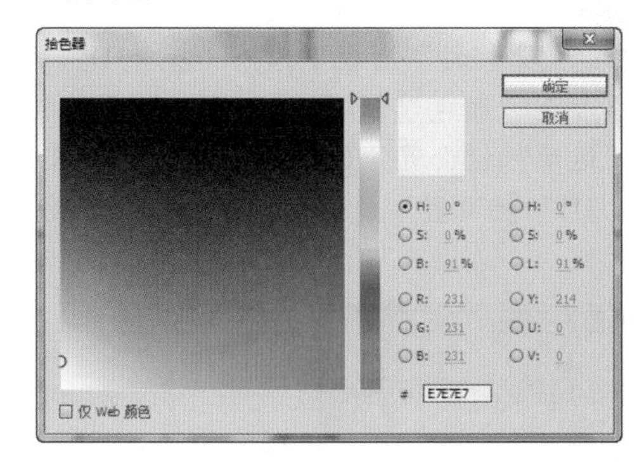

图15-52 新建“颜色遮罩3”和“颜色遮罩4”

Step 5 ▶ 新建“颜色遮罩5”，在打开的“拾色器”对话框中设置颜色为#EFEFEF，如图15-53所示。

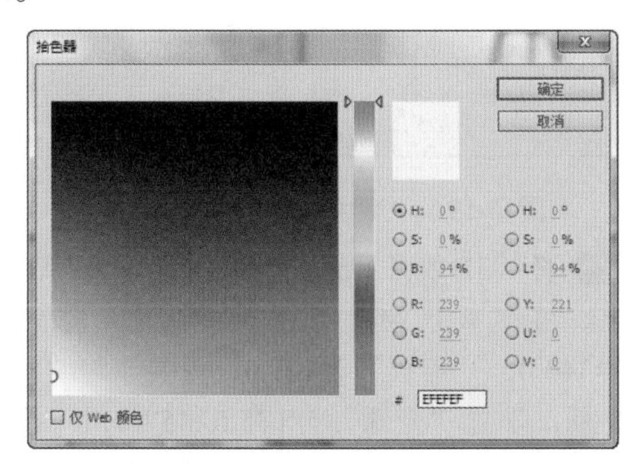

图15-53 新建“颜色遮罩5”

Step 6 ▶ 将“颜色遮罩1”拖动至“视频1”轨道上，将“颜色遮罩5”拖动至“视频2”轨道上，在“效果”面板中选择“基本3D”效果，将其添加至“颜色遮罩5”上。在“效果控件”面板的“运动”栏中设置“位置”为360.0和30.0，在“基本3D”栏设置“倾斜”为83.0°，如图15-54所示。

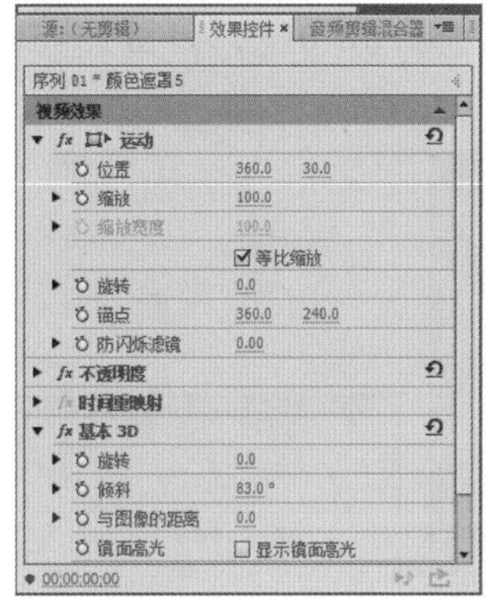

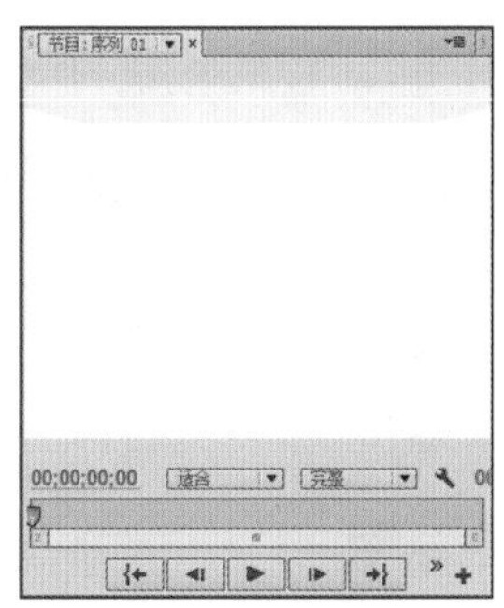

图15-54 参数设置

Step 7 ▶ 将“颜色遮罩2”拖动至“视频3”轨道上，在“效果控件”面板中选择“网格”效果，将其添加到“颜色遮罩2”上，设置“锚点”为319.0和880.0，“宽度”为93.0，“高度”为92.0，“边框”为2.0，“颜色”为黑色，将“混合模式”设置为“正常”，如图15-55所示。

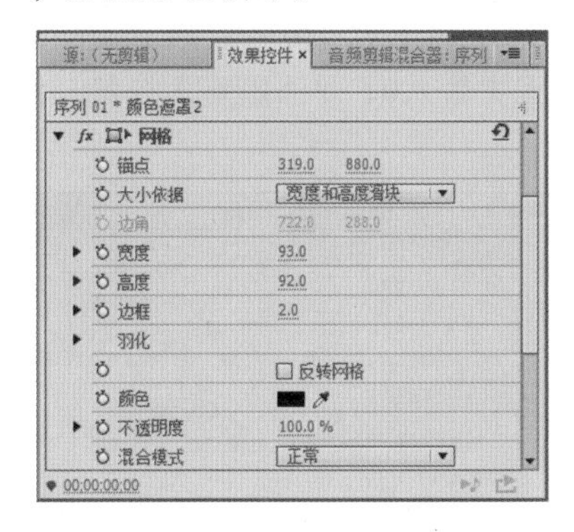

图15-55 添加“网格”效果

读书笔记

Step 8 ▶ 为“颜色遮罩2”添加“基本3D”效果，在“效果控件”面板中设置“位置”为360.0和439.0，设置“倾斜”为108.0°，如图15-56所示。

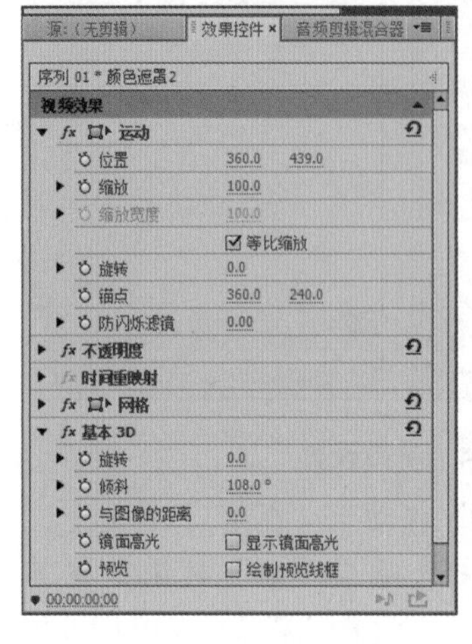
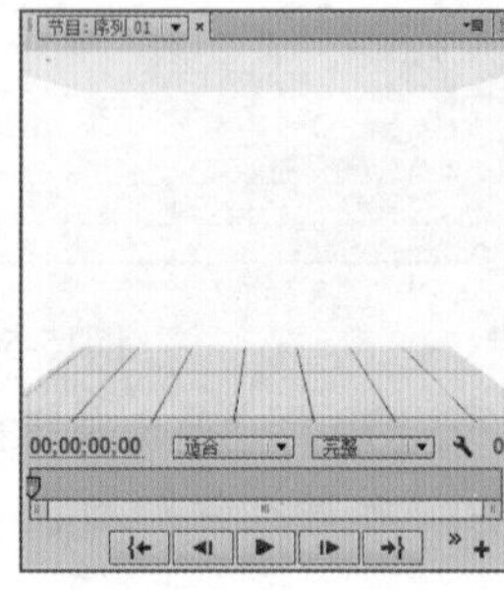

图15-56 添加“基本3D”效果

Step 9 ▶ 选择“序列”/“添加轨道”命令，打开“添加轨道”对话框，在“视频轨道”栏的“添加”数值框中输入7，在“音频轨道”栏的“添加”数值框中输入0，单击 确定 按钮，如图15-57所示。

图15-57 添加轨道

Step 10 ▶ 将“颜色遮罩3”拖动至“视频4”轨道上，在“效果控件”面板中选择“基本3D”效果，将其添加至“颜色遮罩3”上，在“效果控件”面板的“运动”栏设置“位置”为22.0和218.0，在“基本3D”栏设置“旋转”为-65.0°，如图15-58所示。

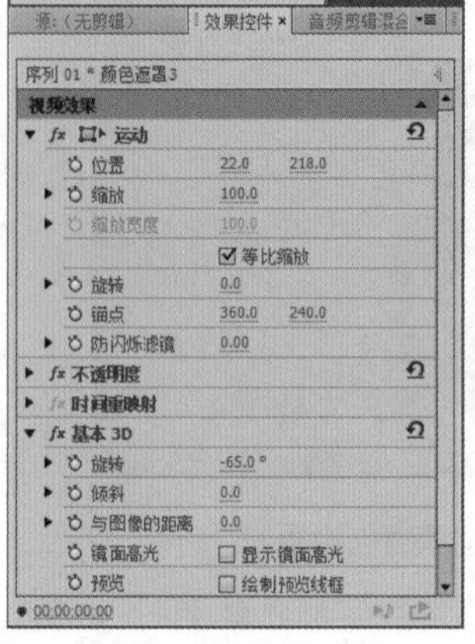
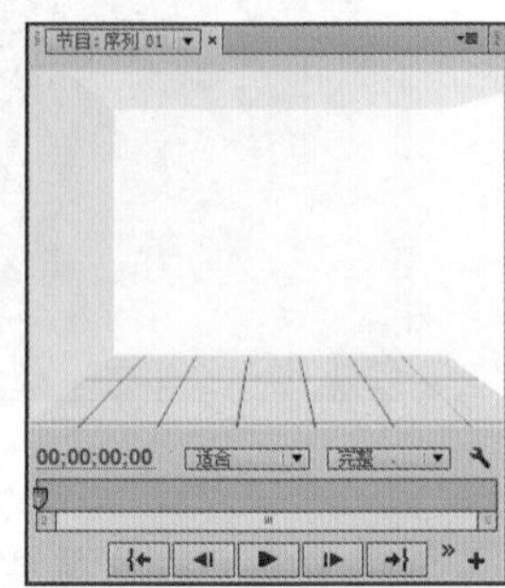

图15-58 “颜色遮罩3”参数设置

Step 11 ▶ 将“颜色遮罩4”拖动至“视频5”轨道上，在“效果控件”面板中选择“基本3D”效果，将其添加至“颜色遮罩4”上，在“效果控件”面板的“运动”栏设置“位置”为741.0和218.0，在“基本3D”栏设置“旋转”为64.0°，如图15-59所示。

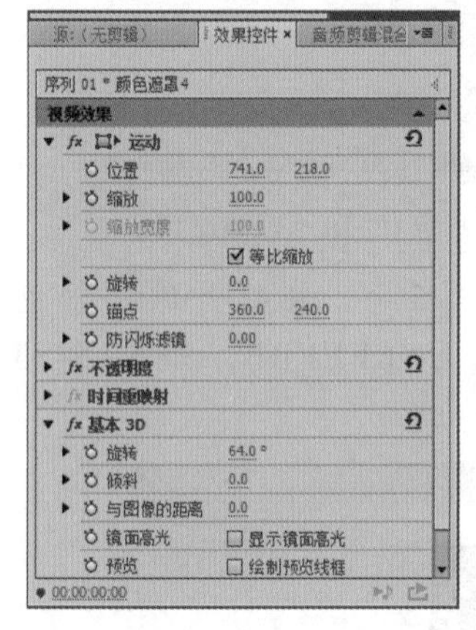

图15-59 “颜色遮罩4”参数设置

Step 12 ▶ 将“3D效果1.psd”素材拖动至“视频6”轨道上，在“效果控件”面板中设置“位置”为212.6和344.0，“缩放”为121.0，为其添加“放射阴影”效果，设置“光源”为175.5和57.0，“投影距离”为2.0，“柔和度”为11.0，“渲染”为“玻璃边缘”，如图15-60所示。

图15-60 添加“放射阴影”效果

Step 13 将“椅子.psd”素材拖动至“视频7”轨道上，在“效果控件”面板中设置“位置”为549.0和327.0，“缩放”为77.0，为其添加“放射阴影”效果，设置“光源”为189.8和65.0，“投影距离”为4.0，“柔和度”为15.0，“渲染”为“玻璃边缘”，如图15-61所示。

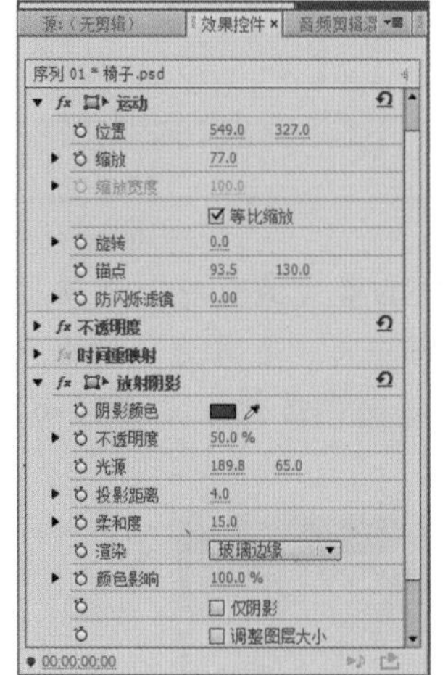

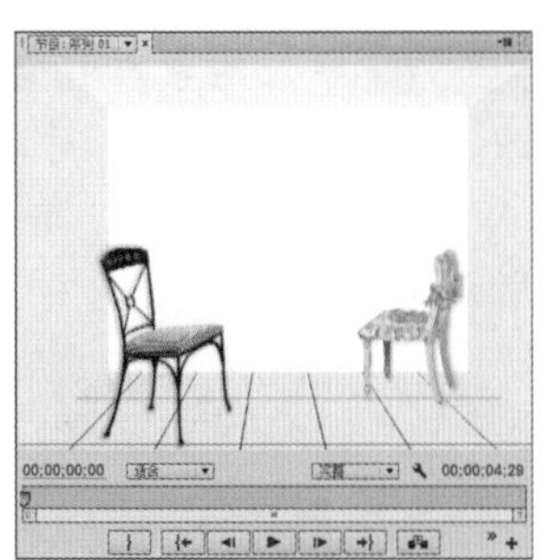

图15-61 设置“椅子”参数

Step 14 将“画.jpg”素材拖动至“视频8”轨道上，在“效果控件”面板中设置“位置”为286.9和148.5，“缩放”为58.0，为其添加“放射阴影”效果，设置“光源”为199.9和62.3，“投影距离”为5.0，“柔和度”为11.0，“渲染”为“玻璃边缘”，如图15-62所示。

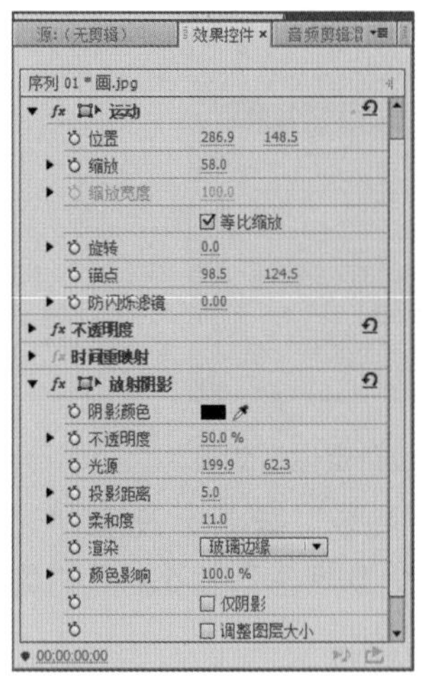

图15-62 设置“画”参数

Step 15 将“画2.jpg”素材拖动至“视频9”轨道上，在“效果控件”面板中设置“位置”为485.4和183.8，“缩放”为90.0，为其添加“放射阴影”效果，设置“光源”为153.2和31.0，“投影距离”为4.0，“柔和度”为8.0，“渲染”为“玻璃边缘”，如图15-63所示。

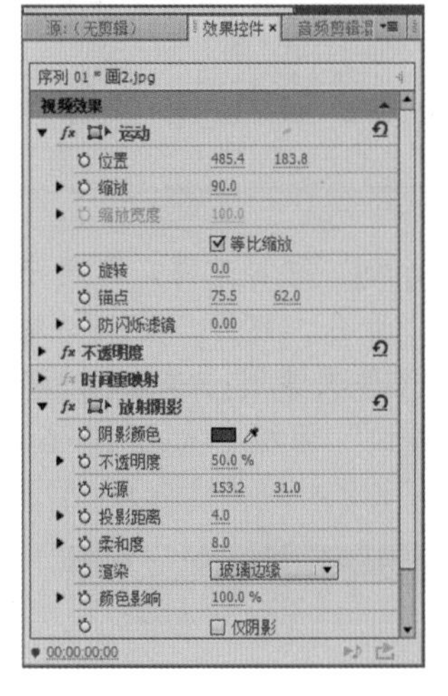

图15-63 设置“画2”参数

Step 16 将“画1.jpg”素材拖动至“视频10”轨道上，为其添加“边角定位”效果，设置“左上”为249.6和31.8，“右上”为274.6和9.3，“左下”为249.4和165.1，“右下”为270.9和176.4，如图15-64所示。

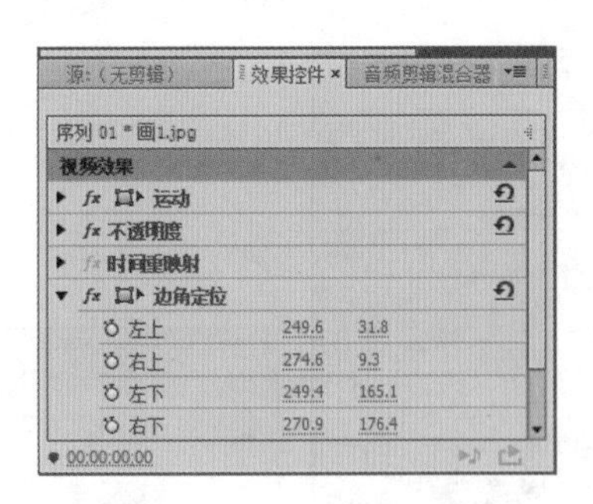

图15-64 添加“边角定位”效果

Step 17 为其添加“放射阴影”效果，设置“光源”为302.4和86.5，“投影距离”为5.0，“柔和度”为11.0，“渲染”为“玻璃边缘”，如图15-65所示。

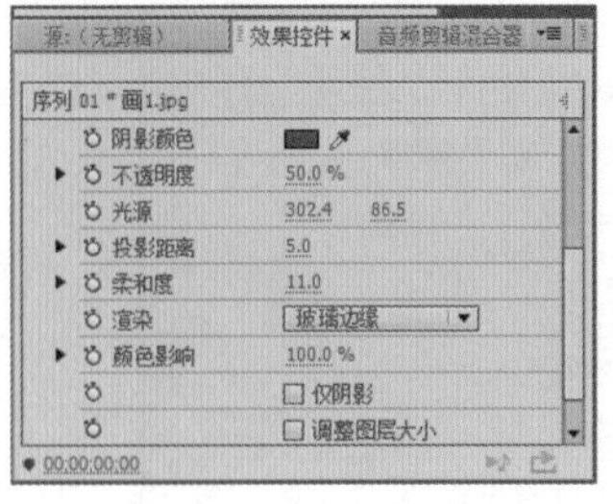

图15-65 设置参数

15.7 镜像效果的应用 运动控件的应用 视频过渡效果的应用 制作相框效果

本例将使用“运动”控件对素材的“缩放”和“位置”等参数进行设置，制作出相框的效果。

- 光盘\素材\第15章\相框效果\
- 光盘\效果\第15章\相框效果.prproj
- 光盘\实例演示\第15章\制作相框效果

Step 1 新建“相框效果.prproj”项目文件，新建序列，选择“新建”/“导入”命令，打开“导入”对话框，选择“相框效果”文件夹素材，单击 打开(O) 按钮，将素材导入至“项目”面板，如图15-66所示。

图15-66 导入素材

Step 2 导入的素材包含PSD格式的素材，在弹出的“导入分层文件”对话框中将“导入为”设置为“合并所有图层”，单击 确定 按钮，如图15-67所示。

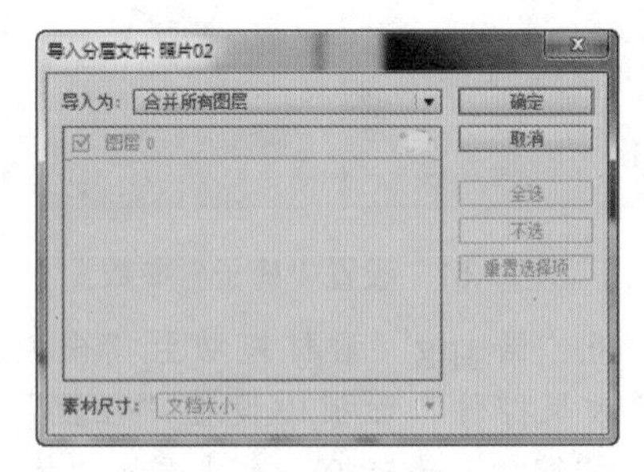

图15-67 导入PSD图层

Step 3 选择“序列”/“添加轨道”命令，打开“添加轨道”对话框，在“视频轨道”栏的“添加”数值框中输入1，在“音频轨道”栏的“添加”数值框中输入0，单击 确定 按钮，如图15-68所示。

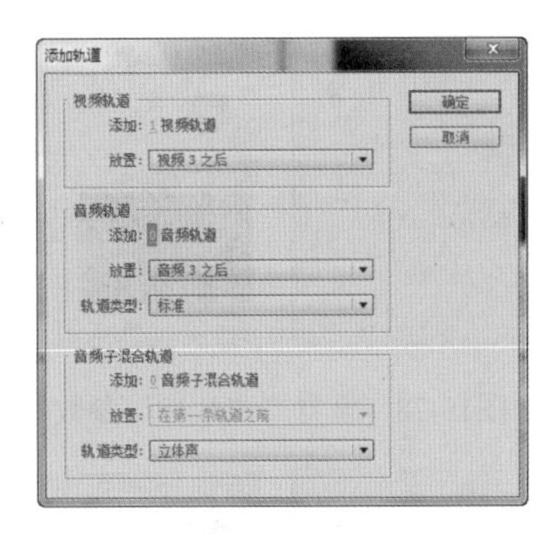

图15-68 添加轨道

Step 4 ▶ 将素材"照片01.psd"至"照片10.psd"拖动至"时间轴"面板的"视频4"轨道上，如图15-69所示。

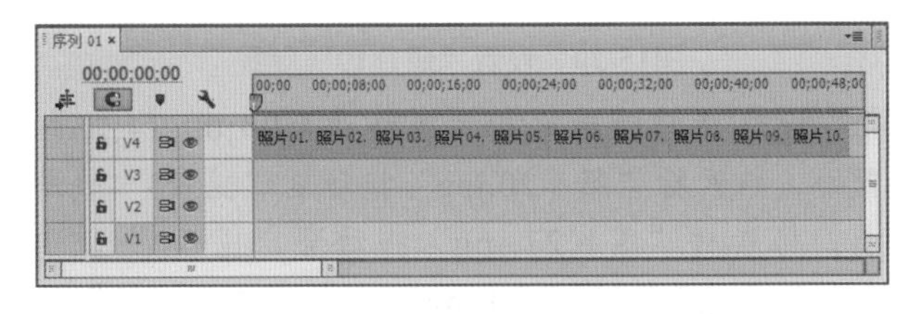

图15-69 拖动素材

Step 5 ▶ 将素材"照片12.jpg"拖动至"视频3"轨道上，将素材"照片13.jpg"拖动至"视频2"轨道上，如图15-70所示。

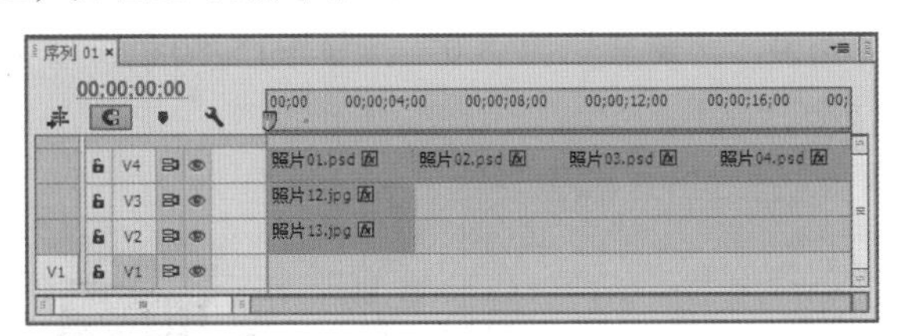

图15-70 拖入素材

Step 6 ▶ 选择素材"照片12.jpg"，在"效果控件"面板中的"运动"栏下，设置"缩放"为41.0，"位置"为223.0和199.0，如图15-71所示。

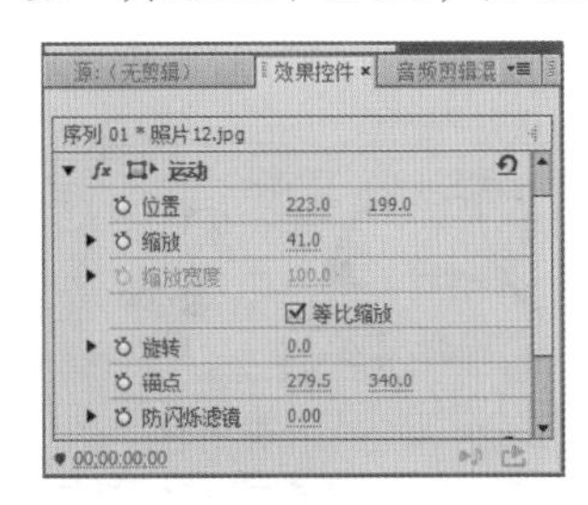

图15-71 设置"照片12"参数

Step 7 ▶ 选择素材"照片13.jpg"，在"效果控件"面板中的"运动"栏下，设置"缩放"为57.0，"位置"为532.0和299.0，如图15-72所示。

图15-72 设置"照片13"参数

Step 8 ▶ 将当前时间指示器移动至00;00;04;29位置处，将素材"照片11.jpg"拖动至"视频3"轨道上，在"效果控件"面板中的"运动"栏下，设置"缩放"为73.0，"位置"为393.0和204.0，"旋转"为10.0°，如图15-73所示。

图15-73 设置"照片11"参数

Step 9 ▶ 将当前时间指示器移动至00;00;09;28位置处，将素材"照片17.jpg"拖动至"视频3"轨道上，将素材"照片16.jpg"拖动至"视频2"轨道上。选择素材"照片17.jpg"，在"效果控件"面板中的"运动"栏下，设置"缩放"为46.0，"位置"为229.0和201.0；选择素材"照片16.jpg"，在"效果控件"面板中的"运动"栏下，设置"缩放"为54.0，"位置"为489.0和221.0，如图15-74和图15-75所示。

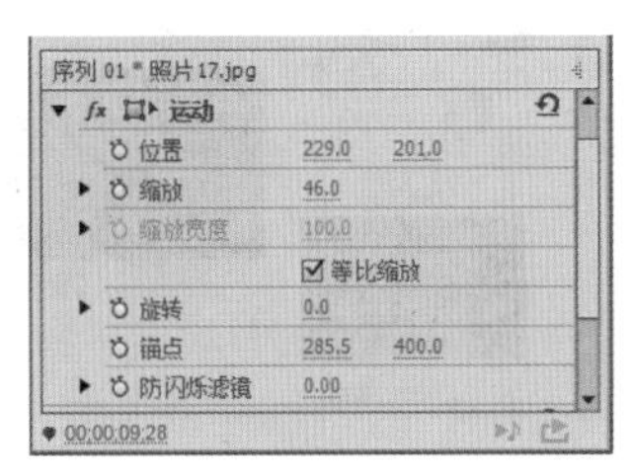

图15-74 设置"照片17"参数

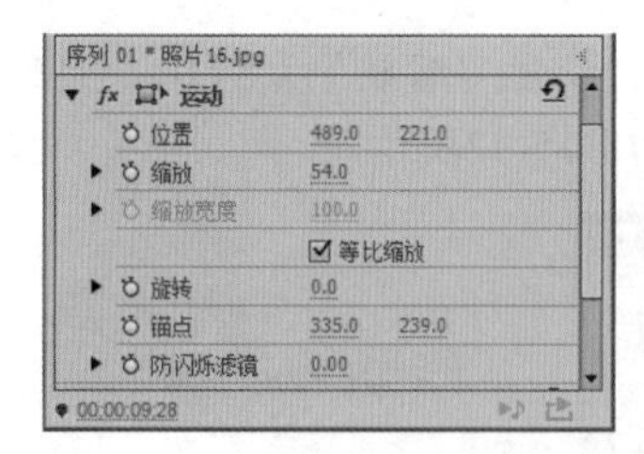

图15-75 设置“照片16”参数

Step 10▸ 将当前时间指示器移动至00;00;14;27位置处，将素材“照片14.jpg”拖动至“视频3”轨道上，在“效果控件”面板中的“运动”栏下，设置“缩放”为62.0，“位置”为511.0和261.0，“旋转”为-21.0°，如图15-76所示。

图15-76 设置“照片14”参数

Step 11▸ 将当前时间指示器移动至00;00;19;26位置处，将素材“照片15.jpg”拖动至“视频3”轨道上，将素材“照片18.jpg”拖动至“视频2”轨道上，将素材“照片19.jpg”拖动至“视频1”轨道上。选择素材“照片15.jpg”，在“效果控件”面板中的“运动”栏下，设置“缩放”为52.0，“位置”为95.0和98.0；选择素材“照片18.jpg”，在“效果控件”面板中的“运动”栏下，设置“缩放”为64.0，“位置”为539.0和252.0；选择素材“照片19.jpg”，在“效果控件”面板中的“运动”栏下，设置“缩放”为24.0，“位置”为172.0和415.0，如图15-77、图15-78和图15-79所示。

图15-77 设置“照片15”参数

图15-78 设置“照片18”参数

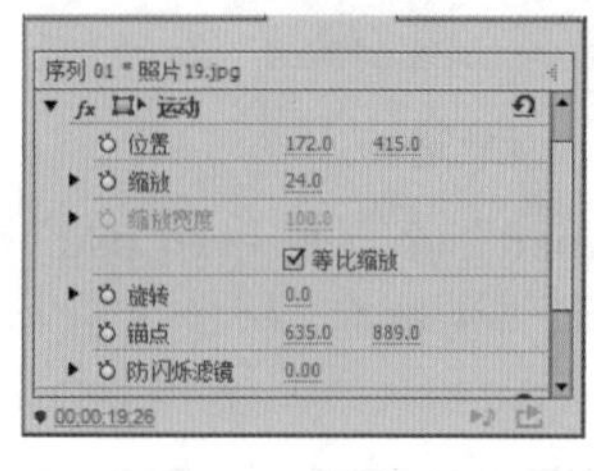

图15-79 设置“照片19”参数

Step 12▸ 将当前时间指示器移动至00;00;24;25位置处，将素材“照片20.jpg”拖动至“视频3”轨道上，将素材“照片21.jpg”拖动至“视频2”轨道上。选择素材“照片20.jpg”，在“效果控件”面板中的“运动”栏下，设置“缩放”为12.0，“位置”为242.0和190.0，“旋转”为-13.0°；选择素材“照片21.jpg”，在“效果控件”面板中的“运动”栏下，设置“缩放”为19.0，“位置”为513.0和275.0，“旋转”为-8.0°，如图15-80和图15-81所示。

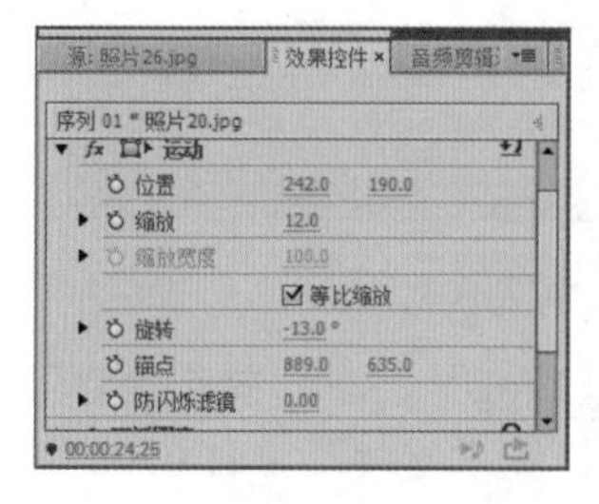

图15-80 设置“照片20”参数

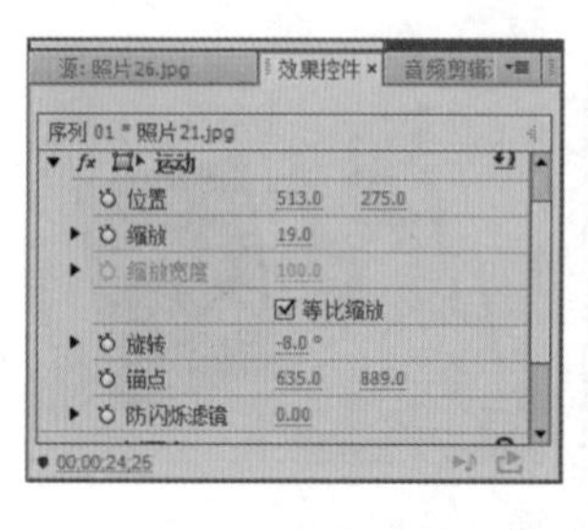

图15-81 设置“照片21”参数

Step 13 将当前时间指示器移动至00;00;29;24位置处，将素材“照片23.jpg”拖动至“视频3”轨道上。在“效果控件”面板中的“运动”栏下，设置“缩放”为92.0，“位置”为300.0和240.0，为素材添加“镜像”效果，设置“反射中心”为338.0和400.0，如图15-82所示。

图15-82 设置“照片23”参数

Step 14 将当前时间指示器移动至00;00;34;23位置处，将素材“照片25.psd”拖动至“视频3”轨道上，将素材“照片26.jpg”拖动至“视频2”轨道上。选择素材“照片25.psd”，在“效果控件”面板中的“运动”栏下，设置“缩放”为39.0，“位置”为567.0和120.0；选择素材“照片26.jpg”，在“效果控件”面板中的“运动”栏下，设置“缩放”为76.0，“位置”为296.0和240.0，如图15-83和图15-84所示。

图15-83 设置“照片25”参数

图15-84 设置“照片26”参数

Step 15 将当前时间指示器移动至00;00;39;22位置处，将素材“照片22.jpg”拖动至“视频3”轨道上。在“效果控件”面板中的“运动”栏下，设置“缩放”为45.0，“位置”为396.0和428.0，如图15-85所示。

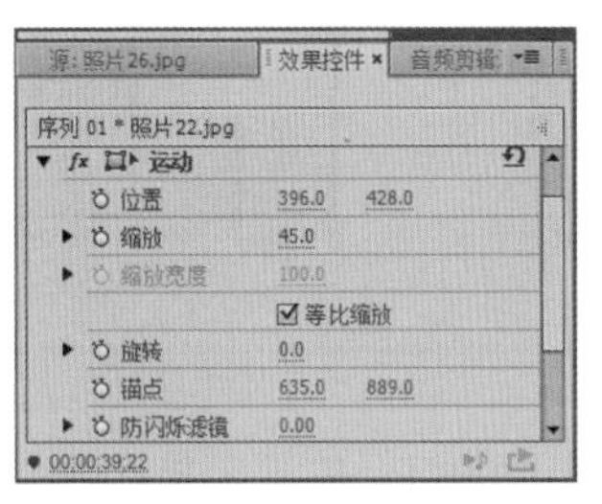

图15-85 设置“照片22”参数

Step 16 将当前时间指示器移动至00;00;44;21位置处，将素材“照片24.jpg”拖动至“视频3”轨道上。在“效果控件”面板中的“运动”栏下，设置“缩放”为71.0，“位置”为357.0和376.0，如图15-86所示。

图15-86 设置“照片24”参数

Step 17 设置完成后，可对“视频4”轨道上的素材之间添加视频过渡效果，在“节目监视器”面板中单击“播放/停止切换”按钮查看效果，如图15-87所示。

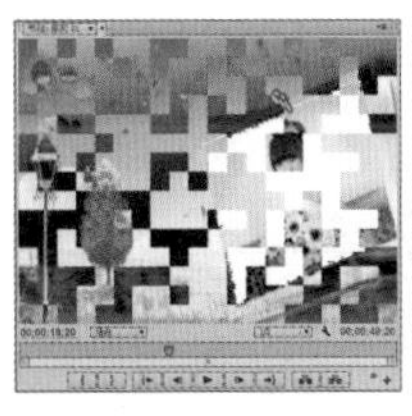

图15-87 查看效果

15.8 字幕图形的应用 关键帧的应用 字幕文本的应用 制作动态柱状图效果

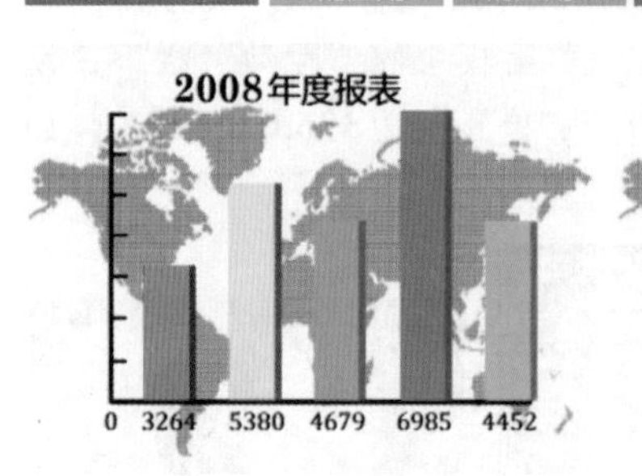

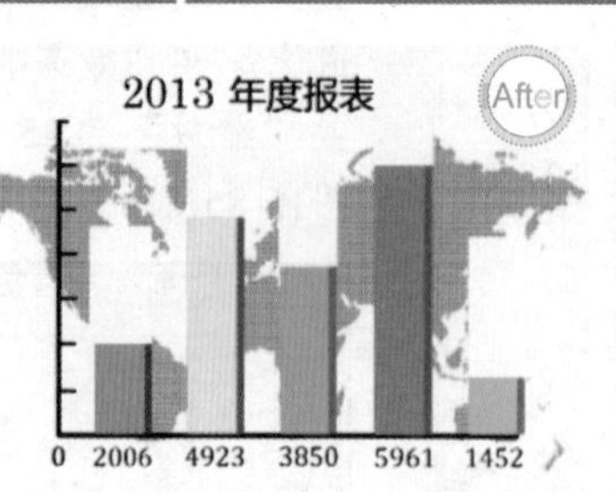

本例将应用字幕图形创建矩形，再通过“效果控件”面板创建位置关键帧，制作动态柱形图的效果。

- 光盘\素材\第15章\背景.jpg
- 光盘\效果\第15章\动态柱状图.prproj
- 光盘\实例演示\第15章\制作动态柱状图效果

Step 1 新建“动态柱状图.prproj”项目文件，新建序列，选择“新建”/“导入”命令，打开“导入”对话框，选择“背景.jpg”素材，单击 打开(O) 按钮，将素材导入至“项目”面板，然后将其拖动至“时间轴”面板的“视频1”轨道上。选择“字幕”/“新建字幕”/“默认静态字幕”命令，打开“新建字幕”对话框，单击 确定 按钮，如图15-88所示。

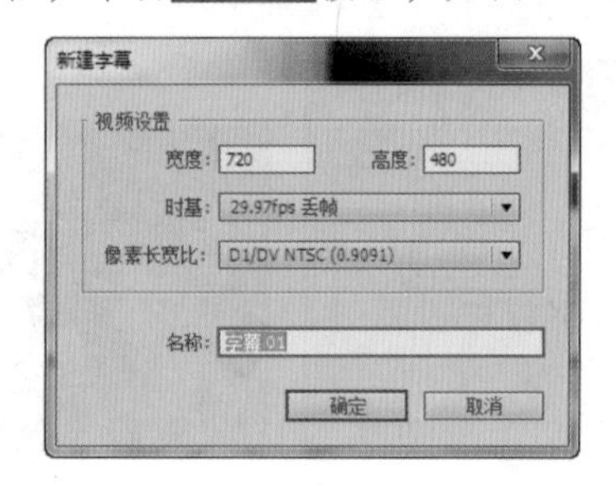

图15-88 “新建字幕”对话框

Step 2 打开“字幕”面板，选择“直线工具”，在字幕工作区绘制直线，在字幕“变换”栏设置“X位置”为99.1，“Y位置”为238.4，“宽度”为5.0，“高度”为322.3，设置填充颜色为黑色，如图15-89所示。

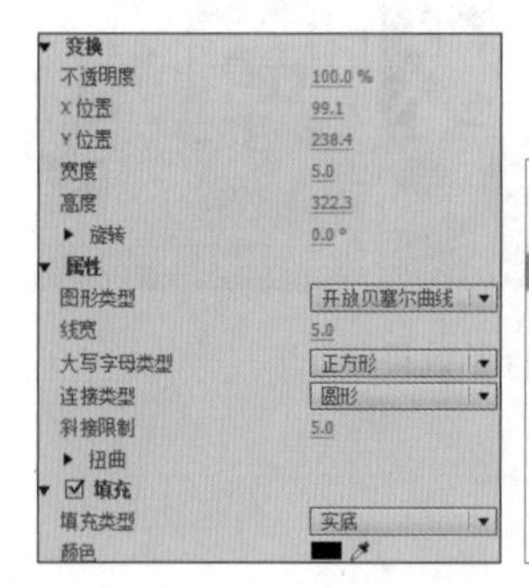

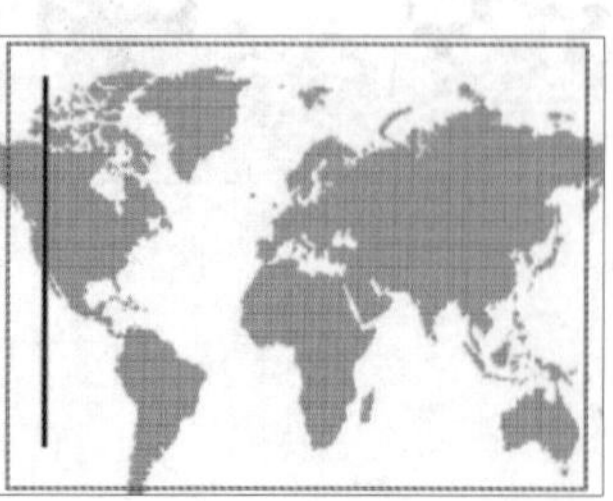

图15-89 绘制第一条直线

Step 3 再次使用“直线工具”绘制直线，在字幕“变换”栏设置“X位置”为339.6，“Y位置”为397.6，“宽度”为481.3，“高度”为5.0，如图15-90所示。

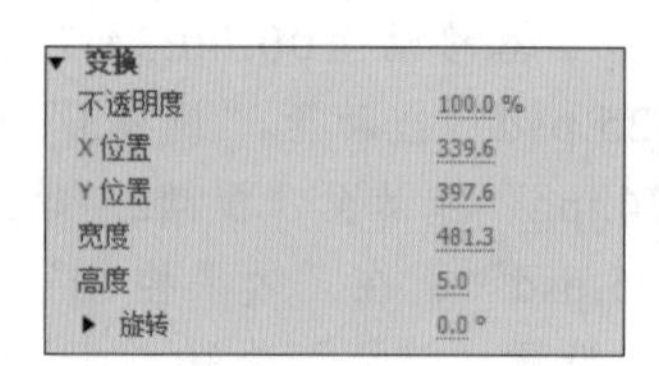

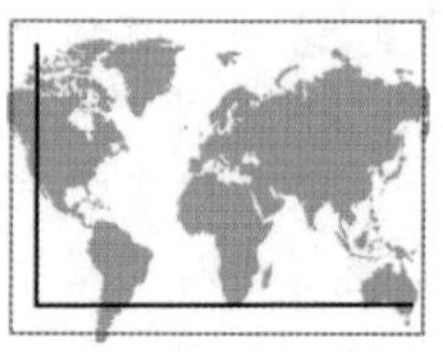

图15-90 绘制第二条直线

Step 4 接着绘制直线，设置“X位置”为107.2，“Y位置”为352.7，“宽度”为18.8，“高度”为3.0，复制该直线，并对其位置进行调整，如图15-91所示。

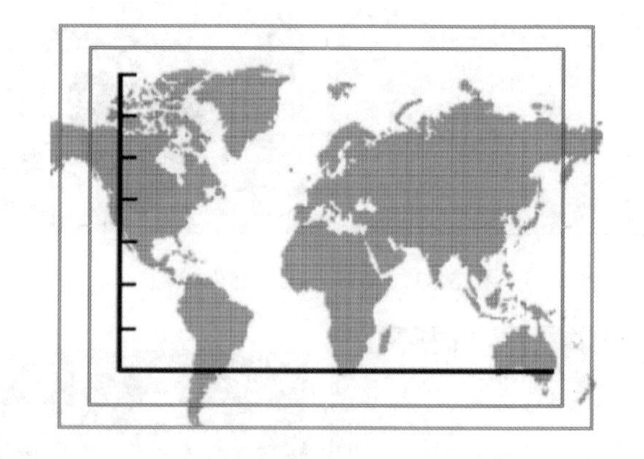

图15-91 复制调整直线

Step 5 选择“矩形工具”，绘制矩形，在字幕“变换”栏中设置其“X位置”为162.7，“Y位置”为321.5，“宽度”为51.4，“高度”为147.8，设置填充颜色为#FE4F4F。在“描边”栏中添加“外描边”，设置描边“类型”为“深度”，“大小”为8.0，描边颜色为#630101，如图15-92所示。

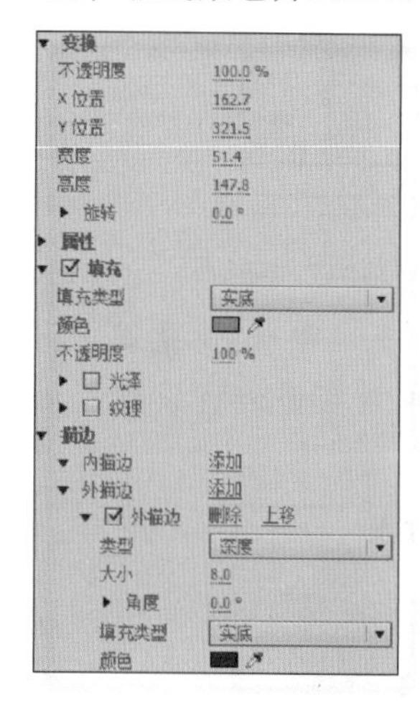

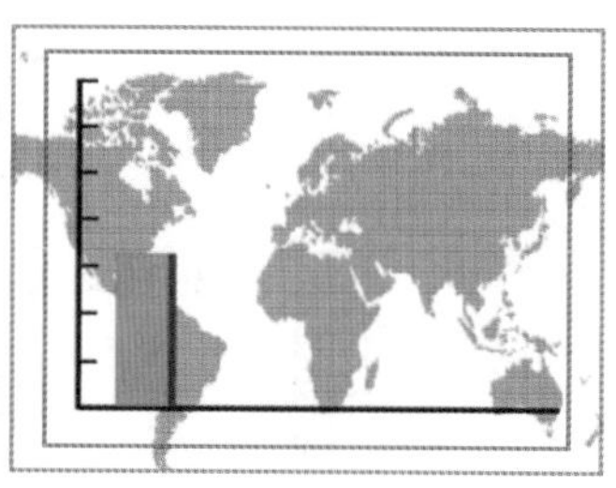

图15-92　绘制矩形

Step 6 对绘制的矩形进行复制，在字幕“变换”栏中设置其“X位置”为260.6，“Y位置”为275.5，“宽度”为51.4，“高度”为239.9，设置填充颜色为#FEE34F。在“描边”栏中添加“外描边”，设置描边“类型”为“深度”，“大小”为8.0，描边颜色为#7E5703，如图15-93所示。

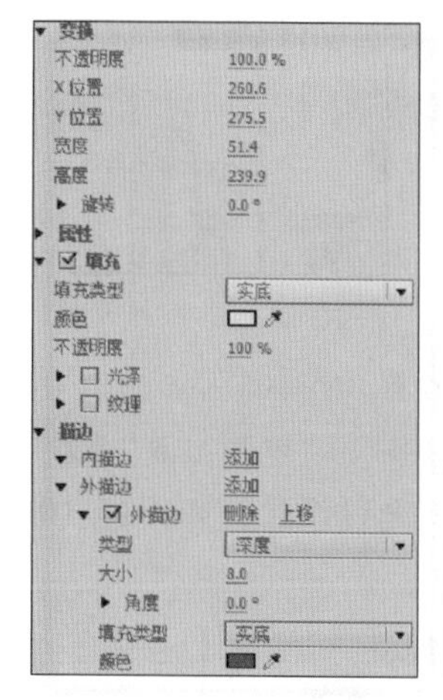

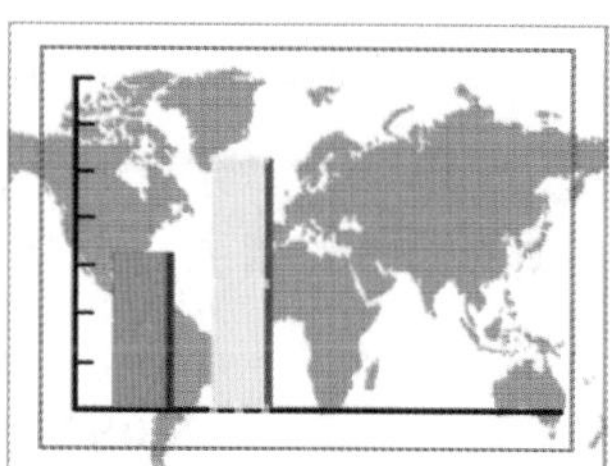

图15-93　复制矩形

Step 7 使用相同的方法，复制其他矩形，并对参数进行设置，如图15-94所示。

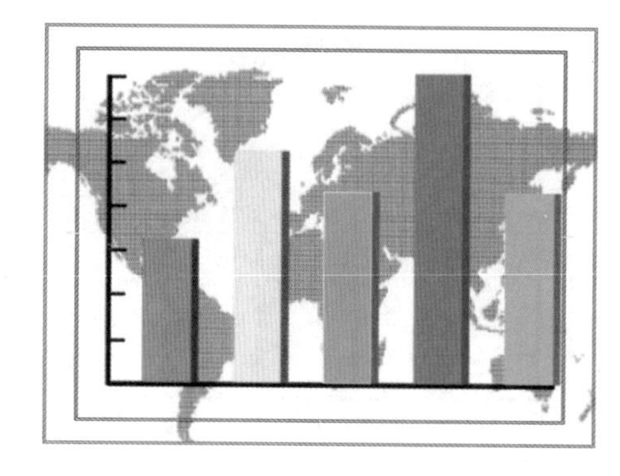

图15-94　绘制多个矩形

Step 8 选择“文字工具”T，在字幕工作区创建文本0，设置其字体“大小”为29，字体为Cambria Math。在字幕“变换”栏中设置“X位置”为98.9，“Y位置”为420.6，填充颜色为黑色，如图15-95所示。

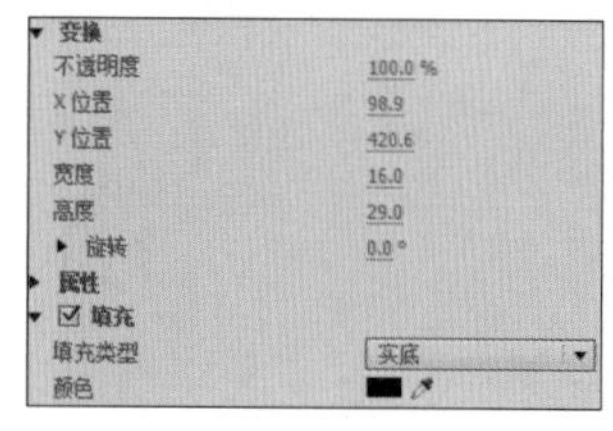

图15-95　创建文本数字

Step 9 使用相同的方法，创建多个数字，并对其位置进行设置，如图15-96所示。

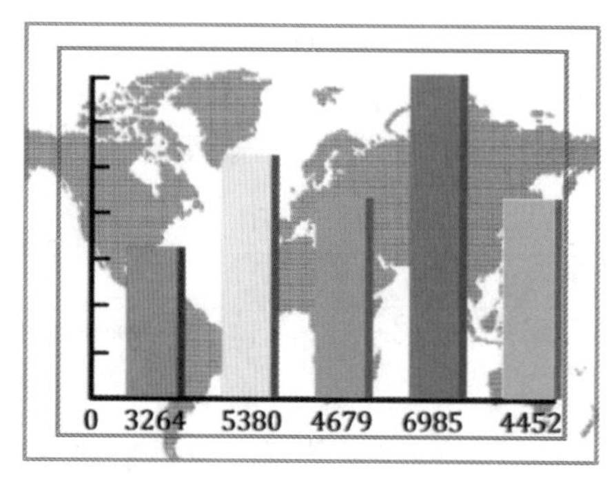

图15-96　绘制多个数字

Step 10 选择“文字工具”T，在字幕工作区创建文本“年度报表”，设置其字体“大小”为40，字体为“微软雅黑”。在字幕“变换”栏中设置“X位置”为353.8，“Y位置”为53.3，填充颜色为黑色，如图15-97所示。

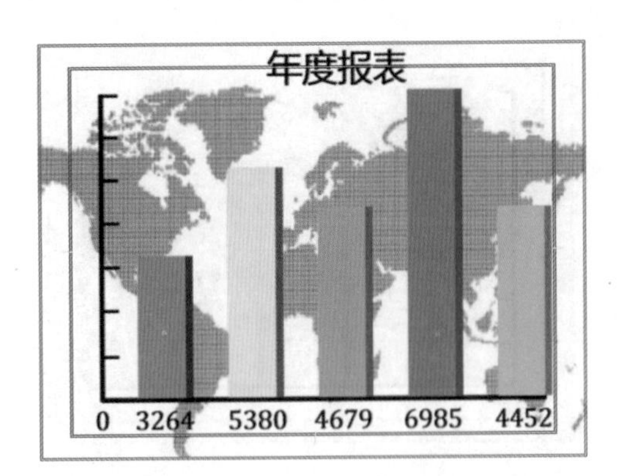

图15-97　创建文本

Step 11 关闭“字幕”面板，将“字幕01”拖动至“视频2”轨道上，并将持续时间设置为与素材“背景.jpg”的时间相同，如图15-98所示。

图15-98　拖入字幕

Step 12 新建“字幕02”，选择“文字工具”T，在字幕工作区创建文本2008，设置其字体“大小”为42.0，字体为Century Schoolbook，在字幕“变换”栏中设置“X位置”为221.4，“Y位置”为52.5，填充颜色为黑色，如图15-99所示。

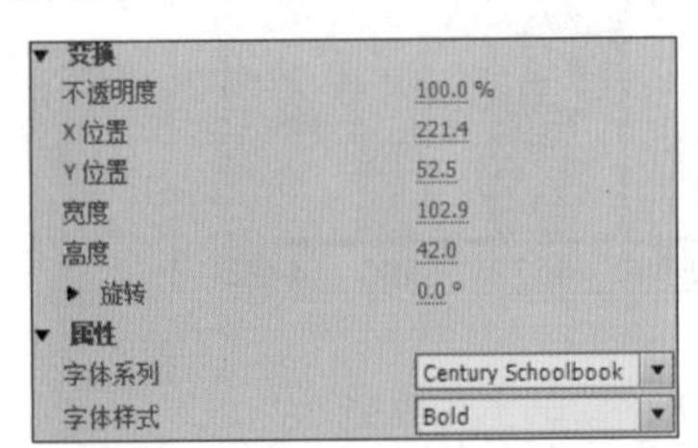

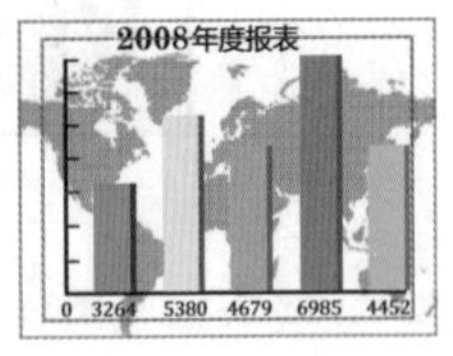

图15-99　创建并设置“字幕02”

Step 13 新建“字幕03”，选择“矩形工具”，绘制矩形，绘制完成后并对其进行设置，如图15-100所示。

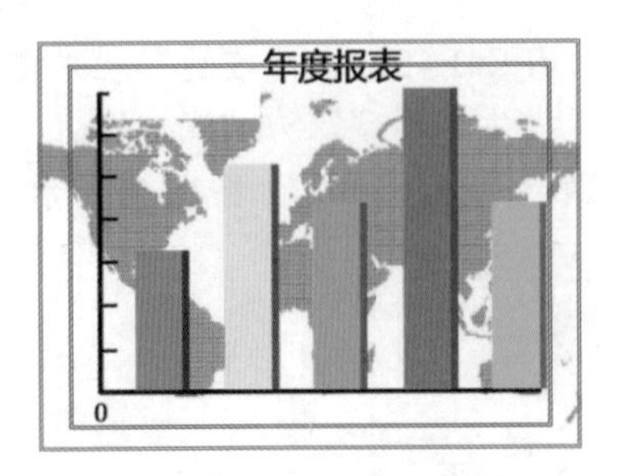

图15-100　绘制“字幕03”矩形

Step 14 将“字幕03”拖动至“视频3”轨道上，新建“字幕04”，输入其他数字并进行设置，如图15-101所示。

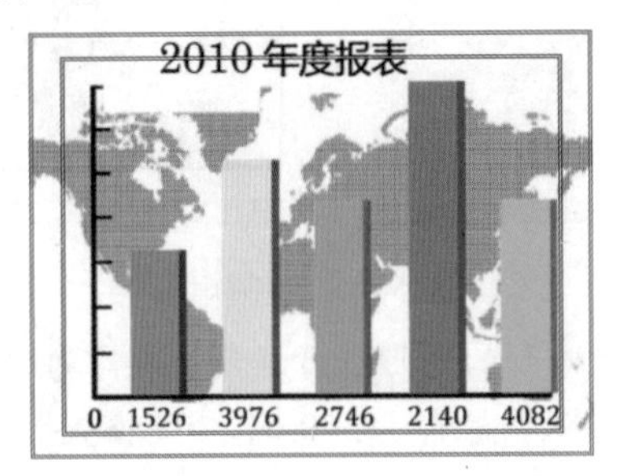

图15-101　创建并设置“字幕04”

Step 15 使用相同的方法，新建“字幕05”和“字幕06”，输入数字并进行设置，如图15-102所示。

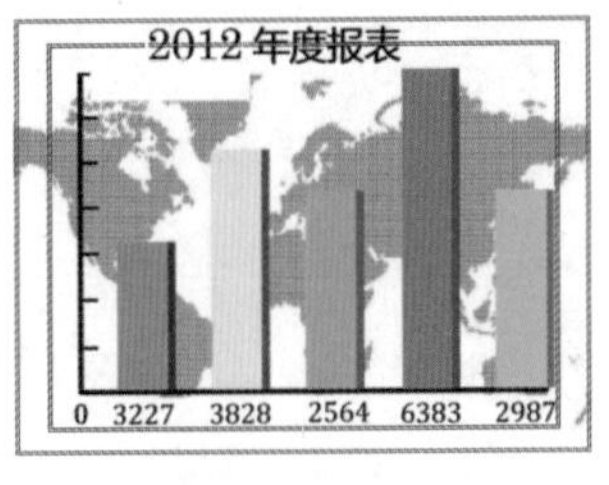

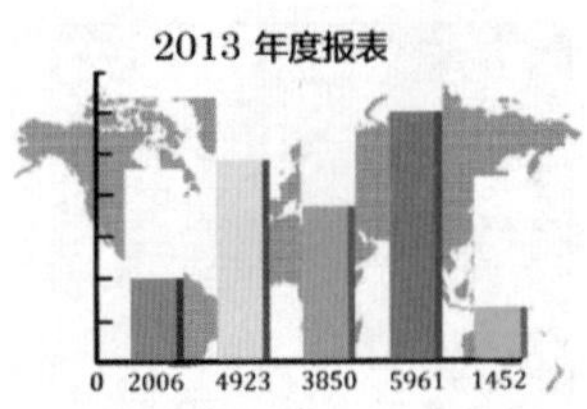

图15-102　创建并设置“字幕05”

Step 16 新建“字幕07”，选择“矩形工具”，绘制矩形，绘制完成后对其进行设置，如图15-103所示。

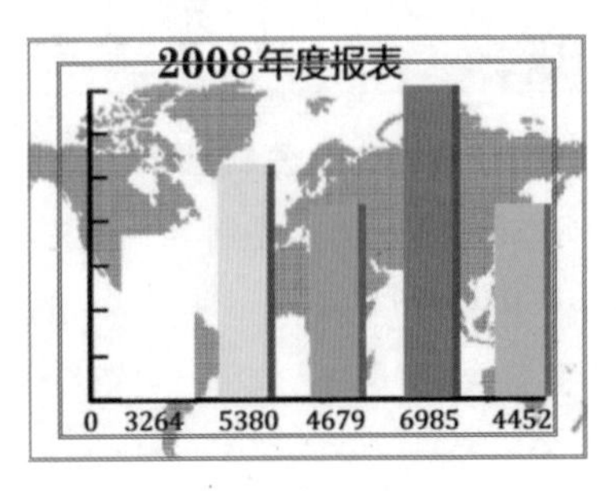

图15-103　绘制“字幕07”矩形

Step 17▶ 使用相同的方法创建并设置其他矩形，以覆盖柱状矩形，选择“序列”/“添加轨道”命令，打开“添加轨道”对话框，在“视频轨道”栏的“添加”数值框中输入7，在“音频轨道”栏的“添加”数值框中输入0，单击 确定 按钮，并将“字幕01”至“字幕06”拖动至轨道上，如图15-104所示。

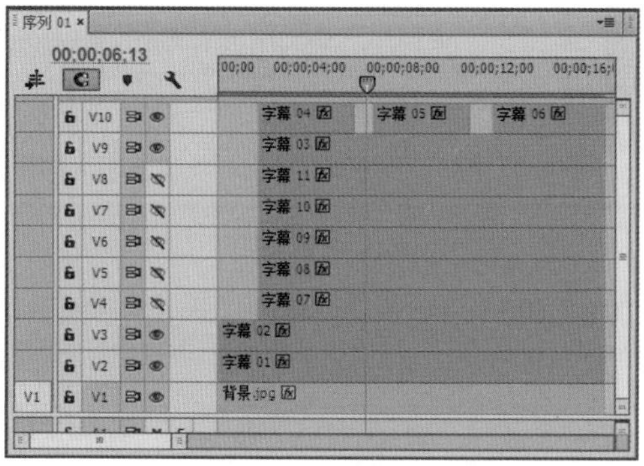

图15-104 拖动素材

Step 18▶ 将当前时间指示器移动至00;00;01;22位置处，在“效果控件”面板中单击“字幕07”至“字幕11”位置前的“动画切换”按钮，对其位置进行设置，创建关键帧，如图15-105所示。

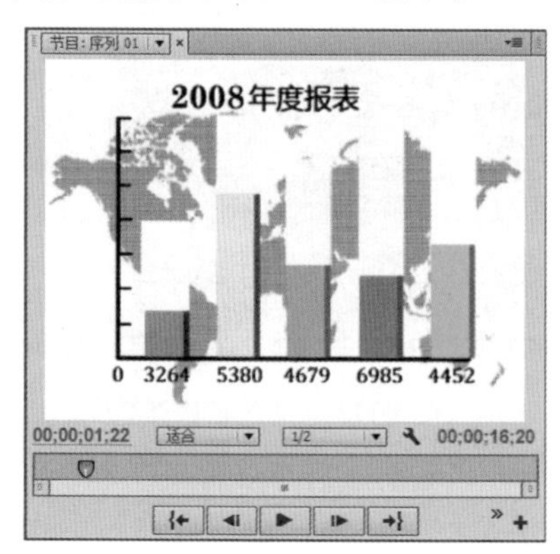

图15-105 创建关键帧

Step 19▶ 将当前时间指示器移动至00;00;05;27位置处，在“效果控件”面板中单击“字幕07”至“字幕11”的“添加/移除关键帧”按钮，保持其参数不变，将当前时间指示器移动至00;00;06;21位置处，单击“添加/移除关键帧”按钮，对“字幕07”至“字幕11”的位置进行调整，创建关键帧，如图15-106所示。

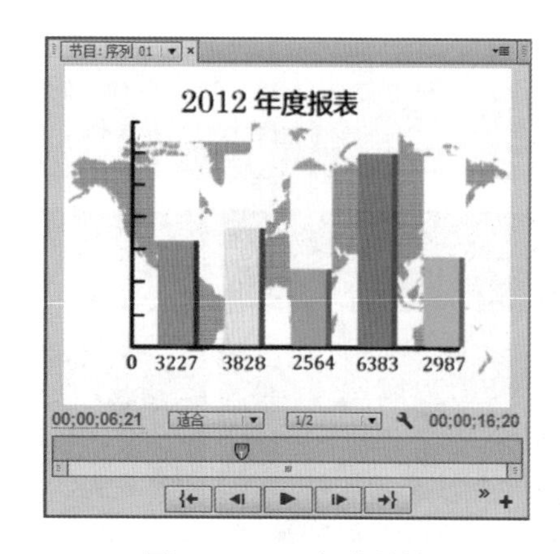

图15-106 添加关键帧

Step 20▶ 将当前时间指示器移动至00;00;10;25位置处，在“效果控件”面板中，单击“字幕07”至“字幕11”的“添加/移除关键帧”按钮，保持其参数不变，将当前时间指示器移动至00;00;11;24位置处，单击“添加/移除关键帧”按钮，对“字幕07”至“字幕11”的位置进行调整，创建关键帧，如图15-107所示。

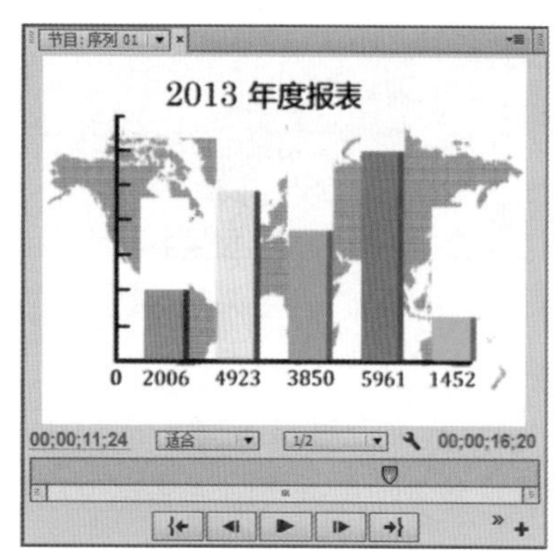

图15-107 调整关键帧

Step 21▶ 使用相同的方法创建其他的关键帧，并保存项目，在“节目监视器”面板中单击“播放/停止切换”按钮查看效果，如图15-108所示。

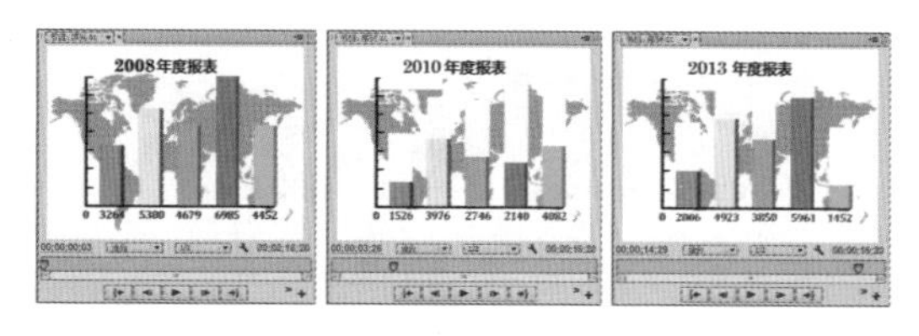

图15-108 查看效果

15.9 制作MTV歌词渐变效果

裁剪效果的应用　设置字体的样式　关键帧的应用与设置

本例将对字幕的文字进行设置，再为其添加“裁剪”效果并设置关键帧，制作MTV歌词渐变的效果。

- 光盘\素材\第15章\KTV歌词渐变效果.prproj
- 光盘\效果\第15章\KTV歌词渐变效果.prproj
- 光盘\实例演示\第15章\制作KTV歌词渐变效果

Step 1 打开“KTV歌词渐变效果.prproj”项目文件，在“时间轴”面板的“音频1”和“视频1”轨道上导入音频素材和视频素材“KTV歌词渐变效果.prproj”，如图15-109所示。

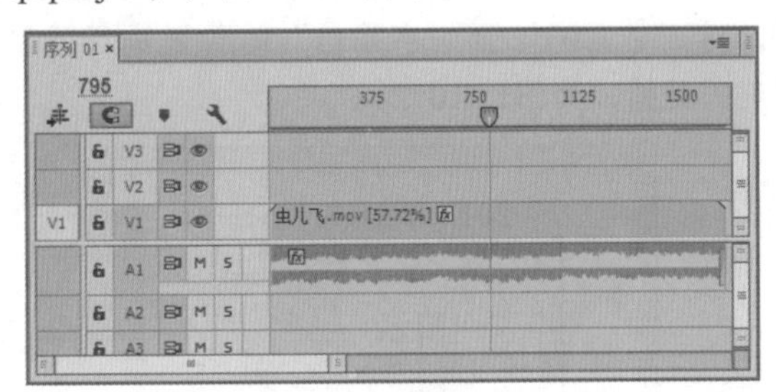

图15-109　打开项目文件

Step 2 选择“字幕”/“新建字幕”/“默认静态字幕”命令，打开“新建字幕”对话框，在“名称”文本框中输入“原句”，单击 确定 按钮，如图15-110所示。

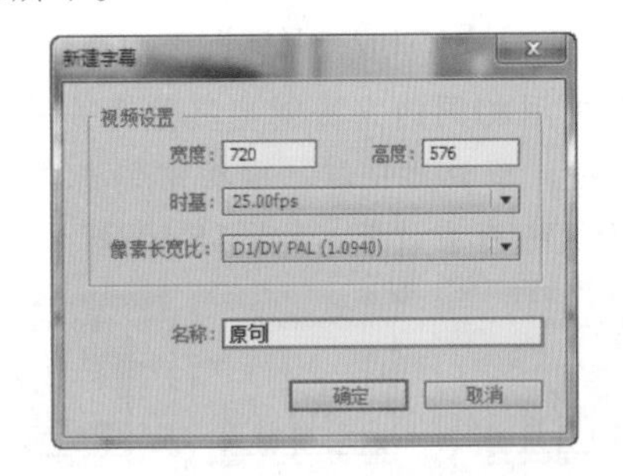

图15-110　“新建字幕”对话框

Step 3 在字幕工作区输入文字，设置其字体“大小”为60.0，填充颜色为白色。再对位置进行设置，选中 ☑阴影 复选框，设置“不透明度”为65%，“角度”为-43.0°，距离为5.0，“扩展”为22.0，如图15-111所示。

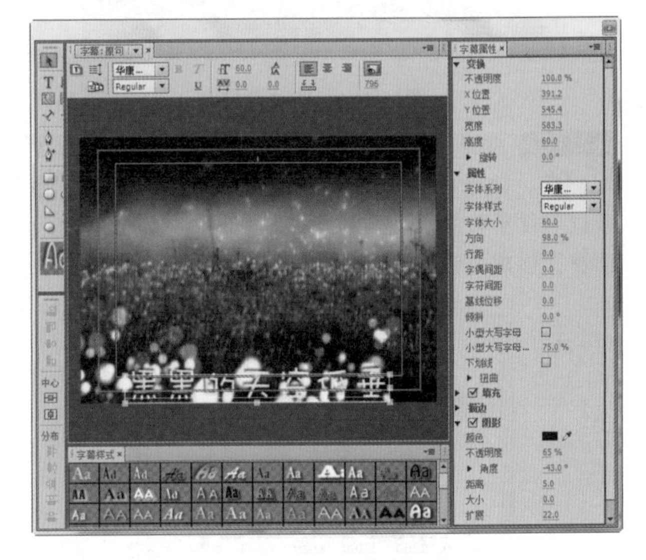

图15-111　设置字幕参数

Step 4 单击“基于当前字幕新建字幕”按钮，打开“新建字幕”对话框，在“名称”文本框中输入“渐变句”，单击 确定 按钮，如图15-112所示。

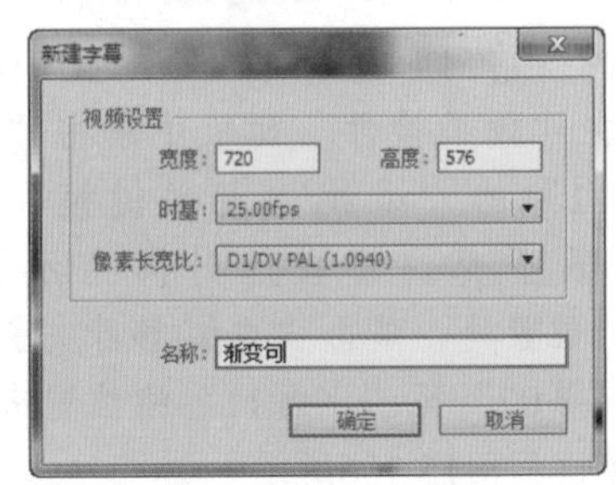

图15-112　新建字幕

Step 5 ▶ 选择文字，设置文字的填充颜色为#2CABF4，如图15-113所示。

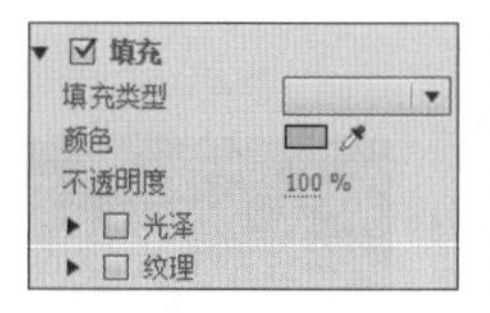

图15-113 设置文字颜色

Step 6 ▶ 单击“基于当前字幕新建字幕”按钮，打开“新建字幕”对话框，在“名称”文本框中输入“原句1”，单击确定按钮，如图15-114所示。

图15-114 新建字幕

Step 7 ▶ 选择“文字工具”T，更改文字，设置填充颜色为白色，如图15-115所示。

图15-115 设置字体的颜色

Step 8 ▶ 单击“基于当前字幕新建字幕”按钮，打开“新建字幕”对话框，在“名称”文本框中输入“渐变句1”，单击确定按钮，如图15-116所示。

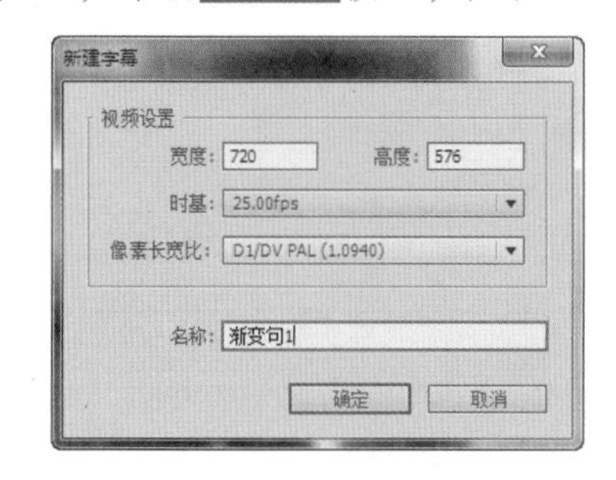

图15-116 新建字幕

Step 9 ▶ 选择文字，设置文字的填充颜色为#19D00B，如图15-117所示。

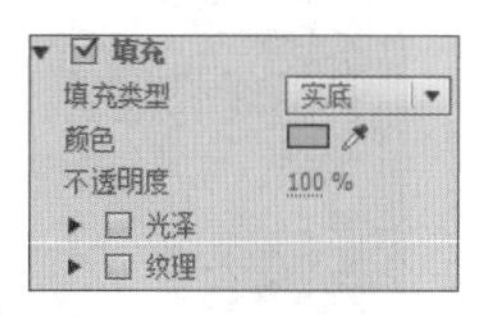

图15-117 设置文字颜色

Step 10 ▶ 使用相同的方法，创建其他的文字字幕，效果如图15-118所示。

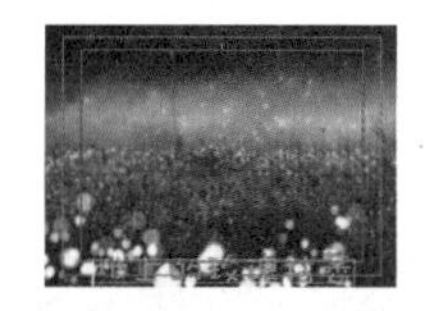
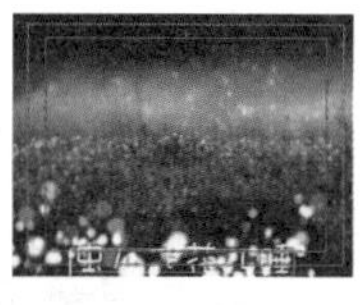
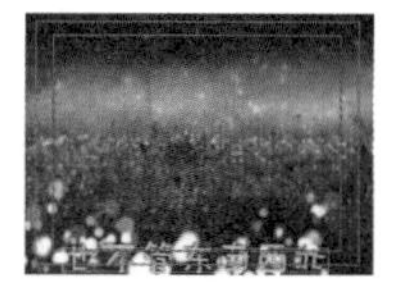

图15-118 创建其他字幕

Step 11 ▶ 在“时间轴”面板中，将当前位置设置为30帧处，将“原句”字幕拖动至“视频3”轨道上，将“渐变句”拖动至“视频2”轨道上，并将结束位置设置为130帧处，如图15-119所示。

图15-119 导入字幕

Step 12 ▶ 在“效果”面板中选择“裁剪”效果，将其添加到“原句”素材上，将当前时间指示器移动至30帧位置处，单击“左对齐”前的“动画切换”按钮，如图15-120所示。

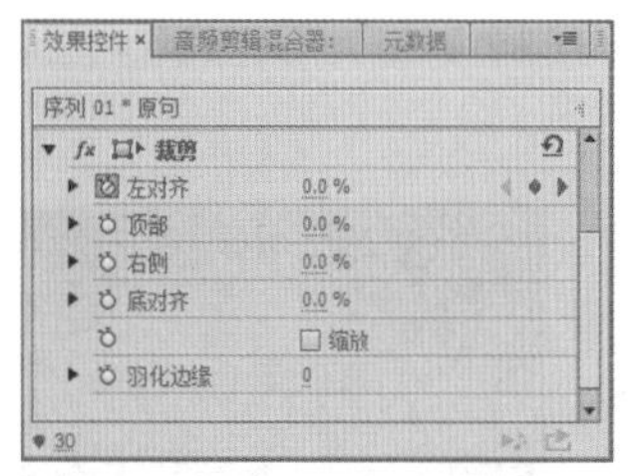

图15-120 添加效果

Step 13 ▶ 将当前时间指示器移动至45帧位置处，设置“左对齐”为24.0%，如图15-121

所示。

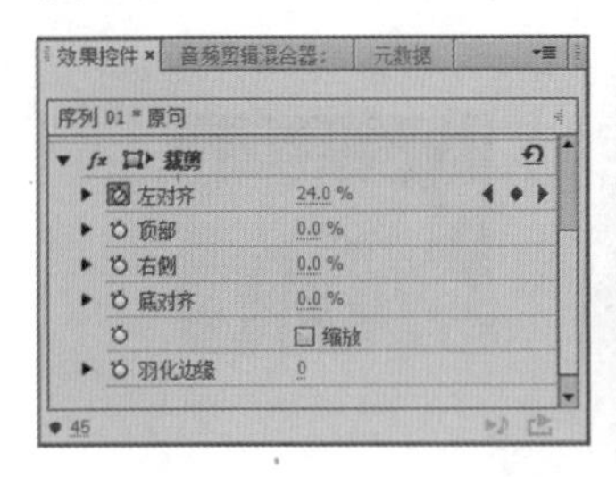

图15-121 设置45帧处效果参数

Step 14 将当前时间指示器移动至61帧位置处，设置“左对齐”为49.0%，如图15-122所示。

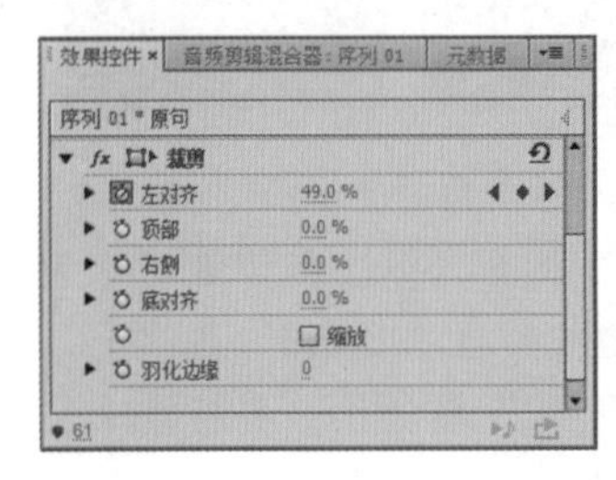

图15-122 设置61帧处效果参数

Step 15 将当前时间指示器移动至106帧位置处，设置“左对齐”为76.0%，如图15-123所示。

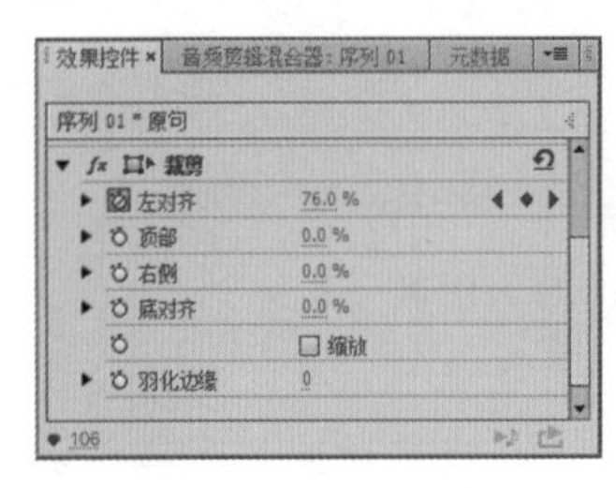
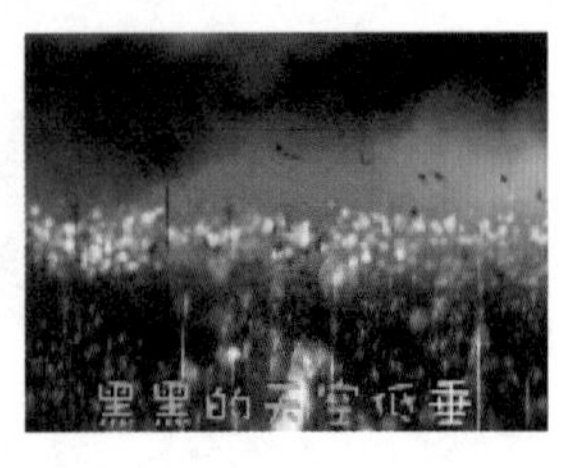

图15-123 设置106帧处效果参数

Step 16 将当前时间指示器移动至117帧位置处，设置“左对齐”为77.0%，如图15-124所示。

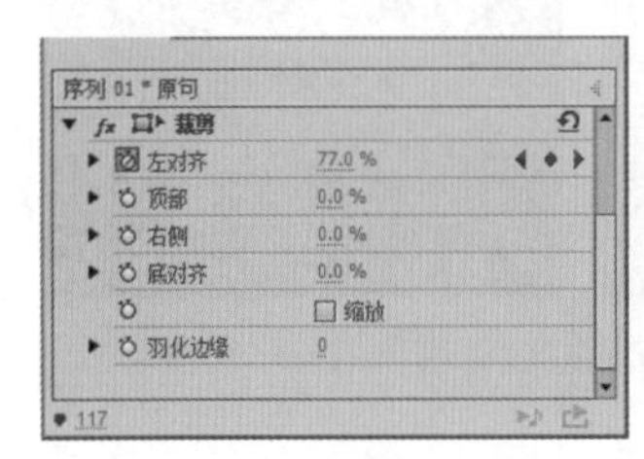

图15-124 设置117帧处效果参数

Step 17 将当前时间指示器移动至130帧位置处，设置“左对齐”为100.0%，如图15-125所示。

图15-125 设置130帧处效果参数

Step 18 在“时间轴”面板中，将当前位置设置为146帧处，将“原句1”字幕拖动至“视频3”轨道上，将“渐变句1”拖动至“视频2”轨道上，并将结束位置设置为255帧处，如图15-126所示。

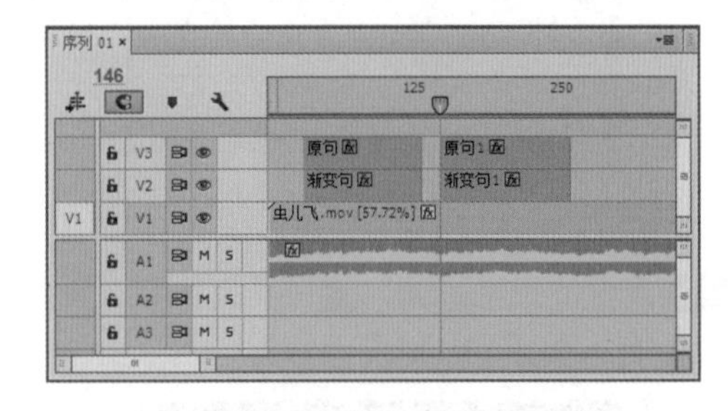

图15-126 导入字幕

Step 19 在“效果控件”面板中选择“裁剪”效果，将其添加到“原句1”素材上，将当前时间指示器移动至146帧位置处，单击“左对齐”前的“动画切换”按钮，如图15-127所示。

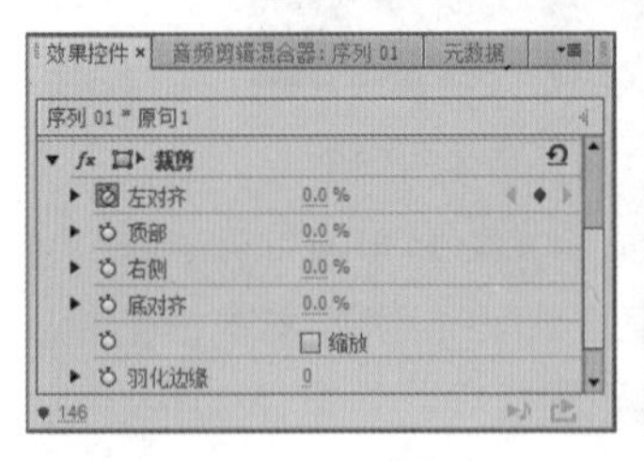

图15-127 添加效果

读书笔记

Step 20 将当前时间指示器移动至172帧位置处，设置“左对齐”为46.0%，如图15-128所示。

图15-128　设置172帧处效果参数

Step 21 将当前时间指示器移动至230帧位置处，设置“左对齐”为77.0%，如图15-129所示。

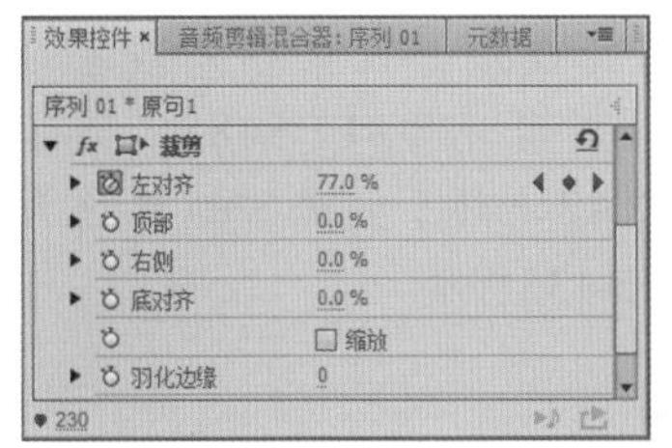

图15-129　设置230帧处效果参数

Step 22 将当前时间指示器移动至255帧位置处，设置“左对齐”为100.0%，如图15-130所示。

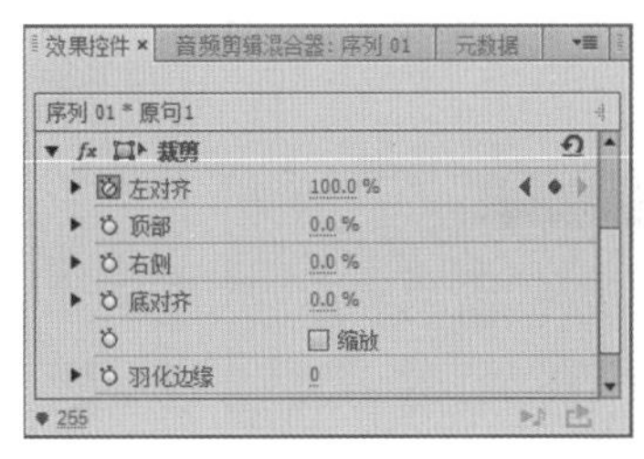

图15-130　设置255帧处效果参数

Step 23 使用相同的方法，将其他“原句”和“渐变句”字幕导入素材，并添加“裁剪”效果，设置完成后，可在“节目监视器”面板中单击“播放/停止切换”按钮▶进行查看，如图15-131所示。

图15-131　查看效果

15.10 制作倒计时效果

字幕图形的创建　设置字体的样式　关键帧的应用与设置

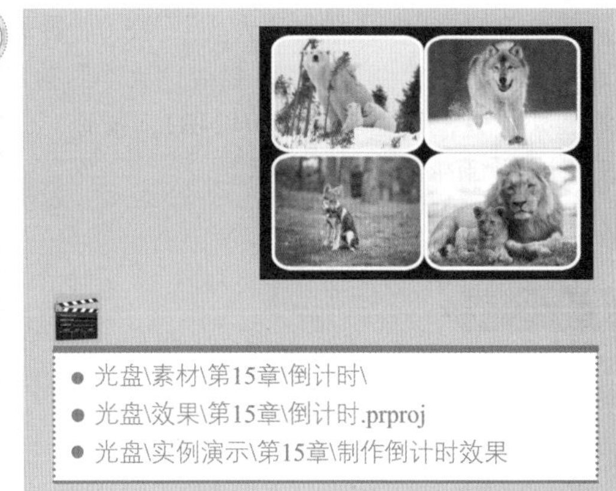

- 光盘\素材\第15章\倒计时\
- 光盘\效果\第15章\倒计时.prproj
- 光盘\实例演示\第15章\制作倒计时效果

本例将通过字幕窗口创建圆形，并为其填充纹理，然后结合关键帧的使用创建运动的效果，从而制作出倒计时的效果。

Step 1 ▶ 新建项目文件，并将其命名为“倒计时.prproj”，选择“文件”/“新建”/“序列”命令，新建“序列01”，按Ctrl+T快捷键，打开“新建字幕”对话框，在“名称”文本框中输入“1圈”，如图15-132所示。

图15-132　新建字幕

Step 2 ▶ 选择“椭圆工具”，按住Shift键在字幕工作区绘制正圆，在字幕“变换”栏中，设置其“X位置”为326.1，“Y位置”为240.1，“宽度”和“高度”均为180.0，如图15-133所示。

▼ 变换	
不透明度	100.0 %
X 位置	326.1
Y 位置	240.1
宽度	180.0
高度	180.0

图15-133　设置“1圈”参数

Step 3 ▶ 设置填充颜色为#2A49D0，添加外描边，设置颜色为#4768F6，描边“大小”为8.0。再添加外描边，设置颜色为#879DFF，描边“大小”为17.0。再添加外描边，设置颜色为#0424B1，描边“大小”为5.0，其效果如图15-134所示。

读书笔记

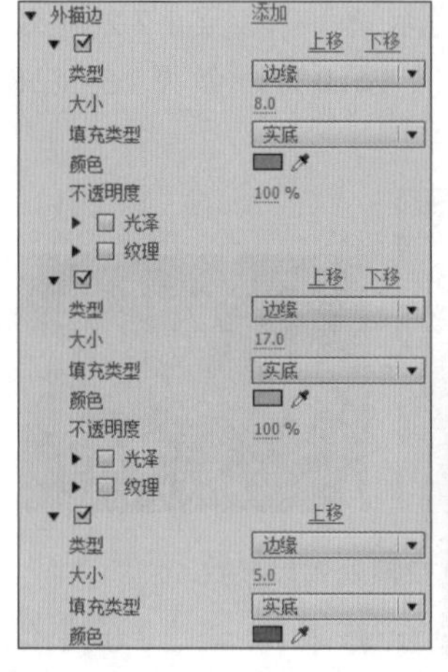

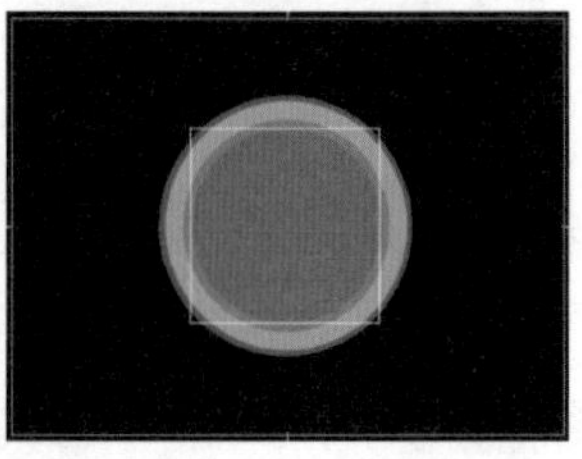

图15-134　设置外描边效果

Step 4 ▶ 单击“基于当前字幕新建字幕”按钮，新建字幕“2圈”，选择圆形，设置填充颜色为#E43C63，第一处外描边颜色为#FF6488，第二处外描边颜色为#FD88A3，第三处外描边颜色为#AB0028，其效果如图15-135所示。

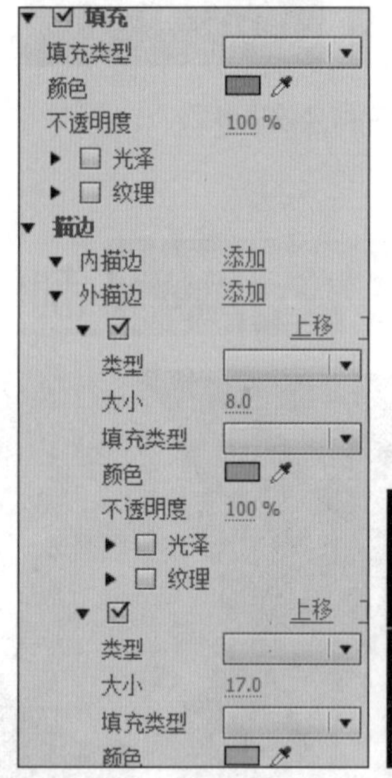

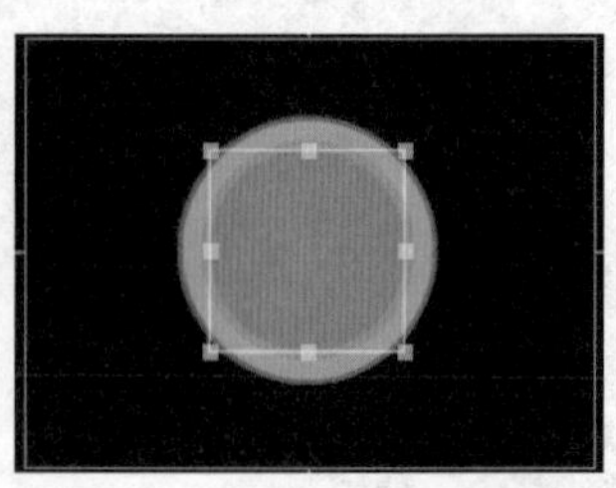

图15-135　设置“2圈”参数

Step 5 ▶ 关闭“字幕”面板，新建字幕1，选择“文字工具”，在字幕工作区输入1，设置“X位置”为322.7，“Y位置”为247.3，“字体样式”为Myriad Pro，设置外描边的颜色为白色，描边“大小”为15.0，如图15-136所示。

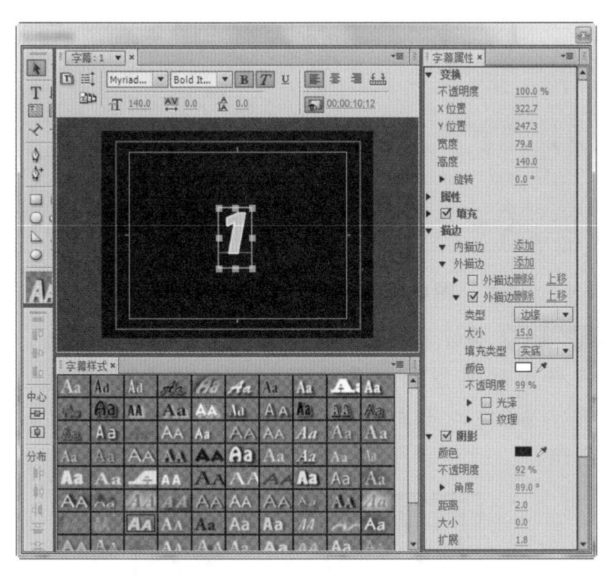

图15-136　创建数字字幕

Step 6 ▶ 使用相同的方法创建2、3、4、5数字字幕，如图15-137所示。

图15-137　创建其他数字字幕

Step 7 ▶ 创建字幕命名为“图1”，选择“圆角矩形工具”，绘制矩形，设置“圆角大小”为11.5%，“X位置”为487.0，“Y位置”为122.0，“宽度”为304.0，“高度”为219.0，选中“填充”栏下的☑纹理复选框，单击其后的纹理图标，在打开的对话框中选择素材“动物1.jpg”，添加外描边效果，设置描边“大小”为8.0，描边颜色为白色，如图15-138所示。

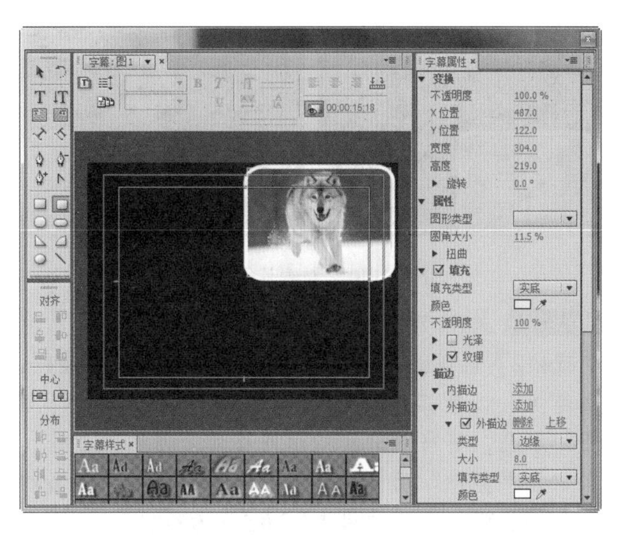

图15-138　绘制“图1”矩形

Step 8 ▶ 单击“基于当前字幕新建字幕”按钮，新建字幕“图2”，设置“X位置”为167.0，“Y位置”为122.0，设置填充纹理为“动物2.jpg”，如图15-139所示。

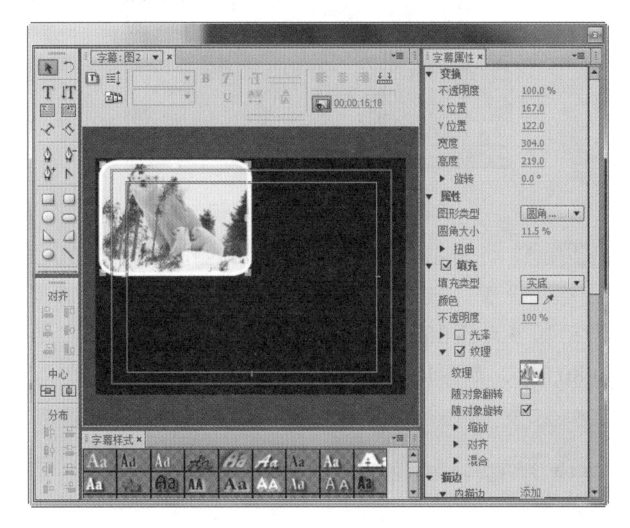

图15-139　设置“图2”参数

Step 9 ▶ 使用相同的方法创建字幕“图3”和“图4”，设置其填充纹理分别为“动物3.jpg”和“动物4.jpg”，设置“图3”的“X位置”为167.0、“Y位置”为357.0，设置“图4”的“X位置”为487.0、“Y位置”为357.0，如图15-140所示。

图15-140 创建其他矩形

Step 10 关闭“字幕”面板，将字幕“1圈”拖动至“视频2”轨道上，将字幕“2圈”拖动至“视频1”轨道上，设置其持续时间为00;00;06;00。选择“2圈”字幕，将当前时间指示器移动至开始位置处，在“效果控件”面板中单击“旋转”前的“动画切换”按钮，设置“锚点”为520.0和236.0，将当前时间指示器移动至00;00;01;00位置处，设置“旋转”为360.0°，如图15-141所示。

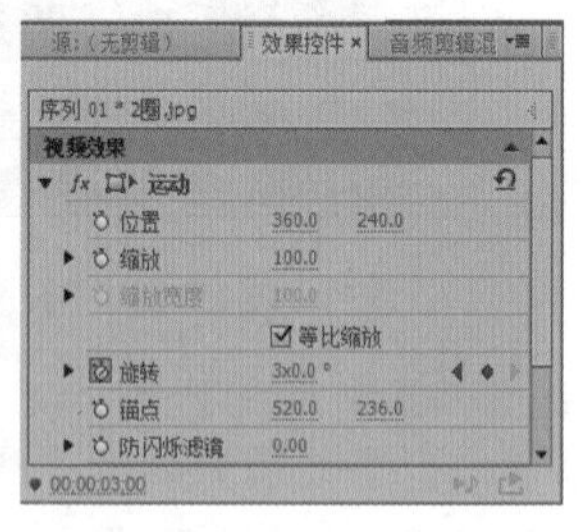

图15-141 创建关键帧

Step 11 将当前时间指示器移动至00;00;02;00位置处，设置“旋转”度数为720.0°，将当前时间指示器移动至00;00;03;00位置处，设置“旋转”为1080.0°，如图15-142所示。

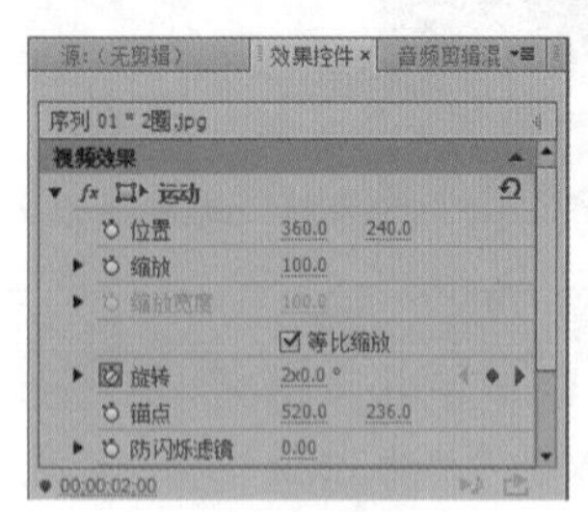

图15-142 设置“2圈”参数1

Step 12 将当前时间指示器移动至00;00;04;00位置处，设置“旋转”为1440.0°，将当前时间指示器移动至00;00;05;00位置处，设置“旋转”为1880.0°，如图15-143所示。

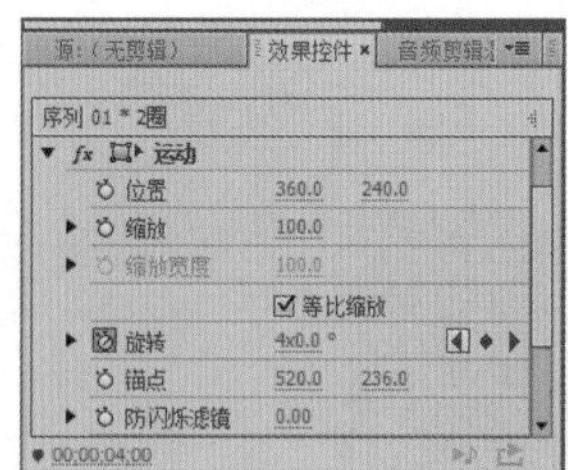
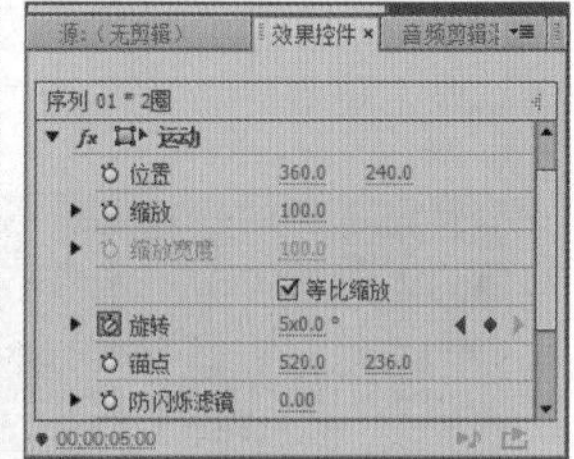

图15-143 设置“2圈”参数2

Step 13 将字幕5素材拖动至“视频3”轨道上，将当前时间指示器移动至00;00;01;00位置处，将字幕5拖动至与时间指示器对齐，如图15-144所示。

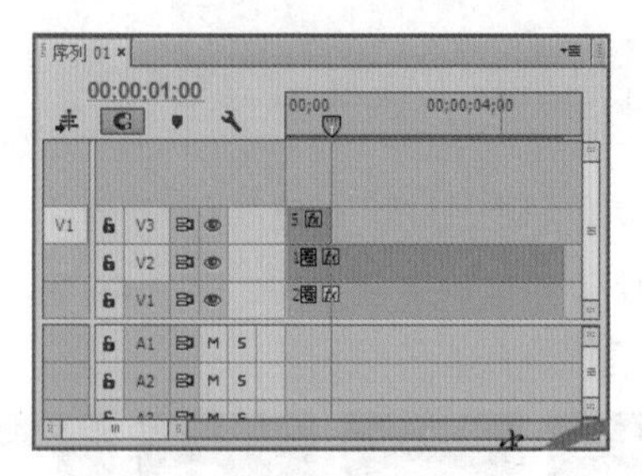

图15-144 拖入素材

Step 14 分别拖入字幕4、字幕3、字幕2，设置其长度与字幕5相同，如图15-145所示。

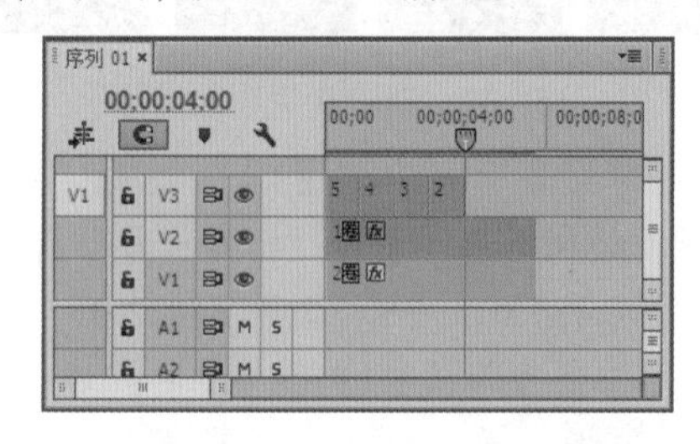

图15-145 拖入多个素材

Step 15 将字幕1拖动至字幕2结束位置处对齐，拖动字幕1，使其与“1圈”字幕对齐，如图15-146所示。

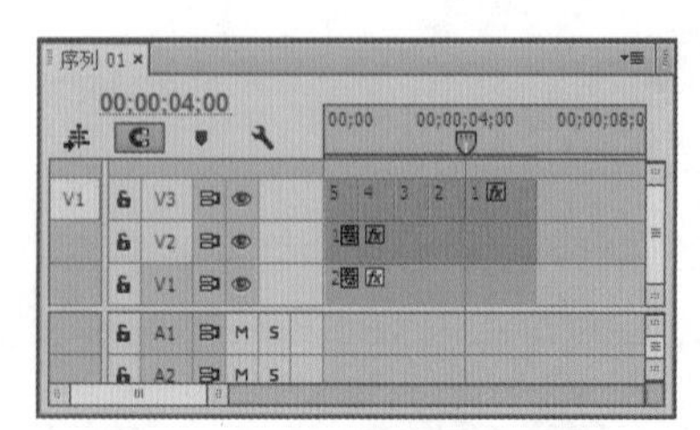

图15-146 拖入字幕1素材

Step 16 ▶ 选择“序列”/“添加轨道”命令，打开“添加轨道”对话框，在“视频轨道”栏的“添加”数值框中输入4，在“音频轨道”栏的“添加”数值框中输入0，单击 确定 按钮，如图15-147所示。

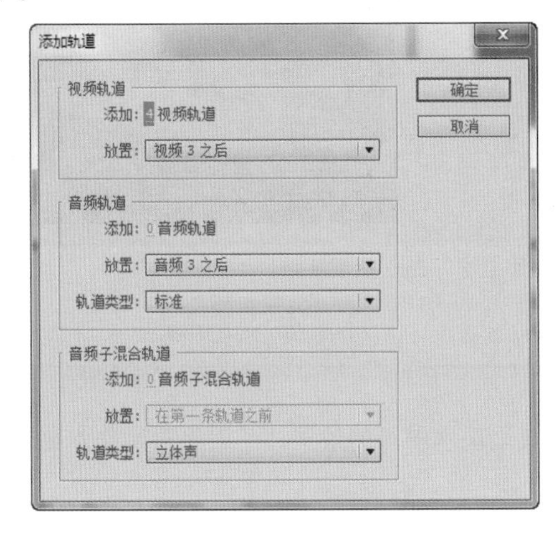

图15-147　添加轨道

Step 17 ▶ 将当前时间指示器移动至00;00;05;15位置处，将“图1”字幕拖动至“视频4”轨道上并与时间指示器对齐，设置其结束时间为00;00;07;14，选择“图1”字幕，在00;00;05;15位置处，单击“缩放”前的“动画切换”按钮，设置“缩放”为0.0，将当前时间指示器移动至00;00;07;14位置处，设置“缩放”为100.0，如图15-148所示。

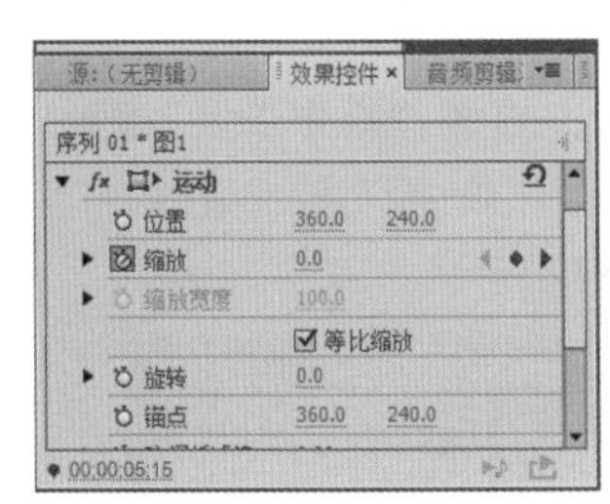

图15-148　创建关键帧

Step 18 ▶ 将字幕“图2”“图3”“图4”分别拖动至“视频5”“视频6”“视频7”轨道上，设置其开始与结束位置与“图1”的开始与结束位置对齐，如图15-149所示。

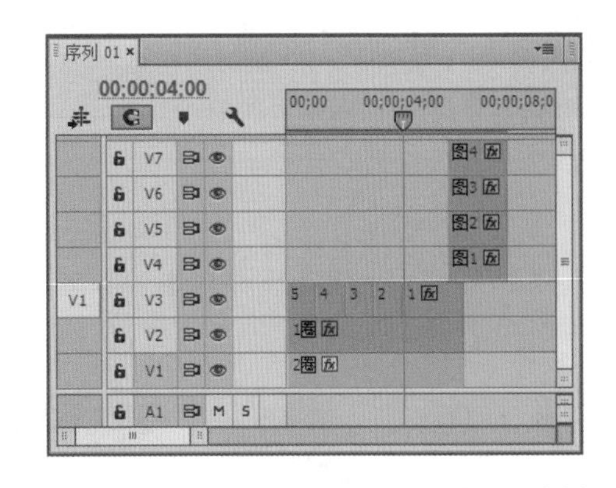

图15-149　拖入“图2”“图3”“图4”素材

Step 19 ▶ 将当前时间指示器移动至00;00;05;15位置处，在“效果控件”面板中分别单击“图2”“图3”“图4”的“缩放”栏前方的“动画切换”按钮，设置“缩放”为0.0，将当前时间指示器移动至00;00;07;14位置处，分别设置“图2”“图3”“图4”的“缩放”为100.0，如图15-150所示。

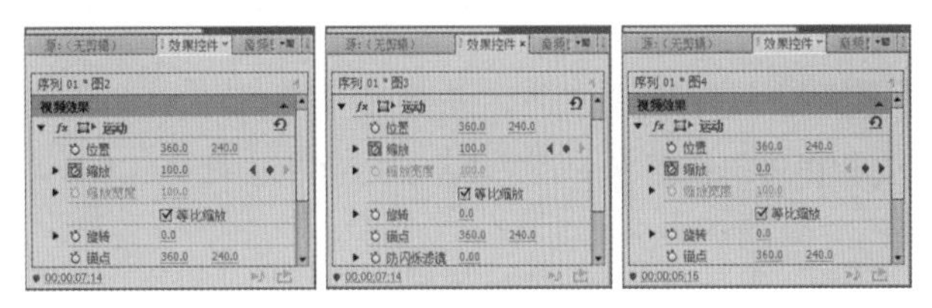

图15-150　设置“图2”“图3”“图4”关键帧

Step 20 ▶ 设置完成后，保存项目文件，完成操作，在“节目监视器”面板中单击“播放/停止切换”按钮 ▶ 查看效果，如图15-151所示。

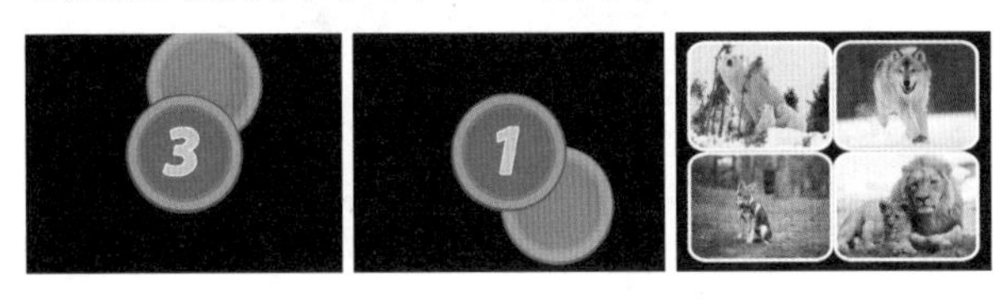

图15-151　查看效果

读书笔记

15.11 黑白效果的应用 色阶效果的应用 查找边缘效果的应用 制作水墨画效果

- 光盘\素材\第15章\风景画.jpg
- 光盘\效果\第15章\水墨画效果.prproj
- 光盘\实例演示\第15章\制作水墨画效果

在Premiere Pro CC中可根据需要为素材应用各种效果，使其呈现水墨画的效果，下面将对制作水墨画效果的方法进行讲解。

Step 1 新建项目文件，并将其命名为“水墨画效果.prproj”，新建“序列01”，选择“新建”/“导入”命令，打开“导入”对话框，选择“风景画.jpg”素材，单击打开(O)按钮，如图15-152所示。

图15-152 导入素材

Step 2 选择“字幕”/“新建字幕”/“默认静态字幕”命令，打开“新建字幕”对话框，在“名称”文本框中输入“矩形”，单击确定按钮，如图15-153所示。

图15-153 “新建字幕”对话框

Step 3 打开“字幕”面板，选择“矩形工具”，在字幕工作区绘制矩形，在“填充”栏设置填充颜色为#DDD9C1，如图15-154所示。

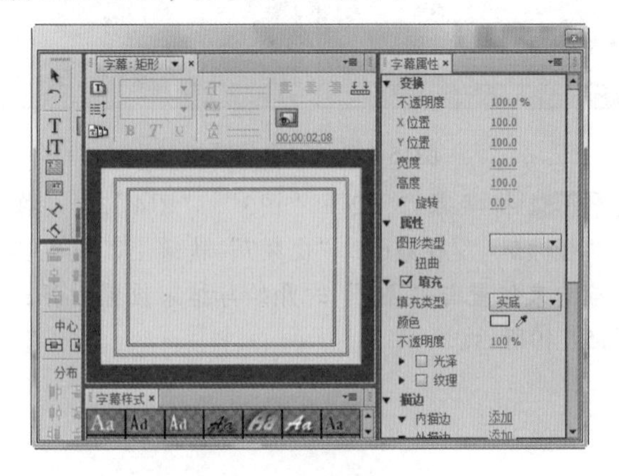

图15-154 绘制矩形

Step 4 将“矩形字幕”拖动至“时间轴”面板的“视频1”轨道上，将“风景画.jpg”素材拖动至“时间轴”面板的“视频2”轨道上，拖动“矩形字幕”使其结尾位置与“风景画.jpg”素材结尾处对齐，如图15-155所示。

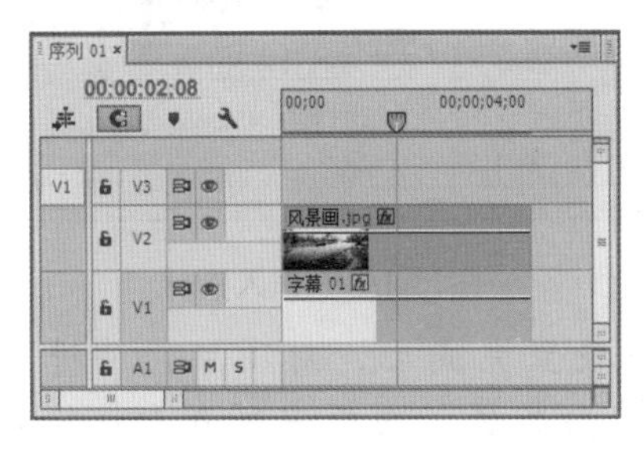

图15-155 拖入素材

Step 5 选择“风景画.jpg”素材，在“效果控件”面板中取消选中□等比缩放复选框，设置“缩放高度”为83.0，如图15-156所示。

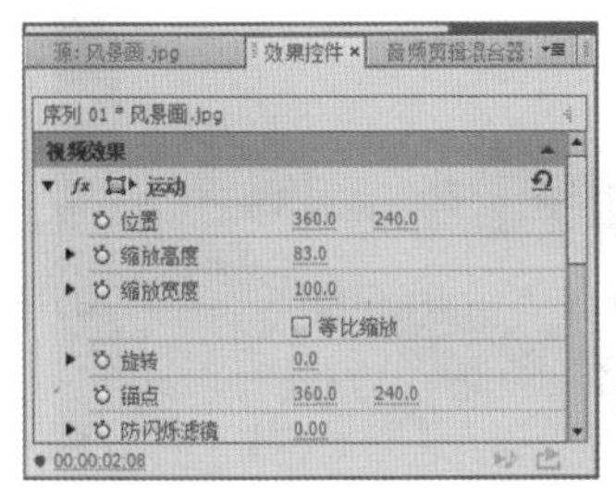

图15-156 设置参数

Step 6 在“效果控件”面板中选择“黑白”效果，并将其添加至素材上，如图15-157所示。

图15-157 添加“黑白”效果

Step 7 在“效果控件”面板中选择“查找边缘”效果，并将其添加至“风景画.jpg”素材上，设置“与原始图像混合”为35%，如图15-158所示。

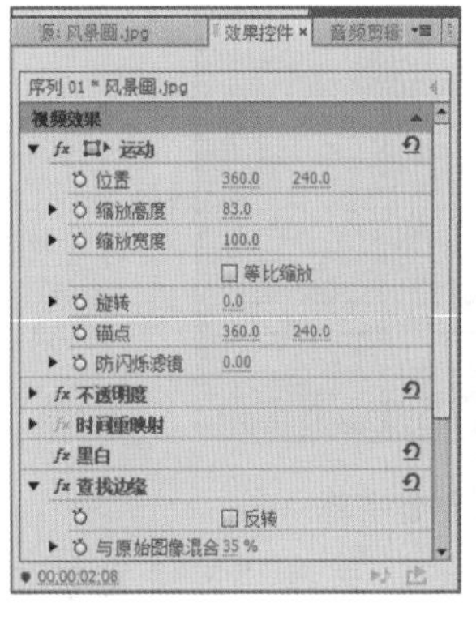

图15-158 添加“查找边缘”效果

Step 8 在“效果控件”面板中选择“色阶”效果，并将其添加至“风景画.jpg”素材上，单击“设置”按钮，打开“色阶设置”对话框，在其中将“输入色阶”设置为55、1.32和248，如图15-159所示。

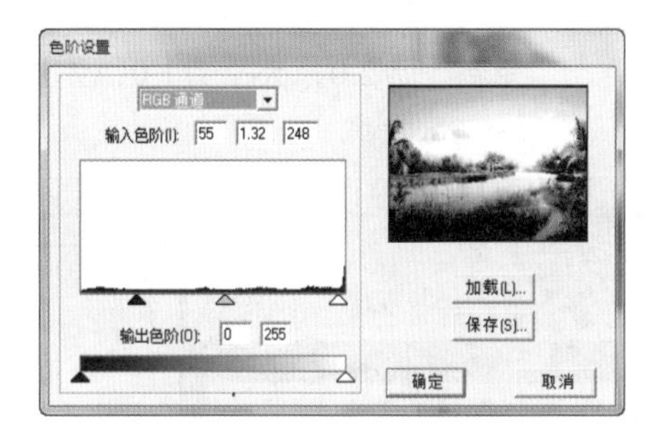

图15-159 添加“色阶”效果

Step 9 在“效果控件”面板中选择“查找边缘”效果，并将其添加至“风景画.jpg”素材上，设置“模糊度”为7.5，如图15-160所示。

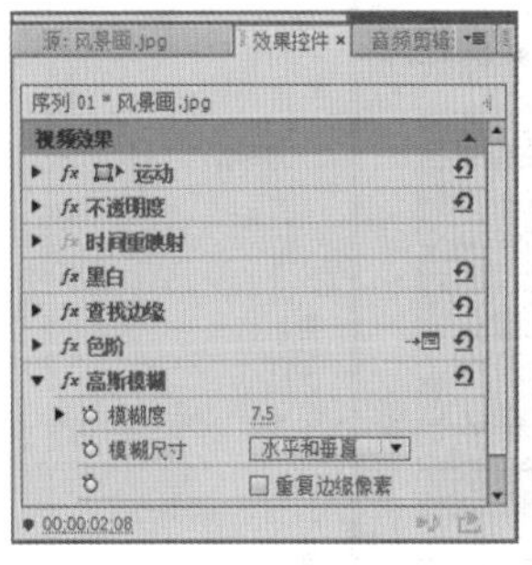

图15-160 设置模糊度

Step 10 选择“字幕”/“新建字幕”/“默认静态字幕”命令，打开“新建字幕”对话框，在“名称”文本框中输入“文字”，单击 确定 按钮，如图15-161所示。

图15-161 创建字幕

Step 11 ▶ 打开“字幕”面板，选择“区域文字工具”，在字幕工作区绘制文本框，在文本框中输入文字，在“字幕属性”面板中设置“字体系列”为“方正瘦金书简体”，“字体大小”为30.0。设置填充颜色为黑色，选中☑光泽复选框，设置光泽颜色为白色，“大小”为5.0，“角度”为30.0°；选中☑阴影复选框，设置阴影颜色为黑色，“角度”为30.0°，“距离”为2.0，大小为1.0，如图15-162所示。

图15-162 创建文本

Step 12 ▶ 关闭“字幕”面板，将“文字字幕”拖动至“视频3”轨道上，拖动素材使其结尾处与“风景画.jpg”素材结尾处对齐，如图15-163所示。

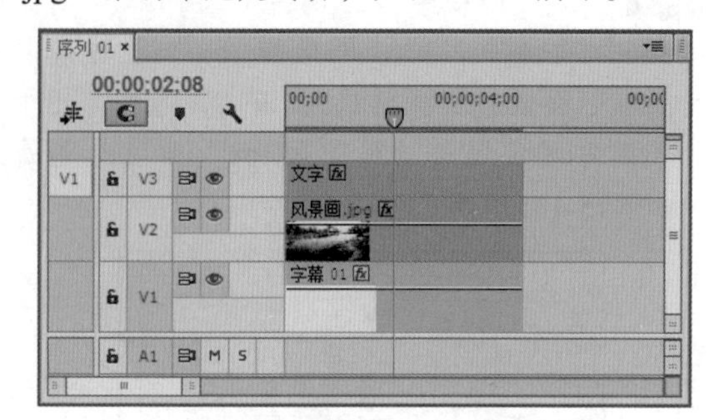

图15-163 拖入素材

Step 13 ▶ 设置完成后，对项目文件进行保存，在“节目监视器”面板中可查看最终效果，如图15-164所示。

图15-164 查看效果

读书笔记

15.12 镜像效果的应用 裁剪效果的应用 光照效果的应用 制作水中倒影效果

在Premiere Pro CC中可对素材使用视频效果，使素材呈现出水中倒影的效果，下面将对制作水中倒影效果的方法进行讲解。

Step 1 新建项目文件，并将其命名为“水中倒影效果.prproj”，新建“序列01”，选择“新建”/“导入”命令，打开“导入”对话框，选择“风景.jpg”和“海水.jpg”素材，单击 打开(O) 按钮，如图15-165所示。

图15-165　导入素材

Step 2 将素材导入至“项目”面板中，将“风景.jpg”素材拖动至“视频1”轨道上，在“效果控件”面板中选择“镜像”效果，并将其添加至“风景.jpg”素材上，在“效果控件”面板中设置“反射中心”为720.0和417.0，“反射角度”为90.0°，如图15-166所示。

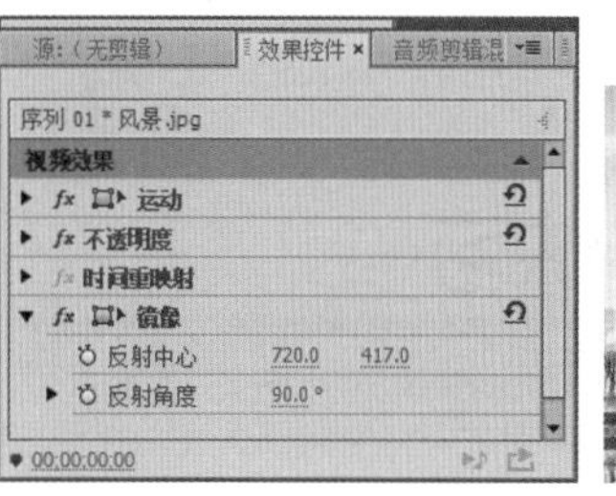

图15-166　添加“镜像”效果

Step 3 将“海水.jpg”素材拖动至“视频2”轨道上，为其添加“裁剪”效果，在“效果控件”面板中的“运动”栏中设置“位置”为360.0和426.0，在“不透明度”栏中设置“不透明度”为55.0%，在“裁剪”栏中设置“顶部”为51.0%，“羽化边缘”为18，如图15-167所示。

读书笔记

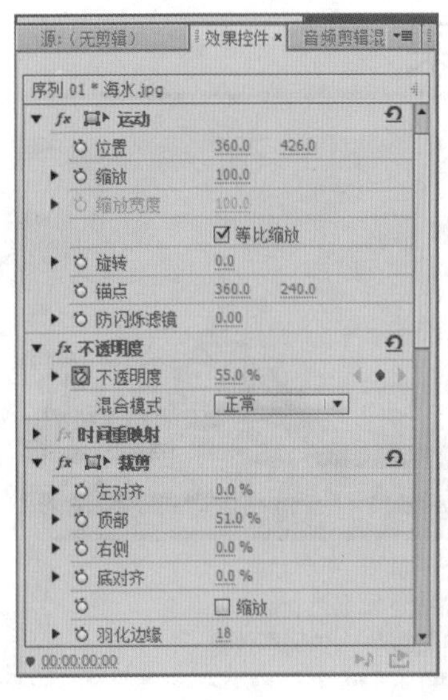

图15-167　添加“裁剪”效果

Step 4 ▶ 在“效果控件”面板中选择“光照效果”效果，并将其添加至“海水.jpg”素材上，将“光照1”灯光类型设置为“全光源”，设置“光照颜色”为#E3DAB9，“中央”为513.9和444.2，“主要半径”为40.0，如图15-168所示。

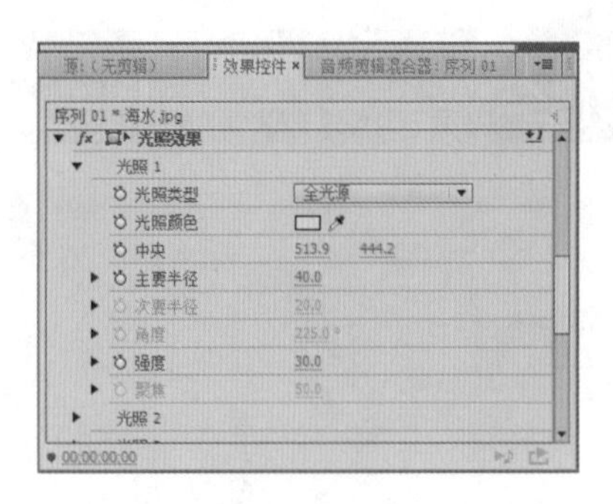

图15-168　添加“光照”效果

Step 5 ▶ 设置完成后，对项目文件进行保存，在“节目监视器”面板中可查看最终效果，如图15-169所示。

图15-169　查看效果

15.13 扩展练习

本章主要介绍了制作影视特效的方法，下面将通过两个练习进一步巩固影视特效的应用，使用户操作更加熟练。

15.13.1　电视信号差的效果

本练习制作前后的效果如图15-170和图15-171所示，主要练习特效的制作，包括遮罩效果、裁剪效果和噪波等效果的结合使用。

图15-170　制作前的效果

图15-171　完成后的效果

- 光盘\素材\第15章\信号不好.jpg、2-3.avi
- 光盘\实例演示\第15章\电视信号差的效果
- 光盘\效果\第15章\电视信号差.prproj

15.13.2 视频倒放效果

本练习制作完成后的效果如图15-172所示，主要练习速度和持续时间的设置等知识，制作视频倒放的效果。

图15-172 完成后的效果

- 光盘\素材\第15章\倒放.avi
- 光盘\实例演示\第15章\视频倒放效果
- 光盘\效果\第15章\倒放效果.prproj

读书笔记

15 16 17 18

制作相册

本章导读

为了熟练地掌握使用Premiere Pro CC制作视频的流程和基本操作，需要对所学的知识进行练习和巩固。在Premiere Pro CC中可制作多种影片，如儿童电子相册、婚庆相册、广告和片头等，其制作方法类似。本章就对相册的制作方法进行讲解，使用户能举一反三。

16.1 制作儿童相册

设置字幕的纹理 关键帧的应用 设置图层不透明度

- 光盘\素材\第16章\boy照片\
- 光盘\效果\第16章\儿童相册.prproj
- 光盘\实例演示\第16章\制作儿童相册

在进行儿童相册制作时，可通过“字幕”面板进行设置，然后通过关键帧的创建，制作出翻页的效果。下面将讲解儿童相册的制作方法。

Step 1 新建项目文件，将其命名为“儿童相册.prproj”，新建“序列01”，按Ctrl+I快捷键，打开“导入”对话框，选择素材图像，单击 打开(O) 按钮，如图16-1所示。

图16-1　导入素材

Step 2 在“项目”面板中可查看导入的素材，如图16-2所示。

> **操作解谜**
>
> 为了对素材进行更好的管理，可单击“项目”面板底部的“新建素材箱”按钮两次，新建两个素材箱，将boy素材拖入“儿童”素材箱。创建“字幕”素材箱是为了对后面创建字幕进行更合理的管理。

图16-2　查看素材

Step 3 选择“序列”/“添加轨道”命令，打开“添加轨道”对话框，在“视频轨道”栏的“添加”数值框中输入8，在“音频轨道”栏的“添加”数值框中输入0，单击 确定 按钮，如图16-3所示。

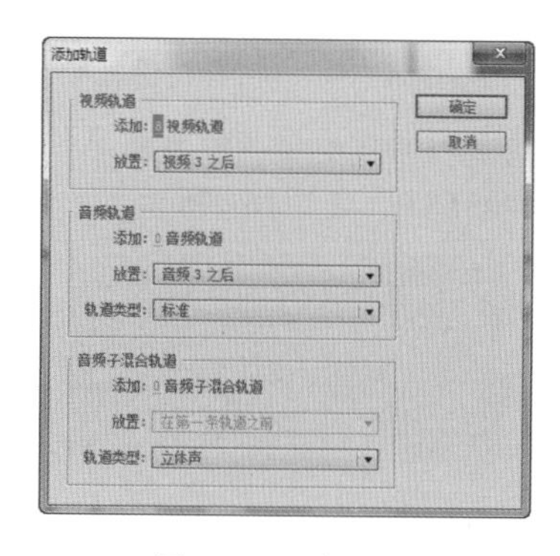

图16-3　添加轨道

Step 4 ▶ 将素材“相册5.psd”拖动至“时间轴”面板的“视频3”轨道上，将素材boy14.jpg拖动至“视频2”轨道上。在“效果控件”面板中设置位置为520.0和234.0，“缩放”为40.0，如图16-4所示。

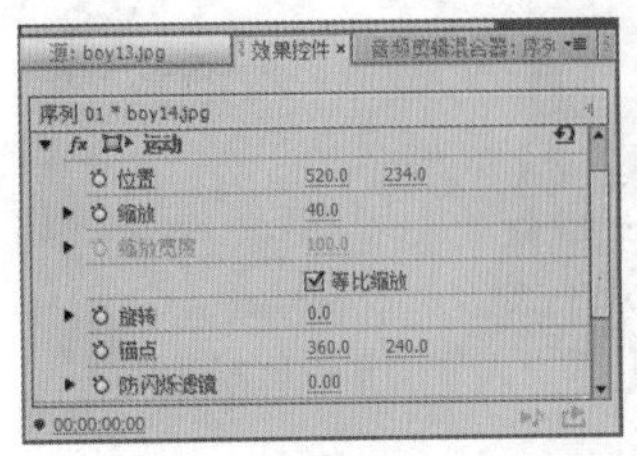

图16-4　boy14参数设置

Step 5 ▶ 将素材boy2.jpg拖动至“视频1”轨道上，在“效果控件”面板中设置位置为159.0和185.0，“缩放”为58.0，如图16-5所示。

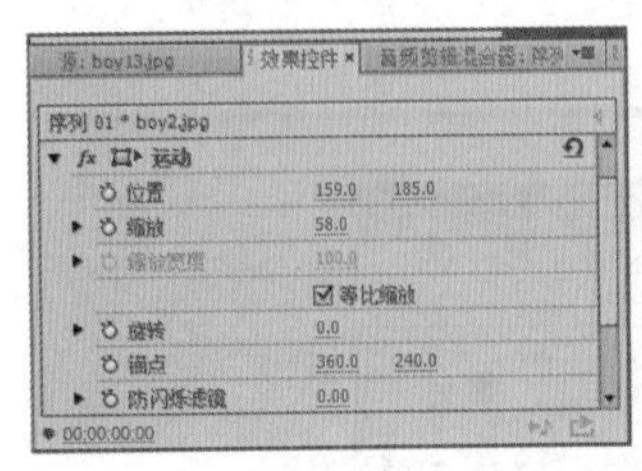

图16-5　boy2参数设置

Step 6 ▶ 将素材boy16.jpg拖动至“视频4”轨道上，将当前时间指示器移动至开始位置处，在“效果控件”面板中单击“位置”前的“切换动画”按钮，设置“位置”为418.0和557.0，“缩放”为28.0，如图16-6所示。

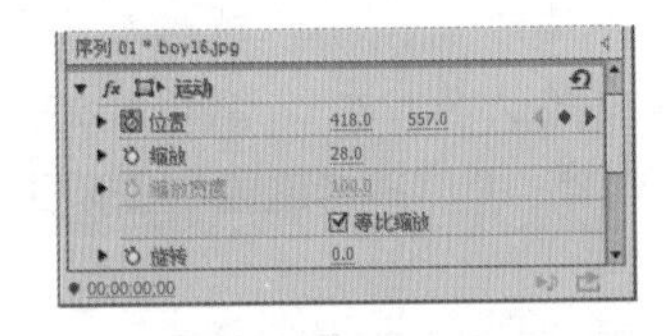

图16-6　创建boy16关键帧

Step 7 ▶ 将当前时间指示器移动至结束位置处，设置位置为250.0和368.0，如图16-7所示。

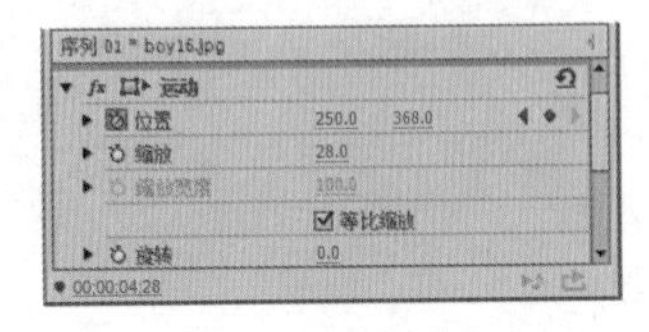

图16-7　boy16参数设置

Step 8 ▶ 将素材boy13.jpg拖动至“视频5”轨道上，将当前时间指示器移动至开始位置处，在“效果控件”面板中单击“位置”前的“切换动画”按钮，设置位置为305.0和-53.0，“缩放”为20.0，单击“旋转”前的“切换动画”按钮，设置“旋转”度数为0.0，如图16-8所示。

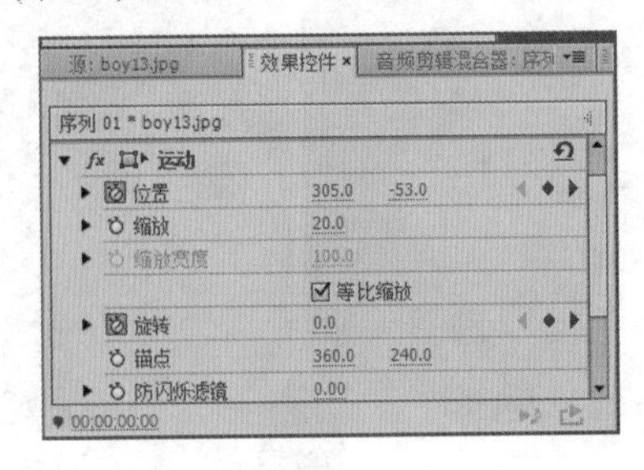

图16-8　创建boy13关键帧

Step 9 ▶ 将当前时间指示器移动至00;00;02;22位置处，单击“添加/移除关键帧”按钮，添加关键帧，如图16-9所示。

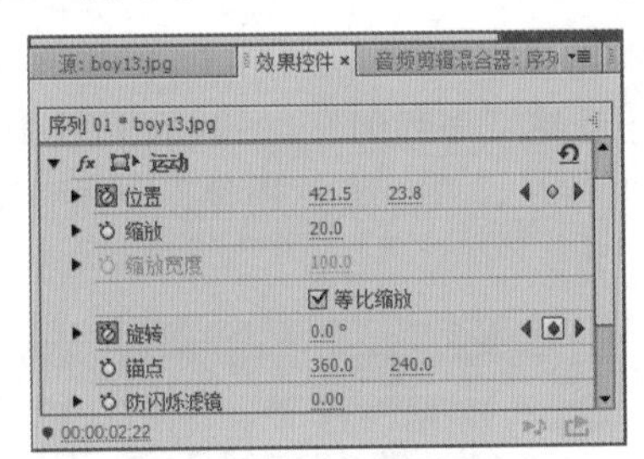

图16-9　添加关键帧

Step 10 ▶ 将当前时间设置为结束位置，设置位置为484.0和65.0，“旋转”为-30.0°，如图16-10所示。

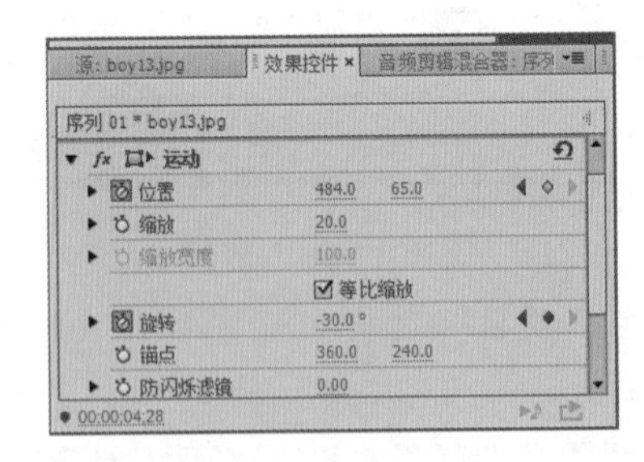

图16-10　设置参数

Step 11 ▶ 单击“新建项”按钮，在打开的菜单中选择“字幕”命令，打开“新建字幕”对话框，保持默认状态不变，单击 确定 按钮，新建“字幕01”，如图16-11所示。

图16-11　新建字幕

Step 12 在字幕工作区输入文字“快乐童年”，设置其“字体系列”为“汉仪黑咪体简”，设置填充颜色为#EB6FA0，添加外描边，设置外描边的颜色为#FFF884，选中☑阴影复选框，设置阴影颜色为#1C125A，“角度”为-268.0°，“距离”为10.0，“扩展”为25.0，如图16-12所示。

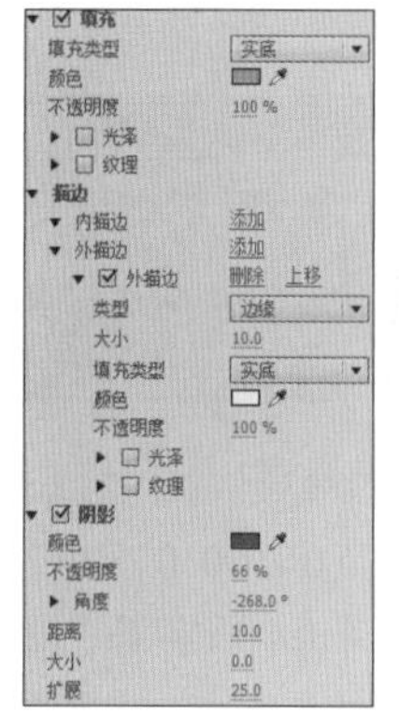

图16-12　设置文字样式

Step 13 单击“滚动/游动选项”按钮，打开“滚动/游动选项”对话框，在打开的对话框的“字幕类型”栏中选中⊙向右游动单选按钮，在“定时”栏中选中☑开始于屏幕外复选框，在“缓入”数值框中输入10，在“缓出”数值框中输入10，设置完成后单击确定按钮，如图16-13所示。关闭字幕窗口，将字幕拖动至“视频6”轨道上，并查看效果。

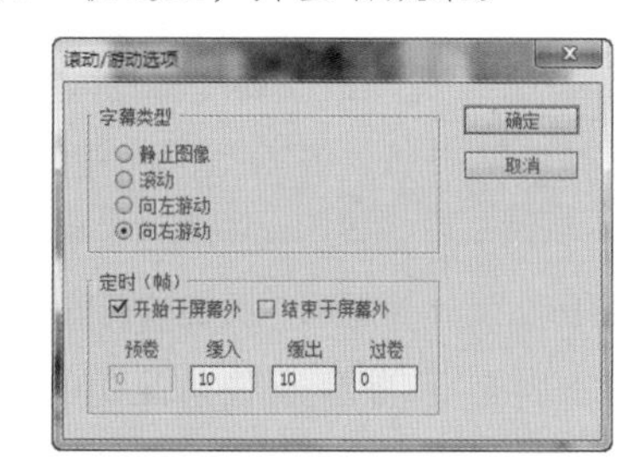

图16-13　“滚动/游动选项”对话框

Step 14 关闭“字幕”面板，新建“字幕02”，在“字幕工具”栏中选择“圆角矩形工具”，在字幕工作区绘制一个圆角矩形，并在“字幕属性”面板的“属性”栏中设置“圆角大小”为11.5%。选中内描边下的☑纹理复选框，单击“纹理”选项的缩略图，在打开的“选择纹理图像”对话框中选择boy1.jpg素材，单击打开(O)按钮，如图16-14所示。

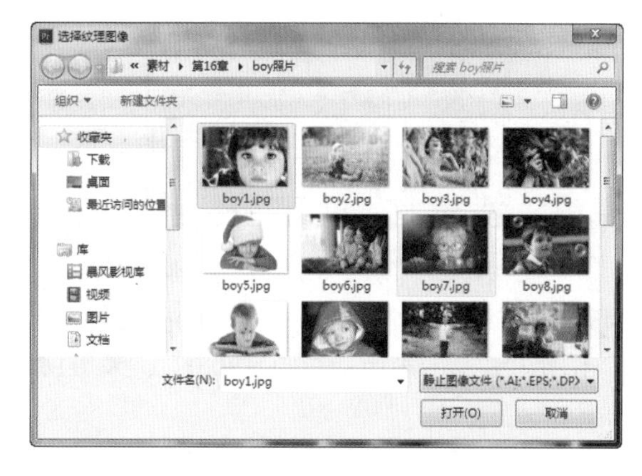

图16-14　选择纹理图像

Step 15 设置内描边的“类型”为“凹进”，单击“描边”栏中的“外描边”选项对应的“添加”超链接，激活并选中☑外描边复选框，设置填充颜色为白色，如图16-15所示。

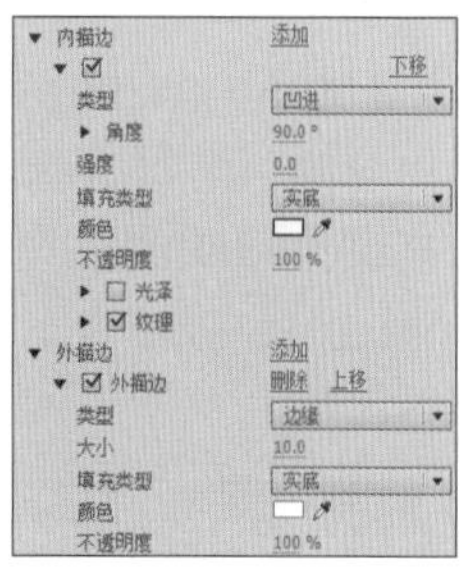

图16-15　设置外描边

Step 16 使用相同的方法新建字幕，创建其他的图形字幕，如图16-16所示。

图16-16　创建字幕

Step 17▶ 将当前时间指示器移动至00;00;04;28位置处，在“项目”面板中将“字幕02”字幕文件拖动到“视频11”轨道中的当前位置，为“字幕02”字幕文件添加“基本3D”效果，在“效果控件”面板中将当前时间指示器移动至00;00;05;20位置处，单击“旋转”前的“切换动画”按钮，设置“基本3D”特效的“旋转”参数的值为0.0°，如图16-17所示。

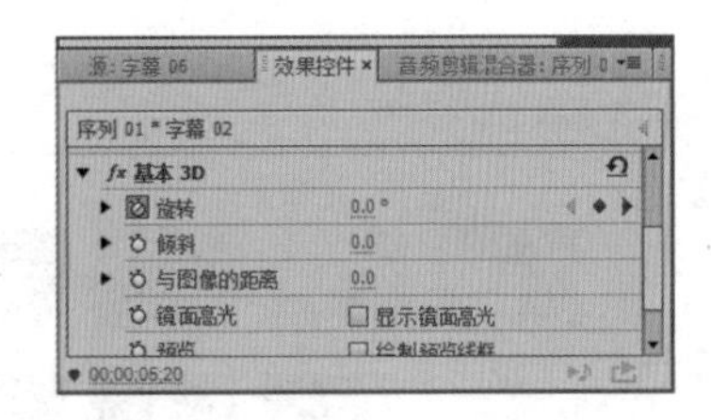

图16-17　创建“字幕02”关键帧

Step 18▶ 将当前时间指示器移动至00;00;08;14位置处，设置“旋转”参数的值为-180.0°，如图16-18所示。

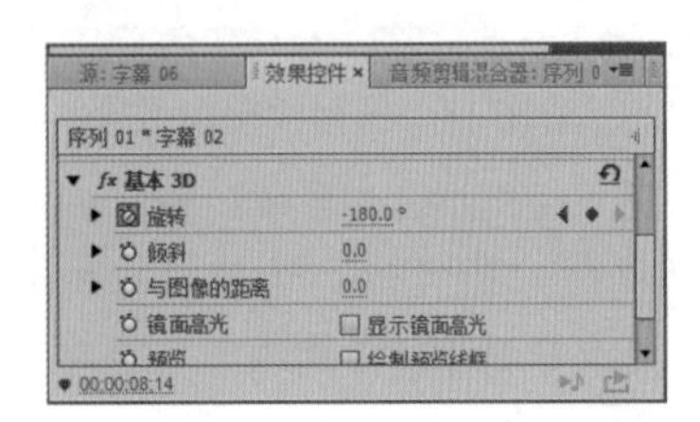

图16-18　设置“字幕02”参数

Step 19▶ 将当前时间指示器移动至00;00;08;00位置，单击“添加/移除关键帧”按钮，为其添加关键帧。将当前时间指示器移动至00;00;09;02位置处，设置“不透明度”参数的值为0.0%，设置素材淡出效果，如图16-19所示。

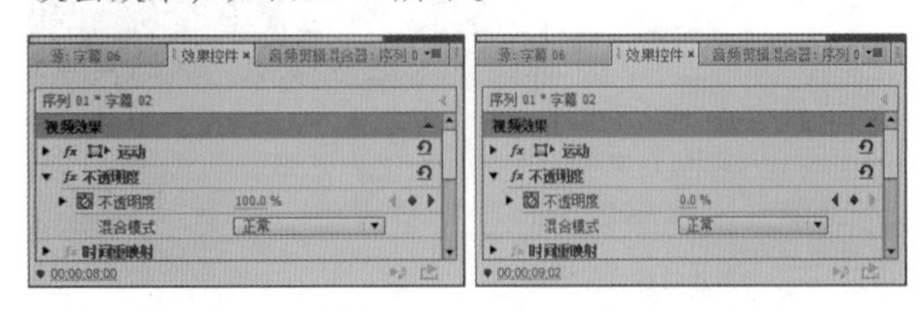

图16-19　创建“字幕02”透明度关键帧

Step 20▶ 将当前时间指示器移动至00;00;06;04位置处，在“项目”面板中将“字幕03”字幕文件拖动到“视频10”轨道中的当前位置，为“字幕03”字幕文件添加“基本3D”效果。在“效果控件”面板中将当前时间指示器移动至00;00;06;26，单击“旋转”前的“切换动画”按钮，设置“基本3D”特效的“旋转”参数的值为0.0°。将当前时间指示器移动至00;00;09;26位置处，设置“旋转”参数的值为-180.0°，如图16-20所示。

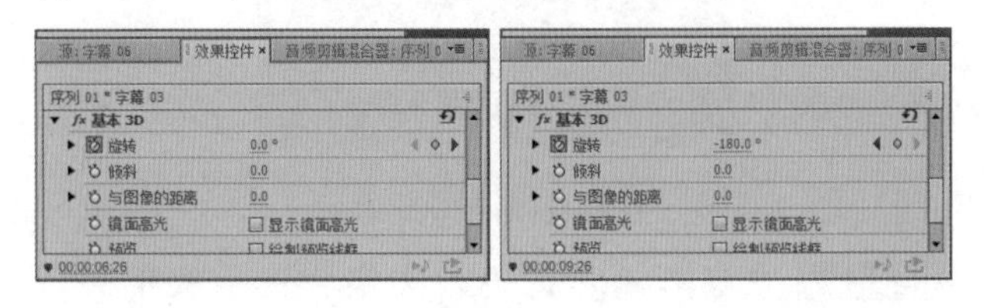

图16-20　“字幕03”关键帧设置1

Step 21▶ 将当前时间指示器移动至00;00;09;14位置，单击“添加/移除关键帧”按钮，添加关键帧。将当前时间指示器移动至00;00;10;08位置处，设置“不透明度”参数的值为0.0%，如图16-21所示。

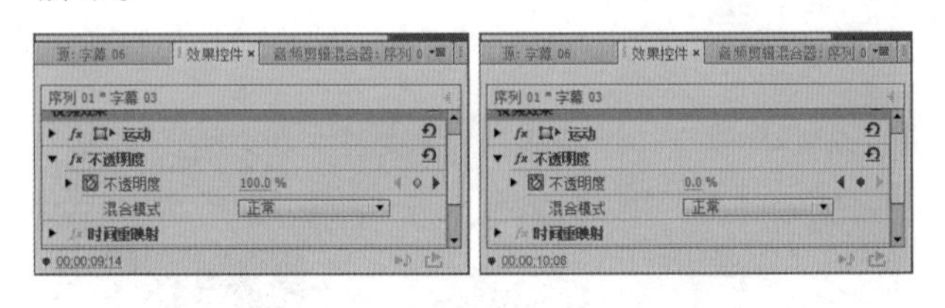

图16-21　“字幕03”关键帧设置2

Step 22▶ 将当前时间指示器移动至00;00;07;09位置处，在“项目”面板中将“字幕04”字幕文件拖动到“视频9”轨道中的当前位置，为“字幕04”字幕文件添加“基本3D”效果。在“效果控件”面板中将当前时间指示器移动至00;00;08;03位置处，单击“旋转”前的“切换动画”按钮，设置“基本3D”特效的“旋转”参数的值为0.0°。将当前时间指示器移动至00;00;11;02位置处，设置“旋转”参数的值为-180.0°，如图16-22所示。

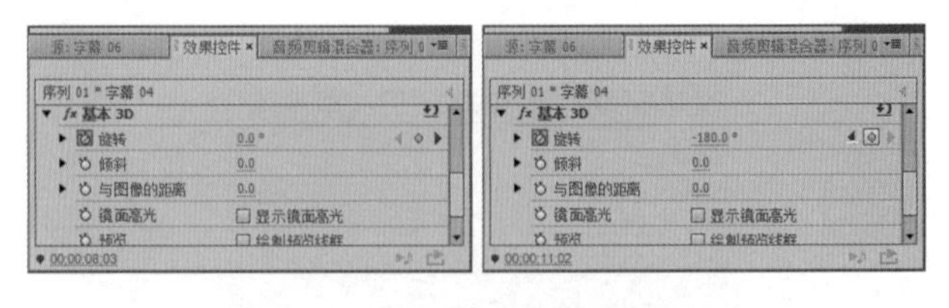

图16-22　“字幕04”关键帧设置1

Step 23▶ 将当前时间指示器移动至00;00;10;21位置处，单击“添加/移除关键帧”按钮，添加关键帧。将当前时间指示器移动至00;00;11;13位置处，设置“不透明度”参数的值为0.0%，如图16-23所示。

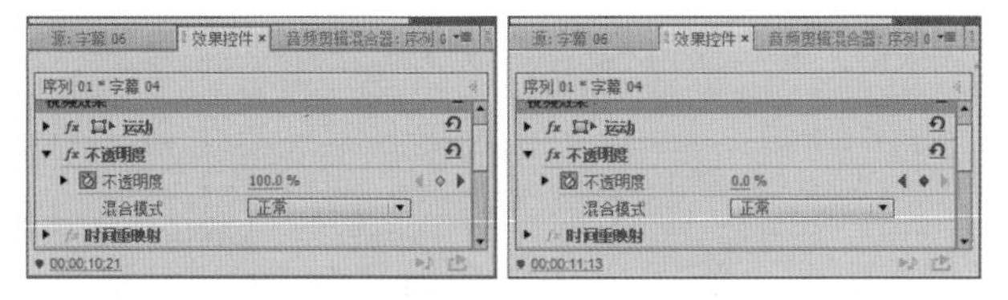

图16-23　“字幕04”关键帧设置2

Step 24▶ 将当前时间指示器移动至00;00;08;13位置处，在“项目”面板中将“字幕05”字幕文件拖动到“视频8”轨道中的当前位置，为“字幕05”字幕文件添加“基本3D”效果。在“效果控件”面板中将当前时间指示器移动至00;00;09;07位置处，单击“旋转”前的“切换动画”按钮，设置“基本3D”特效的“旋转”参数的值为0.0°。将当前时间指示器移动至00;00;12;02位置处，设置“旋转”参数的值为-180.0°，如图16-24所示。

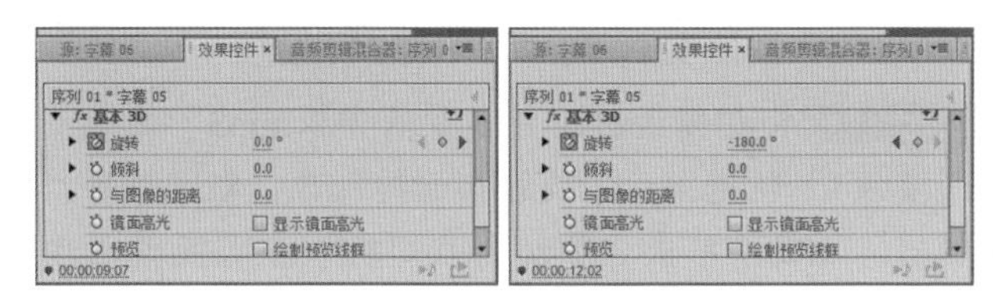

图16-24　“字幕05”关键帧设置1

Step 25▶ 将当前时间指示器移动至00;00;11;20位置处，单击“添加/移除关键帧”按钮，添加关键帧。将当前时间指示器移动至00;00;12;17位置处，设置“不透明度”参数的值为0.0%，如图16-25所示。

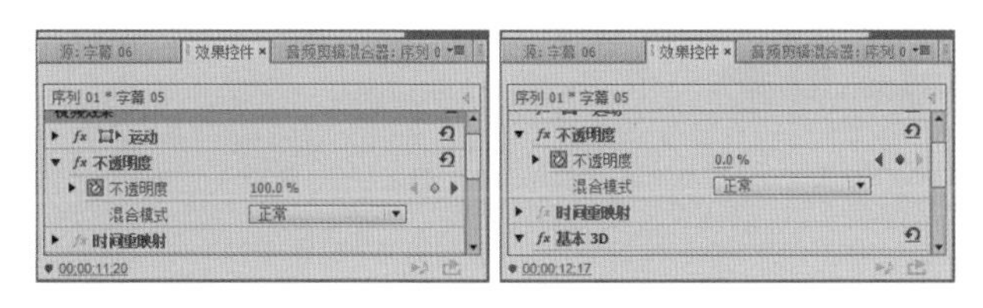

图16-25　“字幕05”关键帧设置2

Step 26▶ 将当前时间指示器移动至00;00;09;18位置处，在“项目”面板中将“字幕06”字幕文件拖动到“视频7”轨道中的当前位置，为“字幕06”字幕文件添加“基本3D”效果。在“效果控件”面板中将当前时间指示器移动至00;00;10;13位置处，单击“旋转”前的“切换动画”按钮，设置“基本3D”特效的“旋转”参数的值为0.0°；将当前时间指示器移动至00;00;13;11位置处，设置“旋转”参数的值为-180.0°，如图16-26所示。

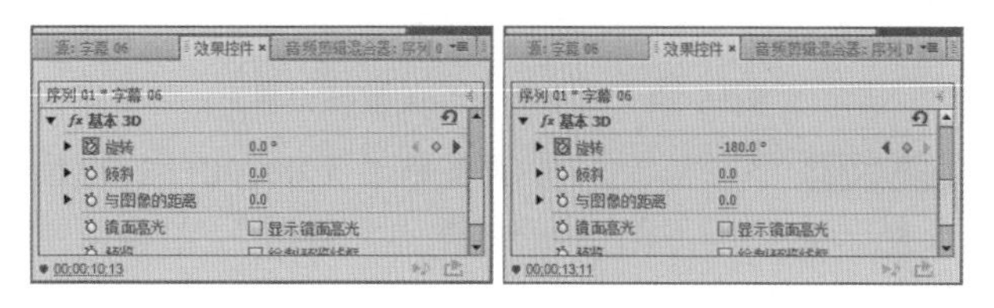

图16-26　“字幕06”关键帧设置1

Step 27▶ 将当前时间指示器移动至00;00;12;29位置处，单击“添加/移除关键帧”按钮，添加关键帧。将当前时间指示器移动至00;00;13;22位置处，设置“不透明度”参数的值为0.0%，如图16-27所示。

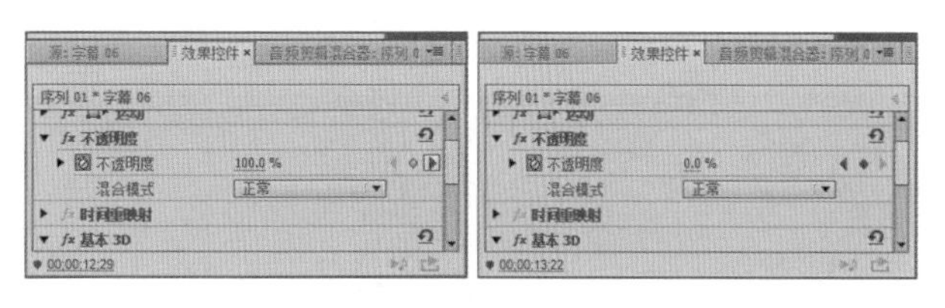

图16-27　“字幕06”关键帧设置2

Step 28▶ 将当前时间指示器移动至00;00;10;24位置处，在“项目”面板中将“字幕07”字幕文件拖动到“视频6”轨道中的当前位置，为“字幕07”字幕文件添加“基本3D”效果。在“效果控件”面板中将当前时间指示器移动至00;00;11;21位置处，单击“旋转”前的“切换动画”按钮，设置“基本3D”特效的“旋转”参数值为0.0°。将当前时间指示器移动至00;00;14;15位置处，设置“旋转”参数的值为-180.0°，如图16-28所示。

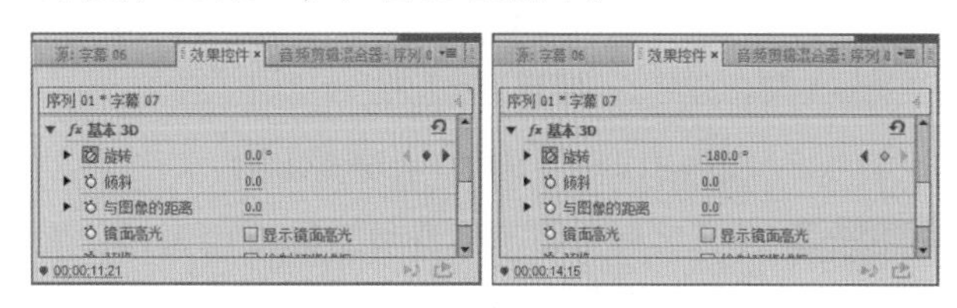

图16-28　“字幕07”关键帧设置1

Step 29▶ 将当前时间指示器移动至00;00;14;05位置处，单击“添加/移除关键帧”按钮，添加关键帧。将当前时间指示器移动至00;00;14;28位置处，设置“不透明度”参数的值为0.0%，如图16-29所示。

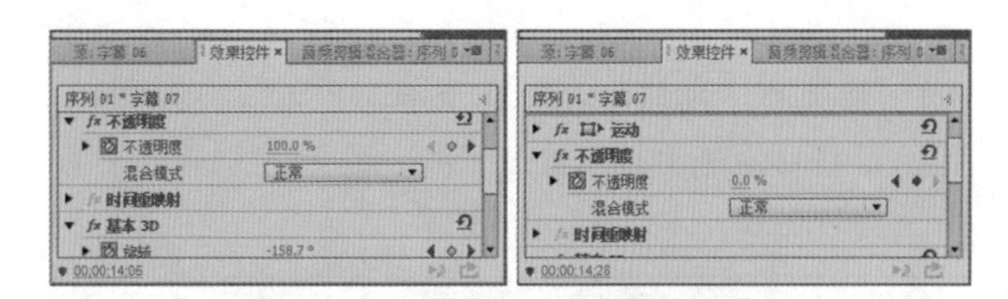

图16-29 “字幕07”关键帧设置2

Step 30▶ 将当前时间指示器移动至00;00;12;02位置处，在“项目”面板中将“字幕08”字幕文件拖动到“视频5”轨道中的当前位置，为“字幕08”字幕文件添加“基本3D”效果。在“效果控件”面板中将当前时间指示器移动至00;00;12;25位置处，单击“旋转”前的“切换动画”按钮，设置“基本3D”特效的“旋转”参数的值为0.0°。将当前时间指示器移动至00;00;15;18位置处，设置“旋转”参数的值为-180.0°，如图16-30所示。

图16-30 “字幕05”关键帧设置1

Step 31▶ 将当前时间指示器移动至00;00;15;10位置处，单击“添加/移除关键帧”按钮，添加关键帧。将当前时间指示器移动至00;00;16;07位置处，设置“不透明度”参数的值为0.0%，如图16-31所示。

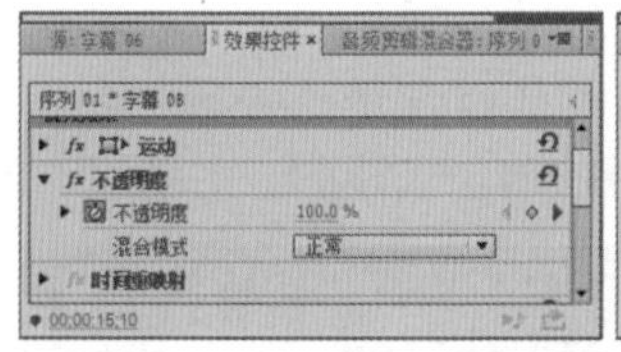
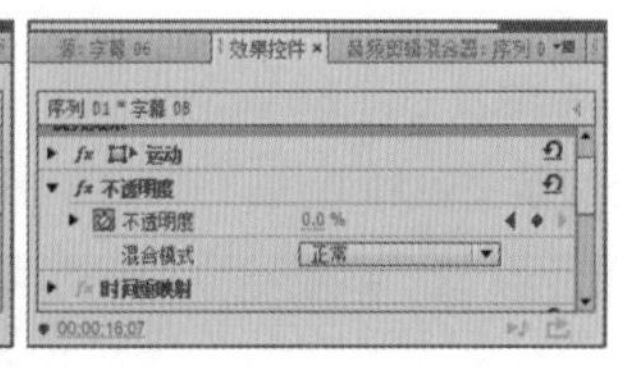

图16-31 “字幕05”关键帧设置2

Step 32▶ 将当前时间指示器移动至00;00;13;10位置处，在“项目”面板中将“字幕09”字幕文件拖动到“视频4”轨道中的当前位置，为“字幕09”字幕文件添加“基本3D”效果。在“效果控件”面板中将当前时间指示器移动至00;00;14;10位置处，单击“旋转”前的“切换动画”按钮，设置“基本3D”特效的“旋转”参数的值为0.0°。将当前时间指示器移动至00;00;17;03位置处，设置“旋转”参数的值为-180.0°，如图16-32所示。

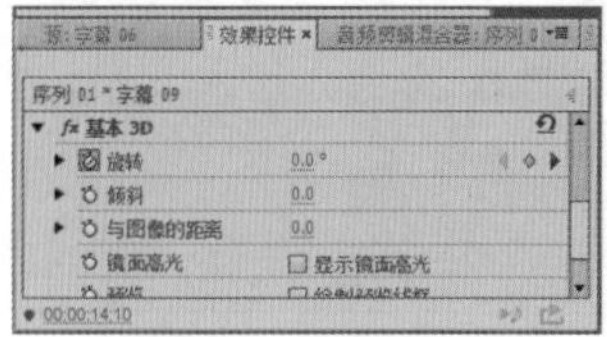
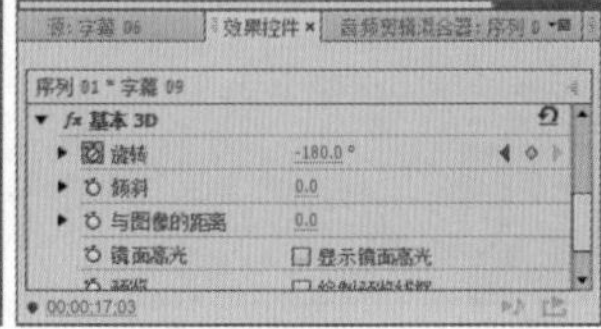

图16-32 “字幕09”关键帧设置1

Step 33▶ 将当前时间指示器移动至00;00;16;22位置处，单击“添加/移除关键帧”按钮，添加关键帧。将当前时间指示器移动至00;00;17;18位置处，设置“不透明度”参数的值为0.0%，如图16-33所示。

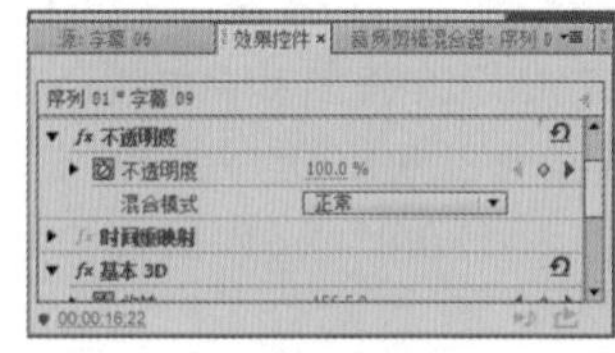
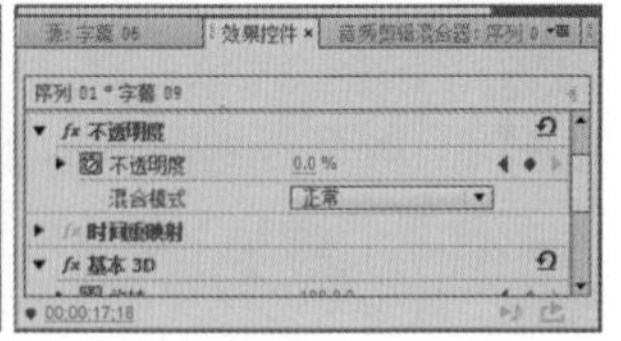

图16-33 “字幕09”关键帧设置2

Step 34▶ 将音频素材“儿童背景音乐.mp3”拖动至“音频1”轨道上，完成该相册的制作，在“节目监视器”面板中单击“播放/停止切换”按钮查看效果，如图16-34所示。

图16-34 查看效果

读书笔记

16.2 绘图工具的使用 关键帧的运用 设置图层不透明度 制作婚庆相册

- 光盘\素材\第16章\婚庆\
- 光盘\效果\第16章\婚庆相册.prproj
- 光盘\实例演示\第16章\制作婚庆相册

在制作婚庆相册时，可在字幕窗口中使用绘图工具对纹理进行设置，呈现相框的效果，再结合“运动”和“不透明度”的关键帧的使用，制作出婚庆相册。下面详细讲解制作方法。

Step 1 新建项目文件，将其命名为“婚庆相册.prproj”，新建“序列01”，按Ctrl+I快捷键，打开“导入”对话框，选择导入的素材图像，单击“打开(O)”按钮，如图16-35所示。

图16-35　导入素材

Step 2 选择“序列”/“添加轨道”命令，打开“添加轨道”对话框，在“视频轨道”栏的“添加”数值框中输入8，在“音频轨道”栏的“添加”数值框中输入0，单击“确定”按钮，如图16-36所示。

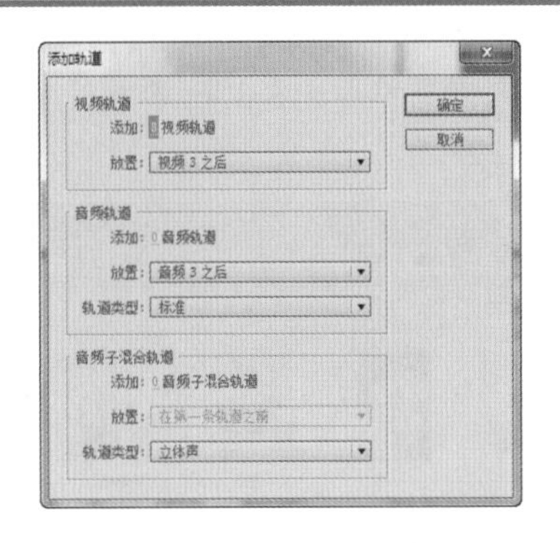

图16-36　添加轨道

Step 3 将素材“1.jpg”拖动至“时间轴”面板的“视频1”轨道上，将素材“背景.psd”拖动至“视频2”轨道上。选择素材1.jpg，在“效果控件”面板中设置“位置”为452.0和416.0，“缩放”为68.0，“旋转”为17.0°，如图16-37所示。

图16-37　设置参数

Step 4 ▶ 选择“字幕”/“新建字幕”/“默认静态字幕”命令，打开“新建字幕”对话框，保持默认设置不变，单击 确定 按钮，新建“字幕01”，如图16-38所示。

图16-38 新建“字幕01”

Step 5 ▶ 在“字幕工具”栏中选择“圆角矩形工具”，在字幕工作区绘制一个圆角矩形，并在“字幕属性”面板的“属性”栏中设置“圆角大小”为13.5%。单击“描边”栏中的“外描边”选项对应的“添加”超链接，选中内描边下的☑纹理复选框，单击“纹理”选项的缩略图，在打开的“选择纹理图像”对话框中选择3.jpg素材，单击 打开(O) 按钮，如图16-39所示。

图16-39 选择纹理图像

Step 6 ▶ 设置矩形“X位置”为448.9，“Y位置”为303.6，“宽度”为324.4，“高度”为268.7，“旋转”为16.0°。设置内描边的“类型”为“凹进”，单击“描边”栏中的“外描边”选项对应的“添加”超链接，激活并选中☑外描边复选框，设置其填充颜色为#FF8181，如图16-40所示。

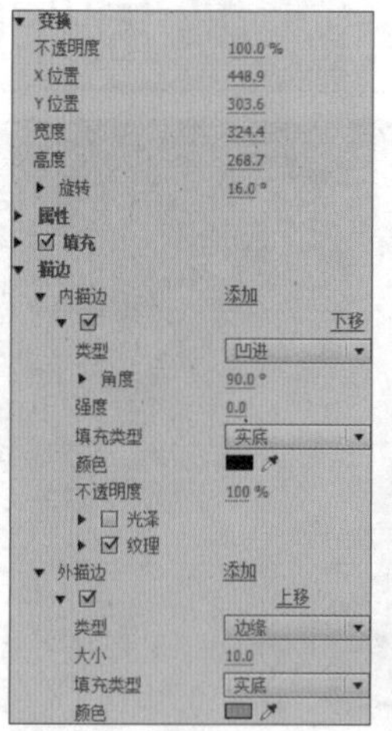

图16-40 参数设置

Step 7 ▶ 单击“基于当前字幕新建字幕”按钮，打开“新建字幕”对话框，新建“字幕02”，如图16-41所示。

图16-41 新建“字幕02”

Step 8 ▶ 单击“纹理”选项的缩略图，在打开的“选择纹理图像”对话框中选择5.jpg素材，如图16-42所示。

图16-42 设置纹理

Step 9 ▶ 使用相同的方法，创建“字幕03”和“字幕04”，其效果如图16-43所示。

图16-43　创建“字幕03”和“字幕04”

Step 10 将“字幕01”拖动至“视频6”轨道上，将“字幕02”拖动至“视频5”轨道上，将“字幕03”拖动至“视频4”轨道上，将“字幕04”拖动至“视频3”轨道上，并设置其持续时间为00;00;11;21，如图16-44所示。

图16-44　拖入字幕素材

Step 11 选择“字幕01”，将当前时间指示器移动至开始位置处，单击“位置”后的“添加/移除关键帧”按钮，添加关键帧。单击“缩放”前的“切换动画”按钮，将当前时间指示器移动至00;00;02;06位置处，设置“位置”为75.0和358.0，“缩放”参数的值为70.0，如图16-45所示。

图16-45　创建“字幕01”关键帧

Step 12 将当前时间指示器移动至00;00;10;29位置处，单击“位置”后的“添加/移除关键帧”按钮，添加关键帧。单击“旋转”前的“切换动画”按钮，将当前时间指示器移动至00;00;11;21位置处，设置“位置”为-73.0和293.0，“旋转”为-247.0°，如图16-46所示。

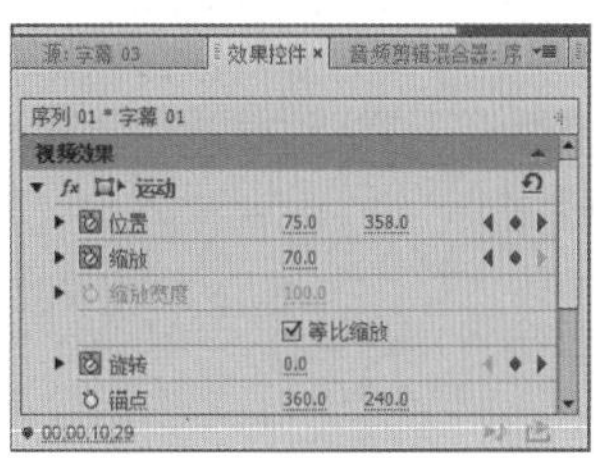

图16-46　设置“字幕01”参数

Step 13 选择“字幕02”，将当前时间指示器移动至00;00;03;04位置处，单击“位置”后的“添加/移除关键帧”按钮，添加关键帧。单击“缩放”前的“切换动画”按钮，将当前时间指示器移动至00;00;06;00，设置“位置”为112.0和305.0，“缩放”参数的值为80.0，如图16-47所示。

图16-47　创建“字幕02”关键帧

Step 14 将当前时间指示器移动至00;00;10;29位置处，单击“位置”后的“添加/移除关键帧”按钮，添加关键帧。单击“旋转”前的“切换动画”按钮，将当前时间指示器移动至00;00;11;21位置处，设置“位置”为-63.0和159.0，“旋转”为-219.0°，如图16-48所示。

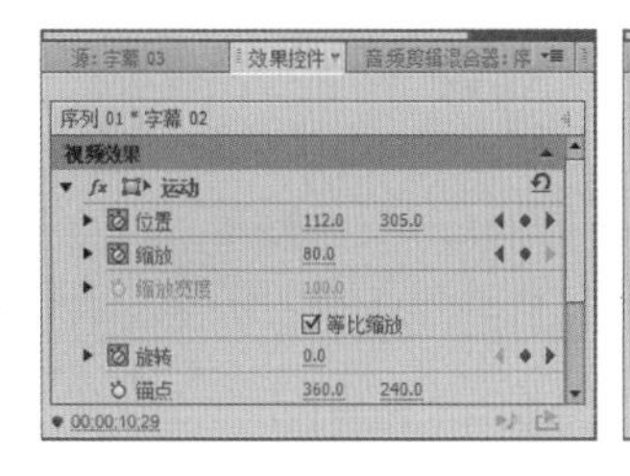

图16-48　设置“字幕02”参数

Step 15 选择“字幕03”，将当前时间指示器移动至00;00;06;20位置处，单击“位置”后的“添加/移除关键帧”按钮，添加关键帧。单击“缩放”前的“切换动画”按钮；将当前时间指示器移动至00;00;08;08位置处，设置“位置”为159.0和243.0，“缩放”参数的值为90.0，如图16-49所示。

图16-49 设置“字幕03”参数1

Step 16 将当前时间指示器移动至00;00;10;29位置处，单击“位置”后的“添加/移除关键帧”按钮，添加关键帧。单击“旋转”前的“切换动画”按钮，将当前时间指示器移动至00;00;11;21位置处，设置“位置”为-80.0和51.0，“旋转”为-216.0°，如图16-50所示。

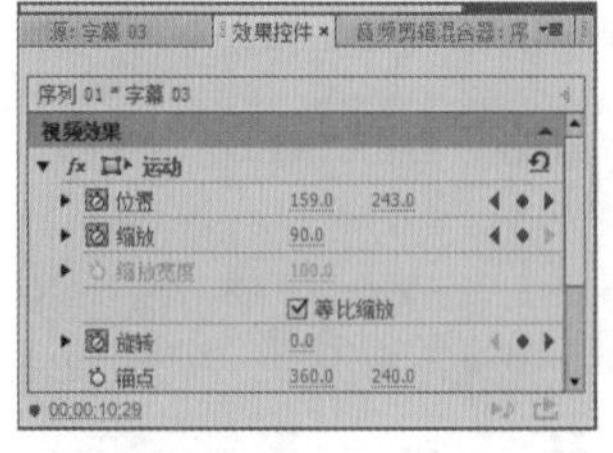

图16-50 设置“字幕03”参数2

Step 17 选择“字幕04”，将当前时间指示器移动至00;00;09;02位置处，单击“位置”后的“添加/移除关键帧”按钮，添加关键帧。将当前时间指示器移动至00;00;10;00位置处，设置“位置”为221.0和170.0，如图16-51所示。

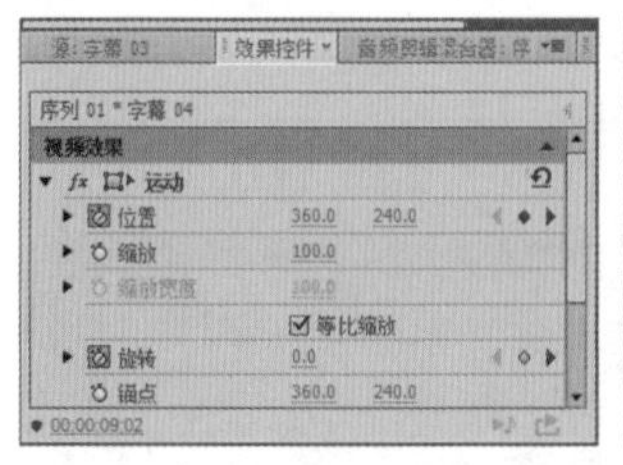

图16-51 设置“字幕04”参数1

Step 18 将当前时间指示器移动至00;00;10;29位置处，单击“位置”后的“添加/移除关键帧”按钮，添加关键帧。单击“旋转”前的“切换动画”按钮，将当前时间指示器移动至00;00;11;21位置处，设置“位置”为-59.0和55.0，“旋转”为-180.0°，如图16-52所示。

图16-52 设置“字幕04”参数2

Step 19 新建“字幕05”，选择“圆角矩形工具”，在字幕工作区绘制一个圆角矩形，并在“字幕属性”面板的“属性”栏中设置“圆角大小”为12.5%，在“变换”栏中设置矩形“X位置”为64.6，“Y位置”为397.3，“宽度”为125.0，“高度”为164.5。添加“内描边”效果，设置内描边的“类型”为“凹进”，选中内描边下的纹理复选框，单击“纹理”选项的缩略图，在打开的“选择纹理图像”对话框中选择素材，单击打开(O)按钮，添加“外描边”效果，设置其填充颜色为#B87500，设置外描边“大小”为3.0，设置完成后，复制和粘贴矩形，并对其位置和纹理素材进行调整，如图16-53所示。

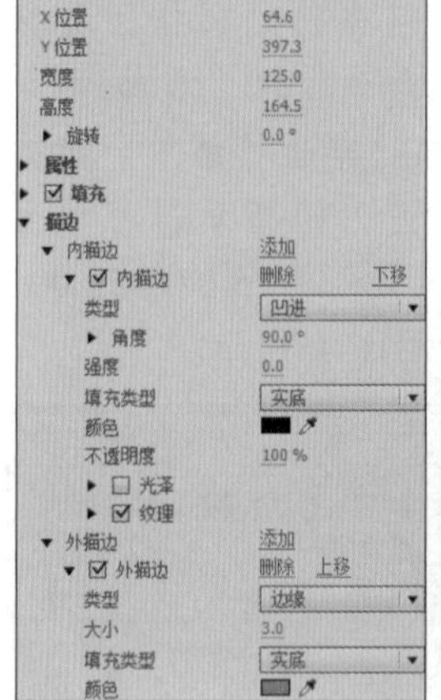

图16-53 绘制“字幕05”图形

Step 20 单击“基于当前字幕新建字幕”按钮，打开“新建字幕”对话框，新建“字幕06”，选择每个矩形，单击“纹理”选项的缩略图，在打开的“选择纹理图像”对话框中选择合适的素材，如图16-54所示。

图16-54　设置纹理

Step 21 将当前时间指示器移动至00;00;11;22位置处，将“字幕05”拖动至“视频6”轨道上，将“字幕06”拖动至“视频5”轨道上，设置字幕的结束时间为00;00;22;22。选择“字幕05”，设置时间为00;00;12;05，在“效果控件”面板中单击“位置”后的“添加/移除关键帧”按钮，添加关键帧，设置时间为00;00;13;05，设置“位置”为217.0和240.0，如图16-55所示。

图16-55　设置“字幕05”参数

Step 22 设置时间为00;00;14;05，单击“添加/移除关键帧”按钮，设置时间为00;00;15;05，设置“位置”为72.0和240.0。设置时间为00;00;16;05，单击“添加/移除关键帧”按钮，设置时间为00;00;17;05，设置“位置”为-73.0和240.0，如图16-56所示。

图16-56　添加“字幕05”关键帧1

Step 23 设置时间为00;00;18;05，单击“添加/移除关键帧”按钮，设置时间为00;00;19;05，设置“位置”为-215.0和240.0，设置时间为00;00;20;05，单击“添加/移除关键帧”按钮，设置时间为00;00;21;05，设置“位置”为-360.0和240.0，如图16-57所示。

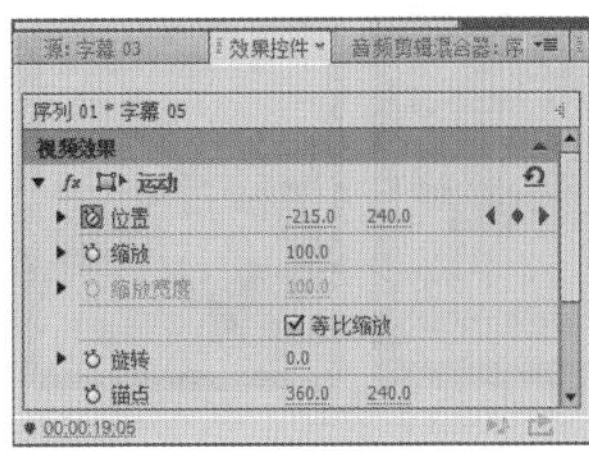

图16-57　添加“字幕05”关键帧2

Step 24 选择“字幕06”，将当前时间指示器移动至00;00;22;05位置处，单击位置后的“添加/移除关键帧”按钮，设置时间为00;00;22;22，设置“位置”为-363.0和240.0，如图16-58所示。

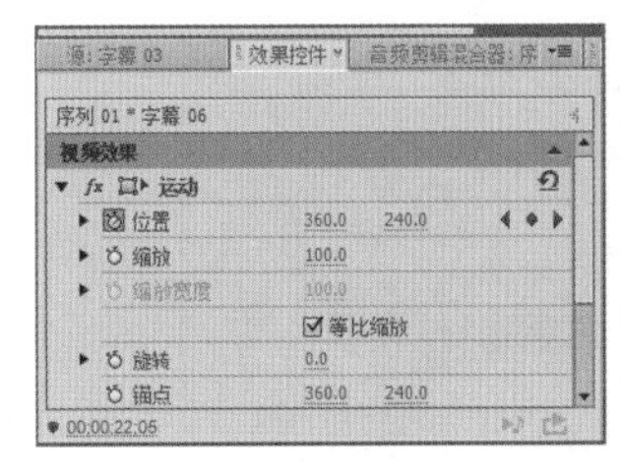

图16-58　创建“字幕06”关键帧

Step 25 新建“字幕07”，选择“矩形工具”，在字幕工作区绘制矩形，设置其位置和大小后，添加“内描边”和“外描边”效果，设置内描边的“类型”为“凹进”，选中内描边下的纹理复选框，单击“纹理”选项的缩略图，在打开的“选择纹理图像”对话框中选择素材，单击打开(O)按钮，设置外描边填充颜色为白色，填充大小为4.0，如图16-59所示。

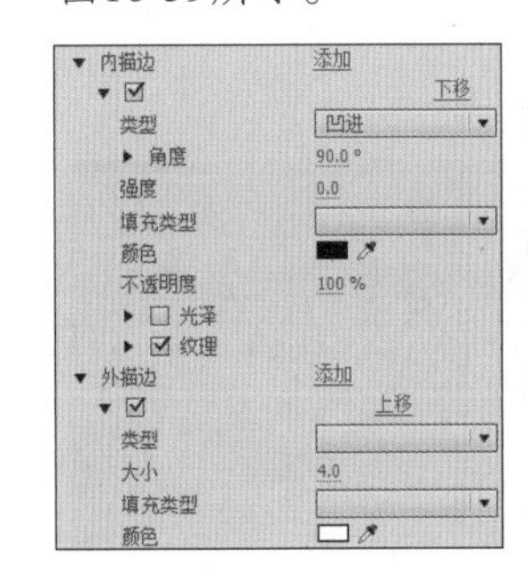

图16-59　绘制“字幕07”矩形

Step 26 新建“字幕08”至“字幕16”，使用相同的方法绘制矩形，并对其纹理和描边等参数进行设置，如图16-60所示。

图16-60　绘制多个字幕矩形

Step 27 ▶ 将当前时间指示器移动至00;00;23;20位置处，将“字幕07”至“字幕16”分别拖动至“视频12”至“视频3”轨道上，并设置其持续时间，如图16-61所示。

图16-61　拖动字幕素材

Step 28 ▶ 选择“字幕07”，将当前时间指示器移动至00;00;23;21位置处，单击位置后的“添加/移除关键帧”按钮，设置“位置”为183.0和136.0。添加关键帧，设置时间为00;00;26;00，设置“位置”为183.0和456.0，如图16-62所示。

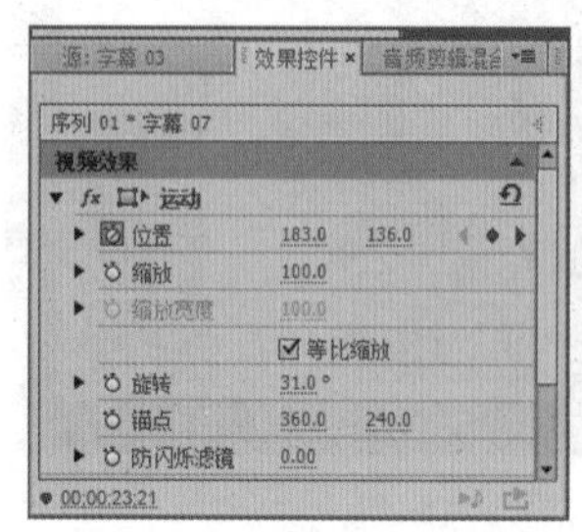

图16-62　创建“字幕07”关键帧1

Step 29 ▶ 将当前时间指示器移动至00;00;27;07位置处，单击位置后的“添加/移除关键帧”按钮，设置“位置”为183.0和601.0。添加关键帧，设置时间为00;00;27;25，设置“位置”为183.0和803.0，如图16-63所示。

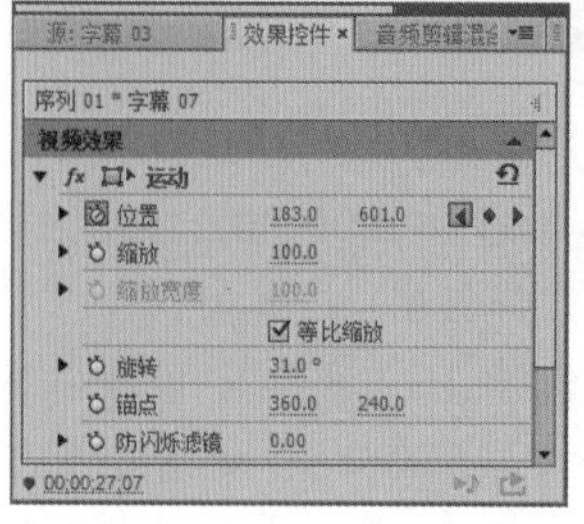
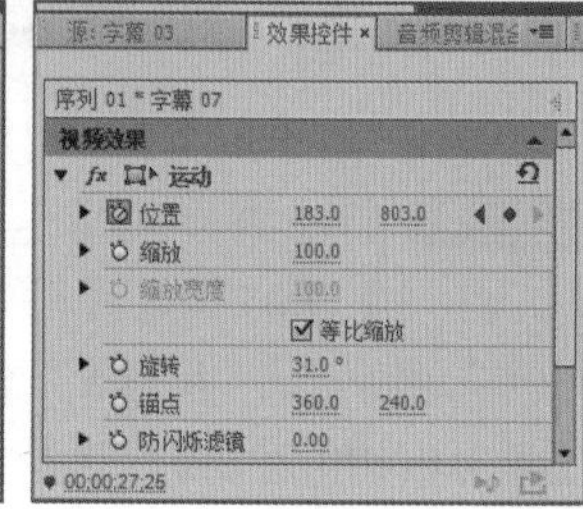

图16-63　添加“字幕07”关键帧2

Step 30 ▶ 使用相同的方法为“字幕08”至“字幕16”添加关键帧，其最终效果如图16-64所示。

图16-64　查看效果

Step 31 ▶ 将“素材1.jpg”和“背景.psd”拖动至与“字幕07”结尾处对齐，将当前时间指示器移动至00;00;24;23位置处，分别单击素材1.jpg和“背景.psd”的“不透明度”前的“切换动画”按钮，设置“不透明度”为100.0%。将时间设置为00;00;27;26，设置“不透明度”为30.0%，如图16-65所示。

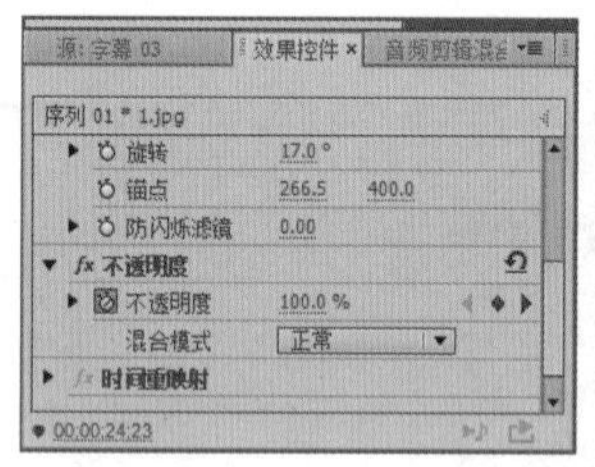

图16-65　设置“素材1”参数

Step 32 ▶ 新建“字幕17”，在字幕工作区输入文字，设置“字体系列”为Brush Script Std，“字体大小”为60.0，填充颜色为#DF90F3，如图16-66所示。

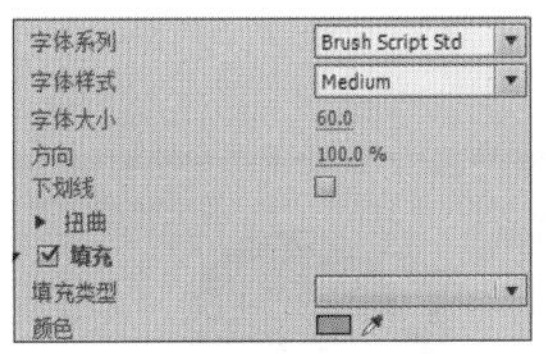

图16-66 设置“字幕17”参数

Step 33 单击“滚动/游动选项”按钮，打开“滚动/游动选项”对话框，在“字幕类型”栏中选中 向右游动 单选按钮，在“定时”栏中选中 开始于屏幕外 复选框，在“缓入”数值框中输入10，在“过卷”数值框中输入40，单击 确定 按钮，如图16-67所示。

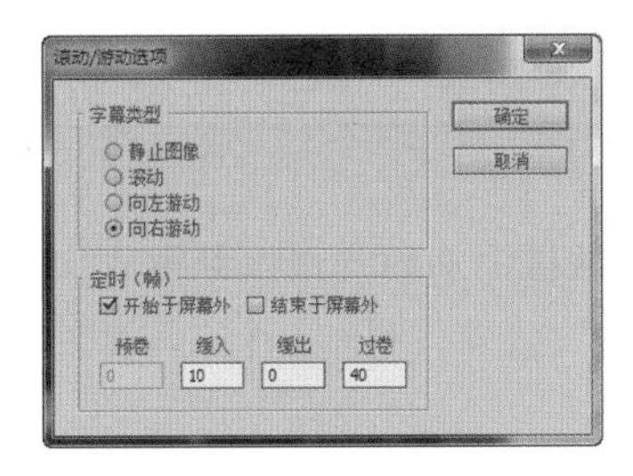

图16-67 设置“游动”参数

Step 34 将当前时间指示器移动至00;00;27;26位置处，将“素材3.jpg”和“背景1.psd”分别拖动至“视频1”和“视频2”轨道上，选择“素材3.jpg”，在“效果控件”面板的“运动”栏中设置“位置”为254.0和242.0，“缩放”为89.0，如图16-68所示。

图16-68 设置“运动”参数

Step 35 将当前时间指示器移动至00;00;27;26位置处，在“效果控件”面板中，分别单击“素材3.jpg”和“背景1.psd”的“不透明度”前的“切换动画”按钮，设置“不透明度”为30.0%，将时间设置为00;00;30;10，设置“不透明度”为100.0%，如图16-69所示。

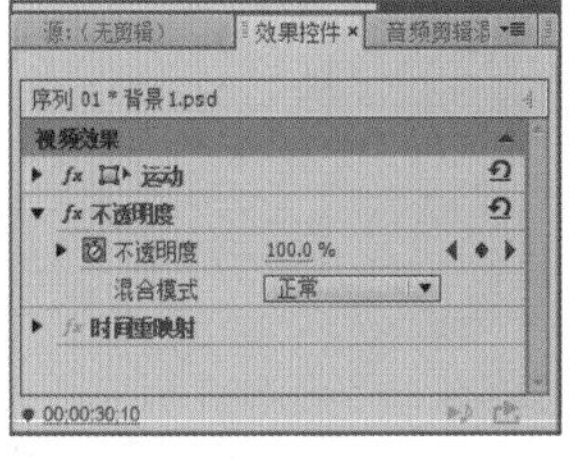

图16-69 设置“背景1”参数

Step 36 将“字幕17”拖动至视频轨道上，与素材3.jpg的结尾处对齐，如图16-70所示。

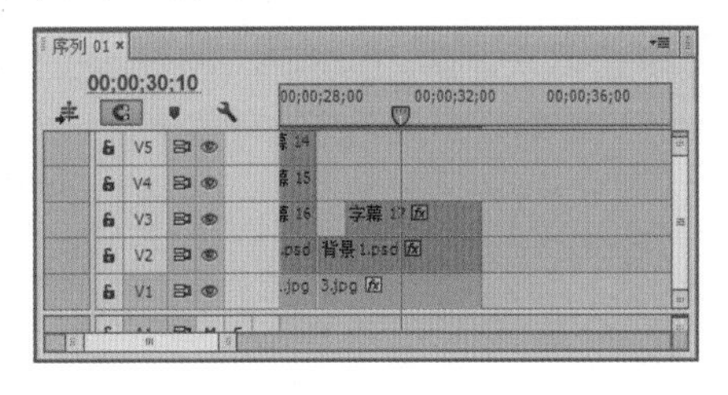

图16-70 拖动素材

Step 37 将当前时间指示器移动至00;00;31;19位置处，在“效果控件”面板中分别单击素材“字幕17”、3.jpg和“背景1.psd”的“不透明度”前的“切换动画”按钮，设置“不透明度”为100.0%，将时间设置为00;00;32;24，设置“不透明度”为0.0%，如图16-71所示。

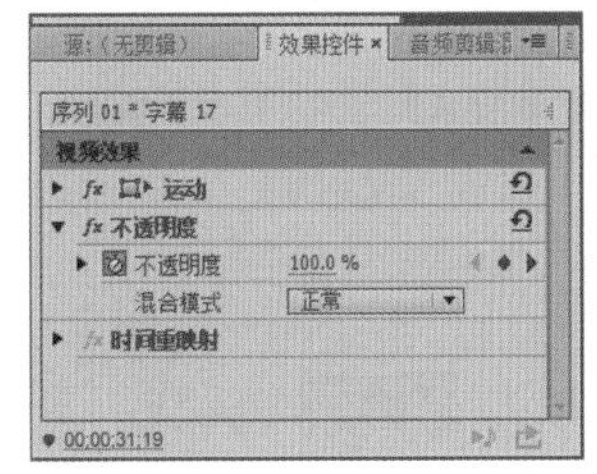
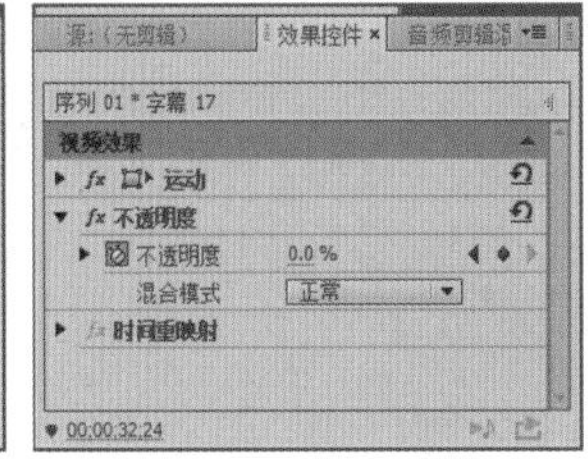

图16-71 设置“字幕17”参数

Step 38 将音频素材“婚庆音乐.mp3”拖动至“音频1”轨道，完成该相册的制作，在“节目监视器”面板中单击“播放/停止切换”按钮查看效果，如图16-72所示。

图16-72 查看效果

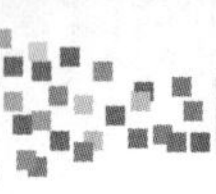

16.3 绘图工具的使用 关键帧的运用 设置图层不透明度 制作个人写真相册

在制作个人写真相册时，可在“字幕”面板中使用绘图工具，通过添加内描边设置图片纹理填充的效果，结合运动和不透明度的关键帧的使用，最后为图像添加“基本3D”效果，制作出个人写真相册。下面对其制作方法进行详细讲解。

Step 1 新建项目文件，将其命名为“个人写真.prproj”，新建“序列01”，按Ctrl+I快捷键，打开“导入”对话框，选择素材图像，单击打开(O)按钮，如图16-73所示。

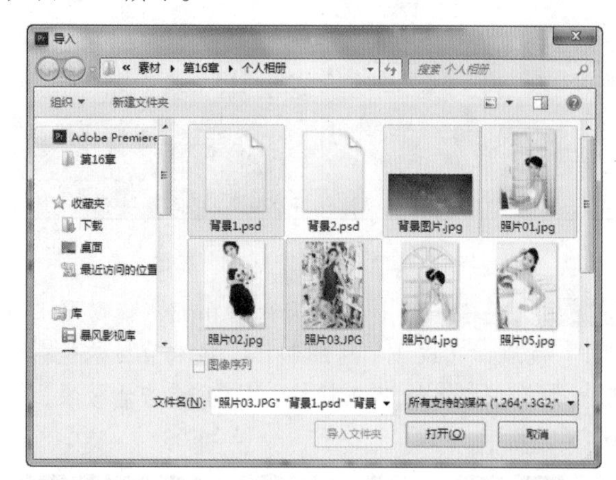

图16-73 导入素材

Step 2 将素材“照片01.jpg”“照片02.jpg”“照片03.jpg”拖动至“视频1”轨道上，将素材“背景1.psd”拖动至“视频2”轨道上，拖动素材至与“照片03.jpg”结尾处对齐，如图16-74所示。

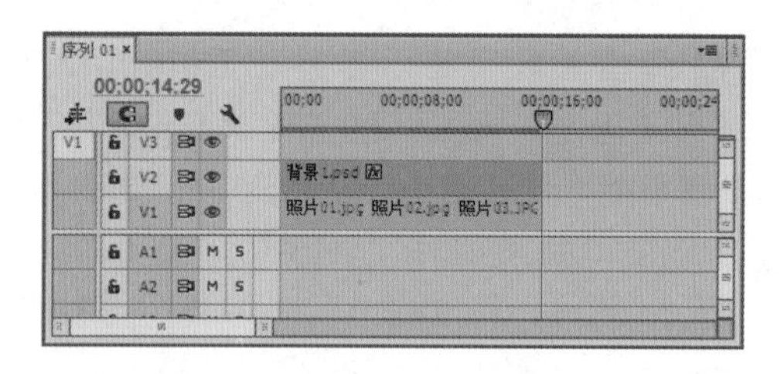

图16-74 拖动素材

Step 3 选择素材“照片01.jpg”，将当前时间指示器移动至开始的位置处，在“效果控件”面板的“运动”栏中单击“位置”前的“切换动画”按钮，设置“位置”为208.0和263.0，单击“缩放”前的“切换动画”按钮，设置“缩放”为43.0，如图16-75所示。

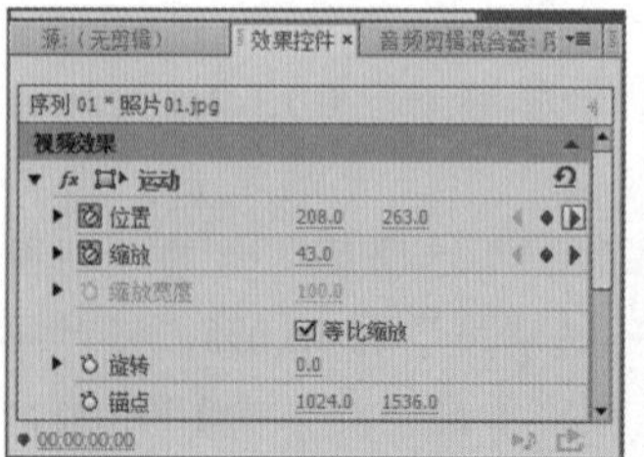

图16-75 创建“照片01”关键帧

Step 4 ▶ 将当前时间指示器移动至00;00;04;28位置处，设置“位置”为293.0和210.0，“缩放”为18.0，如图16-76所示。

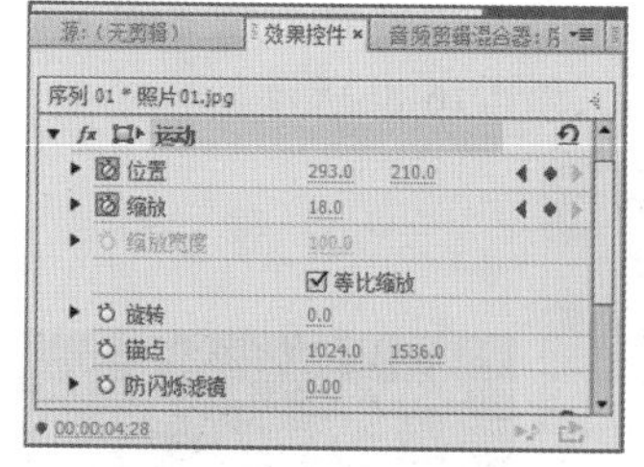

图16-76　设置“照片01”参数

Step 5 ▶ 将当前时间指示器移动至00;00;04;08位置处，单击“不透明度”后的“添加/移除关键帧”按钮◆，添加关键帧。将当前时间指示器移动至00;00;04;28位置处，设置“不透明度”为30.0%，如图16-77所示。

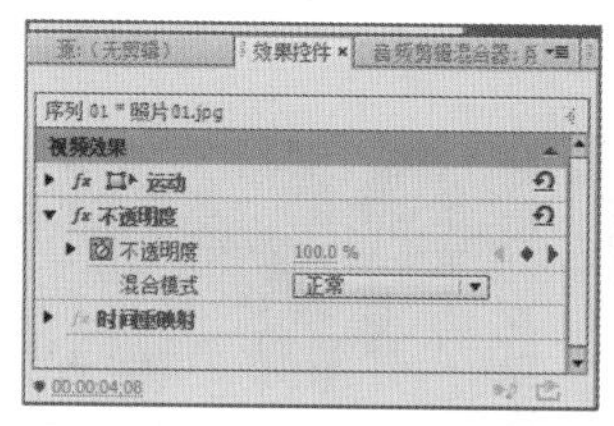

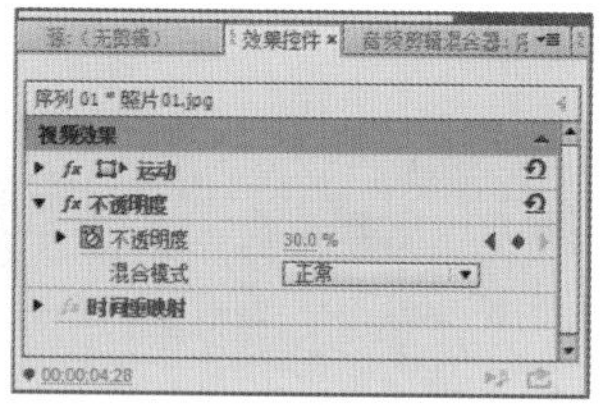

图16-77　设置“照片01”不透明度

Step 6 ▶ 选择素材“照片02.jpg”，将当前时间指示器移动至00;00;04;29位置处，在“效果控件”面板的“运动”栏中单击“位置”前的“切换动画”按钮⏱，设置“位置”为344.0和461.0；单击“缩放”前的“切换动画”按钮⏱，设置“缩放”为43.0；单击“不透明度”后的“添加/移除关键帧”按钮◆，设置“不透明度”为30.0%，如图16-78所示。

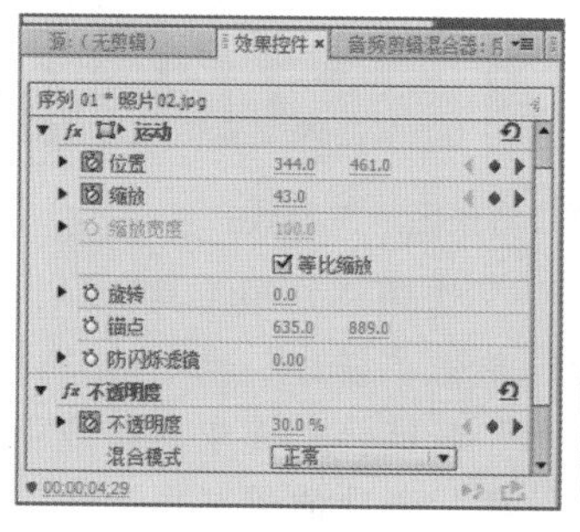

图16-78　创建“照片02”关键帧

Step 7 ▶ 将当前时间指示器移动至00;00;05;18位置处，设置“不透明度”为100.0%，如图16-79所示。

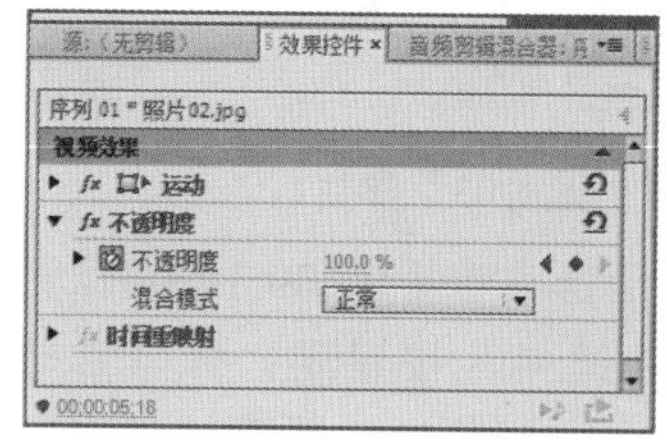

图16-79　设置“照片02”参数1

Step 8 ▶ 将当前时间指示器移动至00;00;09;27位置处，设置“位置”为315.0和322.0，“缩放”为24.0，如图16-80所示。

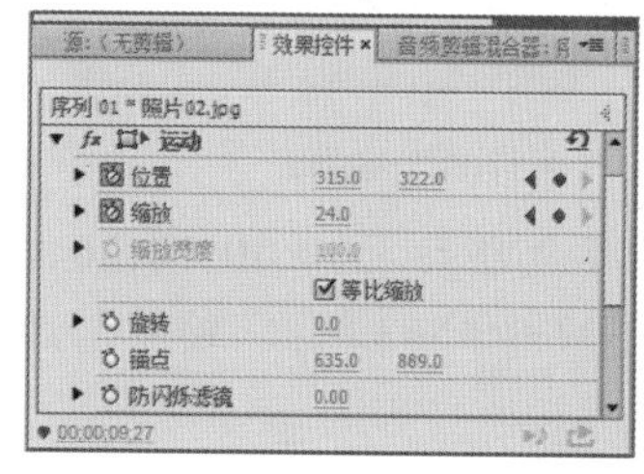

图16-80　设置“照片02”参数2

Step 9 ▶ 选择素材“照片03.jpg”，将当前时间指示器移动至00;00;09;28位置处，在“效果控件”面板的“运动”栏中单击“位置”前的“切换动画”按钮⏱，设置“位置”为301.0和299.0；单击“缩放”前的“切换动画”按钮⏱，设置“缩放”为23.0；单击“不透明度”后的“添加/移除关键帧”按钮◆，设置“不透明度”为30.0%，如图16-81所示。

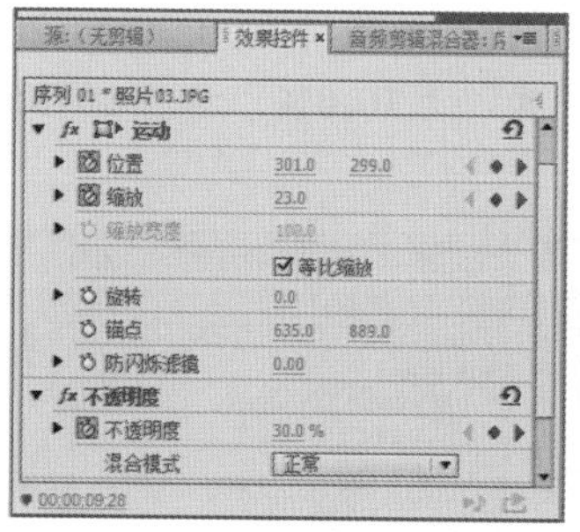

图16-81　创建“照片03”关键帧

Step 10 ▶ 将当前时间指示器移动至00;00;10;20位置处，设置“不透明度”为100.0%，如图16-82所示。

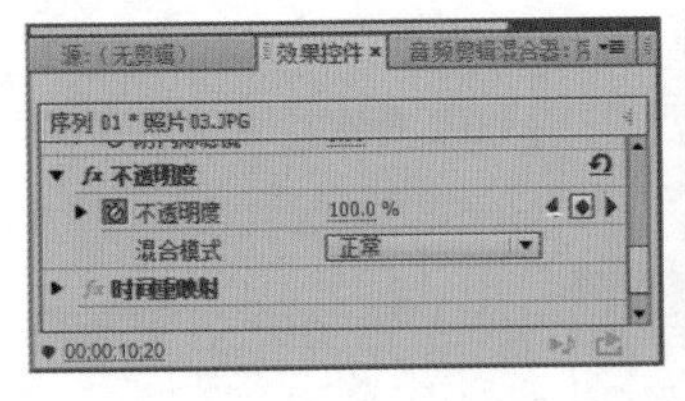

图16-82 设置“照片03”参数1

Step 11 将当前时间指示器移动至00;00;14;06位置处，单击“添加/移除关键帧”按钮。将当前时间指示器移动至00;00;14;26位置处，设置“不透明度”为30.0%，如图16-83所示。

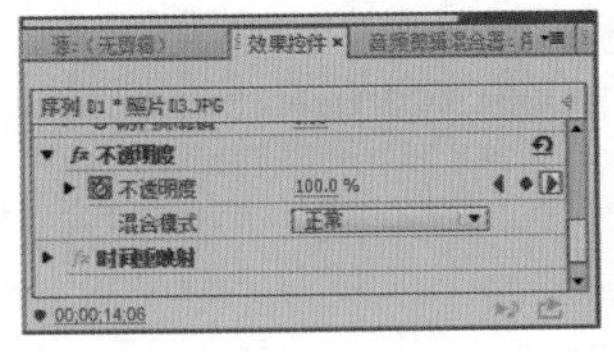
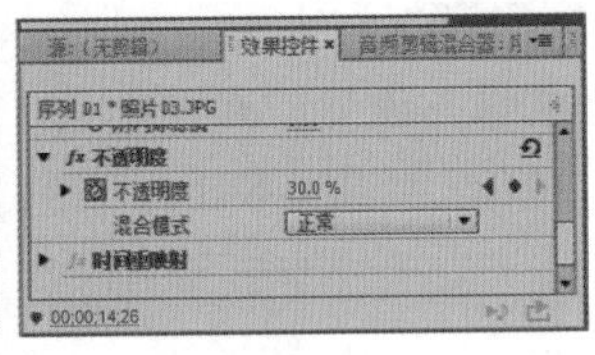

图16-83 设置“照片03”参数2

Step 12 将当前时间指示器移动至00;00;14;26位置处，设置“位置”为331.0和563.0，“缩放”为60.0，如图16-84所示。

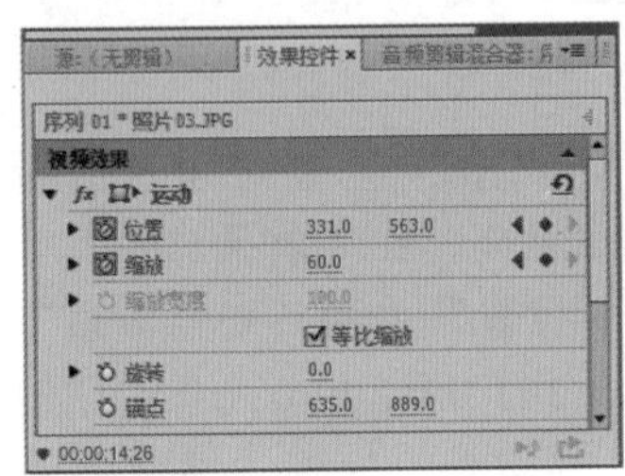

图16-84 设置“照片03”参数3

Step 13 选择素材“背景1.psd”，将当前时间指示器移动至00;00;14;06位置处，单击“添加/移除关键帧”按钮；将当前时间指示器移动至00;00;14;26位置处，设置“不透明度”为30.0%，如图16-85所示。

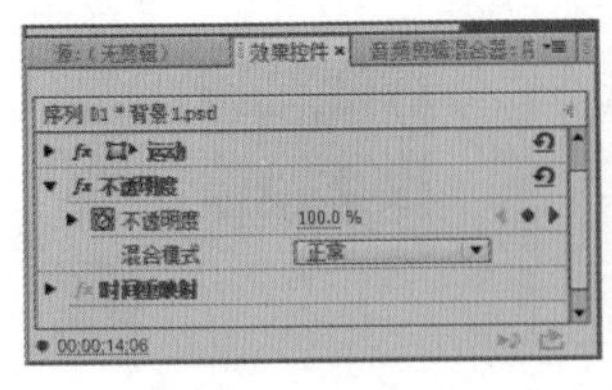
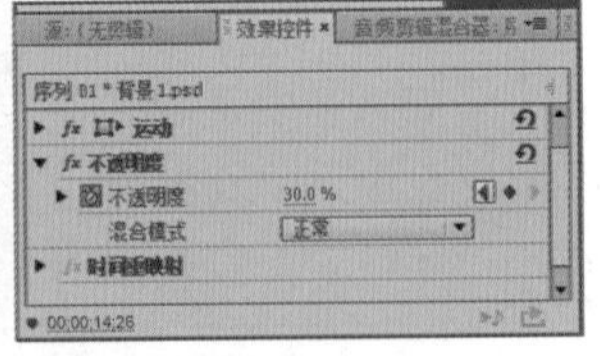

图16-85 设置“背景1”参数

Step 14 将素材“背景图片.psd”拖动至“视频1”轨道上，与“照片03.jpg”结尾处相连，将当前时间指示器移动至00;00;14;27位置处，在“效果控件”面板的“运动”栏中单击“位置”前的“切换动画”按钮，设置“位置”为555.0和240.0，单击“不透明度”后的“添加/移除关键帧”按钮，设置“不透明度”为50.0%，如图16-86所示。

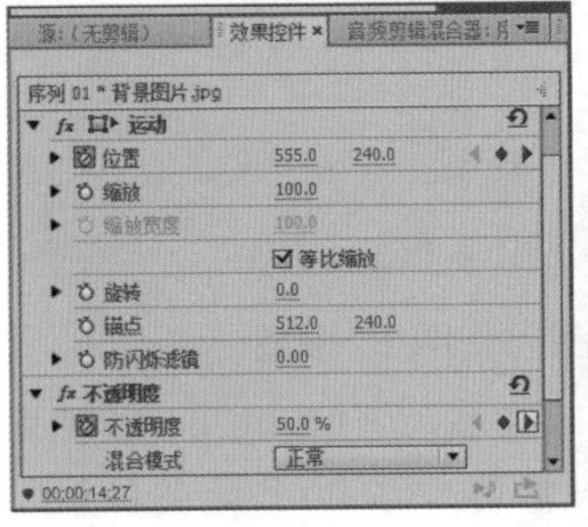

图16-86 设置“背景图片”参数1

Step 15 将当前时间指示器移动至00;00;15;17位置处，设置“不透明度”为100.0%，如图16-87所示。

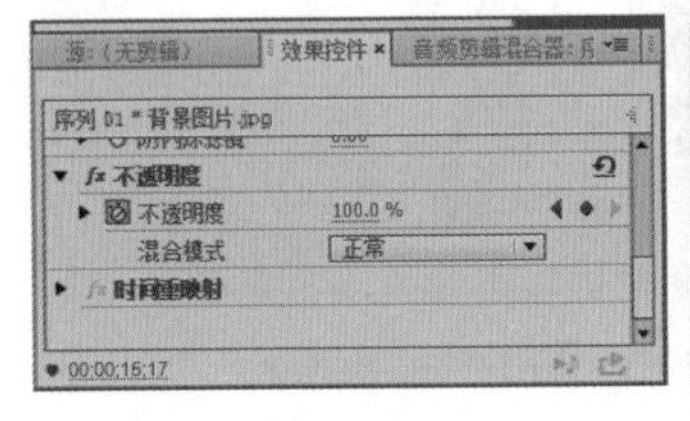

图16-87 设置“背景图片”参数2

Step 16 将当前时间指示器移动至00;00;28;27位置处，设置“位置”为165.0和240.0，如图16-88所示。

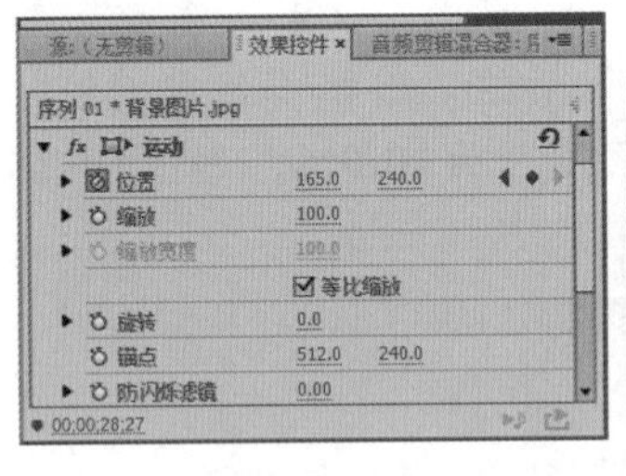

图16-88 设置“背景图片”参数3

Step 17 新建“字幕01”，选择“矩形工具”，在字幕工作区绘制矩形。单击“描边”栏中的“内描边”选项对应的“添加”超链接，选中内描边下的纹理复选框，单击“纹理”选项的缩略图，在打开的“选择纹理图像”对话框中选择“照片04.jpg”素材，单击打开(O)按钮，如图16-89所示。设置内描边的“类型”为“凹进”，添加“外描边”效果，设置其填充颜色为白色，设置外描边“大小”为5.0。

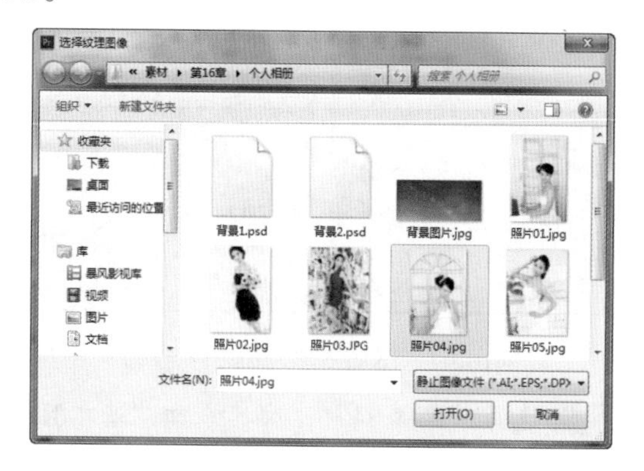

图16-89 选择纹理图像

Step 18 在“变换”栏中设置矩形的“X位置”为182.4，“Y位置”为179.5，“宽度”为124.9，“高度”为173.0，设置内描边的“类型”为“凹进”，如图16-90所示。

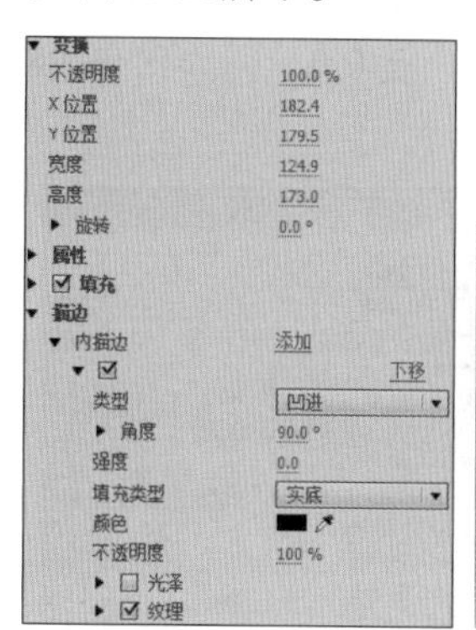

图16-90 设置“照片04”参数

Step 19 单击“基于当前字幕新建字幕”按钮，打开“新建字幕”对话框，新建“字幕02”，单击内描边“纹理”选项的缩略图，在打开的“选择纹理图像”对话框中选择素材“照片05.jpg”，设置矩形的“X位置”为311.0，如图16-91所示。

图16-91 创建“字幕02”矩形

Step 20 使用相同的方法，创建“字幕03”“字幕04”“字幕05”，调整其位置，并设置内描边的纹理，如图16-92所示。

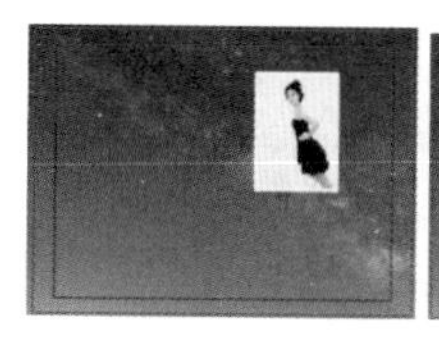

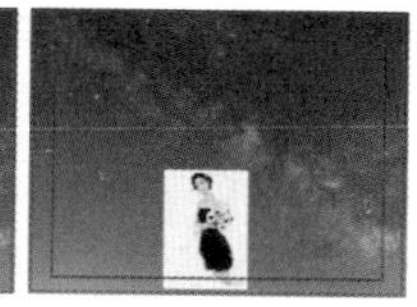

图16-92 创建其他字幕

Step 21 选择“序列”/“添加轨道”命令，打开“添加轨道”对话框，在“视频轨道”栏的“添加”数值框中输入4，在“音频轨道”栏的“添加”数值框中输入0，单击 确定 按钮，如图16-93所示。

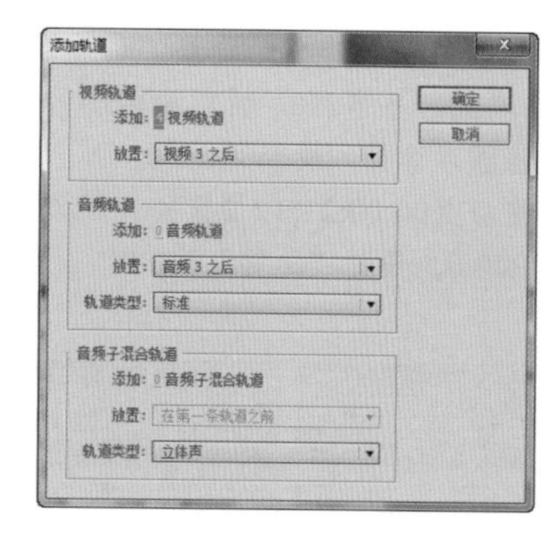

图16-93 添加轨道

Step 22 将“字幕01”到“字幕05”分别拖动至“视频6”到“视频2”的轨道上，并设置与“背景图片.jpg”结尾处对齐，如图16-94所示。

图16-94 拖动素材

Step 23 选择“字幕01”，将当前时间指示器移动至00;00;14;27位置处，在“效果控件”面板的“运动”栏中单击“位置”前的“切换动画”按钮，设置“位置”为79.0和240.0。将当前时间指示器移动至00;00;19;01位置处，设置“位置”为360.0和240.0，如图16-95所示。

图16-95　创建“字幕01”关键帧

Step 24 选择“字幕02”，为其添加“基本3D”效果，将当前时间指示器移动至00;00;19;02位置处，在“效果控件”面板的“运动”栏中单击“位置”前的“切换动画”按钮，设置“位置”为272.0和240.0，单击“基本3D”栏“旋转”前的“切换动画”按钮，设置“旋转”为90.0°。将当前时间指示器移动至00;00;21;12位置处，设置“位置”为360.0和240.0，设置“旋转”为0.0°，如图16-96所示。

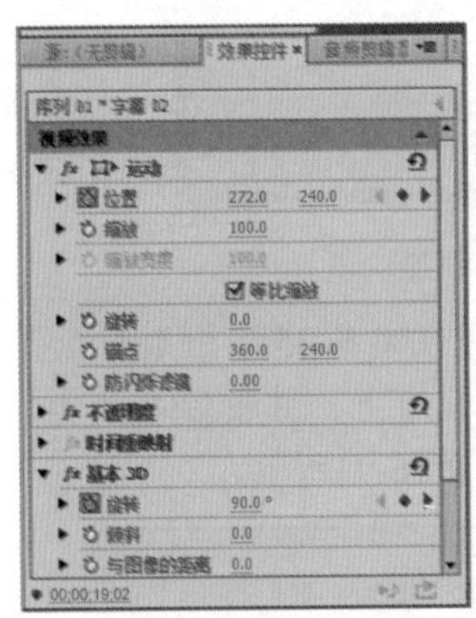
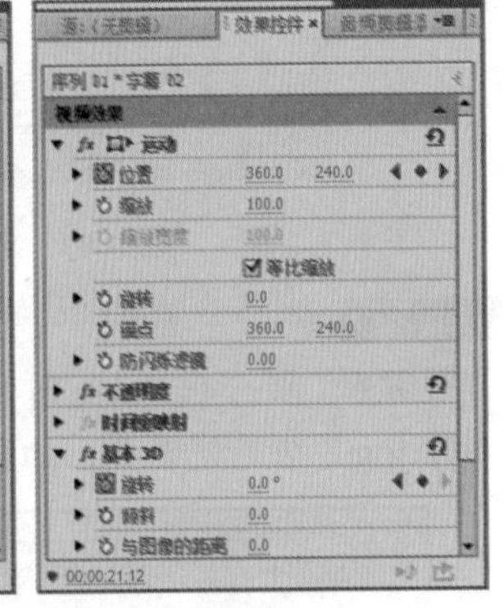

图16-96　添加“字幕02”关键帧

Step 25 选择“字幕03”，为其添加“基本3D”效果，将当前时间指示器移动至00;00;21;12位置处，在“效果控件”面板的“运动”栏中单击“位置”前的“切换动画”按钮，设置“位置”为413.0和240.0；单击“基本3D”栏“旋转”前的“切换动画”按钮，设置“旋转”为90.0°。将当前时间指示器移动至00;00;22;21位置处，设置“位置”为361.0和240.0，设置“旋转”为0.0°，如图16-97所示。

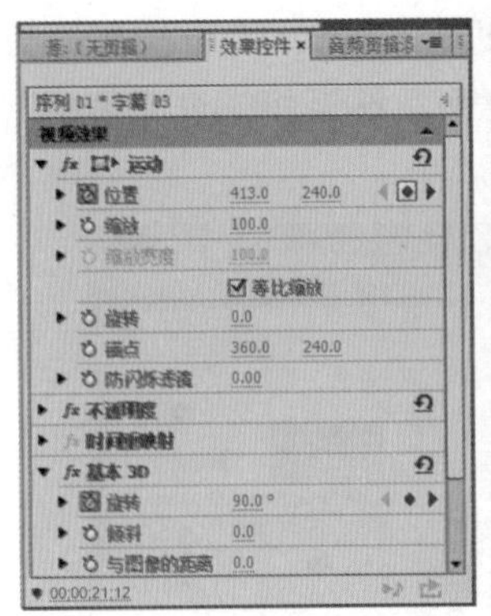
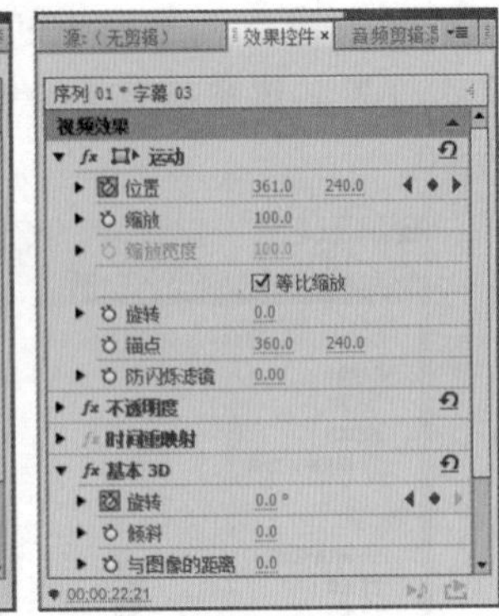

图16-97　添加“字幕03”关键帧

Step 26 选择“字幕04”，为其添加“基本3D”效果，将当前时间指示器移动至00;00;21;12位置处，在“效果控件”面板的“运动”栏中单击“位置”前的“切换动画”按钮，设置“位置”为360.0和299.0，单击“基本3D”栏下“倾斜”前的“切换动画”按钮，设置“倾斜”为-180.0°。将当前时间指示器移动至00;00;24;04位置处，设置“位置”为360.0和241.0，设置“倾斜”为0.0°，如图16-98所示。

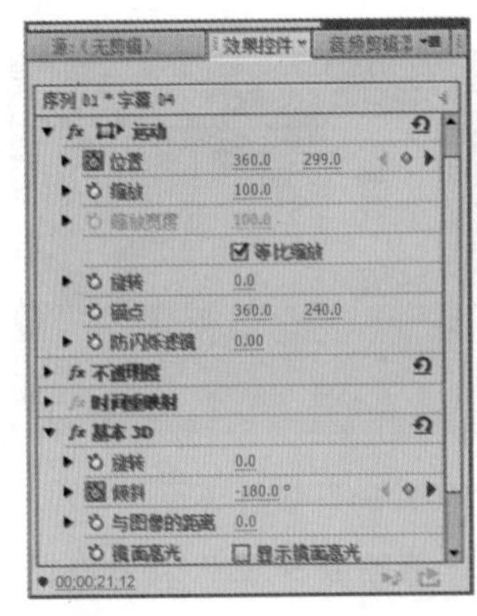
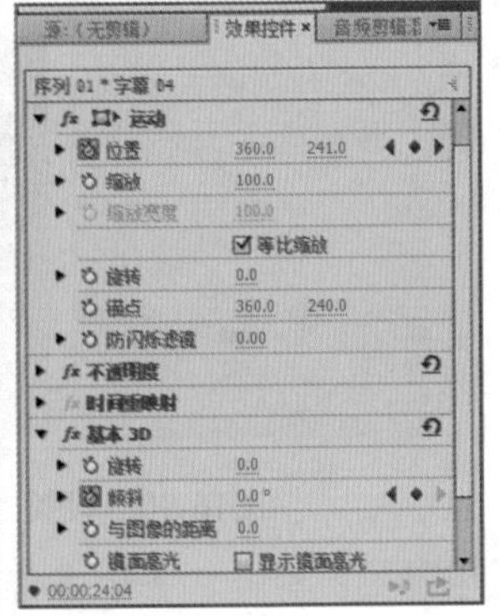

图16-98　添加“字幕04”关键帧

Step 27 选择“字幕05”，添加“基本3D”效果，将当前时间指示器移动至00;00;24;04位置处，在“效果控件”面板的“运动”栏中单击“位置”前的“切换动画”按钮，设置“位置”为415.0和240.0，单击“基本3D”栏“旋转”前的“切换动画”按钮，设置“旋转”为-90.0°。将当前时间指示器移动至00;00;24;28位置处，设置“位置”为359.0和240.0，设置“旋转”为0.0°，如图16-99所示。

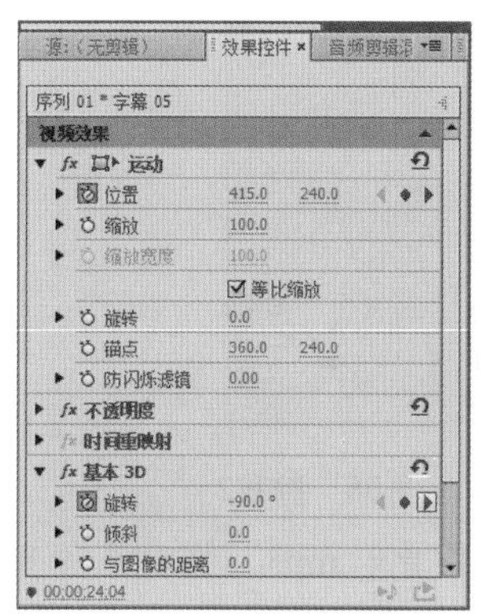

图16-99 添加“字幕05”关键帧

Step 28 新建“字幕06”，选择“圆角矩形工具”，在字幕工作区绘制一个圆角矩形，并在“字幕属性”面板的“属性”栏中设置“圆角大小”为13.5%，在“变换”栏设置矩形“X位置”为309.8，“Y位置”为213.0，“宽度”为401.7，“高度”为304.0。添加“内描边”效果，设置内描边的“类型”为“凹进”，选中内描边下的纹理复选框，单击“纹理”选项的缩略图，在打开的“选择纹理图像”对话框中选择素材，单击打开(O)按钮，添加“外描边”效果，设置其填充颜色为#F4D0A4，设置外描边“大小”为6.0，设置完成后，如图16-100所示。

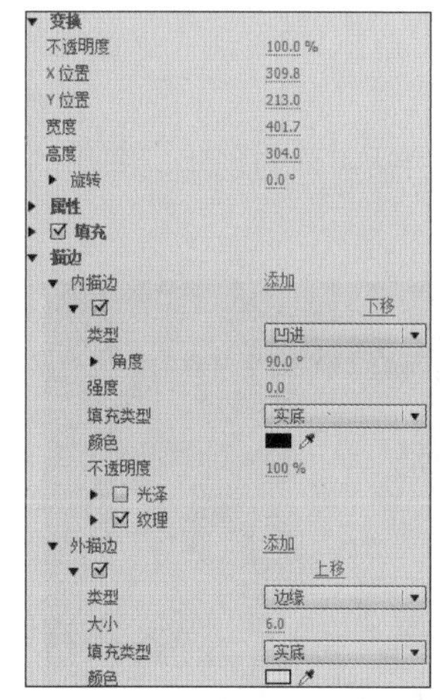

图16-100 绘制“字幕06”圆角矩形

Step 29 将当前时间指示器移动至00;00;25;15位置处，将“字幕06”拖动到“视频7”轨道上，在“效果控件”面板的“运动”栏中单击“位置”前的“切换动画”按钮，设置“位置”为360.0和-132.0。将当前时间指示器移动至00;00;25;25位置处，设置“位置”为360.0和-40.0，如图16-101所示。

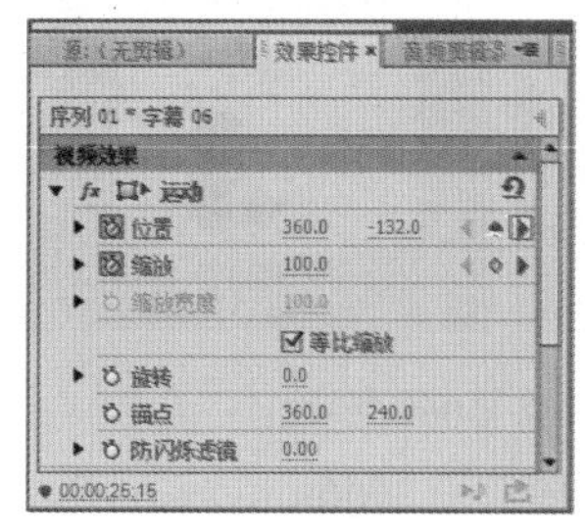

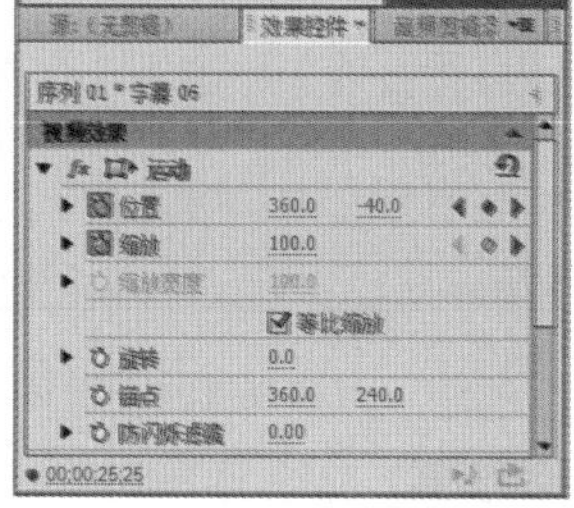

图16-101 设置“字幕06”参数

Step 30 将当前时间指示器移动至00;00;25;25位置处，分别单击“字幕01”至“字幕05”的“位置”栏的“添加/移除关键帧”按钮。将当前时间指示器移动至00;00;26;16位置处，分别设置“字幕01”至“字幕05”的“位置”为360.0和420.0，如图16-102所示。

图16-102 设置“字幕02”参数

Step 31 将当前时间指示器移动至00;00;27;09位置处，分别设置“字幕01”至“字幕05”的“位置”为360.0和671.0，如图16-103所示。

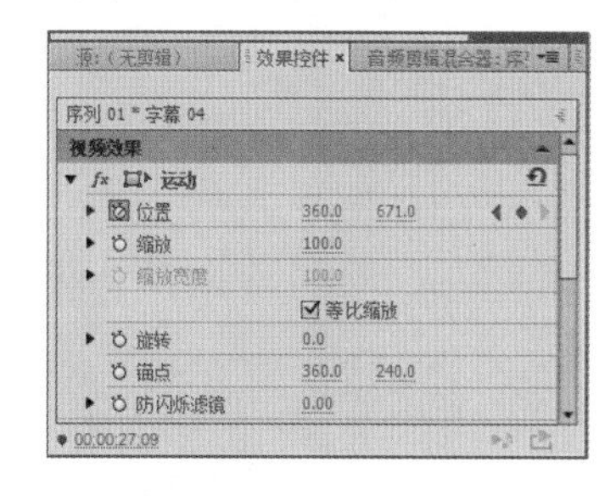

图16-103 设置“字幕04”参数

Step 32 选择“字幕06”，将当前时间指示器移动至00;00;27;06位置处，设置“位置”为360.0和254.0，单击“缩放”前的“切换动画”按钮，如

图16-104所示。

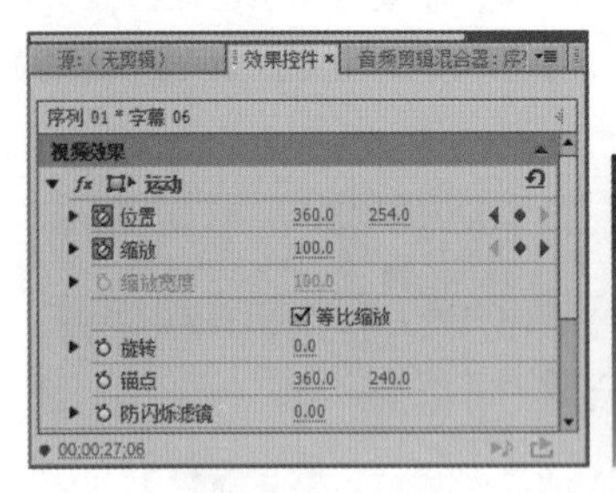

图16-104　设置“字幕06”参数1

Step 33▶ 将当前时间指示器移动至00;00;28;05位置处，单击“不透明度”后的“添加/移除关键帧”按钮◆。将当前时间指示器移动至00;00;28;28位置处，设置“缩放”为10.0，“不透明度”为10.0%，如图16-105所示。

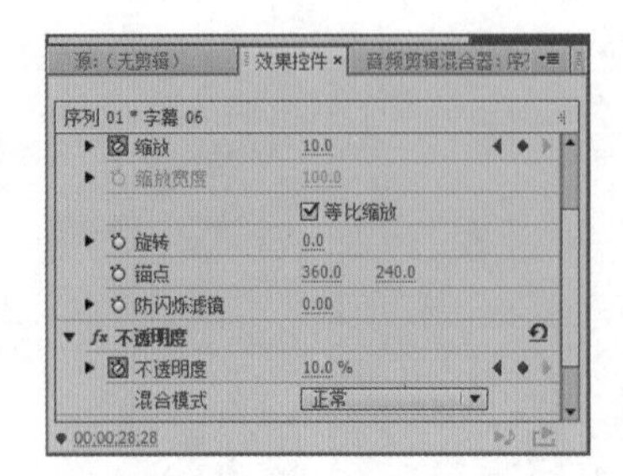

图16-105　设置“字幕06”参数2

Step 34▶ 将音频素材“背景音乐.mp3”拖动至“音频1”轨道上，完成该相册的制作。在“节目监视器”面板中单击“播放/停止切换”按钮▶查看效果，如图16-106所示。

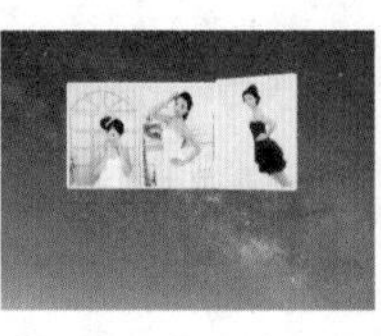

图16-106　查看效果

16.4 扩展练习

本章主要介绍了电子相册的制作方法，下面通过两个练习进一步巩固电子相册的制作方法，使用户操作更加熟练，并能解决在制作时遇到的问题。

16.4.1 制作老人相册

本练习制作前后的效果如图16-107和图16-108所示，主要练习电子相册的制作，包括字幕的创建、图形的创建与设置，以及关键帧的设置等操作。

图16-107　制作前的效果

图16-108　完成后的效果

- 光盘\素材\第16章\老人相册\
- 光盘\效果\第16章\老人相册.prproj
- 光盘\实例演示\第16章\制作老人相册

16.4.2 制作亲子相册

本练习制作前后的效果如图16-109和图16-110所示，主要巩固制作电子相册的方法，包括字幕图形的创建与设置，以及关键帧的设置等操作。

图16-109 制作前的效果

图16-110 完成后的效果

- 光盘\素材\第16章\亲子相册\
- 光盘\效果\第16章\亲子相册.prproj
- 光盘\实例演示\第16章\制作亲子相册

读书笔记

制作广告

本章导读

随着产品的多样性发展，广告也出现了多种形式。本章将综合运用所学的知识进行广告制作，通过字幕、图片以及动画等形式表现广告的主题。在制作过程中将运用新建项目及序列、关键帧的设置、视频过渡效果的运用和音频文件的添加等知识，详细讲解制作香水广告、化妆品广告和相机广告的方法。

17.1 制作香水广告

过渡效果的应用　设置图层不透明度　字幕运动效果的应用

- 光盘\素材\第17章\香水广告\
- 光盘\效果\第17章\香水广告.prproj
- 光盘\实例演示\第17章\制作香水广告

在制作香水广告的过程中，需要体现其独特性，可结合图片、字幕和运动效果等知识，体现广告的主题，下面讲解香水广告的制作方法。

Step 1 新建项目文件，将其命名为“香水广告.prproj”，新建“序列01”，按Ctrl+I快捷键，打开“导入”对话框，选择所有的素材，单击 打开(O) 按钮，如图17-1所示。

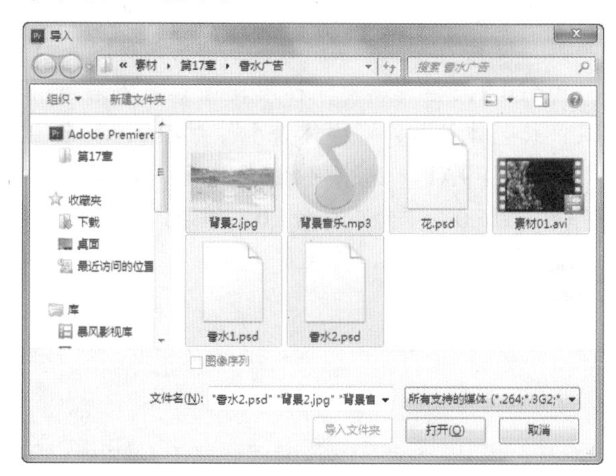

图17-1　导入素材

Step 2 素材将被导入至“项目”面板，将“花.psd”素材拖动至“视频1”轨道的开始位置处，将“香水1.psd”素材拖动至“视频2”轨道开始位置处，如图17-2所示。

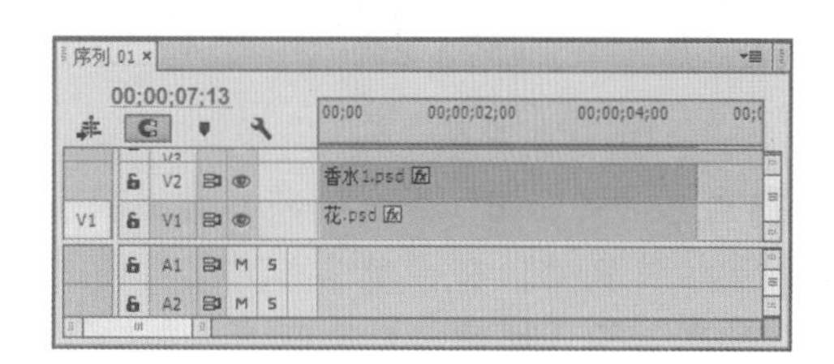

图17-2　拖入素材

Step 3 选择“香水1.psd”素材，在“效果控件”面板中设置“位置”为273.0和263.0，“缩放”为34.0，如图17-3所示。

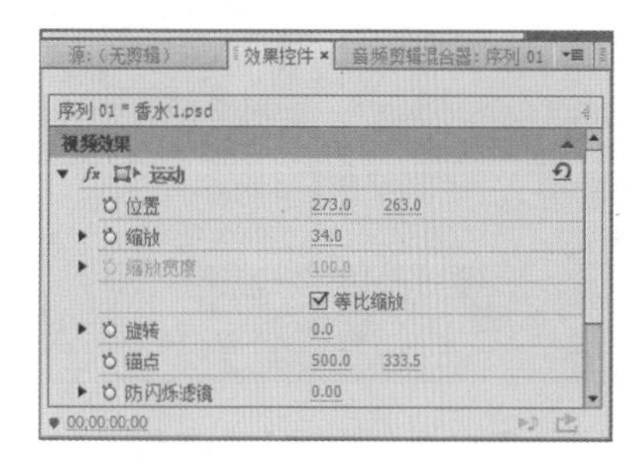

图17-3　设置“香水1”参数

Step 4 选择“香水1.psd”素材，将当前时间指示器移动至开始位置处，单击“不透明度”栏上的

"添加/移除关键帧"按钮，添加关键帧，设置"不透明度"为0.0%，将当前时间指示器移动至00;00;00;20位置处，设置"不透明度"为100.0%，如图17-4所示。

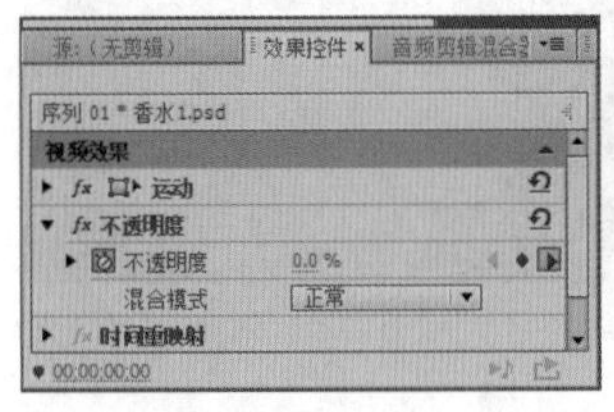
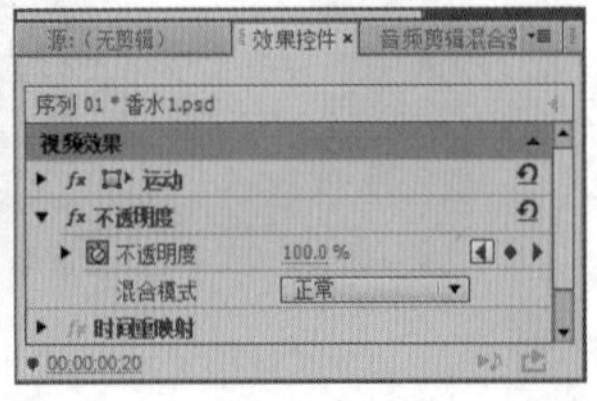

图17-4　添加"香水1"关键帧

Step 5 将当前时间指示器移动至00;00;04;18位置处，单击"添加/移除关键帧"按钮，保持参数不变。将当前时间指示器移动至结束位置处，设置"不透明度"为0.0%，如图17-5所示。

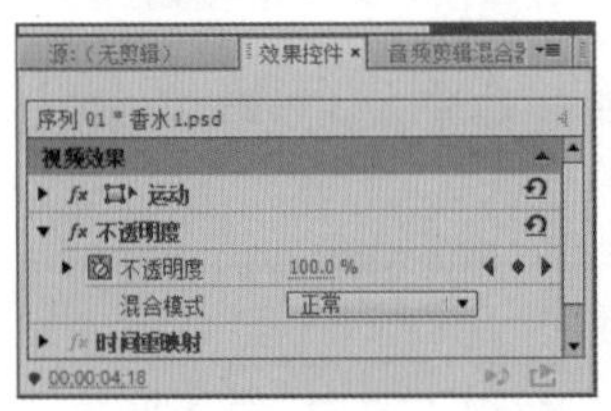

图17-5　设置"香水1"参数

Step 6 选择"花.psd"素材，将当前时间指示器移动至开始位置处，在"效果控件"面板中分别单击"缩放"和"旋转"栏上的"添加/移除关键帧"按钮，设置"缩放"为50.0，"旋转"为0.0°。将当前时间指示器移动至结束位置处，设置"缩放"为100.0，"旋转"为360.0°，如图17-6所示。

图17-6　设置"花"参数

Step 7 选择"花.psd"素材，将当前时间指示器移动至开始位置处，单击"不透明度"栏上的"添加/移除关键帧"按钮，添加关键帧，设置"不透明度"为0.0%。将当前时间指示器移动至00;00;00;20位置处，设置"不透明度"为100.0%，如图17-7所示。

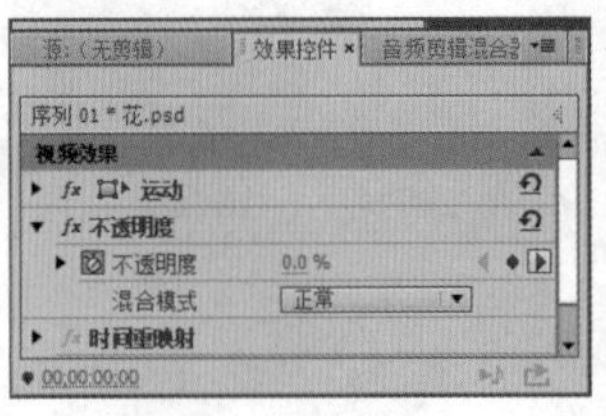
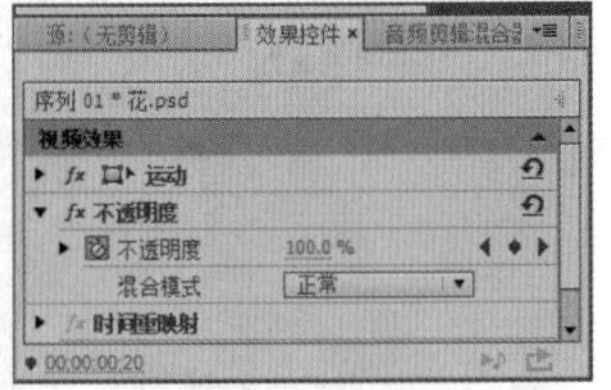

图17-7　添加"花"关键帧

Step 8 将当前时间指示器移动至00;00;04;00位置处，单击"添加/移除关键帧"按钮，保持参数不变。将当前时间指示器移动至结束位置处，设置"不透明度"为0.0%，如图17-8所示。

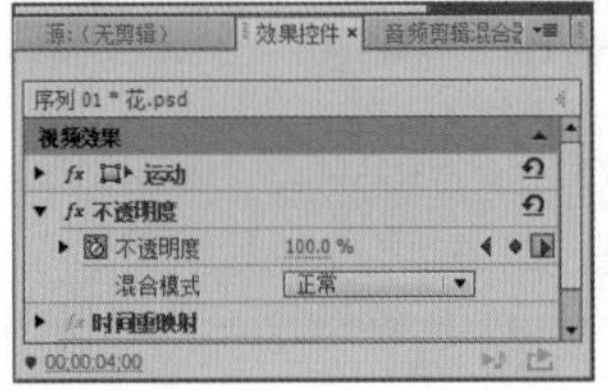
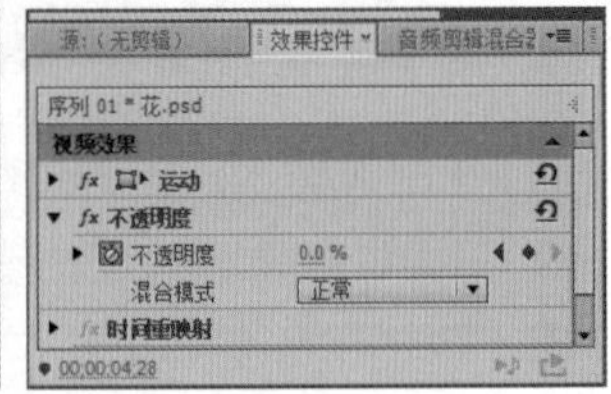

图17-8　设置"花"参数

Step 9 选择"字幕"/"新建字幕"/"默认静态字幕"命令，新建"字幕01"，打开"字幕"面板，在字幕工作区中输入"你是天地间的奇迹"文本，在字幕"变换"栏上设置"X位置"为326.1，"Y位置"为420.3，在"属性"栏中设置"字体系列"为"汉仪长艺体简"，"字体大小"为49.0，填充"颜色"为#E7F9AF，选中☑阴影复选框，设置阴影的"距离"为6.0，"大小"为1.0，如图17-9所示。

读书笔记

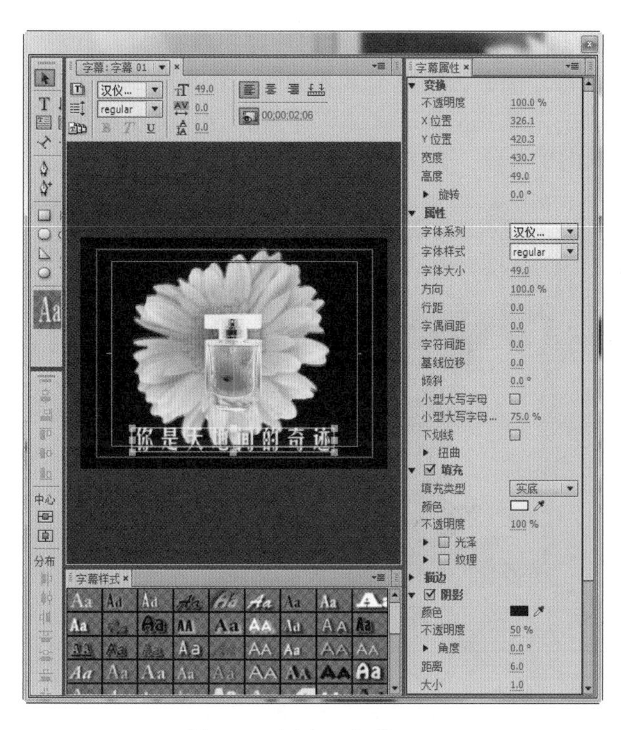

图17-9　创建“字幕01”

Step 10▶ 关闭“字幕”面板，将当前时间指示器移动至00;00;00;10位置处，将“字幕01”拖动至“视频3”轨道中的时间指示器位置处，并拖动“字幕01”，使其结尾位置与“香水1.psd”素材结尾处对齐，如图17-10所示。

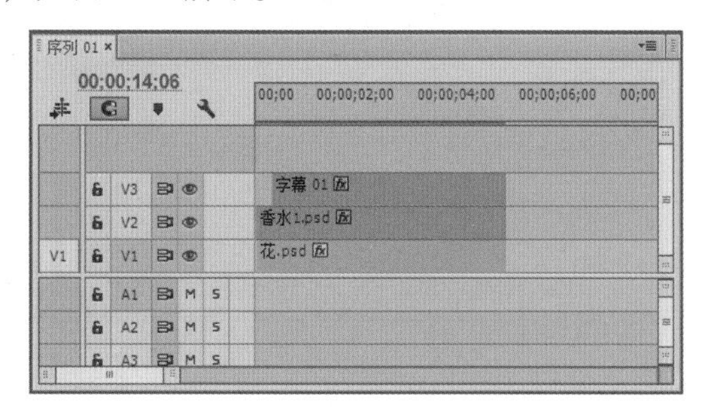

图17-10　拖入字幕

Step 11▶ 选择“字幕01”，将当前时间指示器移动至00;00;00;10位置处，单击“不透明度”栏上的“添加/移除关键帧”按钮，添加关键帧，设置“不透明度”为0.0%。将当前时间指示器移动至00;00;01;15位置处，设置“不透明度”为100.0%，如图17-11所示。

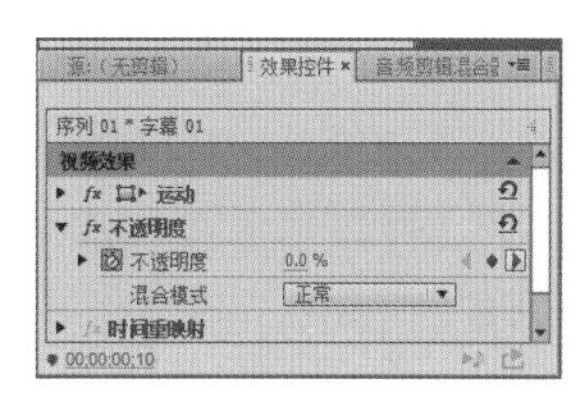

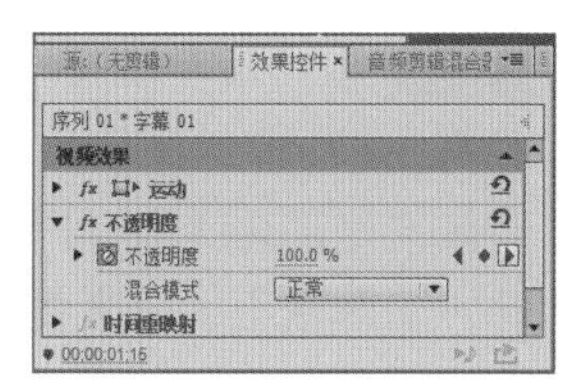

图17-11　添加“字幕01”关键帧

Step 12▶ 将当前时间指示器移动至00;00;04;10位置处，单击“添加/移除关键帧”按钮，保持默认参数不变。将当前时间指示器移动至结束位置处，设置“不透明度”为0.0%，如图17-12所示。

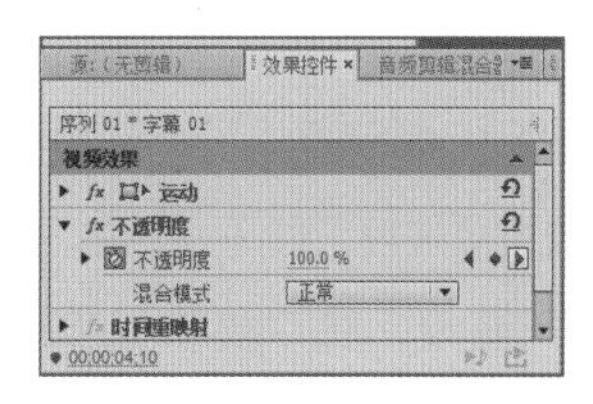

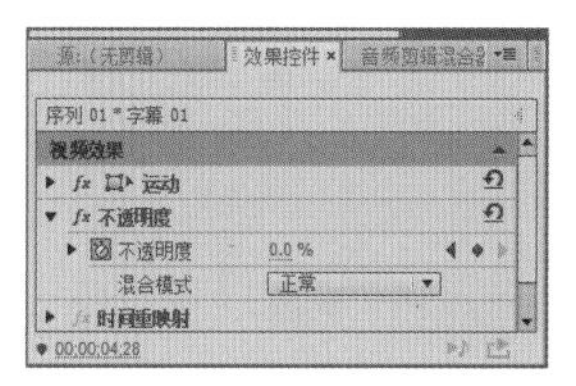

图17-12　设置“字幕01”参数

Step 13▶ 参数设置完成后，可在“节目监视器”面板中单击“播放/停止切换”按钮预览效果，如图17-13所示。

图17-13　预览效果

Step 14▶ 将“花.psd”素材拖动至“视频2”轨道的“香水1.psd”素材结尾位置处，在“效果控件”面板中设置“位置”为-59.0和240.0。将当前时间指示器移动至00;00;04;29处，单击“旋转”栏上的“添加/移除关键帧”按钮，添加关键帧，设置“旋转”为0.0。将当前时间指示器移动至结束位置处，设置“旋转”为180.0°，如图17-14所示。

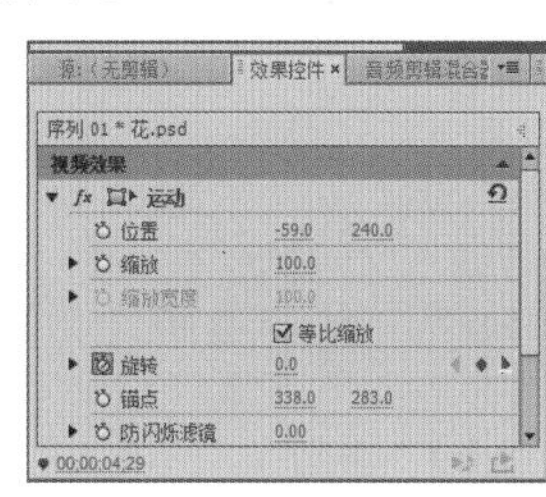

图17-14　创建“花”关键帧

Step 15▶ 将“素材01.avi”素材拖动至“视频1”轨道“花.psd”素材结尾处，右击，在弹出的快捷菜单中选择“速度/持续时间”命令，打开“剪辑速度/持续时间”对话框，设置播放速度为200%，如图17-15所示。

图17-15 设置播放速度

Step 16▶ 选择“素材01.avi”素材，在“效果控件”面板中设置“位置”为559.0和240.0，如图17-16所示。

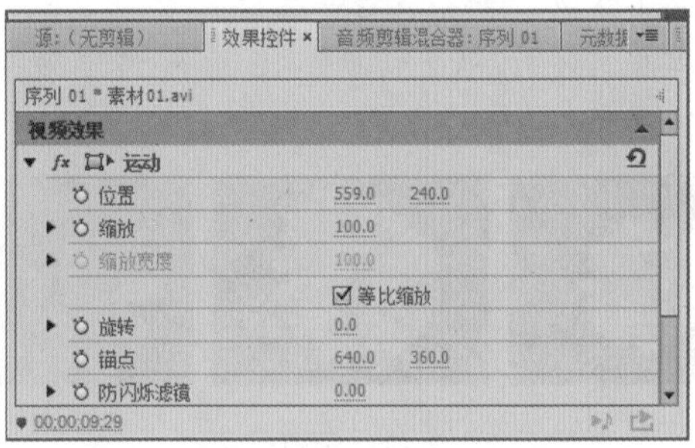

图17-16 设置“素材01”参数

Step 17▶ 将“香水1.psd”素材拖动至“视频3”轨道“字幕01”素材结尾处，在“效果控件”面板中设置“位置”为400.0和301.0，“缩放”为34.0，如图17-17所示。

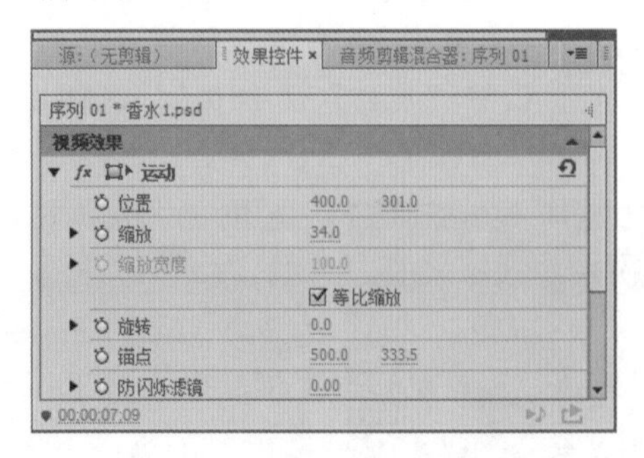

图17-17 设置“香水1”参数

Step 18▶ 选择“字幕”/“新建字幕”/“默认静态字幕”命令，新建“字幕02”，在字幕工作区输入“令人渴望至极的味道”字幕，设置其参数与“字幕01”一致，如图17-18所示。

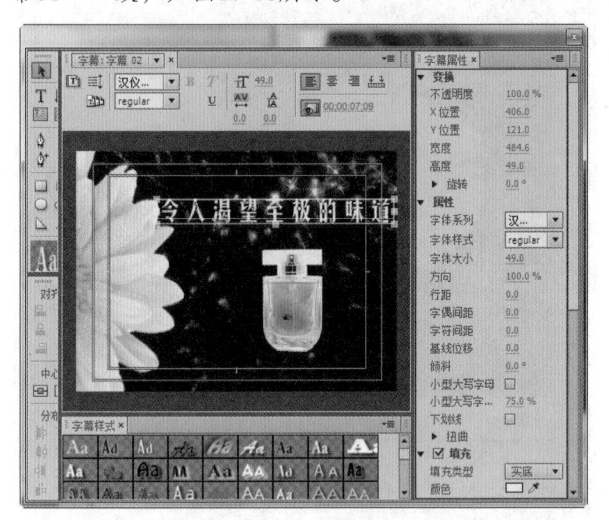

图17-18 创建“字幕02”

Step 19▶ 关闭“字幕”面板，选择“序列”/“添加轨道”命令，打开“添加轨道”对话框，在“视频轨道”栏上的“添加”数值框中输入1，在“音频轨道”栏上的“添加”数值框中输入0，单击 确定 按钮，如图17-19所示。

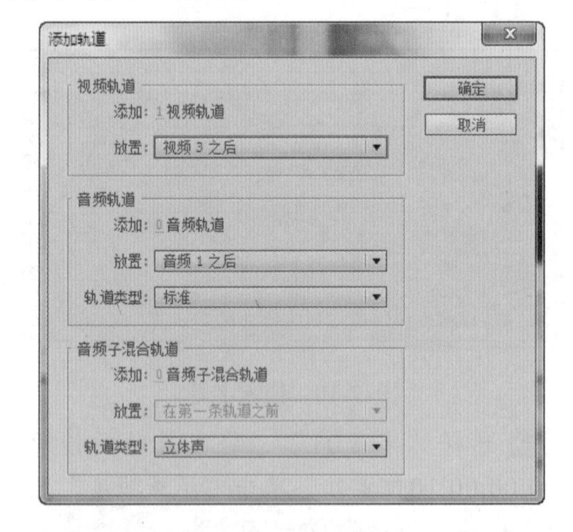

图17-19 添加轨道

Step 20▶ 将当前时间指示器移动至00;00;05;24位置处，将“字幕02”拖动至当前时间指示器位置处，选择“字幕02”，在“效果控件”面板中单击“位置”前的“切换动画”按钮，设置“位置”为

360.0和85.0。将当前时间指示器移动至00;00;07;09位置处，设置“位置”为360.0和240.0，如图17-20所示。

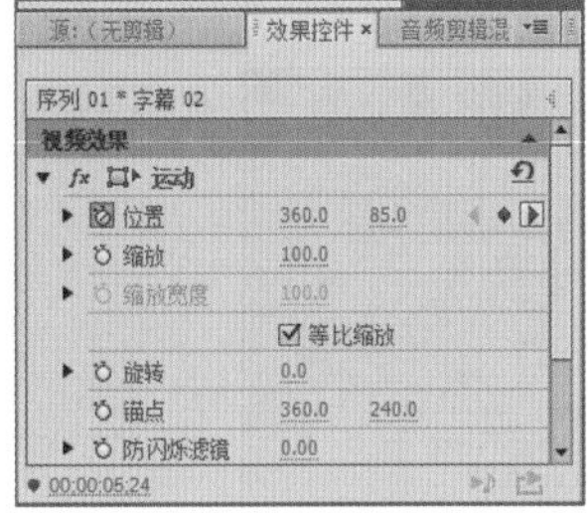
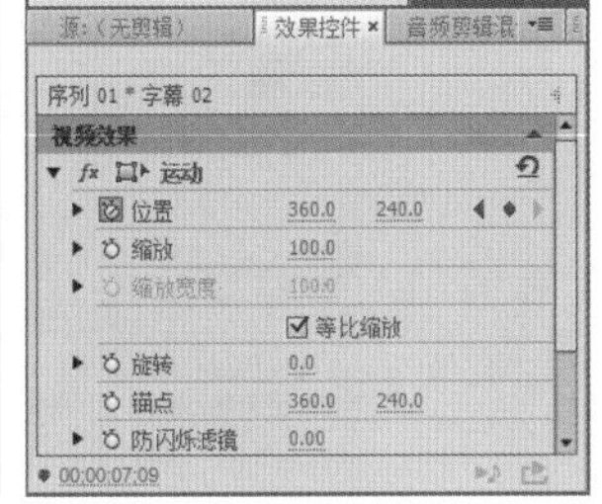

图17-20 创建“字幕02”关键帧

Step 21 将当前时间指示器移动至00;00;08;29位置处，在“效果控件”面板中单击“不透明度”栏上的“添加/移除关键帧”按钮，设置“不透明度”为100.0%。将当前时间指示器移动至00;00;09;28位置处，设置“不透明度”为0.0%，如图17-21所示。

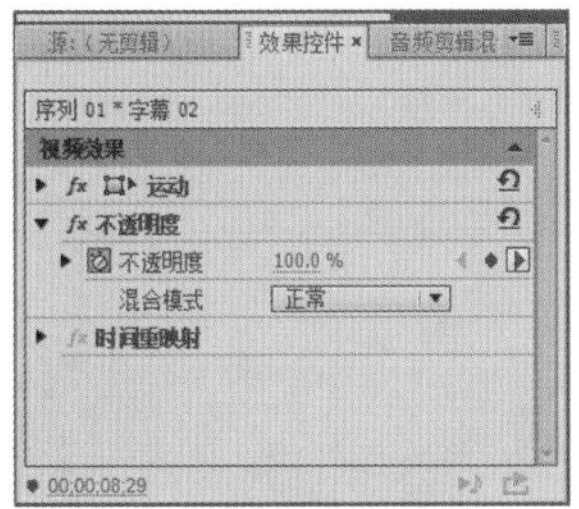
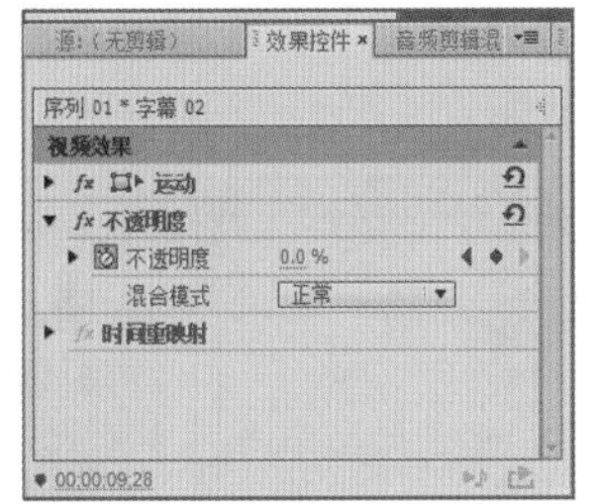

图17-21 设置“字幕02”参数

Step 22 参数设置完成后，可在“节目监视器”面板中单击“播放/停止切换”按钮预览效果，如图17-22所示。

图17-22 预览效果

Step 23 将“香水2.psd”素材拖动至“视频2”轨道的“花.psd”素材结尾处，将“背景2.jpg”素材拖动至“视频1”轨道的“素材01.avi”素材结尾处，如图17-23所示。

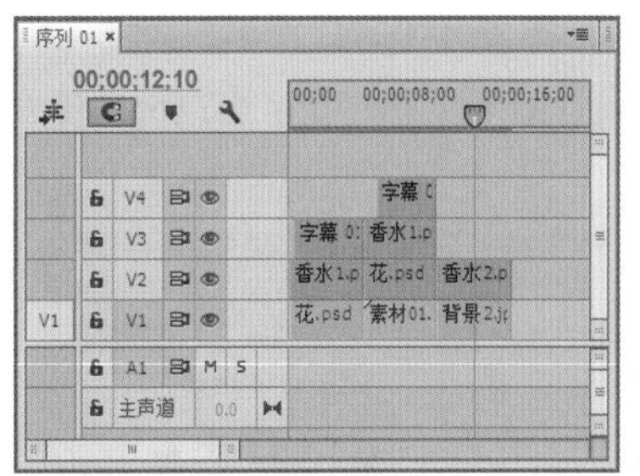

图17-23 拖入素材

技巧秒杀

图中可见音频轨道只有“音频1”轨道，默认则为3条轨道，在操作时，对不需要的轨道可将其删除，以免轨道过多出现错误。选择“序列”/“删除轨道”命令，在打开的对话框中即可将不用的轨道删除。

Step 24 在“效果”面板中选择“油漆飞溅”效果，将其添加到“花.psd”和“香水2.psd”素材之间，如图17-24所示。

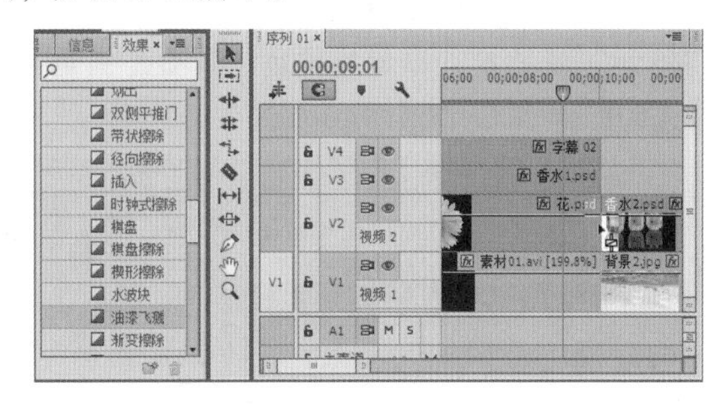

图17-24 添加“油漆飞溅”过渡效果

Step 25 选择“油漆飞溅”效果，在“效果控件”面板中设置“持续时间”为00;00;01;00，如图17-25所示。

图17-25 设置持续时间

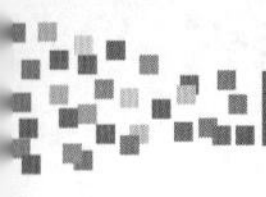

Step 26 在“效果”面板中选择“中心剥落”效果，将其添加到“素材01.avi”和“背景2.jpg”素材之间，如图17-26所示。

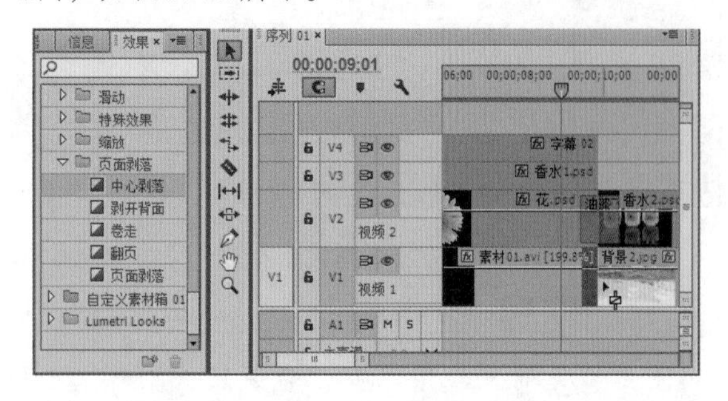

图17-26 添加“中心剥落”过渡效果

Step 27 选择“字幕”/“新建字幕”/“默认静态字幕”命令，新建“字幕03”，打开“字幕”面板，在字幕工作区输入“你的专属香水”文本，在“变换”栏设置“X位置”为577.1，“Y位置”为250.0，在“属性”栏中设置“字体系列”为“时尚中黑简体”，“字体大小”为60.0，“字符间距”为14.0，填充颜色为#F93C3C，单击“外描边”后的“添加”超链接，添加外描边，设置外描边“大小”为5.0，如图17-27所示。

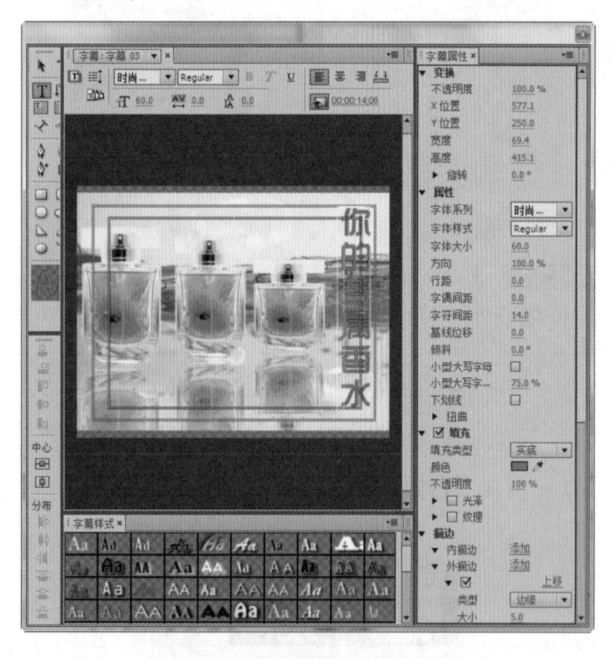

图17-27 设置字体样式

Step 28 单击“滚动/游动选项”按钮，打开“滚动/游动选项”对话框，在打开的对话框的“字幕类型”栏中选中 滚动 单选按钮，在“定时（帧）”栏中选中 开始于屏幕外 复选框，在“过卷”数值框中输入40，设置完成后，单击 确定 按钮，如图17-28所示。

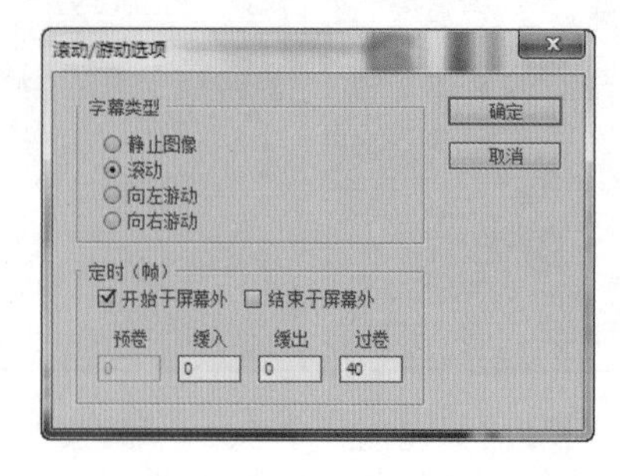

图17-28 “滚动/游动选项”对话框

Step 29 选择“字幕”/“新建字幕”/“默认静态字幕”命令，新建“字幕04”，打开“字幕”面板，选择“椭圆工具”，按住Shift键在字幕工作区绘制圆，在字幕“变换”栏上设置“X位置”为582.4，“Y位置”为73.6，“宽度”和“高度”均为80.0，设置填充颜色为#B8D4D8，如图17-29所示。

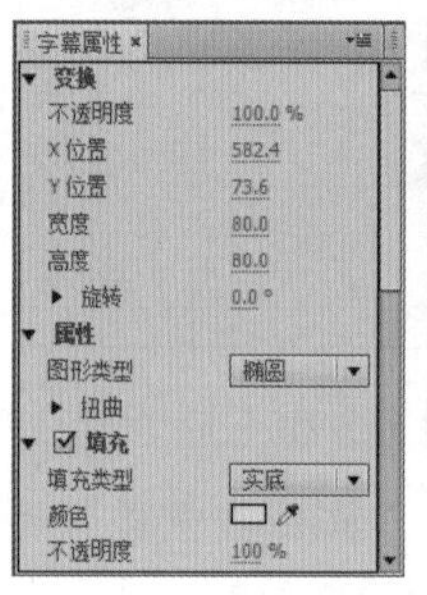

图17-29 绘制圆形

读书笔记

Step 30▶ 按住Alt键向下拖动，对刚绘制的圆进行复制，在字幕“变换”栏上设置“X位置”为581.4，“Y位置”为143.6，“宽度”和“高度”均为80.0，设置填充“颜色”为#BEF0F8，如图17-30所示。

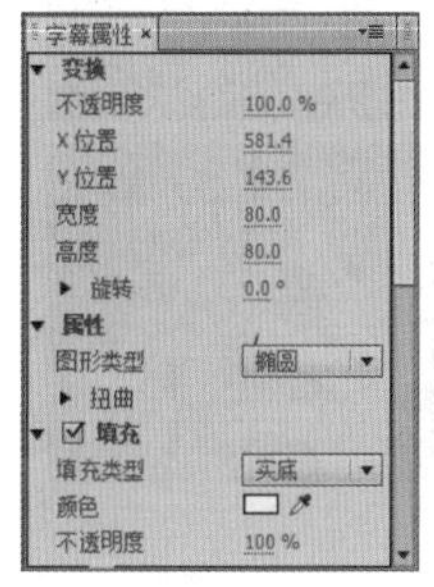

图17-30　复制圆形

Step 31▶ 使用相同的方法复制其他的圆形，并对其“位置”和“填充颜色”进行设置，如图17-31所示。

图17-31　复制其余的圆形

Step 32▶ 关闭“字幕”面板，将当前时间指示器移动至00;00;10;23位置处，将“字幕03”拖动至“视频4”轨道的时间指示器位置处，将“字幕04”拖动至“视频3”轨道的时间指示器位置处，如图17-32所示。

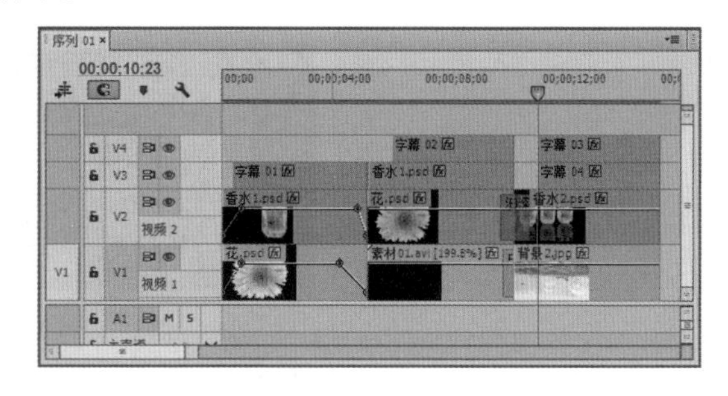

图17-32　拖入字幕素材

Step 33▶ 选择“字幕04”，在“效果控件”面板中设置“位置”为360.0和216.0，如图17-33所示。

图17-33　设置“字幕04”参数1

Step 34▶ 将当前时间指示器移动至00;00;10;23位置处，在“效果控件”面板中单击“不透明度”栏上的“添加/移除关键帧”按钮，设置“不透明度”为0.0%。将当前时间指示器移动至00;00;13;04位置处，设置“不透明度”为100.0%，如图17-34所示。

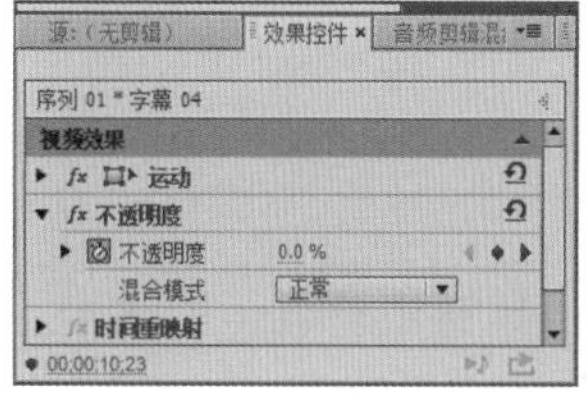
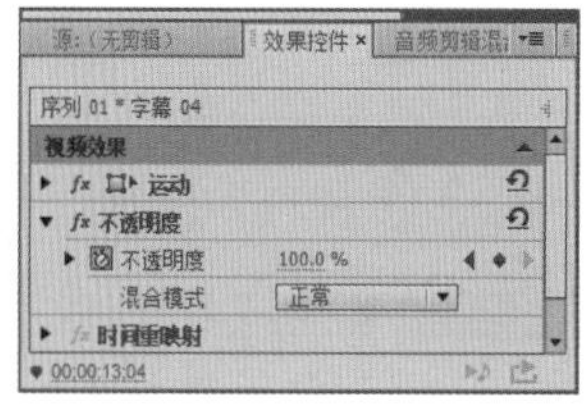

图17-34　设置“字幕04”参数2

Step 35▶ 参数设置完成后，可在“节目监视器”面板中单击“播放/停止切换”按钮预览效果，如图17-35所示。

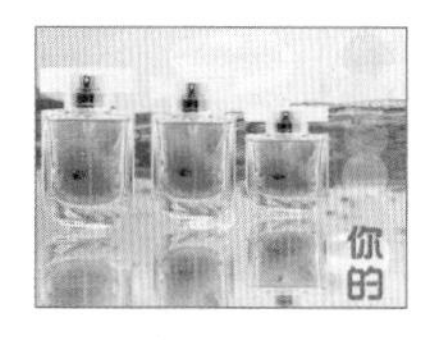
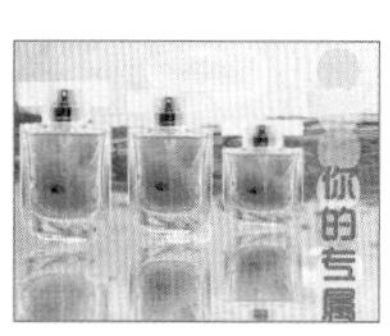
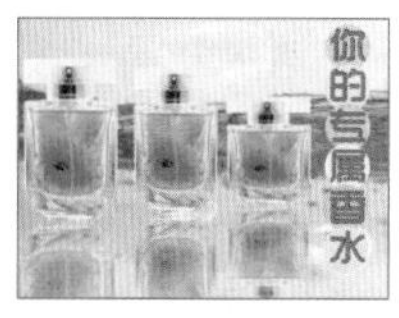

图17-35　预览效果

Step 36▶ 将“背景音乐.mp3”素材拖入至“音频1”轨道，保存项目文件，在“节目监视器”面板中单击“播放/停止切换”按钮，可对制作的最终效果进行查看，如图17-36所示。

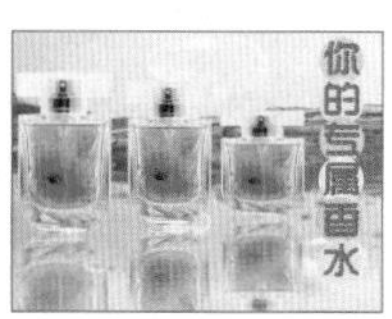

图17-36　查看最终效果

17.2 制作化妆品广告

过渡效果的应用 | 设置图层不透明度 | 视频效果的应用

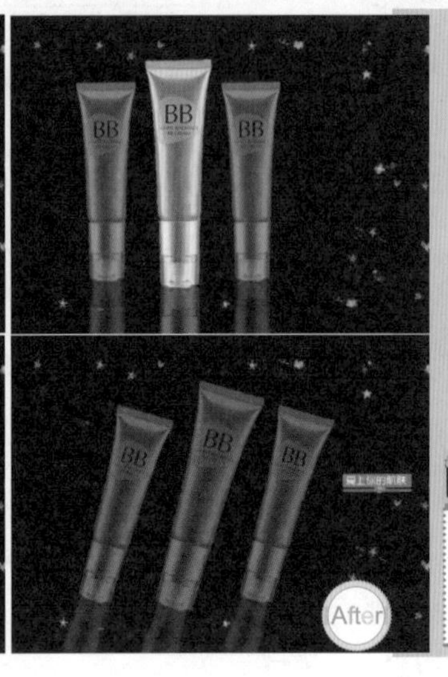

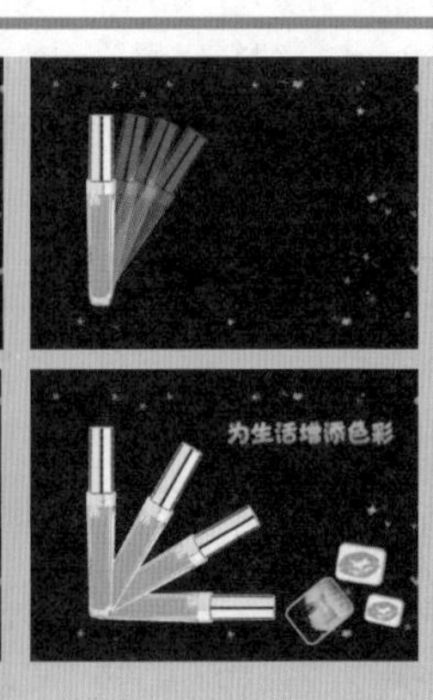

- 光盘\素材\第17章\化妆品广告\
- 光盘\效果\第17章\化妆品广告.prproj
- 光盘\实例演示\第17章\制作化妆品广告

在进行化妆品广告的制作时，可结合图片、字幕、视频效果和关键帧等知识体现其主题，下面讲解化妆品广告的制作方法。

Step 1 新建项目文件，并将其命名为“化妆品广告.prproj”，新建“序列01”，按Ctrl+I快捷键，打开“导入”对话框，选择所有的素材，单击 打开(O) 按钮，如图17-37所示。

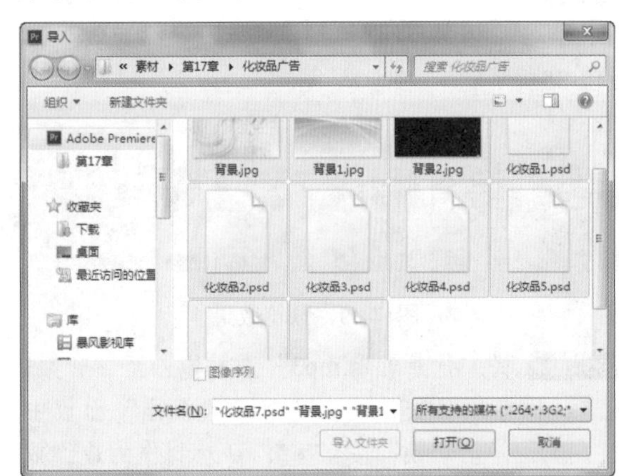

图17-37 导入素材

Step 2 素材将被导入至“项目”面板，将“背景2.jpg”素材拖动至“视频1”轨道的开始位置处，将“化妆品6.psd”素材拖动至“视频2”轨道开始位置处，如图17-38所示。

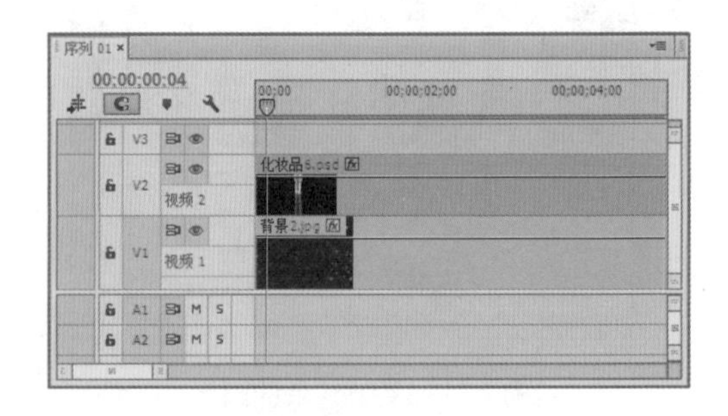

图17-38 拖入素材

Step 3 选择“化妆品6.psd”素材，在“效果控件”面板中设置“位置”为167.0和332.0，“缩放”为64.0，如图17-39所示。

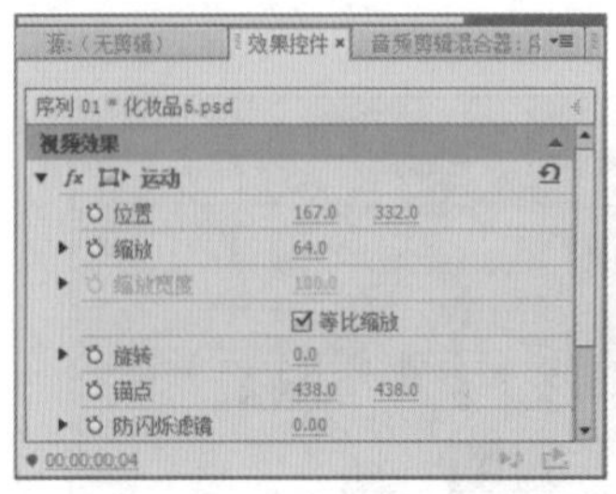

图17-39 设置化妆品6“位置”参数

Step 4 将当前时间指示器移动至00;00;00;00位置

处，单击“不透明度”后的“添加/移除关键帧”按钮，设置“不透明度”为0.0%。将当前时间指示器移动至00;00;00;15位置处，设置“不透明度”为100.0%，如图17-40所示。

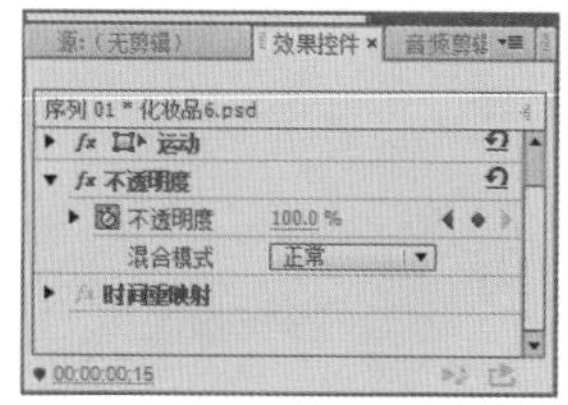

图17-40　设置“化妆品6”不透明度参数

Step 5 选择“字幕”/“新建字幕”/“默认静态字幕”命令，新建“字幕01”，打开“字幕”面板，选择“椭圆工具”，在字幕工作区绘制椭圆，在“变换”栏上设置“宽度”为3.0，“高度”为78.0，“旋转”为11.0°，设置填充颜色为白色，选中“光泽”复选框，设置光泽颜色为#FFFDE3，如图17-41所示。

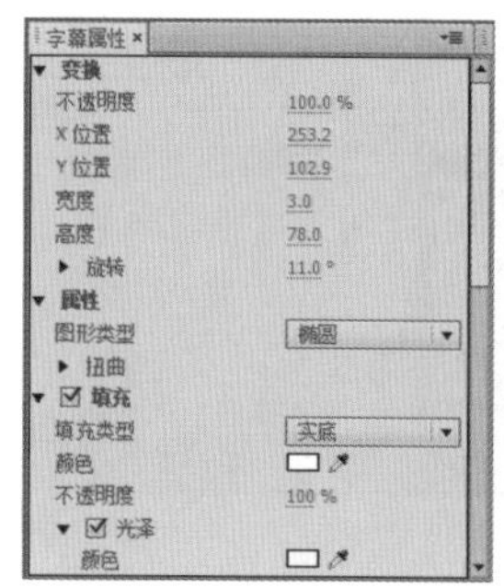

图17-41　绘制椭圆

Step 6 关闭“字幕”面板，将“字幕01”拖动至“视频3”轨道的00;00;01;00位置处，并设置其持续时间为00;00;00;25，如图17-42所示。

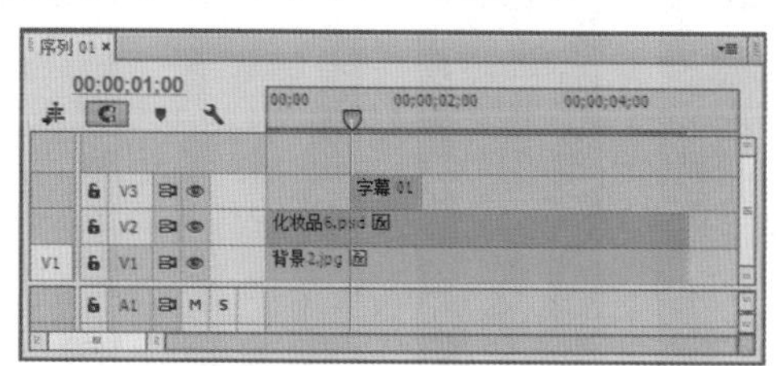

图17-42　添加字幕素材

Step 7 选择“序列”/“添加轨道”命令，打开“添加轨道”对话框，在“视频轨道”栏上的“添加”数值框中输入4，在“音频轨道”栏上的“添加”数值框中输入0，单击确定按钮，如图17-43所示。

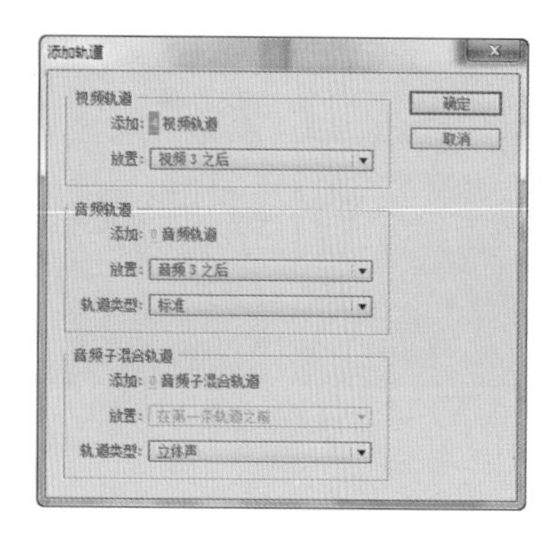

图17-43　添加轨道

Step 8 按住Alt键将“视频3”轨道的素材向上拖动进行复制，如图17-44所示。

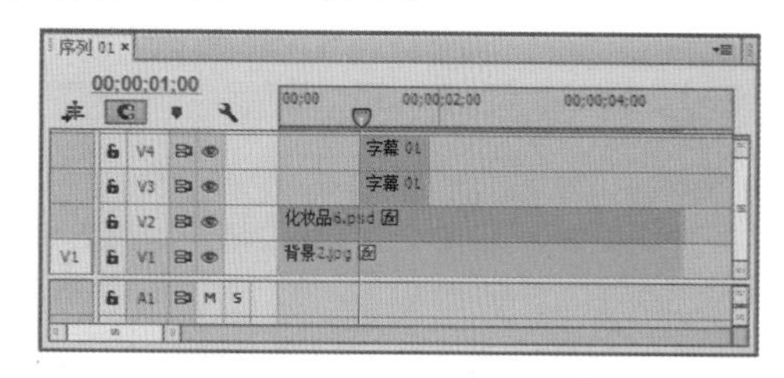

图17-44　复制素材

Step 9 选择“视频3”轨道中的素材，将当前时间指示器移动至00;00;01;00位置处，单击“位置”和“旋转”后侧的“添加/移除关键帧”按钮，创建关键帧，设置“位置”为245.0和656.0，“旋转”为-7.0°。将当前时间指示器移动至00;00;01;05位置处，设置“位置”为257.2和529.5，“旋转”为-10.0°，如图17-45所示。

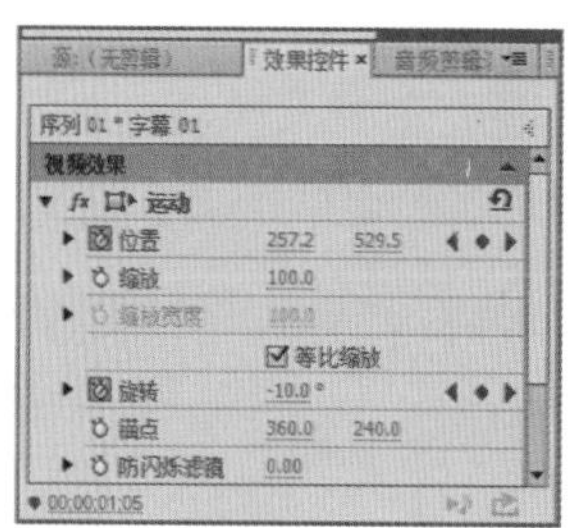

图17-45　创建“字幕01”关键帧

Step 10 将当前时间指示器移动至00;00;01;10位置处，设置“位置”为262.6和411.0，设置“旋转”为-13.0°。将当前时间指示器移动至00;00;01;15位置处，设置“位置”为261.2和269.5，单击“旋转”后侧的“添加/移除关键帧”按钮，添加关键帧，如图17-46所示。

图17-46 设置“字幕01”位置参数

Step 11 将当前时间指示器移动至00;00;01;20位置处，设置“位置”为261.0和174.0，设置“旋转”为-22.0°。将当前时间指示器移动至00;00;01;25位置处，设置“位置”为228.0和57.0，如图17-47所示。

图17-47 设置“字幕01”旋转参数

Step 12 选择“视频4”轨道中的素材，将当前时间指示器移动至00;00;01;00位置处，单击“位置”后侧的“添加/移除关键帧”按钮，创建关键帧，设置“位置”为360.0和96.0。将当前时间指示器移动至00;00;01;05位置处，设置“位置”为321.0和221.0，单击“旋转”后侧的“添加/移除关键帧”按钮，创建关键帧，如图17-48所示。

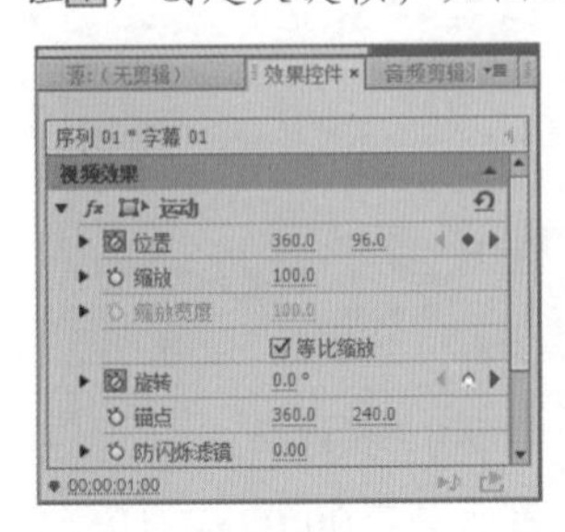

图17-48 创建“字幕01”关键帧

Step 13 将当前时间指示器移动至00;00;01;10位置处，设置“位置”为327.0和330.0，设置“旋转”为-8.0°。将当前时间指示器移动至00;00;01;15位置处，设置“位置”为327.0和465.0，设置“旋转”为-10.0°，如图17-49所示。

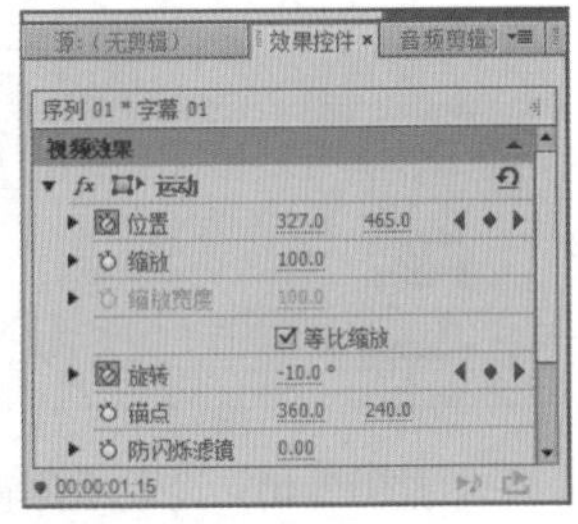

图17-49 设置“字幕01”位置参数

Step 14 将当前时间指示器移动至00;00;01;20位置处，设置“位置”为327.0和597.0，单击“旋转”后侧的“添加/移除关键帧”按钮，添加关键帧。将当前时间指示器移动至00;00;01;25位置处，设置“位置”为345.0和643.0，“旋转”为-14.0°，如图17-50所示。

图17-50 设置“字幕01”旋转参数

Step 15 参数设置完成后，可在“节目监视器”面板中单击“播放/停止切换”按钮预览效果，如图17-51所示。

图17-51 预览效果

Step 16▶ 选择“字幕”/“新建字幕”/“默认静态字幕”命令，新建“字幕02”，打开“字幕”面板，选择“矩形工具”，在字幕工作区绘制矩形，在“变换”栏上设置“X位置”为546.6，“Y位置”为199.5，“宽度”为210.0，“高度”为39.0，设置填充颜色为#8C3BD8，如图17-52所示。

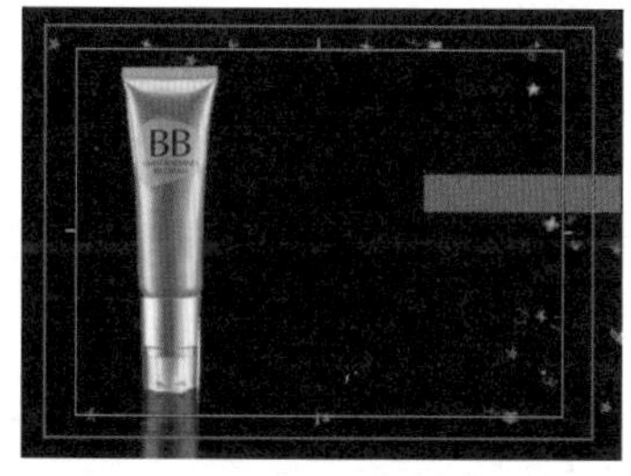

图17-52　绘制“字幕02”矩形

Step 17▶ 按住Alt键向下拖动复制矩形，在“变换”栏上设置“X位置”为546.6，“Y位置”为230.0，“宽度”为210.0，“高度”为6.0，如图17-53所示。

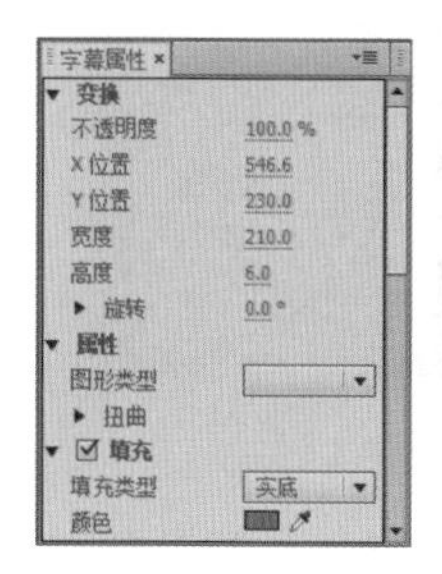

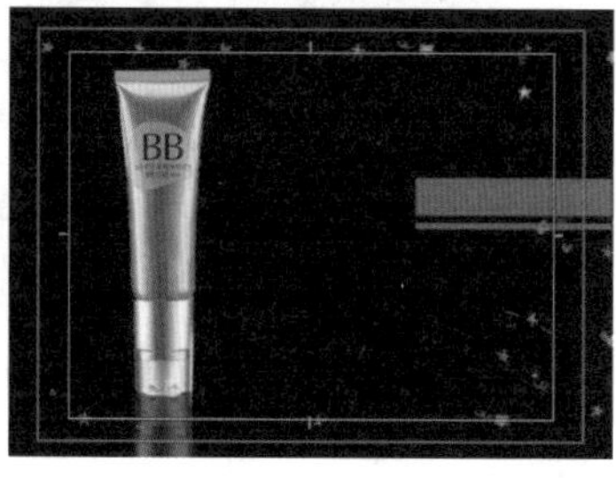

图17-53　复制矩形

Step 18▶ 关闭“字幕”面板，将时间指示器移动至00;00;02;01位置处，选择“视频2”轨道上的“化妆品6.psd”素材，按住Alt键向上拖动进行两次复制操作，分别将其复制到“视频3”和“视频4”轨道，如图17-54所示。

图17-54　复制素材

Step 19▶ 将当前时间指示器移动至00;00;02;01位置处，选择“视频2”轨道上的“化妆品6.psd”素材，在“效果控件”面板中单击“位置”前的“切换动画”按钮。将当前时间指示器移动至00;00;02;11位置处，设置“位置”为285.0和332.0，如图17-55所示。

图17-55　设置“视频2”的“化妆品6”参数

Step 20▶ 将当前时间指示器移动至00;00;02;01位置处，选择“视频3”轨道上的“化妆品6.psd”素材，在“效果控件”面板中分别单击“位置”和“缩放”前的“切换动画”按钮。将当前时间指示器移动至00;00;02;11位置处，在“效果控件”面板中设置“位置”为426.0和332.0，“缩放”为55.0，如图17-56所示。

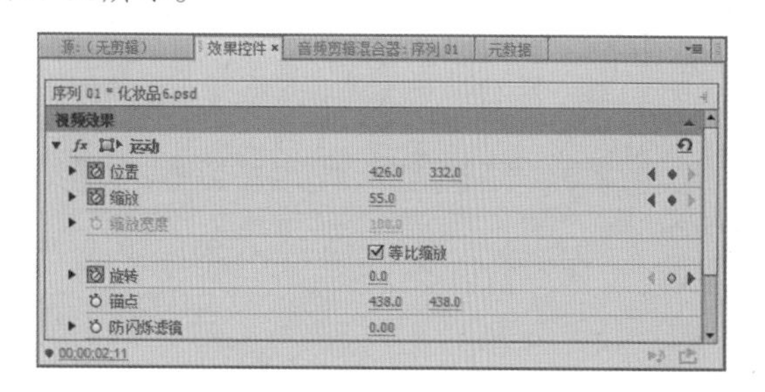

图17-56　设置“视频3”的“化妆品6”参数

读书笔记

Step 21▶ 将当前时间指示器移动至00;00;02;01位置处，选择“视频4”轨道上的“化妆品6.psd”素材，在“效果控件”面板中分别单击“位置”和“缩放”前的“切换动画”按钮。将当前时间指示器移动至00;00;02;11位置处，在“效果控件”面板中设置“位置”为150.0和332.0，“缩放”为55.0，如图17-57所示。

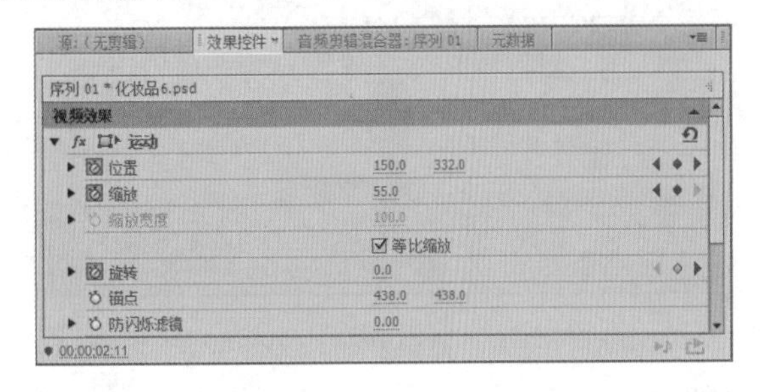

图17-57 设置“视频4”的“化妆品6”参数

Step 22▶ 将当前时间指示器移动至00;00;03;26位置处，选择“视频2”轨道上的“化妆品6.psd”素材，在“效果控件”面板中分别单击“旋转”和“不透明度”前的“切换动画”按钮，设置“旋转”为0.0°，“不透明度”为100.0%。将当前时间指示器移动至00;00;04;07位置处，设置“旋转”为30.0°，“不透明度”为0.0%，如图17-58所示。

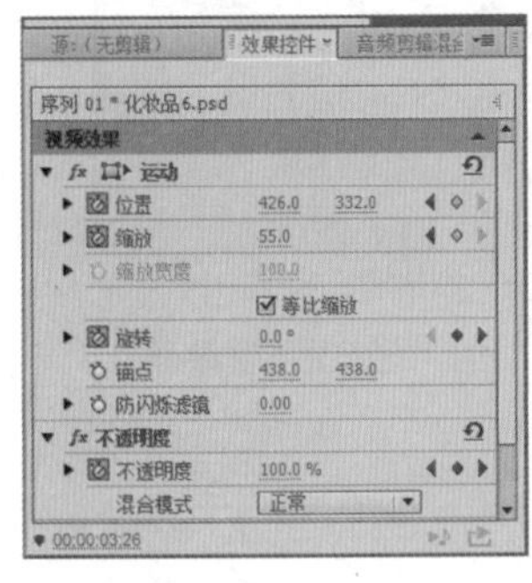
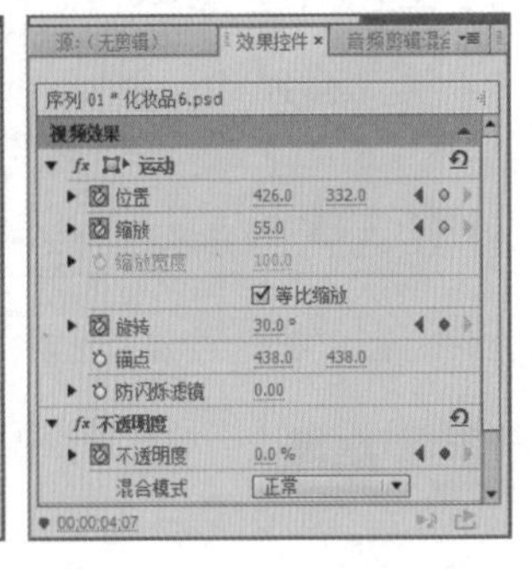

图17-58 设置“视频2”的“化妆品6”参数

Step 23▶ 使用相同的方法，对“视频3”和“视频4”轨道的“化妆品6.psd”素材的“旋转”和“不透明度”参数进行设置，其参数设置与“视频2”轨道的“化妆品6.psd”素材相同，设置完成后，在“节目监视器”面板中单击“播放/停止切换”按钮预览效果，如图17-59所示。

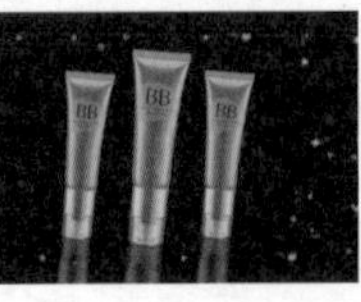

图17-59 查看效果

Step 24▶ 选择“字幕”/“新建字幕”/“默认静态字幕”命令，新建“字幕03”，打开“字幕”面板，在字幕工作区输入“爱上你的肌肤”文本，在“变换”栏设置“X位置”为544.1，“Y位置”为200.6，在“属性”栏中设置“字体系列”为“时尚中黑简体”，“字体大小”为28.0，填充颜色为白色，如图17-60所示。

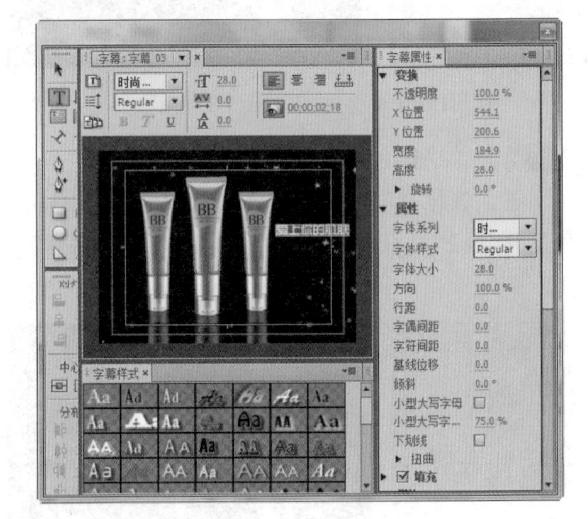

图17-60 设置“字幕03”字体样式

Step 25▶ 关闭“字幕”面板，将“字幕02”拖动至“视频5”轨道的00;00;02;18位置处，设置持续时间为00;00;01;20，在“效果控件”面板中单击“不透明度”后的“添加/移除关键帧”按钮，设置“不透明度”为0.0%。将当前时间指示器移动至00;00;03;00位置处，设置“不透明度”为100.0%，如图17-61所示。

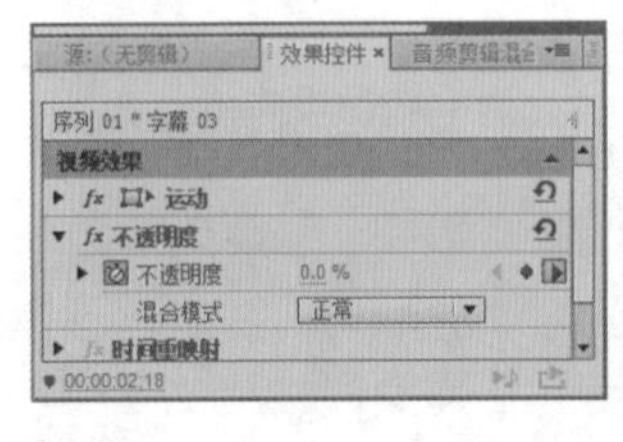
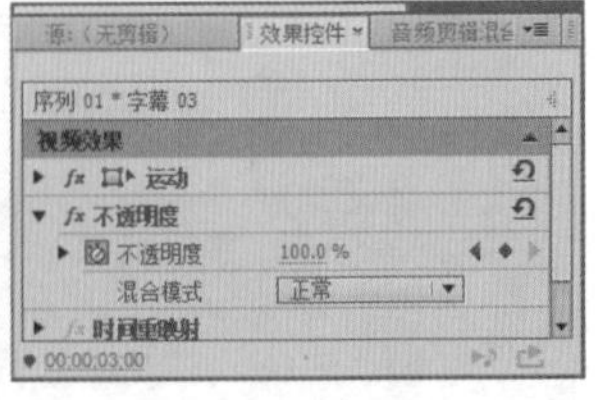

图17-61 设置“字幕03”参数

Step 26▶ 将当前时间指示器移动至00;00;03;26

位置处，单击“位置”和“缩放”前的“切换动画”按钮，设置“位置”为360.0和240.0，“缩放”为100.0。将当前时间指示器移动至00;00;04;08位置处，设置“位置”为660.0和240.0，“缩放”为0.0，如图17-62所示。

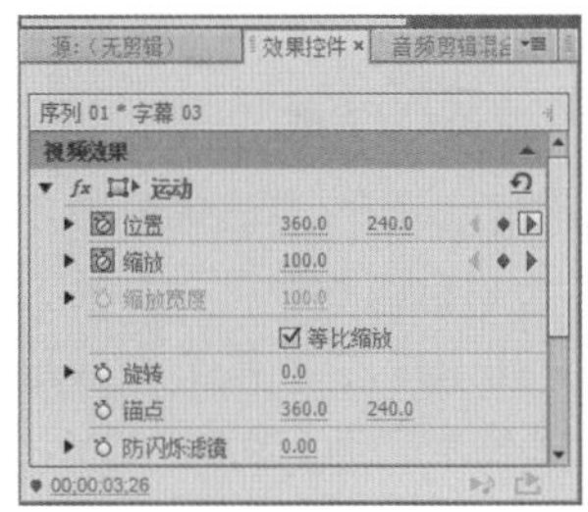
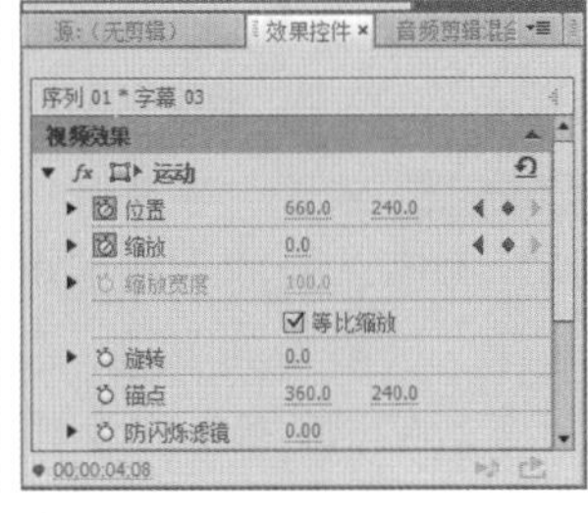

图17-62　创建“字幕03”关键帧

Step 27 将“字幕03”拖动至“视频6”轨道00;00;02;18位置处。使用相同的方法，对其进行步骤25和26的操作，设置完成后，可在“节目监视器”面板中对其效果进行查看，如图17-63所示。

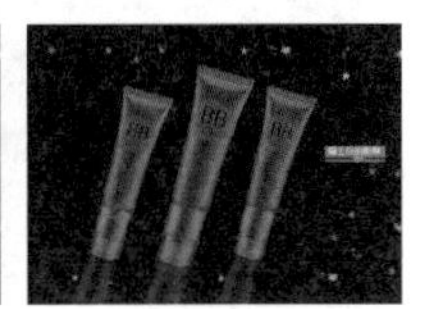

图17-63　预览效果

Step 28 将“视频1”至“视频4”轨道上的素材拖动至与“字幕03”结尾处对齐，如图17-64所示。

图17-64　设置持续时间

Step 29 将“背景1.jpg”素材拖动至“视频1”轨道的“背景2.jpg”素材结尾位置处，设置“持续时间”为00;00;06;17，将“化妆品1.psd”素材拖动至“视频2”轨道的“化妆品6.psd”素材结尾位置处，拖动使其与“背景2.jpg”素材结尾位置对齐，如图17-65所示。

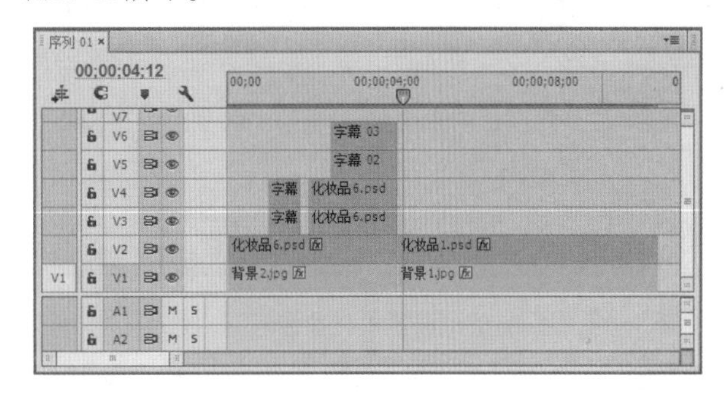

图17-65　拖动素材

Step 30 选择“化妆品1.psd”素材，将当前时间指示器移动至00;00;04;08位置处，单击“位置”和“缩放”后侧的“添加/移除关键帧”按钮，设置“位置”为248.0和240.0，“缩放”为78.0。将当前时间指示器移动至00;00;05;01位置处，设置“位置”为321.0和234.0，“缩放”为44.0，如图17-66所示。

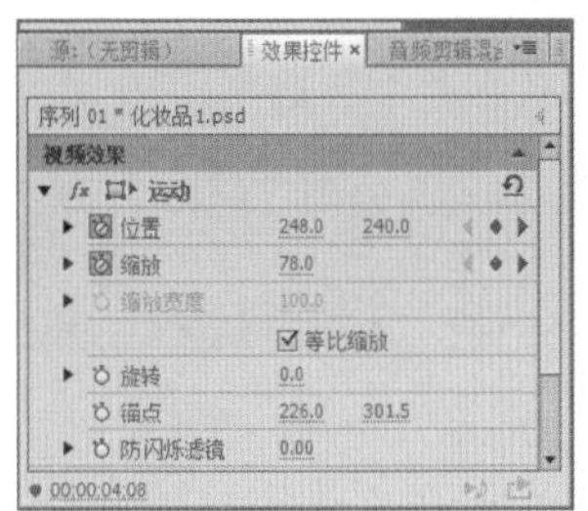
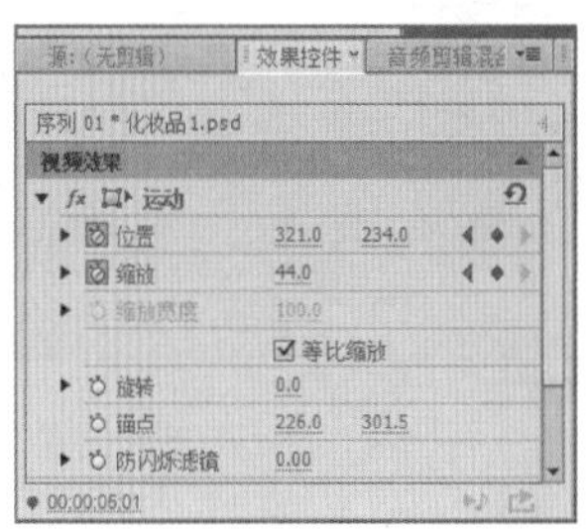

图17-66　设置“化妆品1”参数

Step 31 将“化妆品5.psd”素材拖动至“视频3”轨道00;00;04;29位置处，在“效果控件”面板中单击“位置”和“缩放”后侧的“添加/移除关键帧”按钮，设置“位置”为-84.0和293.0，“缩放”为31.0。将当前时间指示器移动至00;00;05;25位置处，设置“位置”为412.0和270.0，“缩放”为38.0，如图17-67所示。

读书笔记

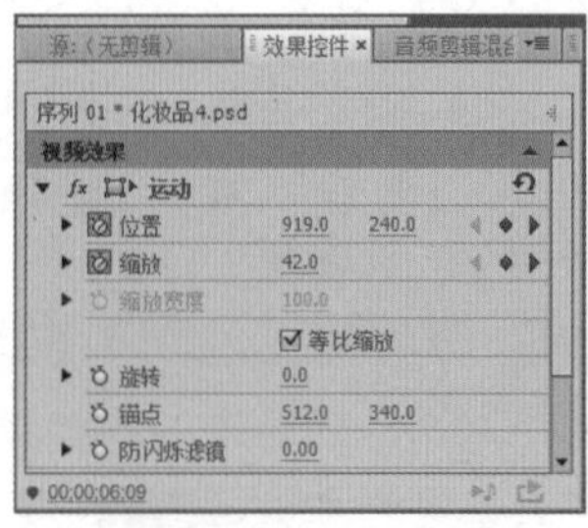

图17-67　设置“化妆品5”参数

Step 32 将“化妆品3.psd”素材拖动至“视频4”轨道00;00;05;18位置处，在“效果控件”面板中单击“位置”和“缩放”后侧的“添加/移除关键帧”按钮，设置“位置”为-172.0和377.0，“缩放”为80.0。将当前时间指示器移动至00;00;06;15位置处，设置“位置”为188.0和368.0，“缩放”为105.0，如图17-68所示。

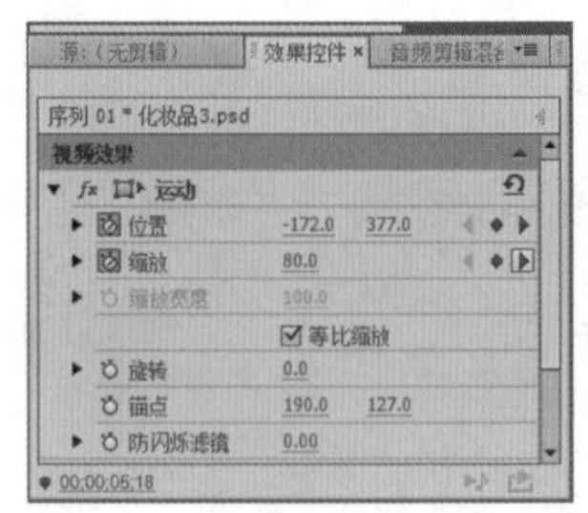
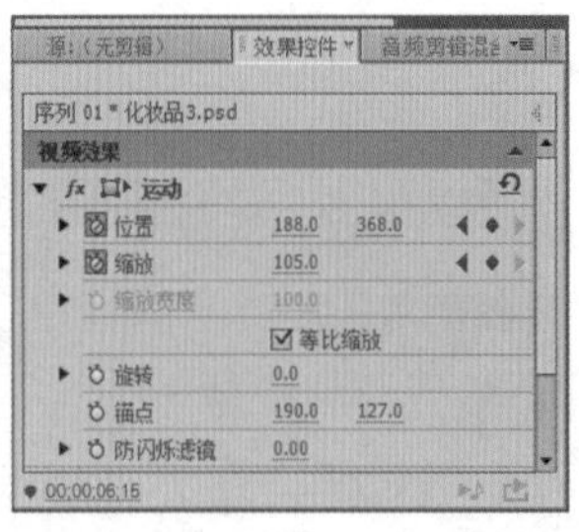

图17-68　设置“化妆品3”参数

Step 33 将“化妆品4.psd”素材拖动至“视频5”轨道00;00;06;09位置处，在“效果控件”面板中单击“位置”和“缩放”后侧的“添加/移除关键帧”按钮，设置“位置”为919.0和240.0，“缩放”为42.0。将当前时间指示器移动至00;00;06;27位置处，设置“位置”为501.0和301.0，“缩放”为51.0，如图17-69所示。

读书笔记

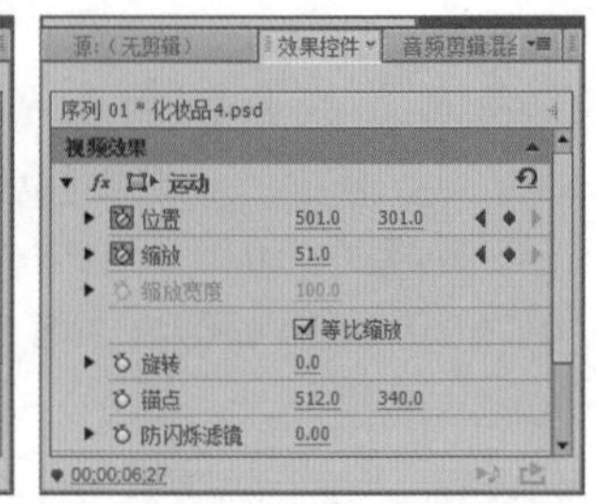

图17-69　设置“化妆品4”参数

Step 34 选择“字幕”/“新建字幕”/“默认静态字幕”命令，新建“字幕04”，打开“字幕”面板，选择“椭圆工具”，按住Shift键在字幕工作区绘制圆，在“变换”栏设置“X位置”为150.0，“Y位置”为100.0，“宽度”和“高度”均为60.0，设置填充颜色为#EADCD5，选中阴影复选框，如图17-70所示。

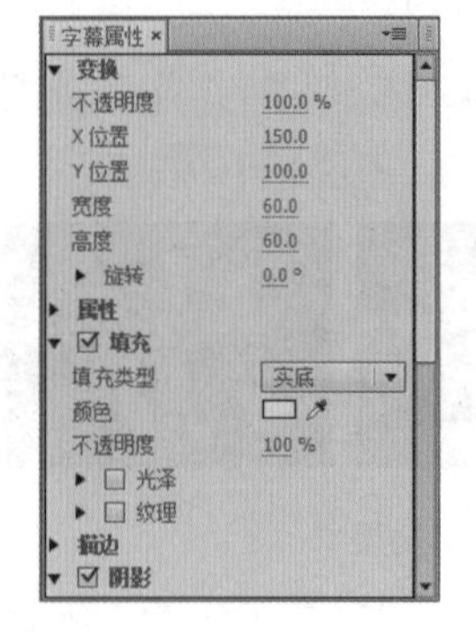

图17-70　绘制“字幕04”圆形

Step 35 按住Alt键向下拖动，复制刚绘制的圆，在“变换”栏设置“X位置”为211.5，填充颜色为#F1E1DA，其他参数保持默认不变，如图17-71所示。

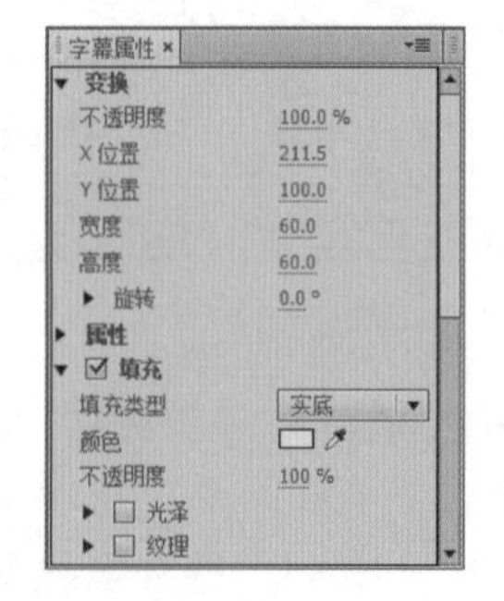

图17-71　复制圆形

Step 36 使用相同的方法复制其他的圆形，并对其“X位置”和填充颜色进行设置，如图17-72所示。

图17-72　复制其余的圆形

Step 37▶ 选择“文字工具”T，在字幕工作区中输入“每个人都可以很美”，在“字幕属性”面板中设置参数，使其位于圆形之上，设置“X位置”为372.1，“Y位置”为102.7，“宽度”为494.1，“高度”为37.0，设置“字符间距”为35.0，然后对文字填充颜色进行设置，如图17-73所示。

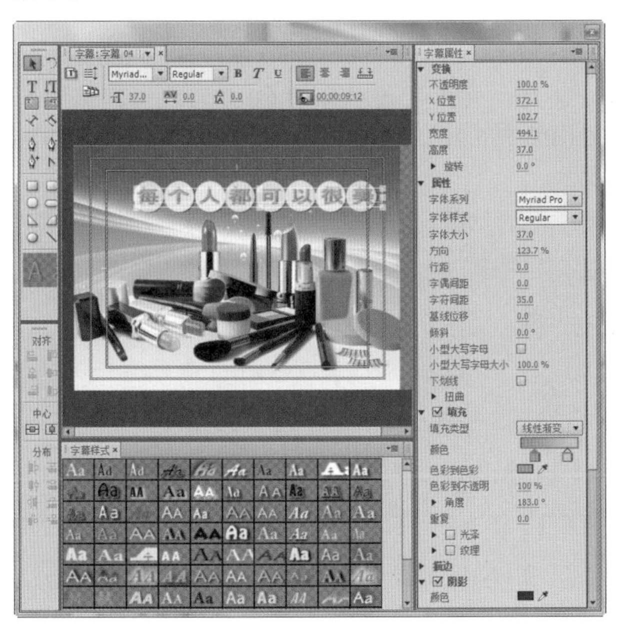

图17-73　输入文本

Step 38▶ 单击“滚动/游动选项”按钮，打开“滚动/游动选项”对话框，在“字幕类型”栏中选中 ⊙向右游动 单选按钮，在“定时（帧）”栏中选中 ☑开始于屏幕外 复选框，在“过卷”数值框中输入20，设置完成后，单击 确定 按钮，如图17-74所示。

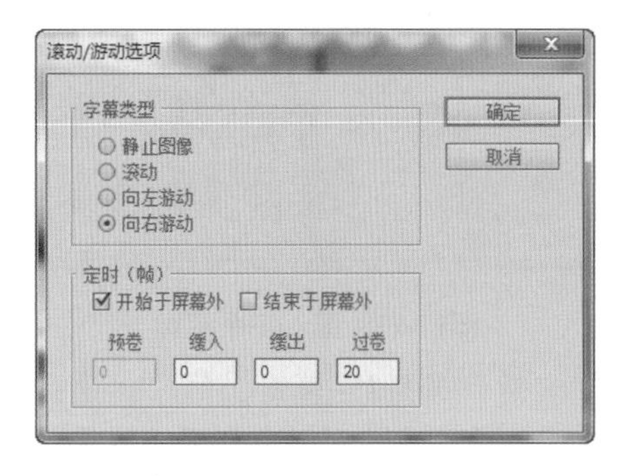

图17-74　“滚动/游动选项”对话框

Step 39▶ 将“字幕04”拖动至“视频6”轨道00;00;06;26位置处，拖动至与“化妆品4.psd”结尾处对齐，如图17-75所示。

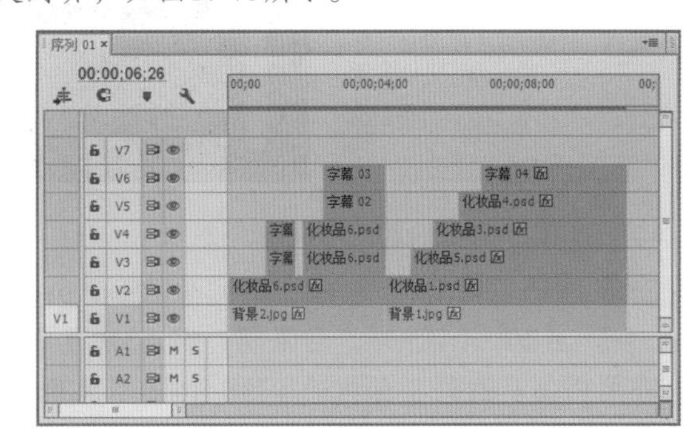

图17-75　拖入素材

Step 40▶ 设置完成后，可在“节目监视器”面板中对其效果进行查看，如图17-76所示。

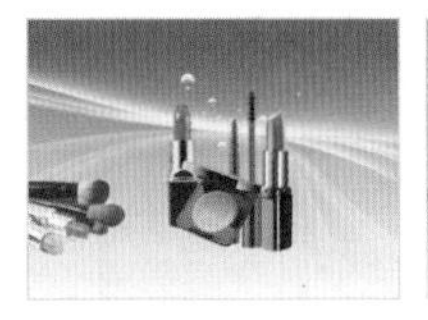

图17-76　预览效果

Step 41▶ 将“背景2.jpg”素材拖动至“视频1”轨道的“背景1.jpg”素材结尾位置处，设置“持续时间”为00;00;03;21，将“化妆品2.psd”素材拖动至“视频2”轨道的“化妆品1.psd”素材结尾位置处，拖动使其与“背景2.jpg”素材结尾位置对齐，如图17-77所示。

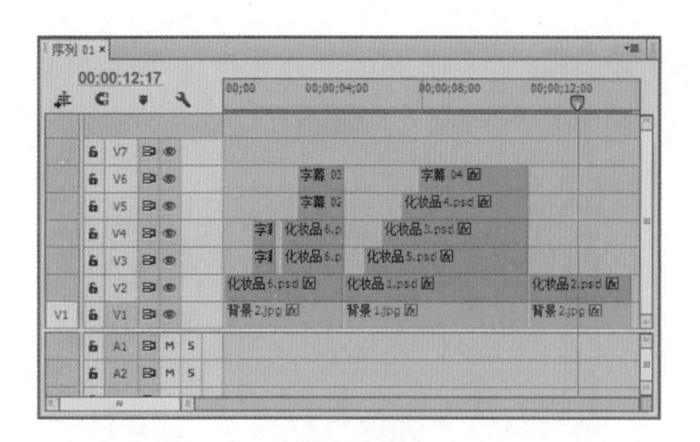

图17-77 拖入多个素材

Step 42 选择“视频2”轨道上的“化妆品2.psd”素材，在“效果控件”面板中设置“位置”为140.0和318.9，“缩放”为46.0，如图17-78所示。

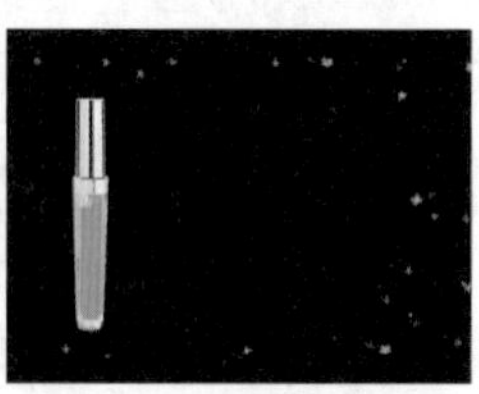

图17-78 设置“化妆品2”参数

Step 43 选择“视频2”轨道上的“化妆品2.psd”素材，按住Alt键向上拖动进行复制，重复3次复制操作，分别将其复制到“视频3”“视频4”“视频5”轨道，如图17-79所示。

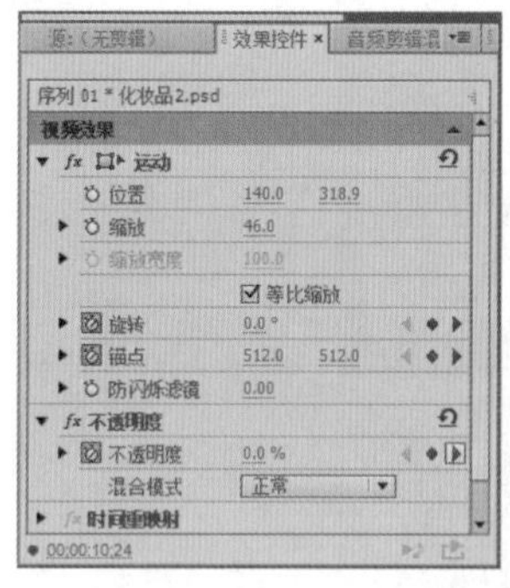

图17-79 复制素材

Step 44 选择“视频2”轨道上的“化妆品2.psd”素材，将当前时间指示器移动至00;00;10;24位置处，在“效果控件”面板中单击“旋转”和“锚点”前的“切换动画”按钮，设置“旋转”为0.0°，“锚点”为512.0和512.0。单击“不透明度”后的“添加/移除关键帧”按钮，设置“不透明度”为0.0%。将当前时间指示器移动至00;00;11;10位置处，设置“旋转”为90.0°，“锚点”为338.0和648.0，“不透明度”为100.0%，如图17-80所示。

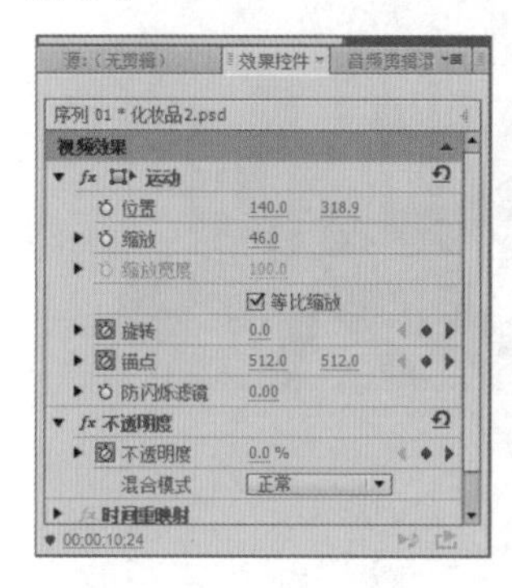

图17-80 设置“视频2”的“化妆品2”参数

Step 45 选择“视频3”轨道上的“化妆品2.psd”素材，将当前时间指示器移动至00;00;10;24位置处，在“效果控件”面板中单击“旋转”和“锚点”前的“切换动画”按钮，设置“旋转”为0.0°，“锚点”为512.0和512.0。单击“不透明度”后的“添加/移除关键帧”按钮，设置“不透明度”为0.0%。将当前时间指示器移动至00;00;11;10位置处，设置“旋转”为60.0°，“锚点”为371.0和586.0，“不透明度”为100.0%，如图17-81所示。

图17-81 设置“视频3”的“化妆品2”参数

Step 46 选择“视频4”轨道上的“化妆品2.psd”素材，将当前时间指示器移动至00;00;10;24位置处，在“效果控件”面板中单击“旋转”和“锚点”前的“切换动画”按钮，设置“旋转”为0.0°，“锚点”为512.0和512.0。单击“不透明度”

后的“添加/移除关键帧”按钮，设置“不透明度”为0.0%，将当前时间指示器移动至00;00;11;10位置处，设置“旋转”为30.0°，“锚点”为426.0和542.0，“不透明度”为100.0%，如图17-82所示。

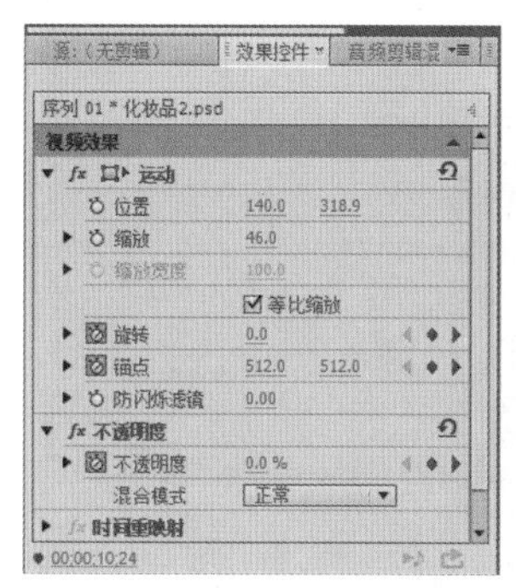

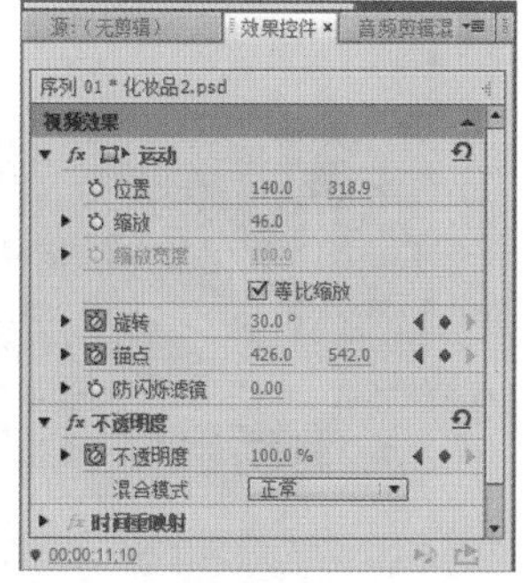

图17-82　设置“视频4”的“化妆品2”参数

Step 47 参数设置完成后，可在“节目监视器”面板中单击“播放/停止切换”按钮预览效果，如图17-83所示。

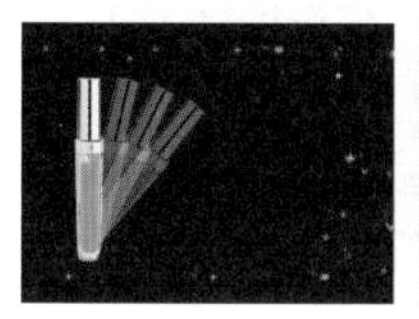

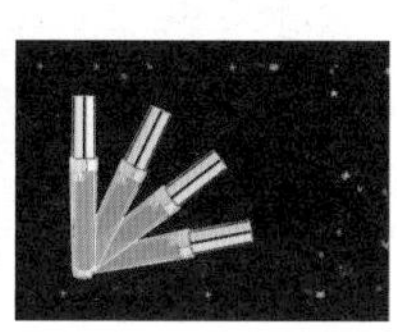

图17-83　预览效果

Step 48 新建“字幕05”，在“字幕工具”栏中选择“圆角矩形工具”，在字幕工作区绘制一个圆角矩形，并在“字幕属性”面板的“变换”栏中设置“X位置”为558.2，“Y位置”为334.2，“宽度”为73.7，“高度”为55.4，“旋转”为9.0°，在“属性”栏中设置“圆角大小”为13.5%，如图17-84所示。

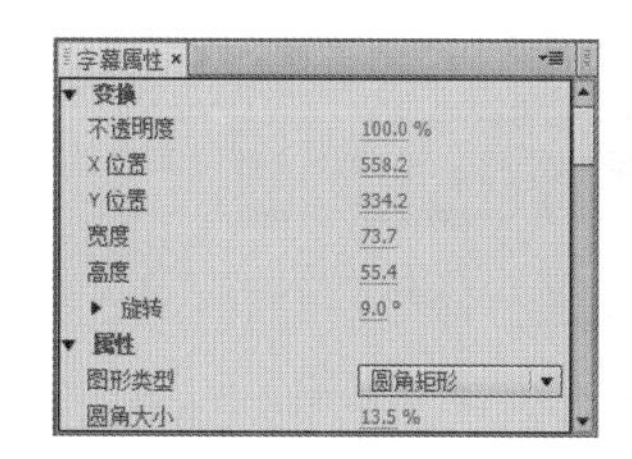

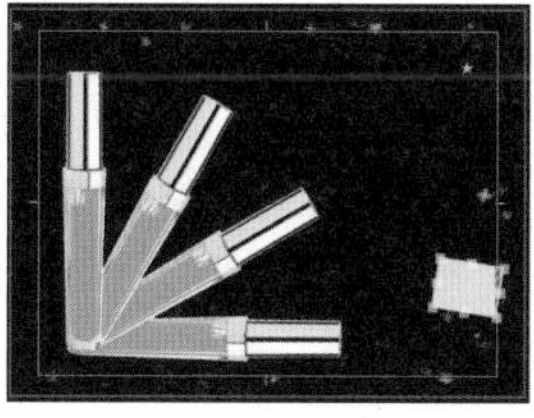

图17-84　绘制“字幕05”矩形

Step 49 单击“内描边”后的“添加”超链接，激活并选中☑外描边复选框，选中内描边下的☑纹理复选框，单击“纹理”选项的缩略图，在打开的“选择纹理图像”对话框中选择“素材.jpg”素材，单击 打开(O) 按钮，如图17-85所示。

图17-85　选择纹理图像

Step 50 在“描边”栏中设置内描边的“类型”为“凹进”，单击“外描边”选项对应的“添加”超链接，激活并选中☑外描边复选框，设置填充颜色为#EA9DF5，如图17-86所示。

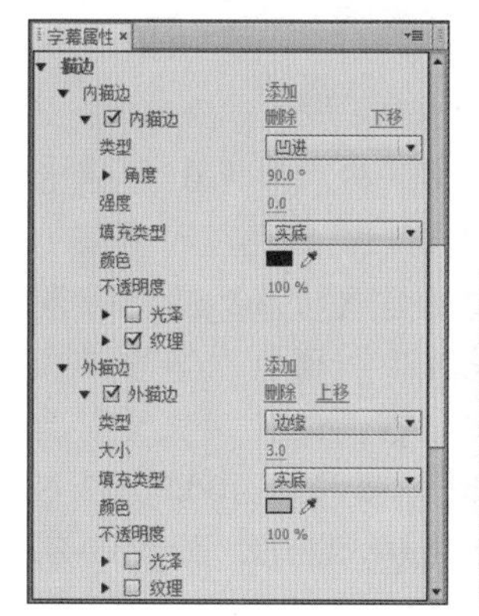

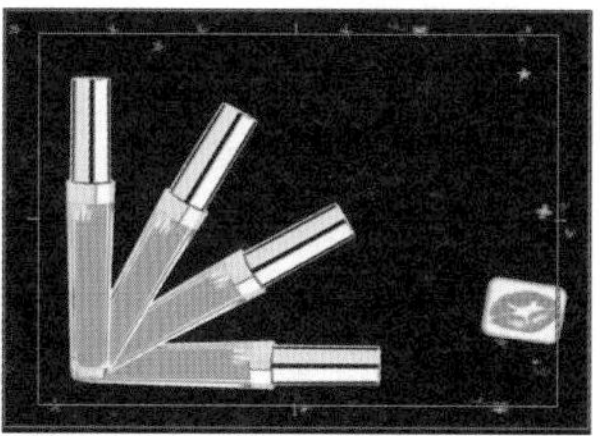

图17-86　设置外描边

Step 51 按住Alt键向下拖动进行复制，并在“字幕属性”面板的“变换”栏中设置“X位置”为597.9，“Y位置”为409.8，“宽度”为55.2，“高度”为40.5，“旋转”为12.0°，如图17-87所示。

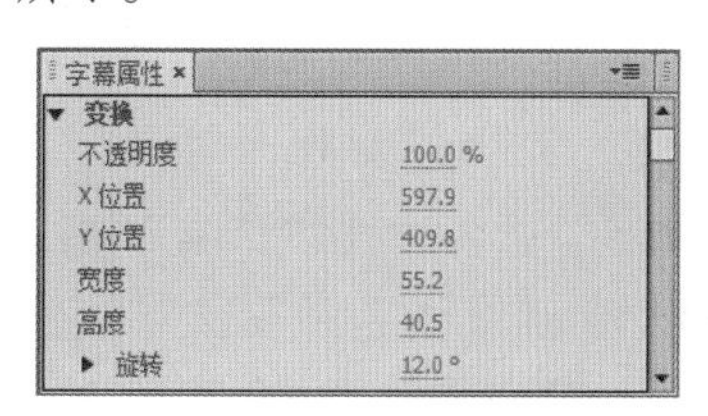

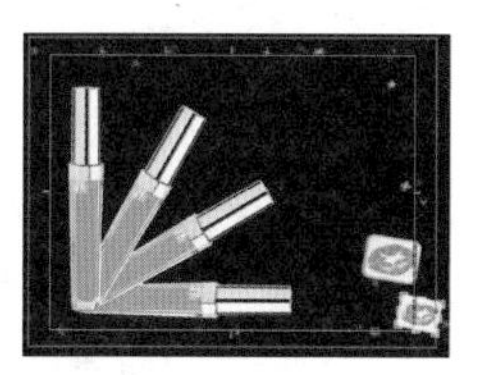

图17-87　复制矩形

Step 52 按住Alt键向下拖动进行复制，并在“字幕属性”面板的“变换”栏中设置“X位置”为489.0，“Y位置”为411.3，“宽度”为92.9，“高度”为69.6，“旋转”为321.0°，单击内描边下“纹理”选项的缩略图，在打开的“选择纹理图像”对话框中选择“素材2.jpg”素材，如图17-88所示。

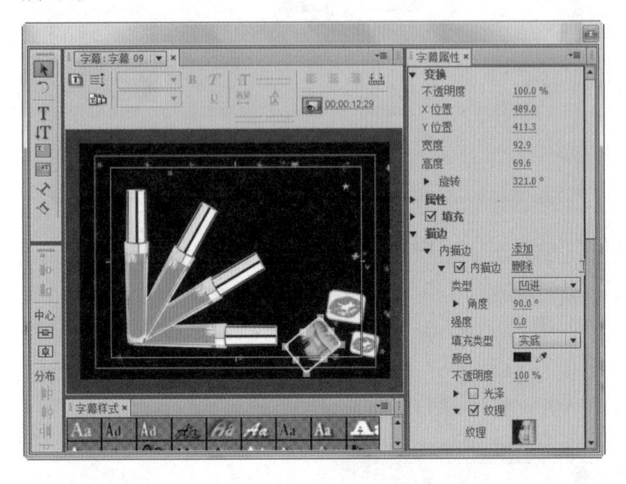

图17-88 再次复制矩形

Step 53 关闭“字幕”面板，将“字幕05”素材拖动至“视频6”轨道的00;00;11;19结尾位置处，拖动使其与“视频5”轨道的“化妆品2.psd”素材结尾位置对齐。在“效果控件”面板中单击“位置”前的“切换动画”按钮，设置“位置”为360.0和428.0，将当前时间指示器移动至00;00;12;22位置处，设置“位置”为360.0和227.0，如图17-89所示。

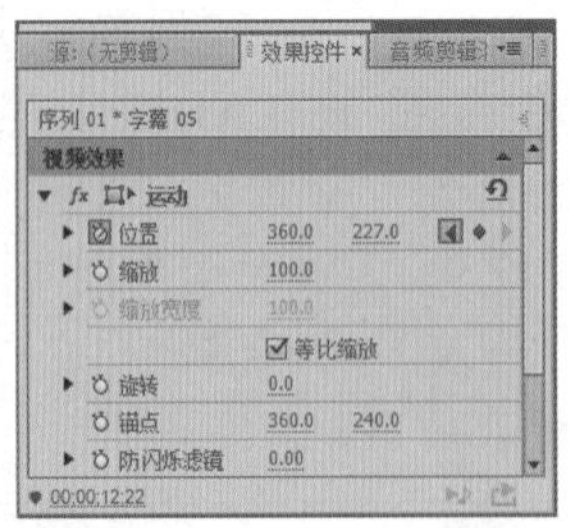

图17-89 设置“字幕05”参数

Step 54 新建“字幕06”，选择“文字工具”，在字幕工作区输入“为生活增添色彩”文字，在“字幕属性”面板中设置“X位置”为449.7，“Y位置”为146.8，“宽度”为297.0，“高度”为43.4，设置“字体系列”为“汉仪太极体简”，“字体大小”为35.0，在“填充”栏下的“填充类型”下拉列表框中选择“线性渐变”选项，其“颜色”分别为#FFA9D7和#FC5BB2，如图17-90所示。

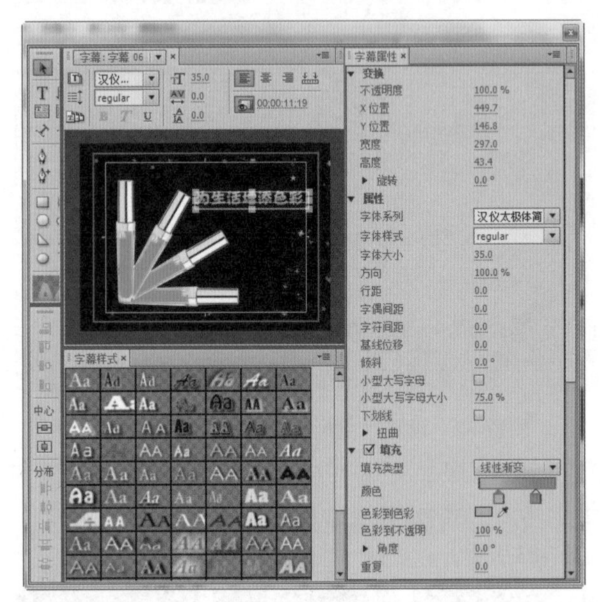

图17-90 创建文本

Step 55 单击“滚动/游动选项”按钮，打开“滚动/游动选项”对话框，在“字幕类型”栏中选中“向左游动”单选按钮，在“定时（帧）”栏中选中“开始于屏幕外”复选框，在“过卷”数值框中输入35，设置完成后，单击“确定”按钮，如图17-91所示。

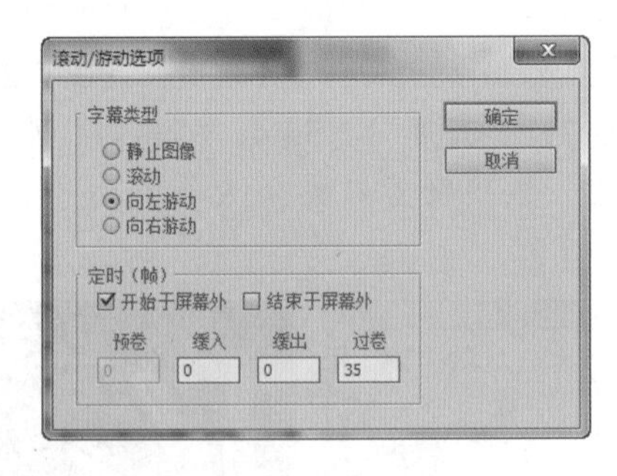

图17-91 “滚动/游动选项”对话框

Step 56 关闭“字幕”面板，将“字幕06”素材拖动至“视频7”轨道的00;00;11;19结尾位置处，使其与“视频6”轨道的“化妆品2.psd”和“字幕05”素材结尾位置对齐，在“节目监视器”面板中单击“播放/停止切换”按钮预览效果，如图17-92所示。

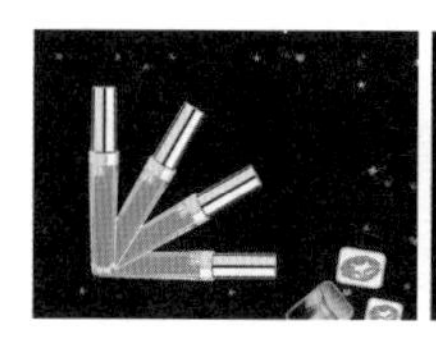
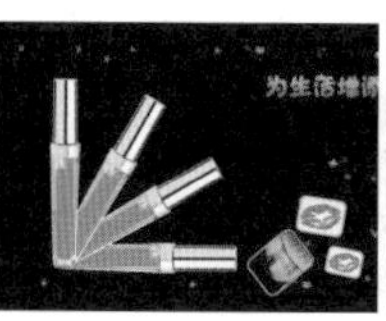
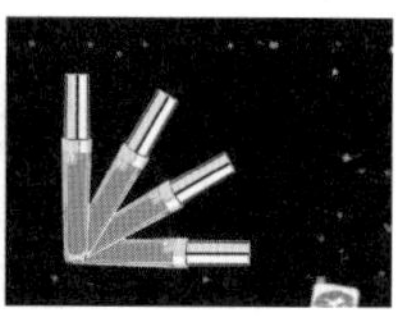

图17-92　预览效果

Step 57▶ 将“背景.jpg”素材拖动至“视频1”轨道的“背景4.jpg”素材结尾位置处，设置“持续时间”为00;00;03;16，将“化妆品7.psd”素材拖动至“视频2”轨道的“化妆品2.psd”素材结尾位置处，拖动使其与“背景.jpg”素材结尾位置对齐，选择“背景.jpg”素材，按住Alt键向上拖动进行复制，将其复制到“视频3”轨道，如图17-93所示。

图17-93　导入素材

Step 58▶ 选择“视频3”轨道的“背景.jpg”素材，为其添加“裁剪”效果，在“效果控件”面板的“裁剪”栏上设置“顶部”为87.0%，“羽化边缘”为35，如图17-94所示。

图17-94　添加效果

Step 59▶ 选择“化妆品7.psd”素材，在“效果控件”面板中设置“缩放”为55.0，将当前时间指示器移动至00;00;14;15位置处，单击“位置”前的“切换动画”按钮，设置“位置”为358.0和614.0。将当前时间指示器移动至00;00;15;29位置处，设置“位置”为358.0和239.0，如图17-95所示。

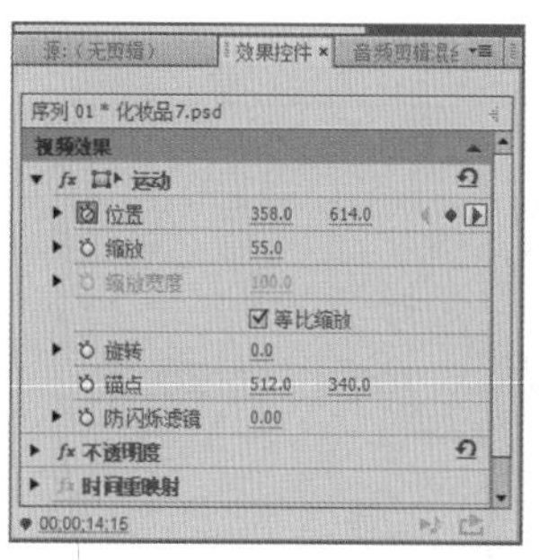

图17-95　设置“化妆品7”参数

Step 60▶ 设置完成后，在“节目监视器”面板中单击“播放/停止切换”按钮，可对制作的效果进行查看，如图17-96所示。

图17-96　预览效果

Step 61▶ 选择“字幕”/“新建字幕”/“默认静态字幕”命令，新建“字幕07”，打开“字幕”面板，选择“文字工具”，在字幕工作区输入“做生活中的大明星”文字，在“字幕属性”面板中设置“X位置”为321.8，“Y位置”为439.8，“宽度”为382.9，“高度”为40.0，设置“字体系列”为“方正细珊瑚简体”，“字体大小”为40.0，在“填充”栏下的“填充类型”下拉列表框中选择“线性渐变”选项，其“颜色”分别为#FFD02D和白色，如图17-97所示。

读书笔记

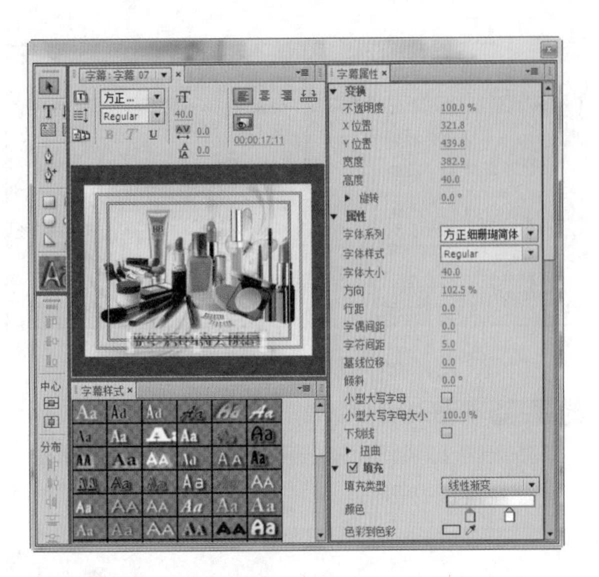

图17-97 设置“字幕07”字体样式

Step 62▶ 关闭“字幕”面板，将“字幕07”拖动至“视频4”轨道的00;00;16;08位置处，使其与“背景.jpg”素材结尾位置对齐，如图17-98所示。

图17-98 拖入素材

Step 63▶ 将当前时间指示器移动至00;00;16;08位置处，在“效果控件”面板中单击“位置”前的“切换动画”按钮，创建关键帧，设置“位置”为360.0和331.0。将当前时间指示器移动至00;00;16;26位置处，设置“位置”为360.0和240.0，如图17-99所示。

图17-99 设置“字幕07”参数

Step 64▶ 选择“视频1”轨道上的“背景.jpg”素材，将当前时间指示器移动至00;00;17;20位置处，单击“不透明度”后的“添加/移除关键帧”按钮，设置“不透明度”为100.0%。将当前时间指示器移动至00;00;18;00位置处，设置“不透明度”为0.0%，如图17-100所示。

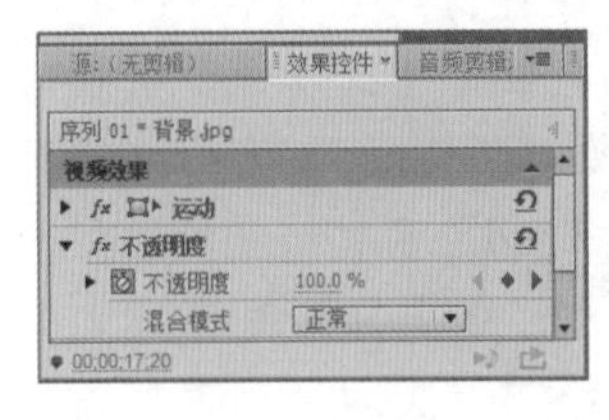

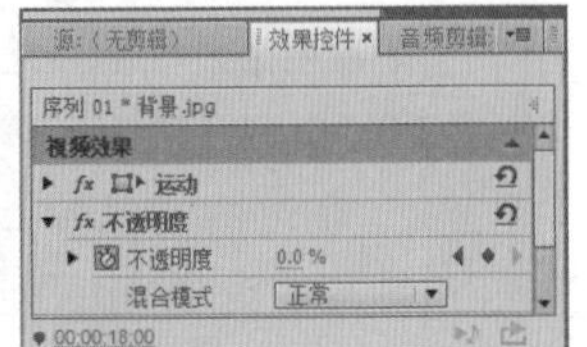

图17-100 设置背景参数

Step 65▶ 使用相同的方法，为“视频2”“视频3”“视频4”轨道的素材的“不透明度”关键帧进行设置，设置其参数、位置与步骤64相同，设置完成后，可在“节目监视器”面板中预览效果，如图17-101所示。

图17-101 预览效果

Step 66▶ 将“背景音乐.mp3”素材拖入至“音频1”轨道，保存项目文件，在“节目监视器”面板中单击“播放/停止切换”按钮，可对制作的最终效果进行查看，如图17-102所示。

图17-102 查看最终效果

读书笔记

17.3 过渡效果的应用 设置图层不透明度 视频效果的应用 制作相机广告

本例通过文字、图片和特效等知识进行相机广告的制作，着重体现相机的用途、特点及品质。下面讲解相机的制作方法。

Step 1 新建项目文件，并将其命名为"相机广告.prproj"，新建"序列01"，按Ctrl+I快捷键，打开"导入"对话框，选择所有的素材，单击 打开(O) 按钮，如图17-103所示。

图17-103　导入素材

Step 2 素材将被导入至"项目"面板，将8.jpg素材拖动至"视频1"轨道的开始位置处，设置"持续时间"为00;00;01;14，选择8.jpg素材，按住Alt键向上拖动，将素材复制到"视频2"轨道上，设置开始位置为00;00;00;17，结束位置为00;00;01;12，如图17-104所示。

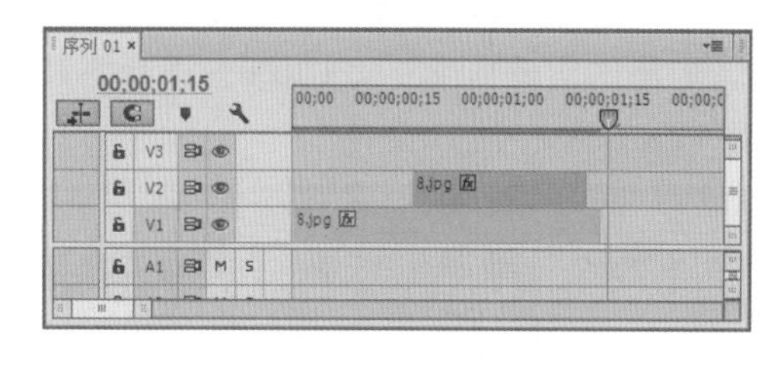

图17-104　复制素材

Step 3 选择"视频1"轨道上的8.jpg素材，将当前时间指示器移动至00;00;00;09位置处，在"效果控件"面板中单击"缩放"前的"切换动画"按钮，设置"缩放"为35.0。将当前时间指示器移动至00;00;00;21位置处，设置"缩放"为"70.0"，如图17-105所示。

图17-105　创建素材8关键帧

Step 4 选择“视频2”轨道上的8.jpg素材，将当前时间指示器移动至00;00;00;09位置处，在“效果控件”面板中单击“缩放”前的“切换动画”按钮，设置“缩放”为35.0。将当前时间指示器移动至00;00;00;21位置处，设置“缩放”为70.0，如图17-106所示。

图17-106　创建关键帧

Step 5 将当前时间指示器移动至00;00;00;24位置处，单击“不透明度”后的“添加/移除关键帧”按钮，添加关键帧。将当前时间指示器移动至00;00;00;26位置处，设置“不透明度”为0.0%。将当前时间指示器移动至00;00;00;27位置处，设置“不透明度”为100.0%，如图17-107所示。

图17-107　添加素材8关键帧

Step 6 为“视频1”轨道上的8.jpg素材添加“高斯模糊”效果，将当前时间指示器移动至00;00;00;08位置处，单击“模糊度”前的“切换动画”按钮，设置“模糊度”为0.0。将当前时间指示器移动至00;00;00;21位置处，设置“模糊度”为28.0，如图17-108所示。

图17-108　创建素材8关键帧

Step 7 为“视频1”轨道上的“8.jpg”素材添加“裁剪”效果，设置“左对齐”“顶部”“右侧”“底对齐”均为4.0%，如图17-109所示。

图17-109　添加“裁剪”效果

Step 8 选择“视频2”轨道上的8.jpg素材，设置“缩放”为70.0，如图17-110所示。

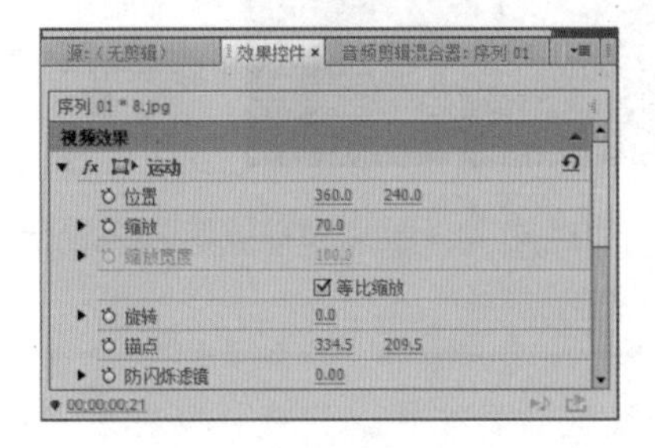

图17-110　设置素材8参数

Step 9 为“视频2”轨道上的8.jpg素材添加“裁剪”效果，设置“左对齐”为12.0%，“顶部”为18.0%，“右侧”为11.0%，“底对齐”为16.0%，如图17-111所示。

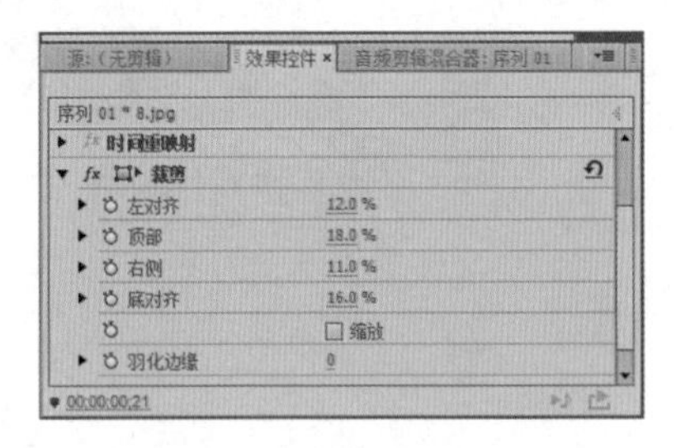

图17-111　添加“裁剪”效果

Step 10 选择“字幕”/“新建字幕”/“默认静态字幕”命令，在打开的“新建字幕”对话框的“名称”文本框中输入“框架”，单击 确定 按钮，打开“字幕”面板，选择“矩形工具”，在字幕工作区绘制矩形，在“字幕属性”栏上设置“X位置”为203.1，“Y位置”为88.1，“宽度”为30.2，“高度”为2.5，设置“图形类型”为“开放贝塞尔曲线”，“线宽”为2.5，设置填充颜色为白色，按住Alt键，对创建的矩形进行复制，并调整其位置，如图17-112所示。

图17-112　创建图形字幕

Step 11 ▶ 关闭“字幕”面板，将“框架”字幕素材拖动至“视频3”轨道上，设置开始位置为00;00;00;25，结束位置为00;00;01;12，在“效果控件”面板中设置“位置”为327.0和285.0，取消选中 等比缩放 复选框，设置“缩放宽度”为115.0，如图17-113所示。

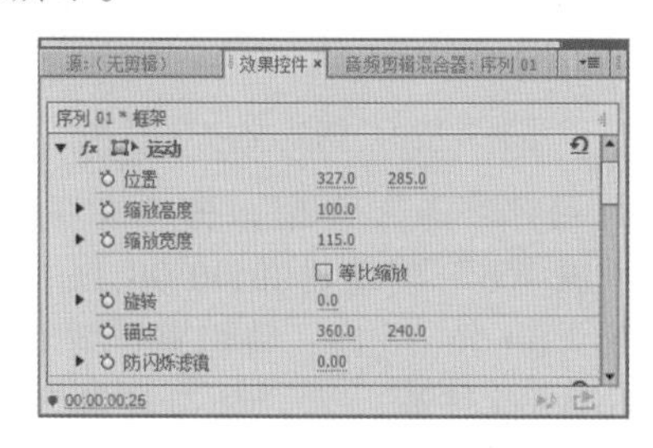

图17-113　设置框架参数

Step 12 ▶ 为“框架”字幕素材添加“闪光灯”效果，设置“闪光色”为黑色，“随机闪光机率”为15.0%，如图17-114所示。

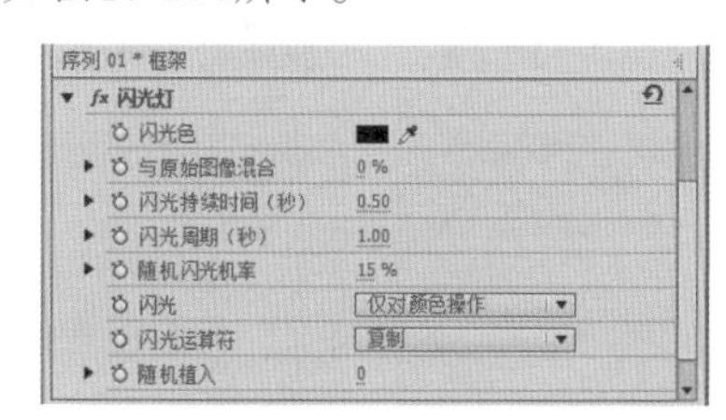

图17-114　添加“闪光灯”效果

Step 13 ▶ 选择“字幕”/“新建字幕”/“默认静态字幕”命令，在打开的“新建字幕”对话框的“名称”文本框中输入“线01”，单击 确定 按钮。选择“椭圆工具”，在字幕工作区绘制椭圆，在“字幕属性”栏设置“X位置”为1282.8，“Y位置”为100.0，“宽度”为2600.4，“高度”为5.4，设置填充颜色为白色，如图17-115所示。

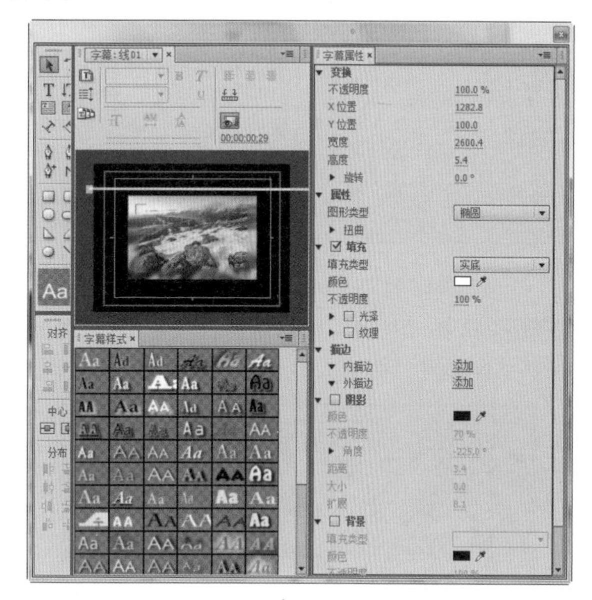

图17-115　绘制图形

Step 14 ▶ 选择“序列”/“添加轨道”命令，打开“添加轨道”对话框，在“视频轨道”栏上的“添加”数值框中输入5，在“音频轨道”栏上的“添加”数值框中输入0，单击 确定 按钮，如图17-116所示。

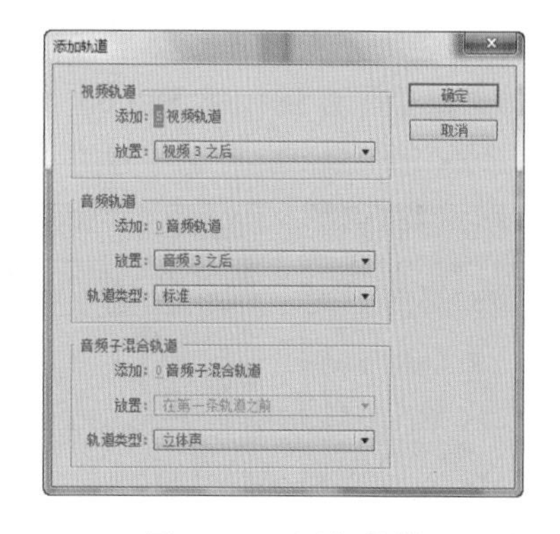

图17-116　添加轨道

Step 15 ▶ 关闭“字幕”面板，将“线01”字幕

素材拖动至“视频4”轨道上，设置开始位置为00;00;00;16，结束位置为00;00;01;12。将当前时间指示器移动至00;00;00;16位置处，在“效果控件”面板中单击“位置”前的“切换动画”按钮，设置“位置”为897.6和264.0，将当前时间指示器移动至00;00;00;24位置处，设置“位置”为198.7和264.0，如图17-117所示。

图17-117　创建“线01”关键帧

Step 16▶ 选择“线01”字幕素材，按住Alt键向上拖动，将其复制到“视频5”轨道上，如图17-118所示。

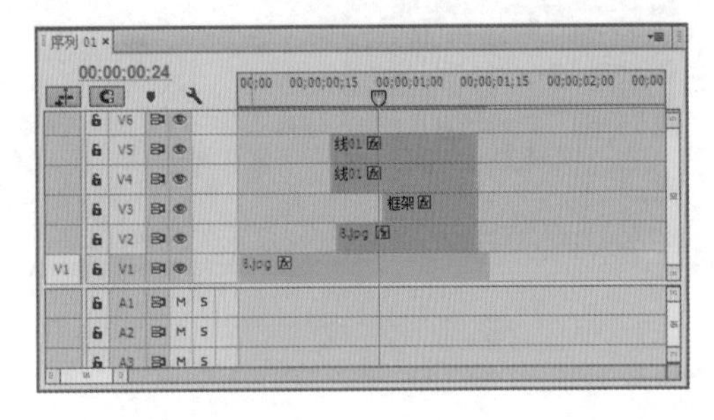

图17-118　复制素材

Step 17▶ 选择“视频5”轨道上的“线01”字幕素材，将当前时间指示器移动至00;00;00;16位置处，在“效果控件”面板中设置“位置”为-147.8和585.0。将当前时间指示器移动至00;00;00;24位置处，设置“位置”为581.8和585.0，如图17-119所示。

图17-119　创建“线01”关键帧

Step 18▶ 选择“字幕”/“新建字幕”/“默认静态字幕”命令，在打开的“新建字幕”对话框的“名称”文本框中输入“文字1”，单击确定按钮。打开“字幕”面板，选择“文字工具”，在字幕工作区输入文字，在“字幕属性”栏设置“X位置”为301.9，“Y位置”为41.3，“宽度”为452.5，“高度”为53.0，在“属性”栏中设置“字体系列”为“方正艺黑简体”，“字体大小”为53.0，填充颜色为白色，如图17-120所示。

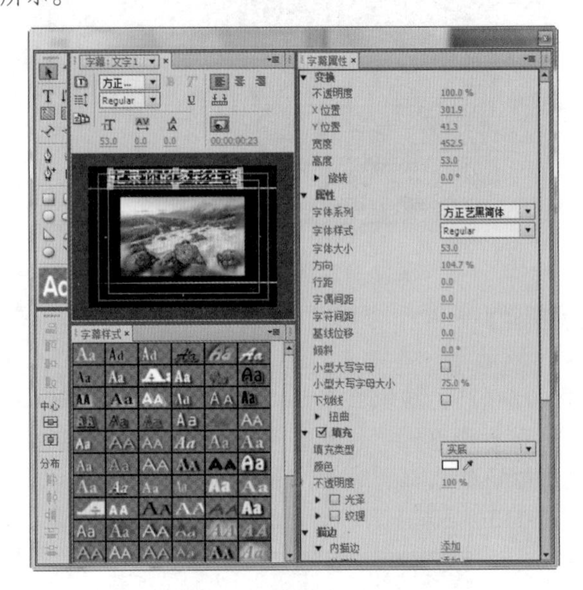

图17-120　创建文字字幕

Step 19▶ 关闭“字幕”面板，将“文字1”字幕素材拖动至“视频6”轨道的00;00;00;16位置处，设置结束位置为00;00;01;12，将当前时间指示器移动至00;00;00;16位置处，在“效果控件”面板中单击“位置”前的“切换动画”按钮，设置“位置”为988.0和247.0。将当前时间指示器移动至00;00;01;01位置处，设置“位置”为294.0和247.0，如图17-121所示。

图17-121　创建“文字1”关键帧

Step 20 选择"字幕"/"新建字幕"/"默认静态字幕"命令，在打开的"新建字幕"对话框的"名称"文本框中输入"字幕1"，单击 确定 按钮。打开"字幕"面板，选择"文字工具" T，在字幕工作区输入文字，在"字幕属性"栏对其参数进行设置，如图17-122所示。

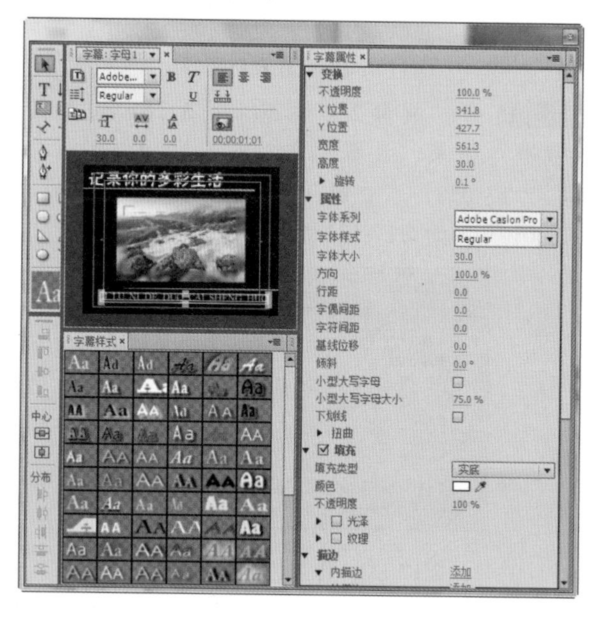

图17-122 创建字母字幕

Step 21 关闭"字幕"面板，将"字母1"字幕素材拖动至"视频7"轨道的00;00;00;16位置处，设置结束位置为00;00;01;12，将当前时间指示器移动至00;00;00;16位置处，在"效果控件"面板中单击"位置"前的"切换动画"按钮，设置"位置"为-325.0和240.0。将当前时间指示器移动至00;00;01;02位置处，设置"位置"为384.0和240.0，如图17-123所示。

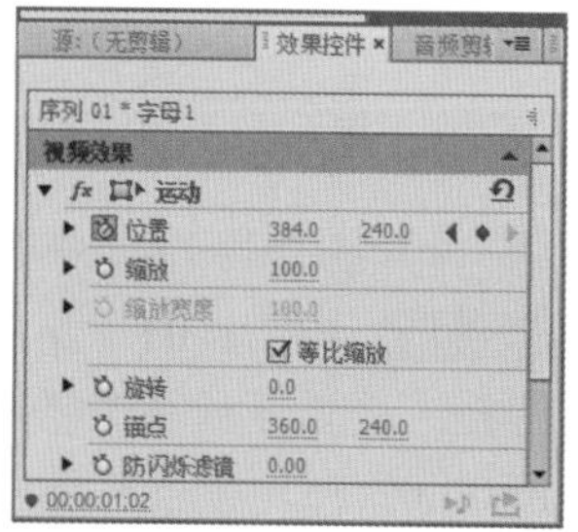

图17-123 创建字母关键帧

Step 22 设置完成后，在"节目监视器"面板中单击"播放/停止切换"按钮，可对制作的效果进行查看，如图17-124所示。

图17-124 预览效果

Step 23 将5.jpg素材拖动至"视频1"轨道8.jpg素材结尾处，设置"持续时间"为00;00;01;20，在8.jpg素材和5.jpg素材之间添加"棋盘"效果，选择效果，在"效果控件"面板中设置"持续时间"为00;00;00;05，如图17-125所示。

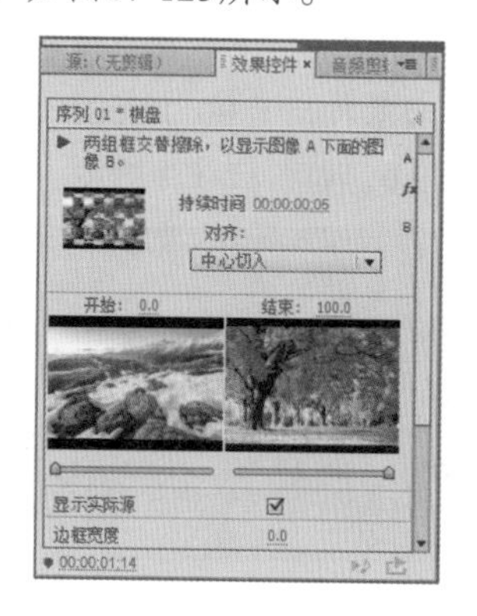

图17-125 添加"棋盘"效果

Step 24 选择5.jpg素材，按住Alt键向上拖动，将素材复制到"视频2"轨道上，设置开始位置为00;00;02;05，结束位置为00;00;02;25，如图17-126所示。

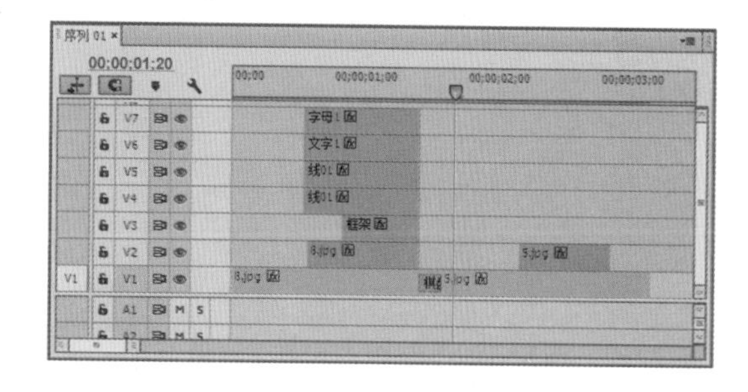

图17-126 复制素材5

Step 25 选择"视频1"轨道上的5.jpg素材，在"效果控件"面板的"运动"栏下设置"位置"为354.4和210.0，设置"缩放"为60.0，如图17-127所示。

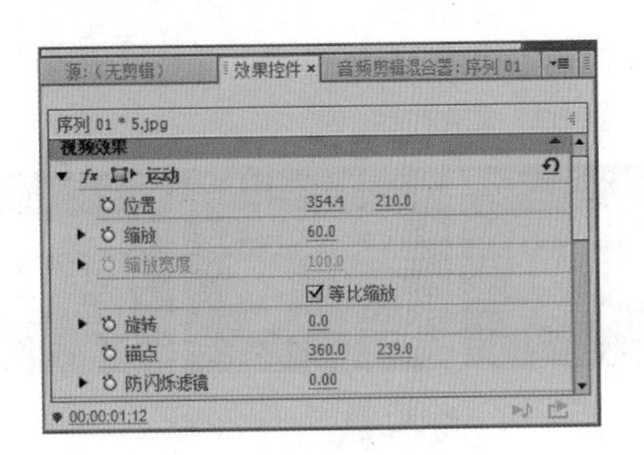

图17-127 设置素材5参数

Step 26 为“视频1”轨道上的5.jpg素材添加“高斯模糊”效果，将当前时间指示器移动至00;00;01;16位置处，单击“模糊度”前的“切换动画”按钮，设置“模糊度”为0.0。将当前时间指示器移动至00;00;02;03位置处，设置“模糊度”为40.0。将当前时间指示器移动至00;00;02;10位置处，设置“模糊度”为19.0，如图17-128所示。

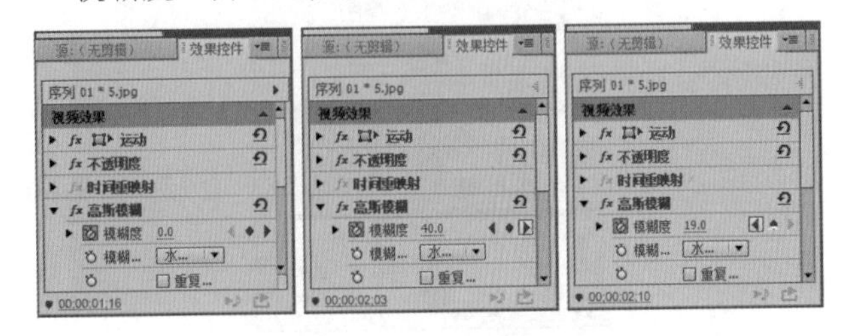

图17-128 创建素材5关键帧

Step 27 为“视频1”轨道上的5.jpg素材添加“裁剪”效果，设置“左对齐”为12.0%，“顶部”为1.0%，“右侧”为0.0%，“底对齐”为10.0%，如图17-129所示。

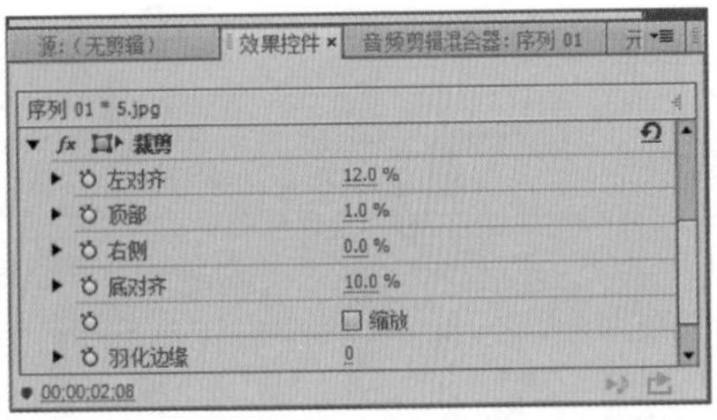

图17-129 添加“裁剪”效果

Step 28 选择“视频2”轨道上的5.jpg素材，设置“位置”为357.4和221.0，“缩放”为70.0，如图17-130所示。

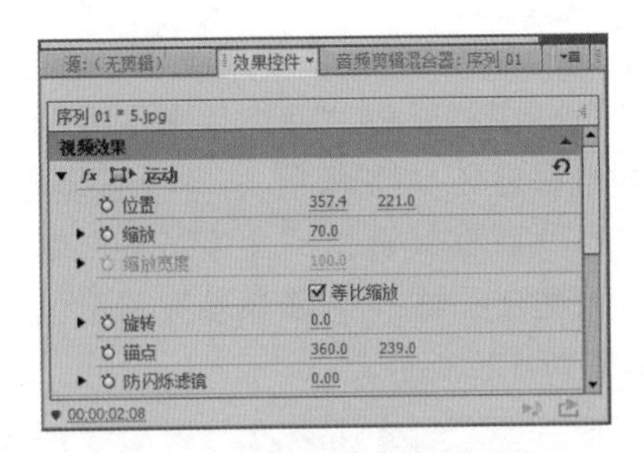

图17-130 设置素材5参数

Step 29 为“视频2”轨道上的5.jpg素材添加“裁剪”效果，设置“左对齐”为24.0%，“顶部”为13.0%，“右侧”为12.0%，“底对齐”为“26.0%”，如图17-131所示。

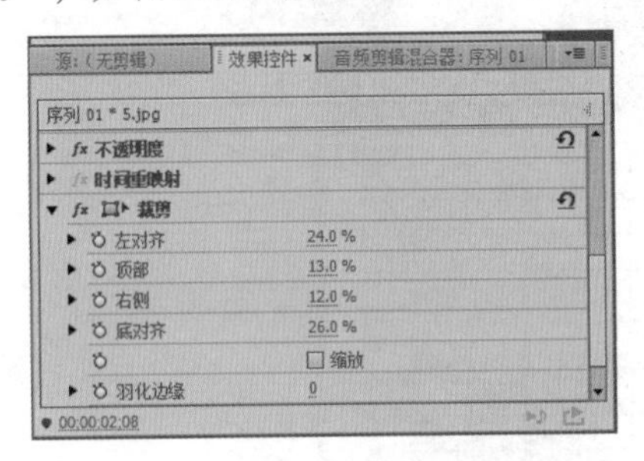

图17-131 添加“裁剪”效果

Step 30 将“框架”字幕素材拖动至“视频3”轨道上，设置开始位置为00;00;02;05，结束位置为00;00;02;25，为“框架”字幕素材添加“闪光灯”效果，设置“闪光色”为黑色，“随机闪光机率”为15%，如图17-132所示。

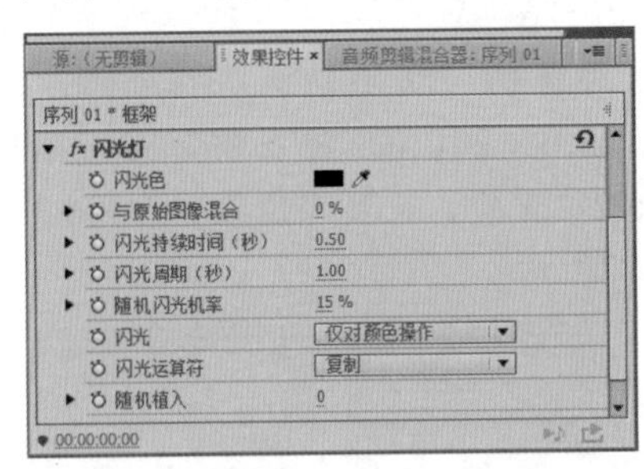

图17-132 添加“闪光灯”效果

Step 31 将“线01”字幕素材拖动至“视频4”轨道上，设置开始位置为00;00;01;26，结束位置为00;00;02;25，将当前时间指示器移动至00;00;01;26位置处，在“效果控件”面板中单击“位置”前的“切换动画”按钮，设置“位置”为-233.3和247.7。将当前时间指示器移动至00;00;02;23位置处，设置“位置”为885.9和247.7，如图17-133所示。

图17-133 创建“线01”关键帧

Step 32 选择“线01”字幕素材，按住Alt键向上拖动，将素材复制到“视频5”轨道上，如图17-134所示。

图17-134 复制素材“线01”

Step 33 选择“视频5”轨道上的“线01”字幕素材，将当前时间指示器移动至00;00;01;26位置处，在“效果控件”面板中设置“位置”为851.2和516.3。将当前时间指示器移动至00;00;02;23位置处，设置“位置”为-103.9和516.3，如图17-135所示。

图17-135 创建“线01”关键帧

Step 34 设置完成后，在“节目监视器”面板中单击“播放/停止切换”按钮，可对制作的效果进行查看，如图17-136所示。

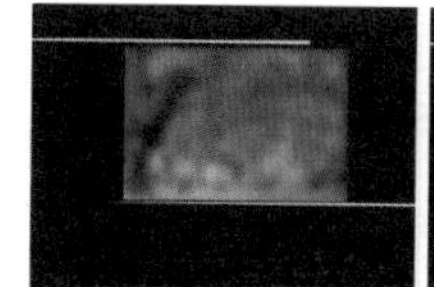

图17-136 预览效果

Step 35 将6.jpg素材拖动至“视频1”轨道5.jpg素材结尾处，设置“持续时间”为00;00;02;07，在5.jpg素材和6.jpg素材之间添加“伸展进入”效果，选择效果，在“效果控件”面板中设置“持续时间”为00;00;00;05，如图17-137所示。

图17-137 添加“伸展进入”效果

Step 36 选择6.jpg素材，按住Alt键向上拖动，将素材复制到“视频2”轨道上，设置开始位置为00;00;03;29，结束位置为00;00;05;11，如图17-138所示。

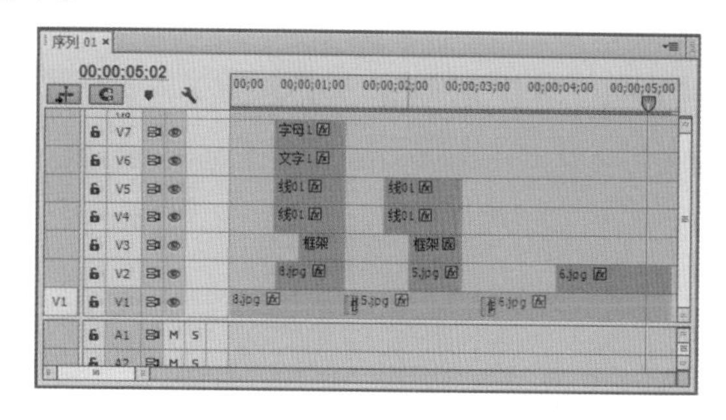

图17-138 复制素材6

Step 37 选择“视频1”轨道上的6.jpg素材，将当前时间指示器移动至00;00;03;17位置处，在“效果控件”面板中单击“位置”前的“切换动画”按钮，设置“位置”为360.0和240.0。将当前时间指示器移动至00;00;03;19位置处，设置“位置”为

265.0和140.8，如图17-139所示。

图17-139　创建素材6关键帧1

Step 38 将当前时间指示器移动至00;00;03;14位置处，在“效果控件”面板中单击“缩放”前的“切换动画”按钮，设置“缩放”为84.0。将当前时间指示器移动至00;00;03;19位置处，设置“缩放”为71.0，如图17-140所示。

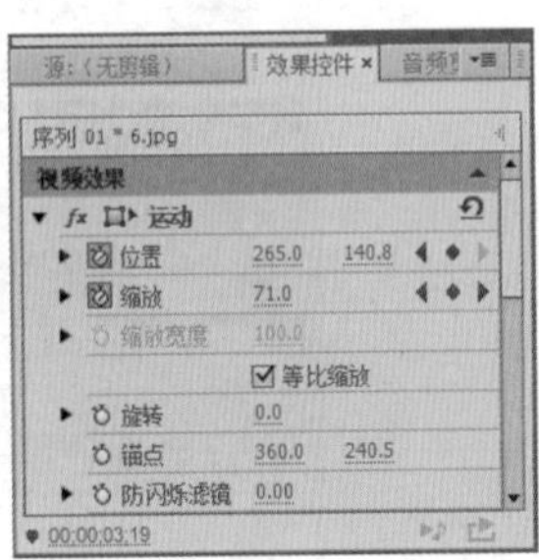

图17-140　创建素材6关键帧2

Step 39 将当前时间指示器移动至00;00;04;01位置处，设置“缩放”为55.0。将当前时间指示器移动至00;00;04;03位置处，设置“缩放”为49.0，如图17-141所示。

图17-141　设置素材6参数

Step 40 为“视频1”轨道上的6.jpg素材添加“高斯模糊”效果，将当前时间指示器移动至00;00;03;14位置处，单击“模糊度”前的“切换动画”按钮，设置“模糊度”为0.0。将当前时间指示器移动至00;00;04;08位置处，设置“模糊度”为30.0，如图17-142所示。

图17-142　添加“模糊度”效果

Step 41 为“视频1”轨道上的6.jpg素材添加“裁剪”效果，设置“左对齐”为5.0%，“顶部”为13.0%，“右侧”为5.0%，“底对齐”为9.0%，如图17-143所示。

图17-143　添加“裁剪”效果

Step 42 选择“视频2”轨道上的6.jpg素材，设置“位置”为265.0和134.9，“缩放”为49.0，如图17-144所示。

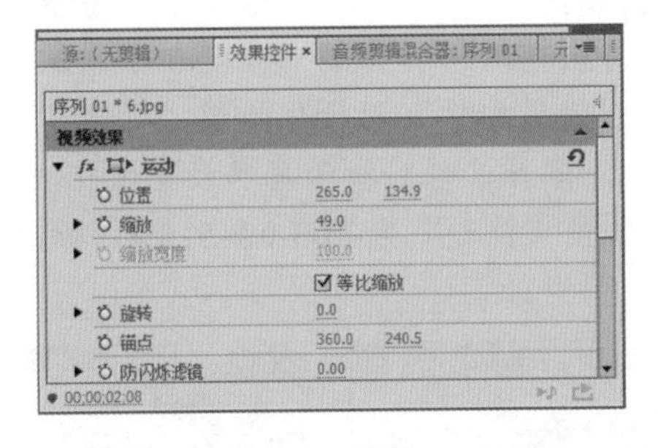

图17-144　设置素材6参数

读书笔记

Step 43 为“视频2”轨道上的6.jpg素材添加“裁剪”效果，设置“左对齐”为12.0%，“顶部”为20.0%，“右侧”为11.0%，“底对齐”为15.0%，如图17-145所示。

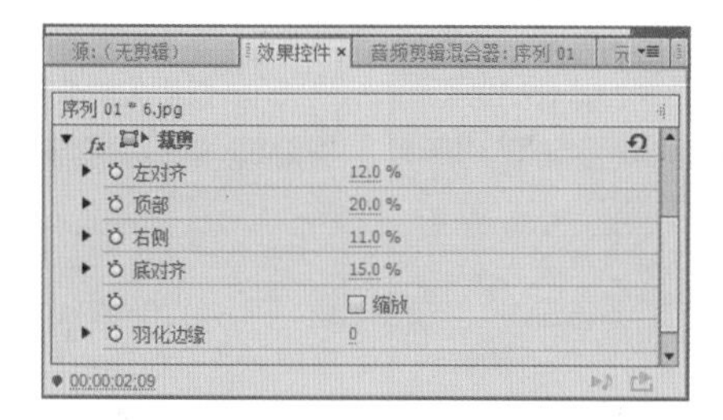

图17-145　添加“裁剪”效果

Step 44 将“框架”字幕素材拖动至“视频3”轨道上，设置开始位置为00;00;03;21，结束位置为00;00;05;11，在“效果控件”面板中设置“位置”为242.0和179.0，“缩放”为85.0，如图17-146所示。

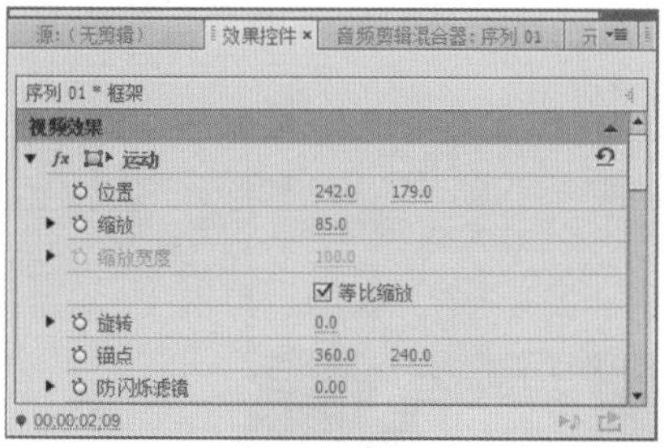

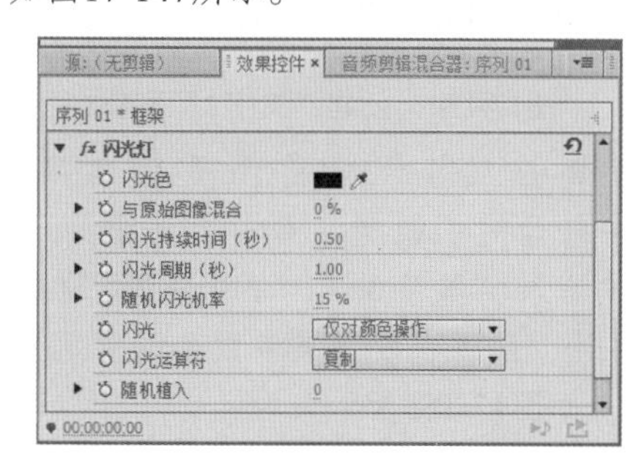

图17-146　设置框架参数

Step 45 为“框架”字幕素材添加“闪光灯”效果，设置“闪光色”为黑色，“随机闪光机率”为15%，如图17-147所示。

图17-147　添加“闪光灯”效果

Step 46 选择“字幕”/“新建字幕”/“默认静态字幕”命令，在打开的“新建字幕”对话框的“名称”文本框中输入“纵线”，单击 确定 按钮。打开“字幕”面板，选择“椭圆工具”，在字幕工作区绘制椭圆，在“变换”栏上设置“X位置”为122.0，“Y位置”为278.0，“宽度”为5.0，“高度”为586.8，设置填充颜色为白色，如图17-148所示。

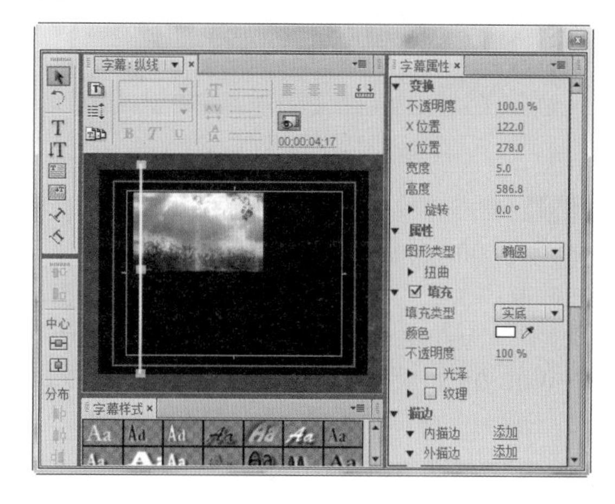

图17-148　创建纵线图形字幕

Step 47 单击“基于当前字幕新建字幕”按钮，在打开的“新建字幕”对话框的“名称”文本框中输入“线02”，单击 确定 按钮，在“字幕属性”面板中设置其参数，如图17-149所示。

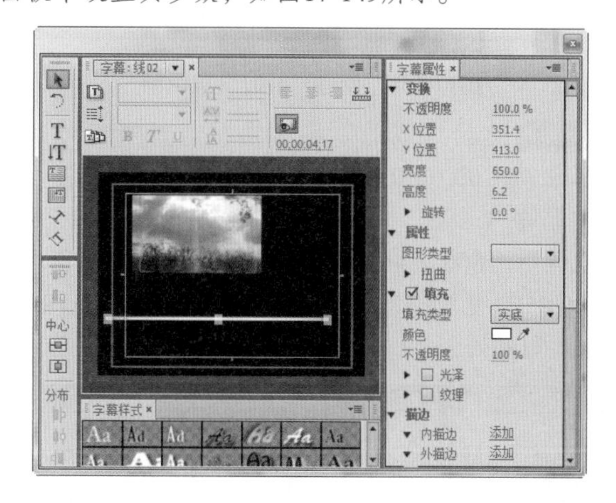

图17-149　创建“线02”图形字幕

Step 48 关闭“字幕”面板，将“线01”字幕素材拖动至“视频4”轨道上，将“纵线”字幕素材拖动至“视频5”轨道上，将“线02”字幕素材拖动至“视频6”轨道上，设置它们的开始位置均为00;00;03;21，结束位置均为00;00;05;11，如图17-150所示。

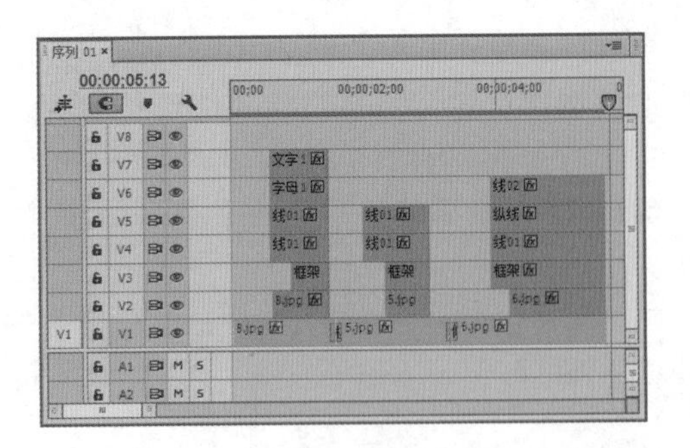

图17-150　拖入素材

Step 49 ▶ 选择“线01”字幕素材，将当前时间指示器移动至00;00;03;21位置处，在“效果控件”面板中单击“位置”前的“切换动画”按钮，设置“位置”为-138.5和490.0。将当前时间指示器移动至00;00;05;11位置处，设置“位置”为774.7和490.0，如图17-151所示。

图17-151　创建“线01”关键帧

Step 50 ▶ 选择“纵线”字幕素材，将当前时间指示器移动至00;00;03;21位置处，在“效果控件”面板中单击“位置”前的“切换动画”按钮，设置“位置”为800.0和640.5。将当前时间指示器移动至00;00;05;11位置处，设置“位置”为800.0和-118.4，如图17-152所示。

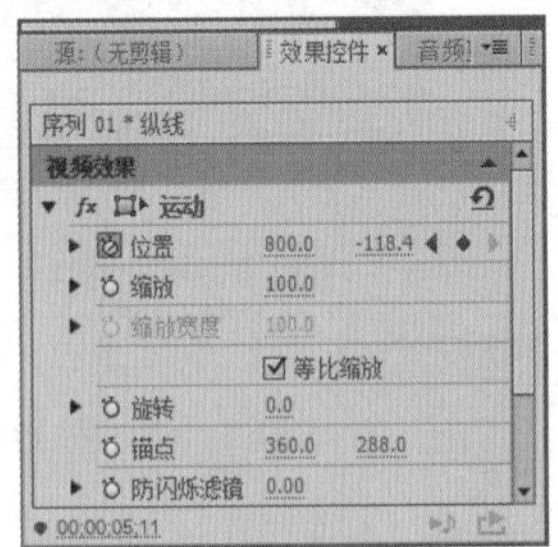

图17-152　创建“纵线”关键帧

Step 51 ▶ 选择“线02”字幕素材，将当前时间指示器移动至00;00;03;21位置处，在“效果控件”面板中单击“位置”前的“切换动画”按钮，设置“位置”为1061.2和236.5。将当前时间指示器移动至00;00;05;07位置处，设置“位置”为408.6和252.3，如图17-153所示。

图17-153　创建“线02”关键帧

Step 52 ▶ 选择“字幕”/“新建字幕”/“默认静态字幕”命令，在打开的“新建字幕”对话框的“名称”文本框中输入“文字2”，单击 确定 按钮。打开“字幕”面板，选择“文字工具”，在字幕工作区输入文字，在“字幕属性”栏设置其参数，如图17-154所示。

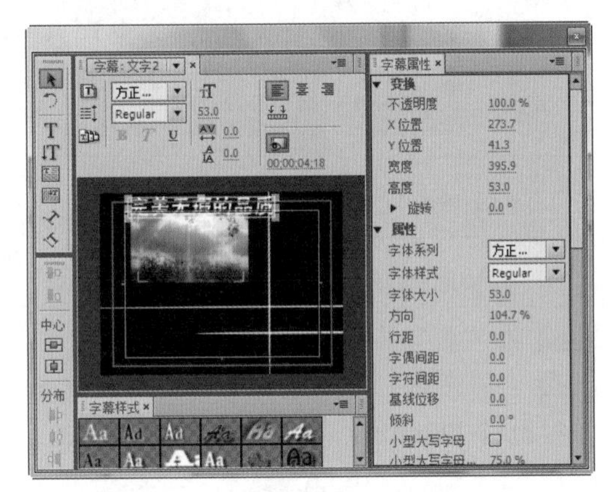

图17-154　创建“文字2”字幕

Step 53 ▶ 单击“基于当前字幕新建字幕”按钮，在打开的“新建字幕”对话框的“名称”文本框中输入“文字3”，单击 确定 按钮。在“字幕属性”面板中设置其参数，设置填充颜色为#E45656，如图17-155所示。

读书笔记

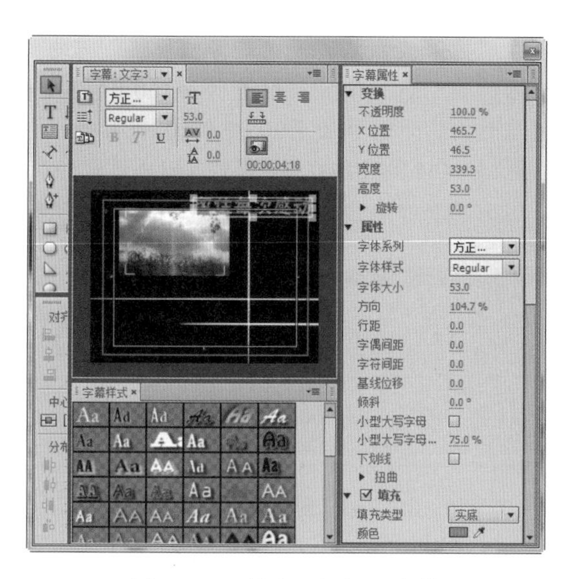

图17-155　创建“文字3”字幕

Step 54 ▶ 新建“字母2”字幕，选择“文字工具”T，在字幕工作区输入文字，在“字幕属性”栏设置其参数，如图17-156所示。

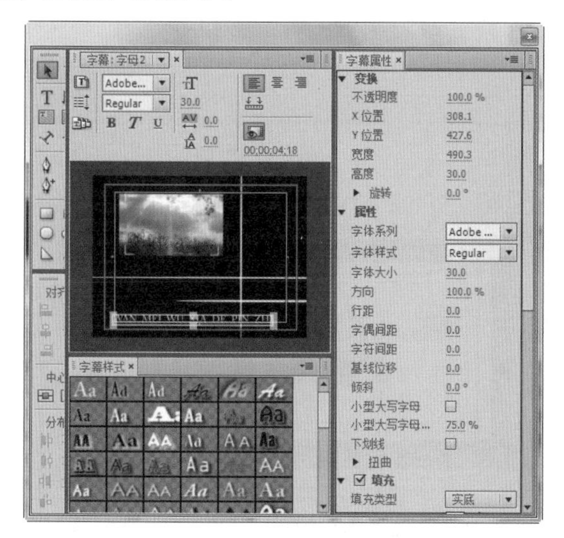

图17-156　创建“字母2”字幕

Step 55 ▶ 关闭“字幕”面板，将“文字2”字幕素材拖动至“视频7”轨道上，将“纵线”字幕素材拖动至“视频5”轨道上，将“字母2”字幕素材拖动至“视频8”轨道上，设置开始位置均为00;00;03;21，结束位置均为00;00;05;11。选择“文字2”字幕素材，将当前时间指示器移动至00;00;03;21位置处，在“效果控件”面板中单击“位置”前的“切换动画”按钮，设置“位置”为-139.0和521.0。将当前时间指示器移动至00;00;04;23位置处，设置“位置”为356.0和521.0，如图17-157所示。

图17-157　创建“文字2”关键帧

Step 56 ▶ 选择“字母2”字幕素材，将当前时间指示器移动至00;00;03;21位置处，在“效果控件”面板中单击“位置”前的“切换动画”按钮，设置“位置”为1015.0和231.0。将当前时间指示器移动至00;00;05;10位置处，设置“位置”为292.0和231.0，如图17-158所示。

图17-158　创建“字母2”关键帧

Step 57 ▶ 设置完成后，在“节目监视器”面板中单击“播放/停止切换”按钮▶，可对制作的效果进行查看，如图17-159所示。

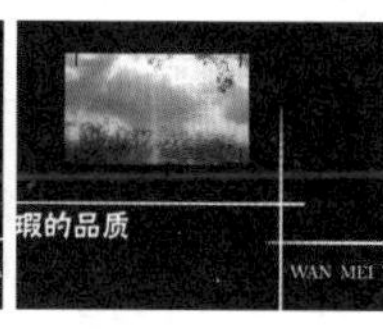

图17-159　预览效果

Step 58 ▶ 将4.jpg素材拖动至“视频1”轨道6.jpg素材结尾处，在6.jpg素材和4.jpg素材之间添加“油漆飞溅”效果，选择效果，在“效果控件”面板中设置“持续时间”为00;00;00;05，如图17-160所示。

图17-160　添加“油漆飞溅”效果

Step 59 选择4.jpg素材，设置“缩放”为92.0，如图17-161所示。

图17-161　设置素材4参数

Step 60 将“素材.psd”素材拖动至“视频2”轨道的00;00;05;11位置处，将当前时间指示器移动至00;00;05;11位置处，在“效果控件”面板中单击“缩放”前的“切换动画”按钮，设置“缩放”为394.0。将当前时间指示器移动至00;00;06;08位置处，设置“位置”为100.0，如图17-162所示。

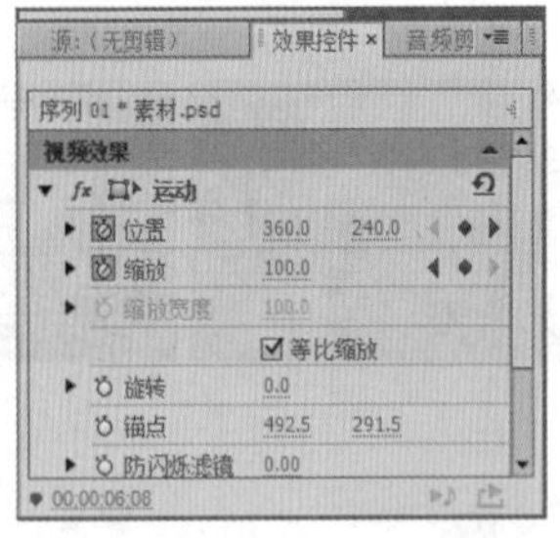

图17-162　创建素材关键帧1

Step 61 将当前时间指示器移动至00;00;06;08位置处，在“效果控件”面板中单击“位置”前的“切换动画”按钮，设置“位置”为360.0和240.0。将当前时间指示器移动至00;00;07;05位置处，设置“位置”为464.0和214.0，如图17-163所示。

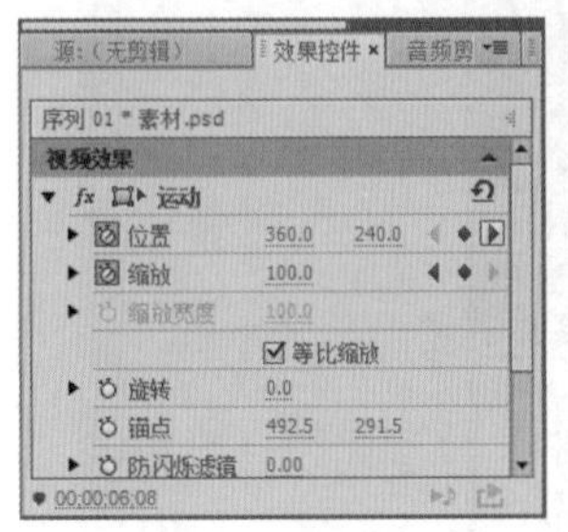

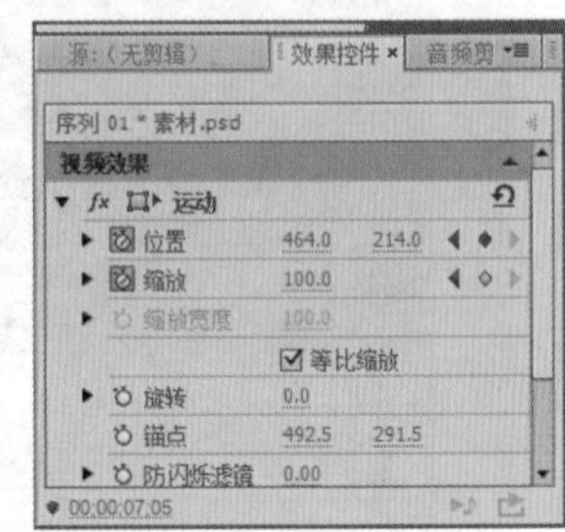

图17-163　创建素材关键帧2

Step 62 选择“字幕”/“新建字幕”/“默认静态字幕”命令，在打开的“新建字幕”对话框的“名称”文本框中输入“照片框1”，在“字幕工具”栏中选择“矩形工具”，在字幕工作区绘制矩形，在“字幕属性”面板中设置“X位置”为148.2，“Y位置”为161.1，“宽度”为135.2，“高度”为109.8，如图17-164所示。

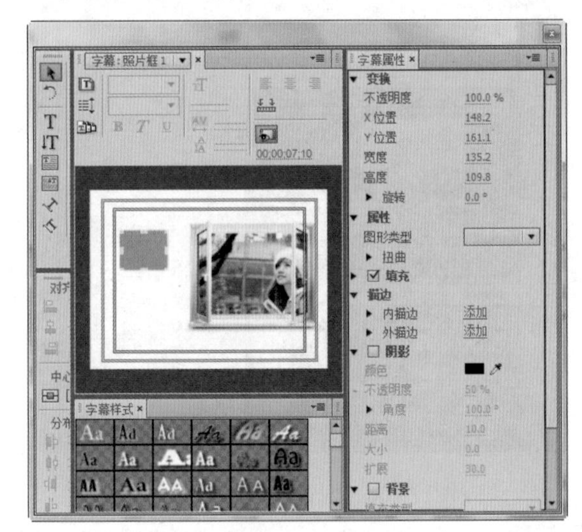

图17-164　创建矩形

Step 63 选中内描边下的纹理复选框，单击“纹理”选项的缩略图，在打开的“选择纹理图像”对话框中选择1.jpg素材，单击打开(O)按钮，如图17-165所示。

图17-165 选择纹理图像

Step 64 ▶ 在“描边”栏中设置内描边的“类型”为“凹进”，单击“外描边”选项对应的“添加”超链接，激活并选中☑外描边复选框，设置“大小”为5.0，填充颜色为#E3BF51，如图17-166所示。

图17-166 设置“照片框1”参数

Step 65 ▶ 使用相同的方法，创建“照片框2”和“照片框3”字幕，如图17-167所示。

图17-167 创建图形字幕

Step 66 ▶ 关闭“字幕”面板，将“照片框2”字幕素材拖动至“视频4”轨道上，将“照片框3”字幕素材拖动至“视频5”轨道上，将“照片框1”字幕素材拖动至“视频6”轨道上，设置开始位置均为00;00;05;11，结束位置均为00;00;10;09。选择“照片框1”字幕素材，在“效果控件”面板中设置“位置”为451.0和245.0，“旋转”为-18.0°，如图17-168所示。

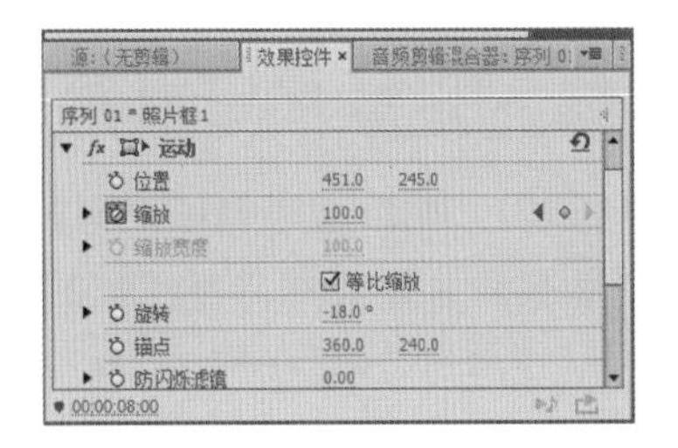

图17-168 设置“照片框1”参数

Step 67 ▶ 选择“照片框2”字幕素材，在“效果控件”面板中设置“位置”为276.0和261.0，如图17-169所示。

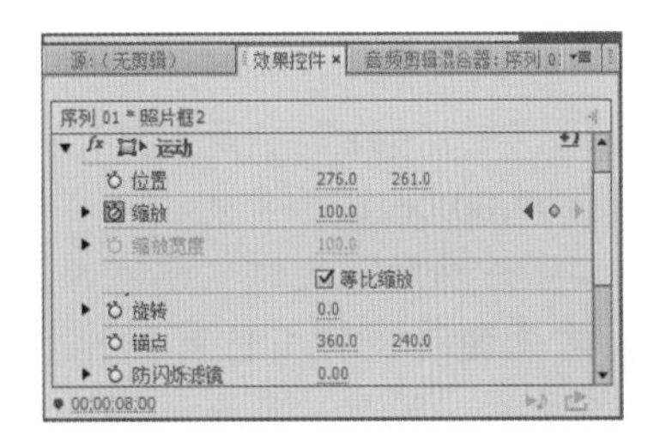

图17-169 设置“照片框2”参数

Step 68 ▶ 选择“照片框3”字幕素材，在“效果控件”面板中设置“位置”为398.0和177.0，“旋转”为10.0°，如图17-170所示。

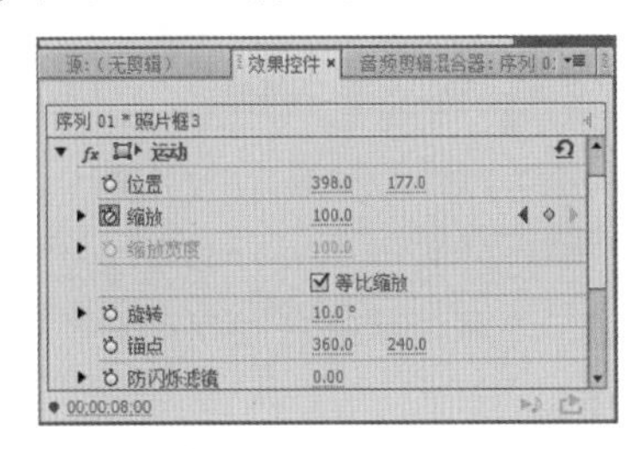

图17-170 设置“照片框3”参数

Step 69 ▶ 选择“照片框1”字幕素材，将当前时间指示器移动至00;00;07;10位置处，在“效果控件”面板中单击“缩放”前的“切换动画”按钮，设置“缩放”为0.0。将当前时间指示器移动至00;00;07;25位置处，设置“位置”为451.0和245.0，如图17-171所示。

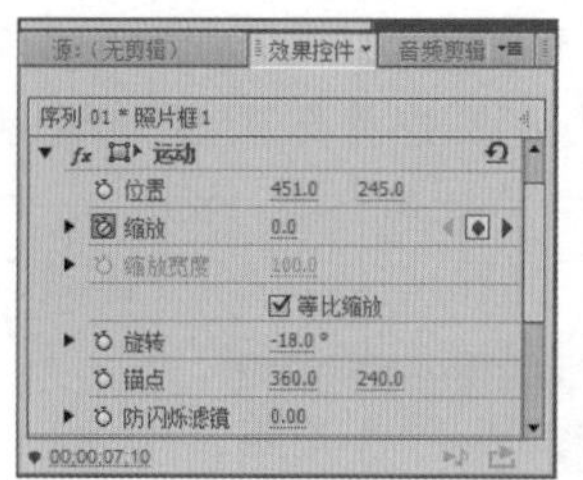

图17-171　创建“照片框1”关键帧

Step 70▶ 使用相同的方法对“照片框2”字幕素材和“照片框3”字幕素材进行相同的操作，其效果如图17-172所示。

图17-172　创建其他素材关键帧

Step 71▶ 选择“照片框1”字幕素材，将当前时间指示器移动至00;00;08;10位置处，在“效果控件”面板中单击“不透明度”后的“添加/移除关键帧”按钮，创建关键帧，将当前时间指示器移动至00;00;08;26位置处，设置“不透明度”为0.0%，如图17-173所示。

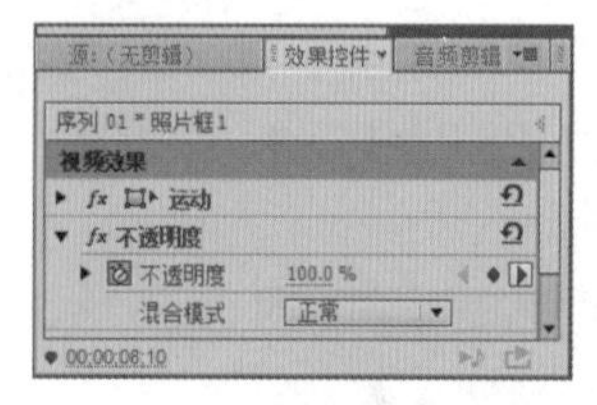
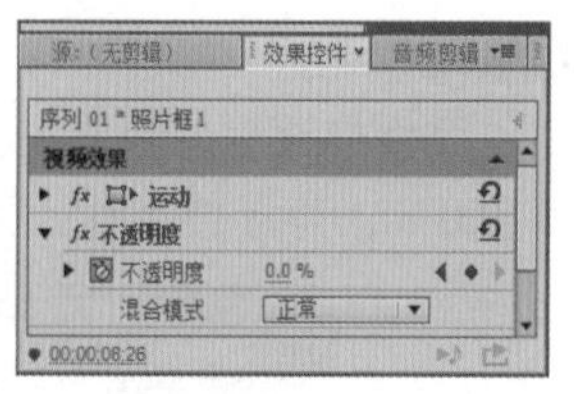

图17-173　创建照片框1关键帧

Step 72▶ 使用相同的方法对“照片框2”字幕素材和“照片框3”字幕素材进行相同的操作，其效果如图17-174所示。

图17-174　创建其他素材关键帧

Step 73▶ 将“相机.psd”素材拖动至“视频3”轨道的00;00;05;11位置处，在“效果控件”面板中设置“缩放”为43.0。将当前时间指示器移动至00;00;07;25位置处，单击“位置”前的“切换动画”按钮，设置“位置”为141.0和544.0，单击“不透明度”后的“添加/移除关键帧”按钮，设置“不透明度”为0.0%。将当前时间指示器移动至00;00;08;25位置处，设置“位置”为141.0和402.0，设置“不透明度”为100.0%，如图17-175所示。

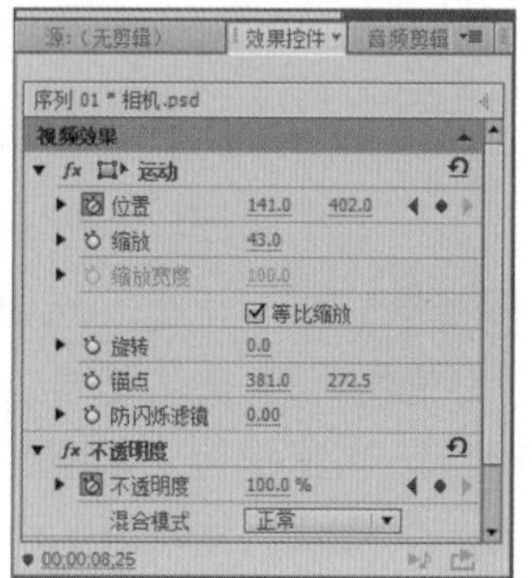

图17-175　创建相机关键帧

Step 74▶ 将“文字3”字幕素材拖动至“视频7”轨道的00;00;08;25位置处，拖动素材使其与“照片框1”字幕素材结尾位置对齐，为“文字3”字幕素材添加“裁剪”效果，将当前时间指示器移动至00;00;08;25位置处，单击“右侧”前的“切换动画”按钮，设置“右侧”为54.0%。将当前时间指示器移动至00;00;09;22位置处，设置“右侧”为0.0%，如图17-176所示。

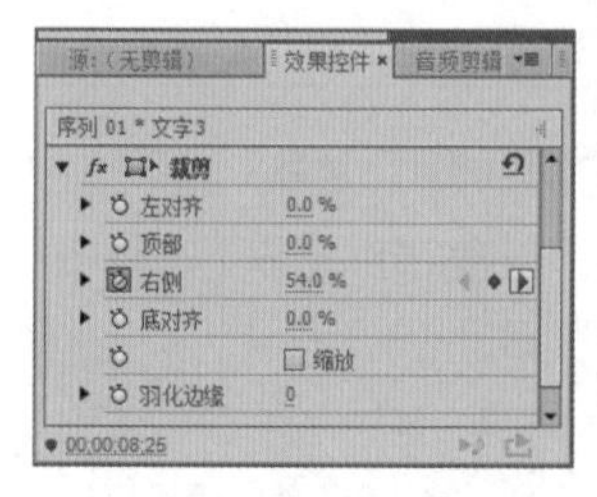
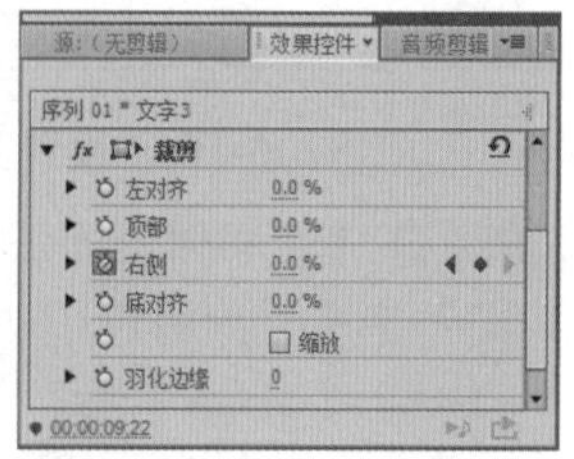

图17-176　添加“裁剪”效果

Step 75▶ 保存项目文件，在“节目监视器”面板中单击“播放/停止切换”按钮，可对制作的最终效果进行查看，如图17-177所示。

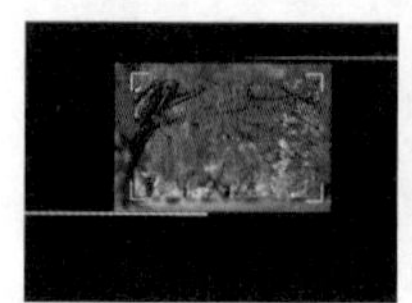

图17-177　查看最终效果

17.4 扩展练习

本章主要介绍了广告的制作方法，下面通过两个练习进一步巩固广告制作的应用，使用户操作更加熟练。

17.4.1 制作手机广告

本练习制作完成后的效果如图17-178所示，主要练习手机广告的制作，包括关键帧的创建、裁剪和水平翻转等效果的应用，以及文本字幕的创建等操作。

图17-178 制作完成后的效果

- 光盘\素材\第17章\手机广告\
- 光盘\效果\第17章\手机广告.prproj
- 光盘\实例演示\第17章\制作手机广告

17.4.2 制作公益广告

本练习制作完成后的效果如图17-179所示，主要练习公益广告的制作，包括视频过渡效果和字幕的创建等操作。

图17-179 制作完成后的效果

- 光盘\素材\第17章\公益广告\
- 光盘\效果\第17章\公益广告.prproj
- 光盘\实例演示\第17章\制作公益广告

15 16 17 18

制作片头

本章导读

本章将结合本书所学的知识，制作片头动画。在制作过程中，将运用本书所学的大部分知识，如新建项目和序列、设置图片的运动效果等，通过字幕、图片和一些效果的结合使用，体现片头动画的主题。

18.1 制作音乐片头

裁剪效果的应用 设置图层不透明度 字幕图形的创建

- 光盘\素材\第18章\音乐片头\
- 光盘\效果\第18章\音乐片头.prproj
- 光盘\实例演示\第18章\制作音乐片头

在进行音乐片头动画的制作时，需要体现其独特性，本例将综合运用图片、裁剪和运动效果等知识，体现其主题，下面讲解音乐片头的制作方法。

Step 1 新建项目文件，将其命名为“音乐片头.prproj”，新建“序列01”，按Ctrl+I快捷键，打开“导入”对话框，选择所有的素材，单击打开(O)按钮，如图18-1所示。

图18-1 导入素材

Step 2 素材将被导入至“项目”面板，将“背景.psd”素材拖动至“视频1”轨道的开始位置处，设置持续时间为00;00;21;29，如图18-2所示。

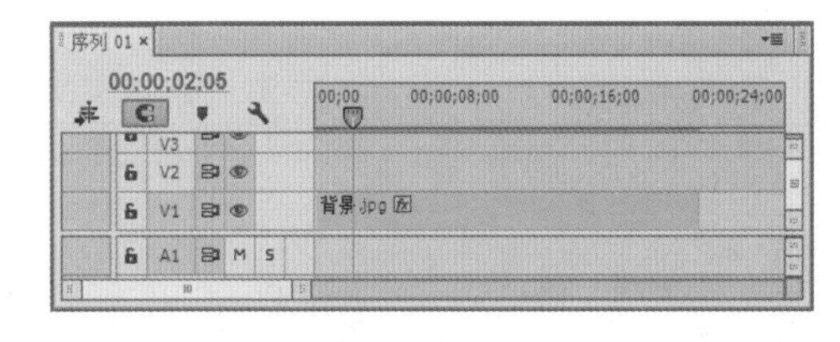

图18-2 拖动素材

Step 3 选择“字幕”/“新建字幕”/“默认静态字幕”命令，新建“字幕01”，打开“字幕”面板，选择“矩形工具”，在字幕工作区绘制矩形，在“字幕属性”面板中设置“X位置”为383.5，“Y位置”为247.4，“宽度”为862.1，“高度”为330.6，设置填充颜色为#FF9900，如图18-3所示。

读书笔记

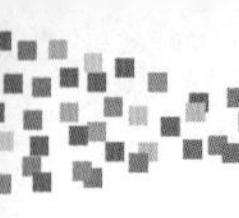

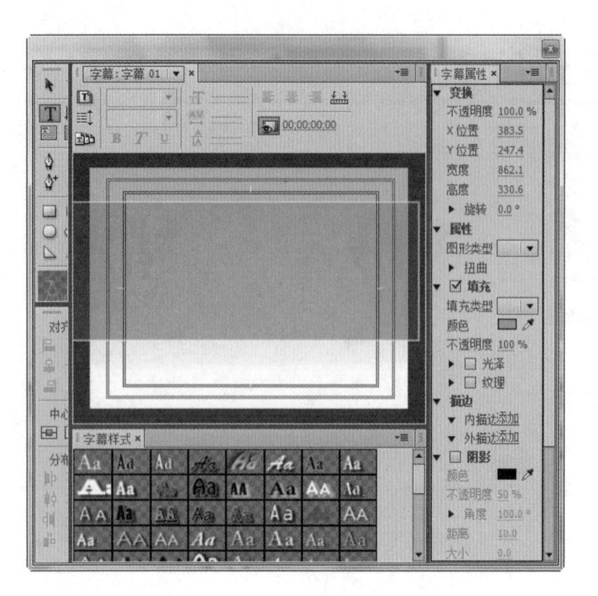

图18-3　绘制“字幕01”矩形

Step 4 ▶ 单击“基于当前字幕新建字幕”按钮，新建“字幕02”，在“字幕属性”面板中设置“X位置”为392.5，“Y位置”为377.4，“宽度”为812.2，“高度”为16.1，设置填充颜色为#4C5152，如图18-4所示。

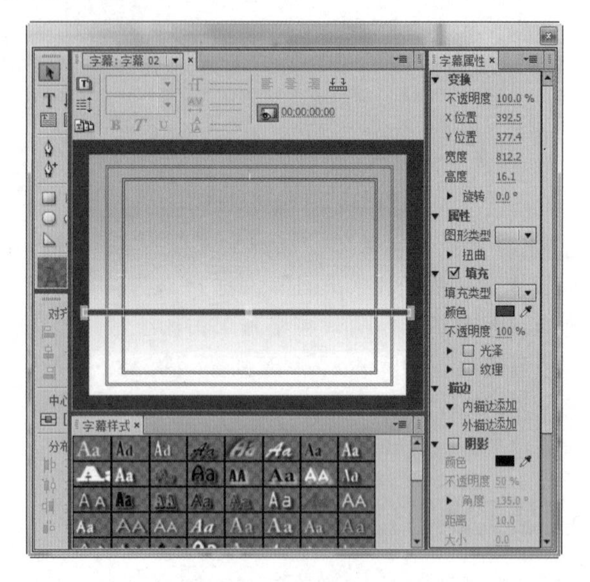

图18-4　绘制“字幕02”矩形

Step 5 ▶ 使用相同的方法创建“字幕03”至“字幕06”，分别设置其填充颜色为#282828、#F2F2F2、#C3C3C1和白色，其效果如图18-5所示。

图18-5　设置参数

Step 6 ▶ 关闭“字幕”面板，选择“序列”/“添加轨道”命令，打开“添加轨道”对话框，在“视频轨道”栏的“添加”数值框中输入12，在“音频轨道”栏的“添加”数值框中输入0，单击 确定 按钮，如图18-6所示。

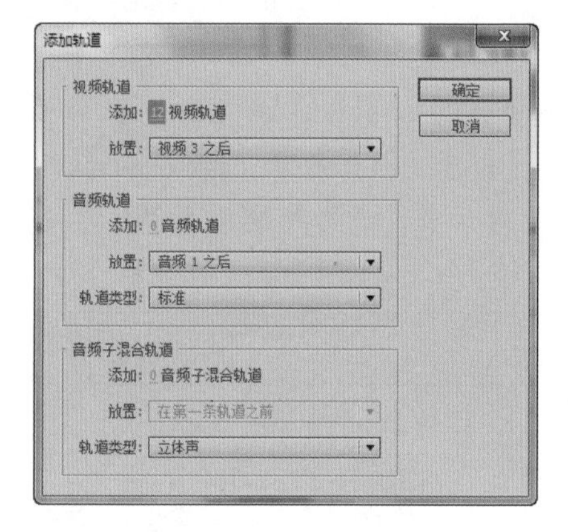

图18-6　添加轨道

Step 7 ▶ 将“字幕01”拖动至“时间轴”面板的“视频14”轨道上，设置其“持续时间”为00;00;17;23，将“字幕02”至“字幕06”分别拖动至“视频3”至“视频7”的轨道上，并设置“持续时间”均为00;00;10;03，如图18-7所示。

读书笔记

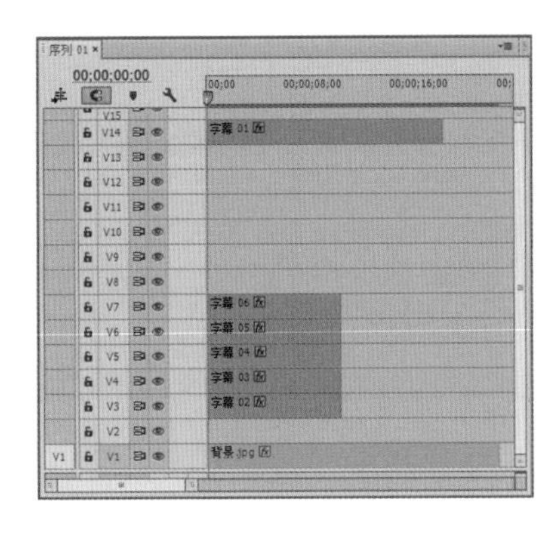

图18-7 拖入素材

Step 8 ▶ 选择“字幕02”，将当前时间指示器移动至开始位置处，在“效果控件”面板中单击“位置”前的“切换动画”按钮，设置“位置”为-900.0和240.0。将当前时间指示器移动至00;00;00;19位置处，设置“位置”为360.0和240.0，如图18-8所示。

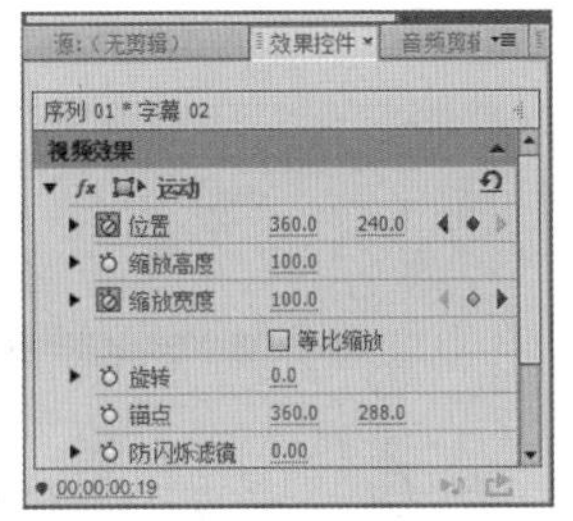

图18-8 设置“字幕02”参数

Step 9 ▶ 选择“字幕03”，将当前时间指示器移动至开始位置处，在“效果控件”面板中单击“位置”前的“切换动画”按钮，设置“位置”为-1350.0和240.0。将当前时间指示器移动至00;00;00;19位置处，设置“位置”为360.0和240.0，如图18-9所示。

图18-9 设置“字幕03”参数

Step 10 ▶ 选择“字幕04”，将当前时间指示器移动至开始位置处，在“效果控件”面板中单击“位置”前的“切换动画”按钮，设置“位置”为-1800.0和240.0。将当前时间指示器移动至00;00;00;19位置处，设置“位置”为360.0和240.0，如图18-10所示。

图18-10 设置“字幕04”参数

Step 11 ▶ 选择“字幕05”，将当前时间指示器移动至开始位置处，在“效果控件”面板中单击“位置”前的“切换动画”按钮，设置“位置”为-2100.0和240.0。将当前时间指示器移动至00;00;00;19位置处，设置“位置”为360.0和240.0，如图18-11所示。

图18-11 设置“字幕05”参数

Step 12 ▶ 选择“字幕06”，将当前时间指示器移动至开始位置处，在“效果控件”面板中单击“位置”前的“切换动画”按钮，设置“位置”为-2500.0和240.0。将当前时间指示器移动至00;00;00;19位置处，设置“位置”为360.0和240.0，如图18-12所示。

图18-12 设置“字幕06”参数

Step 13 ▶ 选择“字幕01”，为其添加“裁剪”效果，在“效果控件”面板中设置“顶部”为67.0%，如图18-13所示。

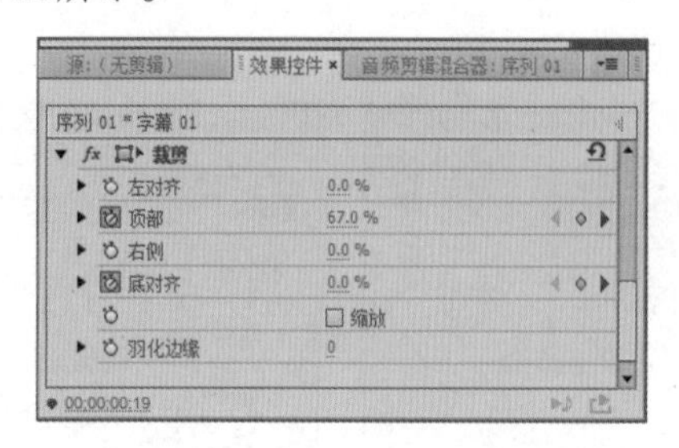

图18-13 添加效果

Step 14 ▶ 将当前时间指示器移动至开始位置处，在“效果控件”面板中单击“位置”前的“切换动画”按钮，设置“位置”为-436.0和266.0。将当前时间指示器移动至00;00;00;19位置处，设置“位置”为360.0和266.0，如图18-14所示。

图18-14 设置“字幕01”参数

Step 15 ▶ 在“节目监视器”面板中单击“播放/停止切换”按钮，可对制作的效果进行查看，如图18-15所示。

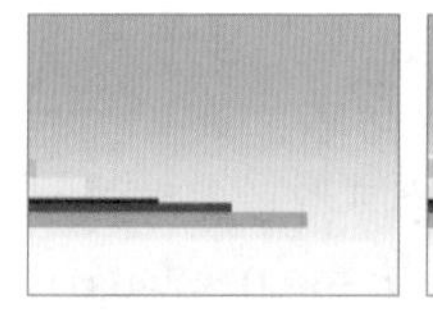

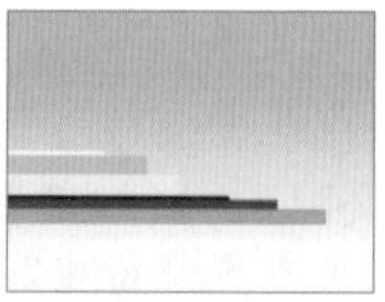

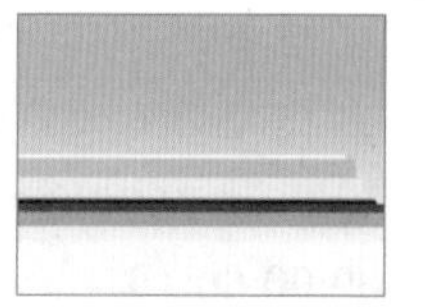

图18-15 效果预览

Step 16 ▶ 将素材“人物1.psd”拖动至“视频11”轨道的00;00;01;04位置处，选择素材“人物1.psd”，在“效果控件”面板中设置“缩放”为69.0，单击“位置”前的“切换动画”按钮，设置“位置”为-207.0和184.0。将当前时间指示器移动至00;00;02;09位置处，设置“位置”为506.0和184.0，如图18-16所示。

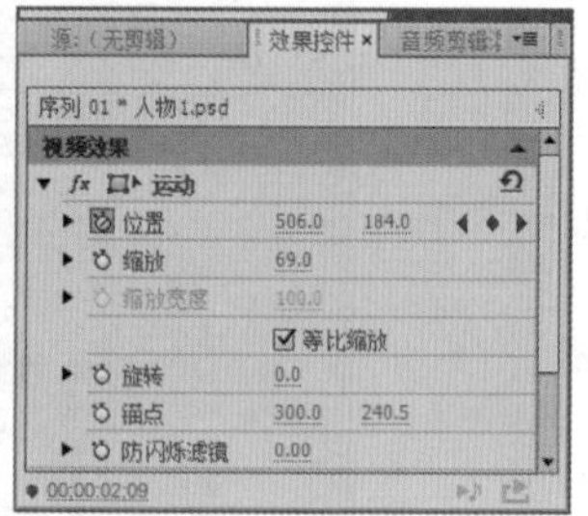

图18-16 拖入素材

Step 17 ▶ 新建“字幕07”，选择“椭圆工具”，按住Shift键在字幕工作区绘制圆，在“字幕属性”面板中设置“X位置”为531.0，“Y位置”为96.0，“宽度”和“高度”均为60.0，填充颜色为白色，按住Alt键拖动鼠标对圆进行复制，在“字幕属性”面板中设置“X位置”为531.0，“Y位置”为96.0，“宽度”和“高度”均为120.0，填充颜色为#FECB00，如图18-17所示。

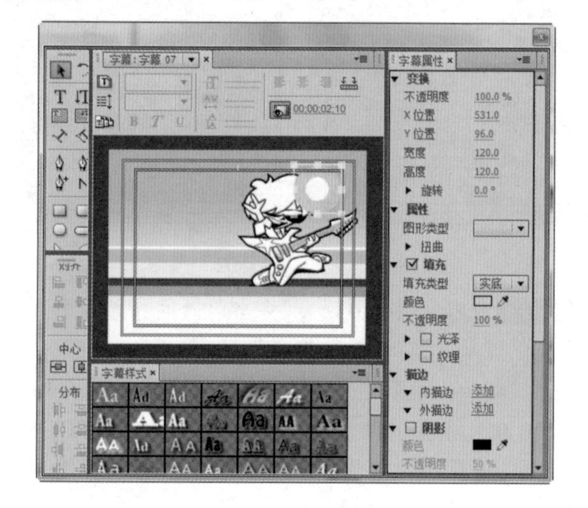

图18-17 绘制圆形

Step 18 ▶ 新建“字幕08”，选择“矩形工具”，在字幕工作区绘制矩形，在“字幕属性”面板的“变换”栏中设置“X位置”为243.0，“Y位置”为86.8，“宽度”为492.6，“高度”为7.5，填充颜色为白色，按住Alt键拖动鼠标对矩形进行复制，在“字幕属性”面板中设置“X位置”为243.0，“Y位置”为108.1，“宽度”为492.6，“高度”为34.6，填充颜色为#FFCC00，如图18-18所示。

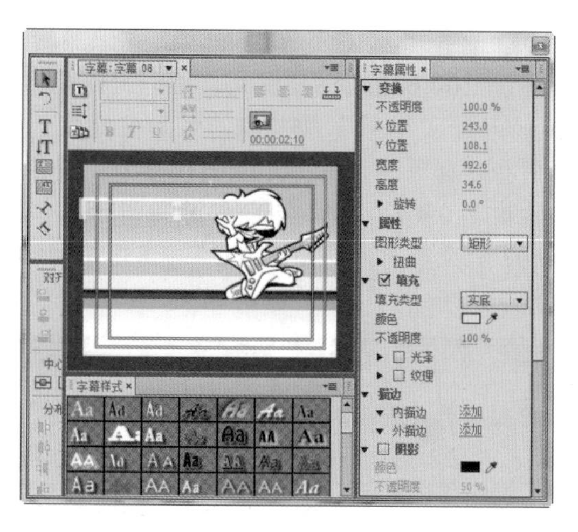

图18-18　绘制“字幕08”矩形

Step 19 关闭“字幕”面板，将“字幕08”拖动至“视频9”轨道的00;00;02;19位置处，在“效果控件”面板中单击“位置”前的“切换动画”按钮，设置“位置”为-188和222.0。将当前时间指示器移动至00;00;03;04位置处，设置“位置”为360.0和222.0，如图18-19所示。

图18-19　设置“字幕08”参数

Step 20 将“字幕07”拖入“视频9”轨道00;00;03;05位置处，在“效果控件”面板中单击“位置”前的“切换动画”按钮，设置“位置”为563.0和227.0”。将当前时间指示器移动至00;00;03;18位置处，设置“位置”为348.0和227.0，如图18-20所示。

图18-20　设置“字幕07”参数

Step 21 将素材“人物3.psd”拖动至“视频2”轨道的00;00;03;23位置处，在“效果控件”面板中单击“位置”前的“切换动画”按钮，设置“位置”为312.0和227.0。将当前时间指示器移动至00;00;04;15位置处，设置“位置”为312.0和73.0，如图18-21所示。

图18-21　设置“人物3”参数

Step 22 选择“字幕08”，取消选中等比缩放复选框，将当前时间指示器移动至00;00;04;16位置处，单击“缩放宽度”前的“切换动画”按钮，设置“缩放宽度”为100.0。将当前时间指示器移动至00;00;05;03位置处，设置“缩放宽度”为0.0，如图18-22所示。

图18-22　设置“字幕08”参数

Step 23 使用相同的方法，对“字幕02”至“字幕06”执行相同的操作，创建“缩放宽度”的运动效果，其效果如图18-23所示。

图18-23　效果预览

Step 24 选择“字幕”/“新建字幕”/“默认静态字幕”命令，新建“字幕09”，打开“字幕”面板，选择“矩形工具”，在字幕工作区绘制矩形，在“字幕属性”面板中对其参数进行设置，按住Alt键拖动鼠标复制矩形，重复对矩形进行4次复制操作，并对复制的矩形参数进行设置，如图18-24所示。

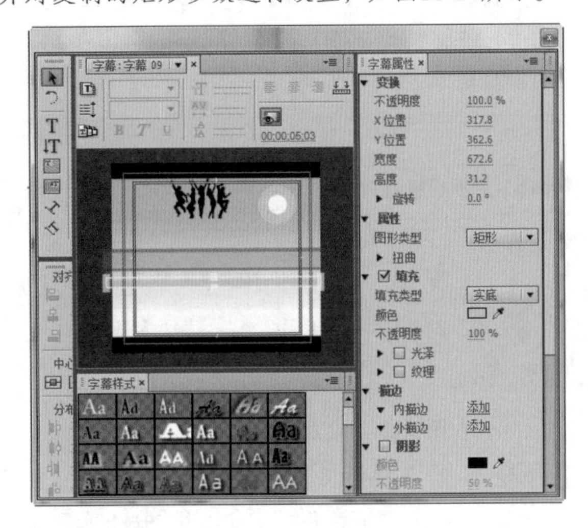

图18-24　创建图形

Step 25 关闭“字幕”面板，将“字幕09”拖动至“视频10”轨道的00;00;05;03位置处，为素材添加“裁剪”效果，在“效果控件”面板中单击“顶部”前的“切换动画”按钮，设置“顶部”为66.0%。将当前时间指示器移动至00;00;06;02位置处，设置“顶部”为40.0%，如图18-25所示。

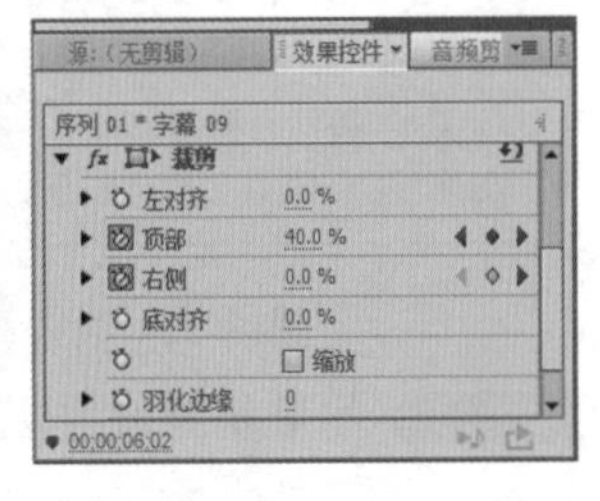

图18-25　添加效果

Step 26 选择素材“人物1.psd”，将当前时间指示器移动至00;00;06;15位置处，单击“位置”后的“添加/移除关键帧”按钮，添加关键帧。将当前时间指示器移动至00;00;07;01位置处，设置“位置”为477.0和184.0。将当前时间指示器移动至00;00;07;27位置处，设置“位置”为858.0和184.0，如图18-26所示。

图18-26　创建“人物1”关键帧

Step 27 选择“字幕07”，将当前时间指示器移动至00;00;07;01位置处，单击“位置”后的“添加/移除关键帧”按钮，添加关键帧。将当前时间指示器移动至00;00;07;27位置处，设置“位置”为577.0和227.0，如图18-27所示。

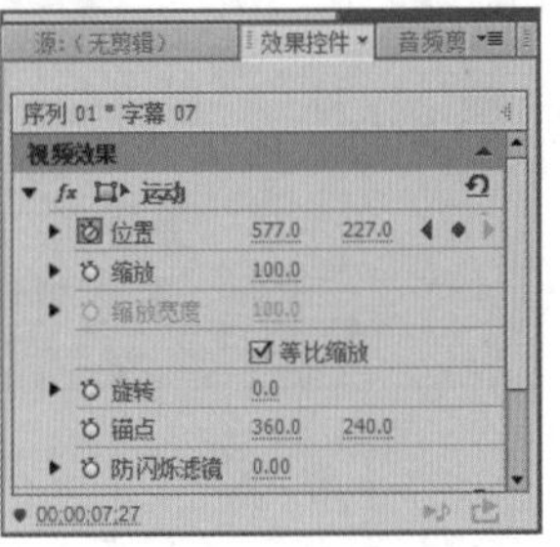

图18-27　设置“字幕07”参数

Step 28 选择素材“人物3.psd”，将当前时间指示器移动至00;00;06;20位置处，单击“不透明度”后的“添加/移除关键帧”按钮，添加关键帧。将当前时间指示器移动至00;00;07;27位置处，设置“不透明度”为0.0%，如图18-28所示。

读书笔记

图18-28　创建“人物3”关键帧

Step 29 新建“字幕10”，选择“矩形工具”，在字幕工作区绘制矩形，在“字幕属性”面板的“变换”栏中设置“X位置”为370.2，“Y位置”为316.5，“宽度”为564.6，“高度”为3.0，填充颜色为#FBE4E9。按住Alt键拖动鼠标对矩形进行复制，在“字幕属性”面板中设置“X位置”为370.2，“Y位置”为303.5，“宽度”为564.6，“高度”为39.0，填充颜色为#EB7691，如图18-29所示。

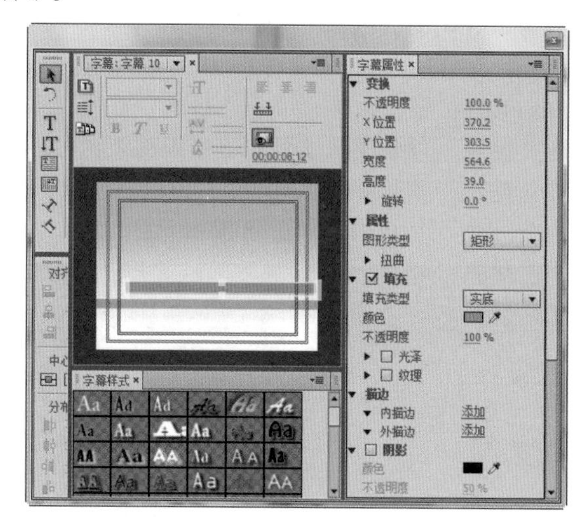

图18-29　新建“字幕10”

Step 30 关闭“字幕”面板，将素材“人物2.psd”拖动至“视频13”轨道的00;00;09;07位置处，设置“持续时间”为00;00;03;20，将“字幕10”拖动至“视频12”轨道上，设置持续时间为00;00;03;11。选择素材“人物2.psd”，将当前时间指示器移动至00;00;09;08位置处，在“效果控件”面板中单击“位置”前的“切换动画”按钮，设置“位置”为805.0和204.0。将当前时间指示器移动至00;00;10;08位置处，设置“位置”为125.0和204.0，如图18-30所示。

图18-30　设置“人物2”参数

Step 31 选择“字幕10”，将当前时间指示器移动至00;00;09;08位置处，在“效果控件”面板中单击“位置”前的“切换动画”按钮，设置“位置”为1038.0和254.0。将当前时间指示器移动至00;00;10;08位置处，设置“位置”为408.0和254.0，如图18-31所示。

图18-31　设置“字幕10”参数1

Step 32 选择“字幕10”，在“效果控件”面板中取消选中“等比缩放”复选框，将当前时间指示器移动至00;00;10;08位置处，单击“缩放宽度”前的“切换动画”按钮，设置“缩放宽度”为100.0。将当前时间指示器移动至00;00;11;00位置处，设置“缩放宽度”为0.0，如图18-32所示。

图18-32　设置“字幕10”参数2

Step 33 选择“字幕09”，设置“持续时间”为00;00;05;27，将当前时间指示器移动至00;00;09;19位置处，在“效果控件”面板中分别单击“裁

剪”栏“顶部”和“右侧”前的“切换动画”按钮，设置“顶部”为40.0%，“右侧”为0.0%。将当前时间指示器移动至00;00;10;08位置处，设置“顶部”为56.0%，“右侧”为80.0%，如图18-33所示。

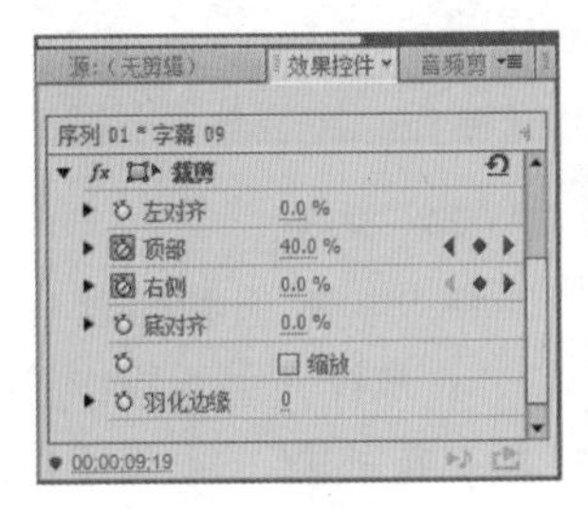

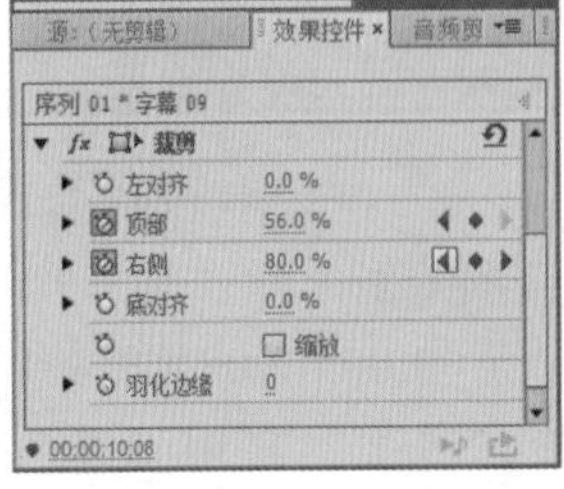

图18-33　设置“字幕09”参数1

Step 34 将当前时间指示器移动至00;00;10;10位置处，单击“右侧”后的“添加/移除关键帧”按钮，添加关键帧。将当前时间指示器移动至00;00;11;00位置处，设置“右侧”为100.0%，如图18-34所示。

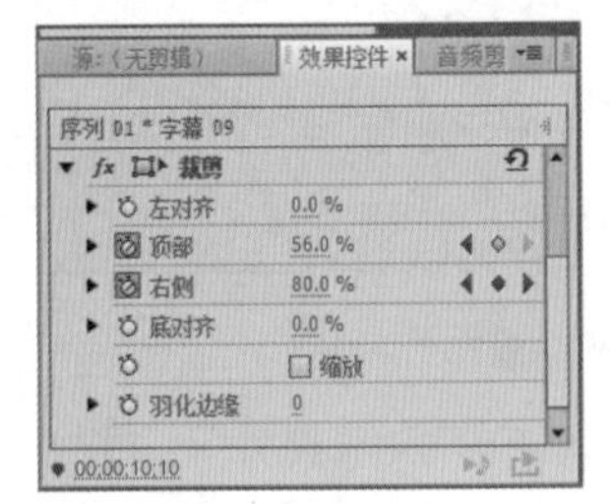

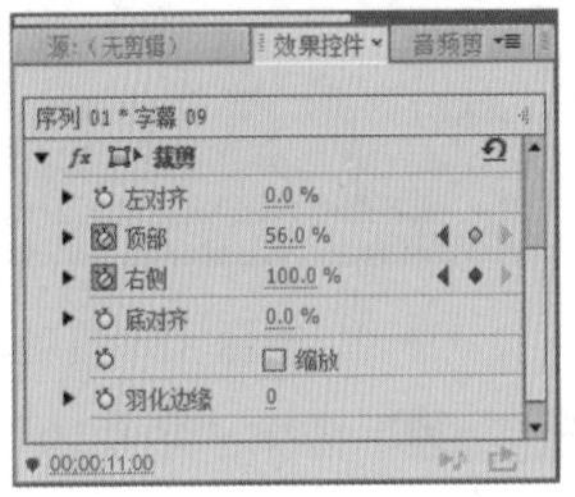

图18-34　设置“字幕09”参数2

Step 35 新建“字幕11”，选择“矩形工具”，在字幕工作区绘制矩形，在“字幕属性”面板中设置“X位置”为246.8，“Y位置”为306.9，“宽度”为6.0，“高度”为52.0，设置填充颜色为#663300。选择“椭圆工具”，按住Shift键在字幕工作区绘制圆，设置“X位置”为244.9，“Y位置”为255.0，“宽度”和“高度”均为80.0，填充颜色为白色，然后对圆形进行复制，并设置“宽度”和“高度”均为70.0，填充颜色为#E2EE5F。选择所有创建的图形，按住Alt键拖动鼠标进行复制，并对其参数进行设置，如图18-35所示。

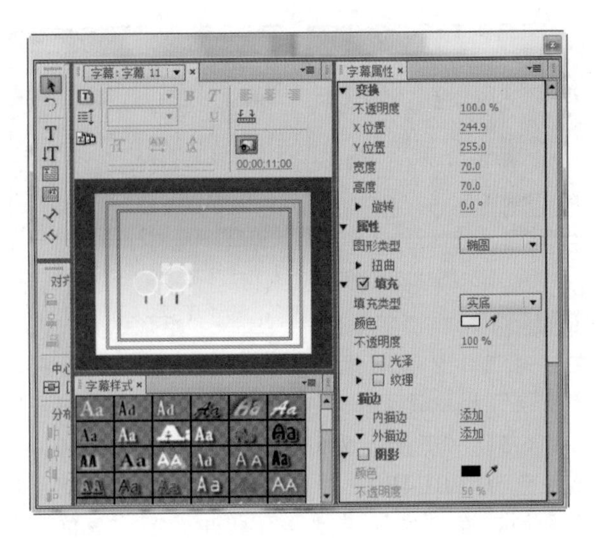

图18-35　绘制图形

Step 36 关闭“字幕”面板，将“字幕11”拖动至“视频11”轨道的00;00;11;01位置处，设置持续时间为00;00;01;19，在“效果控件”面板中设置“位置”为431.0和258.0。将当前时间指示器移动至00;00;11;01位置处，单击“不透明度”后的“添加/移除关键帧”按钮，设置“不透明度”为0.0%。将当前时间指示器移动至00;00;12;01位置处，设置“不透明度”为100%，如图18-36所示。

图18-36　创建“字幕11”关键帧

读书笔记

Step 37▶ 选择“字幕01”，将当前时间指示器移动至00;00;13;12位置处，单击“位置”后的“添加/移除关键帧”按钮◆，添加关键帧。将当前时间指示器移动至00;00;13;23位置处，设置“位置”为360.0和562.0，如图18-37所示。

图18-37 添加“字幕01”关键帧

Step 38▶ 将当前时间指示器移动至00;00;12;01位置处，单击“顶部”后的“添加/移除关键帧”按钮◆，添加关键帧。将当前时间指示器移动至00;00;13;09位置处，设置“顶部”为0.0%，如图18-38所示。

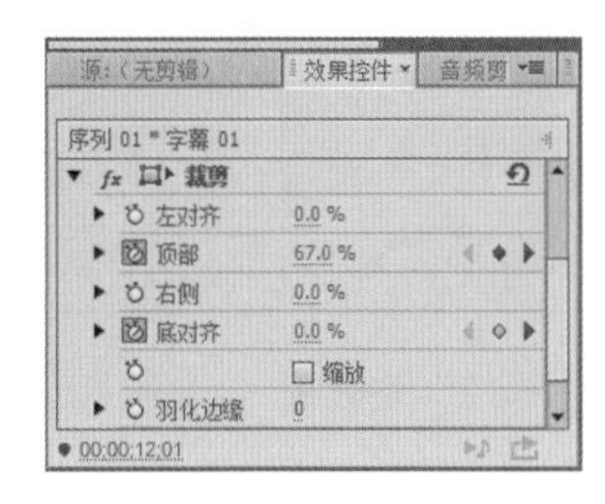

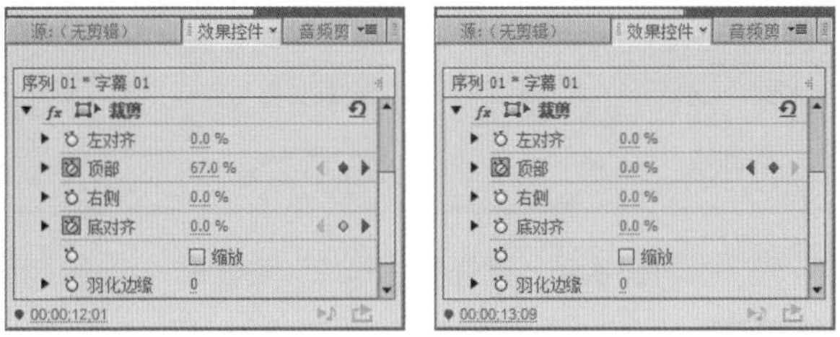

图18-38 设置“字幕01”参数1

Step 39▶ 将当前时间指示器移动至00;00;12;19位置处，单击“底对齐”后的“添加/移除关键帧”按钮◆，添加关键帧。将当前时间指示器移动至00;00;13;12位置处，设置“底对齐”为64.0%。将当前时间指示器移动至00;00;13;23位置处，设置“底对齐”为59.0%，如图18-39所示。

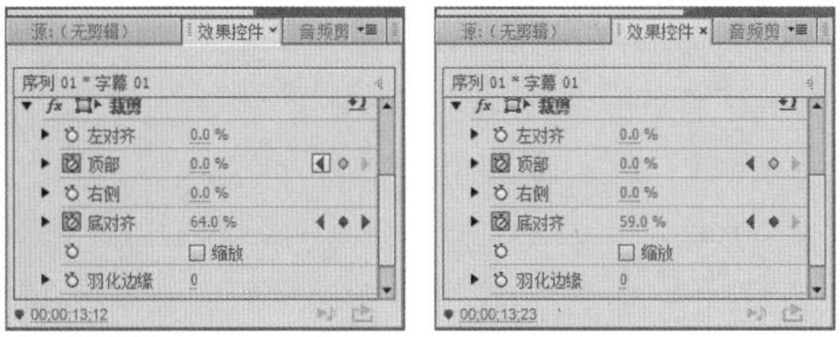

图18-39 设置“字幕01”参数2

Step 40▶ 新建“字幕12”，选择“椭圆工具”◯，按住Shift键在字幕工作区绘制圆，在“字幕属性”面板中设置其参数，并复制圆形并设置其参数，如图18-40所示。

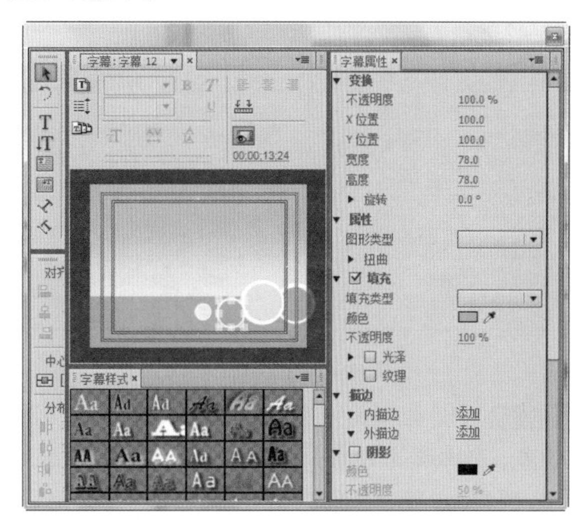

图18-40 绘制圆形

Step 41▶ 单击“基于当前字幕新建字幕”按钮，新建“字幕13”，在“字幕属性”面板中对其参数进行设置，如图18-41所示。

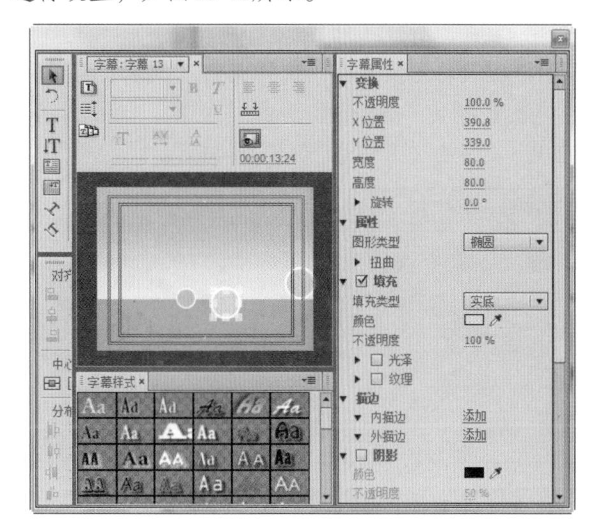

图18-41 绘制图形

Step 42▶ 关闭“字幕”面板，将“字幕13”拖动至“视频11”轨道的00;00;14;08位置处，将“字幕12”拖动至“视频15”轨道的00;00;14;08位置处，并设置持续时间均为00;00;02;01。选择“字幕12”，将当前时间指示器移动至00;00;14;08位置处，在“效果控件”面板单击“缩放”前的“切换动画”按钮，设置“缩放”为0.0。将当前时间指示器移动至00;00;14;20位置处，设置“缩放”为100.0，如图18-42所示。

图18-42　拖入素材

Step 43▶ 使用相同的方法，对“字幕13”进行相同的操作，效果如图18-43所示。

图18-43　效果预览

Step 44▶ 将素材“人物1.psd”拖动至“视频13”轨道的00;00;14;08位置处，选择素材“人物1.psd”，在“效果控件”面板中设置“位置”为524.0和207.0，“缩放”为57.0，如图18-44所示。

图18-44　设置人物1参数

Step 45▶ 将素材“人物2.psd”拖动至“视频12”轨道的00;00;14;08位置处，分别为素材“人物1.psd”和素材“人物2.psd”添加“闪光灯”效果，如图18-45所示。

图18-45　添加效果

Step 46▶ 将当前时间指示器移动至00;00;15;16位置处，分别单击“字幕12”和“字幕13”的“不透明度”后的“添加/移除关键帧”按钮，添加关键帧。将当前时间指示器移动至00;00;16;09位置处，设置“不透明度”为0.0%，如图18-46所示。

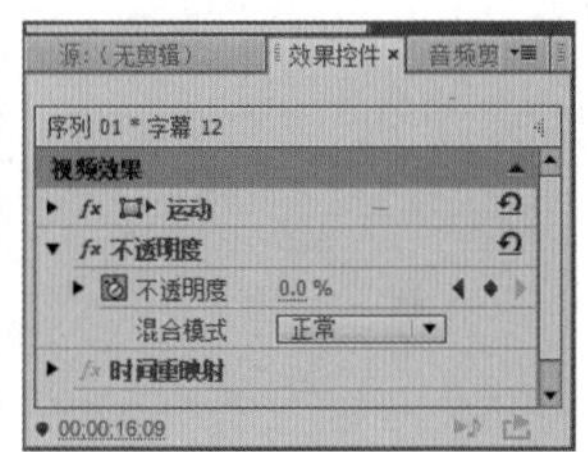

图18-46　设置“字幕12”关键帧

Step 47▶ 选择“字幕01”，将当前时间指示器移动至00;00;16;15位置处，单击“位置”后的“添加/移除关键帧”按钮，添加关键帧。取消选中□等比缩放复选框，单击“缩放高度”前的“切换动画”按钮，创建关键帧，将当前时间指示器移动至00;00;17;23位置处，设置“位置”为360.0和71.3，“缩放高度”为50.0，如图18-47所示。

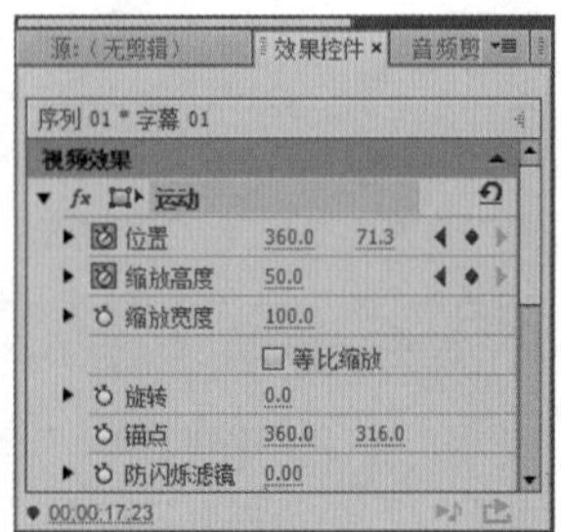

图18-47　创建“字幕01”关键帧

Step 48 新建“字幕14”，选择“文字工具”T，在字幕工作区输入文字，在“字幕属性”面板中对参数进行设置，如图18-48所示。

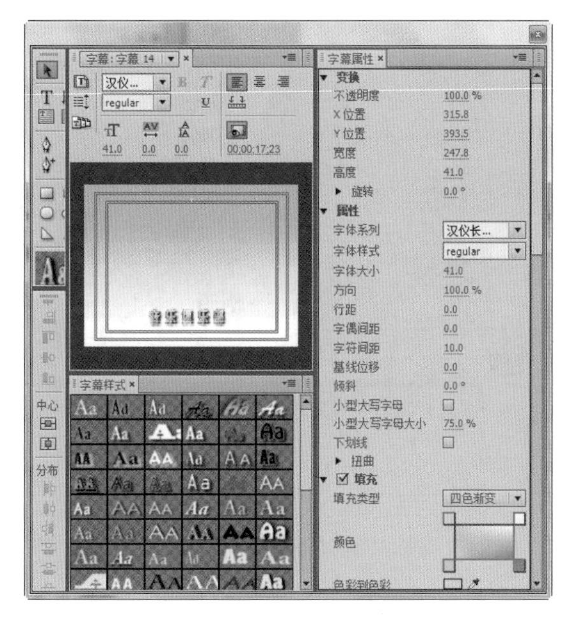

图18-48　创建文本字幕

Step 49 关闭“字幕”面板，将素材“人物3.psd”拖动至“视频2”轨道的00;00;17;23位置处，设置持续时间为00;00;04;06。将“字幕14”拖动至“视频3”轨道的00;00;18;28位置处，设置持续时间为00;00;03;01，如图18-49所示。

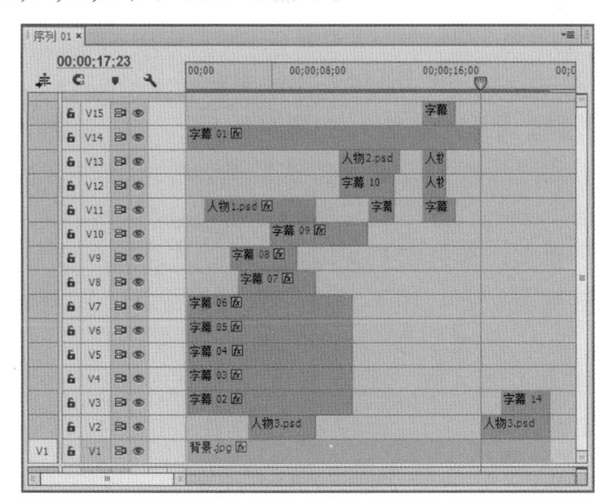

图18-49　导入素材

Step 50 选择素材“人物3.psd”，在“效果控件”面板中设置“位置”为357.0和210.0，“缩放”为54.0。将当前时间指示器移动至00;00;17;23位置处，单击“不透明度”后的“添加/移除关键帧”按钮◆，设置“不透明度”为0.0%。将当前时间指示器移动至00;00;18;14位置处，设置“不透明度”为100.0%，如图18-50所示。

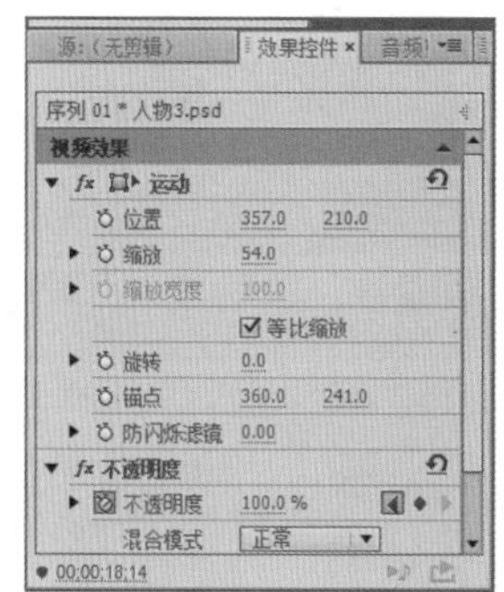

图18-50　创建“人物3”关键帧

Step 51 为“字幕14”添加“裁剪”效果，将当前时间指示器移动至00;00;18;28位置处，单击“裁剪”栏下“右侧”前的“切换动画”按钮，设置“右侧”为74.0%。将当前时间指示器移动至00;00;20;27位置处，设置“右侧”为0.0%，如图18-51所示。

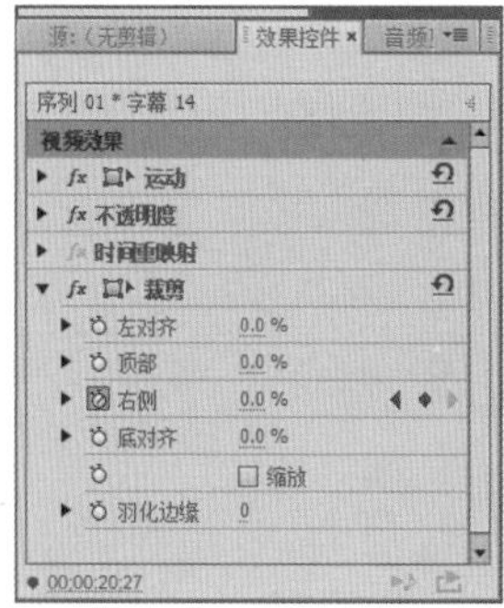

图18-51　添加效果

Step 52 保存项目文件，在“节目监视器”面板中单击“播放/停止切换”按钮▶，可对制作的最终效果进行查看，如图18-52所示。

图18-52　查看最终效果

18.2 过渡效果的应用 设置图层不透明度 视频效果的应用 制作数码产品片头

- 光盘\素材\第18章\数码片头\
- 光盘\效果\第18章\数码产品片头.prproj
- 光盘\实例演示\第18章\制作数码产品片头

在进行数码产品片头的制作时，可综合运用图片、字幕、视频效果和关键帧等知识，下面讲解数码产品片头的制作方法。

Step 1 新建项目文件，并将其命名为“数码产品片头.prproj”，新建“序列01”，按Ctrl+I快捷键，打开“导入”对话框，选择所有的素材，单击 打开(O) 按钮，如图18-53所示。

图18-53　导入素材

Step 2 素材将被导入至“项目”面板，将“背景.jpg”素材拖动至“视频1”轨道的开始位置处，设置“持续时间”为00;00;15;05，如图18-54所示。

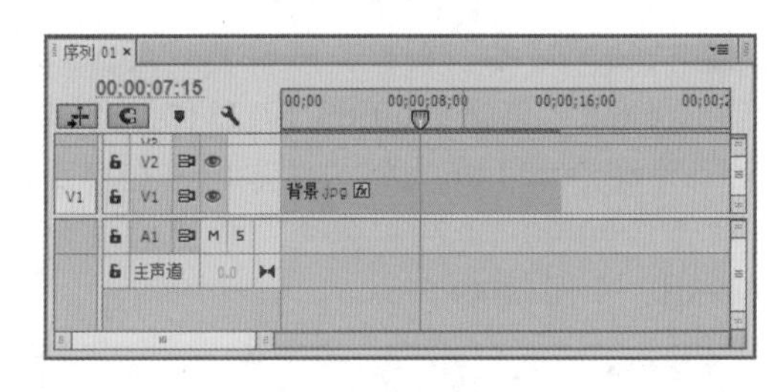

图18-54　拖入素材

Step 3 选择“字幕”/“新建字幕”/“默认静态字幕”命令，在打开的“新建字幕”对话框的名称文本框中输入“横线”，单击 确定 按钮，打开“字幕”面板，选择“矩形工具”，在字幕工作区中绘制矩形，在“字幕属性”面板中设置“X位置”为328.0，“Y位置”为389.0，“宽度”为671.0，“高度”为6.0，填充颜色为白色，如图18-55所示。

读书笔记

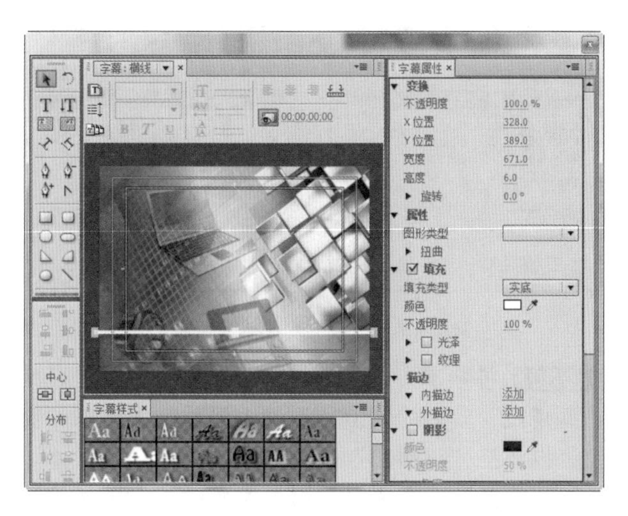
图18-55　创建矩形字幕

Step 4 单击“基于当前字幕新建字幕”按钮，新建“竖线”字幕，在“字幕属性”面板中设置“X位置”为98.7，“Y位置”为237.0，“宽度”为6.0，“高度”为502.0，设置填充颜色为白色，如图18-56所示。

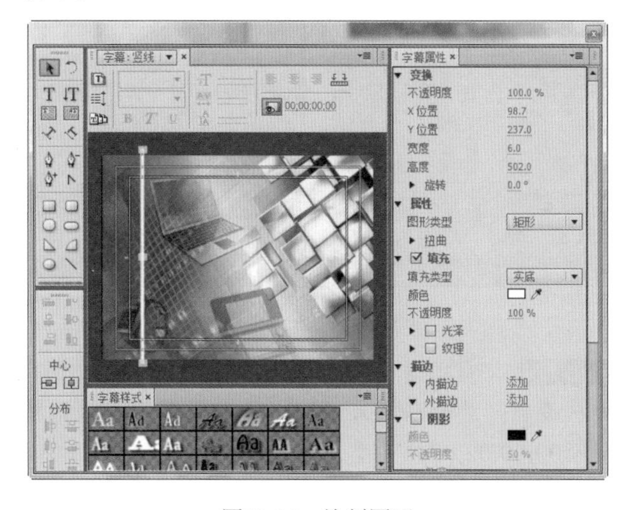
图18-56　绘制图形

Step 5 新建字幕“圈”，选择“椭圆工具”，按住Shift键在字幕工作区绘制圆，在“字幕属性”面板中设置“X位置”为42.9，“Y位置”为195.3，“宽度”和“高度”均为43.0，将“图形类型”设置为“闭合贝塞尔曲线”，设置“线宽”为3.0，填充颜色为白色，如图18-57所示。

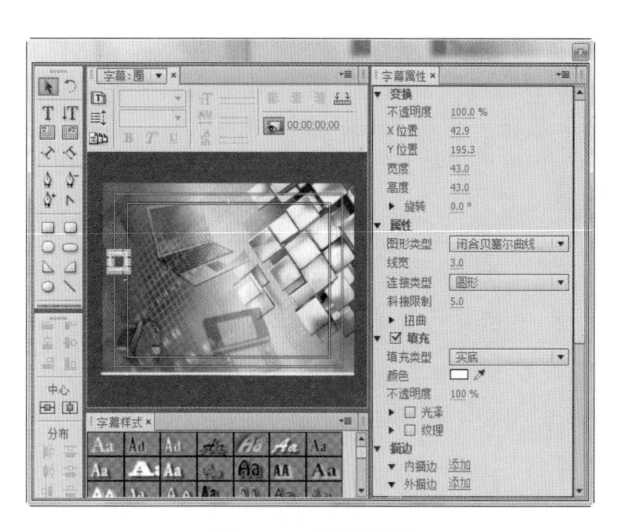
图18-57　绘制圆环

Step 6 单击“基于当前字幕新建字幕”按钮，新建字幕“圈02”，设置“宽度”和“高度”均为83.0，“线宽”为4.0，其余参数保持不变，如图18-58所示。

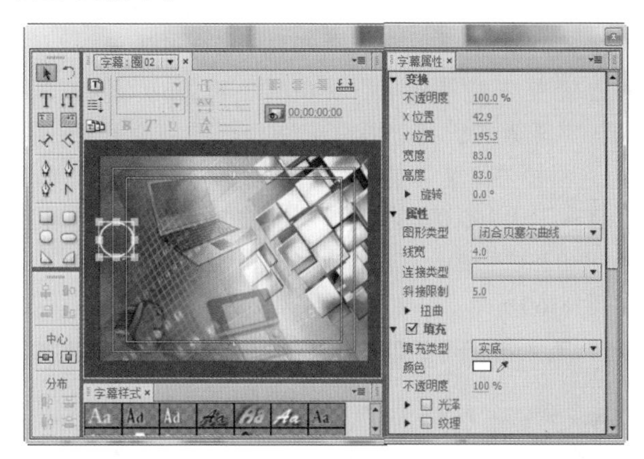
图18-58　新建字幕

读书笔记

Step 7 ▶ 选择“序列”/“添加轨道”命令，打开“添加轨道”对话框，在“视频轨道”栏的“添加”数值框中输入10，在“音频轨道”栏的“添加”数值框中输入0，单击 确定 按钮，如图18-59所示。

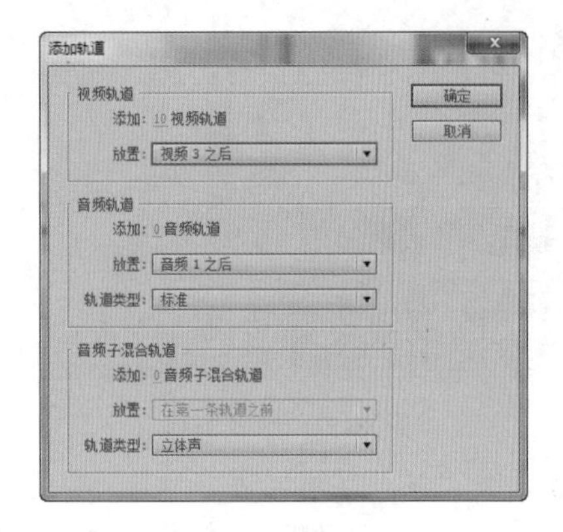

图18-59 添加轨道

Step 8 ▶ 关闭“字幕”面板，将字幕“横线”拖动至“时间轴”面板的“视频6”轨道的开始位置处，将字幕“竖线”拖动至“视频5”轨道的开始位置处，设置“持续时间”为00;00;11;03。选择“横线”字幕素材，将当前时间指示器移动至开始位置处，单击“位置”前的“切换动画”按钮，设置“位置”为360.0和352.0。将当前时间指示器移动至00;00;02;02位置处，设置“位置”为360.0和-101.0，如图18-60所示。

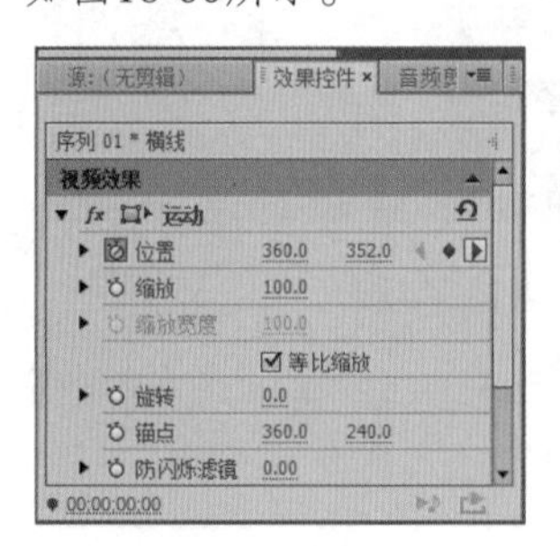

图18-60 设置“横线”参数

Step 9 ▶ 选择字幕“竖线”素材，将当前时间指示器移动至开始位置处，在“效果控件”面板中单击“位置”前的“切换动画”按钮，设置“位置”为246.0和240.0。将当前时间指示器移动至00;00;02;02位置处，设置“位置”为877.0和240.0，如图18-61所示。

图18-61 设置“竖线”参数

Step 10 ▶ 将字幕“圈”拖动至“时间轴”面板的“视频12”轨道的00;00;01;28位置处，将字幕“圈02”拖动至“视频13”轨道的00;00;01;28位置处。选择“圈02”字幕素材，为其添加“放大”效果，在“效果控件”面板中的“放大”栏设置“中央”为42.4和194.9，“大小”为199.0。将当前时间指示器移动至00;00;02;02位置处，单击“放大率”前的“切换动画”按钮，设置“放大率”为122.0。将当前时间指示器移动至00;00;02;04位置处，设置“放大率”为160.0，如图18-62所示。

图18-62 添加效果

Step 11 ▶ 将当前时间指示器移动至00;00;02;07位置处，设置“放大率”为122.0。将当前时间指示器移动至00;00;02;09位置处，设置“放大率”为175.0，如图18-63所示。

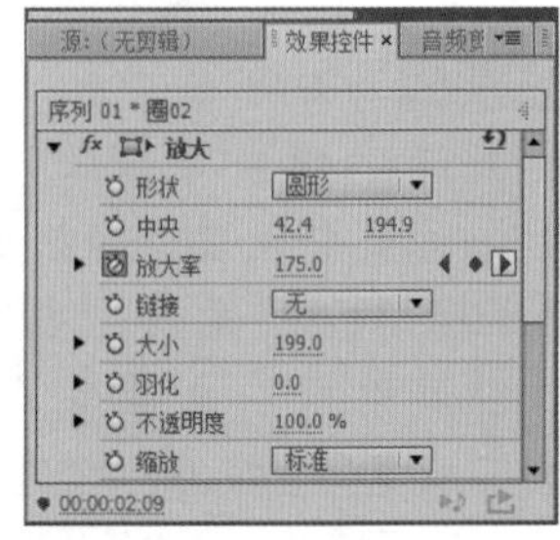

图18-63 设置“圈02”参数

Step 12▶ 将当前时间指示器移动至00;00;02;12位置处，设置“放大率”为105.0。将当前时间指示器移动至00;00;03;10位置处，设置“放大率”为107.0，如图18-64所示。

图18-64　设置“圈02”参数1

Step 13▶ 将当前时间指示器移动至00;00;03;13位置处，设置“放大率”为112.0。将当前时间指示器移动至00;00;03;15位置处，设置“放大率”为146.0，如图18-65所示。

图18-65　设置“圈02”参数2

Step 14▶ 将当前时间指示器移动至00;00;03;18位置处，设置“放大率”为100.0。设置完成后，可在“节目监视器”面板中单击“播放/停止切换”按钮，对其效果进行查看，如图18-66所示。

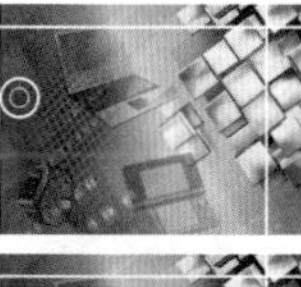

图18-66　设置参数并查看效果

Step 15▶ 将素材“数码1.psd”拖动至“时间轴”面板的“视频3”轨道的00;00;00;27位置处，设置其“持续时间”为00;00;01;18，在“效果控件”面板中设置“缩放”为26.0。将当前时间指示器移动至00;00;00;27位置处，单击“位置”前的“切换动画”按钮，设置“位置”为756.0和185.0。将当前时间指示器移动至00;00;01;24位置处，设置“位置”为28.0和185.0，如图18-67所示。

图18-67　创建“数码1”关键帧

Step 16▶ 将当前时间指示器移动至00;00;02;04位置处，单击“位置”后侧的“添加/移除关键帧”按钮，创建关键帧，将当前时间指示器移动至00;00;02;15位置处，设置“位置”为-57.0和185.0，如图18-68所示。

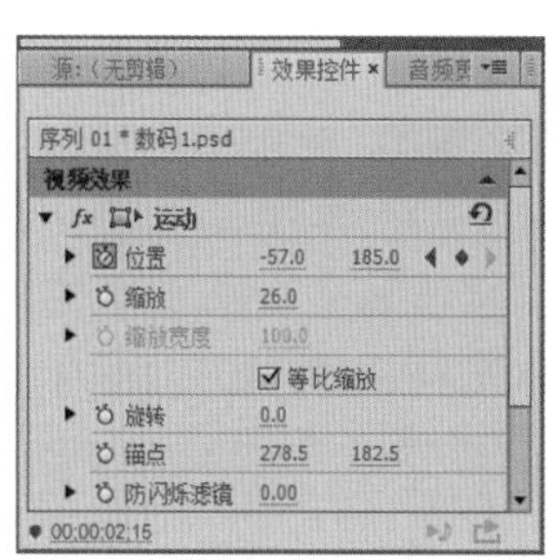

图18-68　设置“数码1”参数

Step 17▶ 将素材“数码2.psd”拖动至“时间轴”面板的“视频4”轨道的00;00;02;10位置处，设置其“持续时间”为00;00;01;15，在“效果控件”面板中设置“缩放”为22.0。将当前时间指示器移动至00;00;02;10位置处，单击“位置”前的“切换动画”按钮，设置“位置”为756.0和192.0。将当前时间指示器移动至00;00;03;01位置处，设置“位置”为30.0和192.0，如图18-69所示。

图18-69　创建“数码2”关键帧

Step 18 ▶ 将当前时间指示器移动至00;00;03;14位置处，单击“位置”后侧的“添加/移除关键帧”按钮◆，创建关键帧。将当前时间指示器移动至00;00;03;25位置处，设置“位置”为-48.0和192.0，如图18-70所示。

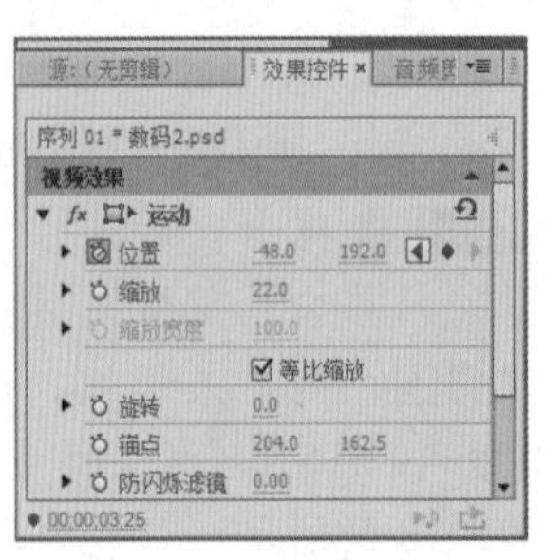

图18-70　设置“数码2”参数

Step 19 ▶ 新建“字母”字幕，打开“字幕”面板，选择“文字工具”T，在字幕工作区输入文字，在“字幕属性”面板中设置其参数，并设置填充颜色为#C3FFC3，如图18-71所示。

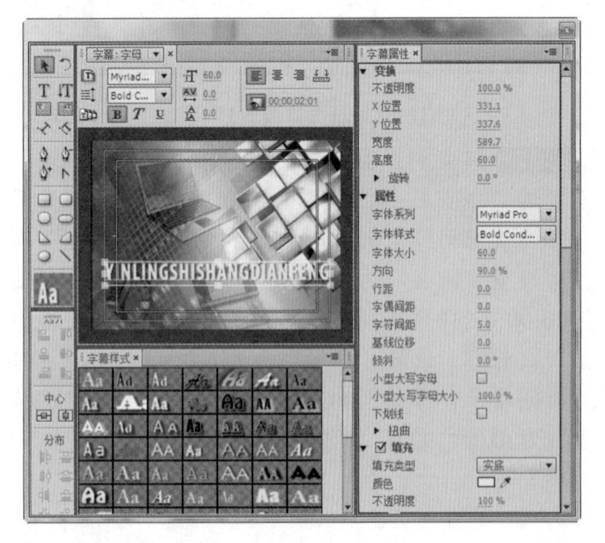

图18-71　创建文字字幕

Step 20 ▶ 关闭“字幕”面板，将“字母”字幕素材拖动至“时间轴”面板的“视频2”轨道的00;00;01;09位置处，设置其“持续时间”为00;00;03;09，在“效果控件”面板中设置“位置”为360.0和310.0，“缩放”为105.0。将当前时间指示器移动至00;00;01;09位置处，单击“不透明度”后侧的“添加/移除关键帧”按钮◆，设置“不透明度”为0.0%。将当前时间指示器移动至00;00;01;26位置处，设置“不透明度”为100.0%，如图18-72所示。

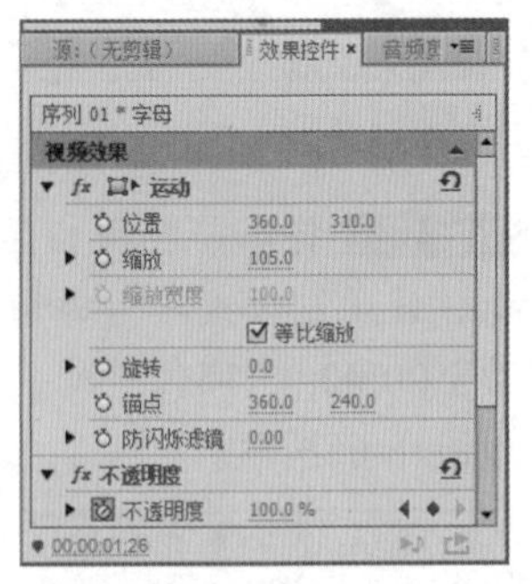

图18-72　设置“字母”参数

Step 21 ▶ 为“字母”字幕素材添加“球面化”效果，在“效果控件”面板中的“球面化”栏中设置“半径”为63.0。将当前时间指示器移动至00;00;02;03位置处，单击“球面中心”前的“切换动画”按钮⏱，创建关键帧，设置“球面中心”为-32.0和342.0。将当前时间指示器移动至00;00;03;12位置处，设置“球面中心”为759.0和342.0，如图18-73所示。

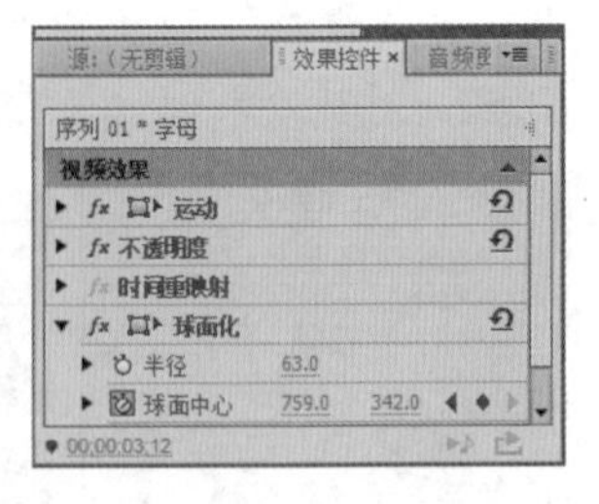

图18-73　添加效果

Step 22 ▶ 将素材“数码3.psd”拖动至“时间轴”面板的“视频7”轨道的00;00;02;26位置处，设置其“持续时间”为00;00;02;17，在“效果控件”面板中设置“缩放”为34.0。将当前时间指示器移动至00;00;02;26位置处，单击“位置”前的“切换动画”按钮，创建关键帧，设置“位置”为723.0和128.0。将当前时间指示器移动至00;00;03;23位置处，设置“位置”为440.0和200.0，如图18-74所示。

图18-74　创建“数码3”关键帧

Step 23 将当前时间指示器移动至00;00;04;08位置处，设置“位置”为57.0和213.0。将当前时间指示器移动至00;00;04;21位置处，单击“位置”后侧的“添加/移除关键帧”按钮，添加关键帧，如图18-75所示。

图18-75　设置“数码3”参数1

Step 24 将当前时间指示器移动至00;00;05;02位置处，设置“位置”为57.0和167.0。将当前时间指示器移动至00;00;05;13位置处，设置“位置”为57.0和568.0，如图18-76所示。

图18-76　设置“数码3”参数2

Step 25 关闭“字幕”面板，新建“图片框1”字幕，在“字幕工具”栏中选择“圆角矩形工具”，在字幕工作区绘制一个圆角矩形，并在“字幕属性”面板中设置“X位置”为425.7，“Y位置”为301.0，“宽度”为318.0，“高度”为267.4，“圆角大小”为10.5%，如图18-77所示。

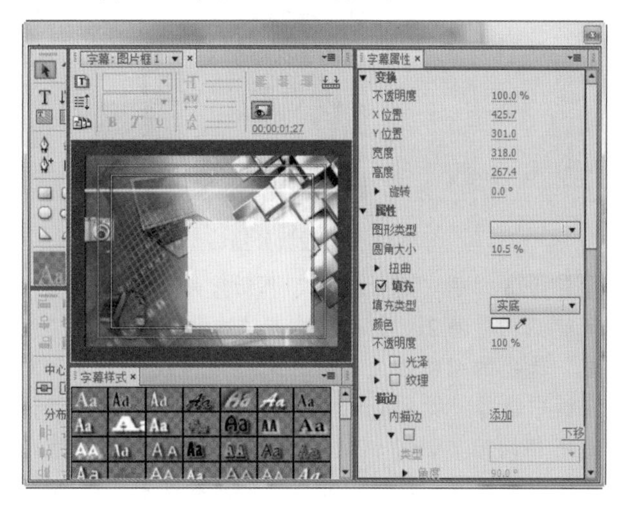

图18-77　创建矩形

Step 26 选中内描边下的纹理复选框，单击“纹理”选项的缩略图，在打开的“选择纹理图像”对话框中选择“数码7.jpg”素材，单击打开(O)按钮，如图18-78所示。

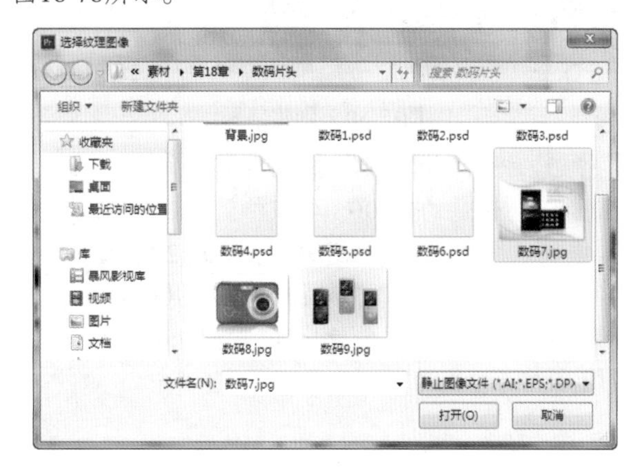

图18-78　选择纹理图像

Step 27 设置内描边的“类型”为“凹进”，单击“外描边”选项对应的“添加”超链接，激活并选中外描边复选框，设置“大小”为4.0，填充颜色为#E5C05B，如图18-79所示。

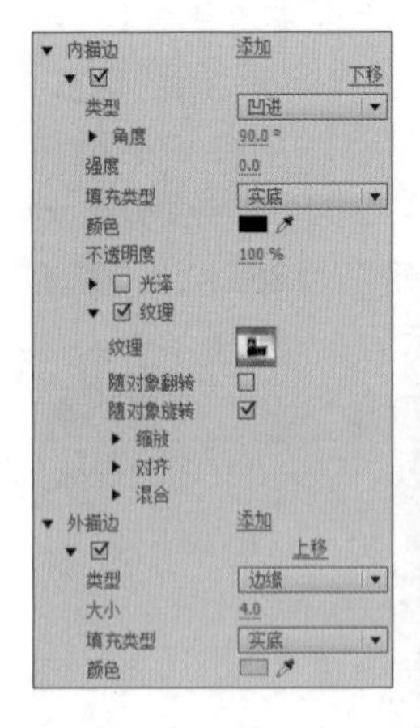
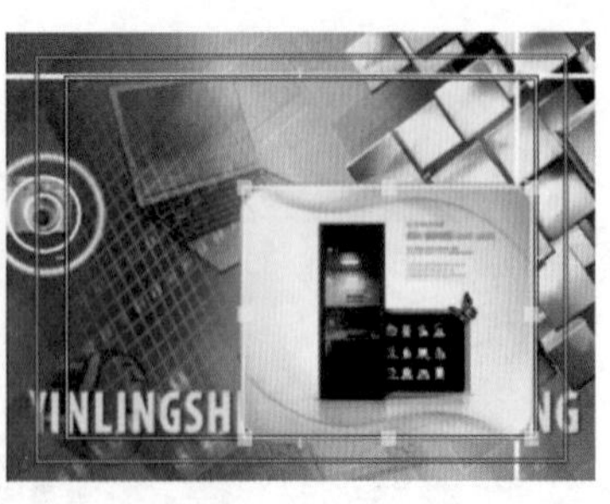

图18-79　设置外描边

Step 28 单击“基于当前字幕新建字幕”按钮，新建“图片框2”字幕，单击“内描边”栏的“纹理”选项的缩略图，在打开的“选择纹理图像”对话框中选择“数码8.jpg”素材，对图片进行更改，使用相同的方法，创建“图片框3”字幕，并选择其纹理图片为“数码8.jpg”素材，其效果如图18-80所示。

图18-80　创建字幕

Step 29 将“图片框1”拖动至“时间轴”面板的“视频8”轨道的00;00;04;17位置处，将“图片框2”拖动至“视频9”轨道的00;00;05;22位置处，将“图片框3”拖动至“视频10”轨道的00;00;06;24位置处，并分别设置“持续时间”为00;00;02;17，如图18-81所示。

读书笔记

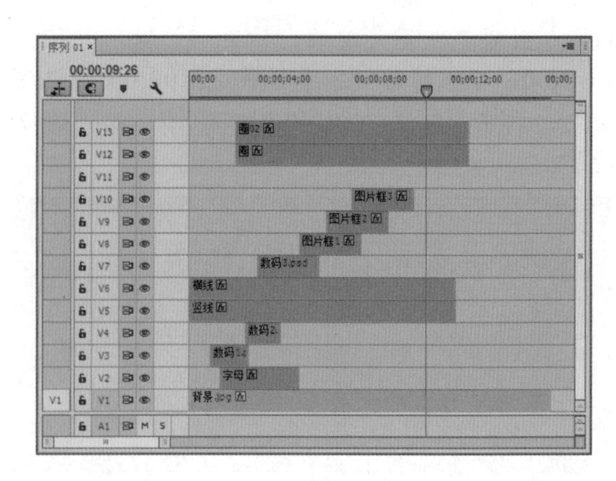

图18-81　拖入素材

Step 30 选择“图片框1”字幕素材，将当前时间指示器移动至00;00;04;17位置处，单击“不透明度”后的“添加/移除关键帧”按钮，设置“不透明度”为0.0%。将当前时间指示器移动至00;00;05;08位置处，设置“不透明度”为100.0%，如图18-82所示。

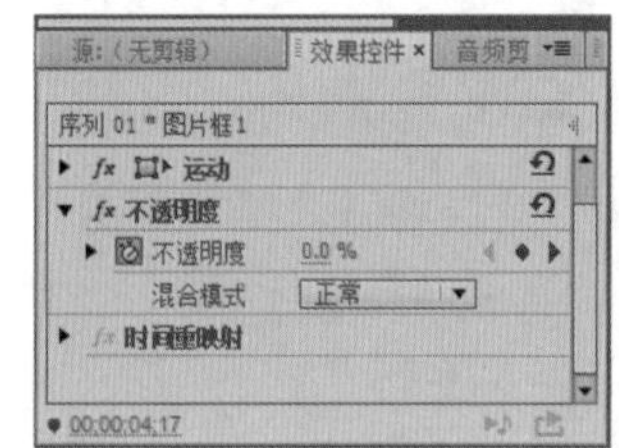
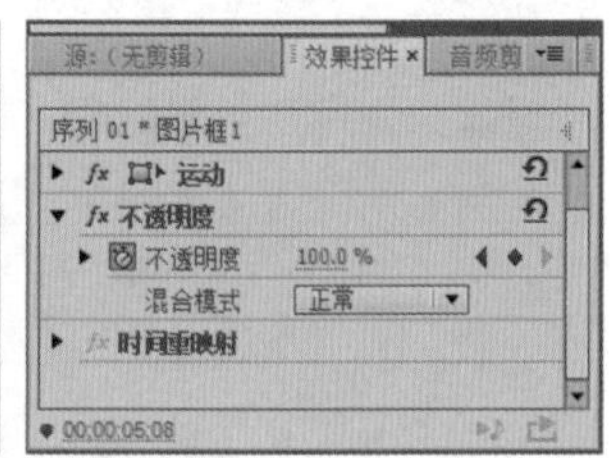

图18-82　创建“图片框1”关键帧

Step 31 选择“图片框2”字幕素材，将当前时间指示器移动至00;00;05;22位置处，单击“不透明度”后的“添加/移除关键帧”按钮，设置“不透明度”为0.0%。将当前时间指示器移动至00;00;06;12位置处，设置“不透明度”为100.0%，如图18-83所示。

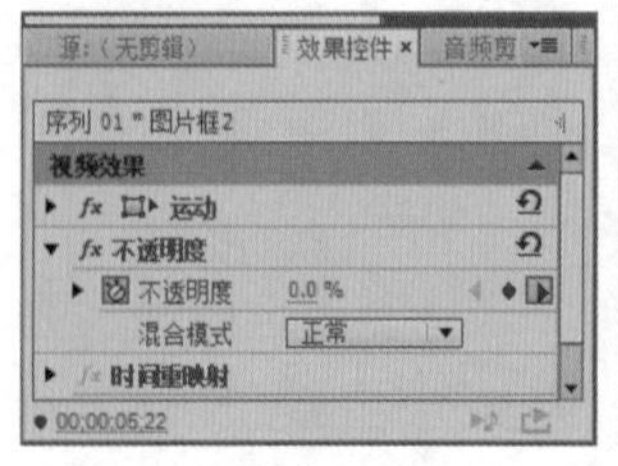
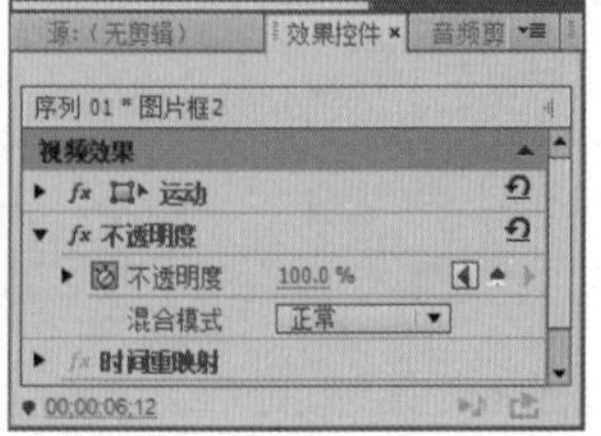

图18-83　创建“图片框2”关键帧

Step 32 选择“图片框3”字幕素材，将当前时间指示器移动至00;00;06;24位置处，单击“不透明度”后的“添加/移除关键帧”按钮，设置“不透明度”为0.0%。将当前时间指示器移动至00;00;07;14位置处，设置“不透明度”为100.0%，如图18-84所示。

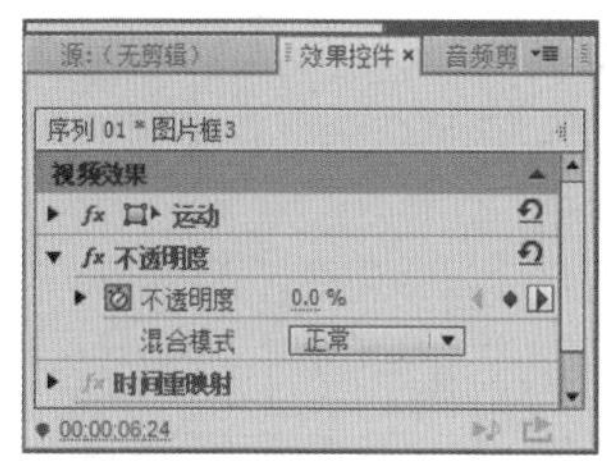

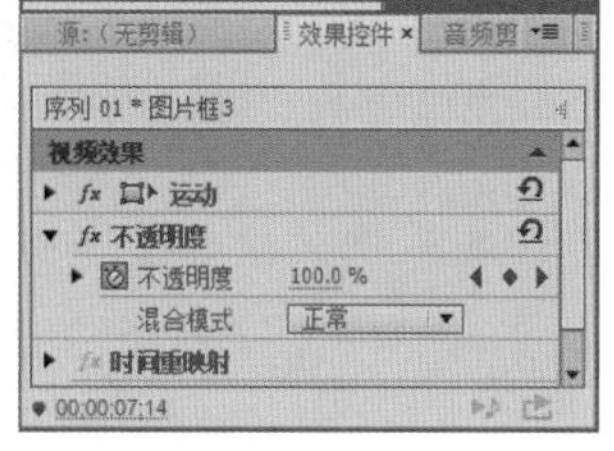

图18-84　创建“图片框3”关键帧1

Step 33▶ 将当前时间指示器移动至00;00;08;21位置处，单击“不透明度”后的“添加/移除关键帧”按钮，添加关键帧。将当前时间指示器移动至00;00;09;11位置处，设置“不透明度”为0.0%，如图18-85所示。

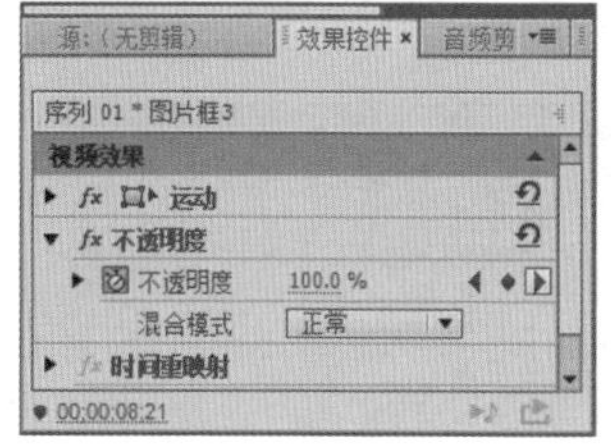

图18-85　创建“图片框3”关键帧2

Step 34▶ 参数设置完成后，可在“节目监视器”面板中单击“播放/停止切换”按钮预览效果，如图18-86所示。

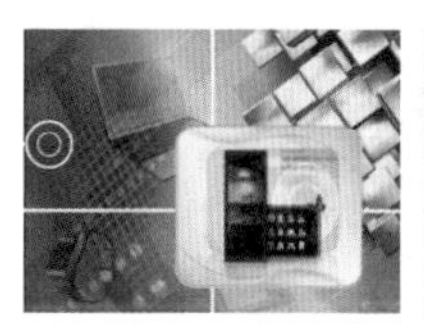

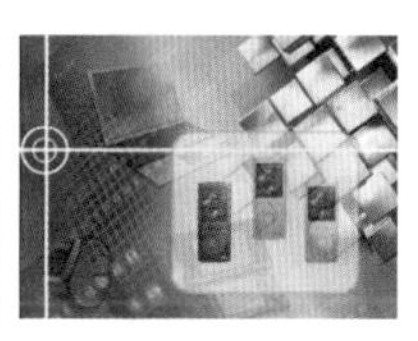

图18-86　预览效果

Step 35▶ 选择“字幕”/“新建字幕”/“默认静态字幕”命令，新建“引领时尚巅峰”字幕，打开“字幕”面板，选择“文字工具”，在字幕工作区中输入“引领时尚巅峰”，在“字幕属性”栏中设置其参数，并对填充和描边颜色进行设置，如图18-87所示。

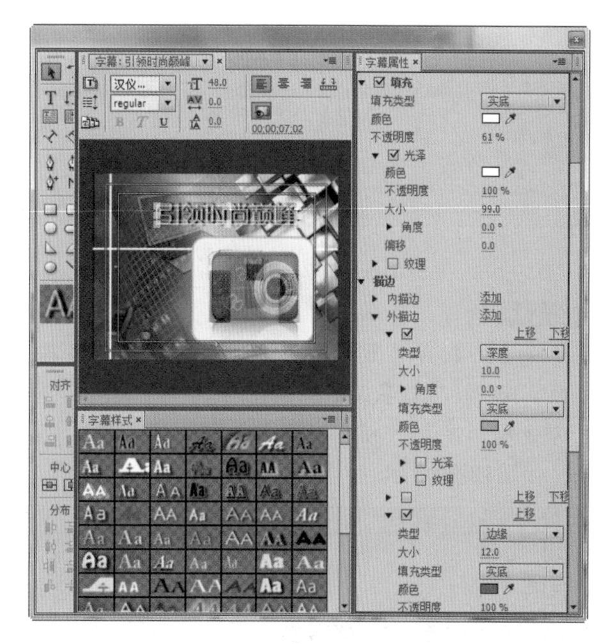

图18-87　创建文字字幕

Step 36▶ 单击“滚动/游动选项”按钮，打开“滚动/游动选项”对话框，在“字幕类型”栏中选中“向左游动”单选按钮，在“定时（帧）”栏中选中“开始于屏幕外”复选框，在“过卷”数值框中输入80，设置完成后，单击“确定”按钮，如图18-88所示。

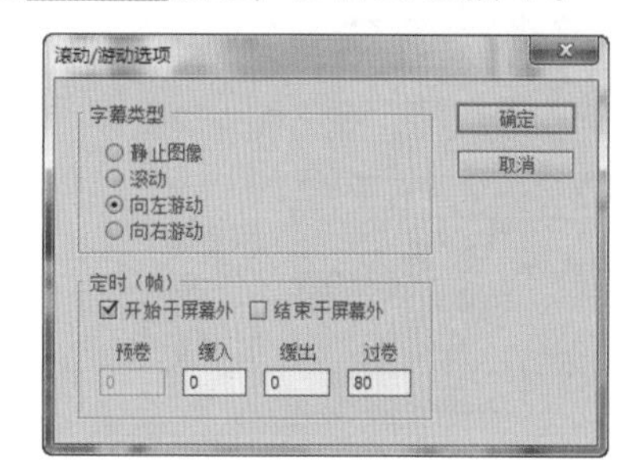

图18-88　“滚动/游动选项”对话框

Step 37▶ 关闭“字幕”面板，将“引领时尚巅峰”字幕素材拖动至“时间轴”面板“视频11”轨道的00;00;06;14位置处，设置其“持续时间”为00;00;02;27。将当前时间指示器移动至00;00;08;15位置处，单击“不透明度”后的“添加/移除关键帧”按钮，添加关键帧。将当前时间指示器移动至00;00;09;11位置处，设置“不透明度”为0.0%，如图18-89所示。

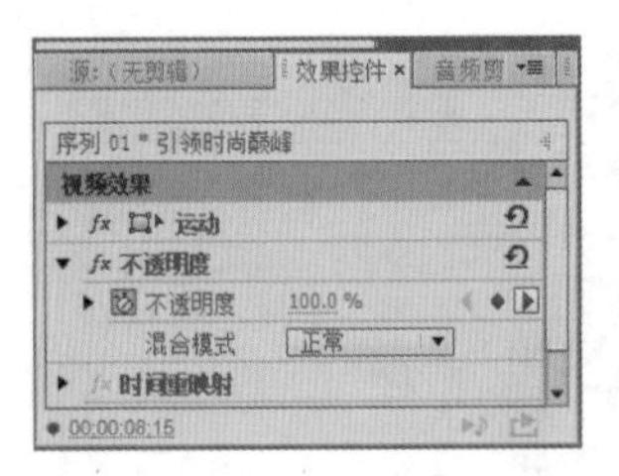

图18-89　创建关键帧

Step 38 ▶ 选择"字幕"/"新建字幕"/"默认静态字幕"命令，新建"数码产品"字幕，打开"字幕"面板，选择"文字工具"T，在字幕工作区中输入"数码产品"，在"字幕属性"面板中设置其参数，如图18-90所示。

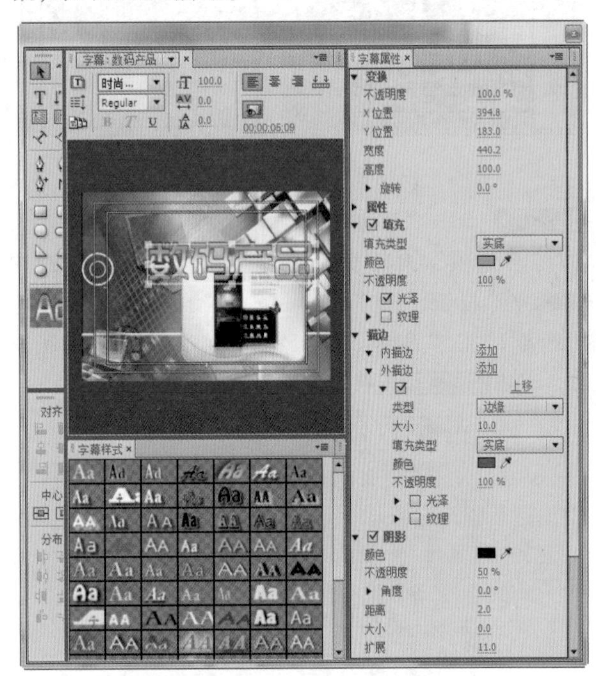

图18-90　创建文字字幕

Step 39 ▶ 将"数码2.psd"素材拖动至"时间轴"面板"视频2"轨道的00;00;11;01位置处，将"数码3.psd"拖动至"视频3"轨道的00;00;11;20位置处，将"数码5.psd"拖动至"视频4"轨道的00;00;12;10位置处，将"数码6.psd"拖动至"视频5"轨道的00;00;12;20位置处，将"数码4.psd"拖动至"视频6"轨道的00;00;13;00位置处，并分别拖动素材使其结尾处与"背景.jpg"素材的结尾处对齐，如图18-91所示。

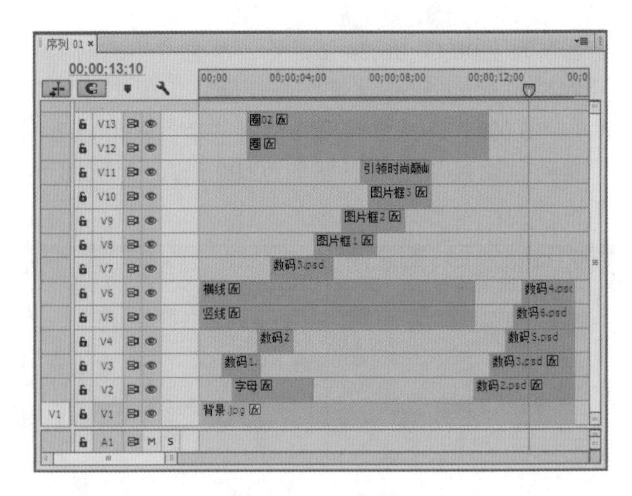

图18-91　拖入素材

Step 40 ▶ 选择"数码2.psd"素材，在"效果控件"面板中设置"缩放"为35.0。将当前时间指示器移动至00;00;11;01位置处，单击"位置"前的"切换动画"按钮，设置"位置"为-65.0和398.0。将当前时间指示器移动至00;00;11;20位置处，设置"位置"为635.0和398.0，如图18-92所示。

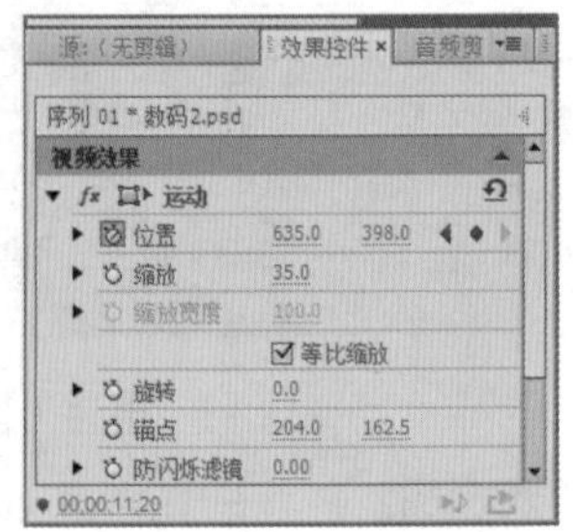

图18-92　设置"数码2"参数

读书笔记

Step 41 选择“数码3.psd”素材，在“效果控件”面板中设置“缩放”为25.0，将当前时间指示器移动至00;00;11;20位置处，单击“位置”前的“切换动画”按钮，设置“位置”为-60.0和401.0。将当前时间指示器移动至00;00;12;00位置处，设置“位置”为488.0和401.0，如图18-93所示。

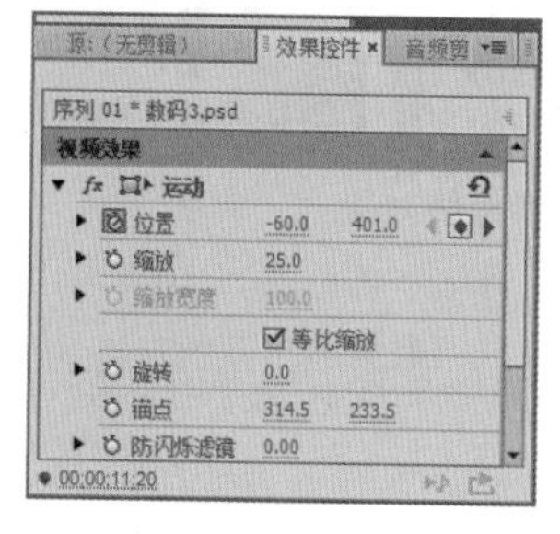

图18-93　设置“数码3”参数

Step 42 选择“数码5.psd”素材，在“效果控件”面板中设置“缩放”为21.0，将当前时间指示器移动至00;00;12;10位置处，单击“位置”前的“切换动画”按钮，设置“位置”为-69.0和397.0。将当前时间指示器移动至00;00;12;20位置处，设置“位置”为332.0和397.0，如图18-94所示。

图18-94　设置“数码5”参数

Step 43 选择“数码6.psd”素材，在“效果控件”面板中设置“缩放”为33.0，将当前时间指示器移动至00;00;12;20位置处，单击“位置”前的“切换动画”按钮，设置“位置”为-63.0和396.0。将当前时间指示器移动至00;00;13;00位置处，设置“位置”为190.0和386.0，如图18-95所示。

图18-95　设置“数码6”参数

Step 44 选择“数码4.psd”素材，在“效果控件”面板中设置“缩放”为24.0，将当前时间指示器移动至00;00;13;00位置处，单击“位置”前的“切换动画”按钮，设置“位置”为-66.0和384.0。将当前时间指示器移动至00;00;13;10位置处，设置“位置”为60.0和384.0，如图18-96所示。

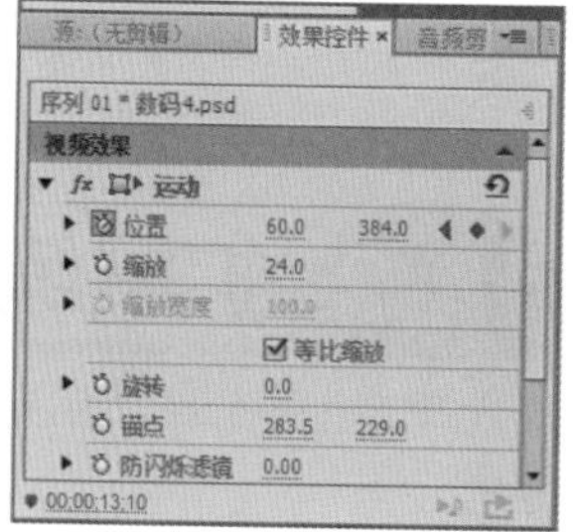

图18-96　设置“数码4”参数

Step 45 将“数码产品”字幕素材拖动至“时间轴”面板的“视频2”轨道的00;00;13;12位置处，拖动素材使其结尾处与“背景.jpg”素材的结尾处对齐，如图18-97所示。

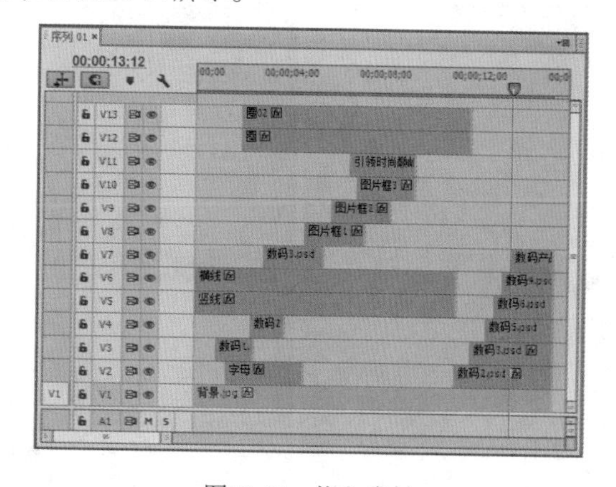

图18-97　拖入素材

Step 46 为素材添加“裁剪”效果，将当前时间指示器移动至00;00;13;12位置处，单击“裁剪”栏的“右侧”前的“切换动画”按钮，设置“右侧”为74.0%。将当前时间指示器移动至00;00;14;02位置处，设置“右侧”为0.0%，如图18-98所示。

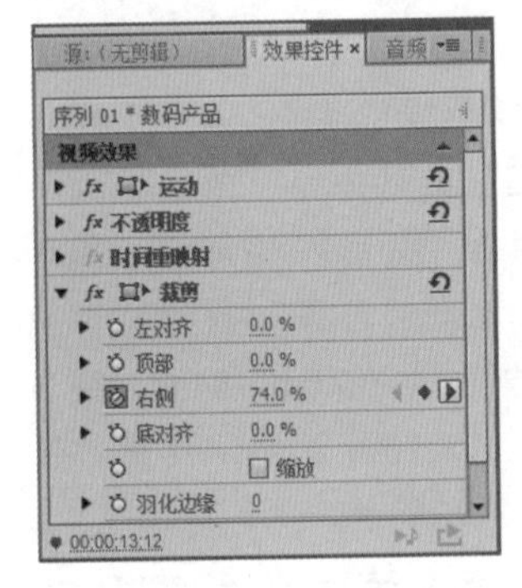

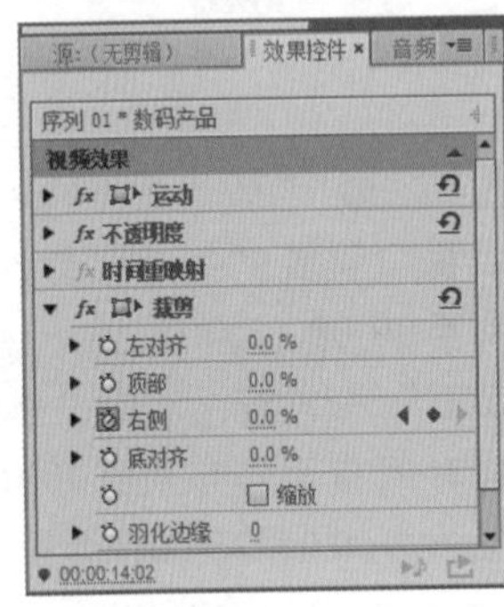

图18-98　添加效果

Step 47 参数设置完成后，对项目文件进行保存，在“节目监视器”面板中单击“播放/停止切换”按钮，可对制作的最终效果进行查看，如图18-99所示。

图18-99　查看最终效果

读书笔记

18.3 扩展练习

本章主要介绍了片头动画的制作方法，下面通过两个练习进一步巩固片头动画的应用，使用户操作更加熟练。

18.3.1 制作节目预告片头

本练习制作完成后的效果如图18-100所示，主要练习片头动画的制作，包括文字字幕的创建、运动关键帧的设置等操作。

图18-100　完成后的效果

- 光盘\素材\第18章\素材.jpg、背景素材.jpg
- 光盘\实例演示\第18章\制作节目预告片头
- 光盘\效果\第18章\节目预告片头.prproj

18.3.2 制作甜品片头

本练习制作完成后的效果如图18-101所示，主要练习特效文字的制作，包括关键帧的设置、高斯模糊和裁剪效果的添加，以及字幕的创建等操作。

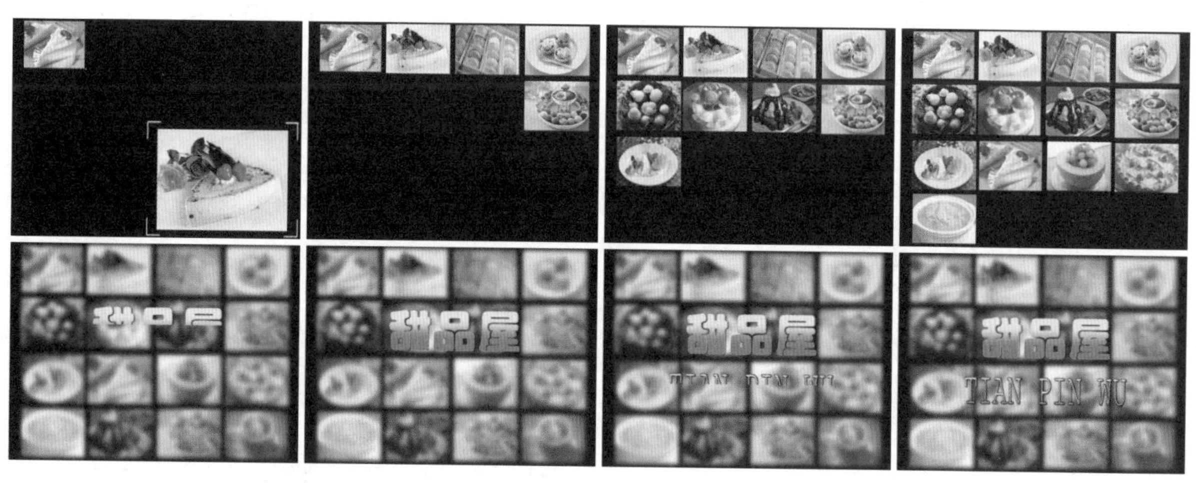

图18-101　完成后的效果

- 光盘\素材\第18章\甜品片头\
- 光盘\实例演示\第18章\制作甜品片头
- 光盘\效果\第18章\甜品片头.prproj

读书笔记

精通篇
Proficient

Premiere Pro CC的功能十分强大，前面所讲的知识并不能概括Premiere Pro CC的所有功能，还有更多需要用户不断学习与掌握的功能，如视频颜色校正、视频合成与抠像技术、视频背景与声音的编辑技巧等。在视频制作的过程中，不仅可通过Premiere Pro CC来实现编辑的目的，还可借助Photoshop、Adobe Audition和Adobe Illustrator等Adobe公司的软件进行编辑，使影片的效果更加优秀。

>>>

19 20 21

视频颜色校正

本章导读

视频的色彩决定着视频的质量，假如采集的视频本身的颜色并不理想，则可在Premiere Pro CC中对视频颜色进行校正，使其更加美观。本章将对色彩的基础知识、使用校正工具校正视频色彩、使用特效等知识进行讲解。

19.1 色彩的基础知识

在进行视频的色彩校正之前，需要对色彩的基础知识有所了解，如色彩的三原色、图形的类型、像素和分辨率、颜色深度及通道等，下面分别对这些知识进行详细讲解。

19.1.1 色彩的三原色

色彩的三原色为红色、绿色和蓝色，不管是哪种颜色，都是由它们调和而成的，因此常把这三种颜色称为三原色，如图19-1所示。RGB色彩模式中的R、G、B就是分别指红、绿、蓝三种光线。当这些颜色以它们的各自波长或各种波长的混合形式出现时，眼睛就能看到这些颜色，除此之外还能看见不是以色散白光再现的颜色——如紫红和品红这样的红蓝混合色。

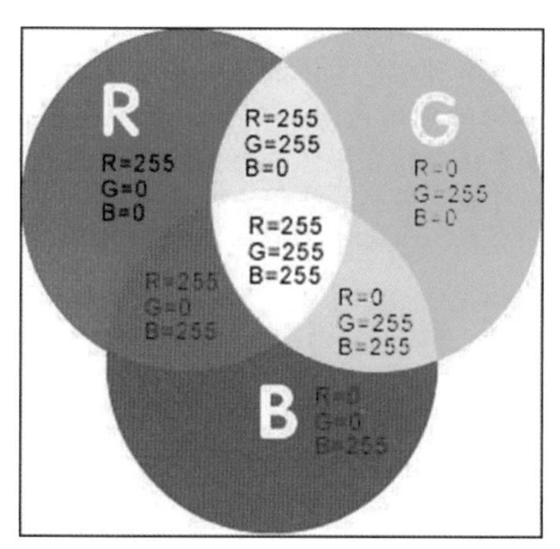

图19-1　色彩的三原色示意图

19.1.2 色彩三要素

色彩三要素为色相、纯度和明度，它们直接影响色彩的显示。

◆ 色相：指色彩的相貌，用于区别各种不同的色彩，如红、蓝、黄、绿、紫等色彩都分别代表一类具体的色相。通常所说的调整颜色，即是对色相进行调整。

◆ 纯度：又叫饱和度，是指色彩鲜浊、饱和、纯净的程度。同一种颜色，当加入其他的颜色调和后，其纯度就会比原来的颜色低。

◆ 明度：又叫亮度，是指色彩的明暗程度，它是任何色彩都具有的属性。在所有的颜色中，白色是明度最高的颜色，黑色是明度最低的颜色。因此在色彩中加入白色，可提高图像色彩的明度，在色彩中加入黑色，可降低图像色彩的明度。

19.1.3 色彩搭配

要对色彩进行校正，需要了解如何搭配色彩才能使影片获得更好的效果。一般来说，色彩搭配分为近似色搭配、同色系搭配、对比色搭配和互补色搭配等。

◆ 近似色搭配：是指12色相环中两个较为接近的颜色搭配，如紫色和蓝色、黄色和橙色、红色和橙色、绿色和蓝色，如图19-2所示。

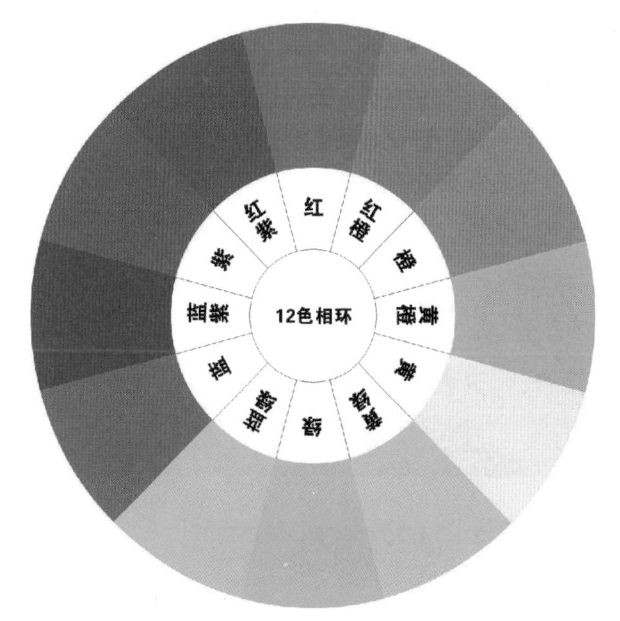

图19-2　12色相环

◆ **同色系搭配**：同色系是指相同色系中不同明度的颜色，当在某一纯色中逐渐加入白色，该色系会越来越亮，而加入黑色，则会越来越暗，但这些色彩都是属于同一色系，如图19-3所示。

图19-3 同色系搭配

◆ **对比色搭配**：指两个相隔较远的颜色相配，如黄色和蓝色、绿色和紫色等颜色搭配，它们的对比比较强烈。

◆ **互补色搭配**：指12色相环中任何一种与其直接对立的颜色，如黄色与蓝紫色、紫色与黄绿色、红色与蓝绿色、蓝色与橙红色等。

19.1.4 颜色的感情色彩

颜色不仅能够代表某一种具体的色彩，还能表达丰富的感情色彩，因人的性别、年龄、生活环境、地域、民族、阶层、经济、工作能力、教育水平、风俗习惯和宗教信仰的差异，而表达出不同的象征意义。

◆ **红色**：是一种使人兴奋的、引人注意的、充满青春气息和最能引起情绪活动的颜色。通常象征生命、喜庆、热情和精力充沛等感情色彩。

◆ **黄色**：黄色的色彩较为明亮，容易使人产生温暖、舒心等感觉。

◆ **绿色**：绿色是最接近大自然的颜色，通常象征着生命、生长、和平、平静、安全和自然等感情色彩。

◆ **蓝色**：蓝色通常用于表现无限的空间感，象征寂静、透明和深远的感情色彩。

◆ **紫色**：紫色的特点是娇柔、高贵、艳丽和优雅，是一种常用于提高气氛或表达神秘、吸引的感情色彩。

◆ **白色**：白色是最明亮的一种色彩，通常用于表现纯洁、快乐、神圣和朴实等感情色彩。

技巧秒杀

每一种颜色所代表的感情色彩都不是固定不变的，当在一种颜色中添加另一种颜色后，就会呈现出不同的感情色彩。例如，在黄色中加入红色，会表达热情、温暖的感觉；在黄色中加入黑色，则可表达成熟、随和的感觉。

19.1.5 颜色深度

颜色深度一般用“位”来表示，即最多支持多少种颜色。如一个JPG格式的图片支持256种颜色，就需要256个不同的值来表示这些颜色（即0～255），转换为二进制表示就是00000000～11111111，一共需要8位二进制数，因此其颜色深度是8。一般来说，颜色的深度越大，图片所占的空间越大。

19.2 校正视频色彩

了解了色彩的基础知识后，下面讲解如何对视频的色彩进行校正，主要包括色彩校正的原理、使用不同方法进行校正、使用“色彩校正”特效等。

19.2.1 认识色彩校正

在Premiere Pro CC中进行色彩校正，主要是通过“效果”面板中“视频效果”栏的“颜色校正”和“图像控制”特效来实现的，可用来改变视频素材的质量，使视频的亮度、对比度和颜色能以最佳状态显示，如图19-4所示即为调整前和调整后的视频画面，从中可以看出，进行色彩校正后的视频，其色彩变亮了，视频的整体色调和颜色质量都提高不少。

图19-4　色彩校正前后的效果

19.2.2 认识视频波形

Premiere Pro CC的视频波形可提供图形表示的色彩信息，模拟广播使用的视频波形。这些视频波形输出的图形可表示视频信号的色度（颜色和强度）与亮度（亮度值）。

若需要对素材的波形读数进行查看，在“项目”面板中双击素材，在“源监视器”面板或“节目监视器”面板中单击该面板右上角的按钮，在弹出的下拉列表中选择波形或波形组，如图19-5所示。

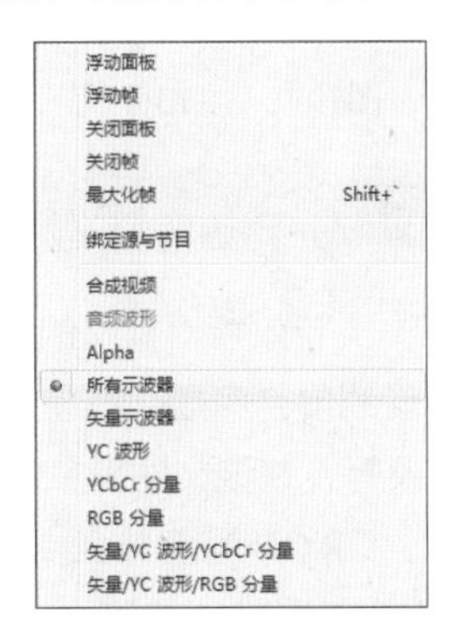

图19-5　波形选择

1. 矢量示波器

矢量示波器表示与色相相关的素材色度，在其中显示了一个颜色轮盘，包括红色、洋红色、蓝色、青色、绿色和黄色（R、MG、B、Cy、G和YL），如图19-6所示。颜色轮盘中读数的角度是指色相属性，矢量图中高饱和度的颜色是接近外边缘的读数，在圆圈中心和外边缘之间是中饱和度的颜色，在轮盘中心的读数是视频的黑色和白色部分。

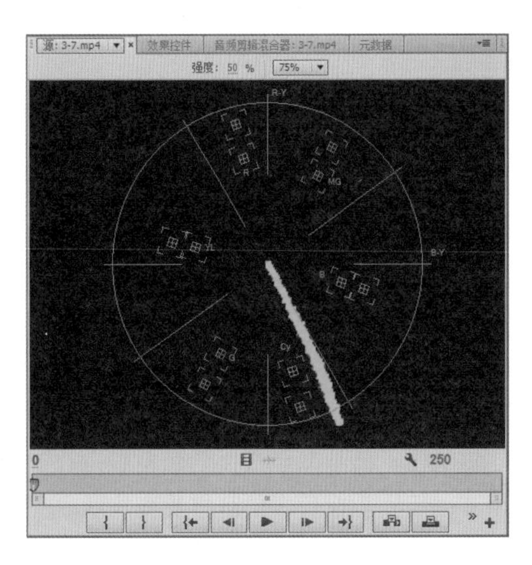

图19-6　矢量示波器

矢量示波器中的小目标靶是指饱和度的上界色阶。NTSC视频色阶不可超过目标靶。在上方对其强度进行设置，可改变视频的色度级别，不会改变波形的显示。在75%下拉列表框中有100%和75%两个选项，选择75%选项将以接近模拟色显示，选择100%选项将以数字视频色度显示。

2. YC波形

YC波形表示视频信号强度的波形，其中横轴代表实际的素材，纵轴表示信号强度，是以IRE（Institute of Radio Engineers）为亮度单位的，如图19-7所示。

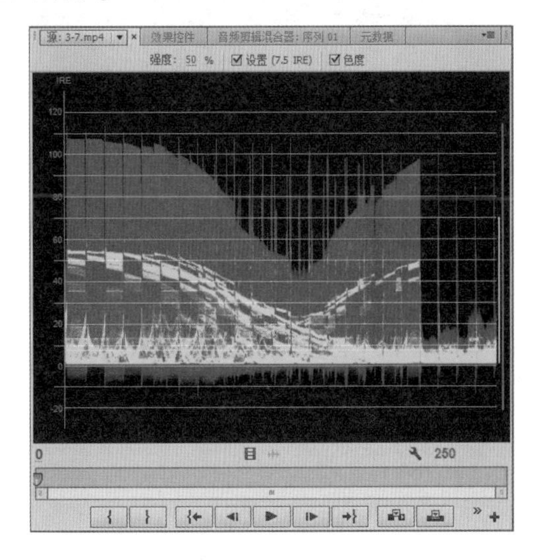

图19-7　YC波形

技巧秒杀

YC波形中的Y代表亮度，C代表色度。

视频的亮度以绿色波形图形表示，若波形在图中的位置越靠上，则表示视频越亮；若波形在图中的位置越靠下，则表示视频越暗。蓝色波形表示色度，通常情况下，亮度与色度会重叠在一起，它们的IRE值也大致相同。

在美国NTSC视频可接受的IRE级别范围为7.5～100 IRE，即从黑色级别到白色级别，其黑色级别为基础级别。在日本的可接受亮度级别范围为0～100 IRE。选中☑色度复选框将显示蓝色波形，取消选中☐色度复选框将取消显示蓝色波形，在“强度”栏中可设置波形显示的强度。选中☑设置 (7.5 IRE)复选框，YC波形以输出模拟视频时的形式显示波形，取消选中☐设置 (7.5 IRE)复选框，可查看数字视频的波形。

3. YCbCr分量

YCbCr分量提供了一个“分量”波形，YCbCr分量是指视频信号中的亮度和色彩差异，在“强度”栏中可设置显示的强度，如图19-8所示。

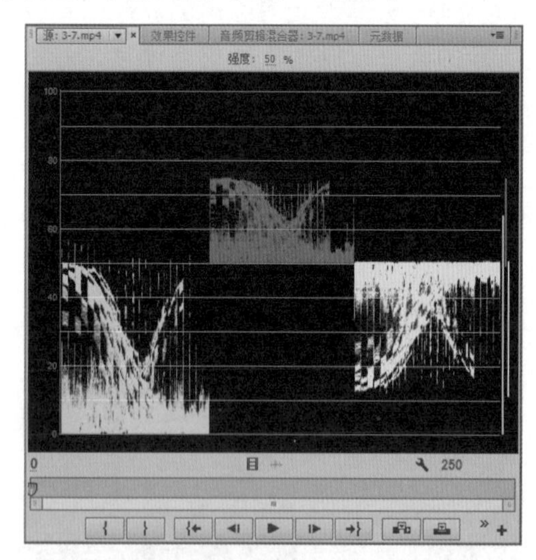

图19-8　YCbCr分量

- Y：Y表示亮度级别。
- Cb：Cb表示蓝色去除亮度。
- Cr：Cr表示红色去除亮度。
- 图后垂直线：表示Y、Cb和Cr波形的信号范围。

4. RGB分量

RGB分量波形可确定素材中的色彩分布方式。RGB分量将显示视频素材中的红色、绿色和蓝色级别的波形。RGB分量波形右侧的垂直线表示RGB信号的范围，如图19-9所示。

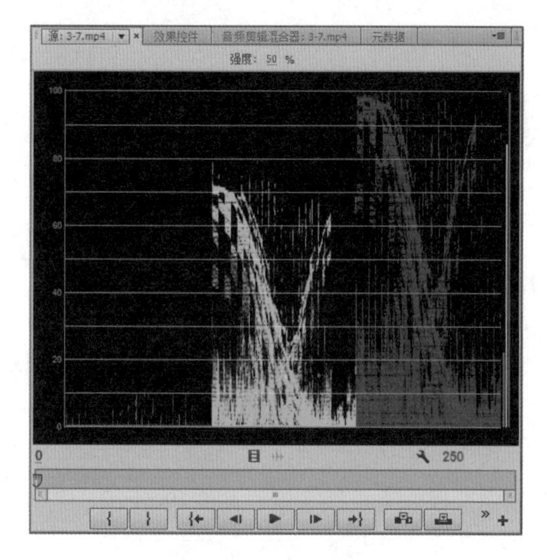

图19-9　RGB分量

19.2.3 使用“颜色校正”效果

“颜色校正”类特效能对素材的色彩进行校正，以纠正拍摄中出现的偏色问题，或使视频素材达到某种特殊的颜色效果等，在该文件夹中包括了Lumetri、“RGB曲线”、“RGB颜色校正器”、“三向颜色校正器”、“亮度与对比度”、“亮度曲线”、“亮度校正器”、“分色”、“均衡”、“广播级颜色”、“快速颜色校正器”、“更改为颜色”、“更改颜色”、“色调”、“视频限幅器”、“通道混合器”、“颜色平衡”、“颜色平衡（HLS）”等18种效果，如图19-10所示。

读书笔记

图19-10　“颜色校正”文件夹

1. Lumetri效果

选择Lumetri效果，将打开“Look和LUT”对话框，可在来自其他系统的SpeedGrade或LUT中查找导出的Looks，如图19-11所示。

图19-11　“Look和LUT”对话框

2. RGB曲线

“RGB曲线”效果主要通过曲线的方式来修改视频素材的主通道和红、绿、蓝通道的颜色，以此改变视频的画面效果。应用“RGB曲线”效果后，在“效果控件”面板的“主要”“红色”“绿色”“蓝色”曲线框中单击并拖动，即可调整画面的颜色，如图19-12所示。应用该效果的前后对比如图19-13所示。

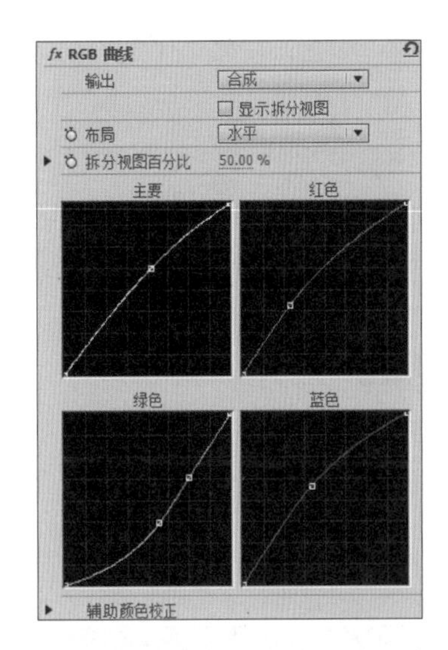

图19-12　“RGB曲线”效果

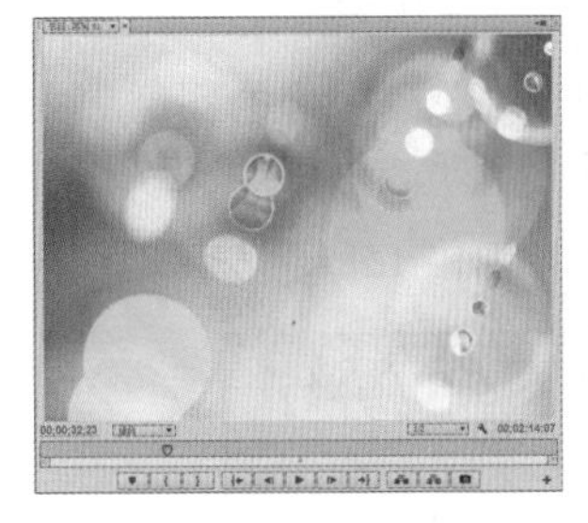

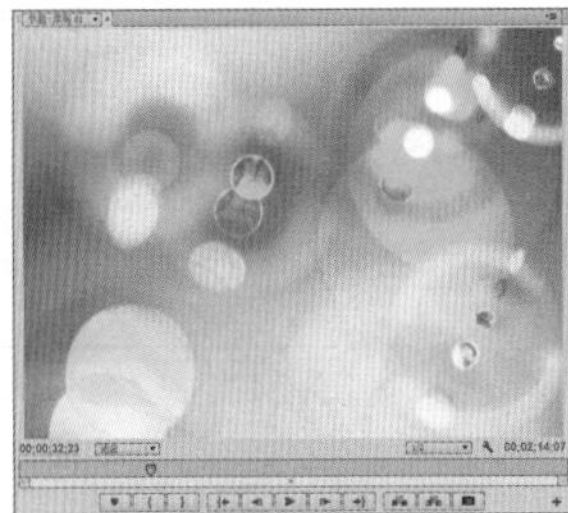

图19-13　应用“RGB曲线”效果的前后对比

知识解析：“RGB曲线”栏

- 输出：用于设置输出的选项，在下拉列表框中包括“合成”和“亮度”两个选项，选中☑显示拆分视图复选框，可以对图像进行分屏预览。
- 布局：用于设置分屏预览的布局，在下拉列表框中包括“水平”和“垂直”两个选项。
- 拆分视图百分比：用于设置分屏预览布局的比例。
- 主要、红色、绿色、蓝色曲线图：分别用于设置其对应通道的颜色。
- 辅助颜色校正：单击该选项前的▶按钮，在展开的选项中可对色彩的色相、饱和度和亮度等进行设置，以辅助颜色校正，如图19-14所示。

图19-14　“辅助颜色校正”选项

技巧秒杀

应用“RGB曲线”效果后，可以在其曲线图中不同的位置上单击鼠标，以添加多个调节点，使其更加符合制作的需要。

3. RGB颜色校正器

“RGB颜色校正器”效果能对图像的R、G、B这3个通道中的参数进行设置，以修改图像的颜色。应用该效果后，其“效果控件”面板的参数如图19-15所示。应用该效果的前后对比如图19-16所示。

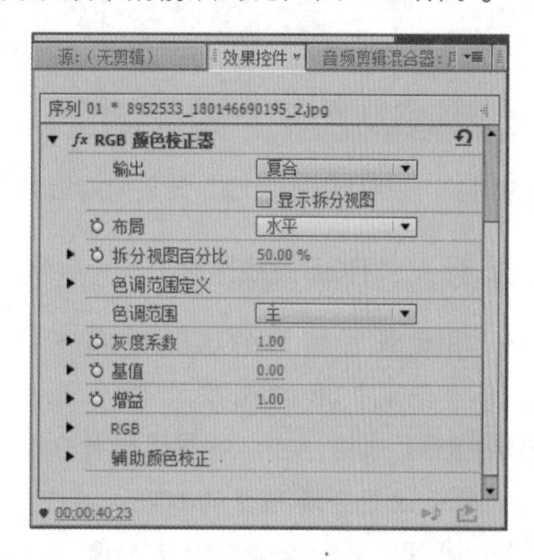

图19-15　“RGB颜色校正器”效果

图19-16　应用“RGB颜色校正器”效果的前后对比

知识解析：“RGB颜色校正器”栏

- **色调范围定义：** 该选项用于选择色调调整的区域，在“色调范围”下拉列表框中包含“主”“高光”“中间调”“阴影”4个选项。
- **灰度系数：** 用于设置灰度的级别。
- **基值：** 该数值框可用于增加或降低特定的偏移像素值，通常与“增益”结合使用，以增加图像的亮度。
- **增益：** 用于增加图像的像素值，使图像变亮。
- **RGB：** 单击该选项前的▶按钮，在展开的选项中可对红色、绿色、蓝色3个通道的灰度系数、基值和增益参数进行设置，如图19-17所示。

RGB	
红色灰度系数	1.00
红色基值	0.00
红色增益	1.00
绿色灰度系数	1.00
绿色基值	0.00
绿色增益	1.00
蓝色灰度系数	1.00
蓝色基值	0.00
蓝色增益	1.00

图19-17　RGB选项

4. 三向颜色校正器

“三向颜色校正器”效果通过对“阴影”“中间调”“高光”色盘的颜色进行调节而调整色彩的平衡度，应用该效果后，其“效果控件”面板的参数如图19-18所示。应用该效果的前后对比如图19-19所示。

读书笔记

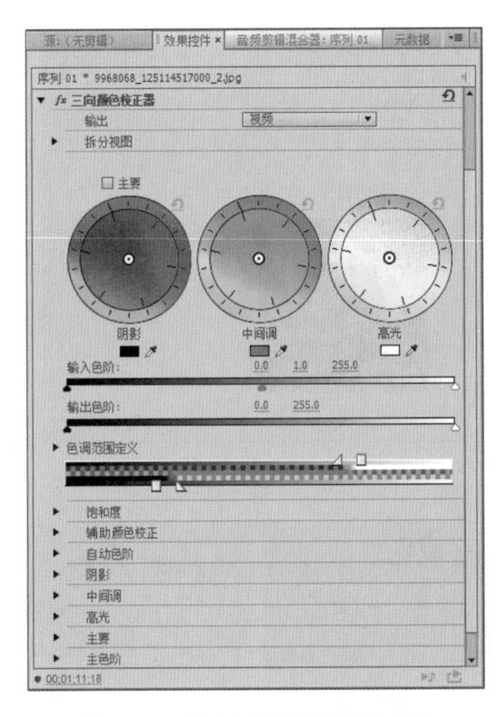

图19-18　“三向颜色校正器”效果

图19-19　应用“三向颜色校正器”效果的前后对比

知识解析：“三向颜色校正器”栏

◆ ☑主要 复选框：选中该复选框，只能使用主轮（即第1个轮盘）同时对3个轮盘进行色彩调节。

◆ “阴影”轮盘：用于调整图像中阴影的颜色。

◆ “中间调”轮盘：用于调整图像的中间调颜色。

◆ “高光”轮盘：用于调整图像中的高光颜色。

◆ 输入色阶：用于调整红、绿、蓝色调的值。

◆ 输出色阶：用于设置画面的对比度值。

◆ 色调范围定义：用于对色调范围进行自定义设置。

◆ 饱和度：单击该选项前的▶按钮，在展开的选项中可对整个图像的阴影、中间调和高光的色彩强度进行调整，如图19-20所示。

饱和度	
主饱和度	100.00
阴影饱和度	100.00
中间调饱和度	191.00
高光饱和度	100.00

图19-20　“饱和度”设置

◆ 自动色阶：单击该选项前的▶按钮，在展开的选项中可对“自动黑色阶”“自动对比度”“自动白色阶”进行设置，如图19-21所示。

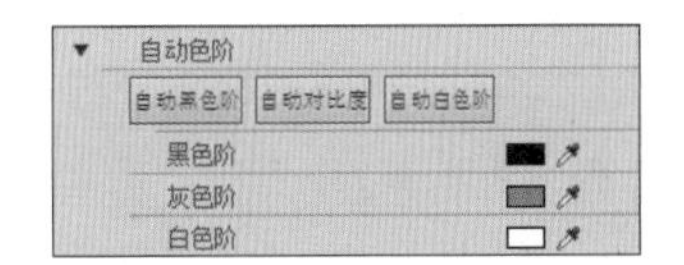

图19-21　“自动色阶”设置

◆ 阴影：单击该选项前的▶按钮，在展开的选项中可对阴影的色相角度、平衡数量级、平衡增益和平衡角度进行设置，如图19-22所示。

阴影	
阴影色相角度	0.0
阴影平衡数量级	18.03
阴影平衡增益	20.00
阴影平衡角度	70.6°

图19-22　“阴影”设置

◆ 中间调：与“阴影”选项类似，可以对中间调的色相角度、平衡数量级、平衡增益和平衡角度进行设置。

◆ 高光：单击该选项前的▶按钮，在展开的选项中可对高光的色相角度、平衡数量级、平衡增益和平衡角度进行设置。

◆ 主要：单击选项前的▶按钮，在展开的选项中可对主要的色相角度、平衡数量级、平衡增益和平衡角度进行设置。

◆ 主色阶：单击选项前的▶按钮，可在展开的选项中对主黑、灰、白色阶的输入和输出值进行设置，如图19-23所示。

主色阶	
主输入黑色阶	13.48
主输入灰色阶	1.00
主输入白色阶	255.00
主输出黑色阶	52.80
主输出白色阶	255.00

图19-23　“主色阶”设置

技巧秒杀

在“主色阶”选项中，输入和输出的黑、白、灰色阶的范围是0～255，即从黑色到白色。

5. 亮度与对比度

“亮度与对比度”效果可用于调整素材的亮度和对比度，应用该效果后，可在“效果控件”面板中拖动“亮度”和“对比度”滑块进行设置，如图19-24所示。应用该效果的前后对比如图19-25所示。

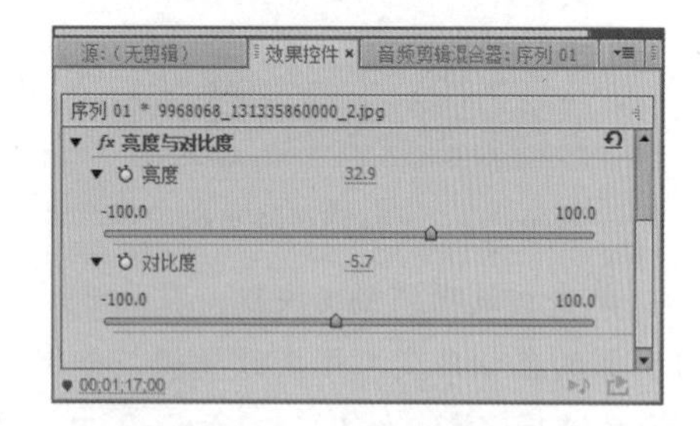

图19-24 “亮度与对比度”效果

图19-25 应用“亮度与对比度”效果的前后对比

6. 亮度曲线

“亮度曲线”效果能对图像的亮度进行调整，使暗部区域变亮，或使亮部区域变暗。应用该效果后，在“效果控件”面板中调整“亮度波形”曲线图即可，如图19-26所示。应用该效果的前后对比如图19-27所示。

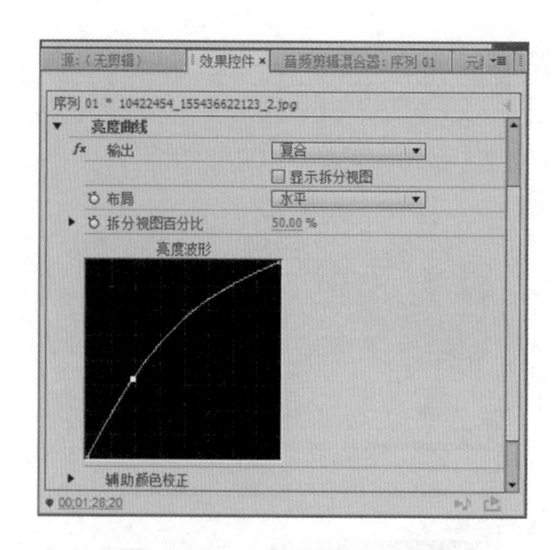

图19-26 “亮度曲线”效果

图19-27 应用“亮度曲线”效果的前后对比

7. 亮度校正器

“亮度校正器”效果能对图像的亮度进行校正，应用该效果后，其“效果控件”面板的参数如图19-28所示。可以在“亮度”数值框中调整图像的亮度；在“对比度”数值框中调整图像色调的对比度；在“对比度级别”数值框中设置其级别。应用该效果的前后对比如图19-29所示。

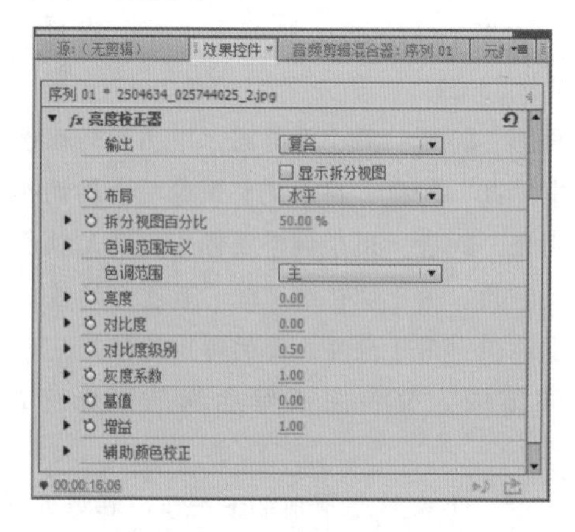

图19-28 “亮度校正器”效果

图19-29 应用“亮度校正器”效果的前后对比

8. 分色

“分色”效果能指定调整图像中的某种颜色或删除图层中的某个颜色，应用该效果后，其“效果控件”面板中的参数如图19-30所示。应用该效果的前后对比如图19-31所示。

源:（无剪辑） 效果控件 × 音频剪辑混合器: 序列 01
序列 01 * 9968068_131507628000_2.jpg
fx 分色
脱色量 80.0 %
要保留的颜色
容差 8.0 %
边缘柔和度 5.0 %
匹配颜色 使用色相
00:01:21:12

图19-30 “分色”效果

图19-31 应用“分色”效果的前后对比

知识解析：“分色”栏

- 脱色量：用于设置需要删除的颜色的数量。
- 要保留的颜色：用于设置图像中需要分离的颜色。
- 容差：用于设置颜色的容差度。
- 边缘柔和度：用于设置颜色分界线的柔化程度。
- 匹配颜色：用于设置颜色的匹配模式，在其下拉列表框中包含“使用色相”和“使用RGB”两个选项。

9. 均衡

“均衡”效果能改变素材的像素值并对其颜色进行平均化处理，应该该特效后，可在“效果控件”面板中对其参数进行设置，用户可在“均衡”下拉列表框中设置色彩平均化的方式，包括RGB、“亮度”和“Photoshop样式”3个选项，也可以在“均衡量”数值框中设置亮度值的分布程度，应用该效果的前后对比如图19-32所示。

图19-32 应用“均衡”效果的前后对比

10. 广播级颜色

“广播级颜色”效果能对图像的广播级颜色和亮度进行校正，使影片在电视机中精确播放。应用该效果后，其“效果控件”面板的参数如图19-33所示。应用该效果的前后对比如图19-34所示。

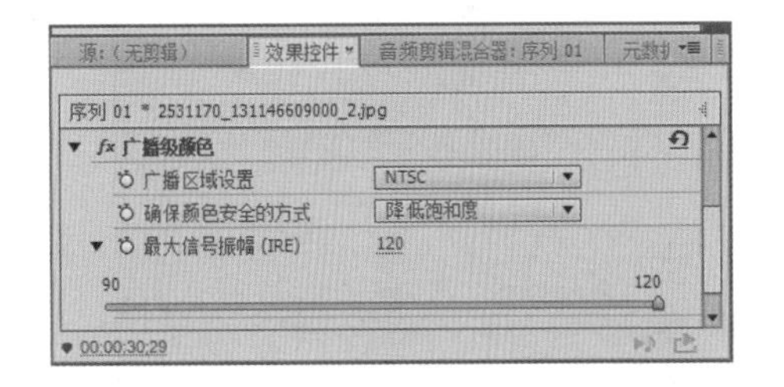

图19-33 “广播级颜色”效果

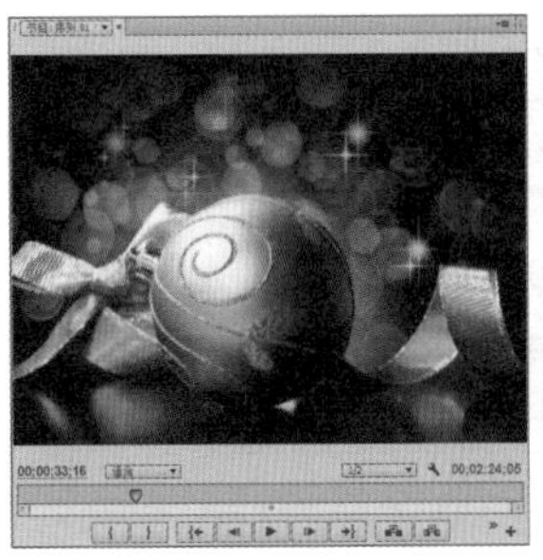
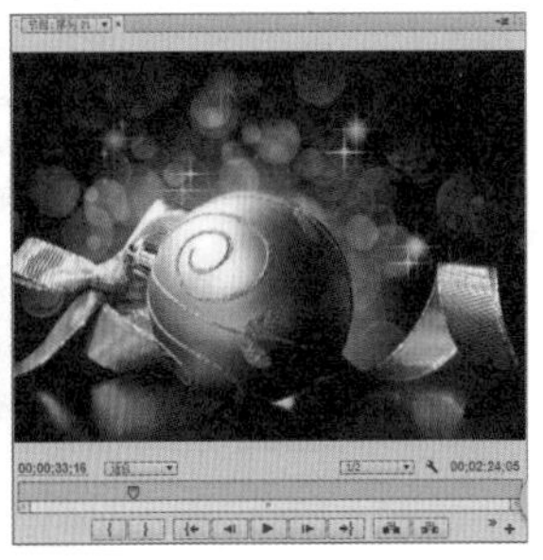

图19-34 应用“广播级颜色”效果的前后对比

知识解析：“广播级颜色”栏

- **广播区域设置**：用于选择广播的制式，在其下拉列表框中包括NTSC和PAL两个选项。
- **确保颜色安全的方式**：用于设置颜色的安全方法，在其下拉列表框中包括“降低明亮度”“降低饱和度”“抠出不安全区域”“抠出安全区域”4个选项。
- **最大信号振幅（IRE）**：用于设置广播的最大信号幅度。

11. 快速颜色校正器

“快速颜色校正器”效果能对图像的色彩进行快速校正，应用该效果后，其“效果控件”面板的参数如图19-35所示。应用该效果的前后对比如图19-36所示。

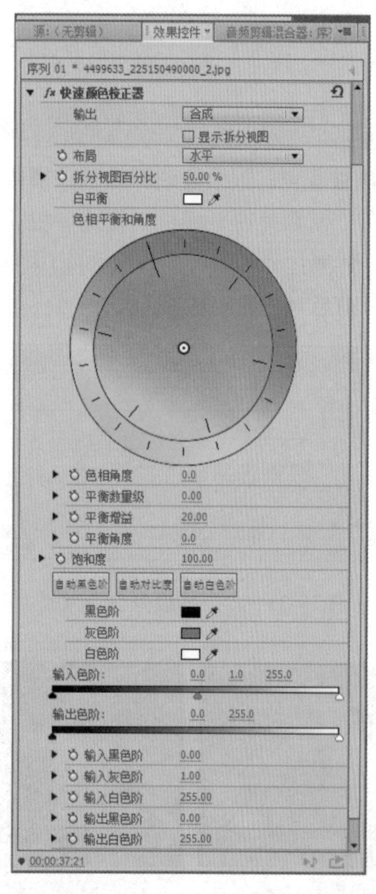

图19-35 “快速颜色校正器”效果

图19-36 应用“快速颜色校正器”效果的前后对比

知识解析：“快速颜色校正器”栏

- **白平衡**：用于设置白平衡的颜色。
- **色相平衡和角度**：拖动色盘，可以直接使用其中的颜色来调整色调平衡和角度。
- **色相角度**：用于设置色相的角度，即色盘的转动角度。
- **平衡数量级**：用于设置平衡的数量。
- **平衡增益**：用于设置白色平衡。
- **平衡角度**：用于设置白色平衡的角度。
- **饱和度**：用于设置画面颜色的饱和度。
- **输入色阶**：用于设置输入的颜色级别，拖动滑动条中的3个滑块，可以对“输入黑色阶”“输入灰色阶”“输入白色阶”3个参数产生影响。
- **输出色阶**：用于对输出的颜色级别进行设置，拖动滑动条中的两个滑块，可对“输出黑色阶”和“输出白色阶”两个参数产生影响。
- **输入黑色阶**：用于设置黑色输入时的级别。
- **输入灰色阶**：用于设置灰色输入时的级别。
- **输入白色阶**：用于设置白色输入时的级别。
- **输出黑色阶**：用于设置黑色输出时的级别。
- **输出白色阶**：用于设置白色输出时的级别。

技巧秒杀

向右拖动“输入色阶”的黑色滑块，会使图像变暗；向右拖动“输出色阶”的黑色滑块，将使图像变亮；向右拖动“输入色阶”的灰色滑块，可使中间调变亮。

技巧秒杀

应用“快速色彩校正器”效果校正颜色时，需要先设置“输出”下拉列表框中的选项，以确定校正的方式。

12. 更改为颜色

“更改为颜色”效果能使用色相、饱和度和亮度快速地将选择的颜色更改为另一种颜色。对一种颜色进行修改时，不会影响到其他颜色，其“效果控件”面板的参数如图19-37所示，应用该效果的前后对比如图19-38所示。

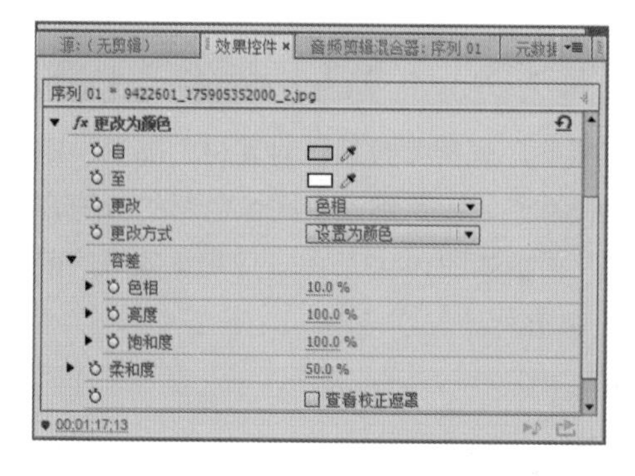

图19-37 “更改为颜色”效果

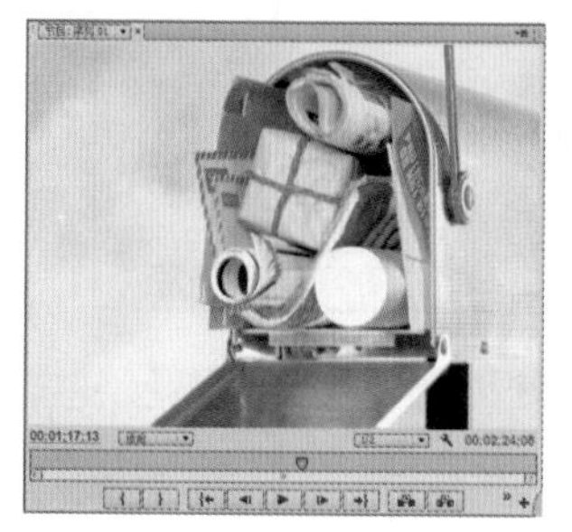

图19-38 应用“更改为颜色”效果的前后对比

知识解析：“更改为颜色”栏

- 自：单击“自”色块或单击“吸管工具”按钮，选择一种颜色，作为更换的颜色样本。
- 至：单击“至”色块或单击“吸管工具”按钮，选择一种颜色，作为最终更换的颜色。
- 更改：用于设置想要变化的HLS值的组合，在其下拉列表框中有“色相”“色相和亮度”“色相和饱和度”“色相、亮度和饱和度”4个选项。
- 更改方式：其下拉列表框中有“设置为颜色”和“变换为颜色”两个选项。选择“设置为颜色”选项，直接对颜色进行修改。选择“变换为颜色”选项，则可设置介于“自”和“至”像素值之间的差值以及宽容度值。
- 容差：在其中可对色相、亮度和饱和度进行设置。
- 柔和度：创建“自”和“至”之间的平滑过渡。
- ☑查看校正遮罩复选框：选中该复选框，可在“节目监视器”面板中以黑白蒙版的形式显示素材。可查看转换颜色受影响的区域，黑色区域为不受影响的区域，白色区域为受影响的区域，灰色区域为部分受影响区域。

13. 更改颜色

“更改颜色”效果可以将素材中指定的一种颜色变为另一种颜色，应用该效果后，其“效果控件”面板的参数如图19-39所示，应用该效果的前后对比如图19-40所示。

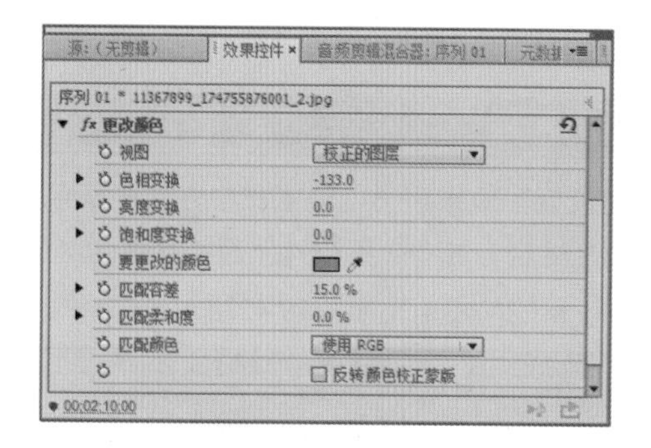

图19-39 “更改颜色”效果

图19-40 应用“更改颜色”效果的前后对比

知识解析：“更改颜色”栏

- “视图”下拉列表框：用于选择查看的方式，在其下拉列表框中有“校正的图层”和“颜色校正遮罩”两个选项。选择“校正的图层”选项，则显示应用后的画面效果。选择“颜色校正遮罩”

选项，则显示应用后所产生的蒙版。

- ◆ **色相变换**：用于对指定颜色的色相进行设置。
- ◆ **亮度变换**：用于对指定颜色的亮度进行设置。
- ◆ **饱和度变换**：用于对指定颜色的饱和度进行设置。
- ◆ **要更改的颜色**：单击其色块或单击“吸管工具”按钮可选择要更改的颜色。
- ◆ **匹配容差**：用于设置要应用颜色的相似度，其值越大，选择的颜色范围越大。
- ◆ **匹配柔和度**：用于设置颜色范围边缘的柔化程度。
- ◆ **匹配颜色**：在其下拉列表框中包括“使用RGB”“使用色相”“使用色度”3个选项，用于选择匹配颜色的模式。
- ◆ **☑反转颜色校正蒙版复选框**：选中该复选框，可对指定颜色以外的颜色进行更改。

14. 色调

“色调”效果用于调整素材中包含的颜色信息，应用该效果后，其“效果控件”面板如图19-41所示。应用该效果的前后对比如图19-42所示。

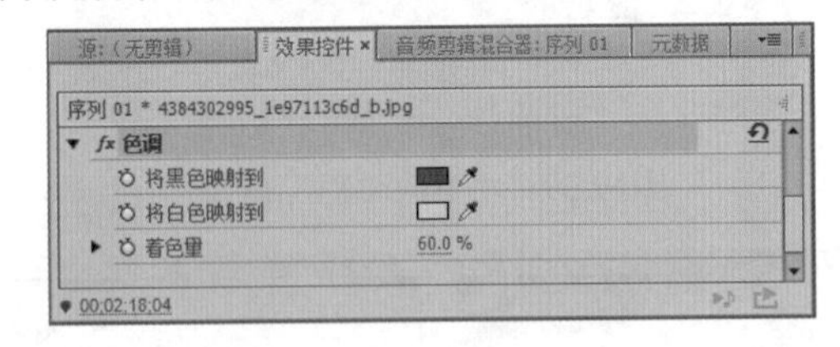

图19-41 “色调”效果

图19-42 应用“色调”效果的前后对比

知识解析：“色调”栏

- ◆ **将黑色映射到**：用于将黑色变为指定的颜色，单击其色块或单击“吸管工具”按钮，可选择需要的颜色。
- ◆ **将白色映射到**：用于将白色变为指定的颜色，单击其色块或单击“吸管工具”按钮，可选择需要的颜色。
- ◆ **着色量**：用于设置染色后画面和原始画面的混合程度。

15. 视频限幅器

“视频限幅器”效果能对素材的高光、中间调和阴影进行调整，以达到改变图像色彩的目的，其“效果控件”面板如图19-43所示。应用该效果的前后对比如图19-44所示。

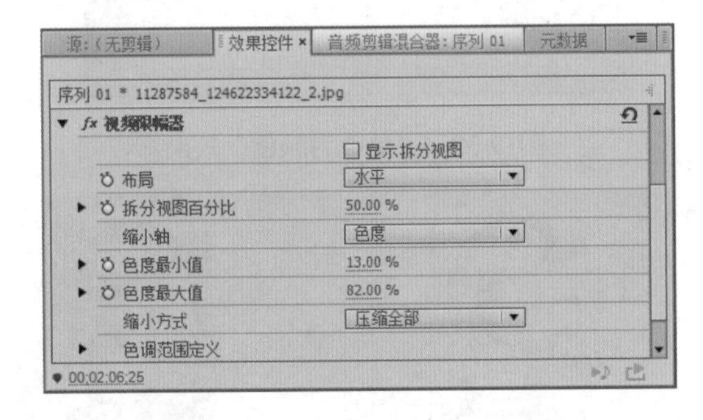

图19-43 “视频振幅器”效果

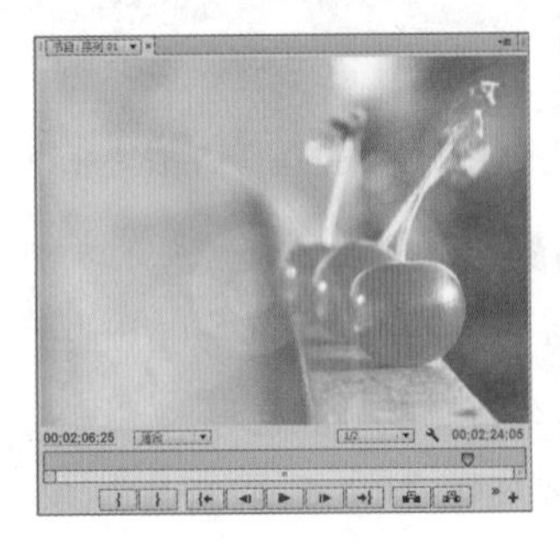

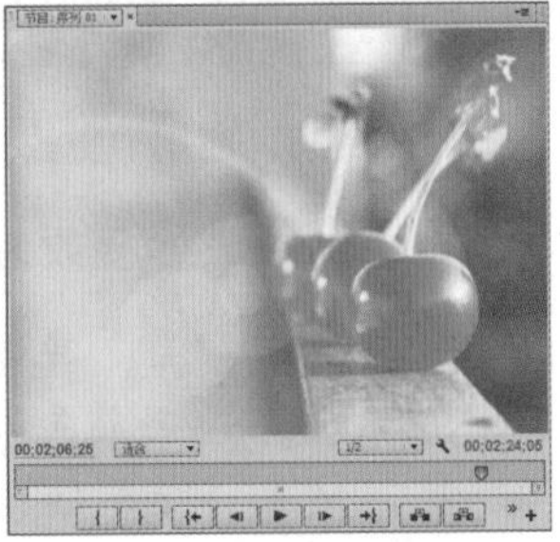

图19-44 应用“视频振幅器”效果的前后对比

技巧秒杀

应用“视频限幅器”效果后，可以在“缩小轴”下拉列表框中选择需要限制的视频信号参数，包括“亮度”“色度”“色度和亮度”“智能限制”4个选项。

16. 通道混合器

应用“通道混合器”效果能对素材的红、绿、蓝通道之间的颜色进行调整，以改变素材的颜色。可用于颜色特效的创建，将彩色转换为灰度或浅色等效果，应用该效果后，可在“效果控件”面板中对应的参数中进行设置，如图19-45所示。应用该效果的前后对比如图19-46所示。

源:（无剪辑） 效果控件× 音频剪辑混合器: 序列 01 元数据

序列 01 * 8952533_170253606186_2.jpg

fx 通道混合器

红色 - 红色	100
红色 - 绿色	11
红色 - 蓝色	8
红色 - 恒量	2
绿色 - 红色	-4
绿色 - 绿色	99
绿色 - 蓝色	6
绿色 - 恒量	1
蓝色 - 红色	17
蓝色 - 绿色	1
蓝色 - 蓝色	100
蓝色 - 恒量	17
单色	☐

00;00;57;04

图19-45 “通道混合器”效果

图19-46 应用“通道混合器”效果的前后对比

17. 颜色平衡

“颜色平衡”效果可对素材的RGB色彩进行调节，使其达到需要的效果。应用该效果后，可在“效果控件”面板中对对应的参数进行设置，如图19-47所示。应用该效果的前后对比如图19-48所示。

> **技巧秒杀**
>
> 应用“颜色平衡”效果后，可以分别对红、绿、蓝三种颜色的阴影、中间调和高光色调进行调整。

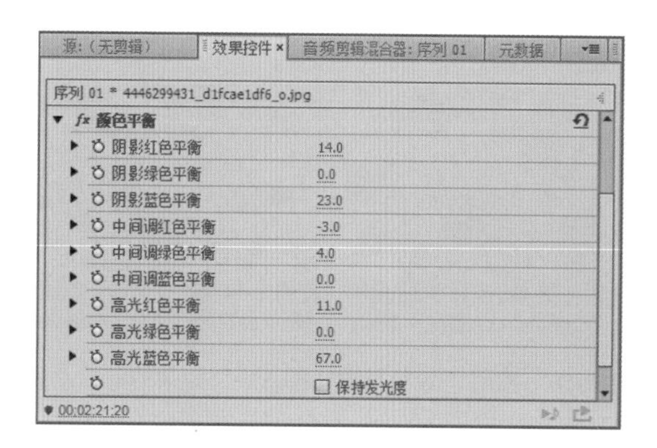

图19-47 “颜色平衡”效果

图19-48 应用“颜色平衡”效果的前后对比

18. 颜色平衡（HLS）

“颜色平衡（HLS）”效果能对素材的色相、明度及饱和度进行调整，使素材的颜色发生改变，达到色彩均衡的效果。应用该效果后，可在“效果控件”面板中对对应的参数进行设置，如图19-49所示。应用该效果的前后对比如图19-50所示。

图19-49 “颜色平衡（HLS）”效果

读书笔记

图19-50　应用“颜色平衡（HLS）”效果的前后对比

知识解析：“颜色平衡（HLS）”栏

- 色相：用于设置图像的色相及图像的颜色。
- 明度：用于设置图像的亮度。
- 饱和度：用于设置图像的色彩饱和度。

读书笔记

19.3 校正素材的颜色

在了解了“颜色校正”效果后，下面就通过具体实例对素材颜色进行校正，使视频的颜色更清晰、明亮。

19.3.1 调整偏暗的素材

在采集素材时，可能因为曝光或光线等问题，使采集的素材偏暗，下面就对偏暗的素材进行调整，使其亮度提高。

实例操作：调整偏暗的素材

- 光盘\素材\第19章\森林漫步.jpg
- 光盘\效果\第19章\偏暗素材调整.prproj
- 光盘\实例演示\第19章\调整偏暗的素材

调整光线偏暗、对比度不足的素材时，可通过“快速颜色校正器”效果进行调整，提高素材的亮度，其前后效果如图19-51和图19-52所示。

图19-51 应用前效果

图19-52　调整后效果

Step 1 ▶ 新建项目文件，并将其命名为“偏暗素材调整.prproj”，新建“序列01”，将“森林漫步.jpg”素材导入至“项目”面板中，并将其拖动至“时间轴”面板中的“视频1”轨道中，选择“窗口”/“工作区”/“颜色校正”命令，将工作区设置为“颜色校正”工作区，如图19-53所示。

图19-53　导入素材

Step 2 ▶ 导入的素材光线偏暗，且缺少对比度，在“效果”面板中依次单击“视频效果”/“颜色校正”前的▶按钮，然后选择“快速颜色校正器”效果，将其拖至素材上，在“效果控件”面板中的“输入色阶”控件上将白色滑块向左拖动至175.0参数的位置，如图19-54所示。

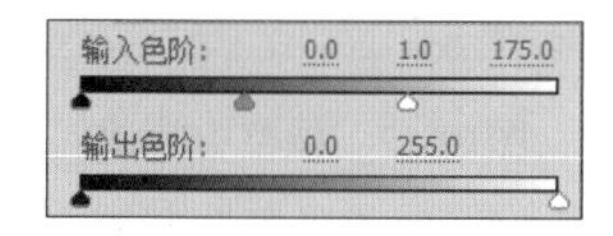

图19-54　设置“输入色阶”

Step 3 对亮度进行调节后，调整素材色彩的饱和度，在“饱和度”控件滑块上，向右拖动“饱和度”至145.00参数的位置，如图19-55所示。

图19-55　设置“饱和度”

Step 4 若要使颜色看起来更加鲜艳，可在“色线角度”数值框中输入10.0°，设置完成后，可在“源监视器”面板和“节目监视器”面板中对前后效果进行对比查看，如图19-56所示。

图19-56　效果对比

技巧秒杀

在“颜色校正”工作区模式下，“节目监视器”与“参考监视器”被绑定在一起，可以对素材进行同步播放，此时可以单击“参考监视器”面板中的“绑定到节目监视器”按钮，解除两个面板的链接，使其分别显示不同的场景。

19.3.2 校正偏色的素材

Premiere Pro CC还可对偏色的素材进行调整，通过“三向颜色校正器”效果对颜色进行调整，使其达到正常的颜色。

实例操作：调整偏色的素材

- 光盘\素材\第19章\偏色.jpg
- 光盘\效果\第19章\调整偏色素材.prproj
- 光盘\实例演示\第19章\调整偏色的素材

通过“三向颜色校正器”效果可对偏色的素材进行调整，修改素材的颜色，使其达到正常的状态，调整前后的效果如图19-57和图19-58所示。

图19-57　原图效果

图19-58　调整后效果

Step 1 新建项目文件，将其命名为“调整偏色素材.prproj”，新建“序列01”，将“偏色.jpg”素材导入至“项目”面板中，并将其拖动至“时间轴”面板的“视频1”轨道中，选择“偏色.jpg”素材，在“效果控件”面板中设置“位置”为364.4和174.0，“缩放”为67.4，如图19-59所示。

图19-59　设置参数

Step 2 ▶ 选择“窗口”/“工作区”/“颜色校正”命令，将工作区设置为“颜色校正”工作区，如图19-60所示。

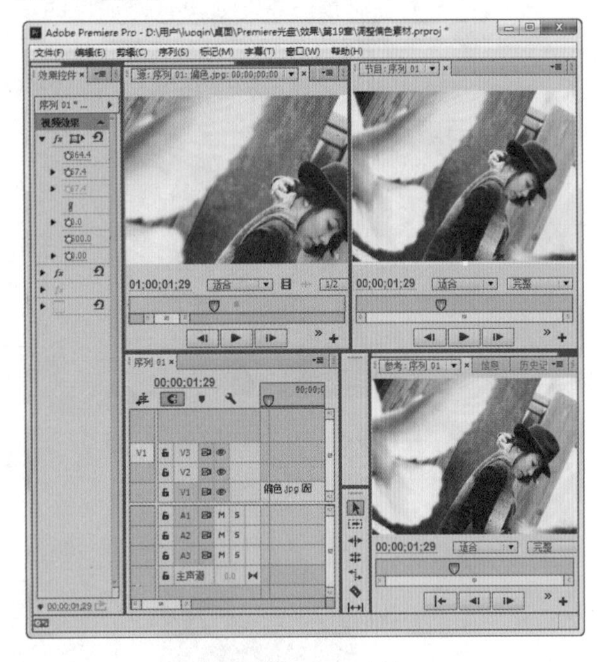

图19-60　添加素材

Step 3 ▶ 在“效果”面板中，依次单击“视频效果”/“颜色校正”前的▷按钮，然后选择“三向颜色校正器”效果，将其拖动至素材上，如图19-61所示。

▽ 颜色校正
Lumetri
RGB 曲线
RGB 颜色校正器
三向颜色校正器

图19-61　选择视频效果

Step 4 ▶ 图中素材的颜色偏蓝色，下面对颜色进行校正，使其偏暖一些。单击“中间调”前的▷按钮，在展开的参数中设置中间调的色相角度、平衡数量级、平衡增益和平衡角度等参数，如图19-62所示。

▼ 中间调	
中间调色相角度	0.0 °
中间调平衡数量级	100.00
中间调平衡增益	25.00
中间调平衡角度	-51.4 °

图19-62　调整中间调

Step 5 ▶ 在“高光”和“阴影”栏对其相应的色相角度、平衡数量级、平衡增益和平衡角度等参数进行设置，如图19-63所示。

▼ 高光	
高光色相角度	-57.0 °
高光平衡数量级	100.00
高光平衡增益	20.00
高光平衡角度	-85.5 °

▼ 阴影	
阴影色相角度	-40.5 °
阴影平衡数量级	100.00
阴影平衡增益	20.00
阴影平衡角度	-43.2 °

图19-63　高光和阴影设置

Step 6 ▶ 设置完成后，将“输入色阶”的白色滑块向左拖动，适当调整其亮度，在“源监视器”面板和“节目监视器”面板中对前后效果进行对比查看，如图19-64所示。

图19-64　查看最终效果

19.3.3 增加图像的颜色层次

对于看上去缺少层次感的图像，可通过“RGB曲线”效果增加图像的层次感，使图像更加丰富、绚丽。

实例操作：增加图像的颜色层次

- 光盘\素材\第19章\客厅.jpg
- 光盘\效果\第19章\增加颜色层次.prproj
- 光盘\实例演示\第19章\增加图像的颜色层次

对缺少层次感的素材，可选择“RGB曲线”效果对该素材进行调整，使其显得更有层次感，更加丰富，调整前后的效果如图19-65和图19-66所示。

图19-65　原图效果　　图19-66　调整后效果

Step 1 ▶ 新建“增加颜色层次.prproj”项目文件，并新建“序列01”，将“客厅.jpg”素材导入至“项目”面板，将其添加至“视频1”轨道中，选择“窗口”/“工作区”/“颜色校正”命令，将工作区设置为“颜色校正”工作区，如图19-67所示。

图19-67　设置工作面板

Step 2 ▶ 在“效果”面板中，依次单击“视频效果”/“颜色校正”前的▷按钮，然后选择“RGB曲线”效果，如图19-68所示。

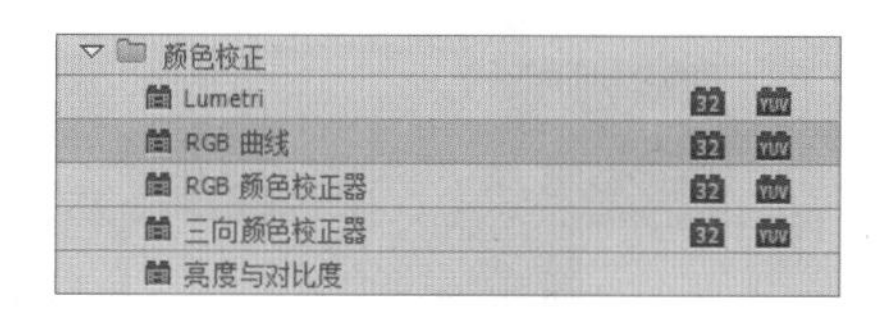

图19-68　选择效果

Step 3 ▶ 将其拖动至素材上，在“效果控件”面板中的“主要”曲线图中向下拖动曲线，对图像的色调进行加深处理，并将其左下方的点向上拖动，对图像的阴影色调进行调节，如图19-69所示。

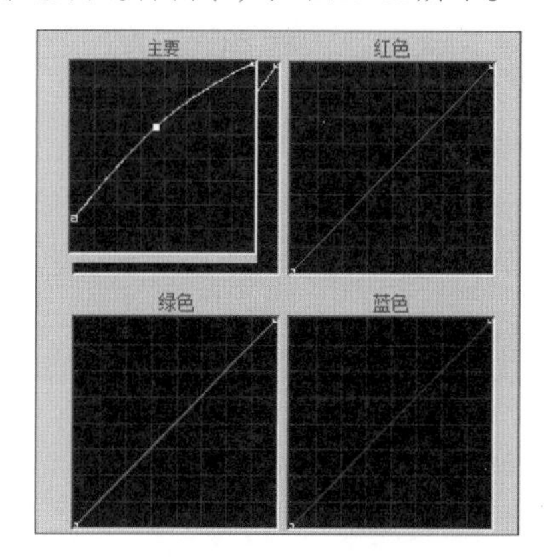

图19-69　色调调整

Step 4 ▶ 再对“红色”“绿色”“蓝色”曲线进行调整，增加其层次感，如图19-70所示。

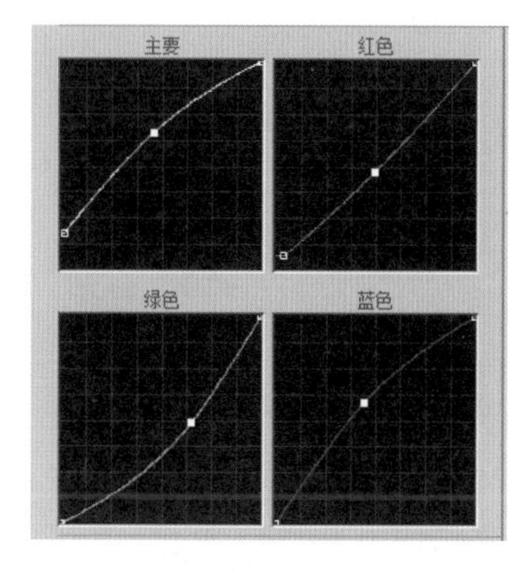

图19-70　调整其他曲线

Step 5 ▶ 设置完成后，对“RGB曲线”控件的其他参数进行调整，在“节目监视器”面板中对其颜色的变化进行查看，如图19-71所示。

图19-71　查看效果

19.3.4 转换文字的颜色

为了使字体的颜色与素材更加和谐，可对文字的颜色进行转换，转换字体的颜色也比较简单，使用"更改为颜色"效果可对素材的文字颜色进行调整。

实例操作：转换文字的颜色

- 光盘\素材\第19章\文字颜色更改.prproj
- 光盘\效果\第19章\文字颜色更改.prproj
- 光盘\实例演示\第19章\转换文字的颜色

在"效果"面板中选择"更改为颜色"效果，对字体的颜色进行更改，并对其"色相""亮度""饱和度"等参数进行设置，调整前后的效果如图19-72和图19-73所示。

图19-72　原图效果

图19-73　调整后效果

Step 1 ▶ 打开"文字颜色更改.prproj"项目文件，此时在"时间轴"面板中的"视频1"轨道中可查看素材文件home.jpg，双击素材在"源监视器"面板中进行查看，在"效果"面板中选择"更改为颜色"效果，如图19-74所示。

图19-74　选择效果

Step 2 ▶ 将效果拖至素材上，在"效果控件"面板中的"更改为颜色"栏中单击"自"后的"吸管工具"按钮，在图像中拾取需要修改的字体颜色样本，如图19-75所示。

图19-75　拾取颜色

读书笔记

Step 3 ▶ 单击“至”色块，打开“拾色器”对话框，设置颜色为#F78100，在“节目监视器”面板中查看效果，如图19-76所示。

图19-76　查看更换颜色后的效果

Step 4 ▶ 此时，不仅对字进行了更改，对素材中的其他颜色也进行了更改。展开“容差”选项的所有参数，对“色相”、“亮度”和“饱和度”参数进行设置以调整字体的颜色，如图19-77所示。

▼ 容差	
▶ 色相	100.0 %
▶ 亮度	2.0 %
▶ 饱和度	5.0 %

图19-77　“容差”参数设置

Step 5 ▶ 设置完成后，可在“源监视器”面板和“节目监视器”面板中查看前后效果对比，如图19-78所示。

图19-78　最终效果预览

操作解谜

在使用“更改为颜色”效果进行颜色更改时，可选中 ☑查看校正遮罩 复选框，查看影响的范围，白色为受影响区域，黑色为不受影响区域。

读书笔记

知识大爆炸——使用Photoshop进行润色处理

在Photoshop中也可对导出的素材进行润色处理，在润色处理之前，需要对原始文件进行备份。使用选区工具选择需要润色的区域，该操作可准确地对选择区域内的素材进行操作，而区域之外的素材将不会受影响。

在进行区域选择后，选择“选择”/“储存选区”命令，打开“储存选区”对话框，在打开的对话框中为其命名后，单击 确定 按钮，可对选区进行存储。选择“选择”/“载入选区”命令，在打开的“载入选区”对话框中进行设置后，单击 确定 按钮，可载入选区。

选择“仿制图章工具”可进行润色处理，按住Alt键，选择邻近的图像，然后对不需要的图像进行覆盖即可。

选择“编辑”/“拷贝”命令，可对选区进行复制操作，将复制区域存储至剪贴板中，以便其他帧使用，节约其润色时间。

视频合成与抠像技术

本章导读

在视频制作过程中会遇到在多个视频轨道中添加素材的情况，此时上方视频轨道上的内容将遮挡住下方视频轨道上的内容，进行调整后，使所有轨道中的内容都能在画面中显示而不被遮盖，或使其叠加在一起达到意想不到的效果。本章就对视频合成的基础知识、视频抠像和使用蒙版等知识进行讲解。

20.1 视频合成的基础知识

在学习视频合成之前，需要学习视频合成的基础知识，对其操作原理有所了解。下面将对视频合成的方法和使用不透明度合成影片等知识进行讲解。

20.1.1 视频合成的方法

进行影片合成的主要方法是通过对不同轨道的素材进行叠加，一种是对其不透明度进行调整；另一种则是通过键控合成的方法来实现，下面对这两种方法分别进行介绍。

◆ 不透明度：Premiere Pro CC“效果控件”面板中每个素材都包含不透明度属性，当设置素材的不透明度为100%时，图像完全不透明；当设置不透明度为0%时，图像完全透明。当将一个素材与另一个素材进行叠加时，通过设置素材的不透明度，可以使轨道下方的素材内容显示出来，而不被其上方的素材遮挡，如图20-1所示。

图20-1　不透明度

◆ 键控：键控也被称为抠像，它通过使用特定的颜色值或亮度值来对素材中的不透明区域进行自定义设置，使不同轨道中的素材合成到一个画面中。在Premiere Pro CC中，用户可以通过“效果”面板中的“键控”特效来实现，如图20-2所示。

技巧秒杀

在Premiere Pro CC中用户可以通过Alpha通道、蒙版和键控对素材的透明度与不透明度进行自定义设置。

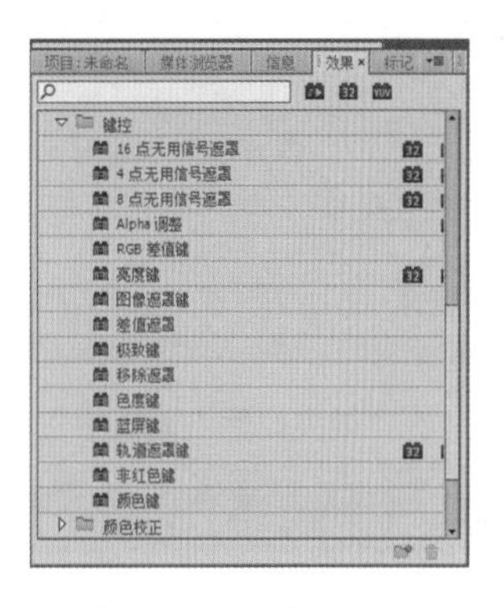

图20-2　“键控”效果

20.1.2 不透明度合成影片

通过设置不透明度来合成影片的原理是通过调整素材的整体不透明度，让素材变淡，让其下方的素材逐渐显现出来，它能够达到一种朦胧的效果。设置素材不透明度的方法与设置音频音量淡化的方法类似，主要通过淡化线和“效果控件”面板两种方法进行设置。

◆ 通过淡化线设置：在视频轨道中将素材移动至两轨道之间，当光标变为![]形状时，按住鼠标左键并向上拖动，使轨道放大显示，此时可看到素材上显示有不透明度的线条，即淡化线。直接拖动淡化线即可改变素材在其持续时间内的整体不透明度。也可以通过添加关键帧的方法对某个时间段内素材的不透明度进行设置，如图20-3所示。

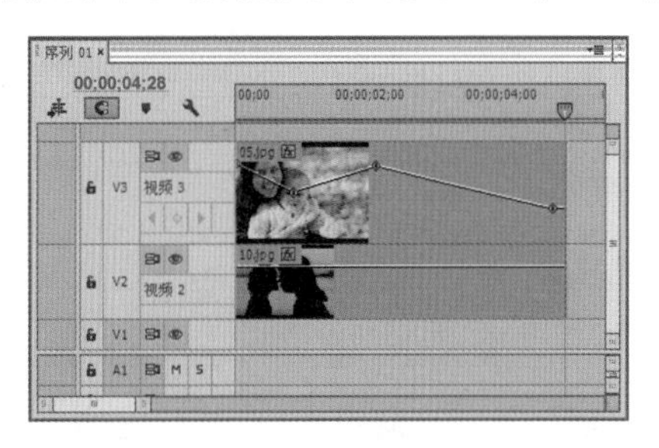

图20-3　淡化线设置

◆ 在“效果控件”面板中设置：“效果控件”面板中包含了素材的所有特效，只要选择素材后，在其中单击“不透明度”选项前的▶按钮，在展开的选项中即可对素材的“不透明度”和“混合模式”进行设置，如图20-4所示。

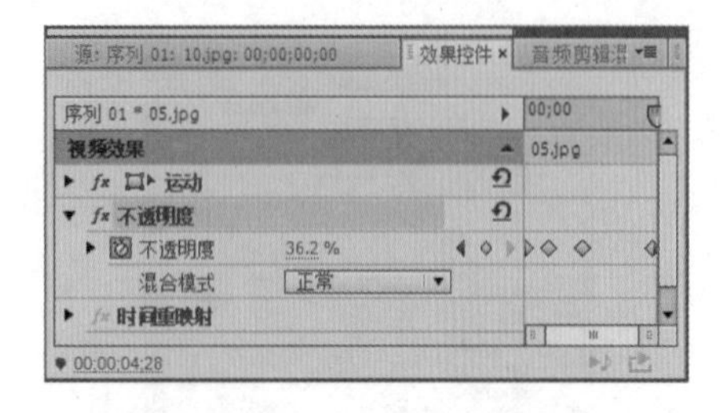

图20-4 在“效果控件”面板中进行设置

实例操作：制作淡化合成效果

- 光盘\素材\第20章\前景图.jpg、背景.jpg
- 光盘\效果\第20章\不透明度合成.prproj
- 光盘\实例演示\第20章\制作淡化合成效果

本例将“前景图.jpg”和“背景.jpg”素材添加到“视频2”和“视频1”轨道中，并对素材添加关键帧，然后进行淡化效果的控制，使用户能在不同的时间段观察到淡化前后的效果，如图20-5所示。

图20-5 淡化前后的效果

Step 1 新建项目文件并命名为“不透明度合成”，新建序列01，按Ctrl+I快捷键，打开“导入”对话框，在打开的对话框中选择素材，单击 打开(O) 按钮，将素材导入到“项目”面板中，如图20-6所示。

图20-6 导入素材

Step 2 将“背景.jpg”素材拖动到“时间轴”的“视频1”轨道中，将“前景图.jpg”素材拖动到“视频2”轨道。设置两素材的持续时间为00;00;05;00，选择素材“前景图.jpg”，在“效果控件”面板中单击“运动”前的▶按钮，展开其选项，设置“位置”为302.8和240.0，“缩放”为76.0，选择素材“背景.jpg”，设置其“位置”为424.0和243.0，“缩放”为84.0，如图20-7所示。

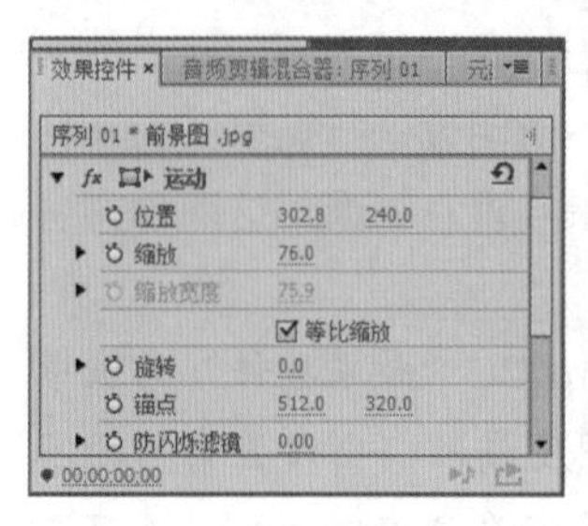

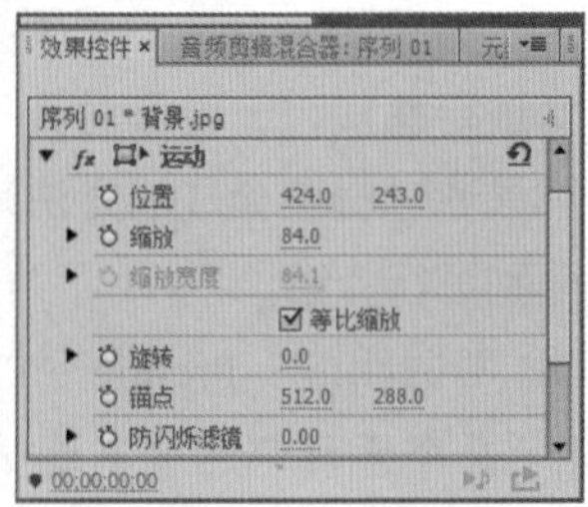

图20-7 参数设置

Step 3 选择“视频2”轨道的素材，将当前时间指示器移动到00;00;01;00处，单击“添加/移除关键帧”按钮◇，在当前位置添加一个关键帧，如图20-8所示。

图20-8 添加关键帧

Step 4 将当前时间指示器移动到00;00;02;00位置处，单击“添加/移除关键帧”按钮◇，在当前位置再添加一个关键帧，如图20-9所示。

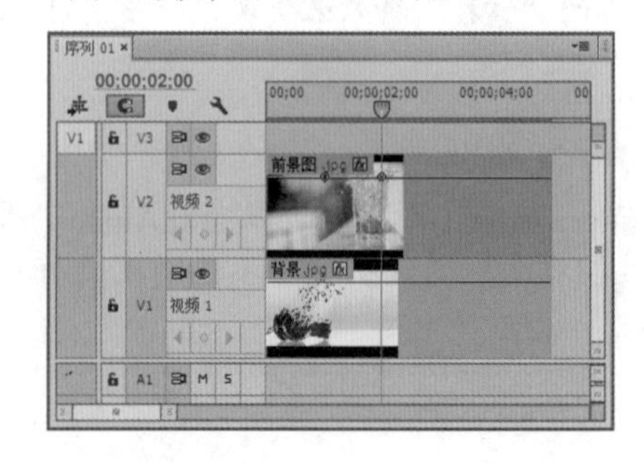

图20-9 添加第二个关键帧

> **操作解谜**
> 展开轨道，单击“添加/移除关键帧”按钮◇，或将鼠标光标放置在两轨道之间，当光标变为÷图标时，向上拖动鼠标即可移除关键帧。

Step 5 使用相同的方法，每隔1分钟添加一个关键帧，共添加5个，而“视频2”轨道中的效果如图20-10所示。

图20-10　添加关键帧

Step 6 将鼠标光标放在第一个关键帧上，向下拖动关键帧使“前景图.jpg”素材淡入，然后使用相同的方法拖动第三个关键帧和第五个关键帧，使素材淡出，效果如图20-11所示。

图20-11　通过关键帧控制淡化线

Step 7 设置完成后，在“节目监视器”面板中单击“播放/停止切换”按钮▶可对其效果进行查看，如图20-12所示。

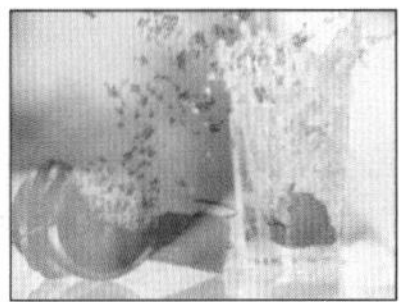

图20-12　效果预览

20.1.3 使用工具渐隐轨道

在Premiere Pro CC中可通过工具实现视频或静帧图像素材的渐隐效果，而静帧图像或视频素材渐隐的操作，其实是指改变素材的不透明度。

1. 面板中渐隐轨道

可通过前面讲的拖动关键帧的方法，在“时间轴”面板中进行素材的渐隐，也可在“效果控件”面板中进行操作，在“不透明度”栏中对不透明度进行调整，达到渐隐的效果。

在拖入素材后，“效果控件”面板中将显示所选素材的不透明度，调整不透明度的数值将渐隐轨道中的素材，如图20-13所示。

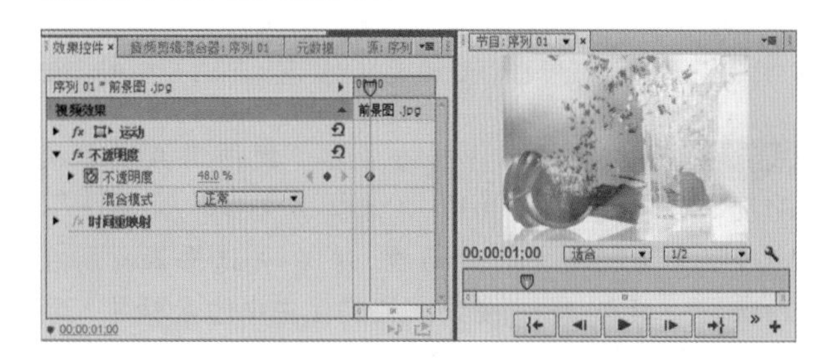

图20-13　调整不透明度值

单击不透明度前的▶按钮，展开其选项，拖到速率和不透明度曲线图，也可对不透明度进行调整，如图20-14所示。

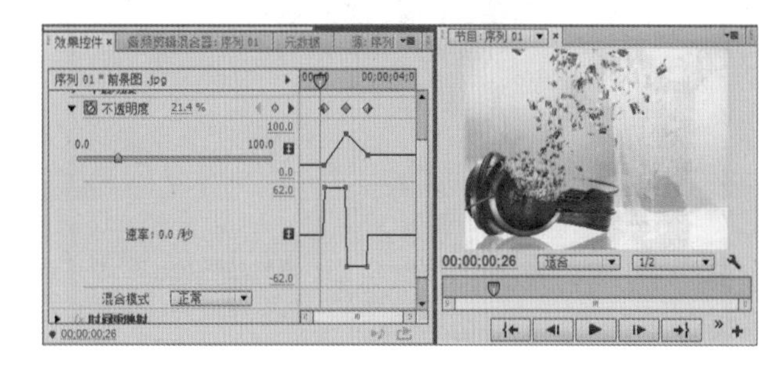

图20-14　调整不透明度

2. 使用钢笔工具和选择工具调整透明效果

在创建渐隐的透明效果时，为了达到用户想要的效果，可使用“钢笔工具”和“选择工具”对不透明度图形线添加关键帧，在关键帧添加后，可根据需要上下拖动不透明度图形线的各个部分，对素材不

同位置的不透明度进行设置。

实例操作：使用工具调整透明度

- 光盘\素材\第20章\night.mov、star.mov
- 光盘\效果\第20章\使用工具调整透明度.prproj
- 光盘\实例演示\第20章\使用工具调整透明度

本例将night.mov和star.mov素材添加到“视频2”和“视频1”轨道中，使用“钢笔工具”或“选择工具”对素材添加关键帧并对透明度的图形线进行调整，效果如图20-15所示。

图20-15　最终效果

Step 1 ▶ 新建项目文件并命名为“使用工具调整透明度”，新建“序列01”，选择“文件”/“导入”命令，打开“导入”对话框，找到并选择素材所在的位置，单击打开(O)按钮，将文件夹中的素材导入到“项目”面板中，如图20-16所示。

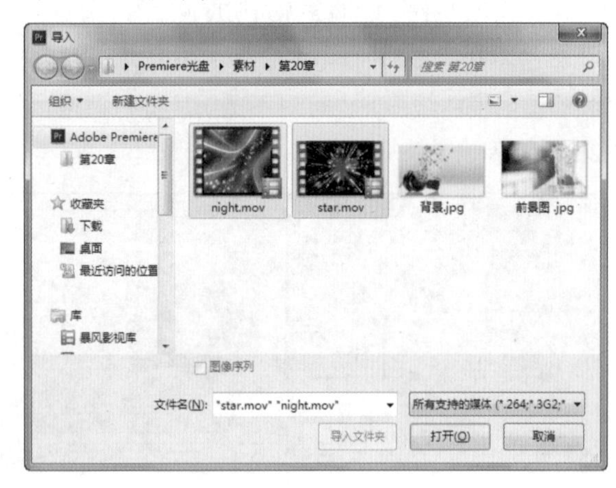

图20-16　导入素材

Step 2 ▶ 将素材night.mov拖动至“时间轴”面板的“视频2”轨道中，将素材star.mov拖动至“视频1”轨道中，选择“钢笔工具”或“选择工具”，将光标移动至时间线上的不透明度图形线上，然后将光标移动至想要添加关键帧的位置，按住Ctrl键，当光标变为形状时单击，创建关键帧，如图20-17所示。

图20-17　创建关键帧

Step 3 ▶ 此时不透明度图形线上将出现一个表示关键帧的菱形点，按住Ctrl键，选择“钢笔工具”或“选择工具”，在不透明度图形线的不同位置创建关键帧，如图20-18所示。

图20-18　添加关键帧

Step 4 ▶ 将光标移动至关键帧上，当光标变为形状时，按住鼠标左键不放并上下拖动对关键帧的不透明度进行调整，如图20-19所示。

技巧秒杀

如果创建的关键帧过多，可将多余的关键帧删除，在“时间轴”面板中选择关键帧，按Delete键即可，也可在“效果控件”面板中选择关键帧，按Delete键删除。

读书笔记

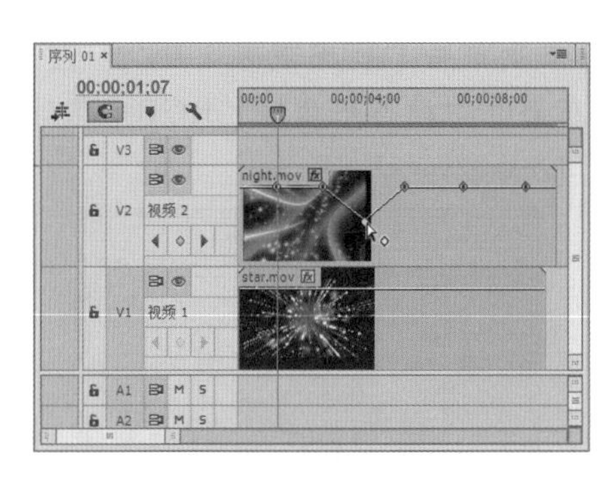

图20-19　调整关键帧

Step 5 使用相同的方法，调整其他关键帧的不透明度，设置完成后，在“节目监视器”面板中单击“播放/停止切换”按钮▶可对其效果进行预览，如图20-20所示。

图20-20　效果预览

20.2 视频抠像

使用“键控”效果可对素材进行抠像操作，使不同轨道的素材产生叠加效果，下面就对视频抠像等知识进行详细讲解。

20.2.1 Alpha调整

“Alpha调整”效果能够对包含Alpha通道的图像进行不透明度调整，使当前素材与下方轨道中的素材产生叠加效果，应用前后效果如图20-21所示。其“效果控件”面板如图20-22所示。

图20-21　应用“Alpha调整”前后效果

图20-22　“Alpha调整”栏

知识解析：“Alpha调整”栏

- 不透明度：应用设置画面的不透明度。
- ☑忽略 Alpha 复选框：选中该复选框，可以忽略Alpha通道。
- ☑反转 Alpha 复选框：选中该复选框，可以对通道进行反向处理。
- ☑仅蒙版 复选框：选中该复选框，可以将通道作为蒙版使用。

20.2.2 RGB差值键

“RGB差值键”效果能将某个特定的颜色或某个颜色范围内的区域变为透明，使两个不同轨道达到叠加的效果。

实例操作：使用“RGB差值键”抠像

- 光盘\素材\第20章\雪地.jpg、枫叶.jpg
- 光盘\效果\第20章\RGB差值键抠像.prproj
- 光盘\实例演示\第20章\使用“RGB差值键”抠像

本例将“雪地.jpg”和“枫叶.jpg”素材添加到“视频1”和“视频2”轨道中，为“枫叶.jpg”素材添加“RGB差值键”效果，在“效果控件”面板中调整其参数进行抠像操作。调整前后的效果如图20-23所示。

图20-23　调整前后的效果

Step 1 ▶ 新建项目文件，将其命名为“RGB差值键抠像”，新建“序列01”，将素材“雪地.jpg”和“枫叶.jpg”导入至“项目”面板，并将“雪地.jpg”素材拖入至“时间轴”面板的“视频1”轨道中，将“枫叶.jpg”素材拖动至“视频2”轨道中，如图20-24所示。

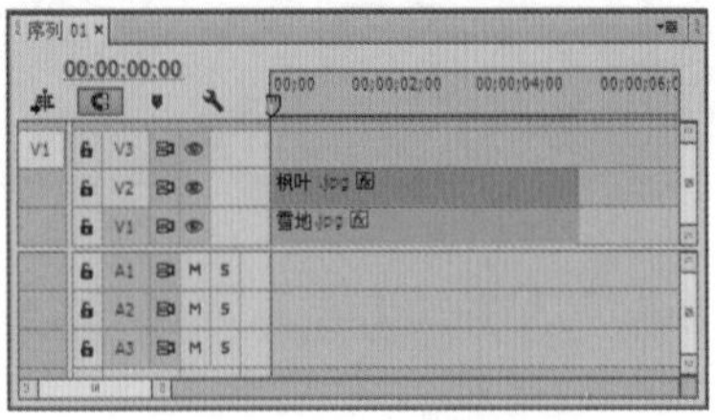

图20-24　导入素材

Step 2 ▶ 选择“雪地.jpg”素材，在“效果控件”面板中设置“位置”为360.0和254.0，“缩放”为91.0，如图20-25所示。

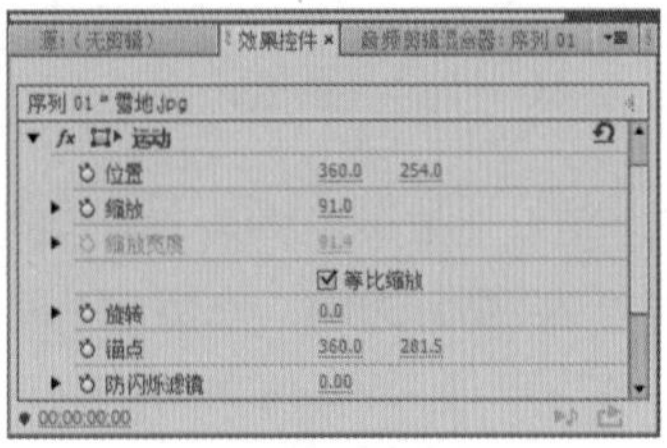

图20-25　设置“雪地”参数

Step 3 ▶ 选择“枫叶.jpg”素材，在“效果控件”面板中设置“位置”为380.0和216.0，“缩放”为81.0，如图20-26所示。

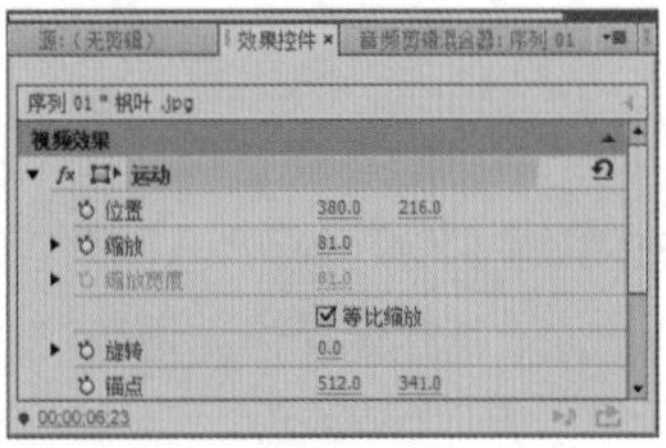

图20-26　设置“枫叶”参数

Step 4 ▶ 依次单击“视频效果”/“键控”前的▷按钮，在展开的选项中选择“RGB差值键”，如图20-27所示。

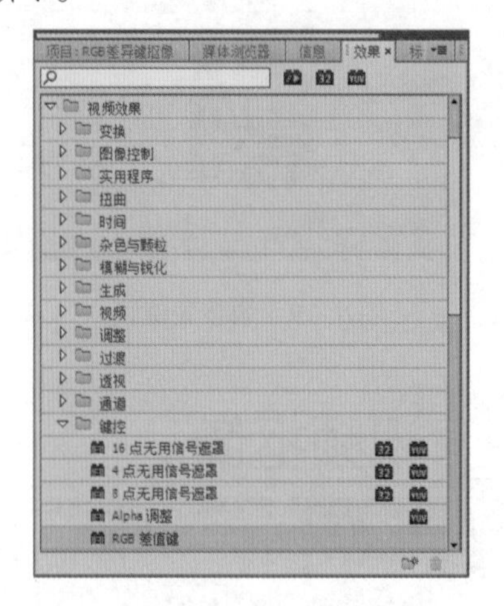

图20-27　选择效果

Step 5 ▶ 将“RGB差值键”效果拖动至素材“枫叶.jpg”上，在“效果控件”面板中单击“吸管工具”按钮，在“节目监视器”面板中吸取需要被去除的颜色设置为样本颜色，如图20-28所示。

图20-28　选择颜色

Step 6 ▶ 设置“相似性”为55.0%，在“平滑”下拉列表框中选择“高”，如图20-29所示。

图20-29　设置“枫叶”参数

Step 7 ▶ 设置完成后，可在“节目监视器”面板中对设置参数前后的效果进行预览，如图20-30所示。

图20-30　前后效果预览

技巧秒杀

在“效果控件”面板中的“RGB差值键”栏中选中 仅蒙版☑ 复选框，将只保留蒙版区域，选中 投影 ☑ 复选框可对素材添加阴影效果。

20.2.3 亮度键

“亮度键”效果能够设置素材中的较暗区域为透明，而保持色度不变，适合应用于明暗对比强烈的图像。应用该特效后，可以在其“效果控件”面板中的“亮度键”栏下设置“阈值”来调整较暗区域的范围，通过设置“屏蔽度”的值来控制其透明度。视频轨道下方、上方和应用该特效后的叠加效果图20-31所示。

图20-31　应用“亮度键”效果

20.2.4 极致键

“极致键”效果能通过指定一种特定的颜色，将其在素材中遮罩起来，然后通过设置其透明度、高光、阴影等值进行合成。

实例操作：使用“极致键”抠像

- 光盘\素材\第20章\树.jpg、美女.jpg
- 光盘\效果\第20章\极致键抠像.prproj
- 光盘\实例演示\第20章\使用“极致键”抠像

本例将“树.jpg”和“美女.jpg”素材添加到“视频1”和“视频2”轨道中，为“美女.jpg”素材添加“极致键”效果，在“效果控件”面板中调整其参数进行抠像操作。调整前后的效果如图20-32所示。

图20-32　调整前后的效果

Step 1 ▶ 新建项目文件，并将其命名为“极致键抠像”，新建“序列01”，选择“文件”/“导入”命令，打开“导入”对话框，在打开的对话框中选择素材，单击 打开(O) 按钮，将文件夹中的素材导入到“项目”面板中，如图20-33所示。

图20-33　导入素材

Step 2 ▶ 将“树.jpg”素材拖入至“时间轴”面板的“视频1”轨道中，将“美女.jpg”素材拖动至“视频2”轨道中，选择“美女.jpg”素材，在“效果控件”面板中设置“位置”为-43.6和240.0，“缩放”为75.3，如图20-34所示。

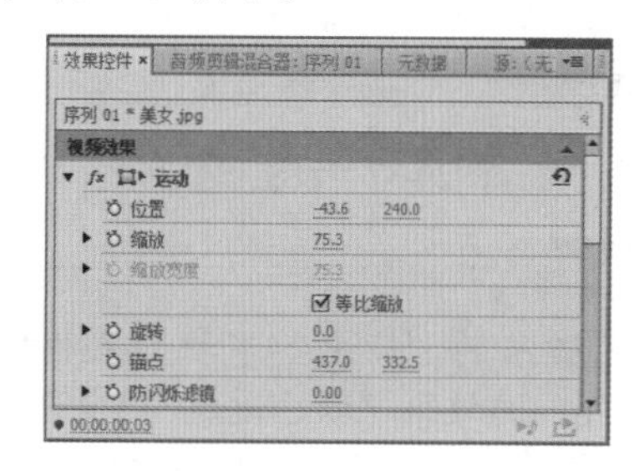

图20-34　设置参数

Step 3 ▶ 在“效果”面板中选择“极致键”效果，并将其添加到“视频2”轨道的“美女.jpg”素材上，如图20-35所示。

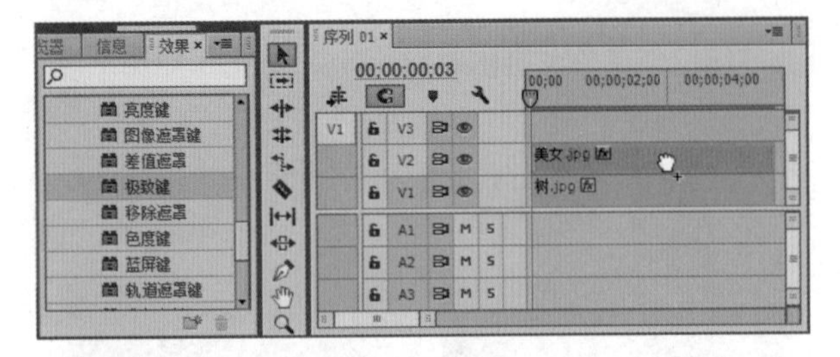

图20-35 添加效果

Step 4 ▶ 选择“吸管工具”，在“节目监视器”面板中吸取需要被去除的颜色并将其设置为样本颜色，如图20-36所示。

图20-36 选择颜色

Step 5 ▶ 单击“遮罩生成”前的▶按钮，展开其选项，设置“透明度”为45.0，“高光”为5.0，“阴影”为0.0，“容差”为0.0，“基值”为88.0，如图20-37所示。

图20-37 设置参数1

Step 6 ▶ 单击“遮罩清除”前的▶按钮，展开其选项，设置“抑制”为22.0，“柔化”为15.0，“对比度”为58.0，“中间点”为54.0，如图20-38所示。

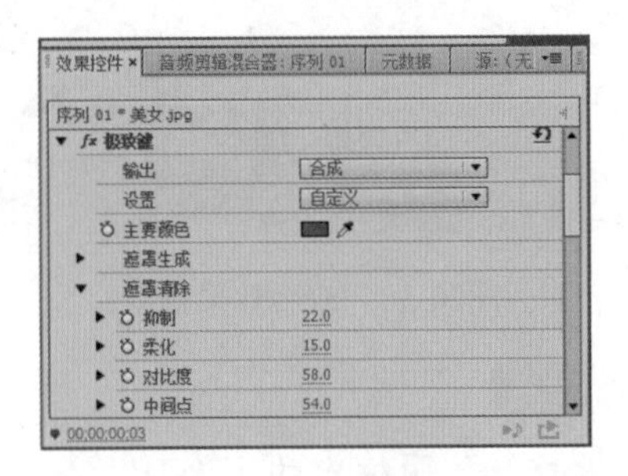

图20-38 设置参数2

Step 7 ▶ 单击“溢出抑制”前的▶按钮，展开其菜单，设置“降低饱和度”为15.0，“范围”为34.0，“溢出”为1.0，“亮度”为56.0，如图20-39所示。

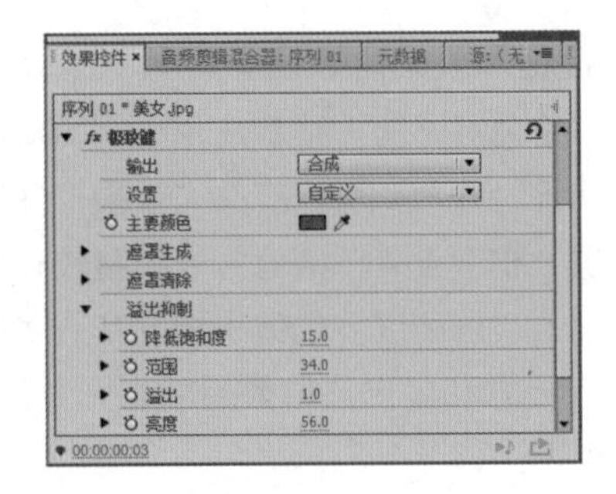

图20-39 设置参数3

Step 8 ▶ 设置完成后，对项目文件进行保存，在“节目监视器”面板中查看其前后效果，如图20-40所示。

图20-40 效果查看

技巧秒杀

在“极致键”的“输出”下拉列表框中有“合成”“Alpha通过”“颜色通道”3个选项，用户可根据自己的需求进行不同的选择。

20.2.5 色度键

“色度键”效果能使某种指定的颜色及其相似范围内的颜色变得透明，以便于与下层轨道上的素材进行叠加。应用该效果前后对比如图20-41所示，其“效果控件”面板如图20-42所示。

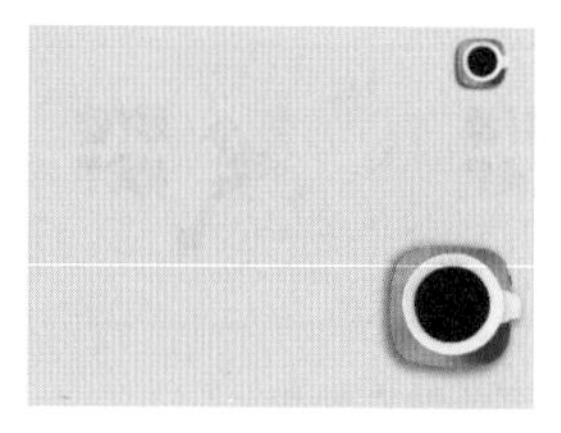

图20-41 应用“色度键”前后效果

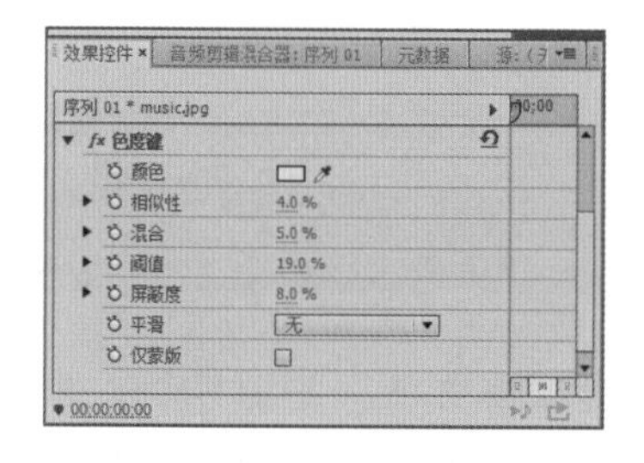

图20-42 “色度键”栏

知识解析：“色度键”栏

- 颜色：选择“吸管工具”，或单击颜色色块，可选择需要设置为透明的颜色。
- 相似性：用于设置与所选取颜色相似的颜色范围。
- 混合：在其后的数值框中可输入数值设置素材之间的混合程度。
- 阈值：在其后的数值框中可输入数值设置素材中阴影区域的透明程度。
- 屏蔽度：在其后的数值框中可输入数值设置阴影区域的明暗程度。
- 平滑：在其下拉列表框中可选择用于设置消除素材锯齿的级别选项。
- 仅蒙版 ☑复选框：选中该复选框，可只保留遮罩区域。

20.2.6 蓝屏键

“蓝屏键”效果可以去除素材中的蓝色背景，应用该效果后，在“效果控件”面板中设置效果的“阈值”“屏蔽度”“平滑”等参数即可。其视频轨道下方、上方和应用该效果后的叠加效果如图20-43所示。其“效果控件”面板如图20-44所示。

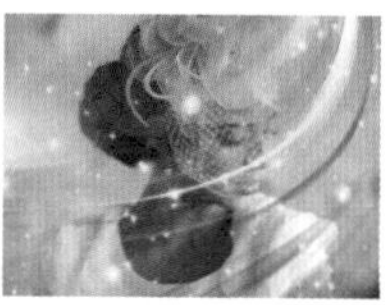

图20-43 效果查看

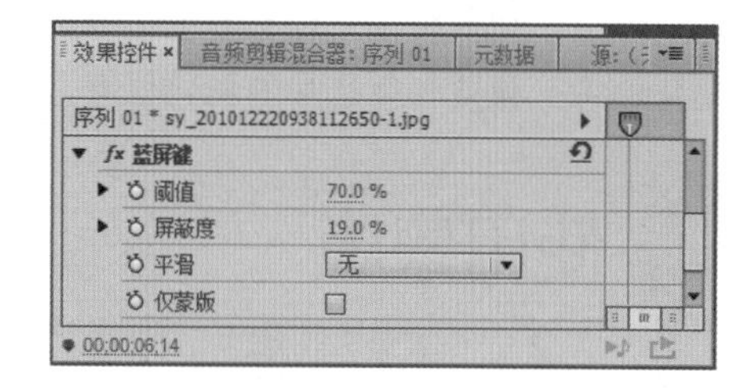

图20-44 “蓝屏键”栏

知识解析：“蓝屏键”栏

- 阈值：在数值框输入的数值越小，去除绿色和蓝色的区域越大。
- 屏蔽度：在数值框中输入数值可对键控进行调整。
- 平滑：在其下拉列表框中有“无”“低”“高”3个选项，可对消除锯齿的级别进行设置，通过混合像素颜色进行边缘平滑处理。
- 仅蒙版 ☑复选框：选中该复选框，可设置该控件是否以Alpha通道的方式显示素材。

20.2.7 非红色键

“非红色键”效果与“蓝屏键”效果相似，可去除素材中的蓝色和绿色背景，其视频轨道下方、上方和应用该特效后的叠加效果如图20-45所示。

图20-45 应用“非红色键”效果

技巧秒杀

“非红色键”效果与“蓝屏键”效果的区别是，“非红色键”效果能同时去除素材中的蓝色和绿色，而“蓝屏键”效果则只能去除蓝色。

20.2.8 颜色键

“颜色键”效果能使某种指定的颜色及其相似范围内的颜色变得透明，显示其下方轨道中的内容，应用该效果后，可以通过“颜色容差”参数设置颜色的透明数量，通过“边缘细化”设置颜色边缘的大小，通过“羽化边缘”设置颜色边缘的羽化程度，其视频轨道下方、上方和应用该效果后的叠加效果如图20-46所示。

图20-46　应用“颜色键”效果

20.3 使用蒙版

使用蒙版即使用遮罩抠像，通过创建遮罩对素材进行叠加的处理，达到用户所要的理想效果。下面就对使用遮罩的方法进行抠像处理的操作做讲解。

20.3.1 16点无用信号遮罩

“16点无用信号遮罩”效果能够通过16个点来控制叠加素材的大小，达到合成的效果。应用该效果后，在“效果控件”面板中可分别对素材的16个顶点的位置进行设置，遮罩其他不需要的部分，保留各个顶点之间的内容。也可以选择“效果控件”面板中的“16点无用信号遮罩”选项，在“节目监视器”面板中将显示出可以调整的16个顶点，使用鼠标拖动顶点的位置即可。

实例操作：使用16点无用信号遮罩抠像

- 光盘\素材\第20章\car.jpg、草地.jpg
- 光盘\效果\第20章\16点无用信号遮罩.prproj
- 光盘\实例演示\第20章\使用16点无用信号遮罩抠像

本例将car.jpg和“草地.jpg”素材添加到“视频2”和“视频1”轨道中，为car.jpg素材添加“16点无用信号遮罩”效果，在“效果控件”面板中调整其遮罩点进行抠像操作。调整前后的效果如图20-47所示。

图20-47　调整前后的效果

Step 1 新建项目文件，并将其命名为“16点无用信号遮罩”，新建序列01，选择“文件”/“导入”命令，打开“导入”对话框，在打开的对话框中选择素材，单击 打开(O) 按钮，将文件夹中的素材导入到“项目”面板中，如图20-48所示。

图20-48　导入素材

Step 2 将“草地.jpg”素材拖入至“时间轴”面板的“视频1”轨道，将car.jpg素材拖动至“视频2”轨道中，选择“草地.jpg”素材，在“效果控件”面板中设置“位置”为355.6和242.0，“缩放”为74.6，如图20-49所示。

Step 3 选择car.jpg素材，在“效果控件”面板中设置“位置”为357.8和272.0，“缩放”为75.0，如图20-50所示。

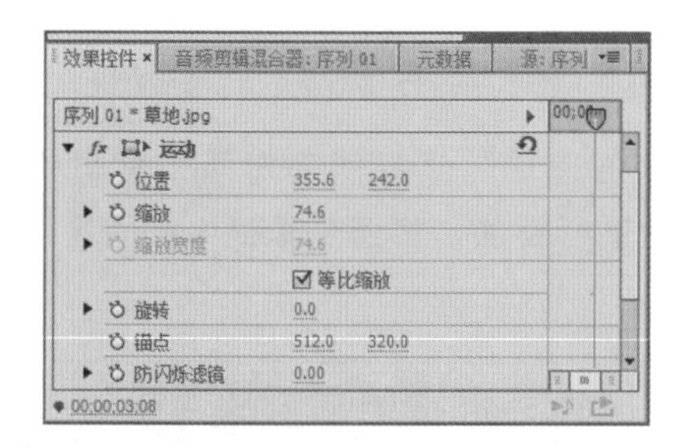

图20-49　设置“草地”参数

图20-50　设置car参数

Step 4 ▶ 在“效果”面板中选择“16点无用信号遮罩”效果，将其添加到car.jpg素材上，如图20-51所示。

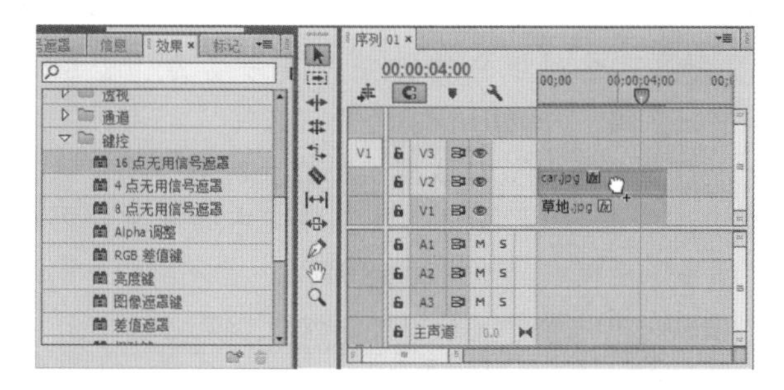

图20-51　添加效果

Step 5 ▶ 在“效果控件”面板中设置“上左顶点”为260.8和406.2，“上左切点”为326.8和404.2，“上中切点”为476.7和337.5，“上右切点”为645.2和338.8，“右上顶点”为735.8和358.2，“右上切点”为900.4和385.5，“右中切点”为919.7和423.5，“右下切点”为926.4和456.8，“下右顶点”为907.7和528.8，“下右切点”为855.8和533.5，“下中切点”为827.8和560.2，“下左切点”为218.9和559.5，“左下顶点”为192.2和548.2，“左下切点”为100.3和534.2，“左中切点”为101.6和474.2，“左上切点”为171.6和430.2，如图20-52所示。

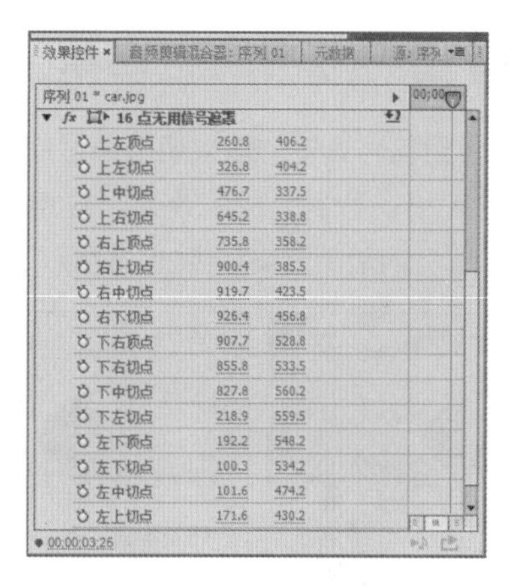

图20-52　设置参数

Step 6 ▶ 设置完成后，在“节目监视器”面板中可对其视频轨道下方、上方和应用该特效后的叠加效果进行查看，如图20-53所示。

图20-53　效果查看

技巧秒杀

“16点无用信号遮罩”效果常用于调整轮廓较为复杂的素材。也可在“16点无用信号遮罩”栏中单击□▶选项，调整在“节目监视器”面板显示的16个点的位置。

20.3.2 4点无用信号遮罩

“4点无用信号遮罩”效果能够通过4个点（上左、上右、下右、下左）来控制叠加素材的大小，达到合成的效果。其操作方法与“16点无用信号遮罩”效果类似，视频轨道下方、上方和应用该效果后的叠加效果如图20-54所示。

图20-54　应用“4点无用信号遮罩”效果

20.3.3 8点无用信号遮罩

“8点无用信号遮罩”效果能够通过8个点来控制叠加素材的大小，达到合成的效果。应用“8点无用信号遮罩”信号的前后效果如图20-55所示。

图20-55　应用“8点无用信号遮罩”效果

20.3.4 图像遮罩键

“图像遮罩键”效果能够将静帧图像以底纹的形式叠加到素材中，在应用该效果时，与蒙版白色区域对应的图像区域不透明，黑色部分区域透明，灰色区域则为混合效果，因此最好选用灰度图像作为底纹素材。应用该效果的“效果控件”面板如图20-56所示。

图20-56　“图像遮罩键”栏

知识解析：“图像遮罩键”栏

- “设置”按钮：单击该按钮，在打开的“选择遮罩图像”对话框中选择需要设置为底纹的素材。
- 合成使用：在该下拉列表框中选择合成的方式，在其列表框中有“Alpha遮罩”和“亮度遮罩”两种选项。
- 反向复选框：选中该复选框，可对遮罩进行反向操作。

20.3.5 差值遮罩

“差值遮罩”效果能够将两个素材中不同区域的纹理进行叠加，将两个素材中相同区域的纹理去除。

实例操作：使用差值遮罩抠像

- 光盘\素材\第20章\恋人.jpg、海豚.jpg
- 光盘\效果\第20章\差值遮罩.prproj
- 光盘\实例演示\第20章\使用差值遮罩抠像

本例将“海豚.jpg”和“恋人.jpg”素材添加到“视频1”和“视频2”轨道中，为“恋人.jpg”素材添加“差值遮罩”效果，在“效果控件”面板中调整其参数进行抠像操作。完成后的效果如图20-57所示。

图20-57　最终效果

Step 1 新建项目文件，并将其命名为“差值遮罩”，新建“序列01”，选择“文件”/“导入”命令，打开“导入”对话框，在打开的对话框中选择素材，单击 打开(O) 按钮，将文件夹中的素材导入到“项目”面板中，如图20-58所示。

图20-58　导入素材

Step 2 将“海豚.jpg”素材拖动至“时间轴”面板的“视频1”轨道中，将“恋人.jpg”素材拖动至“视频2”轨道中，如图20-59所示。

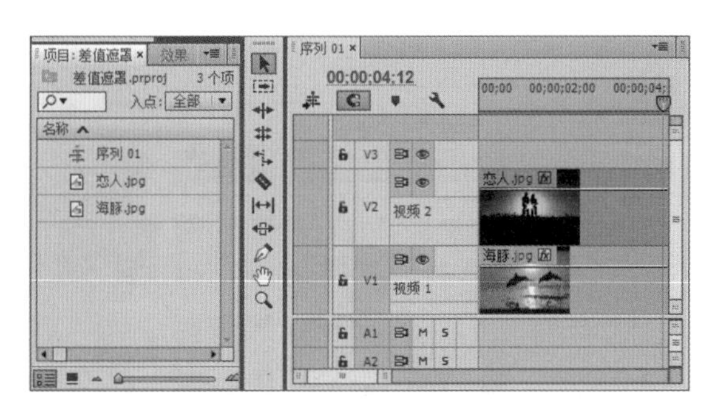

图20-59　拖入素材

Step 3 ▶ 选择“海豚.jpg”素材，在“效果控件”面板中设置“位置”为358.0和240.0，“缩放”为76.0，如图20-60所示。

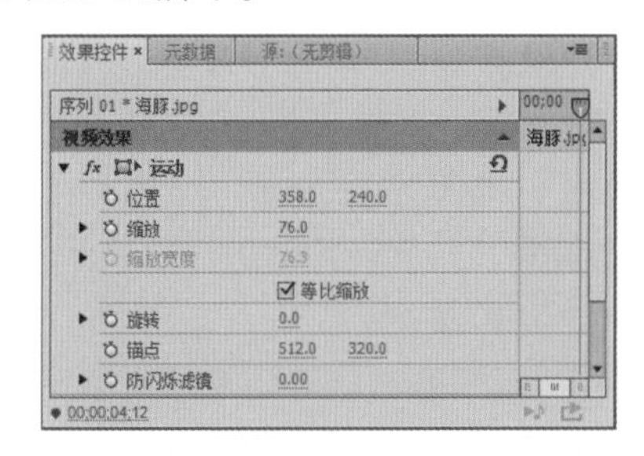

图20-60　设置“海豚”参数

Step 4 ▶ 选择“恋人.jpg”素材，在“效果控件”面板中设置“位置”为354.0和240.0，“缩放”为70.8，如图20-61所示。

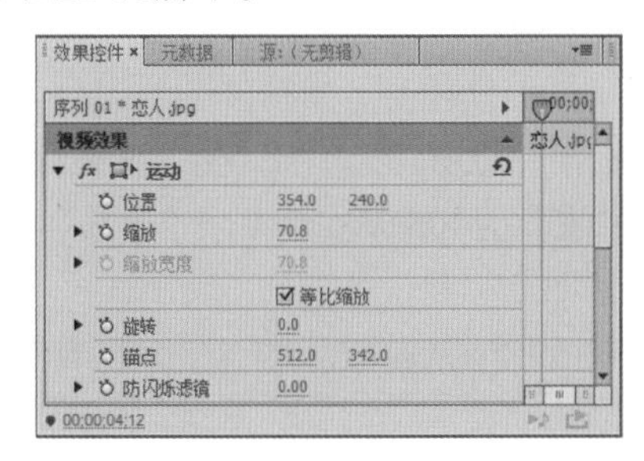

图20-61　设置“恋人”参数

Step 5 ▶ 在“效果”面板中选择“差值遮罩”效果，将其添加到“视频2”轨道的“恋人.jpg”素材上，如图20-62所示。

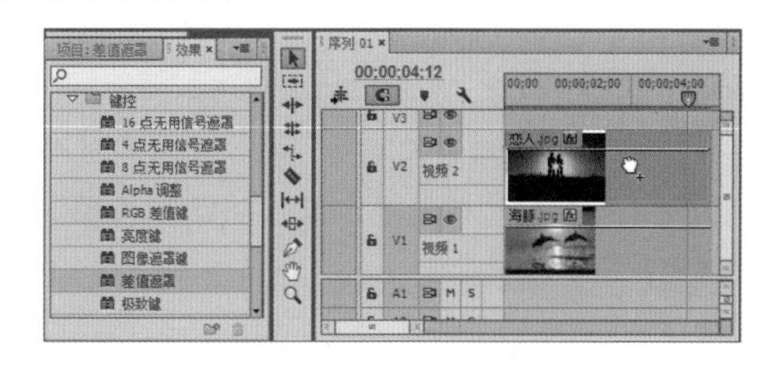

图20-62　添加效果

Step 6 ▶ 在“效果控件”面板中的“差值遮罩”栏中的“视图”下拉列表框中选择“最终输出”选项，在“差值图层”下拉列表框中选择“视频1”选项，设置“匹配容差”为40.0%，“匹配柔和度”为12.0%，“差值前模糊”为0.5，如图20-63所示。

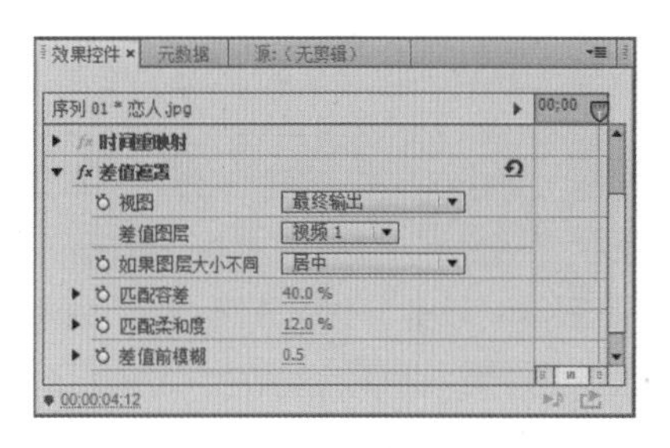

图20-63　设置参数

Step 7 ▶ 设置完成后，在“节目监视器”面板中可对其视频轨道下方、上方和应用该效果后的叠加效果进行查看，如图20-64所示。

图20-64　效果查看

20.3.6 移除遮罩

“移除遮罩”效果能够移除素材中的白色或黑色遮罩，只要应用其他键控后，在应用该效果后，就可以去除素材中的白色或黑色遮罩区域。对于固有背景为白色或黑色的素材使用该效果将非常有效。

20.3.7 轨道遮罩键

“轨道遮罩键”效果能将蒙版上黑色区域的图像设置为透明，白色区域的图像设置为不透明效果。应用该特效后，需要在“效果控件”面板中的“遮罩”下拉列表框中选择遮罩的图层，在“合成方式”下拉列表框中选择合成的方式，包括“Alpha遮罩”和“亮度遮罩”两种。

1. 创建文字与素材轨道叠加

进行文字创建后，可作为蒙版使用，可对素材添加“轨道遮罩键”效果，然后选择文字作为蒙版进行合成操作。

实例操作：使用轨道遮罩键抠像

- 光盘\素材\第20章\花.jpg、枫林.jpg
- 光盘\效果\第20章\轨道遮罩键.prproj
- 光盘\实例演示\第20章\使用轨道遮罩键抠像

本例将“花.jpg”和“枫林.jpg”素材添加到“视频2”和“视频1”轨道中，为“花.jpg”素材添加“轨道遮罩键”效果，在“效果控件”面板中调整其合成方式和遮罩。调整后的效果如图20-65所示。

图20-65 调整后的效果

Step 1 ▶ 新建项目文件，并将其命名为“轨道遮罩键”，新建“序列01”，选择“文件”/“导入”命令，打开“导入”对话框，在打开的对话框中选择素材，单击 打开(O) 按钮，将文件夹中的素材导入到“项目”面板中，如图20-66所示。

图20-66 导入素材

Step 2 ▶ 将“枫林.jpg”素材拖动至“时间轴”面板的“视频1”轨道中，将“花.jpg”素材拖动至“视频2”轨道中，选择“花.jpg”素材，在“效果控件”面板中设置“位置”为310.0和232.0，“缩放”为73.3，如图20-67所示。

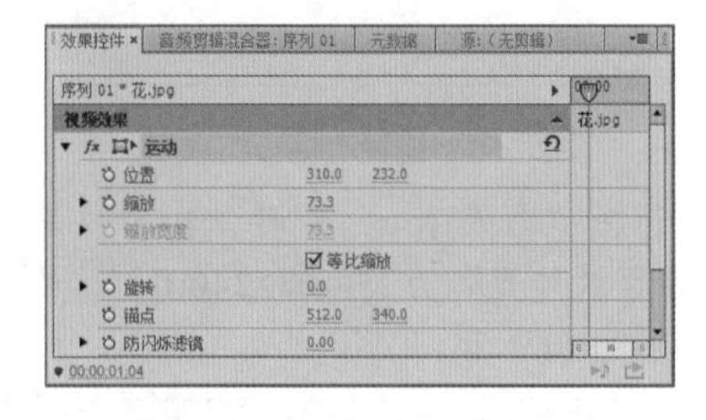

图20-67 设置参数1

Step 3 ▶ 选择“花.jpg”素材，在“效果控件”面板中设置“位置”为405.0和259.0，“缩放”为130.0，如图20-68所示。

图20-68 设置参数2

Step 4 ▶ 选择“字幕”/“新建字幕”/“默认静态字幕”命令，打开“新建字幕”，保存默认设置不变，单击 确定 按钮，新建“字幕01”，如图20-69所示。

图20-69　新建字幕

Step 5 ▶ 打开“字幕”面板，在字幕工作区中输入“Happy Everyday！”，在“字幕样式”面板中选择CaslonPro GoldStroke 98字体样式，在“字幕属性”面板中设置“X位置”为382.7，“Y位置”为230.5，“宽度”为544.2，“高度”为68.0；在“属性”栏中设置“字体大小”为68.0，“字符间距”为6.0，如图20-70所示。

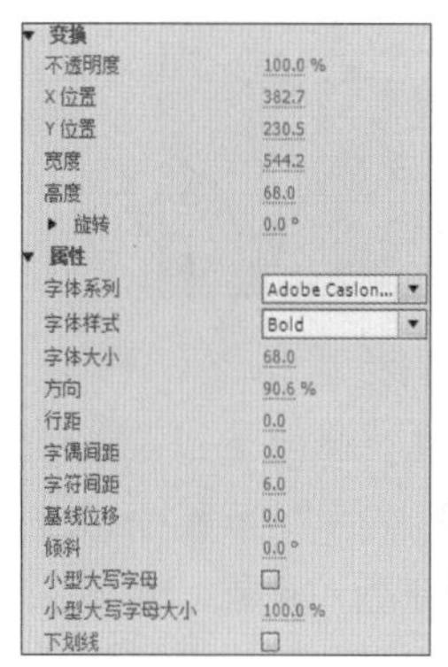

图20-70　创建字幕

Step 6 ▶ 关闭“字幕”面板，将“字幕01”拖动至“视频3”轨道上，并将其结束位置拖动至与“花.jpg”结束位置对齐，如图20-71所示。

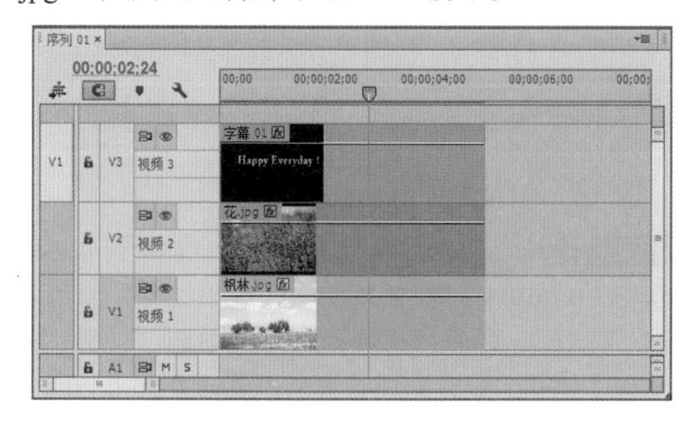

图20-71　拖入素材

Step 7 ▶ 在“效果”面板中选择“轨道遮罩键”效果，将其添加到“视频2”轨道的“花.jpg”素材上，如图20-72所示。

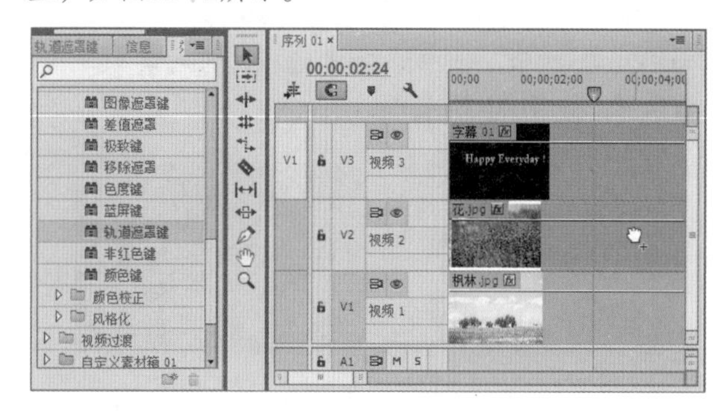

图20-72　添加效果

Step 8 ▶ 在“效果控件”面板中，在“遮罩”下拉列表中选择“视频3”选项，在“合成方式”下拉列表框中选择“Alpha遮罩”选项，如图20-73所示。

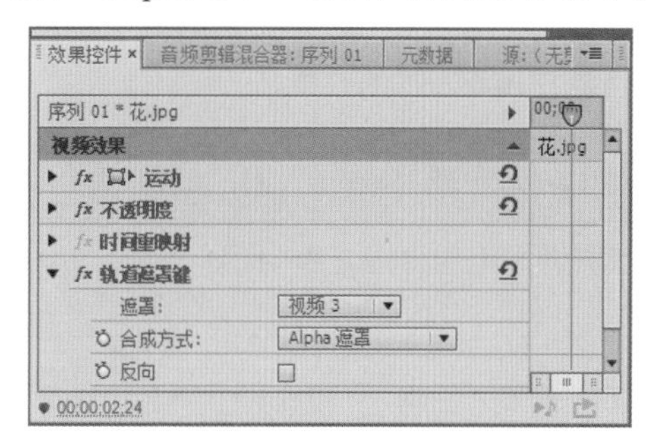

图20-73　设置参数

Step 9 ▶ 设置完成后，对项目文件进行保存，在“节目监视器”面板中可查看应用后的效果，如图20-74所示。

图20-74　效果查看

技巧秒杀

在“轨道遮罩键”栏中的“合成方式”下拉列表中选择“亮度遮罩”选项，其效果将有所不同，如图20-75所示，选中反向☑复选框，可对其效果进行反转，如图20-76所示。

图20-75 “亮度遮罩”合成方式

图20-76 反转效果

2. 过渡效果和“轨道遮罩键”效果结合使用

通过视频过渡效果和“轨道遮罩键”效果的结合使用，可制作出不一样的效果。

实例操作：创建文字切换和遮罩效果

- 光盘\素材\第20章\风景3.jpg、风景4.jpg
- 光盘\效果\第20章\过渡效果和“轨道遮罩键”效果结合使用.prproj
- 光盘\实例演示\第20章\创建文字切换和遮罩效果

本例将对素材应用“径向擦除”视频过渡效果，使其有逐渐出现的效果，并为素材添加“轨道遮罩键”效果，在“效果控件”面板中调整其合成方式和遮罩，再结合关键帧的使用，制作出远近推动的效果，如图20-77所示。

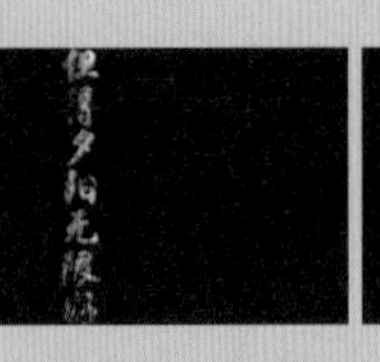

图20-77 最终效果

Step 1 新建项目文件，并将其命名为“过渡效果和‘轨道遮罩键’效果结合使用”，新建“序列01”，选择“文件”/“导入”命令，打开“导入”对话框，在打开的对话框中选择素材，单击 打开(O) 按钮，将文件夹中的素材导入到“项目”面板中，如图20-78所示。

图20-78 导入素材

Step 2 将“风景3.jpg”素材拖动至“时间轴”面板的“视频1”轨道中，其入点为00;00;00;00，将“风景4.jpg”素材拖动至“风景3.jpg”素材结尾处，如图20-79所示。

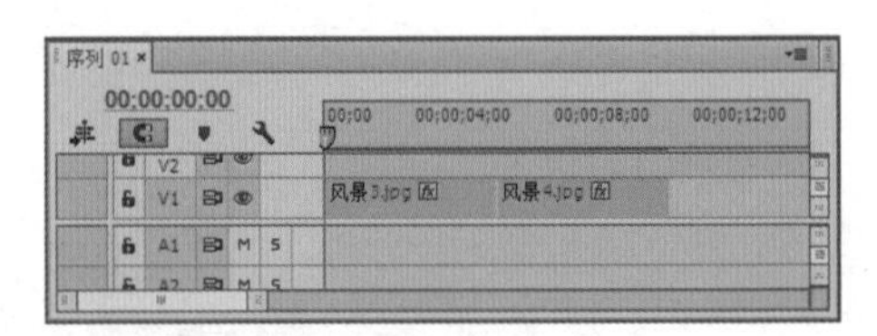

图20-79 拖动素材

Step 3 选择“风景3.jpg”素材，将当前时间指示器移动至开始位置，在“效果控件”面板中单击“缩放”前的“切换动画”按钮，设置“缩放”为130.0。将当前时间设置为00;00;04;28，设置“缩放”为100.0，如图20-80所示。

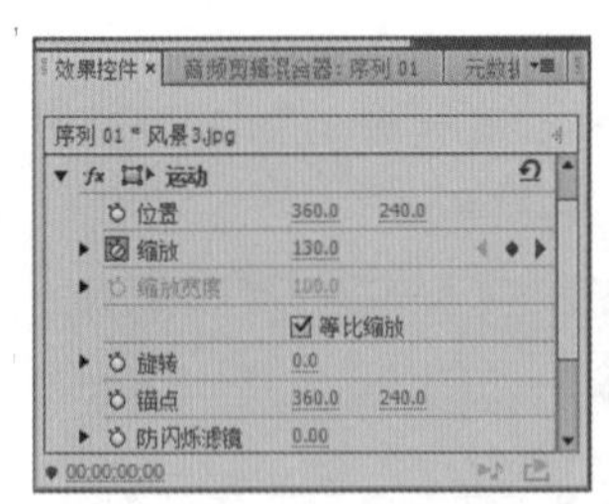

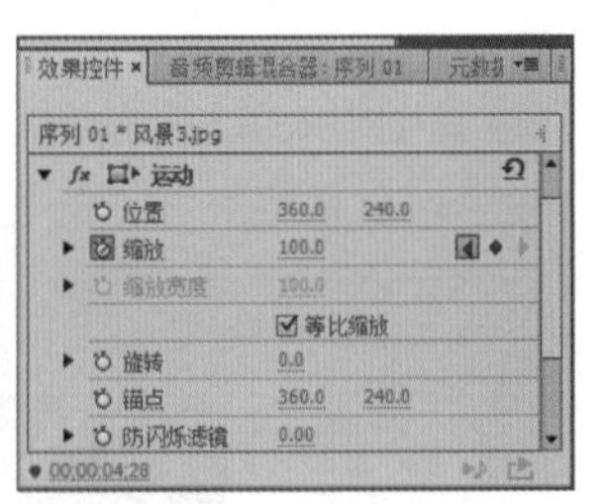

图20-80 添加关键帧

Step 4 选择“风景4.jpg”素材，将当前时间指示器移动至00;00;04;29位置处，在“效果控件”面板中单击“缩放”前的“切换动画”按钮，设置“缩放”为130.0。将当前时间指示器移动至00;00;09;27位置处，设置“缩放”为100.0，如图20-81所示。

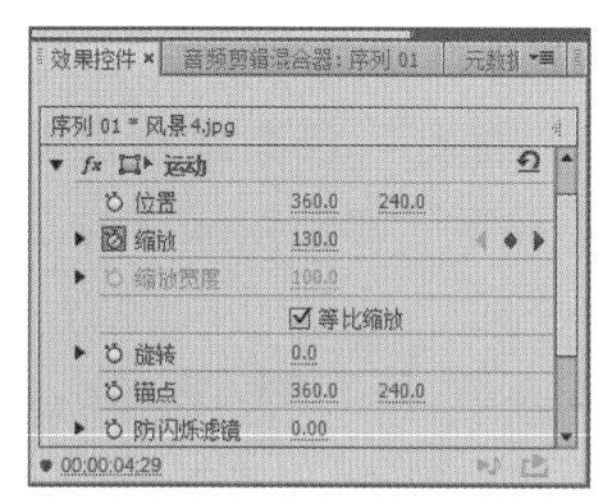

图20-81　添加关键帧

Step 5 ▶ 选择“字幕”/“新建字幕”/“默认静态字幕”命令，在打开的“新建字幕”对话框的“名称”文本框中输入“但得夕阳无限好”，单击 确定 按钮，新建字幕，如图20-82所示。

图20-82　新建字幕

Step 6 ▶ 选择“垂直文字工具”，在字幕工作区输入“但得夕阳无限好”文字，在“字幕属性”面板中设置其参数，如图20-83所示。

图20-83　创建文本

Step 7 ▶ 单击“基于当前字幕新建字幕”按钮，在“名称”文本框中输入“何须惆怅近黄昏”，单击 确定 按钮，新建字幕，如图20-84所示。

图20-84　新建字幕

Step 8 ▶ 将文字更改为“何须惆怅近黄昏”，再对其位置进行设置，如图20-85所示。

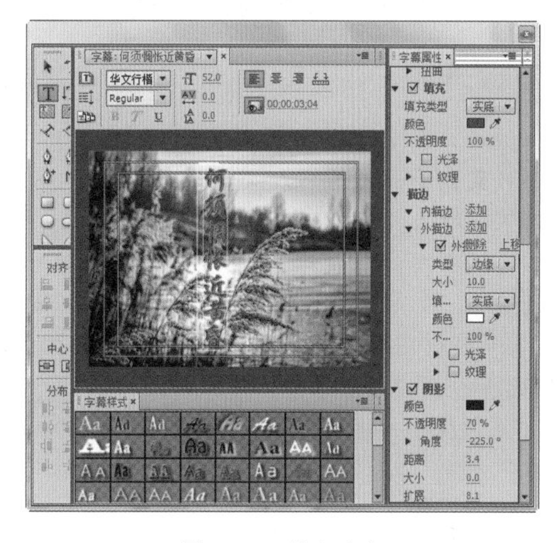

图20-85　输入文字

Step 9 ▶ 关闭“字幕”面板，将“但得夕阳无限好”字幕拖动至“视频2”轨道中，将其结束位置拖动至与“风景3.jpg”的结束位置对齐，如图20-86所示。

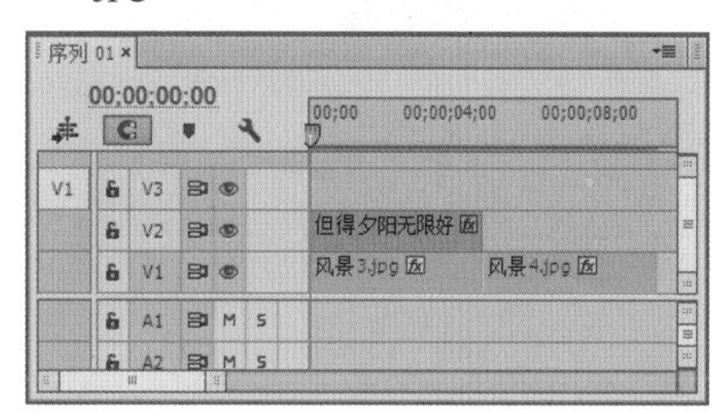

图20-86　拖入字幕素材

读书笔记

Step 10 在“效果”面板中选择“径向擦除”效果，将其添加至字幕素材的开始位置，如图20-87所示。

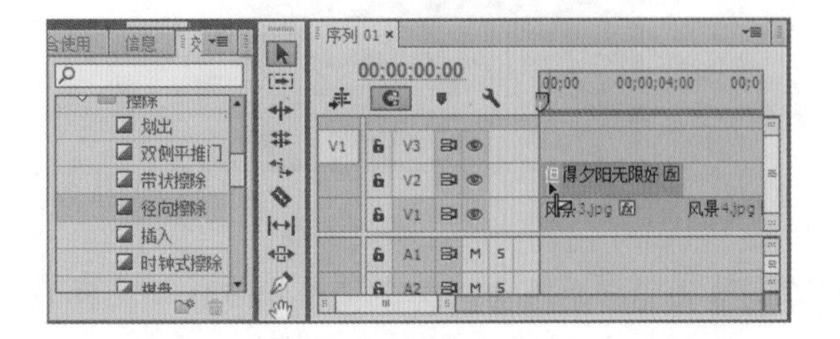

图20-87 添加“径向擦除”效果

技巧秒杀

用户还可使用其他方法添加效果，如先选择需要添加效果的素材，然后在“效果”面板中选择添加的效果双击即可。

Step 11 选择“径向擦除”效果标记，在“效果控件”面板中设置持续时间为00;00;03;00，如图20-88所示。

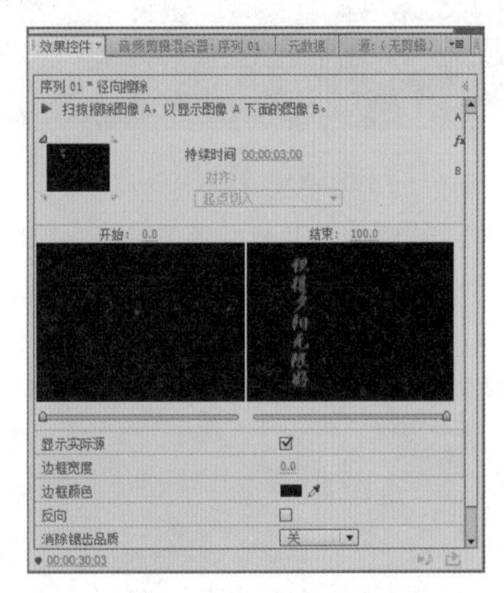

图20-88 设置持续时间

Step 12 在“节目监视器”面板中单击“播放/停止切换”按钮可对设置参数后的效果进行查看，如图20-89所示。

图20-89 效果预览

Step 13 将“何须惆怅近黄昏”字幕素材拖动至“视频2”轨道“但得夕阳无限好”字幕结束位置处，将该字幕结束位置拖动至与“风景4.jpg”的结束位置对齐，如图20-90所示。

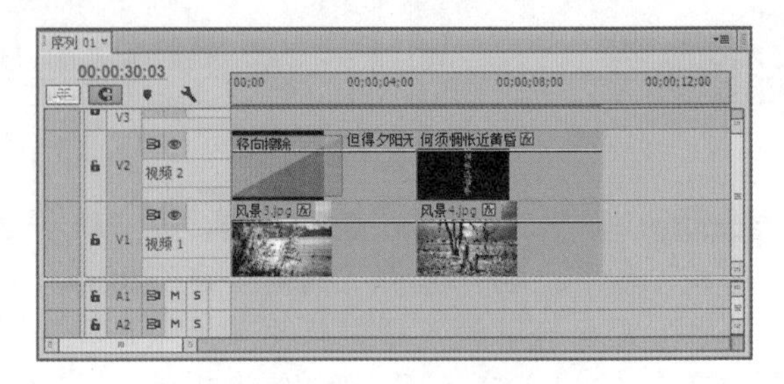

图20-90 拖动素材

Step 14 将“径向擦除”效果添加到“但得夕阳无限好”字幕的开始位置处，在“效果控件”面板中设置“持续时间”为00;00;03;00，完成后在“节目监视器”面板中单击“播放/停止切换”按钮对设置参数后的效果进行查看，如图20-91所示。

图20-91 效果预览

Step 15 在“项目”面板中双击“但得夕阳无限好”字幕，在“字幕”面板中单击“基于当前字幕新建字幕”按钮，在“名称”文本框中输入“字幕01”，单击 确定 按钮，将填充颜色设置为白色，取消描边设置，如图20-92所示。

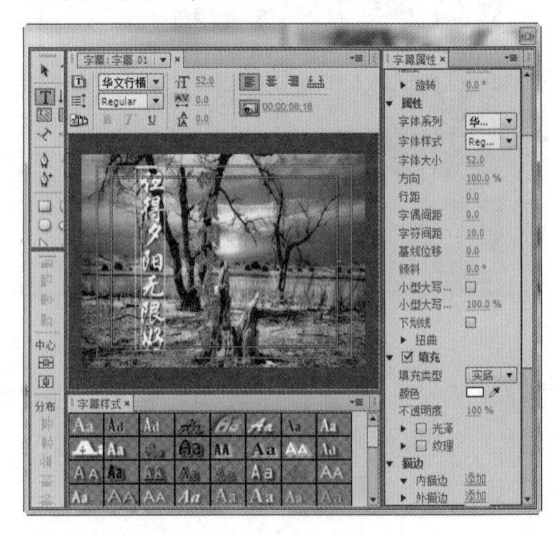

图20-92 新建字幕

Step 16▶ 关闭“字幕”面板，将“风景3.jpg”素材拖动至“视频1”轨道“风景4.jpg”素材结束位置处，右击，在弹出的快捷菜单中选择“速度/持续时间”命令，打开“剪辑速度/持续时间”对话框，设置持续时间为00;00;10;00，如图20-93所示。

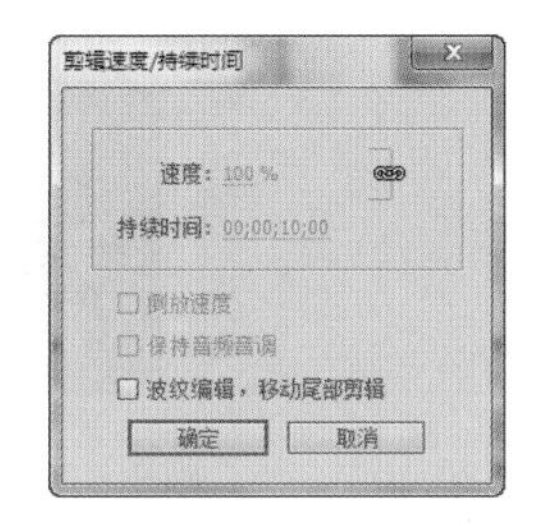

图20-93　设置参数

Step 17▶ 将“风景4.jpg”素材拖动至“风景3.jpg”素材结束位置处，设置持续时间为00;00;10;00，如图20-94所示。

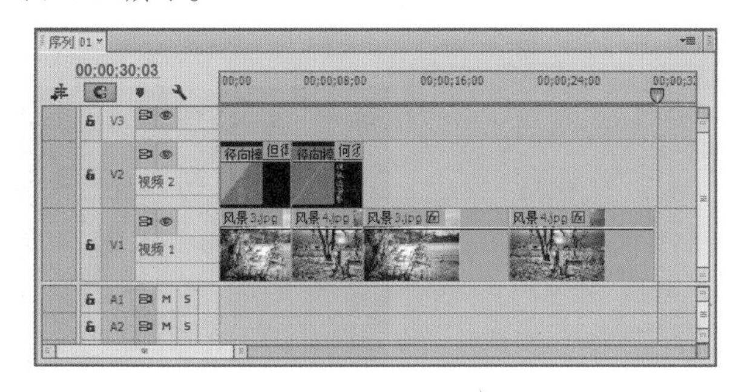

图20-94　拖入素材

Step 18▶ 将字幕01拖动至“何须惆怅近黄昏”字幕结束位置处，设置持续时间为00;00;10;00，如图20-95所示。

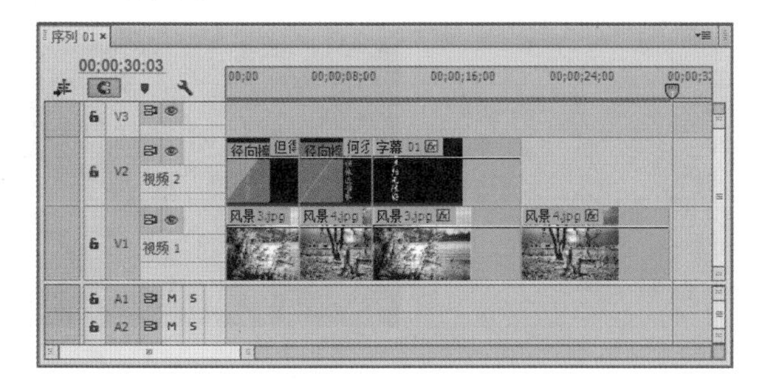

图20-95　拖入素材

Step 19▶ 在“效果”面板中依次单击“视频效果”/“键控”前的▷按钮，在打开的菜单中选择“轨道遮罩键”效果，将其添加到“字幕01”素材下方的“风景3.jpg”素材上，如图20-96所示。

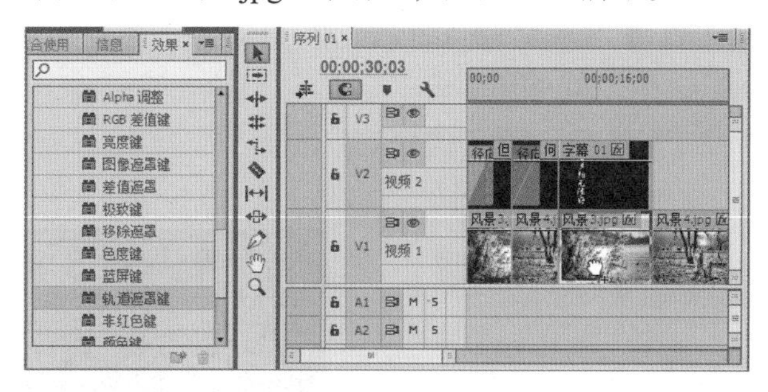

图20-96　添加效果

Step 20▶ 在“效果控件”面板中的“轨道遮罩键”栏中的“轨道”下拉列表中选择“视频2”选项，合成方式保持默认不变，如图20-97所示。

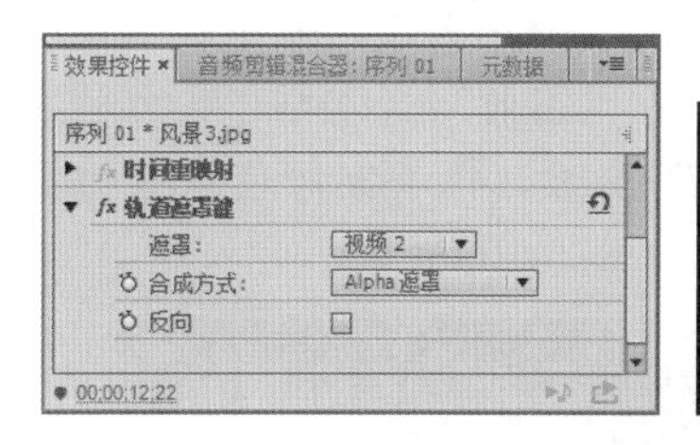

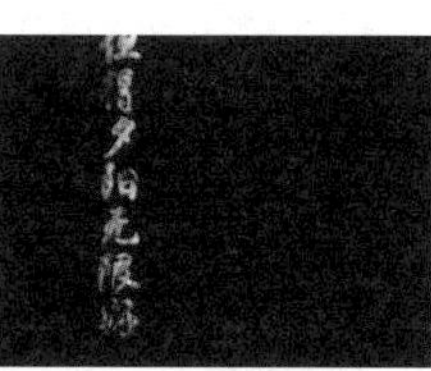

图20-97　设置遮罩图层

Step 21▶ 单击“运动”前的▶按钮，展开其参数，将当前时间指示器移动至00;00;11;00位置处，单击“位置”和“缩放”前的“切换动画”按钮，设置“位置”为1352.0和240.0，设置“缩放”为600.0，如图20-98所示。

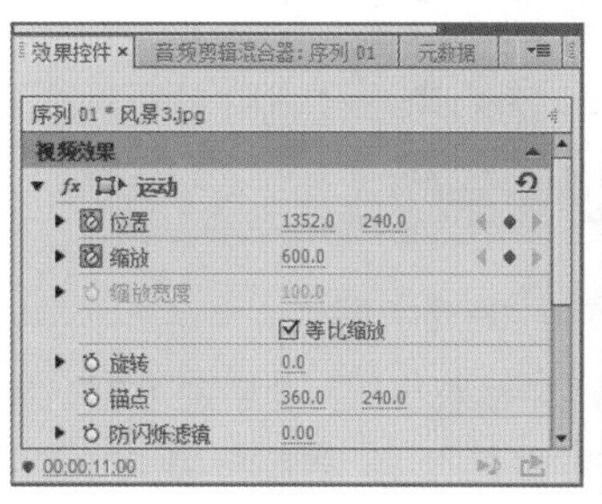

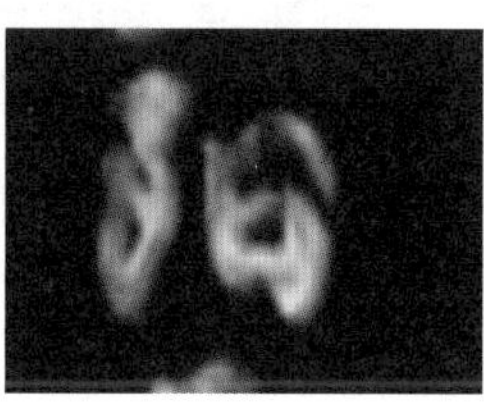

图20-98　设置参数

读书笔记

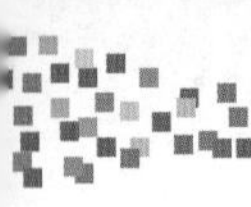

Step 22 将当前时间指示器移动至00;00;18;15位置处，设置"位置"为360.0和240.0，设置"缩放"为80.0，如图20-99所示。

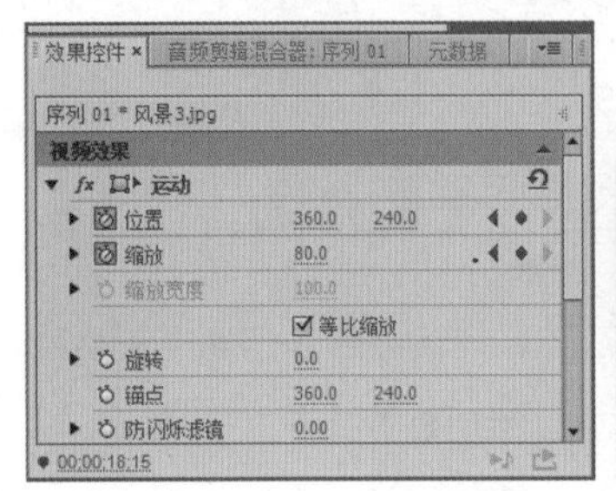

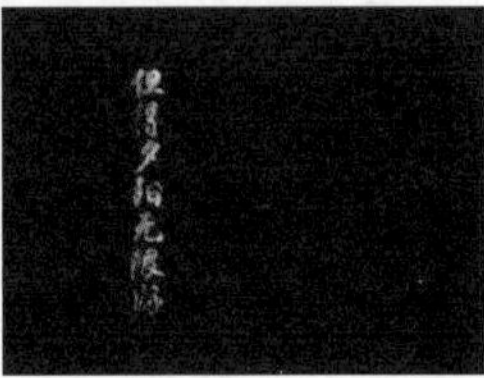

图20-99 设置参数

Step 23 在"项目"面板中双击"但得夕阳无限好"字幕，在"字幕"面板中单击"基于当前字幕新建字幕"按钮，在"名称"文本框中输入"字幕02"，单击 确定 按钮，将填充颜色设置为白色，取消描边设置，如图20-100所示。

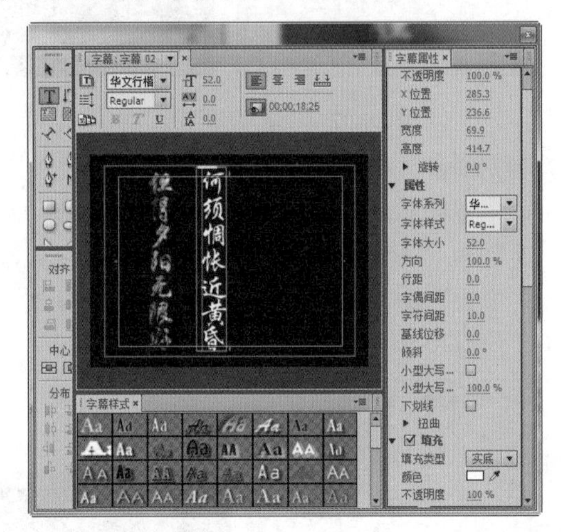

图20-100 新建字幕

Step 24 关闭"字幕"面板，将"字幕02"拖动至"字幕01"结束位置处，设置持续时间为00;00;10;00，如图20-101所示。

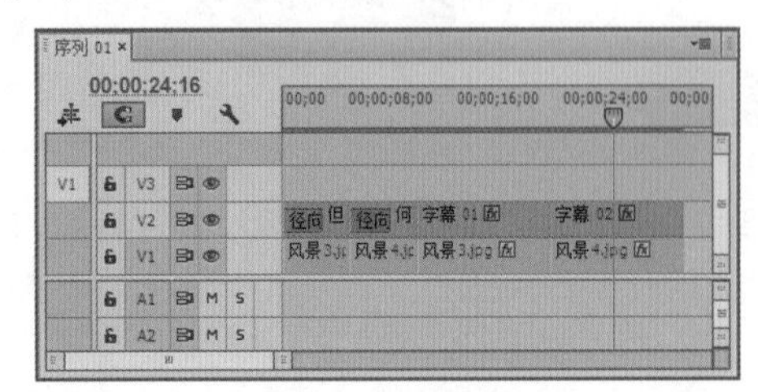

图20-101 拖入素材

Step 25 在"效果"面板中选择"轨道遮罩键"效果，将其添加到"字幕02"素材下方的"风景4.jpg"素材上，在"效果控件"面板中的"轨道遮罩键"栏中的"轨道"下拉列表框中选择"视频2"选项，合成方式保持默认不变，如图20-102所示。

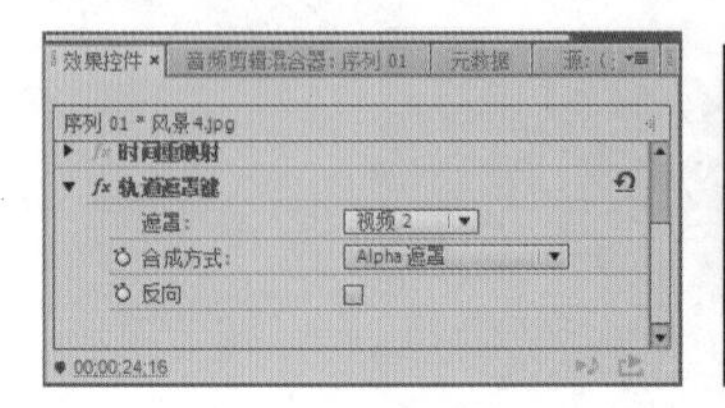

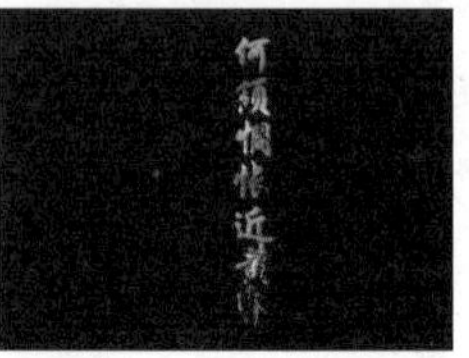

图20-102 设置遮罩图层

Step 26 单击"运动"前的按钮，展开其参数，将当前时间指示器移动至00;00;20;15位置处，单击"位置"和"缩放"前的"切换动画"按钮，设置"位置"为164.0和240.0，设置"缩放"为600.0，如图20-103所示。

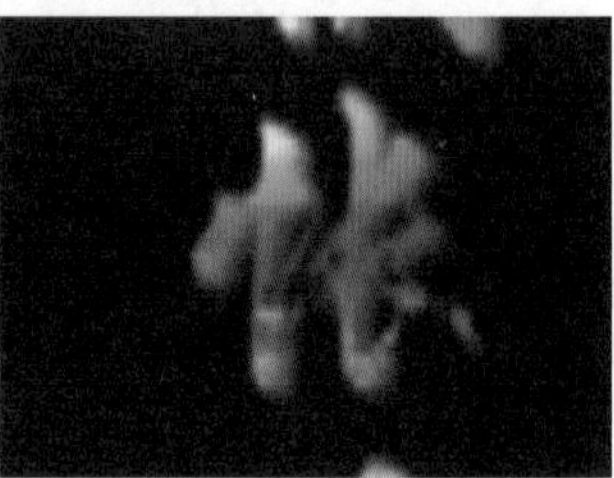

图20-103 设置参数

Step 27 将当前时间指示器移动至00;00;28;00位置处，设置"位置"为360.0和240.0，设置"缩放"为80.0，如图20-104所示。

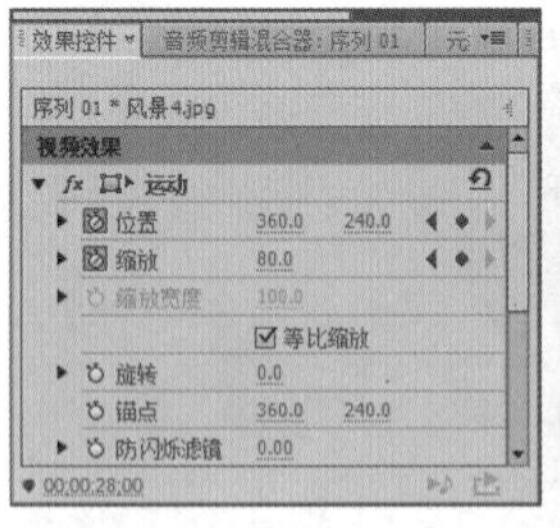

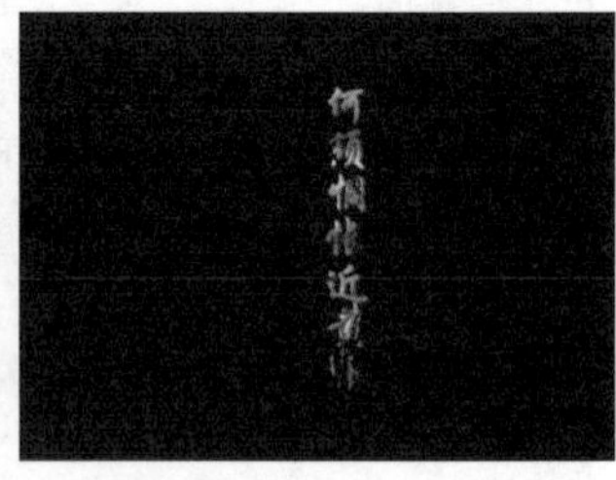

图20-104 设置参数

Step 28 选择"字幕03"素材，将当前时间指示器移动至00;00;09;27位置处，单击"时间轴"面板中的"添加/移除关键帧"按钮，将关键帧向下拖动设置不透明度为0。将当前时间指示器移动至00;00;11;00位置处，设置不透明度为100，如图20-105所示。

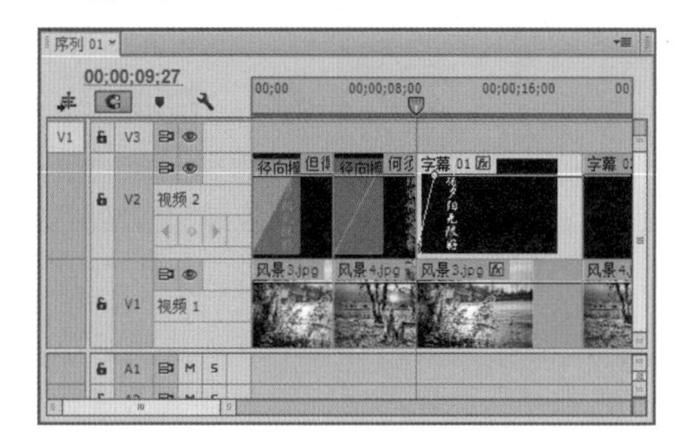

图20-105　设置不透明度

Step 29▶ 选择“字幕04”素材，将当前时间指示器移动至00;00;28;20位置处，单击“时间轴”面板中的“添加/移除关键帧”按钮◆，将关键帧向下拖动，设置不透明度为100。将当前时间指示器移动至00;00;29;27位置处，设置不透明度为0，如图20-106所示。

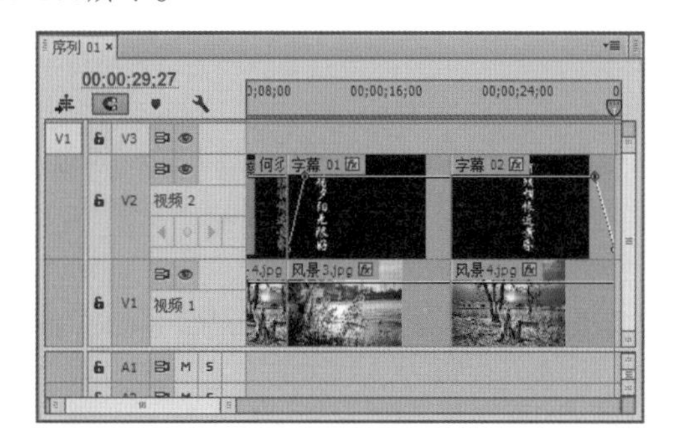

图20-106　设置不透明度

Step 30▶ 选择“文件”/“新建”/“黑场视频”命令，打开“新建黑场视频”对话框，保持默认状态不变，单击确定按钮，如图20-107所示。

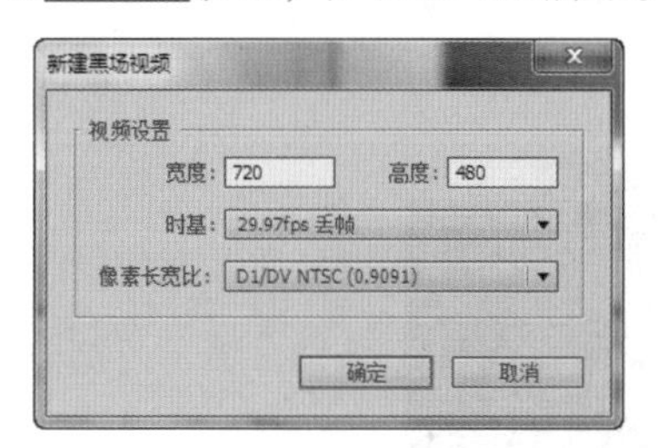

图20-107　新建黑场视频

Step 31▶ 在“项目”面板中选择“黑场视频”，右击，在弹出的快捷菜单中选择“速度/持续时间”命令，在打开对话框的“持续时间”数值框中输入50，如图20-108所示。

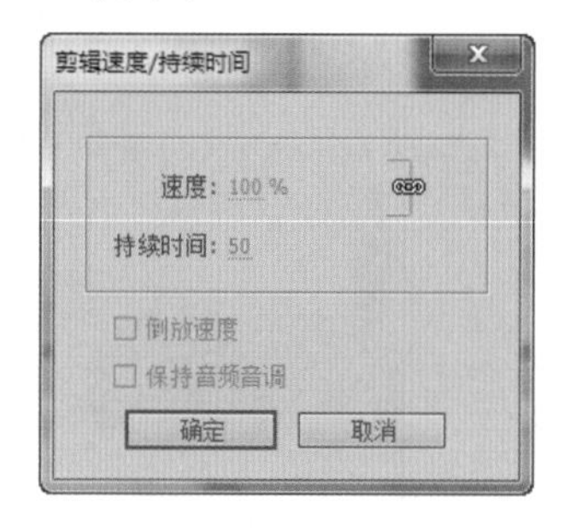

图20-108　设置持续时间

Step 32▶ 将当前时间指示器移动至00;00;04;05位置处，将黑场视频拖动至“视频3”轨道中，与时间指示线对齐，如图20-109所示。

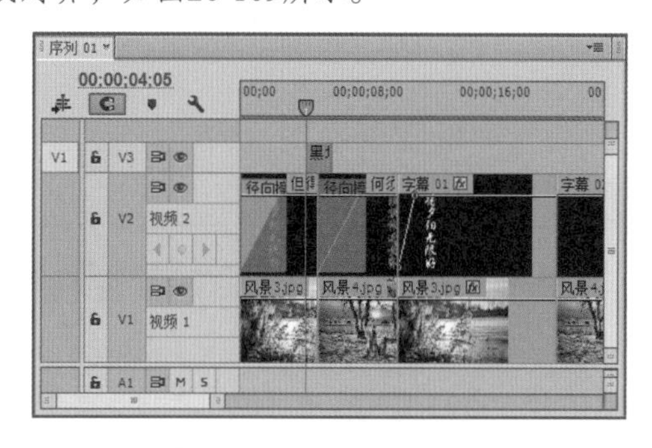

图20-109　添加黑场视频

Step 33▶ 选择黑场视频，时间为00;00;04;05、00;00;04;29和00;00;05;24位置处，分别单击“添加/移除关键帧”按钮◆，在00;00;04;05和00;00;05;24位置时，向下拖动关键帧，设置不透明度为0，时间为00;00;04;29位置时保持不透明度不变，如图20-110所示。

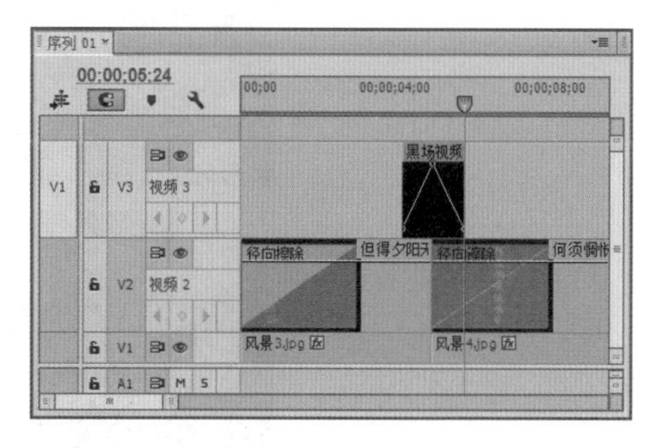

图20-110　设置不透明度

Step 34▶ 选择黑场视频，按住Alt键单击鼠标向右拖动复制，将复制的黑场视频移动至00;00;19;00处，如图20-111所示。

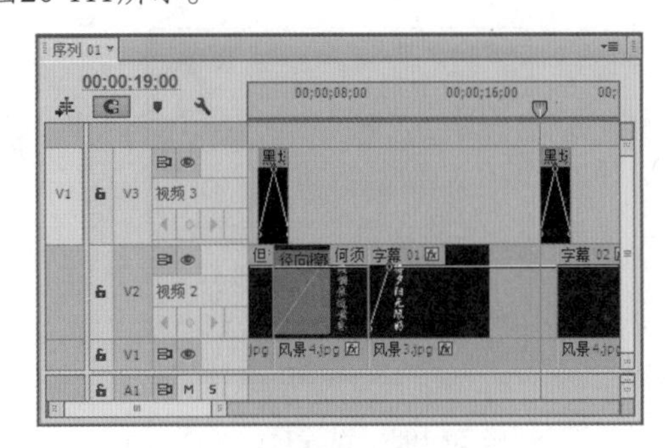

图20-111　复制黑场视频

 将“音乐素材.mp3”文件拖动至“音频1”轨道中，如图20-112所示。

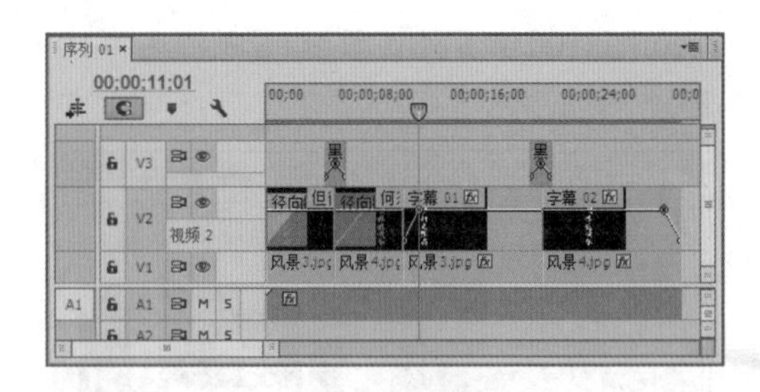

图20-112　导入音频素材

Step 36 设置完成后，可在“节目监视器”面板中单击“播放/停止切换”按钮对其效果进行查看，如图20-113所示。

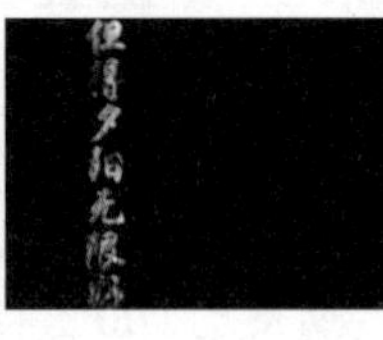

图20-113　效果查看

知识大爆炸——多机位监视器编辑

Premiere Pro CC允许用户使用来自多台摄像机源的剪辑来创建多机位源序列。用户可以手动进行入点、出点或剪辑标记同步剪辑的设置，也可以在多机位序列中使用基于音频的同步来准确对齐剪辑。根据“源监视器”面板的“多机位”模式，用户可编辑来自不同角度的多个摄像机的剪辑镜头。要在“节目监视器”面板中显示多机位编辑界面，可选择“剪辑”/“多机位”/“启用”命令进行操作。“源监视器”面板的“多机位”模式显示与常规回放模式类似完全合成的输出，从而在回放过程中显示所有应用的效果。启用多机位进行监视可同时查看多个视频源，如图20-114所示。

图20-114　多机位查看源素材

下面对创建多机位源序列的方式进行讲解。

◆ **使用对话框创建**：用户可选择一个包含资源的素材箱，然后从“创建多机位源序列”对话框中选择同步方法。该素材箱中的所有剪辑均根据该同步方法进行处理，并在每个生成的源序列中根据字母数字进行排序。

◆ **手动创建**：手动选择资源，并从“创建多机位源序列”对话框中选择同步方法。用户选择剪辑的顺序决定了所生成源序列的顺序。

在目标序列中编辑多机位源序列的方式如下。

◆ **菜单命令创建**：要创建目标序列，可在“项目”面板中选中多机位源序列的同时，选择“文件”/“新建”/“来自剪辑的序列”命令，Premiere Pro CC即创建一个新的多机位目标序列，并且在“节目监视器”面板或“时间轴”面板中将其打开。

◆ **快捷菜单创建**：用户可从“项目”面板中选择用户的剪辑或素材箱，然后右击，在弹出的快捷菜单中选择“从剪辑新建序列”命令。

在多机位模式中，可同时查看所有摄像机的素材，并在摄像机之间切换以选择最终序列的素材。编辑多机位序列，在“节目监视器”面板或“时间轴”面板中，按空格键或单击“播放/停止切换”按钮▶以进行回放。当序列正在播放时，按主键盘上的数字键切入该数字所指的摄像机。

在进行录制多机位编辑操作后，需要进行以下几步的操作：首先重新录制最终序列并用来自另一个摄像机的素材替换剪辑，其次通过标准编辑工具和技巧、添加效果、使用多个轨道进行合成（包括调整图层），像编辑其他任何序列一样编辑多机位源序列，然后在录制之后更改摄像机，最后将其切入新角度。

读书笔记

19 20 21

视频背景与声音的编辑技巧

本章导读

在进行视频制作时，可能会将其导出到静帧图像中使用。在导出为静帧图片后，可导入Photoshop中将其优化处理或打印。用户可使用Adobe Illustrator进行Premiere Pro CC视频背景的制作，还可将音频素材导入Adobe Audition中进行编辑。下面对使用Photoshop编辑图像、使用Adobe Illustrator制作视频背景和使用Adobe Audition编辑音频等知识进行讲解。

21.1 使用Photoshop编辑图像

Premiere Pro CC主要用于制作视频项目文件，可在Premiere Pro CC项目文件中将其导出为静态帧，并导入Photoshop中对图像进行编辑，下面对其知识进行详细讲解。

21.1.1 导出Premiere Pro CC帧

静态帧可用于打印，还有对网站进行创建或增强的效果，将图片帧导入Photoshop中后就可对其进行操作。下面就对Premiere Pro CC的帧导出的方法进行讲解。

实例操作：导出Premiere Pro CC帧

- 光盘\素材\第21章\海底世界.mov
- 光盘\效果\第21章\海底世界.jpg
- 光盘\实例演示\第21章\导出Premiere Pro CC帧

本例将在“海底世界.prproj”项目文件中进行静帧图像导出的操作。

Step 1 新建“海底世界.prproj”项目文件，新建“序列01”，导入“海底世界.mov”，将其拖动至“时间轴”面板中的“视频1”轨道上，在“效果”面板中选择“亮度与对比度”效果，将其添加到素材上，在“效果控件”面板中“亮度与对比度”栏中的“亮度”数值框中输入41.0，设置“对比度”为6.0，如图21-1所示。

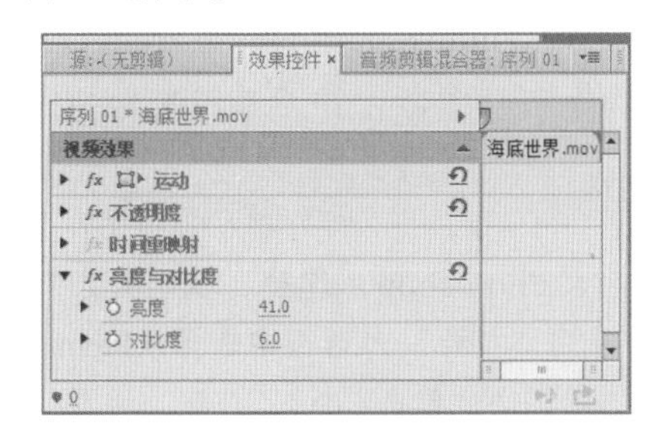

图21-1 设置参数

Step 2 新建字幕文件，在字幕工作区输入文字，在“字幕属性”面板中设置其参数，其效果如图21-2所示。

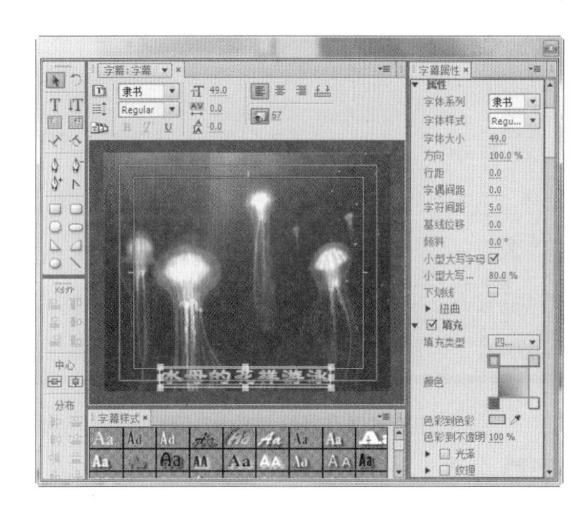

图21-2 新建字幕

Step 3 将字幕素材拖动至“视频2”轨道中，设置开始位置为35帧处，设置结束位置为485帧处，如图21-3所示。

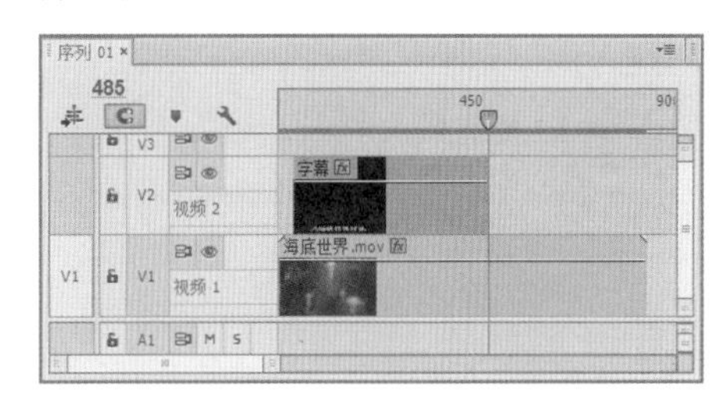

图21-3 导入素材

Step 4 在“节目监视器”面板中单击“逐帧前进”按钮，进行逐帧播放查找需要导出的帧，如图21-4所示。

图21-4 查找导出帧

Step 5 ▶ 选择“文件”/“导出”/“媒体”命令，打开“导出设置”对话框，在“格式”下拉列表框中选择JPEG选项，单击“输出名称”后的名称，在打开的“另存为”对话框中设置文件输出的名称和保存路径，如图21-5所示。

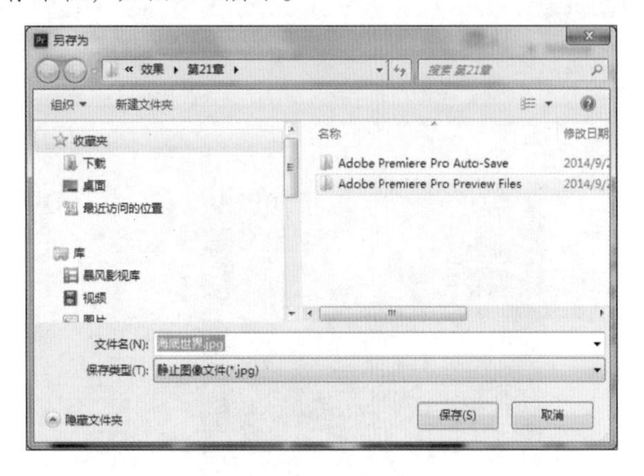

图21-5　设置文件输出参数

Step 6 ▶ 在“基本设置”栏下设置其“宽度”和“高度”，取消选中☐导出为序列复选框，设置完成后，单击 导出 按钮，如图21-6所示。

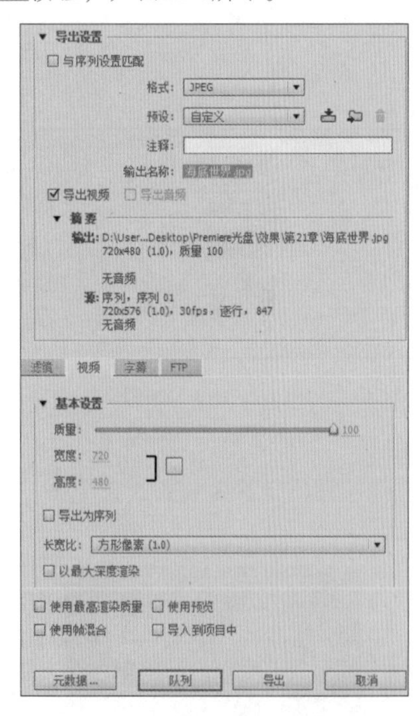

图21-6　设置导出图像参数

Step 7 ▶ 在设置的保存文件中可查看导出的静态帧，如图21-7所示。

图21-7　查看图像

技巧秒杀

如果要导出用于打印的静态帧图像，导出格式可选择TIFF格式；如果是将静态帧导入到3D项目中，可选择Target导出格式；如果是将其用于网页，且将图像中的颜色数量减少为256，导出格式可选择GIF格式。

21.1.2 在Photoshop中打开图像

将Premiere Pro CC项目文件导出为静态帧图像后，可在Photoshop中打开该图像并对其进行颜色校正操作或将其与其他项目进行组合。

实例操作：在Photoshop中打开图像

- 光盘\素材\第21章\海底世界.jpg、气泡.psd
- 光盘\效果\第21章\海底世界.psd
- 光盘\实例演示\第21章\在Photoshop中打开图像

本例将在Photoshop中打开在Premiere Pro CC中导出的静态帧图像，并对其与其他拼贴画进行组合。

Step 1 ▶ 启动Photoshop，选择“文件”/“打开”命令，在打开的“打开”对话框中选择从Premiere Pro CC导出的静态帧图像，单击 打开(O) 按钮，如图21-8所示。

读书笔记

图21-8　打开图像

Step 2 ▶ 在Photoshop中打开的图像将所有轨道合并在“背景”图层中，如图21-9所示。

图21-9　查看图像

Step 3 ▶ 将“气泡.psd”素材拖动至“海底世界.jpg”中，如图21-10所示。

图21-10　拖入素材

Step 4 ▶ 按Ctrl+T快捷键对气泡进行缩放操作，并将其移动至合适的位置，如图21-11所示。

图21-11　自由变换

Step 5 ▶ 按Ctrl+J快捷键，对气泡图层进行复制，按Ctrl+T快捷键进行缩放操作，并将其移动至合适的位置，调整其不透明度，如图21-12所示。

图21-12　复制气泡图层

Step 6 ▶ 按相同的方法，复制其他气泡，如图21-13所示。

图21-13　复制其他气泡

Step 7 ▶ 选择“横排文字工具”T，在图像上方位置输入文字，对其进行参数设置，并在“样式”面板中选择“铬金光泽（文字）”样式，如图21-14所示。

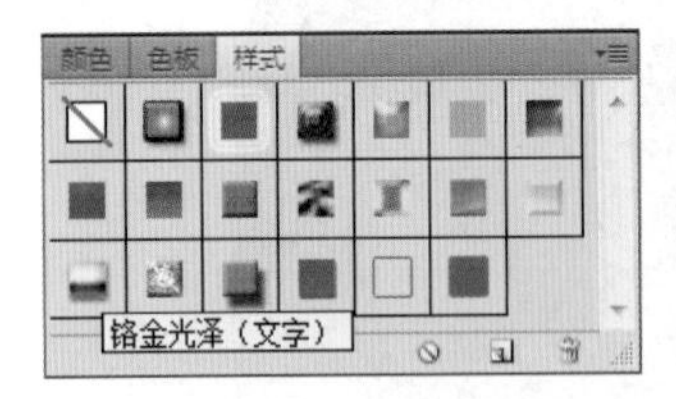

图21-14 设置字体样式

Step 8 ▶ 在文字工具栏中单击“创建文字变形”按钮，打开“变形文字”对话框，在“样式”下拉列表框中选择“鱼形”选项，单击确定按钮，如图21-15所示。

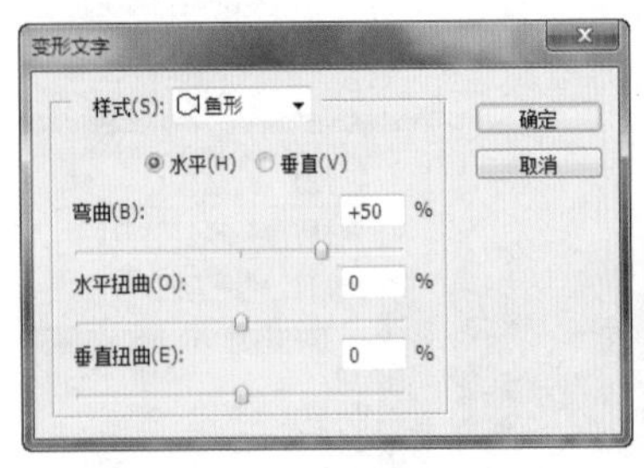

图21-15 变形文字

Step 9 ▶ 设置完成后，选择“文件”/“存储为”命令，在打开的“存储为”对话框中设置存储位置，如图21-16所示。

图21-16 存储文件

技巧秒杀

为了对单个图层进行移动且不影响其他的图层，可选择“图像”/“复制图层”命令，创建图层副本，选择“图像”/“拼合图像”命令，可进行所有图层的合并。

21.1.3 在Photoshop中编辑图像

在Photoshop中还可对Premiere Pro CC中导出的图像进行编辑，可对图像进行滤镜和图层样式填充等操作。

实例操作：在Photoshop中编辑图像

- 光盘\素材\第21章\水母.jpg
- 光盘\效果\第21章\水母.psd
- 光盘\实例演示\第21章\在Photoshop中编辑图像

本例将在Photoshop中打开在Premiere Pro CC中导出的静态帧，并对其与其他拼贴画进行组合。

Step 1 ▶ 按Ctrl+O快捷键，在打开的“打开”对话框中选择“水母.jpg”素材，单击确定按钮，将素材导入项目中，导入的图像将自动命名为“背景”，如图21-17所示。

图21-17 打开图像

Step 2 ▶ 双击“背景”图层，打开“新建图层”对话框，保存默认设置不变，单击确定按钮，将“背景”图层转换为可编辑图层，如图21-18所示。

图21-18 “新建图层”对话框

Step 3 ▶ 单击“创建新图层”按钮，新建图层1，将前景色设置为（R:253 G:244 B:218），按Alt+Delete快捷键进行颜色的填充，单击“添加图层蒙版”按钮，为图层1添加蒙版，将前景色设置为黑色，选择“渐变工具”，在渐变工具栏中单击“径向渐变”按钮，如图21-19所示。

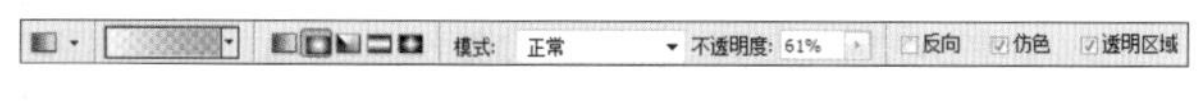

图21-19 设置渐变参数

Step 4 ▶ 单击图像中心位置，向外拖动鼠标实现蒙版的渐变效果，如图21-20所示。

图21-20 蒙版遮罩

Step 5 ▶ 选择“横排文字工具”，在图像上方位置输入文字，在文字工具栏中对其进行参数设置，如图21-21所示。

图21-21 输入文字

Step 6 ▶ 选择文字图层，右击，在弹出的快捷菜单中选择“栅格化图层”命令，选择“滤镜”/“扭曲”/“波纹”命令，打开“波纹”对话框，在“数量”数值框中输入150，单击确定按钮，如图21-22所示。

图21-22 设置文字效果

Step 7 ▶ 选择文字图层，选择“图层”/“图层样式”/“投影”命令，在打开的对话框中设置参数，为字体添加投影效果，如图21-23所示。

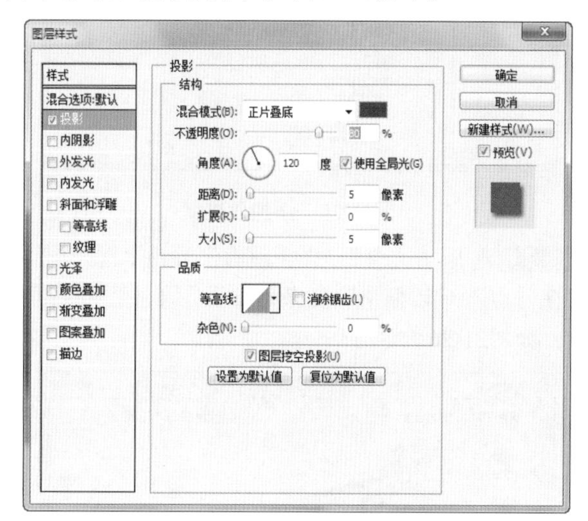

图21-23 设置文字投影效果

Step 8 ▶ 将“泡沫.psd”打开并拖动至该项目中，调整其位置，设置其“图层模式”为“滤色”，设置“不透明度”为60%，如图21-24所示。选择图层2，选择“图层”/“图层样式”/“内发光”命令，为气泡添加内发光效果，如图21-25所示。

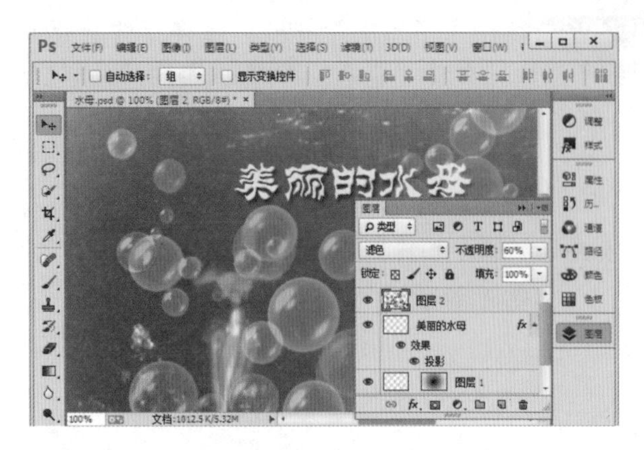

图21-24　导入素材

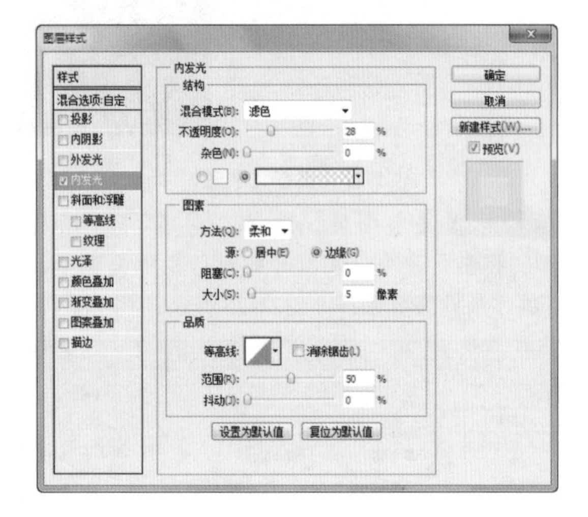

图21-25　添加效果

Step 9 ▶ 选择“文件”/“存储为”命令，在打开的“存储为”对话框中设置存储位置，单击 保存(S) 按钮，如图21-26所示。

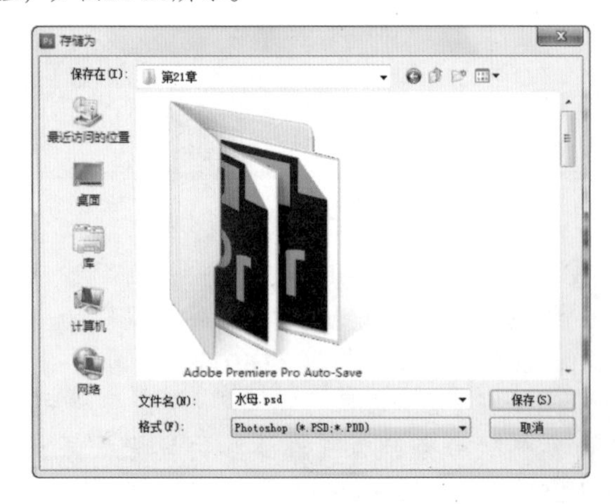

图21-26　保存文件

技巧秒杀

保存的文件副本可用作Premiere Pro CC的背景，也可将其保留在Photoshop中，将其用作图层的输出。

21.1.4 在Photoshop中制作动画

在Photoshop中的“时间轴”动画面板中可进行动画效果的制作，如图层动画、带特殊风格的绘画动画。

1. 制作图层动画

制作图层动画是通过设置不同图层的不透明度，制作出渐隐的效果。

实例操作：制作图层动画

- 光盘\素材\第21章\图层动画\
- 光盘\效果\第21章\字幕效果.psd
- 光盘\实例演示\第21章\制作图层动画

本例将打开“人物.jpg”图像，通过“从文件新建视频图层”命令，在图像中添加视频图层。再设置视频图层的不透明度制作渐隐效果，最后输入文字，同时为文字设置不透明度制作渐隐效果。最终效果如图21-27所示。

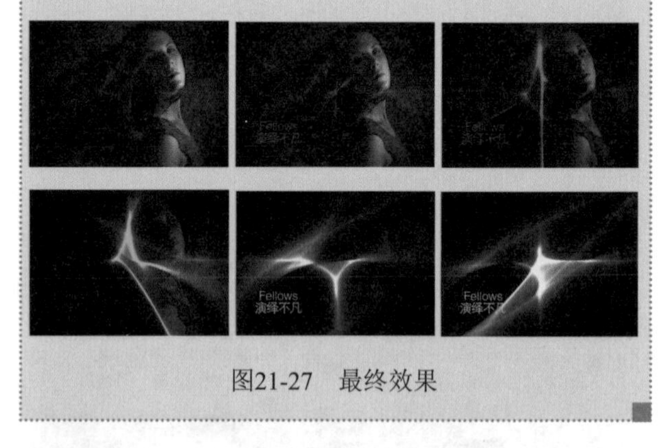

图21-27　最终效果

Step 1 ▶ 启动Photoshop，选择“文件”/“打开”命令，打开“人物.jpg”图像，如图21-28所示。选择“图层”/“视频图层”/“从文件新建视频图层”命令，打开“添加视频图层”对话框，在打开的对话框框中选择“光晕.mp4”视频图像，单击打开(O)按钮。将“光晕”视频载入到“人物”图像中，如图21-29所示。

图21-28 打开图像

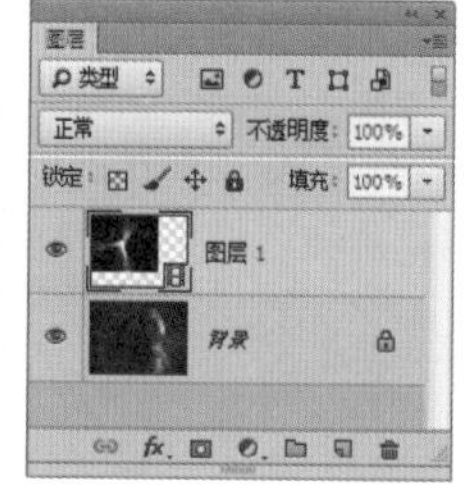

图21-29 载入视频

Step 2 按Ctrl+T快捷键，在打开的提示对话框中单击转换(C)按钮，如图21-30所示，将视频图层转换为智能图层。将视频放大到和图像相同的大小，如图21-31所示。

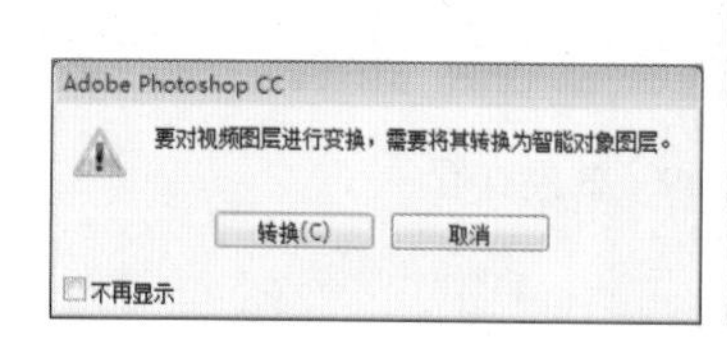

图21-30 转换图层

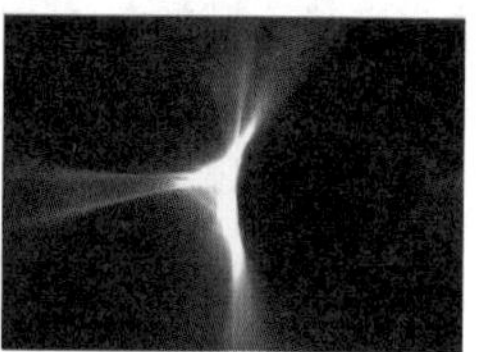

图21-31 放大图像

Step 3 在“时间轴”面板中，单击图层1前面的按钮，展开图层1的设置选项，单击“不透明度”前面的按钮，添加关键帧，如图21-32所示。在“图层”面板中设置“不透明度”为5%，如图21-33所示。

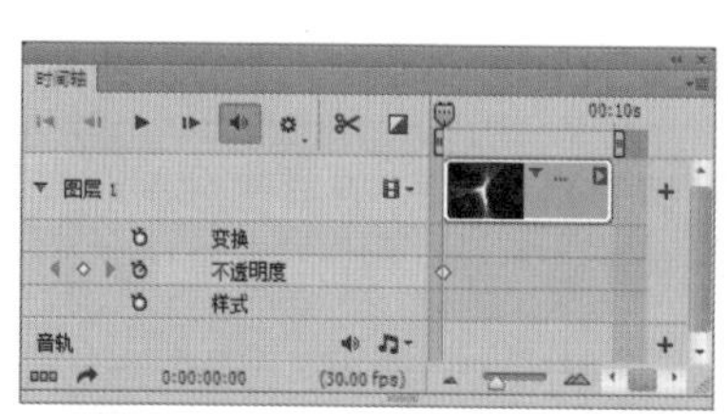

图21-32 设置关键帧

图21-33 设置不透明度

Step 4 在“时间轴”面板中选择图层1，将帧数指示器移动到视频结束处，单击“不透明度”前面的按钮，添加第二个关键帧，如图21-34所示。在“图层”面板中设置“不透明度”为100%，如图21-35所示。

图21-34 设置第二个关键帧

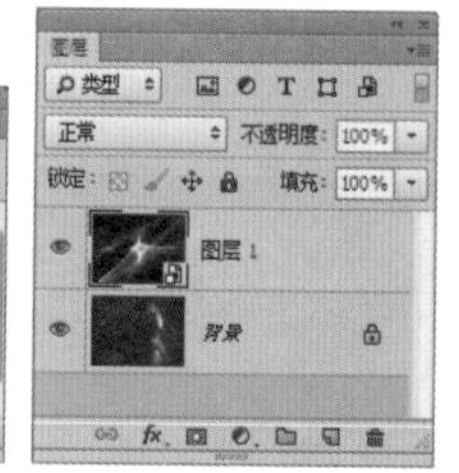

图21-35 设置不透明度

Step 5 在“时间轴”面板中，将帧数指示器移动到视频开始的位置。使用文字工具在图像下方输入文字，如图21-36所示。此时，在“时间轴”面板中将出现一个新的图层，如图21-37所示。

图21-36 输入文字

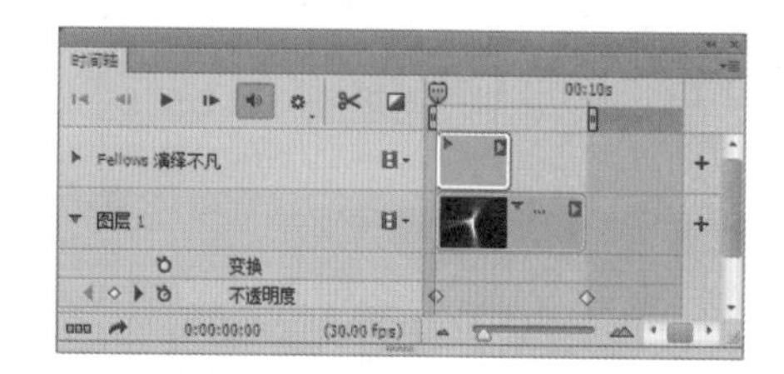

图21-37 时间轴中出现的图层

Step 6 将鼠标光标移动到文字图层后，当光标变为形状时，拖动鼠标将视频图层延长到视频图层结束的位置，如图21-38所示。

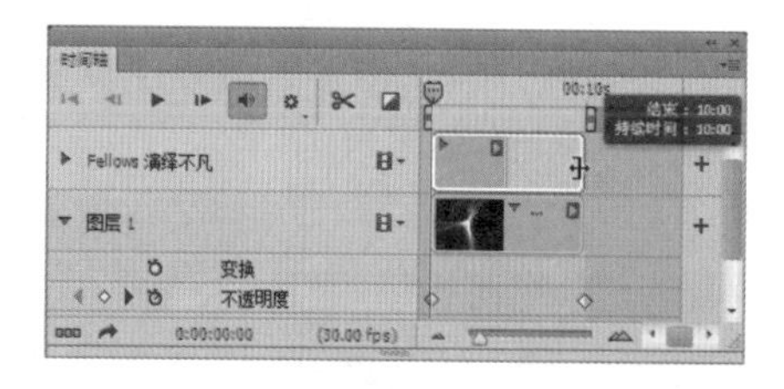

图21-38 延长文字图层时间轴

Step 7 将帧数指示器移动到视频开始的位置，选择文字图层。单击“不透明度”前面的按钮，添加关键帧，如图21-39所示。再在“图层”面板中设置

“不透明度”为0%，如图21-40所示。

图21-39 添加关键帧　　图21-40 设置不透明度

Step 8 ▶ 将帧数指示器移动到如图21-41所示的位置，并插入关键帧。在“图层”面板中设置“不透明度”为20%，如图21-42所示。

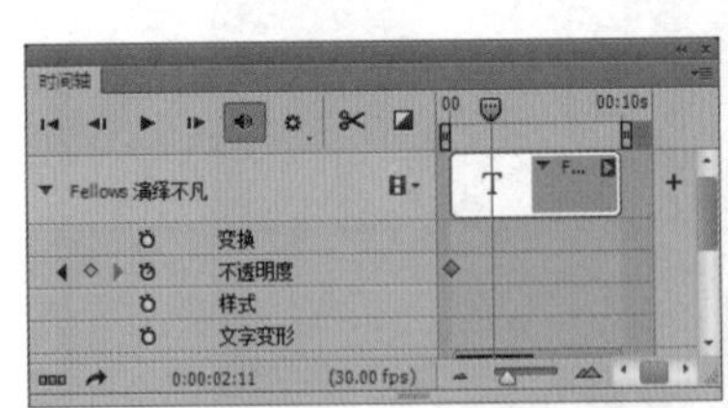

图21-41 插入关键帧　　图21-42 设置不透明度

Step 9 ▶ 将帧数指示器移动到如图21-43所示的位置，并插入关键帧。在“图层”面板中设置“不透明度”为0%，如图21-44所示。

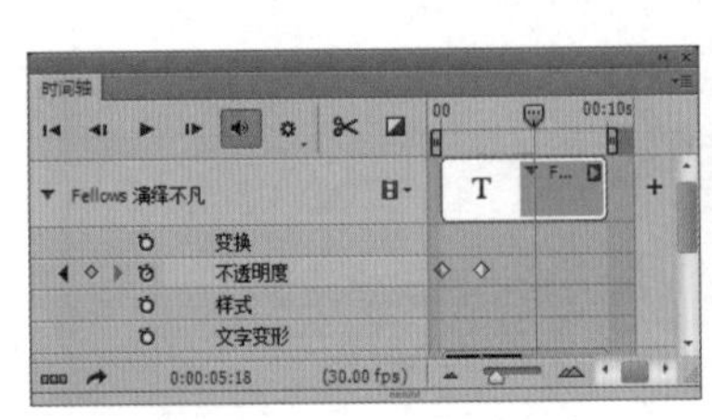

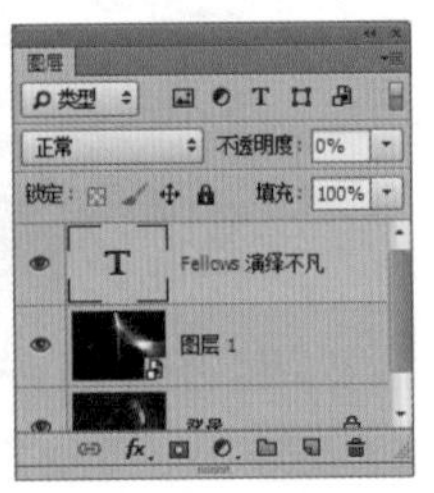

图21-43 设置关键帧　　图21-44 设置不透明度

Step 10 ▶ 将帧数指示器移动到如图21-45所示的位置，并插入关键帧。在“图层”面板中设置“不透明度”为5%，如图21-46所示。

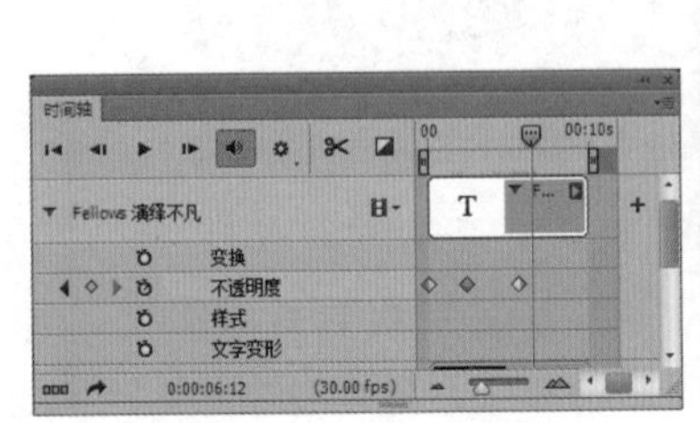

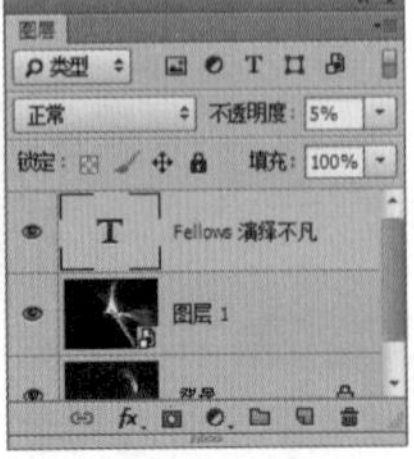

图21-45 插入关键帧　　图21-46 设置不透明度

Step 11 ▶ 将帧数指示器移动到视频结尾的位置，并插入关键帧，如图21-47所示。在“图层”面板中设置“不透明度”为80%，如图21-48所示。

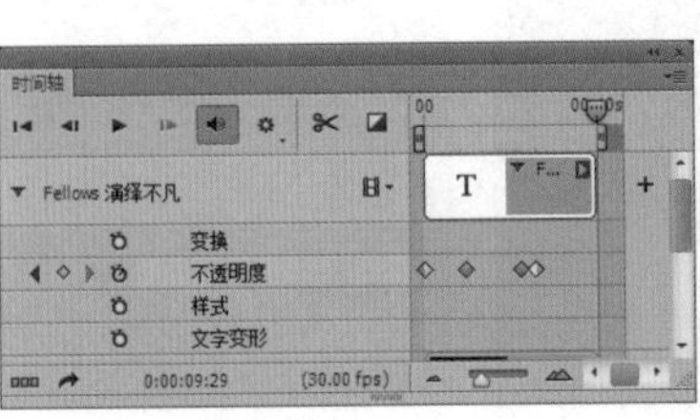

图21-47 设置关键帧　　图21-48 设置不透明度

Step 12 ▶ 在“时间轴”面板中单击▶按钮，对制作的视频动画播放并查看，如图21-49所示。

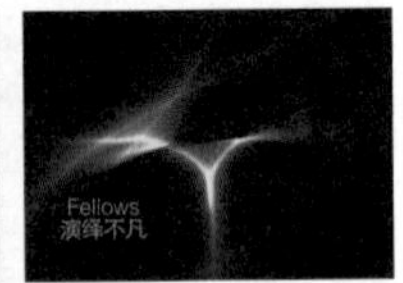

图21-49 效果查看

2. 制作帧动画

帧动画表示每一帧为一个图层上的配置，在“帧”动画面板中，用户需要逐帧地对动画进行调整。

实例操作：制作帧动画

- 光盘\素材\第21章\促销.jpg
- 光盘\效果\第21章\广告按钮.psd
- 光盘\实例演示\第21章\制作帧动画

本例将打开“促销.jpg”图像，在其中绘制广告按钮，并通过“时间轴”面板制作脉冲效果的广告按钮动画，最终效果如图21-50所示。

图21-50 最终效果

图21-50　最终效果（续）

Step 1 ▶ 启动Photoshop，选择“文件”/“打开”命令，打开“促销.jpg”图像，如图21-51所示。

图21-51　打开图像

Step 2 ▶ 设置前景色为橙黄色（R:255 G:126 B:0），新建图层。选择“圆角矩形工具”，设置“工具模式”“半径”分别为“像素”“100像素”，拖动鼠标在图像下方绘制一个圆角矩形，如图21-52所示。

图21-52　绘制圆角矩形

Step 3 ▶ 选择“横排文字工具”，在刚绘制的圆角矩形上输入白色的文字，如图21-53所示。

图21-53　输入文字

Step 4 ▶ 在图层1上方新建图层2，设置图层的“不透明度”为40%，如图21-54所示。

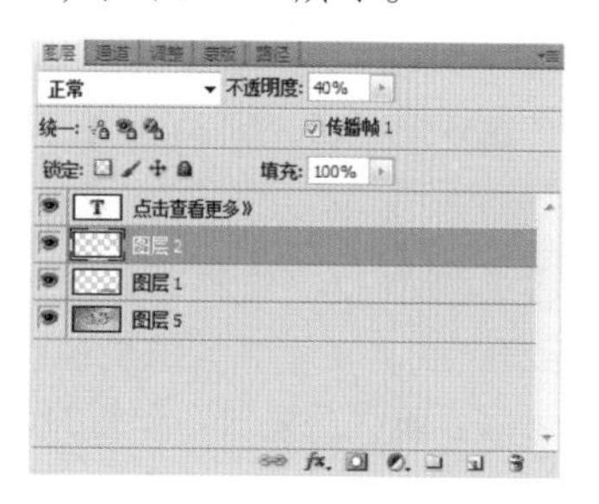

图21-54　新建图层

Step 5 ▶ 使用“圆角矩形工具”在之前绘制的圆角矩形上绘制一个稍大的圆角矩形，如图21-55所示。

图21-55　绘制圆角矩形1

Step 6 ▶ 新建图层3，设置图层的“不透明度”为30%。使用“圆角矩形工具”在之前绘制的圆角矩形上再绘制一个稍大的圆角矩形，如图21-56所示。

图21-56　绘制圆角矩形2

Step 7 ▶ 新建图层4，设置图层的“不透明度”为20%。使用“圆角矩形工具”在之前绘制的圆角矩形上继续绘制一个稍大的圆角矩形，如图21-57所示。

图21-57　绘制圆角矩形3

Step 8 ▶ 在“图层”面板中选择文字图层，再选择“图层”/“图层样式”/“外发光”命令，打开“图层样式”对话框，在其中设置“扩展”“大小”分别为2和18，单击 确定 按钮，如图21-58所示。

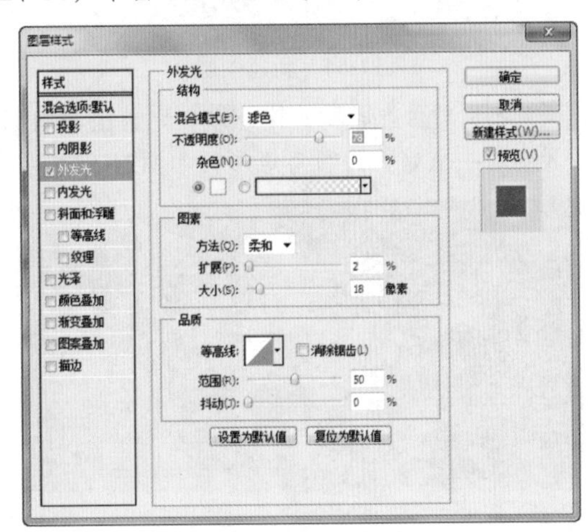

图21-58　设置外发光

Step 9 ▶ 打开“时间轴”面板，将“时间轴”面板切换为“帧”动画面板。单击第一帧缩略图下方的按钮，在弹出的下拉列表中选择0.2选项，设置第一帧的帧延迟时间为“0.20秒”，如图21-59所示。

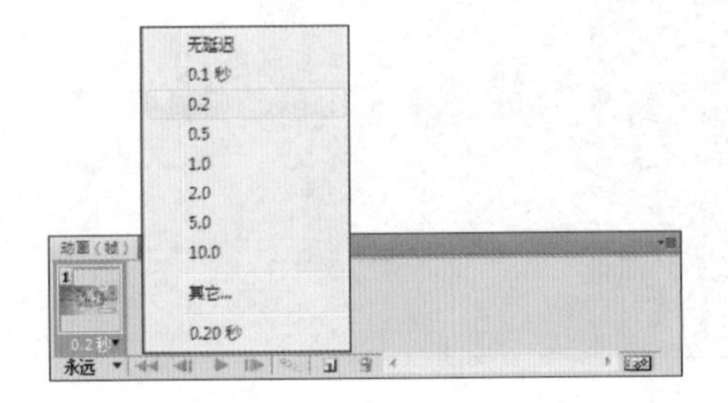

图21-59　设置第一帧

Step 10 ▶ 在“图层”面板中隐藏图层2、图层3、图层4，如图21-60所示。

图21-60　隐藏图层

Step 11 ▶ 在“时间轴”面板中，单击按钮，创建第二帧，并设置它的帧延迟时间为“0.2秒”，如图21-61所示。在“图层”面板中显示图层2，如图21-62所示。

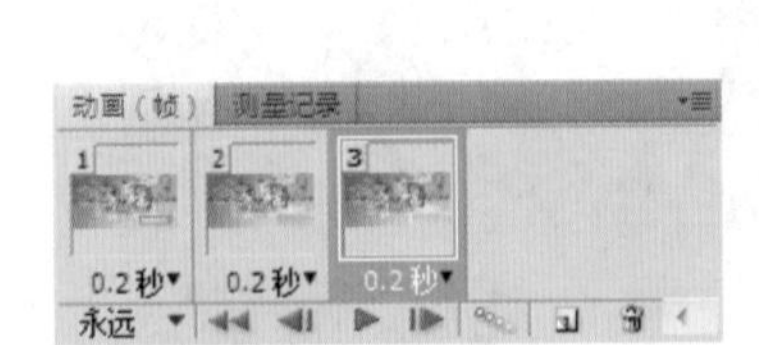

图21-61　创建第二帧　　图21-62　显示图层

Step 12 ▶ 在“时间轴”面板中创建第三帧，并设置它的帧延迟时间为“0.2秒”，如图21-63所示。在“图层”面板中显示图层3，隐藏图层2，如图21-64所示。

图21-63　创建第三帧　　图21-64　显示隐藏图层

Step 13 ▶ 在“时间轴”面板中创建第四帧，并设置它的帧延迟时间为“0.2秒”，如图21-65所示。在“图层”面板中显示图层4，隐藏图层3，如图21-66所示。

图21-65　创建第四帧　　图21-66　显示隐藏图层

Step 14 在“时间轴”面板中单击▶按钮，对制作的视频动画播放并查看，如图21-67所示。

图21-67　效果查看

21.2 使用Adobe Illustrator制作视频背景

在Adobe Illustrator中制作的图像可用作Premiere Pro CC的背景图像。在Adobe Illustrator中制作图像的方法也很多，下面将采用描摹图稿的方式进行制作：先打开或将文件置入Adobe Illustrator中，然后使用“实时描摹”命令描摹图稿。同时通过“描摹图稿”面板控制细节级别和填色描摹的方式。当对描摹结果满意时，可将描摹转换为矢量路径或“实时上色”对象。

实例操作：制作度假海报

- 光盘\素材\第21章\度假\
- 光盘\效果\第21章\度假海报.ai
- 光盘\实例演示\第21章\制作度假海报

海报是目前商业宣传形式之一，具有传播信息及时、制作简便的优点，本例将通过描摹图稿的方法，制作夏日度假海报，最终效果如图21-68所示。

图21-68　最终效果

Step 1 打开“背景.ai”素材文件，如图21-69所示。再置入“椰树.tif”素材，并调整其大小及位置，如图21-70所示。

图21-69　输入选区文字　　图21-70　调整大小及位置

Step 2 选择“对象”/“图像描摹”/“建立”命令，创建描摹图像，如图21-71所示。选择“窗口”/“图像描摹”命令，打开“图像描摹”面板，选中☑预览复选框预览描摹效果。将“阈值”设置为200，再单击“高级”栏左侧的▶按钮，展开该栏，在其中选中☑忽略白色复选框，如图21-72所示。

图21-71 创建图像描摹

图21-72 设置描摹参数

Step 3 ▶ 选择“对象”/“图像描摹”/“扩展”命令，将图像转换为矢量图形，如图21-73所示。按Ctrl+F9快捷键打开“渐变”面板，设置“类型”为“线性”，“角度”为-90°，并设置渐变颜色为如图21-74所示的效果。

图21-73 创建图像描摹

图21-74 设置描摹参数

Step 4 ▶ 保持该图形的选择状态，选择镜像工具，将中心点定位于图形左侧，按住Alt键拖动鼠标镜像并复制图形，如图21-75所示。然后调整其大小及位置，如图21-76所示。

图21-75 镜像图像

图21-76 调整图像大小

Step 5 ▶ 选择“文件”/“置入”命令，置入“美女.jpg”素材图像，如图21-77所示。使用选择工具选择美女图像，然后在“图像描摹”面板中设置“模式”为“彩色”，“颜色”为30，“路径”为30，“杂色”为10，单击按钮，如图21-78所示。

图21-77 置入图像

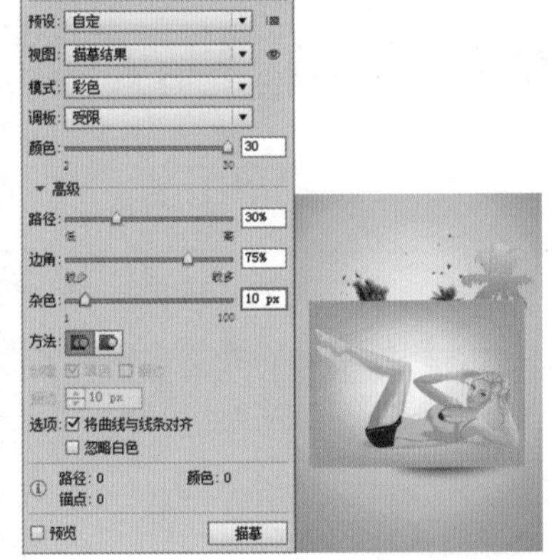

图21-78 设置描摹参数

Step 6 ▶ 选择“对象”/“图像描摹”/“扩展”命令，将图像扩展为矢量图形，如图21-79所示。使用直接选择工具选择并删除美女以外的背景图像，效果如图21-80所示。

读书笔记

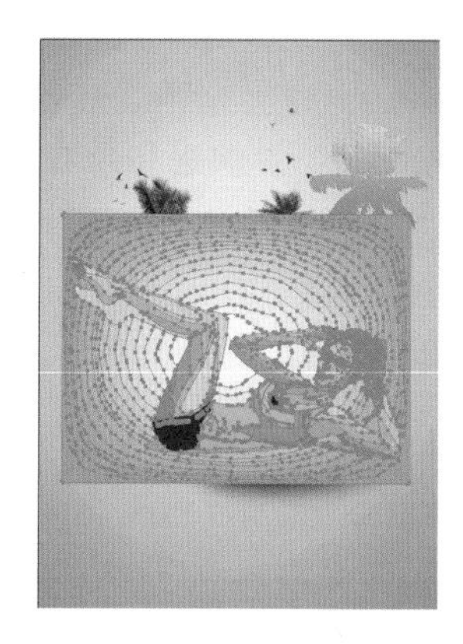

图21-79　扩展为矢量图　　图21-80　删除背景图像

Step 7 ▶ 使用文字工具在图像上输入文字，并分别设置字体为“方正楷体简体”和“黑体”，颜色为#172A88和#22AC38，字号分别为90和20，并复制SUMMER文本，填充为白色，置于蓝色文字下方，如图21-81所示。再输入“夏假期”文本，将其设置为不同的字体大小，然后右击，在弹出的快捷菜单中选择“创建轮廓”命令，如图21-82所示。

读书笔记

图21-81　输入文字　　图21-82　再次输入文本

Step 8 ▶ 打开“渐变”面板，将其设置为如图21-83所示的渐变效果。再复制渐变文字，按Ctrl+[快捷键，将复制的文字后移一层，并填充颜色为#898989，如图21-84所示。

图21-83 设置渐变　　图21-84　最终效果

21.3 使用Adobe Audition编辑音频

在Premiere Pro CC中可对音频素材进行录制和简单的编辑操作，对于复杂音频编辑则不能完成，此时则需要用Adobe Audition进行音频的编辑，Adobe Audition的工具可精确放大和对音频的数据进行选择，然后进行剪切、复制和粘贴等操作。

21.3.1 认识Adobe Audition

在使用Adobe Audition之前，需要对其菜单及面板进行讲解，以方便在编辑音频时使用。虽然Adobe Audition的界面与Premiere Pro CC的界面不同，但也有相似之处，与Premiere Pro CC一样，Adobe Audition的工作区划分为不同的面板，可以对其大小进行调整，还可以进行移动和分割等操作，选择“窗口”/“工作区”命令，在其子菜单中选择不同的命令可打开不同工作区界面。如图21-85所示为“编辑查看（默认）”的工作区界面。

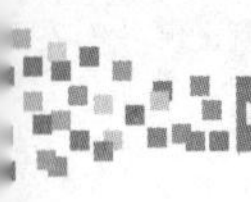

图21-85 Adobe Audition界面

1. “主群组”面板

“主群组”面板是制作音频的工作区，“主群组”面板的内容会因为选择的工作区不同而有所不同，也会因波形编辑器和多轨道编辑器而不同，在“视图”菜单中选择不同的视图将显示为不同的内容。

若需要移除错误的旁白、外界的噪声，或在剪辑中添加静音，此时可使用波形编辑器。在波形编辑器中可对音频剪辑的波形进行查看和编辑，还可对以频谱方式显示的音频数据进行查看。

在多轨编辑器中可将某段音频剪辑排列在另一段剪辑后，若需要编辑该编辑器中的某个剪辑，直接双击即可将其切换到波形编辑器中。如图21-86所示为“多轨道编辑”视图下的面板。

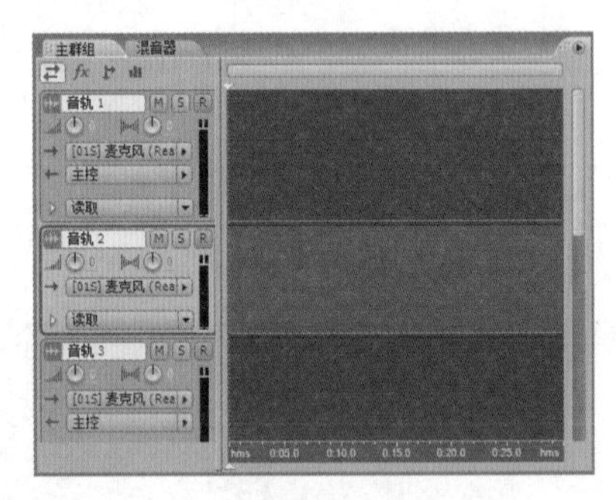

图21-86 “多轨道编辑”编辑面板

技巧秒杀

在“视图”菜单中选择不同的显示命令，在“主群组”面板中显示的内容也会随之改变，如选择“视图”/“显示频谱”命令，将以频谱的方式显示。

2. “传送器”面板

“传送器”面板可播放、倒回、快进和录制音频，在波形编辑器的时间标尺上单击并向右拖动可进行音频的选择，双击可对音频全选。如图21-87所示为“传送器”面板的按钮及功能。

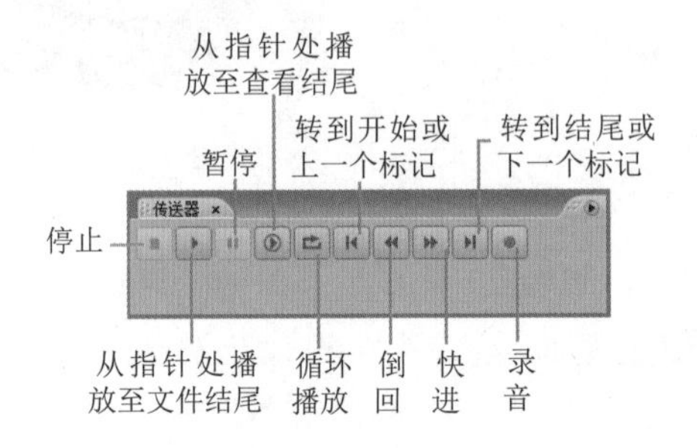

图21-87 “传送器”面板

3. “时间”面板

“时间”面板可查看当前选定音频序列的时间读数，在不同音频格式中查看，如图21-88所示。选择“视图”/“显示时间格式”命令，在打开的子菜单中可对显示格式进行更改，如图21-89所示。

图21-88 “时间”面板

十进制(mm:ss.ddd)(D)
压缩光盘 75 fps
SMPTE 30 fps
SMPTE 丢帧(29.97 fps)
SMPTE 29.97 fps
SMPTE 25 fps (EBU)
SMPTE 24 fps(电影)
采样(A)
小节和节拍(B)
自定义(30 fps)(C)
编辑节奏(O)...
编辑自定义时间格式(E)...

图21-89 更改显示格式

4. “缩放”面板

“缩放”面板可对音频进行放大、缩小操作，在进行音频编辑时，可放大波形，确保编辑的精确度，如图21-90所示。

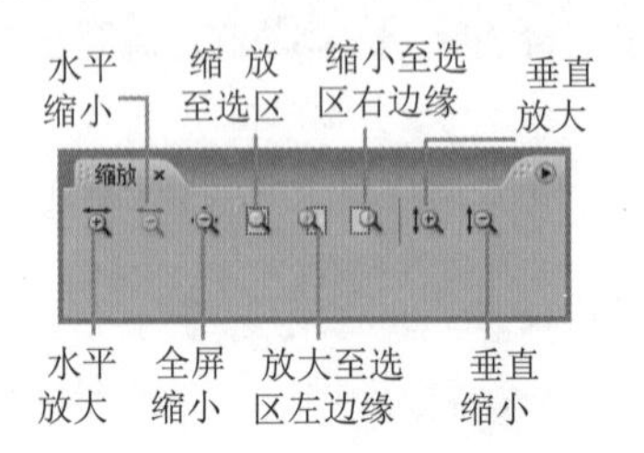

图21-90 “缩放”面板

5. “选择/查看”面板

“选择/查看”面板分为“选择”和“查看”两个部分。“选择”部分将显示选择区域的开始位置以及长度，“查看”部分显示在音频“主群组”面板中的音频剪辑区域。如图21-91所示为“选择/查看”面板。

图21-91 “选择/查看”面板

6. “电平”面板

“电平”面板可显示在播放音频时音频的电平，音频为立体声则显示两条剪辑线，单声道音频则只显示一条剪辑线。在进行音频播放时，面板最右侧的垂直线为峰值电平，振幅电平峰值大于0，将会发送裁剪，在右侧以红灯指示。如图21-92所示为“电平”面板。

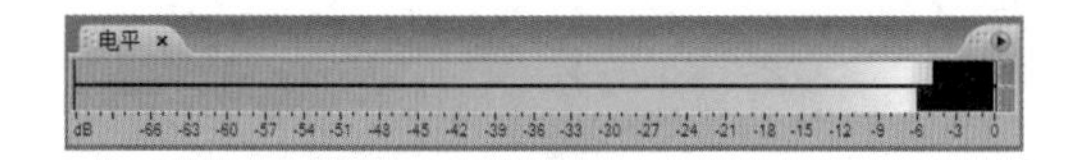

图21-92 “电平”面板

7. “文件”面板

“文件”面板将显示在Adobe Audition中打开的文件，可进行文件的导入、关闭和编辑等操作，在该面板中双击剪辑线可在“主群组”面板中打开，或直接拖入“主群组”面板中。如图21-93所示为“文件”面板。

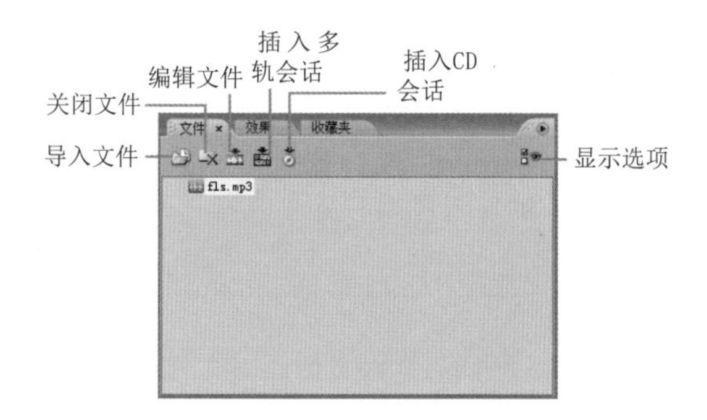

图21-93 “文件”面板

21.3.2 打开或导入音频

在了解了Adobe Audition面板的结构后，可将音频和视频文件导入并进行编辑，用户可直接在Adobe Audition中打开音频，也可在Premiere Pro CC中载入Adobe Audition来打开。

1. 打开音频文件

直接在Adobe Audition中打开音频文件，在波形编辑器中，选择“文件”/“打开”命令，或按Ctrl+O快捷键，打开“打开”对话框，选择需要打开的文件，可在打开之前单击 播放(P) 按钮，进行音频的预览，单击 打开 按钮，可将选择的文件在Adobe Audition中打开，如图21-94所示。

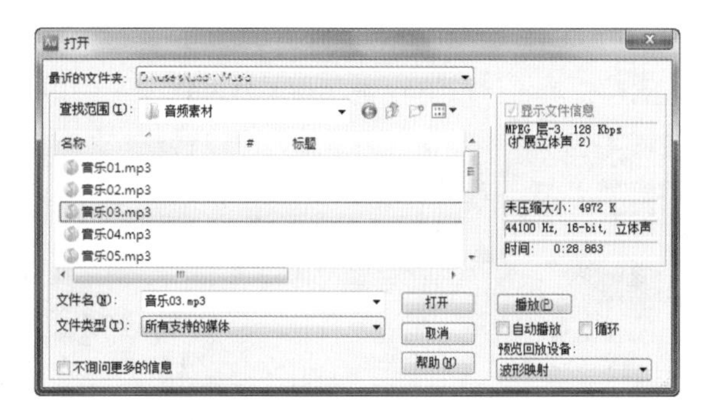

图21-94 打开音频文件

2. 导入音频

还可将音频文件导入至Adobe Audition，在波形编辑器中，可将视频剪辑中的音频和视频分开导入，可有利于在多轨道编辑器中插入视频，在波形编辑器中查看及编辑音频。

实例操作：导入带视频的音频

- 光盘\素材\第21章\音频素材\
- 光盘\实例演示\第21章\导入带视频的音频

本例将在Adobe Audition中导入带有视频的音频文件，并在多轨道编辑器中进行文件的移动和效果的预览。

Step 1 ▶ 启动Adobe Audition，选择“视图”/“多轨视图”命令，将视图切换为多轨道视图，如图21-95所示。

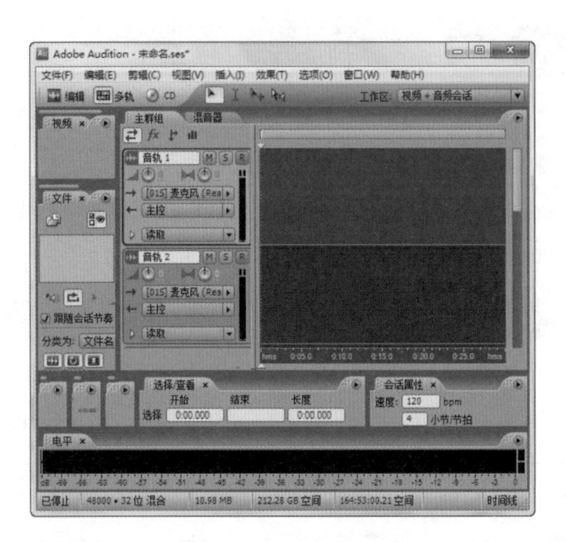

图21-95　设置轨道视图

Step 2 ▶ 选择“文件”/“导入”命令，打开“导入”对话框，在打开的对话框中选择“素材01.avi”，单击 打开 按钮，如图21-96所示。

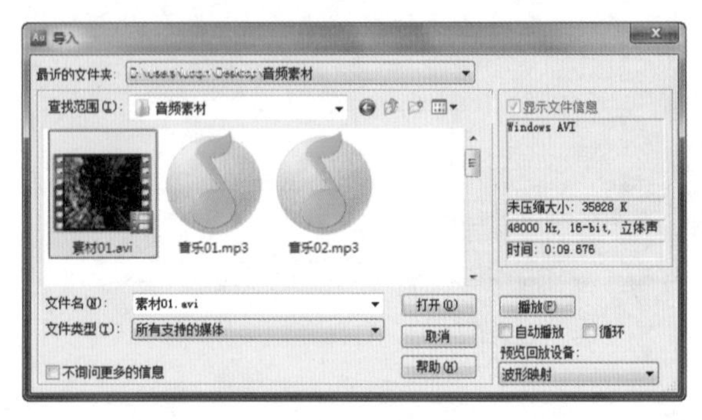

图21-96　导入音频

Step 3 ▶ 在“文件”面板中可看到该视频文件的音频和视频文件被分别导入至“文件”面板中，如图21-97所示。

图21-97　查看导入的音频

技巧秒杀

在“文件”面板中单击“显示选项”按钮，将在该面板中显示与音频剪辑相关的信息，如图21-98所示。

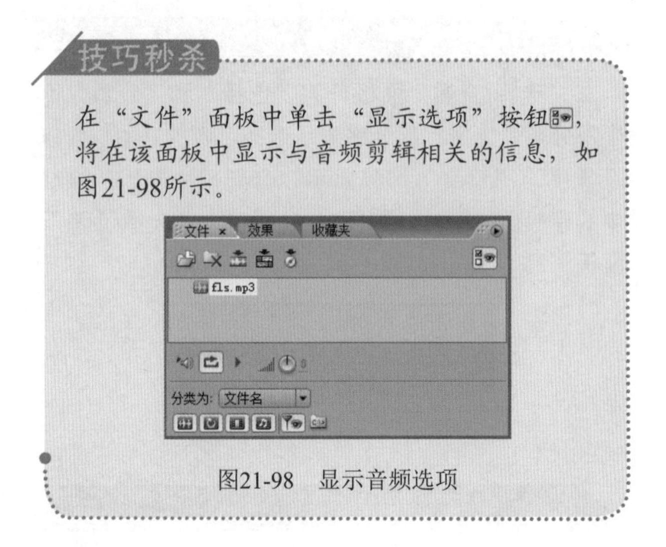

图21-98　显示音频选项

Step 4 ▶ 将视频拖动至任一轨道上，将自动生成视频轨道，将音频文件拖动至“音频1”轨道，如图21-99所示。

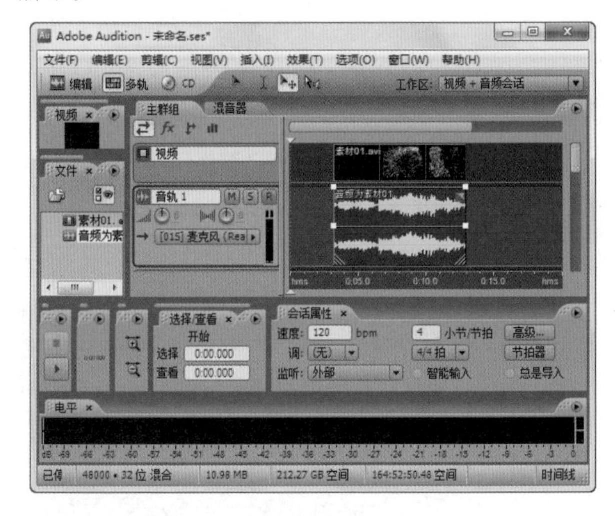

图21-99　拖动素材

技巧秒杀

在Adobe Audition中进行音频或视频文件的移动时，按住Ctrl键同时选择多个文件，可将多个文件同时移动。

Step 5 ▶ 选择“移动/复制剪辑工具”工具，可将音频和视频文件移动至合适的位置，单击“从指针处播放至文件结尾”按钮，或按空格键可对文件进行查看，如图21-100所示。

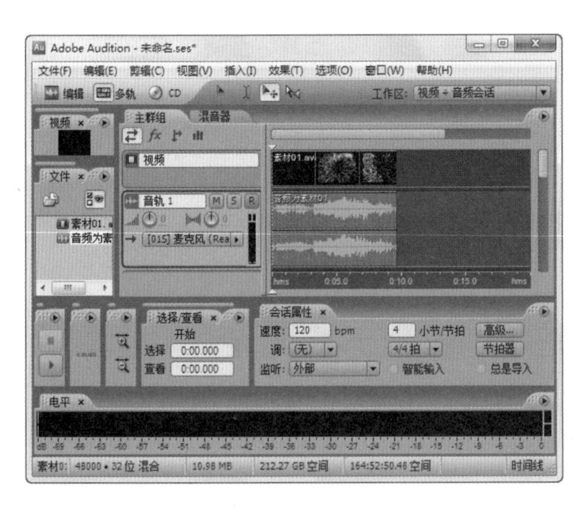

图21-100 移动文件

21.3.3 选择和播放音频

在进行音频编辑之前，需要对音频进行播放来预览其效果，在应用Adobe Audition音频编辑选项之前，需要对应用的音频数据进行选择，以准确地应用音频编辑选项。

1. 选择音频

在Adobe Audition中可根据提供的多种功能进行音频的选择，也可根据范围、声道、频谱等进行音频的选择。

- 范围选择：用户可选择“时间选择工具” 在音频的波形单击并拖动进行选择，若不能准确地选择音频区域，可单击并拖动选择区上方的绿色滑块放大选区，以更精确地选择音频，如图21-101所示。

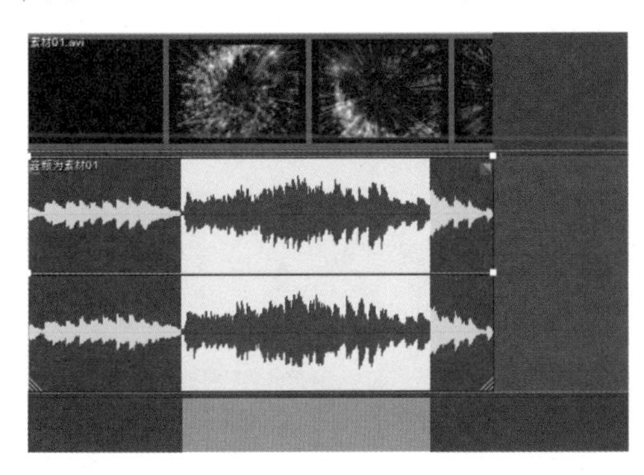

图21-101 范围选择

- 可视范围：若选择屏幕上可看见的波形，双击该波形进行选择即可。
- 轨道选择：若用户仅想选择某一轨道上的波形而不选择其他轨道上的波形，可单击该轨道上的“独奏”按钮S。若用户想选择某一轨道上的波形，同时选择其他轨道上的波形，可单击“静音”按钮M。如图21-102所示为单击静音模式的效果。

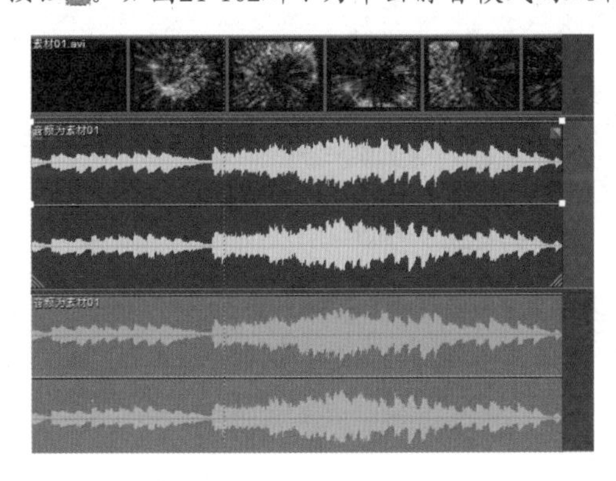

图21-102 轨道选择

- 频谱选择：在Adobe Audition中还可通过频谱进行波形范围的选择从而编辑音频，若用户需要编辑音频高频率部分，选择“视图”/“显示频谱”命令，将音频显示设置为频谱显示，单击并在频谱上拖动鼠标；也可选择“选取框工具” ，在频谱区域创建矩形选框，释放鼠标将选择频谱的区域，如图21-103所示。在创建选区后，可将鼠标光标放置在选区边缘位置，单击并拖动鼠标可调整选区的大小，将鼠标光标放置在选区上，单击并拖动，可移动选区的位置。

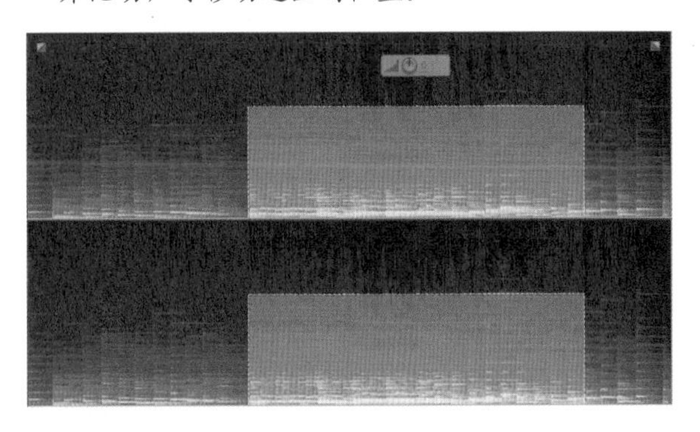

图21-103 频谱选择

- 声道选择：默认状态下波形编辑器中显示了左

声道和右声道，将鼠标光标移动至波形上方的白色线上，当鼠标右下角有L图标时，单击可取消右声道的选择。将鼠标光标移动至波形下方的白色线上，当鼠标右下角有R图标时，单击可取消左声道的选择。如图21-104所示为取消右声道的选择。

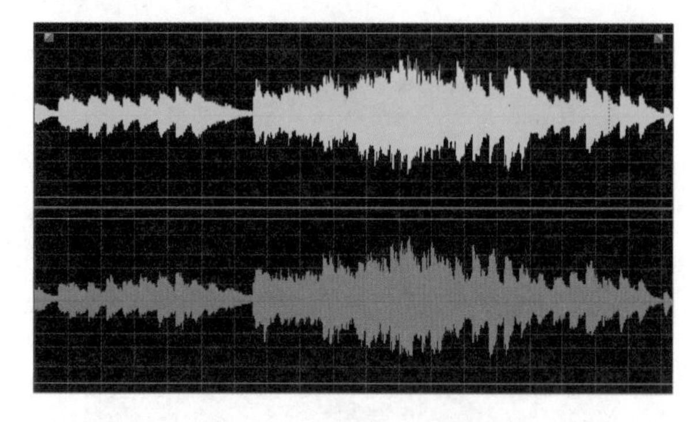

图21-104 取消右声道选择

2. 播放音频

将音频文件导入“主群组”面板中，可进行播放操作，单击“从指针处播放至文件结尾”按钮▶，或按空格键进行播放。

3. 零点交叉

在进行音频编辑时，可将波形与波形之间的显示设置为零点交叉，在零点交叉处进行选择和编辑时，可将音频剪辑结合在一起，避免咔吱声。选择“编辑”/“零点交叉”命令，将打开其子菜单，如图21-105所示。

向内调整选区(I)	Shift+I
向外调整选区(O)	Shift+O
向左调整左侧(L)	Shift+H
向右调整左侧(E)	Shift+J
向左调整右侧(G)	Shift+K
向右调整右侧(R)	Shift+L

图21-105 “零点交叉”子菜单

知识解析：“零点交叉”子菜单

- 向内调整选区：向内调整至最近的零点位置。
- 向外调整选区：向外调整至最近的零点位置。
- 向左调整左侧：向左调整左侧的选区边界至最近侧零点。
- 向右调整左侧：向右调整左侧的选区边界至最近侧零点。
- 向左调整右侧：向左调整右侧的选区边界至最近侧零点。
- 向右调整右侧：向右调整右侧的选区边界至最近侧零点。

4. 吸附

选择“编辑”/“吸附”命令，如图21-106所示为吸附子菜单。吸附功能可将选区吸附至当前时间标尺、标记和零点交叉处，默认状态下吸附功能为激活状态，还可禁用吸附功能。

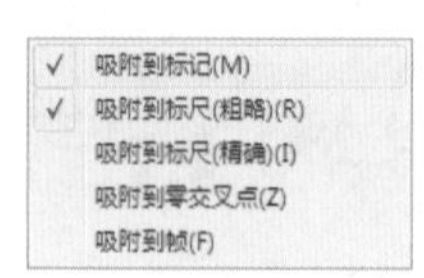

图21-106 “吸附”子菜单

知识解析：“吸附”子菜单

- 吸附到标记：选择该命令，可将鼠标指针吸附至标记。
- 吸附到标尺（粗略）：选择该命令，可将指针吸附至主要标尺界线或仅吸附至主要的数字界线。
- 吸附到标尺（精确）：选择该命令，可将指针吸附至每个标尺的吸附细分区。
- 吸附到零点交叉：选择该命令，可使指针吸附至零点交叉位置处。
- 吸附到帧：选择该命令，可吸附至帧。

21.3.4 编辑音频的基本操作

在选择需要编辑的音频后，可能需要对所选的区域进行删除或复制等操作，或将静音区删除，还可创建静音区。在编辑音频时，应该确定以波形方式显示。

1. 复制、剪切、粘贴和删除音频

在波形编辑器中可对音频进行剪切、复制和粘贴等操作，在Adobe Audition中粘贴音频时，可在当前时间指示处粘贴音频或混合粘贴。

选择需要剪切的音频，选择“编辑”/“剪切”命令，可对选择的音频进行剪切，剪切的选区将被移除，两侧的音频会结合在一起，如图21-107所示。

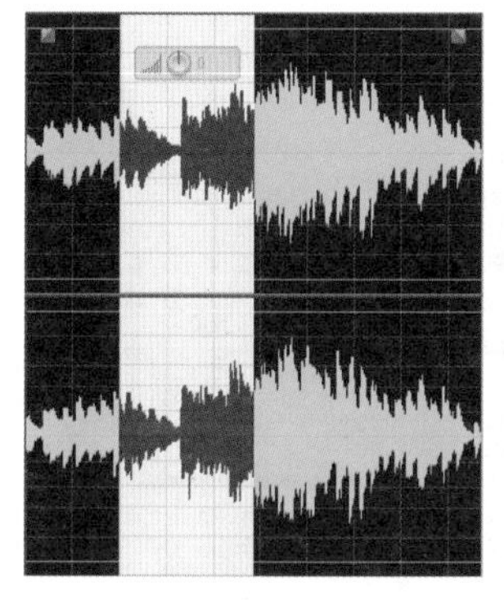
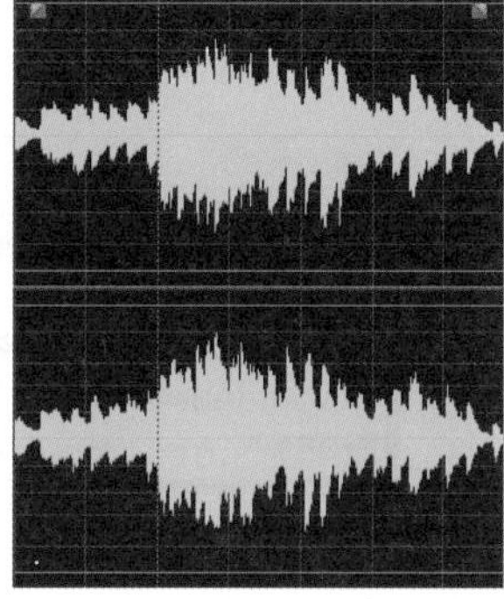

图21-107 剪切音频

技巧秒杀

在进行剪切音频操作时，可选择“水平放大”工具将波形放大，以准确地选择音频，还可按Ctrl+X快捷键剪切音频，剪切的选区将会放置在剪贴板中。

若用户需对音频进行复制操作，选择想复制的音频，选择“编辑”/“复制”命令，对音频进行粘贴时，可直接将指针移到需要复制的位置，选择“编辑”/“粘贴”命令即可，如图21-108所示。

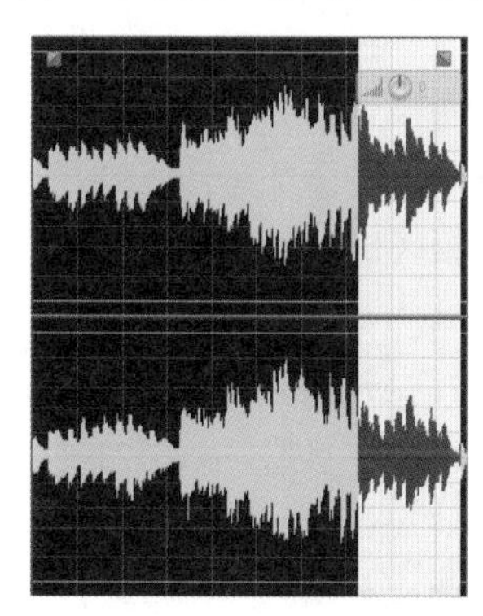
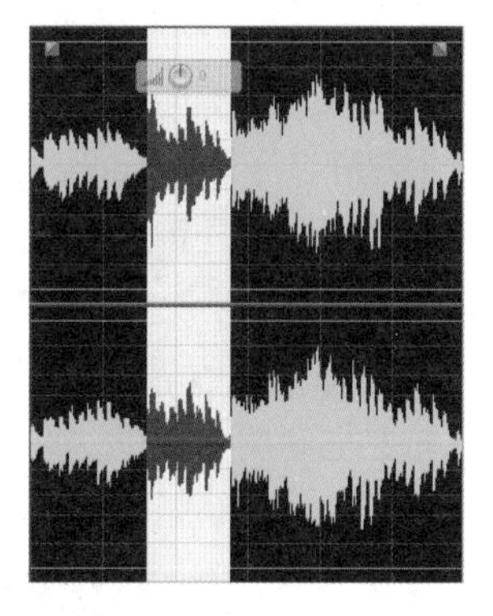

图21-108 复制音频

在进行粘贴时，还可以混合音频的方式粘贴，选择“编辑”/“混合粘贴”命令，打开“混合粘贴”对话框，如图21-109所示，在其中对参数进行设置后，单击 确定 按钮，可对混合音频音量和特效进行调制，粘贴的效果如图21-110所示。

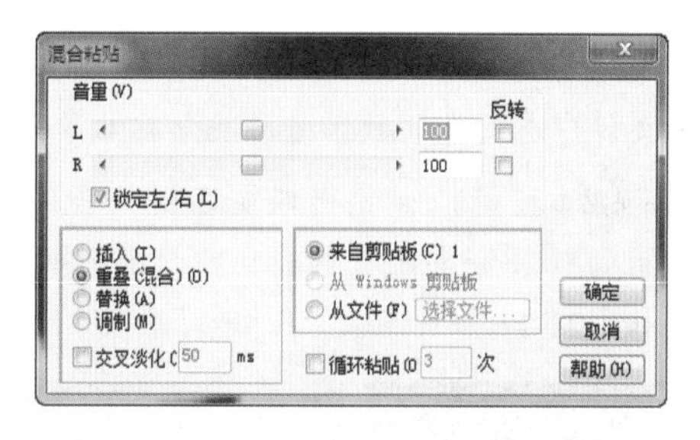

图21-109 “混合粘贴”对话框

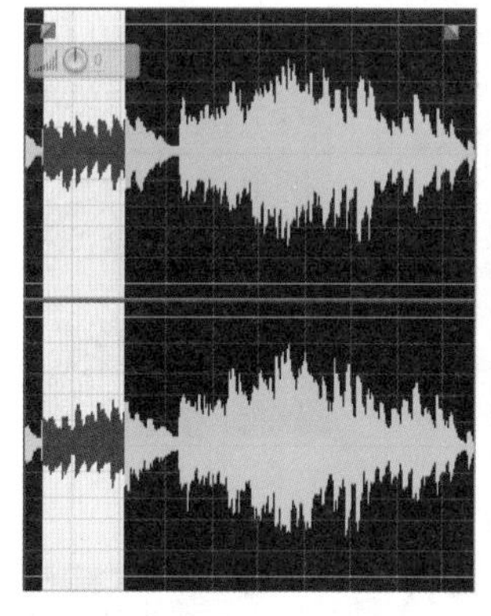
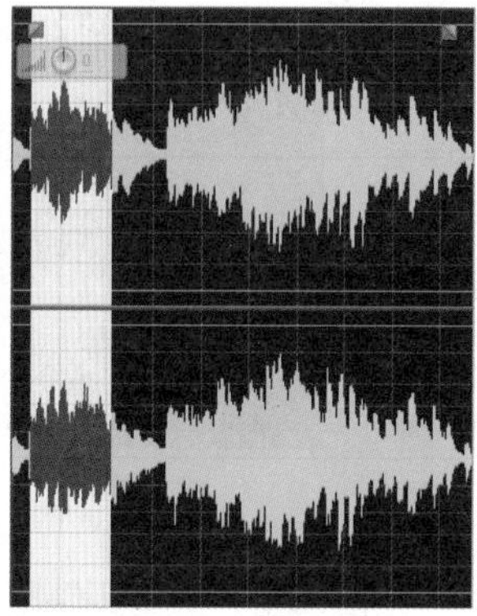

图21-110 混合粘贴

知识解析：“混合粘贴”对话框

- **音量**：对左声道和右声道的音量进行调整，选中 锁定左/右(L) 复选框，可对左声道和右声道的音量进行同等的调整。
- **插入单选按钮**：选中该单选按钮，将以插入的方式进行音频的粘贴。
- **重叠(混合)(O)单选按钮**：选中该单选按钮，将以混合重叠的方式进行音频的粘贴。
- **替换(A)单选按钮**：选中该单选按钮，将选择的音频替换为复制的音频。
- **调制(M)单选按钮**：选中该单选按钮，将波形数值进行相乘而创建特效，如图21-111所示。
- **交叉淡化(50 ms 复选框**：选中该复选框，可在音频粘贴时进行淡化音频处理，以毫秒为单位，在其数值框中输入数值，设置淡化的结束时间。
- **来自剪贴板(C) 1 单选按钮**：选中该单选按钮，将以剪贴板中的音频数据进行粘贴，还可选择

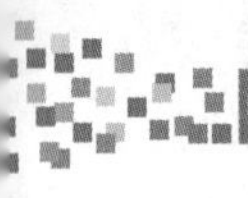

Windows中的剪贴板进行粘贴。

- 从文件(F) 选择文件... 单选按钮：选中该单选按钮，将从文件中选择音频数据进行混合粘贴操作。
- 循环粘贴(O) 复选框：选中该复选框，将对复制的音频进行循环粘贴，在其数值框中输入循环的次数，如图21-112所示。

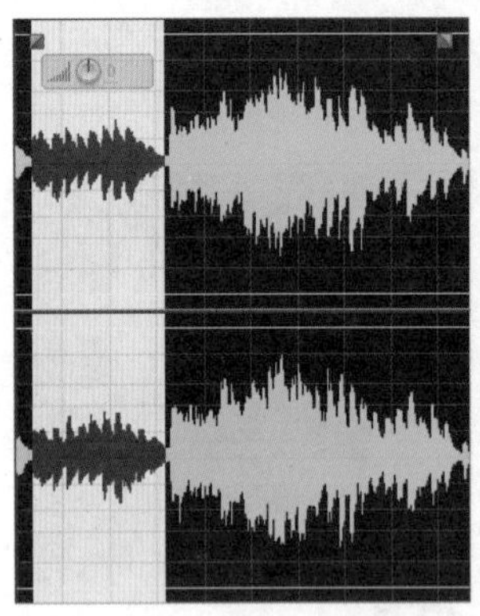

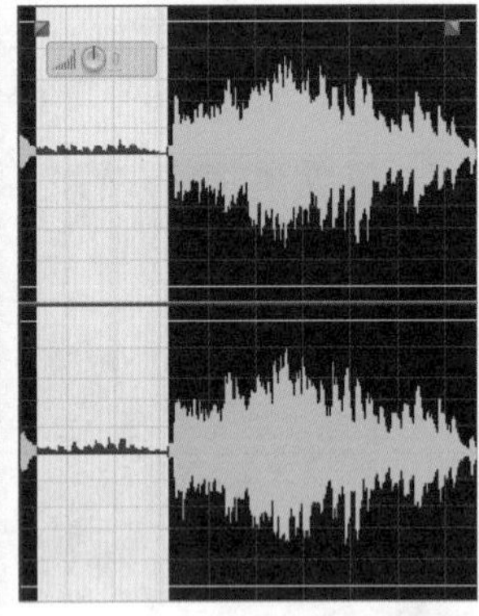

图21-111　调制音频

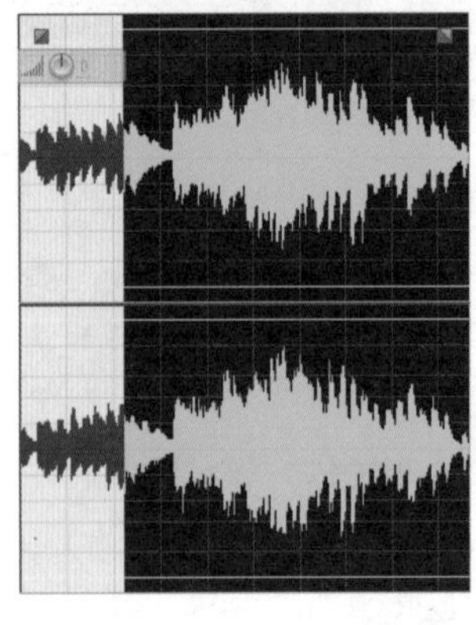

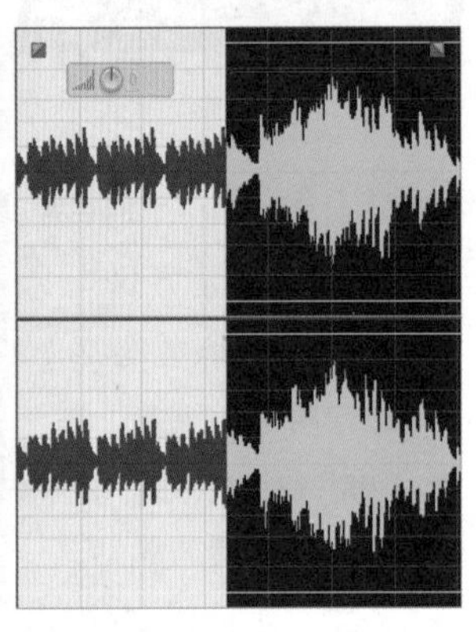

图21-112　循环粘贴

用户在进行音频编辑时对不需要的音频可将其删除，选择需要删除的音频，选择“编辑”/“删除所选”命令，即可删除选择的音频，两侧的音频将会自动接合在一起。

2. 删除静音区

用户在进行音频编辑时，对多余的静音可将其删除，Adobe Audition提供了快速删除静音的方法，选择“编辑”/“删除静音区”命令可实现该操作。

若需要将某一部分的静音删除，需要将其音频选中，若不选择，则从整个音频剪辑中删除静音区。选择“编辑”/“删除静音区”命令，打开“删除静音区”对话框，在进行“静音区”和“音频”信号设置后，单击 确定 按钮，如图21-113所示。删除静音区后，两侧的音频会自动接合在一起，删除静音区前后的效果如图21-114所示。

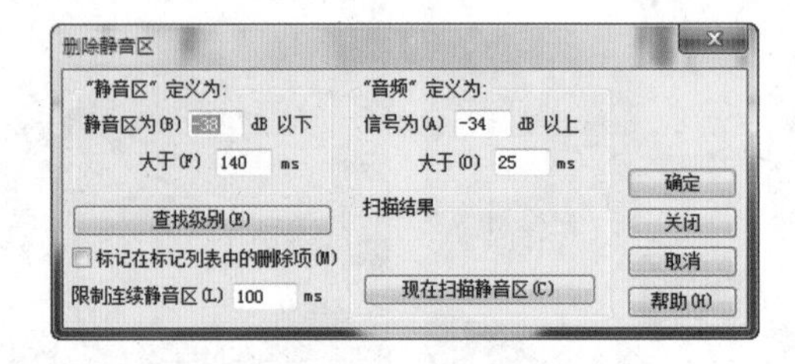

图21-113　“删除静音区”对话框

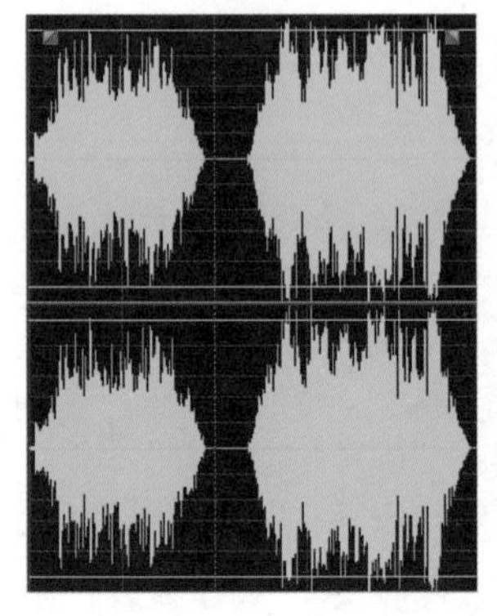

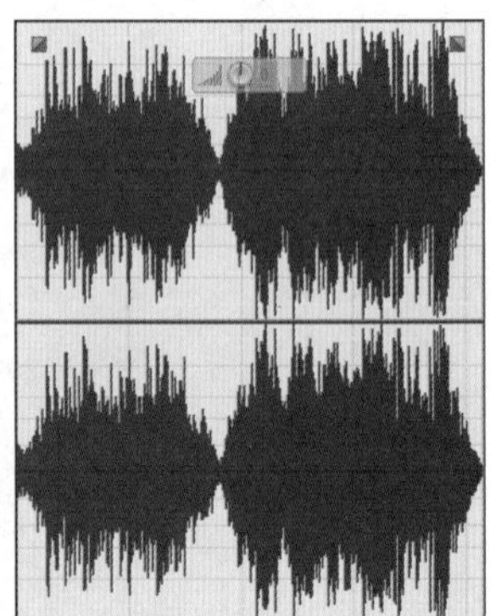

图21-114　删除静音区

3. 创建静音区

在编辑音频时，为了在两段音频之间添加空隙，可创建静音区，在Adobe Audition中添加静音区的方法有两种：一种是将选择的音频区域设置为静音或关闭音量；另一种是使用静音命令。

选择需要设置为静音的区域，将调整音量的图标向左拖动调整音量，直至为静音状态，如图21-115所示。

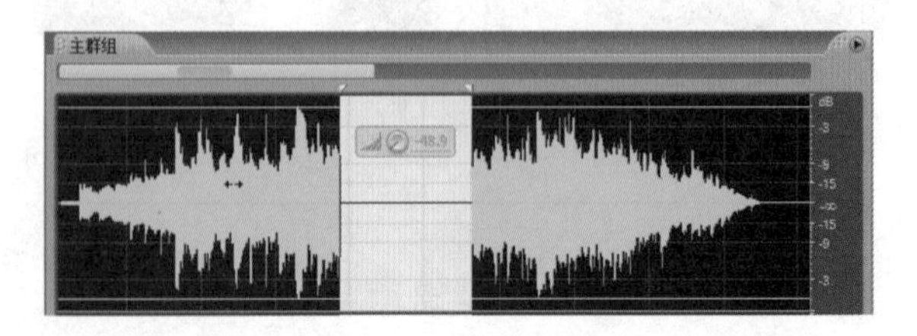

图21-115　调整音量

也可选择需要设置为静音的区域，选择“效果”/“静音”命令，如图21-116所示。

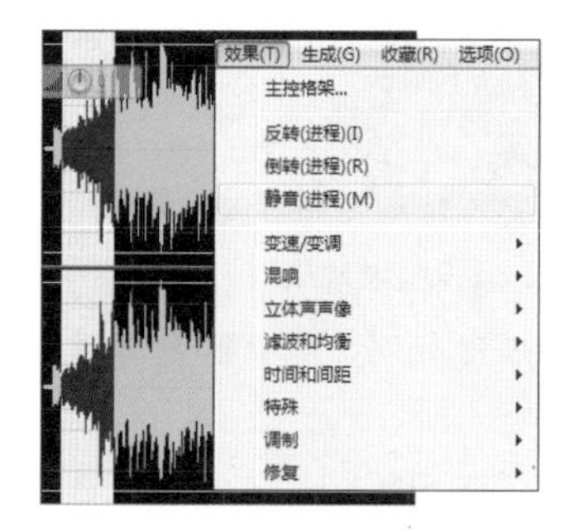

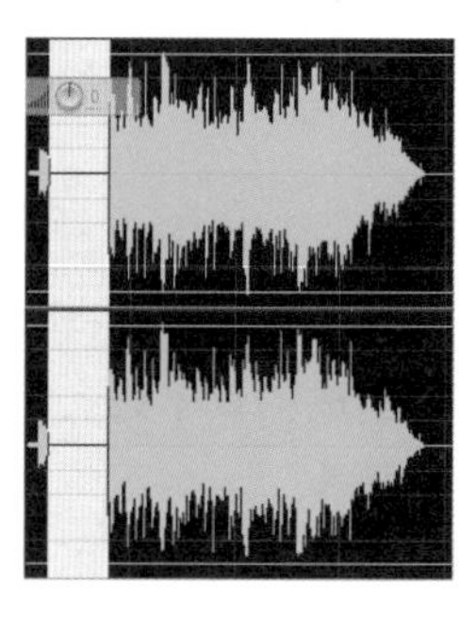

图21-116 选择“静音”命令

4. “效果”面板

将音频文件导入音频轨道后，在“文件”面板后将出现“效果”面板，如图21-117所示。在“效果”面板中可选择不同的选项，对音频进行特殊的音频效果处理。

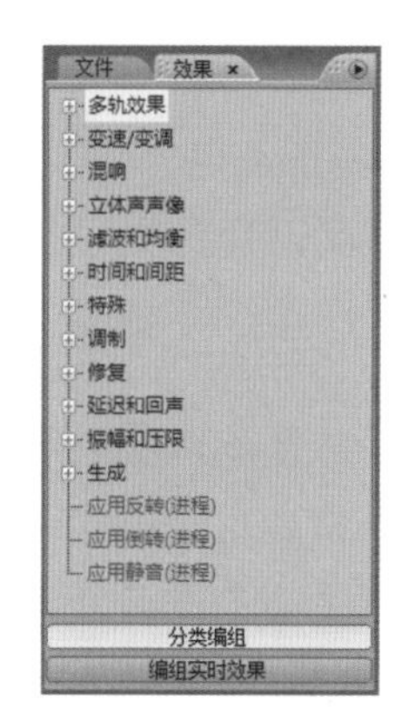

图21-117 “效果”面板

知识解析：“效果”面板

- **多轨效果**：单击前方的⊞图标，展开其子列表，包括“包络跟踪器”“频段分离器”“声码合成器”3个选项，可对多轨道下的音频进行频段分离和声码合成等操作。
- **变速/变调**：可对音频进行升调和降调的操作，当选择音频轨道后，双击“变调”选项，将打开“效果格架”对话框，在其中可对变换音调、精度和变调设置等参数进行调整，如图21-118所示。

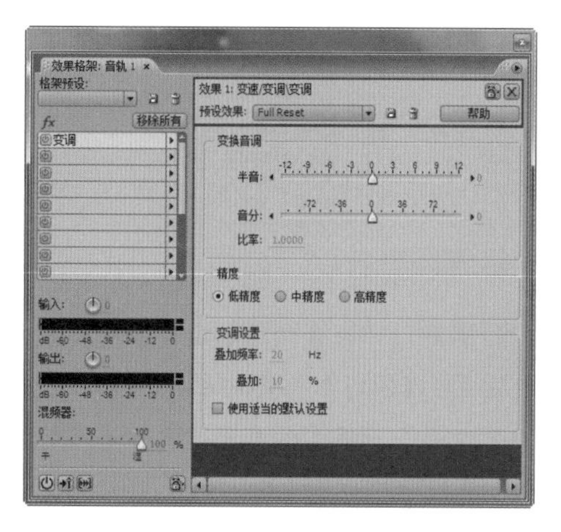

图21-118 “效果格架”对话框

- **混响**：可模仿声音在不同地方的混响效果，在其子列表中包括“房间混响”“回旋混响”“简易混响”“完美混响”4个选项。
- **立体声声像**：可制作出不一样的立体声效果，在其子列表中可选择不同的立体声效果，如图21-119所示。
- **滤波和均衡**：在其子列表中可选择不同的选项为音频添加不同的滤波器和均衡效果，如图21-120所示。

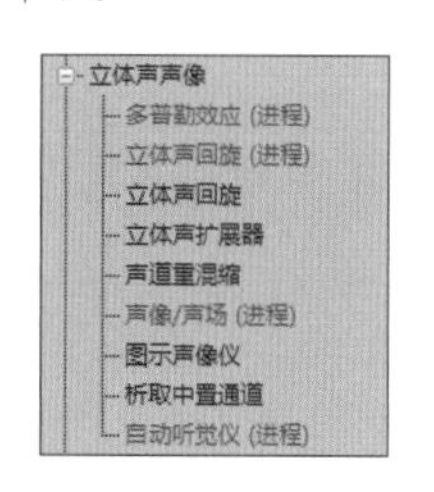

图21-119 立体声声像

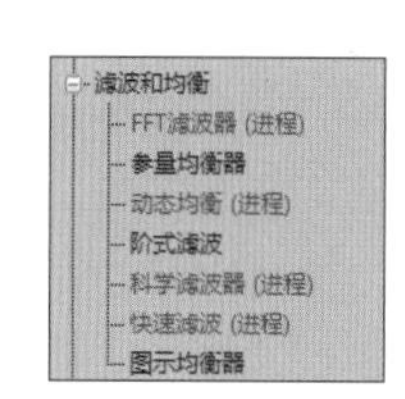

图21-120 滤波和均衡

- **时间和间距**：该效果可对音频文件进行变速操作。
- **特殊**：可为音频添加特殊的效果，在其子列表中包括“回旋（进程）”“吉他套件”“失真”“主控制”4个选项。
- **调制**：在其子列表中可为音频添加“合唱”“漫拂移相”和“镶边”效果。
- **修复**：可对音频进行降噪处理、破音修复和消除咔嗒声等操作，在其子列表中还可选择不同的选项进行音频的修复，如图21-121所示。

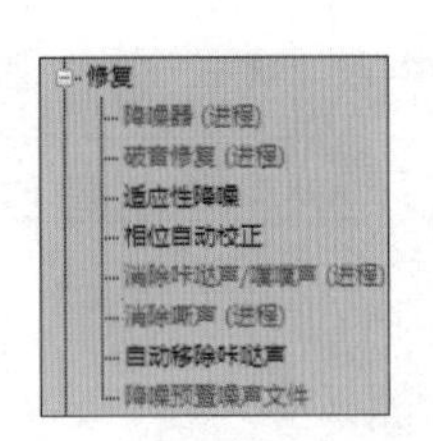

图21-121　修复效果

◆ **延迟和回声**：可为音频添加延迟和回声效果，如多重延迟、房间回声和模拟延迟等效果。

◆ **振幅和压限**：在其子列表中可选择不同的选项对音频设置振幅和压限效果，如图21-122所示。

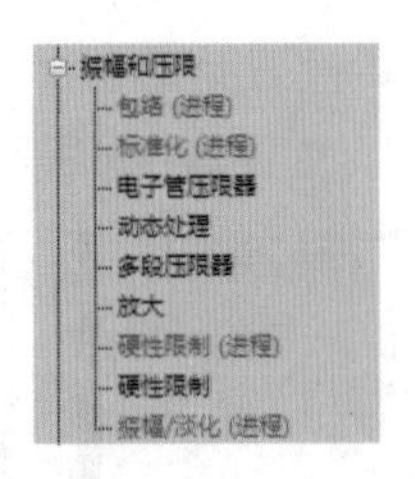

图21-122　振幅和压限效果

◆ **生成**：该子列表中可应用音调、噪声和静音区等效果。

◆ **应用反转、应用倒转、应用静音**：可对音频进行反转、倒转和应用静音效果。

知识大爆炸——保存和导出音频文件

1. 保存音频文件

在对音频文件进行编辑后，可选择Adobe Audition的“文件”菜单进行保存操作。选择“文件”/“保存会话”命令，或选择“文件”/“会话另存为”命令，将项目保存为Adobe Audition混音项目（.ses）文件。若想将Adobe Audition混合音频导出为Premiere Pro CC可读取的音频格式，则需要对音频进行导出操作。

2. 导出音频

进行混合音频编辑后，可将音频文件导出，以便导入Premiere Pro CC等其他的项目中播放查看。要导出音频文件，可通过菜单命令实现，选择“文件”/“导出”/“混缩音频”命令，打开“导出音频混缩”对话框，在其中可对保存路径、文件名和保存类型进行设置，还可对其音轨等其他参数进行设置，如图21-123所示。

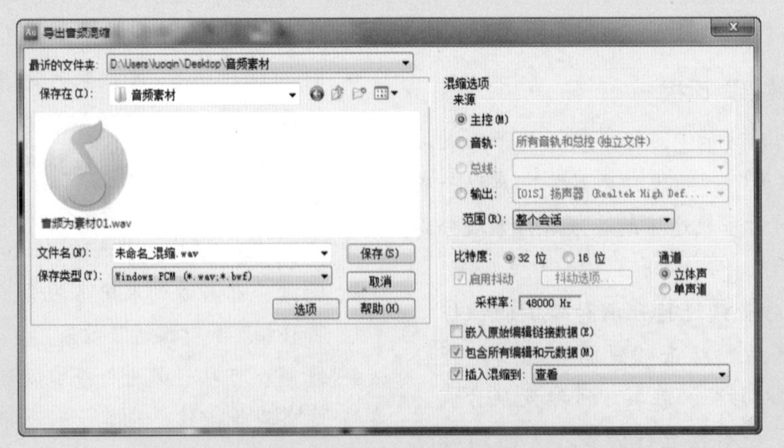

图21-123　导出音频